Henning Zülch und Matthias Hendler

Bilanzierung nach International Financial Reporting Standards (IFRS)

Henning Zülch und Matthias Hendler

Bilanzierung nach International Financial Reporting Standards (IFRS)

2. Auflage

WILEY-VCH

WILEY-VCH Verlag GmbH & Co. KGaA

2. Auflage 2017

Bibliografische Information der Deutschen Nationalbibliothek
Die Deutsche Nationalbibliothek verzeichnet diese Publikation in der Deutschen Nationalbibliografie; detaillierte bibliografische Daten sind im Internet über <http://dnb.d-nb.de> abrufbar.

Print ISBN: 978-3-527-50767-2

Satz SPi, Chennai
Druck und Bindung Media-Print, Paderborn
Umschlaggestaltung Christian Kalkert
Buchkunst & Illustration, Birken-Honigsessen
Umschlagfoto London City Landscape © Alex Yeung / Fotolia

Inhalt

Abkürzungsverzeichnis

Abb.	Abbildung
ABl.	Amtsblatt
Abs.	Absatz
Abschn.	Abschnitt
AfS	Available for Sale
AG	Aktiengesellschaft(en)
AK	Anschaffungskosten
AktG	Aktiengesetz
ARC	Accounting Regulatory Committee
Art.	Artikel
Aufl.	Auflage
BC	Bilanzbuchhalter und Controller
BGBl.	Bundesgesetzblatt
BilMoG	Bilanzrechtsmodernisierungsgesetz
BilReG	Bilanzrechtsreformgesetz
BMJ	Bundesministerium der Justiz
bzw.	beziehungsweise
CESR	Committee of European Banking Supervisors
CODM	Chief Operating Decision Maker (Hauptentscheidungsträger)
CPA	Certified Public Accountant
DCGK	Deutscher Corporate Governance Kodex
d. h.	das heißt
Dipl.-Bw.	Diplombetriebswirt
Dipl.-Kffr.	Diplomkauffrau
Dipl.-Kfm.	Diplomkaufmann
Dipl.-Ök.	Diplomökonom
DP	Discussion Paper
DRSC	Deutsche Rechnungslegungs Standards Committee
DVFA	Deutsche Vereinigung für Finanzanalyse und Anlageberatung e.V.
€	Euro
ED	Exposure Draft
EFRAG	European Financial Reporting Advisory Group
EPIS	Earnings per Incremental Share (Ergebnis je zusätzlicher Aktie)
EPS	Earnings per Share (Ergebnis je Aktie)
etc.	et cetera

EU	Europäische Union
evtl.	eventuell
EWR	Europäischer Wirtschaftsraum
f.	folgend
FASB	Financial Accounting Standards Board
ff.	fortfolgende
FIN	FASB Interpretation
GAAP	Generally Accepted Accounting Principles
ggf.	gegebenenfalls
GKV	Gesamtkostenverfahren
GmbH	Gesellschaft mit beschränkter Haftung
GoB	Grundsätze ordnungsmäßiger Buchführung
GuV	Gewinn- und Verlustrechnung
HB	Handelsbilanz
HGB	Handelsgesetzbuch
HHL	Handelshochschule Leipzig
HK	Herstellungskosten
IAS	International Accounting Standard
IASB	International Accounting Standards Board
IASC	International Accounting Standards Committee
i. d. R.	in der Regel
IDW	Institut der Wirtschaftsprüfer in Deutschland
IFRIC	International Financial Reporting Interpretations Committee
IFRS	International Financial Reporting Standards
IG	Implementation Guidances
IGC	Implementation Guidance Committee
i. H. v.	in Höhe von
IOSCO	International Organization of Securities Commissions
i. S. d.	im Sinne der/des
i. S. v.	im Sinne von
i. V. m.	in Verbindung mit
KapAEG	Kapitalaufnahmeerleichterungsgesetz
KGV	Kurs-Gewinn-Verhältnis
LIFO	Last In First Out
M&A	Mergers & Acquisitions
Mio.	Millionen
m. w. N.	mit weiteren Nachweisen
Nr.	Nummer
NYSE	New York Stock Exchange
o. Ä.	oder Ähnliches
OECD	Organization for Economic Cooperation and Development

o. g.	oben genannte(n)
P.	Preface
p. a.	per annum
POC	Percentage-of-Completion-Methode
rev.	revised
S.	Seite
SAC	Standards Advisory Council
SAR	stock appreciation rights (Wertsteigerungsrechte)
SARG	Standards Advice Review Group
SEC	Securities and Exchange Commission
SFAS	Statement of Financial Accounting Standards
SIC	Standards Interpretations Committee
sog.	so genannte
Tab.	Tabelle
T-€	Tausend Euro
u. a.	unter anderem
UK	United Kingdom
UKV	Umsatzkostenverfahren
UNO	United Nations Organization
USA	United States of America
US-GAAP	United States Generally Accepted Accounting Principles
USt	Umsatzsteuer
usw.	und so weiter
v.	vom
vgl.	vergleiche
WpHG	Wertpapierhandelsgesetz
z. B.	zum Beispiel
z. T.	zum Teil
zz.	zurzeit

A. Einleitung

Die vergangenen fünf Jahre waren für die internationale Rechnungslegung eine Zeit zahlreicher, teilweise bedeutender Umbrüche. Zum einen beendete das IASB mit der Veröffentlichung einiger neuer Standards – insbesondere IFRS 9, IFRS 15 und IFRS 16 – eine Reihe langfristiger Projekte, die die IFRS-Bilanzierung nachhaltig verändern werden. Gleichzeitig wurde mit der Aufnahme der sog. Offenlegungsinitiative (*Disclosure Initiative*) ein neues Kapitel in der Weiterentwicklung der internationalen Rechnungslegungsstandards aufgeschlagen. Nach einer intensiven, von der Veröffentlichung bzw. Überarbeitung diverser neuer Standards geprägten Phase wird künftig die Pflege und Konsolidierung des bestehenden Regelungskanons eine hervorgehobene Aufgabe des Board sein. Insbesondere wird es darum gehen, den Gedanken der Wesentlichkeit wieder stärker in der internationalen Rechnungslegung zu verankern und so die Anwendung der IFRS für bestehende und neue Nutzer gleichermaßen zu vereinfachen.

Diese Neuausrichtung kann auch auf eine veränderte Bedeutung und Rolle der IFRS zurückgeführt werden. Einerseits gleichen sich durch die intensivierte Zusammenarbeit zwischen IASB und FASB in mehreren Konvergenzprojekten die beiden weltweit bedeutendsten Rechnungslegungssysteme in Teilen weiter an. Andererseits dienen die IFRS vermehrt auch als Referenzpunkt für die Reform nationaler Rechnungslegungsnormen. So wurde etwa die deutsche Rechnungslegung insbesondere durch die beiden großen Reformen des Bilanzrechts der letzten Jahre – das BilMoG von 2009 sowie das im Juni 2015 verabschiedete BilRUG – stärker an den internationalen Regelungen ausgerichtet. Gleichzeitig tritt neben die Finanzberichterstattung heute eine Vielzahl neuerer Formen finanzieller und nicht-finanzieller Unternehmenspublizität, die für eine ganzheitliche Darstellung der Unternehmensleistung als unerlässlich oder doch zumindest als hilfreich erachtet werden. Folgerichtig erfahren sie entsprechend ihrer gestiegenen Bedeutung eine zunehmende Institutionalisierung, wie etwa die sogenannte CSR-Richtlinie der Europäischen Union für eine teilweise verpflichtende Einführung der Nachhaltigkeitsberichterstattung bei kapitalmarktorientierten Unternehmen zeigt. Initiativen wie der Ansatz des *Integrated Reportings* weisen derweil bereits den Weg in Richtung einer sinnvollen Verknüpfung verschiedener Formen der Berichterstattung. Die internationale Rechnungslegung muss und wird sich in diesem neuen Kontext verstärkt auf die Erfüllung ihrer Informationsfunktion und die Wahrnehmung ihrer Aufgabe als Medium der Finanzmarktkommunikation besinnen.

Das hier vorliegende Lehrbuch greift diese Veränderungen und den damit verbundenen Bedarf auf, sich noch intensiver als bisher mit den IFRS auseinanderzusetzen. Die Auseinandersetzung fängt im Studium an und zieht sich künftig durch das gesamte Berufsleben eines Rechnungslegers. Denn die IFRS sind dynamische Regelungen, die nahezu täglich Korrekturen erfahren und starken Einfluss auf die nationalen Gegebenheiten nehmen, worauf reagiert werden muss.

Das vorliegende Lehrbuch verbindet Einzelabschlussthemen mit Themen der internationalen Konzernrechnungslegung in ausgewogener Weise. Dabei nimmt die Darstellung der Hauptpositionen einer IFRS-Bilanz sowie ausgewählter Sonderbereiche der IFRS-Bilanzierung besonderen Raum ein. Hierfür wurde eine modulartige Vorgehensweise gewählt, d. h., jede Hauptposition einer Bilanz sowie jeder Sonderbereich der Bilanzierung ist einem Rechnungslegungsstandard zugeordnet, der Gegenstand des jeweiligen

Kapitels ist und als in sich geschlossen betrachtet werden kann. Die einzelnen Module des Lehrbuchs zeichnen sich weiterhin dadurch aus, dass mit einem Überblick der relevanten bzw. korrespondierenden IFRS und den Kernaussagen des vorliegenden Moduls begonnen wird. Im Anschluss daran wird der Struktur des zugrundeliegenden Rechnungslegungsstandards gefolgt. Zahlreiche Beispiele und Abbildungen veranschaulichen die komplexen bilanziellen Sachverhalte. Exkurse geben zudem Hinweise auf flankierende Regelungen wie Rechnungslegungsinterpretationen und auf aktuelle Entwicklungen in den jeweiligen Regelungsbereichen, in dieser Auflage insbesondere zu den jüngst vom IASB veröffentlichten – aber teilweise noch nicht auf europäischer Ebene gebilligten – Standards IFRS 9, IFRS 15 und IFRS 16. Die Struktur des Lehrbuchs ist in Abb. A.1 grafisch dargestellt. Mit ihrer Hilfe soll der rote Faden des Werkes verdeutlicht werden.

Wie Abb. A.1 verdeutlicht, ist das Lehrbuch inklusive dieser Einleitung in acht Kapitel unterteilt. Kapitel B. und C. umreißen die Grundlagen der IFRS-Rechnungslegung aus europäischer Sicht. Neben der Erläuterung des allgemeinen Harmonisierungsbedürfnisses von Rechnungslegungsregeln und dem bestehenden Regelungsgeflecht wird das Grundsatzsystem des IASB näher dargelegt, das Ausstrahlungswirkung auf die Interpretation von Rechnungslegungsregeln besitzt. Daran schließt sich mit Kapitel D. eine Erläuterung der Rechenschaftselemente eines IFRS-Abschlusses an. Hierbei wird zwischen grundlegenden und ergänzenden Rechenschaftselementen unterschieden. Als grundlegend gelten die Rechenschaftselemente, die gem. *IAS 1 – Darstellung des Abschlusses* einen vollständigen IFRS-Abschluss charakterisieren: Bilanz, umfassende Erfolgsrechnung, Eigenkapitalveränderungsrechnung, Kapitalflussrechnung und Anhang. Als ergänzende Rechenschaftselemente werden hingegen all die Elemente bezeichnet, die nicht explizit in IAS 1 Erwähnung finden, deren Offenlegung indes von anderen IFRS unter bestimmten Bedingungen oder nach nationalen Gepflogenheiten verpflichtend verlangt wird. Hierzu zählen Zwischenbericht, Segmentbericht, Lagebericht, Ergebnis je Aktie sowie Angaben über Beziehungen zu nahe stehenden Unternehmen und Personen. In Kapitel E. werden schließlich die Hauptpositionen der Bilanz in der oben bereits erwähnten Form dargelegt, d. h. standardorientiert und beispielhaft. Im Anschluss daran stehen ausgewählte Sonderbereiche der Bilanzierung in Kapitel F. im Mittelpunkt der Betrachtung. Hierzu zählen Fertigungsaufträge, Ertragsteuern, Leasing, Aktienbasierte Vergütungen, Umsatzrealisation, Wertminderung von Vermögenswerten und Änderungen eines IFRS-Abschlusses. Mit Hilfe dieser Sonderbereiche gelingt es, sämtliche IFRS des IASB-Regelwerks bis auf die o. g. konzernspezifischen Regelungen im vorliegenden Werk zu verarbeiten. Kapitel G. widmet sich – und das ist neu im Vergleich zur Erstauflage – der Konzernbilanzierung nach IFRS. Neben einigen grundsätzlichen Regelungen wie dem Zweck der Konzernrechnungslegung und der Aufstellungspflicht stehen dabei insbesondere die Abgrenzung des Konsolidierungskreises und die Konsolidierung von Tochterunternehmen und anderen einzubeziehenden Gesellschaften im Vordergrund. Mit Kapitel H. werden letztlich die Informationen zur IFRS-Umstellung in einem separaten Kapitel beleuchtet, denn die erstmalige Anwendung der IFRS ist nicht einfach die Übernahme der IFRS, sondern verbunden mit zahlreichen Wahlrechten und Verboten. Abgerundet wird das Lehrbuch durch ein Glossar der relevantesten IFRS-Begriffe, die für das allgemeine Verständnis der hier diskutierten Sachverhalte von Bedeutung sind. Rechtsstand des vorliegenden Werkes ist der 31. Juli 2016

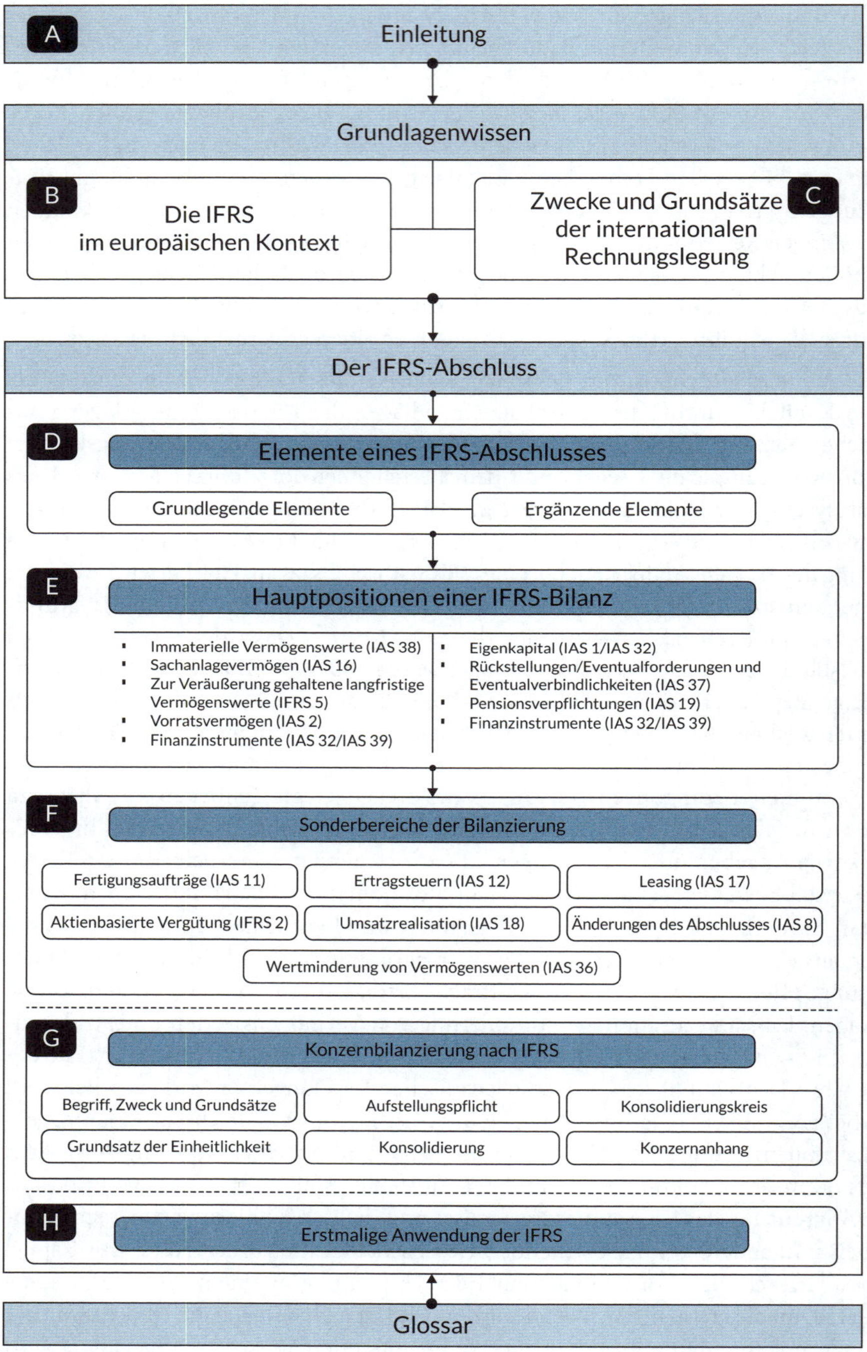

Abbildung A.1 Struktur des Lehrbuchs

Als ideale Ergänzung zum Lehrbuch bietet sich die Textausgabe »IFRS 2017« des WILEY-Verlags zum Studium der hier diskutierten Regelungen an. Dies gilt nicht nur für Studierenden des Faches »Internationale Rechnungslegung«, sondern gerade auch für die Rechnungsleger vor Ort in den bilanzierenden Unternehmen und ihre »Prüfer«. Die Textausgabe umfasst konkret die bis zum Februar 2017 von der Europäischen Union (EU) gebilligten Rechnungslegungsstandards (IAS/IFRS) und Rechnungslegungsinterpretationen (SIC/IFRIC) sowie die an diesen vorgenommenen Änderungen. Die englischen Texte der Rechnungslegungsnormen des IASB sowie deren offizielle deutsche Übersetzung durch die EU werden dabei parallel dargestellt, um Studierenden und Praktikern das Arbeiten mit den internationalen Rechnungslegungsnormen zu erleichtern.

Abschließend sei erwähnt, dass das hier vorliegende Werk nicht ohne die Hilfe zahlreicher Personen umsetzbar gewesen wäre. So unterstützten uns bei der Erstellung dieser zweiten Auflage die Mitarbeiter des Lehrstuhls Rechnungswesen, Wirtschaftsprüfung und Controlling der HHL – Leipzig Graduate School of Management tatkräftig. Namentlich sind dies insbesondere Prof. Dr. Sebastian Hoffmann, Dr. Matthias Höltken, Dr. Christian Kretzmann und Dr. Torben Teuteberg. Ein besonderer Dank gilt Herrn M.Sc. Carl W. Weuster, der sich dem Werk mit organisatorischem Geschick und fachlichem Weitblick angenommen und es finalisiert hat.

Ferner unterstützte uns redaktionell Herr B.Sc. Thomas Mackiol. Ihnen allen sei an dieser Stelle sehr herzlich gedankt. Nicht zuletzt sei auch der engagierte Einsatz von Herrn Markus Wester, Programmleiter Business, Management, Accounting und Finance des Wiley-Verlags, an dieser Stelle hervorgehoben. Er hat durch seine Ausdauer und Beharrlichkeit ebenso sehr zum Gelingen des vorliegenden Werkes beigetragen.

Insgesamt hat das Lehrbuch u. E. einen sehr guten Reifegrad erlangt; indes können wir nach wie vor nicht abschließend garantieren, dass es der Weisheit letzter Schluss ist. Wir hoffen aber, dass es sich einreiht in die Phalanx der »etablierten« Lehrbücher zum Themenbereich »IFRS-Rechnungslegung« und vielen Interessierten hilft, die komplexen Regelungen zu verstehen und in der Praxis im Sinne einer transparenten und vertrauenswürdigen Finanzberichterstattung umzusetzen. Über Anmerkungen und Anregungen, das Lehrbuch zu verbessern, sind wir jederzeit sehr dankbar. Diese können an die E-Mail-Adresse wirtschaft@wiley-vch.de gerichtet werden.

Leipzig und Münster, im August 2016

Henning Zülch

Matthias Hendler

B. Die IFRS im europäischen Kontext – Harmonisierungsschritte und Regelungsgeflecht

RELEVANTE STANDARDS

Verfassung (*Constitution*) der IFRS Foundation
Vorwort (*Preface*) der IFRS
Rahmenkonzept (*Framework*) für die Aufstellung und Darstellung von Abschlüssen
IAS 1 – Darstellung des Abschlusses
IAS 8 – Bilanzierungs- und Bewertungsmethoden, Änderungen von Schätzungen und Fehler

KERNAUSSAGEN

- Ausgangspunkt der voranschreitenden Harmonisierung der Rechnungslegung war die Tatsache, dass die bestehenden Unterschiede zwischen den verschiedenen Rechnungslegungssystemen und deren Rechnungslegungsregeln eine Vergleichbarkeit von Jahresabschlüssen der Unternehmen aus unterschiedlichen nationalen Rechnungslegungskreisen sehr erschwert haben. Diese Unterschiede waren zu beseitigen oder wenigstens zu verringern.
- Das IASB kann als Antriebskraft der Harmonisierungstendenzen im Bereich der Rechnungslegung identifiziert werden. Als ein wichtiges Ergebnis seiner Bemühungen erreichte das IASB, dass die IFRS ab 2005 zu den »europäischen« Rechnungslegungsregeln wurden, und zwar zunächst für den Konzernabschluss kapitalmarktorientierter Unternehmen. Ursächlich hierfür ist die so genannte IAS-Verordnung der EU aus dem Jahre 2002. Flankiert wurde diese Regelung in Deutschland durch das im Dezember 2005 verabschiedete Bilanzrechtsreformgesetz (BilReG). Eine weitere Angleichung der nationalen handelsrechtlichen Rechnungslegung an die IFRS ist aktuell durch das Bilanzrechtsmodernisierungsgesetz (BilMoG) erfolgt.
- An der Entwicklung und Formulierung der Rechnungslegungsregeln wird die interessierte Öffentlichkeit beteiligt (Due Process).
- Die IFRS stellen dynamische Rechnungslegungsregeln dar, die sich entsprechend dem wirtschaftlichen Umfeld permanent weiterentwickeln.
- Die IFRS sind in erster Linie einzelfallorientiert angelegt, d. h., für jeden wirtschaftlichen Sachverhalt ist eine genaue bilanzielle Abbildungsregel zu formulieren.
- Die IFRS müssen ein mehrstufiges Anerkennungsverfahren bestehen, um auf europäischer Ebene Geltung zu besitzen. Dieses EU-Komitologieverfahren stellt sicher, dass die EU die alleinige Kompetenz zur Einführung europäischer Rechnungslegungsnormen behält und dies nicht in die Hände einer privatrechtlichen Organisation gibt.

I. Internationalisierung der Rechnungslegung

1. Motivation zur Internationalisierung

Unterschiede durch Umfeldfaktoren

Die Vergleichbarkeit von Abschlussinformationen ist, bedingt durch die Unterschiede zwischen den einzelnen nationalen Rechnungslegungssystemen, eingeschränkt. Diese Unterschiede werden durch eine Vielzahl von Umfeldfaktoren beeinflusst. Beispielhaft für derartige Faktoren lassen sich anführen:[1]

- das Rechtssystem (z. B. fallweise versus generelle, abstrakte Regulierung von Sachverhalten);
- das Steuersystem (z. B. Verknüpfung mit oder Trennung von handelsrechtlicher Rechnungslegung);
- die Einflussnahmemöglichkeiten der Wirtschaft, der Wissenschaft sowie der Berufsverbände der Rechnungsleger (*Accountants*) auf die Regulierung der Rechnungslegung.

Die bestehenden nationalen Rechnungslegungssysteme können im Wesentlichen zwei Rechnungslegungskonzeptionen zugeordnet werden, und zwar entweder

- der kontinentaleuropäischen Rechnungslegungskonzeption oder
- der angelsächsischen Rechnungslegungskonzeption.

Kontinentaleuropäische Rechnungslegung

Die kontinentaleuropäische Rechnungslegungskonzeption, zu der die deutsche **handelsrechtliche Rechnungslegung** zu zählen ist, berücksichtigt das Postulat des **Gläubigerschutzes (Kapitalerhaltungszweck)** gleichzeitig mit dem Rechenschaftszweck des Jahresabschlusses. Sie verknüpft die handelsrechtliche mit der steuerrechtlichen Rechnungslegung und Gewinnermittlung (Maßgeblichkeitsprinzip) und überlässt es dem Gesetzgeber und/oder dem Gewohnheitsrecht, die Rechnungslegungsstandards zu entwickeln und festzulegen. Die kontinentaleuropäische Rechnungslegungskonzeption, in der das Vorsichtsprinzip über den Kapitalerhaltungsgrundsatz einen vergleichsweise hohen Stellenwert besitzt, findet sich u. a. in Deutschland, Frankreich, Italien, Spanien, Belgien, Schweden und Japan.

Angelsächsische Rechnungslegung

Demgegenüber orientiert sich die angelsächsische Rechnungslegungskonzeption primär am Ziel einer **periodengerechten Rechenschaft** gegenüber dem Investor. Sie vernachlässigt dabei in bestimmter Weise den Gläubigerschutz- bzw. Kapitalerhaltungsgedanken und betont im Wesentlichen die Unabhängigkeit der handelsrechtlichen von der steuerrechtlichen Rechnungslegung und Gewinnermittlung. Die angelsächsische Rechnungslegungskonzeption überlässt es professionellen Gremien

(z. B. Berufsverbänden der Wirtschaft, der Wissenschaft und mit der Rechnungslegung betrauten Personen), die Rechnungslegungsstandards zu entwickeln und festzulegen. Darüber hinaus ist sie durch eine stärker fallweise und damit weniger abstrakte Regulierung von Bilanzierungssachverhalten gekennzeichnet. In Ländern wie Großbritannien, den USA, Irland, Kanada, Australien und weiteren Staaten des Commonwealth herrscht die angelsächsische Rechnungslegungskonzeption vor.

Die zwischen den nationalen Rechnungslegungssystemen bestehenden Divergenzen stellen den Ausgangspunkt für die internationale Harmonisierung der Rechnungslegung dar.

2. Harmonisierung der Rechnungslegung

Der Begriff der »Harmonisierung«

Mit der internationalen Harmonisierung der Rechnungslegung soll versucht werden, die bestehenden Unterschiede zwischen den verschiedenen Rechnungslegungssystemen und ihren Rechnungslegungsregeln zu beseitigen oder wenigstens zu verringern. So soll eine Vergleichbarkeit von Jahresabschlüssen der Unternehmen aus unterschiedlichen nationalen Rechnungslegungskreisen geschaffen werden. Die Harmonisierung gibt in diesem Zusammenhang lediglich die Zielrichtung vor. Mit dem Ziel der Harmonisierung wird aber nicht der gewünschte Harmonisierungsgrad festgeschrieben. Vielmehr lassen sich hinsichtlich des Harmonisierungsprozesses alternative Harmonisierungsgrade unterscheiden. Der Harmonisierungsgrad als Maß der Verringerung von Rechnungslegungsunterschieden kann sich in einem Spektrum von einer nur minimalen Annäherung bis hin zu einer vollständigen Beseitigung aller bestehenden Unterschiede zwischen verschiedenen Rechnungslegungssystemen bewegen. Bei einem Harmonisierungsgrad von 100 % liegt eine Standardisierung vor: Alle Rechnungslegungsunterschiede werden eliminiert. Im Ergebnis werden identische Rechnungslegungssysteme entwickelt. Liegt der Harmonisierungsgrad unter 100 %, wird eine bessere Vergleichbarkeit der Jahresabschlüsse geschaffen: Die nationalen Rechnungslegungssysteme werden in diesem Fall lediglich in einem bestimmten Ausmaß angeglichen, wobei nicht alle existierenden Unterschiede zwischen den divergierenden Rechnungslegungssystemen aufgehoben werden.

Gründe der Harmonisierung

Die Unterschiede in den nationalen ökonomischen, rechtlichen und sozialen Rahmenbedingungen stellen allerdings ein Hemmnis für sämtliche Harmonisierungsbestrebungen im Bereich der Rechnungslegungssysteme dar. Dennoch besteht heute wegen der zunehmenden Bedeutung der internationalen Kapitalmärkte mehr als zuvor die Notwendigkeit zur Harmonisierung der Rechnungslegungssysteme und ihrer Rechnungslegungsregeln. Insbesondere die zunehmend grenzüberschreitenden Kapitalmarkttransaktionen, verbunden mit der Verringerung rechnungslegungsspezifischer Börsenzugangsbarrieren, einer verbesserten volkswirtschaftlichen Kapitalallokation, Vereinfachungen und Kosteneinsparungen bei der Abschlusserstellung und Abschlussprüfung sowie dem Interesse der Kapitalanleger an weltweit vergleichbaren Abschlussinformationen begründen diese Notwendigkeit.[2]

Harmonisierungsmöglichkeiten

Eine Harmonisierung wäre nicht erforderlich, würden Gesetzgeber bzw. Standardsetter und/oder die nationalen Kapitalmarktaufsichtsbehörden die

Abschlüsse von Unternehmen aus anderen Staaten gegenseitig anerkennen (*mutual recognition*). In einem solchen Fall obläge es den Abschlussadressaten, sich mit den Rechnungslegungsnormen des jeweiligen Herkunftsstaates des betrachteten Unternehmens zu beschäftigen, um die Vermögens-, Finanz- und Ertragslage des betrachteten Unternehmens beurteilen und mit anderen Unternehmen vergleichen zu können.

Eine verbesserte internationale Vergleichbarkeit von Abschlussinformationen, basierend auf den dargelegten Harmonisierungsmöglichkeiten, ist nicht problemlos erzielbar. Werden z. B. Parallelabschlüsse erstellt, sind mit dieser Erstellung erhebliche zusätzliche Kosten für das bilanzierende Unternehmen verbunden. Duale Abschlüsse, d. h. Abschlüsse, die auf Grund bestehender Bilanzierungswahlrechte unterschiedlichen Rechnungslegungsnormen gleichzeitig entsprechen können, sind immer dann ausgeschlossen, wenn gleiche wirtschaftliche Sachverhalte nach den zugrunde gelegten Rechnungslegungssystemen zwingend unterschiedlich abzubilden sind und keine Angleichung durch eine entsprechende Wahlrechtsausübung möglich ist. Bei aufzustellenden Überleitungsrechnungen stellt sich die Frage, was das »richtige« Eigenkapital bzw. Periodenergebnis ist. Wird das Rechnungslegungssystem eines anderen Staates oder einer anderen Organisation als »nationales« Rechnungslegungssystem übernommen, verliert der »übernehmende« Staat seine Regulierungskompetenz. Soll schließlich ein international einheitliches Rechnungslegungssystem angewendet werden, müssen zumeist erst die erforderlichen rechtlichen Rahmenbedingungen in den jeweiligen Staaten geschaffen werden.

Institutionen im Überblick

Die internationalen Harmonisierungsbestrebungen auf dem Gebiet der Rechnungslegung werden von verschiedenen Institutionen getragen. Relevante Institutionen in diesem Zusammenhang sind einerseits **zwischenstaatliche Organisationen** wie die Europäische Union (EU), die United Nations Organization (UNO), die Organization for Economic Cooperation and Development (OECD) sowie das International Accounting Standards Board (IASB) und andererseits **nationale Organisationen** wie das Institut der Wirtschaftsprüfer in Deutschland (IDW), das Deutsche Rechnungslegungs Standards Committee (DRSC) und das US-amerikanische Financial Accounting Standards Board (FASB). Für die deutsche Rechnungslegung und ihre Internationalisierung sind drei Institutionen von außerordentlicher Bedeutung, und zwar die **EU**, das **FASB** und das **IASB**.

EU

Bereits in den 1960er-Jahren hat die EU mit der Entwicklung von Richtlinien begonnen, die von den einzelnen Mitgliedstaaten in nationales Recht umzusetzen waren. Diese **Richtlinien** waren durch zahlreiche Wahlrechte und Ermessensspielräume bezüglich ihrer endgültigen Umsetzung in nationales Recht gekennzeichnet, welche die schwierige politische Konsensfindung auf europäischer Ebene zum Ausdruck brachten. In der Zwischenzeit hat sich die Position der EU verändert. Sie verzichtet auf eine Harmonisierung durch die eigene Regulierung von Rechnungslegungsnormen und unterstützt vielmehr seit November 1995 intensiv die Harmonisierungsbestrebungen des IASB. Ergebnis dieser Unterstützung ist der Beschluss des europäischen Parlaments und des Rates der EU, durch eine Verordnung (»IAS-Verordnung«) ab 2005 für alle kapitalmarktorientierten Unternehmen Europas eine Rechnungslegung nach den Grundsätzen der IFRS im Konzernabschluss direkt vorzuschreiben (vgl. S. 47).

FASB

Das FASB ist eine **privatrechtliche Institution**, die im Auftrag der US-amerikanischen Börsenaufsichtsbehörde, der Securities and Exchange

Commission (SEC), Rechnungslegungsnormen entwickelt. Bei diesen Rechnungslegungsnormen handelt es um die **United States Generally Accepted Accounting Principles (US-GAAP)**. Diese stellen ein umfangreiches und detailliertes Regelwerk dar, das für am amerikanischen Kapitalmarkt gelistete Unternehmen konkrete Bilanzierungsanweisungen für diverse Bilanzierungsprobleme enthält. Die US-GAAP bilden aber kein in sich geschlossenes und systematisches Rechnungslegungskonzept wie das deutsche GoB-System.[3]

IASB

Das IASB ist mit Wirkung vom 1.1.2004 aus dem International Accounting Standards Committee (IASC) hervorgegangen und ist ebenso wie das FASB eine **privatrechtliche Institution**. Es hat seinen Sitz in London. Das IASB ist bestrebt, einheitliche, qualitativ hochwertige, verständliche und durchsetzbare Rechnungslegungsstandards zu entwickeln: Die International Financial Reporting Standards (IFRS). Die Rechnungslegungsstandards des IASB entspringen **primär angelsächsischer Rechtstradition**. Im Unterschied zu den vom FASB erlassenen US-GAAP können die nach IFRS bilanzierenden Staaten in den einzelnen Gremien des IASB die Entwicklung und Verabschiedung der Rechnungslegungsstandards konstruktiv begleiten und beeinflussen. Somit wird ein breiter politischer und fachlicher Konsens bezüglich der vom IASB erlassenen Rechnungslegungsstandards ermöglicht (vgl. S. 40 f.).

3. Das IASB als Ausgangspunkt für eine internationale Harmonisierung

Gründung

Auf Initiative Großbritanniens wurde am **29.6.1973** das **IASC** als Vorgängeorganisation des IASB mit dem Ziel gegründet, die Rechnungslegung international zu harmonisieren. Mit dem Board des IASC sollte ein Gremium geschaffen werden, das den Berufsverbänden die Möglichkeit gab, ihren Einfluss bei der Entwicklung von Rechnungslegungsnormen sicherzustellen. Die zunehmende Verrechtlichung der Rechnungslegung durch die EU sollte eingedämmt werden. Zu den Gründungsmitgliedern des IASC zählten Berufsverbände der Wirtschaftsprüfer aus Australien, Deutschland, Großbritannien, Irland, Frankreich, Japan, Kanada, Mexiko, den Niederlanden und den USA.

Entwicklungsstufen

Von 1973 bis heute lassen sich **vier Entwicklungsstufen** der durch das IASC angestrebten Harmonisierung der Rechnungslegung unterscheiden:[4]

Die **erste Entwicklungsstufe** erstreckte sich von **1973 bis 1987**. Erste Bemühungen zu vergleichbareren nationalen Abschlüssen wurden unternommen. International nicht übliche Ansatz- und Bewertungsmethoden wurden nicht in die IAS aufgenommen. Bei fehlender sachlicher Übereinstimmung hinsichtlich einzelner Bilanzierungsfragen wurden neue Ansatz-, Bewertungs- und Ausweiswahlrechte eingeführt. Kontinentaleuropäische und angelsächsische Rechnungslegung konnten weitgehend nebeneinander bestehen.

Auf der **zweiten Entwicklungsstufe** von **1987 bis 1993** strebte das IASC vermehrt die internationale Akzeptanz der von ihm aufgestellten Rechnungslegungsnormen an. So wurde im Jahr 1987 die International Organization of Securities Commissions

(IOSCO) als internationale Organisation der Börsenaufsichtsbehörden in die Consultative Group des IASC aufgenommen. Die Aufgabe der Consultative Group war es, das Board als Entscheidungs- und Führungsgremium in Fragen zu Strategie, Arbeitsprogramm und Projektinhalten des IASC zu beraten. Auf Drängen der IOSCO wurden im Rahmen des sog. **Comparability and Improvement Project** zahlreiche Bilanzierungswahlrechte im Regelwerk des IASC eliminiert und zehn bestehende Rechnungslegungsstandards wurden überarbeitet. Die Vergleichbarkeit internationaler Abschlüsse sollte so verbessert werden. Parallel zu dieser Entwicklung entstand in diesem Zeitraum das »*Framework for the Preparation and Presentation of Financial Statements*« als konzeptionelle Rechnungslegungsgrundlage – die sog. Rahmengrundsätze der IASB-Rechnungslegung (Framework).

Auf der **dritten Entwicklungsstufe**, die von **1993 bis 1998** reichte, bestand das Bemühen des IASC darin, in Abstimmung mit der IOSCO sog. **Kernstandards (Core Standards)** zu entwickeln und in das eigene Regelwerk zu übernehmen. Diese Entwicklung und Umsetzung von Kernstandards war eine zentrale Voraussetzung dafür, dass die IOSCO ihren Mitgliedsorganisationen (u. a. der SEC als Kapitalmarktaufsichtsbehörde in den USA) die Rechnungslegungsnormen des IASC als Börsenzulassungsstandards empfahl.

Die **letzte Entwicklungsstufe** erstreckt sich schließlich vom Jahr **1998 bis heute** und wird künftig fortgesetzt. Schwerpunkt dieser Entwicklungsstufe ist die Reorganisation und strategische Neuausrichtung des bisherigen IASC. Im Ergebnis wurde eine neue Satzung formuliert, die am 1.4.2001 in Kraft getreten ist und den Aufgaben- und Kompetenzbereich des Board erheblich vergrößert hat.

Aktuelle Situation

Neben der Reorganisation des IASB ist schließlich als ein wichtiger Meilenstein auf dem Weg hin zur internationalen Harmonisierung der Rechnungslegung anzusehen, dass die **IOSCO** im **Mai 2000** ihren Mitgliedsorganisationen empfohlen hat, 30 IAS einschließlich der zugehörigen Interpretationen als **kapitalmarkttaugliche Rechnungslegungsvorschriften** anzuerkennen. Die SEC als bedeutendste Mitgliedsorganisation der IOSCO hat die IFRS mittlerweile für eine Notierung an den US-amerikanischen Wertpapierbörsen unter bestimmten Bedingungen anerkannt und ihre Zulassungsvoraussetzungen für ausländische Emittenten modifiziert (siehe Exkurs, S. 32). Somit ist für ausländische Unternehmen die Notierung an der New York Stock Exchange (NYSE) künftig nicht mehr an einen Abschluss auf der Grundlage der US-GAAP oder an eine Überleitungsrechnung geknüpft.

Die enge Zusammenarbeit zwischen dem IASB und dem FASB im Rahmen des **»Norwalk Agreement«** aus dem Jahre **2002**, wonach bestehende Unterschiede zwischen den IFRS und den US-GAAP weitgehend beseitigt worden sind und künftig im Rahmen der Arbeitsprogramme beider Standardsetter noch weiter reduziert werden sollen, ist aktuell Zeichen für die zunehmende Akzeptanz der IFRS – auch in Nordamerika. Weiter intensiviert worden ist die Zusammenarbeit von IASB und FASB zuletzt im **Februar 2006** in Form einer gemeinsamen Absichtserklärung (**Memorandum of Understanding between the FASB und the IASB**). In diesem Arbeitsplan, der auf dem »Norwalk Agreement« aufsetzt, werden die einzelnen Arbeitsschritte hin zu einer vollständigen Konvergenz von IFRS und US-GAAP festgeschrieben.

EXKURS
Akzeptanz der IFRS durch die SEC

Am 21.12.2007 veröffentlichte die SEC die **endgültige Regelung** (sog. Final Rule Release No. 33-8879)[5] zur **Abschaffung der IFRS-Überleitungsrechnung** für ausländische Emittenten (*foreign private issuers*). Die von der SEC beschlossene Neuregelung ist ein markanter Richtungswechsel im Rahmen der von politischen Einflüssen und Interessen angetriebenen Anerkennungs- und Konvergenzbestrebungen. Grund für die Öffnung der strengen SEC-Regeln zugunsten einer Anerkennung von durch *foreign private issuers* aufgestellten IFRS-Abschlüssen sind nicht zuletzt die geplanten bzw. bereits durchgeführten Delistings einiger namhafter europäischer Großkonzerne, wie der Altana AG, der Bayer AG oder der EON AG.

Wollen *foreign private issuers* den amerikanischen Kapitalmarkt nutzen, unterliegen sie gesonderten Registrierungs- und Berichtspflichten. Um den Berichtspflichten gerecht zu werden, haben diese Unternehmen ihren jährlichen Bericht nach Form 20-F innerhalb von sechs Monaten nach Ende des Geschäftsjahres bei der SEC einzureichen.[6] Von der Pflicht zur Aufstellung einer Überleitungsrechnung entbunden wurden *foreign private issuers* bislang nur, wenn sie den Abschluss vollständig nach US-GAAP erstellt haben.

Der Durchbruch zur Öffnung der SEC-Regeln für IFRS-Abschlüsse ohne Überleitungsrechnung wurde bereits seit 2005 öffentlich diskutiert. Im Rahmen der letztendlichen Öffnung waren diverse SEC-Regelungen anzupassen. Dazu zählen:

- die Form 20-F, die eine strukturierte Gliederung für die Berichterstattung an die SEC vorgibt;
- die Verordnung (regulation) S-X, die u. a. Anweisungen zur Aufstellung von Jahresabschlüssen und Berichterstattungspflichten der Abschlussprüfer enthält; sowie
- weitere Verordnungen, Formblätter und Regelungen, die den Securities Act von 1933 sowie den Securities Exchange Act von 1934 umsetzen.

Voraussetzung für die reguläre Berichterstattung ohne Überleitungsrechnung bei der SEC ist, dass *foreign private issuers* nach Inkrafttreten der Regelung ihre Abschlüsse auf Basis der **vom IASB herausgegebenen IFRS** aufstellen. Im eingereichten Abschluss ist diese Übereinstimmung explizit zu bestätigen. Außerdem hat der vom Abschlussprüfer erteilte Bestätigungsvermerk auf die IFRS Bezug zu nehmen, wie sie vom IASB herausgegeben wurden. Eine reine Anwendung der durch die EU übernommenen Standards ist somit nicht ausreichend.

Weiterhin veröffentlichte die SEC am 14.11.2008 einen Fahrplan zur möglichen Übernahme der IFRS auch für US-amerikanische Unternehmen.[7] Geplant war, dass die IFRS in drei Phasen von 2014 bis 2016 in Abhängigkeit von der Unternehmensgröße auch in den USA verpflichtend anzuwenden sein würden, wenn bis zum Jahr 2011 diverse Meilensteine erreicht (u. a. Verbesserungen in den Rechnungslegungsstandards, Rechenschaftspflicht und die Finanzierung der IASC-Foundation) seien. Insbesondere, weil man die unmittelbaren Umstellungskosten derzeit als prohibitiv hoch einschätzt und wahrscheinlich auch, um die Kontrolle über die US-amerikanischen Rechnungslegungsstandards nicht zu verlieren, hat die SEC bislang keine finale Entscheidung getroffen. Aus den jüngsten Überlegungen der SEC[8] lässt sich folgern, dass die USA anstelle einer Übernahme der IFRS (*endorsement*) eine gemeinsame Weiterentwicklung von IFRS und US-GAAP bis zur völligen Übereinstimmung beider Normensysteme (*condorsement*) präferieren. Eine finale Entscheidung der SEC zum weiteren Vorgehen steht indes nach wie vor aus.

II. Das IASB – Organisation, Zielsetzung und Verlautbarungen

1. Organisationsstruktur des IASB

Überblick

Wie ausgeführt, ist die vierte Entwicklungsstufe der internationalen Harmonisierung der Rechnungslegung mit dem IASB als Ausgangspunkt erreicht. Auf dieser Stufe stand die strategische und organisatorische Neuausrichtung des bisherigen Entscheidungsgremiums, des IASC, im Mittelpunkt der Betrachtung. Strategisch wurde und wird die weltweite Harmonisierung durch die IFRS forciert, während sich zuvor die Bemühungen vorrangig auf die nationale Einflussnahme zur Durchsetzung der IFRS konzentrierten. Zum 1.4.2001 trat eine neue Organisationsstruktur in Kraft, die im Juli 2005 sowie im März 2010 modifiziert wurde. Diese Organisationsstruktur ist in Abb. B.1 dargestellt:

Die Organe

Die **IFRS Foundation** ist die Trägerorganisation des IASB. Daneben sind als wesentliche Organe dieser Organisation das Monitoring Board, die Trustees (Treuhänder), das IFRS Interpretations Committee (IFRSIC), der IFRS Advisory Council (IFRSAC) sowie das Board (IASB) anzuführen. Das **Monitoring Board** soll die Verbindung des IASB zu den die Rechnungslegung überwachenden öffentlichen Organen stärken. Mitglieder sind derzeit u. a. die Europäische Kommission, die IOSCO und die SEC. Ihre Aufgabe ist, bei der Ernennung der Trustees mitzuwirken und diese zu bestätigen sowie deren Arbeit laufend zu überwachen. Die **Trustees** bilden ein aus 22 Personen bestehendes Organ, das u. a. die Mitglieder des IASB, des IFRSIC und des IFRSAC ernennt, die Aktivitäten des IASB überwacht, seine Finanzierung sichert und über mögliche Satzungsänderungen entscheidet. Die Ernennung der Trustees erfolgt hinsichtlich ihrer beruflichen und geografischen Herkunft ausgewogen durch das Monitoring Board, sodass eine breite internationale Akzeptanz der IFRS erzielt wird. Das **IFRSIC** besteht aus zwölf stimmberechtigten Mitgliedern und legt praktische Fragen der Rechnungslegung zeitnah aus. Ergänzt wird dieses Gremium um ein bis zwei Mitglieder des Board, die einen Beobachterstatus einnehmen. Der **IFRS Advisory Council** umfasst mindestens 30 Mitglieder und Organisationen verschiedenster geografischer und beruflicher Herkunft. Die Aufgabe dieses Gremiums ist, das Board und auch die Trustees in fachlichen und technischen Fragen zu beraten. Der IFRS Advisory

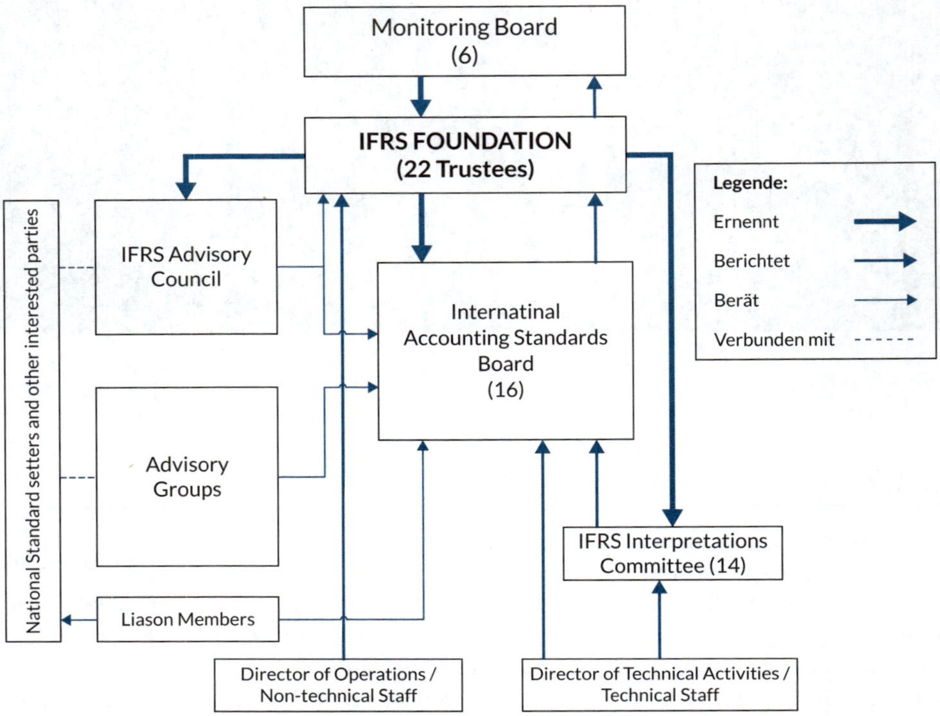

Abbildung B.1 Die Organisationsstruktur des IASB

Council soll vor allem den Organisationen und Ländern, die im IASB nicht unmittelbar vertreten sind, die Möglichkeit geben, sich im Rahmen des Standardsetting fachlich zu engagieren. Das **IASB** schließlich setzt sich aus 16 Mitgliedern zusammen und hat sich die Aufgabe gestellt, Exposure Drafts (ED) und International Financial Reporting Standards (IFRS) zu entwickeln und zu veröffentlichen sowie die vom IFRSIC erarbeiteten Interpretationen zu verabschieden. Das IASB erhält dabei Unterstützung durch nationale Rechnungslegungsstandardsetter oder andere Organisationen. Überdies kann das IASB auf die Hilfe projektbezogener Arbeitsgruppen zurückgreifen, um seine Aufgaben wahrzunehmen. Ergänzend seien an dieser Stelle noch die so genannten **Liaison Members** erwähnt. Diese stellen eine Gruppe von Verbindungspersonen zu einem oder mehreren nationalen Standardsettern dar. Sie sollen zum einen Problembereiche und Einstellungen aus den jeweiligen Nationalstaaten im IASB vorbringen und zum anderen in ihren Ländern die zügige und harmonisierte Umsetzung der veröffentlichten Rechnungslegungsstandards in nationales Recht unterstützen.

2. Zielsetzungen der IASB-Rechnungslegung

Ziele der IFRSF

Die IFRS Foundation als Dachorganisation des IASB verfolgt mit der IASB-Rechnungslegung im Wesentlichen die folgenden drei entscheidenden Ziele:

- **Entwicklung** eines einzigen gültigen Sets an hochwertigen, verständlichen und durchsetzbaren globalen Standards der Rechnungslegung. Diese Standards fordern hochwertige, transparente und vergleichbare Informationen in Abschlüssen und sonstigen Finanzberichten, um die Teilnehmer in den Kapitalmärkten der Welt und andere Nutzer beim Treffen von wirtschaftlichen Entscheidungen zu unterstützen.

- Die **Förderung der Nutzung** und rigorosen Anwendung der Standards.
- Herbeiführung einer **Konvergenz** der nationalen Standards der Rechnungslegung mit den IFRS im Sinne der Schaffung eines hochwertigen Rechnungslegungsrechts.

Insgesamt deckt sich die Zielsetzung der IFRS Foundation und damit die Zielsetzung des IASB mit den Vorstellungen einer kapitalmarktorientierten Rechnungslegung, welche ihre Rechnungslegungsnormen an den vermuteten Informationsbedürfnissen der Investoren ausrichtet.

3. Verlautbarungen des IASB und Hierarchieebenen im IASB-Regelsystem

a) Vorbemerkung

Bevor in diesem Abschnitt auf die Verlautbarungen des IASB eingegangen wird, muss zunächst geklärt werden, welche Normen im IASB-Regelwerk existieren und welche Funktionen diese übernehmen. Zugleich muss darüber nachgedacht werden, was bei auftretenden Regelungslücken zu tun ist, d. h., welche Auslegungsquelle ist unter welchen Umständen zur Lückenschließung heranzuziehen bzw. kann herangezogen werden. Abschließend ist ein Blick auf den Normsetzungsprozess, den sog. »Due Process«, in der internationalen Rechnungslegung zu werfen, um ein Verständnis für die Dynamik des angelsächsisch geprägten Rechnungslegungssystems des IASB zu erlangen. Ein Überblick über die Rechnungslegungsstandards des IASB rundet diesen Abschnitt schließlich ab.

b) Das ›House of IFRS‹

aa) Hierarchieebenen in der IASB-Rechnungslegung

Bestandteile

Das IASB-Regelungssystem besteht insgesamt aus fünf Komponenten:[1]

- dem Preface to International Financial Reporting Standards (Vorwort),
- dem Conceptual Framework for Financial Reporting (kurz: Framework),
- den Standards, wobei die bis zur endgültigen Restrukturierung vom IASC verabschiedeten und nunmehr vom IASB übernommenen Standards als »International Accounting Standards« (IAS) bezeichnet werden und die nach der Restrukturierung im Jahre 2001 erlassenen Standards den Namen »International Financial Reporting Standards« (IFRS) tragen,
- den Interpretationen des früheren Standards Interpretations Committee (SIC) bzw. des heutigen IFRSIC, die SIC-Interpretationen bzw. IFRIC-Interpretationen genannt werden, sowie
- den Anwendungshilfen (application guidances [supplements]/implementation guidances/illustrative examples).

Preface

Die Zielsetzung des IASB, der Anwendungsbereich und die Funktion der Standards, die Bestandteile eines vollständigen IFRS-Abschlusses, der Ablauf der Verabschiedung neuer Standards sowie Abstimmungsregularien, der Zeitpunkt des In-Kraft-Tretens der Standards und die Arbeitssprache werden im Preface, dem Vorwort zu den Einzelstandards, erläutert.

Framework

Das Framework fungiert als **Auslegungs- und Orientierungshilfe** (IAS 8.11 (b)) und ist damit der konzeptionelle Bezugsrahmen für das Rechnungslegungssystem des IASB. Das Framework richtet sich an das Board, die Ersteller von IFRS-Abschlüssen, deren Prüfer sowie die Abschlussadressaten und sonstige an der Rechnungslegung Interessierte. Es umschließt das System der allgemeinen Rechnungslegungsgrundsätze des IASB und dient somit als **Grundlage für die Erarbeitung neuer sowie die Auslegung bereits bestehender Standards**. Explizit herausgestellt wird, dass das Framework kein Standard ist und auch nicht unter Berufung auf das Framework gegen einzelne Standards verstoßen werden darf.

Standards

Mit abgegrenzten Bereichen des IFRS-Rechnungslegungssystems befassen sich hingegen die einzelnen Rechnungslegungsstandards, die IFRS. Sie **folgen keiner einheitlichen Systematik** und decken Bilanz- und GuV-Posten (z. B. IAS 2 zur Bilanzierung des Vorratsvermögens oder IAS 18 zur Umsatzrealisierung) und Problembereiche der Rechnungslegung (z. B. IAS 11 zur Bilanzierung von langfristigen Fertigungsaufträgen) ab. Teilweise behandeln sie die Gestaltung von Instrumenten der Rechnungslegung (z. B. IAS 7 zur Kapitalflussrechnung oder IFRS 8 zur Segmentberichterstattung) oder Sonderprobleme einzelner Branchen (z. B. IAS 41 zur Bilanzierung landwirtschaftlicher Güter und Erzeugnisse oder IFRS 4 zur Bilanzierung von Versicherungsverträgen). Werden bestimmte Sachverhalte nicht durch bestehende Standards abgedeckt, ist das IASB entsprechend seiner Zielsetzung bemüht, diese Lücken durch die Herausgabe neuer oder durch Überarbeitung bestehender Standards zu schließen.

Interpretationen

Die SIC-/IFRIC-Interpretationen stellen die vom IASB autorisierten und daher verbindlich anzuwendenden **Auslegungsregeln für bestehende Standards** dar. Sie sollen gewährleisten, dass die Standards bei Bilanzierungsfragen, die in ihnen nicht ausdrücklich geregelt sind, einheitlich und zutreffend angewendet werden. IFRIC-Interpretationen werden möglichst zeitnah herausgegeben und beziehen sich nur auf Bilanzierungsfragen von allgemeinem Interesse. Sie werden konsistent zum Framework und zu den bestehenden Standards entwickelt.

Anwendungshilfen

Unter dem Begriff der Anwendungshilfen werden grundsätzlich Anleitungen zur Standardanwendung (*application guidances* bzw. *application supplements*), Anwendungsleitlinien (*implementation guidances*) sowie Anwendungsbeispiele (*illustrative examples*) verstanden. Allerdings gelten die **Anleitungen (*application guidances [supplements]*)** zur Standardanwendung als integraler Bestandteil des jeweiligen Rechnungslegungsstandards (z.B. in IAS 32, IAS 33 und IAS 39). Sie sind dementsprechend **verpflichtend** anzuwenden. Anwendungsleitlinien und Anwendungsbeispiele hingegen weisen einen geringeren Verpflichtungscharakter auf und bilden die Anwendungshilfen im engeren Sinne. Sie ergänzen den jeweiligen Rechnungslegungsstandard und stellen seine Umsetzbarkeit für die Bilanzierungspraxis klar.

Anwendungsleitlinien (*implementation guidances*) wurden erstmals zu IAS 39 (Finanzinstrumente: Ansatz und Bewertung) veröffentlicht. Mittlerweile werden Anwendungsleitlinien im Zusammenhang mit nahezu jedem neuen Rechnungslegungsstandard herausgegeben (IFRS 1, IFRS 2, IFRS 4, IFRS 5 sowie IFRS 7 bis 13). Mit derartigen

Anwendungsleitlinien sollen Probleme bei der Einführung und Anwendung inhaltlich schwieriger Rechnungslegungsstandards reduziert werden. Zu diesem Zweck wurden und werden vom IASB für bestimmte Rechnungslegungsstandards Arbeitsgruppen, sog. Implementation Guidance Committees (IGC), ins Leben gerufen. Diese Committees, die sich aus ausgewiesenen Rechnungslegungsexperten zusammensetzen, sind dazu angehalten, für komplexe bilanzielle Sachverhalte Handlungsanweisungen zu erarbeiten, die den Anwendern der IFRS die praktische Umsetzung der Rechnungslegungsstandards in ihren Unternehmen erleichtern sollen.

Eine Anwendungsleitlinie ist so aufgebaut, dass sie Antworten auf die von Anwenderseite am häufigsten gestellten Fragen vermittelt. Indes verabschiedet nicht das IASB die Antworten bzw. Anwendungsleitlinien des IGC, sondern dies erfolgt durch das Committee selbst. Die von diesen Committees erarbeiteten Anwendungsleitlinien besitzen daher lediglich **Empfehlungscharakter**. Ebenso Empfehlungscharakter besitzen die **Anwendungsbeispiele (*illustrative examples*)**, die wie die Anwendungsleitlinien nicht als Standardbestandteil gelten. Die Anwendungsbeispiele liefern praktische Umsetzungsbeispiele für den jeweiligen, durch den Rechnungslegungsstandard abzudeckenden, bilanziellen Sachverhalt. Sie repräsentieren nicht die einzig zulässigen Umsetzungsmöglichkeiten der Standardregelungen und sind daher nicht als abschließend zu betrachten.

bb) Behandlung von Regelungslücken

Bedeutung der Regelungen des IAS 8.10 ff.

Die Vorschriften des IAS 8.10-8.12 regeln die Auswahl und Anwendung der Bilanzierungs- bzw. Bewertungsmethoden beim Vorliegen von Regelungslücken. Obwohl die IFRS eine hohe Regelungsdichte besitzen, finden sich immer wieder Sachverhalte, die in den IFRS nicht oder nicht vollständig geregelt werden. Vor diesem Hintergrund kommt den Regelungen in IAS 8.10-8.12 eine außerordentliche Bedeutung zu.[2]

Beim **Fehlen eines Standards oder einer Interpretation**, der/die ausdrücklich auf einen Geschäftsvorfall oder sonstige Ereignisse oder Umstände zutrifft, hat das Management darüber zu entscheiden, welche Bilanzierungs- und Bewertungsmethode zu entwickeln und anzuwenden ist, die zu entscheidungsrelevanten und zuverlässigen Informationen führt (IAS 8.10). Entscheidungsrelevant sind gem. IAS 8.10 (a) solche Informationen, die für die Bedürfnisse der wirtschaftlichen Entscheidungsfindung der Adressaten Bedeutung haben. Als zuverlässig gilt eine Information nach IAS 8.10 (b), wenn der Abschluss durch diese Information

- die Vermögens-, Finanz- und Ertragslage sowie die Cashflows des Unternehmens den tatsächlichen Verhältnissen entsprechend darstellt,
- den wirtschaftlichen Gehalt von Geschäftsvorfällen und sonstigen Ereignissen und Bedingungen widerspiegelt und nicht nur deren rechtliche Form,
- neutral bzw. unverzerrt ist,
- vorsichtig ist und
- in allen wesentlichen Gesichtspunkten vollständig ist.

Durch die Bezugnahme auf die bereits im (alten) Framework aufgeführten qualitativen Anforderungen – Relevanz und Zuverlässigkeit – sollen Unternehmen bei der Auswahl und Anwendung ihrer Bilanzierungs- bzw. Bewertungsmethoden dieselben Prinzipien beachten, wie der Standardsetter bei der Entwicklung von Standards und Interpretationen. Darüber hinaus müssen kapitalmarktorientierte Unternehmen in Europa die Voraussetzung für die Anerkennung von Standards und Interpretation im Rahmen des EU-Komitologieverfahrens berücksichtigen (vgl. S. 47 ff.). Nach Art. 3 Abs. 2 der **IAS-Verordnung** ist dabei vor allem die Vermittlung eines den tatsächlichen Verhältnissen entsprechenden Bilds der Vermögens-, Finanz- und Ertragslage (*true and fair view*) als Leitlinie zur Schließung von Rechnungslegungslücken heranzuziehen. Insoweit ist bei der Lückenschließung stets von der einen richtigen und damit zweckgerechten Lösung auszugehen.

Bei seiner Entscheidungsfindung muss bzw. kann sich das Management des bilanzierenden Unternehmens gem. IAS 8.11 i. V. m. IAS 8.12 auf die nachfolgenden Quellen beziehen und deren Anwendbarkeit prüfen:

- die Anforderungen und Anwendungsleitlinien (*implementation guidances*) in Standards oder Interpretationen, die ähnliche und verwandte Fragen behandeln (IAS 8.11 (a));
- die im Framework enthaltenen Ansatz- und Bewertungsgrundsätze als Deduktionsbasis (IAS 8.11 (b));
- die jüngsten Verlautbarungen anderer Standardsetter (IAS 8.12);
- wissenschaftliche Kommentarliteratur (IAS 8.12); sowie
- die anerkannte, allgemein übliche Bilanzierungspraxis (IAS 8.12).

Diese hierarchische Ordnung folgt der in der kontinentaleuropäischen Rechtswissenschaft bekannten Methode zur Füllung von Regelungslücken durch Rückgriff auf die Regelungszwecke.

Die Anforderungen und Anwendungsleitlinien (*implementation guidances*) in Rechnungslegungsstandards oder -interpretationen sind **verpflichtend** zur Schließung von Lücken anzuwenden, wenn sie ähnliche und verwandte Bilanzierungsfragen behandeln (sog. Fallanalogie). IAS 8 regelt indes nicht, wann ein geregelter Sachverhalt eine Ähnlichkeit oder Verwandtschaft zu einem ungeregelten Fall aufweist. Was als ähnlich bzw. verwandt gelten kann, liegt demnach zunächst im Ermessen des Managements des bilanzierenden Unternehmens, wobei die Kriterien des IAS 8.10 zwingend berücksichtigt werden müssen. Darüber hinaus können bereits praxisübliche Analogien auf eine gewisse »Ähnlichkeit« der zugrunde liegenden Sachverhalte hindeuten. Zu beachten ist indes, dass die Wahl der zur Lückenschließung angewandten Regelungen stets intersubjektiv nachvollziehbar sein sollte.

Basis for Conclusions

Auf der gleichen Ebene wie die diskutierten Anwendungsleitlinien werden ebenso die »Entscheidungsgrundlagen« eines jeden Rechnungslegungsstandards (*basis for conclusions*) gesehen, obwohl sie in IAS 8 keine (explizite) Erwähnung zur Lückenschließung finden. Diese Entscheidungsgrundlagen sind elementarer Bestandteil eines jeden IFRS und geben die Diskussionen des IASB zur betreffenden Bilanzierungsregel wieder.

Framework

Das Framework stellt den konzeptionellen Bezugsrahmen der IFRS dar. Es enthält übergreifende Überlegungen zum Zweck der IFRS-Rechnungslegung sowie die Grundanforderungen eines Abschlusses nach IFRS. In den Kommentaren der Europäischen Kommission zur IAS-Verordnung heißt es, dass das Framework »die Grundlage für die Urteilsbildung bei der Lösung von Rechnungslegungsproblemen«

bildet. Somit ist die Lösung einer bilanziellen Fragestellung stets auf die Konformität mit dem Framework zu überprüfen. Als Deduktionsgrundlage gelten zunächst explizit die Ansatz- und Bewertungsgrundsätze (IAS 8.11 (b)), welche im Framework festgeschrieben sind. Überdies darf keine der nachfolgenden Quellen zur Lückenschließung aus IAS 8.12 gegen die allgemeinen Rechnungslegungsgrundsätze des Frameworks verstoßen. Das Framework bildet insofern eine umfassende Instanz zur Schließung von Regelungslücken. Da die im Framework enthaltenen Grundsätze aber hierarchisch nicht gegen einzelne Rechnungslegungsstandards verstoßen dürfen, kann ihnen insgesamt lediglich **Empfehlungscharakter** zugesprochen werden.

Verlautbarungen anderer Standardsetter

Die jüngsten (aktuellen) Verlautbarungen anderer Standardsetter können insoweit zur Lückenschließung herangezogen werden, wie sie ein ähnliches konzeptionelles Framework zur Entwicklung von Bilanzierungs- und Bewertungsmethoden einsetzen. Dahingehend besteht also ein **Wahlrecht**. Dieses kann sich jedoch durchaus zu einem **faktischen Zwang** entwickeln, sofern die fremde Regelung – z. B. durch häufige Anwendung innerhalb einer bestimmten Industrie oder am Kapitalmarkt – den Status einer Bilanzierungspraxis erreicht.

Als mögliche fremde Rechnungslegungsverlautbarungen kommen neben den amerikanischen US-GAAP weitere angelsächsische Rechenwerke in Betracht: z. B. UK-GAAP oder Australian GAAP. Für europäische kapitalmarktorientierte Unternehmen ist allerdings explizit die Heranziehung der »Generally Accepted Accounting Principles« **Kanadas, Japans und der Vereinigten Staaten** vorgesehen.[3] Diese drei Staaten hatten eine Absichtserklärung (*Memorandum of Understanding*) unterzeichnet, bis 2009 die eigenen nationalen Rechenwerke an die IFRS anzugleichen, was indes bis heute nur Kanada erreicht hat.

Aus welchem anderen Rechenwerk das bilanzierende Unternehmen die Lösung für die Regelungslücke auch herleitet, relevant ist vor allem, dass die Lösung im Hinblick auf die Entscheidungsnützlichkeit für die Abschlussadressaten und die Zuverlässigkeit der Information begründet werden kann. Des Weiteren muss die Bilanzierungslösung widerspruchsfrei zu den Regelungen im Framework sein.

Wissenschaftliche Kommentarliteratur

Die IFRS gewähren die Möglichkeit, wissenschaftliche Kommentarliteratur zur Schließung von Rechnungslegungslücken heranzuziehen, wenn sie sich mit abgegrenzten bilanziellen Problemstellungen beschäftigen. Hierzu zählen neben den einschlägigen IFRS-Kommentaren Veröffentlichungen in anerkannten Fachzeitschriften, Dissertationen sowie Monographien. Sofern das bilanzierende Unternehmen wissenschaftliche Kommentarliteratur zur Lückenschließung berücksichtigen möchte, sollte zudem eine **Absprache** mit dem Abschlussprüfer bzw. mit der Enforcementstelle erfolgen. Nur dadurch kann das Problem der Regelungslücke bilanziell zweckgerecht und damit richtig gelöst werden. Die Anforderungen des IAS 8.10 gelten analog.

Bilanzierungspraxis

Für bestimmte bilanzielle Fragestellungen – besonders in speziellen Branchen – bilden sich zunehmend Bilanzierungspraktiken heraus, die als »allgemein üblich« anerkannt werden. Eine allgemein übliche Bilanzierungspraxis kann sich z. B. aus einschlägigen Studien von Branchenverbänden oder renommierten Forschungsagenturen sowie aus eigenen Untersuchungen der Abschlüsse von Konkurrenten des bilanzierenden Unternehmens entwickeln. Dabei muss der jeweiligen Bilanzierungspraxis jedoch ein ausgesprochen **hoher Grad an Akzeptanz** zukommen. Dies liegt an dem Umstand, dass die Bilanzierungspraktiken i. d. R. von den bilanzierenden Unternehmen selbst entwickelt werden. Somit ist auch hier darauf hinzuweisen, dass die Anwendung einer bestimmten Bilanzierungspraxis mit dem Abschlussprüfer bzw. der Enforcementstelle abgestimmt werden sollte. Darüber hinaus sind die Voraussetzungen des IAS 8.10 auch hier zwingend zu beachten.

Neben den in IAS 8.11 und IAS 8.12 explizit aufgeführten Quellen, kommen weiter auch das Vorwort zu den IFRS (*Preface*) sowie die vom IASB veröffentlichten Standardentwürfe (*Exposure Drafts; EDs*), Diskussionspapiere (*Discussion Papers*; DPs) und weitergehenden Hintergrundinformationen (*Information for Observers*) als Auslegungshilfen für die Schließung von Rechnungslegungslücken in Betracht.

Dem **Vorwort** wird im Allgemeinen keine Bedeutung bzw. Bindungswirkung zugesprochen. Indes muss konstatiert werden, dass jeder künftige oder überarbeitete Standard u. a. auch in Verbindung mit dem Vorwort zu den IFRS zu betrachten ist. Folglich stellt es im Hinblick auf seine Bindungswirkung eine Art Auslegungshilfe dar. **Entwürfe** von Rechnungslegungsstandards bzw. -interpretationen können generell ebenfalls als Auslegungshilfe angesehen werden. Sie sind allerdings zwingend für die Lückenschließung heranzuziehen, wenn sie auf breite Zustimmung im Rahmen der öffentlichen Diskussion zur Verabschiedung eines/einer neuen bzw. überarbeiteten Standards oder Interpretation (*Due Process*) stoßen und sich auf die zu lösende Fragestellung beziehen. Die vom IASB veröffentlichten **Diskussionspapiere** und **weitergehenden Hintergrundinformationen** können dagegen nicht als »stabile« Beurteilungsgrundlage gewertet werden, da sie die Konsensfindung der künftigen Rechnungslegungsnorm lediglich vorbereiten.

Einen abschließenden Einblick in das oben skizzierte »House of IFRS« liefert Abb. B.2. Für europäische Unternehmen gilt, dass bei der Auslegung von Regelungslücken stets von Rechnungslegungsstandards zu sprechen ist, die von der EU anerkannt worden sind. Hierbei handelt es sich um sog. »endorsed« IFRS. Bislang noch nicht auf europäischer Ebene anerkannte Rechnungslegungsstandards können auch als Auslegungsgrundlage dienen; dies jedoch mit abgeschwächtem Verpflichtungscharakter.[4]

c) Der Normsetzungsprozess (Due Process)

Zweck des Due Process

Hohe Qualität und globale Akzeptanz von Rechnungslegungsnormen lassen sich nur erreichen, wenn die einzelnen Rechnungslegungsnormen nicht nur im Rahmen ihrer Entwicklung und Verabschiedung selbst, sondern auch mit der interessierten Öffentlichkeit, den externen Rechnungslegungsexperten weltweit, entwickelt und diskutiert werden. Folglich ist der Normsetzungsprozess (**Due Process**) als ein mehrstufiger, mit Stellungnahmemöglichkeiten versehener Prozess auszugestalten.

Schritte des IASB-Standardsetting

Die Rechnungslegungsstandards und Interpretationen des IASB sind das Ergebnis eines derartig formalisierten Normsetzungsprozesses. Entsprechend dem »*Due Process Handbook for the IASB*« umfasst der Normsetzungsprozess bezüglich der Entwicklung und Verabschiedung von IFRS die **sechs** nachfolgend aufgeführten Schritte bzw. **Stufen** (Abb. B.3):

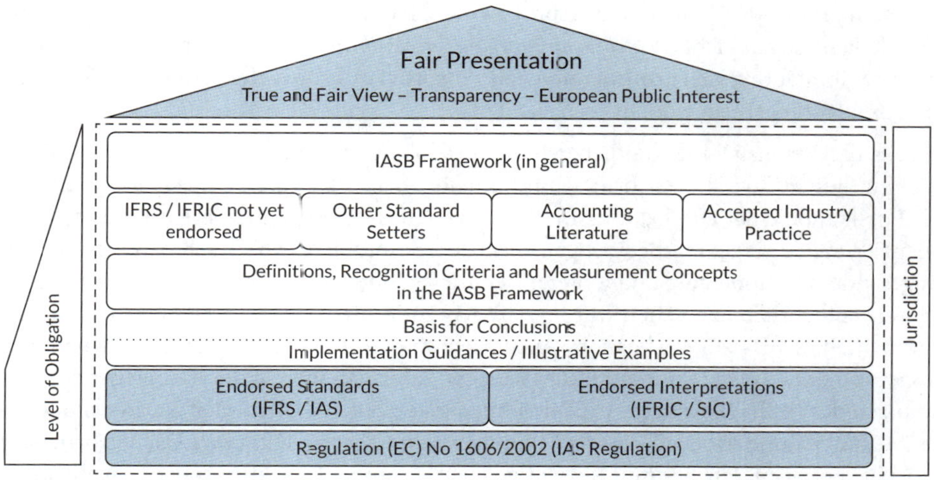

Abbildung B.2 Das »House of IFRS«

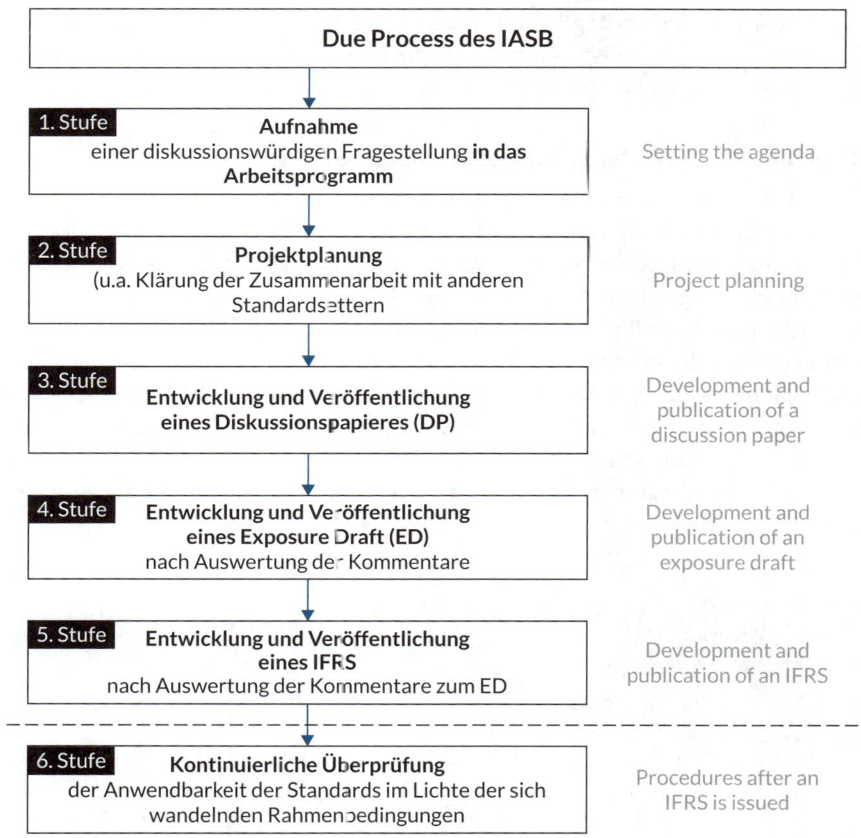

Abbildung B.3 Der Due Process des IASB[5]

Insgesamt muss der Normsetzungsprozess den Anforderungen der Transparenz und öffentlichen Zugänglichkeit (*transparency and accessibility*), der eingehenden Beratung und Reagibilität (*extensive consultation and responsivness*) sowie der Rechenschaftspflicht (*accountability*) gerecht werden.

Abseits der Bereitstellung sämtlicher Beratungsdokumente auf der Website des IASB erfolgt zu diesem Zweck eine formale und umfangreiche öffentliche Konsultation, die mit der Publikation eines DPs beginnt. In diesem stellt das IASB ggf. mehrere Alternativen zur Bilanzierung des regelungsbedürftigen Bilanzierungsproblems vor. Nach Auswertung der eingesandten Kommentare und weiterer Beratungen oder, wenn die Veröffentlichung eines DPs als entbehrlich angesehen wurde, stellt das IASB die von ihm präferierte Lösung im Rahmen eines EDs zur Diskussion. Auch hier werden die schriftlichen Stellungnahmen ausgewertet und unter Würdigung aller weiteren Informationen in die abschließenden Beratungen des IASB einbezogen. Um allen Interessierten ausreichend Zeit zur Erstellung einer Stellungnahme zu geben, soll die Kommentierungsfrist für DPs und EDs im Normalfall 120 Tage betragen. Für besonders wichtige oder komplexe Projekte wird regelmäßig auch eine längere Frist gewährt. In Ausnahmefällen, wenn das Projekt besonders dringlich, der Entwurf sehr kurz ist und das IASB annehmen kann, dass ein breiter Konsens hinsichtlich der Neuregelung besteht, kann die Kommentierungsfrist auf bis zu 30 Tage verkürzt werden. Eine derartige Verkürzung bedarf indes der Zustimmung von 75 % der IFRSF-Trustees. Dieser Zustimmungsmechanismus unterstreicht die Bedeutung der Transparenz- und Rechenschaftserfordernisse auf Seiten des IASB.

d) Überblick über die derzeitigen Verlautbarungen des IASB

Allgemeines

Das IASC hat bis zu seiner Umstrukturierung im Jahr 2001 **41 IAS** erlassen und veröffentlicht, von denen 13 mittlerweile wieder aufgehoben oder zurückgezogen wurden und **28** derzeit anzuwenden sind. Das zum 1.4.2001 als zentrales Entscheidungsorgan eingesetzte IASB hat bislang **13** Standards, die International Financial Reporting Standards (**IFRS**), verabschiedet und veröffentlicht. Anzumerken ist, dass lediglich zwölf der 13 IFRS innerhalb der EU anzuwenden sind[6]. Ergänzt werden die Rechnungslegungsstandards des IASB durch **32** gültige Interpretationen (**SIC/IFRIC**). Insgesamt werden sämtliche Rechnungslegungsstandards und -interpretationen gem. IAS 1.7 nunmehr unter dem Oberbegriff IFRS geführt. Die folgende Tab. B.1 mit dem Stand vom 11.8.2016 zeigt die Standards, den Zeitpunkt ihres In-Kraft-Tretens und die zugehörigen Interpretationen.

IAS/IFRS	Titel	Anmerkung	Gültigkeit (IASB)	Zugehörige(r) SIC/IFRIC
IAS 1	Darstellung des Abschlusses (*Presentation of Financial Statements*)		01.01.2009	SIC-27, SIC-29, IFRIC 17, IFRIC 20
IAS 2	Vorräte (*Inventories*)		01.01.2005	IFRIC 20

IAS/IFRS	Titel	Anmerkung	Gültigkeit (IASB)	Zugehörige(r) SIC/IFRIC
IAS 3	Konzernabschlüsse (*Consolidated Financial Statements*)	aufgehoben, ersetzt durch IAS 27 und IAS 28	-	-
IAS 4	Abschreibungen (*Depreciation Accounting*)	zurückgezogen; in wesentlichen Teilen ersetzt durch IAS 16, IAS 22 und IAS 38	-	-
IAS 5	Angabepflichten im Abschluss (*Information to be Disclosed in Financial Statements*)	aufgehoben, ersetzt durch IAS 1	-	-
IAS 6	Rechnungslegung bei Preisänderungen (*Accounting Responses to Changing Prices*)	aufgehoben, ersetzt durch IAS 15	-	-
IAS 7	Kapitalflussrechnungen (*Cash Flow Statements*)		01.01.1994	-
IAS 8	Bilanzierungsgrundsätze, Änderungen der Bilanzierungsannahmen sowie Fehler (*Accounting Policies, Changes in Accounting Estimates and Errors*)		01.01.2005	-
IAS 9	Forschungs- und Entwicklungsaufwendungen (*Research and Development Costs*)	aufgehoben, ersetzt durch IAS 38	-	-
IAS 10	Ereignisse nach dem Bilanzstichtag (*Events After the Balance Sheet Date*)		01.01.2005	-
IAS 11	Fertigungsaufträge (*Construction Contracts*)	wird durch IFRS 15 ersetzt	01.01.1995	-
IAS 12	Ertragsteuern (*Income Taxes*)		01.01.2001	SIC-21, SIC-25
IAS 13	Darstellung der kurzfristigen Vermögenswerte und Schulden (*Presentation of Current Assets and Current Liabilities*)	aufgehoben, ersetzt durch IAS 1	-	-
IAS 14	Segmentberichterstattung (*Segment Reporting*)	aufgehoben, ersetzt durch IFRS 8	-	-
IAS 15	Informationen über die Auswirkungen von Preisänderungen (*Information Reflecting the Effects of Changing Prices*)	aufgehoben	-	-

IAS/IFRS	Titel	Anmerkung	Gültigkeit (IASB)	Zugehörige(r) SIC/IFRIC
IAS 16	Sachanlagen (*Property, Plant and Equipment*)		01.01.2005	IFRIC 20
IAS 17	Leasingverhältnisse (*Leases*)	wird durch IFRS 16 ersetzt	01.01.2005	SIC-15, SIC-27, IFRIC 4
IAS 18	Erträge (*Revenue*)	wird durch IFRS 15 ersetzt	01.01.1995	SIC-27, SIC-31, IFRIC 12, IFRIC 13, IFRIC 15, IFRIC 18
IAS 19	Leistungen an Arbeitnehmer (*Employee Benefits*)		01.01.2001	IFRIC 14
IAS 20	Bilanzierung und Darstellung von Zuwendungen der öffentlichen Hand (*Accounting for Government Grants and Disclosure of Government Assistance*)		01.01.1984	SIC-10
IAS 21	Auswirkungen von Änderungen der Wechselkurse (*The Effects of Changes in Foreign Exchange Rates*)		01.01.2005	SIC-7, IFRIC 16
IAS 22	Unternehmenszusammenschlüsse (*Business Combinations*)	aufgehoben, ersetzt durch IFRS 3	-	-
IAS 23	Fremdkapitalkosten (*Borrowing Costs*)		01.01.1995	-
IAS 24	Angaben über Beziehungen zu nahestehenden Unternehmen und Personen (*Related Party Disclosures*)		01.01.2011	-
IAS 25	Bilanzierung von Finanzinvestitionen (*Accounting for Investments*)	aufgehoben, ersetzt durch IAS 39 und IAS 40	-	-
IAS 26	Bilanzierung und Berichterstattung von Altersversorgungsplänen (*Accounting and Reporting by Retirement Benefit Plans*)		01.01.1988	-
IAS 27	Separate Abschlüsse (*Separate Financial Statements*)		01.01.2013	-
IAS 28	Anteile an assoziierten Unternehmen (*Investments in Associates*)		01.01.2013	-

IAS/IFRS	Titel	Anmerkung	Gültigkeit (IASB)	Zugehörige(r) SIC/IFRIC
IAS 29	Rechnungslegung in Hochinflationsländern (*Financial Reporting in Hyperinflationary Economies*)		01.01.1990	IFRIC 7
IAS 30	Angaben im Abschluss von Banken und ähnlichen Finanzinstitutionen (*Disclosure in the Financial Statements of Banks and Similar Financial Institutions*)	aufgehoben, ersetzt durch IFRS 7	-	-
IAS 31	Anteile an Joint Ventures (*Interests in Joint Ventures*)	aufgehoben, ersetzt durch IFRS 11 und IFRS 12	-	-
IAS 32	Finanzinstrumente: Angaben und Darstellung (*Financial Instruments: Disclosure and Presentation*)		01.01.2005	IFRIC 2
IAS 33	Ergebnis je Aktie (*Earnings per Share*)		01.01.2005	-
IAS 34	Zwischenberichterstattung (*Interim Financial Reporting*)		01.01.1999	IFRIC 10
IAS 35	Einstellung von Bereichen (*Discontinuing Operations*)	aufgehoben, ersetzt durch IFRS 5	-	-
IAS 36	Wertminderung von Vermögenswerten (*Impairment of Assets*)		31.03.2004	-
IAS 37	Rückstellungen, Eventualschulden und Eventualforderungen (*Provisions, Contingent Liabilities and Contingent Assets*)		01.07.1999	SIC-27, SIC-29, IFRIC 1, IFRIC 5, IFRIC 6, IFRIC 17, IFRIC 21
IAS 38	Immaterielle Vermögenswerte (*Intangible Assets*)		31.03.2004	SIC-32, IFRIC 12, IFRIC 20
IAS 39	Finanzinstrumente: Ansatz und Bewertung (*Financial Instruments: Recognition and Measurement*)	wird durch IFRS 9 ersetzt	01.01.2005	IFRIC 9, IIFRIC 12, IFRIC 16
IAS 40	Als Finanzinvestitionen gehaltene Immobilien (*Investment Property*)		01.01.2005	
IAS 41	Landwirtschaft (*Agriculture*)		01.01.2003	

IAS/IFRS	Titel	Anmerkung	Gültigkeit (IASB)	Zugehörige(r) SIC/IFRIC
IFRS 1	Erstmalige Anwendung der International Financial Reporting Standards		01.01.2004	
IFRS 2	Aktienbasierte Entlohnung (*Share-based Payment*)		01.01.2005	
IFRS 3	Unternehmenszusammenschlüsse (*Business Combinations*)		01.07.2008	
IFRS 4	Versicherungsverträge (Insurance Contracts)		01.01.2005	-
IFRS 5	Zum Verkauf stehende langfristige Vermögenswerte und eingestellte Geschäftsbereiche (*Non-current Assets Held for Sale and Discontinued Operations*)		01.01.2005	-
IFRS 6	Exploration und Bewertung mineralischer Ressourcen (*Exploration for and Evaluation of Mineral Resources*)		01.01.2006	-
IFRS 7	Finanzinstrumente: Offenlegung (*Financial Instruments: Disclosures*)		01.01.2007	-
IFRS 8	Operative Segmentinformationen (*Operating Segments*)		01.01.2009	-
IFRS 9	Finanzinstrumente (*Financial Instruments*)	wird IAS 39 ersetzen	01.01.2015	-
IFRS 10	Konzernabschlüsse (*Consolidated Financial Statements*)	-	01.01.2013	-
IFRS 11	Gemeinsame Vereinbarungen (*Joint Arrangements*)	-	01.01.2013	-
IFRS 12	Angaben zu Beteiligungen an anderen Unternehmen (*Disclosure of Interests in Other Entities*)	-	01.01.2013	-
IFRS 13	Bemessung des beizulegenden Zeitwerts (*Fair Value Measurement*)	-	01.01.2013	-
IFRS 14	Regulatorische Abgrenzungsposten (Regulatory Deferred Accounts)	-	01.01.2016	-
IFRS 15	Erlöse aus Verträgen mit Kunden (Revenue from Contracts with Customers)	-	01.01.2018	-
IFRS 16	Leasingverhältnisse (Leases)	-	01.01.2019	-

Tabelle B.1 Verlautbarungen des IASB im Überblick

III. Bedeutung der IFRS auf europäischer und nationaler Ebene

1. Überblick

IAS-Verordnung

Kapitalmarktorientierte Unternehmen sind zur Aufstellung eines Konzernabschlusses nach internationalen Rechnungslegungsstandards verpflichtet. Eine solche Pflicht ergibt sich aus der **IAS-Verordnung**.[1] Nach Art. 2 der IAS-Verordnung handelt es sich bei den internationalen Rechnungslegungsstandards um die vom IASB herausgegebenen, gegenwärtig gültigen IFRS/IAS-Standards und die damit verbundenen Auslegungen (IFRIC/SIC-Interpretationen) sowie um künftige Änderungen dieser Standards bzw. Interpretationen. Ferner gehören auch alle neuen künftigen Verlautbarungen des IASB dazu. Einschränkend zu bemerken ist, dass für europäische kapitalmarktorientierte Unternehmen nur solche Rechnungslegungsstandards des IASB bindend sind, die im Rahmen des sog. **EU-Komitologieverfahrens** in europäisches Recht übernommen wurden. Eine neue oder überarbeitete Rechnungslegungsnorm des IASB muss das Anerkennungsverfahren (*endorsement mechanism*) dazu erfolgreich durchlaufen. In diesem Zusammenhang spricht man dann von »übernommenen« bzw. »***endorsed***« IFRSs.[2]

Die Pflicht zur Aufstellung eines IFRS-Abschlusses erstreckte sich bis 2007 auf Unternehmen, deren Wertpapiere zum Handel an einem geregelten Markt zugelassen sind. Reine Schuldemittenten und Anwender von anderen international anerkannten Rechnungslegungsstandards (vornehmlich US-GAAP) sind erst seit 2007 dazu verpflichtet einen Konzernabschluss i. S. d. IFRS aufzustellen. Nachfolgend wird zunächst auf das auf europäischer Ebene aufgesetzte Anerkennungsverfahren für die Verlautbarungen des IASB, das EU-Komitologieverfahren, eingegangen. Im Anschluss wird die Bedeutung der IFRS für deutsche Unternehmen erläutert.

2. Das EU-Komitologieverfahren

Zweck

Das Komitologieverfahren der EU beruht auf dem Regelungsverfahren des Art. 5 des Beschlusses 1999/468/EG des Rates v. 28.6.1999 und dient dem Zweck, die **Entwicklung von Rechnungslegungsnormen zu kontrollieren**.[3] Da das IASB eine privatrechtliche Organisation ist, kann es nach europäischem Rechtsverständnis nicht die alleinige Kompetenz hinsichtlich der Einführung neuer Rechnungslegungsgesetze erhalten. Die EU behält sich die gesetzgebende Kompetenz durch ein mehrstufiges Anerkennungsverfahren vor. Grundvoraussetzung für die Übernahme der IFRS in europäisches Recht ist gem. Art 3 Abs. 2 der IAS-Verordnung, dass

- der Jahresabschluss bzw. der Konzernabschluss nach IFRS ein den tatsächlichen Verhältnissen entsprechendes Bild der wirtschaftlichen Lage des bilanzierenden Unternehmens bzw. Konzerns zeichnet und
- die IFRS-Rechnungslegung die Kriterien der Verständlichkeit, Vergleichbarkeit, Relevanz und Zuverlässigkeit erfüllt (vgl. S. 57 ff.).

Überblick

Das EU-Komitologieverfahren ist zuletzt im Jahr 2006 modifiziert worden.[4] Ergänzt wurde das Verfahren um einen **Kontrollmechanismus** durch das Europäische Parlament, da dieses bislang nur sehr geringen Einfluss auf die Übernahme von neuen Rechnungslegungsstandards hatte.

Technische versus politische Ebene

Das Komitologieverfahren unterscheidet zwei Entscheidungsebenen: eine technische und eine politische Ebene. **Auf der technischen Ebene** ist die European Financial Reporting Advisory Group (EFRAG) als Expertengruppe eingesetzt. Diese vertritt die europäischen Interessen gegenüber dem IASB und koordiniert die Arbeit der nationalen europäischen Rechnungslegungsgremien. Überdies berät die EFRAG die europäische Kommission in fachlichen Fragen. Dabei holt sie Kommentare interessierter Rechnungslegungskreise (Theorie und Praxis) auf europäischer Ebene ein und schlägt der Kommission innerhalb von zwei Monaten nach Verabschiedung einer Rechnungslegungsnorm durch das IASB bzw. IFRIC die Annahme oder Ablehnung der jeweiligen Norm vor. Die Europäische Kommission legt den Vorschlag der EFRAG sodann dem Regelungsausschuss für Rechnungslegung (*Accounting Regulatory Committee – ARC*) vor. Dieser bildet die **politische Ebene** des Anerkennungsverfahrens. In diesem Ausschuss, der unter dem Vorsitz der Europäischen Kommission steht, sind die europäischen Mitgliedstaaten vertreten. Das ARC ist im Rahmen eines vereinfachten Gesetzgebungsverfahrens zuständig für die europaweite Anerkennung der Rechnungslegungsnormen des IASB. Eine beabsichtigte Übernahme bzw. Änderung einer Rechnungslegungsnorm ist **in jedem Fall** dem europäischen Parlament und dem Europäischen Rat vorzulegen. Dabei sind die nachfolgenden Fälle zu unterscheiden (diese werden in Abb. B.4 nochmals dargestellt):

- Sofern die beabsichtigte Maßnahme der Europäischen Kommission **im Einklang** mit der Stellungnahme des ARC steht, muss diese dem Europäischen Parlament und dem Europäische Rat vorgelegt werden. Das Europäische Parlament kann die Annahme mit einfacher Mehrheit innerhalb von drei Monaten ablehnen. Der Europäische Rat benötigt zur Ablehnung der beabsichtigten neuen bzw. geänderten Rechnungslegungsnorm eine qualifizierte Mehrheit (siehe **1. Fall** in Abb. B.4).
- Steht die beabsichtigte Übernahme oder Änderung einer Norm **nicht im Einklang** mit der ARC-Stellungnahme, so ist sie auch in diesem Fall sowohl dem Europäischen Parlament als auch dem Europäischen Rat vorzulegen. Hier erfolgt der Entscheidungsprozess indes in zwei Stufen. Zuerst muss der Europäische Rat – innerhalb von zwei Monaten – über die beabsichtigte Maßnahme entscheiden. Erst nach positivem

Beschluss über die Annahme bzw. Änderung der Rechnungslegungsnorm erreicht die beabsichtigte Maßnahme das Europäische Parlament. Dieses hat für seinen Beschluss vier Monaten Zeit und kann die beabsichtigte Maßnahme mit einfacher Mehrheit ablehnen. Damit bekommt das Parlament auch hier die Möglichkeit, einen neuen oder geänderten Standard bzw. eine neue oder geänderte Interpretation aktiv abzulehnen (siehe **2. Fall** in Abb. B.4).

SARG

Die EFRAG wird in ihrer Arbeit seit Mitte 2006 zusätzlich durch die **Standards Advice Review Group (SARG)** unterstützt. Die Aufgabe dieser Gruppe aus unabhängigen Sachverständigen besteht darin, die Kommission im Vorfeld der Entscheidung zur Übernahme von Rechnungslegungsstandards und -interpretationen zu unterstützen. So bewertet die SARG, ob die Empfehlungen der EFRAG ausgewogen und objektiv getroffen worden sind. Die Etablierung dieser Instanz war geboten, um den Einfluss privater Organisationen auf die Gesetzgebung einzudämmen.

Fazit und kritische Anmerkungen

Die Rechnungslegungsstandards und -interpretationen, welche im Rahmen des EU-Komitologieverfahrens übernommen bzw. endorsed wurden, sind gem. Art. 4 der IAS-Verordnung für den Konzernabschluss kapitalmarktorientierter Unternehmen schließlich **verpflichtend anzuwenden**. Wie dargelegt, ist das EU-Komitologieverfahren unabdingbar für die Übernahme der IFRS in europäisches Recht. Zugleich birgt dieses Verfahren aber auch die Gefahr der Entwicklung von europäischen bzw. EU-IFRS. Auch ist zu berücksichtigen, dass das Komitologieverfahren teilweise sehr viel Zeit in Anspruch nimmt, sodass neue Verlautbarungen des IASB bzw. IFRSIC nicht immer vor dem Zeitpunkt ihres geplanten Inkrafttretens innerhalb der EU

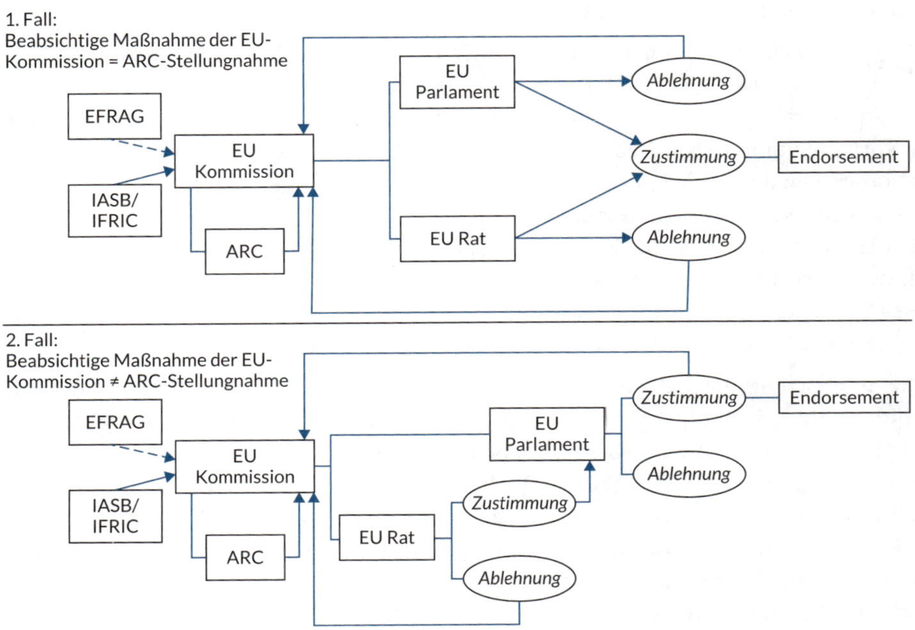

Abbildung B.4 Das EU-Komitologieverfahren

anerkannt werden. Dies führt mitunter zu Rechtsunsicherheiten in der vorzeitigen oder fristgerechten Anwendung neuer IFRS/IFRIC, deren Lösung eine intensive europarechtliche Würdigung der IAS-Verordnung erfordern.[5]

3. Die Öffnung nationaler Regelungen hin zu den IFRS: Die deutsche Situation

KapAEG

Die internationale Rechnungslegung hielt mit der Verabschiedung des **Kapitalaufnahmeerleichterungsgesetzes (KapAEG)** am 20.4.1998 Einzug in das deutsche Bilanzrecht. Der Gesetzgeber reagierte damit auf die Entwicklungen in der deutschen Rechnungslegungspraxis ab 1993, in der duale und parallele Konzernabschlüsse von den Unternehmen erstellt wurden. Kernpunkt des KapAEG war die Einführung des **§ 292a HGB**. Diese Regelung ermöglichte es einem Mutterunternehmen, das an einem organisierten Markt durch von ihm oder einem seiner Tochterunternehmen ausgegebene Wertpapiere gelistet ist, einen vom handelsrechtlichen Konzernabschluss und Konzernlagebericht befreienden Konzernabschluss nach international anerkannten Rechnungslegungsgrundsätzen aufzustellen und zu veröffentlichen. International anerkannte Rechnungslegungsgrundsätze waren nach der Auffassung des Gesetzgebers die IFRS und die US-GAAP. Diese Öffnung der deutschen Konzernrechnungslegung für bestimmte deutsche Mutterunternehmen hat dazu geführt, dass der größte Teil der im DAX gelisteten Unternehmen ihre Konzernabschlüsse auf der Grundlage international anerkannter Rechnungslegungsgrundsätze aufstellte und offen legte. Ein Übergewicht lag in diesem Zusammenhang bei den IFRS. So stellten insgesamt 53 % der DAX-Unternehmen bereits im Jahr 2002 ihre Abschlüsse auf Basis der IFRS auf.

Strategie der EU

Gleichzeitig war auf europäischer Ebene ebenso Bewegung zu spüren. Die EU vollzog eine Kehrtwende in ihrer Rechnungslegungsstrategie. Stand die EU den Bestrebungen des IASC seinerzeit sehr skeptisch gegenüber, so beschloss die EU-Kommission Ende 1995 eine neue Strategie in Rechnungslegungsfragen: Ein **stärkeres Einbringen der EU bei der Entwicklung der IFRS** wurde gefordert. Abgelehnt wurde die Anwendung der US-GAAP auf europäischer Ebene, da es sich bei diesen Regeln um nationale Standards handelt, die ohne europäische Mitwirkung entwickelt werden und z. T. den europäischen Rechnungslegungsbedürfnissen nicht entsprechen. Auf der Basis dieser Strategie sollte sichergestellt werden, dass die IFRS bereits im Entstehungsprozess auf ihre Vereinbarkeit mit den EU-Richtlinien geprüft werden.

Mitte 2000 schlug die EU-Kommission vor, die IFRS ab dem Jahre 2005 für kapitalmarktorientierte Unternehmen in der EU als verbindliche Rechnungslegungsregeln für Konzernabschlüsse vorzuschreiben. Im Ergebnis ist schließlich am 19.7.2002 die »**Verordnung (EG) Nr. 1606/2002 betreffend die Anwendung internationaler Rechnungslegungsstandards**« verabschiedet worden, die am 11.9.2002 im Amtsblatt der Europäischen Gemeinschaften (Nr. L 243/1) veröffentlicht wurde. Diese so genannte IAS-Verordnung verpflichtet Unternehmen, die an einem organisierten Kapitalmarkt auftreten, ihre Konzernabschlüsse für Geschäftsjahre, die ab dem 1.1.2005 beginnen, nach den IFRS aufzustellen und zu veröffentlichen. Europäische Unternehmen, die an einem ausländischen Kapitalmarkt gelistet sind und die dortigen Rechnungslegungsstandards als ihre primären Rechnungslegungsregeln anwenden, erhielten einen Aufschub zur Umstellung auf die IFRS bis zum 1.1.2007. Zu bedenken waren hierbei vor allem Unternehmen, die aufgrund der Anforderungen für ein Listing an der New York Stock Exchange (NYSE) nach den US-GAAP bilanzierten. Ebenfalls unter diese Ausnahmeregelung fielen Unternehmen, von denen lediglich Schuldtitel in einem beliebigen Mitgliedstaat zum Handel in einem geregelten Markt zugelassen sind. Den einzelnen Mitgliedstaaten der EU war es freigestellt, die Anwendung der IFRS auf die Konzernabschlüsse nicht kapitalmarktorientierter Unternehmen sowie auf die Aufstellung von Einzelabschlüssen als Wahlrecht zu erlauben, als Pflicht vorzuschreiben oder durch Verbot zu untersagen. Die Anwendung der IFRS auf die Konzernabschlüsse kapitalmarktorientierter Mutterunternehmen galt unmittelbar ohne einen besonderen Umsetzungsakt der Mitgliedstaaten. Dahingegen waren die Wahlrechte zum Einzelabschluss kapitalmarktorientierter Unternehmen sowie zum Einzel- und Konzernabschluss nicht kapitalmarktorientierter Unternehmen erst in das jeweilige nationale Recht umzusetzen. Die Anwendung der IFRS stellt sich nach der IAS-Verordnung nunmehr wie folgt dar:

IFRS-Anwendung (gem. IAS-Verordnung)	Konzernabschluss	Einzelabschluss
Kapitalmarktorientierte Unternehmen	Pflicht	Verbot, Wahlrecht oder Pflicht
Nicht kapitalmarktorientierte Unternehmen	Verbot, Wahlrecht oder Pflicht	Verbot, Wahlrecht oder Pflicht

Tabelle B.2 Anwendung der IFRS auf Basis der IAS-Verordnung

Reaktion der Bundesregierung

Die Bundesregierung stellte am 25.2.2003 als Reaktion auf den Vorstoß der EU einen **Maßnahmenkatalog** vor, der zu einer Stärkung des Anlegerschutzes beitragen sollte. Im Rahmen dieses Maßnahmenkatalogs wurden auch Vorschläge zur Umsetzung der Mitgliedstaatenwahlrechte der IAS-Verordnung bzw. zur Modernisierung des deutschen Bilanzrechts unterbreitet. Diese Vorschläge lassen sich in drei Punkten zusammenfassen:

- Ein **Wahlrecht** zur Anwendung der IFRS soll für Konzernabschlüsse nicht kapitalmarktorientierter Unternehmen gewährt werden.
- Ein **Wahlrecht** zur Anwendung der IFRS soll für Einzelabschlüsse, die ausschließlich auf Informationszwecke beschränkt sind, gewährt werden, und zwar sowohl für kapitalmarktorientierte Unternehmen als auch für alle übrigen Unternehmen.
- Eine **Anwendungspflicht** der IFRS für große nicht kapitalmarktorientierte Unternehmen ist angedacht.

BilReG

Konkretisiert wurden diese Vorschläge und die Ausübung der in der IAS-Verordnung enthaltenen Mitgliedstaatenwahlrechte durch das am 9.12.2004 in Kraft getretene **Bilanzrechtsreformgesetz (BilReG)**.[6] Die Bestimmung betreffend die Aufstellung von befreienden Konzernabschlüssen von börsennotierten Mutter- und Tochterunternehmen nach internationalen Rechnungslegungsstandards (insbesondere IFRS und US-GAAP) des § 292a HGB wurde zur Klarstellung ersatzlos gestrichen. Sie trat ohnehin zum 31.12.2004 außer Kraft. Die Rahmenbedingungen sind nun mit dem neuen **§ 315a HGB** geschaffen worden. Dieser sieht vor, dass neben den Unternehmen, deren Wertpapiere an einem organisierten Kapitalmarkt zugelassen sind, auch die Unternehmen verpflichtend einen IFRS-konformen Konzernabschluss aufzustellen haben, die bis zum betreffenden Abschlussstichtag die Zulassung an einer Börse im Inland beantragt haben (§ 315a Abs. 2 HGB). Für nicht kapitalmarktorientierte Unternehmen sowie Unternehmen, für die die Übergangsregelung bis 2007 galten, sieht § 315a HGB vor, dass sie ihren Konzernabschluss nach IFRS aufstellen können. Sämtliche Unternehmen, die nach den IFRS bilanzieren, sind aber nicht von den handelsrechtlichen Regelungen in Gänze entbunden. Beispielsweise werden sie verpflichtet, einen Konzernlagebericht zu erstellen, dessen Aufstellung in der IASB-Rechnungslegung nicht vorgesehen ist.

Die Wahlrechte zur IFRS-Anwendung auf Einzelabschlussebene, wie sie in der IAS-Verordnung der EU vorgesehen sind, sind in das BilReG insoweit eingegangen, dass **§ 325 Abs. 2a HGB** die Möglichkeit bietet, ausschließlich für Zwecke der Offenlegung einen IFRS-konformen Einzelabschluss aufzustellen. Bei Wahrnehmung dieses Wahlrechts hat das bilanzierende Unternehmen allerdings für gesellschafts- und steuerrechtliche Zwecke weiterhin einen handelsrechtlichen Einzelabschluss aufzustellen. Entsprechend der Vorschrift des § 315a HGB sieht § 325 Abs. 2a HGB vor, dass neben den IFRS auch handelsrechtliche Regelungen wie die Vorschriften zum Lagebericht bei der Aufstellung eines IFRS-Abschlusses zwingend befolgt werden müssen.

Eine abschließende Zusammenfassung zur aktuellen Übernahme der IFRS in deutsches Recht bietet Tab. B.3.

Indes ist festzustellen, dass mit dem BilReG die Internationalisierung der Rechnungslegung in Deutschland nicht abgeschlossen gewesen ist. Vielmehr war es erst der Auftakt zu einer weit reichenden Revolutionierung des HGB und damit einhergehend der weiteren Öffnung für internationale Rechnungslegungsnormen. Das Stichwort in diesem Zusammenhang, welches seit dem 8.11.2007 das deutsche Bilanzrecht in Aufruhr versetzt hat, ist »**Bilanzrechtsmodernisierungsgesetz**«. Zum genannten Zeitpunkt wurde der Referentenentwurf des Bilanzrechtsmodernisierungsgesetzes (kurz: BilMoG-Ref) vom BMJ veröffentlicht. Am 21.5.2008 folgte nach einem halben Jahr der intensiven Diskussion[7] mit der interessierten Öffentlichkeit der modifizierte Regierungsentwurf dieses Gesetzes, das schließlich am 26.3.2009 vom Bundestag verabschiedet worden, am 3.4.2009 vom Bundesrat angenommen worden und mit der Veröffentlichung im BGBl am 28.5.2009 in Kraft getreten ist.

BilMoG

Das deutsche Handelsbilanzrecht ist nach Inkrafttreten des BilMoG nicht mehr dasselbe.[8] Eine weitere Annäherung an die IFRS ist zu beobachten, wenngleich die tradierten Grundsätze des HGB nicht aufgegeben werden. Neue Herausforderungen in den Bereichen Abschlussprüfung und Corporate Governance entstehen. Insbesondere für kapitalmarktorientierte Unternehmen steigen in puncto Effizienz der Überwachung die Anforderungen an die Aufsichtsgremien.

IFRS-Anwendung (in Deutschland)	Konzernabschluss	Einzelabschluss
Kapitalmarktorientierte Unternehmen	Pflicht (Art. 4 der IAS-Verordnung)	HGB (IFRS-Wahlrecht zusätzlich für Offenlegungszwecke [§ 325 Abs. 2a i.A. Abs. 2b HGB])
Nicht kapitalmarktorientierte Unternehmen	Explizites Wahlrecht zwischen HGB und IFRS (§ 315a HGB)	HGB (IFRS zusätzlich möglich)

Tabelle B.3 Umsetzung der IAS-Verordnung in Deutschland

Mit Tab. B.4 werden die wesentlichen Änderungen im handelsrechtlichen Bilanzrecht auf der Grundlage des BilMoG im Überblick zusammengefasst. Festzustellen ist, dass mit den avisierten Regelungen in Anlehnung an die IFRS zahlreiche Wahlrechte in Ge- oder Verbote umgewandelt werden. Gleichzeitig entstehen neue (teilweise implizite) Wahlrechte für die Bilanzierenden.

Reformbereich	Reformmaßnahmen
Bilanzierungspflicht	• Größenabhängige Befreiung für Einzelkaufleute • Anhebung der Schwellenwerte für Größenklassen um ca. 20 %
Bilanzansatz	• Saldierungspflicht für altersversorgungsbezogene Vermögensgegenstände und Schulden • Aktivierungspflicht für derivativen Geschäfts- oder Firmenwert • Aktivierungswahlrecht für selbst geschaffene immaterielle Vermögensgegenstände im Anlagevermögen (Entwicklungsaufwendungen) und nach dem Temporary-Konzept ermittelte aktive latente Steuern • Aktivierungsverbot für Ingangsetzungs- und Erweiterungsaufwendungen • Passivierungsverbot für Sonderposten mit Rücklageanteil und nahezu alle Aufwandsrückstellungen
Bewertung	• Einbeziehung von Gemeinkosten in die Herstellungskosten • Abschaffung nahezu aller Abschreibungswahlrechte • Gesetzliche Möglichkeit zur Bildung von Bewertungseinheiten • Berechnung des Erfüllungsbetrags für Rückstellungen auf Basis eines durchschnittlichen Marktzinses unter Berücksichtigung erwarteter Preis- und Kostensteigerungen
Konzernabschluss	• Konsolidierung nach neuem Konzept des beherrschenden Einflusses (Einbeziehung von Zweckgesellschaften) • Vollkonsolidierung ausschließlich unter Verwendung der Neubewertungsmethode als Ausprägung der allein zulässigen Erwerbsmethode, Konsolidierung assoziierter Unternehmen at-equity nur mittels Buchwertmethode zulässig

Tabelle B.4 Überblick über die wesentlichen Änderungen des deutschen Bilanzrechts auf der Grundlage des BilMoG

BilRUG

Die seit dem BilMoG umfangreichste Änderung des Bilanzrechts stellt das sogenannte Bilanzrichtlinien-Umsetzungsgesetz (BilRUG) dar, das nach der Veröffentlichung eines Referentenentwurfes am 27.7.2014 bzw. des Regierungsentwurfs am 7.1.2015 schließlich am 23.7.2015 in Kraft getreten ist. Es ist auf alle Geschäftsjahre, die nach dem 31.12.2015 beginnen, anzuwenden. Das Gesetz dient der Implementierung der sogenannten EU-»Bilanzrichtlinie« 2013/34/EU in deutsches Recht und führt neben Änderungen am HGB auch zu Anpassungen der Inhalte des PublG, AktG sowie GmbHG. Ausdrückliches Ziel der Gesetzesreform ist neben einer Harmonisierung der Rechnungslegung innerhalb der EU auch die Entlastung kleinerer und mittlerer Unternehmen sowie die Klärung von Zweifelsfragen und die Eliminierung redaktioneller Ungenauigkeiten.

In der Folge ergibt sich aus einzelnen Änderungen auch eine weitere Anpassung der nationalen an die internationale Rechnungslegung, insbesondere durch die Erweiterung des Umsatzerlös-Begriffs. Dieser beschränkte sich nach § 277 HGB a.F. auf Erträge, die der »gewöhnlichen Geschäftstätigkeit« zuzuordnen waren. Erträge, die aufgrund ihrer

Seltenheit oder ihrer Divergenz zum üblichen Geschäftsmodell einer Gesellschaft nicht den Umsatzerlösen zuzuordnen waren, wurden demgegenüber als außerordentliche Erträge deklariert. Eine vergleichbare Abgrenzung ist dem Ansatz der internationalen Rechnungslegung sowohl gemäß den geltenden (IAS 18) als auch den kommenden (IFRS 15) Standards unbekannt. Mit der Reform werden Umsatzerlöse auch innerhalb der deutschen Rechnungslegung nicht mehr nur auf die gewöhnliche Geschäftstätigkeit begrenzt sein, sodass im Ergebnis eine Angleichung an die Regelungen nach IAS/IFRS erreicht wird. Weitere wesentliche Änderungen durch das BilRUG sind u. a.:

- die Anhebung der finanziellen Schwellenwerte (Bilanzsumme und Umsatzerlöse) zur Bestimmung der Größenklassen von Kapitalgesellschaften,
- die Einführung einer Legaldefinition des Begriffs »Bilanzsumme«,
- der Ausschluss von (Finanz-)Holdingkapitalgesellschaften aus den Kleinstkapitalgesellschaften,
- der Wegfall des gesonderten Ausweises außerordentlicher Aufwendungen und Erträge in der GuV,
- die Einführung einer Ausschüttungssperre auf phasengleich vereinnahmte Beteiligungserträge, und
- diverse Angabepflichten im Anhang.

Eine ausführliche Übersicht wesentlicher Änderungen durch das BilRUG findet sich bei Zwirner, BilRUG: Wesentliche Änderungen für Einzel- und Konzernabschluss, DB 2015, Beilage 6, S. 1-28.

C. Zweck und Grundsätze der internationalen Rechnungslegung

I. Vorbemerkung

II. Zweck eines IFRS-Abschlusses

III. Unternehmensfortführung als zugrunde liegende Annahme eines IFRS-Abschlusses

IV. Qualitative Anforderungen an nützliche Finanzinformationen

V. Ergänzende Rechnungslegungsgrundsätze

VI. Grundsätze der Fair Value Bewertung

RELEVANTE STANDARDS

Rahmenkonzept (Framework) für die Aufstellung und Darstellung von Abschlüssen
IAS 1 – Darstellung des Abschlusses
IAS 10 – Ereignisse nach dem Bilanzstichtag
IAS 11 – Fertigungsaufträge
IAS 18 – Erträge
IAS 37 – Rückstellungen, Eventualschulden und Eventualforderungen
IAS 40 – Als Finanzinvestition gehaltene Immobilien

KERNAUSSAGEN

- Der Zweck eines IFRS-Abschusses besteht in der Vermittlung entscheidungsnützlicher Informationen (*decision usefulness*). Als Maßstab dieser Vermittlung gelten die Informationsbedürfnisse der Investoren, da diese Adressatengruppe den bilanzierenden Unternehmen das erforderliche Risikokapital zur Verfügung stellt und daher den größten Bedarf an Informationen hat.
- Das Rechnungslegungssystem des IASB wird vom Grundsatz der Unternehmensfortführung (*going concern*) als zugrunde liegende Annahme bestimmt. Angenommen wird also, dass das Unternehmen weder die Absicht hat noch gezwungen ist, seine Tätigkeiten einzustellen oder stark einzuschränken.
- Die qualitativen Anforderungen an nützliche Finanzinformationen bezeichnen Merkmale von Abschlussinformationen, die die Entscheidungsnützlichkeit für Investoren gewährleisten. Sie werden in grundlegende und weiterführende Kriterien unterteilt. Als grundlegende qualitative Kriterien gelten in der IASB-Rechnungslegung die Grundsätze der Relevanz und der glaubwürdigen Darstellung. Die Grundsätze der Vergleichbarkeit, Nachprüfbarkeit, Zeitnähe und Verständlichkeit stellen die weiterführenden qualitativen Anforderungen an Finanzinformationen dar.
- Die qualitativen Anforderungen werden durch die Kostenrestriktion, d.h. die Abwägung von Kosten und Nutzen, eingeschränkt.
- Außerhalb dieses Systems der Rechnungslegungsgrundsätze des IASB existieren ergänzende Rechnungslegungsgrundsätze. Zu diesen zählen die Ansatz- und Bewertungsgrundsätze, die Kapitalerhaltungskonzepte, der Grundsatz der Klarheit und Übersichtlichkeit, der Grundsatz der Einzelbewertung, das Stichtagsprinzip sowie Saldierungsregelungen.

I. Vorbemerkung

Das System der Rechnungslegungsgrundsätze des IASB ist ein hierarchisch aufgebautes Grundsatzsystem, das von der Zielsetzung der IASB-Rechnungslegung geleitet und in Übereinstimmung mit der zugrunde liegenden Annahme der Unternehmensfortführung qualitative Anforderungen an nützliche Finanzinformationen umfasst. Mit den **qualitativen Anforderungen** werden die qualitativen Kriterien an Abschlussinformationen sowie die mit den qualitativen Anforderungen verbundenen Nebenbedingungen umschrieben. Über dieses System der Rechnungslegungsgrundsätze hinaus sind **ergänzende Rechnungslegungsgrundsätze** zu berücksichtigen wie die Ansatz- und Bewertungsgrundsätze, die Kapitalerhaltungskonzepte, der Grundsatz der Einzelbewertung, das Stichtagsprinzip, der Grundsatz der Klarheit und Übersichtlichkeit sowie Saldierungsregelungen.

Die hierarchische Grundordnung der allgemeinen Rechnungslegungsgrundsätze des IASB wird in Abb. C.1 deutlich:

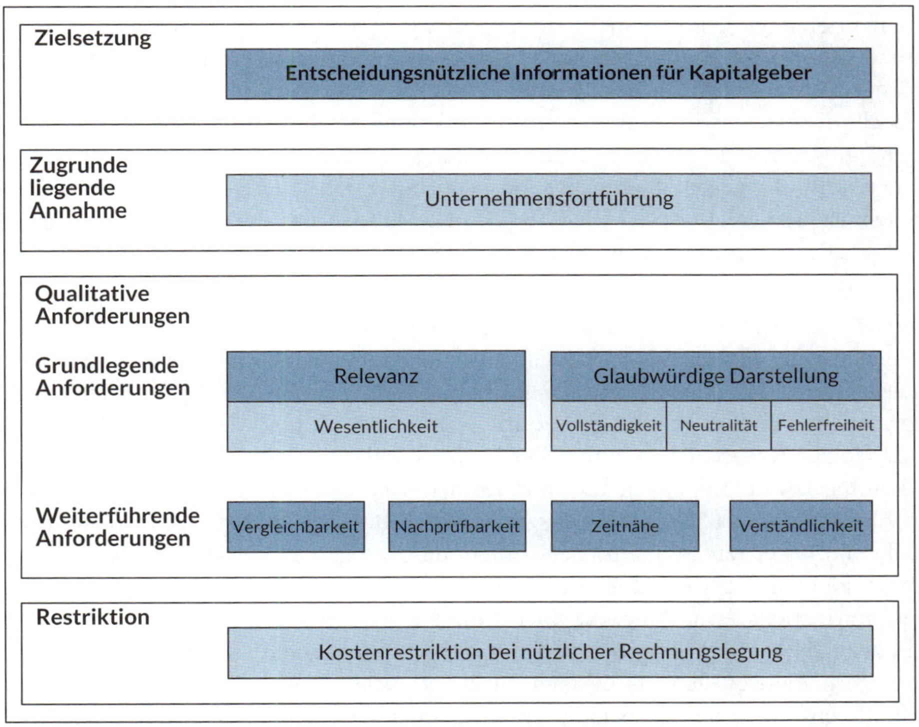

Abbildung C.1 Zwecke und Grundsätze der IASB-Rechnungslegung

II. Zweck eines IFRS-Abschlusses

Entscheidungs-nützlichkeit

Der Zweck eines IFRS-Abschlusses liegt darin, den Abschlussadressaten entscheidungsnützliche Informationen zu vermitteln (*decision useful information*). Maßstab der Informationsvermittlung sind deshalb die Informationsbedürfnisse der Adressaten der IFRS-Abschlüsse. Zu diesen Adressaten werden im Framework (Rahmenkonzept) aktuelle und potenzielle Kapitalgeber gezählt, die auf Basis der Jahresabschlussinformationen Entscheidungen darüber treffen, ob sie dem bilanzierenden Unternehmen finanzielle Ressourcen zur Verfügung stellen (OB2).

Aufgrund der Fokussierung auf Kapitalgeber werden andere potenzielle Jahresabschlussadressaten – wie etwa Arbeitnehmer, Lieferanten, Kunden, staatliche Einrichtungen und die Öffentlichkeit – hinter die Informationsinteressen der Eigen- und Fremdkapitalgeber des bilanzierenden Unternehmens zurückgedrängt. Das IASB rechtfertigt diesen Fokus insbesondere damit, dass bestehende und potenzielle Kapitalgeber den wichtigsten und sofortigen Bedarf an Informationen haben und die benötigten Informationen regelmäßig nicht direkt vom Unternehmen verlangen können (BC1.16 (a)). Implizit wird indes angenommen, dass durch die in Art und Umfang an den Investoren ausgerichtete Informationsvermittlung auch die Informationsbedürfnisse der weiteren Abschlussadressaten größtenteils befriedigt werden (BC1.16 (c)). Als Maßstab für die Vermittlung entscheidungsnützlicher Informationen werden somit letztlich die **Informationsbedürfnisse der Investoren** vorgeschrieben.

In erster Linie beziehen sich die mit IFRS-Abschlüssen zu vermittelnden Informationen auf die Einschätzung der Aussichten auf künftige Nettomittelzuflüsse beim bilanzierenden Unternehmen (OB3). Der Zweck der Rechnungslegung nach IFRS liegt deshalb darin, Informationen über die Vermögens-, Finanz- und Ertragslage sowie deren Veränderung im Zeitablauf bereitzustellen, um so den Jahresabschlussadressaten eine Prognose über die künftige Leistungsfähigkeit des Unternehmens zu ermöglichen. Zugleich sollen IFRS-Abschlüsse Aufschluss darüber geben, wie verantwortungsvoll die Unternehmensführung mit den ihr anvertrauten finanziellen Mitteln umgegangen ist (OB4). Die Abschlussadressaten können somit Effektivität und Effizienz der Unternehmensführung beurteilen. Eine Informationsvermittlung, die über diese Finanzinformationen hinausgeht, gehört nicht zwingend zu den Aufgaben von IFRS-Abschlüssen, sodass Kapitalgeber auch andere Informationsquellen im Rahmen ihrer Entscheidungen zu Rate zu ziehen haben (OB6). Ebenso wird im Rahmenkonzept festgestellt, dass Kapitalgeber unterschiedliche Interessen haben können. In solchen Fällen soll der Jahresabschluss der größtmöglichen Zahl von Adressaten entscheidungsnützliche Informationen liefern (OB8). Schließlich hält das IASB fest, dass es trotz der Fokussierung auf das künftige Ertragspotenzial des bilanzierenden Unternehmens nicht die Zielsetzung eines Jahresabschlusses nach IFRS ist, den Wert des Unternehmens widerzuspiegeln (OB7). Stattdessen sollen die Jahresabschlussinformationen den Kapitalgebern helfen, den Unternehmenswert schätzen zu können.

Die im Framework angeführte Zwecksetzung eines IFRS-Abschlusses wird in IAS 1.15 konkretisiert. Hiernach haben die IFRS-Abschlüsse die Vermögens-, Finanz- und Ertragslage sowie die Mittelzuflüsse und Mittelabflüsse des bilanzierenden Unternehmens den tatsächlichen Verhältnissen entsprechend abzubilden. Dabei wird unterstellt, dass die korrekte Anwendung der IFRS, ergänzt um Anhangangaben, in fast allen Fällen zu IFRS-Abschlüssen führt, die ein **den tatsächlichen Verhältnissen entsprechendes Bild der wirtschaftlichen Lage** des bilanzierenden Unternehmens vermitteln.

Konzept der Periodenabgrenzung

Die Vermittlung entscheidungsnützlicher Informationen basiert gemäß Rahmenkonzept maßgeblich auf dem Konzept der Periodenabgrenzung (*accrual accounting*), nach welchem die Auswirkungen von darzustellenden Sachverhalten in der Periode abzubilden sind, in der die Auswirkungen eintreten (OB17). Dies gilt auch dann, wenn die Einzahlungen bzw. Auszahlungen aus den Sachverhalten in einer anderen Periode anfallen. Somit ist die wirtschaftliche Zugehörigkeit der Sachverhalte zu den einzelnen Berichtsperioden maßgeblich und es ist die Perspektive einer Aufwands- und Ertragsrechnung einzunehmen (vgl. auch IAS 1.27 f.).

Das Konzept der periodengerechten Erfolgsabgrenzung wird durch die Vorschriften zur Erfassung von Erträgen (*income*) und Aufwendungen (*expenses*) konkretisiert. Vorschriften zur **Realisation von Erträgen** in einem IFRS-Abschluss finden sich indes nicht im Rahmenkonzept, sondern in den IFRS. Insofern enthalten die Vorschriften des IASB kein explizites Realisationsprinzip (*realisation principle*) in der Form einer Generalklausel wie im deutschen Handelsrecht. Gleichwohl sind Erträge im Rahmenkonzept definiert und werden durch Ansatzkriterien näher umschrieben (4.25 (a) i. V. m. 4.38). Überdies wird im Rahmenkonzept explizit darauf hingewiesen, dass Erträge auch aus unrealisierten Vermögenszuwächsen resultieren können, wie aus der Erhöhung des Buchwerts von langfristigen Vermögenswerten (4.31).

Erfassung von Erträgen

Die sehr allgemein gehaltenen Ausführungen zu Erträgen und ihrer Realisation werden vor allem in IAS 18 (vgl. S. 469 ff.) weiter ausgeführt. So wird mit diesem der Zeitpunkt der Ertragsrealisation für den Verkauf von Gütern, die Erbringung von Dienstleistungen und die Nutzung von Vermögenswerten des Unternehmens durch Dritte gegen Zinsen, Nutzungsentgelte und Dividenden geregelt. Darüber hinaus gelten in IAS 11 (vgl. S. 390 ff.) Vorschriften zur Ertragsrealisation bei kundenspezifischen Fertigungsaufträgen.

Erfassung von Aufwendungen

Die **Erfassung von Aufwendungen** in einem IFRS-Abschluss basiert auf dem Grundsatz der sachlichen Abgrenzung (*matching principle*). Nach diesem Grundsatz sind Aufwendungen, die in einem unmittelbaren und sachlichen Zusammenhang zu den Erträgen stehen, in der Berichtsperiode im IFRS-Abschluss zu erfassen, in dem auch die korrespondierenden Erträge zu erfassen sind. Das *matching principle* hat vor allem Auswirkungen auf die Definition der Herstellungskosten sowie den Ansatz von Rückstellungen.[1]

Fallen allerdings Ausgaben und Einnahmen zeitlich auseinander, sind rein buchhalterisch betrachtet bilanzielle Abgrenzungsposten zu bilden. Eingeschränkt wird das *matching principle* dabei durch die allgemeinen Bilanzierungsvoraussetzungen für Vermögenswerte und Schulden. Sind die Definitionen und Ansatzkriterien für Vermögenswerte (4.4 (a) i. V. m. 4.38) und Schulden (4.4 (b) i. V. m. 4.38) nicht erfüllt, darf auch keine sachliche Abgrenzung von Aufwendungen vorgenommen werden (IAS 1.28).

Können Aufwendungen den entsprechenden Erträgen nur grob oder indirekt zugeordnet werden, sind sie mit systematischen und wirtschaftlich sinnvollen Methoden den Erträgen zuzurechnen (4.51). Dies gilt z. B. für die erfolgsrechnerisch zu erfassende Abnutzung des Sachanlagevermögens, welche i. d. R. durch planmäßige Abschreibungen abgebildet wird.

Deferrals

Liegen zeitraumbezogene Aufwendungen und Erträge vor, d. h., fallen Aufwendungen und Erträge über einen klar definierten Zeitraum kontinuierlich für zu gewährende oder zu erhaltende Leistungen an, sind diese zeitproportional zu erfassen. In diesem Zusammenhang können ebenso **bilanzielle Abgrenzungsposten** (*deferrals*) entstehen, welche wiederum im Einklang mit den allgemeinen Bilanzierungsvoraussetzungen für Vermögenswerte und Schulden stehen müssen.

Fazit

Festzuhalten bleibt, dass der Grundsatz der periodengerechten Erfolgsabgrenzung im IFRS-Regelwerk drei Teilprinzipien umfasst, und zwar

- das Realisationsprinzip für Erträge (*realisation principle*),
- den Grundsatz der Abgrenzung der Sache nach für Aufwendungen (*matching principle*) und
- den Grundsatz der Abgrenzung der Zeit nach bzw. die Bildung bilanzieller Abgrenzungsposten *(deferrals)*.

EXKURS
Disclosure Initiative

Die Angabeninitiative (engl.: »Disclosure Initiative«) geht zurück auf die Agendakonsultation 2011, bei der der IASB einen breiten Adressatenkreis dazu eingeladen hatte, dessen künftige Ziele und künftiges Arbeitsprogramm mitzugestalten. Neben verschiedenen anderen Grundsatz-Projekten wurde hierbei u. a. auch die Durchführung einer kurzfristigen Initiative zur Klärung verschiedener Fragestellungen hinsichtlich des Ausweises und der Angabe von Information in IFRS-Abschlüssen beschlossen.

Den Auslöser hierfür stellt das sog. Angaben-Problem (engl.: »Disclosure Problem«) dar, das erstmals im Rahmen der Konsultation identifiziert und später mithilfe einer Umfrage sowie eines Diskussionsforums evaluiert wurde. Demnach ist in der Praxis der internationalen Rechnungslegung, insbesondere aus Anwender- und Adressatensicht, allgemein ein fortschreitender Qualitätsverlust der in den betreffenden IAS/IFRS-Abschlüssen enthaltenen Informationen zu attestieren. So sehen sich speziell Anwender bei der Jahresabschlusserstellung mit umfassenden Angabe- und Ausweis-Verpflichtungen konfrontiert, die indes die wirtschaftlichen, branchenbedingten und/oder individuellen Rahmenbedingungen vielfach nicht berücksichtigen. In der Folge erweisen sich die zu publizierenden Informationen häufig als redundant, unstrukturiert und unspezifisch (engl. sog. »boilerplate disclosures«). Gleichzeitig wird zu Gunsten mandatorischer Publizitätsanforderungen teilweise auf die freiwillige Veröffentlichung zusätzlicher Informationen verzichtet, selbst wenn diese sowohl für Anwender als auch für Adressaten für Zwecke der Analyse bzw. Unternehmensbewertung von hoher Bedeutung sind. Neben einem Übermaß an als irrelevant eingestuften Informationen beklagen Adressaten daher gleichsam einen Mangel an relevanten Informationen. Aus Unternehmensperspektive besteht im Ergebnis ein Missverhältnis zwischen dem für die Erstellung des Jahresabschlusses notwendigen Aufwand und dem aus seiner Veröffentlichung erzielten Nutzen. Diese Entwicklung wird auf verschiedene Umstände zurückgeführt:

So wurde im Rahmen des durch den IASB abgehaltenen Forums u. a. die Ansicht formuliert, dass die bisherige Arbeit des Standardsetters eine Tendenz erkennen lässt, neue, zusätzliche Publizitätsanforderungen festzulegen, während die Frage der Aufhebungen bestehender, nicht mehr zweckmäßiger Anforderungen eher vernachlässigt wird. Gleichzeitig folgen Wirtschaftsprüfer im Rahmen der Jahresabschlussprüfung häufig einem »Checklisten«-Ansatz und fordern eine – im Zweifelsfall zu Lasten der Informationsfunktion gehende – kataloghafte Einhaltung *aller* Standards. Ebenso wenden verantwortliche Behörden vermehrt einen sog. »comply or explain«-Ansatz an, sodass Unternehmen, die Streichungen von in früheren Jahren publizierten Informationen vornehmen, häufig mit verstärkten Rückfragen bzw. Überprüfungen rechnen müssen.

Während die Problematik somit dezentralen Ursprungs ist, wurde der IASB als geeignete Institution identifiziert, diese im Rahmen einer umfassenden Reform zu adressieren. In Folge wurde durch den Standardsetter eine Reihe von Projekten initiiert, mit dem Ziel, verschiedene zugehörige Fragestellungen zu bearbeiten. Die nachfolgende Übersicht stellt die wesentlichen Inhalte der im Rahmen der Angabeninitiative behandelten Projekte dar:

Abgeschlossene Projekte	
Änderungen an IAS 1	Im Dezember 2014 hat der IASB Veränderungen an IAS 1 verabschiedet, die ab dem 1.1.2016 verpflichtend anzuwenden sind. Diese sollen den Abschlusserstellern ein höheres Maß an Ermessen zugestehen, als dies mit den bisherigen Regeln der Fall ist. Die Anpassungen betreffen insbesondere den Begriff der Wesentlichkeit, die Darstellung der Vermögenslage, die GuV sowie das sonstige Gesamtergebnis und die Anhangangaben.
Änderungen an IAS 7	Im Januar 2016 veröffentlichte der IASB Änderungen an IAS 7. Diese sind auf alle Berichtsperioden anzuwenden, die am oder nach dem 1.1.2017 beginnen. Sie dienen dem Ziel, Änderungen der finanziellen Schulden eines Unternehmens für dessen Abschlussadressaten transparenter zu machen. Zu diesem Zweck sind Fremdkapitaländerungen als Ergebnis von Finanzierungstätigkeiten offenzulegen, wenn sie auf einen der folgenden Gründe zurückzuführen sind: ▪ den Cashflows auf Finanzierungstätigkeit, ▪ das Ergebnis der Erlangung/des Verlusts der Kontrolle über ein Tochterunternehmen oder ein anderes Unternehmen, ▪ Wechselkursschwankungen, ▪ die beizulegenden Zeitwerte, ▪ sonstige Veränderungen
Implementierungsprojekte	
Vorgeschlagene Änderungen an IAS 8	Der IASB prüft mögliche Änderungen an IAS 8 um die Definitionen der Änderungen von Bilanzierungs- und Bewertungsmethoden und Schätzungen anzupassen. In einem nächsten Schritt soll auf Basis geführter Diskussionen ein Entwurf für mögliche Änderungen erstellt werden. Dieser wird für Anfang 2016 erwartet.

Forschungsprojekte	
Wesentlichkeit	In diesem Projekt widmet sich der IASB der Anwendung von Wesentlichkeitsüberlegungen im Rahmen der Abschlusserstellung. Zu diesem Zweck wurde im Oktober 2015 ein Entwurf einer entsprechenden Erklärung veröffentlicht und zu einer Einreichung von Stellungnahmen aufgerufen. Der Einsendeschluss hierfür war der 26.2.2016. Auf Basis dieser Kommentierung plant der IASB eine Überarbeitung des Entwurfs und eine Veröffentlichung der finalen Erklärung. Dies soll noch innerhalb des Jahres 2016 geschehen.
Angabenprinzipien	Das Projekt zielt darauf ab, eine Reihe von allgemeingültigen Prinzipien für die Tätigung von Abschlussangaben zu konzipieren. Hieraus kann sich in der Folge ein Projekt für ein entsprechendes Angabenrahmenkonzept entwickeln, das in seiner finalen Form die bisherige Regelungen, wie sie etwa nach IAS 1, IAS 7 sowie IAS 8 gelten, ablösen könnte. Ein Diskussionspapier hierzu wird für das zweite Quartal 2016 erwartet.
Überprüfung bestehender Angabevorschriften	Mit diesem Projekt beabsichtigt der IASB, Leitlinien für die Entwicklung neuer Angabevorschriften bei bestehenden und neuen Standards zu entwickeln. Weiterhin sollen mögliche Verbesserungen an Angabepflichten in bestehenden Standards identifiziert werden. In einem nächsten Schritt ist geplant, die möglichen Überarbeitungen zweier bestehender Standards zu publizieren. Dies soll als Anhang im Rahmen des angedachten Diskussionspapiers zum Projekt Angabenprinzipien geschehen.
IASB (Hrsg.), Discussion Forum – Financial Reporting Disclosure Feedback Statement, London, 2013; *IASB (Hrsg.),* Disclosure Initiative, einsehbar im Internet unter: http://www.ifrs.org/current-projects/iasb-projects/disclosure-initiative/Pages/Disclosure-Initiative.aspx (abgerufen am 12.6.2016).	

III. Unternehmensfortführung als zugrunde liegende Annahme eines IFRS-Abschlusses

Nach dem Grundsatz der Unternehmensfortführung wird bei der Aufstellung eines IFRS-Abschlusses unterstellt, dass das bilanzierende Unternehmen seine Geschäftstätigkeit in der absehbaren Zukunft fortführen wird (4.1). Abzuweichen ist von diesem Grundsatz nur, wenn die Unternehmensleitung beabsichtigt, das Unternehmen aufzugeben, die Geschäftstätigkeit einzustellen oder keine realistische Möglichkeit mehr sieht, das Unternehmen fortzuführen (IAS 1.25). Die Unternehmensaufgabe kann dabei auf wirtschaftliche oder rechtliche Gründe zurückzuführen sein.

Im Rahmen der wiederkehrenden Abschlusserstellung ist die Unternehmensfortführungsprämisse erneut zu prüfen (IAS 1.25). Bei der Einschätzung dieser Prämisse ist ein Beurteilungszeitraum von mindestens zwölf Monaten nach dem Abschlussstichtag zu betrachten. Im Einzelfall kann auch ein längerer Betrachtungszeitraum geboten sein (IAS 1.26). Dieser Zeitraum stellt keine absolut feste Größe dar. Vielmehr wird er durch die individuellen Gegebenheiten des betrachteten Sachverhalts bestimmt. In diesem Zusammenhang sind sämtliche Informationen zu berücksichtigen, die die Fortführung des bilanzierenden Unternehmens im betrachteten Zeitraum gefährden können.

Zwischen wertaufhellenden und wertbegründenden Abschlussinformationen wird nicht unterschieden. Denn eine alleinige Beachtung wertaufhellender Abschlussinformationen würde die wirtschaftlichen Gegebenheiten nicht adäquat abbilden. So ist ein am Abschlussstichtag nicht vorhersehbarer aber bestandsgefährdender Liquiditätsengpass, der die Fortführung des bilanzierenden Unternehmens nicht mehr zulässt, bei der dem Abschlussstichtag zeitlich nachgelagerten Aufstellung des Jahresabschlusses zu berücksichtigen (IAS 10.15). Bereits wenn die Absicht oder die Notwendigkeit zur Unternehmensaufgabe besteht, gilt der Grundsatz der Unternehmensfortführung nicht mehr als erfüllt. Allerdings schließt ein bereits begonnenes Insolvenzverfahren die Fortführung der Unternehmenstätigkeit nicht aus, sofern diese als sehr wahrscheinlich gilt.

EXKURS
Wertaufhellende versus wertbegründende Ereignisse (IAS 10)

Ereignisse bzw. Informationen, die dem bilanzierenden Unternehmen erst nach dem Abschlussstichtag, aber noch während der Abschlusserstellung zugehen und die zusätzlich Aufschluss über Sachverhalte geben, die bereits am Abschlussstichtag bei angemessener Sorgfalt des bilanzierenden Unternehmens erkennbar waren, sind bilanziell zu erfassen. Wie sich diese Ereignisse auf den IFRS-Abschluss auswirken, ob negativ oder positiv, spielt für ihre bilanzielle Berücksichtigung keine Rolle. Bei diesen Ereignissen handelt es sich um wertaufhellende Ereignisse. Ein Beispiel kann in diesem Zusammenhang der Brand einer Lagerhalle am Abschlussstichtag (31.12.2016) sein, von welchem das bilanzierende Unternehmen erst nach dem Abschlussstichtag (3.1.2017) erfährt. Bilanziell hat das betroffene Unternehmen diese wertaufhellenden Informationen zu verwenden, um eine Abschreibung auf die beschädigten Güter in dieser Lagerhalle betreffend das Geschäftsjahr 2016 vorzunehmen.

Von diesen wertaufhellenden Ereignissen sind Ereignisse zu trennen, die Gegebenheiten bzw. Sachverhalte anzeigen, die erst nach dem Abschlussstichtag eingetreten sind. Bei diesen Ereignissen handelt es sich um wertbegründende Ereignisse, die nach den IFRS im abgelaufenen Geschäftsjahr bilanziell nicht zu berücksichtigen sind. Indes können wertbegründende Ereignisse mit Angabepflichten im Anhang verbunden sein. In Fortführung des obigen Beispiels würde ein wertbegründendes Ereignis vorliegen, wenn der Brand im neuen Geschäftsjahr (3.1.2017) stattgefunden hätte. Eine Abwertung der Güter im Geschäftsjahr 2016 wäre nicht zulässig. Diese Abwertung wäre stattdessen im Geschäftsjahr 2017 zu erfassen.

Absatzmarktbezogene Sichtweise

Wird die Fortführung des bilanzierenden Unternehmens nicht mehr unterstellt, sind fundamentale Änderungen der angewandten Bewertungsgrundsätze erforderlich. Obwohl in den IFRS keine konkreten Vorschriften für diesen Fall vorliegen, kann gem. IAS 8.11 (a) auf die Behandlung vergleichbarer Sachverhalte zurückgegriffen werden, wie auf die bilanzielle Abbildung zur Veräußerung gehaltener, langfristiger Vermögenswerte und aufgegebener Geschäftsbereiche nach IFRS 5 (vgl. S. 230 ff.). Eine strikt absatzmarktbezogene Sichtweise ist zu wählen.

Offenlegung

Überdies ist gem. IAS 1.25 die Unternehmensaufgabe mit weit reichenden Offenlegungspflichten im Anhang verbunden. Anzugeben ist, weshalb die Unternehmensfortführung nicht mehr zu unterstellen ist und welche alternativen Ansatz- und Bewertungsgrundlagen gewählt wurden. Wird hingegen weiterhin von der Unternehmensfortführung ausgegangen, sind sämtliche Ereignisse und Bedingungen offen zu legen, die erhebliche Zweifel an der Fortführung des bilanzierenden Unternehmens aufkommen lassen.

IV. Qualitative Anforderungen an nützliche Finanzinformationen

1. Überblick

Als qualitative Anforderungen an nützliche Finanzinformationen *(qualitative characteristics)* sind die Anforderungen an Abschlussinformationen zu bezeichnen, die sicherstellen, dass den Abschlussadressaten **entscheidungsnützliche Abschlussinformationen** für ihre wirtschaftlichen Entscheidungen bereitgestellt werden (QC1). Diese qualitativen Anforderungen an die mit einem IFRS-Abschluss zu vermittelnden Informationen werden in grundlegende und weiterführende qualitative Anforderungen unterteilt. Relevanz (QC6-QC11) und glaubwürdige Darstellung (QC12-QC16) sind dabei die grundlegenden Anforderungen; Vergleichbarkeit (QC20-QC25), Nachprüfbarkeit (QC26-QC28), Zeitnähe (QC29) und Verständlichkeit (QC30-QC32) repräsentieren die weiterführenden qualitativen Kriterien. Zum Teil werden die qualitativen Anforderungen durch sekundäre Kriterien konkretisiert. So wird beispielsweise die Anforderung der Relevanz durch das sekundäre Kriterium der Wesentlichkeit (QC11) ergänzt (vgl. Abb. C-1). Die genannten Anforderungen dienen dem IASB als konzeptioneller Rechnungslegungsrahmen, um weitgehend schlüssige und aufeinander abgestimmte Vorschriften auszuarbeiten.[1] Die qualitativen Anforderungen werden im Folgenden vorgestellt.

2. Grundlegende qualitative Anforderungen an nützliche Finanzinformationen

a) Relevanz (*relevance*)

Beeinflussung wirtschaftlicher Entscheidungen

Abschlussinformationen sind für die Abschlussadressaten nur dann nützlich, wenn sie entscheidungsrelevant und damit ökonomisch brauchbar sind. Als relevant gelten Abschlussinformationen dann, wenn diese die Fähigkeit haben, die wirtschaftlichen Entscheidungen der Abschlussadressaten zu beeinflussen, unabhängig davon, ob die Kapitalgeber die Informationen nutzen oder nicht (QC6). Dies ist dann der Fall, wenn die Jahresabschlussinformationen **vorhersagenden** oder **bestätigenden Charakter** oder beides haben (QC7). Einen vorhersagenden Charakter haben Finanzinformationen dann, wenn sie Inputparameter für die Prognose künftiger Ereignisse sein können (QC8). Sie müssen also selbst nicht Prognosen oder Vorhersagen sein, sondern lediglich Abschlussadressaten helfen, eine Vorhersage oder Prognose tätigen zu können. Umgekehrt haben Finanzinformationen einen bestätigenden Charakter, wenn sie Informationen über vergangene Prognosen bzw. Vorhersagen geben, d.h. wenn sie Feedback-Charakter haben (QC9). Als Beispiel für die enge Verknüpfung des vorhersagenden und bestätigenden Charakters von Finanzinformationen sind Umsatzerlöse zu nennen (QC10). Diese helfen, vergangene Prognosen zu bestätigen, sind aber auch Basis für die Einschätzung der Umsatzerlöse in folgenden Perioden.

Qualitative Auslegung

Als **sekundäres Kriterium** zur Relevanz hat das IASB die **Wesentlichkeit** formuliert, welche dann als erfüllt gilt, wenn sich durch Weglassen oder fehlerhafte Darstellung einer Abschlussinformation die wirtschaftlichen Entscheidungen der Abschlussadressaten steuern lassen (QC11). Die Wesentlichkeit ist sowohl qualitativ (*nature*) als auch quantitativ (*magnitude*) auszulegen. Die **qualitative Auslegung** zielt auf **Art und Wesen** *(nature)* des Inhalts von Abschlussinformationen ab. Eine Abschlussinformation kann als entscheidungsrelevant eingestuft werden, soweit sie aufgrund ihrer Art wesentlich, also bedeutsam für die Abschlussadressaten ist. Die qualitative Bedeutung einer Abschlussinformation ist für die Beurteilung ihrer Abschlussrelevanz zwingend notwendig. Dies gilt dagegen nicht für die quantitative Bedeutung einer Abschlussinformation. So hat beispielsweise die Berichterstattung über ein neues Segment für den Investor Bedeutung im Hinblick darauf, wie die Chancen und Risiken des betrachteten Unternehmens einzuschätzen sind. Dies geschieht losgelöst von der quantitativen Bedeutung der vom neuen Segment erwirtschafteten Ergebnisse.

Quantitative Auslegung

Die **quantitative Auslegung** erfasst die (betragsmäßige) **Größe** (*magnitude*) der Finanzinformation, die die wirtschaftlichen Entscheidungen der Abschlussadressaten beeinflussen kann. Eine allgemeingültige Wesentlichkeitsgrenze ist in der IFRS-Rechnungslegung nicht quantifiziert. Sie ist vielmehr **sachverhaltsabhängig** festzulegen.[2] Die besonderen Umstände des jeweiligen, bilanziell abzubildenden Sachverhalts sind zu berücksichtigen. Wichtig ist dabei, dass alle ggf. als unwesentlich zu qualifizierenden Sachverhalte auch insgesamt als unwesentlich zu qualifizieren sind. So mag isoliert betrachtet z. B. die Ergebniswirkung von zehn Geschäftsvorfällen jeweils unwesentlich sein. Soweit die Ergebniswirkung insgesamt als wesentlich zu beurteilen ist, sind als unwesentlich beurteilte Sachverhalte solange zu erfassen, bis die Auswirkung insgesamt als unwesentlich zu beurteilen ist.

Der einzige Hinweis auf die Wesentlichkeitsgrenze in Form einer Quantifizierung findet sich in **IFRS 8.** Gemäß IFRS 8.13 gilt bei der Segmentbildung eine Wesentlichkeitsgrenze von 10 %, welche indes explizit nicht als Leitlinie herangezogen werden kann, um die Wesentlichkeit anderer bilanziell abzubildender Sachverhalte beurteilen zu können (IFRS 8.17).

Hinsichtlich des Ausweises von Abschlussposten zeigt sich das Zusammenwirken der qualitativen und der quantitativen Auslegung des Wesentlichkeitsgrundsatzes. Sämtliche Abschlussposten sind wesentlich, die nach Art *(nature)* und/oder Quantität *(magnitude)* auf die Abschlussadressaten entscheidungsbeeinflussend wirken. In einen IFRS-Abschluss sind folglich alle wesentlichen Posten aufzunehmen und gesondert darzustellen. Unwesentliche Posten brauchen nicht gesondert dargestellt zu werden, sondern können mit Posten ähnlicher Natur und Funktion zusammengefasst werden (IAS 1.29). Diese Regelung gilt nicht nur für Bilanz und Erfolgsrechnung, sondern ebenso für alle übrigen Abschlussinstrumente. Allerdings ist stets zu beachten, dass ein Posten, der nicht wesentlich im Sinne einer gesonderten Darstellung in Bilanz oder Erfolgsrechnung ist, dennoch wesentlich genug sein kann, dass er gesondert durch Anhangangaben offen gelegt werden muss (IAS 1.30).

Relevanz versus glaubwürdige Darstellung

Das die grundlegende qualitative Anforderung der Relevanz von Abschlussinformationen ergänzende **sekundäre Kriterium der Wesentlichkeit** wird **durch** die nachfolgend erläuterte zweite grundlegende qualitative Anforderung der **glaubwürdigen Darstellung *(faithful representation)* eingeschränkt**. So darf das sekundäre Kriterium der Wesentlichkeit und ihre sachverhaltsabhängige Interpretation nicht dazu führen, dass im IFRS-Abschluss Sachverhalte nicht glaubwürdig dargestellt sind (z. B. vorsätzlich falsch dargestellt werden), obwohl sie einzeln oder zusammen mit anderen Falschdarstellungen unwesentlich sind. Auch unwesentliche Sachverhalte sind, sofern sie einzeln oder zusammen mit anderen Sachverhalten in einen IFRS-Abschluss eingehen, glaubwürdig und damit den tatsächlichen Verhältnissen entsprechend abzubilden.

Die Entscheidungsnützlichkeit von Abschlussinformationen für den Investor wird folglich durch die zwei grundlegenden qualitativen Anforderungen an nützliche Finanzinformationen, nämlich die Relevanz und die glaubwürdige Darstellung, konkretisiert. Beide Anforderungen sind simultan zu beachten. Erst dann ist der IFRS-Abschluss entscheidungsnützlich.

b) Glaubwürdige Darstellung (faithful representation)

Die grundlegende qualitative Anforderung der glaubwürdigen Darstellung *(faithful representation)* ist neben der Anforderung der Relevanz ein entscheidender Eckpfeiler des Rechnungslegungssystems des IASB.[3] Denn die mit IFRS-Abschlüssen verfolgte Vermittlung entscheidungsnützlicher Informationen ist nur erreichbar, wenn die Abschlussadressaten auf die glaubwürdige Darstellung dieser Informationen vertrauen können (QC12). Die Möglichkeiten und Spielräume für Bilanzmanipulationen werden durch diese Anforderung reduziert. Gleichwohl sind diese Spielräume unabhängig vom betrachteten Rechnungslegungssystem nicht gänzlich auszuschließen. Die grundlegende qualitative Anforderung der glaubwürdigen Darstellung stellt daher darauf ab, die **Rechnungslegungsnormen des IASB** in ihrer Gesamtheit **vernünftig und glaubwürdig anzuwenden**.

Die grundlegende qualitative Anforderung der glaubwürdigen Darstellung wird in QC13-QC15 durch **drei sekundäre Kriterien** konkretisiert, und zwar

- die Vollständigkeit (*completeness*; QC13),
- die Neutralität (*neutrality*; QC14) sowie
- die Fehlerfreiheit (*freedom from error*; QC15).

Vollständigkeit

Gemäß dem sekundären Kriterium der Vollständigkeit (*completeness*) sind alle Informationen im Jahresabschluss wiederzugeben, damit die Jahresabschlussadressaten den dargestellten Sachverhalt verstehen (QC13). Die Vollständigkeit ist nicht als eine reine Ausweisnorm, sondern aufgrund ihrer weiten Definition als eine **umfassende Rechnungslegungsnorm** zu begreifen, welche sich auf alle Informationsformen des bilanzierenden Unternehmens erstreckt. Als Beispiel für eine vollständige Abbildung nennt das Rahmenkonzept in QC13 die bilanzielle Darstellung einer Gruppe von Vermögenswerten, welche nicht nur die numerische Darstellung aller Vermögenswerte der Gruppe umfasst, sondern auch die Beschreibung der Art der Vermögenswerte sowie eine Erläuterung darüber, was die numerische Darstellung einschließt (wie etwa das der numerischen Darstellung zugrunde liegende Bewertungskonzept).

Neutralität

Das sekundäre Kriterium der Neutralität *(neutrality)* fordert, dass die Jahresabschlussinformationen frei von verzerrenden Einflüssen bei der Auswahl oder Darstellung von Finanzinformationen sind (QC14). Von neutralen Abschlussinformationen kann nicht mehr ausgegangen werden, wenn diese einseitig sind, gewichtet oder bewusst ausgewählt oder anderweitig manipuliert wurden, um ein zuvor festgelegtes Unternehmensziel ausweisen zu können bzw. die Jahresabschlussadressaten so beeinflusst wurden, dass diese eine Finanzinformation auf eine bestimmte Weise wahrnehmen und entsprechend ihre wirtschaftlichen Entscheidungen treffen. Die **Abschlussinformationen** dürfen folglich **nicht bilanzpolitisch motiviert ausgewählt** sein und insofern nicht zu einer durch die Voreingenommenheit des Bilanzierenden bedingten verzerrten Darstellung der wirtschaftlichen Verhältnisse in einem IFRS-Abschluss führen. Diese Forderung ist als eine eher formale Forderung zu verstehen, da Bilanzpolitik auch in der IASB-Rechnungslegung in bestimmten Grenzen möglich und zulässig ist. Grundsätzlich wird unterstellt, dass die Bilanzierenden bei der Ausschöpfung von Bilanzierungswahlrechten oder Ermessensspielräumen die zugrunde liegenden Sachverhalte entsprechend ihrer wirtschaftlichen Natur abbilden. Mit dem Kriterium der Neutralität werden somit keine Wahlrechte in den jeweiligen IFRS eingeschränkt; es stellt vielmehr eine **Leitlinie zur Ausübung von Wahlrechten und Ermessensspielräumen** für die Bilanzierenden dar, da klargestellt wird, dass die Informationen in einem IFRS-Jahresabschluss zwangsläufig die wirtschaftlichen Entscheidungen der Abschlussadressaten ändern. Ansonsten wären sie nicht entscheidungsnützlich (QC14).

Fehlerfreiheit

Das dritte Kriterium der Fehlerfreiheit bedeutet, dass die bilanzielle Darstellung eines Sachverhalts keine Fehler oder Auslassungen umfasst und dass der Prozess zur Generierung der Informationen ohne Fehler angewendet wurde (QC15). Festgehalten wird also, dass Fehlerfreiheit nicht bedeutet, dass die Bilanzinformationen zwingend genau sind. Dies ist insofern plausibel, als bilanzielle Abbildung oftmals auf Schätzungen und Erwartungen beruhen, die per se nicht genau sein können. Fehlerfreiheit kann in diesem Zusammenhang bedeuten, dass das bilanzierende Unternehmen in seinem Jahresabschluss klarstellt, dass die Finanzinformationen auf Schätzungen bzw. Erwartungen beruhen und die bilanzielle Darstellung dementsprechend durch Beschreibungen des Sachverhalts ergänzt.

Relevanz und glaubwürdige Darstellung

Die grundlegende qualitative Anforderung der glaubwürdigen Darstellung ist immer zusammen mit der grundlegenden qualitativen Anforderung der Relevanz zu beurteilen. Ein möglicher **Konflikt** zwischen den beiden Anforderungen ist nicht auszuschließen denn eine Information kann zwar relevant sein, muss aber nicht notwendigerweise glaubwürdig darstellbar sein. Ist die relevante Information nicht glaubwürdig dargestellt, kann sie ihre Entscheidungsnützlichkeit verlieren (QC16). Entsprechendes gilt für eine glaubwürdig dargestellte Information, die völlig irrelevant ist. Als Beispiel dient die Schätzung der Wertminderung eines Vermögenswerts. Die Schätzung kann glaubwürdig dargestellt sein, wenn das bilanzierende Unternehmen den Prozess zur Bestimmung der Wertminderung fehlerfrei angewendet hat, die Schätzung sachgemäß beschreibt und mögliche Einflussfaktoren hinsichtlich der Schätzung erläutert. Ist die Unsicherheit bei der Schätzung indes zu groß, so ist die Finanzinformation kaum entscheidungsnützlich, d. h. ihre Relevanz ist fraglich. Eine vermutete hohe Relevanz und eine zugleich geringe glaubwürdige Darstellung ergeben sich vielfach bei Prognosen, welche der Art nach für die Abschlussadressaten höchst relevant sind, aber zumeist nur ein geringes Maß an Zuverlässigkeit aufweisen. Im Falle der erforderlichen Schätzungen von zukunftsbezogenen Jahresabschlussinformationen ist zu beachten, dass statt Punktschätzungen i. d. R. nur Intervallschätzungen möglich sind. Der faire Ausgleich zwischen Relevanz und glaubwürdiger Darstellung gelingt in diesen Fällen nur, wenn den Abschlussadressaten die Informationen über das Intervall angegeben und sie nicht lediglich über einen Punkt aus der Bandbreite informiert werden. Allerdings ist zu bemerken, dass die glaubwürdige Darstellung von Abschlussinformationen nicht allein dadurch eingeschränkt wird, dass bei der bilanziellen Darstellung unternehmensbezogener Sachverhalte **Schätzungen** vorgenommen werden. Schätzungen sind oftmals unumgänglich, wenn Informationen nur unvollständig ermittelbar oder die Kosten ihrer Beschaffung in einem Missverhältnis zu ihrem Nutzen stehen. Grundlage von Schätzungen sind alle zum Zeitpunkt der Schätzung erhältlichen fehlerfreien und unvoreingenommenen Informationen. Erweisen sich diese Schätzungen in späteren Berichtsperioden als falsch, sind die vormals durchgeführten Schätzungen unmittelbar nach besserer Erkenntnis an den aktuellen Informationsstand anzupassen.

Eine wichtige Frage bei der Grundsatzabwägung zwischen Relevanz und glaubwürdiger Darstellung ist, ob Vermögenswerte und Schulden im Jahresabschluss nach IFRS auf Basis historischer Kosten oder auf Basis des beizulegenden Zeitwerts zu bewerten sind. In der jüngsten Vergangenheit rücken historische Kosten als Basis der Bilanzierung teils zugunsten von beizulegenden Zeitwerten in den Hintergrund. Das IASB ist der Ansicht, dass beizulegende Zeitwerte aus Adressatensicht aufgrund höherer Relevanz entscheidungsnützlicher sind (vgl. zur Diskussion der beizulegenden Zeitwerte auch das Kapitel zu IFRS 13, S. 81 ff.). Hingegen ist zu beachten, dass beizulegende Zeitwerte oftmals nicht direkt beobachtbar sind und ihre glaubwürdige Darstellung zumindest teilweise zu hinterfragen ist. Somit wird offenbar, dass der Anforderung der Relevanz seitens des IASB tendenziell ein höherer Stellenwert als der Anforderung der glaubwürdigen Darstellung zugewiesen wird. Indes ist der verbleibende Konflikt nur auflösbar, wenn und soweit der Bilanzierende der grundlegenden qualitativen Anforderung der glaubwürdigen Darstellung durch entsprechende und ausführliche Anhanginformationen, z. B. über Schätzparameter und Schätzbandbreiten, Rechnung trägt.

BEISPIEL:

Beispielhaft für die aktuellen Tendenzen in der internationalen Rechnungslegung und die Rolle der Grundsatzabwägung wird hier die Bilanzierung von Finanzinvestitionen in Immobilien nach IAS 40 angeführt.

IAS 40 ist Ausdruck dafür, dass das IASB der Relevanz von Abschlussinformationen einen höheren Stellenwert als ihrer glaubwürdigen Darstellung beimisst. Wird nach IAS 40 (vgl. S. 270 ff.) für die Folgebewertung von Finanzinvestitionen in Immobilien das »Zeitwertmodell« gewählt, ist zu jedem Abschlussstichtag der beizulegende Zeitwert des betrachteten Vermögenswerts zu ermitteln und eine Änderung im Vergleich zum Vorjahr erfolgswirksam zu erfassen. Da für Immobilien allerdings kein vergleichbarer Markt wie für Wertpapiere existiert, aus dem der beizulegende Zeitwert eindeutig und zuverlässig entnommen werden kann, und aufgrund der von Immobilie zu Immobilie stark divergierenden Ausprägungen der wertbeeinflussenden Faktoren kein Preisvergleich nahezu identischer Immobilien möglich ist, muss der beizulegende Zeitwert einer zu Finanzanlagezwecken gehaltenen Immobilie mit Hilfe von Bewertungsverfahren wie dem Discounted-Cashflow-Verfahren berechnet werden. Die vermeintlich höhere Entscheidungsrelevanz von beizulegenden Zeitwerten von Finanzinvestitionen in Immobilien wird hier durch eine geringere glaubwürdige Darstellung erkauft. Die in das Discounted-Cashflow-Verfahren eingehenden Bewertungsinformationen sind nämlich überwiegend geschätzte Größen wie die künftige Angebots- und Nachfragesituation auf dem betrachteten Immobilienteilmarkt, die sich daraus ergebende Mietpreisentwicklung und das Leerstandsrisiko. Das bilanzierende Unternehmen ist folglich gezwungen, zahlreiche Annahmen über die Bewertungsparameter zu treffen. Bandbreiten möglicher Werte sind auf einen Punktwert zu verdichten, wobei die Abschlussadressaten mittels Anhangangaben über die Bandbreite möglicher Werte informiert werden sollten.

In QC17-QC18 beschreibt das IASB zudem, wie die grundlegenden qualitativen Anforderungen an nützliche Finanzinformationen idealtypisch angewendet werden. Dabei sieht das Board einen dreistufigen Prozess vor, bei dem im ersten Schritt ein Sachverhalt zu identifizieren ist, der möglicherweise entscheidungsnützlich ist. Im Anschluss sind die Informationen über den Sachverhalt festzustellen, die am relevantesten wären, wenn sie zur Verfügung stünden und glaubwürdig dargestellt werden könnten. Zuletzt ist zu überprüfen, ob die Informationen tatsächlich zur Verfügung stehen und glaubwürdig dargestellt werden können. Ist dies der Fall, endet der Anwendungsprozess. Falls nicht, wird der Prozess mit der nächstrelevantesten Information wiederholt (QC18). Im Ergebnis bedeutet dies, dass die relevanteste Finanzinformation zu bevorzugen ist, sollte sie bilanziell glaubwürdig darstellbar sein.

3. Weiterführende qualitative Anforderungen an nützliche Finanzinformationen

a) Vergleichbarkeit (*comparability*)

Art des zu erzielenden Vergleichs

Mit der weiterführenden qualitativen Anforderung der Vergleichbarkeit (*comparability*) wird sichergestellt, dass den Abschlussadressaten Abschlussinformationen zur Verfügung gestellt werden, die es erlauben, durch den Vergleich der Abschlüsse mehrerer Jahre Entwicklungen der finanziellen Situation des bilanzierenden Unternehmens, absolut und im Vergleich zu anderen Unternehmen, zu erkennen. Die IFRS-Abschlüsse müssen demzufolge **zeitlich und zwischenbetrieblich vergleichbar** sein (QC20). Nur dann sind die Jahresabschlussadressaten in der Lage, zwischen Alternativen zu entscheiden. Vergleichbarkeit bedeutet indes nicht Einheitlichkeit (QC23), d. h. ein bilanzierendes Unternehmen sollte nicht unter dem Schutzschild der Vergleichbarkeit ungleiche Dinge gleich erscheinen lassen. Vielmehr besagt die Vergleichbarkeit, dass gleiche Sachverhalte gleich zu bilanzieren sind und unterschiedliche Sachverhalte unterschiedlich. Dazu ist erforderlich, im Zeitablauf stetig zu bilanzieren und zu bewerten sowie gleichartige Sachverhalte identisch abzubilden (QC22). Soweit für bestimmte Sachverhalte oder Transaktionen bessere Rechnungslegungsvorschriften entwickelt werden, sind diese anzuwenden und ist die Stetigkeit der Bilanzierung zu durchbrechen. Der Grundsatz der Vergleichbarkeit fordert in diesem Fall erläuternde Angaben im Anhang über die Änderung der Methode und die Auswirkung dieser Änderung. Indes ist darauf hinzuweisen, dass Stetigkeit und Vergleichbarkeit zwar in Verbindung stehen, jedoch unterschiedliche Konzepte sind. Nach QC22 ist Stetigkeit ein Hilfsmittel, das Ziel der Vergleichbarkeit zu erreichen.

Formelle versus materielle Stetigkeit

Die Vergleichbarkeit umfasst den **Grundsatz der Stetigkeit** in Form der formellen und materiellen Stetigkeit. Die **formelle Stetigkeit** ist gewährleistet, wenn Bezeichnungs-, Gliederungs- und Ausweisstetigkeit eingehalten werden (IAS 1.45). Sie ist vergleichbar mit dem handelsrechtlichen Grundsatz der Bilanzidentität, welcher in § 252 Abs. 1 Nr. 1 HGB als GoB kodifiziert ist, und schafft die Grundvoraussetzung für eine zeitliche und zwischenbetriebliche Vergleichbarkeit von IFRS-Abschlüssen. **Die materielle Stetigkeit** bezieht sich auf die Bilanzierungs- und Bewertungsstetigkeit. Hiernach sind Ansatz- und Bewertungsmethoden im Zeitablauf kontinuierlich sowie einheitlich auf art- und funktionsgleiche Bilanzposten anzuwenden. Vermögenswerte und Schulden sind auf Basis der Methoden zu behandeln, die bei vergleichbaren, bilanziell bereits erfassten Sachverhalten verwendet werden. Die Ansatz- und Bewertungsmethoden umfassen nach IAS 8.5 alle besonderen Prinzipien, grundlegenden Überlegungen, Konventionen, Regeln und Verfahren, die ein Unternehmen seiner Abschlusserstellung zugrunde legt. Insgesamt gilt in der IFRS-Rechnungslegung somit ein umfassendes Stetigkeitsgebot.

Abweichungen vom Stetigkeitsgebot

Von der formellen Stetigkeit darf abgewichen werden, wenn sich das Tätigkeitsfeld des bilanzierenden Unternehmens wesentlich verändert hat oder eine Änderung in der Darstellungsform des IFRS-Abschlusses nachweislich zu einer den tatsächlichen wirtschaftlichen Verhältnissen entsprechenden Darstellungsweise der bilanziell abzubildenden Geschäftsvorfälle oder Ereignisse führt (IAS 1.45 (a)). Ferner kann es geboten sein, die Darstellungsweise zu ändern, wenn ein IFRS oder eine Rechnungslegungsinterpretation dies verlangen (IAS 1.45 (b)). Damit wird der Grundsatz der Vergleichbarkeit zu Gunsten der Grundsätze der Relevanz und glaubwürdigen Darstellung eingeschränkt. Allerdings zieht eine Änderung der Ansatz- und Bewertungsmethoden sowie der Darstellungsform umfangreiche Angabepflichten (z. B. über Grund und Höhe der Anpassung) nach sich, so dass eine möglichst vergleichbare Bilanzierung im Zeitablauf erreicht wird (IAS 1.38-1.43; IAS 8.28 f.).

Hinsichtlich der bilanziellen Behandlung materieller Änderungen eines IFRS-Abschlusses ist IAS 8 einschlägig (vgl. S. 522 ff.). Die materielle Stetigkeit darf nur durchbrochen werden, soweit dies durch einen IFRS oder eine Rechnungslegungsinterpretation gefordert wird oder soweit die Änderung der Ansatz- und Bewertungsmethoden dazu führt, dass der IFRS-Abschluss zuverlässige und **relevantere Informationen** vermittelt (IAS 8.14). Die Auswirkungen der Änderung von Ansatz- und Bewertungsmethoden auf die Höhe und die Darstellung von Periodenerfolg und Eigenkapital sind regelmäßig retrospektiv zu erfassen (IAS 8.19 (b)). Die Anpassungen erfolgen gem. IAS 8.22 erfolgsneutral. Der Anpassungsbetrag wird mit dem Eröffnungsbilanzwert des betroffenen Eigenkapitalpostens[4] in der frühesten ausgewiesenen Periode verrechnet.

b) Nachprüfbarkeit (*verifiability*)

Hypothetische Überprüfung durch Externe

Nachprüfbarkeit bedeutet, dass Finanzinformationen von verschiedenen sachverständigen und unabhängigen Beurteilern hinsichtlich ihrer glaubwürdigen Darstellung eines Sachverhalts überprüft werden können (QC26). Sie ist dann erreicht, wenn die unabhängigen Beurteiler einen Konsens – und damit nicht zwingend vollständiges Einvernehmen – erzielen können, darüber, dass eine bestimmte bilanzielle Darstellung glaubwürdig ist. Dies kann im Falle quantifizierbarer Informationen auch bedeuten, dass lediglich Wahrscheinlichkeiten überprüft werden und nicht zwingend Punktschätzungen.

Direkte versus indirekte Nachprüfbarkeit

Die Nachprüfbarkeit kann direkter und indirekter Natur sein (QC27). Direkte Nachprüfbarkeit erfasst beispielsweise das Überprüfen des Zahlungsmittelbestands durch Zählen und damit die Nachprüfung durch direkte Beobachtung. Indirekt kann beispielsweise der Bestand der Vorräte überprüft werden, indem die Anfangsbestände (Mengen und Werte) geprüft werden und unter Annahme eines bestimmten Materialverbrauchs (z. B. First-In-First-Out, FIFO) auf den Endbestand übergeleitet werden. Demnach werden bei der indirekten Nachprüfung die Parameter eines bestimmten Modells bzw. die Anwendung einer bestimmten Methode überprüft.

Unter Umständen ist es nicht möglich, zukunftsgerichtete Finanzinformationen nachzuprüfen (QC28). In solchen Fällen sind Anhangangaben notwendig, um die Jahresabschlussadressaten über die Sachverhalte aufzuklären und sie über zugrunde liegende Annahmen, angewendete Methoden sowie weitere Faktoren, die den Ansatz bzw. die Bewertung eines Sachverhalts beeinflussen, zu informieren.

c) Zeitnähe (*timeliness*)

Finanzinformationen können nur dann entscheidungsnützlich sein, wenn sie den Jahresabschlussadressaten zeitnah zur Verfügung stehen (QC29). Je später eine Information den Abschlussadressaten zugeht, desto weniger nützlich ist sie. Wird eine Information verzögert vermittelt, verliert sie häufig ihre Relevanz. Damit steht die Zeitnähe in untrennbarem Zusammenhang mit der grundlegenden qualitativen Anforderung der Relevanz.

Konflikt zur glaubwürdigen Darstellung

Hingegen steht eine zeitnahe Informationsvermittlung in vielen Fällen im Konflikt mit der Vermittlung glaubwürdig dargestellter Abschlussinformationen. Zeitnähe von Abschlussinformationen impliziert vielfach, dass bereits sehr frühzeitig über Geschäftsvorfälle oder andere unternehmensbezogene Ereignisse zu berichten ist, obwohl noch nicht sämtliche Aspekte des betrachteten Geschäftsvorfalls oder Ereignisses bekannt sind. Derartige Informationen sind wenig glaubwürdig dargestellt. Im umgekehrten Fall, dass erst dann über einen Geschäftsvorfall oder ein unternehmensbezogenes Ereignis berichtet wird, wenn alle Aspekte bekannt sind, ist die zu vermittelnde Abschlussinformation zwar glaubwürdig darstellbar, aber für die Entscheidungsfindung der Abschlussadressaten zumeist unbrauchbar. Ein bestehender **Zielkonflikt** zwischen der Relevanz und der glaubwürdigen Darstellung von Abschlussinformationen vor dem Hintergrund der Zeitnähe von Abschlussinformationen ist daher im Einzelfall zu beurteilen. Bei dieser Beurteilung sind die **Informationsbedürfnisse der Abschlussadressaten** maßgeblich.

d) Verständlichkeit (*understandability*)

Form der Darstellung

Mit der weiterführenden qualitativen Anforderung der Verständlichkeit (*understandability*) wird vom bilanzierenden Unternehmen verlangt, die mit einem IFRS-Abschluss zu vermittelnden Finanzinformationen deutlich und prägnant zu klassifizieren, zu beschreiben und darzustellen (QC30). Indes ist festzustellen, dass einige Sachverhalte und die damit verbunden Finanzinformationen von Natur aus komplex sind. Diese Informationen sind nicht auszuschließen, da dadurch der Jahresabschluss unvollständig und möglicherweise fehlerhaft wäre (QC31). Die geforderte Eigenschaft der Verständlichkeit von Abschlussinformationen darf somit kein Argument sein, auf die Abbildung schwieriger und komplexer Sachverhalte, die für die Entscheidungsfindung der Abschlussadressaten bedeutsam sind, zu verzichten. Bei der Verständlichkeit wird demnach unterstellt, dass der Abschlussadressat über angemessene Kenntnisse geschäftlicher und wirtschaftlicher Aktivitäten verfügt und die Jahresabschlussinformationen sorgfältig prüft und analysiert (QC32). Der Grundsatz der Verständlichkeit begründet folglich ein grundlegendes formales Qualitätsmerkmal eines IFRS-Abschlusses.

Weiterführende qualitative Anforderungen

Ähnlich wie bei den grundlegenden qualitativen Anforderungen hat das IASB bei den weiterführenden qualitativen Anforderungen an nützliche Finanzinformationen eine Anwendungshilfe verfasst (QC33-QC34). Danach sollen die weiterführenden qualitativen Anforderungen soweit wie möglich maximiert werden. Indes wird festgestellt, dass trotz Maximierung der weiterführenden qualitativen Anforderungen Finanzinformationen nicht entscheidungsnützlich werden können, wenn die grundlegenden qualitativen Anforderungen der Relevanz und glaubwürdigen Darstellung nicht erfüllt sind (QC33). Die Anwendung der weiterführenden qualitativen Anforderungen ist ein iterativer Prozess, bei dem möglicherweise eine Anforderung reduziert werden muss, um eine andere zu maximieren (QC34). Beispielsweise wird durch Anwendung eines neuen Rechnungslegungsstandards temporär die Vergleichbarkeit von Jahresabschlüssen reduziert, langfristig allerdings die grundlegenden qualitativen Anforderungen der Relevanz und glaubwürdigen Darstellung gestärkt.

4. Kostenrestriktion bei nützlicher Rechnungslegung (*cost constraint on useful financial reporting*)

Bei der Bereitstellung relevanter und glaubwürdig dargestellter Abschlussinformationen müssen der Informationsnutzen für die Abschlussadressaten und die damit zusammenhängenden Kosten der Informationsgewinnung gegeneinander abgewogen werden (QC35).

Dieser Wirtschaftlichkeitsgrundsatz bewirkt, dass Abschlussinformationen nur dann zu gewähren sind, wenn der mit ihnen verbundene Nutzen für die Abschlussadressaten größer ist als die mit der Informationsgewinnung und Informationsvermittlung einhergehenden Kosten.

Wirtschaftlichkeitspostulat

Der Wirtschaftlichkeitsgrundsatz erstreckt sich einerseits auf die konkrete Finanzberichterstattung der nach den IFRS bilanzierenden Unternehmen. Andererseits ist dieser vor allem vom Normengeber IASB selbst im Rahmen des Normgebungsprozesses zu berücksichtigen. Da schon der IASB selbst bei der Entwicklung der IFRS den Wirtschaftlichkeitsgrundsatz zu beachten hat, übersteigen bei einer sachverständigen Anwendung der IFRS die Kosten der Informationsgewinnung und Informationsvermittlung grundsätzlich nicht den Informationsnutzen. Für bestimmte Sachverhalte enthalten die IFRS die Möglichkeit, aus Wirtschaftlichkeitsüberlegungen bestimmte Vorschriften nicht anzuwenden. Voraussetzung ist allerdings, dass die konkrete **Vorschrift nicht durchführbar** oder deren Durchführung **wirtschaftlich nicht vertretbar** ist. Solche Ausnahmen, bei denen ggf. unverhältnismäßig hohe Kosten für die Informationsgewinnung und Informationsvermittlung auftreten, bestehen z. B. bei der Angabe von Vergleichsinformationen gem. IAS 1.41, bei der Korrektur grundlegender Fehler gem. IAS 8.43 oder bei zahlreichen Übergangsvorschriften (IFRS 4, IFRS 6, IAS 39, IAS 40 und IFRIC 12).

Ermessen

Anzumerken ist, dass es schwierig ist, die Informationskosten und den mit den zu vermittelnden Abschlussinformationen verbundenen Informationsnutzen zu quantifizieren. Die **Schätzung** von Kosten und Nutzen ist daher eine Ermessensfrage, die sowohl von den bilanzierenden Unternehmen als auch vom IASB im Einklang mit dem Zweck eines IFRS-Abschlusses auszulegen ist. Dies wird insbesondere vor dem Hintergrund der im Rahmenkonzept beschriebenen Kosten deutlich (QC36). Dabei geht es sowohl um die direkten Kosten der bilanzierenden Unternehmen durch Zusammentragen der notwendigen Informationen als auch um die Kosten der Abschlussadressaten aufgrund der Analyse und Auslegung der Finanzinformationen. Indes wird festgestellt, dass Abschlussadressaten auch dann Kosten entstehen, wenn Informationen nicht bereitgestellt werden und sie sich diese anderweitig zu beschaffen haben. Auch hinsichtlich des Nutzens von Finanzinformationen stellt das IASB auf ein weites – und vages – Spektrum ab. So schaffen entscheidungsnützliche Informationen Vertrauen, wodurch die Kapitalmärkte effizienter funktionieren und die Kapitalkosten der bilanzierenden Unternehmen insgesamt sinken (QC37). Auf ähnliche Weise ziehen Jahresabschlussadressaten einen Nutzen, indem sie fundiertere wirtschaftlichere Entscheidungen treffen. Aufgrund der weitreichenden Kosten und Nutzen beurteilt das IASB selbst, ob der Nutzen einer potenziell zu berichtenden Information größer als die mit ihrer Beschaffung verbundenen Kosten ist, und stellt indes fest, dass mit der Abwägung von Kosten und Nutzen große Subjektivität einhergeht (QC38-QC39).

V. Ergänzende Rechnungslegungs-grundsätze

1. Vorbemerkung

Weitere im Rahmenkonzept enthaltene Rechnungslegungsgrundsätze runden das Rechnungslegungssystem des IASB ab. Sie stellen zusammen mit dem hierarchisch aufgebauten System der Rechnungslegungsgrundsätze das Grundsatzsystem des IASB dar. Die folgenden Grundsätze lassen sich unterscheiden:

- Ansatzgrundsätze,
- Bewertungsgrundsätze,
- Kapitalerhaltungskonzepte,
- Grundsatz der Klarheit und Übersichtlichkeit,
- Grundsatz der Einzelbewertung,
- Stichtagsprinzip und
- Saldierungsregelungen.

2. Ansatzgrundsätze

Zweistufiges Vorgehen

Die Ansatzgrundsätze für Posten eines IFRS-Abschlusses sind im Rahmenkonzept niedergelegt (4.2-4.53). Dabei folgen die Ansatzgrundsätze einem zweistufigen Vorgehen. Zunächst ist zu prüfen, ob die **definitorischen Voraussetzungen** für die anzusetzenden Posten erfüllt sind. Sodann müssen für den Ansatz eines Postens im IFRS-Abschluss die **speziellen Ansatzkriterien** eingehalten werden. Im Folgenden werden zunächst die Definitionsmerkmale für Posten eines IFRS-Abschlusses dargestellt. Anschließend werden die für diese Posten festgeschriebenen speziellen Ansatzkriterien erläutert.

Die folgenden Posten eines IFRS-Abschlusses werden im Rahmenkonzept definiert (4.2-4.36):

- Vermögenswerte (*assets*),
- Schulden (*liabilities*),
- Eigenkapital (*equity*),

- Erträge (*income*) und
- Aufwendungen (*expenses*).

Definition »Vermögenswert«

Gemäß 4.4 (a) ist ein Vermögenswert eine **Ressource,**

- die aufgrund vergangener Geschäftsvorfälle oder Ereignisse in der Verfügungsmacht des Unternehmens steht und
- von der erwartet wird, dass dem Unternehmen aus ihr ein künftiger wirtschaftlicher Nutzen zufließen wird.

Die Ressource, die den Vermögenswert begründet, kann sowohl materieller als auch immaterieller Natur sein. Hinsichtlich der Beurteilung, ob dem bilanzierenden Unternehmen die Verfügungsmacht über einen Vermögenswert zusteht, ist entsprechend dem Grundsatz der wirtschaftlichen Betrachtungsweise nicht vom rechtlichen Eigentum am betrachteten Vermögenswert auszugehen. Das rechtliche Eigentum kann nur ein Indiz für die wirtschaftliche Zurechnung eines Vermögenswerts sein (4.12).

Definition »Schuld«

In 4.4 (b) wird eine Schuld definiert als eine **gegenwärtige Verpflichtung** des Unternehmens,

- die aufgrund vergangener Ereignisse besteht und
- bei deren Erfüllung voraussichtlich wirtschaftlichen Nutzen verkörpernde Ressourcen aus dem Unternehmen abfließen werden.

Eine Schuld lässt sich durch die zugrunde liegende gegenwärtige Verpflichtung charakterisieren. Als Verpflichtung ist die Pflicht anzusehen, in einer bestimmten Weise zu handeln oder eine Leistung zu erbringen. Verpflichtungen können die Folge eines bindenden Vertrags oder einer gesetzlichen Vorschrift sein. Sie können aber ebenso aus üblichem Geschäftsverhalten resultieren (4.15). Entscheidend ist, dass sich das Unternehmen dieser Verpflichtung nicht entziehen kann.

Definition »Eigenkapital«

Die **Differenz** aus sämtlichen Vermögenswerten und Schulden des bilanzierenden Unternehmens stellt gem. 4.4 (c) das Eigenkapital dar. Die Definition des Eigenkapitals gilt unabhängig von den unterschiedlichen Rechtsformen der bilanzierenden Unternehmen (4.23).

Definition »Ertrag«

Ein Ertrag liegt definitionsgemäß dann vor, wenn der wirtschaftliche **Nutzen** während des Geschäftsjahres **zunimmt** und diese Zunahme gleichzeitig das Eigenkapital des bilanzierenden Unternehmens erhöht (4.25 (a)). Dabei kann der wirtschaftliche Nutzen einerseits durch Zuflüsse oder Wertsteigerungen von Vermögenswerten oder andererseits durch die Abnahme oder Wertminderung von Schulden gesteigert werden. Kapitalzuführungen seitens der Anteilseigner stellen hingegen keinen Ertrag dar.

Definition »Aufwand«

Nimmt der wirtschaftliche **Nutzen** während des Geschäftsjahres hingegen ab und vermindert diese **Abnahme** gleichzeitig das Eigenkapital des bilanzierenden Unternehmens, liegt definitionsgemäß ein Aufwand vor (4.25 (b)). Der wirtschaftliche Nutzen kann einerseits durch Abfluss oder Wertminderung von Vermögenswerten oder andererseits durch die Erhöhung von Schulden eintreten. Ausschüttungen an die Anteilseigner sind indes nicht als Aufwand zu qualifizieren.

Erfüllen die bilanziellen Sachverhalte die o. g. Definitionsmerkmale eines der Posten eines IFRS-Abschlusses (4.2-4.36), ist auf der zweiten Stufe zu prüfen, ob der betrachtete Sachverhalt im IFRS-Abschluss anzusetzen ist (4.37-4.53).

Fazit

Gemäß **4.38** ist ein Abschlussposten dann in einem IFRS-Abschluss anzusetzen,

Ansatzkriterien

- wenn es **wahrscheinlich** ist, dass ein mit dem Abschlussposten verknüpfter künftiger wirtschaftlicher Nutzen dem bilanzierenden Unternehmen zufließen oder von ihm abfließen wird und
- wenn die Anschaffungs- oder Herstellungskosten oder der Wert des Abschlusspostens **zuverlässig** ermittelt werden können.

Wahrscheinlichkeit des Nutzenzuflusses oder -abflusses

Das Ansatzkriterium des wahrscheinlichen Nutzenzuflusses wird durch das Rahmenkonzept nicht näher quantifiziert. Grundsätzlich ist in Anlehnung an die Rückstellungsbilanzierung nach IAS 37 (vgl. S. 308 ff.) davon auszugehen, dass die Wahrscheinlichkeit des unsicheren Nutzenzuflusses oder -abflusses **größer als 50 %** (*more likely than not*) sein muss. Zwar heißt es in der Fußnote zu IAS 37.23, dass die Auslegung von »wahrscheinlich« als »*more likely than not*« nicht zwingend auch für andere IFRS gilt. Allerdings wird sowohl im Anhang zu IFRS 3 als auch im Anhang zu IFRS 5 der Begriff »wahrscheinlich« mit »*more likely than not*« definiert. Zudem äußert sich das IASB in IFRS 5.BC81 wie folgt: »*For the purposes of IFRSs, probable is defined as ›more likely than not‹.*« Da nach IAS 1.7 die »IFRSs« sämtliche Standards und Interpretationen umfassen, gilt diese Auslegung somit für alle IFRS.

Zuverlässige Bewertbarkeit

Sind Bilanzelemente zu ihren Anschaffungs- oder Herstellungskosten anzusetzen, so kann überwiegend auf **objektive Bewertungsgrundlagen** wie Rechnungen externer Dritter oder ein zuverlässiges Kostenrechnungssystem zurückgegriffen werden. Auf dieser Basis ermittelte Wertansätze erfüllen zumeist den Anspruch einer glaubwürdig dargestellten Bewertung i. S. d. Rahmenkonzepts. Nicht minder häufig sind der Erstbewertung jedoch auch **Schätzungen** zugrunde zu legen, da keine objektiven Bewertungsgrundlagen z. B. im Sinne von Belegen externer Dritter existieren. Die Nutzung von vernünftigen Schätzungen (*reasonable estimates)* führt allerdings nicht zwangsläufig dazu, dass die Bewertung eines Abschlusspostens als unzuverlässig einzustufen ist. Vielmehr wird im Rahmenkonzept festgestellt, dass der Rückgriff auf Schätzungen ein **integraler Bestandteil** der IFRS-Rechnungslegung ist (4.41). Bedeutend ist nur, dass die Schätzungen auf vernünftigen, d. h. intersubjektiv nachprüfbaren, Annahmen basieren. Kann der Wert eines Abschlusselements nicht aufgrund einer vernünftigen Bewertungsgrundlage geschätzt werden, so muss der Ansatz unterbleiben. Stattdessen ist über den zugrunde liegenden Sachverhalt – in aller Regel im Anhang – zu berichten (4.43).

3. Bewertungsgrundsätze

Quelle allgemeiner Bewertungsgrundsätze ist wiederum in erster Instanz das Rahmenkonzept. Diese haben allerdings wenig praktische Relevanz, da die IFRS selbst Bewertungsvorschriften für die entsprechenden Sachverhalte enthalten. Für einzelne IFRS sind die Wertmaßstäbe des Rahmenkonzepts die Grundlage. Darüber hinaus werden in einigen IFRS auch spezielle Wertmaßstäbe definiert, wie der beizulegende Zeitwert (*fair value*; vgl. IFRS 13), der Nutzungswert (*value in use*; vgl. IAS 36.5) oder der Nettoveräußerungswert (*net realisable value*; vgl. IAS 2.6).

Allgemeine Wertmaßstäbe

Als allgemeine Wertmaßstäbe für Posten eines IFRS-Abschlusses werden in 4.55 die folgenden Wertmaßstäbe genannt:

- historische Kosten (*historical cost*);
- Tageswert (*current cost*);
- Veräußerungsbetrag/Erfüllungsbetrag (*realisable/settlement value*); und
- Barwert (*present value*).

Historische Kosten

Die historischen Kosten eines Vermögenswerts stellen die Ausgaben dar, die in Form von Zahlungsmitteln oder Zahlungsmitteläquivalenten für den Erwerb des Vermögenswerts getätigt werden oder den dem Vermögenswert im Zeitpunkt des Erwerbs beizulegenden Zeitwert einer sonstigen Gegenleistung. Die historischen Kosten von Schulden ergeben sich aus dem Betrag, der als Austausch für die Verpflichtung erhalten wurde, oder aus dem Betrag, der erwartungsgemäß aufgewendet werden muss, um die Verpflichtung in einem normalen Geschäftszyklus zu begleichen (4.55 (a)).

Tageswert

Als Tageswert eines Vermögenswerts gilt der Betrag, der zum gegenwärtigen Zeitpunkt aufgewendet werden müsste, um den gleichen oder einen äquivalenten Vermögenswert zu beschaffen. Der Tageswert von Vermögenswerten entspricht den **Wiederbeschaffungskosten**. Der Tageswert von Schulden ist der Betrag, der erwartungsgemäß an nicht diskontierten Zahlungsmitteln oder Zahlungsmitteläquivalenten aufgewendet werden müsste, um die **Schuld zum gegenwärtigen Zeitpunkt zu begleichen** (4.55 (b)).

Veräußerungswert und Erfüllungsbetrag

Unter dem Veräußerungswert eines Vermögenswerts wird der Betrag verstanden, der für diesen Vermögenswert zum gegenwärtigen Zeitpunkt erzielt werden könnte. Der Erfüllungsbetrag von Schulden entspricht deren Zeitwert (4.55 (c)). Bei dem Veräußerungswert von Vermögenswerten und dem Erfüllungsbetrag von Schulden handelt es sich folglich um **Liquidationswerte**. Diese Liquidationswerte werden nach dem Rechnungslegungsverständnis des IASB vor allem dann verwendet, wenn nicht von der Unternehmensfortführung ausgegangen wird. In IAS 2.9 wird der Veräußerungswert in Form des Nettoveräußerungswerts (*net realisable value*) als Wertmaßstab herangezogen. Er stellt den erwarteten Verkaufspreis eines Vermögenswerts dar, der im normalen Geschäftszyklus nach Abzug noch evtl. anfallender Kosten bis zur Fertigstellung dieses Vermögenswerts und geschätzter notwendiger Verkaufskosten erzielt werden kann (IAS 2.6).

Barwert

Der Barwert eines Vermögenswerts ist schließlich der **diskontierte künftige Nettomittelzufluss**, der mit dem betrachteten Vermögenswert erwartungsgemäß im normalen Geschäftsverlauf erwirtschaftet werden kann. Der Barwert einer Schuld entspricht dem **diskontierten künftigen Nettomittelabfluss**, der voraussichtlich notwendig ist, um eine Schuld im normalen Geschäftsverlauf zu begleichen (4.55 (d)). Bei der Ermittlung von Barwerten hat der Bilanzierende in hohem Maße Ermessensspielräume sowohl bei der Schätzung der künftigen Nettomittelzuflüsse bzw. -abflüsse als auch bei der Wahl des Zinssatzes.

Beurteilung der IASB-Bewertungskonzeption

Im Vergleich zu den handelsrechtlichen Bewertungsgrundsätzen findet sich im Rechnungslegungssystem des IASB keine geschlossene Bewertungskonzeption. Denn zu dem Zeitpunkt, als das Rahmenkonzept in Kraft getreten ist, hat das IASC bewusst von einer solchen Konzeption abgesehen (4.65). Vielmehr sollte den bilanzierenden Unternehmen mit den allgemeinen Wertmaßstäben eine Bandbreite zulässiger Wertmaßstäbe gegeben werden, die den lokalen Bilanzierungsbesonderheiten Rechnung tragen und vor dem Hintergrund der stetigen Veränderung internationaler Bilanzierungsvorschriften flexibel eingesetzt werden können (4.65). Gleichwohl wird in 4.56 bemerkt, dass der von den Unternehmen bei der Abschlusserstellung am häufigsten eingesetzte Wertmaßstab die historischen Kosten sind. Diese werden indes mit anderen Wertmaßstäben – z. B. Nettoveräußerungswerten, Marktwerten und Barwerten – verglichen und unter bestimmten Bedingungen durch sie ersetzt.

Beizulegender Zeitwert

Im Jahr 2011 wurde das Bewertungskonzept des beizulegenden Zeitwerts (*fair value*) in einen eigenen Rechnungslegungsstandard – IFRS 13 – überführt. Damit ist der beizulegende Zeitwert das einzige Bewertungskonzept in der internationalen Rechnungslegung, welches in einem eigenen Standard diskutiert und beschrieben wird. Das verdeutlicht den Stellenwert des beizulegenden Zeitwerts in der Rechnungslegung nach IFRS. Zu den Inhalten des IFRS 13 sowie zum Bewertungskonzept sei auf nachfolgenden Abschnitt verwiesen (vgl. S. 81 ff.).

4. Weitere ergänzende Grundsätze

Die weiteren, in der Vorbemerkung zu diesem Abschnitt aufgeführten Grundsätze sollen abschließend im Überblick dargestellt werden.

Kapitalerhaltungskonzepte

Zwei Kapitalerhaltungskonzepte werden im Rahmenkonzept erläutert (4.57-4.65): Zum einen das finanzwirtschaftliche Kapitalerhaltungskonzept und zum anderen das leistungswirtschaftliche Kapitalerhaltungskonzept. Im **finanzwirtschaftlichen Kapitalerhaltungskonzept** steht Kapital synonym für das Reinvermögen bzw. Eigenkapital des bilanzierenden Unternehmens (4.57). Nach diesem Konzept ist ein Gewinn dann erwirtschaftet, wenn der finanzielle (oder Geld-)Betrag des Reinvermögens am Ende der Berichtsperiode höher ist als der finanzielle (oder Geld-)Betrag des Reinvermögens zu Beginn der Berichtsperiode. Sämtliche Kapitalabführungen an die Anteilseigner und sämtliche Kapitalzuführungen von den Anteilseignern im Laufe der Periode sind somit bei der Gewinnermittlung zu berücksichtigen. Die finanzwirtschaftliche Kapitalerhaltung kann entweder mit nominalen Geldeinheiten (nominale Geldkapitalerhaltung) oder in Einheiten konstanter Kaufkraft (reale Geldkapitalerhaltung) ermittelt werden (4.59 (a)).

Nach dem **leistungswirtschaftlichen Kapitalerhaltungskonzept** wird das Kapital hingegen als in Geld ausgedrückte Produktionskapazität des bilanzierenden Unternehmens angesehen (4.57). Ein Gewinn ist dann entstanden, wenn die Produktionskapazität (oder betriebliche Leistungsfähigkeit) des Unternehmens (oder die für die Bereitstellung dieser Kapazität benötigten Ressourcen oder Mittel) am Ende der Periode höher ist als die Produktionskapazität zu Beginn der Periode. Wiederum sind alle Kapitalabführungen an die Anteilseigner und alle Kapitalzuführungen von den Anteilseignern im Laufe der Periode abzurechnen (4.59 (b)). Das leistungswirtschaftliche Kapitalerhaltungskonzept wird auch als Sachkapital- oder Substanzerhaltungskonzept bezeichnet.

Im Rahmenkonzept wird nicht ausgeführt, welches Kapitalerhaltungskonzept einem IFRS-Abschluss zugrunde liegt. Grundsätzlich kann davon ausgegangen werden, dass mit einem IFRS-Abschluss eine finanzwirtschaftliche (Nominal-)Kapitalerhaltung verfolgt wird, wenngleich Ausnahmen z. B. bei der Währungsumrechnung in Hochinflationsländern (IAS 29) und bei der für bestimmte Gruppen von Vermögenswerten erlaubten Neubewertung (IAS 16) bestehen. Erstere Ausnahme führt zu einer realen Geldkapitalerhaltung; letztere Ausnahme ist Ausfluss des Konzepts der leistungswirtschaftlichen Kapitalerhaltung.

Einzelbewertung

Der Grundsatz der Einzelbewertung ist nicht ausdrücklich in den Vorschriften des IASB verankert. Dennoch lässt sich der Einzelbewertungsgrundsatz aus dem Rahmenkonzept und den einzelnen IFRS entwickeln. So werden im Rahmenkonzept bezüglich der Definitions- und Ansatzkriterien von Vermögenswerten und Schulden durchgängig **Formulierungen im Singular** gewählt. Ein Vermögenswert ist nach 4.44 in der Bilanz zu erfassen, »*when it is probable that the future economic benefits will flow to the enterprise and the asset has a cost or value that can be measured reliably*«. Mit der Formulierung »*the asset has a cost or value*« wird hier auf die Anschaffungs- oder Herstellungskosten eines einzelnen Vermögenswerts abgestellt. Eine Einzelbewertung wird vom IASB also implizit vorausgesetzt. Ähnliches gilt für den Ansatz einer Schuld nach 4.46 und die zuverlässige Ermittlung ihres Erfüllungsbetrags. Ein abweichendes Beispiel ist der Wertminderungstest gem. IAS 36 (vgl. S. 508 ff.), welcher unter bestimmten Voraussetzungen auf der Grundlage sog. »zahlungsmittelgenerierenden Einheiten« durchzuführen ist.

Klarheit und Übersichtlichkeit

Aus der Primäranforderung der Verständlichkeit heraus ergibt sich der Grundsatz der Klarheit und Übersichtlichkeit. Sind Abschlussinformationen nämlich nicht klar und übersichtlich für die sachkundigen Abschlussleser aufbereitet, kann dies zu Verwirrungen und Fehlentscheidungen führen. Folglich müssen die Darstellungsweise der Abschlussinformationen und ihre Formulierung klar und damit verständlich sein.

Stichtagsprinzip

Das Stichtagsprinzip ist ebenso wie der Einzelbewertungsgrundsatz nicht ausdrücklich in den Vorschriften des IASB niedergelegt. Allerdings ergibt sich auf Basis der Regelungen des *IAS 10 – Ereignisse nach dem Bilanzstichtag*, dass Vermögenswerte und Schulden nach Maßgabe der Verhältnisse am Bilanzstichtag zu bewerten sind. **Ereignisse nach dem Bilanzstichtag** sind vorteilhafte oder nachteilige Ereignisse, die zwischen dem Bilanzstichtag und dem Tag eintreten, an dem der IFRS-Abschluss zur Veröffentlichung freigegeben wird. Im Abschluss dürfen nur wertaufhellende Ereignisse (*adjusting events*) berücksichtigt werden (IAS 10.8), über wertbegründende (nach dem Bilanzstichtag) Ereignisse (*non-adjusting events*) ist allenfalls im Anhang zu berichten (IAS 10.10 und IAS 10.21). Als **wertaufhellende Ereignisse** werden nach IAS 10.3 (a) die Ereignisse definiert, die weitere substanzielle Hinweise zu Sachverhalten liefern, die bereits zum Abschlussstichtag vorgelegen haben und deren Wurzeln damit im abgelaufenen Geschäftsjahr liegen. **Wertbegründende Ereignisse** sind hingegen Sachverhalte, die erst nach dem Abschlussstichtag entstanden sind (IAS 10.3 (b)) und folglich ihre Wurzeln im neuen Geschäftsjahr haben (vgl. S. 74).

Saldierung

Eine Saldierung von Vermögenswerten und Schulden sowie von Aufwendungen und Erträgen ist grundsätzlich untersagt, soweit die Saldierung nicht von einem anderen IFRS gefordert (so z. B. IAS 12.74) oder wahlweise zugelassen wird (IAS 1.32). Das Saldierungsverbot bezieht sich somit sowohl auf den Ausweis in der Bilanz als auch auf den Ausweis in der Erfolgsrechnung.

VI. Grundsätze der Fair Value Bewertung

RELEVANTE STANDARDS:

IFRS 2 – Anteilsbasierte Vergütung
IFRS 3 – Unternehmenszusammenschlüsse
IFRS 5 – Zur Veräußerung gehaltene langfristige Vermögenswerte und aufgegebene Geschäftsbereiche
IFRS 9 – Finanzinstrumente
IAS 16 – Sachanlagen
IAS 36 – Wertminderung von Vermögenswerten
IAS 38 – Immaterielle Vermögenswerte
IAS 39 – Finanzinstrumente: Ansatz und Bewertung
IAS 40 – Als Finanzinvestition gehaltene Immobilien
IAS 41 – Landwirtschaft

KERNAUSSAGEN

- IFRS 13 erfasst einen einheitlichen Bewertungsmaßstab zur Bestimmung des beizulegenden Zeitwerts (*fair value*) und enthält Mindestanforderungen an die Offenlegung von Informationen zu Vermögenswerten und Schulden, die zum beizulegenden Zeitwert bewertet werden. IFRS 13 beseitigt damit teilweise im Widerspruch zueinander stehende Definitionen und Regelungen in einzelnen Rechnungslegungsstandards.
- IFRS 13 definiert, *wie* der beizulegende Zeitwert zu bestimmen ist (*how to measure*) und nicht was, d. h. welche Vermögenswerte und Schulden zum beizulegenden Zeitwert zu bewerten sind (*what to measure*). Letzteres bleibt in Einzelstandards definiert.
- Im Vordergrund der Zeitwertbewertung nach IFRS 13 stehen Inputfaktoren, die in einer dreistufigen Bewertungshierarchie angeordnet sind und den Fokus auf marktnahe Wertermittlungen legen. Idealerweise beruht die Bestimmung des beizulegenden Zeitwerts zu einem hohen Maße auf beobachtbaren Eingangsgrößen, welche die Bewertung objektiv nachprüfbar gestalten sollen.
- Als beizulegender Zeitwert ist der Transaktionspreis definiert, zu dem am Bewertungsstichtag ein Vermögenswert oder eine Schuld in einem geordneten Geschäftsvorgang zwischen Marktteilnehmern übertragen werden könnte. Dabei handelt es sich um einen Abgangspreis (*exit price*).

1. Anwendungsbereich und Zielsetzung des IFRS 13

Mit IFRS 13 verabschiedete das IASB gemeinsam mit dem FASB im Mai 2011 einen Rechnungslegungsstandard, der die zuvor in verschiedenen Rechnungslegungsstandards enthaltenen Bewertungsprinzipien zur Bestimmung des beizulegenden Zeitwerts (*fair value*) vereinheitlicht.[1] Während sich an der Vorgabe, wann der beizulegende Zeitwert vom bilanzierenden Unternehmen heranzuziehen ist, nichts ändert, umfasst IFRS 13 eine gemeinsame Definition des beizulegenden Zeitwerts und stellt klar, wie dieser zu bestimmen ist und welche Angaben offenzulegen sind (IFRS 13.BC4 ff.). Somit ist IFRS 13 immer anzuwenden, wenn der beizulegende Zeitwert in einem anderen Rechnungslegungsstandard gefordert oder zugelassen ist (IFRS 13.5). Ausnahmen stellen IFRS 2 – *Anteilsbasierte Vergütung* und IAS 17 – *Leasingverhältnisse* dar. Ebenso wird die Anwendung von IFRS 13 bei Wertkonzepten ausgeschlossen, die nicht vollständig mit der Definition des beizulegenden Zeitwerts unter IFRS 13 übereinstimmen, mithin der Nutzungswert (*value in use*) nach IAS 36 – *Wertminderung von Vermögenswerten* und der Nettoveräußerungswert (*net realisable value*) nach IAS 2 – *Vorräte* (IFRS 13.6). Zudem existieren Fälle, in denen der beizulegende Zeitwert zwar gemäß IFRS 13 zu ermitteln ist, von den vorgeschriebenen Anhangangaben (*disclosure*) indes abzusehen ist: Diese umfassen die Bewertung des Planvermögens nach IAS 19 – Leistungen an Arbeitnehmer, Anlagen von Altersversorgungsplänen nach IAS 26 – Bilanzierung und Berichterstattung von Altersversorgungsplänen sowie bei der Bestimmung des erzielbaren Betrages im Rahmen des IAS 36 – *Wertminderung von Vermögenswerten* (IFRS 13.7). IFRS 13 wurde im Mai 2011 veröffentlicht und gilt verpflichtend für Geschäftsjahre ab dem 1. Januar 2013 mit der Möglichkeit zur früheren Anwendung.

Hauptmarkt oder vorteilhaftester Markt

Der beizulegende Zeitwert wird definiert als der Preis, »der in einem geordneten Geschäftsvorfall zwischen Marktteilnehmern am Bemessungsstichtag für den Verkauf eines Vermögenswerts eingenommen bzw. für die Übertragung einer Schuld gezahlt würde« (IFRS 13.9). Von Bedeutung ist in diesem Zusammenhang, dass es sich um einen (hypothetischen) Geschäftsvorfall im Hauptmarkt oder vorteilhaftesten Markt handelt und der Abgangspreis betrachtet wird (IFRS 13.24). Anhand dieser Definition wird folgender Aspekt deutlich: Es handelt sich um eine Betrachtung aus **Marktperspektive** und nicht um die Sichtweise des bilanzierenden Unternehmens. Somit treten die Absichten und Umstände, z. B. wie ein Vermögenswert aktuell genutzt wird (beispielsweise, wenn ein Unternehmen nicht die Absicht hat, diesen zu veräußern, sondern selbst zu nutzen (IFRS 13.29) oder ihn zwar erworben hat, aber ungenutzt lässt), auch gegenüber den Umständen zurück, wie der Vermögenswert aus Sicht eines Dritten rein auf Basis der zugrunde liegenden Beschaffenheit, seinem Standort sowie etwaigen Verkaufs- oder Nutzungsbeschränkungen verwendet werden könnte (IFRS 13.26). Die Abgrenzung zu anderen, dem beizulegenden Zeitwert ähnlichen Konzepten, wie z. B. dem Nutzungswert (*value in use*) nach IAS 36 – Wertminderung von Vermögenswerten, welcher unternehmensspezifische Umstände (z. B. unternehmensspezifische Synergien) berücksichtigt, wird somit deutlich.[2]

Zugangs- versus Abgangspreise

Gegenüber der vorher in den internationalen Rechnungslegungsstandards teilweise uneinheitlichen Verwendung von Zugangs- bzw. Abgangspreisen, basiert der beizulegenden Zeitwert nunmehr auf einer **Abgangsfiktion** und es handelt sich um einen Preis, der in einer potenziellen Transaktion erreicht werden könnte bzw. gezahlt werden müsste (*exit price*).

2. Hintergründe der Transaktion

a) Der Markt

Bestimmung des Hauptmarkts

Dem Markt, in dem der hypothetische Geschäftsvorfall bzw. die hypothetische Transaktion stattfinden würde, kommt im Vergleich zur bislang verwendeten Definition des beizulegenden Zeitwerts eine besondere Bedeutung zu: Es handelt sich dabei grundsätzlich um den **Hauptmarkt** (den Markt mit dem größten Volumen bzw. Aktivitätslevel) oder, sofern dieser nicht zu bestimmen ist, um den vorteilhaftesten Markt. Um den **Hauptmarkt** zu identifizieren, muss das Unternehmen alle Informationen bezüglich des Aktivitätslevels in unterschiedlichen Märkten berücksichtigen, welche mit vertretbarem Aufwand zugänglich sind. Indes muss keine Suche nach einem möglichen Hauptmarkt unternommen werden (IFRS 13.17). Grundsätzlich gilt der Markt, in dem das Unternehmen eine Transaktion des Vermögenswerts bzw. der Schuld beabsichtigen würde, als der Hauptmarkt oder ansonsten als vorteilhaftester Markt, wenn das Gegenteil nicht belegt ist (IFRS 13.17). Als Hauptmarkt gilt gemäß IFRS 13.18 derjenige Markt, zu dem das Unternehmen am Bewertungsstichtag Zugang hat und der das höchste Aktivitätslevel bzw. Volumen aufweist, unabhängig davon, ob es einen anderen Markt mit möglicherweise besseren Handelskonditionen gibt.

Prinzip des höchsten und besten Nutzens

Der **vorteilhafteste Markt** ist ebenjener, in dem nach Transaktions- und Transportkosten der einzunehmende bzw. zu zahlende Betrag für einen Vermögenswert bzw. eine Schuld maximal bzw. minimal ist (IFRS 13.A). Für nicht finanzielle Vermögenswerte gilt das Prinzip der höchsten und besten Verwendung (*highest and best use*), welches häufig, wenn auch nicht immer, als die aktuelle Verwendung eines Vermögenswerts durch ein Unternehmen gesehen werden kann (IFRS 13.31). Der Voraussetzung der Marktzugänglichkeit ist die Tatsache geschuldet, dass zu ein und demselben Bewertungsstichtag verschiedene Unternehmen oder Geschäftsbetriebe eines Unternehmens unterschiedliche Referenzmärkte haben können (IFRS 13.19). Relevant ist indes die Möglichkeit des Marktzugangs und nicht die Möglichkeit, am betreffenden Tag den Vermögenswert bzw. die Schuld zu handeln (IFRS 13.20).

Für den Fall, dass ein Markt nicht unmittelbar identifiziert werden kann, z. B. weil es sich um einen immateriellen Vermögenswert in Form eines Kundenstamms handelt, ist wie folgt vorzugehen[3]:

1. Identifikation möglicher Marktteilnehmer, z. B. in Form von strategischen Investoren oder Finanzinvestoren;
2. Entwicklung eines hypothetischen Markts, der auf den von möglichen Marktteilnehmern getroffenen Annahmen und Erwartungen basiert.

BEISPIEL:[4]

Die X-AG verkauft Vermögenswerte in zwei unterschiedlichen Märkten zu zwei unterschiedlichen Preisen. Auf Markt A beträgt der Preis 21 T-€, während der Vermögenswert auf Markt B für 22 T-€ verkauft wird.

Sollte Markt A der Hauptmarkt sein, d. h. die größte Aktivität aufweisen, werden als beizulegender Zeitwert 21 T-€ angesetzt. Sollte indes keiner der beiden Märkte der Hauptmarkt sein, würde der beizulegende Zeitwert anhand des vorteilhaftesten Marktes, mithin Markt B, ermittelt werden und der Wertansatz wäre 22 T-€.

b) Der Preis

Prinzip der Abgangsfiktion

IFRS 13 schreibt die Verwendung eines **Abgangspreises** (*exit price*) vor, welcher auf den Erwartungen seitens der Marktteilnehmer über den Transaktionserlös basiert.[5] Somit ist es möglich, dass der Abgangspreis zwar nicht den Nutzen eines Unternehmens widerspiegelt, welches den Vermögenswert selbst verwendet, wohl aber die in Zahlungsbereitschaft ausgedrückte Nutzenerwartung eines potenziellen Käufers, mit dem das bilanzierende Unternehmen die Transaktion eingehen könnte (IFRS 13.BC39).

Beim **erstmaligen Ansatz** eines Vermögenswerts bzw. einer Schuld (*fair value at initial recognition*) ist zu beachten, dass der Transaktionspreis derjenige Preis ist, für den ein Vermögenswert erworben bzw. eine Schuld übernommen wurde. Dieser **Transaktionspreis** ist ein Zugangspreis (*entry price*) und wird oftmals mit dem beizulegenden Zeitwert, d. h. dem Abgangspreis (*exit price*), übereinstimmen. Indes ist beim erstmaligen Ansatz eines Vermögenswerts bzw. einer Schuld zu prüfen, ob der Transaktionspreis nicht doch vom beizulegenden Zeitwert des Vermögenswerts bzw. der Schuld abweicht. Daher sind Charakteristika bzw. Faktoren in Betracht zu ziehen, die für die vorliegende Transaktion spezifisch waren und zu fragen, weshalb der Transaktionspreis vom beizulegenden Zeitwert abweichen könnte (IFRS 13.57-13.60). Man bedenke z. B. Umstände, bei denen Verkäufe unter der Not einer Partei stattfinden oder es sich um verwandte Parteien handelt (IFRS 13.B4).[6]

Transaktions- und Transportkosten

Im Zuge der Ermittlung des beizulegenden Zeitwerts sind vom bilanzierenden Unternehmen keine **Transaktionskosten** zu berücksichtigen. Transaktionskosten sind definiert als diejenigen Kosten, die unmittelbar aus dem Verkauf des Vermögenswerts oder der Übertragung einer Schuld resultieren und für die Transaktion wesentlich sind sowie ohne den Geschäftsvorfall nicht angefallen wären (IFRS 13.A). Transaktionskosten sind nicht zu berücksichtigen, da diese nicht in unmittelbarem Zusammenhang mit dem jeweiligen Vermögenswert bzw. der Schuld stehen, sondern mit dem zugrunde liegenden Geschäftsvorfall, mit dessen Ausgestaltung sie auch variieren können (IFRS 13.25). Indes sind Transaktionskosten bei der Wahl des vorteilhaftesten Marktes zu berücksichtigen. **Transportkosten** sind nicht Bestandteil der Transaktionskosten. Sofern z. B. der Standort eines Vermögenswerts ein Merkmal des Vermögenswerts darstellt (z. B. bei einem Rohstoff, der nur in bestimmten Regionen vorkommt), ist dieser in der Form zu berücksichtigen, dass der Preis im Hauptmarkt oder vorteilhaftesten Markt um die Transportkosten entsprechend anzupassen ist.[7]

BEISPIEL:

Die Y-AG besitzt einen Vermögenswert, welcher in zwei verschiedenen Märkten verkauft werden kann, welche sich in Aktivitätslevel und Handelsvolumen nicht wesentlich unterscheiden. Das Unternehmen hat zum Bewertungsstichtag Zugang zu beiden Märkten und kann eine Transaktion zu den in Tab. C.1 genannten Konditionen durchführen.

	Deutscher Markt	Österreichischer Markt
Transaktionspreis	100	95
Transportkosten	- 7	- 3
	93	92
Transaktionskosten	- 5	- 3
	88	88

Tabelle C.1 Marktvergleich unter Berücksichtigung von Transport- und Transaktionskosten

Aufgrund der Tatsache, dass es keinen Hauptmarkt gibt, ist zur Bemessung des beizulegenden Zeitwerts der Preis im vorteilhaftesten Markt heranzuziehen. Während es zur Ermittlung des beizulegenden Zeitwerts nicht gestattet ist, Transaktionskosten einzubeziehen, sind ebendiese zur Bestimmung des vorteilhaftesten Markts zu berücksichtigen. Dies führt dazu, dass der österreichische Markt aufgrund relativ niedrigerer Transaktionskosten (3 € im Vgl. zu 5 €) als solcher nominiert wird, da der (Netto-)Preis auf dem deutschen Markt 88 € und auf dem österreichischen Markt 89 € beträgt. Während die Transaktionskosten bei der Bestimmung des vorteilhaftesten Markts Beachtung finden, ist der beizulegende Zeitwert um diese Kosten indes nicht anzupassen. Transportkosten werden hingegen berücksichtigt. Im Ergebnis beträgt der beizulegende Zeitwert des zu bewertenden Vermögenswerts 92 €.

c) Die Marktteilnehmer

Der beizulegende Zeitwert richtet sich nach den Erwartungen der Marktteilnehmer und nicht nach denen des bilanzierenden Unternehmens selbst, weshalb der Identifikation und Analyse der Marktteilnehmer eine besondere Bedeutung zukommt (IFRS 13.22). Marktteilnehmer im Hauptmarkt oder vorteilhaftesten Markt sind nach IFRS 13.A solche, die

1. unabhängig,
2. sachkundig,
3. transaktionsberechtigt/-fähig, sowie
4. transaktionswillig sind.

Annahmen und Erwartungen

Die Identifikation eines potenziellen Markts, den damit verbundenen Marktteilnehmern sowie insbesondere den daran geknüpften Annahmen kommt eine entscheidende Rolle zu. Letztere sind besonders dann von Bedeutung, wenn kein beobachtbarer Markt vorliegt und der beizulegende Zeitwert auf typisierten Annahmen von Marktteilnehmern beruht (vgl. S. 83). Obgleich keine konkreten Marktteilnehmer zu ermitteln sind, sondern auf die Erwartungen typisierter Erwerbergruppen abzustellen ist, kann dies mit nicht unerheblichem Zeitaufwand verbunden sein.[8]

3. Betroffener Vermögenswert bzw. betroffene Schuld

a) Grundlegende Erläuterungen

Verkaufs- und Nutzungsbeschränkungen

Die Merkmale, welche von Marktteilnehmern bei der Festlegung eines Preises für den Vermögenswert oder die Schuld zum Bemessungsstichtag berücksichtigt würden, sind bei der Bemessung des beizulegenden Zeitwerts einzubeziehen. Hierbei handelt es sich um den Zustand, Standort sowie etwaige **Verkaufs- und Nutzungsbeschränkungen** eines bestimmten Vermögenswerts (IFRS 13.11). Grundsätzlich kann es sich um einen eigenständigen Vermögenswert bzw. eine eigenständige Schuld handeln (*stand-alone basis*; z. B. eine einzelne Produktionsmaschine) oder um eine Gruppe (z. B. eine zahlungsmittelgenerierende Einheit), welche selbst jeweils nur aus Vermögenswerten oder Schulden oder aus einer Kombination von Vermögenswerten und Schulden bestehen kann. Die Ermittlung des beizulegenden Zeitwerts hängt daher von der durch die **Bilanzierungseinheit** zugrunde gelegten Aggregationsstufe ab, welche im jeweiligen Standard definiert wird und nicht pauschal durch IFRS 13 vorgegeben wird.

Neben den allgemeinen Vorgaben zur Bestimmung des beizulegenden Zeitwerts existieren ergänzende Vorgaben, welche sich nach dem **Bewertungsobjekt** richten. Diese Differenzierung betrifft in besonderem Maße die im Folgenden separat dargestellten Bereiche: nicht finanzielle Vermögenswerte (vgl. S. 86 f.), Schulden und Eigenkapitalinstrumente eines bilanzierenden Unternehmens (vgl. S. 87 ff.) sowie Finanzinstrumente (vgl. S. 88 f.).

b) Besonderheiten

aa) Nicht finanzielle Vermögenswerte

Betrachtung des wirtschaftlichen Nutzens

Bei der Ermittlung des beizulegenden Zeitwerts von nicht finanziellem Vermögen gilt das **Prinzip der höchsten und besten Verwendung** (*highest and best use*). Hierzu wird »die Fähigkeit des Marktteilnehmers berücksichtigt, durch die höchste und beste Verwendung des Vermögenswerts oder durch dessen Verkauf an einen anderen Marktteilnehmer, der für den Vermögenswert die höchste und beste Verwendung findet, wirtschaftlichen Nutzen zu erzeugen« (IFRS 13.27). Demnach kann ein Vermögenswert entweder für sich genommen, in einer Gruppe von Vermögenswerten oder in Verbindung mit anderen Vermögenswerten und ggf. Schulden verwendet werden (z. B. in einem Geschäftsbetrieb; IFRS 13.31). Die höchste und beste Verwendung in einer dieser Konstellationen muss dabei nach IFRS 13.28

- physisch möglich,
- rechtlich zulässig, sowie
- finanziell durchführbar sein.

Auch an dieser Stelle ist zu betonen, dass die Sichtweise eines Marktteilnehmers einzunehmen ist, welche von der tatsächlichen oder beabsichtigten Verwendung des Unternehmens abweichen kann. Indes kann, soweit keine Marktfaktoren oder andere Umstände auf das Gegenteil hinweisen, davon ausgegangen werden, dass die gegenwärtige Verwendung der höchsten und besten Verwendung entspricht (IFRS 13.29).

Abgesehen von regelmäßig gehandelten nicht finanziellen Vermögenswerten – wie z. B. Grundstücken oder Gebäuden – existiert häufig kein (aktiver) Markt für nicht finanzielle Vermögenswerte. Im Fall von Vermögenswerten des Sachanlagevermögens – wie z. B. Maschinen – existieren teilweise noch Sekundärmärkte, jedoch ist auch hier der Individualität des jeweiligen Vermögenswerts über Zuschläge bzw. Abschläge Rechnung zu tragen.[9]

BEISPIEL:

Das Textilunternehmen SniTex AG erwirbt im Rahmen eines Unternehmenszusammenschlusses u. a. auch die Rechte an einer Bekleidungsmarke, welche in einem ähnlichen Marktsegment wie die bestehende Marke der SniTex AG positioniert ist (Damenoberbekleidung mittleren Preises im Massenmarkt). Es bestehen grundsätzlich die beiden Möglichkeiten, die Marke weiter zu verwenden oder zugunsten der bestehenden Marke einzustellen, um weitere Käufer anzusprechen. Bei der Ermittlung des beizulegenden Zeitwerts ist darauf zu achten, dass sich diese beiden Möglichkeiten nicht generell allen potenziellen Marktteilnehmer bieten, da diese nicht notwendigerweise über eine Konkurrenzmarke verfügen oder überhaupt im Textilmarkt tätig sind. Obgleich das Management einen Vergleich der beiden Alternativen durchgeführt hat und zu dem Ergebnis kommt, dass eine Einstellung der Marke zu einem höheren Nutzen führen würde, ist der beizulegende Zeitwert unter der Fortführungsprämisse zu ermitteln, d. h. der höchsten und besten Verwendung (*highest and best use*) aus Sicht potenzieller Marktteilnehmer.[10]

bb) Schulden und Eigenkapitalinstrumente eines Unternehmens

(1) Vorbemerkung

Übertragung versus Begleichung

Bei der Ermittlung des beizulegenden Zeitwerts von Schulden und Eigenkapitalinstrumenten ist von einer **Übertragung** (*transfer*) der Schuld bzw. des Eigenkapitalinstruments anstelle einer **Begleichung** (*settlement*) auszugehen. Im Gegensatz zu einer Begleichung existiert bei einer Übertragung das gesellschaftsrechtliche Verhältnis zum Bewertungsstichtag weiter und wird lediglich auf einen anderen Marktteilnehmer übertragen. Die Schuld oder das Eigenkapitalinstrument bleibt somit offen und damit ungekündigt oder anderweitig getilgt (IFRS 13.34).

(2) Von Dritten als Vermögenswerte gehaltene Schulden und Eigenkapitalinstrumente

Marktpreisnotierungen

Auf dem Markt für börsennotierte Eigen- und Fremdkapitalinstrumente spiegeln sich Abgangspreise wider, die für Investoren und nicht unbedingt für das ausgebende Unternehmen gelten. Sofern aber für die Übertragung der jeweiligen Schuld bzw. des eigenen Eigenkapitalinstruments eines Unternehmens keine Marktpreisnotierung vorliegt, ist der beizulegende Zeitwert aus Sicht des Marktteilnehmers zu ermitteln, der zum Bewertungsstichtag einen identischen Wert in Form eines Vermögenswerts hält (IFRS 13.37). Die Vorgehensweise in einem solchen Fall ist wie folgt: Zunächst ist zu prüfen, ob eine **Marktpreisnotierung** für einen identischen, von einem Dritten als Vermögenswert gehaltenen Wert in einem aktiven Markt existiert. Falls nicht, ist die Suche auf nicht aktive Märkte auszuweiten. Existieren auch solche Preisnotierungen nicht, kann auf einkommensbasierte oder marktbasierte Bewertungstechniken zurückgegriffen werden (IFRS 13.38).

Treffen auf den von Dritten gehaltenen Vermögenswert besondere Faktoren zu, die nicht auf die vom bilanzierenden Unternehmen zu bewertende Schuld bzw. Eigenkapitalinstrument anwendbar sind, ist es nötig, die Marktpreisnotierungen anzupassen (IFRS 13.39). Sofern es sich z. B. um eine zwar ähnliche, aber aufgrund der Absicherung durch eine dritte Partei (Kreditsicherheit) nicht identische Schuld handelt, ist die Bilanzierungseinheit nicht identisch.

Verkaufsbeschränkungen

Somit hat das bilanzierende Unternehmen den beobachtbaren Preis des Vermögenswerts anzupassen, indem die Wirkung der Kreditsicherheit auszuschließen ist (IFRS 13.39b).[11] Überdies ist die Bewertung für etwaige **Verkaufsbeschränkungen** eines Vermögenswerts zu korrigieren, welche sich in der Marktpreisnotierung des Vermögenswerts niederschlägt.

(3) Schulden und Eigenkapitalinstrumente, die nicht von Dritten als Vermögenswerte gehalten werden

Sofern für die zu bewertenden Schulden oder Eigenkapitalinstrumente keine Marktpreisnotierung vorhanden ist bzw. kein Dritter eine identische Schuld bzw. ein identisches Eigenkapitalinstrument als Vermögenswert hält, hat das bilanzierende Unternehmen den beizulegenden Zeitwert der Schuld bzw. des Eigenkapitalinstruments mit Hilfe einer Bewertungstechnik aus der **Perspektive des Marktteilnehmers** zu bewerten, der die **Haftung für die Schuld** übernehmen oder den **Eigenkapitalanspruch** herausgeben würde (IFRS 13.40). Handelt es sich z. B. um eine Entsorgungsverbindlichkeit, so können mittels einer Barwerttechnik die künftigen Mittelabflüsse geschätzt und diskontiert werden, die aus Sicht eines Marktteilnehmers im Falle der Erfüllung zu erwarten sind (IFRS 13.41 (a)). Hierzu zählt auch eine Entschädigung dafür, dass ein Dritter die Verpflichtung übernimmt (z. B. aufgrund der damit verbundenen Opportunitätskosten) sowie ein Risikoaufschlag für die Unsicherheit der künftigen Mittelabflüsse (IFRS 13.B31). Ebenso ist der Betrag zu berücksichtigen, den ein Marktteilnehmer dafür erhalten würde, eine identische Schuld einzugehen bzw. ein identisches Eigenkapitalinstrument auszugeben (IFRS 13.41 (b)).

cc) Finanzinstrumente

Finanzinstrumente sind definiert als »Vertrag, der gleichzeitig bei dem einen Unternehmen zu einem finanziellen Vermögenswert und bei dem anderen Unternehmen zu einer finanziellen Verbindlichkeit oder einem Eigenkapitalinstrument führt« (IAS 32.11). Dazu zählen originäre und derivative Instrumente. In Ermangelung einer einheitlichen Bewertungsvorgabe sind Finanzinstrumente zu fortgeführten Anschaffungskosten oder mit dem beizulegenden Zeitwert zu bewerten (vgl. S. 363 ff.).

Geld- und Briefkurse (*bid* bzw. *ask*) sind von großer Bedeutung für börslich gehandelte Finanzinstrumente. Händler (die auf eigene Rechnung handeln) und Broker (die auf fremde Rechnung handeln) verkaufen bzw. kaufen Finanzinstrumente zu diesen Kursen. Der Geldkurs ist der Betrag, den der Händler maximal zu zahlen bereit ist und entspricht somit dem Betrag, den ein Unternehmen durch Veräußerung des Finanzinstrumentes erhalten könnte (Abgangspreis). Dem gegenüber steht der Briefkurs, zu dem ein Händler bereit ist, ein Finanzinstrument zu verkaufen. Dieser Kurs repräsentiert den Zugangspreis für das Unternehmen. [12]Der Geldkurs unterscheidet sich vom Briefkurs einerseits aufgrund von Transaktionskosten und andererseits aufgrund von Händlermargen.

Geld- und Briefkurse

Je größer bei einem Finanzinstrument dieser Unterschied zwischen Geldkurs und Briefkurs (Geld-Brief-Spanne) ist, desto geringer ist die Liquidität. Für Bewertungszwecke ist der Kurs innerhalb der Geld-Brief-Spanne so festzusetzen, dass er zur Ermittlung des beizulegenden Zeitwerts unter gegebenen Umständen am repräsentativsten ist (IFRS 13.70). Entgegen vorherigen Anforderungen seitens des Standards entfällt die Konvention, dass Vermögenswerte zu Geldkursen und Schulden zu Briefkursen anzusetzen sind. Indes ist auch eine solche Vorgehensweise, ebenso wie die Verwendung von Marktmittelkursen oder anderen Preisbildungskonventionen, zulässig (IFRS 13.70 f.).

Abweichend vom grundsätzlich geltenden Einzelbewertungsgrundsatz besteht nach IFRS 13 die Möglichkeit, Finanzinstrumente auf Portfolio-Basis zum beizulegenden Zeitwert zu bewerten. Das bedeutet, dass das bilanzierende Unternehmen eine Gruppe zugehöriger finanzieller Vermögenswerte oder Verbindlichkeiten zu einem Preis bewerten kann, den Marktteilnehmer bezogen auf die Nettorisikobelastung (Markt-/Kreditrisiko) bieten bzw. fordern würden (IFRS 13.48). Dieses Vorgehen ist gemäß IFRS 13.49 daran geknüpft, dass die folgenden Umstände zutreffen:

- die Finanzinstrumente werden aufgrund einer dokumentierten Risikomanagementstrategie und Anlagestrategie nach Maßgabe ihrer Nettobelastung behandelt,
- die interne Berichterstattung an das Management in Schlüsselpositionen erfolgt auf Nettobasis, und
- das bilanzierende Unternehmen hat die Finanzinstrumente zum beizulegenden Zeitwert zu bewerten bzw. hat sich für die Bewertung der Finanzinstrumente zum beizulegenden Zeitwert entschieden.

Wird die vorgenannte Ausnahme des IFRS 13.48 angenommen, gelten die folgenden Regeln im Umgang mit **Markt- und Kreditrisiken**: Für Marktrisiken ist der beizulegende Zeitwert der Nettoposition der Preis innerhalb der Geld-Brief-Spanne, der für die Umstände am repräsentativsten ist (IFRS 13.53). Bezogen auf Kreditrisiken bedeutet dies, dass z. B. bestehende Vereinbarungen zur Minderung der Kreditrisikobelastung sowie Erwartungen an deren Bestandskraft im Verzugsfall einzubeziehen sind (IFRS 13.56). Die Darstellung von Vermögenswerten und Schulden im Jahresabschluss bleibt von den gewählten Ausnahmen unberührt (IFRS 13.50). Zudem ist die Entscheidung darüber, entsprechende Ausnahmen anzuwenden, im Rahmen der Angaben zu Bilanzierungs- und Bewertungsmethoden (IAS 8) darzulegen.

Markt- und Kreditrisiken

4. Bewertungsmethoden

a) Vorbemerkung

Übersicht

Das Ziel der Bewertung zum beizulegenden Zeitwert ist es, »den Preis zu schätzen, zu dem unter aktuellen Marktbedingungen am Bemessungsstichtag ein geordneter Geschäftsvorfall zwischen Marktteilnehmern stattfinden würde, im Zuge dessen der Vermögenswert verkauft oder die Schuld übertragen würde« (IFRS 13.62). Grundsätzlich stehen dafür drei Bewertungsmethoden zur Verfügung, die im Folgenden erläutert werden: der **marktbasierte, einkommensbasierte und kostenbasierte Ansatz**. Zu beachten ist, dass diese Bewertungsmethoden nicht in unmittelbarem Zusammenhang mit den später verwendeten Input-Parametern (vgl. S. 94 ff.) und den daraus abgeleiteten Levels innerhalb der Bemessungshierarchie stehen müssen.[13]

Für die Auswahl der Bewertungstechnik(en) ist von zentraler Bedeutung, dass das Bewertungsverfahren unter gegebenen Umständen sachgerecht ist und Eingangsgrößen (Daten) in ausreichendem Maße zur Verfügung stehen.

Systematik der Eingangsgrößen

Dem Ziel folgend, möglichst viele beobachtbare Inputfaktoren zu verwenden und den Einsatz nicht zu beobachtender Größen zu minimieren, erfolgte ein Übergang von der Systematisierung der Bewertungsmethoden hin zu einer Systematik der Eingangsgrößen (IFRS 13.61). Letztlich sind für die Bemessungshierarchie nicht die angewandten Bewertungsmethoden selbst, sondern die Ihnen zugeführten Inputfaktoren relevant (IFRS 13.74).

Abhängig vom **Bewertungsobjekt** ist zu prüfen, ob eine einzelne Bewertungstechnik ausreichend zur Bestimmung des beizulegenden Zeitwerts ist oder ob mehrere Bewertungstechniken parallel eingesetzt werden sollten.

Gemischter Methodeneinsatz

Während z. B. der marktbasierte Ansatz bei der Bewertung eines Finanzinstruments über Preise eines identischen Vermögenswerts in einem aktiven Markt ausreicht, so kann die Bewertung von immateriellen Vermögenswerten erfordern, auf einen einkommensbasierten und einen kostenbasierten Ansatz zurückzugreifen. In letzterem Fall sind die ermittelten **Wertbandbreiten** sodann zu untersuchen, um denjenigen Wert zu finden, der bei vorausgesetzter Plausibilität der ermittelten Werte unter gegebenen Umständen am repräsentativsten ist (IFRS 13. 63).

Kalibrierung

Gegebenenfalls ist es nötig, eine bestimmte Bewertungstechnik so zu kalibrieren, dass das Ergebnis beim erstmaligen Ansatz mit dem Transaktionspreis übereinstimmt und folglich aktuelle Marktbedingungen widerspiegelt. Dies ist dann der Fall, wenn der Transaktionspreis dem beizulegenden Zeitwert entspricht und das bilanzierende Unternehmen in späteren Berichtsperioden eine Bewertungstechnik verwendet, welche auf nicht beobachtbare Inputfaktoren zurückgreift (IFRS 13.64).

Einheitliche Anwendung von Bewertungstechniken

Grundsätzlich sind Bewertungstechniken einheitlich anzuwenden. Eine Änderung einer Bewertungstechnik bzw. ihrer Anwendung wird als Änderung gemäß IAS 8 betrachtet. Indes sind nicht die nach IAS 8 geforderten Anhangangaben erforderlich (IFRS 13.66). Eine Änderung einer Bewertungstechnik bzw. ihre Anwendung kann z. B. dann erforderlich sein, wenn parallel verwendete

Techniken untereinander anders gewichtet werden. Gemäß IFRS 13.65 können folgende Umstände eine Änderung erfordern:

- Entwicklung neuer Märkte,
- Bekanntwerden neuer Informationen,
- Wegfall bisher verfügbarer Informationen,
- Verbesserung von Bewertungstechniken,
- Veränderung von Marktbedingungen.

b) Der marktbasierte Ansatz

Marking-to-market Prinzip

Marktbasierte Ansätze nutzen Inputfaktoren (z. B. Preise) aus Marktransaktionen von Vermögenswerten, Schulden oder Gruppen von Vermögenswerten bzw. Schulden. Dieser Ansatz entspricht dem ***marking-to-market***.[14] Hierbei kann es sich entweder um identische oder vergleichbare Transaktionsobjekte handeln. Für Bewertungszwecke werden häufig Marktmultiplikatoren auf Basis von Referenzwerten abgeleitet. Regelmäßig stehen hierbei Bandbreiten im Vordergrund der Verwendung, aus welchen sodann mittels Ermessensausübung der sachgerechte Multiplikator auszuwählen ist (IFRS 13.B5-B6). Zudem bietet sich die Möglichkeit der Matrix-Preisnotierung, welche vorranging zur Bewertung von Finanzinstrumenten eingesetzt wird. Dabei wird nicht ausschließlich auf die Marktpreisnotierung des jeweiligen Wertpapiers abgestellt, sondern das Verhältnis zu anderen Wertpapieren mit berücksichtigt (IFRS 13.B7).

c) Der einkommensbasierte Ansatz

Barwertkalkül

Der einkommens- oder ertragsbasierte Ansatz beruht auf dem **Barwertkalkül**. Dazu werden erwartete künftige Cashflows oder Aufwände und Erträge auf den Bewertungsstichtag diskontiert. Die Bewertung orientiert sich hierbei an den jeweiligen Markterwartungen über die künftig anfallenden Beträge (IFRS 13.B10). Die im Anhang des IFRS 13 dargestellten Prinzipien zur einkommensbasierten Ermittlung des beizulegenden Zeitwerts basieren auf den Methoden der modernen Investitions- und Kapitalmarkttheorie, denen das Barwertkalkül zugrunde liegt.[15] Demzufolge können die folgenden Kategorien von Bewertungstechniken verwendet werden (IFRS 13.B11):

- Barwerttechniken,
- Optionspreismodelle (vgl. hierzu S. 454 ff.),
- Residualwertmethoden.

Zur Anwendung einer Barwerttechnik sind grundsätzlich immer zwei Komponenten nötig: Die entsprechenden Daten über die erwartete Zahlungsreihe (Zählergröße) und die Bemessung des zu verwendenden Diskontsatzes (IFRS 13.B14).

Prognose erwarteter Zahlungsüberschüsse

Die erwartete Zahlungsreihe einer *cash generating unit (CGU)* kann sich beispielsweise aus historischen Größen zusammensetzen und sodann auf Basis von derzeit im Markt zu beobachtenden Margen, Absatzmengen, der Konkurrenzsituation etc. angepasst und in die Zukunft fortgeschrieben werden. Häufig unterteilt sich die Prognose dabei in einen Detailplanungszeitraum, einen Grobplanungszeitraum sowie einen eingeschwungenen Zustand. Zudem ist die Unsicherheit abzuschätzen, mit der künftige Zahlungsströme behaftet sind. Dies betrifft die Höhe (beispielsweise könnte sich die Absatzmarktlage aufgrund einer Krise verschlechtern oder die Preise für ein Produkt dadurch sinken, dass ein neuer Konkurrent in den Markt eintritt) und den Anfall der Zahlungen (z. B. könnte die drohende Insolvenz eines Großkunden dafür sorgen, dass Zahlungen erst mit einer zeitlichen Verzögerung eingeholt werden können). Letzterer Punkt ist unmittelbar mit der zweiten Komponente der Barwertbestimmung verbunden, dem zu verwendenden Diskontsatz. Dieser spiegelt den Zeitwert des Geldes wider, welcher sich beispielsweise über eine **risikofreie Alternativanlage** mit vergleichbarer Laufzeit ermitteln lässt (z. B. die Staatsanleihe eines Landes mit höchster Bonität) (IFRS 13.B15). Hiermit werden die Opportunitätskosten der Hingabe von Kapital entlohnt, welche zunächst ohne Risiko betrachtet werden. Das Risiko, das dadurch entsteht, dass künftige unsichere Zahlungsströme betrachtet werden, findet in Form eines Risikoaufschlags Eingang.

Bewertung immaterieller Vermögenswerte

Eine im Rahmen der Bewertung von **immateriellen Vermögenswerten** häufig verwendete Technik ist die sog. *multi-period excess earnings method* (MEEM), welche eine Residualwertmethode darstellt. Die MEEM-Methode wird insbesondere zur Bewertung des sog. *leading asset* einer Bewertungseinheit verwendet, d. h. vor Anwendung der Methode sind die verschiedenen immateriellen Vermögenswerte innerhalb der Bewertungseinheit in eine Hierarchie zu bringen. Der MEEM-Ansatz erfordert, dass allen der Bewertungseinheit zugehörigen Vermögenswerten Zahlungsströme zuzuordnen sind. Die nach Abzug dieser fiktiven Leistungsentgelte (*contributory asset charges*, CAC) verbleibenden Zahlungsströme entfallen annahmegemäß auf das zu bewertende *leading asset*. Diskontiert ergeben diese Zahlungsströme den Wert des *leading asset*.

BEISPIEL:

Im Rahmen des Erwerbs eines Unternehmens sind verschiedene Vermögenswerte zu bewerten. Der Erwerber stellt fest, dass die Kundenbeziehungen an erster Stelle der Hierarchie immaterieller Vermögenswerte stehen. Jedoch ist dieser Vermögenswert nicht einzeln in der Lage, Erträge zu generieren, sondern greift u. a. auf die folgenden anderen immateriellen Vermögenswerte zurück: Patente, Produktmarken und Lieferverträge. Die Bewertung erfolgt zunächst auf Basis der erwarteten Zahlungsströme der gesamten Gruppe, d. h. der Bewertungseinheit. Sodann werden die fiktiven Leistungsentgelte, die *contributory asset charges*, abgezogen. Als Ergebnis erhält der Erwerber den Teil der Zahlungsströme der Bewertungseinheit, welcher den Kundenbeziehungen zuzurechnen ist.

Neben dem MEEM-Ansatz werden in der Praxis zudem die folgenden Verfahren verwendet: Relief-from-Royalty method (RFR) und Incremental Cash Flow.

Der **Relief-from-Royalty-Ansatz** fußt auf der Fiktion, dass ein Unternehmen für einen Vermögenswert, den es besitzt (z. B. eine Medienlizenz) ansonsten Lizenzzahlungen an Dritte abführen müsste.[16] Dadurch fiktiv eingesparte Zahlungen werden dem Vermögenswert im Rahmen der Wertermittlung zugerechnet. Um das so erhaltene Einkommen zu bestimmen, sind Referenzwerte für Lizenzangaben nötig, welche sich aus tatsächlichen Geschäftsvorfällen (Transaktionen) für die Höhe der prozentualen Abgaben sowie der unternehmensinternen Planungsrechnung für die Bemessungsgrundlage ableiten. Entsprechende Referenzwerte werden in Datenbanken gesammelt, auf welche für Bewertungszwecke kostenpflichtig zurückgegriffen werden kann. Der Relief-from-Royalty-Ansatz kombiniert somit Elemente des kosten- und einkommensbasierten Ansatzes. Zwar fußt er auf dem Barwertkalkül künftiger Einkommensüberschüsse, bezieht diese aber auf Grundlage von Marktdaten.

BEISPIEL:

Eine im Rahmen eines Unternehmenszusammenschlusses erworbene Produktmarke CozyComfort eines Matratzenherstellers war zu bewerten. Neben dieser Marke vertreibt der Hersteller seine Produkte in zahlreichen anderen Varianten und unter verschiedenen eigenen Markennamen in Europa. Auf Basis eines Datenbankauszugs wurde eine Bandbreite von 5,25 % bis 8,75 % für die Nutzung derartiger Markenbezeichnungen ermittelt. Diese Bandbreite konnte sodann auf den Bereich 5,25 % bis 6,75 % eingegrenzt werden, wenn nur Verträge zwischen Firmen berücksichtigt wurden, die Ihre Endprodukte überwiegend in Europa absetzen. Auf Basis der Laufzeit der Verträge, sonstiger Vertragsdetails und Finanzkennzahlen von Lizenzgeber und -nehmer erhielt man schließlich einen Referenzwert von 6,00 % Lizenzgebühren auf Basis des Umsatzes, der mit CozyComfort Matratzen erzielt wird. Entsprechend der Unternehmensplanung und aktueller Steuersätze konnte man den Barwert der erworbenen Produktmarke berechnen, indem man die Umsätze mit der Lizenzrate multiplizierte, Steuerzahlungen abzog und mit den gewichteten Kapitalkosten inklusive einem dem Vermögenswert entsprechenden Risikozuschlag diskontierte.

Gemäß der **Incremental-Cash-Flow-Methode** ergibt sich der Wert eines Vermögenswerts aus den aufgrund von dessen Einsatz erhöhten Zahlungsüberschüssen.[17] Diese direkte einkommensbasierte Methode findet häufig dann Anwendung, wenn Technologien bewertet werden, die zu Kosteneinsparungen führen (beispielsweise eine effizienzsteigernde Verfahrenstechnologie im Anlagenbau). Der Wert ergibt sich aus den Zahlungsüberschüssen mit und ohne Verwendung des jeweiligen Vermögenswerts. Es handelt sich hierbei folglich um den Barwert künftiger Kosteneinsparungen unter Berücksichtigung des jeweiligen Steuereffektes.[18] Optionspreismodelle basieren ebenfalls auf dem Barwertkalkül und umfassen sowohl den Zeitwert einer Option als auch ihren inneren Wert. Beispielhaft sei an dieser Stelle auf die Black-Scholes-Merton-Formel oder entsprechende Binomialmodelle verwiesen.[19]

d) Der kostenbasierte Ansatz

Wiederbeschaffungskosten

Der kostenbasierte Ansatz fußt auf dem Konzept der aktuellen **Wiederbeschaffungskosten** eines Vermögenswerts, welches nicht dem ansonsten IFRS 13 zugrunde liegenden Abgangspreiskonzept entspricht.[20] Der kostenbasierte Ansatz wird regelmäßig zur Ermittlung des beizulegenden Zeitwerts von materiellen Vermögenswerten genutzt, welche in Kombination mit anderen Vermögenswerten und/oder Schulden verwendet werden. Als beizulegender Zeitwert werden diejenigen Kosten angesetzt, die nötig sind, einen vergleichbaren Vermögenswert (d. h. einen Vermögenswert mit vergleichbarem Nutzen) zu erstellen oder zu erwerben. Dabei sind Anpassungen für die Art von Veralterung zu berücksichtigen, die die physische, funktionale (technologische) sowie wirtschaftliche (externe) Veralterung umfasst. Die Anpassungen resultieren aus der Tatsache, dass der beizulegende Zeitwert die Leistungsfähigkeit eines Vermögenswerts widerspiegelt, da ein potenzieller Käufer nicht bereit wäre, mehr zu zahlen als eben diese Leistungsfähigkeit zu ersetzen.

Berücksichtigung der Bilanzierungseinheit

Bei der Ermittlung des beizulegenden Zeitwerts hat das bilanzierende Unternehmen zu prüfen, ob ggf. Zu- oder Abschläge in der Bewertung vorzunehmen sind. Dies ist erforderlich, um die spezifischen Merkmale des Vermögenswerts oder der Schuld (über die Wahl der jeweiligen Inputfaktoren) zu berücksichtigen, die auch ein Marktteilnehmer im Rahmen seiner Einschätzung einbeziehen würde. Grundsätzlich ist zu beachten, dass die vorzunehmenden Zu- oder Abschläge mit derjenigen **Bilanzierungseinheit** übereinstimmen müssen, die durch einen Rechnungslegungsstandard vorgegeben wird, der die Bewertung zum beizulegenden Zeitwert vorschreibt oder erlaubt (IFRS 13.14 sowie IFRS 13.69).

Nicht zugelassen sind Berichtigungen, die kein eigentliches Merkmal des Vermögenswerts oder der Schuld sind, sondern z. B. die Größe des Anteilsbesitzes bzw. des zu handelnden Anteils reflektieren (IFRS 13.80). Zugelassen sind indes z. B. Beherrschungsaufschläge oder Minderheitenabschläge (IFRS 13.69).

BEISPIEL:

Ein Unternehmen plant den Verkauf von 10 000 Aktien in einem aktiven Markt. Das tägliche Handelsvolumen reicht allerdings nicht aus, um alle Aktien aufzunehmen. Aufgrund der Größe des zu handelnden Aktienpakets würde sich der Verkaufspreis überdies zum Nachteil des bilanzierenden Unternehmens entwickeln. In diesem Fall darf keine Berichtigung des beizulegenden Zeitwerts vorgenommen werden. Die hier vorliegende Bewertungseinheit ist eine Aktie, unabhängig von der Gesamtgröße des zu handelnden Blocks.

5. Fair-Value-Hierarchie: Inputfaktoren zur Bewertung

a) Vorbemerkung zur Bemessungshierarchie

Grundlegendes Ziel bei der Ermittlung des beizulegenden Zeitwerts ist es, den Anteil maßgeblicher **beobachtbarer Inputfaktoren zu maximieren** und den Anteil nicht beobachtbarer Inputfaktoren zu minimieren (IFRS 13.67). Dies geschieht vor dem Hintergrund, dass der beizulegende Zeitwert möglichst objektiv zu ermitteln ist, sodass er einheitlich und vergleichbar ist, indem er idealerweise auf Basis von Informationen erhoben wird, die allen Marktteilnehmern frei zugänglich sind (IFRS 13.72). Für diese Zwecke existiert eine Bemessungshierarchie, welche die Inputfaktoren für die Bewertungsmethoden auf drei Stufen systematisiert (vgl. Abb. C.2). Obgleich die Wahl der Bewertungsmethode mit der Verfügbarkeit an Inputfaktoren in Wechselwirkung steht, ist die Wahl der jeweiligen Inputfaktoren auf der jeweiligen Stufe ausschlaggebend für die Beurteilung als **Level 1, 2 oder 3** und nicht die Bewertungsmethode selbst (IFRS 13.74). Bei der Verwendung mehrerer Inputfaktoren unterschiedlicher Levels ist der Inputfaktor der niedrigsten Stufe für die Einordnung in der Bemessungshierarchie ausschlaggebend unter der Maßgabe, dass der Inputfaktor für die Bewertung wesentlich ist (IFRS 13.73). Die Entscheidung, ob ein

Inputfaktor für die Bewertung wesentlich ist, stellt eine **Ermessensentscheidung** dar, weshalb der Dokumentation der Entscheidungswege eine besondere Bedeutung zukommt.

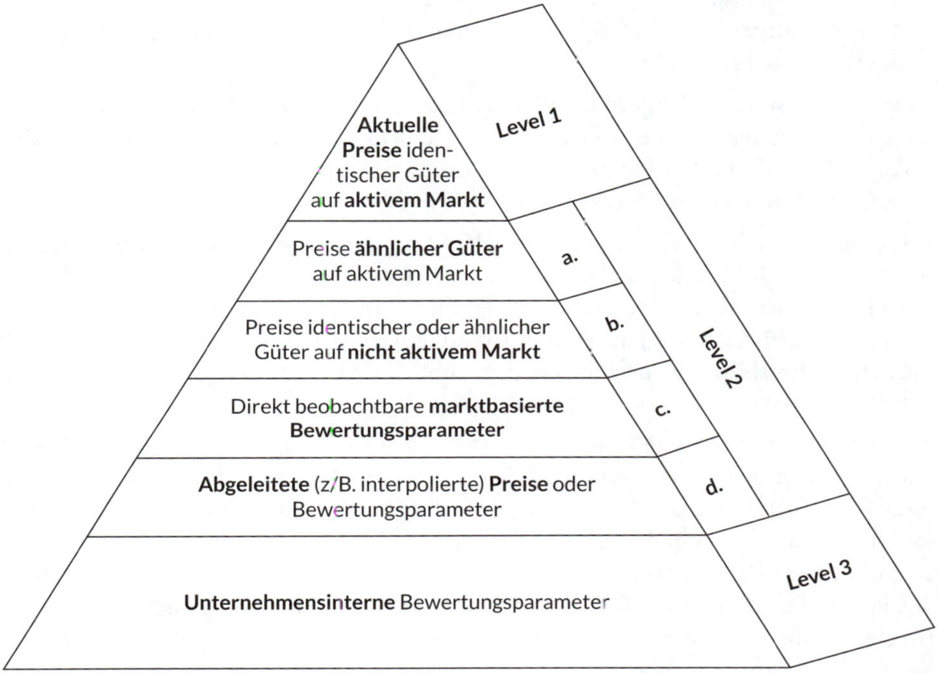

Abbildung C.2 Fair-Value-Hierarchie.[21]

b) Level-1-Faktoren

»Inputfaktoren der Stufe 1 sind in aktiven, für das Unternehmen am Bemessungsstichtag zugänglichen Märkten für identische Vermögenswerte oder Schulden notierte (nicht berichtigte) Preise« (IFRS 13.76). Level 1-Faktoren sind der zuverlässigste Nachweis für den beizulegenden Zeitwert eines Vermögenswerts bzw. einer Schuld und sind stets heranzuziehen, wenn diese beobachtbar sind (IFRS 13.77). Eine Anpassung der Inputfaktoren ist auf Stufe 1 grundsätzlich nicht erforderlich (vgl. unten zu Ausnahmen zu diesem Grundsatz). Im Gegensatz zu Bewertungen auf Basis von Level 2- oder Level 3-Faktoren, stellt eine Level 1-Bewertung keine Bewertungsmethode im klassischen Sinne dar, weil hier **tatsächlich zu beobachtende Marktpreise** unverändert übernommen werden, anstatt die hypothetische Transaktion zu konstruieren.[22]

Inputfaktoren des ersten Levels können z. B. auf den folgenden Arten von Märkten beobachtet werden (IFRS 13. B34):

- Börsen,
- Händlermärkte,
- Brokermärkte,
- Direktmärkte.

Prinzip des Hauptmarkts bzw. vorteilhaftesten Markts

Unter Umständen können Vermögenswerte oder Schulden zeitgleich auf verschiedenen Märkten gehandelt werden. In solchen Fällen ist zunächst der **Hauptmarkt** bzw., falls dieser nicht vorhanden ist, der **vorteilhafteste Markt** zu identifizieren. Sodann ist zu prüfen, ob das bilanzierende Unternehmen auf dem Hauptmarkt bzw. auf dem vorteilhaftesten Markt am Bewertungsstichtag eine Transaktion abschließen könnte.

Obgleich grundsätzlich keine Berichtigungen an Level 1-Faktoren vorzunehmen sind, können Anpassungen in drei Fällen erforderlich sein. Zu beachten ist dabei, dass alle im Folgenden diskutierten Formen der Anpassung dazu führen, dass der entsprechende Inputfaktor nicht mehr als Level 1 klassifiziert wird.

Verfügt das bilanzierende Unternehmen über eine große Zahl von Vermögenswerten oder Schulden, die ähnlich, indes nicht identisch, sind und für die ein aktiver Markt vorliegt, der indes nicht für den Verkauf einzelner Vermögenswerte bzw. Schulden leicht zugänglich ist, kann das bilanzierende Unternehmen aus Praktikabilitätsgründen auf **alternative Preisbildungsmechanismen** zurückgreifen (z. B. Matrix-Preisnotierung, IFRS 13.79 (a)).

Unter Umständen kann es möglich sein, dass die Preisnotierung auf einem aktiven Markt nicht den beizulegenden Zeitwert eines Vermögenswerts bzw. einer Schuld widerspiegelt (IFRS 13.79 (b)). Dies kann z. B. dann der Fall sein, wenn nach Handelsschluss eines Markts und noch vor dem Bewertungsstichtag bedeutende Ereignisse, wie etwa Transaktionen in einem Direktmarkt oder Unternehmensankündigungen, eintreten. Für solche Fälle hat das bilanzierende Unternehmen eine einheitliche Ermittlung und Handhabung festzulegen, um derartige Ereignisse zu identifizieren und ggf. eine Anpassung des beizulegenden Zeitwerts vorzunehmen.

Wird der beizulegende Zeitwert einer Schuld oder eines eigenen Eigenkapitalinstruments ermittelt, indem der Preis der Schuld bzw. des eigenen Eigenkapitalinstruments auf einem aktiven Markt herangezogen wird, können Faktoren vorliegen, die eine Berichtigung erfordern (IFRS 13.79 (c)). Beispielsweise kann eine Schuld, die von einer anderen Partei als Vermögenswert gehalten wird, aufgrund der Kreditqualität des Emittenten zu einem anderen Preis notieren und somit andere Merkmale widerspiegeln als die zu bewertende Schuld (IFRS 13.39).

c) Level-2-Faktoren

»Inputfaktoren auf Stufe 2 sind andere, als die auf Stufe 1 genannten Marktpreisnotierungen, die für den Vermögenswert oder die Schuld entweder unmittelbar oder mittelbar zu beobachten sind« (IFRS 13.81). Hat ein Vermögenswert oder eine Schuld eine z. B. durch einen Vertrag festgelegte Laufzeit, muss der Level-2-Faktor für die gesamte Laufzeit des Vermögenswerts bzw. der Schuld beobachtbar sein (IFRS 13.82). Als Inputfaktoren der Stufe 2 kommen die folgenden Inputfaktoren in Betracht (IFRS 13.82):

- Preisnotierungen für ähnliche Vermögenswerte oder Schulden auf aktiven Märkten,
- Preisnotierungen für identische oder ähnliche Vermögenswerte oder Schulden auf Märkten, die nicht aktiv sind,

- andere beobachtbare Inputfaktoren als Marktpreise (z. B. Zinssätze und Zinskurven, implizite Volatilitäten, Kredit-Spreads),
- marktgestützte Inputfaktoren.

Bedeutung von Berichtigungen

Bei der Verwendung von Level-2-Faktoren kommen Berichtigungen nach Maßgabe der für einen Vermögenswert oder eine Schuld typischen Faktoren eine besondere Bedeutung zu. Grundsätzlich lassen sich folgende Faktoren unterscheiden (IFRS 13.83):

- Zustand und Standort des Vermögenswerts,
- Grad der Übereinstimmung des zur Bewertung herangezogenen Vermögenswerts bzw. der Schuld und des zu bewertenden Vermögenswerts bzw. der zu bewertenden Schuld,
- Marktvolumen und Marktaktivität.

Handelt es sich bei dem zu berichtigenden Inputfaktor um einen wesentlichen Faktor im Rahmen der Ermittlung des beizulegenden Zeitwerts, so kann eine Herabstufung auf Level 3 die Folge sein. Dies ist regelmäßig dann der Fall, wenn es sich um eine Bereinigung auf Basis wesentlicher nicht beobachtbarer Inputfaktoren handelt (IFRS 13.84).

BEISPIEL:

Ein selbstgenutztes Gebäude wird zum beizulegenden Zeitwert bewertet, indem der Quadratmeterpreis als Multiplikator eingesetzt wird. Hierzu werden vergangene vergleichbare Transaktionen herangezogen (ähnliche Bausubstanz, Lage, Ausstattung), zu denen Verkaufspreise vorliegen, aus denen wiederum eine Multiplikatorbandbreite ermittelt wird.

BEISPIEL:

Ein Zinsswap, d. h. der vertragliche Tausch von festen gegen variable Zinsen, wird auf Basis des LIBOR-Swapsatzes bewertet. Dieser kann über die gesamte Laufzeit in regelmäßigen Intervallen beobachtet werden.

d) Level-3-Faktoren

Unbeobachtbare Eingangsgrößen

Inputfaktoren auf Level 3 sind **unbeobachtbare Eingangsgrößen** zur Bemessung des beizulegenden Zeitwerts, welche dann verwendet werden, wenn beobachtbare Inputfaktoren nicht verfügbar sind (IFRS 13.86 f.). Analog zu beobachtbaren Inputfaktoren stellen auch Level-3-Faktoren auf die Annahmen von Marktteilnehmern ab, welche diese bei der Preisfindung berücksichtigen würden. Eine besondere Bedeutung kommt den Annahmen über das Risiko zu. Sowohl das mit einer Bewertungstechnik einhergehende Risiko als auch das in den Inputfaktoren enthaltene Risiko ist zu berücksichtigen und ggf. in Form einer Berichtigung einzupreisen (IFRS 13.88).

Zur Entwicklung von Level-3-Inputfaktoren kann das Unternehmen auf unternehmensinterne Daten zurückgreifen. Indes sind diese anzupassen, wenn Hinweise darauf vorliegen, dass Marktteilnehmer andere Daten heranziehen würden. Insbesondere sind keine unternehmensspezifischen Synergien zu berücksichtigen, die als solche anderen Marktteilnehmern nicht zur Verfügung stehen. IFRS 13 gestattet es, Marktpreisnotierungen

Dritter zu verwenden. Hierbei handelt es sich etwa um Daten aus Kursinformationsdiensten, welche in der Praxis häufig verwendet werden. Folgende Punkte sind zu berücksichtigen (IFRS 13.B45-B47):

- Das bilanzierende Unternehmen hat zu prüfen, ob die von Dritten zur Verfügung gestellten Daten gemäß IFRS 13 ermittelt wurden.
- Das bilanzierende Unternehmen hat sich im Fall eines erheblichen Rückgangs in Handelsumfang oder Aktivitätsniveau eines Vermögenswerts oder einer Schuld davon zu überzeugen, dass die von Dritten zur Verfügung gestellten Informationen unter Verwendung aktueller Informationen entstanden sind und dass diese die Annahmen von Marktteilnehmern repräsentieren.
- In einem gemischten Ansatz misst das bilanzierende Unternehmen denjenigen Informationen, welche nicht das Ergebnis von Geschäftsvorfällen darstellen, weniger Gewicht bei.
- Die Art der Notierung ist bei der Gewichtung dergestalt zu berücksichtigen, dass verbindliche Angebote gegenüber Taxkursen stärker zu gewichten sind.

BEISPIEL:

Aufgrund mangelnder Referenztransaktionen greift ein Unternehmen zur Ermittlung des beizulegenden Zeitwerts eines Gebäudes auf verschiedene Makler- und Gutachterschätzungen zurück, welche sodann mit eigenen Erfahrungswerten plausibilisiert werden.

BEISPIEL:

Für einen Zinsswap liegen keine unmittelbar beobachtbaren Marktdaten vor. Daher wird auf einen übereingekommenen mittleren Marktkurs zurückgegriffen, der auf unternehmensinternen Daten beruht.

e) Inaktive Märkte und nicht geordnete Geschäftsvorfälle

In IFRS 13.B37 nennt der Standardsetzer Indikatoren, die für die Inaktivität eines Markts sprechen. Ein inaktiver Markt ist durch einen erheblichen Rückgang des Handelsumfangs oder Aktivitätsniveaus gekennzeichnet. Hierzu zählen u. a. eine geringe Zahl von Geschäftsvorfällen, der Mangel an Preisnotierungen auf Basis aktueller Informationen sowie an hohen bzw. im Zeitablauf gestiegenen Geld-Brief-Spannen.

Einsatz angemessener Risikoberichtigungen

Die Folge einer derartigen Feststellung ist in IFRS 13.B38 geregelt, wonach vom bilanzierenden Unternehmen zunächst gefordert wird, weitere Analysen der Geschäftsvorfälle oder Marktpreisnotierungen durchzuführen. Sofern festgestellt wird, dass es sich z. B. bei einer Marktpreisnotierung nicht um den beizulegenden Zeitwert handelt, sind Anpassungen vorzunehmen. Indes macht IFRS 13 keine Vorschriften über die Ausgestaltung der Berichtigungen. Im Vordergrund steht stattdessen die Forderung nach einer **angemessenen Risikoberichtigung**, welche u. a. einen Risikoaufschlag für Unsicherheit erfasst. Unter Umständen ist die Bewertungsmethode zu ändern oder es sind weitere Bewertungsmethoden hinzuzuziehen.

6. Anhangangaben

Auf Basis der im Folgenden dargelegten Anhangangaben sollen die Jahresabschlussadressaten in der Lage sein, einerseits die Bewertungsmethoden und Inputfaktoren für die wiederkehrende oder nicht wiederkehrende Bewertung von Vermögenswerten und Schulden zum beizulegenden Zeitwert zu beurteilen (IFRS 13.91 (a)). Bei den auf wiederkehrender Basis zum beizulegenden Zeitwert zu bewertenden Vermögenswerten und Schulden handelt es sich z. B. um Finanzinstrumente (vgl. IAS 39.43 ff.). Nicht wiederkehrend zum beizulegendem Zeitwert (bzw. zum niedrigeren Wert aus Buchwert und beizulegendem Zeitwert abzüglich Veräußerungskosten) zu bewerten sind z. B. zur Veräußerung gehaltene langfristige Vermögenswerte (vgl. IFRS 5.15 ff.). Überdies sollen die Anhangangaben die Abschlussadressaten in die Lage versetzen, die Auswirkungen der wiederkehrenden Bewertungen zum beizulegenden Zeitwert, welche auf Level-3-Faktoren beruhen, auf Gewinn und Verlust sowie auf das sonstige Ergebnis nachzuvollziehen (IFRS 13.91 (b)).

Um diese Ziele zu erreichen, hat das Unternehmen die folgenden Aspekte zu beachten (IFRS 13.92):

- nötiger Detaillierungsgrad, um den Angabepflichten in ausreichendem Maße Rechnung zu tragen,
- die Gewichtung der Vorschriften,
- der Grad der (Dis-)Aggregation,
- weitere Angaben, mit Hilfe derer die Abschlussadressaten quantitative Informationen auswerten können.

Sind die nach IFRS 13 sowie anderen Rechnungslegungsstandards erforderlichen Angabepflichten nicht ausreichend, um die beiden in IFRS 13.91 definierten Zielsetzungen zu erfüllen, hat das bilanzierende Unternehmen zusätzliche Angaben in Betracht zu ziehen, womit es die Zielsetzung des IFRS 13 erfüllt.

Einteilung in sachgerechte Klassen

Die Veröffentlichung von Angaben erfolgt auf Basis sachgerechter Klassen von Vermögenswerten und Schulden. Die Einordnung in Klassen erfordert dabei eine Ermessensausübung und richtet sich nach folgenden Aspekten (IFRS 13.94):

der Beschaffenheit, den Merkmale und Risiken der Vermögenswerte oder Schulden,
dem Level innerhalb der Bemessungshierarchie, auf dem die Bewertung einzuordnen ist.

Insbesondere bei der Verwendung von Level-3-Faktoren sind ggf. feiner gegliederte Klassen nötig, da mit solchen Bewertungen ein höherer Grad an Subjektivität und Unsicherheit einhergeht. Ebenso erfordert eine Klasse von Vermögenswerten und Schulden regelmäßig eine stärkere Aufgliederung als die in der Bilanz dargestellten Einzelposten. In solchen Fällen ist es notwendig, dass das bilanzierende Unternehmen ausreichende Angaben zur Überleitung der Klassen auf die in der Bilanz dargestellten Einzelposten vorlegt. Sofern diese in anderen IFRS-Klassen vorgegeben werden (z. B. IFRS 7), dürfen sie auch nach IFRS 13 verwendet werden, wenn die Klassen die in IFRS 13 genannten Kriterien einhalten. Der Umfang der Angabepflichten richtet sich nach der Stufe der Bemessungshierarchie sowie nach der Häufigkeit der Bewertung und ist in IFRS 13.93 ff. definiert sowie in Tab. C.2 schematisch dargestellt.

Detailangabe	Ansatz oder abgeleiteter Ansatz des beizulegenden Zeitwerts		Beizulegender Zeitwert als Angabe
	regelmäßig	einmalig	
Unabhängig von der Kategorisierung innerhalb der Fair-Value Hierarchie			
Beizulegender Zeitwert am Bilanzstichtag	X	X	X
Grund für die Bewertung zum beizulegenden Zeitwert	–	X	–
Fair-Value-Hierarchielevel	X	X	X
Transfer zwischen Level 1 und 2, Gründe und Rechnungslegungsmethode	X	–	–
Spezifische Abweichungen vom Maximalnutzen	X	X	X
Nur für Level 2 oder Level 3			
Bewertungsmethode(n) und ggf. Änderungen	X	X	X
Relevante Inputparameter	X	X	X
Nur für Level 3			
Wesentliche nicht beobachtbare, aber einbezogene Inputs	X	X	X
Überleitungsrechnung vom Beginn zum Periodenende	X	–	–
Unrealisierter Anteil der Ergebniseffekte	X	–	–
Beschreibung des Bewertungsprozesses	X	X	–
Sensitivitätsanalyse für nicht beobachtbare Parameter	X	–	–
Tatsachen und Auswirkungen abweichender Annahmen	X	–	–
In Bezug auf Entscheidungen zu Rechnungslegungsmethoden			
Zeitpunkt des Transfers zwischen einzelnen Levels	X	X	X
Rückgriff auf eine Portfoliobewertung finanzieller Vermögenswerte	X	–	–

Tabelle C.2 Angaben zur Fair-Value-Bewertung[23]

7. Implikationen

Konsistenz und Vergleichbarkeit von Jahresabschlüssen

Im Wesentlichen handelt es sich bei IFRS 13 und der damit verbundenen Verpflichtung zur inputbasierten Verfahrenshierarchie um eine Zusammenfassung und Klarstellung bereits bestehender Bewertungspraktiken. Aus diesem Grund ist tendenziell mit geringen Auswirkungen aus der erstmaligen verpflichtenden Anwendung zu rechnen.[24] Der Standard verfolgt u. a. das Ziel, Konsistenz und Vergleichbarkeit von Jahresabschlüssen in Bezug auf die zugrunde gelegte Zeitbewertung herzustellen und

Wertansätze vergleichbarer zu machen.[25] Im Gegensatz dazu sind die Anforderungen an die vorgeschriebenen Angaben gestiegen, u. a. getrieben durch die Einordnung der Bewertungsverfahren im Anhang basierend auf den verwendeten Inputfaktoren.[26]

Aus der Einführung von IFRS 13 folgen zahlreiche Anpassungen anderer Rechnungslegungsstandards, welche die Bewertung zum beizulegenden Zeitwert betreffen. Wesentliche Änderungen sind im Folgenden dargestellt:

- **IAS 16 – Sachanlagen:** Im Rahmen der Folgebewertung ergibt sich die Möglichkeit der Neubewertung (IAS 16.31). Eine durch Neubewertung bedingte Wertsteigerung wird erfolgsneutral erfasst und in der Neubewertungsrücklage kumuliert, sofern diese nicht auf eine zuvor erfolgswirksam erfasste Abwertung entfällt (IAS 16.39).
- **IAS 36 – Wertminderungen von Vermögenswerten:** Der Wertberichtigungsbedarf einzelner oder in Form einer Gruppe betrachteter Vermögenswerte ergibt sich durch den Vergleich von Buchwert (*carrying amount*) und dem beizulegenden Zeitwert als höherer der beiden Werte: Nutzungswert (*value in use*) und beizulegender Zeitwert abzüglich Kosten der Veräußerung (*fair value less costs of disposal*) (IAS 36.18)
- **IAS 38 – Immaterielle Vermögenswerte:** Analog zum Vorgehen bei Sachanlagen besteht gemäß IAS 38.75 die Möglichkeit der Neubewertung zum beizulegenden Zeitwert. Hierzu ist zwingend notwendig, dass ein aktiver Markt vorliegt, was insbesondere bei immateriellen Vermögenswerten nicht häufig der Fall ist. Ansonsten ist die Neubewertung zum beizulegenden Zeitwert unzulässig.
- **IAS 39 – Finanzinstrumente: Ansatz und Bewertung:** Gemäß IAS 39.45 ff. sind zu Handelszwecken gehaltene Finanzinstrumente sowie zur Veräußerung verfügbare finanzielle Vermögenswerte im Rahmen der Folgebewertung zum beizulegenden Zeitwert zu bewerten. Bei zu Handelszwecken gehaltenen Finanzinstrumenten sind alle Wertänderungen erfolgswirksam zu erfassen.
- **IAS 40 – Als Finanzinvestition gehaltene Immobilien:** Für als Finanzinvestitionen gehaltene Immobilien besteht im Rahmen der Folgebewertung die Möglichkeit, diese zum beizulegenden Zeitwert zu bewerten (IAS 40.30). Änderungen des beizulegenden Zeitwerts sind unmittelbar erfolgswirksam zu verrechnen.
- **IAS 41 – Landwirtschaft:** Sofern der beizulegende Zeitwert zuverlässig ermittelt werden kann, sind biologische Vermögenswerte (z. B. Tiere oder Pflanzen) beim erstmaligen Ansatz sowie zu jedem Abschlussstichtag zum beizulegenden Zeitwert abzüglich der geschätzten Verkaufskosten zu bewerten (IAS 41.12).

Entscheidungsnützliche Informationen

Obgleich die Einführung des IFRS 13 für Klarheit hinsichtlich der Definition des beizulegenden Zeitwerts und Bewertungsmethoden gesorgt hat, ist der Standard vor dem Hintergrund einer fortschreitenden Zeitwertbilanzierung nicht unumstritten.[27] Als zentraler Vorteil kann angeführt werden, dass die Bewertung zum beizulegenden Zeitwert gegenüber dem Konzept von Anschaffungs- und Herstellungskosten ein höheres Maß an relevanten – und damit entscheidungsnützlichen – Informationen vermittelt. Dies funktioniert naturgemäß nur unter der Voraussetzung, dass marktnähere und aktuellere Informationen verwendet werden. Indes kann bei der Verwendung von Level-3-Inputfaktoren hinterfragt werden, ob die Bilanzwerte noch entscheidungsnützliche Informationen liefern, da die glaubwürdige Darstellung der Finanzinformation bezweifelt werden kann (vgl. zum Tradeoff zwischen Relevanz und glaubwürdiger Darstellung S. 65 ff.). Insbesondere in Zeiten von Finanz-, Wirtschafts- und Währungskrisen sind die Vorteile der Zeitwertbewertung kritisch zu hinterfragen, da den Zukunftserwartungen (über die Gesamtheit der Marktteilnehmer in aktuellen Preisen oder durch das Management widergespiegelt) ein erhöhter Einfluss zukommt. Die damit verbundene Prozyklizität führt dazu, dass in Zeiten wirtschaftlichen Aufschwungs und der Markteuphorie eine Spirale steigender Kurse und damit verbunden steigender Fair-Value-Bewertungen entstehen kann, welche sich im Abschwung entsprechend umkehrt und zu einem höheren Abschreibungsbedarf sowie negativen Kurssignalen führen kann.[28] Die Folge ist eine insgesamt steigende Volatilität.

Verwerfungen internationaler Kapitalmärkte

Während dieser Zusammenhang häufig als Argument angeführt wurde, die **Verwerfungen internationaler Kapitalmärkte** seit dem Ausbruch der globalen Finanz- und Wirtschaftskrise 2007 zu erklären, sollte Folgendes beachtet werden[29]: In der Tat führte eine fortschreitende Fair-Value-Bewertung für zahlreiche US-amerikanische (Investment-) Banken in eine Liquiditätsklemme, welche u. a. dadurch ausgelöst wurde, dass sinkende Marktwerte von durch Hypotheken besicherten Wertpapieren (*mortgage backed securities*) zu raschen Verkäufen führten, um bestimmte Vorschriften an die Kapitalstruktur (beispielsweise in Form von *financial covenants*, d. h. kreditvertragliche Nebenvereinbarungen, die an Finanzkennzahlen gekoppelt sind) weiterhin einhalten zu können. Der dadurch einsetzende prozyklische Trend sinkender Preise und damit einhergehend sinkender Fair Values ist indes nicht auf die Natur der Zeitbewertung zurück zu führen, sondern hängt insbesondere mit der hohen Verschuldung von Finanzinstitutionen zusammen, welche hierüber in Zeiten des Aufschwungs eine höhere Hebelwirkung (Leverage-Effekt) auf das Ergebnis ihrer Investitionen und somit mittelbar auch positive Effekte auf die Höhe der Manager-Bonuszahlungen erzielten. Firmen mit einer stärkeren Eigenkapitalausstattung und entsprechend weniger Abhängigkeit gegenüber den Anforderungen der Gläubiger waren nicht notwendigerweise gezwungen, Abwertungen des Fair Value mit kurzfristigen Veräußerungen zu begegnen. Insofern lässt sich festhalten, dass zwar eine gewisse zeitliche Übereinstimmung von Wirtschaftskrise und erweiterter Fair-Value-Anwendung vorliegt, diese indes aber nicht direkt kausal interpretiert werden sollte, ohne zu berücksichtigen, dass auch seitens der Renditeerwartungen an Unternehmen und damit verbundener Anpassungen der Kapitalstruktur wesentliche Veränderungen eingetreten sind.

Abschließend lässt sich festhalten, dass mit Verabschiedung des IFRS 13 ein Schritt getan wurde, die Bewertung zum Fair Value (und damit verbundene Angabepflichten) zu vereinheitlichen. Im Hinblick darauf, für Abschlussadressaten möglichst entscheidungsrelevante Informationen zu liefern, ist indes zu beachten, dass auch eine klare Hierarchie von Inputfaktoren und damit korrespondierende Bewertungsmethoden immer durch den Faktor limitiert werden, dass die reale Welt in aller Regel mit der Fiktion idealer Märkte und rational handelnder Marktteilnehmer (dessen Erwartungen bzw. Beurteilungen z. B. in typisierter Form antizipiert werden sollten) nicht übereinstimmt.

8. Weiterführende Literatur

Castedello/Klingbeil, IFRS 13: Anwendungsfragen bei nicht-finanziellen Vermögenswerten in der Praxis, WPg 2012, S. 482-488;

Catty, Guide to Fair Value under IFRS, Hoboken/New Jersey 2010;

Große, IFRS 13 »Fair Value Measurement« – Was sich (nicht) ändert, KoR 2011, S. 286-296;

Hitz/Zachow, Vereinheitlichung des Wertmaßstabs »beizulegender Zeitwert« durch IFRS 13 »Fair Value Measurement«, WPg 2011, S. 964-972.

D. Elemente eines IFRS-Abschlusses

I. Grundlegende Rechenschaftselemente

II. Ergänzende Rechenschaftselemente

I. Grundlegende Rechenschaftselemente

RELEVANTE STANDARDS

Rahmenkonzept für die Aufstellung und Darstellung von Abschlüssen
IAS 1 – Darstellung des Abschlusses
IAS 2 – Vorräte
IAS 7 – Kapitalflussrechnung
IAS 8 – Bilanzierungs- und Bewertungsmethoden, Änderungen von Schätzungen
IAS 11 – Fertigungsaufträge
IAS 12 – Ertragsteuern
IAS 16 – Sachanlagen
IAS 17 – Leasingverhältnisse
IAS 18 – Erträge
IAS 19 – Leistungen an Arbeitnehmer
IAS 21 – Auswirkungen von Änderungen der Wechselkurse
IAS 36 – Wertminderung von Vermögenswerten
IAS 37 – Rückstellungen, Eventualschulden und Eventualforderungen
IAS 38 – Immaterielle Vermögenswerte
IAS 39 – Finanzinstrumente: Ansatz und Bewertung
IFRS 2 – Anteilsbasierte Vergütung
IFRS 5 – Zur Veräußerung gehaltene langfristige Vermögenswerte und aufgegebene Geschäftsbereiche
IFRS 7 – Finanzinstrumente: Angaben

KERNAUSSAGEN

- Ein vollständiger IFRS-Abschluss umfasst grundlegend gem. IAS 1.10 eine Bilanz, eine Gesamtergebnisrechnung, eine Eigenkapitalveränderungsrechnung, eine Kapitalflussrechnung und einen Anhang.
- Aufgabe der Bilanz ist es, für die Abschlussadressaten ein den tatsächlichen Verhältnissen entsprechendes Bild der Vermögens- und Finanzlage zu zeichnen.
- Die Gesamtergebnisrechnung lässt einen Einblick in die Erfolgslage des bilanzierenden Unternehmens zu und umfasst sowohl erfolgswirksame, als auch erfolgsneutrale Bestandteile.
- Die Eigenkapitalveränderungsrechnung bildet das Bindeglied zwischen Bilanz und Gesamtergebnisrechnung, indem diese die Ursachen für eine Eigenkapitalerhöhung oder -verminderung genauer analysiert.
- Aus der Kapitalflussrechnung kann der Abschlussadressat ersehen, wie und ob das bilanzierende Unternehmen in der Lage ist, seine finanziellen Verpflichtungen zu erfüllen. Deutlich wird auch, wie viele finanziellen Mittel durch die erfolgswirtschaftliche Leistung des bilanzierenden Unternehmens generiert wurden, die zum einen der Sicherung künftiger Erfolgspotentiale dienen können, zum

anderen aber auch für Ausschüttungszwecke verwendet werden können.

- Der Anhang ist ein integraler Bestandteil des IFRS-Abschlusses. Ihm fällt die Aufgabe zu, die übrigen Abschlussbestandteile zu erläutern, da diese i. d. R. einen hohen Aggregationsgrad aufweisen. Der Inhalt des Anhangs bestimmt sich dabei nach den Vorschriften der einzelnen IFRS.

1. Vorbemerkung

Die hier in Kapitel D. gewählte Vorgehensweise und Differenzierung in grundlegende und ergänzende Rechenschaftselemente orientiert sich an den Vorgaben im IASB-Regelwerk. Als grundlegend können die Rechenschaftselemente bezeichnet werden, die gem. *IAS 1 – Darstellung des Abschlusses* einen vollständigen IFRS-Abschluss charakterisieren. Nach IAS 1.10 sind dies die folgenden Berichtselemente:

- eine Bilanz *(statement of financial position)*;
- eine Gesamtergebnisrechnung *(statement of comprehensive income)*;
- eine Eigenkapitalveränderungsrechnung *(statement of changes in equity)*;
- eine Kapitalflussrechnung *(statement of cash flows)*; sowie
- ein Anhang *(notes)*.

Diese Elemente werden nachfolgend näher erläutert. Dabei liegt das Hauptaugenmerk auf den Berichtselementen ›Bilanz‹ und ›Gesamtergebnisrechnung‹. Hinweise auf weiterführende Literatur unterstützen die diesbezüglichen Ausführungen.

Als ergänzende Rechenschaftselemente werden überdies diejenigen Berichtselemente charakterisiert, welche nicht einen vollständigen IFRS-Abschluss gem. IAS 1.10 ausmachen, deren Offenlegung indes von anderen IAS/IFRS unter bestimmten Bedingungen oder verpflichtend nach nationalen Gepflogenheiten verlangt wird. Diese Elemente werden im nachfolgenden Kapitel dargelegt und diskutiert. Hierzu zählen:

- ein Zwischenbericht (IAS 34 – Zwischenberichterstattung);
- ein Segmentbericht (IFRS 8 – Geschäftssegmente);
- ein Lagebericht (§ 315a HGB i. V. m. §§ 289, 315 HGB);
- das Ergebnis je Aktie (IAS 33 – Ergebnis je Aktie); sowie
- Angaben über Beziehungen zu nahe stehenden Unternehmen und Personen (IAS 24 – Angaben über Beziehungen zu nahe stehenden Unternehmen und Personen).

2. IFRS-Bilanz

a) Grundlagen

Darstellung der Vermögens- und Finanzlage

Die Bilanz *(statement of financial position)* ist **Kernbestandteil** eines jeden IFRS-Abschlusses. Abschlussadressaten sollen auf Basis der Gesamtheit aller Abschlusselemente – und den damit bereitgestellten, entscheidungsnützlichen Informationen – in die Lage versetzt werden, ökonomisch sinnvolle Entscheidungen zu treffen. Entscheidungsnützliche Informationen zeichnen sich dabei durch ihre Relevanz (*relevance*) sowie glaubwürdige Darstellung (*faithful* *representation*) aus (QC.7), die sich insgesamt zu der ökonomischen Nutzbarkeit durch den Abschlussadressaten addieren. Glaubwürdig dargestellt sind solche Informationen, die den zugrunde liegenden ökonomischen Sachverhalt in Worten und Zahlen vollständig, neutral und fehlerfrei wiedergeben (QC.12 i. V. m. QC.13-15). Von maßgeblicher Bedeutung sind in diesem Zusammenhang die Normen des Rahmenkonzepts und insbesondere die des *IAS 1 – Darstellung des Abschlusses*. Letztere enthalten verpflichtend anzuwendende Grundsätze, die der Aufstellung einer Bilanz zugrunde zu legen sind. Auf Basis dieser Grundsätze wird ein zwischenbetrieblicher und intertemporaler Vergleich von Bilanzinformationen ermöglicht, der als **Entscheidungsbasis** für das ökonomische Kalkül der Abschlussadressaten bzw. Investoren von besonderem Nutzen ist.

Mittelverwendung versus Mittelherkunft

Die Bilanz ist eine Gegenüberstellung von Vermögenswerten auf der einen Seite (Mittelverwendung) und von Schulden sowie des Eigenkapitals auf der anderen Seite (Mittelherkunft). **Vermögenswerte** (*assets*), **Schulden** (*liabilities*) und das **Eigenkapital** (*equity*) sind also die grundlegenden Elemente einer jeden IFRS-Bilanz. Diese Feststellung geht auf das Rahmenkonzept des IASB zurück (vgl. S. 57), das auf konzeptioneller Ebene definiert, aus welchen Elementen sich eine IFRS-Bilanz zusammensetzt und welche Eigenschaften und Kriterien erfüllt sein müssen, damit ein Vermögenswert oder eine Schuld vorliegen *können*. Sind diese Definitionskriterien erfüllt, ist ein bilanziell beachtlicher Sachverhalt jedoch zunächst nur abstrakt bilanzierungsfähig. Zusätzlich muss den Ansatzkriterien des Rahmenkonzepts sowie den Regelungen der übrigen IFRS entsprochen werden, damit ein Vermögenswert oder eine Schuld bilanziert werden kann. Gelten die Definitions- und Ansatzkriterien als erfüllt, so *muss* ein Vermögenswert oder eine Schuld angesetzt werden, es sei denn, dem Ansatz steht ein konkretes Bilanzierungsverbot entgegen.

b) Inhalt

aa) Überblick

Konkretisierung

Die Normen des Rahmenkonzepts legen fest, welche grundlegenden Bilanzelemente bei der Darstellung der Vermögens- und Finanzlage zu berücksichtigen sind. Darauf aufbauend wird vorgestellt, welche verschiedenen **Arten von Vermögenswerten und Schulden** zwingend in einer IFRS-Bilanz auszuweisen sind. Ferner lässt das IASB den bilanzierenden Unternehmen Spielraum, weitere Bilanzposten anzugeben, damit ein den tatsächlichen Verhältnissen entsprechendes Bild der Vermögens- und Finanzlage gezeichnet werden kann. Schließlich wird genauer erläutert, welche **Vergleichsangaben** zwingend offen gelegt werden müssen, damit der Bilanzleser einen intertemporalen und zwischenbetrieblichen Vergleich anstellen kann.

bb) Verpflichtend anzugebende Bilanzposten

Mindestanforderungen

IAS 1.54 gibt einen **(Mindest-)Katalog von Bilanzposten** vor, die in der Bilanz ausgewiesen werden müssen, falls diesen Posten Vermögenswerte bzw. Schulden zuordenbar sind. Die folgende Tab. D.1 zeigt eine strukturierte Aufbereitung der verpflichtend anzugebenden Posten einer IFRS-Bilanz:

	Vermögenswerte	Assets	
1	Sachanlagen	property, plant and equipment	IAS 1.54 (a)
2	Als Finanzinvestitionen gehaltene Immobilien	investment property	IAS 1.54 (b)
3	Immaterielle Vermögenswerte	intangible assets	IAS 1.54 (c)
4	Finanzielle Vermögenswerte (außer Beträge, die unter 5, 8 und 9 fallen)	financial assets (excluding amounts shown under 5, 8 and 9)	IAS 1.54 (d)
5	Finanzanlagen, die nach der Equity-Methode bilanziert werden	investments accounted for using the equity method	IAS 1.54 (e)
6	Biologische Vermögenswerte	biological assets	IAS 1.54 (f)
7	Vorräte	inventories	IAS 1.54 (g)
8	Forderungen aus Lieferungen und Leistungen sowie sonstige Forderungen	trade and other receivables	IAS 1.54 (h)
9	Zahlungsmittel und Zahlungsmitteläquivalente	cash and cash equivalents	IAS 1.54 (i)
10	Kurzfristige Steuerforderungen gem. *IAS 12 – Ertragsteuern*	assets for current tax as defined in *IAS 12 – Income Taxes*	IAS 1.54 (n)
11	Latente Steuerforderungen gem. *IAS 12 – Ertragsteuern*	deferred tax assets, as defined in *IAS 12 – Income Taxes*	IAS 1.54 (o)
12	Vermögenswerte, die Unternehmensteilen oder Veräußerungsgruppen zugeordnet sind, welche gem. IFRS 5 zur Veräußerung bereit stehen	assets classified as held for sale and assets included in disposal groups classified as held for sale in accordance with *IFRS 5 – Non-current Assets Held for Sale and Discontinued Operations*	IAS 1.54 (j)
	Schulden	**Liabilities**	
13	Verbindlichkeiten aus Lieferungen und Leistungen sowie sonstige Verbindlichkeiten	trade and other receivables	IAS 1.54 (k)
14	Rückstellungen	provisions	IAS 1.54 (l)
15	Finanzielle Verbindlichkeiten (außer Beträge, die unter 13 und 14 fallen)	financial liabilities (excluding amounts shown under 13 and 14)	IAS 1.54 (m)
16	Kurzfristige Steuerverbindlichkeiten gem. *IAS 12 – Ertragsteuern*	liabilities for current tax as defined in *IAS 12 – Income Taxes*	IAS 1.54 (n)
17	Latente Steuerverbindlichkeiten gem. *IAS 12 – Ertragsteuern*	deferred tax liabilities, as defined in *IAS 12 – Income Taxes*	IAS 1.54 (o)
18	Schulden, die Unternehmensteilen oder Veräußerungsgruppen zugeordnet sind, welche gem. IFRS 5 zur Veräußerung bereit stehen	liabilities included in disposal groups classified as held for sale in accordance with *IFRS 5 – Non-current Assets Held for Sale and Discontinued Operations*	IAS 1.54 (p)
	Eigenkapital	**Equity**	
19	Gezeichnetes Kapital und auf die Anteilseigner des Mutterunternehmens entfallende Rücklagen	issued capital and reserves attributable to equity holders of the parent	IAS 1.54 (r)
20	Im Eigenkapital ausgewiesene Minderheitsanteile[1]	minority interest, presented within equity	IAS 1.54 (q)

Tabelle D.1 Verpflichtend anzugebende Bilanzposten gem. IAS 1.54

Erweiterung des Bilanzpostenkatalogs

Die Aufzählung in IAS 1.54 ist allerdings nicht abschließend. Vielmehr wird durch IAS 1.55 klargestellt, dass zusätzliche Bilanzposten (*additional line items*), Überschriften (*headings*) und Zwischensummen (*subtotals*) in die Bilanz aufgenommen werden müssen, wenn diese relevant sind und sich hinreichend von den dargestellten Mindestgliederungsposten unterscheiden. Als Kriterien für die **Andersartigkeit** von Bilanzposten, die eine **Erweiterung der Bilanz** rechtfertigen, werden in IAS 1.58 vorgeschlagen, sich bei

- Vermögenswerten an
  der **Art,**
  der **Liquiditätsnähe** sowie
  der **Funktion** innerhalb des Unternehmens und
- bei Schulden an
  der **Höhe**,
  der **Art** und
  dem **zeitlichen Anfall**

zu orientieren. Sind Vermögenswerte und Schulden in Anbetracht dieser Kriterien nicht sinnvoll einem der vorgegebenen Bilanzposten zuordenbar, so sind zusätzliche Posten in die Bilanz aufzunehmen. Auf diese Weise kann z. B. Branchenbesonderheiten entsprochen werden, die sonst keine Berücksichtigung finden würden. Darüber hinaus wird durch IAS 1.59 widerlegbar vermutet, dass die angewendeten **Bewertungsmethoden** ein Indiz dafür sein können, dass Vermögenswerte und Schulden eigens definierten Bilanzposten zuzuordnen sind.

BEISPIEL:

Gemäß IAS 16 dürfen Sachanlagen zu fortgeführten Anschaffungs- oder Herstellungskosten (AK/HK) oder aber nach der Neubewertungsmethode bewertet werden. Finden innerhalb eines Unternehmens beide Methoden Anwendung, so kann dies ein Indiz dafür sein, dass sich die bewerteten Sachanlagenklassen hinreichend voneinander unterscheiden.

Informationstiefe der IFRS-Bilanz

Abschließend ist darauf hinzuweisen, dass IAS 1.77 eine **zusätzliche Untergliederung** von Bilanzposten verlangt, die entweder in der Bilanz oder aber im Anhang zu zeigen ist. Beispielsweise ist die Aufgliederung des Postens »Vorräte« in fertige und unfertige Erzeugnisse sowie in Roh-, Hilfs- und Betriebsstoffe direkt in der Bilanz sinnvoll. Informationen über die Höhe und die Zusammensetzung des Vorratsvermögens sind wertvoll für den Abschlussadressaten und sollten deshalb direkt in der Bilanz offen gelegt werden. Das Gebot der Verständlichkeit von Abschlussinformationen (vgl. S. 73) bildet hingegen die Grenze für eine zu exzessive Untergliederung von Bilanzinformationen, sowohl innerhalb der Bilanz selbst, als auch im Rahmen der Anhangangaben.

cc) Vergleichsangaben

Angabe von zwei bzw. drei Bilanzen

Aus IAS 1.10 (a) geht hervor, dass ein IFRS-Abschluss grundsätzlich eine Bilanz zum Ende der Berichtsperiode umfasst. Nimmt man die Vorschriften der IAS 1.38-1.40 hinzu, so sind für alle Abschlussbestandteile **Vergleichsangaben zur Vorperiode** anzugeben, also auch für die Bilanz. Diese umfasst also die Bilanzwerte zum Ende und zum Anfang der Berichtsperiode. Zusätzlich muss gem. IAS 1.10 (f) eine zweite Bilanz zur Vorperiode offen gelegt werden, wenn

- eine Bilanzierungsmethode retrospektiv angewendet wurde,
- die Korrektur eines Bilanzpostens retrospektiv vorzunehmen war oder
- zum Abschlussstichtag ein Bilanzposten reklassifiziert werden musste.

Die Kriterien des IAS 1.10 (f) lösen jeweils schon für sich allein die Pflicht aus, eine zweite Bilanz anzugeben. Da gem. IAS 1.38-1.40 auch für diese zweite Bilanz das Gebot der Vergleichsangaben gilt, sind in Summe **drei Bilanzstichtage** anzugeben. Zu den Bilanzen zum Ende und zum Anfang der Berichtsperiode tritt eine dritte **Bilanz zum Anfang der Vorperiode** hinzu.[2] Faktisch ist davon auszugehen, dass bereits durch die fortlaufende Arbeit des IASB stetig ein dritter Bilanzstichtag gezeigt werden muss. Dies gilt immer dann, wenn Neuerungen in einzelnen IFRS oder Interpretationen retrospektiv anzuwenden sind und so das erste Kriterium gem. IAS 1.10 (f) greift. Der im dritten Kriterium aufgeführte Begriff der »Reklassifizierung« wird durch IAS 1.41-1.42 sowie durch IAS 1.45 aufgenommen und genauer konkretisiert. Grundsätzlich sind unter diesen Begriff solche Fälle zu subsumieren, die zu einer Durchbrechung der Darstellungsstetigkeit, wie sie in IAS 1.45-1.46 gefordert wird, führen. Diese kann geboten sein, wenn eine wesentliche Veränderung der Geschäftstätigkeit oder aber die Überprüfung der Darstellungsweise des Abschlusses dazu führt, dass unter Berücksichtigung der Bestimmungen des ***IAS 8** – Rechnungslegungsmethoden, Änderungen von rechnungslegungsbezogenen Schätzungen und Fehlern* eine andere Darstellung des Abschlusses angemessener erscheint oder (neue) IFRS oder Interpretationen des IFRIC dies verlangen.

Darstellung der Vergleichsangaben

IAS 1.38-1.39 geben konkret vor, dass die Angaben zu den Vergleichsperioden in Form einer separaten Bilanz darzustellen sind. Dies kann in aggregierter Form geschehen, z. B. durch Einfügen von zusätzlichen Spalten, die die Vergleichsinformationen aufnehmen. Gleichermaßen ist aber auch die Darstellung in der Form von zwei bzw. drei separaten Bilanzen zulässig, die jeweils nur einen der zwei bzw. drei Bilanzstichtage darstellen.

c) Ausweis

aa) Überblick

Im Rahmen der nachfolgenden Abschnitte wird erläutert, wie die Darstellung von Vermögenswerten, Schulden und Eigenkapital strukturiert werden soll, damit eine IFRS-Bilanz ein verständliches und tatsächliches Bild der Vermögens- und Finanzlage des bilanzierenden Unternehmens vermittelt. Das IASB schreibt grundsätzlich eine Gliederung nach **Fristigkeit** vor, die aber unter gewissen Umständen durch eine Gliederung nach **Liquiditätsnähe** ersetzt werden darf. Deutlich wird, dass über diese zwei Grundsätze zur Bilanzgliederung hinaus keine weiteren Vorschriften existieren, die ein bestimmtes Abbild der Vermögens- und Finanzlage vorschreiben. Deshalb werden schließlich die zwei international bedeutendsten Präsentationsformate – die Kontoform und die Staffelform – vorgestellt und erläutert.

bb) Gliederung nach Fristigkeit und Liquiditätsnähe

Eine IFRS-Bilanz ist nach dem Wortlaut des IAS 1.60 grundsätzlich nach der Fristigkeit von Vermögenswerten und Schulden (*current/non-current presentation*) zu gliedern.[3] Wie die Vermögenswerte und Schulden nach ihrer Fristigkeit konkret anzuordnen sind, richtet sich

Primärgliederung

gem. IAS 1.62 primär nach dem **Geschäftszyklus des bilanzierenden Unternehmens.** Der Geschäftszyklus (*operating cycle*) ist damit der relevante Maßstab, nach dem die Unterscheidung zwischen Kurz- und Langfristigkeit getroffen werden muss. Generell gelten Vermögenswerte und Schulden dann als kurzfristig, wenn erwartet wird, dass sie innerhalb des normalen Geschäftszyklus des Unternehmens realisiert bzw. getilgt werden. Der normale Verlauf eines Geschäftszyklus am Beispiel von Industrie- und Handelsunternehmen beginnt mit der Beschaffung von Rohstoffen und endet mit der Realisation in Zahlungsmitteln oder Zahlungsmitteläquivalenten durch die Veräußerung von Erzeugnissen. Kann kein solcher Geschäftszyklus bestimmt werden, so darf ersatzweise eine Zeitspanne von zwölf Monaten herangezogen werden. IAS 1.66 und IAS 1.69 führen je zwei weitere Kriterien zur Unterscheidung der Kurz- und Langfristigkeit von Vermögenswerten und Schulden auf, so dass sich insgesamt der in Abb. D.1 dargestellte **Kriterienkatalog** ergibt.

Mit IAS 1.66 und IAS 1.69 wird zudem festgestellt, dass alle übrigen Vermögenswerte und Schulden, die sich nicht in den Kriterienkatalog einordnen lassen, den langfristigen Bilanzposten zuzuordnen sind. Langfristige Vermögenswerte und Schulden werden durch eine **Negativabgrenzung** von den kurzfristigen Bilanzposten unterschieden.

Sekundärgliederung

Neben der Gliederung nach Fristigkeit ist in Ausnahmefällen gem. IAS 1.60 auch eine **Gliederung nach Liquiditätsnähe** zulässig. Nach dieser Ausnahmeregelung ist entscheidend, ob und wie schnell Vermögenswerte und Schulden in liquide Mittel transformiert werden können. Die Ausnahme von der Regel darf jedoch nur in Anspruch genommen werden, wenn eine Gliederung nach Liquiditätsnähe einen gleichermaßen zuverlässigen, zugleich aber relevanteren Einblick (vgl. S. 65 ff.) in die Vermögens- und Finanzlage des Unternehmens zulässt. Wenn die Bilanzgliederung nach Liquiditätsnähe ein relevanteres Bild der Vermögens- und Finanzlage zeichnet, ist diese Gliederungsform zu wählen, um den Informationsbedürfnissen der Abschlussadressaten gerecht zu werden. Die Gliederung nach Liquiditätsnähe wird vor allem von Finanzinstituten und sonstigen Unternehmen anzuwenden sein, die eine klare Ausrichtung auf Finanzdienstleistungen aufweisen. Diese Unternehmen zeichnen sich nicht durch einen Geschäftszyklus im Sinne von Industrieunternehmen aus.

Vermischte Darstellungsbasis

Neben Finanzinstituten ist eine Anwendung der **Ausnahmeregelung** auch auf Unternehmen denkbar, die zum einen in Industriezweigen agieren, gleichzeitig aber auch z. B. die Finanzierung von Tochterunternehmen bündeln und sicherstellen. In diesen Fällen kann auch eine Gliederung nach Kurz- und Langfristigkeit und zugleich nach Liquiditätsnähe (*mixed basis of presentation*) in Betracht kommen (IAS 1.64).

Konkretisierung der Gliederungsvorschriften

Für die Gliederung nach Fristigkeit existieren keine expliziten Vorschriften (IAS 1.57). So wird es den bilanzierenden Unternehmen überlassen, ob nach auf- oder absteigender Fristigkeit gruppiert oder angeordnet wird. Folglich steht es den bilanzierenden Unternehmen grundsätzlich frei, Vermögenswerte und Schulden von kurz- nach langfristig oder umgekehrt anzuordnen. Dies gilt indes nur solange, wie die Darstellungsgrundsätze des Rahmenkonzepts (vgl. S. 58) (insbesondere *faithful presentation* sowie *verifiability*) beachtet werden. Die Bilanzgliederung nach Liquiditätsnähe kann explizit in ab- oder aufsteigender Rangordnung erfolgen (IAS 1.63). Die nachfolgenden Ausführungen beschränken sich indes auf die gebräuchlichsten Darstellungsalternativen bei einer Gliederung nach Fristigkeit.

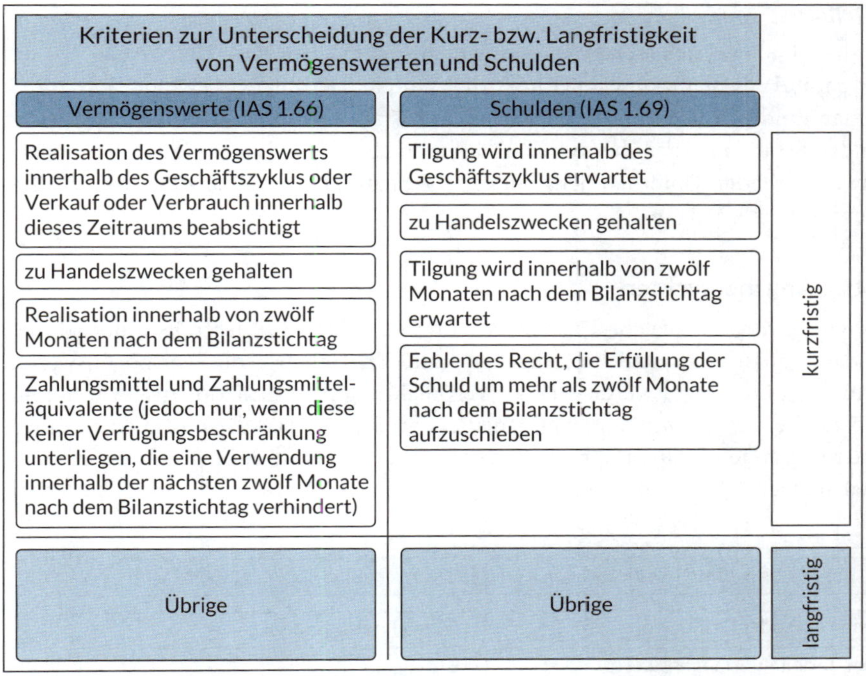

Abbildung D.1 Kriterienkatalog zur Kurzfristigkeit von Vermögenswerten und Schulden

Ausgewählte Darstellungsalternativen

Grundsätzlich ist sowohl eine Darstellung in Kontoform (*horizontal format*) nach absteigender oder aufsteigender Fristigkeit (IAS 1.IG6), als auch die in angloamerikanischen Rechnungslegungskreisen übliche Staffelform (*report or vertical format*) beginnend mit kurzfristigen Vermögenswerten möglich.[4] Beide Darstellungsalternativen lassen sich grundsätzlich ohne Mehraufwand ineinander überführen und sind gleichermaßen sinnvoll.

cc) Kontoform

In Kontinentaleuropa ist vorwiegend die Kontoform als Gliederungsschema einer Bilanz vorzufinden. Diese Darstellungsalternative in der Gestalt eines T-Kontos erlaubt dem Bilanzleser einen direkten Einblick in die **horizontale Bilanzstruktur**. Geordnet nach Fristigkeit wird der Mittelverwendung direkt die Mittelherkunft gegenübergestellt. Eine IFRS-Bilanz nach der Kontoform veranschaulicht Abb. D.2.

Die Darstellung einer IFRS-Bilanz nach der Kontoform ähnelt somit prinzipiell dem Gliederungsschema der § 266 Abs. 2 und 3 HGB. Allerdings ist die Forderung der Fristengliederung gem. IFRS nicht mit der nach HGB verpflichtend vorgegebenen Gliederung vereinbar. Insbesondere die Strukturierung der Passivseite einer HGB-Bilanz ist nicht auf eine IFRS-Bilanz übertragbar.

dd) Staffelform

Die vor allem im angelsächsischen Raum vertretene Staffelform bietet den Vorteil, das **net working capital**[5] als Bilanzkennzahl direkt zu ermitteln. Der Bilanzleser kann sich so z. B. direkt einen Eindruck verschaffen, wie viele kurzfristige Vermögenswerte den kurzfristig zu tilgenden Schulden gegenüberstehen und sich so ein Urteil über die Liquiditätssituation des bilanzierenden Unternehmens bilden. Die Struktur einer Bilanz nach der Staffelform illustriert Abb. D.3.

d) Sonstige Angabepflichten

Unabhängig davon, für welche Bilanzgliederung sich das bilanzierende Unternehmen entscheidet, müssen zusätzliche Angaben zur **Fristigkeit** von Vermögenswerten und Schulden offen gelegt werden. Diese Verpflichtung gem. IAS 1.61 greift, wenn ein Bilanzposten Teilbeträge umfasst, von denen erwartet wird, dass diese zum einen innerhalb und zum anderen außerhalb einer Zeitspanne von zwölf Monaten realisiert bzw. beglichen werden. Diese Angaben können wahlweise direkt in der Bilanz, z. B. durch

A. Langfristige Vermögenswerte	C. Eigenkapital
Geschäfts- oder Firmenwert	Gezeichnetes Kapital
Immaterielle Vermögenswerte	Rücklagen
Sachanlagen	Minderheitsanteile
Als Finanzinvestition gehaltene Vermögenswerte	**D. Langfristige Schulden**
At-Equity-Beteiligungen	Langfr. finanzielle Schulden
Übrige langfr. finanzielle Vermögenswerte	Schulden aus Leistungen an Arbeitnehmer
Latente Steueransprüche	Langfr. Rückstellungen
	Latente Steuerschulden
B. Kurzfristige Vermögenswerte	**E. Kurzfristige Schulden**
Fertigungsaufträge mit aktivischem Saldo ggü. Kunden	Fertigungsaufträge mit passivischem Saldo ggü. Kunden
Vorräte	Kurzfr. finanzielle Schulden
Forderungen aus LuL / Sonstige	Kurzfr. Rückstellungen
Steuerforderungen	Verbindlichkeiten aus LuL / Sonstige
Kurzfr. nicht-finanzielle Vermögenswerte	Steuerverbindlichkeiten
Übrige kurzfr. finanzielle Vermögenswerte	
Zahlungsmittel und Zahlungsmitteläquivalente	

Abbildung D.2 IFRS-Bilanz nach der Kontoform

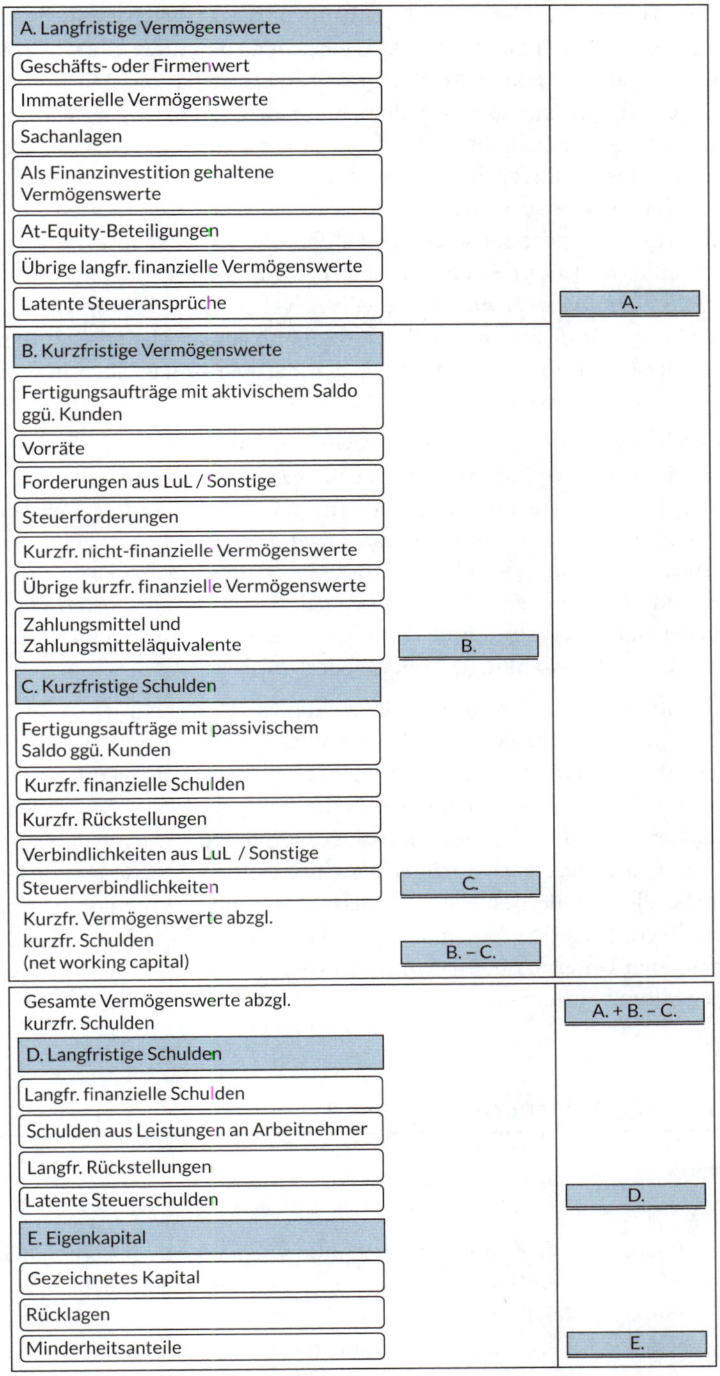

Abbildung D.3 IFRS-Bilanz nach der Staffelform

einen »**Davon**«-**Vermerk**, oder aber im Anhang, z. B. in tabellarischer Form, erfolgen. Vorstellbar ist, dass sich der Geschäftszyklus eines bilanzierenden Unternehmens grundsätzlich auf mehr als ein Jahr erstreckt. In dieser Konstellation sind die Forderungen aus Lieferungen und Leistungen trotzdem unter den kurzfristigen Vermögenswerten auszuweisen. Aus IAS 1.61 ergibt sich jedoch, dass die Beträge, die zwar innerhalb des Geschäftszyklus, aber wahrscheinlich erst später als ein Jahr nach dem Bilanzstichtag beglichen werden, gesondert ausgewiesen werden. Aus den geforderten Zusatzangaben kann sich der Abschlussadressat so ein Urteil über die (voraussichtliche) Liquidität und finanzielle Bonität des Unternehmens bilden (IAS 1.65). Dies stützend wird in IAS 1.65 Bezug auf *IFRS 7 – Finanzinstrumente: Angaben* (vgl. S. 379) genommen, der eine Analyse der Fälligkeitstermine für finanzielle Verbindlichkeiten verlangt. Anforderungen zur genaueren Analyse von Fristigkeiten finden sich darüber hinaus auch in anderen IFRS, z. B. in *IAS 17 – Leasingverhältnisse*.

Untergliederungen von Bilanzposten

Neben Angaben zur Fristigkeit wird in IAS 1.77 darauf hingewiesen, dass weitere **Untergliederungen** von Bilanzposten erfolgen müssen, soweit diese Zusatzinformationen nützlich für den Abschlussadressaten sind. Werden diese Untergliederungen nicht in die Bilanz aufgenommen, so sind diese im Anhang zu zeigen. Beispielsweise kann der Hauptgliederungsposten »Sachanlagen« weiter in Anlagenklassen unterteilt werden. Denkbar ist auch, dass z. B. der Posten »Forderungen« in Forderungen aus Lieferungen und Leistungen, Forderungen gegenüber verbundenen Unternehmen und Vorauszahlungen untergliedert wird.

Angaben zum Eigenkapital

Gemäß IAS 1.79 wird den bilanzierenden Unternehmen zur Wahl gestellt, Angaben zur **Struktur des Eigenkapitals** entweder in der Bilanz, in der Eigenkapitalveränderungsrechnung oder aber im Anhang offen zu legen. Konkret muss z. B. je Klasse des gezeichneten Kapitals angegeben werden, welche Zahl von Anteilen ausgegeben und voll einbezahlt bzw. ausgegeben und nicht voll einbezahlt wurden. Darüber hinaus muss auch darüber berichtet werden, welche rechtlichen Ausstattungsmerkmale die Anteile besitzen. Beispielsweise können Vorzugsaktien ausgegeben worden sein, die im Vergleich zu den übrigen Aktien ein Recht auf einen größeren Anteil am ausgeschütteten Unternehmensgewinn verbriefen. Diese rechtlichen Besonderheiten sind je Aktiengattung einzeln darzustellen.

3. Gesamtergebnisrechnung

a) Grundlagen

aa) Zweck

Darstellung der Ertragslage

Aufgabe der Gesamtergebnisrechnung *(statement of comprehensive income)*[6] ist es, den Abschlussadressaten ein den tatsächlichen Verhältnissen entsprechendes Bild der Ertragslage zu vermitteln. Sie stellt somit ein Bindeglied zwischen der Bilanz zum Anfang und der Bilanz zum Ende der Berichtsperiode dar und gibt Aufschluss darüber, wie der Unternehmenserfolg zur Veränderung der Vermögens- und Finanzlage beigetragen hat. Der Bilanz als Zeitpunktbetrachtung von Vermögenswerten, Schulden und dem Eigenkapital wird also eine **Zeitraumbe-**

trachtung zur Ertragslage des Unternehmens zur Seite gestellt. Konkret wird in der Gesamtergebnisrechnung erläutert, wie sich der Unternehmenserfolg nach Art, Höhe und Quellen der verschiedenen Erfolgsbestandteile zusammensetzt. Auf Basis dieser Detailinformationen wird es dem Abschlussadressaten ermöglicht, die Ertragslage genauer zu analysieren und in Beziehung zur Vermögens- und Finanzlage zu setzen. Auf Basis der Gesamtergebnisrechnung, bei der es sich um eine vergangenheitsorientierte Darstellung des Unternehmenserfolgs handelt, sollen Abschlussadressaten in die Lage versetzt werden, sich ein Urteil über die künftigen Erfolgsaussichten des Unternehmens zu bilden. Nach dem Willen des IASB soll sich die Gesamtergebnisrechnung folglich als **Prognosegrundlage** eignen und letztlich den Investitions- bzw. Desinvestitionsentscheidungen (vgl. S. 58) von Investoren nützen.

bb) Elemente

(1) Überblick

Erfolgsbestandteile

Entsprechend der oben genannten Aufgabe der Gesamtergebnisrechnung ist diese gem. IAS 1.10 (b) neben der Bilanz, der Eigenkapitalveränderungsrechnung, der Kapitalflussrechnung und dem Anhang ein elementarer (grundlegender) Pflichtbestandteil eines jeden IFRS-Abschlusses. Mit ihr wird das Gesamtergebnis (*total comprehensive income*) ermittelt, indem alle in dem betrachteten Geschäftsjahr angefallenen Erfolgsbestandteile einander gegenübergestellt werden. Als Bestandteile des Unternehmenserfolgs nennt das Framework **Erträge** (*income*) und **Aufwendungen** (*expense*), welche nachfolgend näher erläutert werden.

(2) Definitionskriterien

Definition »Erträge«

Gemäß 4.25 (a) stellen Erträge eine **Zunahme von wirtschaftlichem Nutzen** in der Berichtsperiode dar. Diese Zunahme von wirtschaftlichem Nutzen kann entweder aus dem Zufluss bzw. der Erhöhung von Vermögenswerten oder aber aus der Abnahme von Schulden resultieren und muss letztlich in einer **Erhöhung des Eigenkapitals** münden, die nicht in der Kapitalüberlassung von Eigenkapitalgebern begründet ist.

Ertragsarten

Aufbauend auf dieser grundlegenden Definition von Erträgen werden in 4.29-32 unter dem Begriff »Erträge« weiterhin sowohl **»Erträge aus der gewöhnlichen Geschäftstätigkeit«** (*revenues*), als auch die **»übrigen Erträge«** (*gains*) gefasst. Zur Kategorie der Erträge aus der gewöhnlichen Geschäftstätigkeit gehören Umsatzerlöse, Gebühren, Zinsen, Dividenden, Lizenzerträge und Mieten (4.29). Unter der Kategorie »andere Erträge« werden alle sonstigen Erträge zusammengefasst, die die Ertragsdefinition erfüllen. Ein eindeutiges Kriterium, anhand dessen »Erträge aus der gewöhnlichen Geschäftstätigkeit« und »andere Erträge« voneinander abgegrenzt werden können, existiert jedoch nicht. Stattdessen erfolgt die Zuordnung i. d. R. nach den Bestimmungen der übrigen IFRS. Beispielhaft werden den anderen Erträgen »Erträge aus der Veräußerung von langfristigen Vermögenswerten«, »Erträge aus der Neubewertung marktfähiger Wertpapiere« und »Erträge aus der Erhöhung des Buchwerts von langfristigen Vermögenswerten angeführt« (4.31). Vielfach ist den anderen Erträgen gemein, dass diese nicht direkt in der Berichtsperiode Ergebniswirkung entfalten, sondern dem sonstigen Ergebnis (*other comprehensive income*) zuzuordnen sind, welches unten näher erläutert wird.

Definition »Aufwendungen«

Gemäß 4.25 (b) werden Aufwendungen dagegen als **Abnahme von wirtschaftlichem Nutzen** innerhalb der Berichtsperiode definiert und in 4.33-4.35 näher konkretisiert. Spiegelbildlich zur Definition von Erträgen kann die Abnahme von wirtschaftlichem Nutzen entweder aus dem Abfluss bzw. der Verminderung von Vermögenswerten oder aber aus der Erhöhung von Schulden resultieren. Entscheidend ist, dass diese Abnahme wirtschaftlichen Nutzens zu einer **Verminderung des Eigenkapitals** führt, die nicht auf Ausschüttungen oder Kapitalrückzahlungen an Eigenkapitalgeber zurückzuführen ist.

Aufwandsarten

Auch die Oberkategorie »Aufwendungen« wird definitorisch in zwei Unterkategorien aufgeteilt (4.33): **»Aufwendungen, die im Rahmen der gewöhnlichen Geschäftstätigkeit anfallen«** (*expenses*) und **»übrige Aufwendungen«** (*losses*). Zur Gruppe der Aufwendungen, die im Rahmen der gewöhnlichen Geschäftstätigkeit anfallen, zählen z. B. Umsatzkosten, Löhne und Gehälter sowie Abschreibungen. Unter die Kategorie »übrige Aufwendungen« fallen negative Erfolgsbestandteile, die zwar die Definitionskriterien von Aufwendungen erfüllen, indes nicht zwingend der gewöhnlichen Geschäftstätigkeit zuordenbar sein müssen. In der Regel bestimmen auch hier die übrigen IFRS, ob Aufwendungen dieser Kategorie zugeordnet werden müssen. Beispiele für übrige Aufwendungen sind Aufwendungen aus den Folgen einer Naturkatastrophe, Aufwendungen aus der Veräußerung langfristiger Vermögenswerte oder auch unrealisierte Aufwendungen aus der Bewertung von Cash Flow Hedges (4.35).

Zusammenfassend können die definitorischen Ertrags- und Aufwandskategorien wie in Abb. D.4 geschehen dargestellt werden.

Ertragsdefinition			Aufwandsdefinition		
Erträge (*income*) (4.25 (a))			Aufwendungen (*expenses*) (4.25 (b))		
4.29 ff.	Erträge aus der gewöhnlichen Geschäftstätigkeit (*revenues*)	übrige Erträge (*gains*)	4.33 ff.	Aufwendungen, die im Rahmen der gewöhnlichen Geschäftstätigkeit anfallen (*expenses*)	übrige Aufwendungen (*losses*)
	- Umsatzerlöse - Gebühren - Zinsen - Dividenden - Lizenzerträge - Mieten - etc.	- Erträge aus der Veräußerung langfr. Vermögenswerte - Erträge aus der Neubewertung von Sachanlagevermögen - etc.		- Umsatzkosten - Löhne und Gehälter - Abschreibungen - etc.	- Aufwendungen aus den Folgen von Naturkatastrophen - Aufwendungen aus der Veräußerung langfristiger Vermögenswerte - etc.

Abbildung D.4 Ertrags- und Aufwandsdefinition

Liegen die Definitionskriterien von Erträgen und Aufwendungen vor, so ist lediglich die hinreichende Bedingung erfüllt, die für die Erfassung von Erfolgsbestandteilen im IFRS-Abschluss gegeben sein muss. Wurden Aufwendungen und Erträge als solche erkannt, müssen zusätzlich die Ansatzkriterien der Erfolgsbestandteile erfüllt sein, welche nachfolgend dargestellt werden.

(3) Ansatzkriterien

Ob Erträge und Aufwendungen tatsächlich im IFRS-Abschluss erfasst werden müssen, ist sowohl mit Blick auf die Definitions- als auch mit Blick auf die Ansatzkriterien von Erträgen und Aufwendungen zu beantworten. Sind die Definitionskriterien erfüllt, gelten Erträge und Aufwendungen zunächst nur als abstrakt bilanzierungsfähig. Die konkrete Bilanzierungspflicht wird ausgelöst, sofern die Ansatzkriterien erfüllt sind, und zwar die Ansatzkriterien des wahrscheinlichen Nutzenzu- bzw. Nutzenabflusses sowie der zuverlässigen Bewertbarkeit.

Wahrscheinlichkeit des Nutzenzuflusses oder -abflusses

Die Ansatzkriterien für Erträge und Aufwendungen entsprechen denen für Vermögenswerte und Schulden. Das Ansatzkriterium des wahrscheinlichen Nutzenzuflusses ist daher auch für Erträge und Aufwendungen unbestimmt. Dennoch gilt auch hier als Richtschnur, dass die **Wahrscheinlichkeit** des unsicheren Nutzenzu- oder Nutzenabflusses **größer als 50 %** (*more likely than not*) sein muss (vgl. S. 311). Der Beurteilungsprozess, ob der Nutzenzu- bzw. Nutzenabfluss eher wahrscheinlich als unwahrscheinlich ist, muss laufend bei jeder in Betracht kommenden Transaktion erfolgen. Schließlich handelt es sich bei der Gesamtergebnisrechnung um eine Zeitraumbetrachtung, in der alle Vorgänge eines Geschäftsjahres aggregiert werden. Grundsätzlich wird die Erfassung von Erträgen und korrespondierenden Aufwendungen durch *IAS 18 – Erträge* sowie *IAS 11 – Fertigungsaufträge* geregelt. Gleichwohl wird es regelmäßig der Einschätzung des bilanzierenden Unternehmens bedürfen, ob Erträge und Aufwendungen im IFRS-Abschluss erfasst werden müssen.

Zuverlässige Bewertbarkeit

Das Rahmenkonzept schreibt auch für Erträge und Aufwendungen vor, dass Elementen der Gesamtergebnisrechnung im Zeitpunkt der Erfassung ein zuverlässiger Wert beizumessen ist. In den meisten Fällen sind Erträge und Aufwendungen anhand von **objektiven Bewertungsgrundlagen** bestimmbar, wie durch Rechnungen an Kunden oder Eingangsrechnungen für in die Produktion eingegangene Roh-, Hilfs- und Betriebsstoffe. Letztere gehen in die Ermittlung der Herstellungskosten ein, die als Aufwand den abgesetzten Leistungen gegenübergestellt werden. Allerdings sind Erträge und Aufwendungen auch häufig auf Basis von Schätzungen zu bemessen, nämlich immer dann, wenn objektive Bewertungsgrundlagen fehlen. Schätzungen sind solange unproblematisch, wie sie auf vernünftigen Annahmen basieren, die für Dritte nachprüfbar und plausibel sind. Liegt keine objektive Bewertungsgrundlage vor und ist es nicht möglich, den Wert von Erträgen und Aufwendungen vernünftig zu schätzen, so dürfen diese nicht in die Gesamtergebnisrechnung eingehen. Stattdessen ist eine diesbezügliche Anhangangabe zwingend erforderlich (4.43).

Wechselwirkungen

Werden die **Definitions- und Ansatzkriterien** von Erträgen und Aufwendungen im Kontext mit denen von Vermögenswerten und Schulden betrachtet, so wird deutlich, dass diese eng miteinander verknüpft sind. Mehr noch: Die Ansatzkriterien sind sogar identisch. Im Rahmenkonzept wird dazu ausgeführt, dass der

Ansatz von Erträgen mit dem Ansatz bzw. einer Erhöhung eines Vermögenswerts oder aber mit der Verminderung einer Schuld einhergeht (4.47). Umgekehrt korrespondiert die Erfassung von Aufwendungen mit der Verminderung von Vermögenswerten oder aber mit der Erhöhung einer Schuld (4.49). Die Normen des Rahmenkonzepts spiegeln sich somit direkt in der **Systematik der doppelten Buchführung** wider. Nach der einen Auslegung dieses feststehenden Begriffs müssen sich Soll- und Haben-Buchungen in ihrer Höhe entsprechen und zwar auf je zwei verschiedenen Konten. Nach einer weiteren Auslegung wird unter dem Begriff verstanden, auf zweierlei Weise den Erfolg eines bilanzierenden Unternehmens ermitteln zu können: Indirekt per Reinvermögensvergleich zum Ende und zum Anfang des Geschäftsjahres und durch die Gesamtergebnisrechnung, die den Gewinn (oder) Verlust direkt ermittelt. Damit der Gewinn oder Verlust laut Bilanz und der Gewinn oder Verlust laut Gesamtergebnisrechnung deckungsgleich sind, müssen sich nach dieser Buchungslogik auch Erfolgs- und Bestandsbuchungen entsprechen.

b) Inhalt

aa) Überblick

Nachdem die grundlegenden Elemente einer Gesamtergebnisrechnung vorgestellt wurden, gilt es nun im nächsten Schritt diese Elemente zu konkretisieren. Zu beantworten ist die Frage, welche verschiedenen **Arten von Erträgen und Aufwendungen** in einer Erfolgsrechnung ausgewiesen werden müssen, damit sich der Abschlussadressat ein umfassendes Bild von der Ertragslage verschaffen kann. Darüber hinaus ist darauf einzugehen, welche **Zwischenergebnisgrößen** gezeigt werden sollten, damit die Herkunft von Erfolgsgrößen deutlich sichtbar wird.

bb) Verpflichtend anzugebende Erfolgsbestandteile

Mindestanforderungen

Durch IAS 1.82 wird ein **Katalog von Erfolgsbestandteilen** vorgegeben, der zwingend in einer Gesamtergebnisrechnung auszuweisende Posten enthält. Dieser Katalog ist indes nur zu berücksichtigen, wenn einzelne Transaktionen den Bestandteilen dieses Katalogs zugeordnet werden können. Welche Erfolgsbestandteile dies sind, zeigt Tab. D.2.

	Erfolgsbestandteile	Elements of total comprehensive income	
1	Umsatzerlöse	revenues	IAS 1.82 (a)
2	Finanzierungskosten	finance costs	IAS 1.82 (b)
3	Gewinn- und Verlustanteile an assoziierten Unternehmen und Joint Ventures, die nach der Equity-Methode bilanziert werden	share of profit and loss of associates and joint ventures accounted for using the equity method	IAS 1.82 (c)
4	Steueraufwendungen	tax expenses	IAS 1.82 (d)
5	Gesonderter Betrag für die Gesamtsumme der aufgegebenen Geschäftsbereiche (siehe IFRS 5)	a single amount for the total of discontinued operations (see IFRS 5)	IAS 1.82 (ea)

Tabelle D.2 Verpflichtend anzugebenden Erfolgsbestandteile gem. IAS 1.82

Weiterhin sind der Gewinn oder Verlust sowie das Gesamtergebnis auf die Anteilseigner des Mutterunternehmens und die Minderheitsanteile aufzuteilen, soweit das bilanzierende Unternehmen Mutterunternehmen eines Konzerns ist. Diese Unterteilung ist im Rahmen der Gesamtergebnisrechnung darzustellen.

Erweiterung des Katalogs von Erfolgsbestandteilen

Der Katalog des IAS 1.82 ist nicht als abschließende Aufzählung zu verstehen. Stattdessen wird durch IAS 1.85 darauf hingewiesen, dass zusätzliche Erfolgsbestandteile (*additional line items*), Überschriften (*headings*) und Zwischensummen (*subtotals*) in die Gesamtergebnisrechnung aufgenommen werden müssen, wenn diese relevant sind und sich hinreichend von den dargestellten Mindestgliederungsposten unterscheiden. Als Kriterien für die Andersartigkeit von Erfolgsbestandteilen, die eine **Erweiterung der Gesamtergebnisrechnung** rechtfertigen, wird mit IAS 1.86 vorgeschlagen, sich an der **Art** und **Funktion** von Erträgen und Aufwendungen zu orientieren. Welche Erweiterungen und Strukturierungen gemeinhin üblich sind, ist Gegenstand des nachfolgenden Abschnitts.

cc) Erfolgsspaltung in Teilerfolgsgrößen

(1) Überblick

Nachdem die Mindestausweisvorschriften des IAS 1.82 dargelegt worden sind, ist nunmehr darauf einzugehen, welche **Erfolgsgrößen** ermittelt werden müssen und wie die Berechnung dieser Erfolgsgrößen vorzunehmen ist. Grundsätzlich müssen drei Teilerfolgsgrößen unterschieden werden, und zwar

- der ›Gewinn oder Verlust‹ (*profit or loss*),
- das ›sonstige Ergebnis‹ (*other comprehensive income*) sowie
- das ›Gesamtergebnis‹ (*comprehensive income*).

Das Gesamtergebnis bildet die Summe aus dem Gewinn oder Verlust und dem sonstigen Ergebnis. Gegenstand des Gewinns oder Verlusts sind alle erfolgswirksamen Transaktionen des Geschäftsjahres. Welche Geschäftsvorfälle erfolgswirksam zu erfassen sind, wird im Einzelnen durch die übrigen IFRS bestimmt. Bedeutend für diese Teilerfolgsgröße ist die Forderung des IAS 1.99, eine **Analyse der Ertragslage** durchzuführen. Grundsätzlich sollte diese Analyse im Rahmen der Gewinn- und Verlustrechnung dargestellt werden. Die Verlagerung dieser Analyse in den Anhang ist aber gleichermaßen zweckgerecht (IAS 1.100). Als Darstellungsvarianten werden zum einen die Analyse nach Arten (*nature of expense method*) und zum anderen die Analyse nach Funktionsbereichen (*cost of sales method*) zur Wahl gestellt. Die Analyse der betrieblichen Erträge und Aufwendungen nach Arten ist dabei grundsätzlich vergleichbar mit dem handelsrechtlichen Gliederungsschema des **Gesamtkostenverfahrens** (GKV) gem. § 275 Abs. 2 HGB und die Analyse nach Funktionsbereichen mit dem handelsrechtlichen Gliederungsschema des **Umsatzkostenverfahrens** (UKV) gem. § 275 Abs. 3 HGB.[7] Die Wahl der Analysemethode ist den bilanzierenden Unternehmen zwar grundsätzlich freigestellt (IAS 1.99), es gilt allerdings die widerlegbare Vermutung, dass eine Analyse i. S. d. UKV relevantere Informationen für den Abschlussadressaten bereitstellt. Bei der Wahl der Analysemethode ist deshalb diejenige Methode zu wählen, die die relevantesten, zugleich aber auch zuverlässigsten Informationen bietet. Beide Analysemethoden werden im Folgenden genauer betrachtet. Überdies wird erläutert, welche weiteren Zwischenergebnisse, wie das Finanz- und Steuerergebnis, gebildet werden sollten, um den Gewinn oder Verlust weiter zu strukturieren. Schließlich wird vorgestellt, welche Erfolgsbestandteile im sonstigen Ergebnis zu erfassen sind.

(2) Gewinn oder Verlust

(i) Betriebsergebnis nach dem Gesamtkostenverfahren

Aus IAS 1.102 kann entnommen werden, welche Posten in der Ertrags- und Aufwandsanalyse gem. GKV z. B. enthalten sein können. Diese Posten illustriert Abb. D.5.

Das dargestellte Format des GKV, das als Zwischensumme das Betriebsergebnis (*results of operating activities*) ermittelt, kann um **weitere Posten** ergänzt werden. Der über den Katalog des IAS 1.102 hinausgehende Ausweis von Posten ist verpflichtend, wenn dieser wesentlich (vgl. S. 66) für das Verständnis der Ertragslage des Unternehmens ist (IAS 1.29 i. V. m. IAS 1.97). In IAS 1.98 wird den bilanzierenden Unternehmen Hilfestellung dahingehend erteilt, welche zusätzlichen Posten in die Ertrags- und Aufwandsanalyse aufgenommen werden könnten:

- Außerplanmäßige Abschreibungen der Vorräte auf den Nettoveräußerungswert oder der Sachanlagen auf den erzielbaren Betrag sowie die Wertaufholungen solcher außerplanmäßigen Abschreibungen (IAS 1.98 (a));
- die durch Auflösung von Restrukturierungsrückstellungen anfallenden Erträge und mit der Restrukturierung korrespondierende Aufwendungen (IAS 1.98 (b));
- Abgang von Sachanlagen (IAS 1.98 (c));
- Veräußerung von Finanzanlagen (IAS 1.98 (d));
- positive sowie negative Erfolgsbeiträge aus der Veräußerung aufgegebener Geschäftsbereiche (IAS 1.98 (e));
- die aus der Beilegung von Rechtsstreitigkeiten resultierenden Auflösungen von Rückstellungen (IAS 1.98 (f)); sowie
- andere Rückstellungsauflösungen (IAS 1.98 (g)).

Ertrags- und Aufwandsanalyse nach GKV (IAS 1.102)
(nature of expense method)

Umsatzerlöse (*revenues*)
+ Sonstige Erträge (*other income*)

± Bestandsveränderungen (*changes in inventories of finished goods and work in progress*)
– Aufwendungen für Roh-, Hilfs- und Betriebsstoffe (*raw materials and consumables used)*
– Personalaufwand (*employee benefits expense)*
– Aufwand für planmäßige Abschreibungen (*depreciation and amortisation expense)*
– Sonstige Aufwendungen (*other expense)*

= Aufwendungen gesamt (*total expense)*

= Betriebsergebnis (*results of operating activities)*

Abbildung D.5 Ertrags- und Aufwandsanalyse nach GKV (IAS 1.102)

Umsatzerlöse

Neben den oben genannten Erweiterungserfordernissen der Ertrags- und Aufwandsanalyse nach GKV sind die einzelnen in Abb. D.5 aufgeführten Positionen näher zu erläutern, und zwar beginnend mit den Umsatzerlösen. Die **Umsatzerlöse** resultieren aus der **gewöhnlichen Geschäftstätigkeit** des bilanzierenden Unternehmens und können z. B. Verkaufserlöse (*sales*), Gebühren (*fees*), Zinserträge (*interest*), Dividendenerträge (*dividends*), Lizenzerträge (*royalties*) oder Mieterträge (*rent*) umfassen. Mit Bezug auf die übrigen IFRS erwachsen die Umsatzerlöse z. B. aus:

- Veräußerungserträgen aus dem Verkauf selbst erstellter oder erworbener Güter (IAS 18.14-18.19);
- Erträgen aus der Erbringung von Dienstleistungen (IAS 18.20-18.28);
- Erträgen aus Nutzungsüberlassungen, wie Zins-, Lizenz- und Dividendenerträgen sowie Erträgen aus Vermietung und Verpachtung, wobei eine Zuordnung zum Finanzergebnis im Einzelfall zu prüfen ist (IAS 18.29-18.34);
- Erträgen von als Leasinggeber auftretenden Herstellern oder Händlern resultierend aus einem Finanzierungs-Leasing-Verhältnis (IAS 17.42-17.48);
- Erträgen resultierend aus einem Operating-Leasing-Verhältnis (IAS 17.49-17.57); und
- Erträgen resultierend aus langfristigen Fertigungsaufträgen (IAS 11.22-11.31).

Sonstige betriebliche Erträge

Die **sonstigen betrieblichen Erträge** gem. GKV umfassen alle übrigen Erträge, die nicht unter die Umsatzerlöse fallen. Diese setzen sich z. B. zusammen aus Erträgen, die aus dem Abgang von (langfristigen) Vermögenswerten stammen, oder auch Erträgen aus der (Neu-) Bewertung von Vermögenswerten und Schulden. Wesentliche Bestandteile der sonstigen betrieblichen Erträge sind im Anhang separat aufzugliedern und ggf. zu erläutern (IAS 1.29 i. V. m. IAS 1.97).

Bestandsveränderungen

Der Posten »Bestandsveränderungen« ist als ein Posten zur **Anpassung der Produktionsaufwendungen an die Absatzmengen** zu verstehen. Inhaltlich unterscheiden sich die IFRS- und die HGB-Regelung hinsichtlich der Ermittlung der Bestandsveränderungen prinzipiell nicht voneinander. Abweichungen zwischen den beiden Rechnungslegungskreisen können allerdings bezüglich der in die Bestandsveränderungen einzubeziehenden Kostenbestandteile auftreten, da gem. IAS 2.12-2.14 die Herstellungskosten auf produktionsbezogener Vollkostenbasis in einem IFRS-Abschluss anzusetzen sind (vgl. S. 277 ff.).

Aufwendungen für Roh-, Hilfs- und Betriebsstoffe

Die Aufwendungen für **Roh-, Hilfs- und Betriebsstoffe** umfassen den gesamten bewerteten Verbrauch an Roh-, Hilfs- und Betriebsstoffen und die Aufwendungen für alle bezogenen Güter und Dienstleistungen bezogen auf das jeweils betrachtete Geschäftsjahr. Erträge, die auf Wertaufholung bei diesen Vorratsgütern zurückgehen, sind mit den »Aufwendungen für Roh-, Hilfs- und Betriebsstoffe« zu verrechnen (IAS 2.34). Ebenso sind Aufwendungen aus Wertminderungen von Vorratsgütern (IAS 2.9) in diesem Posten zu erfassen.

Personalaufwand

Alle **Leistungen an die Arbeitnehmer** werden in dem Posten »Personalaufwand« zusammengefasst. Insbesondere *IAS 19 – Leistungen an Arbeitnehmer* enthält Vorschriften, die den Umfang des Personalaufwands determinieren:

- Kurzfristig fällige Leistungen an Arbeitnehmer des bilanzierenden Unternehmens, wie Löhne und Gehälter, Sozialversicherungsbeiträge, Urlaubs- und Krankengeld, Gewinn- und Erfolgsbeteiligungen, geldwerte (nichtmonetäre) Leistungen (IAS 19.8 i. V. m. IAS 19.9);

- Leistungen nach Beendigung des Arbeitsverhältnisses in Form von Renten oder sonstigen Altersversorgungsleistungen (*defined contribution plans*: IAS 19.50 i. V. m. IAS 19.51 (b); *defined benefit plans*: IAS 19.55 i. V. m. IAS 19.57 (c) und (d));
- andere langfristig fällige Leistungen an Arbeitnehmer, wie Sonderurlaub nach langjähriger Dienstzeit, Jubiläumsgelder und Versorgungsleistungen im Falle der Erwerbsunfähigkeit (IAS 19.153 i. V. m. IAS 19.156); sowie
- Leistungen aus Anlass der Beendigung des Arbeitsverhältnisses (IAS 19.159 i. V. m. IAS 19.165).

Über die Vorschriften von IAS 19 hinaus sind auch die Aufwendungen aus **aktienbasierten Vergütungen** an Mitarbeiter des bilanzierenden Unternehmens gem. *IFRS 2 – Aktienbasierte Vergütung* in der Position »Personalaufwand« zu erfassen (IFRS 2.8 sowie IFRS 2.30).

Aufwand für planmäßige Abschreibungen

Der Aufwand für planmäßige Abschreibungen setzt sich aus allen planmäßigen **Abschreibungen** auf Vermögenswerte des Sachanlagevermögens (IAS 16.48) und Vermögenswerte des immateriellen Anlagevermögens (IAS 38.97) zusammen. Zudem sind zu diesem Posten alle Abschreibungen auf aktivierte Leasinggegenstände zu zählen (IAS 17.27 und IAS 17.53 i. V. m. den Abschreibungsgrundsätzen des IAS 16 und des IAS 38). Außerplanmäßige Abschreibungen (Wertminderungen) auf Vermögenswerte des Sachanlagevermögens und auf Vermögenswerte des immateriellen Anlagevermögens sind indes nicht in diesem Posten auszuweisen, sondern den sonstigen betrieblichen Aufwendungen zuzuordnen. Abschreibungen auf Finanzanlagen und Wertpapiere des Umlaufvermögens sind dem Finanzergebnis zuzuordnen.

Sonstige betriebliche Aufwendungen

Die **sonstigen betrieblichen Aufwendungen** nehmen alle Aufwendungen auf, die unter den bislang genannten Posten nicht zu erfassen sind. Hierzu gehören vor allem:

- Buchverluste aus der Veräußerung oder der Aufgabe und Stilllegung von Vermögenswerten des Sachanlagevermögens (IAS 16.68) und von Vermögenswerten des immateriellen Anlagevermögens (IAS 38.113);
- Aufwendungen aus Wertminderungen von Vermögenswerten des Sachanlagevermögens sowie von Vermögenswerten des immateriellen Anlagevermögens (IAS 36.59-36.61);
- Aufwendungen aus Rückstellungen für belastende Verträge (IAS 37.66);
- Forschungsaufwendungen (IAS 38.54);
- nicht aktivierbare Entwicklungsaufwendungen (IAS 38.57 i. V. m. IAS 38.68);
- Aufwendungen aus Wertberichtigungen auf Forderungen aus Lieferungen und Leistungen (IAS 39.63);
- Verluste aus langfristigen Fertigungsaufträgen (IAS 11.36); und
- Aufwendungen resultierend aus einem Operate-Leasing-Verhältnis (IAS 17.33).

(ii) Betriebsergebnis nach dem Umsatzkostenverfahren

Darstellung des Umsatzkostenverfahrens

Abb. D.6 stellt die Ertrags- und Aufwandsanalyse gem. GKV der Analyse gem. UKV gegenüber (IAS 1.103).

Erweiterung der Analyse

Auch bei der Ertrags- und Aufwandsanalyse gem. UKV sind weitere Posten zu ergänzen, wenn diese wesentlich für das Verständnis der Ertragslage des Unternehmens sind (IAS 1.29 i. V. m. IAS 1.97). Insofern gelten die gleichen Ausführungen wie bei der Analyse nach GKV (vgl. S. 120).

Ertrags- und Aufwandsanalyse nach UKV (IAS 1.103) *(cost of sales / function of expense method)*
Umsatzerlöse (*revenues*) – Umsatzkosten (*cost of sales*)
= Bruttoergebnis (*gross profit*) + Sonstige betriebliche Erträge (*other income*) – Vertriebskosten (*distribution costs*) – Verwaltungsaufwendungen (*administrative expense*) – Sonstige Aufwendungen (*other expense*)
= Betriebsergebnis (*results of operating activities*)

Abbildung D.6 Ertrags- und Aufwandsanalyse nach UKV (IAS 1.103)

Umsatzerlöse und sonstige betriebliche Erträge

Ausgangspunkt der Betrachtung im Rahmen der Ertrags- und Aufwandsanalyse nach UKV ist wiederum die Position »**Umsatzerlöse**« (Abb. D.6). Inhaltlich bestehen bezüglich dieser Position keine Unterschiede zwischen GKV und UKV. Ebenfalls kaum inhaltliche Unterschiede zwischen den beiden Darstellungsmöglichkeiten ergeben sich bei der Betrachtung der **sonstigen betrieblichen Erträge**. Für die Umsatzerlöse und die sonstigen betrieblichen Erträge kann also auf die Ausführungen zum GKV verwiesen werden. Die Besonderheit des UKV liegt darin, dass auf der Aufwandsseite ein ausschließlicher Bezug zur abgesetzten Leistung hergestellt wird. Die betrieblichen Aufwendungen sind weitestgehend den betrieblichen Funktionsbereichen »Herstellung«, »Vertrieb« und »Verwaltung« zuzuordnen.

Umsatzkosten

Die **Umsatzkosten** enthalten auf der einen Seite die (fortgeführten) Anschaffungskosten abgesetzter fremdbezogener Leistungen und auf der anderen Seite die (fortgeführten) **Herstellungskosten** selbsterstellter und veräußerter Leistungen. Darüber hinaus sind in diesem Posten alle Aufwendungen und Erträge resultierend aus Wertminderungen und Wertaufholungen des Vorratsvermögens gleichermaßen wie von in der Produktion genutzten Anlagegütern einzubeziehen. Leerkosten werden von diesem Posten ebenso erfasst. Die Herstellungskosten setzen sich grundsätzlich aus sämtlichen Einzelkosten und angemessenen, produktionsbezogenen Gemeinkosten zusammen, welche auf den Zeitraum der Herstellung zurückgehen. Nicht einbezogen werden dürfen allgemeine Verwaltungskosten, die sich nicht auf die Produktion beziehen, sowie Vertriebskosten. Fremdkapitalkosten, welche einer generellen Aktivierungspflicht unterliegen (IAS 23.9)[8], sind ebenso wenig Bestandteil der Umsatzkosten.

Bruttoergebnis

Das **Bruttoergebnis** des Geschäftsjahrs ist die Differenz zwischen Umsatzerlösen und Umsatzkosten.

Vertriebskosten

Unter den Posten **Vertriebskosten** fallen sämtliche Material-, Personalaufwendungen, Abschreibungen und sonstige Aufwendungen, welche sich direkt oder indirekt dem Vertriebsbereich zuordnen lassen, wie z. B. Aufwendungen für Marktforschung und Werbung sowie Reise- und Messeaufwendungen.

Verwaltungsaufwendungen

Im Gegensatz zu den Umsatzkosten werden in den **Verwaltungsaufwendungen** all diejenigen in der Verwaltung anfallenden Aufwendungen erfasst, die nicht produktionsbezogen und deshalb nicht aktivierungsfähig sind. Als Beispiele derartiger betrieblicher Aufwendungen lassen sich Aufwendungen für das Management, das Rechnungswesen, die Personal-, Finanz-, Rechts-, Steuer- und IT-Abteilung anführen.

Sonstige betriebliche Aufwendungen

Aufgrund der Aufgliederung der betrieblichen Aufwendungen nach den betrieblichen Funktionsbereichen besitzt der Posten »**Sonstige betriebliche Aufwendungen**« gem. UKV im Vergleich zum gleichnamigen Posten im Rahmen des GKV einen wesentlich geringeren Umfang. Dieser Posten enthält lediglich alle betrieblichen Aufwendungen, die den Funktionsbereichen Herstellung, Vertrieb und Verwaltung nicht zugeordnet werden können und stellt somit einen »Restposten« dar. Vielfach werden innerhalb dieses Postens Aufwendungen der Forschungs- und Entwicklungsabteilung ausgewiesen, die aufgrund ihres z. T. nicht unbedeutenden Einflusses auf das Ergebnis des bilanzierenden Unternehmens grundsätzlich eines gesonderten Ausweises in der Gesamtergebnisrechnung bedürften.

Zusatzangaben

Mit IAS 1.104 wird festgeschrieben, dass das bilanzierende Unternehmen bei der Wahl des Umsatzkostenverfahrens **Zusatzangaben zu der Art der Aufwendungen** veröffentlichen muss. Insbesondere die Umsatzkosten sind ihrem Inhalt gemäß aufzuschlüsseln. Besonderen Bezug nimmt die Vorschrift auf die Abschreibungen auf Sachanlagen und Personalaufwendungen, auf die demnach besonderes Augenmerk zu legen ist. Darüber hinaus sind aber auch Informationen zu den Roh-, Hilfs- und Betriebsstoffen wünschenswert, damit sich der Abschlussadressat ein Bild der Kostenstruktur des Unternehmens verschaffen kann.

(iii) Finanzergebnis

Bestandteile des Finanzergebnisses

Im Anschluss an das Betriebsergebnis (nach GKV und UKV) ist das Finanzergebnis zu zeigen. Die mindestens auszuweisenden Posten sind einerseits die Finanzierungsaufwendungen und zum anderen Gewinn- und Verlustanteile an assoziierten Unternehmen und Joint Ventures, die nach der Equity-Methode bilanziert werden.

Finanzierungskosten

Die Finanzierungskosten beziehen sich nicht – wie der Wortlaut vermuten lassen könnte – allein auf Aufwendungen der Kapitalbeschaffung, sondern auch auf Erträge aus der Kapitalanlage. Der Begriff und damit der Posten »Finanzierungsaufwendungen« ist also weiter zu fassen und setzt sich nach *Cairns*[9] aus drei Bestandteilen zusammen:

- Zinsaufwendungen und andere Aufwendungen für die Kapitalbeschaffung,
- Zinserträge und sonstige Erträge aus der Kapitalanlage sowie
- Erträge und Aufwendungen aus der Fremdwährungsumrechnung.

Alle **Erträge aus der Kapitalanlage** und **Aufwendungen aus der Kapitalbeschaffung** sind also grundsätzlich unter dem Posten »Finanzierungsaufwendungen« zu subsumieren. Zu den Zinsaufwendungen und anderen Aufwendungen für die Kapitalbeschaffung sind gem. IAS 23.6 beispielhaft Zinsen für Kontokorrentkredite sowie für kurz- und langfristige Kredite, Abschreibungen von Disagien oder Agien auf Fremdkapital und Abschreibungen von im Zusammenhang mit der Fremdkapitalaufnahme angefallenen Nebenkosten zu zählen. Als Zinserträge und sonstige Erträge aus der Kapitalanlage lassen sich beispielhaft Zinserträge auf Bankguthaben (IAS 18.29 f.) sowie Dividendenerträge auf Kapitalanlagen qualifizieren. Nicht zu diesem Posten zu zählen sind Aufwendungen und Erträge, welche wesentlich und daher gem. IAS 1.29 separat in der Erfolgsrechnung auszuweisen sind. Grundsätzlich ist darauf hinzuweisen, dass unter dem Begriff der »Finanzierungsaufwendungen« offenbar eine Nettogröße zu verstehen ist: Ein Verstoß gegen das Saldierungsverbot gem. IAS 1.32-1.35 liegt somit nicht vor. Allerdings steht dem gesonderten Ausweis von Finanzerträgen nichts entgegen. Damit die Gesamtergebnisrechnung als Bestandteil eines IFRS-Abschlusses insgesamt ein entscheidungsnützliches Bild der Ertragslage widerspiegelt, ist vor dem Hintergrund der Ausstrahlungswirkung des IAS 1.32 eine **Bruttodarstellung** von Finanzerträgen und Finanzierungsaufwendungen zu befürworten. Obwohl nicht explizit in die Standards aufgenommen, wird diese Bruttodarstellung auch seitens des IASB präferiert.[10]

Gewinn- und Verlustanteile an assoziierten Unternehmen und Joint Ventures

Die neben dem Posten »Finanzierungskosten« im Finanzergebnis offen zu legenden »Gewinn- und Verlustanteile an assoziierten Unternehmen und Joint Ventures, die nach der Equity-Methode bilanziert werden« umfassen ausschließlich den **Anteil am Gewinn oder Verlust von assoziierten Unternehmen und Joint Ventures** bzw. Gemeinschaftsunternehmen. Aufwendungen aus Wertminderungen und Erträge aus Wertaufholungen auf den Buchwert dieser Anteile sind nicht in diesen Posten aufzunehmen. Ebenso sind in diesen Posten keine Gewinn- und Verlustanteile an Tochterunternehmen einzubeziehen. Diese Erfolgsbeiträge sind als Erfolg aus Kapitalanlagen den Finanzierungskosten zuzurechnen.

(iv) Steuerergebnis

Grundsätzlich könnte man davon ausgehen, dass in das Steuerergebnis lediglich die **Steueraufwendungen** einzubeziehen sind. Allerdings gelten die gleichen Überlegungen wie zu den Finanzierungskosten. Der Posten »Steueraufwendungen« ist gleichfalls weit auszulegen, so dass auch **Steuererträge** aus der Auflösung von Steuerrückstellungen, Steuererstattungen aufgrund von Verlustrückträgen und Entlastungen aus der Aktivierung von latenten Steuern auf steuerliche Verlustvorträge in diesem Posten zu erfassen sind. Gemäß IAS 12.5 handelt es sich bei den Aufwendungen (und Erträgen) um tatsächliche und latente Steueraufwendungen (und Steuererträge). Ebenso können unter den Steueraufwendungen Währungsdifferenzen aus latenten Auslandssteuerschulden oder Auslandssteueransprüchen ausgewiesen werden. Sonstige Steuern, wie Substanzsteuern, Verbrauchsteuern und Verkehrssteuern, sind entweder unter die produktionsbezogenen Aufwandsarten oder im Posten »Sonstige betriebliche Aufwendungen« bzw. »Sonstige betriebliche Erträge« zu erfassen.

(v) Ergebnis aus aufgegebenen Geschäftsbereichen

Inhalt des Ergebnisses aus aufgegebenen Geschäftsbereichen

Zu den Teilerfolgsgrößen des Ergebnisses aus fortgeführten Geschäftsbereichen – das Betriebsergebnis, das Finanzergebnis und das Steuerergebnis – tritt das **Ergebnis aus aufgegebenen Geschäftsbereichen** hinzu. Mit *IFRS 5 – Zur Veräußerung gehaltene langfristige Vermögenswerte und aufgegebene Geschäftsbereiche* wird konkret geregelt, wie eingestellte Geschäftsbereiche bilanziell abzubilden sind (vgl. S. 230). Gemäß IAS 1.82A i. V. m. IFRS 5.33 (a) beschränkt sich die Angabepflicht jedoch auf die Angabe eines Nettobetrags, welcher den gesonderten Betrag für die Gesamtsumme der aufgegebenen Geschäftsbereiche umfasst. Sind **langfristige Vermögenswerte** oder Gruppen von langfristigen Vermögenswerten, die zu einem im Geschäftsjahr eingestellten Geschäftsbereich gehören, vom bilanzierenden Unternehmen bereits veräußert und aus der Bilanz ausgebucht worden, sind die sich aus dieser Veräußerung ergebenden Erträge und Aufwendungen ebenso in den Posten aufzunehmen.

Neubewertung von zum Verkauf stehenden langfristigen Vermögenswerten

Hingegen sind Erträge und Aufwendungen, die aus **Neubewertungen** von zum Verkauf stehenden langfristigen Vermögenswerten oder Gruppen von langfristigen Vermögenswerten resultieren, jedoch keinem im Geschäftsjahr aufgegebenen Geschäftsbereich zugeordnet werden können, gem. IFRS 5.37 im Ergebnis aus fortgeführten Geschäftsbereichen unter den »Sonstigen Erträgen« und »Sonstigen Aufwendungen« des Betriebsergebnisses abzubilden. Den bilanzierenden Unternehmen bleibt es gem. IFRS 5.33 (b) freigestellt, in der Erfolgsrechnung oder im Anhang den Abschlussadressaten folgende Zusatzinformationen zum Ergebnis aus aufgegebenen Geschäftsbereichen offen zu legen:

- Erträge aus der Geschäftstätigkeit der aufgegebenen Geschäftsbereiche im betrachteten Geschäftsjahr;
- Aufwendungen aus der Geschäftstätigkeit der aufgegebenen Geschäftsbereiche im betrachteten Geschäftsjahr;
- das Vorsteuerergebnis aus der Geschäftstätigkeit der aufgegebenen Geschäftsbereiche im betrachteten Geschäftsjahr;
- das Ergebnis aus Wertänderungen im Rahmen von Neubewertungen der in den aufgegebenen Geschäftsbereichen enthaltenen langfristigen Vermögenswerte oder Gruppen von langfristigen Vermögenswerten oder aus der Veräußerung und dem Abgang dieser Vermögenswerte oder Gruppen von Vermögenswerten im betrachteten Geschäftsjahr;
- der Steueraufwand bzw. Steuerertrag bezogen auf die Gewinne und Verluste aus der Aufgabe der Geschäftsbereiche; sowie
- der Steueraufwand bzw. Steuerertrag auf den Gewinn oder Verlust der aufgegebenen Geschäftsbereiche, soweit dieses Ergebnis der gewöhnlichen Geschäftstätigkeit der aufgegebenen Geschäftsbereiche entstammt.

Aus IFRS 5 geht nicht hervor, ob die aufgelisteten Informationen für jeden einzelnen aufgegebenen Geschäftsbereich offen zu legen sind oder ob eine **Aggregation** der Angaben über alle im Geschäftsjahr aufgegebenen Geschäftsbereiche gleichermaßen möglich ist. Nach dem Wortlaut des IFRS 5 ist ein aggregierter Ausweis der Informationen zu aufgegebenen Geschäftsbereichen durchaus zulässig. Einerseits wird in IFRS 5.33 von *discontinued operations* und nicht von *discontinued operation* gesprochen und andererseits wird auch in den Anwendungsleitlinien *(implementation guidances [IG])* des IFRS 5 ein aggregierter Ausweis beispielhaft aufgeführt.

(3) Sonstiges Ergebnis

Sonstiges Ergebnis

Das sonstige Ergebnis (*other comprehensive income*) umfasst all diejenigen Erfolgsbestandteile, die *nicht* in den Gewinn oder Verlust (*profit or loss*) einfließen. Stattdessen sehen die übrigen IFRS vor, dass die Erfolgsbestandteile des sonstigen Ergebnisses direkt im Eigenkapital erfasst werden müssen, ihrem Wesen nach also **erfolgsneutraler Natur** sind. Der Ausweis in der umfangreichen Erfolgsrechnung dient also vorrangig der direkten Information des Abschlussadressaten, der auf einen Blick eine Übersicht über erfolgswirksame *und* erfolgsneutrale Ergebniskomponenten erhalten soll.[11]

Mit der Veröffentlichung des Amendments zu IAS 1 in 2011 hat das IASB die Darstellung des sonstigen Ergebnisses grundlegend überarbeitet.[12] Der neue IAS 1.82A verweist explizit auf die Einzelregelungen anderer IFRS, um zu bestimmen, ob ein Ergebnisbestandteil im sonstigen Ergebnis zu erfassen ist. Ein trennscharfes Konzept zur Bestimmung der Erfassung von Aufwendungen und Erträgen im sonstigen Ergebnis existiert jedoch nicht.[13] Erfolgt die Erfassung im sonstigen Ergebnis, so ist die Gruppierung wie folgt vorzunehmen:

- Zusammenfassung von Positionen, die im Zeitverlauf unter bestimmten Bedingungen *recycelt*[14] werden, sowie
- Zusammenfassung von Positionen, die nicht *recycelt* werden.

Die Klassifizierung erfolgt dabei nach Art des Betrages und somit unter gesonderter Berücksichtigung von Anteilen am sonstigen Ergebnis von assoziierten und Gemeinschaftsunternehmen, die entsprechend der Equity-Methode bilanziert werden. Insgesamt entsteht damit eine Zweiteilung des sonstigen Ergebnisses, deren Teile nach Einzelsachverhalten untergliedert werden. Abb. D.7 zeigt eine künftig mögliche Aufgliederung des sonstigen Ergebnisses.

	Sachverhalt	Regelung
	Erfassung **temporär im sonstigen Ergebnis** (*recycling* möglich)	
1	Währungsumrechnung	IAS 21.39, IAS 21.15 f./32 f. und IAS 39.102 (b)
2	Bewertung finanzieller Vermögenswerte (AfS-Wertpapiere)	IAS 39.55
3	Absicherung von Zahlungsströmen	IAS 39.95-98 sowie 39.100 f.
4	At Equity-bewertete Beteiligungen	IAS 28.10
5	Latente Steuern (der Positionen 1-4)	IAS 1.91 (b)
6	Sonstiges Ergebnis aufgegebener Geschäftsbereiche	IFRS 5.33 (a)
	Erfassung **permanent im sonstigen Ergebnis** (kein *recycling*)	
7	Bewertung nicht-finanzieller Vermögenswerte (u. a. Neubewertung von Sachanlagen oder immaterieller Vermögenswerte)	IAS 16.31 ff, IAS 38.75 ff.
8	At-Equity bewertete Beteiligungen (sofern anteilige Bestandteile aus Position 7 resultieren)	IAS 28.10
9	Latente Steuern (sofern diese auf Bestandteilen aus Position 7 resultieren)	IAS 1.91 (b)
10	Sonstiges Ergebnis aufgegebener Geschäftsbereiche	IFRS 5.33 (a)

Abbildung D.7 *Gliederung des sonstigen Ergebnisses (in Anlehnung an Urbanczik, KoR 2012, S. 273).*

Hinzu tritt die Pflicht gem. IAS 1.90, den auf das übrige Ergebnis entfallenden **Steuereffekt** entweder direkt in der Gesamtergebnisrechnung aufzuführen oder aber im Anhang anzugeben. Dabei sind die Steuerwirkungen je Komponente des sonstigen Ergebnisses zu erläutern und nicht lediglich in einer Gesamtsumme zu zeigen. Entscheidet sich das bilanzierende Unternehmen für eine ausführliche Erläuterung der Steuereffekte im Anhang, so kann in der Gesamtergebnisrechnung eine detaillierte Aufgliederung unterbleiben. Demnach können die Bestandteile des übrigen Ergebnisses entweder

- nach Abzug von Steuern oder
- vor Abzug von Steuern abzüglich eines separat ausgewiesenen Sammelpostens für den gesamten Steuereffekt

dargestellt werden (IAS 1.90 i. V. m. IAS 1.91).

Reklassifizierungen

Besonderer Beachtung bedürfen gem. IAS 1.92 auch solche Fälle, in denen zuvor erfolgsneutral zu bilanzierende Geschäftsvorfälle nunmehr erfolgswirksam zu erfassen sind. Solche durch das IASB als Reklassifizierungen (»*recycling*«)[15] bezeichneten **Geschäftsvorfälle** führen dazu, dass zuvor erfolgsneutral im Eigenkapital erfasste Beträge **erfolgswirksam** über die Gesamtergebnisrechnung umgebucht werden. Diese Veränderungen mindern den im Eigenkapital erfassten Betrag und müssen in der Periode, in der die Reklassifizierung stattgefunden hat, vom sonstigen Ergebnis abgezogen werden. Mit IAS 1.92 i. V. m. IAS 1.94 wird den bilanzierenden Unternehmen zur Wahl gestellt, die Ergebniswirkungen der Reklassifizierungen entweder direkt in der Gesamtergebnisrechnung zu zeigen oder aber separat im Anhang anzugeben.

c) Ausweis

Konkretisierung des Erfolgsausweises

Nachdem der Inhalt und die wesentlichen Zwischen- und Gesamtsummen einer IFRS-Erfolgsrechnung konkretisiert worden sind, ist nunmehr zu erläutern, in welcher Form die Teilerfolgsgrößen darzustellen sind. Den Bilanzierenden werden durch IAS 1.10A i. V. m IAS 1.81A zwei Ausweisalternativen explizit zur Wahl gestellt: Zum einen die Darstellung des Unternehmenserfolgs gem. des sog. ***single statement approach*** und zum anderen die Darstellung nach dem sog. ***two statement approach***.[16] Wie die Begrifflichkeiten richtig vermuten lassen, kann das Gesamtergebnis also entweder in einer einzigen Gesamtergebnisrechnung oder aber in zwei Teilrechnungen ermittelt werden.

two statement approach

Nach dem *two statement approach* setzt sich die Erfolgsrechnung aus einer **Gewinn- und Verlustrechnung** (*income statement*) und einer **Gesamtergebnisrechnung** (*statement of comprehensive income*) zusammen. Die Gewinn- und Verlustrechnung umfasst dabei das Betriebsergebnis, das Finanzergebnis, das Steuerergebnis und das Ergebnis aus aufgegebenen Geschäftsbereichen und ermittelt in Summe den Gewinn oder Verlust (*profit or loss*). Nach der Überarbeitung des IAS 1 (rev. 2007) stellt dieses Ergebnis jedoch nur noch die Ausgangsbasis für einen weiteren Rechenschritt dar. Zu dem Gewinn oder Verlust ist in einer zweiten Teilrechnung – der Gesamtergebnisrechnung – das sonstige Ergebnis (*other comprehensive income*) hinzuzurechnen. In Summe wird somit das Gesamtergebnis (*comprehensive income*) ermittelt, das sowohl erfolgswirksame, als auch erfolgsneutrale Ergebnisbestandteile enthält.

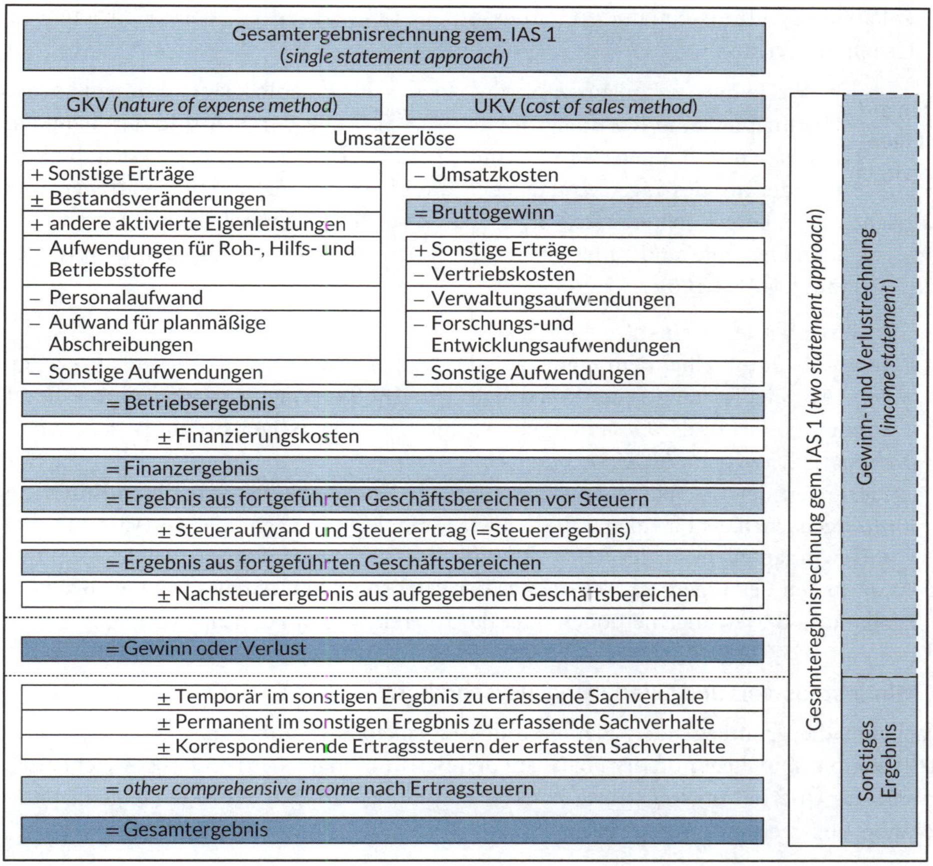

Abbildung D.8 Zusammenfassende Darstellung der Gesamtergebnisrechnung[17]

single statement approach

Nach dem *single statement approach* fügt sich das sonstige Ergebnis nahtlos an die Elemente der Gewinn- und Verlustrechnung an. Erfolgswirksame und erfolgsneutrale Ergebnisbestandteile sind in einer einzigen **Gesamtergebnisrechnung** zusammengefasst und ergeben in Summe ebenfalls das Gesamtergebnis.

Durch Abb. D.8 werden die Erläuterungen zur Gestalt einer Gesamtergebnisrechnung nochmals beispielhaft dargelegt:

4. Eigenkapitalveränderungsrechnung

a) Zweck und Elemente der Eigenkapitalveränderungsrechnung

Analyse der Bestandsfestigkeit des Unternehmens

Aufgabe der Eigenkapitalveränderungsrechnung ist es, den **Anfangsbestand** des Eigenkapitals auf den **Endbestand** des Eigenkapitals am Geschäftsjahresende überzuleiten. Der Abschlussadressat kann auf dieser Basis erkennen, welche Sachverhalte zu einer Erhöhung oder einer Verminderung des

Eigenkapitals geführt haben und so Einfluss auf die Bestandsfestigkeit des bilanzierenden Unternehmens hatten.

Einflussfaktoren auf die Höhe des Eigenkapitals

Wie bereits zuvor ausgeführt, stellt das Eigenkapital laut Rahmenkonzept prinzipiell eine Residualgröße dar (4.4 (c)), die durch Abzug der Schulden von den Vermögenswerten ermittelt wird. Gleichermaßen ließe sich die Veränderung des Eigenkapitals auch direkt aus der Summe von **Erträgen** und **Aufwendungen** berechnen, müssten nicht noch zusätzliche Faktoren berücksichtigt werden. Folgende Elemente sind daher grundsätzlich Bestandteil einer Eigenkapitalveränderungsrechnung (IAS 1.106):

- Der **Gewinn oder Verlust** (*profit or loss*);
- Beträge, die unmittelbar dem Eigenkapital gutgeschrieben bzw. von diesem abgezogen werden, soweit dieses Vorgehen von den übrigen IFRS verlangt wird (die Summe dieser Transaktionen ist in der Gesamtergebnisrechnung als **sonstiges Ergebnis** *[other comprehensive income]* auszuweisen.);
- Änderungen des Eigenkapitals resultierend aus **Transaktionen mit Eigentümern** in ihrer Eigenschaft als Eigenkapitalgeber, wie Kapitalerhöhungen oder die Ausschüttung von Gewinnanteilen; sowie
- Änderungen des Eigenkapitals, die aus der **retrospektiven Anpassung** von Bilanzierungs- und Bewertungsmethoden oder der **Korrektur von Fehlern** stammen.

b) Mindestausweis und Gliederungsvorschriften

Nachdem die grundlegenden Elemente der Eigenkapitalveränderungsrechnung vorgestellt worden sind, liegt nun der Fokus auf den Bestimmungen des IAS 1.106, welcher den **Inhalt der Überleitungsrechnung** konkret vorgibt. Demnach sind in der Eigenkapitalveränderungsrechnung auszuweisen:

- Das Gesamtergebnis der Periode (*comprehensive income*), ggf. im Rahmen der Konzernrechnungslegung unterteilt in Beträge, die den Anteilseignern eines evtl. existierenden Mutterunternehmens zustehen und in Beträge, die Minderheitsanteilen zuzuordnen sind (IAS 1.106 (a));
- für jede Komponente des Eigenkapitals diejenigen Effekte, die gem. IAS 8 von einer retrospektiven Anwendung von Bilanzierungs- und Bewertungsmethoden (*retrospective application*) sowie der Korrektur von Fehlern (*retrospective restatement*) stammen (IAS 1.106 (b));
- Beträge, die aus Transaktionen mit Eigenkaptalgebern resultieren, unterschieden in Kapitalüberlassungen von Eigenkapitalgebern an das bilanzierende Unternehmen und Kapitalausschüttung vom bilanzierenden Unternehmen an die Eigenkapitalgeber (IAS 1.106 (c)); sowie eine
- Überleitungsrechnung für alle Komponenten des Eigenkapitals vom Anfangsbestand hin zum Endbestand der Berichtsperiode (IAS 1.106 (d)).

Die zuletzt genannte Überleitungsrechnung betrifft alle Komponenten des Eigenkapitals, also z. B. auch die Bestandteile des sonstigen Ergebnisses (*other comprehensive income*), die einzeln überzuleiten sind. Die Unterkategorien des gezeichneten Kapitals sowie die Gewinnrücklagen sind gesondert auszuweisen. In Anlehnung an die

Anwendungshilfe des IAS 1.IG 6 sind die Ausweiserfordernisse des IAS 1 durch Abb. D.9 beispielhaft skizziert.

Beispiel

Ausgehend von dem Schlussbilanzsaldo des Eigenkapitals Ende 20X7 sind gem. Abb. D.9 also zunächst die Änderungen der Bilanzierungs- und Bewertungsmethoden zu berücksichtigen. Auf Basis dieses angepassten Saldos sind dann für die Zeiträume 20X7 bis 20X8 und 20X8 bis 20X9 die Eigenkapitalveränderungen einzeln gem. der zuvor erläuterten Vorschriften nachzuzeichnen.

c) Sonstige Angabepflichten

Gewinnausschüttungen an Eigenkapitalgeber

Gemäß IAS 1.107 sind Gewinnausschüttungen an Eigenkapitalgeber in der Eigenkapitalveränderungsrechnung gesondert auszuweisen. Neben der Offenlegung eines Gesamtausschüttungsbetrags ist zusätzlich der Betrag je Eigenkapitalanteil darzulegen. Dieser Angabepflicht kann entweder direkt in der Eigenkapitalveränderungsrechnung oder aber im Anhang nachgekommen werden.

Eigenkapitalveränderungsrechnung gem. IAS 1								
Erhöhung/ (Verminderung)	Gezeichnetes Kapital	Gewinnrücklagen	Cash Flow Hedges	Neubewertungsrücklage	Übrige Rücklagen	Gesamt	Minderheitsanteile	Total
Saldo 20X7	×	×	×	×	×	×	×	×
Änderungen der Bilanzierungs- und Bewertungsmethoden	–	×	–	–	–	×	×	×
Angepasster Saldo	×	×	×	×	×	×	×	×
Kapitalerhöhung	×	–	–	–	–	×	–	×
Gewinnausschüttung an Anteilseigner	–	(×)	–	–	–	(×)	–	(×)
Gesamtergebnis	–	×	(×)	×	×	×	×	×
Saldo 20X8	×	×	×	×	×	×	×	×
Gewinnausschüttung an Anteilseigner	–	(×)	–	–	–	(×)	–	(×)
Gesamtergebnis	–	×	(×)	(×)	×	×	×	×
Transfer in die Gewinnrücklagen	–	×	–	(×)	–	–	–	–
Saldo 20X9	×	×	×	×	×	×	×	×

Abbildung D.9 Eigenkapitalveränderungsrechnung gem. IAS 1.106-1.110

5. Kapitalflussrechnung

a) Zweck der Kapitalflussrechnung

Analyse der Finanzsituation

Aufgabe der Kapitalflussrechnung ist es, den Abschlussadressaten einen Überblick darüber zu verschaffen, wie und wodurch das bilanzierende Unternehmen **finanzielle Überschüsse** erwirtschaftet, wie es seinen **finanziellen Verpflichtung** nachkommen kann und welchen finanziellen Spielraum das Unternehmen besitzt, auf künftige Umweltsituationen zu reagieren (IAS 7.4 f.). Darüber hinaus erlaubt die Kapitalflussrechnung – im Zusammenspiel mit den übrigen Abschlussbestandteilen – einen Einblick in die Finanzstruktur des Unternehmens sowie in die Veränderung der Nettovermögensposition.

Unternehmensbewertung

Bedeutend ist die Kapitalflussrechnung zudem für Investoren, wenn es gilt, den (fairen) Wert des bilanzierenden Unternehmens zu ermitteln. Auf Basis der Informationen aus der Kapitalflussrechnung lassen sich künftige finanzielle Überschüsse prognostizieren, die dann z. B. durch Discounted Cash Flow-Verfahren auf den heutigen **Unternehmenswert** verdichtet werden. So kann beispielsweise ein potenzieller Investor einschätzen, ob die Aktien eines Unternehmens fair oder aber über- bzw. unterbewertet sind und dementsprechend eine Anlageentscheidung treffen.

b) Anwendungsbereich des IAS 7

Generelle Aufstellungspflicht

Die Aufstellung einer IFRS-Kapitalflussrechnung richtet sich grundsätzlich nach den Vorschriften des *IAS 7 – Kapitalflussrechnung* (IAS 1.111 i. V. m. IAS 7). Gemäß IAS 7.1 haben **alle Unternehmen** eine Kapitalflussrechnung für das zurückliegende Geschäftsjahr aufzustellen, da diese einen integralen Bestandteil eines IFRS-Abschlusses darstellt.[18] Der Kapitalflussrechnung kommt damit die gleiche Bedeutung zu, wie der Bilanz, der Gesamtergebnisrechnung, der Eigenkapitalveränderungsrechnung und dem Anhang. Die Aufstellung einer Kapitalflussrechnung ist demzufolge auch Voraussetzung dafür, eine IFRS-Entsprechungserklärung gem. IAS 1.16 abgeben zu können.[19]

c) Grundsätze für die Aufstellung einer Kapitalflussrechnung

aa) Überblick

Damit die Kapitalflussrechnung ihre zuvor aufgeführte Aufgabe erfüllen kann, sind sowohl die allgemeinen **Anforderungen des Rahmenkonzepts**, als auch die **Bestimmungen des IAS 7** zu befolgen. Der wesentliche Regelungsinhalt des IAS 7 betrifft zum einen die Frage, welche Elemente in die Kapitalflussrechnung aufzunehmen sind und zum anderen, in welche Struktur diese Elemente zu bringen sind. Grundsätzlich dürfen allein Zahlungsmittel und Zahlungsmitteläquivalente in der Kapitalflussrechnung ausgewiesen werden. Als Cashflows bezeichnet man dann schließlich die Vorgänge, die zu einer Veränderung – in Höhe und Zusammensetzung – dieser Komponenten führen.

Zudem kommt dem **Bruttoprinzip** besondere Bedeutung zu. Die Cashflows sind unsaldiert zu zeigen und nur in durch IAS 7 vordefinierten Ausnahmenfällen gegeneinander zu verrechnen. Nachdem Klarheit über den Inhalt herrscht, wird in einem zweiten Schritt die Struktur der Kapitalflussrechnung erläutert. Grundsätzlich sind Cashflows den Segmenten »operative Tätigkeit«, »Investitionstätigkeit« und »Finanzierungstätigkeit« zuzuordnen. Zu bestimmen ist, welche Kriterien Cashflows erfüllen müssen, damit diese einer der genannten Kategorien zugeordnet werden können.

bb) Abgrenzung des Zahlungsmittelfonds

Elemente

Die Summe aller Zahlungsmittel und Zahlungsmitteläquivalente bildet den **Zahlungsmittelfonds**, dessen Veränderung durch die Kapitalflussrechnung analysiert wird. Zahlungsmittel und Zahlungsmitteläquivalente stellen also die einzigen Elemente einer Kapitalflussrechnung dar.

Zahlungsmittel

Unter **Zahlungsmitteln** werden gem. IAS 7.6-7.9 Barmittel und Sichteinlagen gefasst. Damit fallen vor allem Bargeldbestände in Handkassen, Guthaben bei Kreditinstituten sowie Postwertzeichen und Frankierguthaben unter diesen Begriff.[20] Kern der Zahlungsmitteldefinition ist also, dass die unter dieser Definition zusammengefassten finanziellen Mittel den Charakter von Bargeld aufweisen und so jederzeit sofort und ohne Einschränkung gegen andere finanzielle Mittel oder realwirtschaftliche Güter eingetauscht werden können.

Zahlungsmittel-äquivalente

Zahlungsmitteläquivalente weisen indes nicht den Charakter von Bargeld auf. Stattdessen ist jedoch ein Tausch in Barmittel jederzeit sofort und ohne Einschränkung möglich, so dass diese Quasi-Barmittel darstellen. In IAS 7.6 wird diesbezüglich festgeschrieben, dass es sich bei Zahlungsmitteläquivalenten nur um kurzfristige finanzielle Vermögenswerte handeln darf, die jederzeit in Zahlungsmittel umgewandelt werden können und nur vernachlässigbaren Wertschwankungsrisiken unterliegen. Da z. B. Aktien regelmäßig nicht frei von Wertschwankungen sind, zählen diese meist nicht zu den Zahlungsmitteläquivalenten, auch wenn diese jederzeit an einer Börse in Zahlungsmittel umgewandelt werden könnten. Entscheidend ist zudem, dass Zahlungsmitteläquivalente der Liquiditätsdisposition des bilanzierenden Unternehmens gewidmet sind, also explizit nicht zu Anlagezwecken gehalten werden.

cc) Abgrenzung von Cashflows

(1) Cashflows aus der operativen Tätigkeit

Solche Veränderungen des Zahlungsmittelfonds, die aus der betrieblichen Tätigkeit des Unternehmens herrühren, stellen den bedeutendsten **Indikator für den wirtschaftlichen Erfolg** des bilanzierenden Unternehmens dar. Schließlich müssen Zahlungsmittelüberschüsse aus der Geschäftstätigkeit der Bedienung externer finanzieller Pflichten dienen bzw. bilden eine wesentliche Quelle der Eigenfinanzierung. Weiterhin kann aus diesen identifiziert werden, wie groß das künftige Ausschüttungspotential sein wird (IAS 7.13).

Schwierig gestaltet sich allerdings die **Zuordnung von Cashflows** zu dieser Kategorie. Grundsätzlich gilt, dass Zu- und Abflüsse, die aus der Kerngeschäftstätigkeit des Unternehmens resultieren, der Kategorie »Cashflows aus der operativen Tätigkeit« zuzuordnen sind. Das bilanzierende Unternehmen muss daher bestimmen, welche erfolgswirtschaftlichen Aktivitäten zu einem wesentlichen Umsatzvolumen führen. Damit ist jedes Unternehmen isoliert zu betrachten. Solche Änderungen des Zahlungsmittelfonds, die bei einem Unternehmen der operativen Tätigkeit zuzuordnen sind, können bei einem anderen Unternehmen wiederum der Investitionstätigkeit zuzuordnen sein. Vielfach muss auch auf eine Negativabgrenzung zurückgegriffen werden, d. h., alle Cashflows, die nicht der Investitions- oder Finanzierungstätigkeit entstammen, sind der operativen Tätigkeit zuzuordnen.

Als wesentliche Sachverhalte, die in der Regel Cashflows aus der operativen Tätigkeit begründen, zählen gem. IAS 7.14 z. B.:

- Zahlungsmittelzuflüsse aus dem Verkauf von Gütern oder der Erbringung von Dienstleistungen,
- Zahlungsmittelzuflüsse aufgrund von Dividendenzahlungen, Lizenzgebühren etc.,
- Zahlungsmittelabflüsse aus der Bedienung von Lieferantenverbindlichkeiten oder z. B. auch
- Zahlungsmittelabflüsse aufgrund von Lohn- und Gehaltszahlungen.

(2) Cashflows aus der Investitionstätigkeit

Wenn die Cashflows aus der operativen Tätigkeit ein Indikator für die erfolgswirtschaftliche Leistung darstellen, so geben die Cashflows aus der Investitionstätigkeit Aufschluss darüber, wie das Unternehmen **künftige erfolgswirtschaftliche Potenziale** sichert bzw. ausbaut. Diese Sichtweise zeigt in besonderem Maße die Verknüpfung zur Definition von Vermögenswerten. Das Definitionskriterium des künftigen wirtschaftlichen Nutzens, das einem Vermögenswert innewohnen muss, bildet den Kern dieses Zusammenhangs.

Gem. IAS 7.6 sind Cashflows der Investitionstätigkeit zuzuordnen, wenn diese aus dem Erwerb oder dem Verkauf von **langfristigen Vermögenswerten** sowie von übrigen Investitionen/Desinvestitionen stammen, welche aber nicht als Zahlungsmitteläquivalente zu klassifizieren sind.

In IAS 7.16 werden zahlreiche Fälle aufgeführt, die stellvertretend für Unternehmensaktivitäten stehen, welche normalerweise der Investitionstätigkeit zugeordnet werden müssen. Aus diesem Katalog seien auszugsweise die Folgenden aufgeführt:

- Zahlungsmittelabflüsse aus der Beschaffung von Sachanlagegütern oder anderen langfristigen Vermögenswerten;
- Zahlungsmittelzuflüsse aus dem Verkauf dieser Sachanlagegüter oder anderen langfristigen Vermögenswerten;
- Zahlungsmittelabflüsse aus dem Erwerb von Eigenkapitaltiteln und Schuldinstrumenten anderer Unternehmen; sowie spiegelbildlich
- Zahlungsmittelzuflüsse aus dem Verkauf dieser Eigenkapitaltitel und Schuldinstrumente.

(3) Cashflows aus der Finanzierungstätigkeit

Die Cashflows aus der Finanzierungstätigkeit geben in besonderem Maße Aufschluss darüber, wie sich die **Verschuldung** des bilanzierenden Unternehmens in der abgelaufenen

Berichtsperiode verändert und wie diese sich auf den Zahlungsmittelfonds ausgewirkt hat. So ist zu erkennen, wie viele Zahlungsmittel aufgewendet werden mussten, um die Schuldenlast zu bedienen. Zu erkennen ist auch, welche Zahlungsmittel dem bilanzierenden Unternehmen zum einen durch eine erneute Mittelaufnahme von externen Dritten, zum anderen aber auch durch die Begebung von neuen Eigenkapitaltiteln zugeflossen sind.

Gemäß IAS 7.6 gilt, dass alle Änderungen des Zahlungsmittelfonds, die die Höhe und Struktur ausgegebener **Eigenkapitaltitel** sowie der übrigen **Schulden** beeinflussen, der Finanzierungstätigkeit zuzuordnen sind.

Zur Erläuterung dieses Zuordnungskriteriums werden in IAS 7.17 typische Vorgänge aufgelistet, die üblicherweise der Finanzierungstätigkeit zuzurechnen sind:

- Zahlungsmittelzuflüsse aus der Ausgabe von Anteilen oder anderen Eigenkapitalinstrumenten;
- Zahlungsmittelabflüsse aus dem Kauf bzw. Rückerwerb von eigenen Eigenkapitaltiteln;
- Zahlungsmittelzuflüsse aus der Ausgabe von Schuldtiteln und der Aufnahme von Darlehen sowie anderer kurz- oder langfristiger Ausleihungen;
- Zahlungsmittelabflüsse aus der Rückzahlung von Ausleihungen; sowie
- Zahlungsmittelabflüsse von Leasingnehmern aus der Tilgung von Finanzierungsleasing-Verbindlichkeiten.

dd) Sonstige Grundsätze

Neben umfangreichen Erläuterungen zu den Bestandteilen einer Kapitalflussrechnung und deren Kategorisierung, befasst sich IAS 7 zusätzlich mit einer Zahl gesondert zu betrachtender Sachverhalte.

Nettoausweis

Gemäß IAS 7.22 sind ausnahmsweise Cashflows auf **Nettobasis** zu zeigen,

- wenn diese Zahlungen im Namen und auf Rechnung eines Kunden des Unternehmens getätigt werden oder
- wenn Zahlungen aus Positionen stammen, die sehr häufig umgeschlagen werden, betragsmäßig sehr hoch sind und deren Laufzeiten äußerst kurz sind.

Zahlungen in Fremdwährung

Cashflows in **Fremdwährung** sind in die funktionale Währung des bilanzierenden Unternehmens umzurechnen (IAS 7.25-7.28). Dabei ist derjenige Umrechnungskurs zwischen Fremdwährung und funktionaler Währung zugrunde zu legen, der zum Zeitpunkt der Zahlung galt.

Ausweis von Zinsen und Dividenden

Gemäß IAS 7.31 ist den Zahlungsmittelzuflüssen und -abflüssen aus Zinsen und Dividenden besonderes Augenmerk zu schenken. Erhaltene und gezahlte Zinsen sowie Dividenden sind jeweils separat auszuweisen. Insbesondere deren Zuordnung zu den Cashflow-Kategorien ist von Berichtperiode zu Berichtsperiode erneut zu überprüfen. Aktuelle Untersuchungen zeigen für den deutschen Kapitalmarkt, dass die Ausnutzung dieses Klassifizierungswahlrechts von Zinsen und Dividenden nicht einheitlich, sondern unternehmensindividuell gehandhabt wird.[21]

Ertragsteuern

Auch die **Ertragsteuern** sind gem. IAS 7.35 gesondert auszuweisen. Diese sind i. d. R. der operativen Tätigkeit zuzuordnen, es sei denn,

Ertragsteuern können einer bestimmten Investitions- oder Finanzierungstätigkeit zugerechnet werden. Beispielhaft werden Kapitalertragsteuern regelmäßig auf die Investitionstätigkeit entfallen, sollte das bilanzierende Unternehmen Dividendeneinkünfte berücksichtigen müssen.

Zahlungsunwirksame Investitions- und Finanzierungstätigkeiten

Mit IAS 7.43 werden Fallkonstellationen berücksichtigt, bei denen Investitions- und Finanzierungsvorhaben nicht mit Zahlungsmitteln und Zahlungsmitteläquivalenten beglichen werden. Stattdessen ist es z. B. denkbar, dass direkt eine Schuld eingegangen wurde und **kein Austausch von Zahlungsmitteln** stattfand. Derartige Vorgänge sind explizit nicht in der Kapitalflussrechnung abzubilden. Soweit die übrigen IFRS eine Offenlegung von Informationen über solche Transaktionen verlangen, sind diese in den entsprechenden Abschlussbestandteilen auszuweisen.

ee) Präsentationsformate

Ausweiswahlrecht

Grundsätzlich eröffnet IAS 7.18 jedem bilanzierenden Unternehmen ein **Wahlrecht**, die Cashflows aus der operativen Tätigkeit entweder nach der direkten oder indirekten Methode darzustellen.

Nach der direkten Methode bilden die **zahlungswirksamen Vorgänge** selbst die Basis, auf der die operative Tätigkeit des Unternehmens dargestellt wird. Somit sind alle Zahlungsmittelzuflüsse und -abflüsse aufzuzeichnen und zu wesentlichen Posten zu aggregieren, um sie nach der direkten Methode darstellen zu können. Daraus resultieren große Anforderungen an das betriebliche Rechnungswesen, das in der Lage sein muss, diese zahlungswirksamen Transaktionen aufzuzeichnen.

Direkte Methode

Ausgehend von diesem Gesichtspunkt wird den bilanzierenden Unternehmen eingeräumt, die Cashflows aus der operativen Tätigkeit nach der indirekten Methode zu ermitteln und darzustellen. Nach dieser Methode ist vom **Gewinn oder Verlust** (*profit or loss*) im Rahmen der Gesamtergebnisrechnung auszugehen, welcher dann um nicht zahlungswirksame Vorgänge bereinigt werden muss. Erfasste Erträge und Aufwendungen sind also auf ihre Zahlungswirksamkeit hin zu überprüfen. Beispielsweise ist das Ergebnis laut Gesamtergebnisrechnung gem. IAS 7.20 um folgende nicht zahlungswirksame Transaktionen zu bereinigen:

- Bestandsveränderungen der Vorräte sowie der Forderungen und Verbindlichkeiten aus Lieferungen und Leistungen;
- Abschreibungen, Rückstellungen, latente Steuern, unrealisierte Fremdwährungsgewinne oder -verluste etc.; sowie
- andere Positionen, die der Investitions- oder Finanzierungstätigkeit zuzuordnen sind.

Übrige Vorschriften

Ausgehend von der Darstellung der Cashflows aus der operativen Tätigkeit sind nachfolgend die Cashflows aus der Investitionstätigkeit und dann die der Finanzierungstätigkeit abzubilden. Nach IAS 7.21 sind dabei **sinnvolle Cashflow-Positionen** zu bilden, die die wesentlichen Arten von zahlungswirksamen Transaktionen widerspiegeln. Zu bedenken ist, dass sich der Aggregationsgrad nach den Bedürfnissen des Abschlussadressaten ausrichten muss. Entscheidend ist also, ob die Darstellungsweise dazu führt, dass der Zweck der Kapitalflussrechnung erfüllt wird.

d) Sonstige Angabepflichten

Neben der Kapitalflussrechnung muss das bilanzierende Unternehmen gem. IAS 7.45 eine **Überleitungsrechnung** erstellen, die den Bestand des Zahlungsmittelfonds zum Ende der Periode mit dem Bilanzwert der Zahlungsmittel und Zahlungsmitteläquivalente abstimmt. Zusätzlich sieht IAS 7.45 vor, dass das bilanzierende Unternehmen offen legt, aus welchen Zahlungsmitteln und Zahlungsmitteläquivalenten sich der Zahlungsmittelfonds zusammensetzt. Diesen Angabepflichten ist entweder im Anhang oder in der Kapitalflussrechnung selbst nachzukommen.

Überleitungs-rechnung

Sollten **Beschränkungen** bestehen, die die Verwendung von bestimmten Komponenten des Zahlungsmittelfonds einschränken, so ist über diese gem. IAS 7.48 gesondert im Anhang zu berichten. Beispielsweise können Giroguthaben bei ausländischen Kreditinstituten Transferbeschränkungen unterliegen, so dass ein Zugriff auf diese Zahlungsmittel beschränkt oder unmöglich ist.

Verwendungs-beschränkungen

Mit Abb. D.10 wird nochmals der Regelungsinhalt des IAS 7 grafisch dargestellt.

6. Anhang

Zu einem vollständigen IFRS-Abschluss gehört gem. IAS 1.10 ein Anhang, der gem. dieser Vorschrift sowohl **Erläuterungen** (*explanatory information*) als auch eine Zusammenfassung der wesentlichen, bei der Erstellung des Abschlusses verwendeten **Bilanzierungs- und Bewertungsmethoden** (*summary of significant accounting policies*) enthalten muss. Wesensmerkmal des Anhangs ist es, Detailinformationen, die nicht oder nur auf einem hohen Aggregationsgrad in den übrigen Abschlussbestandteilen enthalten sind, für den Abschlussadressaten bereitzustellen. Der Anhang erfüllt daher insbesondere eine Erläuterungsfunktion. Nicht Aufgabe des Anhangs ist es, eine Korrekturfunktion einzunehmen, da diese nach IAS 1.18 explizit ausgeschlossen wird. Enthalten Bestandteile eines IFRS-Abschluss also Verstöße gegen die Vorschriften der IFRS, so kann dieser Mangel nicht durch Erläuterungen im Anhang geheilt werden. Eine Übereinstimmungserklärung mit den IFRS, wie sie gem. IAS 1.16 gefordert ist, dürfte in diesem Fall nicht abgegeben werden.

Erläuterungs-funktion

IAS 1.112-1.116 ist zu entnehmen, welche Informationen ein IFRS-Anhang enthalten muss und wie der **Inhalt** des Anhangs aufzubereiten ist. Demnach soll der Anhang

Inhalt und Struktur

- Informationen über die Grundlagen der Abschlusserstellung (IAS 1.112 (a)), insbesondere die Bilanzierungs- und Bewertungsmethoden,
- Angaben, die gem. der übrigen IFRS anzugeben sind, soweit diese nicht bereits in anderen Abschlussbestandteilen offen gelegt worden sind (IAS 1.112 (b)), und
- Informationen, die nicht in anderen Abschlussbestandteilen enthalten sind, aber dennoch für das Verständnis des IFRS-Abschlusses relevant sind (IAS 1.112 (c)),

umfassen.[22] Das Ausweiserfordernis, Informationen zu veröffentlichen, die gem. den IFRS anzugeben sind, aber nicht bereits in anderen Abschlussbestandteilen offen gelegt worden sind, bezieht sich vor allem auf Wahlrechte, wie im Falle des IAS 1.61: Angaben zu den Fristigkeiten von Schulden dürfen demnach entweder direkt in der Bilanz oder aber im

Kapitalflussrechnung gem. IAS 7

Direkte Methode	Indirekte Methode
+ Einzahlungen von Kunden – Auszahlungen an Lieferanten und Arbeitnehmer ± Sonstige, nicht der Investitions- oder Finanzierungstätigkeit zuordenbare Einzahlungen/Auszahlungen	Periodenerfolg vor Steuern und Zinsen korrigiert um: ± Abschreibungen/Zuschreibungen auf Vermögenswerte des Sachanlagevermögens ± Gewinne/Verluste aus als Finanzinvestitionen gehaltenen Immobilien ± Erhöhung/Verminderung von Rückstellungen ± Erhöhung/Verminderung von Forderungen aus LuL sowie sonstigen Forderungen ± Erhöhung/Verminderung von Verbindlichkeiten aus LuL sowie sonstigen Verbindlichkeiten ± Erhöhung/Verminderung der Vorräte
– Gezahlte Zinsen – Gezahlte Ertragsteuern	– Gezahlte Zinsen – Gezahlte Ertragsteuern

= Cash Flow aus der betrieblichen Tätigkeit

± Einzahlungen/Auszahlungen aus dem Verkauf/Kauf von Vermögenswerten des Sachanlagevermögens
± Einzahlungen/Auszahlungen aus dem Verkauf/Kauf von Vermögenswerten des immateriellen Anlagevermögens
± Einzahlungen/Auszahlungen aus dem Abgang/Zugang von Vermögenswerten des Finanzanlagevermögens
+ Erhaltene Zinsen
+ Erhaltene Dividenden

= Cash Flow aus der Investitionstätigkeit

+ Einzahlung aus Kapitalerhöhung
– Gewinnausschüttung an die Eigenkapitalgeber
+ Einzahlungen aus der Aufnahme von Krediten und der Begebung von Anleihen
– Auszahlungen aus der Tilgung von Krediten und der Rückzahlung von Anleihen
– Auszahlungen aus Finanzierungsleasing-Verhältnissen

= Cash Flow aus der Finanzierungstätigkeit

= Netto-Zunahme/Abnahme von Zahlungsmitteln und Zahlungsmitteläquivalenten

+ Am Beginn der Berichtsperiode zur Verfügung stehende Zahlungsmittel und Zahlungsmitteläquivalente

= Am Ende der Berichtsperiode zur Verfügung stehende Zahlungsmittel und Zahlungsmitteläquivalente

Abbildung D.10 Kapitalflussrechnung gem. IAS 7

Anhang dargestellt werden. Entscheidet sich das bilanzierende Unternehmen also gegen den direkten Ausweis in der Bilanz, so sind diese Informationen zwingend im Anhang gem. IAS 1.66 i. V. m. IAS 1.112 (b) offen zu legen. Informationen, die zwar nicht vorgeschrieben sind, aber dennoch für ein Verständnis des IFRS-Abschlusses relevant erscheinen, sind immer dann anzugeben, wenn die Anwendung der IFRS nicht zur Vermittlung eines den tatsächlichen Verhältnissen entsprechenden Bilds führt. Angesprochen sind daher vor allem Regelungslücken, aber auch Vorschriften der übrigen IFRS, die den wirtschaftlichen Gehalt der zugrunde liegenden Transaktion nicht realitätsgetreu berücksichtigen.

Formal sind die Anhangangaben gem. IAS 1.113 strukturiert darzustellen. Dazu soll sich das bilanzierende Unternehmen **systematischer Querverweise** bedienen, die die Anhangangaben mit den übrigen Abschlussbestandteilen verknüpfen. IAS 1.114 ist zusätzlich ein **Katalog von Anhangangaben** zu entnehmen, dessen Struktur gleichzeitig als **Richtschnur** für eine Systematisierung dienen soll:

- Übereinstimmungserklärung mit den IFRS (IAS 1.16);
- Angabe der dem Abschluss zugrunde liegenden Bilanzierungs- und Bewertungsmethoden;
- Informationen zu den in den übrigen Abschlussbestandteilen dargestellten Posten in der Reihenfolge, wie sie dem Abschlussadressaten zur Verfügung gestellt werden; sowie
- zusätzliche Angaben, wie Informationen zu Eventualschulden (IAS 37) und nicht bilanzierte vertragliche Vereinbarungen und nicht-finanzielle Angaben z. B. zu den Risikomanagementzielen und -grundsätzen gem. IFRS 7.

Konkrete Angabepflichten gem. IAS 1

Neben Vorschriften zur Strukturierung eines IFRS-Anhangs enthält IAS 1 konkrete Berichtserfordernisse:

- In IAS 1.117 wird bestimmt, dass das bilanzierende Unternehmen Angaben zu den **Bewertungsgrundlagen** treffen muss, die maßgeblichen Einfluss auf die Wertansätze von Abschlussposten gehabt haben.
- Darüber hinaus sind die **Ermessensspielräume** anzugeben, die das bilanzierende Unternehmen bei der Anwendung der Bilanzierungsmethoden ausgeübt hat und die sich wesentlich auf die Abschlussposten ausgewirkt haben (IAS 1.122).
- Weiterhin ist offen zu legen, welche **zukunftsbezogenen Annahmen** (*key assumptions*) und anderen **Schätzunsicherheiten** (*estimation uncertainty*) potenziell zu einer prospektiven Anpassung von Abschlussposten führen könnten (IAS 1.125). Dabei ist gesondert auf die möglicherweise betroffenen Vermögenswerte und Schulden einzugehen und deren Art und deren Buchwerte sind zum Geschäftsjahresende einzeln aufzuführen.
- Ferner ist über das **Kapitalmanagementsystem** des bilanzierenden Unternehmens zu berichten, indem genauer auf die Ziele, Grundsätze und Prozesse eingegangen wird, die der Steuerung des dem Unternehmen zur Verfügung stehenden Kapitals zugrunde liegen (IAS 1.134-1.136).
- Auch angabepflichtig sind **Dividenden**, die zur Ausschüttung vorgesehen sind, aber nicht innerhalb des Geschäftsjahres ausgeschüttet worden sind (IAS 1.137). Der vorgesehene Ausschüttungsbetrag ist zusätzlich auf der Basis »Dividende je Aktie« anzugeben. Sollte das bilanzierende Unternehmen Aktien ausgegeben haben, die ein

Vorzugsrecht auf Gewinnausschüttungen verbriefen, so sind die auf diese Aktien entfallenden geplanten Ausschüttungen gesondert auszuweisen.

- Sollten diese Informationen nicht bereits an anderer Stelle ersichtlich sein, so sind gem. IAS 1.138 weitere Angaben zur **Identifikation des bilanzierenden Unternehmens** offen zu legen. So sind Sitz und Rechtsform des bilanzierenden Unternehmens sowie das Land, in dem das Unternehmen gegründet worden ist, im Anhang darzulegen. Ebenso müssen die im Handelsregister eingetragene Adresse des Hauptsitzes des bilanzierenden Unternehmens, eine Beschreibung der Geschäftstätigkeit und seiner Hauptgeschäftsfelder veröffentlicht werden. Abschließend ist bei Existenz auch der Name des ultimativen und direkt übergeordneten Mutterunternehmens anzugeben.

Zusätzliche Angabepflichten

Abschließend ist anzumerken, dass der Regelungsinhalt des IAS 1 nicht alle im Anhang anzugebenden Informationen umfasst. Stattdessen bestimmen die übrigen IFRS weitere, zum Teil umfangreiche Angabepflichten. An dieser Stelle sei deshalb auf die Erläuterungen der nachfolgenden Kapitel E., F., G. und H. verwiesen.

7. Weiterführende Literatur

Brüggemann, Die Berichterstattung im Anhang des IFRS-Abschlusses, Düsseldorf 2007;

Dobler/Dobler, Other Comprehensive Income: Empirische Analyse von Ausmaß, Komponenten und Recycling in deutschen IFRS-Abschlüssen, IRZ 2012, S. 35-40;

Eiselt/Müller, IFRS:Kapitalflussrechnung. Darstellung und Analyse von Cashflows und Zahlungsmitteln, Berlin 2008;

Kuhnle/Banzhaf, Gewinn- und Verlustrechnung nach IFRS, München 2006;

Reuter, Eigenkapitalausweis im IFRS-Abschluss. Praxis der Berichterstattung, Berlin 2008;

Sonnabend/Raab, Kapitalflussrechnung nach IFRS, München 2008;

Urbanczik, »*Presentation of Items of Other Comprehensive Income – Amendments* to IAS 1« – Überblick und Auswirkungen, KoR 2012, S. 269-274.

II. Ergänzende Rechenschaftselemente

RELEVANTE STANDARDS

IFRS 8 – Geschäftssegmente
IAS 1 – Darstellung des Abschlusses
IAS 24 – Angaben über Beziehungen zu nahe stehenden Unternehmen und Personen
IAS 28 – Anteile an assoziierten Unternehmen
IAS 31 – Anteile an Joint Ventures
IAS 33 – Ergebnis je Aktie
IAS 34 – Zwischenberichterstattung
IAS 36 – Wertminderung von Vermögenswerten
IAS 39 – Finanzinstrumente: Ansatz und Bewertung
IFRIC 10 –Zwischenberichterstattung und Wertminderung

KERNAUSSAGEN

- Die Pflicht zu Erstellung von **Zwischenberichten** ergibt sich aus nationalem Recht. Ziel eines Zwischenberichts ist die **Aktualisierung** von Informationen gegenüber dem **letzten vollständigen IFRS-Abschluss**. Der nach den gleichen Ansatz- und Bewertungsmethoden wie der jährliche IFRS-Abschluss aufzustellende Zwischenbericht hat mindestens eine verkürzte Bilanz, eine verkürzte Gesamtergebnisrechnung, eine verkürzte Eigenkapitalveränderungsrechnung sowie eine verkürzte Kapitalflussrechnung zu enthalten.
- Für Unternehmen, deren Wertpapiere öffentlich gehandelt werden, ist die Erstellung eines **Segmentberichts** verpflichtend. Die relevanten Regelungen des *IFRS 8 – Geschäftssegmente* folgen dem sog. *management approach*, wonach die Informationen im externen Berichtswesen aus der Sicht des Managements darzustellen sind, welches seine Entscheidungen auf der Basis des internen Berichtswesens trifft. Die Segmentierung erfolgt in einem **zweistufigen Verfahren**: Zunächst werden die operativen Segmente identifiziert. Danach sind unter Beachtung gewisser Identifikations- beziehungsweise Abgrenzungskriterien, Aggregationskriterien und Größenkriterien die berichtspflichtigen Segmente zu bestimmen. Für die einzelnen berichtspflichtigen Segmente sind jeweils generelle Informationen, weiterführende Informationen zur (Netto-)Vermögens- und Ertragslage des Segments sowie Überleitungen der Segmentinformationen hin zu den Daten im IFRS-Abschluss anzugeben. Außerdem sind segmentübergreifende Angaben zu Produkten und Dienstleistungen, geografischen Teilgebieten und wesentlichen Kunden zu machen.
- Eine Pflicht zur Aufstellung eines IFRS-**Lageberichts** gibt es weiterhin nicht. Das IASB hat im Dezember 2010 ein nicht verpflichtendes IFRS Practice Statement herausgegeben, das Anhaltspunkte für eine ergänzende Erläuterung des Abschlusses aus Sicht der Unternehmensleitung beinhaltet. Die in den Verlautbarungen des DRSC – sowohl in den bisher gültigen DRS 5 und 15 als

auch in dem weiterhin bzw. jetzt gültigen DRS 17 und DRS 20 – formulierten Anforderungen weisen demgegenüber einen höheren Detaillierungsgrad auf. Deutsche kapitalmarktorientierte Unternehmen haben daher in jedem Fall einen Lagebericht **nach handelsrechtlichen Vorschriften** aufzustellen.

- Kapitalmarktorientierte Unternehmen haben das **unverwässerte** und ggf. **verwässerte Ergebnis je Aktie** in der Gesamtergebnisrechnung anzugeben. Mit der Kennzahl Ergebnis je Aktie soll eine vergleichende **Beurteilung der Ertragskraft** von Unternehmen ermöglicht werden. Das verwässerte Ergebnis soll den Abschlussadressaten dabei verdeutlichen, inwieweit sich das Ergebnis je Aktie reduzieren würde, wenn alle potenziellen Stammaktien umgetauscht würden.
- **Geschäftsvorfälle mit nahe stehenden Unternehmen und Personen** unterscheiden sich zumeist von vergleichbaren Geschäftsvorfällen zwischen unabhängigen Parteien. Daher sind Angaben über solche Beziehungen von besonderem Interesse für die Abschlussadressaten. Im Anhang zu einem IFRS-Abschluss sind aus diesem Grund **weit reichende Angaben** über Geschäftsvorfälle und offene Positionen mit nahe stehenden Parteien erforderlich, wobei unter Beachtung des Grundsatzes der wirtschaftlichen Betrachtungsweise ein Ausgleich zwischen Detaillierung und Aggregation zu erzielen ist.

1. Vorbemerkung

Nachdem im vorangegangenen Kapitel die grundlegenden Rechenschaftselemente eines IFRS-Abschlusses vorgestellt worden sind, sollen im Folgenden die ergänzenden Rechenschaftselemente präsentiert werden. Dazu zählen der **Zwischenbericht**, der **Segmentbericht**, der **Lagebericht**, das **Ergebnis je Aktie** sowie **Angaben über Beziehungen zu nahe stehenden Unternehmen und Personen**. Zur Zielsetzung dieser ergänzenden Rechenschaftselemente gehört in allen Fällen, den Abschlussadressaten einen verbesserten Einblick in die Vermögens-, Finanz- und Ertragslage eines Unternehmens zu ermöglichen. **Ziel** dieses Abschnitts ist es daher, dem Leser einen Überblick über diese Rechenschaftselemente zu vermitteln, der darlegt, in welchen Fällen Unternehmen die ergänzenden Elemente offen zu legen haben und welche Informationen den Abschlussadressaten damit im Einzelnen zugänglich gemacht werden. Außerdem soll der Leser mit deren Anwendung und Aussagegehalt – unterstützt durch die grafische Aufbereitung einiger Inhalte und die Erläuterung anhand von Beispielen – vertraut gemacht werden.

2. Zwischenbericht (IAS 34)

a) Zweck, Aufstellungspflicht und Inhalte des Zwischenberichts

aa) Zweck

Darstellung von Veränderungen

Die Aufgabe der in IAS 34 geregelten Zwischenberichterstattung ist die **Darstellung von Veränderungen**, die sich seit dem letzten vollständigen IFRS-Abschluss ergeben haben. Den Adressaten soll ermöglicht werden, die Informationen des Zwischenberichts in Verbindung mit den Informationen aus dem letzten vollständigen Abschluss zu interpretieren, um ein **Verständnis der Änderungen der Vermögens-, Finanz- und Ertragslage** des bilanzierenden Unternehmens seit dem letzten Abschlussstichtag zu erhalten. Dementsprechend ist es insbesondere im Hinblick auf die Anhangangaben im Rahmen der Zwischenberichterstattung gem. IAS 34.15 nicht notwendig, relativ unwesentliche Aktualisierungen von Informationen vorzunehmen. Das Hauptaugenmerk sollte vielmehr auf der Darstellung neuer (wesentlicher) Sachverhalte liegen. Folgerichtig wird durch IAS 34 lediglich der **Mindestumfang** der Zwischenberichterstattung festgelegt.

bb) Aufstellungs- und Veröffentlichungspflicht

Die Erstellung eines Zwischenberichts folgt i. S. d. IAS 34.1 aus **keiner unmittelbaren Verpflichtung**, d. h., IAS 34 schreibt nicht vor, welche Unternehmen einen Zwischenbericht aufstellen müssen. Außerdem enthält der Standard keine Regelung, wie häufig und innerhalb welcher Zeiträume eine Zwischenberichterstattung ggf. zu erfolgen hat. Das IASB empfiehlt Unternehmen, deren Wertpapiere öffentlich gehandelt werden, lediglich eine halbjährliche Berichterstattung sowie deren Bereitstellung innerhalb von 60 Tagen nach Abschluss der Zwischenperiode. Allerdings verlangen **nationale Gesetzgeber, Aufsichtsbehörden und Börsen** häufig die Veröffentlichung von Zwischenberichten, sodass für alle freiwillig oder pflichtgemäß nach IFRS Bericht erstattenden Unternehmen bei Aufstellung eines Zwischenberichts IAS 34 **verpflichtend** anzuwenden ist. In Deutschland besteht für alle Unternehmen, die dem Wertpapierhandelsgesetz (WpHG) oder einer Börsenordnung unterliegen, eine solche Verpflichtung.

Nationale Vorschriften

Die nationalen Detailregelungen finden sich in § 37w **WpHG** (beziehungsweise in § 37y WpHG für Unternehmen, die einen Konzernabschluss erstellen müssen). Gemäß § 37w Abs. 1 WpHG haben Unternehmen, die Aktien oder Schuldtitel begeben, **halbjährlich** einen **Finanzbericht** zu erstellen und innerhalb von 60 Tagen der Öffentlichkeit zugänglich zu machen.[1] Dieser Halbjahresfinanzbericht hat gem. § 37w Abs. 2 WpHG mindestens

1. einen **verkürzten Abschluss**,
2. einen **Zwischenlagebericht** und
3. einen sog. **Bilanzeid**[2]

zu enthalten.

§ 51 der **Börsenordnung der Frankfurter Wertpapierbörse**, welche mit Abstand die größte deutsche Wertpapierbörse ist und deren Träger die Deutsche Börse AG ist, schreibt neben der Halbjahresfinanzberichterstattung für alle Unternehmen, die dem Prime Standard angehören, eine **Quartalsfinanzberichtserstattung** vor. Die Aufnahme in den Prime Standard ist Voraussetzung für die Aufnahme in einen der Auswahlindizes der Deutschen Börse (DAX®, MDAX®, SDAX®, TecDAX®). Für die Unternehmen des Prime Standards gelten somit im Vergleich zu den Unternehmen des General Standards besonders hohe Transparenzanforderungen. Bereitzustellen sind Halbjahres- und Quartalsberichte nach der Börsenordnung in Kongruenz mit den Regelungen des WpHG innerhalb von zwei Monaten nach Beendigung der jeweiligen Zwischenperiode.

cc) Inhalte

(1) Bestandteile

Vollständiger versus verkürzter Zwischenbericht

Gemäß IAS 34.7 kann sich ein Unternehmen dazu entscheiden, einen **vollständigen Zwischenbericht** aufzustellen. In diesem Fall hat der Zwischenbericht nach IAS 34.5 die in *IAS 1 – Darstellung des Abschlusses* geforderten Abschlussbestandteile zu enthalten. Neben einer vollständigen Bilanz, einer vollständigen Gesamtergebnisrechnung, einer vollständigen Eigenkapitalveränderungsrechnung sowie einer vollständigen Kapitalflussrechnung gehört dazu auch ein vollständiger Anhang. Gemäß IAS 1.38 sind für alle quantitativen Informationen eines IFRS-Abschlusses grundsätzlich Vergleichsinformationen hinsichtlich der vorangegangenen Periode anzugeben. Zusätzlich ist im Falle des vollständigen Zwischenberichts eine weitere vollständige (dritte) Bilanz zum Anfang der Vorperiode offen zu legen, sofern die Regelungen in IAS 1.10 dies erfordern (vgl. S. 108 f.). Im Interesse einer zeitnahen, kostengünstigen und redundanzvermeidenden Berichterstattung kann sich ein Unternehmen jedoch alternativ dazu entscheiden, einen **verkürzten Zwischenbericht** gem. IAS 34.8 aufzustellen. Die Erstellung eines verkürzten Zwischenberichts darf aus diesen Gründen als **Regelfall** bezeichnet werden. IAS 34.8 definiert also den **Mindestumfang** der Zwischenberichterstattung.

Mindestumfang

Der Zwischenbericht hat demnach **mindestens** eine verkürzte Bilanz, eine verkürzte Gesamtergebnisrechnung, eine verkürzte Eigenkapitalveränderungsrechnung, eine verkürzte Kapitalflussrechnung sowie ausgewählte erläuternde Anhangangaben zu enthalten (inklusive Vergleichsinformationen hinsichtlich der vorangegangenen Periode für alle quantitativen Informationen).[3] Die Erstellung eines Lageberichts ist in IAS 34 nicht gefordert (wohl aber nach den Regelungen des WpHG

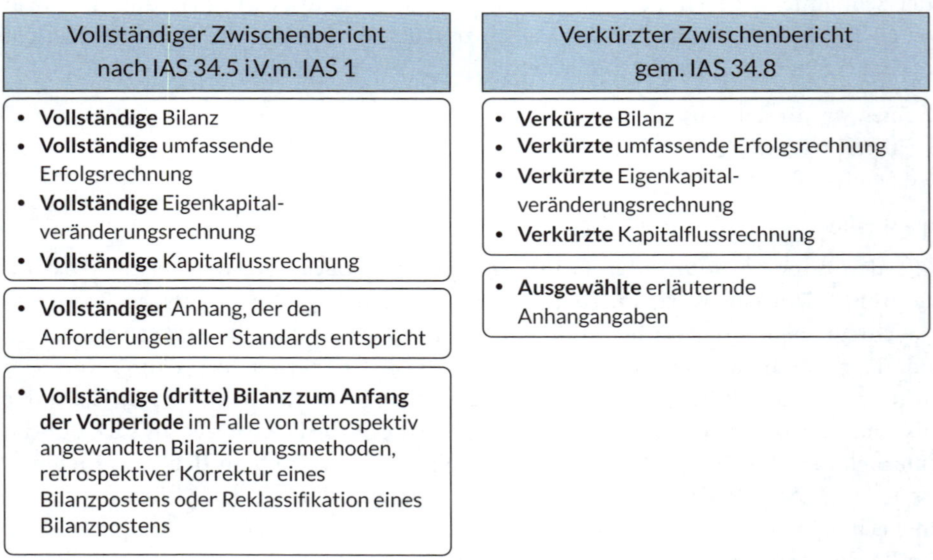

Abbildung D.11 Inhalte des vollständigen und verkürzten Zwischenberichts

i. V. m. den handelsrechtlichen Regelungen, vgl. S. 157 ff.). Dieser verkürzte Zwischenbericht hat des Weiteren gem. IAS 34.10 **mindestens die im letzten vollständigen IFRS-Abschluss dargestellten Überschriften und Zwischensummen** zu enthalten. Insbesondere der **Verzicht auf ausführliche Anhangangaben** stellt eine wesentliche Erleichterung bei der Aufstellung des Zwischenberichts dar.

(2) Ausgewählte Anhangangaben

Im Anhang ist demnach über alle für das Verständnis der aktuellen Zwischenperiode **wesentlichen Sachverhalte** zu berichten. IAS 34.16A schreibt **zehn Anhangangaben** dem Grunde nach vor, welche in Abb. D.12 angeführt sind. Die Art der Erläuterung wird im Standard selbst aber nicht weiter konkretisiert. Veröffentlichungsvorschriften aus anderen Standards, die nicht in der auf IAS 34.16A beruhenden Abb. D.12 angeführt sind, gelten unter Beachtung des Wesentlichkeitsgrundsatzes nicht.

(3) Berichtsperioden und -stichtage

Der Umfang der in den Bestandteilen des Zwischenberichts zu berichtenden Informationen ergibt sich aus IAS 34.20. Die Bestandteile des Zwischenberichts ziehen unabhängig davon, ob ein verkürzter oder ein vollständiger Zwischenbericht aufgestellt wird, zwingend **Vergleichsangaben** nach sich. Die zu veröffentlichende **Bilanz** enthält folglich **Zahlen zum Zwischenberichtsstichtag** und zum Ende des letzten Geschäftsjahres.[4]

Die **Gesamtergebnisrechnung** wird für den **Zeitraum der aktuellen Zwischenberichtsperiode** sowie (falls abweichend) kumuliert für den **Zeitraum vom Beginn des aktuellen Geschäftsjahres bis zum aktuellen Zwischenberichtsstichtag** aufgestellt. Für beide Zeiträume sind jeweils die Vorjahreszahlen anzugeben.

Mindestangaben im Anhang gem. IAS 34.16

• **Erklärung**, dass die **gleichen Bilanzierungs- und Bewertungsmethoden** angewandt wurden wie im letzten Abschluss [bei Änderung der Methoden: Erläuterung von Art und Auswirkung der Änderung]	• Gezahlte **Dividenden**
• Erläuternde Angaben zu **Saison**- oder **Konjunktureinflüssen**	• **Segmenterlöse** und **Segmentergebnisse** [sofern das Unternehmen zur Segmentberichterstattung verpflichtet ist]
• Erläuternde Angaben zu Art und Umfang von **Abschlusssachverhalten**, die auf Grund ihrer Art, ihres Ausmaßes oder ihrer Häufigkeit **ungewöhnlich** sind	• Wesentliche **Ereignisse nach dem Ende der Zwischenberichtsperiode**
• Erläuternde Angaben zu **Änderungen von Schätzungen** aus vorherigen Abschlüssen, wenn diese Änderungen **wesentliche** Auswirkungen haben	• Erläuternde Angaben zur **Veränderung der Unternehmensstruktur**
• Erläuternde Angaben zur Ausgabe, zum Rückkauf und zur Rückzahlung von **Eigen- oder Fremdkapitalinstrumenten**	• Erforderliche **Angaben zum beizulegenden Zeitwert** gem. IFRS 7 und IFRS 13 bei **Finanzinstrumenten**

Abbildung D.12 Ausgewählte erläuternde (Mindest-)Anhangangaben[5]

Die **Eigenkapitalveränderungsrechnung** sowie die **Kapitalflussrechnung** umfassen den **Zeitraum vom Beginn des aktuellen Geschäftsjahres bis zum aktuellen Zwischenberichtsstichtag** sowie die Zahlen des entsprechenden Vorjahreszeitraumes.

BEISPIEL:

Das Geschäftsjahr der Interim AG entspricht dem Kalenderjahr. Die Interim AG veröffentlicht vierteljährlich Zwischenberichte. Zum 30.6. hat der (verkürzte) Zwischenbericht in diesem Fall Informationen hinsichtlich folgender Berichtsperioden bzw. -stichtage zu enthalten:

Zwischenbericht zum 30.9.

	kumuliert		Quartal	
	laufendes Jahr	Vorjahr	laufendes Jahr	Vorjahr
Bilanz	30.6.	31.12.		
Umfassende Erfolgsrechnung	1.1.-30.6.	1.1.-30.6.	1.4.-30.6.	1.4.-30.6.
Eigenkapitalveränderungs-rechnung	1.1.-30.6.	1.1.-30.6.		
Kapitalflussrechnung	1.1.-30.6.	1.1.-30.6.		

Tabelle D.3 Beispiel zu den Bestandteilen des Zwischenberichts

b) Bilanzierungs- und Bewertungsmethoden

Einschätzung der Wesentlichkeit und Schätzungen

Gemäß IAS 34.23 ist bei der Erfassung, Bewertung und Klassifizierung von Abschlussposten das **Kriterium der Wesentlichkeit** (*materiality*) zu beachten. Für die Einschätzung der Wesentlichkeit eines Abschlusspostens ist auf die **Verhältnisse der Zwischenberichtsperiode** abzustellen, wobei zu beachten ist, dass Bewertungen gem. IAS 34.41 in **größerem Umfang auf Schätzungen** beruhen als die Bewertungen von jährlichen Finanzdaten. Wenn z. B. als Wesentlichkeitsgrenze 1 % des Gewinns oder Verlusts angenommen wird, dann gilt dies für den Gewinn oder Verlust des Zwischenberichtszeitraums und nicht für den Gewinn oder Verlust des letzten Geschäftsjahres. Der größere Umfang von Schätzungen im Rahmen der Zwischenberichterstattung wird etwa bei der Bewertung von Vorräten deutlich, zum Zwecke derer zum Stichtag der jährlichen (vollständigen) Berichterstattung oftmals eine Inventur stattfindet. Demgegenüber basiert die Bewertung zum Zwischenberichtsstichtag auf einer vernünftigen Fortschreibung und demzufolge auf einer umfassenderen Schätzung.

Stetigkeitsgrundsatz

Vermögenswerte und Schulden sind in Zwischenberichten anzusetzen, wenn sie die entsprechenden Definitions- und Ansatzkriterien erfüllen (vgl. S. 76). Es gelten gem. IAS 34.28 also die **gleichen Ansatzvorschriften** wie für die jährliche Berichterstattung. Auch Aufwendungen und Erträge unterliegen den für den jährlichen Abschluss maßgeblichen Erfassungsvorschriften. Ebenso gelten für Vermögenswerte und Schulden gem. IAS 34.28 grundsätzlich die **gleichen Bewertungsmethoden**. Explizit wird darauf hingewiesen, dass die Häufigkeit der Berichterstattung (jährlich, halb- oder vierteljährlich) keinen

Einfluss auf die Höhe des Jahresergebnisses haben darf. Die Summe der Ergebnisse in den Zwischenberichtsperioden muss also dem Jahresergebnis entsprechen.

Ausnahme

Ausgenommen von dem in IAS 34.28 beschriebenen Stetigkeitsgrundsatz ist der Fall, dass zwischen dem Ende des letzten Geschäftsjahres und dem aktuellen Zwischenberichtsstichtag **Änderungen der Bilanzierungs- und Bewertungsmethoden** vorgenommen worden sind und diese Änderungen auch im nächsten jährlichen Abschluss angewandt werden.[6]

Ertragsteuern in Zwischenberichten

Steuerschulden werden für jeden Zwischenberichtsstichtag separat berechnet. Dafür ist es notwendig, das Steuerniveau des Unternehmens am Ende des gesamten Berichtsjahres zu schätzen. Demzufolge findet die Berechnung des Steueraufwandes einer Zwischenberichtsperiode auf Basis des **geschätzten durchschnittlichen Jahresertragsteuersatzes** statt.

BEISPIEL:

Ein Einzelunternehmer erwirtschaftet im ersten und voraussichtlich auch in den folgenden drei Quartalen je 20 000 €. Insgesamt wird der Unternehmer somit etwa 80 000 € im Geschäftsjahr erwirtschaften. Der Steuersatz betrage bei einem zu versteuernden Einkommen von 20 000 € 25 %; bei einem zu versteuernden Einkommen von 80 000 € betrage er 40 %. Der für das erste Quartal auszuweisende Steueraufwand beträgt somit 20 000 € × 40 % = 8 000 €.

c) Darstellung und sonstige Angabepflichten

aa) Berücksichtigung der Grundsätze aus IAS 1

Die Regelungen des IAS 1 gelten für Zwischenberichte in Übereinstimmung mit IAS 34 **nur bedingt**. So finden die Vorschriften in IAS 1.47-1.138 hinsichtlich **Struktur und Inhalt** des IFRS-Abschlusses, die etwa die Gliederung der Bilanz und der Gesamtergebnisrechnung betreffen (vgl. S. 112 f., 129), hier **keine Anwendung**. Vielmehr darf im Zwischenbericht gerade eine verkürzte Darstellungsform gewählt werden. Ausdrücklich **berücksichtigt werden müssen** demgegenüber gem. IAS 1.4 die in IAS 1.15-1.35 dargelegten **grundlegenden Überlegungen** hinsichtlich der Darstellung von Abschlüssen. Diese Grundsätze umfassen

- die Vermittlung eines den tatsächlichen Verhältnissen entsprechenden Bildes und die Übereinstimmung mit den IFRS (*fair presentation and compliance with IFRS*),
- die Annahme der Unternehmensfortführung (*going concern*),
- das Konzept der Periodenabgrenzung (*accrual basis*),
- die Wesentlichkeit und Zusammenfassung der Posten (*materiality and aggregation*) sowie
- die Saldierung von Posten (*offsetting*).

bb) Sondereinflüsse und saisonale Schwankungen

Gemäß IAS 34.37 dürfen **saisonal anfallende, konjunkturell bedingte oder gelegentlich erzielte Erträge** am Zwischenberichtsstichtag nicht abgegrenzt werden, wenn die Abgrenzung zum Ende des Geschäftsjahres nicht sachgerecht wäre, auch dann nicht, wenn dies einen besseren Einblick in die voraussichtliche Entwicklung des Geschäftsjahres ermöglichen würde. Als Beispiele gelten etwa Dividendenerträge oder Zuwendungen der öffentlichen Hand. Gleiches gilt gem. IAS 34.39 für unregelmäßig anfallende Aufwendungen.[7]

cc) Konflikte mit anderen Standards

Ein **Widerspruch** besteht zwischen den Regelungen zur **Zwischenberichterstattung gem. IAS 34** und den Regelungen zu **Wertminderungen gem. IAS 36 sowie IAS 39**. Während gem. IAS 34.28 die Häufigkeit der Aufstellung von Zwischenberichten keinen Einfluss auf das Jahresergebnis haben darf, sehen IAS 36.124 für den Geschäfts- oder Firmenwert beziehungsweise IAS 39.66 und IAS 39.69 für bestimmte finanzielle Vermögenswerte ein (ergebniswirksames) **Rücknahmeverbot von bereits durchgeführten Wertminderungen** vor. Dies bedeutet, dass im Falle einer im Zwischenbericht erfassten Wertminderung in einem späteren Zwischenbericht oder im jährlichen Abschluss keine entsprechende Wertaufholung erfasst werden darf. Deutlich wird der Konflikt in folgendem Beispiel.

BEISPIEL:

Unternehmen A erstelle Quartalsabschlüsse, Unternehmen B erstelle Halbjahresabschlüsse. Weiterhin wird (hypothetisch) angenommen, dass beide Unternehmen sonst vollkommen identisch sind. Stellt nun Unternehmen A im ersten Quartal einen Wertminderungsbedarf (z. B. des Geschäfts- oder Firmenwerts) fest, so ist dieser im Zwischenbericht des ersten Quartals erfolgswirksam zu erfassen. Im zweiten Quartal entfallen die Umstände, die zu der Wertminderung geführt haben, vollständig. Unternehmen A darf keine entsprechende Wertaufholung erfassen. Das Jahresergebnis von Unternehmen A wird also in Höhe des Wertminderungsbedarfs belastet. Unternehmen B hingegen stellt zum Halbjahresbericht keinen Wertminderungsbedarf (mehr) fest und hat somit auch keine Ergebnisminderung zu erfassen. Die Häufigkeit der Zwischenberichterstattung hat sich damit unmittelbar auf das Ergebnis ausgewirkt, was der Regelung in IAS 34.28 entgegensteht.[8]

Mit der Veröffentlichung von IFRIC 10 wurde die **Regelungshierarchie** im Juli 2006 **klargestellt**. Gemäß IFRIC 10.8 wird eine ergebniswirksame **Rücknahme von Wertminderungsaufwendungen**, die in Zwischenberichten erfasst wurden, in den angegebenen Fällen von IAS 36 und IAS 39 **abgelehnt**. Die Vorschrift aus IAS 34.28 wird also in diesem Fall von den Regelungen in IAS 36.124 und IAS 39.66 beziehungsweise IAS 39.69 zurückgedrängt. Die Vergleichbarkeit von IFRS-Abschlüssen wird durch IFRIC 10 allerdings nicht gefördert. Das am obigen Beispiel beschriebene Problem unterschiedlicher Jahresergebnisse bleibt bestehen.

3. Segmentbericht (IFRS 8)

a) Zweck und Anwendungsbereich des Segmentberichts

aa) Zweck des Segmentberichts

Mit dem in *IFRS 8 – Geschäftssegmente* geregelten Segmentbericht sollen den Abschlussadressaten bei diversifizierten, international tätigen Unternehmen **zusätzliche Informationen über die Entwicklung der wesentlichen Geschäftsbereiche** bereitgestellt werden.

Durch die Aufspaltung der aggregierten Daten zur Vermögens-, Finanz- und Ertragslage in Segmentdaten lassen sich die Chancen und Risiken eines Unternehmens besser beurteilen. Die Idee bei der Segmentberichterstattung gem. IFRS 8 ist, die operativen Segmente analog zur Informationsaufbereitung im Rahmen des internen Berichtswesens darzustellen, also **aus Sicht des Managements** (sog. ***management approach***). Der Standard definiert darüber hinaus die Anforderungen an die Berichterstattung über Produkte und Dienstleistungen, geografische Regionen sowie die wesentlichen Kunden.[9]

bb) Anwendungsbereich

IFRS-Anwender sind bei der Aufstellung von Abschlüssen (Einzel- und Konzernabschlüssen) gem. IFRS 8.2 zu einer Segmentberichterstattung **verpflichtet**, sofern die vom bilanzierenden Unternehmen begebenen Schuldtitel oder Eigenkapitalinstrumente in einem **öffentlichen Markt** gehandelt werden oder der Bilanzierende den Abschluss bei einer Aufsichtsbehörde einreicht, um eigene Instrumente in einem öffentlichen Markt auszugeben. Es ist aber auch eine **freiwillige Anwendung** des Standards denkbar. In diesem Fall hat das bilanzierende Unternehmen gem. IFRS 8.3 die Regelungen des Standards vollständig zu beachten, um die Angaben auch als Segmentinformationen bezeichnen zu dürfen. Damit will das IASB unterbinden, dass freiwillige Anwender des Standards lediglich ausgewählte Segmentinformationen veröffentlichen.

b) Ermittlung der berichtspflichtigen Segmente

aa) Zweistufiger Ansatz zur Ermittlung berichtspflichtiger Segmente

IFRS 8 verfolgt einen **zweistufigen Ansatz** zur Ermittlung der berichtspflichtigen Segmente. Im ersten Schritt sind die **operativen Segmente unter Berücksichtigung der internen Berichterstattung** abzugrenzen, d. h., ausgehend von der Gesamtheit aller Unternehmenssegmente werden die operativen Segmente bestimmt. Im zweiten Schritt sind jene operativen Segmenten zu identifizieren, die **berichtspflichtig** sind.

Die Abgrenzung der operativen Segmente stellt sich durch den Rückgriff auf die interne Berichterstattung vergleichsweise einfach dar. Die Orientierung der externen Berichtsstruktur an der internen Berichtsstruktur hat **drei wesentliche Vorteile** (IFRS 8.BC Appendix A60):

- Durch die Präsentation der Informationen aus Sicht des Managements sind die Abschlussadressaten wesentlich besser in der Lage, Entscheidungen des Managements, die sich auf die künftig erwarteten Cashflows auswirken, vorherzusehen;
- der durch die Bereitstellung interner Informationen im externen Berichtswesen anfallende Mehraufwand sollte verhältnismäßig gering ausfallen;
- die festzulegende Segmentstruktur unterliegt durch die Orientierung an der internen Struktur weniger subjektiven Einflüssen als einer Orientierung an industriespezifischen Gegebenheiten.

bb) Bestimmung der operativen Segmente

Zur Bestimmung der **operativen Segmente** müssen die in IFRS 8.5 dargelegten **drei Kriterien kumulativ** erfüllt sein (vgl. Abb. D.13).

Unternehmensbereiche in der Gründungsphase werden – auch bei zunächst fallweise ausbleibenden Erträgen – ebenfalls von dieser Definition erfasst und können mithin ein eigenständiges Segment darstellen. Nicht als eigenständiger Unternehmensbereich gelten gem. IFRS 8.6 hingegen regelmäßig zentrale Bereiche wie die Konzernzentrale oder Pensionsfonds des bilanzierenden Unternehmens.

In der Praxis ist die Bestimmung eines Hauptentscheidungsträgers (*CODM*) nicht immer unproblematisch. Auch die Bestimmung der operativen Segmente kann etwa dadurch erschwert sein, dass der *chief operating decision maker (CODM)* mehrere interne Berichte zur Entscheidungsfindung heranzieht. Des Weiteren ist denkbar, dass Personen verschiedene Funktionen auf mehreren Berichtsebenen in einem Unternehmen in Personalunion ausüben, den Berichtsebenen aber Berichte mit unterschiedlichen Detailtiefen zugänglich sind.[10]

In den meisten Fällen gelangt man durch die drei Kriterien des IFRS 8.5 zu einer eindeutigen Abgrenzung der operativen Segmente. Falls eine eindeutige Bestimmung nicht möglich ist, enthält IFRS 8.8 **ergänzend weitere Faktoren zur Abgrenzung**. Dazu zählen die Art der betrieblichen Tätigkeit einzelner Teilbereiche, die Existenz von für Teilbereiche verantwortliche Manager sowie Informationen, die der Unternehmensleitung vorgelegt werden. Ein Indikator für die Abgrenzung ist nach IFRS 8.9 auch die Existenz eines **Segmentverantwortlichen.**[12] Dieser tauscht sich mit dem *CODM* regelmäßig über operative Tätigkeiten, finanzielle Entwicklungen und Planzahlen der von ihm verantworteten Segmente aus. Sofern auch auf dieser Basis **keine eindeutige Abgrenzung** möglich ist (z. B. bei Vorliegen einer **Matrixorganisation**), hat das Unternehmen die

Kriterien zur **Bestimmung der operativen Segmente** gem. **IFRS 8.5**

1. Im Rahmen der **Geschäftstätigkeiten** des Segments werden **Erträge** erwirtschaftet und können **Aufwendungen** anfallen (einschließlich Erträgen und Aufwendungen aus Transaktionen mit anderen Teilen des Unternehmens),
2. die **Betriebsergebnisse** des Segments werden regelmäßig vom **Hauptentscheidungsträger** (*chief operating decision maker* – CODM) im Hinblick auf Entscheidungen über die Allokation von Ressourcen zu diesem Segment sowie die Bewertung seiner Ertragskraft **überprüft**, und
3. es liegen **separate Finanzinformationen** vor.

Abbildung D.13 Bestimmung der operativen Segmente durch kumulative Erfüllung der Kriterien in IFRS 8.5[11]

operativen Segmente gem. IFRS 8.10 unter **Beachtung des Grundprinzips aus IFRS 8.1** eigenständig zu bestimmen. Für Unternehmensbereiche, die z. B. sowohl geografisch als auch auf Basis von Produkten und Dienstleistungen unterschieden werden, muss das Unternehmen die Darstellung unter Berücksichtigung der Interessen der Rechnungslegungsadressaten festlegen, damit diese die finanziellen Auswirkungen der unternehmerischen Tätigkeiten und das wirtschaftliche Umfeld des Unternehmens einschätzen können.

cc) Bestimmung der berichtspflichtigen Segmente

Aggregationskriterien und Größenschwellen

Die **berichtspflichtigen Segmente** sind gem. IFRS 8.11 aus den im ersten Schritt abgegrenzten operativen Segmenten zu ermitteln. Dazu dienen gewisse **Aggregationskriterien** (*aggregation criteria*) gem. IFRS 8.12 und **Größenschwellen** (*quantitative thresholds*) gem. IFRS 8.13. Nach Maßgabe der Größenschwellen sind identifizierte Segmente in den in Abb. D.14 dargestellten drei Fällen berichtspflichtig.

Die dargelegten 10 %-Regeln zur Berichtspflichtigkeit sind **nicht als Ausschlusskriterien** zu verstehen. So darf auch bei Nichterreichen dieser quantitativen Vorgaben über Segmente berichtet werden, sofern das Management die dadurch offen gelegten Informationen als für die Abschlussadressaten entscheidungsnützlich erachtet. Zur Erreichung der Schwellenwerte können ähnliche Unternehmensbereiche auch **zusammengefasst** werden, wenn sie die Aggregationskriterien des IFRS 8.12 zur Vergleichbarkeit einzelner Bereiche erfüllen. Letztere sind in Abb. D.15 dargestellt. Notwendig wird eine Aggregation vergleichbarer Bereiche besonders bei den Unternehmen, deren interne Berichterstattung sehr viele Bereiche ausweist. Die Vergleichbarkeit muss hinsichtlich aller fünf nachfolgend aufgezählten Kriterien gegeben sein. Diese Vorgehensweise führt dazu, dass den Abschlussadressaten eine angemessene Zahl an Segmenten offen gelegt wird.

Nach Maßgabe der in **IFRS 8.13** dargelegten **Größenschwellen** sind identifizierte Segmente **berichtspflichtig**, wenn

1. die **Erträge** eines Segments (einschließlich der Innenumsätze mit anderen Segmenten) mindestens 10 % an den Erträgen aller Segmente ausmachen, **oder**
2. das jeweilige **Segmentergebnis** 10 % oder mehr des gesamten Ergebnisses beträgt; treten in den einzelnen Segmenten sowohl positive als auch negative Ergebnisse auf, so muss der größere Absolutbetrag der beiden Werte herangezogen werden (nicht der Nettobetrag), **oder**
3. die **Vermögenswerte** des Segments mindestens 10 % der gesamten Vermögenswerte bilden.

Abbildung D.14 Größenschwellen nach IFRS 8.13

Von den **externen Gesamterträgen** des Unternehmens sind **mindestens 75 %** im Rahmen der **berichtspflichtigen Segmente** auszuweisen. Wird diese Schwelle durch die Gesamtheit der berichtspflichtigen Segmente nicht erreicht, so sind gem. IFRS 8.15 zur Erfüllung der 75 %-Regel weitere Segmente als berichtspflichtige Segmente zu klassifizieren.

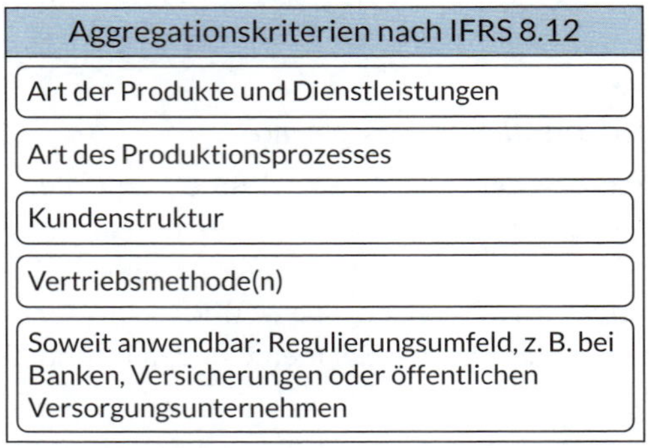

Abbildung D.15 Aggregationskriterien nach IFRS 8.12

Ausnahmen

Neben der Möglichkeit, Unternehmensbereiche i. S. v. IFRS 8.12 zusammenzufassen oder i. S. v. IFRS 8.13 freiwillig über Segmente zu berichten, welche die Größenschwellen des IFRS 8.13 nicht erreichen, sind letztere (operative, aber nicht berichtspflichtige Segmente) bei Unterbleiben des freiwilligen separaten Ausweises gem. IFRS 8.16 unter der Deklaration »**alle sonstigen Segmente**« als »Sammelsegment« auszuweisen. In diesem Zusammenhang ist zu beachten, dass Segmente, die aktuell keine der 10 %-Schwellen erreichen, wohl aber in der **vergangenen Berichtsperiode**, auch im **aktuellen Jahr berichtspflichtig** sind. Auf der anderen Seite sind im Falle von durch die Überschreitung einer 10 %-Schwelle **erstmalig berichtspflichtig** werdende Segmente die Vergleichsangaben des Vorjahres entsprechend anzupassen.

c) Angabepflichten

aa) Segmentbezogene Informationsdarstellung

Die in einem Segmentbericht gem. IFRS 8 offen zu legenden Informationen, die es den Adressaten erlauben sollen, die **finanziellen Auswirkungen der unternehmerischen Aktivitäten** sowie das **wirtschaftliche Umfeld** besser beurteilen zu können, gliedern sich gem. IFRS 8.21 in **drei Gruppen**:

- **Generelle Informationen**,
- **weiterführende Informationen** zur (Netto-)Vermögens- und Ertragslage des Segments sowie
- **Überleitungen** (*reconciliations*) der Segmentinformationen hin zu den Daten im IFRS-Abschluss.

Generelle Informationen

Zu den generellen Informationen gehören nach IFRS 8.22

BEISPIEL:

Die Bestimmung der berichtspflichtigen Segmente soll durch das in den folgenden zwei Tabellen dargestellte Beispiel nochmals veranschaulicht werden (alle Angaben in Mio. €).[13]

Operatives Segment	(1) Externes Segmentergebnis	(2) Innenumsatz	(3) Gesamtertrag (= (1) + (2))	(4) Segmentgewinn	(5) Segmentverlust	(6) Vermögen
A	90	12	102	11	–	70
B	120	–	120	10	–	50
C	110	20	130	–	- 40	90
D	200	–	200	–	–	140
E	140	300	440	–	- 100	230
F	380	–	380	60	–	260
G	144	–	144	8	–	30
Gesamt	**1 184**	**332**	**1 516**	**89**	**- 140**	**870**

Tabelle D.4 Beispielhafte Daten zur Segmentberichterstattung (Segment A war im Vorjahr berichtspflichtig)

In Tab. D.4 werden einige Daten dargestellt, die dem Hauptentscheidungsträger des Unternehmens zugänglich sind. Zur Überprüfung der Größenschwellen gem. IFRS 8.13 ist jeweils die Gesamtangabe der Spalten (3), (5) und (6) entscheidend. An dieser Stelle sei daran erinnert, dass zur Überprüfung des zweiten Kriteriums das Segmentergebnis (positiv oder negativ) mit dem höheren absoluten Gesamtbetrag der Spalten (4) und (5) zu vergleichen ist. Der kritische Schwellenwert beträgt hier demnach 140 Mio. €. Die Segmente, für die der jeweilige Schwellenwert erreicht wird, sind in Tab. D.5 durch ein »x« gekennzeichnet.

	Größenschwellen gem. IFRS 8.13			
Operatives Segment	**Gesamtbetrag (10 % von 1 516 = 152)**	**Segmentverlust (10 % von 140 = 14)**	**Vermögen (10 % von 870 = 87)**	**Überprüfung: Abdeckung von 75 % des externen Segmentergebnisses? (75 % von 1 184 = 888)**
A				90
B				
C		x	x	110
D	x		x	200
E	x	x	x	140
F	x	x	x	380
G				
Gesamt				**920**

Tabelle D.5 Ermittlung der berichtspflichtigen Segmente durch Überprüfung der Schwellenwerte des Beispiels (Segment A war im Vorjahr berichtspflichtig)

Berichtspflichtig sind nun alle Segmente, die durch mindestens ein »x« gekennzeichnet sind, also mindestens ein Kriterium des IFRS 8.13 erfüllen. Im Beispiel sind dies die Segmente C, D, E und F. Da Segment A annahmegemäß bereits in der letzten Berichtsperiode berichtspflichtig war, ist es in der laufenden Periode nach wie vor berichtspflichtig. Zuletzt muss nun überprüft werden, ob durch die berichtspflichtigen Segmente mindestens 75 % der kumulierten externen Segmentergebnisse (75 % von 1 184 Mio. € = 888 Mio. Euro) berichtet werden. Im vorliegenden Fall wird dieses abschließende Prüfkriterium erfüllt, da mit 920 (= 90 + 110 + 200 + 140 + 380) Mio. € mehr als die mindestens geforderten 888 Mio. Euro berichtet werden. Die Segmente B und G sind – neben sonstigen Bereichen des Unternehmens – unter »alle sonstigen Segmente« auszuweisen.

- die Offenlegung der **Faktoren zur Identifizierung der berichtspflichtigen Segmente** einschließlich der Organisationsgrundlage des Unternehmens (z. B. auf Basis von Produkten, Regionen, Risikostrukturen etc.),
- die Offenlegung, wo operative Segmente zu Berichtssegmenten zusammengefasst wurden und welche Ermessensentscheidungen im Hinblick auf IFRS 8.12 durch das Management vorgenommen wurden,[14] und
- die Darstellung der **Produkte und Dienstleistungen**, die die Grundlage der Erträge jedes berichtspflichtigen Segments bilden.

Weiterführende Informationen

Die weiterführenden Informationen werden in IFRS 8.23-8.27 geregelt und dienen im Wesentlichen dazu, die **Nachvollziehbarkeit** der aus Sicht des Managements ermittelten Daten zu **gewährleisten**. Gemäß IFRS 8.23 sind das **Segmentergebnis** sowie das **Segmentvermögen** für jedes berichtspflichtige Segment **zwingend** zu berichtende Größen. Das Segmentergebnis ist – dem *management approach* folgend – im extern kommunizierten Segmentbericht analog zum internen Berichtswesen darzustellen. Somit ist das Segmentergebnis keine fest vorgegebene Größe, sondern kann z. B. das EBIT oder das EBITDA sein.[15] Die **Segmentschulden** sowie die weiteren **in Abb. D.16 dargestellten Angaben** sind gem. IFRS 8.23 beziehungsweise IFRS 8.24 nur dann offen zu legen, wenn diese auch dem Hauptentscheidungsträger in der internen Berichterstattung zur Entscheidungsfindung bereitstehen.

Überleitungsrechnungen

Um die **Brücke** von der IFRS 8 dominierenden internen Berichterstattung zur externen IFRS-Abschlussberichterstattung zu schlagen, sieht IFRS 8.28 die Aufstellung von **Überleitungsrechnungen** (*reconciliations*) vor. Die Überleitungen betreffen – wie aus Abb. D.17 ersichtlich – **Segmenterträge, -ergebnisse, -vermögen und -schulden**. Diese sind – unter Berücksichtigung des »Sammelsegments« – auf die korrespondierenden Werte der für das Gesamtunternehmen geltenden Abschlussbestandteile überzuleiten. Insbesondere sind alle **wesentlichen** Überleitungsposten gesondert zu erfassen.

bb) Bilanzierungs- und Bewertungsmethoden

Die anzuwendenden Bilanzierungs- und Bewertungsmethoden der Segmente orientieren sich – wie schon die Abgrenzung – gem. IFRS 8.25 an der **Sichtweise des Managements**

Offen zu legende Angaben gem. IFRS 8.23 und IFRS 8.24	
Pflichtangaben (IFRS 8.23)	**Segmentergebnis**
	Segmentvermögen
Pflichtangabe, sofern diese dem **Hauptentscheidungsträger** regelmäßig zugänglich ist (IFRS 8.23)	Segmentschulden
Pflichtangaben, sofern diese dem **Hauptentscheidungsträger** im Rahmen der internen Berichterstattung regelmäßig zugänglich sind, unabhängig davon, ob sie ein Teil des Segment**ergebnisses** darstellen (IFRS 8.23 (a)-(i))	Erträge, die von externen Kunden stammen
	Erträge aufgrund von Transaktionen mit anderen Geschäftssegmente desselben Unternehmens
	Zinserträge
	Zinsaufwendungen
	planmäßige Abschreibungen (auf Sachanlagen und immaterielle Vermögenswerte)
	Anteil des Unternehmens am Periodenergebnis von assoziierten Unternehmen und Joint Ventures, die nach der Equity-Methode bilanziert werden
	Einkommenssteueraufwand oder -ertrag
	wesentliche zahlungsunwirksame Posten, bei denen es sich nicht urn planmäßige Abschreibungen handelt
Pflichtangaben, sofern diese dem **Hauptentscheidungsträger** im Rahmen der internen Berichtserstattung regelmäßig zugänglich sind, unabhängig davon, ob sie ein Teil des Segment**vermögens** darstellen (IFRS 8.24)	Beteiligungen an assoziierten Unternehmen und Joint Ventures, die nach der Equity-Methode bilanziert werden
	Zugänge langfristiger Vermögenswerte außer Finanzinstrumenten, sowie Zugänge latenter Steueransprüche, Zugänge von aus Pensionsleistungsplänen resultierenden Vermögenswerten i. S. v. IAS 19.58 und Zugänge von Rechten aus Versicherungsverträgen

Abbildung D.16 Offen zu legende Angaben gem. IFRS 8.23 und IFRS 8.24

(*management approach*). So wird bei der Bewertung einzelner Segmentposten nicht auf die für die übrige externe Rechnungslegung nach IFRS geltenden Vorschriften abgestellt. Vielmehr hat sich die Bewertung der Posten an dem Maß auszurichten, das dem Hauptentscheidungsträger für seine Entscheidungsfindung zugänglich ist. Werden Vorräte z. B. intern nach der LIFO-Methode bewertet, so ist diese Bewertung in den Segmentbericht zu übernehmen, obwohl sie in einem IFRS-Abschluss nicht zulässig ist.[16] Unterschiede bei der Bewertung der Segmentdaten im Vergleich zum IFRS-Abschluss sind allerdings – ebenso wie Änderungen der Bewertungsmethoden im Periodenvergleich – gem. IFRS 8.27 grundsätzlich zu erläutern.

cc) Segmentübergreifende Angaben

Unternehmensweite Angaben

Unabhängig von der Organisationsstruktur hat jedes berichtspflichtige Unternehmen gem. IFRS 8.31 **unternehmensweite Angaben** zu

- **Produkten und Dienstleistungen**,
- **geografischen Teilgebieten** und
- **wesentlichen Kunden**

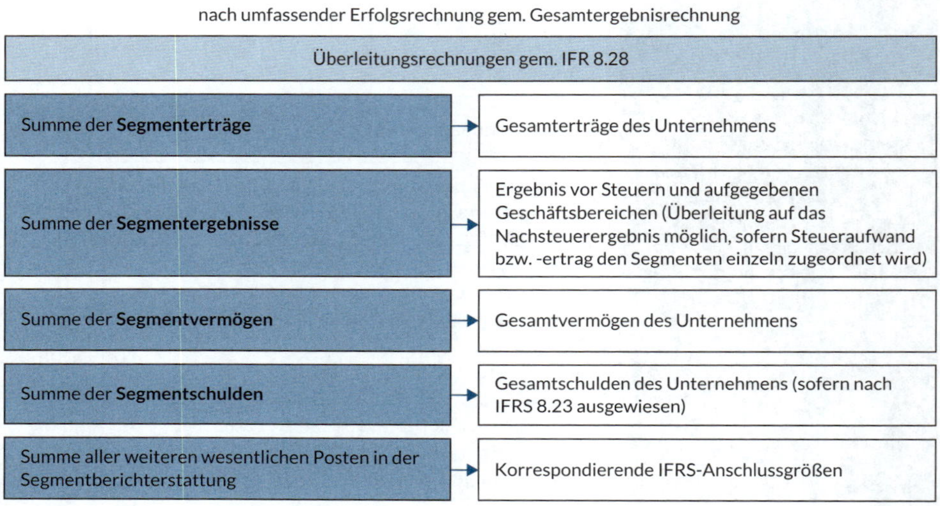

Abbildung D.17 Überleitungsrechnungen gem. IFRS 8.28

zu machen, um den Abschlussadressaten zusätzliche Informationen bereitzustellen. Dies ist auch dann erforderlich, wenn ein Unternehmen nur ein Segment hat oder nicht nach Produkt- oder Dienstleistungsgruppen bzw. geografisch abzugrenzenden Gebieten organisiert ist. Zu beachten ist, dass die unternehmensweiten Angaben nach den für die **externe Berichterstattung geltenden Regelungen** zu ermitteln sind. Die geforderten Informationen sind nur zu erteilen, sofern sie nicht ohnehin im Rahmen des Segmentberichts vermittelt werden. Unterbleiben darf die Berichterstattung ansonsten jeweils nur, falls die erforderlichen Informationen nicht verfügbar sind und die Kosten für ihre Erstellung unverhältnismäßig hoch wären.

(1) Produkte und Dienstleistungen

Im Hinblick auf **Produkte und Dienstleistungen** sind gem. IFRS 8.32 die **Segmentumsätze mit externen Kunden** hinsichtlich **einzelner** Produkte beziehungsweise Produktgruppen und Dienstleistungen beziehungsweise Gruppen von verwandten Dienstleistungen offen zu legen.

(2) Geografische Teilgebiete

Bei der Berichterstattung über **geografisch abgegrenzte Teilgebiete** ist gem. IFRS 8.33 jeweils **getrennt** für

- das **Land des Unternehmenssitzes**[17] sowie
- den **Rest der Welt**

zu berichten über

- **Erträge**, die von externen Kunden erwirtschaftet wurden (wesentliche Erträge für einzelne Länder gesondert), und
- **Zugänge langfristiger Vermögenswerte** außer Finanzinstrumenten, sowie Zugänge latenter Steueransprüche, Zugänge von aus Pensionsleistungsplänen resultierenden Vermögenswerten i. S. v. IAS 19 und Zugänge von Rechten aus Versicherungsverträgen (wesentliche Vermögen für einzelne Länder gesondert).

Diese Darstellung nach geografischen Teilgebieten mit der **Betonung der wirtschaftlichen Wesentlichkeit** soll sich für die Abschlussadressaten als besonders nützlich erweisen, da sie Rückschlüsse auf die Konzentration von Risiken besser erlaubt als eine Darstellung nach Ländergruppierungen (wie etwa eine Gruppierung in Europa, Afrika, mittlerer Osten etc.).

(3) Wesentliche Kunden

Zu berichten ist gem. IFRS 8.34 ferner über die Abhängigkeit von wesentlichen Kunden. Erreichen die Umsätze mit einem Kunden **10 % der Gesamterträge**, so ist hierüber unter Angabe der betroffenen Segmente zu informieren. Eine namentliche Nennung von Kunden ist dabei ebenso wenig vorgeschrieben wie die genaue Aufgliederung der Erträge auf die Segmente.

4. Lageberichterstattung

a) Zweck, Aufstellung und Elemente des Lageberichts

aa) Zweck der Lageberichterstattung

Beurteilungen des Managements

Ein Lagebericht dient gem. IAS 1.13 dazu, die wesentlichen Merkmale der **Vermögens-, Finanz- und Ertragslage aus der Sicht des Managements** zu beschreiben. Außerdem soll das Management die wesentlichen Unsicherheiten darstellen, denen sich das Unternehmen gegenüber sieht. Beispielhaft nennt der Standard mögliche Inhalte eines Lageberichts. Dazu zählen neben den die Ertragskraft des Unternehmens determinierenden Hauptfaktoren und Einflüssen u. a. Finanzierungsquellen sowie nicht in der Bilanz ausgewiesene Ressourcen. Grundsätzlich dient der Lagebericht dazu, den Abschluss **sachlich sowie zeitlich zu ergänzen**, indem das Management Einschätzungen präsentiert, die aus den übrigen Abschlussbestandteilen nicht ersichtlich sind. Der Lagebericht erfüllt also neben der **Informationsfunktion** zusätzlich auch eine **Beurteilungsfunktion**.

bb) Aufstellung des Lageberichts

Freiwillige Aufstellung

Hinsichtlich der Lageberichterstattung existiert im IFRS-Rechnungslegungssystem kein eigenständiger Standard. In Ergänzung zu den Pflichtbestandteilen eines IFRS-Abschlusses gem. IAS 1.10 (vgl. S. 105), enthält IAS 1.13 den Verweis auf einen **freiwilligen Managementbericht zur Lage des Unternehmens** (*financial review by management*). Der Standard stellt ausdrücklich klar, dass der Lagebericht kein Bestandsteil des IFRS-Abschlusses ist und somit nicht in den Anwendungsbereich einzelner Standards fällt. In Deutschland ansässige Unternehmen, die einen IFRS-Abschluss aufstellen, haben jedoch nach wie vor bestimmte handelsrechtliche Vorschriften zu beachten.

Verpflichtende Aufstellung

So besteht für mittelgroße oder große deutsche Kapitalgesellschaften und haftungsbeschränkte Personenhandelsgesellschaften die **Pflicht** zur Aufstellung eines Lageberichts. Diese ergibt sich aus § 264 Abs. 1 HGB. Eine analoge Pflicht besteht gem. § 290 Abs. 1 HGB zur Aufstellung eines Konzernlageberichts für Kapitalgesellschaften oder nach § 264a HGB für Personenhandelsgesellschaften, bei denen keine natürliche Person persönlich haftender Gesellschafter ist, bzw. nach § 11 PublG für nach dem Publizitätsgesetz zur Berichterstattung verpflichtete Unternehmen. Die inhaltlichen Anforderungen im HGB unterscheiden sich lediglich hinsichtlich der Angabe bestehender Zweigniederlassungen bei in den Konzernabschluss einbezogenen Unternehmen. Ansonsten sind die §§ 289 und 315 HGB, die Vorgaben zu den Inhalten machen, vergleichbar.

cc) Berichtsinhalte

Neuerungen

Die handelsrechtlichen Regelungen (§ 289 bzw. § 315 HGB) werden um Empfehlungen des DRSC ergänzt bzw. konkretisiert. Der 2012 verabschiedete ***DRS 20 – Konzernlagebericht*** ersetzte in diesem Zusammenhang die bisher geltenden DRS 5, 5-10, 5-20 sowie 15.[18] **Grundlegende Änderungen** ergeben sich im Zusammenhang mit den Definitionen von Chancen und Risiken. Des Weiteren wurde der Grundsatz der Konzentration auf nachhaltige Wertschaffung aus den Anforderungen entfernt. Im Gegenzug führt DRS 20 die Grundsätze der Wesentlichkeit und der Informationsabstufung neu in die Lageberichterstattung ein.[19] DRS 20 enthält keine Empfehlungen zur inhaltlichen Ausgestaltung der Konzernlageberichterstattung (DRS 20.B42). Allerdings ist der Konzernlagebericht in abgegrenzte Abschnitte zu gliedern und mit treffenden Überschriften zu versehen (DRS 20 Rz. 25). Abb. D.18 gibt einen Überblick über die zu erwartende Veränderung der Struktur des Lageberichts durch DRS 20 gegenüber DRS 15. Gegenüber den bisherigen Regelungen werden bestimmte Regelungen (»K-Ziffern«) nur von kapitalmarktorientierten Unternehmen anzuwenden sein.[20] Die Empfehlungen zur Zwischenberichterstattung (DRS 16) sowie zur Vergütung von Organmitgliedern (DRS 17) besitzen als eigenständige Verlautbarungen weiterhin Gültigkeit.

Grundlagen des Konzerns

Die »Grundlagen des Konzerns« ersetzen die Geschäfts- und Rahmenbedingungen des DRS 15. Ausführungen zum Geschäftsmodell sind weiterhin erforderlich (DRS 20 Rz. 36-52). Die bisher unter den Geschäfts- und Rahmenbedingungen erläuterten gesamtwirtschaftlichen und unternehmensspezifischen

Rahmenbedingungen und der Geschäftsverlauf werden indes künftig im Rahmen des Wirtschaftsberichts behandelt. Als explizite Berichtselemente genannt werden **Ziele und Strategien** des Unternehmens (DRS 20 Rz. 39-44), was dem verständigen Adressaten eine Einordnung der Konzernchancen und -risiken im Kontext dieser ermöglichen soll. Die Darstellung des **Steuerungssystems** ist eine Anforderung, die sich ausschließlich an kapitalmarktorientierte Unternehmen richtet (DRS 20 Rz. K45) und u. a. die Darstellung der im Konzern verwendeten Kennzahlen sowie deren Berechnung verlangt. Die Erläuterungen zum Bereich **Forschung und Entwicklung** (DRS 20 Rz. 49, 52) verlangen eine Quantifizierung des Faktoreneinsatzes sowie der erzielten Ergebnisse, unabhängig von der Tatsache, ob eine Aktivierung von Entwicklungskosten stattgefunden hat. Erfolgte eine Aktivierung, ist darüber entsprechend zu berichten.[21] Insofern werden die Bereiche Ziele und Strategien sowie Forschung und Entwicklung durch ihre explizite Nennung im Gegensatz zu DRS 15 stärker betont.

Wirtschaftsbericht

Eine Reduktion der Erläuterungen ist für die Darstellung der **gesamtwirtschaftlichen und branchenbezogenen Rahmenbedingungen** zu erwarten. Unter Berücksichtigung des neu eingeführten Grundsatzes der Wesentlichkeit sind nur solche Informationen darzustellen, die für das Verständnis der Analyse des Geschäftsverlaufs und der wirtschaftlichen Lage des Konzerns erforderlich sind.[22] Die Ausführungen zum **Geschäftsverlauf** sollen u. a. auf wesentliche Ereignisse oder die Entwicklung des Aktienkurses eingehen. Im Rahmen der Darstellung, Analyse und Beurteilung der Ertrags-, Finanz- und Vermögenslage ist die **Lage des Konzerns** zu erläutern. Im Rahmen der **Ertragslage** werden Einschätzungen zur Ergebnis-, Umsatz- und Auftragsentwicklung, der Entwicklung wesentlicher Positionen der Gesamtergebnisrechnung sowie wesentliche Kennzahlen bereitgestellt. Die Erläuterung der **Finanzlage** umfasst die Grundsätze und Ziele des Managements im Hinblick auf die Finanzierung des Konzerns, Analysen zu den getätigten Investitionen sowie der Liquidität und Angaben zu den Kapitalkosten. Umfasst der Konzernabschluss zudem eine Segmentberichterstattung, so sind zusätzlich segmentbezogene Angaben zur Ertragslage und zu Investitionen zu erteilen.[23] Bei der Darstellung der **Vermögenslage** ist z. B. auf die Vermögensstruktur, Zeitwerte zu historischen Werten in der Bilanz, nicht bilanziertes Vermögen, wesentliche Unternehmenskäufe, Humankapital und sonstige nicht bilanzierte immaterielle Werte einzugehen. Die **Erläuterung finanzieller und nicht-finanzieller Leistungsindikatoren**, die auch intern zur Steuerung genutzt werden, wird um eine Quantifizierung ergänzt.[24] Wesentliche Veränderungen gegenüber dem Vorjahr sind wie auch nach DRS 15 darzustellen und zu analysieren. Die gesamten Ausführungen im Wirtschaftsbericht sind zu einer **Gesamtaussage** zu verdichten, die auch Erkenntnisse nach dem Berichtszeitraum berücksichtigt.[25] Die Konzernleitung hat eine Aussage abzugeben, ob die Geschäftsentwicklung günstig oder ungünstig verlaufen ist.

Nachtragsbericht

Der **Nachtragsbericht** dient zur Aktualisierung des durch den Abschluss vermittelten Bilds der Lage des bilanzierenden Unternehmens durch die Angabe von Vorgängen von besonderer Bedeutung sowie deren Auswirkungen auf die Vermögens-, Finanz- und Ertragslage.[26] Die Angabe über Vorgänge von besonderer Bedeutung, die nach dem Ende des Geschäftsjahres eingetreten sind, ist für die Abschlussadressaten von besonderer Bedeutung, da das durch die sonstigen Abschlussbestandteile vermittelte Bild der wirtschaftlichen Lage damit aktualisiert und ggf. auch

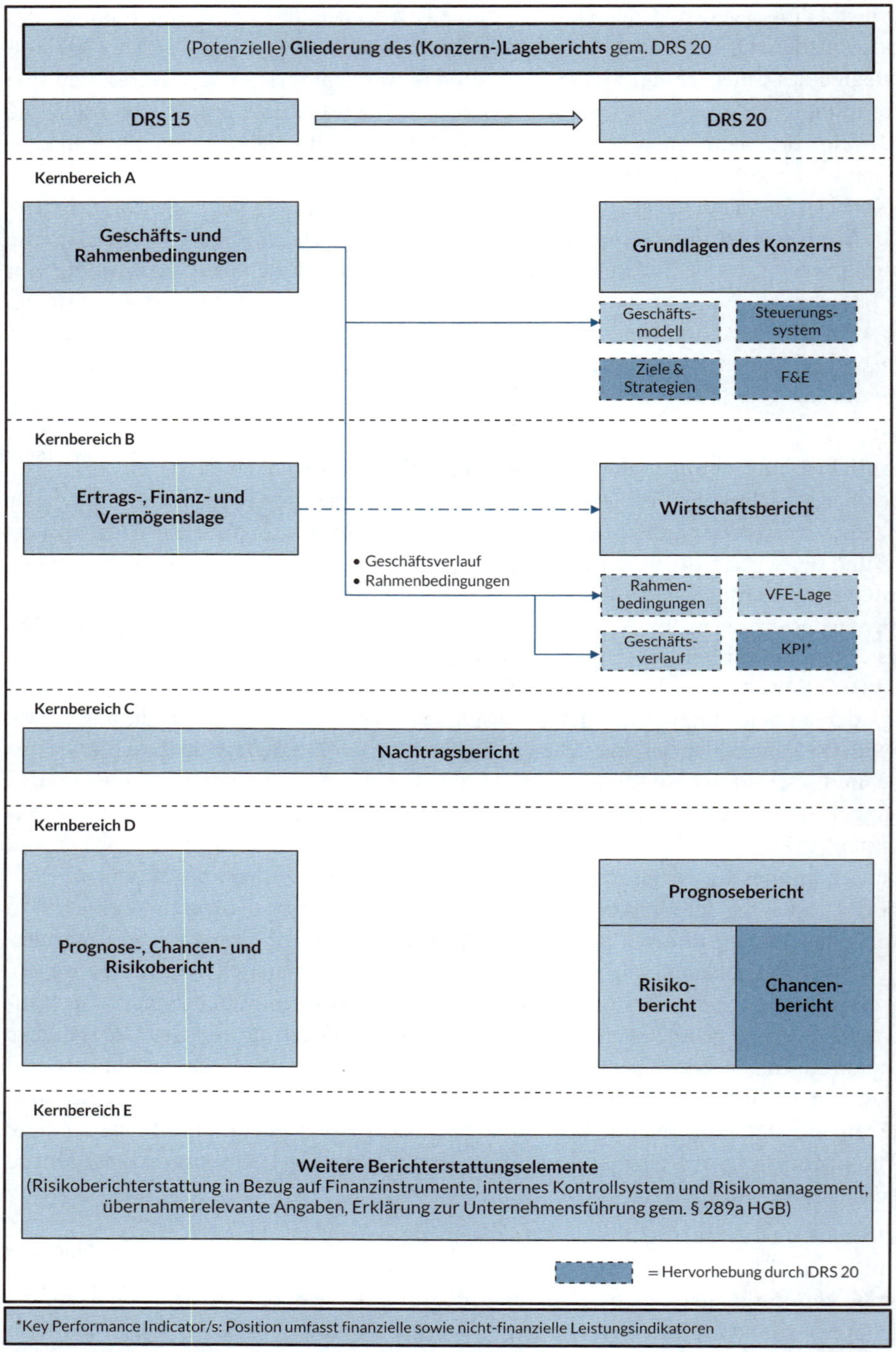

Abbildung D.18 (Potenzielle) Gliederung des Lageberichts gem. DRS 20

korrigiert wird. Insofern ist unter einem bedeutsamen Vorgang ein Vorgang zu verstehen, bei dessen Auftreten vor dem Bilanzstichtag die Darstellung der wirtschaftlichen Lage beeinflusst worden wäre. Beispielhaft seien hier Unternehmenszusammenschlüsse, die Aufgabe von Geschäftsbereichen, die Vernichtung von Produktionsanlagen, ungewöhnlich hohe Wechselkursänderungen oder wesentliche Änderungen in der Steuergesetzgebung genannt.

Prognosebericht

Der Prognosebericht ergänzt den vergangenheitsorientierten Konzernabschluss um zukunftsbezogene Angaben, wodurch er eine hohe Bedeutung für die Bilanzadressaten erhält.[27] Der Prognosezeitraum wird im Unterschied zu DRS 15 auf eine Mindestdauer von einem Jahr reduziert und kann um absehbare Sondereinflüsse in der Folgezeit ergänzt werden.[28] Die **Prognose** umfasst den Geschäftsverlauf und die Lage des Konzerns und ist zu einer **Gesamtaussage** zu verdichten.[29] Die **wesentlichen zugrundeliegenden Annahmen** sind anzugeben und müssen im Einklang mit den Prämissen stehen, die der Konzernabschlusserstellung zugrunde lagen.[30] Verwendet der Bilanzierende **externe Prognosen**, so ist auf diesen Tatbestand zu verweisen.[31] Entwicklungen der Gesamtwirtschaft sowie der Branche sind nur insofern darzustellen, wie diese für das Verständnis der voraussichtlichen Konzernentwicklung erforderlich sind.[32] Geändert wurden auch die Anforderungen hinsichtlich der **Prognosegenauigkeit**. Aussagen zur Richtung der künftigen Entwicklung müssen einen positiven oder negativen Trend beschreiben und auf dessen Intensität eingehen.[33] Rein komparative und qualitative Prognosen sind daher nicht mehr zulässig.[34] Abb. D.19 gibt in Anlehnung an DRS 20 Rz. 11 einen Überblick über die zulässigen Prognosearten. Darüber hinaus fordert DRS 20 Rz. 131, dass eine Vergleichbarkeit des prognostizierten Werts gegenüber dem Vorjahr im Zusammenhang mit der Prognose oder an anderer Stelle im Konzernlagebericht hergestellt wird.

Risikobericht

Die Risikoberichterstattung umfasst Ausführungen zum Risikomanagementsystem, Angaben zu den identifizierten Risiken und eine abschließende Beurteilung

Zulässige **Prognosearten** gem. DRS 20		
Punktprognose	**Intervallprognose**	**Qualifiziert-komparative Prognose**
»Wir erwarten ein operatives Ergebnis **in Höhe von 650** Mio. Euro.«	»Wir erwarten ein operatives Ergebnis **zwischen 600 und 700 Mio. Euro.**«	»Wir gehen für das kommende Geschäftsjahr von einem **leicht rückläufigen** operativen Ergebnis aus.«

*Die nach DRS 15 noch zulässigen Formen **»komparative Prognose«** (»mehr«, »sinkend«) und **»qualitative Prognose«** (»zufriedenstellend«) sind **gem. DRS 20**, aufgrund der fehlenden Indikation hinsichtlich der prognostizierten Veränderung, **nicht mehr zulässig**.*

Abbildung D.19 Zulässige Prognoseformen gem. DRS 20.

der Risikolage.[35] Wie nach DRS 15 sind insbesondere bestandsgefährdende Risiken – die sowohl den Konzern als auch wesentliche Tochterunternehmen betreffen können – als solche zu bezeichnen.[36] Unter Berücksichtigung des markt- und branchenspezifischen Umfelds des Konzerns und seiner Unternehmen, ist zudem auf bestimmte **Einzelrisiken** einzugehen.[37] Risiken werden dabei gem. DRS 20.11 als ***»mögliche künftige Entwicklungen oder Ereignisse, die zu einer für das Unternehmen negativen Prognose- bzw. Zielabweichung führen können«*** definiert. DRS 20 weitet die Einschätzung von Risiken gegenüber DRS 15 dahingehend aus, dass auch solche Risiken zu berücksichtigen sind, die sich *nach Schluss des Berichtszeitraums* in ihrer Bedeutung ändern, neu auftreten oder entfallen.[38] Des Weiteren sind das im Konzern vorhandene **Risikomanagementsystem** sowie dessen konzernweite Ausgestaltung darzustellen. DRS 20 Rz. K137-145. begrenzen diese Ausführungen auf kapitalmarktorientierte Konzerne und verlangen die Angabe, ob das implementierte Risikomanagementsystem lediglich Risiken oder auch Chancen erfasst. Abschließend sind die dargestellten Risiken zu einem **Gesamtbild der Risikolage** des Konzerns zusammenzufassen.[39]

Chancenbericht

Die Chancenberichterstattung erschien in der gegenwärtigen Berichterstattungspraxis als nachrangig gegenüber der Risikoberichterstattung. Um eine ausgewogene Berichterstattung über Chancen und Risiken zu erreichen,[40] misst DRS 20 der Chancenberichterstattung größeres Gewicht bei.[41] Als **Chancen** werden im DRS 20 ***»mögliche künftige Entwicklungen oder Ereignisse, die zu einer für das Unternehmen positiven Prognose- bzw. Zielabweichung führen können«***, umschrieben. Abb. D.20 stellt die veränderten Definitionen zu Chancen und Risiken gegenüber. Die Anforderungen an den Risikobericht sind analog anzuwenden.[42] Damit ist unter unternehmens- und branchenspezifischen Gesichtspunkten über bestehende Chancen zu berichten. Eine Verrechnung der Auswirkungen von Chancen und Risiken ist nicht erlaubt, es wird eine explizite Bruttodarstellung verlangt.[43]

Begriffsdefinition **Chancen und Risiken** gem. DRS 15 und DRS 20

	DRS 15	**DRS 20**
Chance	»Möglichkeit von **positiven künftigen Entwicklungen** der wirtschaftlichen Lage des Konzerns.«	»Mögliche künftige Entwicklungen oder Ereignisse, die zu einer für das Unternehmen **positiven Prognose- oder Zielabweichung** führen können.«
Risiko	»Möglichkeit von **negativen künftigen Entwicklungen** der wirtschaftlichen Lage des Konzerns.«	»Mögliche künftige Entwicklungen oder Ereignisse, die zu einer für das Unternehmen **negativen Prognose- oder Zielabweichung** führen können.«

Abbildung D.20 Veränderung der Definition von Chancen und Risiken unter DRS 20.

Grundsätzlich steht es dem Bilanzierenden offen, ob die Risikoberichterstattung getrennt oder gemeinsam mit der Chancenberichterstattung erfolgt.[44] Wird eine gemeinsame Berichterstattung gewählt, ist die Ausgewogenheit der beiden Elemente zu gewährleisten. Ebenso kann eine gemeinsame oder getrennte Darstellung mit dem Prognosebericht erfolgen. Die Entscheidung sollte sich dabei nach der Einschätzung der Konzernleitung richten, welche Darstellung die voraussichtliche Entwicklung des Konzerns unter Berücksichtigung der Chancen und Risiken am zutreffendsten vermittelt.[45]

b) IASB-Projekt »*management commentary*«

Begleitende Management-Berichterstattung

Das IASB-Projekt zur Lageberichterstattung wurde 2010 durch das IASB mit Veröffentlichung eines *practice statement* abgeschlossen. Dieses bietet ein breitgefächertes, nicht-bindendes Rahmenwerk für die Erstellung einer Managementberichterstattung bzw. -kommentierung im Hinblick auf IFRS-konforme Abschlüsse. Aufgrund der Kommentierung vergangener und künftiger Entwicklungen, vermittelt dieses Instrument wesentliche Informationen an den Abschlussadressaten. Das IASB erhofft sich daher, dass auf diesem Wege mehr relevante Informationen über wesentliche Ressourcen, Risiken und Chancen sowie deren Management kommuniziert werden.

Die Managementkommentierung ist ein narrativer Bericht, der aufgrund seiner Ausführungen für die Interpretation des Abschlusses, des Gewinns oder Verlusts und der erzielten Cashflows einen geeigneten Kontext bieten soll. Ebenso bietet er der Konzernleitung einen Rahmen, um die Ziele und die angedachten Strategien zur Erreichung dieser Ziele darzulegen. Da es sich um keinen Standard handelt, bedarf es keiner Einhaltung dieses *practice statements* zur Erstellung eines IFRS-konformen Abschlusses.[46]

c) CSR-Richtlinie

Eine nicht unwesentliche Reform der Lageberichterstattung ist von der Umsetzung der am 22.10.2014 durch das Europäische Parlament und den Rat veröffentlichten Richtlinie 2014/95/EU über die Angabe nichtfinanzieller und die Diversität betreffender Informationen durch bestimmte große Unternehmen und Gruppen (nachfolgend: »CSR-Richtlinie«) in nationales Recht zu erwarten. Diese zielt darauf ab, die von vielen Unternehmen bereits praktizierte, in den meisten Ländern indes bislang weitgehend freiwillige Berichterstattung zu Themen der Unternehmensverantwortung (engl.: »corporate social responsibility«, kurz: »CSR«) innerhalb der EU zu einem verpflichtenden Bestandteil der Unternehmenspublizität zu machen. Die Richtlinie ist damit auch als eine Antwort auf die 2008 eingetretene Finanzkrise zu sehen, in deren Folge der Umfang und die Qualität der Unternehmenspublizität vermehrt kritisiert wurden.

Eine Implementierung der Richtlinie in nationale Gesetzgebungen ist bis zum 6.12.2016 von den Mitgliedsstaaten verpflichtend vorzunehmen, ein erster Referentenentwurf (nachfolgend: HGB-E) des Bundesministeriums der Justiz und für Verbraucherschutz (BMJV) wurde am 11.3.2016 veröffentlicht. Die wesentlichen Inhalte des Entwurfs, der auf eine 1:1-Umsetzung der Vorgaben aus der CSR-Richtlinie abzielt, gestalten sich wie folgt:

aa) Berichtspflicht

Berichtspflichtig sind gem. § 289b Abs. 1 Nr. 1-3 HGB-E zunächst alle großen Kapitalgesellschaften nach § 267 Abs. 3 Satz 1 HGB, die eine Kapitalmarktorientierung gemäß § 264d HGB sowie im Jahresdurchschnitt mehr als 500 Mitarbeiter aufweisen. Auch Kreditinstitute und Versicherungen sollen unter die neue Berichtspflicht fallen, sofern sie die oben genannten Kriterien der Größe und der Mitarbeiterzahl erfüllen.

bb) Ausweis, Inhalte und Prüfungspflicht

Kerninhalt des Entwurfs ist die Erweiterung bzw. Ergänzung des Lageberichts um eine sog. nichtfinanzielle Erklärung. Diese kann gem. § 289b Abs. 1 HGB-E entweder unmittelbar innerhalb des Lageberichts erfolgen oder in Form eines eigenständigen Berichts abgegeben werden. In letzterem Falle ist der gesonderte Bericht gemeinsam mit dem Lagebericht oder innerhalb der nächsten sechs Monate nach dem Abschlussstichtag auf der Internetseite der Gesellschaft zu veröffentlichen.

Im Rahmen der nichtfinanziellen Erklärung können die von der Berichtspflicht betroffenen Unternehmen auf nationale, europäische und/oder internationale Rahmenwerke zurückgreifen (§ 289d HGB-E). Indes sind die folgenden Vorgaben zu beachten:

Die betroffenen Unternehmen haben zunächst das eigene Geschäftsmodell kurz zu beschreiben (§ 289c Abs. 1 HGB-E) und darüber hinaus gem. § 289c Abs. 2 Nr. 1 HGB-E mindestens auf die folgenden Aspekte einzugehen:

- Umweltbelange, insbesondere angebrachte Angaben zu Treibhausgasemissionen, Wasserverbrauch, Luftverschmutzung, Nutzung erneuerbarer und nicht erneuerbarer Energien oder zum Schutz der biologischen Vielfalt;
- Arbeitnehmerbelange, insbesondere angebrachte Angaben zu Maßnahmen der Gewährleistung der Geschlechtergleichstellung, Arbeitsbedingungen, der Achtung der Rechte von Arbeitnehmern und Gewerkschaften, dem Gesundheitsschutz oder der Sicherheit am Arbeitsplatz;
- Sozialbelange, insbesondere angebrachte Angaben zum Dialog auf kommunaler oder regionaler Ebene oder zu Maßnahmen der Sicherstellung des Schutzes der Entwicklung lokaler Gemeinschaften;
- die Achtung der Menschenrechte, insbesondere angebrachte Angaben zur Verhinderung von Menschenrechtsverletzungen; und
- die Bekämpfung von Korruption und Bestechung, insbesondere angebrachte Angaben zu Instrumenten zu deren Bekämpfung.

Zu jedem Themenbereich sind laut § 289c Abs. 3 Nr. 1-7 HGB-E grundsätzlich die folgenden Informationen offenzulegen:

1. Eine Beschreibung des verfolgten Konzepts sowie der angewendeten Due-Diligence-Prozesse sowie seiner Ergebnisse;
2. eine Beschreibung der angewandten Due-Diligence-Prozesse;
3. die wesentlichen mit der Geschäftstätigkeit verknüpften Risiken, sofern diese sehr wahrscheinlich schwerwiegende negative Auswirkungen auf den jeweiligen Aspekt haben oder haben werden;

4. die wesentlichen mit den Geschäftsbeziehungen, Produkten und Dienstleistungen verknüpften Risiken, sofern diese sehr wahrscheinlich schwerwiegende negative Auswirkungen auf den jeweiligen Aspekt haben oder haben werden und ihre Angabe von Bedeutung und die Berichterstattung über sie verhältnismäßig ist;
5. die Handhabung der jeweils unter 3. und 4. genannten Risiken durch die Gesellschaft;
6. Die wichtigsten, für die Geschäftstätigkeit der Gesellschaft relevanten, nichtfinanziellen Leistungsindikatoren;
7. Hinweise auf im Jahresabschluss ausgewiesene Beträge und zusätzliche Erläuterungen dazu, sofern diese für das Verständnis erforderlich sind.

Die Entscheidung, ob und in welchem Umfang die dargestellten Inhalte in die nichtfinanzielle Erklärung aufzunehmen sind, ist von mehreren Faktoren anhängig. So beschränkt sich die Offenlegung der jeweiligen Detailinformationen auf den Fall, dass diese für das Verständnis des Geschäftsverlaufs und des Geschäftsergebnisses, der Lage des Unternehmens sowie der Auswirkungen seiner Tätigkeit notwendig sind. Verfügt ein Unternehmen über kein Konzept für eines der unter § 289c Abs. 2 HGB-E aufgeführten Themenfelder, hat es diesen Umstand gem. § 289c Abs. 4 HGB-E im Sinne eines »comply or explain«-Ansatzes mit einer Begründung darzulegen. Ebenfalls kann nach § 289e HGB-E auf die Veröffentlichung von Angaben verzichtet werden, wenn sich daraus nach vernünftiger kaufmännischer Beurteilung ein erheblicher Nachteil für die Gesellschaft ergibt und eine Aussparung nicht dazu führt, dass ein den tatsächlichen Verhältnissen entsprechendes und ausgewogenes Verständnis des Geschäftsverlaufs, des Geschäftsergebnisses, der Lage der Gesellschaft und der Auswirkungen ihrer Tätigkeiten verhindert wird.

§ 317 Abs. 2 Satz 4 HGB-E sieht eine ausschließlich formelle Prüfungspflicht für die nichtfinanzielle Erklärung vor. Liegt indes, wie in der Praxis der Nachhaltigkeitsberichterstattung teilweise üblich, eine freiwillige, materiell-inhaltliche Prüfung durch eine unabhängige Prüfungsinstanz (z.B. einen Wirtschaftsprüfer oder Berater) vor, ist das Ergebnis analog zu der nichtfinanziellen Erklärung zu publizieren.

Eine Darstellung der Inhalte des Referentenentwurfs findet sich bei *Stawinoga/Velte*, Der Referentenentwurf für ein CSR-Richtlinien-Umsetzungsgesetzt: Eine erste Bestandsaufnahme unter besonderer Berücksichtigung der empirischen Relevanz des Deutschen Nachhaltigkeitskodex (DNK), DB 2016, S. 841-847.

5. Ergebnis je Aktie (IAS 33)

a) Zweck des Ergebnisses je Aktie, Ausweispflicht sowie Aktiendefinitionen

aa) Zweck

Das Ergebnis je Aktie (*earnings per share – EPS*) ist eine anerkannte **Kennzahl zur Bewertung der Ertragslage** eines Unternehmens. Favorisiert wird das Ergebnis je Aktie vor dem Hintergrund dieser Zweckerfüllung u. a. von der Deutschen Vereinigung für Finanzanalyse und Anlageberatung (DVFA). Zielsetzung des IAS 33 ist eine konsistente Ermittlung und Darstellung dieser Kennzahl, um einerseits die Ertragskraft verschiedener Unternehmen miteinander vergleichen zu können, und um andererseits die Entwicklung eines Unternehmens im Zeitablauf beurteilen zu können. Im Fokus steht dabei die Bestimmung des **Nenners**, also der Ermittlung der zugrunde zu legenden Aktienanzahl. Als **relative** Kennzahl kann das Ergebnis je Aktie als Bindeglied zwischen externem Rechnungswesen und Unternehmensbewertung verstanden werden. Diesbezüglich ist zu erwähnen, dass sich das Ergebnis je Aktie reziprok proportional zum Kurs-Gewinn-Verhältnis (KGV) verhält, genauer: Das KGV setzt den Aktienkurs und das Ergebnis je Aktie ins Verhältnis.

bb) Ausweispflicht

Gemäß IAS 33.2 haben alle Unternehmen, deren Stammaktien oder potenzielle Stammaktien **öffentlich gehandelt** werden oder die einen entsprechenden Antrag bei einer Wertpapierbörse eingereicht haben, das Ergebnis je Aktie anzugeben. Wenn sich ein Unternehmen entscheidet, im Rahmen des IFRS-Abschlusses das Ergebnis je Aktie freiwillig zu berichten, so hat es zwingend die Gesamtheit der in IAS 33 enthaltenen Vorschriften zu beachten.

Das Ergebnis je Aktie (Gewinn oder Verlust je Aktie) ist im Rahmen der **umfassenden Erfolgsrechnung** in **zwei Varianten** auszuweisen: Neben dem **unverwässerten** Ergebnis je Aktie (*basic earnings per share*) ist gem. IAS 33.66 f. in jedem Fall auch ein **verwässertes** Ergebnis je Aktie (*diluted earnings per share*) gleichrangig anzugeben. Die Ermittlung und Darstellung hat für jede Klasse von Stammaktien gesondert zu erfolgen. Weiterführende erläuternde Informationen sind im Anhang anzugeben. Diese umfassen z. B. auch Geschäftsvorfälle nach Ende der Periode, welche die Anzahl der am Ende der Periode im Umlauf befindlichen Stammaktien und potenziellen Stammaktien erheblich verändert hätten.

Aufgegebene Geschäftsbereiche

Falls in der Gesamtergebnisrechnung aufgegebene Geschäftsbereiche (*discontinuing operations*) ausgewiesen werden, so ist das Ergebnis je Aktie (unverwässert und verwässert) für **drei Ergebnisse** auszuweisen: Das Ergebnis je Aktie für das fortzuführende Geschäft, für das aufgegebene Geschäft und für das Gesamtgeschäft.

cc) Aktiendefinitionen

Das Hauptaugenmerk von IAS 33 liegt auf der Bestimmung der heranzuziehenden Aktienanzahl. Dabei differenziert der Standard nach **Stammaktien**, **potenziellen Stammaktien** und **Vorzugsaktien**.

Stammaktien sind gem. IAS 33.5 **Eigenkapitalinstrumente**, die allen anderen Arten von Eigenkapitalinstrumenten **nachgeordnet** sind. In Deutschland sind dies Stimmrechtsaktien. Grundsätzlich können mit Stammaktien unterschiedliche Rechte an den Dividenden eines Unternehmens verbunden sein. Dementsprechend ist dann bei der Berechnung des Ergebnisses je Aktie (vgl. Abschnitt b) nach unterschiedlichen Klassen von Stammaktien zu differenzieren. **Potenzielle Stammaktien** sind demgegenüber Finanzinstrumente, die dem Inhaber ein **Anrecht auf Stammaktien** verbriefen können. Sie führen – wie im nächsten Abschnitt darzustellen ist – zu einer Verwässerung des Ergebnisses. Beispiele für potenzielle Stammaktien sind Optionen, Wandelobligationen und in Stammaktien wandelbare Vorzugsaktien.

Vorzugsaktien werden gem. IAS 33.6 bei der Verteilung des Gewinns oder Verlusts **vorrangig bedient**. Da die auf Vorzugsaktien entfallenden Ergebnisbestandteile den Inhabern von Stammaktien definitiv nicht zur Verfügung stehen, dürfen diese Ergebnisbestandteile bei der Berechnung des Ergebnisses je Aktie **nicht berücksichtigt** werden. Für **deutsche Vorzugsaktien** wird jedoch diskutiert, welche Aktiendefinition i. S. v. IAS 33 diese erfüllen. Dies ist vor dem Hintergrund der aktienrechtlichen Regelungen und der genaueren Definition von Stammaktien nach IAS 33 zu beurteilen. Gemäß IAS 33.8 i. V. m. IAS 32.11 begründet ein Eigenkapitalinstrument einen Anspruch am **Nettovermögen** des bilanzierenden Unternehmens. Nach bisheriger Meinung einiger Autoren begründen deutsche Vorzugsaktien zwar eine vorrangige Bedienung hinsichtlich des Gewinn oder Verlusts, nicht aber bezüglich der Verteilung des Vermögens nach § 271 AktG. Dies lege – so die Autoren – den Schluss nahe, dass Vorzugsaktien deutschen Typs gem. der Definition des IAS 33 eine eigene Klasse (wegen der vorrangigen Bedienung) von Stammaktien bilden. Das IDW ist jedoch mittlerweile zu der Auffassung gelangt (IDW RS HFA 2), dass das entscheidende Kriterium zur Unterscheidung von Stamm- und Vorzugsaktien i. S. d. IAS 33 die in IAS 33.6 beschriebene Nachrangigkeit der Dividendenrechte ist, und nicht die Teilhabe am Nettovermögen. Demnach sind deutsche Vorzugsaktien i. d. R. keine Stammaktien i. S. v. IAS 33. Daher weisen einige deutsche Unternehmen zusätzlich ein Ergebnis je Vorzugsaktie aus. Letztlich hängt die Beantwortung der Frage, welcher Aktienart des Standards deutsche Vorzugsaktien zuzurechnen sind, von der genauen Ausgestaltung der Satzung des Unternehmens ab.[47]

b) Berechnung des Ergebnisses je Aktie

aa) Überblick

Das Ergebnis je Aktie ist jeweils **unverwässert** (*basic*) und **verwässert** (*diluted*) in der Gesamtergebnisrechnung anzugeben. Der Unterschied zwischen diesen beiden Konzepten liegt in der Ermittlung der zugrunde zu legenden Aktienanzahl. Die grundsätzliche Berechnung der Kennzahl erfolgt anhand folgender Formel:

$$Ergebnis\ je\ Aktie = \frac{Gewinn\ order\ Verlust}{Aktienanzahl}$$

Für die Berechnung ist somit neben der Bestimmung des Zählers insbesondere die **Bestimmung des Nenners** von Bedeutung. Während im unverwässerten Ergebnis je Aktie nur die im Umlauf befindlichen Stammaktien Berücksichtigung finden, sind der Aktienanzahl bei der Berechnung des verwässerten Ergebnisses je Aktie auch potenzielle Stammaktien zuzurechnen.

bb) Unverwässertes Ergebnis je Aktie

Das unverwässerte Ergebnis je Aktie ist gem. IAS 33.10 die Division des den **Stammaktionären zustehenden Ergebnisses** durch die gewichtete durchschnittliche Zahl der innerhalb der Berichtsperiode im Umlauf gewesenen **Stammaktien.** Für den Zähler folgt daraus, dass der Gewinn oder Verlust um alle nicht den Stammaktionären zurechenbaren Ergebnisbestandteile zu **bereinigen** ist. Dies betrifft – vereinfachend ausgedrückt – Ergebnisbestandteile, die Minderheiten zuzurechnen sind sowie Ergebnisbestandteile, die den Inhabern von Vorzugsaktien zuzurechnen sind. **Sonstige Korrekturen des Gewinns oder Verlusts** außerhalb dieser durchzuführenden Bereinigungen (z B. um Steuern, Zinsen oder außerordentliche Posten) sind gem. IAS 33.13 **nicht gestattet**. Die Berechnung des Gewinns oder Verlusts hat außerdem **unabhängig von Dividendenzahlungen** des Unternehmens zu erfolgen, d. h., Dividendenzahlungen der laufenden Periode schmälern das Ergebnis ebenso wenig wie Dividendenzahlungen aus früheren Perioden. Einzig Vorzugsdividenden mindern bei Vorliegen eines konkreten (zustehenden beziehungsweise beschlossenen) Dividendenanspruchs das Ergebnis.[48]

Bei der Bestimmung des Nenners ist gem. IAS 33.19 der **gewichtete Durchschnitt** der **im Umlauf befindlichen Stammaktien** zu bilden, d. h., im Geschäftsjahr zusätzlich ausgegebene Stammaktien erhöhen, zurück erworbene Stammaktien mindern gem. IAS 33.20 den Bestand an Stammaktien. Der multiplikativ einzubeziehende **Zeitgewichtungsfaktor** (Anzahl Tage/365) stellt entsprechend das Verhältnis der jeweiligen Umlauftage der Stammaktien zur Gesamtzahl der Tage der Berichtsperiode dar.

BEISPIEL:

Gegeben seien die Daten in der folgenden Tab. D.6

Zeitpunkt	Transaktion	Ausgegebene Aktien	Eigene Aktien	Ausstehende Aktien
01.01.2013	Bestand zu Jahresbeginn	8 000	1 100	6 900
30.04.2013	Emission neuer Aktien	3 000		9 900
01.11.2013	Erwerb von eigenen Aktien		600	9 300
31.12.2013	Bestand am Jahresende	11 000	1 700	9 300

Tabelle D.6 Beispielhafte Daten zur Berechnung des Nenners des Ergebnisses je Aktie

Die Berechnung des gewichteten Durchschnitts erfolgt dann wie folgt, wobei hier eine Ermittlung auf Monatsbasis (mit »Anzahl Monate/12« als Zeitgewichtungsfaktor) vertretbar erscheint.

$$6900 \times \frac{12}{12} + 3000 \times \frac{8}{12} - 600 \times \frac{2}{12} = 8800\ [Aktien]$$

Vereinfachungen bei der Ermittlung des gewichteten Durchschnitts sind gem. IAS 33.20 auch in der Praxis zulässig und gebräuchlich, solange dies zu keinen wesentlichen Verzerrungen führt. Bedeutende Kapitalmaßnahmen sind daher taggenau zu berechnen.

Maßgeblich für die Berücksichtigung von neu ausgegebenen Aktien ist im Übrigen der Zeitpunkt, an dem die jeweilige **Gegenleistung** fällig ist. In IAS 33.21-33.23 werden dazu Beispiele präsentiert.

Neben der Berücksichtigung des Zeitgewichtungsfaktors ist die **nachträgliche Anpassung der Aktienzahl** essenziell. Gemäß IAS 33.26 handelt es sich dabei um Fälle einer **Änderung der Aktienzahl ohne proportionale Änderung der Ressourcen**, also ohne dass dem Unternehmen eine adäquate Gegenleistung durch die künftigen Aktionäre (beziehungsweise den bisherigen Aktionären durch das Unternehmen) entsteht. Als Beispiele nennt IAS 33.27 die Ausgabe von Gratisaktien, die Durchführung eines Aktiensplits und die Zusammenlegung von Aktien im Rahmen einer vereinfachten Kapitalherabsetzung.[49] Durch die dann notwendige nachträgliche Anpassung ist die Zahl der Stammaktien gem. IAS 33.28 so darzustellen, als wäre das Ergebnis zu Beginn der ersten dargestellten Periode eingetreten. Gemäß IAS 33.64 ist eine Anpassung auch dann erforderlich, wenn eine solche Änderung der Aktienzahl erst zwischen dem Periodenende und der Veröffentlichung des Abschlusses erfolgt.

BEISPIEL:

Bei einem Aktiensplit im Verhältnis eins (alt) zu drei (neu) erhält jeder Aktionär pro Aktie zwei Aktien hinzu. Am Kapitalmarkt sinkt dadurch der Aktienkurs auf ein Drittel des bisherigen Kurses. Gleichzeitig wird der Nennwert des Kapitals auf den dreifachen Wert erhöht (Kapitalerhöhung). Jeder Aktionär hat somit nach wie vor den gleichen Wert in seinem Portfolio, aber den dreifachen Bestand an Stammaktien. Rückwirkend ist für die Berechnung des Ergebnisses je Aktie demnach von der dreifachen im Umlauf befindlichen Zahl an Stammaktien auszugehen. Das Ergebnis je Aktie sinkt also ceteris paribus rückwirkend auf ein Drittel des bisherigen Ergebnisses.

cc) Verwässertes Ergebnis je Aktie

Bei der Berechnung des verwässerten Ergebnisses je Aktie sind im Vergleich zu der Berechnung des unverwässerten Ergebnisses gem. IAS 33.33-33.39 **weitere Korrekturen** in Zähler und Nenner notwendig, sodass für die Abschlussadressaten der **Einfluss potenziell ausstehender Stammaktien** ersichtlich ist. Mit anderen Worten: Das verwässerte Ergebnis ist bei Vorliegen potenzieller Stammaktien besser als Indikator des tatsächlichen Anteils einzelner Aktionäre am Wert des bilanzierenden Unternehmens geeignet als das unverwässerte Ergebnis. Der Gewinn oder Verlust (Zähler) ist demnach um alle Erträge und Aufwendungen zu bereinigen, die aus der Umwandlung von potenziellen Stammaktien in normale Stammaktien resultieren würden. Eine Verwässerung liegt also vor, wenn der Gewinn oder Verlust und damit des Ergebnis je Aktie durch die Umwandlung von potenziellen Stammaktien beeinflusst werden. Grundsätzlich kann die Umwandlung potenzieller Stammaktien sowohl negative (verwässernde) als auch positive Effekte auf das Ergebnis je Aktie haben. Positive Effekte sind allerdings bei der Berechnung des verwässerten Ergebnisses je Aktie nicht zu berücksichtigen.

Auch der Nenner ist um Verwässerungseffekte zu berichtigen. Gemäß IAS 33.36 ist die Zahl der Stammaktien um die **gewichtete durchschnittliche Zahl** aller **potenziellen Stammaktien** mit Verwässerungseffekt zu erhöhen. Unterstellt wird dabei die Umwandlung **sämtlicher** potenzieller Stammaktien mit Verwässerungseffekt in Stammaktien. Bei der Bestimmung dieser Zahl ist – sofern die potenziellen Aktien unterschiedliche Berechnungsmethoden für die Umwandlung zulassen – gem. IAS 33.39 von dem für den Inhaber günstigsten Ausübungs- beziehungsweise Umwandlungsverhältnis auszugehen.

Für den Zeitpunkt der fiktiven Umwandlung gilt gem. IAS 33.36 die Grundregel, dass der **Ausübungszeitpunkt** dem **Beginn der Rechnungslegungsperiode entspricht**. Die neuen Stammaktien müssen also in diesem Fall nicht gewichtet werden. Ändern sich die Gegebenheiten unterjährig, so gelten folgende Regelungen:

- Werden die potenziellen Stammaktien unterjährig emittiert, so gilt das Emissionsdatum als fiktiver Ausübungszeitpunkt. In diesem Fall erfolgt eine Gewichtung (vgl. S. 168).
- Entfällt das Umwandlungsrecht für potenzielle Stammaktien während der Rechnungslegungsperiode, so sind diese nur bis zum Zeitpunkt des Verfalls im verwässerten Ergebnis (gewichtet) zu berücksichtigen.
- Werden potenzielle Stammaktien **tatsächlich** innerhalb der Rechnungslegungsperiode in Stammaktien umgewandelt, so gehen sie gem. IAS 33.38 nach vergleichbarer Logik für den Teil der Rechnungslegungsperiode bis zur Umwandlung in das verwässerte Ergebnis ein; ab dem Zeitpunkt der Umwandlung bis zum Ende der Rechnungslegungsperiode gehen diese Stammaktien sowohl in das unverwässerte als auch in das verwässerte Ergebnis ein.

BEISPIEL:

Der vollständig den Stammaktionären zurechenbare Gewinn betrage 4 200 €. Im Umlauf sind neben 10 000 Stammaktion auch noch 2 000 Wandelobligationen, die im Verhältnis eins zu eins in Stammaktien umgetauscht werden können. Das unverwässerte Ergebnis berechnet sich wie oben gezeigt:

$$\textit{Unverwässertes Ergebnis je Aktie} = \frac{4\,200}{10\,000} = 0{,}42\ €$$

Auf die Wandelobligationen entfalle im Geschäftsjahr ein Zinsaufwand (nach Steuern) i. H. v. 120 €. Bei der Berechnung des verwässerten Ergebnisses je Aktie ist neben der Erhöhung des Nenners um 2 000 Aktien (Fiktion der tatsächlichen Ausgabe der potenziellen Stammaktien) die Erhöhung des Zählers um den durch die Umwandlung eingesparten Zinsaufwand zu berücksichtigen:

$$\textit{Verwässertes Ergebnis je Aktie} = \frac{4\,320}{12\,000} = 0{,}36\ €$$

An diesem Beispiel wird auch deutlich, dass mit dem Vorliegen von potenziellen Stammaktien nicht immer ein Verwässerungseffekt einhergehen muss. Würde der eingesparte Zinsaufwand z. B. bei 1 200 € liegen so ergäbe sich rechnerisch ein Ergebnis je Aktie i. H. v. 0,45 €. Das unverwässerte Ergebnis wäre im Prinzip vor Verwässerung geschützt (*antidelution*). In einem solchen Fall dürfen die potenziellen Stammaktien bei der Berechnung des verwässerten Ergebnisses indes nicht einbezogen werden. Man rechnet vielmehr in einem »Worst case«-Szenario.

Die Effekte aus der Gesamtbetrachtung verschiedenartiger potenzieller Stammaktien können sich u. U. kompensieren. Daher ist jede Klasse von potenziellen Stammaktien im Hinblick auf einen Verwässerungseffekt einzeln zu prüfen. Dabei kann die **Reihenfolge**, in der die einzelnen Klassen beurteilt werden, gem. IAS 33.44 einen Einfluss darauf haben, ob sie als verwässernd eingestuft werden oder nicht. Um das **niedrigstmögliche verwässerte Ergebnis** je Aktie zu erhalten (»*Worst case*«-Szenario), ist zur Sortierung der Klassen von potenziellen Stammaktien nach der Verwässerungswirkung ein iterativer »*Trial and Error*«-Prozess durchzuführen.[50] Demnach sind im Anschluss an die Identifizierung der potenziellen Stammaktien folgende Schritte essenziell:

Schritt 1: Berechnung des »Ergebnisses je zusätzlicher Aktie« (»*earnings per incremental share*« – *EPIS*) – isoliert für jede Klasse von potenziellen Stammaktien;

Schritt 2: Aufsteigende Sortierung der potenziellen Stammaktien nach dem *EPIS*. Die potenziellen Stammaktien mit dem niedrigsten Ergebnisbeitrag werden also zuerst berücksichtigt (entspricht einer absteigenden Sortierung nach dem Verwässerungseffekt). Gemäß IAS 33.44 sind dies i. d. R. Optionen und Optionsscheine, für die das *EPIS* Null beträgt;

Schritt 3: Ermittlung des **unverwässerten Ergebnisses je Aktie** aus dem fortzuführenden Geschäft als Vergleichsgröße;

Schritt 4: Ermittlung der verwässernden potenziellen Stammaktien pro Klasse durch Vergleich des Ergebnisses je Aktie unter kumulativer Berücksichtigung der potenziellen Stammaktien gem. der Reihenfolge aus Schritt 2 mit der in Schritt 3 berechneten Vergleichsgröße. Dieser stufenweise Vergleich wird solange durchgeführt, bis das niedrigstmögliche **verwässerte Ergebnis je Aktie** erreicht ist.

dd) Kritik

Ausgangspunkt der Berechnung des Ergebnisses je Aktie ist der Gewinn oder Verlust. Daher spielen sämtliche **ergebnisneutralen Eigenkapitalveränderungen** der Gesamtergebnisrechnung (vgl. S. 126 ff.) für die Ermittlung der Kennzahl **keine Rolle**. Indes kann es zu interperiodischen Verzerrungen kommen, falls ein erfolgsneutral erfasster Geschäftsvorfall (z. B. die erfolgsneutrale Zuschreibung eines Vermögenswerts) in einer späteren Periode einen erfolgswirksamen Effekt (z. B. die erfolgswirksame Abschreibung dieses Vermögenswerts) nach sich zieht. Im Kern ist der Gewinn oder Verlust nur ein Zwischenergebnis der Gesamtergebnisrechnung. Letztlich repräsentiert aber das Gesamtergebnis die Veränderung des Eigenkapitals. Bisweilen wird daher kritisiert, dass die Kapitalmarktkommunikation die konsequente Darstellung der Gesamtergebnisrechnung nicht auf das Ergebnis je Aktie überträgt und es kein Gesamtergebnis je Aktie gibt.[51]

c) Aktuelle Entwicklungen

Abschließend soll an dieser Stelle ein kurzer Blick auf das Konvergenzprojekt ›*Earnings per Share*‹ von IASB und FASB geworfen werden.[52]

Im August 2008 haben die beiden Standardsetter einen Standardentwurf zur Überarbeitung des Ergebnisses je Aktie veröffentlicht. Neben der Konvergenz gehört es zu den Zielen des Projekts, eine **vereinfachte Ermittlung** des Ergebnisses je Aktie herbeizuführen. Den (Konvergenz-) Bestrebungen zufolge sollen künftig nur noch Stammaktien und partizipierende Instrumente (Instrumente, die ein Recht auf den Gewinn oder Verlust gewähren) in den Nenner des unverwässerten Ergebnisses je Aktie einbezogen werden. Die Vorschläge (zur vereinfachten Ermittlung) umfassen des Weiteren die Nichtberücksichtigung von erfolgswirksam zum beizulegenden Zeitwert bewerteten Instrumenten bei der Berechnung des verwässerten Ergebnisses je Aktie (sog. *fair value*-Methode). Das IASB vertritt dabei die Ansicht, dass die Anwendung der *fair value*-Methode gegenüber der bisherigen Orientierung an den potenziell ausstehenden Stammaktien (sog. *Treasury Stock*-Methode) ein realistischeres Bild ergebe, da man dabei nicht von der hypothetischen Ausübung aller im Geld befindlichen Optionen sowie dem anschließenden Rückkauf der Anteile ausgeht.[53] Ursprünglich war eine Verabschiedung des Standards für 2009 geplant. Nach einer Verschiebung auf 2010 erfolgte eine vorläufig unbefristete Rückstellung des Projektes aufgrund dringlicherer Projekte.

6. Angaben über Beziehungen zu nahe stehenden Unternehmen und Personen (IAS 24)

a) Zweck

Beziehungen zu nahe stehenden Personen und Unternehmen (*related parties*) können dazu führen, dass sich Geschäfte mit diesen Parteien aufgrund **fehlender Interessengegensätze** von Geschäften mit unabhängigen Dritten unterscheiden. Solche Beziehungen können sich auf die finanzielle Position eines Unternehmens auswirken. Beispielsweise kann es zum Abschluss von Geschäften zu marktunüblichen Konditionen oder dem Unterlassen beziehungsweise der Veranlassung von bestimmten wirtschaftlichen Handlungen kommen, die anderweitig nicht oder nicht in vergleichbarer Weise unternommen worden wären.[54] Abschlussadressaten, die ihre finanziellen Entscheidungen bezüglich des Kaufens, Verkaufens und Haltens von Anteilen an dem bilanzierenden Unternehmen von den durch den IFRS-Abschluss vermittelten Informationen abhängig machen, legen selbstverständlich besonderen Wert auf die **Angabe dieser Beziehungen**. Dementsprechend ist die Zielsetzung des Standards gem. IAS 24.1, das Augenmerk der Abschlussadressaten auf die Möglichkeit zu richten, dass die Vermögens-, Finanz und Ertragslage eines Unternehmens durch Geschäftsvorfälle mit nahe stehenden Unternehmen und Personen beeinflusst werden kann. Der Standard regelt lediglich die **Angabepflichten** hinsichtlich der Beziehungen mit diesen Parteien **im Anhang**. Er enthält indes **keine Vorgaben zur Bilanzierung oder Bewertung** der entsprechenden Transaktionen.

b) Kreis der betroffenen Unternehmen und Personen

Eine dem berichtenden Unternehmen nahe stehende Person kann gem. IAS 24.9 (a)

- die **Beherrschung** (*control*) über das Unternehmen ausüben oder an dessen gemeinschaftlicher Führung (*joint control*) beteiligt sein,
- **maßgeblichen Einfluss** (*significant influence*) auf das Unternehmen ausüben, oder
- bekleidet im Management des berichtenden Unternehmens oder eines Mutterunternehmens dessen eine Schlüsselposition (*key management personel*).

Im Falle von natürlichen Personen schließt diese Definition auch nahe Familienangehörige mit ein. Ein maßgeblicher Einfluss wird i. d. R. widerlegbar bei einem (direkt oder indirekt) gehaltenen Anteil von mindestens 20 % der Stimmrechte vermutet. Aber auch z. B. die Fähigkeit, die Unternehmenspolitik mitzugestalten, Führungspersonal auszutauschen oder von technischen Informationen des anderen Unternehmens abhängig zu sein, lässt auf einen maßgeblichen Einfluss schließen. Die Definition nahe stehender Parteien unterliegt damit zweifelsfrei in einem gewissen Maße subjektiven Interpretationen.[55] Ein Unternehmen ist gem. IAS 24.9 (b) als dem berichtenden Unternehmen nahe stehend einzustufen, wenn:

- **die Unternehmen derselben Unternehmensgruppe angehören (Mutter-, Tochter- sowie Schwestergesellschaften)**;
- eines der Unternehmen ein direkt oder indirekt assoziiertes bzw. Gemeinschaftsunternehmen darstellt;
- **beide Gemeinschaftsunternehmen desselben Dritten sind**;
- ein Unternehmen assoziiertes Unternehmen eines Dritten ist und diesem Dritten das andere als Gemeinschaftsunternehmen zuzuordnen ist;
- zu Gunsten von Arbeitnehmern bestehende **Versorgungskassen** für Leistungen nach Beendigung des Arbeitsverhältnisses;
- eine dem berichtenden Unternehmen nahe stehende Person (bzw. deren Familienangehöriger) das andere Unternehmen kontrolliert (*control*) oder an dessen gemeinschaftlicher Führung (*joint control*) beteiligt ist;
- eine nahestehende Person (bzw. deren Familienangehöriger), die das berichtende Unternehmen kontrolliert (*control*) oder an dessen gemeinschaftlicher Führung (*joint control*) beteiligt ist, maßgeblichen Einfluss (*significant influence*) auf das andere Unternehmen hat oder eine Schlüsselposition (*key management personnel*) bekleidet; sowie
- Managementdienstleistungsgesellschaften

Die Definition in IAS 24.9 ist also sehr **weit reichend.**[56]

Gegenüber der Definition in IAS 24.9 nennt IAS 24.11 in einer Negativabgrenzung Parteien, die **nicht** notwendiger Weise als nahe stehend zu klassifizieren sind. Dazu gehören

- in Personalunion ausgeführte Schlüsselpositionen zweier Unternehmen (eine Person als Mitglied der Geschäftsführung/des Aufsichtsrates beider Unternehmen), ohne dass die natürliche Person, die diese Personalunion innehat, auf die wechselseitigen Beziehungen der betroffenen Unternehmen Einfluss ausübt;
- zwei Partnerunternehmen, die lediglich die gemeinsame Führung eines Joint Ventures ausüben;
- Kapitalgeber, Gewerkschaften, öffentliche Versorgungsunternehmen sowie Behörden und öffentliche Institutionen aufgrund ihrer gewöhnlichen Geschäftsbeziehungen, selbst wenn diese am Entscheidungsprozess mitwirken können sowie
- Kunden, Lieferanten, Franchisegeber, Vertriebspartner oder Generalvertreter, mit denen wesentliche Geschäftsvolumina abgewickelt werden. Eine solche wirtschaftliche Abhängigkeit ist – dies wird in IAS 24.10 klargestellt – nicht das maßgebliche Kriterium bei der Beurteilung einer Beziehung. Relevant ist vielmehr die **rechtliche Gestaltung** der Beziehung.

Nachfolgend seien verschiedene Einflussmöglichkeiten beispielhaft erläutert. Dabei wird je ein Beispiel zu Einflussmöglichkeiten aufgrund von **Beteiligungsverhältnissen** als auch aufgrund von **Schlüsselpositionen** gegeben.

BEISPIEL:

In Abb. D.21 werden in der oberen Hälfte alle nahe stehenden Unternehmen bzw. Personen angeführt, denen das berichtende Unternehmen als nahe stehend zuzuordnen ist. Darüber hinaus werden in der unteren Hälfte all die nahe stehenden Unternehmen bzw. Personen angeführt, die dem berichtenden Unternehmen als nahe stehend zuzuordnen sind. Des Weiteren sind für beide Bereiche auch Beziehungen 2. Grades zu berücksichtigen (Angaben »9 (b) (i)/(ii)/(iv)«).[57]

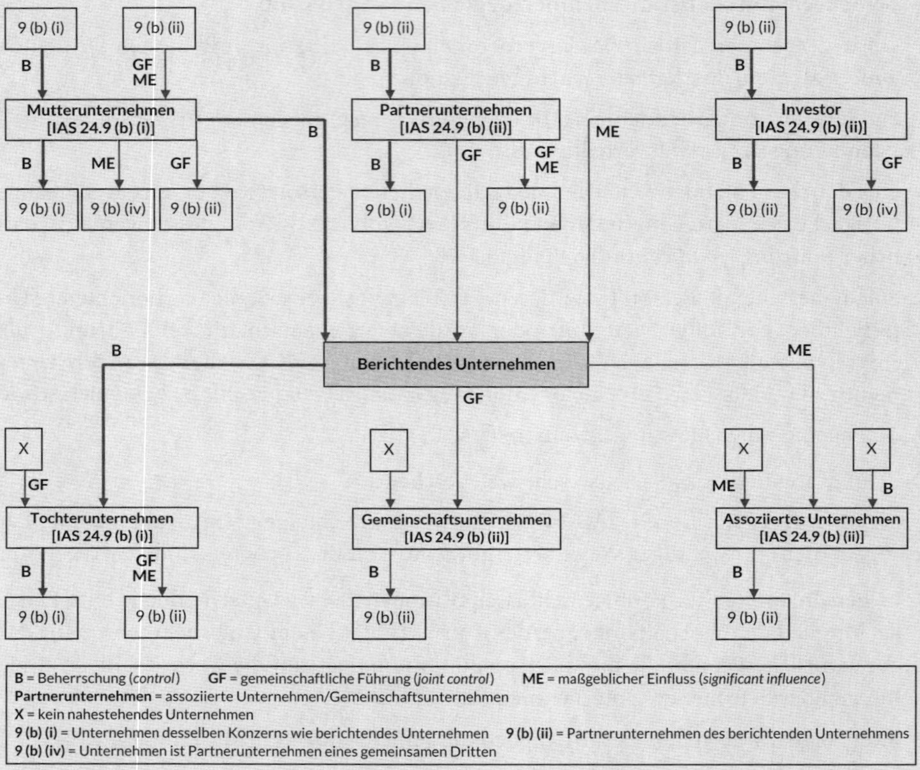

Abbildung D.21 Beispielhafte Darstellung von Einflussmöglichkeiten aufgrund von Beteiligungsverhältnissen[58]

BEISPIEL:

Abb. D.22 konkretisiert die dem bilanzierenden Unternehmen als nahe stehend zuzuordnenden Personen und Unternehmen dahingehend, dass eine Unterscheidung der nahe stehenden Personen hinsichtlich Gesellschaftern und Personen des Managements in Schlüsselpositionen vorgenommen wird. Dementsprechend gelten auch solche Unternehmen als dem berichtenden Unternehmen nahe stehend, die durch Gesellschafter oder nahestehende Personen beherrscht, gemeinsam geführt oder maßgeblich beeinflusst werden. Als Familienangehörige i. S. d. IAS 24.9 (a) zählen dabei Lebenspartner, eingezeichnete Kinder sowie wirtschaftlich abhängige Angehörige.

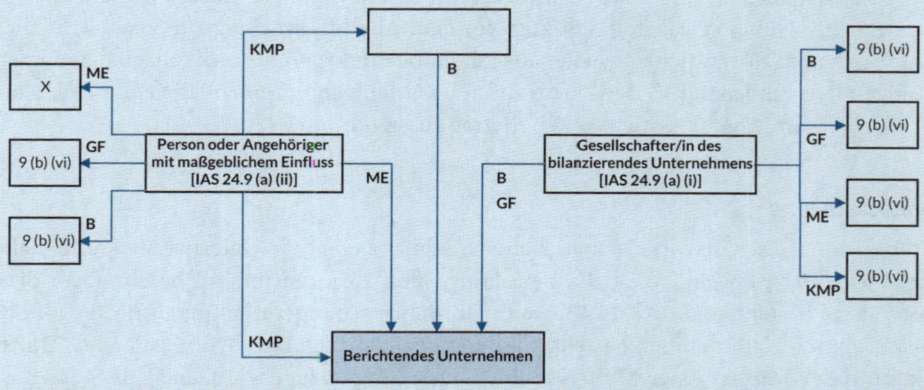

B = Beherrschung (*control*) GF = gemeinschaftliche Führung (*joint control*) ME = maßgeblicher Einfluss (*significant influence*)
KMP = Management in Schlüsselpositionen (*key management personnel*)
X = kein nahestehendes Unternehmen
9 (b) (vi) = ein durch die unter IAS 24.9 (a) genannte Personen beherrschtes/gemeinschaftlich geführtes Unternehmen

Abbildung D.22 Beispielhafte Darstellung von Einflussmöglichkeiten aufgrund von Schlüsselpositionen[59]

c) Anhangangaben

aa) Angabepflichtige Geschäftsvorfälle und Ereignisse

Als Geschäftsvorfall gilt gem. IAS 24.9 die **Übertragung von Ressourcen**, **Dienstleistungen** oder **Verpflichtungen** zwischen nahe stehenden Unternehmen und Personen, unabhängig davon, ob dafür ein Preis berechnet wird. Diese bewusst weite Definition wird in IAS 24.21 konkretisiert, indem auf die den Abschlussadressaten offen zu legenden Geschäftsvorfälle mit nahe stehenden Parteien in Form einer **beispielhaften (nicht abschließenden) Aufzählung** eingegangen wird. Demnach sind **im Anhang** Angaben zu machen hinsichtlich

- Käufen oder Verkäufen fertiger oder unfertiger Erzeugnisse;
- Käufen oder Verkäufen von Grundstücken, Bauten und anderen Vermögenswerten;
- geleisteten oder bezogenen Dienstleistungen;
- Leasingverträgen;
- Transfers von Forschungs- und Entwicklungsdienstleistungen;
- Transfers aufgrund von Lizenzvereinbarungen;
- Finanzierungsvereinbarungen;
- der Gewährung von Bürgschaften oder Sicherheiten sowie
- der Begleichung von Schulden zugunsten des bilanzierenden Unternehmens durch eine nahe stehende Partei beziehungsweise durch das bilanzierende Unternehmen für eine nahe stehende Partei.

Problematisch erscheint, dass IAS 24 nur auf die **Verhältnisse am Bilanzstichtag** abstellt. Alternativ wäre eine Regelung denkbar, wonach der höchste im Verlauf der Periode vorhandene Saldo auszuweisen ist, so wie dies in einigen nationalen Rechnungslegungssystemen gefordert ist. Deutlich wird die dadurch entstehende Manipulationsfähigkeit der

Abschlussangaben an folgendem Beispiel: Wird einem Geschäftsführer ein Darlehen (in wesentlicher Höhe) gewährt, das er kurz vor dem Abschlussstichtag zurückzahlt, es aber kurz nach dem Bilanzstichtag wieder ausgezahlt bekommt, so führt dies nach den derzeit gültigen Regelungen in IAS 24 de facto zu keiner Offenlegung beim bilanzierenden Unternehmen, da am Abschlussstichtag kein Betrag ausstand.

bb) Darstellung

Treten nun Geschäftsvorfälle zwischen dem bilanzierenden Unternehmen und nahe stehenden Parteien ein, so ist die Beziehung offen zu legen und zu beschreiben. Eine Ausnahme besteht gem. IAS 24.13, wenn ein Beherrschungsverhältnis in Bezug auf das bilanzierende Unternehmen besteht. In diesem Fall ist auch ohne Vorliegen einer Transaktion das Vorliegen einer Mutter-Tochter-Beziehung anzugeben. Gemäß IAS 24.18 ist aber grundsätzlich (bei Vorliegen von Geschäftsvorfällen) sowohl über die **Geschäftsvorfälle**, als auch über die aus diesen Geschäftsvorfällen resultierenden **offenen Positionen** zu berichten. Diese Informationen sind für die Abschlussadressaten elementar, um ein Verständnis der potenziellen Auswirkungen auf den IFRS-Abschluss zu erlangen. Die **Mindestangaben** umfassen

- die **absoluten Beträge** der Geschäftsvorfälle mit nahe stehenden Parteien;
- die **absoluten Beträge offener Positionen** (Forderungen/Verbindlichkeiten), die aus solchen Geschäftsvorfällen resultieren, einschließlich der zugrunde liegenden Zahlungsbedingungen, Besicherungen und etwaiger Garantien;
- Rückstellungen für zweifelhafte Forderungen gegenüber nahe stehenden Parteien sowie
- den Abschreibungsaufwand des Geschäftsjahres bei Forderungsausfällen.

BEISPIEL:

Gegeben sei ein Unternehmen A, das 30 % der Stimmrechtsanteile von Unternehmen B hält. Da Unternehmen A mehr als 20 % der Anteile hält, wird ein maßgeblicher Einfluss auf Unternehmen B (widerlegbar) vermutet. Wenn nun ein Handelsvertrag zwischen den beiden Parteien vorliegt, jedoch keine Transaktion innerhalb der Berichtsperiode durchgeführt wurde, ist eine Offenlegung von Informationen nicht erforderlich. Würde Unternehmen A indes 55 % an Unternehmen B halten (und somit eine Beherrschung von Unternehmen B vorliegen), so wäre diese Beziehung anzugeben.

Diese nach IAS 24.18 verlangten Angaben sind gem. IAS 24.19 wiederum **separat** für die folgenden **Gruppen** darzustellen: Für das Mutterunternehmen (aus Sicht eines Tochterunternehmens), für Unternehmen mit gemeinsamer Führung oder maßgeblichem Einfluss auf das beherrschte Unternehmen, für Tochterunternehmen (aus Sicht des Mutterunternehmens), für assoziierte Unternehmen, für Joint Ventures, bei denen das Unternehmen ein Partnerunternehmen ist, für Mitglieder des Managements in Schlüsselpositionen sowie für sonstige nahe stehende Parteien.

Sachliche Positionen vergleichbarer Art können gem. IAS 24.24 **zusammengefasst** dargestellt werden, wenn nicht eine gesonderte Darstellung zu einem besseren Einblick in die wirtschaftliche Lage des bilanzierenden Unternehmens führt. Allerdings enthält IAS 24 keine Regelungen, die Grenzen für eine sinnvolle Zusammenfassung determinieren. Es macht indes wenig Sinn, über jeden einzelnen Geschäftsvorfall zwischen sich nahe stehenden Parteien zu berichten. Vielmehr ist der Grundsatz der Wesentlichkeit zu beachten.

Gesonderte Angaben werden gem. IAS 24.17 für die **Vergütungen für Mitglieder des Managements in Schlüsselpositionen** verlangt. Dies betrifft gem. IAS 24.9 alle Personen, die die Berechtigung und Verantwortung für die Planung, Leitung und Kontrolle der Unternehmenstätigkeit in direkter oder indirekter Form besitzen. Für den deutschen Rechtskreis ist dies i. d. R. der Vorstand beziehungsweise die Geschäftsführung. Für die Berichterstattung der geforderten Angaben sind fünf getrennte Kategorien vorgesehen:

- Kurzfristig fällige Leistungen (laufende Bezüge);
- Leistungen nach Beendigung des Arbeitsverhältnisses;
- andere langfristig fällige Vergütungen;
- Leistungen aus Anlass der Beendigung des Arbeitsverhältnisses (Abfindungszahlungen); sowie
- anteilsbasierte Vergütungen.

Für jede einzelne Kategorie ist jeweils der Gesamtbetrag offen zu legen. Diese Angaben sind auch nach den Regelungen des HGB erforderlich. Sie werden noch erweitert durch den Deutschen Corporate Governance-Kodex, der zum Teil Angaben aufgegliedert nach Personen verlangt. Sofern das Unternehmen Managementleistungen durch Dritte bezieht, sind diese Aufwendungen nicht gem. IAS 24.17 auszuweisen, um Dopplungen zu vermeiden.

7. Weiterführende Literatur

Baetge/Haenelt, Kritische Würdigung der neu konzipierten Segmentberichterstattung nach IFRS 8 unter Berücksichtigung prüfungsrelevanter Aspekte, IRZ 2008, S. 43-50;

Dietsche/Fink, Die Qualität der Lageberichterstattung in Deutschland. Empirische Analyse der Unternehmen im HDAX, KoR 2008, S. 250-261;

Ernstberger/Pfauntsch, Die Qualität von Zwischenberichten börsennotierter Unternehmen in Deutschland, IRZ 2008, S. 195-206;

Grottke/Krammer, Was bringt der management approach des IFRS 8 den Jahresabschlussadressaten? – Eine kritische Analyse, KoR 2008, S. 670-679;

Henkel/Schmidt/Ott, Änderungen in der Zwischenberichterstattung kapitalmarktorientierter Unternehmen, KoR 2008, S. 36-45 sowie S. 110-119;

Köhler, Zukunftsorientierte Berichterstattung nach IFRS unter besonderer Berücksichtigung möglicher Inhalte eines Management Commentary, Jena 2008;

Krakuhn/Schüz/Weigel, Segmentberichterstattung nach IFRS 8: Umsetzung bei Kreditinstituten, IRZ 2008, S. 287-294;

Loitz/Weber, Herausforderungen bei der Anhangerstellung nach IFRS – eine empirische Untersuchung, DB 2008, S. 2149-2155;

Möhring/Eppinger, Das Ergebnis je Aktie nach IAS 33 als Maß unternehmerischer Ertragskraft. Eine Diskussion zentraler Neuregelungen des ED IAS 33 »Simplifying Earnings per Share«, KoR 2008, S. 721-727;

Zülch/Popp, Angaben über Beziehungen zu nahe stehenden Unternehmen und Personen ab 2011, PiR 2011, S. 89-95.

E. Hauptpositionen einer IFRS-Bilanz

I. Immaterielle Vermögenswerte

II. Sachanlagen

III. Zur Veräußerung gehaltene langfristige Vermögenswerte und aufgegebene Geschäftsbereiche

IV. Als Finanzinvestition gehaltene Immobilien

V. Vorräte

VI. Eigenkapital

VII. Rückstellungen, Eventualschulden und Eventualforderungen

VIII. Pensionsrückstellungen und sonstige Leistungen an Arbeitnehmer

IX. Finanzinstrumente

I. Immaterielle Vermögenswerte

RELEVANTE STANDARDS

IAS 8 – Rechnungslegungsmethoden, Änderungen von rechnungslegungsbezogenen Schätzungen und Fehler
IAS 17 – Leasingverhältnisse
IAS 18 – Umsatzerlöse
IAS 20 – Bilanzierung und Darstellung von Zuwendungen der öffentlichen Hand
IAS 23 – Fremdkapitalkosten
IAS 36 – Wertminderung von Vermögenswerten
IAS 38 – Immaterielle Vermögenswerte
IFRS 3 – Unternehmenszusammenschlüsse
IFRS 5 – Zur Veräußerung gehaltene langfristige Vermögenswerte und aufgegebene Geschäftsbereiche
IFRS 13 – Bemessung des beizulegenden Zeitwerts
SIC-32 – Immaterielle Vermögenswerte – Websitekosten

KERNAUSSAGEN

- Immaterielle Vermögenswerte i. S. d. IAS 38 sind identifizierbare, nicht-monetäre Vermögenswerte ohne physische Substanz.
- Ein immaterieller Vermögenswert ist identifizierbar, wenn er entweder separierbar ist oder aus vertraglichen oder anderen gesetzlichen Rechten hervorgeht.
- Separat erworbene immaterielle Vermögenswerte sind beim erstmaligen Ansatz mit den Anschaffungskosten zu bewerten.
- Im Rahmen eines Unternehmenserwerbs erworbene immaterielle Vermögenswerte sind – unabhängig von der Wahrscheinlichkeit des Zuflusses künftigen wirtschaftlichen Nutzens – beim erstmaligen Ansatz mit dem beizulegenden Zeitwert (*fair value*) zu bewerten.
- Selbst erstellte immaterielle Vermögenswerte sind zu Herstellungskosten anzusetzen. Die Herstellungskosten eines selbst erstellten immateriellen Vermögenswerts umfassen die ab dem in IAS 38.57 definierten Zeitpunkt anfallenden Entwicklungsausgaben. Forschungsausgaben dürfen nicht aktiviert werden.
- Immaterielle Vermögenswerte sind entweder zu fortgeführten Anschaffungskosten oder nach dem Neubewertungsmodell zu bewerten. Da für die Anwendung ein aktiver Markt vorausgesetzt wird, ist das Neubewertungsmodell in praxi von untergeordneter Bedeutung.
- Immaterielle Vermögenswerte mit einer endlichen Nutzungsdauer sind planmäßig abzuschreiben. Der Restwert ist grundsätzlich mit 0 € anzunehmen. Die Abschreibungsmethode, der Restwert und die Nutzungsdauer sind mindestens an jedem Geschäftsjahresende zu prüfen.

- Immaterielle Vermögenswerte mit einer unbestimmten Nutzungsdauer sind nicht planmäßig abzuschreiben. Sie sind nach IAS 36 unabhängig von möglichen Wertminderungsindikatoren mindestens einmal jährlich auf eine Wertminderung hin zu untersuchen. Zudem ist jährlich zu prüfen, ob die Nutzungsdauer weiterhin als nicht bestimmbar zu qualifizieren ist. Ab dem Zeitpunkt, an dem die Nutzungsdauer als endlich zu qualifizieren ist, ist das Abschreibungsvolumen planmäßig über die Restnutzungsdauer zu verteilen.

1. Ziel und Anwendungsbereich des IAS 38

Ziel

Ziel des IAS 38 ist es, festzulegen, wie immaterielle Vermögenswerte in einem Abschluss nach IFRS zu bilanzieren sind. Zu diesem Zweck wird zunächst definiert, was als immaterieller Vermögenswert i. S. d. IAS 38 gilt. Anschließend wird erläutert, wann ein immaterieller Vermögenswert in der Bilanz anzusetzen ist. Besonderes Augenmerk wird dabei auf die vom Unternehmen selbst erstellten immateriellen Vermögenswerte gelegt. Weiterführend werden die Zugangs- und die Folgebewertung von immateriellen Vermögenswerten erläutert. Abschließend enthält IAS 38 Vorschriften zu der Frage, wann ein immaterieller Vermögenswert auszubuchen ist sowie welche Informationen im Anhang offenzulegen sind.

Anwendungsbereich

IAS 38 ist grundsätzlich für die Bilanzierung aller immateriellen Vermögenswerte anzuwenden. Ausgenommen davon sind nach IAS 38.2:

- immaterielle Vermögenswerte, die in den Anwendungsbereich eines anderen Standards fallen;
- finanzielle Vermögenswerte, wie sie in IAS 32 »Finanzinstrumente: Darstellung« definiert sind;
- der Ansatz und die Bewertung von Vermögenswerten aus Exploration und Evaluierung (siehe IFRS 6 »Exploration und Evaluierung von mineralischen Ressourcen«); und
- Ausgaben für die Erschließung oder die Förderung und den Abbau von Mineralien, Öl, Erdgas und ähnlichen nicht regenerativen Ressourcen.

Anwendungsbereich anderer Standards

IAS 38 ist im Konzept der IFRS ein generalistischer Standard. Da auch nach IFRS der Grundsatz »lex specialis derogat legi generali« gilt, sind nach IAS 38.2 (a) immaterielle Vermögenswerte, welche in den Anwendungsbereich eines anderen speziellen Standards fallen, entsprechend der Regelungen dieses anderen Standards zu bilanzieren. Dazu zählen:

- immaterielle Vermögenswerte, die von einem Unternehmen zum Verkauf im normalen Geschäftsgang gehalten werden (IAS 2; IAS 11);
- latente Steueransprüche (IAS 12);
- Leasingverhältnisse, die in den Anwendungsbereich von IAS 17 – *Leasingverhältnisse* fallen;
- Vermögenswerte, die aus Leistungen an Arbeitnehmer resultieren (IAS 19);

- finanzielle Vermögenswerte (definiert entsprechend IAS 32 sowie IAS 27, IAS 28 und IFRS 10);
- einen bei einem Unternehmenszusammenschluss erworbenen Geschäfts- oder Firmenwert (IFRS 3);
- abgegrenzte Anschaffungskosten und immaterielle Vermögenswerte, die aus den vertraglichen Rechten eines Versicherers aufgrund von Versicherungsverträgen entstehen und in den Anwendungsbereich von IFRS 4 – *Versicherungsverträge* fallen; sowie
- langfristige immaterielle Vermögenswerte, die in den Anwendungsbereich des IFRS 5 fallen.

Sachanlage versus immaterieller Wert

In einigen Fällen umfasst ein immaterieller Vermögenswert auch einen materiellen Vermögenswert. Zum Beispiel werden Softwareprogramme auf einem materiellen Datenträger (Diskette, CD oder DVD) gespeichert oder ein Spielfilm auf einer DVD aufgezeichnet. Abhängig davon, ob in einem solchen Fall das materielle oder das immaterielle Element als wesentlich gilt, ist ein Vermögenswert als Sachanlage i. S. d. IAS 16 oder als immaterieller Vermögenswert zu klassifizieren. Software, ohne die eine computergesteuerte Werkzeugmaschine nicht eingesetzt werden kann, ist i. d. R. der Sachanlage »Werkzeugmaschine« zuzurechnen und somit nicht nach IAS 38 zu bilanzieren.

In anderen Fällen führen z. B. Forschungs- und Entwicklungstätigkeiten zu neuen Erkenntnissen, welche in einem materiellen Vermögenswert, z. B. einem Prototypen, resultieren. In diesem Falle sind die neuen Erkenntnisse, d. h. das immaterielle Element wesentlicher als das materielle Element.

Leasing

Bei Leasingverhältnissen sind grundsätzlich zwei Arten von immateriellen Vermögenswerten zu unterscheiden. Zum einen kann das Leasingverhältnis selbst einen immateriellen Vermögenswert darstellen, wenn z. B. die Leasingkonditionen gegenüber den aktuellen Marktkonditionen als vorteilhaft einzustufen sind. Solch ein immaterieller Vermögenswert ist nur anzusetzen, soweit er im Rahmen eines Unternehmenserwerbs erworben wurde.

Zum anderen kann ein immaterieller Vermögenswert Gegenstand eines Leasingverhältnisses sein. Ist das Leasingverhältnis als Finanzierungsleasing zu klassifizieren, sind der Ansatzzeitpunkt und die Zugangsbewertung beim Leasingnehmer nach den Regelungen des IAS 17 (vgl. S. 433 ff. und 438 ff.) zu bestimmen. Die weitere Bilanzierung eines solchen immateriellen Vermögenswerts erfolgt entsprechend den Regelungen des IAS 38.

IFRS 5

Ein nach IFRS 5 »Zur Veräußerung gehaltene langfristige Vermögenswerte und aufgegebene Geschäftsbereiche« als »zur Veräußerung verfügbarer« immaterieller Vermögenswert wird nach den Vorschriften des IFRS 5 (vgl. S. 237) bewertet und ausgewiesen. Ebenso sind die erforderlichen Anhangangaben dem IFRS 5 zu entnehmen. Die Vorschriften des IFRS 5 gehen dabei den Vorschriften des IAS 38 vor. Die Frage, wann ein immaterieller Vermögenswert auszubuchen ist, ist hingegen weiterhin auf der Grundlage der Regelungen des IAS 38 zu beantworten.

2. Begriff der immateriellen Vermögenswerte nach IAS 38

Gemäß IAS 38.8 ist eine immaterielle Ressource ein immaterieller Vermögenswert, soweit die folgenden Kriterien erfüllt sind:[1]

A) Sie erfüllt die Definition eines Vermögenswerts.

B) Sie ist identifizierbar.

C) Sie hat keine physische Substanz.

D) Sie ist nicht monetär.

Ad A)

Definition eines Vermögenswerts

Voraussetzung für die Bilanzierung als immaterieller Vermögenswert nach IAS 38 ist, dass die immaterielle Ressource die Definitionskriterien eines Vermögenswerts erfüllt (vgl. S. 76). Besondere Beachtung findet dabei das Kriterium der »Beherrschung«. Dieses Kriterium ist erfüllt, wenn das Unternehmen die Möglichkeit besitzt, sich den künftigen wirtschaftlichen Nutzen, der mit der zu Grunde liegenden Ressource verbunden ist, zu verschaffen, und das Unternehmen den Zugriff Dritter auf diesen Nutzen beschränken kann (IAS 38.13). Häufig liegt Beherrschung auf Grund rechtlich durchsetzbarer Ansprüche vor, wie bei einem eingetragenen Patent oder einer erworbenen Lizenz.

Indes ist die Möglichkeit des rechtlich durchsetzbaren Anspruchs keine notwendige Voraussetzung für die Beherrschung. So kann eine geheime, nicht patentierte Technologie durchaus von einem Unternehmen beherrscht werden.

Mitarbeiter

Ein Unternehmen kann ein gut ausgebildetes **Team von Fachkräften** beschäftigen, dem es künftigen wirtschaftlichen Nutzen zurechnen kann. Aus der Ressource »Team von Fachkräften« fließt einem Unternehmen zweifelsfrei künftig wirtschaftlicher Nutzen zu. Trotzdem ist die immaterielle Ressource »Team von Fachkräften« grundsätzlich kein Vermögenswert. In der Regel fehlt dem Unternehmen die Möglichkeit, andere von diesem Nutzen auszuschließen. So kann ein Mitarbeiter kündigen und das Unternehmen verlassen. Der mit dem Mitarbeiter verbundene künftige wirtschaftliche Nutzen fließt dann einem andern Unternehmen zu. Lediglich für den Fall, dass der Mitarbeiter vertraglich an das Unternehmen gebunden ist (z. B. Profisportler[2]), ist das Kriterium der Beherrschung als erfüllt anzusehen.

Kundenbeziehungen

Kundenbeziehungen werden von einem Unternehmen beherrscht, soweit diese auf **vertraglicher oder rechtlicher Grundlage** beruhen (z. B. eine Dauervertragsbeziehung). Soweit keine vertragliche oder rechtliche Grundlage besteht, beherrscht ein Unternehmen nach IAS 38.16 eine Kundenbeziehung und den daraus resultierenden künftigen wirtschaftlichen Nutzen grundsätzlich nicht. Hat indes für dieselbe oder eine ähnliche Kundenliste eine Tauschtransaktion stattgefunden, ist nach IAS 38.16 der Nachweis erbracht, dass das Unternehmen die Kundenbeziehung entgegen des eben genannten Grundsatzes beherrscht und die Kundenliste grundsätzlich als ein Vermögenswert zu klassifizieren ist.

Fraglich könnte nun sein, ob eine in einer Transaktion getauschte Kundenliste mit der Kundenliste eines Unternehmens vergleichbar ist. Denn davon hängt es ab, ob die Kundenliste des Unternehmens ein Vermögenswert ist. Praktisch ist diese Frage jedoch von untergeordneter Bedeutung, da IAS 38.63 ein explizites Bilanzierungsverbot für selbst erstellte Kundenlisten enthält.

BEISPIEL:

Unternehmen A veräußert eine seiner Kundenlisten an Unternehmen B. Unternehmen C, in derselben Branche wie A und B tätig, überlegt, ob die eigene selbst geschaffene Kundenliste der von A an B veräußerten Kundenliste ähnlich ist. Dann wäre die Kundenliste von C ein Vermögenswert. Für die Bilanzierung bei C ist die Frage irrelevant, da nach IAS 38.63 die selbst geschaffene Kundenliste nicht angesetzt werden darf.

Ad B)

Identifizierbarkeit

Ein immaterieller Vermögenswert ist identifizierbar, wenn dieser vom Geschäfts- oder Firmenwert (Goodwill) eines Unternehmens abgrenzbar ist. Dies ist nach IAS 38.12 in den folgenden Fällen erfüllt:

- Der immaterielle Vermögenswert ist **separierbar**. Das bedeutet, er kann vom Unternehmen getrennt und veräußert, übertragen oder vermietet werden.
- Der immaterielle Vermögenswert entsteht **aus vertraglichen oder anderen gesetzlichen Rechten**. Dabei ist es irrelevant, ob der immaterielle Wert unabhängig vom Unternehmen oder unabhängig von anderen Rechten und Verpflichtungen übertragbar oder separierbar ist.

In vielen Fällen sind bei immateriellen Vermögenswerten beide Kriterien erfüllt. Dies gilt z. B. für geschützte Patente, Spielerverträge im Profifußball, Spielfilme oder Marken. Immaterielle Vermögenswerte, welche lediglich das erste Kriterium erfüllen, sind z. B. nicht geschützte Patente oder nicht-vertragliche Kundenbeziehungen. Immaterielle Vermögenswerte, welche lediglich das zweite Kriterium erfüllen sind z. B. Wettbewerbsverbote oder Schankkonzessionen, welche nicht übertragbar sind, und bei denen eine weitere Verwertung vertraglich ausgeschlossen ist.

Ad C)

Keine physische Substanz

Immaterielle Vermögenswerte haben keine physische Substanz. Soweit ein immaterieller Vermögenswert mit einem materiellen Gegenstand verbunden ist (z. B. Software auf DVD), entscheidet das wesentlichere Element über die Klassifikation als immaterieller oder materieller Vermögenswert.

Ad D)

Nicht monetär

Monetäre Vermögenswerte sind nach IAS 38 Geldbestände und Vermögenswerte, für die das Unternehmen einen festen oder bestimmbaren Geldbetrag erhält (z. B. Forderungen). Diese monetären Vermögenswerte sind identifizierbar und besitzen häufig keine physische Substanz. Monetäre Vermögenswerte zählen aber nicht zu den immateriellen Vermögenswerten i. S. d. IAS 38.

Abbildung E.1 fasst die Definitionskriterien eines immateriellen Vermögenswerts nach IAS 38 nochmals im Überblick zusammen:

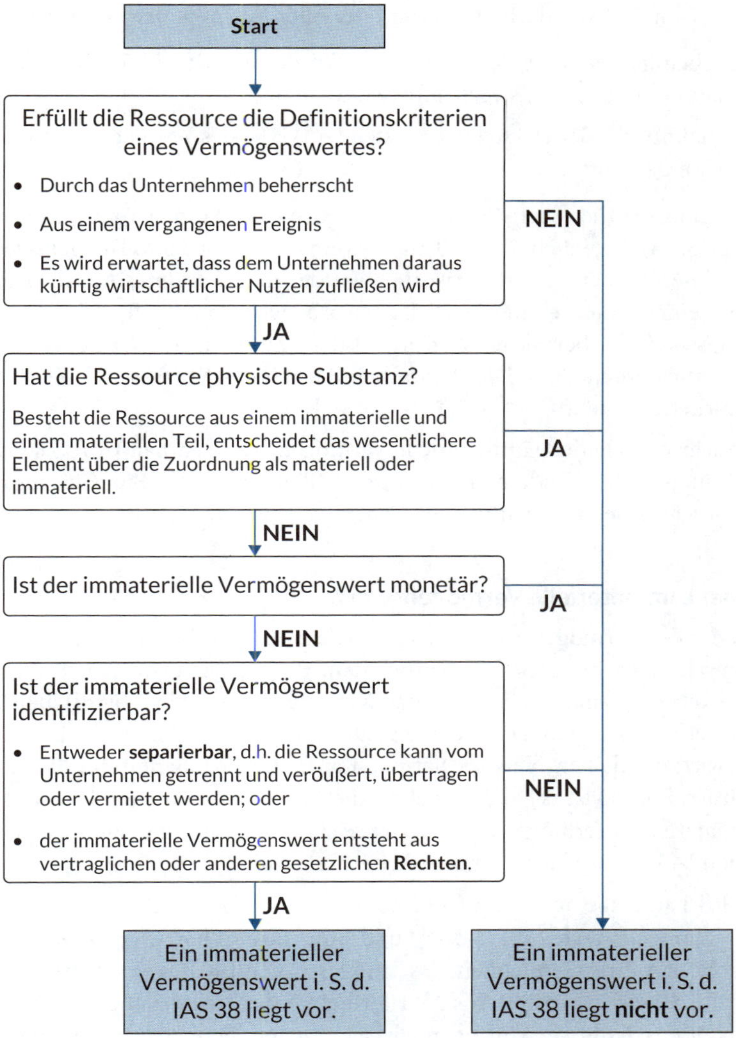

Abbildung E.1 Definitionskriterien eines immateriellen Vermögenswerts

3. Ansatz

a) Überblick

Erworben und selbst erstellt

IAS 38 unterscheidet drei Arten des Zugangs von immateriellen Vermögenswerten:

- Der separate Erwerb immaterieller Vermögenswerte;
- der Erwerb von immateriellen Vermögenswerten im Rahmen eines Unternehmenszusammenschlusses; und
- selbst erstellte immaterielle Vermögenswerte.

Ansatzkriterien Gemäß IAS 38.21 ist ein immaterieller Vermögenswert anzusetzen, wenn

- es wahrscheinlich ist, dass dem Unternehmen der erwartete künftige wirtschaftliche Nutzen aus dem Vermögenswert zufließen wird; und
- die Anschaffungs- oder Herstellungskosten (AK/HK) des Vermögenswerts zuverlässig bewertet werden können.

Damit sind in IAS 38 die allgemeinen Ansatzkriterien des Rahmenkonzepts übernommen worden (vgl. S. 75). Lediglich für den Fall, dass ein immaterieller Vermögenswert im Rahmen eines Unternehmenserwerbs erworben wurde, gilt ein anderes Ansatzkriterium. Ein im Rahmen eines Unternehmenserwerbs erworbener immaterieller Vermögenswert ist anzusetzen, soweit der beizulegende Zeitwert des immateriellen Vermögenswerts zuverlässig bestimmt werden kann. Die Wahrscheinlichkeit des Nutzenzuflusses ist dabei kein explizites Kriterium mehr.[3]

Für einige selbst geschaffene immaterielle Vermögenswerte enthält IAS 38.63 ein explizites Bilanzierungsverbot. Zudem enthält IAS 38.48 ein explizites Bilanzierungsverbot für den selbst geschaffenen Geschäfts- oder Firmenwert (Goodwill).

b) Erworbene immaterielle Vermögenswerte

Ein immaterieller Vermögenswert kann entweder separat oder im Rahmen eines Unternehmenszusammenschlusses erworben werden. Bei separat erworbenen immateriellen Vermögenswerten ist nach IAS 38.25 das **Kriterium des wahrscheinlichen künftigen Nutzenzuflusses** als erfüllt anzunehmen. Denn die Wahrscheinlichkeit des Zuflusses künftigen wirtschaftlichen Nutzens hat der Käufer bei der Ermittlung des Kaufpreises berücksichtigt. Ebenso ist es i. d. R. möglich, die Anschaffungskosten eines separat erworbenen immateriellen Vermögenswerts **zuverlässig zu bestimmen**. Somit ist generell auch das zweite in IAS 38.21 genannte Ansatzkriterium erfüllt.

Gemäß IFRS 3 sind alle bei einem Unternehmenszusammenschluss erworbenen immateriellen Vermögenswerte anzusetzen und mit **ihrem beizulegenden Zeitwert zu bewerten**. Die Wahrscheinlichkeit des Zuflusses künftigen wirtschaftlichen Nutzens ist nach IFRS 3 kein explizites Ansatzkriterium. Indes wirkt sich die Höhe der Wahrscheinlichkeit des Zuflusses künftigen wirtschaftlichen Nutzens auf den beizulegenden Zeitwert eines Vermögenswerts aus. Je kleiner die Wahrscheinlichkeit des Zuflusses künftigen wirtschaftlichen Nutzens, desto kleiner ist auch der beizulegende Zeitwert des Vermögenswerts.

Das IASB unterstellt, dass aus diesem Grunde das Kriterium der Wahrscheinlichkeit bei im Rahmen eines Unternehmenszusammenschlusses erworbenen immateriellen Vermögenswerten stets als erfüllt anzusehen sei. Auf Grund dieser Auslegung sind im Rahmen eines Unternehmenszusammenschlusses erworbene Forschungs- und Entwicklungsprojekte mit dem beizulegenden Zeitwert anzusetzen, selbst wenn diese die unter c) dieses Kapitels erläuterten Ansatzkriterien des IAS 38.57 nicht erfüllen (IAS 38.34).

Zudem geht das IASB davon aus, dass der beizulegende Zeitwert eines im Rahmen eines Unternehmenszusammenschlusses erworbenen immateriellen und identifizierbaren Vermögenswerts stets zuverlässig bestimmbar ist (IAS 38.35). Dies gilt auch, wenn die Bewertungsparameter, die bei der Ermittlung des beizulegenden Zeitwerts zu Grunde gelegt werden, nicht eindeutig bestimmbar sind. Dies kann z. B. für zu schätzende künftige Zahlungsströme gelten oder den für die Berechnung anzuwendenden Zinssatz. Diese Bewertungsunsicherheiten sind entsprechend bei der Ermittlung des beizulegenden Zeitwerts zu berücksichtigen.

c) Selbst erstellte immaterielle Vermögenswerte

Eine wichtige Frage bei der Bilanzierung selbst erstellter immaterieller Vermögenswerte ist, ab welchem Zeitpunkt im Erstellungsprozess ein zu bilanzierender immaterieller Vermögenswert vorliegt. Daher versucht das IASB in IAS 38 für Bilanzierungszwecke die Erstellung eines immateriellen Vermögenswerts zu »standardisieren«. Danach hat ein Unternehmen den Zeitraum der Herstellung eines immateriellen Vermögenswerts in eine **Forschungsphase und** eine **Entwicklungsphase** aufzuteilen.[4]

Forschung ist nach IAS 38.8 definiert als die **eigenständige und planmäßige Suche** mit der Aussicht, zu neuen wissenschaftlichen oder technischen Erkenntnissen zu gelangen. Als Beispiele für Forschungsaktivitäten nennt IAS 38.56 konkret

- Aktivitäten, die auf die Erlangung neuer Erkenntnisse ausgerichtet sind;
- die Suche nach sowie die Abschätzung und endgültige Auswahl von Anwendungen für Forschungsergebnisse und anderem Wissen;
- die Suche nach Alternativen für Materialien, Vorrichtungen, Produkte, Verfahren, Systeme oder Dienstleistungen; und
- die Formulierung, der Entwurf sowie die Abschätzung und endgültige Auswahl von möglichen Alternativen für neue oder verbesserte Materialien, Vorrichtungen, Produkte, Verfahren, Systeme oder Dienstleistungen.

Aus der Definition und den genannten Beispielen wird deutlich, dass in der Forschungsphase kein immaterieller Vermögenswert vorliegt, welcher wahrscheinlich künftig zum Zufluss wirtschaftlichen Nutzens beitragen wird. Daher dürfen Ausgaben in der Forschungsphase nicht als Vermögenswert aktiviert werden.

Entwicklung ist nach IAS 38.8 definiert als die **Anwendung von Forschungsergebnissen** oder von anderem Wissen auf einen Plan oder Entwurf für die Produktion von neuen oder beträchtlich verbesserten Materialien, Vorrichtungen, Produkten, Verfahren, Systemen oder Dienstleistungen. Die Entwicklung findet dabei vor Beginn der kommerziellen Produktion oder Nutzung statt. Als Beispiele für Entwicklungsaktivitäten nennt IAS 38.59

- den Entwurf, die Konstruktion und das Testen von Prototypen und Modellen vor Aufnahme der eigentlichen Produktion oder Nutzung;
- den Entwurf von Werkzeugen, Spannvorrichtungen, Prägestempeln und Gussformen unter Verwendung neuer Technologien;
- den Entwurf, die Konstruktion und den Betrieb einer Pilotanlage, die von ihrer Größe her für eine kommerzielle Produktion wirtschaftlich ungeeignet ist; und
- den Entwurf, die Konstruktion und das Testen einer gewählten Alternative für neue oder verbesserte Materialien, Vorrichtungen, Produkte, Verfahren, Systeme oder Dienstleistungen.

In der Entwicklungsphase ist der Fokus darauf gerichtet etwas zielgerichtet zu entwickeln, was anschließend genutzt wird und dadurch zum Zufluss wirtschaftlichen Nutzens beiträgt. Zu dem Zeitpunkt, zu dem die allgemeinen Ansatzkriterien erfüllt sind, ist ein immaterieller Vermögenswert anzusetzen. Das IASB konkretisiert in IAS 38.57 die allgemeinen Ansatzkriterien bezüglich selbst erstellter immaterieller Werte. Inhaltlich stimmen sie mit den Kriterien des IAS 38.21 überein.[5]

Gemäß **IAS 38.57** ist ein selbst erstellter immaterieller Vermögenswert anzusetzen, wenn das Unternehmen das Folgende nachweisen kann:[6]

- die **technische Realisierbarkeit** der Fertigstellung des immateriellen Vermögenswerts;
- die **Absicht**, den immateriellen Vermögenswert fertig zu stellen sowie ihn zu nutzen oder zu verkaufen;
- die **Fähigkeit**, den immateriellen Vermögenswert zu nutzen oder zu verkaufen;
- wie der immaterielle Vermögenswert einen voraussichtlichen künftigen wirtschaftlichen **Nutzen** erzielen wird;
- die **Verfügbarkeit** adäquater technischer, finanzieller und sonstiger Ressourcen, um die Entwicklung abschließen und den immateriellen Vermögenswert nutzen oder verkaufen zu können; und
- die Fähigkeit, die dem immateriellen Vermögenswert während seiner Entwicklung zurechenbaren Ausgaben **zuverlässig** zu **bewerten**.

BEISPIEL:

Unternehmen A hat sich zum Ziel gesetzt, ein neues Verfahren zur Produktion von Halbleiterplatinen zu entwickeln. Das Projekt wird am 1.1.20X1 gestartet. Bis zum 28.2.20X2 werden neue Erkenntnisse erlangt und alternative Materialien und Prozesse getestet. Ab dem 1.3.20X2 ist die Forschungsphase beendet und die Entwicklung beginnt. Am 15.6.20X2 sind die Kriterien des IAS 38.57 erstmalig erfüllt. Alle Ausgaben, welche bezüglich dieses Projekts bis zum 14.6.20X2 angefallen sind, dürfen nicht aktiviert werden. Da ab dem 15.6.20X2 ein aktivierungspflichtiger Vermögenswert vorliegt, sind alle Ausgaben, die ab diesem Zeitpunkt anfallen, zu aktivieren.

Das Konzept für die Aktivierung von immateriellen Vermögenswerten in IAS 38 setzt voraus, dass die Forschungsphase der Entwicklungsphase zeitlich vorgelagert ist. Können diese beiden Phasen indes nicht getrennt werden, ist es nicht möglich, die Ausgaben für die Entwicklung von den Ausgaben für Forschung zu separieren. In diesem Fall sind nach IAS 38.53 sämtliche Ausgaben als Forschungsausgaben zu klassifizieren. Ein immaterieller Vermögenswert darf daher nicht angesetzt werden.

Beispielsweise schreibt die **Software AG** in ihrem Geschäftsbericht für das Jahr **2012** im Rahmen ihrer Ausführungen zu »Bilanzierungs- und Bewertungsgrundsätzen« im Konzernanhang:

»Forschungs- und Entwicklungskosten werden bei Anfall in der Gewinn- und Verlustrechnung aufwandswirksam erfasst. Erst kurz vor Marktreife ist die technologische Realisierbarkeit des Produkts erreicht. In der Phase bis zur technologischen Realisierbarkeit sind die Prozesse zwischen Forschungs- und Entwicklungsphasen iterativ eng vernetzt. Aufwendungen für Forschung und Entwicklung, die nach dem Erreichen der technologischen Realisierbarkeit entstehen, sind unwesentlich«.[7]

Auch im Pharma-Bereich werden Entwicklungskosten häufig nicht aktiviert. Dies wird damit begründet, dass bis zur behördlichen Genehmigung eine ausreichende Wahrscheinlichkeit des künftigen Mittelzuflusses nicht gegeben ist. So schreibt z. B. die **Bayer AG** im Anhang zu ihrem Konzernabschluss des Jahres **2012**:

»Forschungskosten sind nicht aktivierungsfähig und Entwicklungskosten nur bei Vorliegen bestimmter, genau bezeichneter Voraussetzungen aktivierungspflichtig. Eine Aktivierung ist demnach immer dann erforderlich, wenn die Entwicklungstätigkeit mit hinreichender Sicherheit zu künftigen Finanzmittelzuflüssen führt, die auch die entsprechenden Entwicklungskosten abdecken. Da eigene Entwicklungsprojekte häufig behördlichen Genehmigungsverfahren und anderen Unwägbarkeiten unterliegen, sind die Bedingungen für eine Aktivierung der vor der Genehmigung entstandenen Kosten i. d. R. nicht erfüllt«.[8]

In diesem Zusammenhang seien **Ausgaben für die Erstellung von Websites** genannt, welche Unternehmen regelmäßig in nicht unerheblicher Höhe entstehen. Diese Websites können zum einen externen Adressaten zugänglich sein (z. B. bezüglich Darstellung des Unternehmens, der Produkte oder der Dienstleistungen) oder zum anderen lediglich internen Zwecken dienen (z. B. Bereitstellung unternehmensinterner Richtlinien). Die Entstehung einer solchen Internetseite lässt sich grundsätzlich in die folgenden Phasen einteilen:

- **Planungsphase**: In der Planungsphase werden Machbarkeitsstudien erstellt, der Zweck und der Leistungsumfang der Website definiert, alternative Durchführungswege bewertet und Prioritäten festgelegt.
- **Anwendung und Entwicklung der Infrastruktur**: In dieser Phase werden die Domain eingerichtet, die Hardware und die Betriebssoftware erworben und entwickelt, die entwickelten Anwendungen installiert und die Belastungsprobe des Systems durchgeführt.
- **Entwicklung des graphischen Designs**: Design des Erscheinungsbildes der Website.
- **Inhaltliche Entwicklung**: Diese Phase umfasst vor allem die Erstellung, den Erwerb, die Vorbereitung und das Hochladen von textlicher oder graphischer Information für die Website im Zuge der Entwicklung der Website.

Der Frage, wie Ausgaben für die Erstellung einer Website zu bilanzieren sind, ist SIC-32 »Immaterielle Vermögenswerte – Websitekosten« gewidmet.

In SIC-32.7 wird zunächst festgestellt, dass **selbst erstellte Websites als immaterieller Vermögenswert zu klassifizieren** sind. Dieser immaterielle Vermögenswert ist in der

Bilanz zu aktivieren, wenn er die Ansatzkriterien des IAS 38.57 erfüllt. Besondere Bedeutung erhält dabei das Kriterium des IAS 38.57 (d). Danach wird für einen Ansatz des immateriellen Vermögenswerts der Nachweis gefordert, wie er künftig einen wirtschaftlichen Nutzen erzielen wird. Dies kann z. B. durch eine auf der Website enthaltene **Bestellmöglichkeit** für die Produkte oder Dienstleistungen des Unternehmens nachgewiesen werden. Wurde die Website hingegen ausschließlich oder hauptsächlich für den Zweck erstellt, die eigenen Produkte oder Dienstleistungen zu vermarkten oder zu bewerben, kann nach SIC-32.8 nicht nachgewiesen werden, wie die Website künftig wirtschaftlichen Nutzen für das bilanzierende Unternehmen erzielt. Die Ausgaben für die Erstellung der Website sind folglich als Aufwand zu erfassen.

Ausgaben, die in der **Planungsphase** anfallen, sind generell als Aufwand zu erfassen, da diese Phase inhaltlich im Wesentlichen der Forschungsphase entspricht. Die anderen drei genannten Phasen der Website-Entwicklung entsprechen inhaltlich im Wesentlichen der Entwicklungsphase. Ausgaben, die diesen drei Phasen zuzurechnen sind, sind somit zu aktivieren, soweit sie der Website direkt zuzurechnen sind und überdies benötigt werden, die Website in den vom Management beabsichtigten Zustand zu bringen.

Ausgaben aller vier genannten Phasen, welche der Vermarktung und Werbung dienen, dürfen nicht aktiviert werden.

BEISPIEL:

Im Rahmen der Erstellung einer unternehmenseigenen Website werden die Produkte im Jahr 20X1 von einem professionellen Fotografen fotografiert und die Bilder bearbeitet. Im Jahr 20X2 werden die Bilder auf der Website veröffentlicht.

Die Ausgaben für den Fotografen sind im Jahre 20X1 als Aufwand zu erfassen. Die Ausgaben sind als Werbeaufwendungen zu klassifizieren und damit nicht aktivierungsfähig.

d) Aktivierungsverbote

In IAS 38 sind einige explizite Aktivierungsverbote enthalten. Dazu zählt nach IAS 38.48 zum einen der originäre Geschäfts- oder Firmenwert. Dieser kann nicht die Ansatzkriterien eines immateriellen Vermögenswerts erfüllen, da er weder separierbar ist, noch auf vertraglichen Rechten beruht, noch beherrschbar ist.[9]

Zum anderen dürfen selbst geschaffene Markennamen, Drucktitel, Verlagsrechte, Kundenlisten sowie ihrem Wesen nach ähnliche Sachverhalte nicht aktiviert werden (IAS 38.63), da Ausgaben für diese immateriellen Vermögenswerte nicht von den Ausgaben für die Entwicklung des Unternehmens als Ganzes zu unterscheiden sind. Zu beachten ist, dass diese immateriellen Vermögenswerte i. d. R. zu aktivieren sind, soweit sie im Rahmen eines Unternehmenserwerbs erworben wurden.

Zudem dürfen die folgenden Ausgaben nicht als immaterielle Vermögenswerte angesetzt werden:

- Ausgaben für die Gründung und den Anlauf eines Geschäftsbetriebs;
- Ausgaben für Aus- und Weiterbildungsaktivitäten;
- Ausgaben für Werbekampagnen und Maßnahmen der Verkaufsförderung (inklusive Kataloge); und

- Ausgaben für die Verlegung oder Umorganisation von Unternehmensteilen oder des gesamten Unternehmens.

Vorauszahlungen

Vorauszahlungen für Güter oder Leistungen, die selbst nicht als immaterieller Vermögenswert aktivierbar sind, dürfen gem. IAS 38.70 aktiviert werden. Dies gilt z. B. für Vorauszahlungen für Werbeartikel oder für -leistungen. **Vorauszahlungen für Güter** sind als Aufwand zu erfassen, sobald das Unternehmen das Recht auf Zugang zu den Gütern erlangt hat. **Vorauszahlungen für Leistungen** sind als Aufwand zu erfassen, sobald die Leistung erbracht wurde.

4. Bewertung

a) Zugangsbewertung

aa) Überblick

Grundsatz

Immaterielle Vermögenswerte sind nach IAS 38.24 bei ihrem erstmaligen Ansatz mit den AK/HK (*»at cost«*) anzusetzen. Wie diese zu bestimmen sind, ist abhängig davon, auf welchem Weg der immaterielle Vermögenswert dem bilanzierenden Unternehmen zugegangen ist. Dabei sind wiederum die folgenden drei »Zugangsarten« zu unterscheiden:

- Separater Erwerb eines immateriellen Vermögenswerts;
- Erwerb eines immateriellen Vermögenswerts im Rahmen eines Unternehmenszusammenschlusses; und
- Entwicklung/Erstellung eines immateriellen Vermögenswerts durch das bilanzierende Unternehmen selbst.

Separat erworben

Bei einem separaten Erwerb entsprechen die Anschaffungskosten (AK) grundsätzlich dem beizulegenden Zeitwert der hingegebenen Gegenleistung. Nach IAS 38.26 wird kaum Zweifel daran gelassen, dass die AK eines immateriellen Vermögenswerts bei einem separaten Erwerb zuverlässig bestimmt werden können.

Im Rahmen eines Unternehmenserwerbs erworben

Bei einem Unternehmenszusammenschluss werden AK für ein Unternehmen oder einen Geschäftsbereich geleistet, nicht aber für die einzelnen Vermögenswerte. Nach IFRS 3 sind die im Rahmen eines Unternehmenszusammenschlusses erworbenen immateriellen Vermögenswerte mit dem beizulegenden Zeitwert anzusetzen. Da z. B. für Kundenlisten, Markennamen und Auftragsbestände i. d. R. keine Marktwerte existieren, ist der beizulegende Zeitwert von im Rahmen eines Unternehmenserwerbs erworbenen immateriellen Vermögenswerten mit Hilfe von Bewertungsmodellen zu ermitteln.

Selbst erstellt

Wurde ein immaterieller Vermögenswert selbst erstellt, ist er beim erstmaligen Ansatz mit den Herstellungskosten (HK) anzusetzen. Dies sind die Ausgaben, welche ab dem Zeitpunkt anfallen, zu dem er die in IAS 38.57 formulierten Ansatzkriterien kumulativ erfüllt und folglich zu aktivieren ist. Eine Aktivierung von Ausgaben, die vor diesem Zeitpunkt angefallen sind, ist nicht zulässig.

bb) Separat erworbene immaterielle Vermögenswerte

Grundsatz

Separat erworbene immaterielle Vermögenswerte sind mit ihren AK in der Bilanz anzusetzen.

Bestandteile der Anschaffungskosten

Zu den AK zählen nach IAS 38.27

- der Kaufpreis, einschließlich Einfuhrzölle und nicht erstattungsfähiger Umsatzsteuern nach Abzug von Rabatten, Boni und Skonti; und
- direkt zurechenbare Kosten für die Vorbereitung des Vermögenswerts auf seine beabsichtigte Nutzung.

Wird der immaterielle Vermögenswert auf Ziel erworben und ist der Kaufpreis zu einem Zeitpunkt fällig, welcher dem normalen Zahlungsziel nachgelagert ist, geht in die Ermittlung der AK des immateriellen Vermögenswerts der Barwert des künftig zu zahlenden Kaufpreises ein. Die Differenz zwischen dem Barwert und dem Nominalbetrag des Kaufpreises ist in der Folge als Zinsaufwand zu erfassen.

Direkt zurechenbare Kosten

Beispiele für direkt zurechenbare Kosten sind nach IAS 38.28:

- Aufwendungen für Leistungen an Arbeitnehmer, die direkt anfallen, wenn der Vermögenswert in seinen betriebsbereiten Zustand versetzt wird;
- Honorare, die direkt anfallen, wenn der Vermögenswert in seinen betriebsbereiten Zustand versetzt wird; und
- Kosten für Testläufe, ob der Vermögenswert ordentlich funktioniert.

Ausgaben für einen immateriellen Vermögenswert werden bis zu dem Zeitpunkt in den AK erfasst, bis der immaterielle Vermögenswert in einem vom Management erwarteten betriebsbereiten Zustand versetzt wurde. Nach diesem Zeitpunkt anfallende Ausgaben sind unmittelbar als Aufwand zu erfassen, soweit sie nicht die Aktivierungskriterien erfüllen. Nicht zu aktivieren sind u. a. auch Anfangsverluste, die z. B. entstehen, solange die Nachfrage nach einem bestimmten Produkt noch nicht das vom bilanzierenden Unternehmen erwartete Volumen erreicht hat.

In IAS 38.29 sind ferner Beispiele für Ausgaben enthalten, die in keinem Fall als AK eines immateriellen Vermögenswerts anzusetzen sind. Dazu zählen:

- Kosten für die Einführung eines neuen Produkts oder einer neuen Dienstleistung (einschließlich Kosten für Werbung und verkaufsfördernde Maßnahmen);
- Kosten für die Führung der Geschäfte an einem neuen Standort oder mit einer neuen Kundengruppe (einschließlich Schulungskosten); und
- Verwaltungs- und andere Gemeinkosten.

cc) Anschaffungskosten eines im Rahmen eines Unternehmenserwerbs erworbenen immateriellen Vermögenswerts

Grundsatz

Im Rahmen eines Unternehmenserwerbs erworbene immaterielle Vermögenswerte sind – unabhängig von der Wahrscheinlichkeit des künftigen Zuflusses wirtschaftlichen Nutzens – zum Zeitpunkt des Unternehmenserwerbs mit dem beizulegenden Zeitwert anzusetzen. Ein immaterieller Vermögenswert könnte nach IAS 38.36 auch nur in Verbindung mit einem Vertrag oder einem identifizierbaren Vermögenswert bzw. einer identifizierbaren Schuld separierbar sein. In einem solchen Fall erfasst ein Erwerber diesen immateriellen Vermögenswert zusammen mit dem entsprechenden Posten. Bei einem Unternehmenszusammenschluss wird ein Kaufpreis für das erworbene Unternehmen, nicht aber speziell für die einzelnen erworbenen Vermögenswerte und Schulden gezahlt. Daher ist der beizulegende Zeitwert der erworbenen immateriellen Vermögenswerte nicht unmittelbar ersichtlich.

Bewertung

Einschlägig für die Ermittlung des beizulegenden Zeitwerts eines immateriellen Vermögenswerts ist IFRS 13. Der beizulegende Zeitwert ist nach IAS 38.8 bzw. IFRS 13.9 definiert als der Preis, der in einem geordneten Geschäftsvorfall zwischen Marktteilnehmern am Bemessungsstichtag für den Verkauf eines Vermögenswerts eingenommen bzw. für die Übertragung einer Schuld gezahlt würde. Für die Ermittlung des beizulegenden Zeitwerts ist grundsätzlich das marktwert-, das kapitalwert- und das kostenorientierte Verfahren anwendbar. Innerhalb der verwendeten Verfahren stehen unterschiedliche Bewertungsmethoden zur Verfügung. Für immaterielle Vermögenswerte existiert i. d. R. kein aktiver Markt (Ausnahmen existieren z. B. bei Emissionsrechten, Milchquoten oder ggf. Taxilizenzen). In der praktischen Anwendung ist ihr beizulegende Zeitwert daher über kapitalwertorientierte Methoden auf der Basis diskontierter künftig erwarteter Zahlungsströme aus dem immateriellen Vermögenswert zu bestimmen.[10] Eine Gruppe von sich ergänzenden immateriellen Vermögenswerten darf nach IAS 38.37 als ein Vermögenswert aktiviert werden, sofern ähnliche Nutzungsdauern vorliegen.

dd) Herstellungskosten selbst erstellter immaterieller Vermögenswerte

Grundsatz

Ab dem Zeitpunkt, zu dem ein selbsterstellter immaterieller Vermögenswert die Ansatzkriterien des IAS 38.57 erfüllt, sind die der Herstellung des immateriellen Vermögenswerts direkt zurechenbaren Ausgaben als HK des immateriellen Vermögenswerts zu aktivieren. Ausgaben, welche vor diesem Zeitpunkt angefallen sind, dürfen nicht als HK aktiviert werden. Ist der immaterielle Vermögenswert in dem vom Unternehmen beabsichtigen betriebsbereiten Zustand, endet die Aktivierung von Herstellungsausgaben.

Direkt zurechenbare Ausgaben

Zu den Ausgaben, die der Herstellung eines immateriellen Vermögenswerts direkt zuzurechnen sind, zählen vor allem

- Kosten für Materialien und Dienstleistungen, die bei der Erzeugung des immateriellen Vermögenswerts genutzt oder verbraucht werden;
- Aufwendungen für Leistungen an Arbeitnehmer (wie in IAS 19 »Leistungen an Arbeitnehmer« definiert), die bei der Erzeugung des immateriellen Vermögenswerts anfallen;
- Registrierungsgebühren eines Rechtsanspruches; und
- Abschreibung auf Patente und Lizenzen, die zur Erzeugung des immateriellen Vermögenswerts genutzt werden.

Fremdkapitalzinsen sind entsprechend der Regelungen des IAS 23 zu erfassen (vgl. S. 277).

Soweit produktionsbezogene Gemeinkosten dem Vermögenswert direkt zugerechnet werden können, zählen diese zu den HK.[11]

Nicht zurechenbare Ausgaben

Nicht zu den direkt zurechenbaren Ausgaben zählen nach IAS 38.67:

- Vertriebs- und Verwaltungsgemeinkosten sowie sonstige Gemeinkosten; es sei denn, diese Kosten können direkt der Vorbereitung zur Nutzung des Vermögenswerts zugeordnet werden;

- identifizierte Ineffizienzen und anfängliche Betriebsverluste, die auftreten, bevor der Vermögenswert seine geplante Ertragskraft erreicht hat; und
- Ausgaben für die Schulung von Mitarbeitern im Umgang mit dem Vermögenswert.

ee) Sonderfälle

Tausch

Immaterielle Vermögenswerte, die im Wege eines Tauschs gegen andere nicht-monetäre oder monetäre und nicht-monetäre Vermögenswerte erworben werden, sind beim erstmaligen Ansatz grundsätzlich mit dem beizulegenden Zeitwert zu bewerten. Bei der Bemessung des Kaufpreises wird der beizulegende Zeitwert des hingegebenen immateriellen Vermögenswerts zu Grunde gelegt, es sei denn, der beizulegende Zeitwert des erhaltenen Vermögenswerts ist zuverlässiger zu bestimmen. Zusätzlich geleistete oder erhaltene Zahlungen sind bei der Bestimmung des Kaufpreises zu berücksichtigen.

Die Bewertung eines im Rahmen eines Tauschs erworbenen Vermögenswerts mit dem beizulegenden Zeitwert scheidet aus, wenn

- die Transaktion keine »wirtschaftliche Substanz« hat, oder
- der beizulegende Zeitwert weder des hingegebenen noch des erhaltenen Vermögenswerts zuverlässig bestimmt werden kann.

In diesen Fällen ist der erhaltene Vermögenswert mit dem Buchwert des hingegebenen Vermögenswerts zu bewerten.

Einem Sachverhalt wird wirtschaftliche Substanz zugerechnet, wenn

A) das Risiko, der zeitliche Anfall und der Betrag der künftigen Zahlungsmittelströme des erhaltenen Vermögenswerts sich von denen des hingegebenen Vermögenswerts unterscheiden; oder

B) der unternehmensspezifische Wert des Teils der Geschäftstätigkeiten des Unternehmens, welcher von der Transaktion betroffen ist, sich auf Grund des Tauschgeschäfts ändert; und

C) die Differenz in A) oder B) in Relation zum beizulegenden Zeitwert der getauschten Vermögenswerte wesentlich ist.

Erwerb durch Zuwendung der öffentlichen Hand

Erhält ein Unternehmen einen immateriellen Vermögenswert unentgeltlich oder verbilligt durch die öffentliche Hand (z. B. Flughafenlanderechte, Lizenzen zum Betreiben von Rundfunk- oder Fernsehanstalten, Importlizenzen oder -quoten oder Zugangsrechte für sonstige begrenzt zugängliche Ressourcen) so hat das Unternehmen entsprechend IAS 20 »Bilanzierung und Darstellung von Zuwendungen der öffentlichen Hand« das Wahlrecht, diesen immateriellen Vermögenswert zum beizulegenden Zeitwert anzusetzen und passivisch entsprechend die Differenz zwischen dem beizulegenden Zeitwert und der erbrachten Gegenleistung abzugrenzen.[12] Alternativ ist der immaterielle Vermögenswert mit den Anschaffungskosten – bei 0 € ggf. mit einem Merkposten – anzusetzen.

Erworbene Forschungs- und Entwicklungsprojekte sind nach IAS 38 als Vermögenswert anzusetzen. Da Forschungs- und Entwicklungsprojekte (F&E-Projekte) i. d. R. noch nicht zum Gebrauch verfügbar sind, sind sie nach IAS 36 mindestens jährlich auf eine Wertminderung hin zu untersuchen. Ausgaben die anfallen, nachdem das F&E-Projekt erstmalig angesetzt wurde, sind nach den Vorschriften des IAS 38.54-38.62 zu bilanzieren.[13] Forschungsausgaben sind danach nicht zu aktivieren. Entwicklungsausgaben sind ab dem Zeitpunkt zu aktivieren, zu dem die sechs Kriterien des IAS 38.57 kumulativ erfüllt sind.

BEISPIEL:

Ein Unternehmen erhält Flughafenlanderechte vom Staat zugeteilt. Der Kaufpreis beträgt 15 000 €; der beizulegende Zeitwert der Flughafenlanderechte beträgt 75 000 €. Das Unternehmen hat nach IAS 20 das Wahlrecht, den immateriellen Vermögenswert »Flughafenlanderechte« entweder mit 15 000 € oder mit 75 000 € in der Bilanz zu bewerten. In letztgenanntem Fall ist ein passivischer Abgrenzungsposten i. H. v. 60 000 € zu erfassen, welcher über die Nutzungsdauer des immateriellen Vermögenswerts als Ertrag zu erfassen ist.

b) Folgebewertung

aa) Überblick

Grundsatz

Immaterielle Vermögenswerte sind nach ihrem erstmaligen Ansatz entweder zu fortgeführten AK/HK oder entsprechend dem Neubewertungsmodell zu einem Neubewertungsbetrag zu bewerten.

Fortgeführte Anschaffungskosten

Nach der Methode der fortgeführten AK/HK ist ein immaterieller Vermögenswert mit den AK/HK abzüglich planmäßiger und außerplanmäßiger Abschreibungen anzusetzen. Die planmäßigen Abschreibungen sind dabei über die Perioden zu erfassen, in denen der künftige, mit dem immateriellen Vermögenswert verbundene wirtschaftliche Nutzen realisiert wird.

Für immaterielle Vermögenswerte, deren wirtschaftliche Nutzungsdauer als »unbestimmbar« i. S. d. IAS 38 gilt, sind keine planmäßigen Abschreibungen zu erfassen, da die wirtschaftliche Nutzungsdauer in diesem Falle nur willkürlich geschätzt werden könnte (IAS 38.BC74). Stattdessen sind diese immateriellen Vermögenswerte mindestens jährlich auf eine Wertminderung hin zu untersuchen. In jeder Berichtsperiode ist zu analysieren, ob die wirtschaftliche Nutzungsdauer weiterhin als »unbestimmt« anzunehmen ist. Ab dem Zeitpunkt, ab dem die wirtschaftliche Nutzungsdauer nicht mehr als unbestimmt zu qualifizieren ist, ist der immaterielle Vermögenswert schließlich über die (nun als »endlich« zu qualifizierende) wirtschaftliche Nutzungsdauer planmäßig abzuschreiben.

Neubewertungsmodell

Nach dem Neubewertungsmodell wird der immaterielle Vermögenswert in regelmäßigen Abständen zu seinem beizulegenden Zeitwert angesetzt. Werterhöhungen werden dabei grundsätzlich erfolgsneutral erfasst, soweit nicht eine zuvor erfolgswirksam erfasste Wertminderung rückgängig gemacht wird. Wertminderungen werden dagegen grundsätzlich erfolgswirksam erfasst, soweit nicht bezüglich des neu bewerteten Vermögenswerts eine Neubewertungsrücklage bilanziert wird.

Praktische Relevanz

Voraussetzung für die Anwendung des Neubewertungsmodells für immaterielle Vermögenswerte ist nach IAS 38.75, dass der in regelmäßigen Abständen zu bestimmende beizulegende Zeitwert unter Bezugnahme auf einen aktiven Markt bestimmt werden kann. Da nur in sehr seltenen Fällen ein aktiver Markt für immaterielle Werte besteht (z. B. Emissionsrechte, Milchquoten oder ggf. Taxilizenzen), besitzt das

Neubewertungsmodell des IAS 38 in praxi nur eine sehr geringe Bedeutung.[14] Das in IAS 38 enthaltene Neubewertungsmodell entspricht inhaltlich dem Neubewertungsmodell des IAS 16 (vgl. S. 219 ff.).

Im Folgenden soll zunächst erläutert werden, wie die Nutzungsdauer eines immateriellen Vermögenswerts ermittelt werden kann. Im Anschluss daran wird dargestellt, wie immaterielle Vermögenswerte mit endlicher und unbestimmter Nutzungsdauer nach IAS 38 zu ihren fortgeführten AH/HK zu bilanzieren sind.

bb) Bestimmung der Nutzungsdauer

Endliche oder unbestimmbare Nutzungsdauer

Die Folgebewertung immaterieller Vermögenswerte ist davon abhängig, ob die Nutzungsdauer des immateriellen Vermögenswerts als endlich oder als unbestimmt[15] klassifiziert wird. Wird die Nutzungsdauer als endlich klassifiziert, ist das Abschreibungsvolumen des immateriellen Vermögenswerts planmäßig über die Nutzungsdauer abzuschreiben. Das Abschreibungsvolumen ist definiert als die AK/HK abzüglich des Restwerts des betrachteten Vermögenswerts. Ist die Nutzungsdauer eines immateriellen Vermögenswerts unbestimmt, ist es nicht möglich, die AK/HK angemessen über einen bestimmten Zeitraum planmäßig abzuschreiben.

Die Nutzungsdauer eines immateriellen Vermögenswerts gilt als unbestimmt, soweit es unter Berücksichtigung aller zur Verfügung stehenden Informationen, keine Begrenzung des Zeitraums gibt, über den ein immaterieller Vermögenswert Netto-Zahlungsmittelströme für das Unternehmen erzeugen wird. Daraus ist ersichtlich, dass »unbestimmte Nutzungsdauer« nicht gleich zu setzen ist mit »unendlicher Nutzungsdauer«. Bei der Einschätzung der Nutzungsdauer als endlich oder unbestimmt sind u. a. die voraussichtliche Nutzung des immateriellen Vermögenswerts durch das Unternehmen, für den Vermögenswert geschätzte Produktlebenszyklen, technische Veränderungen und voraussichtliche Handlungen von Wettbewerbern zu berücksichtigen oder ob die Nutzung des immateriellen Vermögenswerts von anderen Vermögenswerten abhängt.

Die **Deutsche Bank AG** klassifiziert die Nutzungsdauer der erworbenen Namen »Postbank« und »Sal. Oppenheim« als unbestimmt. Im Konzernanhang des Geschäftsberichts für das Jahr **2012** der Deutsche Bank AG heißt es:

»Die übrigen nicht abzuschreibenden immateriellen Vermögenswerte beinhalten die im Jahr 2010 erworbenen Markennamen der Postbank (der ZGE PBC zugeordnet) und von Sal. Oppenheim (der ZGE AWM zugeordnet). Die Marke »Postbank« wurde im Jahr 2010 mit einem vorläufigen Wert von 383 Mio. € verbucht. Im Zuge der Fertigstellung der Kaufpreisallokation im Jahr 2011 stieg der beizulegende Zeitwert des Markennamens Postbank auf 411 Mio. €. Die Marke »Sal. Oppenheim« wurde mit einem Wert von 27 Mio. € aktiviert. Da die Markennamen für einen unbegrenzten Zeitraum Zahlungsströme generieren dürften, wurden sie als nicht abzuschreibende immaterielle Vermögenswerte klassifiziert«.[16]

Die **Bayer AG** klassifiziert das »Bayer-Kreuz« im Konzernanhang ihres Geschäftsberichts für das Jahr **2012** als immateriellen Vermögenswert mit unbestimmter Nutzungsdauer:

»Als immaterieller Vermögenswert mit unbestimmter Nutzungsdauer wird das im Jahr 1994 für die Region Nordamerika zurückerworbene »Bayer-Kreuz«, das infolge von Reparationsleistungen nach dem Ersten Weltkrieg an die USA und Kanada fiel, berücksichtigt. Der Zeitraum, über den dieser Firmenname ökonomischen Nutzen stiftet, ist nicht bestimmbar, da die fortwährende Nutzung durch den Bayer-Konzern beabsichtigt ist. Das »Bayer-Kreuz« ist mit einem Buchwert von 107 Mio. € aktiviert«.[17]

Die Nutzungsdauer eines immateriellen Vermögenswerts, welcher aus vertraglichen oder gesetzlichen Rechten entsteht, beträgt nach IAS 38.94 maximal die Dauer des vertraglichen oder anderen Rechts. Soweit ein Recht, das für eine bestimmte Zeit vergeben wurde, ohne signifikante Ausgaben verlängert werden kann und nachgewiesen wird, dass das Unternehmen diese Verlängerung anstrebt, sind die Verlängerungsperioden bei der Schätzung der Nutzungsdauer zu berücksichtigen.

Diese Voraussetzung trifft z. B. auf in den USA erworbene Mobilfunklizenzen zu.[18] Die Mobilfunklizenzen, welche für ein bestimmtes Frequenzspektrum unabhängig von der angewandten Technologie gelten, werden in den USA von der Federal Communications Commission (FCC) für einen Zeitraum von meist zehn Jahren vergeben. Vor Ablauf der Lizenz können die Unternehmen gegen eine unwesentliche Gebühr die Verlängerung der Lizenz beantragen. Einem solchen Antrag ist in der Vergangenheit regelmäßig statt gegeben worden, so dass – solange das Unternehmen plant, die Lizenz zu verlängern – die Voraussetzungen des IAS 38.94 gegeben sind.

Die Vergabe von Mobilfunklizenzen in den USA ist jedoch nicht mit der entsprechenden Vergabe in Deutschland vergleichbar. In Deutschland wurden an die Telekommunikationsunternehmen Rechte versteigert, die **UMTS-Technik** nutzen zu dürfen. Die AK für das Recht, diese Technik zu nutzen, sind über den kurzen Zeitraum aus Dauer des erworbenen Rechtes und wirtschaftlicher Nutzungsdauer der Technik planmäßig abzuschreiben.

Im Anhang zum Konzernabschluss des Jahres **2012** der **Deutschen Telekom AG** heißt es dazu:[19]

Immaterielle Vermögenswerte [...] mit bestimmbarer Nutzungsdauer, einschließlich der UMTS- und LTE-Lizenzen, werden mit ihren Anschaffungskosten bewertet und grundsätzlich planmäßig über die jeweilige Nutzungsdauer linear abgeschrieben. [...]

Immaterielle Vermögenswerte mit unbestimmbarer Nutzungsdauer (Mobilfunk-Lizenzen der Federal Communications Commission in den USA (FCC-Lizenzen) werden zu Anschaffungskosten bewertet. Obwohl die FCC-Lizenzen grundsätzlich für eine vertraglich definierte Zeit vergeben werden, werden sie regelmäßig zu vernachlässigbaren Kosten erneuert. [...] Sie werden nicht planmäßig abgeschrieben [...]

Die Nutzungsdauern von Mobilfunk-Lizenzen werden auf der Grundlage verschiedener Faktoren festgelegt, u. a. der Laufzeit der von der jeweiligen nationalen Regulierungsbehörde gewährten Lizenzen, der Verfügbarkeit und der erwarteten Kosten für die Erneuerung der Lizenzen sowie der Entwicklung künftiger Technologien.

Die Restnutzungsdauern der Mobilfunk-Lizenzen der Deutschen Telekom betragen:

Mobilfunk-Lizenzen	Jahre
FCC-Lizenzen	Unbestimmbar
LTE-Lizenzen	13
UMTS-Lizenzen	8 bis 17
GSM-Lizenzen	2 bis 24

cc) Bilanzierung immaterieller Vermögenswerte mit endlicher Nutzungsdauer

Grundsatz

Immaterielle Vermögenswerte mit endlicher Nutzungsdauer sind mit den Anschaffungskosten abzüglich planmäßiger und außerplanmäßiger Abschreibungen zu bewerten. Der Betrag der planmäßig zu erfassenden Abschreibung wird determiniert durch das Abschreibungsvolumen (positive Differenz zwischen AK/HK und Restwert), die Nutzungsdauer sowie die Abschreibungsmethode. Zudem ist zu bestimmen, wann die planmäßige Abschreibung beginnt und wann diese endet.

Beginn und Ende der planmäßigen Abschreibung

Die planmäßige Abschreibung eines immateriellen Vermögenswerts beginnt, sobald dieser Vermögenswert zur Nutzung bereit ist (*available for use*). Dies ist der Zeitpunkt, zu dem der Vermögenswert an dem Ort und in dem Zustand ist, welche für den Vermögenswert notwendig sind, damit er in der vom Management beabsichtigten Art genutzt werden kann. Kann der immaterielle Vermögenswert nur gemeinsam mit anderen Vermögenswerten genutzt werden, beginnt die Abschreibung erst, wenn auch die anderen Vermögenswerte zur Verfügung stehen. Die **Deutsche Telekom AG** schreibt z. B. zum Abschreibungsbeginn von Mobilfunklizenzen im Konzernanhang ihres Geschäftsberichts für das Jahr **2012**:

Die planmäßige Abschreibung von Mobilfunk-Lizenzen beginnt, sobald das zugehörige Netz betriebsbereit ist.[20]

Die planmäßige Abschreibung endet, sobald der immaterielle Vermögenswert entweder abgeht oder er nach IFRS 5 als »zur Veräußerung verfügbar« zu klassifizieren ist.

Restwert

Das Abschreibungsvolumen ist der Betrag, der über die Nutzungsdauer des immateriellen Vermögenswerts als Aufwand erfasst und so den entsprechenden Erträgen gegenübergestellt wird. Das Abschreibungsvolumen entspricht der positiven Differenz zwischen den AK/HK eines immateriellen Vermögenswerts und dessen Restwert. Bei der Ermittlung des Abschreibungsvolumens eines immateriellen Vermögenswerts ist ein Restwert nur unter sehr restriktiven Voraussetzungen zu berücksichtigen. Ein Restwert ist nur dann zu berücksichtigen, wenn

A) sich ein Dritter zu einem Kauf des immateriellen Vermögenswerts am Ende der erwarteten Nutzungsdauer verpflichtet hat; oder

B) für den immateriellen Vermögenswert ein aktiver Markt besteht, und

- der beizulegende Zeitwert des immateriellen Vermögenswerts unter Bezug auf diesen aktiven Markt bestimmbar ist; und
- es wahrscheinlich ist, dass der aktive Markt am Ende der Nutzungsdauer des immateriellen Vermögenswerts existiert.

Liegt eine der Voraussetzungen A) oder B) vor, ist der zu berücksichtigende Restwert der Betrag, zu dem ein ähnlicher immaterieller Vermögenswert, welcher ähnlich genutzt wurde und der ebenso das Ende der Nutzungsdauer erreicht hat, zum aktuellen Zeitpunkt veräußert werden könnte.

Der Restwert ist mindestens zu jedem Geschäftsjahresende zu prüfen. Änderungen des Restwerts sind nach IAS 8 »Bilanzierungs- und Bewertungsmethoden; Änderungen von Schätzungen und Fehlern« als Änderungen von Schätzungen prospektiv zu berücksichtigen (vgl. S. 531 ff.). Demnach ist das auf Basis des neuen Restwerts bestimmte Abschreibungsvolumen über die verbleibende wirtschaftliche Nutzungsdauer zu verteilen.

Ist der Restwert gleich oder größer als der Buchwert des immateriellen Vermögenswerts, beträgt das Abschreibungsvolumen Null. In diesem Fall darf künftig kein Abschreibungsaufwand erfasst werden. Sinkt der Restwert zu einem späteren Zeitpunkt unter den Buchwert des immateriellen Vermögenswerts, ist das dann positive Abschreibungsvolumen über die erwartete Restnutzungsdauer zu verteilen.

Abschreibungsmethode

Nach IAS 38.97 ist bei der Wahl der Abschreibungsmethode die Struktur zu berücksichtigen, in welcher der wirtschaftliche Nutzen aus dem immateriellen Vermögenswert künftig voraussichtlich gehoben wird. Dabei sollen den Erträgen entsprechend die Abschreibungsaufwendungen gegenüber gestellt werden. Als Abschreibungsmethoden kommen u. a. die lineare oder die degressive Abschreibung sowie die leistungsabhängige Abschreibung in Frage.[21] Soweit nicht ermittelbar ist, wie künftig der wirtschaftliche Nutzen des immateriellen Vermögenswerts realisiert wird, ist der Vermögenswert linear abzuschreiben.

Prüfung der Abschreibungsparameter

Mit IAS 38 wird festgeschrieben, dass neben dem Restwert auch die Abschreibungsdauer und -methode mindestens zu jedem Geschäftsjahresende zu prüfen sind. Soweit die Schätzungen der Parameter von früheren Schätzungen abweichen, sind diese Abweichungen nach IAS 8 prospektiv als Änderungen von Schätzungen abzubilden (vgl. S. 531 ff.).

dd) Bilanzierung immaterieller Vermögenswerte mit unbestimmter Nutzungsdauer

Keine planmäßige Abschreibung

Bei der Ermittlung der planmäßigen Abschreibung ist grundsätzlich das Abschreibungsvolumen über die Nutzungsdauer erfolgswirksam als Aufwand zu verteilen. Ist die Nutzungsdauer eines Vermögenswerts unbestimmt, ist eine Berechnung der planmäßigen Abschreibung nicht möglich.

Wertminderungstest

Nach IAS 36.10 ist ein immaterieller Vermögenswert mit unbestimmter Nutzungsdauer unabhängig von Wertminderungsindikatoren mindestens jährlich auf eine Wertminderung hin zu testen. Der Zeitpunkt des jährlichen Wertminderungstests ist vom Unternehmen frei wählbar. Einmal gewählt, ist dieser Zeitpunkt indes stetig anzuwenden. Unterschiedliche immaterielle Vermögenswerte mit unbestimmbarer Nutzungsdauer dürfen nach IAS 36.10 (a) zu unterschiedlichen Zeitpunkten im Jahr auf eine Wertminderung hin untersucht werden.

Ein immaterieller Vermögenswert mit unbestimmter Nutzungsdauer, welcher im Geschäftsjahr erstmalig angesetzt wurde, ist nach IAS 36.10 verpflichtend im aktuellen Geschäftsjahr auf eine Wertminderung hin zu untersuchen.

BEISPIEL:

Ein immaterieller Vermögenswert mit unbestimmter Nutzungsdauer wurde am 1.11.20X1 erworben. Das Geschäftsjahr endet am 31.12.20X1. Bis zum 31.12.20X1 ist der immaterielle Vermögenswert auf eine Wertminderung hin zu untersuchen. Ab dem Geschäftsjahr 20X2 ist der Vermögenswert mindestens einmal pro Jahr auf eine Wertminderung hin zu prüfen. Dieser Zeitpunkt darf frei gewählt werden und ist im Zeitablauf beizubehalten. Das Unternehmen könnte z. B. bestimmen, dass der immaterielle Vermögenswert jedes Jahr zum 1.5. auf eine Wertminderung hin zu untersuchen ist.

Neben dem jährlichen Wertminderungstest ist ein immaterieller Vermögenswert auch nach den allgemeinen Vorschriften des IAS 36 auf eine Wertminderung hin zu untersuchen, soweit Indikatoren für eine solche Wertminderung vorliegen (vgl. S. 508 ff.).

Prüfung der Nutzungsdauer

In jeder Periode ist zu prüfen, ob die Nutzungsdauer weiterhin als unbestimmt oder entgegen vorheriger Annahmen **als endlich zu qualifizieren** ist. Wird die Nutzungsdauer erstmalig als endlich eingeschätzt, ist dies als Schätzungsänderung nach IAS 8 prospektiv zu berücksichtigen. Das bedeutet, dass das Abschreibungsvolumen ab dem Zeitpunkt der Schätzungsänderung über die geschätzte Nutzungsdauer abgeschrieben wird. Die Änderung der Einschätzung der Nutzungsdauer von »unbestimmt« in »endlich« gilt nach IAS 38.110 als Indikator für eine Wertminderung i. S. d. IAS 36. Daher ist zu dem Zeitpunkt, zu dem die Nutzungsdauer erstmalig als endlich qualifiziert wird, der immaterielle Vermögenswert nach IAS 36 auf eine Wertminderung hin zu untersuchen.

5. Stilllegung und Abgang

Grundsatz

Immaterielle Vermögenswerte sind aus der Bilanz auszubuchen, wenn

- sie **abgehen**, oder
- **kein weiterer wirtschaftlicher Nutzen** durch die Nutzung oder den Abgang **erwartet wird**.

Zeitpunkt der Ausbuchung

Der Abgang eines immateriellen Vermögenswerts kann auf unterschiedliche Art erfolgen, z. B. durch Verkauf, Schenkung oder dem Eintritt in ein Finanzierungsleasing. Der Zeitpunkt, zu dem der Abgang des Vermögenswerts zu erfassen ist, ist dabei grundsätzlich nach den Regelungen des IAS 18 – *Erträge* für die Umsatzerfassung bei Warenverkäufen zu bestimmen. Bei Leasingverhältnissen sind die Regelungen des IAS 17 – *Leasingverhältnisse* zu berücksichtigen (z. B. bei sale-and-lease-back).

Der Zeitpunkt, zu dem ein immaterieller Vermögenswert auszubuchen ist, soweit **kein** weiterer wirtschaftlicher **Nutzen** durch die Nutzung oder den Abgang **erwartet** wird, erfordert eine Einschätzung des Unternehmens, ob dem Unternehmen künftig aus dem Vermögenswert wirtschaftlicher Nutzen zufließen wird. Relevant ist, dass das Management hier nicht schätzen muss, ob der künftige wirtschaftliche Nutzen mit mehr als 50 % Wahrscheinlichkeit zufließen wird, sondern, ob überhaupt ein künftiger wirtschaftlicher Nutzen erwartet wird. Daher sind z. B. erworbene F&E-Projekte nicht am ersten Bilanzstichtag nach Erwerb auszubuchen. Diese erfüllen ggf. gar nicht die Ansatzkriterien für selbst erstellte immaterielle Werte. Dies ist aber auch nicht entscheidend. Entscheidend ist, dass das Management den künftigen Nutzenzufluss erwartet. Erst wenn das F&E-Projekt wegen mangelnder Erfolgsaussichten eingestellt werden sollte, ist der immaterielle Wert auszubuchen.

Ein Nutzenzufluss kann für ein Unternehmen auch darin bestehen, dass ein bestimmter Vermögenswert nicht von anderen Unternehmen genutzt wird.

BEISPIEL:

Das in Deutschland ansässige Telekommunikationsunternehmen HandyNet AG erwirbt in den USA das bekannte und beliebte Mobilfunkunternehmen Mobile USA Inc., welches unter dem Namen »Mobile USA« ein Mobilfunknetz betreibt. Die Kunden und das Telefonnetz von Mobile USA Inc. werden übernommen, der Name Mobil USA wird nicht weitergenutzt. Stattdessen wird das Netz in den USA unter dem Namen »HandyNet USA« fortgeführt. Die Rechte an dem Namen »Mobile USA« werden nicht veräußert und nicht per Lizenz weitergegeben. Aus dem Namen »Mobile USA« fließt der HandyNet AG direkt kein künftiger wirtschaftlicher Nutzen zu. Indirekt sichert die HandyNet AG durch die »Stilllegung« des Namens allerdings künftige Umsatzerlöse, da ein anderes Unternehmen mit dem Namen »Mobile USA« nicht in Konkurrenz zur HandyNet AG treten kann. Der Name »Mobile USA« darf nicht ausgebucht werden. Ggf. ist der Name »Mobile USA« nach IAS 36 auf eine Wertminderung hin zu untersuchen.

Der bei Stilllegung bzw. Abgang eines immateriellen Vermögenswerts zu erfassende Erfolgsbeitrag ist die Differenz zwischen dem beizulegenden Zeitwert der empfangenen Gegenleistung und dem Buchwert des immateriellen Vermögenswerts zum Zeitpunkt der Stilllegung oder des Abgangs. Soweit die Gegenleistung zeitlich nachgelagert erbracht wird, ist der Betrag mit dem Barwert anzusetzen und bis zur Zahlung entsprechend zu verzinsen.

Bei der Stilllegung eines immateriellen Vermögenswerts ist zu berücksichtigen, dass die planmäßige Abschreibung weiterhin zu erfassen ist, wenn der Vermögenswert nicht mehr genutzt wird. Eine planmäßige Abschreibung ist nur in den Fällen nicht zu erfassen, soweit ein immaterieller Vermögenswert vollständig abgeschrieben ist, oder er als »zur Veräußerung verfügbar« i. S. d. IFRS 5 klassifiziert wird. Gegebenenfalls ist die Stilllegung eines immateriellen Vermögenswerts nach IAS 36 ein Indikator für eine Wertminderung.

6. Anhangangaben

Ein Unternehmen hat im Anhang für jede Gruppe von immateriellen Vermögenswerten die folgenden Angaben zu veröffentlichen. Dabei ist jeweils zwischen selbst erstellten und sonstigen immateriellen Vermögenswerten zu trennen:

- ob die Nutzungsdauer unbestimmt oder endlich ist und im letztgenannten Fall die Nutzungsdauern;
- die genutzten Abschreibungsmethoden;
- die HK und die kumulierten Abschreibungen je zu Beginn und zum Ende der Periode;
- die Zeile Gesamtergebnisrechnung, in welcher die planmäßigen Abschreibungen erfasst werden;
- eine Überleitung mit folgenden Informationen:[22]

	Buchwert zu Beginn der Periode
+	**Zugänge**, davon ▪ selbst erstellt ▪ separat erworben ▪ im Rahmen eines Unternehmenszusammenschlusses erworben
–	Als »**zur Veräußerung verfügbar**« klassifizierte Vermögenswerte und sonstige Abgänge
+/–	Im Zusammenhang mit nach dem **Neubewertungsmodell** bewerteten immateriellen Vermögenswerten und im sonstigen Ergebnis erfasste Erfolgsbeiträge
–	Nach IAS 36 im Gewinn oder Verlust erfasste **Wertminderungen**
+	Nach IAS 36 im Gewinn oder Verlust erfasste **Zuschreibungen**
–	Planmäßige Abschreibung der Periode
+/–	Währungsumrechnungsdifferenzen
+/–	Sonstige Buchwertänderungen
=	Buchwert am Ende der Periode

Eine Gruppe immaterieller Vermögenswerte sind solche Vermögenswerte, die hinsichtlich ihrer Art und Verwendung im Unternehmen als ›ähnlich‹ zu bezeichnen sind. IAS 38 nennt beispielhaft

- Markennamen;
- Drucktitel und Verlagsrechte;
- Computersoftware;
- Lizenzen und Franchiseverträge;
- Urheberrechte, Patente und sonstige gewerbliche Schutzrechte, Nutzungs- und Betriebskonzessionen;
- Rezepte, Geheimverfahren, Modelle, Entwürfe und Prototypen; und
- immaterielle Vermögenswerte in Entwicklung.

Zu bestimmten immateriellen Vermögenswerten sind weitere Angaben zu veröffentlichen:

- Immaterielle Vermögenswerte mit **unbestimmter Nutzungsdauer**:
  - Den Buchwert und die Gründe, auf deren Basis die Nutzungsdauer als unbestimmt eingeschätzt wird.

- Die wesentlichen Faktoren sind zu beschreiben, welche bei der Nutzungsdauereinschätzung eine wesentliche Rolle spielten. Dabei sind u. a. die in IAS 38.90 aufgeführten Faktoren zu berücksichtigen.

- Für jeden für den Abschluss des Unternehmens **wesentlichen immateriellen Vermögenswert: Eine Beschreibung des immateriellen Werts, den Buchwert sowie den verbleibenden Abschreibungszeitraum.**
- Durch eine **Zuwendung der öffentlichen Hand** erworbene immaterielle Vermögenswerte, welche mit dem beizulegenden Zeitwert angesetzt werden:
  - Der beizulegende Zeitwert, mit dem sie angesetzt wurden,
  - den Buchwert sowie
  - ob sie nach dem erstmaligen Ansatz zu fortgeführten AK/HK oder nach dem Neubewertungsmodell bewertet werden.
- Den Bestand und die Buchwerte von immateriellen Vermögenswerten, mit denen ein **beschränktes Eigentumsrecht** verbunden ist.
- Die Buchwerte immaterieller Vermögenswerte, die als **Sicherheit für Verbindlichkeiten** begeben sind.
- Der Betrag für **vertragliche Verpflichtungen für den Erwerb** immaterieller Vermögenswerte.

Ein Unternehmen hat im Anhang den gesamten als Aufwand erfassten Betrag der Forschungs- und Entwicklungsausgaben anzugeben. Dazu zählen die in der aktuellen Periode nicht aktivierten Ausgaben für Forschung und Entwicklung sowie die Abschreibungen und Wertberichtigungen der aktuellen Periode auf aktivierte Entwicklungsausgaben.

7. Weiterführende Literatur

Burger/Ulbrich/Knoblauch, Zur Reform der Bilanzierung von Forschungs- und Entwicklungsaufwendungen nach IAS 38, KoR 2006, S. 729-737;

Dawo, Immaterielle Güter in der internationalen Rechnungslegung nach HGB, IAS/IFRS und US-GAAP: Aktuelle Rechtslage und neue Wege der Bilanzierung und Berichterstattung, Herne/Berlin 2003;

Siegrist/Stucker, Die Bewertung von immateriellen Vermögenswerten in der Praxis – Ein Erfahrungsbericht, IRZ 2007, S. 243-249.

Zülch/Stork genannt Wersborg, Werthaltigkeitsprüfung von Marken mit unbestimmter Nutzungsdauer gemäß IAS 36: Vermögenswertebene vs. CGU-Ebene, KoR 2012, S. 500-507.

II. Sachanlagen

RELEVANTE STANDARDS

IAS 16 – Sachanlagen
IAS 21 – Auswirkungen von Änderungen der Wechselkurse
IAS 23 – Fremdkapitalkosten
IAS 36 – Wertminderung von Vermögenswerten
IAS 40 – Als Finanzinvestition gehaltene Immobilien
IFRS 5 – Zur Veräußerung gehaltene langfristige Vermögenswerte und aufgegebene Geschäftsbereiche
IFRS 13 – Bemessung des beizulegenden Zeitwerts
IFRIC 1 – Änderungen bestehender Rückstellungen für Entsorgungs-, Wiederherstellungs- und ähnliche Verpflichtungen

KERNAUSSAGEN

- Sachanlagen umfassen materielle Vermögenswerte, die für Zwecke der Herstellung oder der Lieferung von Gütern und Dienstleistungen, zur Vermietung an Dritte oder für Verwaltungszwecke gehalten werden, und die erwartungsgemäß länger als eine Periode vom bilanzierenden Unternehmen genutzt werden.
- Für den Ansatz von Sachanlagen gelten die Ansatzvorschriften des Rahmenkonzepts.
- Bestandteile der Anschaffungskosten sind der Kaufpreis, die Anschaffungsnebenkosten sowie der Betrag einer ggf. nach IAS 37 anzusetzenden Entsorgungs- oder Wiederherstellungsverpflichtung.
- Die Herstellungskosten sind grundsätzlich nach den Vorschriften des *IAS 2 – Vorräte* zu bestimmen.
- Nach dem erstmaligen Ansatz sind Sachanlagen entweder nach dem Anschaffungskostenmodell oder nach dem Neubewertungsmodell zu bewerten.
- Nach dem Anschaffungskostenmodell ist die Sachanlage zu Anschaffungskosten oder Herstellungskosten (AK/HK) abzüglich planmäßiger Abschreibungen und Wertminderungen zu bewerten.
- Der nach dem Neubewertungsmodell regelmäßig zu ermittelnde Neubewertungsbetrag ist erfolgswirksam über die voraussichtliche (Rest-)Nutzungsdauer der Sachanlage planmäßig abzuschreiben.

Nach IAS 16 ist bei der Bilanzierung von Sachanlagen der sogenannte Komponentenansatz anzuwenden. Danach ist jede signifikante Komponente einer Sachanlage separat über die individuelle voraussichtliche Nutzungsdauer abzuschreiben.

Die voraussichtliche Nutzungsdauer, der Restwert sowie die Abschreibungsmethode sind mindestens einmal jährlich zu prüfen und ggf. anzupassen.

1. Begriff der Sachanlagen

Definition »Sachanlagen«

Sachanlagen sind nach IAS 16.6 materielle Vermögenswerte, die für Zwecke der Herstellung oder der Lieferung von Gütern und Dienstleistungen, zur Vermietung an Dritte oder für Verwaltungszwecke gehalten werden und die erwartungsgemäß länger als eine Periode genutzt werden. Dazu zählen nach IAS 16.37 z. B.

- unbebaute Grundstücke,
- Grundstücke und Gebäude,
- Maschinen und technische Anlagen,
- Schiffe,
- Flugzeuge,
- Kraftfahrzeuge und
- Betriebs- und Geschäftsausstattung.

Abgrenzung zu Investment Properties

Von den nach IAS 16 als Sachanlagen zu bilanzierenden Immobilien sind die »als Finanzinvestitionen gehaltenen Immobilien« (*Investment Properties*) zu unterscheiden (vgl. S. 245 ff.). Als »als Finanzinvestition gehaltene Immobilien« werden Immobilien bezeichnet, die zur Erzielung von Mieteinnahmen und/oder zum Zwecke der Wertsteigerung gehalten werden. Ein Einsatz im produktiven Bereich oder in der Verwaltung findet nicht statt. Für diese Immobilien besteht nach IAS 40 ein Wahlrecht, diese entweder entsprechend der Vorschrift des IAS 16 nach dem Anschaffungskostenmodell, oder zu jedem Stichtag mit dem beizulegenden Zeitwert (Zeitwertmodell) zu bewerten.

Komponenten

Die Vorschriften des IAS 16 sind auf jeden Gegenstand der Sachanlagen separat anzuwenden. IAS 16 definiert aber nicht, was eine Einheit des Sachanlagevermögens ist. Nach IAS 16.9 sind daher z. B. die Ansatzvorschriften für Sachanlagen entsprechend der unternehmensspezifischen Gegebenheiten auszulegen. Demnach könnten einzelne unbedeutende Gegenstände, wie Press-, Gussformen und Werkzeuge, für die Frage des Ansatzes zu einer Sachanlage zusammengefasst werden.

Entsprechend enthält IAS 16 keine Hinweise, ob ein Gegenstand möglicherweise aus zwei oder mehr Sachanlagen besteht. Vielmehr sieht IAS 16 vor, jede einzelne signifikante Komponente einer Sachanlage separat über die individuelle Nutzungsdauer abzuschreiben. Ebenso ist der Restbuchwert einer Komponente auszubuchen, wenn diese ersetzt wird. Zu den Komponenten einer Sachanlage zählt auch eine regelmäßig durchzuführende Großinspektion, welche notwendig ist, um die Sachanlage weiter zu nutzen.

2. Anwendungsbereich des IAS 16

Grundsatz

IAS 16 regelt den Ansatz, die Bewertung und den Abgang von Sachanlagen. Zudem enthält IAS 16 Vorschriften zur Offenlegung von Informationen zu bilanzierten Sachanlagen.

Leasing

In den Anwendungsbereich des IAS 16 fallen auch Sachanlagen, die nach IAS 17 im Rahmen eines Finanzierungsleasings beim Leasingnehmer zu bilanzieren sind. **IAS 17** enthält besondere Vorschriften zum Ansatz und zur Zugangsbewertung von geleasten Sachanlagen. Nach dem erstmaligen Ansatz sind geleaste Sachanlagen gem. IAS 17.27 im Einklang mit den Vorschriften des IAS 16 zu bilanzieren.

Als Finanzinvestition gehaltene Immobilien

Bislang war IAS 16 auf alle als Finanzinvestition gehaltenen Immobilien anzuwenden, die sich in der Herstellung oder in der Entwicklung befanden. Nach dem Ende der Herstellung oder der Entwicklung waren diese Immobilien entweder gem. IAS 16 nach dem Anschaffungskostenmodell oder nach IAS 40 zum beizulegenden Zeitwert zu bewerten. Auf der Basis des »**Annual Improvement Project**« aus dem Jahre **2008** sind nunmehr Immobilien, die sich in der Entwicklung befinden und nach ihrer Fertigstellung vom bilanzierenden Unternehmen als Finanzinvestition gehalten werden sollen, künftig auch in der Herstellungs- und Entwicklungsphase nach den Vorschriften des IAS 40 zu bilanzieren (vgl. S. 249).

Ersatzteile, Wartungsgeräte und Bereitschaftsausrüstung

Ersatzteile und Wartungsgeräte sind grundsätzlich als Vorräte zu bilanzieren. Im Rahmen des Annual Improvement Project 2009-2011 aus dem Jahr 2012 wurde indes klargestellt, dass Ersatzteile und Wartungsgeräte, die die Definitionskriterien von Sachanlagen erfüllen, auch als Sachanlagen und nicht als Vorratsvermögen auszuweisen sind. Ebenso gelten bedeutende Ersatzteile und Bereitschaftsausrüstung als Sachanlagen, wenn sie länger als eine Periode genutzt werden können.

Ausgenommen vom Anwendungsbereich des IAS 16 sind nach IAS 16.3

(a) Sachanlagen, die nach IFRS 5 als »zur Veräußerung verfügbar« klassifiziert werden;

(b) biologische Vermögenswerte, die mit landwirtschaftlicher Tätigkeit in Verbindung stehen (IAS 41);

(c) der Ansatz und die Bewertung von Vermögenswerten aus Exploration und Evaluierung, welche nach IFRS 6 zu bilanzieren sind; und

(d) Abbau- und Schürfrechte sowie Bodenschätze wie Öl, Erdgas und ähnliche nichtregenerative Ressourcen, wie z. B. Kies, Stein- oder Braunkohle.

IAS 16 ist indes anzuwenden auf Sachanlagen, die genutzt werden, um die unter (b) bis (d) beschriebenen Vermögenswerte auszuüben bzw. zu erhalten. So ist der Grund und Boden, auf dem Kühe gehalten werden, nach den Vorschriften des IAS 16 zu bilanzieren. Gleiches gilt z. B. für Stallanlagen, Bohrinseln und Förderbänder oder andere Transportmaschinen.

3. Ansatz von Sachanlagen

Grundsatz

Eine Sachanlage ist in der Bilanz anzusetzen, wenn

- es **wahrscheinlich** ist, dass ein mit der Sachanlage verbundener künftiger wirtschaftlicher Nutzen dem Unternehmen zufließen wird, und
- die AK/HK der Sachanlage **zuverlässig** bewertet werden können.

Die in IAS 16 enthaltenen Ansatzkriterien für Sachanlagen gleichen den Ansatzkriterien, die im Rahmenkonzept der IFRS enthalten sind.

Der Übergang des rechtlichen Eigentums an einer Sachanlage auf das bilanzierende Unternehmen ist nach IAS 16 für den Ansatz einer Sachanlage weder notwendig noch hinreichend. Dem im Rahmenkonzept niedergelegten Grundsatz »*substance over form*« entsprechend sind im Abschluss die wirtschaftlichen und nicht die rechtlichen Verhältnisse abzubilden.

Nachträgliche Ausgaben

Besondere Vorschriften für **nachträgliche AK/HK** sind in IAS 16 nicht zu finden. Daher gelten auch für diese Ausgaben die allgemeinen Ansatzkriterien des IAS 16. Nachträgliche Ausgaben sind zu aktivieren, soweit durch die entsprechende Maßnahme ein **über den ursprünglichen Zustand** der Sachanlage hinausgehender **zusätzlicher wirtschaftlicher Nutzen** zu erzielen ist. Dies ist z. B. möglich durch

- eine Verlängerung der Lebensdauer,
- eine Erweiterung der Produktionskapazität,
- eine Verbesserung der Qualität der produzierten Produkte (die Produkte können zu einem höheren Preis veräußert werden) oder
- Einsparungen in der Produktion.

Austausch von Komponenten

Explizit nicht im Buchwert einer Sachanlage, sondern als Periodenaufwand werden daher nach IAS 16.12 Ausgaben für **Reparaturen und Instandhaltung** erfasst. Eine Aktivierung dieser Ausgaben scheidet aus, da diese den ursprünglichen aus der Sachanlage erwarteten wirtschaftlichen Nutzen nicht erhöhen, sondern lediglich erhalten.

Im Buchwert einer Sachanlage werden auch Ausgaben für **Komponenten** eines Gegenstands der Sachanlagen erfasst, die ersetzt werden. So wird z. B. bei einem Schmelz- oder Hochofen in regelmäßigen Abständen die aus feuerfesten Steinen bestehende Auskleidung erneuert. Bei einem Flugzeug sind in regelmäßigen Abständen die Bordküche, die Sitze oder die Turbine auszutauschen. Die Ausgaben für die Komponenten sind als Teil der Sachanlage zu aktivieren. Entsprechend ist der Restbuchwert der ersetzten Komponente aus dem Buchwert zu eliminieren.[1]

Generalüberholung

Ausgaben für regelmäßige **Generalüberholungen von Sachanlagen** sind als **separate Komponente** zu behandeln, soweit diese notwendig sind, die Anlage weiter zu betreiben. Bei Durchführung einer Wartung sind die Ausgaben als Teil der Sachanlage zu aktivieren. Ein vorhandener Restbuchwert der vorangegangenen Wartung ist mit Ansatz der Ausgaben der aktuellen Wartung auszubuchen, unabhängig davon, ob die vorangegangene Wartung bei Herstellung oder Erwerb der Sachanlage als separate Komponente behandelt wurde.

IAS 16 geht dabei davon aus, dass bei Erwerb oder Herstellung implizit schon eine Komponente »Wartung« zu identifizieren ist, obwohl gar keine Wartung durchgeführt wurde. Soweit beim erstmaligen Ansatz der Sachanlage der Buchwert der Komponente »Wartung« nicht ermittelt werden kann (was häufig in Ermangelung von entsprechenden

Ausgaben der Fall ist), ist dieser auf Basis der erwarteten künftigen Ausgaben für die Wartung zu schätzen.

BEISPIEL:

Die Energie AG erwirbt für 300 000 € ab Werk eine Windkraftanlage. Damit die Anlage weiterhin genutzt werden darf, ist sie alle zwei Jahre zu warten. Die Nutzungsdauer der Windkraftanlage beträgt 25 Jahre. Die Ausgaben für die erste Wartung nach zwei Jahren werden auf 15 000 € geschätzt. Weitere signifikante Komponenten werden nicht identifiziert.

Die Windkraftanlage wird bei der Energie AG mit 300 000 € bewertet. Beim erstmaligen Ansatz ist der Buchwert der Anlage aufzuteilen. Der regelmäßigen Wartung ist ein Buchwert von ca. 15 000 € zuzurechnen, der Komponente »Rest« der Windkraftanlage ein Buchwert von ca. 285 000 €. Die der regelmäßigen Wartung zugerechneten 15 000 € sind über zwei Jahre abzuschreiben, die verbleibenden 285 000 € sind über die Nutzungsdauer der Windkraftanlage von 25 Jahren abzuschreiben.

4. Bewertung von Sachanlagen

a) Zugangsbewertung

aa) Überblick

Die Zugangsbewertung von Sachanlagen ist in IAS 16.15-16.28 geregelt. Darin werden zunächst die Anschaffungskosten von Sachanlagen definiert. Zu den Herstellungskosten enthält IAS 16 lediglich den Hinweis, dass diese auf Basis derselben Prinzipien zu bestimmen sind, wie die Anschaffungskosten von Sachanlagen. Grundsätzlich ist bei der Bestimmung der Herstellungskosten auf die Regelungen des IAS 2 zurückzugreifen.

Bestandteile

Die Bestandteile der **Anschaffungskosten** von Sachanlagen nach **IAS 16.16** sind:

- Der **Kaufpreis** einschließlich Einfuhrzölle und nicht erstattungsfähiger Umsatzsteuern nach Abzug von Rabatten, Boni und Skonti (vgl. S. 208 ff.).
- Alle **direkt zurechenbaren Kosten**, die anfallen, um den Vermögenswert zu dem Standort und in den erforderlichen, vom Management beabsichtigten, betriebsbereiten Zustand zu bringen (vgl. S. 211 f.).
- Der Betrag einer nach IAS 37 anzusetzenden **Entsorgungs-, Wiederherstellungs- oder ähnlichen Verpflichtung** (vgl. S. 212 f.).

bb) Kaufpreis

Ausgangspunkt für die Bestimmung des Kaufpreises ist i. d. R. der vereinbarte Kaufpreis. Skonti, Rabatte und Boni sind bei der Ermittlung der Anschaffungskosten vom Kaufpreis abzusetzen. Soweit Umsatzsteuer nicht als Vorsteuer erstattungsfähig ist, zählt diese nach IAS 16 zu den Anschaffungskosten einer Sachanlage. Zudem zählen Einfuhrzölle zu den Anschaffungskosten einer Sachanlage.

Die Anschaffungskosten richten sich nach den für die Sachanlage entrichteten Zahlungsmitteln oder Zahlungsmitteläquivalenten. Wurde zwischen den Vertragspartnern ein über ein normales Zahlungsziel hinausgehendes Zahlungsziel vereinbart, gilt als Anschaffungskosten der Barwert der zu entrichtenden Zahlungsmittel oder Zahlungsmitteläquivalente.

BEISPIEL:

Die ABC AG kauft am 1.7.2015 ein Verwaltungsgebäude für 1 000 000 €. Mit dem Verkäufer wurde vereinbart, dass der Kaufpreis in zwölf Monaten zu zahlen ist. Bei ähnlichen Transaktionen beträgt das Zahlungsziel lediglich zwei Monate. Der angemessene Zinssatz beträgt 7 %.

Da in diesem Fall das vereinbarte Zahlungsziel länger als das normale Zahlungsziel ist, ist für die Bestimmung der Anschaffungskosten der vereinbarte Kaufpreis abzuzinsen. Die Anschaffungskosten des Verwaltungsgebäudes betragen 934 578 €. In entsprechender Höhe ist eine Verbindlichkeit auszuweisen. Zum 31.12.2015 ist ein Zinsaufwand i. H. v. 32 157 € [934 578 € × $((1{,}07^{0{,}5}) - 1)$] zu erfassen. In 2016 ist ein Zinsaufwand in Höhe von 33 265 € zu erfassen. Der Buchwert der Verbindlichkeit erhöht sich entsprechend.

Fremdkapitalzinsen sind unter bestimmten Voraussetzungen nach IAS 23.8-23.9 zu bilanzieren (vgl. S. 277).

In Fremdwährung erworbene Sachanlagen

Wird eine **Sachanlage in fremder Währung** erworben, ist der (ggf. diskontierte) Betrag der Fremdwährung grundsätzlich mit dem Stichtagskurs zu dem Tag umzurechnen, zu dem die Sachanlage als Vermögenswert bei dem bilanzierenden Unternehmen anzusetzen ist. Zu künftigen Stichtagen sind die Anschaffungskosten der Sachanlage mit den historischen Kursen umzurechnen. Im Ergebnis wird die Sachanlage bilanziert, als sei sie in Euro erworben worden.

Aufteilung des Kaufpreises

Werden im Rahmen einer Transaktion mehrere Sachanlagen erworben, sind die Anschaffungskosten auf die erworbenen Sachanlagen aufzuteilen. Nach **IFRS 3** sind die Anschaffungskosten bei dem Erwerb von mehreren Vermögenswerten oder bei dem Erwerb von Vermögenswerte und Schulden auf Basis der relativen Zeitwerte der erworbenen Vermögenswerte (und Schulden) zu verteilen. Sind die erworbenen Vermögenswerten (und Schulden) dagegen als Geschäftsbetrieb (*business*) i. S. d. IFRS 3 zu klassifizieren, ist der Erwerb nach IFRS 3 als Unternehmenserwerb abzubilden.[2]

Eine Sachanlage, die im Wege eines **Tauschs** gegen andere nicht-monetäre und/oder monetäre Vermögenswerte erworben wird, wird beim erstmaligen Ansatz grundsätzlich mit dem beizulegenden Zeitwert bewertet. Bei der Bemessung des Kaufpreises wird der beizulegende Zeitwert des hingegebenen Vermögenswerts zu Grunde gelegt, es sei denn, der beizulegende Zeitwert des erhaltenen Vermögenswerts ist eindeutiger zu bestimmen. Zusätzlich geleistete oder erhaltene Zahlungen sind bei der Bestimmung des Kaufpreises zu berücksichtigen.

Ein im Rahmen eines Tauschs erworbener Vermögenswert wird **nicht mit dem beizulegenden Zeitwert** bewertet, wenn

- die Transaktion keine »wirtschaftliche Substanz« hat, oder
- der beizulegende Zeitwert weder des hingegebenen noch des erhaltenen Vermögenswerts zuverlässig bestimmt werden kann.

In diesen Fällen ist der erhaltene Vermögenswert mit dem Buchwert des hingegebenen Vermögenswerts zu bewerten.

Einem Sachverhalt wird **wirtschaftliche Substanz** zugerechnet,[3] wenn

(a) das Risiko, der zeitliche Anfall und der Betrag der künftigen Zahlungsmittelströme des erhaltenen Vermögenswerts sich von denen des hingegebenen Vermögenswerts unterscheiden; oder

(b) der unternehmensspezifische Wert des Teils der Geschäftstätigkeiten des Unternehmens, welcher von der Transaktion betroffen ist, sich auf Grund des Tauschgeschäfts ändert; und

(c) die Differenz in (a) oder (b) in Relation zum beizulegenden Zeitwert der getauschten Vermögenswerte wesentlich ist.

BEISPIEL:

Die Parking AG hat an einem Flughafen ein 12 000 m² umfassendes Grundstück, auf dem Fluggäste gegen eine Gebühr ihr Auto parken dürfen. Der Buchwert des Grundstücks beträgt 72 000 €. Der Zeitwert desselben 120 000 €.

Variante 1:

Die Parking AG vereinbart mit dem Besitzer des Nachbargrundstücks, dass die Grundstücke getauscht werden. Der beizulegende Zeitwert des Nachbargrundstücks entspricht dem beizulegenden Zeitwert des Grundstücks der Parking AG. Auswirkungen auf künftige Zahlungsmittelströme aus der Transaktion werden bei der Parking AG nicht erwartet.

Laut Sachverhalt hat die Transaktion keine wirtschaftliche Substanz. Daher ist das erhaltene Grundstück mit dem Buchwert des hingegebenen Grundstücks zu bewerten.

Variante 2:

Die Parking AG vereinbart mit dem Besitzer eines näher am Flughafen gelegenen Grundstücks einen Tausch der Grundstücke. Die Parking AG zahlt zusätzlich 25 000 €. Die Parking AG erwartet aus der Transaktion eine Umsatzsteigerung von 5 % bis 10 %.

Auf Grund der erwarteten Umsatzsteigerung und der damit zusammenhängenden Veränderung künftiger Zahlungsmittelströme ist der Transaktion wirtschaftliche Substanz zuzurechnen. Daher ist die Transaktion zum beizulegenden Zeitwert abzubilden.

Die Parking AG bewertet das neue Grundstück mit dem beizulegenden Zeitwert des hingegebenen Grundstücks zuzüglich der gezahlten 25 000 €:

Grund und Boden	145 000 €	an Grund und Boden	72 000 €
		an Ertrag	48 000 €
		an Kasse	25 000 €

Erhält ein Unternehmen für einen Vermögenswert eine Zuwendung der öffentlichen Hand, hat das Unternehmen unter den Voraussetzungen des **IAS 20** das Wahlrecht, die Zuwendung von den Anschaffungskosten des Vermögenswerts abzuziehen oder die Zuwendung passivisch auszuweisen und über die Nutzungsdauer des Vermögenswerts aufzulösen (vgl. S. 495 ff.).

cc) Anschaffungsnebenkosten

Zu den Anschaffungskosten einer Sachanlage zählen neben dem Kaufpreis auch die direkt zurechenbaren Anschaffungsnebenkosten. Anschaffungsnebenkosten sind neben dem Kaufpreis die direkt zurechenbaren Ausgaben, die notwendig sind, um die Sachanlage an den ihr bestimmten Ort und in den vom Management bestimmten Zustand zu bringen.

Zu den **Anschaffungsnebenkosten** zählen z. B. (**IAS 16.17**):

- Leistungen an Arbeitnehmer i. S. d. IAS 19, welche direkt durch die Herstellung oder den Erwerb von Sachanlagen verursacht werden,
- Kosten der Standortvorbereitung,
- Kosten der erstmaligen Lieferung und Verbringung,
- Installations- und Aufbaukosten,
- Ausgaben für Testläufe abzüglich der erzielten Nettoerlöse für die während der Testphase produzierten (Muster-)Produkte, sowie
- Honorare.

Beispiele für Ausgaben, die **keine Anschaffungskosten** einer Sachanlage sind, enthält u. a. **IAS 16.19**. Demnach zählt Folgendes nicht zu den Anschaffungskosten einer Sachanlage:

- Ausgaben für die Eröffnung einer neuen Betriebsstätte,
- Ausgaben für die Einführung eines neuen Produkts oder einer neuen Dienstleistung (inklusive dabei anfallender Ausgaben für Werbung und anderer den Verkauf fördernden Maßnahmen),
- Ausgaben für Geschäftsaktivitäten in neuen Regionen oder mit neuen Kunden (inklusive der dabei anfallenden Ausgaben für Schulung), und
- Ausgaben für Verwaltung sowie andere allgemeine Gemeinkosten.

Nach IAS 16.16 (b) sind Anschaffungsnebenkosten soweit als Anschaffungskosten zu aktivieren, wie sie anfallen, um den Vermögenswert in den vom Management beabsichtigten betriebsbereiten Zustand zu versetzen. Daraus folgt, dass Ausgaben, die nach dem Zeitpunkt anfallen, zu dem der Vermögenswert den vom Management beabsichtigten betriebsbereiten Zustand erreicht hat, nicht zu den Anschaffungskosten des Vermögenswerts zählen. IAS 16.20 enthält dazu die folgenden Beispiele:

- Ausgaben die bezüglich einer betriebsbereiten Sachanlage anfallen, um diese in Betrieb zu nehmen, oder die noch nicht vollständig ausgelastet ist;
- Anlaufverluste, die anfallen, wenn z. B. die Nachfrage nach dem zu produzierenden Produkt aufgebaut wird; sowie
- Ausgaben für die Verlagerung oder Umstrukturierung eines Teils oder der gesamten Geschäftstätigkeit des Unternehmens.

Soweit im Zeitraum der Anschaffung oder der Herstellung einer Sachanlage Aufwendungen eingegangen und (Neben-)Erlöse erzielt werden, die nicht notwendig sind, die Sachanlage zu dem vom Management bestimmten Standort und in den vom Management beabsichtigten betriebsbereiten Zustand zu bringen, sind diese kein Teil der Anschaffungskosten der Sachanlage. Vielmehr sind diese Erfolgsbeiträge erfolgswirksam in der

Gesamtergebnisrechnung zu erfassen. IAS 16.21 nennt als Beispiel die Nutzung eines Grundstücks, auf dem ein Gebäude errichtet wird, als Parkplatz. Die Nutzung des Grundstücks als Parkplatz ist nicht notwendig, künftig das Gebäude zu erstellen. Daher sind die aus der Nutzung des Grundstücks entstehenden Aufwendungen und Erträge entsprechend zu erfassen.

dd) Entsorgungs-, Wiederherstellungs- oder ähnliche Verpflichtungen

Grundsatz

Mit der Herstellung, dem Erwerb oder der Nutzung einer Sachanlage geht ein Unternehmen in einigen Fällen eine Verpflichtung ein, die Sachanlage nach Ablauf der Nutzungsdauer zurückzubauen oder den Standort der Sachanlage zu rekultivieren. Beispielhaft zu nennen sind Funkmasten, Mietereinbauten, Industrieanlagen oder Abbaugebiete von Braunkohle, welche nach Ende der Braunkohleförderung zu renaturieren sind.

Der geschätzte Betrag dieser Verpflichtung ist Teil der Anschaffungskosten einer Sachanlage, soweit diese Verpflichtung nach IAS 37 als Rückstellung zu passivieren ist und soweit diese Verpflichtung nicht aus einer Tätigkeit resultiert, welche zum Ansatz von Vorräten führt. Im letztgenannten Fall ist der Betrag der neu entstandenen Verpflichtung Teil der AK/HK der Vorräte.

Ansammlung versus Vollrückstellung

Die Regelung des **IAS 16.16 (c)** wurde hierzu im Rahmen der Überarbeitung des IAS 16 im Jahre 2005 aufgenommen.[4] Zuvor war unklar, wie im Abschluss mit Entsorgungs- oder Wiederherstellungsverpflichtungen umzugehen war, die mit Beginn der Nutzung einer Sachanlage vollständig entstanden sind. Besteht z. B. die Verpflichtung, eine Industrieanlage nach Ablauf der Nutzung zurückzubauen und zu entsorgen, so besteht diese mit Beginn der Nutzung zu 100 %. Wird diese Verpflichtung im Jahr der erstmaligen Nutzung zu 100 % erfolgswirksam im Abschluss erfasst, wird die Vermögenslage angemessen dargestellt, da die Schuld zu 100 % – entsprechend der tatsächlichen Verhältnisse – ausgewiesen wird. Die Ertragslage wird indes verzerrt abgebildet, da in der Periode zu Beginn der Nutzung ein sehr hoher Aufwand, und in den Perioden nach Beginn der Nutzung kein Aufwand für die Entsorgung erfasst wird. Dies widerspricht aber dem *matching principle*, nach dem den Erträgen, welche über die gesamte Nutzungsdauer realisiert werden, die entsprechenden Aufwendungen gegenüberzustellen sind (vgl. S. 59 f.).

Alternativ zur Vollrückstellung besteht die Möglichkeit, die Rückstellung über die Nutzungsdauer anzusammeln. Nach dem Ansammlungsverfahren wird die Ertragslage angemessen ausgewiesen, da dem *matching principle* entsprechend den Erträgen die Aufwendungen gegenübergestellt werden. Die Vermögenslage wird indes unzutreffend dargestellt, da die Schulden nicht vollumfänglich ausgewiesen würden.

Das Dilemma, welches mit dem Ansatz der Vollrückstellung oder der Ansammlung der Rückstellung besteht, wird durch die Regelung des IAS 16 gelöst. Zu den Anschaffungskosten einer Sachanlage zählt der Betrag der Entsorgungs- oder Wiederherstellungsverpflichtung, welcher nach IAS 37 anzusetzen ist. Dies ist grundsätzlich der Barwert des besten Schätzwerts der künftigen Ausgaben (vgl. S. 313 f.). Dieser als Anschaffungskosten angesetzte Betrag wird über die Nutzungsdauer der Sachanlage abgeschrieben. In der Bilanz wird zudem der entsprechende Betrag als Rückstellung passiviert. Über den Zeitraum bis zur »Fälligkeit« der Rückstellung wird die Rückstellung aufgezinst.

Die Vermögenslage wird angemessen ausgewiesen, da die Schulden vollständig angesetzt und bewertet werden. Zudem wird die Ertragslage angemessen ausgewiesen, da in jeder Periode durch die Abschreibung der Sachanlage und die Aufzinsung der Rückstellung ein Aufwand den entsprechenden Erträgen gegenübergestellt wird.

BEISPIEL:

Die Parking AG least am 1.1.2015 für drei Jahre eine Lagerhalle. Damit die Lagerhalle zweckgerecht genutzt werden kann, führt die Parking AG in eigenem Namen und auf eigene Rechnung Baumaßnahmen durch (so genannte Mietereinbauten). Nach Ablauf der drei Jahre ist die Parking AG verpflichtet, die Mietereinbauten rückzubauen. Ein Restwert ist den Mietereinbauten nach drei Jahren nicht zuzurechnen. Die Herstellungskosten der Mietereinbauten betragen 120 €. Der beste Schätzwert der künftigen Ausgaben für den Rückbau der Mietereinbauten beträgt 40 €. Der nach IAS 37 anzuwendende Zinssatz für die Diskontierung der künftigen Ausgaben beträgt 10 %. Der Barwert der künftigen Ausgaben für den Rückbau beträgt $1{,}1^{-3} \times 40\ € = 30\ €$.

Die Mietereinbauten sind mit den Anschaffungskosten i. H. v. 150 € anzusetzen. Diese setzen sich zusammen aus den Herstellungskosten i. H. v. 120 € und dem Betrag, welcher als Rückstellung bezüglich der Verpflichtung zum Rückbau der Mietereinbauten gem. IAS 37 anzusetzen ist (30 €). In den folgenden drei Perioden werden die Mietereinbauten linear abgeschrieben. Dabei wird pro Periode ein Aufwand aus Abschreibung i. H. v. 50 € erfasst. Die Rückstellung wird pro Periode mit 10 % aufgezinst, so dass der Betrag der Rückstellung nach drei Jahren 40 € beträgt. Folgende Tabelle zeigt den Buchwert der Mietereinbauten sowie der Rückstellung zum 1.1.2015 sowie zum 31.12. der Jahre 2015 bis 2017:

	Buchwert	
	Mietereinbauten	**Rückstellung**
1. Januar 2013	150 €	30 €
31. Dezember 2013	100 €	33 €
31. Dezember 2014	50 €	36,3 €
31. Dezember 2015	0 €	40 €

ee) Zugangsbewertung bei Herstellung von Sachanlagevermögen

IAS 16.22 geht auf die **Ermittlung der Herstellungskosten** von selbst erstellten Sachanlagen ein. Die Ermittlung der Herstellungskosten von Sachanlagen richtet sich demzufolge nach den Prinzipien für die Ermittlung der Anschaffungskosten von Sachanlagen.

Nach IAS 16.22 ist der Umfang der Herstellungskosten einer Sachanlage grundsätzlich mit dem Umfang der Herstellungskosten nach IAS 2 identisch. Denn in IAS 16.22 heißt es: »*Wenn ein Unternehmen ähnliche Vermögenswerte für den Verkauf im Rahmen seiner normalen Geschäftstätigkeit herstellt, sind die Herstellungskosten eines Vermögenswerts normalerweise dieselben wie die für die Herstellung der zu veräußernden Gegenstände (siehe IAS 2)*«. Nicht eindeutig geregelt ist in diesem Zusammenhang die Behandlung von Verwaltungskosten. Nach IAS 2 sind produktionsbezogene Verwaltungskosten Teil der Herstellungskosten. Sonstige Verwaltungskosten sind nach IAS 2 nicht Teil der Herstellungskosten. Nach IAS 16.19 (d) sind Verwaltungskosten und andere Gemeinkosten (*administration and other general overhead costs*) nicht Teil der Anschaffungskosten. Nach der hier vertretenen Ansicht ist dadurch eine Aktivierung der produktionsbezogenen Verwaltungskosten bei selbst erstellten Sachanlagen, nicht ausgeschlossen, auch wenn ähnliche Vermögenswerte nicht im Rahmen der normalen Geschäftstätigkeit für den Verkauf produziert werden.

b) Folgebewertung

aa) Vorbemerkung

Sachanlagen sind nach dem erstmaligen Ansatz nach IAS 16.29 entweder nach dem Anschaffungskostenmodell (***cost model***) oder nach dem Neubewertungsmodell (***revaluation model***) zu bewerten. Im Folgenden wird zunächst die Folgebewertung nach dem Anschaffungskostenmodell und anschließend nach dem Neubewertungsmodell erläutert. Abschließend wird dargelegt, wie die Änderungen des Betrags einer Entsorgungs- oder Wiederherstellungsverpflichtung und eine Wertminderung zu berücksichtigen sind.

bb) Folgebewertung nach dem Anschaffungskostenmodell

(1) Überblick

Bei der Bewertung nach dem Anschaffungskostenmodell wird das Abschreibungsvolumen einer Sachanlage, welches i. d. R. den AK/HK abzüglich des erwarteten Restwerts entspricht, über deren Nutzungsdauer verteilt. Komponenten einer Sachanlage, deren Wert in Relation zur gesamten Sachanlage signifikant sind, sind separat abzuschreiben. Wertminderungen sind entsprechend den Regelungen des IAS 36 zu ermitteln und zu erfassen (vgl. S. 507). Im Folgenden wird erläutert, was nach IAS 16 Gegenstand der Abschreibung ist, wie das Abschreibungsvolumen ermittelt wird und wie die Nutzungsdauer einer Sachanlage zu bestimmen ist. Abschließend wird dargelegt, mit welcher Methode das Abschreibungsvolumen über die Nutzungsdauer zu verteilen ist.

(2) Gegenstand der Abschreibung

Nach IAS 16 ist Gegenstand der Vorschriften zur Abschreibung jede einzelne Komponente einer Sachanlage, soweit deren Wert in Relation zu den AK/HK der Anlage signifikant ist. Dies ist notwendig, da es nach Ansicht des IASB nicht angemessen ist, eine Sachanlage über eine durchschnittliche Nutzungsdauer abzuschreiben, soweit die Sachanlage signifikante Komponenten mit unterschiedlichen Nutzungsdauern enthält (IAS 16.BC 26).[5]

Für Zwecke der Folgebewertung sind somit die einzelnen signifikanten Komponenten einer Sachanlage zu identifizieren. Was in diesem Zusammenhang konkret als »signifikant« zu erachten ist, lässt IAS 16 offen. Bei der Identifizierung der wesentlichen **Komponenten** ist der Grundsatz der Wesentlichkeit zu berücksichtigen. Als Anhaltspunkt könnte eine Wertgrenze von ca. 10 % gelten.[6] Betrüge der Wert einer Komponente mindestens ca. 10 % der AK/HK der Sachanlage, wäre diese Komponente separat abzuschreiben. Komponenten mit identischer Nutzungsdauer dürfen zusammengefasst werden.

Alle Komponenten einer Sachanlage, die nicht als signifikant erachtet werden, sind als »Restkomponente« zusammengefasst abzuschreiben. Soweit die Teile der Restkomponente unterschiedliche Nutzungsdauern aufweisen, ist nach IAS 16.46 mit Hilfe von Näherungsverfahren eine angemessene Abschreibungsdauer und Abschreibungsmethode zu ermitteln. Darüber hinaus ist es zulässig, nicht als wesentlich identifizierte Komponenten separat abzuschreiben.

Als Beispiele für zu identifizierende Komponenten nennt IAS 16:

- Die Auskleidung von Hochöfen, welche nach einer bestimmten Nutzungsdauer auszutauschen ist;
- Sitze oder Bordküchen, die über die Nutzungsdauer eines Flugzeugs mehrfach ausgetauscht werden;
- Austausch von Innenwänden eines Gebäudes; sowie
- Ausgaben für eine Generalüberholung, welche Voraussetzung für die Fortführung des Betriebs einer Sachanlage ist.

(3) Abschreibungsvolumen

Das Abschreibungsvolumen einer Sachanlage (oder einer ihrer Komponenten) ist nach **IAS 16.50** über die Nutzungsdauer der Sachanlage systematisch zu verteilen. Das Abschreibungsvolumen entspricht dabei nicht den gesamten AK/HK der Sachanlage. Vielmehr entspricht es den AK/HK abzüglich des Restwerts der Sachanlage. Ein daraus resultierendes negatives Abschreibungsvolumen (Restwert ist größer als der Restbuchwert der Sachanlage) führt nicht zu einer Zuschreibung der Sachanlage, es sei denn, dies ist nach IAS 36 geboten. Bei negativem Abschreibungsvolumen beträgt der Abschreibungsbetrag 0 €.

Der **Restwert**, den das Unternehmen für die Sachanlage zum Bilanzstichtag erzielen könnte, hätte die Sachanlage schon den Zustand und das Alter, der bzw. das am Ende der Nutzungsdauer erwartet wird. Hiervon sind noch die erwarteten Verkaufskosten abzuziehen.

Nach IAS 16.53 ist der Restwert häufig zu vernachlässigen. Ist er indes nicht zu vernachlässigen, kann der Restwert auf Basis der aktuellen Marktwerte für ähnliche Vermögenswerte ermittelt werden. Die Vermögenswerte sollten dabei aktuell gehandelt werden und den Zustand und das Alter aufweisen, der bzw. das auch von der zu bewertenden Sachanlage am Ende der Nutzungsdauer erwartet wird.

BEISPIEL:

Die XY AG erwirbt eine Druckmaschine für 30 000 €. Die Nutzungsdauer beträgt vier Jahre. Die XY AG erwartet, in vier Jahren für die Maschine 6 500 € zu erzielen. Ähnliche, vier Jahre alte Druckmaschinen, welche aktuell auf dem Gebrauchtmarkt gehandelt werden, kosten 6 000 €. Dies ist der zu berücksichtigende Restwert der Maschine. Das Abschreibungsvolumen der Druckmaschine beträgt somit 24 000 €.

Zu jedem Bilanzstichtag ist der Restwert einer Sachanlage zu prüfen. Eine Änderung des Restwerts ist nach IAS 8 als Änderung von Schätzungen, also prospektiv im Abschluss abzubilden (vgl. S. 531 ff.).

Soweit der Restwert dem Restbuchwert einer Sachanlage entspricht oder höher ist, beträgt die Abschreibung der Sachanlage einer Periode 0 €. Eine Zuschreibung ist in diesem Fall nur zu erfassen, soweit dies nach IAS 36 geboten ist. Sinkt der Restwert in künftigen Perioden unter den Restbuchwert der Sachanlage, sind planmäßige Abschreibungen wieder zu erfassen.

(4) Nutzungsdauer

Die Nutzungsdauer einer Sachanlage entspricht entweder dem **unternehmensindividuellen Zeitraum**, über den die Sachanlage voraussichtlich vom Unternehmen genutzt wird, oder der **Zahl der Produktionseinheiten**, die aus der Nutzung der Sachanlage erzielt werden können. Bei der Bestimmung der Nutzungsdauer einer Sachanlage sind die individuellen Rahmenbedingungen des jeweiligen Unternehmens zu berücksichtigen.

Die Nutzungsdauer einer Sachanlage ist mindestens zum Ende eines Berichtsjahres zu überprüfen. Änderungen der Nutzungsdauer sind gem. IAS 8 prospektiv als Schätzungsänderung zu erfassen.

Die Nutzungsdauer beginnt, sobald die entsprechende Sachanlage **einsatzbereit** ist, unabhängig davon, ob sie auch tatsächlich eingesetzt wird. Die Nutzungsdauer endet, sobald eine Klassifizierung der Sachanlage nach **IFRS 5** als »zur Veräußerung verfügbar« stattfindet, oder sobald die Sachanlage ausgebucht wird. In Zeiten, in denen die Sachanlage nicht genutzt wird, wird die Abschreibung nicht ausgesetzt.

Die Nutzungsdauer einer Sachanlage ist nach IAS 16 betriebsindividuell zu bestimmen. Die Investitionspolitik eines Unternehmens kann die Nutzungsdauer einer Sachanlage beeinflussen, wenn z. B. Vermögenswerte grundsätzlich nach einer bestimmten Zahl von Jahren ersetzt werden. Zudem kann die Intensität der Nutzung die Nutzungsdauer einer Sachanlage beeinflussen. Grundsätzlich gilt: Je höher die Intensität der Nutzung (z. B. Drei- statt Zweischichtbetrieb), desto geringer fällt die Nutzungsdauer in Jahren aus.

(5) Abschreibungsmethode

Nach IAS 16 wird keine bestimmte Abschreibungsmethode für die Abschreibung von Sachanlagen vorgeschrieben. Vielmehr hat sich die gewählte Abschreibungsmethode an dem erwarteten künftigen Verlauf des Verbrauchs des wirtschaftlichen Nutzens der Sachanlage zu orientieren. Grundsätzlich gilt: In Perioden, in denen ein großer Teil des wirtschaftlichen Nutzens der Sachanlage verbraucht wird, ist ein großer Teil des Abschreibungsvolumens zu erfassen; in Perioden, in denen dagegen ein kleiner Teil des wirtschaftlichen Nutzens der Sachanlage verbraucht wird, ist ein kleiner Teil des Abschreibungsvolumens zu erfassen. Dies entspricht dem angeführten ***matching principle***, nach welchem den Erträgen die entsprechenden Aufwendungen gegenüber zu stellen sind.

Die Abschreibungsmethode ist mindestens zu jedem Geschäftsjahresende zu überprüfen. Hat sich der erwartete Verlauf des Verbrauchs des wirtschaftlichen Nutzens verändert, ist nach IAS 8 die Abschreibungsmethode entsprechend der Regelungen zur Änderung von Schätzungen anzupassen.

Lineare Abschreibung

In IAS 16.62 werden beispielhaft die lineare, die degressive sowie die leistungsabhängige Abschreibung genannt. Bei der linearen Abschreibung wird das Abschreibungsvolumen linear, d. h. in gleichen Periodenbeträgen über die Nutzungsdauer verteilt. Liegt der Beginn der Nutzungsdauer nicht am Periodenanfang, ist grundsätzlich pro rata temporis abzuschreiben.

BEISPIEL:

Ausgangsdaten:

Die XY AG erwirbt eine Produktionsmaschine, welche ab dem 15.2.2016 einsatzbereit in der Produktionshalle steht. Die Nutzungsdauer der Maschine wird auf sechs Jahre geschätzt, die Anschaffungskosten der Maschine betragen 21 000 €. Die XY AG erwartet, dass sie am Ende der Nutzungsdauer bei Veräußerung der Maschine 3 800 € erzielt. Aktuell beträgt der Wert ähnlicher sechs Jahre alter Maschinen 3 000 €. Das Management erwartet, dass der wirtschaftliche Nutzen der Sachanlage über deren Nutzungsdauer gleichmäßig verbraucht wird.

Bilanzielle Abbildung:

Das Abschreibungsvolumen beträgt 18 000 €. Bei der linearen Abschreibung ist das Abschreibungsvolumen gleichmäßig auf die Perioden der Nutzung zu verteilen. Somit sind pro vollem Jahr der Nutzungsdauer 18 000 €/6 Jahre = 3 000 € als Abschreibung zu erfassen. Im Jahr 2016 wird die Maschine kein volles Jahr genutzt. Daher ist im ersten Jahr die Abschreibung pro rata temporis zu erfassen. Dies sind 10,5 Monate/12 Monate × 3 000 €/Jahr = 2 625 €. Wird der Beginn der Nutzungsdauer vereinfachend zum 1.2. angenommen, beträgt der Abschreibungsbetrag im Jahre 2016 11/12 × 3 000 €/Jahr = 2 750 €.

Geometrisch-degressive Abschreibung

Charakteristikum der degressiven Abschreibung ist, dass das Abschreibungsvolumen über die Nutzungsdauer in fallenden Beträgen verteilt wird. Unterschieden werden

- die geometrisch-degressive Abschreibung und
- die arithmetisch-degressive Abschreibung.

Bei der geometrisch-degressiven Abschreibung wird der Abschreibungsbetrag als Prozentsatz vom Restbuchwert ermittelt. Dabei sinken die Abschreibungsbeträge von Jahr zu Jahr um einen bestimmten Prozentsatz. Soweit am Ende der Nutzungsdauer ein Restwert erwartet wird, wird der Prozentsatz der Abschreibung mit folgender Formel bestimmt:

$$Prozentsatz\ der\ Abschreibung: 1-\sqrt[n]{\frac{Restwet}{AHK}}$$

BEISPIEL:

Es gelten die Ausgangsdaten des Beispiels zur linearen Abschreibung mit der Ausnahme, dass die Maschine Ende 2015 erstmalig einsatzbereit ist. Die XY AG schreibt die Maschine geometrisch-degressiv ab. Der Prozentsatz der Abschreibung beträgt 27,7 %. Folgende Tabelle zeigt den Abschreibungsplan der Maschine:

Datum	Abschreibung	Restbuchwert
31.12.2015		21 000 €
31.12.2016	5 817 €	15 183 €
31.12.2017	4 206 €	10 977 €
31.12.2018	3 041 €	7 937 €
31.12.2019	2 198 €	5 738 €
31.12.2020	1 589 €	4 149 €
31.12.2021	1 149 €	3 000 €

Wird – wie im Beispiel zur linearen Abschreibung – unterstellt, dass die Maschine am 15.2.2016 erstmalig einsatzbereit ist, ist die Abschreibung der Maschine auf die Geschäftsjahre der Nutzung aufzuteilen. Dabei entfallen auf das Jahr 2016 21/24 der Abschreibung des ersten Jahres der Nutzungsdauer. Auf das Jahr 2017 entfallen 3/24 der Abschreibung des ersten Jahres der Nutzungsdauer sowie 21/24 der Abschreibung des zweiten Jahres der Nutzungsdauer der Produktionsmaschine. Danach ergibt sich für die Produktionsmaschine der folgende Abschreibungsplan:

Datum	Abschreibung	Restbuchwert
31.12.2015		21 000 €
31.12.2016	(21/24) × 5 817 € = 5 090 €	15 910 €
31.12.2017	(3/24) × 5 817 €+ 21/24) × 4 206 € = 4 407 €	11 503 €
31.12.2018	(3/24) × 4 206 € + 21/24) × 3 041 € = 3 186 €	8 317 €
31.12.2019	(3/24) × 3 041 € + 21/24) × 2 198 € = 2 304 €	6 013 €
31.12.2020	(3/24) × 2 198 € + 21/24) × 1 589 € = 1 666 €	4 347 €
31.12.2021	(3/24) × 1 589 € + 21/24) × 1 149 € = 1 204 €	3 143 €
14.02.2022	(3/24) × 1 149 = 143 €	3 000 €

Wird am Ende der Nutzungsdauer kein Restwert erwartet, ist eine Abschreibung auf null nicht möglich. Nach obiger Formel müsste die Sachanlage im ersten Jahr zu 100 % abgeschrieben werden. Dies ist wirtschaftlich aber nicht sinnvoll. Zudem ist die geometrisch-degressive Abschreibung bei kleinen Restwerten nicht sinnvoll. Betrüge der Restwert im Beispiel statt 3 000 € nur 100 €, müssten im ersten Jahr der Nutzung schon über 58 % der AK/HK erfolgswirksam erfasst werden. Daher ist ggf. eine »prozentuale« Begrenzung angemessen, wie dies in § 7 Abs. 2 EStG enthalten war, wonach 20 % des Restbuchwerts, maximal das Doppelte der linearen Abschreibung zu erfassen waren. Da bei dieser »prozentualen Begrenzung« eine Abschreibung auf den Restwert bzw. Null über die Laufzeit nicht möglich ist, ist während der Nutzungsdauer auf eine andere Abschreibungsmethode, i. d. R. die lineare Methode, zu wechseln.[7]

Digitale Abschreibung

Bei der arithmetisch-degressiven Abschreibung sinkt der Abschreibungsbetrag von Jahr zu Jahr um einen gleich bleibenden Betrag. Eine häufig angewandte Form der arithmetisch-degressiven Abschreibung ist die digitale Abschreibung (*sum-of-the-years´ digits depreciation*). Die digitale Abschreibung hat die Besonderheit, dass der Betrag, um den die Abschreibung von Jahr zu Jahr sinkt, dem letzten Abschreibungsbetrag entspricht. Die Abschreibung für die Periode *t* wird danach wie folgt bestimmt:

Abschreibung: [(ND – t + 1) / ((ND × (ND + 1)) / 2)] × Abschreibungsvolumen[8]

BEISPIEL:

Es gelten die Ausgangsdaten des Beispiels zur linearen Abschreibung mit der Ausnahme, dass die Maschine Ende 2015 erstmalig einsatzbereit ist. Folgende Tabelle zeigt den Abschreibungsplan für die Produktionsmaschine:

Datum	Abschreibung	Restbuchwert
31.12.2015		21 000 €
31.12.2016	(6 / 21) × 18 000 = 5 143 €	15 857 €
31.12.2017	(5 / 21) × 18 000 = 4 286 €	11 571 €
31.12.2018	(4 / 21) × 18 000 = 3 429 €	8 143 €
31.12.2019	(3 / 21) × 18 000 = 2 571 €	5 571 €
31.12.2020	(2 / 21) × 18 000 = 1 714 €	3 857 €
31.12.2021	(1 / 21) × 18 000 = 857 €	3 000 €

Bei einem Beginn der Nutzungsdauer zum 15.2.2016 sind die Abschreibungsbeträge pro Jahr der Nutzungsdauer entsprechend dem bei der geometrisch-degressiven Abschreibung beschriebenen Vorgehen auf die Geschäftsjahre aufzuteilen.

Leistungsabhängige Abschreibung

Bei der leistungsabhängigen Abschreibung wird der Abschreibungsbetrag auf Basis der in der Periode erbrachten Leistung zur Gesamtleistung erfasst.

BEISPIEL:

Auf einer Maschine mit Anschaffungskosten von 1 000 € und einem Restwert von 0 € können voraussichtlich 100 000 Teile produziert werden. Im ersten Jahr werden 35 000 Teile produziert. Daher sind im ersten Jahr 35 000/100 000 = 35 % der Anschaffungskosten als Abschreibungsaufwand zu erfassen. Im zweiten Jahr werden 30 000 Teile produziert. Daher sind im zweiten Jahr 30 000/100 000 = 30 % der Anschaffungskosten als Abschreibungsaufwand zu erfassen usw.

cc) Neubewertungsmodell

Neben der Bewertung nach dem Anschaffungskostenmodell dürfen Sachanlagen, deren beizulegender Zeitwert zuverlässig zu bestimmen ist, auch nach der Neubewertungsmethode bewertet werden. Nach dem Neubewertungsmodell ist eine **Gruppe von Sachanlagen** in regelmäßigen Abständen mit dem beizulegenden Zeitwert zu bewerten, so dass der Buchwert nicht wesentlich von dem beizulegenden Zeitwert der Sachanlagen abweicht.

Das Neubewertungsmodell darf nach IAS 16.31 für Sachanlagen nur angewandt werden, soweit deren **beizulegender Zeitwert zuverlässig** bestimmt werden kann. Maßgeblich für die Ermittlung des beizulegenden Zeitwerts ist IFRS 13. Dementsprechend bestimmen die zur Verfügung stehenden Parameter (Daten) nach der sog. fair-value-Hierarchie (IFRS 13.72) das anzuwendende Bewertungsverfahren. IFRS 13 ist verpflichtend für Geschäftsjahre anzuwenden, die seit oder nach dem 1. Januar 2013 begannen. Der beizulegende Zeitwert ist der Preis, der in einem geordneten Geschäftsvorfall zwischen Marktteilnehmern am Bemessungsstichtag für den Verkauf eines Vermögenswerts eingenommen bzw. für die Übertragung einer Schuld gezahlt würde (IAS 16.6 bzw. IFRS 13.9).

Bei Anwendung des Neubewertungsmodells ist sicherzustellen, dass der Buchwert einer Sachanlage nicht wesentlich von deren beizulegendem Zeitwert abweicht. Die Frequenz der Neubewertung von Sachanlagen ist von der Volatilität des beizulegenden Zeitwerts der Sachanlage abhängig. Bei Sachanlagen mit stark schwankenden beizulegenden Zeitwerten kann eine jährliche Neubewertung notwendig sein, bei anderen Sachanlagen reicht es ggf. aus, alle fünf Jahre eine Neubewertung durchzuführen. Weicht der beizulegende Zeitwert einer Sachanlage wesentlich von deren Buchwert ab, ist eine Neubewertung der Sachanlage durchzuführen.

Gruppe von Sachanlagen

Die Neubewertung einer Sachanlage wird nicht für eine einzelne Sachanlage isoliert durchgeführt, sondern immer für die Gruppe, zu der die Sachanlage zählt. Diese Regelung verhindert, dass selektiv einzelne Sachanlagen aus einer Gruppe von Sachanlagen neubewertet werden, deren Neubewertung sich positiv auf das Bild der Vermögens-, Finanz- und Ertragslage des bilanzierenden Unternehmens auswirkt.

Beispiele für Gruppen von Sachanlagen sind nach IAS 16.37:

- Unbebaute Grundstücke;
- Grundstücke und Gebäude;
- Maschinen und technische Anlagen;
- Schiffe;
- Flugzeuge;
- Kraftfahrzeuge;
- Betriebsausstattung; sowie
- Büroausstattung.

Bei einer Neubewertung wird eine Sachanlage mit dem beizulegenden Zeitwert angesetzt. Für die Erfassung der Wertdifferenzen gelten die folgenden Grundsätze:

Werterhöhung: Die Differenz zwischen dem Buchwert und dem beizulegenden Zeitwert ist grundsätzlich erfolgsneutral im sonstigen Ergebnis in einer Neubewertungsrücklage zu erfassen. Soweit die Werterhöhung eine erfolgswirksam erfasste Wertminderung rückgängig macht, ist die Werterhöhung als Ertrag zu erfassen.

Wertminderung: Die Differenz zwischen dem Buchwert und dem beizulegenden Zeitwert ist grundsätzlich als Aufwand zu erfassen. Soweit bezüglich der neubewerteten

Sachanlage indes eine Neubewertungsrücklage besteht, ist diese zunächst über das sonstige Ergebnis ggf. auf null zu reduzieren.

Des Weiteren ist zu bestimmen, wie die im Eigenkapital gebildete Neubewertungsrücklage aufgelöst wird. Nach IAS 16 ist die über das sonstige Ergebnis gebildete Neubewertungsrücklage direkt in den Gewinnrücklagen zu erfassen. Eine Erfolgswirkung resultiert daraus nicht. Nicht bestimmt wird indes, zu welchem Zeitpunkt welcher Teil der Neubewertungsrücklage in den Gewinnrücklagen zu erfassen ist.

Zum einen besteht nach IAS 16.41 die Möglichkeit, die Neubewertungsrücklage zu dem Zeitpunkt vollständig in den Gewinnrücklagen zu erfassen, zu dem die entsprechende Sachanlage stillgelegt oder ausgebucht wird. Zum anderen besteht die Möglichkeit, die Neubewertungsrücklage ratierlich über die Restnutzungsdauer der Sachanlage in den Gewinnrücklagen zu erfassen.

Das folgende Beispiel verdeutlicht die Anwendung des Neubewertungsmodells.[9] Die Neubewertungsrücklage wird dabei ratierlich über die Restnutzungsdauer in den Gewinnrücklagen erfasst.

BEISPIEL:

Eine Anlage wird für 1 000 € am 31.12.2015 erworben, die Nutzungsdauer beträgt vier Jahre. Das Abschreibungsvolumen entspricht den Anschaffungskosten der Anlage. Die Anlage wird nach dem Neubewertungsmodell bilanziert. Da der beizulegende Zeitwert der Anlage stark schwankt, ist zu jedem Geschäftsjahresende eine Neubewertung durchzuführen. Ende 2019 wird die Anlage wie erwartet verschrottet.

Folgende Tabelle zeigt den beizulegenden Zeitwert der Anlage, die im Geschäftsjahr erfasste planmäßige Abschreibung, den Buchwert der Anlage unmittelbar vor der Neubewertung, die Veränderung der Neubewertungsrücklage (NBR), den Betrag der Umbuchung in die Gewinnrücklage, den Bestand der Neubewertungsrücklage am Ende des Geschäftsjahrs sowie den aus der Neubewertung zu erfassenden Ertrag bzw. Aufwand:

Jahr	**2015**	**2016**	**2017**	**2018**	**2019**
Beizulegender Zeitwert	1 000	900	450	300	–
Erfasste planmäßige Abschreibung		250	300	225	225
Buchwert vor Neubewertung		750	600	225	0
Auswirkung Neubewertung auf NBR		150	- 100	50	
Umbuchung in Gewinnrücklagen			- 50		- 50
Bestand NBR am Periodenende		150	0	50	0
Ertrag (+) / Aufwand (–)			- 50	25	

Ende **2015** wird die Maschine mit den Anschaffungskosten von 1 000 € angesetzt. Die Restnutzungsdauer beträgt vier Jahre.

Im Jahr **2016** ist eine planmäßige Abschreibung von 250 € zu erfassen. Der Buchwert der Anlage vor der Neubewertung beträgt 750 €, der beizulegende Zeitwert der Anlage beträgt 900 €. Die Anlage ist somit um 150 € zuzuschreiben. Eine frühere erfolgswirksam erfasste Wertminderung ist nicht rückgängig zu machen, daher ist der Betrag von 150 € erfolgsneutral in der Neubewertungsrücklage im Eigenkapital zu erfassen.

Im Jahre **2017** werden 300 € Abschreibung erfolgswirksam erfasst. Der Buchwert der Anlage vor der Neubewertung beträgt 600 €, der beizulegende Zeitwert der Anlage beträgt 450 €. Aus der Neubewertungsrücklage ist anteilig für ein Jahr ein Betrag von 50 € aus der Neubewertungsrücklage in den Gewinnrücklagen zu erfassen. Vor der Neubewertung Ende 2017 beträgt die Neubewertungsrückalge 100 €. Der Buchwert der Anlage ist Ende 2015 um 150 € zu reduzieren. Dazu ist zunächst eine bezüglich der Anlage bestehende Neubewertungsrücklage zu reduzieren. Die Neubewertungsrücklage beträgt 100 €. Die verbleibenden 50 € Wertminderung sind erfolgswirksam in der GuV zu erfassen.

Im Jahr **2018** werden 225 € Abschreibung erfolgswirksam erfasst. Der Buchwert der Anlage vor der Neubewertung beträgt 225 €, der beizulegende Zeitwert der Anlage beträgt 300 €. Der Buchwert der Anlage ist um 75 € zu erhöhen. Zunächst ist dabei eine zuvor erfasste Wertminderung rückgängig zu machen. Da die erfassten Wertänderungen anteilig den folgenden Jahren zugerechnet werden, ist in diesem Fall ein Ertrag von 25 € zu erfassen. Die verbleibende Werterhöhung von 50 € ist erfolgsneutral in der Neubewertungsrücklage zu erfassen.[10]

Im Jahr **2019** werden Abschreibungen von 225 € erfolgswirksam erfasst. Der in der Neubewertungsrücklage erfasste Betrag ist in den Gewinnrücklagen zu erfassen.

Bei einer Neubewertung wird der Buchwert einer Sachanlage verändert. Der Buchwert resultiert aus der Differenz zwischen dem Bruttobuchwert (AK/HK) und den kumulierten Abschreibungen (planmäßige Abschreibungen plus Wertminderungen).

IAS 16 enthält ein **Wahlrecht**, wie die Wertänderungen beim Neubewertungsmodell zu erfassen sind. Entweder

- werden der Bruttobuchwert und die kumulierten Abschreibungen proportional erhöht, so dass die Differenz zwischen Bruttobuchwert und kumulierten Anschaffungskosten dem Neubewertungsbetrag entspricht; oder
- die kumulierten Abschreibungen werden mit dem Bruttobuchwert verrechnet. Anschließend wird der Bruttobuchwert angepasst, so dass dieser dem Neubewertungsbetrag entspricht.

Abhängig davon, welche Methode gewählt wird, hat dies Auswirkungen auf die nach IAS 16.73 im Anhang anzugebenden Informationen.

BEISPIEL:

Unmittelbar vor der ersten Neubewertung beträgt der Bruttowert einer Anlage 1 000 € und die kumulierten Abschreibungen 250 €. Der beizulegende Zeitwert beträgt 900 €. Die Neubewertung kann wie folgt erfasst werden:

- Der Bruttobuchwert und die kumulierten Abschreibungen werden je um 20 % erhöht. Der Bruttobuchwert beträgt danach 1 200 €, die kumulierten Abschreibungen 300 €. Daraus resultiert ein Buchwert i. H. v. 900 €.
- Die kumulierten Abschreibungen werden mit dem Bruttobuchwert verrechnet. Dieser beträgt dann 750 €. Anschließend wird der Bruttobuchwert um 150 € auf 900 € erhöht. Die kumulierten Abschreibungen betragen in diesem Falle Ende 2015 0 €.

Wertminderung

Die Vorschriften zur Neubewertung des IAS 16 stehen in Konkurrenz zu den Vorschriften des IAS 36 zur Wertminderung. Nach dem Neubewertungsmodell des IAS 16 wird eine Sachanlage mit dem beizulegenden Zeitwert angesetzt. Nach **IAS 36** wird ein Vermögenswert bei einer Wertminderung mit dem erzielbaren Betrag angesetzt, welcher der höhere Wert ist aus Nutzungswert und beizulegendem Zeitwert abzüglich Verkaufskosten.

Soweit der Nutzungswert kleiner ist als der beizulegende Zeitwert abzüglich Verkaufskosten und die Verkaufskosten nicht zu vernachlässigen sind, ist eine Neubewertung nach IAS 16 immer auch ein Indikator für eine Wertminderung nach IAS 36.

BEISPIEL:

Eine Anlage hat vor einer Neubewertung einen Buchwert von 2 200 €. Bezüglich der Anlage besteht im Eigenkapital eine Neubewertungsrücklage i. H. v. 250 €. Der beizulegende Zeitwert der Anlage beträgt 2 000 €, die Kosten der Veräußerung betragen 200 € und der Nutzungswert beträgt 1 700 €. Es liegt ein Hinweis auf eine Wertminderung vor.

Im ersten Schritt ist die Neubewertungsmethode anzuwenden. Der Buchwert der Anlage ist um 200 € auf 2 000 € zu reduzieren. Die Wertminderung wird mit der im Eigenkapital erfassten Neubewertungsrücklage verrechnet. Anschließend sind die Vorschriften des IAS 36 zur Wertminderung anzuwenden. Der erzielbare Betrag der Anlage ist in diesem Fall der beizulegende Zeitwert abzüglich Verkaufskosten von 1 800 €. Der Buchwert ist um weitere 200 € zu reduzieren. Davon sind 50 € gegen die Neubewertungsrücklage und 150 € erfolgswirksam zu erfassen (IAS 36.60 f.).

dd) Änderung des Betrags von Entsorgungs-, Wiederherstellungs- und ähnlichen Verpflichtungen – IFRIC 1

Beim Zugang einer Sachanlage zählt der Betrag der bezüglich der Sachanlage nach IAS 37 anzusetzenden Entsorgungs- oder Wiederherstellungsverpflichtung zu den Anschaffungskosten der Sachanlage (vgl. S. 212 f.). IAS 16 enthält keine Vorschriften, wie Änderungen einer Rückbau- und Wiederherstellungsverpflichtung im Abschluss zu erfassen sind. Die Frage dabei ist, ob **Änderungen der Rückbauverpflichtung** in der Gesamtergebnisrechnung zu erfassen sind, oder ob sie Auswirkungen auf die AK/HK der Sachanlage haben. Aus unterschiedlichen Ansichten der Anwender der IFRS zu dieser Rechnungslegungsfrage resultierte die Gefahr, dass dieser Sachverhalt in Abschlüssen unterschiedlich abgebildet und so die Vergleichbarkeit der Abschlüsse eingeschränkt wird (IFRIC 1.BC4). Mit IFRIC 1 hat das IFRIC zu dieser Frage eine verbindliche Vorschrift erlassen.[11]

Änderungen von Rückstellungen

Eine Änderung einer Rückbau- und Wiederherstellungsverpflichtung kann aus drei Sachverhalten resultieren:

Fall 1: Da eine Rückbau- und Wiederherstellungsverpflichtung grundsätzlich langfristig ist, ist diese beim erstmaligen Ansatz mit dem Barwert anzusetzen. In künftigen Perioden ist die Rückstellung entsprechend aufzuzinsen.

Fall 2: Der geschätzte Betrag für den Rückbau oder die Wiederherstellung ändert sich.

Fall 3: Der nach IAS 37 anzuwendende Zinssatz ändert sich.

Aufzinsung der Rückstellung

Änderungen, welche aus der Aufzinsung einer Rückstellung resultieren (Fall 1) sind nach IFRIC 1 als Finanzierungsaufwendungen in der Gesamtergebnisrechnung zu erfassen. Eine Aktivierung der Zinsen als Anschaffungskosten der Anlage nach IAS 23 scheidet nach IFRIC 1 aus.

Die Erfassung von Änderungen der Rückstellung, welche aus den unter Fall 2 und Fall 3 genannten Sachverhalten resultieren, ist abhängig davon, ob die Sachanlage nach dem Anschaffungskostenmodell oder nach dem Neubewertungsmodell bewertet wird.

Wird eine Sachanlage nach dem **Anschaffungskostenmodell** bewertet, sind Änderungen einer Rückbau- und Wiederherstellungsverpflichtung, welche aus den unter Fall 2 und Fall 3 genannten Sachverhalten resultieren, mit den Anschaffungskosten der entsprechenden Sachanlage zu verrechnen. Aus diesem Grundsatz folgt:

- Eine Erhöhung der Rückstellung erhöht die Anschaffungskosten und damit den Buchwert der Sachanlage. Dies könnte nach IAS 36 ein Indiz für eine Wertminderung der Sachanlage sein.
- Eine Reduzierung der Rückstellung mindert grundsätzlich die Anschaffungskosten und somit den Buchwert der Sachanlage. Daraus darf kein negativer Buchwert der Sachanlage resultieren. Eine über den Buchwert der Sachanlage hinausgehende Reduzierung der Rückstellung ist in der Gesamtergebnisrechnung zu erfassen.

Wird eine Sachanlage nach dem **Neubewertungsmodell** bewertet, sind Änderungen einer Rückbau- und Wiederherstellungsverpflichtung, welche aus den unter Fall 2 und Fall 3 genannten Sachverhalten resultieren, grundsätzlich wie eine aus der Neubewertung resultierende Änderung des Buchwerts der Sachanlage zu behandeln. Das heißt:

- Eine Minderung der Rückstellung erhöht die Neubewertungsrücklage, es sei denn und soweit, zuvor der Buchwert des Vermögenswerts gemindert und die Wertminderung in der Gesamtergebnisrechnung erfasst wurde.
- Eine Erhöhung der Rückstellung ist grundsätzlich in der Gesamtergebnisrechnung zu erfassen, es sei denn, bezüglich der Sachanlage ist eine Neubewertungsrücklage erfasst. In diesem Falle ist zunächst die Neubewertungsrücklage zu reduzieren.

Eine Änderung der Verpflichtung führt nicht immer auch zu einer Änderung des beizulegenden Zeitwerts des Vermögenswerts. Trotzdem ist nach IFRIC 1.6 (c) die Änderung der Verpflichtung ein Hinweis darauf, dass eine Neubewertung durchzuführen ist. Wird danach eine Sachanlage neubewertet, ist die gesamte Gruppe, zu der die Sachanlage zählt, neu zu bewerten.

Soweit eine Minderung der Rückstellung höher ist als der Buchwert der Sachanlage, welcher sich nach der Bewertung nach dem Anschaffungskostenmodell ergeben hätte, ist der über diesen Buchwert hinausgehende Betrag der Minderung der Rückstellung nach IFRIC 1.6 (b) erfolgswirksam zu erfassen. Ziel der Vorschrift ist es sicher zu stellen, dass die Neubewertungsrücklage nicht den Buchwert der Sachanlage übersteigt. Dieses Ziel wird indes nur erreicht, soweit die Neubewertungsrücklage bei Sachanlagen mit begrenzter Nutzungsdauer über die Nutzungsdauer ratierlich in den Gewinnrücklagen erfasst wird.[12]

BEISPIEL:

Der Buchwert einer nach dem Neubewertungsmodell bewerteten Anlage beträgt zum Ende des Geschäftsjahres 360 €. Die fortgeführten Anschaffungskosten betragen 200 €. Eine bezüglich der Sachanlage passivierte Rückbauverpflichtung ist zum Geschäftsjahresende um 220 € zu mindern.

Fall 1: Die Neubewertungsrücklage wird erst bei Abgang in den Gewinnrücklagen erfasst:

Die in einem früheren Geschäftsjahr erfasste Neubewertungsrücklage beträgt 640 €. Nach IFRIC 1.6 (b) ist die Neubewertungsrücklage um 200 € auf 840 € zu erhöhen. Die weiteren 20 € der Minderung der Verpflichtung sind erfolgswirksam zu erfassen. Somit wird die Anlage mit 360 € bewertet und eine Neubewertungsrücklage von 840 € ausgewiesen.

Fall 2: Die Neubewertungsrücklage wird ratierlich in den Gewinnrücklagen erfasst:

Die zum Ende des Geschäftsjahres ausgewiesene Neubewertungsrücklage beträgt 160 €. Auf Grund der Minderung der Verpflichtung ist die Neubewertungsrücklage um 200 € zu erhöhen. Die verbleibenden 20 € sind in der Gesamtergebnisrechnung als Ertrag zu erfassen. Somit wird die Anlage mit 360 € bewertet und eine Neubewertungsrücklage von 360 € ausgewiesen.

ee) Wertminderungen

Wertminderungen von Sachanlagen sind nach IAS 36 zu bestimmen. Danach ist ein Wertminderungstest durchzuführen, wenn Hinweise bestehen, dass ein Vermögenswert im Wert gemindert sein könnte. Bei dem Wertminderungstest wird der **Buchwert** des Vermögenswerts mit dem sog. **erzielbaren Betrag *(recoverable amount)*** verglichen. Der erzielbare Betrag ist der höhere Wert aus »Nutzungswert« *(value in use)* und dem »beizulegenden Zeitwert abzüglich Verkaufskosten« *(fair value less costs of disposal)*. Soweit der Buchwert höher ist als der erzielbare Betrag ist ein Wertminderungsaufwand zu erfassen. Sind dem auf eine Wertminderung hin zu untersuchenden Vermögenswert Zahlungsströme nicht einzeln zuordenbar, so ist die zahlungsmittelgenerierende Einheit auf eine Wertminderung hin zu untersuchen, zu der der Vermögenswert zählt (vgl. S. 508 ff.).

Entschädigungen

Soweit ein Unternehmen für eine Wertminderung – z. B. von einer Versicherung oder einer Regierung – entschädigt wird, sind die Wertminderung und die Entschädigung als separate Ereignisse im Abschluss zu erfassen. Gleiches gilt für den Abgang einer oder mehrerer Sachanlagen oder eine ggf. notwendige Ersatzinvestition. Eine Saldierung der Sachverhalte ist somit weder in der Bilanz noch in der Gesamtergebnisrechnung zulässig.

Mit IAS 16.66 wird schließlich bestimmt, nach welchen Vorschriften welcher Sachverhalt abzubilden ist:

- Wertminderungen von Sachanlagen sind nach IAS 36 zu erfassen;
- der Abgang von Sachanlagen ist nach IAS 16 zu erfassen;
- Entschädigungsleistungen von Dritten sind zu erfassen, sobald die entsprechende Forderung anzusetzen ist;
- die AK/HK von Sachanlagen, die in Stand gesetzt, erworben oder erstellt werden, sind nach IAS 16 zu ermitteln.

5. Stilllegung und Abgang von Sachanlagen

Sobald ein Gegenstand des Sachanlagevermögens als »zur Veräußerung gehalten« i. S. d. **IFRS 5** zu klassifizieren ist, gelten ab diesem Zeitpunkt die Bewertungs- und Ausweisvorschriften des IFRS 5. Eine zur Veräußerung gehaltene Sachanlage ist nach IFRS 5 mit dem niedrigeren Wert aus Buchwert und beizulegendem Zeitwert abzüglich Veräußerungskosten *(fair value less costs of disposal)* zu bewerten. Planmäßige Abschreibungen sind nicht mehr zu erfassen, da das Abschreibungsvolumen (Restbuchwert – Restwert) max. Null beträgt. Der bilanzielle Ausweis erfolgt in einer separaten Zeile »zur Veräußerung gehaltene Vermögenswerte«.

Der Zeitpunkt, zu dem der Buchwert einer Sachanlage aus der Bilanz letztlich auszubuchen ist, richtet sich nach IAS 16. Nach **IAS 16.67** ist der Buchwert einer Sachanlage auszubuchen, sobald diese entweder abgeht oder sobald kein künftiger wirtschaftlicher Nutzen mehr aus der Nutzung oder dem Abgang der Sachanlage erwartet wird.

Der in der Gesamtergebnisrechnung auszuweisende Gewinn oder Verlust aus dem Abgang einer Sachanlage ist die Differenz zwischen dem beizulegenden Zeitwert der Gegenleistung und dem Buchwert der Sachanlage. Der Zeitpunkt, zu dem der Veräußerungsgewinn oder Veräußerungsverlust erfasst wird, richtet sich grundsätzlich nach den in IAS 18 zur Umsatzrealisation festgelegten Kriterien. Abweichungen ergeben sich, soweit Sondervorschriften bestehen, wie zur Ertragsrealisation bei *sale and lease back*-Transaktionen. Ein aus der Veräußerung einer Sachanlage resultierender Gewinn ist nicht als Umsatzerlös auszuweisen.

Nach IAS 16 ist bei der Bilanzierung von Sachanlagen der so genannte **Komponentenansatz** anzuwenden. Danach ist jede Komponente, deren Wert in Relation zum gesamten Wert der Sachanlage signifikant ist, separat zu bewerten. Dies gilt auch beim Abgang von Komponenten.

Wird eine Komponente einer Sachanlage ausgetauscht, ist ein ggf. noch bestehender Restbuchwert erfolgswirksam auszubuchen. Dies gilt auch dann, wenn der ausgetauschten Komponente beim erstmaligen Ansatz kein eigener Wert zugerechnet wurde, da sie z. B. nicht als Komponente identifiziert wurde oder sie auf Grund falscher Schätzungen bezüglich der Nutzungsdauer zur Restkomponente gezählt wurde. Soweit der Restbuchwert der Komponente nicht ermittelt werden kann, dürfen die AK/HK des Ersatzteils als Basis für die Bestimmung des Restbuchwerts dienen.

BEISPIEL:

Bei einer vor fünf Jahren für 1 000 € erworbenen Anlage wird ein Generator ausgetauscht. Die ursprünglich geschätzte Nutzungsdauer der Anlage beträgt zehn Jahre. Diese Schätzung hat aktuell Bestand. Bei Erwerb der Anlage schätzte das Management, dass der Generator zehn Jahre genutzt werden kann. Für den neuen Generator zahlt das Unternehmen 200 €.

Der Generator wurde bei Erwerb der Anlage nicht als Komponente i. S. d. IAS 16 identifiziert. Somit wurden dem Generator keine Anschaffungskosten zugewiesen. Soweit das Management nicht ermitteln kann, welche Anschaffungskosten vor fünf Jahren auf den Generator entfielen, sind die 200 € für den neuen Generator die Ausgangsbasis für die Ermittlung des

Restbuchwerts des ausgetauschten Generators. Angenommen die Anschaffungskosten sind lediglich um eine Inflation vom 2,1 % anzupassen, resultieren daraus Anschaffungskosten des Generators von 180 €. Da der Generator ursprünglich über zehn Jahre abgeschrieben wurde und nach fünf Jahren ausgetauscht wird, ist ihm ein Restbuchwert von 90 € zuzurechnen. Diese 90 € sind somit auszubuchen. Die Anschaffungskosten des neuen Generators sind bei der Anlage zu aktivieren.

6. Anhangangaben

Ein Unternehmen hat im Anhang für jede Gruppe von Sachanlagen die folgenden Angaben zu erteilen:

- die Bewertungsgrundlagen für die Bestimmung des Bruttobuchwerts der AK/HK;
- die verwendeten Abschreibungsmethoden;
- die zugrunde gelegten Nutzungsdauern oder Abschreibungssätze;
- der Bruttobuchwert und die kumulierten Abschreibungen (zusammengefasst mit den kumulierten Wertminderungsaufwendungen) zu Beginn und zum Ende der Periode; sowie
- folgende **Überleitung**:

+	**Zugänge**
–	Als »**zur Veräußerung gehalten**« klassifizierte Vermögenswerte und sonstige Abgänge
+	Zugänge durch **Unternehmenszusammenschlüsse**
+/–	Im Zusammenhang mit nach dem **Neubewertungsmodell** bewerteten Sachanlagen im Eigenkapital erfasste Erfolgsbeiträge
–	Nach IAS 36 in der umfassenden Erfolgsrechnung erfasste **Wertminderungen**
+	Nach IAS 36 in der umfassenden Erfolgsrechnung erfasste **Zuschreibungen**
–	Planmäßige Abschreibung der Periode
+/–	Währungsumrechnungsdifferenzen
+/–	Sonstige Veränderungen
=	Buchwert am Ende der Periode

Zudem ist anzugeben:

- das Vorhandensein und die Beträge von Beschränkungen von Verfügungsrechten sowie als Sicherheiten für Schulden verpfändete Sachanlagen;
- der Betrag an Ausgaben, der im Buchwert einer Sachanlage während ihrer Erstellung erfasst wird;
- der Betrag für vertragliche Verpflichtungen für den Erwerb von Sachanlagen; sowie
- der im Gewinn oder Verlust erfasste Entschädigungsbetrag von Dritten für Sachanlagen, die wertgemindert, untergegangen oder außer Betrieb genommen wurden, wenn er nicht separat in der Gesamtergebnisrechnung dargestellt wird.

Zu Sachanlagen, welche nach dem Neubewertungsmodell bewertet werden, sind zusätzlich zu den Angaben nach IFRS 13 die folgenden Informationen offen zu legen:

- der Stichtag der Neubewertung;
- ob ein unabhängiger Gutachter hinzugezogen wurde;
- für jede neu bewertete Gruppe von Sachanlagen der Buchwert, der angesetzt worden wäre, wenn die Vermögenswerte nach dem Anschaffungskostenmodel bewertet worden wären; und
- die Neubewertungsrücklage mit Angabe der Veränderung in der Periode und evtl. bestehender Ausschüttungsbeschränkungen an die Anteilseigner.

7. Weiterführende Literatur

Bieker/Lenz, Latente Steuern und die Anwendung des Fair-Value Modells – eine Fallstudie zur Bilanzierung nach IFRIC 1, KoR 2008, S. 198;

Klaholz, Rückbau- und Wiederherstellungsverpflichtungen im IFRS-Abschluss, Düsseldorf 2005;

Küting/Ranker, Behandlung von Anschaffungskostenbestandteilen gem. IAS 16.16 lit. C in der Fair Value-Bewertung, KoR 2007, S. 193;

Mujkanovic/Raatz, Der Component Approach nach IAS 16 im HGB-Abschluss?, KoR 2008, S. 245;

Zülch/Lienau, Die Bedeutung der Steuerabgrenzung für die fair-value-Bilanzierung nicht-finanzieller Vermögenswerte nach den Rechnungslegungsvorschriften des IASB, WPg 2004, S. 565.

III. Zur Veräußerung gehaltene langfristige Vermögenswerte und aufgegebene Geschäftsbereiche

RELEVANTE STANDARDS

IAS 1 – Darstellung des Abschlusses
IAS 12 – Ertragsteuern
IAS 16 – Sachanlagen
IAS 36 – Wertminderung von Vermögenswerten
IAS 38 – Immaterielle Vermögenswerte
IAS 37 – Rückstellungen, Eventualschulden und Eventualforderungen
IFRS 5 – Zur Veräußerung gehaltene langfristige Vermögenswerte und aufgegebene Geschäftsbereiche
IFRS 8 – Geschäftssegmente

KERNAUSSAGEN

- IFRS 5 regelt Fragen der Bewertung, des Ausweises und Angabepflichten von zur Veräußerung gehaltenen, langfristigen Vermögenswerten und Veräußerungsgruppen sowie Ausweisfragen und Angabepflichten für aufgegebene Geschäftsbereiche.
- Zur Veräußerung gehaltene, langfristige Vermögenswerte sind Vermögenswerte, die unmittelbar veräußerbar sind und deren Veräußerung hochwahrscheinlich ist, also durch verschiedene Handlungen des Unternehmens bereits konkretisiert wurde.
- Veräußerungsgruppen sind Gruppen von (lang- und kurzfristigen) Vermögenswerten sowie dazugehörigen Schulden, die gemeinsam in einer einzigen Transaktion veräußert werden oder auf eine andere Weise aus dem Unternehmen ausscheiden sollen. Für sie gelten Sonderregeln im Rahmen der Bewertung.
- Aufgegebene Geschäftsbereiche sind klar abgrenzbare Unternehmensbestandteile oder Tätigkeiten, die entweder bereits veräußert wurden oder zur Veräußerung gehalten werden. Für sie existieren besonderen Ausweis- und Angabepflichten.
- Unmittelbar vor einer Klassifizierung nach IFRS 5 ist der aktuelle Buchwert der zu klassifizierenden Vermögenswerte nach den einschlägigen Rechnungslegungsstandards zu ermitteln; anschließend sind die Vermögenswerte zum niedrigeren Wert aus Buchwert und beizulegendem Zeitwert abzüglich Veräußerungskosten anzusetzen.
- Planmäßige Abschreibungen unterbleiben nach einer Klassifizierung als zur Veräußerung gehaltener, langfristiger Vermögenswert bzw. Veräußerungsgruppe.

- Wertänderungen sind erfolgswirksam zu erfassen; Wertaufholungen sind nach IFRS 5 maximal in Höhe der zuvor erfassten Wertminderungen zulässig. Eine Zuschreibung des Geschäfts- oder Firmenwerts (Goodwill) ist indes nicht zulässig.
- Die zur Veräußerung gehaltenen Vermögenswerte sind gesondert in der Bilanz auszuweisen.
- In einer Veräußerungsgruppe enthaltene Schulden sind ebenfalls getrennt in der Bilanz auszuweisen. Eine Saldierung mit den korrespondierenden (zur Veräußerung gehaltenen) Vermögenswerten ist nicht zulässig. Die Hauptkategorien der Vermögenswerte und Schulden einer Veräußerungsgruppe sind im Anhang zur Bilanz zu erläutern.
- Das Nachsteuerergebnis aus aufgegebenen Geschäftsbereichen ist gesondert in der Gesamtergebnisrechnung anzugeben.

1. Anwendungsbereich und Zielsetzung des IFRS 5

Anwendungsbereich

IFRS 5 – Zur Veräußerung gehaltene langfristige Vermögenswerte und aufgegebene Geschäftsbereiche ist für die Bilanzierung von zum Verkauf gehaltenen langfristigen Vermögenswerten und Veräußerungsgruppen anzuwenden. Überdies enthält IFRS 5 besondere Ausweis- und Angabepflichten für aufgegebene Geschäftsbereiche. Eine **Veräußerungsgruppe** besteht aus einem oder mehreren langfristigen Vermögenswerten und den dazugehörigen Schulden, welche insgesamt als Gruppe in einer Transaktion verkauft oder auf andere Weise veräußert werden sollen. Ein **aufgegebener Geschäftsbereich** ist ein Unternehmensbestandteil, der als »zur Veräußerung gehalten« klassifiziert ist oder schon veräußert wurde, und zusätzlich einen wesentlichen Geschäftszweig oder geographischen Bereich darstellt (vgl. zur Abgrenzung S. 151). Ein aufgegebener Geschäftsbereich besteht stets aus zur Veräußerung gehaltenen Vermögenswerten oder Veräußerungsgruppen.

Zielsetzung

Ziel des Standards ist die Veröffentlichung entscheidungsnützlicher Informationen **über Desinvestitionsentscheidungen** des bilanzierenden Unternehmens. Eine Separierung dieser aufgegebenen oder aufzugebenden Bereiche wird als entscheidungsnützlich angesehen, da die entsprechenden Vermögenswerte oder Veräußerungsgruppen künftig nicht mehr zur Verfügung stehen, um Gewinne bzw. Cashflows für das bilanzierende Unternehmen zu generieren.[1] Damit Jahresabschlussadressaten eine Prognose über die weitere Entwicklung eines Unternehmens entwickeln können, ist es notwendig, zwischen künftig fortzuführenden und künftig nicht mehr unternommenen Unternehmensaktivitäten und deren Ergebnissen zu unterscheiden.[2]

Ausnahmen

Von den Bewertungsvorschriften des IFRS 5 sind die folgenden Vermögenswerte ausgenommen, welche nach den angegebenen Standards zu bilanzieren sind (IFRS 5.5):

- Latente Steueransprüche *(IAS 12 – Ertragssteuern)*;
- Vermögenswerte, die aus Leistungen an Arbeitnehmer resultieren *(IAS 19 – Leistungen an Arbeitnehmer)*;
- Finanzielle Vermögenswerte *(IAS 39 – Finanzinstrumente: Ansatz und Bewertung)*;
- Anlageimmobilien, die zum beizulegenden Zeitwert bewertet werden *(IAS 40 – Als Finanzinvestition gehaltene Immobilien)*;

- Langfristige biologische Vermögenswerte, die zum beizulegenden Zeitwert abzüglich geschätzter Veräußerungskosten angesetzt werden *(IAS 41 – Landwirtschaft)*; sowie
- Vertragliche Ansprüche aus Versicherungsverträgen *(IFRS 4 – Versicherungsverträge)*.

Die aufgeführten Ausnahmen betreffen ausschließlich die Bewertungsvorschriften des IFRS 5. Die in IFRS 5 enthaltenen Regelungen zum Ausweis von Vermögenswerten gelten indes auch für die oben erwähnten Vermögenswerte.[3]

2. Begriffsbestimmungen

Langfristiger Vermögenswert

In IFRS 5 wird eine Reihe von Begriffen verwendet, deren Definition für die Anwendung des Standards von entscheidender Bedeutung sind.[4] So setzt die Anwendung des Standards u. a. voraus, dass es sich bei dem zu veräußernden Vermögenswert um einen **langfristigen Vermögenswert** handelt. Auf kurzfristige Vermögenswerte ist IFRS 5 somit nicht anzuwenden. Ein Vermögenswert ist nach IFRS 5 (wie auch nach IAS 1.66) als langfristig zu klassifizieren, wenn es sich nicht um einen kurzfristigen Vermögenswert handelt. Ein Vermögenswert ist als kurzfristig zu klassifizieren, soweit eines der folgenden Kriterien erfüllt ist:

- Die Realisation wird innerhalb des normalen Verlaufs des Geschäftszyklus des bilanzierenden Unternehmens erwartet oder der Vermögenswert wird zum Verkauf oder Verbrauch innerhalb dieses Zeitraums gehalten;
- der Vermögenswert wird vorrangig zu Handelszwecken gehalten;
- das Management erwartet, dass der Vermögenswert innerhalb der nächsten zwölf Monate realisiert wird; oder
- es handelt sich um Zahlungsmittel oder Zahlungsmitteläquivalente.

In IFRS 5.3 wird zudem betont, dass Vermögenswerte, die nach IAS 1.66 normalerweise als langfristig klassifiziert werden und die mit ausschließlicher Weiterveräußerungsabsicht erworben wurden, nur als kurzfristige Vermögenswerte auszuweisen sind, soweit dies nach IFRS 5 geboten ist. Mit dieser Regelung wird eine Umklassifizierung langfristiger in kurzfristige Vermögenswerte aufgrund der zwölfmonatigen Veräußerungsfrist verhindert.

Veräußerungsgruppe

Neben langfristigen Vermögenswerten gelten die Vorschriften des IFRS 5 auch für sog. Veräußerungsgruppen sowie für aufgegebene Geschäftsbereiche. Unter den **Veräußerungsgruppen** *(disposal group)* ist laut Anhang A zu IFRS 5 eine Gruppe von (lang- und kurzfristigen) Vermögenswerten zu verstehen, die gemeinsam in einer **einzigen Transaktion** veräußert werden oder auf eine andere Weise aus dem Unternehmen ausscheiden. Sind den Vermögenswerten auch Schulden zuzurechnen, welche im Rahmen dieser Transaktion veräußert werden, so zählen auch die Schulden zu der Veräußerungsgruppe.

BEISPIEL:

Die S-AG, ein renommiertes Unternehmen in der Baubranche, verkauft eine Betriebstätte an die V-AG. Dabei gehen sämtliche Vermögenswerte und Schulden der Betriebstätte auf die V-AG über. Die lang- und kurzfristigen Vermögenswerte sowie die Schulden der Betriebstätte bilden eine Veräußerungsgruppe.

Bei einer Veräußerungsgruppe kann es sich um eine **Zahlungsmittel generierende Einheit**, einen Teil einer solchen Einheit oder auch eine Gruppe Zahlungsmittel generierender Einheiten handeln. Handelt es sich bei der Veräußerungsgruppe um eine Zahlungsmittel generierende Einheit, welcher im Rahmen eines Unternehmenszusammenschlusses ein Geschäfts- oder Firmenwert gem. den Vorschriften des *IAS 36 – Wertminderung von Vermögenswerten* zugerechnet wurde, so ist der Geschäfts- oder Firmenwert Teil der Veräußerungsgruppe. Wird nur ein Teil einer solchen Zahlungsmittel generierenden Einheit veräußert, ist der der Veräußerungsgruppe zuzurechnende Geschäfts- oder Firmenwert nach IAS 36.86 zu bestimmen (vgl. S. 514).

Aufgegebener Geschäftsbereich

Ein aufgegebener Geschäftsbereich ist nach IFRS 5.Anhang A ein **Unternehmensbestandteil**, der veräußert wurde oder als »zur Veräußerung gehalten« eingestuft wird und:

- einen gesonderten, wesentlichen Geschäftszweig oder geografischen Geschäftsbereich darstellt,
- Teil eines einzelnen, abgestimmten Plans zur Veräußerung eines gesonderten wesentlichen Geschäftszweigs oder geografischen Geschäftsbereichs ist oder
- ein Tochterunternehmen darstellt, das ausschließlich mit der Absicht einer Weiterveräußerung erworben wurde.

Ein Unternehmensbestandteil umfasst nach IFRS 5.Anhang A Geschäftstätigkeiten und Cashflows, die betrieblich und für Zwecke der Rechnungslegung vom Rest des Unternehmens klar getrennt werden können. Daraus folgt, dass ein Unternehmensbestandteil immer eine Zahlungsmittel generierende Einheit oder eine Gruppe von Zahlungsmittel generierenden Einheiten ist. Fraglich ist indes, was genau ein wesentlicher Geschäftszweig oder ein geografischer Geschäftsbereich ist. IFRS 5 enthält aktuell keine expliziten Hinweise, wie diese Begriffe zu konkretisieren sind. Dies bleibt daher letztlich den bilanzierenden Unternehmen überlassen.[5]

Ein aufgegebener Geschäftsbereich besteht stets aus einem oder mehreren zur Veräußerung gehaltenen Vermögenswerten und einer oder mehreren Veräußerungsgruppen. Die in IFRS 5 enthaltene Differenzierung liegt vor allem darin begründet, dass sich die Aufgabe eines Geschäftsbereichs wesentlich stärker auf das künftige Ergebnis und die künftigen Cashflows des bilanzierenden Unternehmens auswirkt, als die Veräußerung von Vermögenswerten mit den dazugehörigen Schulden. Diesem Umstand wird das IASB dadurch gerecht, dass zu den aufgegebenen Geschäftsbereichen äußerst detaillierte Informationen offen zu legen sind.

3. Klassifizierung als ›zur Veräußerung gehalten‹

Überblick

Die Klassifizierung als «zur Veräußerung gehalten« hat zur Folge, dass ein zur Veräußerung gehaltener Vermögenswert oder eine Veräußerungsgruppe vorliegt und besondere Bewertungs- und Ausweisvorschriften zur Anwendung gelangen. Wird im Folgenden von langfristigen Vermögenswerten gesprochen, gelten die Ausführungen ebenso für **Veräußerungsgruppen**. Eine gesonderte Klassifizierung von aufgegebenen Geschäftsbereichen ist nicht erforderlich, da sich diese aus zur Veräußerung gehaltenen Vermögenswerten und Veräußerungsgruppen zusammensetzen, indes jedoch keine abweichenden Bewertungsvorschriften mit sich bringen.

Ein langfristiger Vermögenswert ist als zur Veräußerung gehalten zu klassifizieren, wenn der zugehörige Buchwert überwiegend durch einen **Veräußerungsvorgang** und nicht durch fortgesetzte Nutzung realisiert wird (IFRS 5.6). Unter Veräußerungsvorgängen sind auch Tauschgeschäfte zu verstehen, wenn der Vorgang **wirtschaftliche Substanz** besitzt (vgl. S. 209). Von wirtschaftlicher Substanz wird in diesem Zusammenhang gesprochen, wenn der erworbene Vermögenswert für das bilanzierende Unternehmen einen **wahrnehmbaren Nutzen** erbringt, d. h. wenn sich die künftigen Zahlungsströme (*Cashflows*) des erhaltenen Vermögenswerts hinsichtlich Wahrscheinlichkeit, zeitlicher Verteilung und Höhe von denen des hingegebenen Vermögenswerts unterscheiden. Zudem liegt ein wahrnehmbarer Nutzen vor, wenn sich der **unternehmensspezifische Wert** (*entity specific value*) des vom Tausch betroffenen Unternehmensbereichs durch den Tauschvorgang verändert.[6] Liegt eine dieser Vorrausetzungen vor und ist die Abweichung zum beizulegenden Zeitwert des Vermögenswerts wesentlich, wird der Tausch einem Verkauf gleichgestellt.

Die Klassifizierung langfristiger Vermögenswerte als »zur Veräußerung gehalten« ist an die Bedingungen **»sofort mögliche Veräußerung«** und **»höchstwahrscheinliche Veräußerung«** geknüpft, welche im Folgenden erläutert werden.[7] Eine Klassifikation als »zur Veräußerung gehalten« setzt voraus, dass der Vermögenswert im gegenwärtigen Zustand zu üblichen Bedingungen sofort veräußerbar ist. Dies bedeutet, dass an ihm keine über das übliche Maß hinausgehenden Veränderungen mehr vorzunehmen sind, und der Vermögenswert somit zur Veräußerung bereit steht.

BEISPIEL 1:

Die V-AG besitzt einen Hochlastkran. Dieser Kran soll demnächst an ein Konkurrenzunternehmen veräußert werden. Bevor der Kran jedoch veräußert werden kann, ist er nochmals grundlegend zu reparieren und zu warten, da er im aktuellen Zustand nicht veräußerbar ist. Diese Wartung wird einige Zeit in Anspruch nehmen.

Der Vermögenswert ist erst nach Beendigung der Reparatur und Wartung sofort veräußerbar. Daher ist auch erst zu diesem Zeitpunkt eine Klassifizierung als »zur Veräußerung gehalten« zulässig.

BEISPIEL 2:[8]

Die V-AG hat sich zu einem Plan verpflichtet, das Hauptverwaltungsgebäude zu veräußern.

a) Die V-AG kann jederzeit das Gebäude räumen und in ein anderes Gebäude umziehen. Die Räumung und der Umzug würden ca. drei Wochen dauern, was als üblich einzustufen ist. Das Hauptverwaltungsgebäude ist sofort veräußerbar.

b) Die V-AG kann das Gebäude erst räumen, wenn das neue Hauptverwaltungsgebäude fertig gestellt ist. Ein sofortiger Umzug ist nicht möglich. Das Hauptverwaltungsgebäude ist nicht sofort veräußerbar.

Wahrscheinlichkeitskriterium

Neben dem Kriterium der sofortigen Veräußerbarkeit setzt eine Klassifizierung eines langfristigen Vermögenswerts als »zur Veräußerung gehalten« voraus, dass die Veräußerung **höchstwahrscheinlich** ist *(highly probable*; IFRS 5.7). Eine hohe Wahrscheinlichkeit liegt vor, wenn der in den IFRS gebräuchliche Begriff »wahrscheinlich« (*more likely than not*) signifikant überschritten wird. Will man dies quantitativ ausdrücken, so muss demzufolge eine signifikant über 50 % liegende Wahrscheinlichkeit einer Veräußerung vorliegen. Eine Quantifizierung von singulären Ereignissen ist jedoch stets mit Schwierigkeiten verbunden.[9] Um den Begriff weiter zu konkretisieren, nennt IFRS 5.8 daher eine Reihe von **Bedingungen**, die kumulativ erfüllt sein müssen, damit eine Veräußerung als höchstwahrscheinlich gilt, und zwar:

- Das verantwortliche Management hat bereits einen **konkreten Plan** für die Veräußerung beschlossen und mit der Suche nach einem Käufer begonnen, so dass aktiv an der Umsetzung des Plans gearbeitet wird.
- Der Vermögenswert wird **aktiv** auf dem Markt **angeboten** und zwar zu einem Preis, der in einem angemessenen Verhältnis zum beizulegenden Zeitwert des zu veräußernden Vermögenswerts steht.
- Der Vermögenswert wird voraussichtlich **binnen eines Jahres** veräußert; eine zeitliche Ausdehnung ist lediglich in Ausnahmefällen zulässig.
- Die zur Realisation der Pläne getroffenen Maßnahmen müssen den Schluss zulassen, dass eine Aufhebung bzw. wesentliche Änderung des Plans **unwahrscheinlich** ist.
- Hat das Management aufgrund gesetzlicher Vorschriften die Genehmigung der Anteilseigner einzuholen, so ist die Wahrscheinlichkeit einer solchen Genehmigung für die Beurteilung der Wahrscheinlichkeit eines Verkaufs zu berücksichtigen.

BEISPIEL:

Neben einem Schwerlastkran beabsichtigt die V-AG auch die Veräußerung einer Kaltfräse, wie sie i. d. R. im Straßenbau eingesetzt wird. Hierbei handelt es sich um ein sehr spezifisches Investitionsgut, welches nicht so leicht am Markt abzusetzen ist. Der Vorstand der V-AG hat bereits den Beschluss zur Veräußerung der Kaltfräse gefasst und auch einen konkreten Plan hierzu ausgearbeitet. Etwaige Preisabschläge wurden bereits diskutiert und mehrere potenzielle Käufer identifiziert. Kontakt wurde allerdings noch zu keinem der interessierten Unternehmen hergestellt.

Da eine Klassifizierung als zur Veräußerung gehaltener, langfristiger Vermögenswert eine höchstwahrscheinliche Veräußerung voraussetzt, muss der Verkauf aktiv vermarktet werden. Da jedoch noch zu keinem potenziellen Käufer bzw. interessierten Unternehmen Kontakt aufgenommen wurde, ist das Kriterium der höchstwahrscheinlichen Veräußerung nicht erfüllt. Eine Klassifizierung als »zur Veräußerung gehalten« ist somit nicht zulässig.

Kriterium der Veräußerung binnen eines Jahres

Eine Veräußerung ist nur dann als »höchstwahrscheinlich« einzustufen, soweit eine Veräußerung erwartungsgemäß binnen zwölf Monaten erfolgt. In IFRS 5.9 (i. V. m. Anhang B) wird den bilanzierenden Unternehmen indes eine zeitliche Ausdehnung dieser Frist gewährt. Liegt eine **Verzögerung** vor und ist diese auf Ereignisse oder Umstände zurückzuführen, die das Unternehmen nicht zu verschulden hat, so ist die Klassifizierung als zur »Veräußerung gehaltener Vermögenswert«

beizubehalten. Im Anhang zu IFRS 5 werden **drei Situationen** geschildert, die eine solche Fristüberschreitung rechtfertigen:

- Zum einen handelt es sich dabei um Fälle, in denen die Veräußerung **von** einer **dritten Instanz**, insbesondere Kartell- oder sonstigen Behörden zu **genehmigen** ist und deren Einwilligung erst nach Vertragsabschluss eingeholt werden kann.
- Zum anderen ist eine Ausdehnung der Zwölf-Monats-Frist gerechtfertigt, wenn nach erfolgter Klassifizierung des betrachteten Vermögenswerts als »zur Veräußerung gehalten« der **Vertragspartner** des Unternehmens die Eigentumsübernahme verweigert und **zusätzliche Bedingungen stellt** (z. B. die Erstellung eines Bodengutachtens), durch die sich der Vertragsabschluss verzögern wird. Falls diese Forderungen für das bilanzierende Unternehmen zum Klassifizierungszeitpunkt nicht erkennbar gewesen sind und das Unternehmen bereits Maßnahmen ergriffen hat, um diese Bedingungen zu erfüllen und den Vertragsabschluss damit nicht zu gefährden, gilt das Kriterium der Zwölf-Monats-Frist dennoch als erfüllt.
- Schließlich ist eine solche Ausnahmesituation gegeben, wenn innerhalb Jahresfrist **externe Umstände** eintreten, die eine Veräußerung in dieser Zeit verhindert haben. Unter diesen Umständen sind vor allem unvorhersehbare Preisentwicklungen zu verstehen. Ergreift das bilanzierende Unternehmen allerdings alle erforderlichen Maßnahmen und passt vor allem die Preisforderungen den veränderten Umständen an, so ist auch in diesem Fall die Erfüllung des Kriteriums der Zwölf-Monats-Frist festzustellen.

Klassifizierungszeitpunkt

Langfristige Vermögenswerte sind **ab dem Zeitpunkt der Erfüllung der** genannten **Kriterien** als »zur Veräußerung gehalten« zu klassifizieren. Werden die oben angeführten Kriterien erst nach dem Abschlussstichtag erfüllt, ist der betrachtete langfristige Vermögenswert zum Stichtag nicht als »zur Veräußerung gehalten« zu klassifizieren. Sofern die Klassifizierungskriterien zwar nach dem Abschlussstichtag aber vor der Feststellung des Jahresabschlusses durch die entsprechenden Organe des bilanzierenden Unternehmens erfüllt werden, sind erweiterte Anhangangaben erforderlich.

Werden vom Unternehmen Vermögenswerte **ausschließlich zum Zweck der Weiterveräußerung** erworben, dürfen diese nur dann als »zur Veräußerung gehalten« klassifiziert werden, wenn das Kriterium der Zwölf-Monats-Frist erfüllt ist und die Erfüllung der verbliebenen Kriterien, welche eine solche Klassifizierung rechtfertigen, innerhalb eines kurzen Zeitraums (i. d. R. innerhalb von drei Monaten) erwartet wird (IFRS 5.11).

Stilllegung

Soll ein langfristiger Vermögenswert verschrottet oder stillgelegt werden, darf dieser nicht als »zur Veräußerung gehalten« klassifiziert werden. Dies ist darauf zurückzuführen, dass der Buchwert überwiegend durch fortgesetzte Nutzung des Vermögenswerts bzw. der Veräußerungsgruppe realisiert wird (IFRS 5.13) und nicht durch Verkauf. Ein langfristiger Vermögenswert oder eine Veräußerungsgruppe, welche lediglich vorübergehend außer Betrieb genommen wurde, gilt nicht als stillgelegt (IFRS 5.14).

4. Bewertung

a) Überblick

IFRS 5 enthält Bewertungsvorschriften für langfristige, zur Veräußerung gehaltene Vermögenswerte. Soweit eine Veräußerungsgruppe zu bewerten ist, sind die in den Anwendungsbereich des IFRS 5 fallenden langfristigen Vermögenswerte entsprechend dieser Vorschriften zu bewerten. Andere Vermögenswerte und Schulden einer Veräußerungsgruppe sind entsprechend anderer anzuwendender Standards zu bewerten. Für aufgegebene Geschäftsbereiche gelten dieselben Bewertungsvorschriften wie für zur Veräußerung gehaltene Vermögenswerte und Veräußerungsgruppen. IFRS 5 enthält indes zusätzliche Angabevorschriften für aufgegebene Geschäftsbereiche.

Nach IFRS 5.15 sind als zur Veräußerung gehalten klassifizierte Vermögenswerte und Veräußerungsgruppen mit dem **niedrigeren Wert** aus Buchwert und beizulegendem Zeitwert abzüglich Veräußerungskosten (*fair value less costs to sell*) zu bewerten.[10] Die Bewertung orientiert sich somit imparitätisch, zukunftsgerichtet an der vorgesehenen Veräußerung.[11] **Planmäßige Abschreibungen** sind für als zur Veräußerung gehalten klassifizierte langfristige Vermögenswerte nicht zu erfassen.

Veräußerungskosten

Veräußerungskosten sind Kosten, die unmittelbar der Veräußerung eines Vermögenswerts zuzuordnen sind (IFRS 5 Anhang A). Hierzu zählen u. a. Gerichts- und Anwaltskosten, Notargebühren, Räumungskosten für Gebäude etc., nicht jedoch Finanzierungs- sowie Ertragsteueraufwendungen.[12] Veräußerungskosten, welche sich den nach IFRS 5 klassifizierten Vermögenswerten zuordnen lassen, sind abzuzinsen, soweit der Verkauf erst später als in zwölf Monaten erwartet wird, d. h. in Fällen des IFRS 5.9. Eine Veränderung des Barwerts der Veräußerungskosten im Zeitablauf ist als Gewinn oder Verlust unter den Finanzierungskosten des bilanzierenden Unternehmens auszuweisen (IFRS 5.17).

b) Bewertung bei erstmaliger Klassifizierung als »zur Veräußerung gehalten«

Erstmalige Klassifizierung

Unmittelbar vor der erstmaligen Klassifizierung eines Vermögenswerts oder einer Veräußerungsgruppe ist eine Bewertung nach Maßgabe der bisher einschlägigen IFRS vorzunehmen (IFRS 5.18). Dadurch werden z. B. planmäßige Abschreibungen für langfristige Vermögenswerte bis zum Zeitpunkt der Klassifizierung oder Wertberichtigungen auf Forderungen erfasst.

Im Klassifizierungszeitpunkt sind langfristige Vermögenswerte bzw. Veräußerungsgruppen mit dem niedrigeren Wert aus dem Buchwert und dem beizulegenden Zeitwert abzüglich Veräußerungskosten zu bewerten, sodass folgende Regelung greift:

Buchwert unmittelbar nach der Klassifizierung = min {Buchwert bzw. Summe der Buchwerte abzüglich Schulden unmittelbar vor der Klassifizierung; beizulegender Zeitwert abzüglich Veräußerungskosten zum Zeitpunkt der Klassifizierung}

Falls der beizulegende Zeitwert abzüglich Veräußerungskosten bei erstmaliger Klassifizierung niedriger ist als der Buchwert, ist eine Wertminderung in der Gesamtergebnisrechnung zu erfassen (IFRS 5.20).

Sofern die Kriterien für eine Veräußerungsgruppe vorliegen, sind die in der Gruppe enthaltenen Vermögenswerte und Schulden unmittelbar vor der Klassifizierung als »zur Veräußerung gehalten« nach den bisher einschlägigen IFRS zu bewerten. Anschließend ist der Buchwert der Veräußerungsgruppe mit dem beizulegenden Zeitwert abzüglich Veräußerungskosten der gesamten Veräußerungsgruppe zu vergleichen. Soweit der beizulegende Zeitwert abzüglich Veräußerungskosten niedriger ist als der Buchwert der Veräußerungsgruppe, ist eine Wertminderung zu erfassen. Diese ist zunächst gegen einen ggf. zugeordneten Geschäfts- oder Firmenwert (Goodwill) zu erfassen. Ein ggf. verbleibender Wertminderungsbedarf ist in Anwendung des IAS 36.104 auf die in den Anwendungsbereich des IFRS 5 fallenden langfristigen Vermögenswerten buchwertproportional zuzuordnen (IFRS 5.23). Der Abwertungsbetrag ist als Aufwand in der Gesamtergebnisrechnung auszuweisen, und zwar – soweit es sich nicht um einen aufgegebenen Geschäftsbereich handelt – innerhalb des Periodenerfolgs aus fortgeführter Tätigkeit.

BEISPIEL:

Die V-AG plant den Verkauf mehrerer zusammenhängender Vermögenswerte. Am 15.6.2015 sind die Kriterien zur Klassifizierung als »zur Veräußerung gehalten« erfüllt. Zu diesem Zeitpunkt bewertet die V-AG die der Veräußerungsgruppe zuzurechnenden Vermögenswerte nach den einschlägigen Standards. So werden z. B. immaterielle Werte (soweit die Nutzung zeitlich begrenzt ist) und Sachanlagen nach IAS 38 bzw. IAS 16 bis zum 15.6. planmäßig abgeschrieben, nach IAS 2 wird ein Niederstwerttest für die Vorräte durchgeführt und nach IAS 39 sind die Forderungen mit dem beizulegenden Zeitwert zu bewerten. Die folgende Tabelle zeigt die Buchwerte der Vermögenswerte zum Zeitpunkt der erstmaligen Anwendung des IFRS 5 und nach Anwendung der Bewertungsvorschriften der jeweiligen Standards:

Vermögenswert	Buchwert in T-€
Goodwill	3 000
Immaterielle Werte	10 000
Sachanlagevermögen (bewertet zu fortgeführten historischen Kosten)	6 000
Vorräte	2 000
Forderungen	500
Summe	**21 500**

Das Unternehmen schätzt den Nettozeitwert der Veräußerungsgruppe auf 16 500 T-€.

Die V-AG hat die Veräußerungsgruppe mit dem niedrigeren Wert aus der Summe der Buchwerte und dem beizulegenden Zeitwert abzüglich Veräußerungskosten zu bewerten. Sie hat somit eine Wertminderung i. H. v. 5 000 T-€ (21 500 T-€ – 16 500 T-€) zu erfassen. Die Wertminderung ist zunächst dem Geschäfts- oder Firmenwert (Goodwill) zuzurechnen (3 000 T-€). Die verbleibenden 2 000 T-€ Wertminderung sind den langfristigen Vermögenswerten buchwertproportional zuzuordnen. Den immateriellen Werten ist somit eine Wertminderung i. H. v. 1 250 T-€ ((10 000 T-€ / 16 000 T-€) × 2 000 T-€)) und dem Sachanlagevermögen i. H. v. 750 T-€ ((6 000 T-€ / 16 000 T-€) × 2 000 T-€)) zuzurechnen. Der Buchwert nach Erfassung der Wertminderung entspricht nunmehr dem beizulegenden Zeitwert der Veräußerungsgruppe abzüglich Veräußerungskosten.

	Zugeordneter Betrag der Wertminderung in T-€	Buchwert nach der Zuordnung der Wertminderung in T-€
Goodwill	3 000	0
Immaterielle Werte	1 250	8 750
Sachanlagevermögen (bewertet zu fortgeführten historischen Kosten)	750	5 250
Vorräte	0	2 000
Forderungen	0	500
Summe	**5 000**	**16 500**

c) Bewertung nach der erstmaligen Klassifizierung als »zur Veräußerung gehalten«

Für langfristige Vermögenswerte, die nach IFRS 5 zu bewerten sind, ist **keine planmäßige Abschreibung** zu erfassen. Dies ist darin begründet, dass die Vermögenswerte mindestens zu ihrem Restwert bewertet sind. Das Abschreibungsvolumen beträgt somit grundsätzlich 0 € (vgl. S. 198).

Nach der erstmaligen Klassifizierung als »zur Veräußerung gehalten« sind langfristige Vermögenswerte mit dem niedrigeren Wert aus Buchwert und beizulegendem Zeitwert abzüglich Veräußerungskosten zu bewerten. Wertminderungen sind dabei in der Gesamtergebnisrechnung zu erfassen.

Eine **Zuschreibung** ist zu erfassen, soweit der beizulegende Zeitwert abzüglich Veräußerungskosten höher ist als der Buchwert. Diese Zuschreibung ist nach IFRS 5.21 beschränkt auf den Betrag, der nach IFRS 5 und zuvor nach IAS 36 als Wertminderung erfasst wurde. Diese Regelung ist konsistent mit IAS 36, so dass es unerheblich ist, ob die Wertminderung der Vermögenswerte vor oder nach Klassifizierung als zur Veräußerung gehalten erfolgte (IFRS 5.BC46). Das folgende Beispiel verdeutlicht dies:

BEISPIEL:

Die A-AG hat zum 1.1.2013 eine Sachanlage für 1 200 € erworben. Diese wird linear über die Nutzungsdauer von sechs Jahren abgeschrieben. Zum Ende des Jahres 2015 erfasst die A-AG eine planmäßige Abschreibung i. H. v. 200 €. Zudem erfasst sie auf Basis eines Wertminderungstests eine außerplanmäßige Abschreibung i. H. v. 100 €. Der Buchwert beträgt Ende 2013 900 €. In der Folge beträgt die planmäßige Abschreibung der Sachanlage jährlich 180 € (900 € / 5 Jahre Restnutzungsdauer). Ende des dritten Quartals 2014 ist die Sachanlage erstmalig als »zur Veräußerung gehalten« zu klassifizieren. Zu diesem Zeitpunkt ist die Sachanlage mit einem Betrag von 405 € (900 € – [180 € × 2,75]) in der Bilanz der A-AG erfasst. Der beizulegende Zeitwert abzüglich Veräußerungskosten beträgt indes 400 €. Zum 30.9.2015 erfasst die A-AG demnach eine Wertminderung i. H. v. 5 €.

Am 31.12.2015 beträgt der Buchwert der Sachanlage zunächst 400 €. Eine Analyse zeigt, dass der beizulegende Zeitwert abzüglich Veräußerungskosten 460 € beträgt. Gemäß IFRS 5.21 ist die Sachanlage nunmehr auf 460 € zuzuschreiben, da die Wertaufholung i. H. v. 60 € die insgesamt erfasste Wertminderung von 105 € (100 € in 2013 zuzüglich 5 € in 2016) nicht übersteigt.

Veräußerungsgruppen

Bei der Bewertung von Veräußerungsgruppen nach der erstmaligen Klassifizierung als »zur Veräußerung gehalten« ist zu berücksichtigen, dass im erstem Schritt der Bewertung zunächst die Vermögenswerte und Schulden, die nicht den Bewertungsvorschriften des IFRS 5 unterliegen (z. B. Vorräte), nach den entsprechenden Standards zu bewerten sind. Anschließend ist im zweiten Schritt die Veräußerungsgruppe mit dem niedrigeren Wert aus Buchwert und beizulegendem Zeitwert abzüglich Veräußerungskosten zu bewerten. Aus dem zweiten Schritt resultierende Wertminderungen oder Zuschreibungen sind dabei entsprechend den Regelungen des IAS 36.104 und 36.122 buchwertproportional zu erfassen. Eine Zuschreibung des Geschäfts- oder Firmenwerts (Goodwills) ist indes ausgeschlossen.[13]

Realisierung bei Abgang

Bei **Veräußerung** eines langfristigen Vermögenswerts bzw. einer Veräußerungsgruppe sind bisher nicht erfasste Gewinne oder Verluste zu berücksichtigen (IFRS 5.24). IFRS 5 enthält selbst keine Vorschriften, zu welchem Zeitpunkt ein Vermögenswert auszubuchen ist. Stattdessen wird auf die einschlägigen Regelungen des *IAS 16 – Sachanlagen* bzw. *IAS 38 – Immaterielle Vermögenswerte* verwiesen.

5. Aufgabe der Veräußerungsabsicht

Die Klassifikation von Vermögenswerten oder Veräußerungsgruppen als »zur Veräußerung gehalten« ist aufzugeben, sobald die Kriterien des IFRS 5.7-5.12 nicht mehr erfüllt sind.[14] Die Vermögenswerte sind nach der Aufgabe der Klassifizierung als »zur Veräußerung gehalten« so zu bilanzieren, als ob sie nie als »zur Veräußerung gehalten« klassifiziert worden wären. Zu diesem Zweck sind die langfristigen Vermögenswerte nach IFRS 5.27 mit dem niedrigeren der folgenden Werte anzusetzen:

- der fortgeführte **ursprüngliche Buchwert** vor Klassifizierung als »zur Veräußerung gehalten« korrigiert um planmäßige Abschreibungen und Neubewertungen, die in der Zwischenzeit zu erfassen gewesen wären, wäre der Vermögenswert nicht als »zur Veräußerung gehalten« klassifiziert worden; und
- der **erzielbare Betrag** nach *IAS 36 – Wertminderung von Vermögenswerten* vor dem Zeitpunkt der Reklassifizierung.

Notwendige Anpassungen des Buchwerts langfristiger Vermögenswerte sind erfolgswirksam im Ergebnis aus fortzuführenden Unternehmensaktivitäten zu erfassen.

BEISPIEL:

Die V-AG klassifiziert eine Sachanlage am 1.7.2015 als zur Veräußerung gehalten. Der Buchwert der Sachanlage beträgt nach IAS 16 zu diesem Zeitpunkt 2 500 T-€, der beizulegende Zeitwert abzüglich Veräußerungskosten 2 700 T-€. Die Restnutzungsdauer beträgt 2,5 Jahre. Am 1.3.2016 wird die Klassifizierung als zur Veräußerung gehalten aufgegeben.

Im Jahr 2015 ist eine halbe Jahresabschreibung zu erfassen, da am 1.7.2015 die planmäßige Abschreibung eingestellt wurde. Am 31.12.2016 sind demnach 1,5 Jahresabschreibungen (1 500 T-€) zu erfassen. Dies umfasst eine halbe Jahresabschreibung aus 2015 sowie eine ganze Jahresabschreibung aus 2016.

6. Ausweispflichten und Anhangangaben

a) Vermögenswerte und Veräußerungsgruppen

Langfristige Vermögenswerte und Veräußerungsgruppen

Für langfristige, zur Veräußerung gehaltene Vermögenswerte und Veräußerungsgruppen gelten gem. IFRS 5 besondere Ausweis- und Angabepflichten. Diese Ausweispflichten betreffen auch die in einer Veräußerungsgruppe enthaltenen kurzfristigen Vermögenswerte und Schulden, für die im Rahmen der Bewertung noch die einschlägigen Standards zur Anwendung kommen. Für diese Vermögenswerte oder Veräußerungsgruppen gelten demnach nicht die Angabepflichten anderer Rechnungslegungsstandards, es sei denn:

- die Angabepflichten anderer Rechnungslegungsstandards erfassen explizit als zur Veräußerung klassifizierte Vermögenswerte oder Veräußerungsgruppen oder
- die Angabepflichten betreffen die Bewertung der Vermögenswerte und Schulden einer Veräußerungsgruppe, die nicht in den Anwendungsbereich des IFRS 5 fallen und zu denen nicht bereits Angaben im Jahresabschluss gemacht werden (IFRS 5.5B).

Zusätzliche Angabepflichten können indes in Fällen des IAS 1.15 bzw. IAS 1.125 erforderlich sein, d.h. um ein den tatsächlichen Verhältnissen entsprechendes Bild der Vermögens-, Finanz- und Ertragslage sowie der Cashflows des bilanzierenden Unternehmens wiederzugeben (IAS 1.15) oder um wichtige zukunftsbezogene Annahmen oder Quellen von Schätzungsunsicherheiten anzugeben, deren Eintreten oder Nicht-Eintreten eine wesentliche Anpassung der Buchwerte der Vermögenswerte oder Schulden erfordert (IAS 1.125).

Zur Veräußerung gehaltene Vermögenswerte sowie die Vermögenswerte einer Veräußerungsgruppe sind ab dem Zeitpunkt ihrer Klassifizierung separat in einem gesonderten Posten in der Bilanz auszuweisen (IFRS 5.38). Die der Veräußerungsgruppe zugehörigen Schulden sind ebenfalls getrennt von anderen Schulden in der Bilanz auszuweisen; sie dürfen nicht mit den Vermögenswerten saldiert werden. In der Unternehmenspraxis werden die Vermögenswerte und Schulden regelmäßig in einer gesonderten Position innerhalb der kurzfristigen Vermögenswerte bzw. Schulden ausgewiesen.[15] Eine Neugliederung oder Anpassung der Vorjahreszahlen in der Bilanz ist nach IFRS 5.40 nicht zulässig.

Gruppierung der Vermögenswerte

Die als ›zur Veräußerung gehalten‹ klassifizierten Vermögenswerte sind in **Hauptgruppen** aufzuteilen und entweder in der Bilanz oder im Anhang gesondert anzugeben. Diese Unterteilung orientiert sich dabei an der üblichen Gliederung der Bilanz (vgl. S. 110). Eine solche Gruppierung ist indes nicht geboten, soweit es sich um ein erworbenes Tochterunternehmen handelt, das ausschließlich zum Zweck der Weiterveräußerung erworben wurde (IFRS 5.39).

Alle im sonstigen Ergebnis erfassten Erträge oder Aufwendungen (z. B. Wertänderungen bei available-for-sale-Finanzinstrumenten), die in Verbindung mit langfristigen, als zur Veräußerung gehalten klassifizierten Vermögenswerten oder mit Veräußerungsgruppen stehen, sind gesondert auszuweisen.

Eine mögliche Darstellungsform in der Bilanz ist in Abb. E.2 dargestellt.

Zusätzlich zu den genannten Ausweisvorschriften verlangt IFRS 5.41 vom bilanzierenden Unternehmen folgende Angaben zu langfristigen, zur Veräußerung gehaltenen Vermögenswerten und Veräußerungsgruppen im Anhang zur Bilanz aufzuführen, sowohl in der Periode, in der der Vermögenswert **als »zur Veräußerung gehalten« klassifiziert** ist, als auch **in der Periode, in der er veräußert** wurde:

- eine Beschreibung des Vermögenswerts bzw. der Veräußerungsgruppe;
- falls anwendbar, das gem. *IFRS 8 – Geschäftssegmente* berichtspflichtige Segment, in dem die zu veräußernden Vermögenswerte oder die Veräußerungsgruppe ausgewiesen sind;
- eine Beschreibung der näheren Umstände, die zu der (erwarteten) Veräußerung führen sowie der (erwartete) Veräußerungszeitpunkt; und
- der Gewinn oder Verlust aus der Bewertung von Bestandteilen einer Veräußerungsgruppe gem. IFRS 5.20-5.22 und, sofern nicht gesondert ausgewiesen, in welcher Position dieser Gewinn oder Verlust enthalten ist.

Im Falle der Aufgabe der Veräußerungsabsicht sind vom Unternehmen die Umstände offenzulegen, die zu dieser Aufgabe geführt haben. Ebenso sind die Auswirkungen dieser Entscheidung auf das Ergebnis der Berichtsperiode und vorangegangener Perioden darzustellen (IFRS 5.42).

Bilanz der V-AG zum 31.12.2016					
	2016 (in T-€)	2015 (in T-€)		2016 (in T-€)	2015 (in T-€)
Vermögenswerte			**Eigenkapital und Schulden**		
Langfristige Vermögenswerte			Mehrheitsgesellschafter EK		
...	...	...	...	...	...
			Neubewertungsrücklage im Zusammenhang mit zur Veräußerung gehaltenen langfristigen Vermögenswerten		
...	...	...	Minderheitenanteile	...	...
...	...	...		...	...
	...	...		...	...
Kurzfristige Vermögenswerte			Langfristige Schulden		
...	...	...	...	...	...
...	...	...		...	...
...	...	...	Kurzfristige Schulden		
...	...	...		...	...
	...	...		...	...
Zur Veräußerung gehaltene langfristige Vermögenswerte	...	-	*Schulden im Zusammenhang mit zur Veräußerung gehaltenen langfristigen Vermögenswerten*	...	-
Bilanzsumme	...	...	Bilanzsumme	...	...

Abbildung E.2 Bilanzielle Darstellung langfristiger, zur Veräußerung gehaltener Vermögenswerte und Veräußerungsgruppen

b) Aufgegebene Geschäftsbereiche

IFRS 5 enthält für aufgegebene Geschäftsbereiche separate Ausweis- und Angabevorschriften. Gesonderte Bewertungsvorschriften für aufgegebene Geschäftsbereiche enthält IFRS 5 nicht. Stattdessen sind die Bewertungsvorschriften für Vermögenswerte und Veräußerungsgruppen anzuwenden.[16] Die Angabe von Informationen über aufgegebene Geschäftsbereiche soll den Abschlussadressaten adäquate Informationen über diese Sachverhalte zur Verfügung stellen. Dabei soll der Abschlussadressat vor allem in die Lage versetzt werden, die finanziellen Auswirkungen der Aufgabe von Geschäftsbereichen abzuschätzen.[17]

In der Bilanz sind die Vermögenswerte und Schulden des aufgegebenen Geschäftsbereichs, soweit noch nicht veräußert, innerhalb der Position auszuweisen, in der auch die zur Veräußerung gehaltenen Vermögenswerte und die Vermögenswerte einer Veräußerungsgruppe ausgewiesen werden. Entsprechendes gilt für die Schulden. Werden also zur Veräußerung gehaltene Vermögenswerte und Veräußerungsgruppen als gesonderte Position innerhalb der kurzfristigen Vermögenswerte bzw. Schulden ausgewiesen, so sind in dieser Position auch die aufgegebenen Geschäftsbereiche des bilanzierenden Unternehmens zu erfassen.

In der Gesamtergebnisrechnung ist das Nachsteuerergebnis des aufgegebenen Geschäftsbereichs anzugeben. Dieses umfasst nach IFRS 5.33 (a) die Summe aus

- dem Ergebnis nach Steuern des aufgegebenen Geschäftsbereichs sowie
- dem Ergebnis nach Steuern, das bei der Bewertung mit dem beizulegenden Zeitwert abzüglich Veräußerungskosten oder bei der Veräußerung der Vermögenswerte oder Veräußerungsgruppe(n), die den aufgegebenen Geschäftsbereich darstellen, erfasst wurde.

Wurde der Geschäftsbereich noch nicht veräußert, umfasst das Ergebnis nach Steuern des aufgegebenen Geschäftsbereichs das Ergebnis der letzten zwölf Monate. Wurde der Geschäftsbereich im aktuellen Geschäftsjahr veräußert, umfasst das Ergebnis nach Steuern des aufgegebenen Geschäftsbereichs den Zeitraum von Beginn des Jahres bis zum Zeitpunkt der Veräußerung.

Eine mögliche Gliederung der Gesamtergebnisrechnung kann Abb. E.3 entnommen werden.

Der gesondert ausgewiesene Betrag aus der Summe der zuvor genannten Bestandteile ist nach IFRS 5.33 (b) wahlweise in der Gesamtergebnisrechnung oder im Anhang wie folgt aufzuschlüsseln:

- Erlöse, Aufwendungen und das Ergebnis vor Steuern des aufgegebenen Geschäftsbereichs,
- der entsprechende Steueraufwand,
- der Gewinn oder Verlust, der aus der Bewertung zum beizulegenden Zeitwert abzüglich Veräußerungskosten oder aus der Veräußerung der Vermögenswerte bzw. Veräußerungsgruppen des aufgegebenen Geschäftsbereichs erfasst wurde, sowie
- der diesem Gewinn oder Verlust zuzurechnende Steueraufwand.

	2016 (in T-€)	2015 (in T-€)
Umsatzerlöse		
...	...	...
...	...	...
Ergebnis nach Steuern aus fortzuführenden Geschäft	...	...
Ergebnis nach Steuern aus nicht fortzuführenden Geschäft*		
Ergebnis nach Steuern	...	...
Davon entfallen auf: - Aktionäre des Mutterunternehmens - Minderheitsgesellschafter	... ...	... ...
* Zu der Zusammensetzung des Ergebnisses siehe die Erläuterungen im Anhang		

Abbildung E-3 Gesamtergebnisrechnung mit Darstellung des Ergebnisses aufgegebener Geschäftsbereiche nach IFRS 5

Analog zur Aufgliederung in der Gesamtergebnisrechnung ist auch in der Kapitalflussrechnung (oder wahlweise im Anhang oder einem anderen Jahresabschlussbestandteil) eine Separierung der Cashflows aus operativer Tätigkeit, Investitions- und Finanzierungstätigkeit, die dem aufgegebenen Geschäftsbereich zuzuordnen sind, von den fortlaufenden Cashflows durchzuführen (IFRS 5.33 (c)).

Rückwirkende Anwendung

Die in IFRS 5.33 geforderten Angaben zur Gesamtergebnisrechnung und zur Kapitalflussrechnung sind **rückwirkend anzuwenden**. Zum Abschlussstichtag sind somit in allen dargestellten Perioden die zum Abschlussstichtag aufgegebenen Geschäftsbereiche als solche darzustellen.

BEISPIEL:

Zum 1.7.2015 ist der Geschäftsbereich A (verkauft am 15.10.2015) und zum 1.9.2016 der Geschäftsbereich B der V-AG als »aufgegebener Geschäftsbereich« zu klassifizieren. Im Abschluss zum 31.12.2016 sind in der Gesamtergebnisrechnung zum 31.12.2016 Geschäftsbereich A und Geschäftsbereich B als »aufgegebener Geschäftsbereich« zu klassifizieren und das Nachsteuerergebnis entsprechend anzugeben.

Stilllegung

Zudem sind die Angaben zur Ergebnisrechnung und zur Kapitalflussrechnung auch für die Geschäftsbereiche anzugeben, die grundsätzlich die Kriterien eines aufgegebenen Geschäftsbereichs erfüllen, indes nicht veräußert, sondern stillgelegt werden. Im Jahr der **Stilllegung** sind die Angaben zur Ergebnisrechnung und zur Kapitalflussrechnung inklusive der Anpassung der Vorjahresbeträge anzugeben.

BEISPIEL:[18]

Im Oktober 2015 beschließt das Management der V-AG, einen Produktionsbetrieb, der einen wesentlichen Geschäftsbereich darstellt, mittelfristig stillzulegen. Bis Ende 2016 stellt das Unternehmen den Betrieb der Anlage ein. In 2015 erfolgen keine gesonderten Angaben. Erst im Abschluss zum 31.12.2016 werden entsprechende Angaben zum Ergebnis und zu den Cashflows des Produktionsbetriebs veröffentlicht. Diese Ausweis- und Angabepflichten gelten dann nach IFRS 5.34 auch für die Vorperiode.

Anpassungsbeträge

In einigen Fällen kann es vorkommen, dass bestimmte Erfolgsbeiträge für aufgegebene Geschäftsbereiche erfasst werden, die **in einer vergangenen Periode** veräußert wurden. Dies kann vorkommen, wenn z. B. Kaufpreisanpassungsklauseln greifen, Entschädigungszahlungen an den Käufer zu leisten sind, sich beim Käufer verbliebene Produkthaftungen konkretisiert haben oder Verpflichtungen im Rahmen eines Versorgungsplans für Arbeitnehmer abzugelten waren. Soweit diese Erfolgsbeiträge in direktem Zusammenhang mit dem aufgegebenen Geschäftsbereich stehen, sind sie selbst mit entsprechenden Angabe- und Ausweisverpflichtungen als Beträge aus aufgegebenen Geschäftsbereichen zu klassifizieren.

Reklassifizierung

Scheitert eine beabsichtigte Veräußerung oder soll etwa aus strategischen Gründen ein Unternehmensbestandteil nicht mehr veräußert werden, ist eine Re-Klassifizierung vorzunehmen. Dieser Unternehmensteil wird demzufolge auch nicht mehr als »zu veräußernd gehalten« klassifiziert. Das bisher aufgrund IFRS 5.33-5.35 isoliert ausgewiesene Ergebnis ist nunmehr für sämtliche dargestellten Geschäftsjahre in die Erträge aus fortzuführenden Geschäftsbereichen einzubeziehen.

7. Weiterführende Literatur

Dobler/Dobler, Zweifelsfälle der Bewertung von zur Veräußerung gehaltenen Abgangsgruppen nach IFRS 5, KoR 2010, S. 353;

Kessler/Leinen, Darstellung von discontinued operations in Bilanz und GuV – eine Fallstudie zur Anwendung von IFRS 5, KoR 2006, S. 558;

Poerschke, Die Bilanzierung von zur Veräußerung gehaltenem Vermögen nach IFRS, Düsseldorf 2006;

Schildbach, Was leistet IFRS 5?, WPg 2005, S. 554;

Völkner, Zur Veräußerung bestimmtes Anlagevermögen und aufgegebene Bereiche, PiR 2005, S. 78;

Zülch/Lienau, Die Bilanzierung von discontinued operations (aufgegebene Geschäftsbereiche) nach IFRS, DStR 2005, S. 391.

IV. Als Finanzinvestition gehaltene Immobilien

RELEVANTE STANDARDS

IAS 1 – Darstellung des Abschlusses
IAS 2 – Vorräte
IAS 8 – Rechnungslegungsmethoden, Änderungen von rechnungslegungsbezogenen Schätzungen und Fehler
IAS 11 – Fertigungsaufträge
IAS 12 – Ertragsteuern
IAS 16 – Sachanlagen
IAS 17 – Leasingverhältnisse
IAS 18 – Umsatzerlöse
IAS 21 – Auswirkungen von Wechselkursänderungen
IAS 23 – Fremdkapitalkosten
IAS 36 – Wertminderung von Vermögenswerten
IAS 37 – Rückstellungen, Eventualverbindlichkeiten und Eventualforderungen
IAS 40 – Als Finanzinvestition gehaltene Immobilien
IFRS 5 – Zur Veräußerung gehaltene langfristige Vermögenswerte und aufgegebene Geschäftsbereiche
IFRS 13 – Bemessung des beizulegenden Zeitwerts

KERNAUSSAGEN

- Unter Finanzinvestitionen in Immobilien werden Grundstücke und/oder Gebäude sowie Teile davon verstanden, die vom Eigentümer oder von einem Leasingnehmer im Rahmen eines Finanzierungs-Leasingverhältnisses gehalten werden, um Miet- oder Pachterträge oder eine Wertsteigerung des eingesetzten Kapitals zu erzielen.
- Nicht als Finanzinvestitionen in Immobilien werden dagegen Immobilien definiert, die vom Unternehmen selbst genutzt werden, oder von diesem erstellt wurden, um sie im Rahmen der gewöhnlichen Geschäftstätigkeit zu verkaufen. Immobilien, die im Rahmen eines Finanzierungs-Leasingverhältnisses an ein anders Unternehmen vermietet wurden, fallen ebenfalls nicht in die Kategorie der Finanzinvestitionen.
- Finanzinvestitionen in Immobilien sind bei Zugang mit ihren AK/HK anzusetzen.
- Im Rahmen der Folgebewertung sind Finanzinvestitionen in Immobilien wahlweise nach dem Anschaffungskostenmodell oder nach dem Zeitwertmodell zu bewerten.
- Bei Anwendung des Zeitwertmodells werden sämtliche Immobilien, die zu Finanzanlagezwecken gehalten werden zum beizulegenden Zeitwert bewertet. Dies gilt auch für sich im Bau befindliche Immobilien, die künftig zu Finanzanlagezwecken gehalten werden sollen. Planmäßige Abschreibungen auf Gebäude sowie außerplanmäßige Abschreibungen entfallen i. R. d. Zeitwertmodells. Bei der Neubewertung der als Finanzanlagen gehaltenen Immobilien aufgetretene

Wertdifferenzen sind erfolgswirksam in der Gesamtergebnisrechnung zu erfassen.

- Bei Anwendung des Anschaffungskostenmodells sind die AK/HK um planmäßige und außerplanmäßige Abschreibungen zu vermindern sowie um evtl. Zuschreibungen zu erhöhen. Die diesbezüglichen Regelungen des IAS 16 sind einschlägig.

1. Anwendungsbereich des IAS 40

Mit *IAS 40 – Als Finanzinvestition gehaltene Immobilien* werden Ansatz und Bewertung von Immobilien, die von einem Unternehmen als Finanzanlagen gehalten werden sowie die dazugehörigen Offenlegungspflichten geregelt. Ziel des Standards ist, den Abschlussadressaten entscheidungsnützliche Informationen zur Investitionspolitik und Entwicklung des Kapitals zu vermitteln, welches vom bilanzierenden Unternehmen in diese Vermögenswerte investiert wurde. Zu diesem Zweck unterscheiden Rechnungslegungsstandards nach IFRS zwischen Immobilien, die einem Unternehmen im betrieblichen Leistungsprozess dienen, und Immobilien, die sich als **Kapitalanlage** bzw. zur Erzielung von Renditen im Bestand eines Unternehmens befinden. Erstere fallen in den Anwendungsbereich von *IAS 16 – Sachanlagen*, letztere sind nach den Regelungen des hier zu diskutierenden IAS 40 zu bilanzieren.

2. Begriff der als Finanzinvestition gehaltenen Immobilien

Definition »Als Finanzinvestition gehaltene Immobilien«

Entsprechend IAS 40.5 werden unter als Finanzinvestition gehaltenen Immobilien (Investment Properties) Grundstücke, Gebäude (oder beides) aber auch Teile davon verstanden, welche von einem Unternehmen oder von einem Leasingnehmer im Rahmen eines Finanzierungs-Leasingverhältnisses lediglich zum Zwecke der Erzielung von Miet- oder Pachterträgen oder mit dem Ziel der Wertsteigerung gehalten werden. Während vom Eigentümer selbst genutzte Immobilien dem Unternehmen im Wesentlichen zur Herstellung von Gütern, zur Erbringung von Dienstleistungen oder für eigene Verwaltungszwecke dienen, besitzen als Finanzinvestitionen gehaltene Immobilien eher den Charakter einer Kapitalanlage. Sie können somit auch als Anlageimmobilien bezeichnet werden. Beispielhaft werden in IAS 40.8 die nachstehend aufgeführten Immobilien als Anlageimmobilien charakterisiert:

- Grundstücke, welche langfristig ausschließlich zum Zwecke der Wertsteigerung und nicht langfristig zum Verkauf im Rahmen der gewöhnlichen Geschäftstätigkeit gehalten werden,
- Grundstücke mit gegenwärtig unbestimmter künftiger Nutzung,
- sich im Besitz des bilanzierenden Unternehmens befindliche Gebäude, welche im Rahmen eines oder mehrerer Operating-Leasingverhältnisse vermietet werden,
- leerstehende Gebäude, die für eine solche Vermietung gehalten werden, sowie

- Immobilien, die sich in der Entwicklung oder Herstellung befinden und künftig vom bilanzierenden Unternehmen als Anlageimmobilie genutzt werden sollen.

Für die bilanzielle Klassifizierung einer Immobilie ist somit allein die **Nutzungsabsicht** ausschlaggebend. Die Fristigkeit oder auch Verweildauer im Unternehmen ist für ihre Klassifizierung grundsätzlich sekundär. Ferner ist ein Charakteristikum solcher Anlageimmobilien, dass diese Zahlungsströme erzeugen, die weitgehend unabhängig von anderen Vermögenswerten des Unternehmens anfallen (IAS 40.7).

Abgrenzung zu anderen Immobilien

Von den nach IAS 40 als Finanzinvestitionen bzw. Anlageimmobilien zu klassifizierenden Immobilien sind andere Immobilienarten zu unterscheiden. Gerade diese Unterscheidung ist für die bilanzierenden Unternehmen z. T. mit erheblichen Schwierigkeiten verbunden. Zu Immobilien, die **nicht** als **Anlageimmobilien** zu klassifizieren sind, zählen nach **IAS 40.9**:

- Immobilien, die vom bilanzierenden Unternehmen erstellt oder erworben wurden, um sie im Rahmen der gewöhnlichen Geschäftstätigkeit zu verkaufen anstatt sie für langfristige Wertzuwächse zu halten,
- Immobilien, die das bilanzierende Unternehmen aufgrund eines Fertigungsauftrags eines Dritten entwickelt und/oder herstellt,
- vom bilanzierenden Unternehmen betrieblich selbst genutzte Immobilien sowie
- Immobilien, die im Rahmen eines Finanzierungs-Leasingverhältnisses an ein anderes Unternehmen vermietet wurden.

Die vorstehenden Beispiele zeigen die wesentlichen **Kriterien**, die eine **Abgrenzung von Anlageimmobilien** zu anderen Immobilien des bilanzierenden Unternehmens ermöglichen sollen. Dieses sind die **Veräußerungsabsicht**, die **Entwicklung und Herstellung** sowie die betriebliche **Eigennutzung** von Immobilien. Diese Kriterien sind zusammenfassend in Abb. E.4 dargestellt.

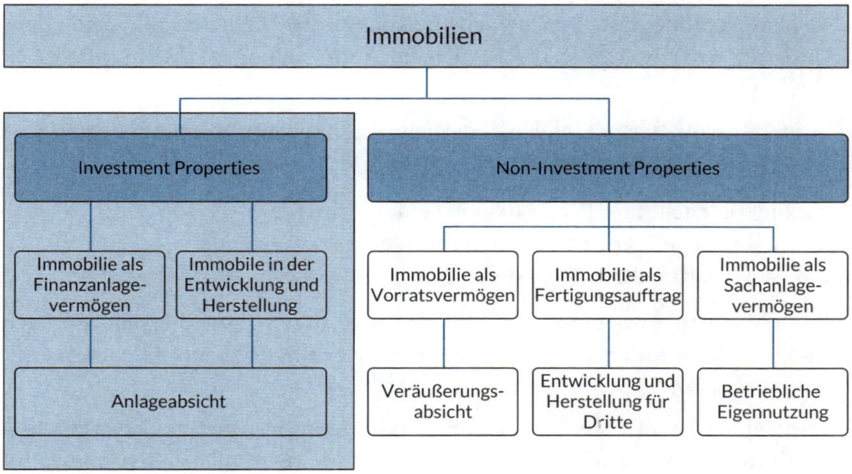

Abbildung E.4 Immobilienkategorisierung[1]

Immobilien mit Veräußerungsabsicht

Immobilien, die im Rahmen der gewöhnlichen Geschäftstätigkeit veräußert werden sollen, sind zum **Vorratsvermögen** zu zählen. In diesen Fällen sind sie somit gem. den Vorschriften des ***IAS 2*** – *Vorräte* zu bilanzieren. Bei Anlageimmobilien handelt es sich um Vermögenswerte, welche dem Unternehmen **dauerhaft** dienen sollen, auch wenn sie einen spekulativen Charakter aufweisen. Das dauerhafte Dienen ist ein Kennzeichen für Anlageimmobilien, welches diese von Vermögenswerten des Umlaufvermögens unterscheidet. Zwar weist der Immobilienmarkt i. d. R. eine geringere Volatilität auf als andere Märkte wie der Aktienmarkt, dennoch übersteigen bei lediglich kurzem Halten einer Immobilie als Finanzanlage die Risiken die mit einer derartigen Finanzanlage verbundenen Chancen. Daher sind Investoren bestrebt, Anlageimmobilien langfristig in ihrem Portfolio zu verwalten.

BEISPIEL:

Die Columbus AG ist ein international bekanntes Immobilienunternehmen. Die Geschäftstätigkeit der Gesellschaft besteht hauptsächlich im Handel mit Ferienwohnungen. Im Herbst dieses Jahres erwirbt das Unternehmen von einem Bauunternehmer eine Reihe von Ferienwohnungen an der Côte d'Azur, die kurzfristig an vermögende Kunden verkauft werden sollen.

Wie sind diese Ferienwohnungen bilanziell abzubilden?

Die Columbus AG verkauft diese Immobilien im Rahmen ihrer gewöhnlichen Geschäftstätigkeit. Demnach sind die Ferienwohnungen nach IAS 2 als Vorräte zu bilanzieren.

Im Bau befindliche Immobilien

Für die bilanzielle Behandlung von im Bau befindlichen Immobilien ist primär die **Herstellungs- und Entwicklungsphase** bedeutsam. Weiterhin spielt die spätere **Nutzungsabsicht** des bilanzierenden Unternehmens, d. h. die Nutzung nach der Fertigstellung der Immobilie, für ihre bilanzielle Kategorisierung eine wesentliche Rolle. Die Bilanzierung von Immobilien, die sich in der Herstellungs- und Entwicklungsphase befinden, ist zunächst davon abhängig, ob die Immobilie vom bilanzierenden Unternehmen für eigene Zwecke oder im Auftrag eines externen Dritten hergestellt wird.

Wird eine Immobilie vom bilanzierenden Unternehmen für **eigene Zwecke** errichtet, sind mehrere Nutzungsalternativen denkbar:

- Die Immobilie soll nach ihrer Fertigstellung veräußert werden,
- die Immobilie soll nach ihrer Fertigstellung eigengenutzt werden oder
- die Immobilie wird nach ihrer Fertigstellung als Finanzanlage gehalten.

Wird eine Immobilie vom bilanzierenden Unternehmen mit der Absicht erstellt, sie nach ihrer Fertigstellung zu **veräußern**, ist diese dem **Vorratsvermögen** zuzuordnen und somit nach **IAS 2** zu bilanzieren.

Wird die Immobilie zum Zwecke der Eigennutzung erstellt, also für die **betrieblichen Leistungserstellung**, ist sie nach den Vorschriften des **IAS 16** zu bilanzieren und somit dem **Sachanlagevermögen** zuzuordnen. Die betriebliche Leistungserstellung umfasst dabei klassischerweise die Unternehmensbereiche Forschung und Entwicklung, Produktion, Lagerhaltung, Vertrieb und Verwaltung.

BEISPIEL:

Die Columbus AG wächst seit Jahren ständig und denkt über eine Expansion in Frankreich nach. Hierzu errichtet sie gerade ein neues Verwaltungsgebäude in Paris, um den französischen Markt angemessen erschließen zu können. Diese Immobilie soll nach Fertigstellung vom Unternehmen selbst genutzt werden. Während der Erstellung sowie nach Fertigstellung der Immobilie greifen die Vorschriften des IAS 16.

Die Bilanzierung von **im Bau befindlichen Immobilien**, die künftig zu Finanzanlagezwecken gehalten werden sollen, hat i. R. d. »**Improvement Projects 2007**« eine einschneidende **Änderung** erfahren. Bislang war eine differenzierte bilanzielle Behandlung der Immobilie in der Herstellungsphase und der sich anschließenden Nutzungsphase vorgesehen. Während der Herstellungsphase war die Immobilie nach den Vorschriften des IAS 16 zu bilanzieren. Nach Abschluss der Herstellungsphase, wenn die Immobilie ihrem eigentlichen Zweck, nämlich der Erzielung von Mieteinnahmen bzw. Wertsteigerungen zugeführt wurde, waren die Vorschriften des IAS 40 maßgeblich.

Nunmehr, nachdem die vom IASB gemachten Vorschläge durch das »Annual Improvement Project« in 2008 in die Tat umgesetzt wurden, gilt folgende Regelung: Immobilien, die sich in der Entwicklung befinden und nach ihrer Fertigstellung vom bilanzierenden Unternehmen als Finanzinvestition gehalten werden, sind künftig **auch in** der **Herstellungs- und Entwicklungsphase** nach den Vorschriften des **IAS 40** zu bilanzieren.[2]

Für Dritte hergestellte Immobilien

Werden Immobilien hingegen für ein drittes Unternehmen errichtet, liegt aufgrund der periodenübergreifenden Herstellungsdauer von Immobilien ein langfristiger **Fertigungsauftrag** vor, welcher nach den Regelungen des ***IAS 11*** – *Fertigungsaufträge* zu bilanzieren ist. Diese Bilanzierung hat bis zum Zeitpunkt der Fertigstellung beim herstellenden Unternehmen zu erfolgen. Danach geht die Immobilie auf das beauftragende Unternehmen über, welches die Immobilie entsprechend seiner Nutzungsabsicht bilanziell abzubilden hat.

Die Systematik zur Abgrenzung des Anwendungsbereichs von IAS 40 ist in Abb. E.5 veranschaulicht.

Mischnutzung

Häufig wird eine Immobilie sowohl als Finanzanlage als auch als Sachanlage verwendet. In diesem Fall dienen Teile der Immobilie der Erzielung von Mieteinnahmen oder Wertsteigerungen, während andere Teile der Immobilie für die Herstellung von Gütern oder die Durchführung von Dienstleistungen bzw. für Verwaltungszwecke genutzt werden. Bei einer solchen **Mischnutzung** *(dual-purpose property)* ist nach IAS 40.10 auf die **Teilbarkeit bzw. Einzelveräußerbarkeit** der unterschiedlich genutzten Teile der Immobilie abzustellen. Sofern sich diese Immobilienteile getrennt voneinander veräußern lassen, sind sie bei Mischnutzung auch isoliert voneinander zu bilanzieren. Ist eine solche getrennte Veräußerbarkeit der einzelnen Immobilienteile hingegen nicht möglich, ist die Immobilie in ihrer Gesamtheit als Finanzanlage zu bilanzieren, wenn der betrieblich genutzte Teil der Immobilie lediglich einen **unwesentlichen** Anteil an der Gesamtfläche der Immobilie besitzt. In IAS 40.10 wird hierzu jedoch kein Schwellenwert vorgegeben. Vielmehr wird diese Quantifizierung dem bilanzierenden Unternehmen selbst überlassen. Im Schrifttum und der Branchenpraxis haben sich unterschiedliche Auffassungen über die Höhe dieses Schwellenwerts herausgebildet. Sie reichen von 5 %

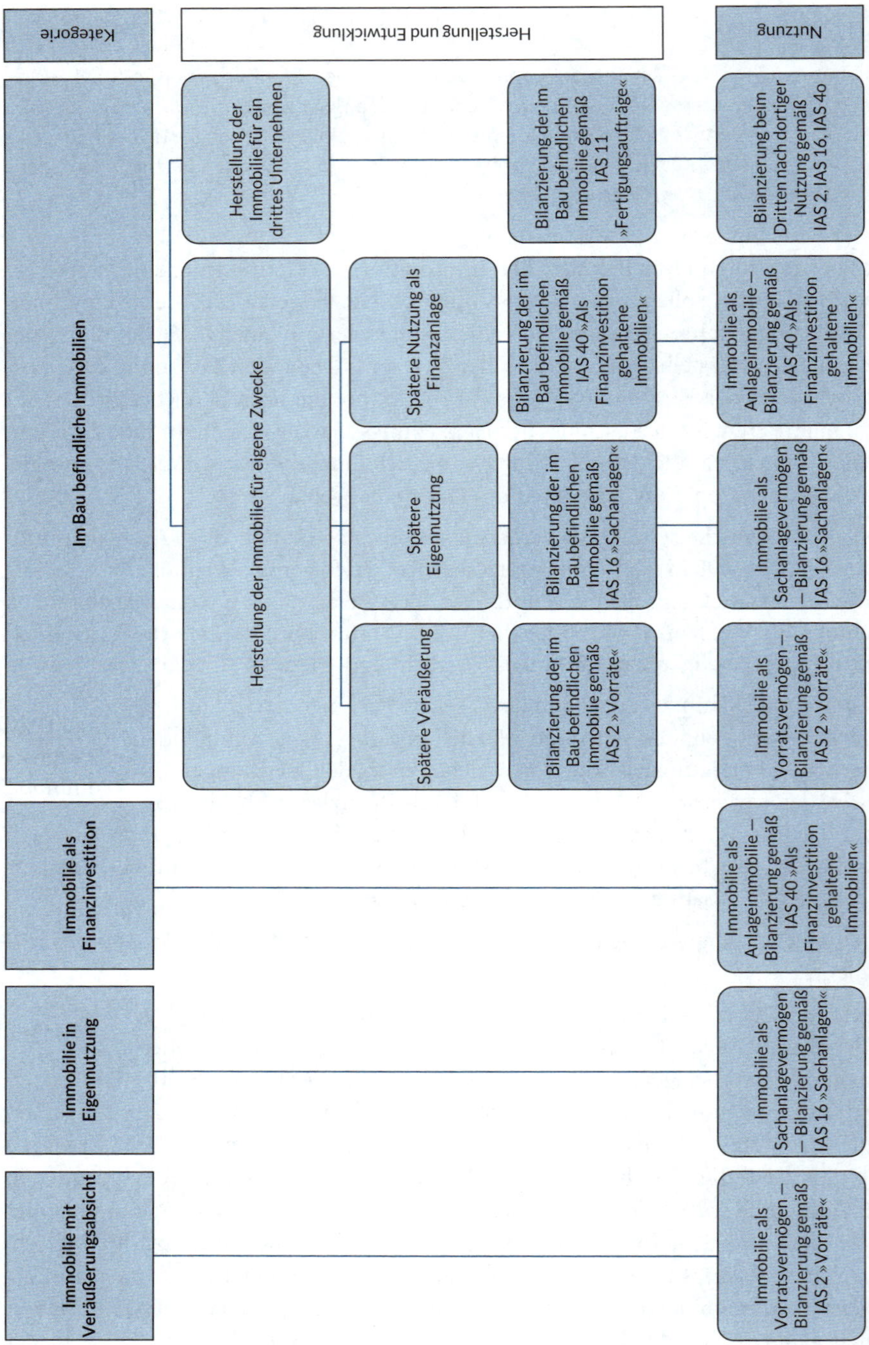

Abbildung E.5 Abgrenzung der Immobilienarten

bis hin zu 30 % für den höchstzulässigen Wert des eigengenutzten Immobilienanteils.[3] Da das IASB aber auf eine Quantifizierung des Schwellenwerts bewusst verzichtet hat, können diese Werte lediglich als Orientierungshilfe gelten. Vielmehr ist eine individuelle Betrachtung der jeweiligen Immobilie notwendig.[4]

BEISPIEL:

Der Hauptsitz der Columbus AG befindet sich in Leipzig. Hier hat das Unternehmen vor Jahren ein zehnstöckiges Bürogebäude errichtet. Gegenwärtig befinden sich die Büros der Gesellschaft lediglich in den oberen fünf Etagen des Gebäudes. Die unteren fünf Etagen sind an lokale Unternehmen vermietet.

Wie hat die Gesellschaft das Bürogebäude nun in der Bilanz anzusetzen?

Da die Columbus AG das Eigentum an dem Bürogebäude teilen kann und somit auch eine Veräußerung der nicht genutzten Etagen prinzipiell möglich wäre, sind die selbst genutzten und die vermieteten Teile des Gebäudes getrennt voneinander zu bilanzieren. Die vom Unternehmen selbst genutzten Teile des Gebäudes sind entsprechend den Vorschriften von IAS 16 zu bilanzieren. Die vermieteten Teile fallen in den Regelungsbereich des IAS 40.

Immobilienbezogene Dienstleistungen

Oftmals werden zwischen den Mietern einer Immobilie und dessen Eigentümer neben der eigentlichen Vermietung weitere **Dienstleistungen** vereinbart. Solche immobilienbezogenen Dienstleistungen betreffen häufig Sicherheits- und Wartungsleistungen, aber auch z. B. die Bereitstellung einer Gebäudereinigung. In diesem Zusammenhang wird gem. IAS 40.11 zwischen unwesentlichen und wesentlichen Dienstleistungen unterschieden. Sofern die Erträge aus diesen Dienstleistungen lediglich einen **unwesentlichen** Anteil an den Gesamterträgen aus dem Objekt darstellen, ist die Immobilie als Finanzinvestition zu bilanzieren. Sobald die vereinbarten Dienstleistungen jedoch diesen unwesentlichen Anteil überschreiten, wie dies i. d. R. in einem vom Eigentümer geführten Hotel der Fall ist, so sind diese Immobilien nicht als Finanzinvestition, sondern als selbst genutzte Immobilien anzusehen. Auch hier überlässt das IASB die Einschätzung der Wesentlichkeitsgrenze den bilanzierenden Unternehmen. Vorgeschlagen wird in diesem Zusammenhang ein Schwellenwert zwischen **5-10 %** des Gesamtvolumens aus Vermietung und Dienstleistungserbringung. Neben dem Umfang sind indes auch hier die Art und die Ausgestaltung der Dienstleistung individuell zu beachten, um eine Unterscheidung zwischen wesentlicher und unwesentlicher Dienstleistung vornehmen zu können. Die Ausgestaltung der Dienstleistungsvereinbarungen kann hierbei stark variieren und somit die Klassifizierung einer Immobilie als selbstgenutzte Immobilie oder Anlageimmobilie entscheidend beeinflussen.

BEISPIEL:

Die Cook AG ist Betreiber einer Hotelkette in Deutschland. Um Kosten zu sparen, hat sie alltägliche Dienstleistungen wie Reinigungs- und Instandhaltungsarbeiten an einen externen Anbieter ausgegliedert, der diese Tätigkeiten zu geringen Kosten ausführt.

Die Magellan AG besitzt ebenfalls einige Immobilien, die als Hotels genutzt werden. Im Gegensatz zur Cook AG vermietet sie diese Immobilien an einen externen Dritten, der diese als Hotel betreibt.

Wie haben die beiden Unternehmen diese Immobilien bilanziell zu erfassen?

Die Cook AG tritt als aktiver Investor auf, dem als Betreiber der Hotelkette variable Zahlungsströme zufließen. Das Unternehmen trägt das gesamte unternehmerische Risiko, welches sich durch mögliche Schwankungen in den durch die Hoteltätigkeit erzeugten Zahlungsmittelströmen widerspiegelt. Die betrachteten Immobilien sind dem Sachanlagevermögen zuzuordnen und nach den Vorschriften des IAS 16 zu bilanzieren, da sie für das bilanzierende Unternehmen einen Produktionsfaktor darstellen.

Die Magellan AG hingegen tritt als passiver Investor auf, dem als Verpächter oder Vermieter der Immobilien fixe Zahlungsströme in Form von Miet- oder Pachtzahlungen seitens des Betreibers der Hotels zufließen. Diese Zahlungsströme sind weitgehend unabhängig von den Schwankungen der durch die Hoteltätigkeit erzeugten Zahlungsströme. Die betrachteten Immobilien sind als Anlageimmobilien zu klassifizieren und nach den Vorschriften des IAS 40 zu bilanzieren.

Unternehmensindividuelle Klassifizierung

Die Klassifikation einer Immobilie als Finanzinvestition oder eigengenutzte Immobilie kann dem bilanzierenden Unternehmen mitunter erhebliche Schwierigkeiten bereiten. In solchen Fällen ist durch das bilanzierende Unternehmen eine sorgfältige Einschätzung der betreffenden Immobilie vorzunehmen. Um diese Einschätzung in Übereinstimmung mit der Definition von Anlageimmobilien vornehmen zu können, wird nach IAS 40.14 vom bilanzierenden Unternehmen verlangt, **individuelle Kriterien zur Abgrenzung** zu entwickeln. Dieser Kriterienkatalog soll eine sachgerechte Zuordnung der Immobilien zum Sachanlagevermögen oder dem Finanzanlagenvermögen erleichtern. Die der Zuordnungsentscheidung zugrunde liegenden Kriterien sind nach IAS 40.75 (c) im **Anhang** zur Bilanz offen zu legen, damit die Klassifizierung der Immobilie durch das bilanzierende Unternehmen objektiviert wird und durch Dritte nachvollziehbar ist.

Anlageimmobilien im Konzernabschluss

Im Konzernverbund kann sich die Klassifikation einer Immobilie zwischen Einzel- und Konzernabschluss unterscheiden. Immobilien, die an Unternehmen aus dem Konzernverbund vermietet werden, gelten aus Sicht des Konzerns unter Rückgriff auf die Einheitstheorie nicht als Finanzinvestitionen, sondern vielmehr als eigengenutzte Immobilien.[5] Sie sind auf Ebene des **Konzernabschlusses** demzufolge nicht gem. IAS 40 zu bilanzieren. Einschlägig sind in diesem Fall die Regelungen des IAS 16. Im **Einzelabschluss** des Konzernunternehmens gilt dies indes nicht. Die Immobilie gilt auf Einzelabschlussebene als **Anlageimmobilie**, da sie an ein anderes (drittes) Unternehmen zur Mieterzielung ausgereicht worden ist, unabhängig davon, ob dieses andere Unternehmen ein Konzernunternehmen ist oder nicht.

BEISPIEL:

Die Columbus AG ist Konzernmutter mehrerer Tochtergesellschaften. Sie beherrscht neben der jüngst gegründeten Gesellschaft in Frankreich bereits eine Tochtergesellschaft in New York, die Henry Hudson Inc., und die Gesellschaft Pottinger Inc. in Hong Kong. Die Henry Hudson Inc. ist Eigentümerin eines Bürohochhauses in Hong Kong, welches in bester Lage am Victoria Peak liegt. Das Bürohochhaus hat die Henry Hudson Inc. an die Pottinger Inc. vermietet.

Wie hat die bilanzielle Abbildung zu erfolgen?

Aus Sicht der Henry Hudson Inc. handelt es sich bei der Immobilie um eine Finanzanlage, da das Gebäude vom Unternehmen nicht selbst genutzt wird. Vielmehr erzielt die Gesellschaft durch die Vermietung des Gebäudes an die Pottinger Inc. Mieterträge. Im Einzelabschluss der Henry Hudson Inc. ist die Immobilie somit nach den Vorschriften des IAS 40 zu bilanzieren. Im Konzernabschluss der Columbus AG stellt die Immobilie jedoch eine selbst genutzte Immobilie dar, wodurch sie in den Regelungsbereich des IAS 16 fällt und als Sachanlage zu bilanzieren ist.

3. Ansatz von als Finanzinvestition gehaltenen Immobilien

Die in IAS 40.16 enthaltenen Kriterien verlangen den Ansatz einer Anlageimmobilie, sofern diese die allgemeinen Ansatzkriterien eines Vermögenswerts erfüllt. Demnach ist eine Anlageimmobilie nur dann anzusetzen, wenn zum einen ein mit der Anlageimmobilie verbundener **künftiger wirtschaftlicher Nutzen** dem bilanzierenden Unternehmen **wahrscheinlich** zufließen wird und zum anderen die Anschaffungs- oder Herstellungskosten (AK/HK) der Immobilie **zuverlässig** bemessen werden können.[6]

Das Ansatzkriterium der **zuverlässigen Messbarkeit** der Kosten ist üblicherweise erfüllt. Zum einen lassen sich die Kosten der Immobilie im Falle eines Erwerbs durch die Anschaffungskosten des Vermögenswerts bestimmen. Zum anderen werden die Kosten der eigenen Erstellung der Immobilie durch die aufgelaufenen Herstellungskosten objektiviert. In beiden Fällen sind die Kosten auf Markttransaktionen zurückzuführen, die eine zuverlässige Messbarkeit des Immobilienwerts gewährleisten. Schwierigkeiten bereitet vielmehr die Beurteilung des zweiten Ansatzkriteriums, des **wahrscheinlichen** künftigen Nutzenzuflusses. Als Nutzenzufluss gelten gem. der Definition von Anlageimmobilien künftige Miet- oder Pachterträge oder ein Vermögenszuwachs, d. h. eine Wertsteigerung der Immobilie. Eine Regelung hinsichtlich der Bestimmung der Wahrscheinlichkeit eines solchen Zuflusses gibt IAS 40 indes nicht. Im Einklang mit den Regelungen des *IAS 37 – Rückstellungen, Eventualschulden und Eventualforderungen* wird der Begriff »wahrscheinlich« oftmals im Sinne einer 50 %-igen Wahrscheinlichkeit bzw. argumentativ »wenn mehr Gründe für einen Nutzenzufluss als dagegen sprechen« ausgelegt.[7] Allerdings ist davon auszugehen, dass ein Unternehmen vor einer Investition in Immobilien den Immobilienmarkt analysiert. Ein rationaler Investor wird lediglich bei positiven Marktprognosen eine Investition vornehmen. Im Investitionszeitpunkt wird somit grundsätzlich mit künftigen Nutzenzuflüssen gerechnet. Aufgrund einer derartigen Vorteilhaftigkeitsanalyse durch das bilanzierende Unternehmen kann das erste Ansatzkriterium sodann als erfüllt angesehen werden.

Überdies gilt, dass künftige wirtschaftliche Vorteile dem bilanzierenden Unternehmen nur dann zufließen werden, wenn dem Unternehmen der Nutzen aus dem Vermögenswert zusteht und es seine Risiken trägt. Nutzen und Risiken müssen auf das bilanzierende Unternehmen übergegangen sein. Auch wenn das rechtliche Eigentum an den Immobilien in den meisten Fällen beim bilanzierenden Unternehmen liegt, ist dies keine notwendige Voraussetzung für deren Aktivierung. Die wirtschaftlichen Eigentumsrechte sind in diesem Falle ausschlaggebend für den Ansatz einer als Finanzanlage gehaltenen Immobilie.

4. Bewertung von als Finanzinvestition gehaltenen Immobilien

a) Vorbemerkung

Die Bewertung von Anlageimmobilien, hat mit dem »Annual Improvement Project 2007« – wie eingangs bereits angedeutet – eine Änderung erfahren, welche die Bilanzierung von im Bau befindlichen Anlageimmobilien modifiziert. Bisher waren Anlageimmobilien, die sich in der Herstellungs- und Entwicklungsphase befanden, gem. IAS 16 zu bilanzieren. Erst im Zeitpunkt der Fertigstellung der Immobilie wurde ein Verwendungswechsel angenommen und die Regelungen des IAS 40 waren anzuwenden. Diese Bilanzierungsweise ist durch das »Annual Improvement Project 2007« entfallen. Nunmehr wird bereits schon die Bilanzierung von im Bau befindlichen Anlageimmobilien durch IAS 40 geregelt. Demnach ist der beizulegende Zeitwert auch für Anlageimmobilien zu ermitteln, die sich in der Herstellungs- und Entwicklungsphase befinden. Dieser beizulegende Zeitwert ist sodann bei Anwendung des Zeitwertmodells in der Bilanz des betrachteten Unternehmens anzugeben oder, bei Anwendung des Modells der fortgeführten Anschaffungs- oder Herstellungskosten (AK/HK), im Anhang zur Bilanz aufzuführen.

Folgerichtig wurde durch das »Annual Improvement Project 2007« die Regelung des IAS 40.22 komplett gestrichen, wonach die Herstellungskostenermittlung in der Herstellungs- und Entwicklungsphase im Einklang mit den Regelungen des IAS 16 zu erfolgen hatte. Diese Maßnahme hat klarstellende Bedeutung. Im Rahmen der Zugangsbewertung von Anlageimmobilien, die erworben worden sind oder künftig erbaut werden, gelten als Bewertungsmaßstab die AK/HK. Im Rahmen der Folgebewertung kann das bilanzierende Unternehmen sodann zwischen der Bewertung zu fortgeführten AK/HK oder der Bewertung zum beizulegenden Zeitwert wählen. Diese Wahlentscheidung gilt – wie oben dargelegt – nunmehr auch in der Herstellungs- und Entwicklungsphase.

b) Zugangsbewertung

aa) Überblick

Anlageimmobilien sind bei erstmaliger Bewertung mit ihren **AK/HK** anzusetzen, sofern sämtliche Ansatzkriterien erfüllt sind. Zu diesen Kosten sind die mit dem Anschaffungs- oder Herstellungsprozess zusammenhängenden Transaktionskosten zu zählen. Der Begriff der Transaktionskosten bezieht sich hierbei primär auf den Anschaffungs- bzw. Erwerbsvorgang und die damit einhergehenden Kosten. IAS 40 folgt mit diesen Regelungen den korrespondierenden Grundsätzen der Zugangsbewertung des Sachanlagevermögens nach IAS 16.

bb) Zugangsbewertung bei Anschaffung

Anschaffungskosten bilden die Bewertungsgrundlage für von Dritten erworbene Immobilien. Sie sind somit die Bemessungsgrundlage für alle Immobilien, die vom Unternehmen nicht selbst erstellt wurden. Die Anschaffungskosten für Anlageimmobilien setzen sich aus dem **Kaufpreis** der Immobilie, den **Anschaffungsnebenkosten** sowie den **nachträglichen Anschaffungskosten** zusammen. Sämtliche **Anschaffungspreisminderungen** sind von den Anschaffungskosten abzuziehen.[8]

Unter den **Anschaffungsnebenkosten** sind alle der Immobilie direkt zurechenbaren Kosten zu verstehen, die anfallen, um den Vermögenswert in einen nutzungsbereiten Zustand zu versetzen bzw. die wirtschaftliche Verfügungsmacht zu erlangen.[9] Dies sind insbesondere Rechts- und Beratungskosten sowie mit dem Erwerb der Immobilie im Zusammenhang stehende Steuern.

Nachträgliche Anschaffungskosten stellen diejenigen Ausgaben dar, die im Zusammenhang mit bereits erworbenen Immobilien anfallen. Sie sind als nachträgliche Anschaffungskosten zu behandeln und somit zu aktivieren, wenn sie das ursprüngliche Leistungspotenzial des Vermögenswerts steigern und damit einen zusätzlichen künftigen wirtschaftlichen Nutzen erzeugen. Hiervon abzugrenzen sind Ausgaben, die lediglich dazu dienen, die erworbene Immobilie instand zu halten. Solche Ausgaben sind stets in der Periode ihres Auftretens erfolgswirksam zu erfassen.

BEISPIEL:

Das Bürogebäude der Columbus AG am Leipziger Hauptsitz liegt an einem begehrten Standort. Immer mehr Firmen wollen Büros in dem repräsentativen, sich im Eigentum der Columbus AG befindlichen Gebäude anmieten. Aus diesem Grund beschließt die Gesellschaft das bisher ungenutzte Dachgeschoss des Gebäudes auszubauen und für die Vermietung zu erschließen.

Wie sind die dabei entstehenden Aufwendungen bilanziell zu behandeln?

Da sich durch den Ausbau des Dachgeschosses die Vermietungsfläche erhöht, steigt auch das Leistungspotenzial der Immobilie. Denn mit der Erschließung wird dem Unternehmen zusätzlicher wirtschaftlicher Nutzen in Form weiterer Mieteinnahmen zufließen. Aus diesem Grund sind die mit dem Ausbau verbundenen Aufwendungen als nachträgliche AK/HK zu betrachten, die aktivierungsfähig sind.

Zum Zeitpunkt des Zugangs ist für eine Anlageimmobilie ferner zwingend der **Komponentenansatz** (vgl. S. 205) anzuwenden. Demnach ist eine Anlageimmobilie auf ihre Zusammensetzung zu überprüfen und ggf. in wesentliche Komponenten wie Dach, tragende Innenwände und Einbauten aufzuteilen, sofern für diese Immobilienbestandteile unterschiedliche Nutzungsdauern vorliegen bzw. unterschiedliche Abschreibungsmethoden anzuwenden sind. Der Verbrauch mittels planmäßiger Abschreibung ist bei Anwendung des Anschaffungskostenmodells im Rahmen der Folgebewertung separat für die einzelnen Komponenten zu erfassen. Wann ein Immobilienbestandteil als wesentlich einzustufen ist, ist in IAS 40 nicht geregelt. Diese Abgrenzung richtet sich in erster Linie nach den konstruktionsbedingten Eigenschaften der Immobilie. Hier ist eine zweckgerechte Auslegung vorzunehmen, die sich an den individuellen Verhältnissen im Unternehmen ausrichtet.

Anschaffungspreisminderungen werden nicht explizit als Bestandteile der Anschaffungskosten von Anlageimmobilien in IAS 40 aufgeführt. Implizit ist indes davon auszugehen, dass – ähnlich wie beim Erwerb von Vorräten, Sachanlagevermögen und immateriellen Vermögenswerten – gewährte Nachlässe den Anschaffungspreis der Immobilie mindern.

Erfolgt die Anschaffung der Immobilie in einer **Fremdwährung**, sind die hierfür aufgebrachten Zahlungsmittel oder Zahlungsmitteläquivalente zum Zeitpunkt des Geschäftsvorfalls in die Berichtswährung umzurechnen. Wird die Immobilie **auf Ziel** gekauft, entsprechen die Anschaffungskosten dem Barwert der Kosten. Die Differenz zwischen dem vertraglich vereinbarten Kaufpreis und dessen Barwert bilden hierbei die Finanzierungskosten, welche über die Laufzeit des Zahlungsziels als Zinsaufwendungen bilanziell zu verteilen sind.

cc) Zugangsbewertung zu Herstellungskosten

Da im Bau befindliche Immobilien gem. IAS 40.8 (e) nunmehr als Anlageimmobilien qualifiziert werden, erübrigt sich eine Diskussion zur Herstellungskostenermittlung im Zugangszeitpunkt. Die Frage der Ermittlung hat sich vielmehr in den Bereich der Folgebewertung verlagert. Entscheidet sich das bilanzierende Unternehmen in der Folgebewertung für das Anschaffungskostenmodell, sind die Herstellungskosten bis zur Fertigstellung der Immobilie gem. IAS 16 zu summieren. Anderenfalls greift das Zeitwertmodell und das bilanzierende Unternehmen hat zu jedem Abschlussstichtag den beizulegenden Zeitwert der unfertigen Immobilie zu bestimmen (vgl. S. 259).

dd) Von der Zugangsbewertung ausgenommene Anschaffungs- oder Herstellungskostenbestandteile

Entsprechend IAS 40.23 wird der Umfang der in die Zugangsbewertung von Anlageimmobilien einzubeziehenden AK/HK **eingeschränkt**. Nachfolgende Kosten sind nach dieser Regelung explizit nicht als AK/HK anzusetzen:

- Gründungs- oder Anlaufkosten, sofern sie nicht dazu dienen, die betrachtete Immobilie in einen nutzungsbereiten Zustand zu versetzen,
- anfänglich angefallene Betriebsverluste, wie sie durch unzureichende Vermietungsquoten im Anlaufzeitraum der Vermietung einer Immobilie entstehen können, sowie
- ungewöhnlich hohe Fertigungsausgaben.

IAS 40.23 hat klarstellende Bedeutung. Anzumerken ist, dass der Begriff der »ungewöhnlichen Höhe« der Fertigungsausgaben in IAS 40 nicht weiter diskutiert wird. Da Immobilien generell fremdbezogen werden, scheint die hier implizit geforderte Angemessenheitsprüfung indes nicht von praktischer Bedeutung zu sein.[10]

ee) Sonderfälle der Zugangsbewertung

Anschaffungskosten beim Tausch

Eine Anlageimmobilie kann neben Anschaffung oder Herstellung auch im Wege eines **Tauschs** gegen andere nicht-monetäre und/oder monetäre Vermögenswerte bzw. gegen eine Kombination davon erworben werden. In einem solchen Fall ist die Zugangsbewertung grundsätzlich zum beizulegenden **Zeitwert des hingegebenen Vermögenswerts** vorzunehmen, es sei denn, der beizulegende Zeitwert des erhaltenen Vermögenswerts ist zuverlässiger zu bestimmen. Fehlt der Tauschtransaktion hingegen die **wirtschaftliche Substanz** oder ist weder der beizulegende Zeitwert des hingegebenen noch des erhaltenen Vermögenswerts zuverlässig bestimmbar, entsprechen die Anschaffungskosten der erhaltenen Anlageimmobilie dem Buchwert des hingegebenen Vermögenswerts. Diese Vorschrift entspricht somit den Regeln des IAS 16 für den Erwerb von Sachanlagen durch Tausch (vgl. S. 209).

Von wirtschaftlicher Substanz einer Tauschtransaktion wird gem. IAS 40.28 gesprochen, wenn sich die künftigen Zahlungsströme des hingegebenen und übertragenen Vermögenswerts hinsichtlich ihres **Risikos**, des **zeitlichen Anfalls** und der **Höhe** unterscheiden. Ferner ist die wirtschaftliche Substanz einer Transaktion gegeben, wenn sich der **unternehmensspezifische Wert des** von dem Tausch betroffenen **Geschäftsbereichs** ändert. In beiden Fällen müssen die genannten Abweichungen in Relation zum beizulegenden Zeitwert der getauschten Vermögenswerte wesentlich sein.[11]

Leasingobjekte

Soweit eine im Rahmen eines **Finanzierungs-Leasingverhältnisses** gemietete Immobilie die Definitionskriterien einer Anlageimmobilie erfüllt, d. h. für Zwecke der Renditeerzielung und/oder Wertsteigerung gehalten wird, ist sie beim Leasingnehmer zu bilanzieren. Die Zugangsbewertung beim Leasingnehmer richtet sich nach den Vorschriften des IAS 40. Der Leasinggeber hingegen hat nach den Ansatzvorschriften des IAS 17 zu bilanzieren. Eine bilanzielle Doppelerfassung der Anlageimmobilie ist somit ausgeschlossen.[12]

Wahlrecht

Immobilien, die im Rahmen eines **Operating-Leasingverhältnisses** vermietet worden sind, sind hingegen grundsätzlich im Abschluss des Leasinggebers als solche auszuweisen und dort beim erstmaligen Ansatz gem. IAS 40.20 zu ihren **AK/HK** zu bewerten. Der Leasingnehmer erfasst im Normalfall lediglich die korrespondierenden Leasingraten aufwandswirksam in der Gesamtergebnisrechnung (vgl. S. 437). IAS 40.6 gewährt dem Leasingnehmer diesbezüglich ein **Wahlrecht**. Immobilien, welche im Rahmen eines Operating-Leasingverhältnisses angemietet werden, können vom Leasingnehmer als Anlageimmobilie ausgewiesen werden, wenn bei dieser Immobilie kumulativ **zwei Bedingungen** erfüllt sind. Zum einen muss die Immobilie aus Sicht des Leasingnehmers die Definition einer Anlageimmobilie gem. IAS 40.5 erfüllen. Zum anderen muss vom bilanzierenden Unternehmen für die Folgebewertung das Zeitwertmodell gewählt worden sein. Sind diese beiden Bedingungen **kumulativ** erfüllt, dürfen die Immobilien vom Leasingnehmer auch dann als Anlageimmobilie bilanziert werden, wenn der Leasingnehmer nicht das wirtschaftliche Eigentum besitzt. Das **Wahlrecht**, ein Operating-Leasingverhältnis als ein Finanzierungs-Leasingverhältnis im Falle von Anlageimmobilien zu behandeln, ist vom Leasingnehmer **für jede Immobilie einzeln** anwendbar, sofern diese die angeführten speziellen Ansatzkriterien erfüllt. Die Ausführungen zur Bilanzierung geleaster Immobilien sind in Abb. E.5 im Überblick dargelegt.

Dieses besondere Wahlrecht wurde in IAS 40 aufgenommen, da in einigen (angelsächsischen) Ländern der Erwerb juristischen Eigentums an Grundstücken nicht möglich oder üblich ist. In diesen Ländern werden Nutzungsrechte oft nur mittels langfristiger Operating-Leasingvereinbarungen erworben. Durch das in IAS 40.6 kodifizierte Wahlrecht soll eine Ungleichbehandlung von Anlageimmobilien aufgrund nationaler Besonderheiten ausgeschlossen werden, da in diesen Ländern eine Zeitwertbewertung der Immobilien beim Leasingnehmer, wie vom IASB zunehmend propagiert, nicht möglich wäre.[13] Die Regelung des IAS 40.6 ermöglicht es dem Leasingnehmer nunmehr, das Zeitwertmodell für diese im Rahmen eines Operating-Leasingverhältnisses gehaltenen Immobilien als Bewertungsgrundlage zu wählen.

c) Folgebewertung

aa) Überblick

Grundsatz

Anlageimmobilien können – wie eingangs erwähnt – nach ihrem erstmaligen Ansatz **wahlweise** nach zwei unterschiedlichen Verfahren folgebewertet werden. Gemäß IAS 40.30 wird dem bilanzierenden Unternehmen zugestanden, entweder das **Anschaffungskostenmodell** (*cost model*) anzuwenden oder nach dem ergebniswirksamen **Zeitwertmodell** (*fair value model*) zu bewerten.

Das IASB präferiert die Bewertung von Anlageimmobilien zum beizulegenden Zeitwert. So verlangt IAS 40 z. B. von allen Unternehmen, den beizulegenden Zeitwert für eine Anlageimmobilie unabhängig von der gewählten Bewertungsmethode zu ermitteln und offenzulegen (IAS 40.32). Fällt die Wahl des bilanzierenden Unternehmens auf die Bewertung zu fortgeführten AK/HK bzw. dem Anschaffungskostenmodell, wird das Unternehmen gem. IAS 40.79 (e) verpflichtet, den ermittelten beizulegenden Zeitwert im **Anhang** auszuweisen. Wird vom bilanzierenden Unternehmen die Bewertung zum beizulegenden Zeitwert präferiert, so sind dieser in der Bilanz und die Verrechnung von Zeitwertänderungen ergebniswirksam in der Gesamtergebnisrechnung abzubilden.

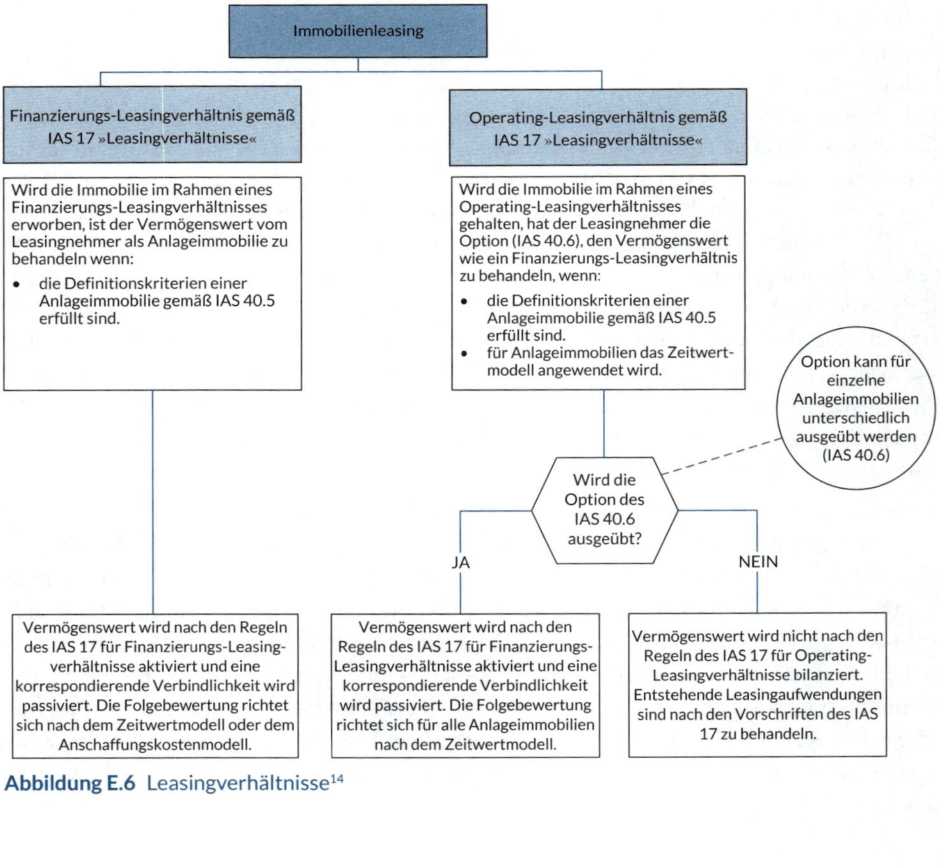

Abbildung E.6 Leasingverhältnisse[14]

In welchem zeitlichen Abstand der beizulegende Zeitwert einer Immobilie ermittelt werden soll, wird in IAS 40 indes nicht festgelegt. Hier ist unter Beachtung der Regelungshierarchie des *IAS 8 – Rechnungslegungsmethoden, Änderungen von rechnungslegungsbezogenen Schätzungen und Fehler* auf die Vorschriften des IAS 16 zurückzugreifen, wo nach herrschender Meinung von einer **jährlichen Neubewertung** auszugehen ist.

Einheitliche und stetige Bewertung

Die **Wahl der Bewertungsmethode** ist gem. IAS 40.30 einheitlich und stetig auf den **gesamten Bestand an Anlageimmobilien** anzuwenden. Dem bilanzierenden Unternehmen ist es somit nicht gestattet, die gewählte Bilanzierungsmethode nur auf einzelne Immobilien des Bestands an Anlageimmobilien anzuwenden oder die einmal gewählte Methode zu wechseln. IAS 8 erlaubt die einmal gewählte Bewertungsmethode nur dann zu ändern, wenn dadurch eine aussagekräftigere Darstellung der Anlageimmobilien erzielt wird. Das IASB sieht es jedoch als unwahrscheinlich an, dass durch einen Wechsel vom Zeitwertmodell zum Anschaffungskostenmodell den Abschlussadressaten aussagekräftigere Informationen als bislang zur Verfügung gestellt werden. Ein Methodenwechsel ist somit nur vom Anschaffungskostenmodell zum Zeitwertmodell realistisch (IAS 40.31). Dem beizulegenden Zeitwert wird hier, wie generell in der IFRS-Rechnungslegung, eine höhere Relevanz als den historischen Kosten beigemessen.

bb) Anschaffungskostenmodell

Folgebewertung

Fällt die Wahl des bilanzierenden Unternehmens bei der Folgebewertung auf das Anschaffungskostenmodell, sind sämtliche Anlageimmobilien mit ihren **fortgeführten AK/HK** in der Bilanz anzusetzen. Diese Vorgehensweise entspricht den Regelungen des IAS 16 (vgl. S. 214), auf welche in IAS 40.56 als Bewertungsrichtlinie verwiesen wird. Die AK/HK des Bestands an Anlageimmobilien sind hierbei um planmäßige und ggf. außerplanmäßige Abschreibungen zu vermindern sowie um evtl. Zuschreibungen zu erhöhen. Weiterhin sind die Regelungen zum Komponentenansatz relevant für die Bilanzierung der betrachteten Immobilie.

Zur Veräußerung gehaltene Immobilienbestände

Handelt es sich um Immobilien, die sich im Bau befinden und künftig zu Finanzanlagezwecken gehalten werden sollen, sind bei Wahl des Anschaffungskostenmodells die bis zum Zeitpunkt der Fertigstellung der Immobilie aufgelaufenen Herstellungskosten aufzuaddieren. Diese umfassen insbesondere die Material- und Fertigungskosten sowie alle sonstigen produktionsbezogenen Kosten (vgl. S. 208). Planmäßige Abschreibung der Immobilien entfallen in dieser Phase, da sie erst mit Fertigstellung als verwendungsfähig gelten. Außerplanmäßige Abschreibungen sind indes auch während dieser Herstellungs- und Entwicklungsphase vorzunehmen, sofern Anhaltspunkte für eine Wertminderung identifiziert werden.

Ausgenommen von der Bewertung zu fortgeführten AK/HK sind sämtliche Immobilien, die vom bilanzierenden Unternehmen zum **kurzfristigen Verkauf** bestimmt sind. Für diese Immobilien ist *IFRS 5 – Zur Veräußerung gehaltene langfristige Vermögenswerte und aufgegebene Geschäftsbereiche* hinsichtlich ihrer Folgebewertung einschlägig. Der betroffene Immobilienbestand ist in der Bilanz separat auszuweisen und mit dem niedrigeren Wert aus beizulegendem Zeitwert abzüglich Veräußerungskosten *(fair value less costs to sell)* und dem Buchwert der jeweiligen Immobilien zu bewerten.

Die Wahl der Bewertungsmethode zu fortgeführten AK/HK im Rahmen der Folgebewertung führt nicht dazu, dass das bilanzierende Unternehmen den beizulegenden Zeitwert des Immobilienbestands nicht zu ermitteln hat. Zwar erfolgt bei Wahl der Anschaffungskostenmethode kein Ausweis beizulegender Zeitwerte in der Bilanz, diese Werte sind jedoch verpflichtend im Anhang eines IFRS-Abschlusses zu veröffentlichen.

BEISPIEL:

Ein in Frankfurt ansässiges Konkurrenzunternehmen hat sich am Immobilienmarkt verspekuliert und erlitt im abgelaufenen Geschäftsjahr herbe Verluste. Als Folge dessen verkauft dieses Unternehmen der Columbus AG zu Beginn des Geschäftsjahrs t_1; ein Bürogebäude in bester Frankfurter Lage, um die Verluste auszugleichen. Die Columbus AG vermietet dieses Gebäude an lokale Unternehmen. Aus Sicht der Columbus AG handelt es sich somit um eine Anlageimmobilie. Der Preis der Immobilie beträgt lediglich 15 000 T-€. Darüber hinaus sind Rechts- und Beratungshonorare i. H. v. 5 000 T-€ gezahlt worden. Als Modell der Folgebewertung wählt die Gesellschaft die Bewertungsmethode zu fortgeführten AK/HK. Die Anschaffungskosten sollen linear über die voraussichtliche Nutzungsdauer des Bürogebäudes von 40 Jahren, analog zu den steuerlichen Vorschriften, abgeschrieben werden.

Wie lauten die Buchungssätze für die im Geschäftsjahr t_1 vorgenommene Anschaffung bei Vernachlässigung latenter Steuern?

Neben dem Kaufpreis i. H. v 15 000 T-€ sind die gezahlten Honorare als Anschaffungsnebenkosten zu aktivieren. Die Anschaffungskosten betragen somit 20 000 T-€. Am Ende des Geschäftsjahres sind planmäßige Abschreibungen vorzunehmen. Diese betragen 500 T-€ (= 20 000 € / 40 Jahre).

Kauf zu Beginn t_1

Anlageimmobilien	an Bank	20 000 T-€

Abschreibung Ende t_1

Abschreibungsaufwand	an Anlageimmobilie	500 T-€

Der Buchwert der Anlageimmobilie beträgt zum Ende des Geschäftsjahres t_1 somit 19 500 T-€. Zusätzlich ist der beizulegende Zeitwert der Immobilie im Anhang zur Bilanz anzugeben.

In den Folgejahren ist das Gebäude weiterhin planmäßig abzuschreiben und der beizulegende Zeitwert der Immobilie im Anhang zur Bilanz anzugeben.

Abschreibung Ende t_2

Abschreibungsaufwand	an Anlageimmobilie	500 T-€

cc) Zeitwertmodell

Die Folgebewertung nach dem Zeitwertmodell erfordert vom bilanzierenden Unternehmen, seinen Bestand an Anlageimmobilien **ausnahmslos** zum beizulegenden Zeitwert zu bewerten. Gewinne und Verluste, die sich aus der Änderung des beizulegenden Zeitwerts im Zeitablauf zwangsläufig ergeben, sind in der Periode ihres Auftretens in der Gesamtergebnisrechnung zu erfassen. Hierdurch entfällt die Notwendigkeit, planmäßige und außerplanmäßige Abschreibungen auf den unternehmenseigenen Bestand an Anlageimmobilien vorzunehmen, da der Zeitwert der Immobilien definitionsgemäß deren aktuellen Wert korrekt widerspiegelt. Durch die Bewertung der Immobilien zu Zeitwerten soll nach Aussagen des IASB nämlich eine zutreffendere Darstellung der Vermögenslage erzielt werden.[15] Neben der Verpflichtung den Zeitwert der Anlageimmobilien sowohl nach dem Zeitwertmodell als auch nach dem Anschaffungskostenmodell zu ermitteln, lässt auch die gegenüber dem Anschaffungskostenmodell deutlich umfangreichere Regelungsdichte des Zeitwertmodells auf eine Präferenz dieser Bewertungsmethode seitens des IASB schließen.

BEISPIEL:

Die Columbus AG entscheidet sich gegen eine Bewertung des erworbenen Bürogebäudes zu fortgeführten Anschaffungskosten. Stattdessen soll das Zeitwertmodell als Methode der Folgebewertung angewendet werden. Ein in Auftrag gegebenes Gutachten ermittelt einen beizulegenden Zeitwert am Ende des Geschäftsjahres t_1 für das Gebäude i. H. v. 40 000 T-€.

Wie lauten in diesem Fall die Buchungssätze für die im Geschäftsjahr t_1 vorgenommene Anschaffung bei Vernachlässigung latenter Steuern?

Zunächst ist analog zur Anschaffungskostenmethode der Erwerb der Immobilie zu Beginn des Geschäftsjahres t_1 abzubilden. Der Differenzbetrag (20 000 T-€) zwischen den Anschaffungskosten und dem beizulegenden Zeitwert der Immobilie ist schließlich am Geschäftsjahresende in der Gesamtergebnisrechnung zu berücksichtigen.

Kauf zu Beginn t_1

Anlageimmobilien	an Bank	20 000 T-€

Berücksichtigung des Unterschiedsbetrags

Anlageimmobilien	an Ertrag	20 000 T-€

Der **Wertmaßstab** »beizulegender Zeitwert« wird in IAS 40.5 / IFRS 13.9 definiert als der Preis, der in einem geordneten Geschäftsvorfall zwischen Marktteilnehmern am Bewertungsstichtag für den Verkauf eines Vermögenswerts eingenommen bzw. für die Übertragung einer Schuld gezahlt würde. Eine Spezifizierung der Charakteristika des beizulegenden Zeitwerts erfolgt über die Regelungen des IFRS 13, welche beginnend für Geschäftsjahre ab dem 1. Januar 2013 anzuwenden sind. Es ist auf den Preis abzustellen, der sich im gewöhnlichen Geschäftsverkehr und ohne Zwang zwischen den Vertragsparteien unter Berücksichtigung aktueller Marktbedingungen bildet (IFRS 13.15 und Appendix A). Zur Ermittlung des beizulegenden Zeitwerts einer Anlageimmobilie ist auf die Ermittlungshierarchie nach IFRS 13.72 ff. zurückzugreifen. Das IASB empfiehlt hierbei den bilanzierenden Unternehmen, bei dessen Ermittlung die Hilfe eines externen, entsprechend qualifizierten und erfahrenen Immobiliensachverständigen in Anspruch zu nehmen (IAS 40.32).

Level-1-Input

Auf **Basis der Ermittlungshierarchie des IFRS 13 hat für Anlageimmobilien der Marktpreis auf einem aktiven Markt die höchste Priorität.** Allerdings stellt sich bei der Ermittlung eines originären Marktwertes folgendes Problem: Für Immobilien existiert kein vergleichbarer Markt wie für Wertpapiere, aus dem der Marktwert eindeutig und zuverlässig gewonnen werden kann. Der Markt für Immobilien ist vielmehr als ein stark **unvollkommener** Markt zu charakterisieren, aus dem ein idealtypischer Marktwert für eine Immobilie nahezu unmöglich zu ermitteln ist.[16] Insofern handelt es sich bei der Ermittlung des beizulegenden Zeitwerts von Anlageimmobilien anhand von Level-1-Parametern um eine Art Idealvorstellung.

Ausgehend von der Tatsache, dass ein originärer Marktwert für die betrachtete Immobilie i. d. R. nicht ermittelbar ist, muss der beizulegende Zeitwert einer Anlageimmobile

Level-2-Input

auf Basis von Level-2-Inputfaktoren ermittelt werden. Möglich erscheinen auf dieser Ebene Vergleichswertverfahren. Grundlage bildet der **Marktwert nahezu identischer Immobilien** auf ähnlichen Märkten. Sämtliche wertbeeinflussenden Faktoren der Vergleichsimmobilie wie Baujahr, Lage, Größe, Nutzung etc. sollten nahezu identisch zur zu bewertenden Immobilie sein. Aufgrund der Tatsache, dass Immobilien meist Unikate sind und sich daher in ihren wertbeeinflussenden Faktoren stets unterscheiden, bleibt auch die Ermittlung des beizulegenden Zeitwerts anhand des Vergleichswertverfahrens, d. h. die Ermittlung des beizulegenden Zeitwerts durch Vergleich mit dem Kaufpreis einer nahezu identischen Immobilie, eine Idealvorstellung. Denn dieser Vergleich wäre nur möglich, wenn ein nahezu identisches Objekt tatsächlich existiert und darüber hinaus zum Bewertungszeitpunkt auch Gegenstand einer Markttransaktion war. Hingegen könnten bei gegenüber dem Bewertungsobjekt unähnlichen Vergleichsobjekten bzw. Kaufpreisen, die bereits einen längeren Zeitraum zurückliegen, seitens der Bilanzierenden auch marktpreisorientierte Vergleichsverfahren entsprechend IFRS 13.B5 zur Bestimmung des beizulegenden Zeitwerts verwendet werden.

Level-3-Input

Weiterhin kann die Ermittlung des Marktwerts der zu bewertenden Immobilie auch durch die Anwendung von **Discounted-Cashflow-Verfahren** erfolgen. Hierbei werden die mit der betrachteten Immobilie zusammenhängenden künftigen Cashflows unter Berücksichtigung eingehender Bewertungsinformationen wie

- den laufenden vertraglichen Mietvereinbarungen,
- der Mieterbonität bestehender Mietverhältnisse,
- den Mietvertragsstrukturen, sowie
- dem Restwert der Immobilie am Ende der Nutzungsdauer

auf einen festgelegten Zeithorizont prognostiziert und unter Zuhilfenahme eines adäquaten Zinssatzes auf den Bewertungszeitpunkt diskontiert. Aufgrund der erläuterten Probleme bei der Ermittlung originärer Marktpreise dürfte die Ermittlung des beizulegenden Zeitwerts anhand des Discounted-Cashflow-Verfahrens die in der Praxis wohl am häufigsten anzutreffende Methodik darstellen.[17] Dem Verfahren ist jedoch anzulasten, dass die in die Berechnung eingehenden Bewertungsinformationen geschätzte und damit unsichere Größen darstellen und somit für das bilanzierende Unternehmen ein erheblicher Ermessensspielraum verbleibt.

Der beizulegende Zeitwert nach IAS 40.5 ist entsprechend IFRS 13.6 (c) von dem in *IAS 36 – Wertminderung von Vermögenswerten* definierten Nutzungswert (*value in use*) zu unterscheiden, der zur Ermittlung des erzielbaren Betrages zu berechnen ist (vgl. S. 511).

Der Nutzungswert einer Anlageimmobilie spiegelt die Annahmen unternehmensspezifischer Faktoren wider, die einzig und allein Erwartungen des Unternehmens darstellen und auch nur für dieses zutreffen. Er entspricht dem Barwert der vom Management geschätzten künftigen Zahlungsströme, die aus der fortwährenden Nutzung der Immobilie und ihrem geplanten Abgang am Ende der Nutzungsdauer erwartet wird. Während der Nutzungswert somit als subjektiver nämlich aus Sicht des Unternehmens ermittelter Wertmaßstab einzuordnen ist, bezieht sich der beizulegende Zeitwert einer Anlageimmobilie auf den Kenntnisstand und die **Erwartungen externer Marktteilnehmer**.

Grundsätzlich geht das IASB davon aus, dass das bilanzierende Unternehmen in der Lage ist, den beizulegenden Zeitwert einer Anlageimmobilie regelmäßig und zuverlässig zu ermitteln. In IAS 40.53 erklärt das IASB jedoch, dass diese Aussage **widerlegbar** ist und in Ausnahmefällen die fortwährende Ermittlung des beizulegenden Zeitwerts einer Anlageimmobilie nicht zuverlässig durchführbar ist. Dies ist z. B. immer dann der Fall, wenn vergleichbare Markttransaktionen selten sind und sich ein simulierter Marktwert mittels Discounted-Cashflow-Verfahren nicht berechnen lässt, da eine große Bandbreite vertretbarer Zeitwerte vorliegt und die korrespondierenden Eintrittswahrscheinlichkeiten nicht zuverlässig bestimmbar sind.

Ist das bilanzierende Unternehmen nicht in der Lage den beizulegenden Zeitwert für eine **im Bau befindliche** Immobilie zu bestimmen, erwartet es aber diesen Wert nach Beendigung der Herstellungs- und Entwicklungsphase zuverlässig bestimmen zu können, so ist diese Immobilie zunächst mit den ihren Herstellungskosten zu bewerten (IAS 40.53). Sobald das Unternehmen den beizulegenden Zeitwert zuverlässig bestimmen kann, spätestens jedoch mit Abschluss der Herstellungs- und Entwicklungsphase, ist die betrachtete Immobilie mit ihrem dann ermittelbaren beizulegenden Zeitwert zu bewerten.

Kann das bilanzierende Unternehmen **nach Fertigstellung** der Anlageimmobilie den beizulegenden Zeitwert dieser Immobilie immer noch nicht ermitteln, ist die betroffene Immobilie bis zu ihrem Abgang nach dem Anschaffungskostenmodell gem. IAS 40.53 i. V. m. IAS 16.30 zu bewerten. Ein eventueller Restwert ist mit Null anzunehmen, sofern die Immobilie einem planmäßigen Werteverzehr unterliegt und es sich nicht um Grundstücke des bilanzierenden Unternehmens handelt. An dieser Bewertungsmethodik ist auch dann festzuhalten, wenn zu einem späteren Zeitpunkt der beizulegende Zeitwert wieder zuverlässig ermittelbar sein sollte.

Für Immobilienbestände, die bisher mit dem Zeitwertmodell bewertet wurden und für die anfänglich zwar keine Bewertungsprobleme existierten, zu einem späteren Zeitpunkt indes Bewertungsprobleme entstehen, gilt diese Regelung nicht. Hier ist weiterhin uneingeschränkt nach dem Zeitwertmodell zu bewerten. Insgesamt gesehen kann es somit zu einer **Durchbrechung des Prinzips der einheitlichen Bewertung** des unternehmensweiten Immobilienbestands kommen. Während Immobilien, bei denen eine zuverlässige Wertermittlung undurchführbar ist, nach dem Anschaffungskostenmodell bewertet werden, wird der Immobilienbestand, bei dem eine Wertermittlung problemlos durchführbar ist, weiterhin mit dem Zeitwert bewertet.

dd) Vergleich der Folgebewertungsmethoden

Vergleicht man die zur Auswahl stehenden Methoden der Folgebewertung von Anlageimmobilien, ist festzustellen, dass bei Anwendung des Anschaffungskostenmodells der Bilanzausweis i. d. R. niedriger als im Falle des Zeitwertmodells ausfällt und stille Reserven gebildet werden. Dies gilt immer dann, wenn der beizulegende Zeitwert der Anlageimmobilien den Wert der fortgeführten AK/HK dieser Objekte übersteigt. Mit der Wahl des Zeitwertmodells nimmt allerdings die Volatilität der Periodenergebnisse aufgrund der erfolgswirksamen Erfassung von Zeitwertänderungen zu.

Anschaffungskostenmodell	Zeitwertmodell
• Folgebewertung nach den Vorschriften des IAS 16 – *Sachanlagen* (IAS 40.56)	• Gewinne und Verluste aus der Änderung des beizulegenden Zeitwerts sind stets erfolgswirksam zu berücksichtigen (IAS 40.35).
• Berücksichtigung planmäßiger und außerplanmäßiger Abschreibungen (IAS 16.43-16.49 und IAS 16.63).	• Keine Vornahme von planmäßigen und außerplanmäßigen Abschreibungen, sondern jährliche Neubewertung
• Angabe des beizulegenden Zeitwerts im Anhang zur Bilanz (IAS 40.79 (e))	• Ausnahmeregelung im Falle der nicht fortwährenden und zuverlässigen Bestimmbarkeit des beizulegenden Zeitwerts (IAS 40.53)

Tabelle E.1 Vergleich der Folgebewertungsmodelle nach IAS 40

5. Verwendungswechsel

a) Vorbemerkung

Wie bereits dargelegt, greifen in der IASB-Rechnungslegung für Immobilien je nach Verwendungszweck **unterschiedliche** Bilanzierungsregeln. Immobilien können im Unternehmen zur Erzielung von Renditen und/oder Wertsteigerungen gehalten werden, wodurch sie in den Anwendungsbereich des IAS 40 fallen. Ferner können sie vom Eigentümer selbst genutzt werden, mit der Folge, dass die bilanzierenden Unternehmen die Vorschriften des IAS 16 zur Bilanzierung dieser Immobilien anzuwenden haben. Schließlich sind Immobilien dem Vorratsvermögen (IAS 2) zuzuordnen, wenn sie im Rahmen der gewöhnlichen Geschäftstätigkeit verkauft werden sollen oder sich im Herstellungs- oder Entwicklungsprozess für einen solchen Verkauf befinden. Interessant ist an dieser Stelle die Frage, wie sich ein Wechsel des Verwendungszwecks einer Immobilie auf deren bilanzielle Abbildung auswirkt.

Der Wechsel des Verwendungszwecks einer Immobilie kann auf eine Reihe von Ursachen zurückzuführen sein. Ein grundlegender Überblick über mögliche **Verwendungswechsel** und ihre Gründe wird in Abb. E.7 gegeben. Die hier dargestellten Verwendungswechsel im Zusammenhang mit der Bilanzierung von Anlageimmobilien sollen im Folgenden näher erläutert werden.

b) Übertragungen aus dem Bestand der als Finanzinvestition gehaltenen Immobilien

Übertragungen aus dem Bestand der als Finanzinvestition gehaltenen Immobilien liegen immer dann vor, wenn für die betrachtete Immobilie eine andere Verwendung als die bisherige Erzielung von Pacht- oder Mieteinnahmen bzw. Wertsteigerungen vorgesehen ist. Übertragungen aus diesem Bestand sind grundsätzlich nur dann vorzunehmen, wenn eine **Nutzungsänderung** der betrachteten Immobilie vorliegt (IAS 40.57). Die alleinige Absicht einer Nutzungsänderung genügt hingegen für eine »Reklassifizierung« nicht.

Folgende Fälle sind nach IAS 40.57 (a)-(b) zu unterscheiden:

- Fall 1 Eine bislang als Finanzinvestition genutzte Immobilie soll künftig vom bilanzierenden Unternehmen selbst genutzt und für betriebliche Zwecke eingesetzt werden.

Übertragungen *aus* dem Bestand der als Finanzinvestition gehaltenen Immobilien				
Fall	Konstellation	Bilanzierungsnorm	Bilanzierung vor dem Verwendungswechsel	Bilanzierung nach dem Verwendungswechsel
(1)	Wechsel von der Nutzung als Anlageimmobilie zur betrieblichen Eigennutzung einer Immobilie **Beginn der betrieblichen Eigennutzung**	IAS 40.57 (a)	IAS 40	IAS 16
(2)	Wechsel der Immobilie aus dem Bestand der Anlageimmobilien in den Vorratsbestand **Beginn von Entwicklungsmaßnahmen mit Veräußerungsabsicht**	IAS 40.57 (b)	IAS 40	IAS 2
Übertragungen *in* den Bestand der als Finanzinvestition gehaltenen Immobilien				
Fall	Konstellation	Bilanzierungsnorm	Bilanzierung vor dem Verwendungswechsel	Bilanzierung nach dem Verwendungswechsel
(3)	Wechsel von der betrieblichen Eigennutzung einer Immobilie zur Nutzung als Anlageimmobilie **Ende der betrieblichen Eigennutzung**	IAS 40.57 (c)	IAS 16	IAS 40
(4)	Wechsel der Immobilie aus dem Vorratsbestand in den Bestand der Anlageimmobilien **Vermietung an einen Dritten im Rahmen eines Operating-Leasingverhältnisses**	IAS 40.57 (d)	IAS 2	IAS 40

Abbildung E.7 Übersicht der Verwendungswechsel

- Fall 2 Eine bislang als Finanzinvestition genutzte Immobilie soll umgebaut bzw. saniert und somit weiterentwickelt werden, mit der Absicht diese anschließend zu veräußern.

Im **Fall 1** liegt zum Zeitpunkt der Nutzungsänderung ein Verwendungswechsel vor. Der Vermögenswert, der bisher unter den Anlageimmobilien ausgewiesen und demnach nach IAS 40 bilanziert wurde, ist in das Sachanlagevermögen umzugliedern und fällt somit in den Anwendungsbereich von IAS 16. Wurde vom bilanzierenden Unternehmen das **Anschaffungskostenmodell** im Rahmen der Folgebewertung angewendet, führt die Übertragung weder zu einer Änderung des Buchwerts noch zu einer Änderung der AK/HK und hat somit im Ergebnis keine Auswirkungen (IAS 40.59). Wurde die Immobilie unter IAS 40 hingegen nach dem **Zeitwertmodell** folgebewertet, entspricht der beizulegende Zeitwert dieser Immobilie zum Zeitpunkt des Verwendungswechsels den AK/HK des Sachanlagevermögens, welche gem. den Regelungen des IAS 16 fortgeführt werden (IAS 40.60). Auswirkungen auf das Ergebnis in der Periode des Verwendungswechsels entstehen somit nicht.

Im **Fall 2** ist eine Umgliederung in das Vorratsvermögen nur gestattet, wenn durch die Umbaumaßnahme eine **Veräußerungsabsicht** nachgewiesen werden kann. Dies ist z. B. dann der Fall, wenn durch eine Sanierung eine Veräußerung erst ermöglich wird. Hier liegt der Verwendungswechsel bereits zu Beginn der Sanierungsmaßnahmen vor. Dies hat zur Folge, dass die Immobilie bereits zu diesem Zeitpunkt in das Vorratsvermögen umzugliedern und somit nach IAS 2 zu bilanzieren ist. Analog zur ersten Konstellation entstehen auch hier bei Anwendung des **Anschaffungskostenmodells** keine Ergebniswirkungen. Wendet das bilanzierende Unternehmen das **Zeitwertmodell** an, entspricht der beizulegende Zeitwert der Anlageimmobilie zum Zeitpunkt des Verwendungswechsels den AK/HK der Immobilie gem. IAS 2. Sofern jedoch eine Anlageimmobilie ohne Umbaumaßnahme veräußert werden soll, greifen bis zum Zeitpunkt der Veräußerung die Regelungen des IAS 40. In diesem Fall liegt nach Meinung des Standardsetzers kein hinreichender Beleg für eine Veräußerungsabsicht vor, die eine Umgliederung rechtfertigen würde.[18] Die Regelungen des IAS 40 greifen auch im Falle der Sanierung einer Anlageimmobilie, wenn nach der erfolgreichen Sanierung die Immobilie weiterhin als Finanzinvestition vom bilanzierenden Unternehmen gehalten werden soll.

c) Übertragungen in den Bestand der als Finanzinvestition gehaltenen Immobilien

Sofern eine Immobilie künftig als Anlageimmobilie genutzt werden soll, ist sie zum Zeitpunkt der Nutzungsänderung in den Bestand derjenigen Immobilien zu übertragen, die vom Unternehmen als Finanzinvestition gehalten werden. Erneut muss demzufolge eine **Nutzungsänderung** vorliegen. Ein Wechsel der Klassifikation einer Immobilie liegt gem. IAS 40.57 (c)-(d) insbesondere in den folgenden Fällen vor:

- Fall 3 Eine Immobilie wird vom Unternehmen nicht mehr selbst genutzt, sondern soll künftig als Anlageimmobilie dienen.
- Fall 4 Eine bisher zur Veräußerung bestimmte und somit dem Vorratsvermögen zugeordnete Immobilie wird im Rahmen eines Operating-Leasingverhältnisses an eine andere Partei vermietet.

Tritt eine Nutzungsänderung ein, hat die Folgebilanzierung der betrachteten Immobilie nach den Regelungen des IAS 40 zu erfolgen. Wird vom bilanzierenden Unternehmen das **Anschaffungskostenmodell** im Rahmen der Folgebewertung angewendet, führt eine Umgliederung nicht zu einem Änderungsbedarf, da sowohl der Buchwert der übertragenen Immobilie als auch die AK/HK keine Anpassungen erfahren (IAS 40.59). Ergebnisauswirkungen treten folglich nicht auf. Auswirkungen auf die Bewertung der jeweiligen Immobilie ergeben sich somit nur für den Fall, dass das bilanzierende Unternehmen das **Zeitwertmodell** als Folgebewertungsmethode gewählt hat. Hier ist der beizulegende Zeitwert der Immobilie anstelle des bisherigen Buchwerts in der Bilanz anzusetzen und sich ergebende Differenzen nach Maßgabe des ehemals angewendeten Rechnungslegungsstandards zu behandeln. Die nachfolgenden Ausführungen **unterstellen** daher die **Anwendung des Zeitwertmodells** für die Folgebewertung von Anlageimmobilien.

Soll eine Immobilie – wie im **Fall 3** dargestellt – vom bilanzierenden Unternehmen nicht mehr selbst genutzt werden, sondern ist künftig eine Verwendung als Anlageimmobilie vorgesehen, sind bis zum Zeitpunkt der Nutzungsänderung die Regelungen des IAS 16 anzuwenden (IAS 40.61). Nach dem Verwendungswechsel erfolgt die Bilanzierung gem. den Regelungen des IAS 40. Ein zu diesem Zeitpunkt bestehender Unterschiedsbetrag zwischen dem nach IAS 16 ermittelten Buchwert und dem beizulegendem Zeitwert der betrachteten Immobilie ist wie eine Neubewertung nach IAS 16 zu behandeln (vgl. S. 220). Dies bedeutet, dass für den Fall eines gegenüber dem bisherigen Buchwert niedrigeren beizulegenden Zeitwerts der Immobilie, der sich ergebende Differenzbetrag ergebniswirksam als Aufwand zu erfassen ist. Ist in den Vorperioden eine Neubewertungsrücklage gebildet worden, so ist die Differenz zunächst mit dieser Rücklage zu verrechnen und nur der darüber hinausgehende Betrag aufwandswirksam zu erfassen (IAS 40.62 (a)). Im Falle eines gegenüber dem Buchwert höheren beizulegenden Zeitwerts liegt eine Werterhöhung vor. Diese ist in der Neubewertungsrücklage erfolgsneutral zu erfassen. Ist in den Vorperioden eine außerplanmäßige Abschreibung vorgenommen worden, sind diese Wertminderungsaufwendungen zunächst bis zur Höhe der fortgeführten AK/HK in der laufenden Periode erfolgswirksam zu kompensieren. Ein evtl. verbleibender Betrag ist anschließend direkt im Eigenkapital innerhalb der Neubewertungsrücklage zu erfassen. Diese Neubewertungsrücklage kann ratierlich oder im Falle eines späteren Abgangs der Immobilie vollständig in die Gewinnrücklage umgegliedert werden. Diese Übertragung der Neubewertungsrücklage in die Gewinnrücklagen ist ein erfolgsneutraler Buchungsvorgang.

Im **Fall 4**, einer Übertragung einer Immobilie aus dem Vorratsvermögen in den Bestand der Anlageimmobilien, gelten mit dem Zeitpunkt der Übertragung nicht mehr die Regelungen des IAS 2, sondern die Regelungen des IAS 40. Wurde vom bilanzierenden Unternehmen das **Zeitwertmodell** im Rahmen der Folgebewertung gewählt, ist nach IAS 40.63 ein bestehender Differenzbetrag zwischen Buchwert und beizulegendem Zeitwert zum Zeitpunkt der Übertragung ergebniswirksam zu erfassen. Dies ist nach Ansicht des IASB damit begründet, dass eine solche Übertragung wie eine (fiktive) Veräußerung von Vorräten anzusehen ist (IAS 40.64).

6. Abgänge von als Finanzinvestition gehaltenen Immobilien und Entschädigungen von Dritten

Eine Anlageimmobilie ist aus der Bilanz auszubuchen, wenn die betrachtete Immobilie abgeht oder stillgelegt werden soll und ein künftiger wirtschaftlicher Nutzen aus ihrem Abgang nicht mehr erwartet wird (IAS 40.66). Ein bilanzieller Abgang liegt vor, wenn die betrachtete Immobilie veräußert wird oder der Abschluss eines Finanzierungs-Leasingverhältnisses erfolgt. Im Fall eines Finanzierungs-Leasingverhältnisses geht das wirtschaftliche Eigentum an einen Dritten mit der Folge über, dass die betrachtete Immobilie bei diesem zu bilanzieren ist. Der Zeitpunkt des Abgangs bestimmt sich in diesem Zusammenhang anhand der Kriterien der Ertragsrealisation aus dem Verkauf von Erzeugnissen und Waren, wie sie in *IAS 18 – Erträge* kodifiziert sind (vgl. S. 473). Gewinne oder Verluste aus der Veräußerung oder der Stilllegung von Anlageimmobilien sind in der laufenden Periode in der Gesamtergebnisrechnung zu erfassen.

Während der Nutzungsdauer einer Anlageimmobilie kann es vorkommen, dass einzelne Komponenten (Aufzüge, Entlüftungsanlagen etc.) zu ersetzen sind. IAS 40.16 fordert vom bilanzierenden Unternehmen, dass Anlageimmobilien nur dann angesetzt werden dürfen, wenn die AK/HK der Immobilie insgesamt und somit auch die der einzelnen

Komponenten zuverlässig bewertet werden können. Folgerichtig wird gem. IAS 40.68 verlangt, dass auch ersetzte und somit abgegangene **Komponenten** auszubuchen sind. Wird daher eine einzelne Komponente einer Anlageimmobilie (u. a. Aufzüge, Entlüftungsanlagen oder Innenwände) ausgetauscht, ist ein ggf. noch bestehender Restbuchwert erfolgswirksam auszubuchen. Für den Fall, dass ausgetauschte Immobilienbestandteile beim erstmaligen Ansatz nicht einzeln erfasst worden sind und ihnen somit kein eigener Wert zugerechnet wurde, ist der Restbuchwert der jeweiligen Komponente nicht ermittelbar. Hier dürfen hilfsweise die Kosten der zu ersetzenden Komponente als Basis für die Bestimmung des Restbuchwerts herangezogen werden. Diese im Einklang mit dem Komponentenansatz stehende Vorgehensweise, d. h. das Ausbuchen von Komponenten infolge des Ersatzes dieser Immobilienbestandteile ist indes nur für Immobilien relevant, die auf Basis des Anschaffungskostenmodells folgebewertet werden. Bei der Wahl des Zeitwertmodells spielt der Komponentenansatz (vgl. S. 205) hingegen keine Rolle. Bei dieser Methode erfolgt eine Gesamtbetrachtung des Zeitwerts. Ein aufgrund einer zu ersetzenden Komponente verringerter Wert der zu betrachtenden Immobilie spiegelt sich dadurch bereits im beizulegenden Zeitwert wider.

Erhaltene Entschädigungen, welche von Dritten an das bilanzierende Unternehmen für Zwecke der Kompensation entstandener Wertminderungen, eines Verlusts oder der Stilllegung geleistet werden, sind nach IAS 40.72 im Zeitpunkt der Entstehung dieser Ansprüche ergebniswirksam im Gewinn oder Verlust zu erfassen. Eine sich daraufhin anschließende Wiederanschaffung bzw. Herstellung von Ersatzimmobilien ist als ein gesondertes wirtschaftliches Ereignis einzustufen und separat zu bilanzieren.

7. Ausweisvorschriften und Offenlegungspflichten

a) Ausweisvorschriften

Bilanzausweis

Anlageimmobilien sind in der Bilanz aufgrund ihres Charakters als Finanzinvestition nicht gemeinsam mit den betrieblich genutzten Immobilien auszuweisen. Dies ergibt sich jedoch nicht aus den Regelungen des IAS 40. Hier ist vielmehr auf die Vorschriften des *IAS 1 – Darstellung des Abschlusses* zurückzugreifen. Demnach sind Anlageimmobilien auf der Aktivseite der Bilanz unter den langfristigen Vermögenswerten in einer eigenständigen Bilanzposition darzustellen (IAS 1.54 (b)).

Ausweis in der Ergebnisrechnung

Sämtliche Erträge und Aufwendungen, die mit Anlageimmobilien im Zusammenhang stehen, sind erfolgswirksam in der Gesamtergebnisrechnung zu erfassen. Unterschiede ergeben sich lediglich durch die Wahl der Folgebewertungsmethode. Bei der Wahl der Anschaffungskostenmethode sind planmäßige und ggf. außerplanmäßige Abschreibungen sowie Zuschreibungen in den entsprechenden Posten der Gesamtergebnisrechnung zu berücksichtigen. Wird vom bilanzierenden Unternehmen hingegen das Zeitwertmodell als Methode der Folgebewertung gewählt, sind dessen Veränderungen grundsätzlich erfolgswirksam in der Erfolgsrechnung auszuweisen. Eine erfolgsneutrale Erfassung im Eigenkapital ist nicht zulässig (IAS 40.35). Weder IAS 40 noch IAS 1 geben Hinweise darauf, an welcher Stelle der Gesamtergebnisrechnung die Erträge und Aufwendungen resultierend aus Zeitwertänderungen von Anlageimmobilien zu erfassen sind. Nach herrschender

Meinung empfiehlt sich eine getrennte Darstellung der Aufwendungen und Erträge aus diesen Wertschwankungen. Für den Fall, dass Anlageimmobilien einen wesentlichen Bestandteil des Unternehmensvermögens darstellen und deren Anlage somit ein wesentliches Geschäftsfeld des bilanzierenden Unternehmens ist, sind Erfolgsbeiträge aus Anlageimmobilien dem operativen Ergebnis zuzuordnen. Stellen sie indes lediglich eine Nebentätigkeit des bilanzierenden Unternehmens dar, so sind diese Erfolgsbeiträge dem Finanzergebnis zuzuweisen.

b) Offenlegungspflichten

IAS 40 verlangt vom bilanzierenden Unternehmen umfangreiche Angaben über die Bestände der als Finanzinvestition gehaltenen Immobilien. Ergänzend sind die Offenlegungspflichten des IAS 17, die allgemein über IAS 1 verlangten Angabeverpflichtungen sowie evtl. Vorgaben weiterer Standards zu beachten. **Unabhängig vom gewählten Bewertungsmodell** sind gem. IAS 40.75 folgende Informationen durch das bilanzierende Unternehmen im Anhang des IFRS-Abschlusses offen zu legen:

- Die verwendete Methode zur Bewertung von Anlageimmobilien;
- unter welchen Voraussetzungen bei Anwendung des Zeitwertmodells im Rahmen eines Operating-Leasingverhältnisses gehaltene Immobilien als Anlageimmobilien klassifiziert werden;
- die zur Immobilienklassifizierung herangezogenen Kriterien;
- der Umfang der Beteiligung eines unternehmensexternen Immobiliensachverständigen an der Zeitwertbewertung der Anlageimmobilien;
- wesentliche mit den Anlageimmobilien zusammenhängende Erträge und Aufwendungen;
- mit den Anlageimmobilien verbundene rechtliche Beschränkungen; sowie
- wesentliche vertragliche Verpflichtungen.

Neben diesen allgemeinen Angaben hat das bilanzierende Unternehmen in Abhängigkeit von der gewählten Folgebewertungsmethode weitere Informationen im Anhang zu veröffentlichen. Entscheidet sich das bilanzierende Unternehmen bei der Folgebewertung für das **Zeitwertmodell**, muss zusätzlich zu den allgemeinen Angaben eine **Überleitungsrechnung** erstellt werden, die vom Buchwert der Anlageimmobilien zu Beginn eines Geschäftsjahres auf den Buchwert am Ende eines Geschäftsjahres überführt (IAS 40.76). Diese muss sämtliche Zugänge aus dem Erwerb von Anlageimmobilien, nachträglicher Aktivierung von AK/HK sowie aus Unternehmenszusammenschlüssen während des Geschäftsjahres zeigen. Diese Zugänge sind in der Überleitungsrechnung nicht kumuliert abzubilden, sondern getrennt für jede der in IAS 40.76 genannten Zugangskategorien auszuweisen. Darüber hinaus sind in dieser Überleitungsrechnung Vermögenswerte, die nach IFRS 5 als zur Veräußerung gehalten werden oder zu einer Veräußerungsgruppe *(disposal group)* gehören, zu berücksichtigen. Ferner sind andere Abgänge während des Geschäftsjahres, Nettogewinne oder Nettoverluste aus der Veränderung der beizulegenden Zeitwerte, Nettoumrechnungsdifferenzen aus der Umrechnung fremder Währungen, Umgliederungen bei Verwendungswechseln und sonstige Veränderungen des Bestands an Anlageimmobilien in der Überleitungsrechnung zu erfassen. Ein Beispiel für eine solche Überleitungsrechnung ist in Abb. E.8 dargestellt.

Wurde der Wert einer Anlageimmobilie vom Unternehmen für die Bilanzierung im betrachteten Geschäftsjahr erheblich angepasst, so ist vom bilanzierenden Unternehmen eine Überleitungsrechnung zwischen dem ursprünglichen Zeitwert der Anlageimmobilie und dem Wert, welcher tatsächlich in der IFRS-Bilanz abgebildet ist, zu erstellen (IAS 40.77). Eine solche Anpassung kann vom bilanzierenden Unternehmen z. B. vorgenommen werden, um einen erneuten Ansatz von Vermögenswerten oder Schulden, welche bereits separat bilanziert sind und somit nicht mehr in die Ermittlung des beizulegenden Zeitwerts einfließen dürfen, zu vermeiden.

Ferner sind für Anlageimmobilien, bei denen der beizulegende Zeitwert nicht zuverlässig ermittelt werden kann, Zusatzinformationen offenzulegen. In diesen Ausnahmefällen sind die jeweiligen Anlageimmobilien zu beschreiben und es ist zu erklären, warum für diese eine zuverlässige Bestimmung des beizulegenden Zeitwerts nicht möglich ist. Sofern möglich, ist weiterhin eine Schätzung der Bandbreite anzugeben, in der sich der beizulegende Zeitwert der betrachteten Anlageimmobilie höchstwahrscheinlich befindet. Letztendlich sind bei Abgang dieser Immobilien der Umstand, unter welchem das bilanzierende Unternehmen diese veräußert hat, sowie deren Buchwert zum Zeitpunkt des Verkaufs und damit verbundene Gewinne und Verluste auszuweisen.

Entscheidet sich das bilanzierende Unternehmen bei der Folgebewertung der Anlageimmobilien für das **Anschaffungskostenmodell**, müssen analog zur Wahl des Zeitwertmodells zusätzlich Informationen offengelegt werden. Hierbei handelt es sich gem. IAS 40.79 um

- die verwendeten Abschreibungsmethoden,
- die bei der Bewertung zugrunde gelegten Nutzungsdauern oder prozentualen Abschreibungssätze sowie
- die Bruttobuchwerte und kumulierten Abschreibungen, einschließlich außerplanmäßiger Abschreibungen, zu Beginn und zum Ende des Geschäftsjahres.

Darüber hinaus ist eine **Überleitung** der Buchwerte der gehaltenen Anlageimmobilien vom Beginn des Geschäftsjahres zum Ende des Geschäftsjahres durchzuführen, um deren Entwicklung für die Bilanzadressaten darzulegen. Diese Überleitungsrechnung kann in Form eines Anlagenspiegels erfolgen. In der Überleitungsrechnung sind sodann auszuweisen:

- die gesamten Zugänge des Geschäftsjahres, getrennt nach Zugängen aus Erwerb und nachträglicher Aktivierung von AK/HK,
- die Zugänge während des Geschäftsjahrs aufgrund von Unternehmenszusammenschlüssen,
- sämtliche nach IFRS 5 als zu veräußernd klassifizierte Immobilien und andere Abgänge,
- planmäßige-, außerplanmäßige Abschreibungen und Zuschreibungen,
- Nettoumrechnungsdifferenzen,
- Umgliederungen bei Verwendungswechseln sowie
- sonstige Veränderungen des Bestands an Anlageimmobilien im Geschäftsjahr.

Wie bereits erwähnt, ist das Unternehmen schließlich verpflichtet, trotz Wahl des Anschaffungskostenmodells, die beizulegende Zeitwerte der sich im Bestand befindlichen

Bilanzposten (Alle Zahlenangaben in EUR)	Zeitwert zu Beginn des GJ	Mengenmäßige Änderungen im GJ						Wertmäßige Änderungen im GJ		Zeitwert am Ende des GJ	Zeitwert am Ende des vergangenen GJ	Bandbreite denkbarer Zeitwerte am Ende des GJ
		Zugänge aus Erwerb (+)	Zugänge aus nachträglichen AK/HK (+)	Zugänge aus Unternehmenszusammenschlüssen (+)	Gemäß IFRS 5 zum Verkauf stehende Anlageimmobilien (–)	Abgänge (–)	Umgliederungen (+/–)	Erhöhung der Zeitwerte (+)	Verminderung der Zeitwerte (–)	Σ Spalten I-IX		
	I	II	III	IV	V	VI	VII	VIII	IX	X	XI	XII
Anlageimmobilie 1												
....												
Anlageimmobilie n												
Gesamt												

Abbildung E.8 Zeitwertspiegel[19]

Anlageimmobilien zu veröffentlichen (IAS 40.79 (e)). Ist der beizulegende Zeitwert einer Immobilie nicht zuverlässig ermittelbar, ist diese Immobilie zu beschreiben und eine Begründung für die nicht zuverlässige Bewertbarkeit anzugeben. Ebenso ist in diesem Fall eine Bandbreite an Schätzwerten anzugeben, innerhalb derer sich der beizulegende Zeitwert befinden könnte.

8. Weiterführende Literatur

Böckem/Schurbohm, Die Bilanzierung von Immobilien nach International Accounting Standards, KoR 2003, S. 335;

Ernstberger/Kraus, Immobilienbewertung nach den Vorschriften des IVSC und deren Anwendbarkeit nach IFRS, KoR 2008, S. 388-400;

Freiberg, Grundsanierung von als Finanzinvestition gehaltenen Immobilien im fair value model, PiR 2007, S. 23;

Huschke, Die Immobilienbewertung im Kontext der IFRS, Wiesbaden 2007;

Küting/Ranker, Umsetzung des Komponentenansatzes bei Immobilien in der IFRS-Bilanzierung, DB 2007, S. 753;

Olbrich, Zur Bilanzierung von als Finanzinvestition gehaltenen Immobilien nach IAS 40, BFuP 2003, S. 346;

Petersen, Marktorientierte Immobilienbewertung, 9. Aufl., Stuttgart u. a. 2015;

Zülch/Lienau, Die Bedeutung der Steuerabgrenzung für die fair-value-Bilanzierung, WPg 2004, S. 565;

Zülch/Willms, Anwendung des Fair Value Model nach IAS 40 im Sanierungsfall: Praktische Probleme und Lösungsansätze, BB 2005, S. 372.

V. Vorräte

RELEVANTE STANDARDS

IAS 1 – Darstellung des Abschlusses
IAS 2 – Vorräte
IAS 8 – Bilanzierungs- und Bewertungsmethoden, Änderungen von Schätzungen und Fehler
IAS 20 – Bilanzierung und Darstellung von Zuwendungen der öffentlichen Hand
IAS 23 – Fremdkapitalkosten
IAS 37 – Rückstellungen, Eventualschulden und Eventualforderungen
IAS 41 – Landwirtschaft
IFRS 5 – Zur Veräußerung gehaltene langfristige Vermögenswerte und aufgegebene Geschäftsbereiche

KERNAUSSAGEN

- Vorräte umfassen Roh-, Hilfs- und Betriebsstoffe, fertige und unfertige Erzeugnisse sowie Handelswaren.
- Der Ansatz von Vorräten bestimmt sich nach den Ansatzvorschriften des Rahmenkonzepts. Diese Voraussetzungen umfassen einen wahrscheinlichen künftigen wirtschaftlichen Nutzenzufluss aus dem Vermögenswert sowie die zuverlässige Bestimmbarkeit der Anschaffungskosten oder Herstellungskosten (AK/HK) des Vermögenswerts.
- Bestandteile der Anschaffungskosten sind die Kosten des Erwerbs, die Anschaffungsnebenkosten sowie bestimmte sonstige Kosten. Anschaffungspreisminderungen reduzieren die Anschaffungskosten.
- Als Herstellungskosten sind produktionsbezogene Vollkosten anzusetzen, welche neben den Einzelkosten auch variable und fixe Produktionsgemeinkosten umfassen.
- Die Folgebewertung von Vorräten hat grundsätzlich zu dem niedrigeren Wert aus AK/HK und Nettoveräußerungswert (»lower of cost and net realisable value«) zu erfolgen.
- Aus Gründen der Wirtschaftlichkeit sind vereinfachte Verfahren zur Bewertung von Vorräten (FIFO-Methode; Durchschnittsmethode) anzuwenden.
- Die Bilanzierung von mit landwirtschaftlicher Tätigkeit in Verbindung stehenden biologischen Vermögenswerten sowie der aus ihnen gewonnenen landwirtschaftlichen Erzeugnisse zum Zeitpunkt der Ernte stellt ein Sonderproblem der Vorratsbewertung dar und wird in IAS 41 – Landwirtschaft separat geregelt.

1. Begriff der Vorräte

Definition »Vorräte«

Vorräte werden nach IAS 2.6 als Vermögenswerte definiert, die

- zum Verkauf im normalen Geschäftsverkehr gehalten werden;
- sich in der Herstellung für einen derartigen Verkauf befinden; oder
- als Roh-, Hilfs- und Betriebsstoffe dazu bestimmt sind, bei der Herstellung oder der Erbringung von Dienstleistungen verwendet zu werden.

Unter den Begriff Vorräte fallen damit zu Handelszwecken gehaltene, fertige bzw. unfertige Waren jeglicher Art. Diese können entweder erworben (z. B. Handelswaren, Grundstücke und Gebäude) oder selbst hergestellt (z. B. Softwareprodukte, Elektrogeräte, Automobilgüter) worden sein.

Durch die Aktivierung von Vorräten sollen Ausgaben, die für die Beschaffung oder Herstellung von Waren oder Dienstleistungen angefallen sind, **erfolgsneutral** im IFRS-Abschluss abgebildet werden. Erst wenn der sog. »Sprung zum Absatzmarkt« erfolgt ist,[1] werden die diesbezüglichen Ausgaben erfolgswirksam erfasst. Die Beschaffungs- oder Herstellungsausgaben bleiben gem. IAS 2.34 also bis zu dem Zeitpunkt aktiviert, zu dem die sachlich korrespondierenden Umsatzerlöse (*revenues*) realisiert werden (vgl. S. 476 ff.). Erst dann werden die zuvor wegen des zugrunde liegenden Anschaffungs- oder Herstellungsvorgangs aktivierten Ausgaben erfolgswirksam aufgelöst und fließen als Aufwand in die Erfolgsrechnung ein.

Hinter dem erfolgsneutralen Ansatz der Vorräte verbirgt sich das aus der deutschen Rechnungslegung als Definitionsgrundsatz für den Jahreserfolg bekannte **Anschaffungskosten- und Herstellungskostenprinzip**. Sinn dieses Prinzips ist, dass der Unternehmenserfolg nicht durch Zugänge von Vermögenswerten verändert wird. Für derartige Zugänge gilt aus Vorsichtsgründen die Annahme der Gewinnneutralität.

2. Anwendungsbereich des IAS 2

Mit IAS 2 wird die Bilanzierung von Vorräten geregelt. Dabei stehen die Zugangsbewertung (Bestimmung der AK/HK der Gegenstände) sowie die Folgebewertung des Vorratsvermögens im Mittelpunkt der Bilanzierungsregelungen. Des Weiteren enthält IAS 2 Vorschriften zu den Offenlegungspflichten im IFRS-Abschluss.

Ausgenommen vom Anwendungsbereich des IAS 2 sind

- unfertige Erzeugnisse im Rahmen von Fertigungsaufträgen einschließlich damit unmittelbar zusammenhängender Dienstleistungsverträge, wie für Architekten (hier greift *IAS 11 – Fertigungsaufträge*);
- Finanzinstrumente (hier greifen *IAS 32 – Finanzinstrumente: Darstellung* und *IAS 39 – Finanzinstrumente: Ansatz und Bewertung*); und
- biologische Vermögenswerte sowie der aus ihnen gewonnenen landwirtschaftlichen Erzeugnisse, die mit landwirtschaftlicher Tätigkeit und landwirtschaftlicher Produktion zum Zeitpunkt der Ernte im Zusammenhang stehen (hier greift *IAS 41 – Landwirtschaft*, vgl. hierzu S. 290 f.).

Des Weiteren gelten die Bewertungsregeln des IAS 2 nicht für die folgenden Vorräte, soweit die Bewertung zum sog. **Nettoveräußerungswert** (*net realisable value*) *branchenüblich ist:*

- Vorräte von Erzeugern land- und forstwirtschaftlicher Erzeugnisse, landwirtschaftlicher Produkte nach der Ernte sowie Mineralien und mineralischen Stoffen; und
- Vorräte von Warenmaklern und Warenhändlern.

Die Bewertung zum Nettoveräußerungswert erfolgt grundsätzlich direkt über den Absatzmarkt (z. B. an Warenbörsen), so dass die Ermittlung der AK/HK durch ein bestimmtes Verfahren nicht mehr erforderlich ist. Als Nettoveräußerungswert gilt in diesem Zusammenhang der geschätzte, im normalen Geschäftsverlauf erzielbare Verkaufserlös abzüglich der geschätzten Kosten bis zur Fertigstellung und der geschätzten notwendigen Vertriebskosten (IAS 2.6).

3. Ansatz

In IAS 2 sind keine spezifischen Ansatzkriterien für Vorräte aufgeführt. Folglich sind hier die allgemeinen Ansatzkriterien für Vermögenswerte aus dem **Rahmenkonzept** in Ansatzfragen heranzuziehen (vgl. S. 76 f.). Danach ist ein Ansatz von Vorräten in der Bilanz geboten, soweit

- es wahrscheinlich ist, dass der künftige wirtschaftliche Nutzen des Vermögenswerts dem bilanzierenden Unternehmen zufließen wird, und
- die AK/HK des Vermögenswerts zuverlässig bewertet werden können.

Darüber hinaus ist zu beachten, dass Vorräte als Ergebnis vergangener Geschäftsvorfälle oder anderer Ereignisse der Vergangenheit, in der Verfügungsmacht des bilanzierenden Unternehmens liegen müssen. Dabei ist das rechtliche Eigentum des Unternehmens an den Vorratsgütern nicht entscheidend, sondern vielmehr die **wirtschaftliche Zugehörigkeit** zum bilanzierenden Unternehmen.

4. Bewertung

a) Zugangsbewertung

aa) Überblick

Die Bewertung der Vorräte erfolgt grundsätzlich zu **AK/HK**. Dabei unterscheiden die IFRS indes weder sprachlich noch systematisch zwischen Anschaffungskosten und Herstellungskosten, sondern fassen die beiden Begriffe unter *»cost of inventories«* zusammen. Die folgenden Ausführungen behalten sich aus didaktischen Gründen eine Trennung der Anschaffungskosten von den Herstellungskosten vor.

Die AK/HK von Vorräten umfassen alle Kosten des Erwerbs und der Herstellung sowie sonstige Kosten, die angefallen sind, um die Vorräte an ihren **Verwendungsort** und in ihren **derzeitigen Zustand** zu versetzen (IAS 2.10). Zu den **Anschaffungskosten** zählen folglich alle einzeln zurechenbaren Aufwendungen, die geleistet werden, um einen Vermögenswert zu erwerben und ihn in einen betriebsbereiten Zustand zu versetzen. Die **Herstellungskosten** umfassen alle Aufwendungen, die durch den Verbrauch von Rohstoffen und die Inanspruchnahme von Diensten für die Herstellung eines Vermögenswerts, seine Erweiterung oder für eine über seinen ursprünglichen Zustand hinausgehende wesentliche Verbesserung angefallen sind. Somit stellen die Herstellungskosten ein Substitut für die Anschaffungskosten dar, wenn die Vermögenswerte selbst hergestellt und nicht fremdbezogen werden.

bb) Anschaffungskosten

Die Anschaffungskosten der Vorräte lassen sich nach folgendem Schema ermitteln:

	Kosten des Erwerbs (Kaufpreis)
+	Anschaffungsnebenkosten
–	Anschaffungspreisminderungen
+	sonstige Kosten
=	**Anschaffungskosten**

Erläuterungen der einzelnen Komponenten der Anschaffungskosten finden sich in IAS 2.11, 2.15 und 2.17.

Die Kosten des Erwerbs (*costs of purchase*) umfassen den Kaufpreis vermindert um die abziehbare Vorsteuer. Auch alle anderen Komponenten der Anschaffungskosten sind grundsätzlich mit ihren **Nettobeträgen** anzusetzen. Sofern das bilanzierende Unternehmen indes nicht vorsteuerabzugsberechtigt ist oder es sich um eine nicht rückforderbare Steuer handelt, zählt die entsprechende (Umsatz-)Steuer zum Kaufpreis.

Zu den Anschaffungsnebenkosten (*costs directly attributable to the acquisition*) zählen alle dem Anschaffungsvorgang **direkt zurechenbaren Kosten** wie Einfuhrzölle und andere Steuern, sofern es sich nicht um solche handelt, die das Unternehmen später von den zuständigen Steuerbehörden erstattet bekommt (vgl. oben). Überdies zählen zu den Anschaffungsnebenkosten Transport- und Abwicklungskosten sowie sonstige Kosten, die dem Erwerb von Fertigerzeugnissen, Materialien und Leistungen unmittelbar zugerechnet werden können (Vermittlungsgebühren, Kommissionskosten, Kosten für Zwischenlagerungen, usw.).

Skonti, Rabatte und andere vergleichbare, d. h. einzeln zurechenbare Beträge sind als Anschaffungspreisminderungen (*trade discounts, rebates and other similar items*) von den Kosten des Erwerbs abzuziehen. Im Falle von nachträglich gewährten Rabatten, Boni oder anderen Anschaffungspreisminderungen ist zudem darauf zu achten, dass diese von den Anschaffungskosten abzusetzen sind, soweit die entsprechenden Vermögenswerte bei Entstehung des Anspruchs noch nicht verbraucht sind.[2]

Zuwendungen der öffentlichen Hand (government grants) sind gem. IAS 20.12 planmäßig in den Perioden erfolgswirksam zu erfassen, in denen die entsprechenden Aufwendungen kompensiert werden sollen. Ein Abzug der Zuwendungen von den Anschaffungskosten oder ein Ansatz als passivischer Abgrenzungsposten (*deferred income*) ist lediglich für langfristige Vermögenswerte möglich *(siehe für einen Exkurs zu den Regelungen des IAS 20 S. 494 ff.)*.[3]

Sonstige Kosten (*other costs*) sind nur insoweit in die Anschaffungskosten für Vorräte einzubeziehen, als sie dazu beitragen, die Vorräte an ihren Verwendungsort und in ihren derzeitigen Zustand zu versetzen. In Betracht kommen nicht produktionsbezogene Gemeinkosten (z. B. für Logistikleistungen) oder die Kosten der Produktentwicklung aufgrund spezieller Anforderungen bestimmter Kunden.

Fremdkapitalkosten sind seit dem 1.1.2009 **verpflichtend** als Teil der Anschaffungskosten zu aktivieren, soweit sie die folgenden Kriterien kumulativ erfüllen (IAS 23.8-23.10):

- Die Fremdkapitalkosten können direkt dem Erwerb eines sog. qualifizierten Vermögenswerts (*qualifying asset*) zugeordnet werden.
- Hinreichend wahrscheinlich ist, dass der künftige wirtschaftliche Nutzen des Vermögenswerts dem Unternehmen zufließen wird.
- Die Kosten für die Fremdkapitalaufnahme wären ohne die Ausgaben für den qualifizierten Vermögenswert nicht angefallen.

Als **qualifizierte Vermögenswerte** gelten solche Vermögenswerte, für die ein beträchtlicher Zeitraum erforderlich ist, um sie in ihren beabsichtigten gebrauchs- oder verkaufsfähigen Zustand zu versetzen. Bei Vorräten erfüllen nur solche Arten von Waren die Voraussetzungen des IAS 23, die einem längeren Reifeprozess unterliegen. In Betracht kommen z. B. Käse, Wein oder Whiskey.[4]

Soweit das beim Kauf von Vorräten vereinbarte Zahlungsziel über dem für vergleichbare Geschäfte normalen Zahlungsziel liegt, ist der Kauf in ein Kaufgeschäft und ein Kreditgeschäft aufzuteilen. Die Vorräte sind dabei mit dem Barwert der Gegenleistung anzusetzen. Die Differenz zwischen dem Barwert und dem Bruttokaufpreis ist über den Zeitraum bis zur endgültigen Zahlung des Kaufpreises als Zinsaufwand zu erfassen.

In IAS 2.16 werden Beispiele für Kosten genannt, die in der Periode ihres Anfalls regelmäßig als Aufwand zu erfassen sind. Dabei handelt es sich um anormale Produktionskosten, nicht produktionsbezogene Lagerkosten, Verwaltungsgemeinkosten und Vertriebskosten (zu weiteren Informationen siehe auch S. 280).

ZUSAMMENFASSENDES BEISPIEL:

Ein Unternehmen erwirbt Handelswaren im Wert von 35 700 € (brutto inklusive 19 % USt). Für die Anlieferung dieser Waren sind Transportkosten von 2 380 € (brutto inklusive 19 % USt) angefallen. Die zusätzlich abgeschlossene Transportversicherung beläuft sich auf 500 €. Der Lieferant gewährt ein Skonto i. H. v. 2 % auf den Warenwert bei Zahlung innerhalb von 30 Tagen, welches vom Unternehmen durch fristgerechte Zahlung in Anspruch genommen wird.

Die Handelswaren sind mit allen Kosten anzusetzen, die dazu beigetragen haben, sie an ihren Verwendungsort und in ihren derzeitigen Zustand zu versetzen. Vom Kaufpreis ist zunächst die Umsatzsteuer (5 700 €) sowie der Skontobetrag (600 €) abzusetzen. Die Transportkosten sind netto (2 000 €), zusammen mit den Kosten für die Transportversicherung (500 €), als Anschaffungsnebenkosten zu aktivieren. Folglich sind die Handelswaren mit einem Gesamtwert von 31 900 € in der IFRS-Bilanz zu aktivieren.

cc) Herstellungskosten

Vorratsspezifische Regelungen im Hinblick auf die Herstellungskosten finden sich vor allem in IAS 2.12-2.14. Das Vorratsvermögen ist danach zwingend zu **produktionsbezogenen**

Vollkosten zu bewerten. Diese umfassen neben den direkt zurechenbaren Kosten (Einzelkosten), variable und fixe Gemeinkosten sowie sonstige Kosten:

	Einzelkosten
+	variable Produktionsgemeinkosten
+	fixe Produktionsgemeinkosten
+	sonstige Kosten
=	**Herstellungskosten**

Als den Produkteinheiten direkt zurechenbare Kosten bzw. Einzelkosten werden in IAS 2.12 beispielhaft lediglich **Fertigungslöhne** angeführt. Im Einklang mit dem einschlägigen Schrifttum[5] zählen dazu die nachfolgenden Kostenarten, soweit sie im direkten Zusammenhang mit der Produktion der betrachteten Güter angefallen sind:

- Materialeinzelkosten,
- Fertigungseinzelkosten sowie
- Sondereinzelkosten der Fertigung.

Materialeinzelkosten

Die Materialeinzelkosten umfassen den Verbrauch an Rohstoffen sowie selbst erstellten bzw. fremdbezogenen Fertigteilen, die als **Hauptbestandteile** unmittelbar in ein Produkt eingehen. Hilfs- und Betriebsstoffe (z. B. Nägel, Leim, Kraftstoffe, Schmieröle) erfüllen i. d. R. nicht das Kriterium des Stückbezugs, da sie aus Wirtschaftlichkeitsgründen meist als unechte Gemeinkosten erfasst werden. Zu den Materialeinzelkosten gehören ferner produktionsbedingter Verschnitt oder Ausschuss. Verpackungsmaterial zählt insofern zu den Materialeinzelkosten, als die Eigenart des Erzeugnisses die Verpackung notwendig macht, um das Erzeugnis in einen verkaufsfähigen Zustand zu versetzen. Beispiele für derartige Verpackungsmaterialien sind Verpackungen für Bier, Milch, Waschpulver, Zahnpasta oder CD-Hüllen.

Fertigungseinzelkosten

Zu den Fertigungseinzelkosten zählen Löhne, Lohnnebenkosten, Gehälter sowie der fremdbezogene Einsatz von Arbeitskräften für den Produktionsprozess. Voraussetzung ist indes, dass sie dem jeweiligen Produkt **einzeln zugerechnet werden können**. Als Beispiele lassen sich neben den im Rahmen der Fertigung anfallenden Akkord-, Produktions-, Verarbeitungs- und Werkstattlöhnen auch Feiertags-, Überstunden- und Sonderzuschläge nennen. Weiter zählen dazu auch bezahlte Ausfallzeiten für Krankheit, der Arbeitgeberanteil zur Sozialversicherung sowie die vom Unternehmen im Rahmen einer geringfügigen Beschäftigung übernommene Lohn- und Kirchensteuer.

Sondereinzelkosten der Fertigung

Zu den Herstellungskosten eines Vermögenswerts zählen nicht nur die unmittelbar in der Produktion anfallenden Kosten, sondern auch solche, die notwendigerweise im Zusammenhang mit der Herstellung stehen. So fallen häufig noch vor Aufnahme des eigentlichen Produktionsprozesses spezielle Leistungen an. Diese **vorgelagerten Kosten** sind, soweit sie sachlich direkt mit dem Fertigungsvorgang eines bereits erhaltenen Auftrags zusammenhängen, als Sondereinzelkosten der Fertigung zu erfassen. Dazu gehören u. a. Kosten für Entwürfe, Materialversuche, Modelle, Schablonen, Spezialwerkzeuge sowie Lizenzen für die Nutzung bestimmter

Fertigungsverfahren oder Rezepturen. Sondereinzelkosten des Vertriebs unterliegen hingegen gem. IAS 2.16 (d) einem Aktivierungsverbot.

Wie eingangs bereits angedeutet, gehören zu den Herstellungskosten neben den diskutierten Einzelkosten ebenso die produktionsbezogenen variablen wie fixen Produktionsgemeinkosten.

Variable Produktionsgemeinkosten

Unter **variablen Produktionsgemeinkosten** versteht man solche Kosten, die nicht direkt den Produktionseinheiten zugeordnet werden können, aber unmittelbar oder nahezu unmittelbar mit dem Produktionsvolumen variieren. IAS 2.12 nennt hier beispielhaft die Materialgemeinkosten und die Fertigungsgemeinkosten. Ferner sind hier produktionsbezogene Kosten für den sozialen Bereich zu nennen.

Materialgemeinkosten sind z. B. Kosten der Einkaufsabteilung, Lagerhaltung, Material- und Reifeprüfung, Materialverwaltung und Warenannahme. Des Weiteren zählen hierzu die Kosten für Hilfsstoffe, für den Transport innerhalb des Unternehmens und die Versicherung des Materials. Die Materialgemeinkosten werden i. d. R. mittels **prozentualen Zuschlags** auf das Fertigungsmaterial verrechnet, wenn die Materialien in den Produktionsprozess eingehen. In der Praxis wird dabei oft nach Materialgruppen differenziert.

Zu den **Fertigungsgemeinkosten** zählen die Kosten für Betriebsstoffe, Energie sowie laufende Instandhaltungsaufwendungen soweit sie auf den Herstellungsbereich (z. B. auf Maschinen, Vorrichtungen oder Werkzeuge) entfallen. Ferner sind hier u. a. Aufwendungen für die Betriebsleitung, Meister, Fertigungskontrolle, Unfallstationen sowie Unfallverhütungseinrichtungen der Fertigungsstätten zu nennen. Auch die Fertigungsgemeinkosten werden in der Praxis regelmäßig mit Hilfe von **Zuschlagssätzen** auf die einzelnen Produktionseinheiten zugerechnet.

Die **Kosten des sozialen Bereichs** (Kosten für soziale Einrichtungen des Betriebs, freiwillige soziale Leistungen und betriebliche Altersversorgung) werden in den IFRS nicht explizit geregelt. Nach h. M. ist der **produktionsbezogene Teil** dieser Kosten aktivierungspflichtig,[6] da die Kosten des sozialen Bereichs Lohnbestandteile sind. Die anfallenden Aufwendungen z. B. für Jubiläumszuwendungen, Beiträge an Pensionskassen und Zuführungen zu Pensionsrückstellungen sind demnach entsprechend ihrer Art dem Produktionsbereich und dem allgemeinen Verwaltungs- bzw. Vertriebsbereich zuzuordnen.

Fixe Produktionsgemeinkosten

Fixe Produktionsgemeinkosten sind solche Kosten, die nicht direkt den Produktionseinheiten zugeordnet werden können und unabhängig vom Produktionsvolumen **relativ konstant** anfallen. Beispiele hierfür sind gem. IAS 2.12 Abschreibungen und Instandhaltungskosten von Betriebsgebäuden und Betriebseinrichtungen sowie die Kosten des Managements und der Verwaltung.

Die Verwaltungskosten zählen insoweit zu den aktivierungspflichtigen Produktionsgemeinkosten, als sie den **Produktionsbereich betreffen**. Dies gilt, neben Verwaltungskosten, die direkt dem Material- oder Fertigungsbereich zugeordnet werden können, auch für Kosten der allgemeinen Verwaltung. Allgemeine Verwaltungskosten müssen dafür über einen bestimmten Schlüssel (z. B. anhand des Grads der Produktionsunterstützung) entsprechend auf die jeweiligen Funktionsbereiche verteilt werden. So sind z. B. die Kosten der Rechnungswesenabteilung in dem Umfang auf den Produktionsbereich zuzuordnen, in dem sie auf die Bezahlung der Löhne und Gehälter für den Produktionsbereich und die Rechnungsprüfung entfallen.

Fremdkapitalkosten

Im Zusammenhang mit der Herstellung eines qualifizierten Vermögenswerts angefallene Fremdkapitalkosten sind nach Maßgabe des IAS 23 ebenfalls verpflichtend als Teil der Herstellungskosten zu aktivieren, wenn sie die Kriterien der IAS 23.8-23.10 kumulativ erfüllen (siehe die obigen Ausführungen zu den Anschaffungskosten, S. 276 f.).

Leerkosten

Die Zurechnung fixer Produktionsgemeinkosten basiert auf der **normalen Kapazität** der vorhandenen Produktionsanlagen. Unter der Normalkapazität versteht man das Produktionsvolumen, das im Durchschnitt über eine Anzahl von Perioden oder Saisons unter normalen Umständen und unter Berücksichtigung von Ausfällen aufgrund planmäßiger Instandhaltung erwartet werden kann. Bei der Bestimmung der Normalauslastung sind sowohl die Geschäftstätigkeit, als auch konjunkturelle Einflüsse vom Bilanzierenden zu beachten. Unter Umständen kann eine zu geringe Produktionsauslastung aufgrund der relativ konstanten fixen Produktionsgemeinkosten zu einer erhöhten Verteilung der Kosten auf die einzelne Produktionseinheit führen. In diesem Fall wird mit IAS 2.13 festgeschrieben, die infolge eines geringen Produktionsvolumens je Stück erhöhten Gemeinkosten in der Periode ihres Anfalls als Aufwand zu erfassen. Im Schrifttum spricht man in diesem Zusammenhang von sog. Leerkosten.[7] In Perioden mit ungewöhnlich hohem Produktionsvolumen hat indes eine Bewertung zu den tatsächlich anfallenden fixen Gemeinkosten je Produktionseinheit zu erfolgen. Aufgrund des eintretenden Degressionseffektes ist der pro Einheit zuzurechnende Betrag der fixen Produktionsgemeinkosten geringer als bei Normalauslastung.

Sonstige Kosten

Im Hinblick auf die Einbeziehung von sog. sonstigen Kosten in die Herstellungskosten sei hier auf die Ausführungen im Rahmen der Anschaffungskosten verwiesen (vgl. S. 276 f.). In die Herstellungskosten sind indes zusätzlich auch bestimmte Steuern einzubeziehen, wenn sie direkt den Produktionsbereich betreffen. Beispiele hierfür sind die Grundsteuer, soweit sie das im Herstellungsbereich gebundene Grundvermögen betrifft, sowie die Umsatzsteuer, falls das bilanzierende Unternehmen nicht vorsteuerabzugsberechtigt ist. Dagegen gilt für Ertragsteuern ein Aktivierungsverbot.

Aktivierungsverbote

In IAS 2.16 werden schließlich Beispiele für Herstellungskosten dargelegt, die in der Periode ihres Anfalls **regelmäßig als Aufwand** zu behandeln sind, und zwar

- anormale Beträge für Materialabfälle, Fertigungslöhne oder andere Produktionskosten;
- Lagerkosten, soweit diese nicht für den Produktionsprozess erforderlich sind;
- Verwaltungsgemeinkosten, sofern sie nicht dazu dienen, die Vorräte an ihren derzeitigen Ort und in ihren derzeitigen Zustand zu versetzen; sowie
- Vertriebskosten.

Des Weiteren gilt hier ebenso das bereits oben angeführte Aktivierungsverbot für gestundete Zahlungsbedingungen gem. IAS 2.18 (vgl. S. 277).

BEISPIEL:

Die Fertigung eines Produkts erfordert 5 € pro Stück Materialeinzelkosten sowie 10 € pro Stück Fertigungslohn. In den Funktionsbereichen sind zusätzlich die folgenden Gemeinkosten angefallen: Herstellungsbereich 300 000 €, produktionsbezogener Verwaltungsbereich 200 000 €, allgemeiner Verwaltungsbereich 500 000 € und Vertriebsbereich 250 000 €. Im Berichtsjahr wurden 30 000 Einheiten produziert, von denen 20 000 Einheiten verkauft wurden. Da zu Beginn der Periode das Lager leer war, sind am Jahresende noch 10 000 Einheiten des Produkts auf Lager. Die Normalkapazität liegt bei 40 000 Einheiten. Diese wurde aufgrund eines Streiks nicht erreicht.

Die gesamten Einzelkosten betrugen 450 000 € (5 € × 30 000 Einheiten + 10 € × 30 000 Einheiten). Produktionsbezogene Gemeinkosten resultierten in einem Gesamtbetrag von 500 000 €. Aufgrund der Unterbeschäftigung sind indes 125 000 € (500 000 € × 10 000/40 000) dieser Gemeinkosten im Berichtsjahr als Leerkosten sofort aufwandswirksam zu erfassen. Die gesamte Jahresproduktion ist somit i. H. v. 825 000 € zu bewerten. Die sich zum Jahresende auf Lager befindenden Vorräte sind mit einem Wert von 275 000 € (825 000 € × 10 000/30 000) auszuweisen.

Forschungs- und Entwicklungskosten

Die Bilanzierung von Forschungs- und Entwicklungskosten im Rahmen des Herstellungsprozesses wird in IAS 2 nicht explizit geregelt und richtet sich daher nach den allgemeinen Maßgaben zur Vorratsbewertung.[8] Für Forschungskosten besteht aufgrund des nicht hinreichend wahrscheinlichen, künftigen wirtschaftlichen Nutzenzuflusses ein **Aktivierungsverbot**. Diese Aufwendungen sind in der Periode ihrer Entstehung sofort erfolgswirksam zu erfassen. Dagegen müssen Entwicklungskosten angesetzt werden, wenn sie direkt oder anteilig auf ein bestimmtes Produkt **zurechenbar** sind und indirekt mit der Herstellung dieses Produkts **in Verbindung stehen**.

Kuppelproduktion

Die Ermittlung der Herstellungskosten von Kuppelprodukten stellt einen Sonderbereich der Vorratsbewertung dar und wird mit IAS 2.14 geregelt. Danach liegt eine Kuppelproduktion vor, wenn der Produktionsprozess dazu führt, dass mehr als ein Produkt **gleichzeitig** produziert wird (z. B. Haupt- und Nebenprodukt). Sofern die Herstellungskosten von Haupt- und Nebenprodukt bzw. von zwei Hauptprodukten nicht einzeln feststellbar sind, hat die Zuordnung dieser Kosten zu den Produkten auf einer vernünftigen und sachgerechten Basis zu erfolgen. In Betracht kommende Vorgehensweisen sind entweder die Marktwert- oder die Restwertmethode.[9] Bei der **Marktwertmethode** basiert die Verteilung auf den jeweiligen Verkaufswerten der Produkte. Die **Restwertmethode** kommt zur Anwendung, wenn das Nebenprodukt einen zu vernachlässigenden Wert im Verhältnis zum Hauptprodukt besitzt. Hierbei wird das Nebenprodukt zum Nettoveräußerungswert bewertet und dieser Wert wird von den gesamten Herstellungskosten abgezogen.

Dienstleistungsunternehmen

Besonderheiten hinsichtlich der Ermittlung der Herstellungskosten liegen überdies bei Dienstleistungsunternehmen vor, wenn noch keine entsprechenden Erlöse vom bilanzierenden Unternehmen vereinnahmt worden sind (IAS 2.8). Gemäß IAS 2.19 sind in erster Linie Löhne und Gehälter sowie sonstige Kosten des Personals, die unmittelbar mit der Bereitstellung der Dienste anfallen, in die Herstellungskosten einzubeziehen. Dazu gehören auch die Kosten für leitende Angestellte und die zurechenbaren Gemeinkosten. Zurechenbare Gemeinkosten sind beispielsweise

Kosten, die mit der Nutzung von Räumlichkeiten zusammenhängen. Löhne, Gehälter, sonstige Kosten des Vertriebspersonals und des Personals der allgemeinen Verwaltung sowie Gewinnmargen und nicht zurechenbare Gemeinkosten sind dagegen stets in der Periode ihres Anfalls als Aufwand zu erfassen.

Abbildung E.9 fasst die einzelnen Bestandteile der Herstellungskosten nach IFRS nochmals zusammen und vergleicht sie mit den handelsrechtlichen Regelungen.

<table>
<tr><th colspan="3">Pflicht- und Wahlbestandteile der Herstellungskosten</th></tr>
<tr><th>HGB</th><th>Bestandteil</th><th>IFRS</th></tr>
<tr><td rowspan="5">Pflicht</td><td>Materialeinzelkosten</td><td rowspan="7">Pflicht</td></tr>
<tr><td>Fertigungseinzelkosten</td></tr>
<tr><td>Sondereinzelkosten der Fertigung</td></tr>
<tr><td>Variable Material- und Fertigungsgemeinkosten</td></tr>
<tr><td>Fixe Material- und Fertigungsgemeinkosten</td></tr>
<tr><td rowspan="4">Wahlrecht</td><td>Allgemeine Verwaltungskosten (herstellungsbezogen)</td></tr>
<tr><td>Herstellungsbezogene Fremdkapitalzinsen – für qualifizierte Vermögenswerte</td></tr>
<tr><td>– für nicht-qualifizierte Vermögenswerte</td><td rowspan="4">Verbot</td></tr>
<tr><td>Allgemeine Verwaltungskosten (nicht herstellungsbezogen)</td></tr>
<tr><td rowspan="2">Verbot</td><td>Sondereinzelkosten des Vertriebs</td></tr>
<tr><td>Vertriebskosten</td></tr>
</table>

Abbildung E.9 Herstellungskostenbestandteile nach IFRS und HGB

dd) Vereinfachungen bei der Ermittlung der Anschaffungs- oder Herstellungskosten

Zur Bestimmung der AK/HK von Vorräten können aus Vereinfachungsgründen gem. IAS 2.21 alternative Ermittlungsverfahren angewandt werden. Dazu zählen z. B. die Standardkostenmethode (*standard cost method*) oder die retrograde Methode (*retail method*), wenn die daraus resultierenden Ergebnisse den tatsächlichen AK/HK nahe kommen. Das verwendete Verfahren ist regelmäßig zu überprüfen und ggf. an die aktuellen Gegebenheiten anzupassen.

Standardkostenverfahren

Die **Standardkostenmethode (*standard cost method*)** ermittelt Plankosten als Grundlage der Bewertung von Vorräten. Anstatt tatsächlich anfallender Aufwendungen, werden budgetierte Kosten angesetzt. Durch Anwendung dieser Methode wird vor allem das strategische Controlling des bilanzierenden Unternehmens vereinfacht. Standardkosten werden auf Basis der normalen Höhe des Materialeinsatzes, des Lohnniveaus, der Leistungsfähigkeit sowie der Kapazitätsauslastung kalkuliert.

Auftretende Differenzen zwischen Ist- und Normalkosten sind stets erfolgswirksam zu erfassen. In der Praxis werden diese Abweichungen häufig als Standardkostenabweichung auf sog. »Varianzkonten« innerhalb des Materialaufwands gebucht.

BEISPIEL:

Ein Unternehmen bewertet seine Erzeugnisse zu Standardkosten von 20 € pro Stück. In der Berichtsperiode wurden 100 000 Stück dieser Erzeugnisse produziert. Als tatsächliche Kosten wurden indes, aufgrund kleinerer unvorhergesehener Produktionsausfälle, 2 020 000 € erfasst. Am Jahresende sind noch 30 000 Erzeugnisse im Bestand.

Da die Standardkostenmethode keine Kostenbestandteile für ungewöhnliche Ausschusskosten oder Kosten der Unterbeschäftigung berücksichtigt, sind die Vorräte – sofern innerhalb zulässiger Soll/Ist-Schwankungen – bei Anwendung dieser Methode i. d. R. tendenziell niedriger bewertet als bei tatsächlicher Ermittlung der AK/HK. So ergibt auch das hier vorliegende Beispiel zum Jahresende einen um 6 000 € (Differenz aus der Bewertung zu tatsächlichen Kosten von 30 000 × 20 020 000 / 100 000 = 606 000 € und der Bewertung zu Standardkosten von 30 000 × 20 = 600 000 €) niedrigeren Ansatz der Vorräte bei Anwendung der Standardkostenmethode.

Retrograde Bestimmung

Die **retrograde Methode *(retail method)*** wird häufig im Einzelhandel angewandt, wenn große Stückzahlen rasch wechselnder Vorratsposten zu bewerten sind. Voraussetzung ist, dass andere Verfahren zur Bemessung der AK/HK nicht durchführbar oder nicht wirtschaftlich vertretbar sind. Zudem ist zu beachten, dass der Verkauf der betrachteten Vorratsgegenstände zu ähnlichen Bruttogewinnspannen[10] führen muss (IAS 2.22).

Sofern die Anwendung der retrograden Methode zulässig ist, erfolgt die Ermittlung der AK/HK eines Produkts durch Abschlag einer angemessenen prozentualen Bruttogewinnspanne auf den Verkaufspreis dieses Produkts. Der verwendete Prozentsatz hat dabei auch solche Vorräte zu berücksichtigen, deren ursprünglicher Verkaufspreis herabgesetzt wurde. Um Schätzfehler zu vermeiden, sollte für jede einzelne Warengruppe ein eigener Durchschnittsprozentsatz berechnet werden.

BEISPIEL:

Der Anfangsbestand von Vorräten eines Handelsunternehmens liegt bei 100 000 € (Verkaufswert: 125 000 €). Im Berichtsjahr werden Zukäufe im Wert von 180 000 € (Verkaufswert: 225 000) getätigt sowie Umsatzerlöse i. H. v. 250 000 € erzielt.

Die Bruttogewinnspanne beträgt 20 % (= 1 – 280 000 € / 350 000 €). Damit beläuft sich der Endbestand an Vorräten nach der retrograden Methode auf [(350 000 € – 250 000 €) × (1 – 20 %) =] 80 000 €.

Im Falle von Preisreduzierungen i. H. v. 20 000 €, würde sich die Bruttogewinnspanne auf 15,15 % (= 1 – 280 000 € /330 000 €) reduzieren. Der Endbestand an Vorräten würde in diesem Fall zu [(330 000 € – 250 000 €) × (1 – 15,15 %) =] 67 880 € bewertet.

b) Folgebewertung

aa) Überblick

Niederstwertprinzip

Die Folgebewertung von Vorräten unterliegt einer laufenden Überprüfung hinsichtlich der **Werthaltigkeit** der einzelnen Vermögenswerte. An jedem Bilanzstichtag hat das bilanzierende Unternehmen die Vorräte mit den AK/HK oder dem niedrigeren sog. Nettoveräußerungswert (*net realisable value*) zu bewerten. Ist der

Nettoveräußerungswert niedriger als der Buchwert der Vorräte, so hat gem. IAS 2.9 eine Abwertung des Vorratsbestands auf diesen niedrigeren Wert zu erfolgen (*lower of cost and net realisable value*).

*bb) Nettoveräußerungswert (**net realisable** value)*

Der Nettoveräußerungswert wird in IAS 2.6 definiert als der geschätzte, im normalen Geschäftszyklus erzielbare Verkaufserlös vermindert um die geschätzten Kosten bis zur Fertigstellung sowie den geschätzten notwendigen Vertriebskosten (z. B. Verkaufsprovisionen). Gemäß IAS 2.7 entspricht der Nettoveräußerungswert **nicht** dem beizulegenden Zeitwert (*fair value*) und ist daher von diesem abzugrenzen.[11] Diese Differenzierung liegt darin begründet, dass der Nettoveräußerungswert ein unternehmensspezifischer Wert ist, d. h. der Nettobetrag, den ein Unternehmen aus dem Verkauf der Vorräte im Rahmen der gewöhnlichen Geschäftstätigkeit zu erzielen erwartet.

Die Ermittlung des Nettoveräußerungswerts hat nach den **zuverlässigsten substantiellen Hinweisen** zu erfolgen, die dem bilanzierenden Unternehmen zum Abschlussstichtag zur Verfügung stehen (IAS 2.30). Nach dem Bilanzstichtag eingetretene Preis- oder Kostenänderungen dürfen nur insoweit berücksichtigt werden, als diese Vorgänge Verhältnisse aufhellen, die ihre Wurzeln in der abgelaufenen Periode haben. Als zuverlässigste Indizien für den Nettoveräußerungswert gelten i. d. R. vorhandene Börsen- oder Marktpreise. Schätzungen des Nettoveräußerungswerts haben ferner den Zweck zu berücksichtigen, zu dem die Vorräte vom bilanzierenden Unternehmen im Bestand gehalten werden (IAS 2.31). Wenn die Vorräte z. B. der Erfüllung abgeschlossener Liefer- und Leistungsverträge dienen, so basiert der Nettoveräußerungswert auf den vertraglich vereinbarten Preisen. Umfassen die Vorratsbestände eine größere Menge als die, die Gegenstand vertraglicher Vereinbarungen ist, so hat sich der Nettoveräußerungswert für den überschüssigen Teil des Vorratsbestands an den allgemeinen Verkaufspreisen zu orientieren. Die Behandlung von drohenden Verlusten aus Verkaufsverträgen über Vorräte oder aus abgeschlossenen Einkaufsverträgen wird hingegen in IAS 37 geregelt (vgl. S. 318 f.).

BEISPIEL:

Die unfertigen Erzeugnisse eines Herstellers sind zu 300 € pro Stück bewertet. Die geschätzten Kosten bis zur Fertigstellung des Produkts belaufen sich auf 25 € pro Stück. Des Weiteren fallen bei jedem Verkauf 10 € pro Stück Verkaufsprovision an. Das Unternehmen erwartet einen Verkaufserlös von 330 € pro Stück.

Der Nettoveräußerungswert bestimmt sich als erwarteter Verkaufserlös (330 € pro Stück) von dem noch die geschätzten Kosten der Fertigstellung sowie die geschätzten Verkaufskosten abzuziehen sind. Da sich der Nettoveräußerungswert in diesem Fall auf 295 € pro Stück beläuft und die unfertigen Erzeugnisse derzeit mit 300 € pro Stück angesetzt sind, hat in der Berichtsperiode eine Abwertung um 5 € pro Stück auf den niedrigeren Wert, den Nettoveräußerungswert, zu erfolgen.

Gemäß IAS 2.32 werden Roh-, Hilfs- und Betriebsstoffe unter Umständen nicht auf einen unter ihren AK/HK liegenden Wert abgewertet. Dies ist indes keine Ausnahme von dem Grundsatz, dass Vorräte mit dem niedrigeren Wert aus AK/HK und Nettoveräußerungspreis zu bewerten sind. Soweit nämlich zu erwarten ist, dass das fertige Produkt, in das die Roh-, Hilfs- und Betriebsstoffe eingehen, mit Gewinn veräußert wird, ist eine Abwertung nicht vorzunehmen, auch wenn der Beschaffungsmarktpreis gesunken ist. Nur in dem Fall, dass ein Rückgang des Beschaffungspreises von Rohstoffen ein Indikator dafür ist, dass der Verkaufspreis des fertigen Produktes künftig niedriger als dessen Herstellungskosten sein wird, sind die Roh-, Hilfs- und Betriebsstoffe auf den Nettoveräußerungswert abzuschreiben.

Der Nettoveräußerungswert ist indes für Roh- Hilfs- und Betriebsstoffe schwierig zu bestimmen. Von dem Veräußerungspreis des fertigen Produktes sind die gesamten Herstellungskosten sowie die notwendigen Vertriebsaufwendungen abzuziehen. Soweit Roh-, Hilfs- und Betriebsstoffe in unterschiedliche Endprodukte eingehen, die zu unterschiedlichen Preisen veräußert werden, entsteht möglicherweise ein nicht lösbares Zurechnungsproblem. In diesem Falle entsprechen ggf. die Wiederbeschaffungskosten der besten Schätzung des Nettoveräußerungswertes.

BEISPIEL:

Im Rahmen der Produktion von Betonsteinen wird Sand verbraucht. Der Beschaffungsmarktpreis für den Sand ist gesunken. Das Unternehmen hat noch große Mengen von Sand auf Lager. Die Konkurrenz wird jedoch den Preisvorteil in Form von niedrigeren Preisen an die Kunden weitergeben.

Fall 1:

Trotz des Preisrückgangs für den Sand wird das Unternehmen bei der Veräußerung der Betonsteine Gewinne erzielen. Eine Abwertung ist nicht notwendig.

Fall 2:

Aufgrund des Preisrückgangs für den Sand wird der Verkaufspreis der Betonsteine voraussichtlich niedriger als die Herstellungskosten zuzüglich eines angemessenen Vertriebsaufwands sein. Daher ist der Sand auf den Nettoveräußerungswert abzuwerten. Als bester Schätzwert für den Nettoveräußerungswert kommen die Wiederbeschaffungskosten in Betracht.

cc) Verlustfreie Bewertung

Das Ziel der Bewertung zum niedrigeren Wert aus AK/HK und Nettoveräußerungswert ist, eine verlustfreie Bewertung zu gewährleisten. Das IASB will vermeiden, dass Vorräte mit einem überhöhten Betrag in der Bilanz angesetzt werden und bei ihrem Verkauf oder Gebrauch ein Verlust zu realisieren ist.

Die Ursachen für eine zwingende Abwertung auf den niedrigeren Nettoveräußerungswert sind vielfältig. Als Beispiele werden in IAS 2.28 Beschädigung, Veralterung und der Rückgang von Verkaufspreisen genannt. Des Weiteren kann der Nettoveräußerungswert die AK/HK unterschreiten, wenn die geschätzten Kosten bis zur Fertigstellung oder die geschätzten notwendigen Vertriebskosten angestiegen sind.

Abschreibungen auf den niedrigeren Nettoveräußerungswert sind grundsätzlich in Form von **Einzelwertberichtigungen** vorzunehmen (IAS 2.29). In einigen Fällen ist es indes zulässig, ähnliche oder miteinander zusammenhängende Vorräte zu einer Gruppe zusammenzufassen. Beispielsweise ist dies der Fall, wenn Vorratsbestände derselben Produktlinie angehören und einen ähnlichen Zweck oder Endverbleib aufweisen. Überdies müssen diese Gegenstände des Vorratsvermögens in demselben geografischen Gebiet produziert und vermarktet werden sowie von anderen Gegenständen aus derselben Produktlinie nicht abgrenzbar sein. Die Kategorisierung der Vorräte darf allerdings nicht zu grob ausfallen. So sind pauschale Abschreibungen auf Untergliederungen wie »Fertigerzeugnisse« oder »Vorräte eines bestimmten Geschäftssegments« unzulässig. Dienstleistungsunternehmen haben ihre Vorratsbestände im Allgemeinen entsprechend ihres Leistungsangebots zu klassifizieren, für die ein separater Verkaufspreis kalkuliert wird.

BEISPIEL:

Ein Autohersteller hält für 15 Jahre Ersatzteile für sein Modell »Aurora« bereit. Diese Ersatzteile werden ausschließlich am Standort Leipzig für den deutschen Markt produziert.

Da die Ersatzteile derselben Produktlinie angehören sowie ausschließlich für das »Aurora«-Modell auf dem deutschen Markt vorgehalten werden, ist es zulässig, diese Vorratsgegenstände zu einer Gruppe zusammenzufassen.

Wertaufholungsgebot

Gemäß IAS 2.33 muss der Nettoveräußerungswert in jeder Folgeperiode neu ermittelt werden. Dabei kann sich herausstellen, dass die Umstände einer früheren Wertberichtigung nicht mehr vorliegen (z. B. Wiederanstieg der Verkaufspreise, nachdem diese in einer früheren Periode gefallen waren). In einem solchen Fall besteht eine **Wertaufholungspflicht**. Der Betrag der Wertaufholung darf den Betrag der ursprünglichen Wertminderung indes nicht überschreiten. Die Zuschreibung resultiert stets in einem Wert, der dem niedrigeren Wert aus AK/HK und aktuellem Nettoveräußerungswert entspricht. Wertaufholungen sind gem. IAS 2.34 als Minderung des Materialaufwands periodengerecht zu erfassen.

BEISPIEL:

Ein Fertigerzeugnis wird zum Nettoveräußerungswert von 20 € bewertet. Die Herstellungskosten betrugen ursprünglich 25 €. Aufgrund konjunktureller Einflüsse steigt der erwartete Verkaufserlös abzüglich geschätzter Verkaufskosten in der Folgeperiode auf 30 €.

Da eine Pflicht zur Wertaufholung besteht, hat eine Zuschreibung zu erfolgen. Die Zuschreibung darf indes die AK/HK als ursprünglichen Wertansatz nicht überschreiten. Das Fertigerzeugnis ist somit wieder zu 25 € zu bewerten.

dd) Bewertungsvereinfachungsverfahren

(1) Überblick

Die Bewertung von Vorräten hat grundsätzlichen durch Einzelzuordnung der individuellen AK/HK zu erfolgen. Dies gilt in jedem Fall dann, wenn es sich um gewöhnlich nicht austauschbare Gegenstände oder um ausgesonderte Vorräte für spezielle Projekte handelt (IAS 2.23). Dieser Einzelbewertungsgrundsatz gilt unabhängig davon, ob die Vorratsgegenstände angeschafft oder hergestellt worden sind.

Unter bestimmten Umständen sieht die Folgebewertung von Vorratsvermögen die Anwendung **vereinfachter Bewertungsverfahren** vor (IAS 2.24). Diese stehen dem

Grundsatz der Einzelbewertung entgegen, sind indes auf Basis einer rein wirtschaftlichen Betrachtungsweise verpflichtend anzuwenden. Voraussetzungen für die Anwendung dieser Bewertungsverfahren sind:

- Eine große Zahl von Vorräten muss vorliegen.
- Die Vorräte müssen üblicherweise untereinander austauschbar sein.

Diese Voraussetzungen werden bei einer Vielzahl von Gütern kumulativ erfüllt und lassen demzufolge den Einsatz von Bewertungsvereinfachungsverfahren zu (z. B. bei der Herstellung von Flüssigkeiten, Schrauben, Schreibtischen, Kugelschreibern, Lenkstangen, Fahrrädern, Flaschen, Bohrmaschinen, Gläsern, Platinen oder Kunststoffgranulat).

Als zulässige Vereinfachungsverfahren sieht IAS 2.25 die folgenden Verfahren (*cost formulas*) vor, und zwar

- das **First-in-First-out-Verfahren (FIFO)** und
- die **Durchschnittsmethode**.

Das **Last-in-First-Out-Verfahren (LIFO)** ist indes nicht zulässig, da es die jüngsten Vorratsposten so behandelt, als seien sie zuerst verkauft worden, und die verbleibenden Vorratsposten, als seien sie die ältesten. Damit wird das jüngste Kostenniveau der Vorräte nicht adäquat in der Bilanz abgebildet und der Gewinn oder Verlust insbesondere dann verzerrt, wenn bei einer deutlichen Reduktion der Vorräte »ältere« Vorratsposten aufgebraucht werden. Das Anwendungsverbot bezieht sich gem. IAS 2.BC19 indes nicht auf spezifische Kostenmethoden, die die Verbrauchsfolge von Vorräten zuverlässig widerspiegeln und der LIFO-Methode ähneln (z. B. bei Kiesgrube). Des Weiteren ist zu beachten, dass für alle Vorräte von ähnlicher Beschaffenheit und Verwendung für das bilanzierende Unternehmen das gleiche Zuordnungsverfahren zu verwenden ist.

(2) First-in-First-out-Verfahren (FIFO)

Das FIFO-Verfahren geht von der Annahme aus, dass die zuerst beschafften oder produzierten Vorräte auch zuerst verkauft bzw. verbraucht werden (IAS 2.27). Die am Ende der Periode verbleibenden Vorräte setzen sich folglich aus den zuletzt gekauften bzw. hergestellten Erzeugnissen zusammen. Die zum FIFO-Verfahren bewerteten Bestände spiegeln dadurch die **aktuelle Situation am Beschaffungsmarkt** am besten wieder.

BEISPIEL:

Im Berichtsjahr hat ein Unternehmen Rohstoffe für die Produktion wie nachfolgend erworben bzw. verbraucht. Das Unternehmen wendet das FIFO-Verfahren zur Vorratsbewertung an.

Datum		kg	cost formula	Preis in €	Wert in €
1.1.	Anfangsbestand	5 000		40	200 000
11.1.	Zugang	8 000		42	336 000
7.4.	Abgang	-7 000	5 000 zu 40 € und 2 000 zu 42 €	40,57	-284 000
27.8.	Zugang	2 000		38	76 000
7.11.	Abgang	-5 500	5 500 zu 42 €	42	-231 000
31.12.	**Endbestand**	**2 500**		**38,80**	**97 000**

Der Endbestand von 2 500 kg wird zu 38,80 € pro kg bewertet, was in einem bilanziellen Schlusswert für das hier betrachtete Vorratsvermögen von 97 000 € resultiert. Dies ergibt sich daraus, dass nach dem FIFO-Verfahren 2 000 kg zu 38 € pro Stück und 500 kg zu 42 € pro kg bilanziell anzusetzen sind.

(3) Durchschnittsmethode

Im Hinblick auf die Durchschnittsmethode lassen sich zwei Verfahren unterscheiden: Die Methode des gewogenen Durchschnitts und die Methode des gleitenden Durchschnitts. Die Anwendung der jeweiligen Methode bestimmt sich nach den Gegebenheiten des bilanzierenden Unternehmens (IAS 2.27).

Methode des gewogenen Durchschnitts

Die Methode des **gewogenen Durchschnitts** geht von der Annahme aus, dass der Abgang bzw. Verbrauch von Vorräten erst nach dem letzten Zugang erfolgt. Folglich lässt sich der gewogene Durchschnitt auf Basis der Berichtsperiode erst am Abschlussstichtag bestimmen.

Methode des gleitenden Durchschnitts

Dagegen sieht die Methode des **gleitenden Durchschnitts** eine (Neu-) Berechnung des Durchschnitts bei jeder zusätzlich erhaltenen Lieferung vor. Die Durchschnittspreise werden also laufend fortgeschrieben und entsprechen damit eher den tatsächlichen Anschaffungskosten der zum Abschlussstichtag auf Lager liegenden Vorratsgegenstände.

BEISPIEL:

Im Berichtsjahr hat ein Unternehmen Rohstoffe für die Produktion wie nachfolgend erworben bzw. verbraucht. Das Unternehmen vergleicht, wieweit sich die Bewertung des Endbestands bei Anwendung des gewogenen Durchschnitts von der Bewertung zum gleitenden Durchschnitt unterscheidet.

Die Methode des gewogenen Durchschnitts führt zu einer Bewertung des bilanziellen Endbestands zu 40,80 € pro kg:

Datum		kg	cost formula	Preis in €	Wert in €
1.1	Anfangsbestand	5 000		40	200 000
11.1	Zugang	8 000		42	336 000
7.4	Abgang	-7 000	$\frac{\sum \text{aller Zugänge + Anfangsbestand (€)}}{\sum \text{aller Zugänge + Anfangsbestand (kg)}}$	40,80	-285 600
27.8	Zugang	2 000		38	76 000
7.11	Abgang	-5 500	$\frac{\sum \text{aller Zugänge + Anfangsbestand (€)}}{\sum \text{aller Zugänge + Anfangsbestand (kg)}}$	40,80	-224 400
31.12	**Endbestand**	**2 500**	$\frac{\sum \textbf{aller Zugänge + Anfangsbestand (€)}}{\sum \textbf{aller Zugänge + Anfangsbestand (kg)}}$	**40,80**	**102 000**

Dagegen resultiert die Methode des gleitenden Durchschnitts in 40,42 € pro kg als Bewertungsmaßstab für den zum Jahresende gehaltenen Vorratsbestand:

Datum		kg	cost formula	Preis in €	Wert in €
1.1	Anfangsbestand	5 000		40	200 000
11.1	Zugang	8 000		42	336 000
7.4	Abgang	-7 000	$\frac{\sum \text{Anfangsbestand 1.1. und Zugang 11.1. (€)}}{\sum \text{Anfangsbestand 1.1. und Zugang 11.1. (kg)}}$	41,23	-288 615
27.8	Zugang	2 000		38	76 000
7.11	Abgang	-5 500	$\frac{\sum \text{Wertänderungen 1.1. bis 27.8. (€)}}{\sum \text{Bestandsveränderungen 1.1. bis 27.8. (kg)}}$	40,42	-222 327
31.12	**Endbestand**	**2 500**	$\frac{\sum \textbf{Wertänderungen 1.1. bis 7.11. (€)}}{\sum \textbf{Bestandsveränderungen 1.1. bis 7.11. (kg)}}$	**40,42**	**101 058**

Die unterschiedlichen Resultate bei Anwendung der verschiedenen (frei wählbaren) Methoden eröffnen dem bilanzierenden Unternehmen unter Beachtung des Stetigkeitsgrundsatzes einen bilanzpolitischen Spielraum. So führt das gleitende Durchschnittsverfahren bei steigenden Preisen zu einer höheren Vorratsbewertung, während die Methode des gewogenen Durchschnitts bei fallenden Preisen eine höhere Vorratsbewertung ergibt. Welches dieser Verfahren im vorgestellten Beispiel auch angewendet wird, sofern die tatsächliche Verbrauchsfolge nicht mit der Abbildung durch das angewendete Verfahren übereinstimmt, liegt ein nicht den tatsächlichen Verhältnissen entsprechender Bilanzansatz vor. Hinzu kommt, dass durch eine erhöhte Vorratsbewertung in der Erfolgsrechnung sog. Scheingewinne realisiert werden. Indes stellen die Bewertungsverfahren adäquate Methoden dar, wenn aus Praktikabilitätsgründen vom Einzelbewertungsgrundsatz abgewichen wird (z. B. bei Flüssigkeiten).

5. Ausweis und Angaben

In IAS 2.36-2.39 sind die Angabepflichten im Hinblick auf das Vorratsvermögen festgeschrieben. Da die Stelle, an welcher die geforderten Angaben zur Bilanzierung des Vorratsvermögens in einem IFRS-Abschluss offenzulegen sind, nicht weiter spezifiziert ist (IAS 2.36 spricht lediglich vom IFRS-Abschluss), können diese Angaben **wahlweise** in der Bilanz, Erfolgsrechnung oder im Anhang erfolgen.

Die Mindestgliederung der Bilanz verlangt verpflichtend lediglich den Ausweis des Postens »Vorräte« (IAS 1.54). Gemäß IAS 2.37 werden hingegen weitere Untergliederungen und das Ausmaß der jeweiligen Veränderungen als entscheidungsnützliche Information für die Abschlussadressaten angesehen. In diesem Zusammenhang hat sich die **folgende Mindestgliederung** der Vorräte in der Bilanz herausgebildet, die indes unternehmensspezifisch vorzunehmen ist (IAS 2.36 (b)):[12]

- Handelswaren,
- Roh-, Hilfs- und Betriebsstoffe,
- unfertige Erzeugnisse und
- Fertigerzeugnisse.

Die Vorräte eines Dienstleistungsunternehmens können demgegenüber als unfertige Erzeugnisse ausgewiesen werden.

Der Buchwert veräußerter Vorräte ist in der Berichtsperiode als Aufwand zu erfassen, in der die zugehörigen Erträge realisiert werden. Dagegen sind Wertminderungen von Vorräten aufgrund der Abwertung auf den niedrigeren Nettoveräußerungswert in der Periode als Aufwand zu erfassen, in der die Wertminderungen vorgenommen wurden oder die Verluste eingetreten sind. Der entstehende Aufwand ist in der Erfolgsrechnung unter dem Posten »**Materialaufwand**« zu subsumieren, sofern nach dem Gesamtkostenverfahren bilanziert wird. Alle Wertaufholungen von Vorräten aufgrund der Erhöhung des Nettoveräußerungswerts sind periodengerecht als Verminderung des Materialaufwands zu behandeln (IAS 2.34). Wird dagegen das Umsatzkostenverfahren angewendet, so werden die Materialaufwendungen innerhalb des Postens »**Umsatzkosten**« (*cost of sales*) ausgewiesen (IAS 2.38). In diesem Fall hat das bilanzierende Unternehmen gem. IAS 2.39 jedoch die Aufwendungen für Rohstoffe und Verbrauchsgüter, Personalkosten und andere Aufwendungen zusammen mit dem Betrag der Bestandsveränderungen des Vorratsvermögens in der Berichtsperiode separat anzugeben.

Mit IAS 2.36 werden weitere Angabepflichten für Vorräte postuliert. Diese Angaben werden in der Praxis häufig im **Anhang** abgegeben. Zwingend offenzulegen sind in diesem Zusammenhang:

- Die angewandten Bilanzierungs- und Bewertungsmethoden für Vorräte einschließlich der Bewertungsverfahren (*cost formula*);
- der Buchwert der zum Nettoveräußerungswert angesetzten Vorräte;
- der Betrag der als Aufwand erfassten Vorräte;
- der Betrag von Wertminderungen auf Vorräte, die aufgrund der Abwertung auf den niedrigeren Nettoveräußerungswert in der Berichtsperiode erfasst worden sind;
- der Betrag von Zuschreibungen zum Vorratsvermögen, die aufgrund der Wertaufholung auf die fortgeführten AK/HK bzw. den berichtigten Nettoveräußerungswert in der Berichtsperiode erfasst worden sind;
- die Umstände oder Ereignisse, die zu einer Wertaufholung geführt haben; sowie
- der Buchwert der Vorräte, die als Sicherheit für Verbindlichkeiten dienen.

6. Sonderbereich: Landwirtschaftliche Tätigkeit

Wie bereits erwähnt, regelt IAS 41 die Bilanzierung von biologischen Vermögenswerten sowie der aus ihnen gewonnenen landwirtschaftlichen Erzeugnisse, die mit **landwirtschaftlicher** Tätigkeit und landwirtschaftlicher Produktion zum Zeitpunkt der Ernte im Zusammenhang stehen. Hinter der Abgrenzung des IAS 41 zu IAS 2 steht der Grundgedanke, dass sich biologische Vermögenswerte durch das Management der **biologischen Transformation** von »regulären« Vermögenswerten unterscheiden.[13] Die reine Ausbeutung von Ressourcen ohne biologische Transformation ist dagegen vom Anwendungsbereich des IAS 41 ausgeschlossen. Abb. E.10 stellt beispielhaft von IAS 41 erfasste und von IAS 41 ausgenommene Tätigkeiten einander gegenüber:[14]

Zu bemerken ist allerdings, dass die Vorschriften des IAS 41 die Bilanzierung von landwirtschaftlichen Erzeugnissen lediglich bis zum **Zeitpunkt der Ernte** regeln. Die Folgebewertung richtet sich hingegen nach anderen anwendbaren Standards, d. h. regelmäßig nach IAS 2 (IAS 41.13).[15]

Anwendungsbereich des IAS 41	
Vom Anwendungsbereich erfasst	Vom Anwendungsbereich ausgenommen
Viehzucht	Betrieb eines Zoos
Fischzucht	Hochseefischen
Forstwirtschaft	Entwaldung/Waldrodung

Abbildung E.10 Überblick über den Anwendungsbereich von IAS 41

Gemäß IAS 41.5 versteht man unter **biologischen Vermögenswerten** ein lebendes Tier oder eine lebende Pflanze. Die Frucht dieser Vermögenswerte (z. B. Eier von Hühnern) stellen **landwirtschaftliche Erzeugnisse** dar. Landwirtschaftliche Tätigkeit umfasst infolgedessen das Management der absatzbestimmten biologischen Transformation (Wachstum, Rückgang, Fruchtbringung und Mehrung) biologischer Vermögenswerte in landwirtschaftliche Erzeugnisse oder in zusätzliche biologische Vermögenswerte.

Ein Unternehmen hat biologische Vermögenswerte und landwirtschaftliche Erzeugnisse nur dann in der Bilanz anzusetzen, wenn nachstehende Voraussetzungen **kumulativ** erfüllt sind (IAS 41.10):

- Das Unternehmen kontrolliert den Vermögenswert aufgrund historischer Ereignisse (z. B. rechtliches Eigentum an einem Rind durch Brandzeichen).
- Es ist hinreichend wahrscheinlich, dass der künftige wirtschaftliche Nutzen des Vermögenswerts dem Unternehmen zufließen wird.
- Der beizulegende Zeitwert oder die AK/HK des Vermögenswerts können zuverlässig bestimmt werden.

Biologische Vermögenswerte sind beim erstmaligen Ansatz und in jeder Folgeperiode gem. IAS 41.12 grundsätzlich zum beizulegenden Zeitwert abzüglich der geschätzten Verkaufskosten (*fair value less estimated point-of-sale costs*) zu bewerten.

Landwirtschaftliche Erzeugnisse, die ein Unternehmen von seinen biologischen Vermögenswerten geerntet hat, müssen beim erstmaligen Ansatz im Moment der Ernte ebenfalls zum beizulegenden Zeitwert abzüglich der geschätzten Verkaufskosten bewertet werden. Der ermittelte Wert stellt die AK/HK dar, für die eine spätere Bewertung nach IAS 2 oder anderen Standards – wie oben bereits erwähnt – durchzuführen ist (IAS 2.20 i. V. m. IAS 41.13).

In IAS 41.30 wird angenommen, dass der beizulegende Zeitwert für einen biologischen Vermögenswert zuverlässig bestimmt werden kann. Beim **erstmaligen Ansatz** eines biologischen Vermögenswerts (und auch nur dann!) gilt diese Annahme indes als widerlegt, wenn für die Bestimmung des beizulegenden Zeitwerts weder marktbasierte Preise oder Werte zur Orientierung vorhanden noch zuverlässige alternative Schätzungen möglich sind. Sofern die Ermittlung eines beizulegenden Zeitwerts zu einem früheren Zeitpunkt möglich war, ist das bilanzierende Unternehmen folglich auch in den Folgeperioden zu dessen Ermittlung verpflichtet. Der beizulegende Zeitwert gilt regelmäßig als zuverlässig bestimmbar, wenn der zugrunde liegende biologische Vermögenswert die Kriterien für langfristige Vermögenswerte gem. IFRS 5 erfüllt (vgl. S. 231 f.).

Ist es beim erstmaligen Ansatz hingegen unmöglich, den beizulegenden Zeitwert eines biologischen Vermögenswerts zu ermitteln, hat die Bewertung biologischer Vermögenswerte zu AK/HK abzüglich aller kumulierten Abschreibungen und aller kumulierten Wertminderungsaufwendungen – also den **fortgeführten AK/HK** – zu erfolgen. Sobald der beizulegende Zeitwert für einen zu fortgeführten AK/HK bewerteten, biologischen Vermögenswert zuverlässig kalkulierbar ist, hat das bilanzierende Unternehmen diesen beizulegenden Zeitwert abzüglich der geschätzten Verkaufskosten als Bilanzwert der biologischen Vermögenswerte bzw. landwirtschaftlichen Erzeugnisse anzusetzen.

Beim erstmaligen Ansatz eines biologischen Vermögenswerts bzw. eines landwirtschaftlichen Erzeugnisses kann entweder ein Gewinn oder ein Verlust entstehen. Ein Verlust entsteht dann, wenn die abzuziehenden geschätzten Verkaufskosten den beizulegenden Zeitwert des biologischen Vermögenswerts bzw. landwirtschaftlichen Erzeugnisses übersteigen (IAS 41.27). Gewinne oder Verluste sind nach IAS 41.26 und IAS 41.28 stets in das Ergebnis der Periode einzubeziehen, in der sie entstanden sind. Sie sind zudem separat in der Erfolgsrechnung anzugeben.

Die Zuwendungen der öffentlichen Hand in Zusammenhang mit einem biologischen Vermögenswert sind gem. IAS 41.34 nur dann als Ertrag zu erfassen, wenn:

- die Bewertung des biologischen Vermögenswerts zum beizulegenden Zeitwert erfolgt, d. h. nicht zu fortgeführten AK/HK; und
- die öffentlichen Zuwendungen einforderbar sind (oftmals werden diese an verschiedenste Bedingungen geknüpft[16]).

Sofern die biologischen Vermögenswerte zu fortgeführten AK/HK bewertet werden, sind die Zuwendungen der öffentlichen Hand entsprechend der Regelungen des IAS 20 zu bilanzieren (vgl. S. 494 ff.).

Mit der Anwendung von IAS 41 sind zahlreiche Angabepflichten verbunden (IAS 41.40-41.57). Einige dieser Pflichten zur Offenlegung werden beispielhaft im Folgenden aufgeführt:

- Eine Beschreibung jeder Gruppe (d. h. gleichartiger lebender Tiere und Pflanzen) biologischer Vermögenswerte.
- Methoden und wesentliche Annahmen zur Ermittlung des beizulegenden Zeitwerts jeder Gruppe landwirtschaftlicher Erzeugnisse zum Erntezeitpunkt und jeder Gruppe biologischer Vermögenswerte.
- Eine Überleitungsrechnung der Änderungen des Buchwerts der biologischen Vermögenswerte zwischen dem Beginn und dem Ende der Berichtsperiode.

- Sofern ein Unternehmen biologische Vermögenswerte am Periodenende zu ihren AK/HK abzüglich aller kumulierten Abschreibungen und Wertminderungsaufwendungen bewertet, haben verschiedene weitere Angaben nach Maßgabe von IAS 41.54 f. zu erfolgen, und zwar
  - eine Beschreibung der biologischen Vermögenswerte;
  - eine Erklärung, warum der beizulegende Zeitwert nicht verlässlich ermittelbar ist;
  - sofern möglich eine Schätzungsbreite, innerhalb der der beizulegende Zeitwert höchstwahrscheinlich liegt;
  - die verwendete Abschreibungsmethode;
  - die verwendeten Nutzungsdauern oder Abschreibungssätze;
  - der Bruttobuchwert und die kumulierten Abschreibungen zu Beginn und zu Anfang der Periode;
  - die Gewinne und Verluste, die mit dem Ausscheiden der biologischen Vermögenswerte entstehen (gesonderte Darstellung in der Überleitungsrechnung); sowie
  - Wertminderungsaufwendungen, Wertaufholungen aufgrund früherer Wertminderungsaufwendungen und Abschreibungen (gesonderte Darstellung in der Überleitungsrechnung).

Kann der beizulegende Zeitwert der biologischen Vermögenswerte, die zuvor zu AK/HK bewertet wurden, während der Berichtsperiode nunmehr ermittelt werden, sind die Begründung dieses Umstands und die Auswirkungen der Bewertungsänderung anzugeben (IAS 41.56).

7. Weiterführende Literatur

Jacobs/Schmitt, IAS 2 Vorräte (Inventories), in *Baetge u. a.* (Hrsg.), Rechnungslegung nach IFRS, (Loseblattkommentar), 2. Aufl., Teillieferung 8, Stuttgart 2009;

Kümpel, Vorratsbewertung und Auftragsfertigung nach IFRS, München 2005;

Scharpenberg/Schreiber, IAS 41 Landwirtschaft (Agriculture), in *Baetge u. a.* (Hrsg.), Rechnungslegung nach IFRS, (Loseblattkommentar), 2. Aufl., Teillieferung 8, Stuttgart 2009;

Vater, Überarbeitung von IAS 23 »Fremdkapitalkosten« – Konvergenz um der Konvergenz willen?, WPg 2006, S. 1337-1345.

VI. Eigenkapital

RELEVANTE STANDARDS

IAS 1 – Darstellung des Abschlusses
IAS 32 – Finanzinstrumente: Darstellung
IAS 39 – Finanzinstrumente: Ansatz und Bewertung
IFRIC 2 – Geschäftsanteile an Genossenschaften und ähnliche Instrumente
IFRIC 17 – Sachdividenden an Eigentümer

KERNAUSSAGEN

- Eigenkapital ist im Rahmenkonzept definiert als Differenz zwischen Vermögenswerten und Schulden eines Unternehmens.
- Das Eigenkapital wird dem Unternehmen von den Anteilseignern grundsätzlich ohne Rückzahlungsanspruch zur Verfügung gestellt.
- Von diesem Grundsatz (ohne Rückzahlungsanspruch) enthält IAS 32 einige Ausnahmen bei Finanzinstrumenten, die an den Emittenten zurückgegeben werden können (*puttable instruments*) und Finanzinstrumenten, die im Falle der Liquidation des Unternehmens zu einem Rückzahlungsanspruch des Inhabers führen.
- Die IFRS enthalten neben der in IAS 1.54 enthaltenen Differenzierung »Eigenkapital« und »Anteile anderer Gesellschafter« keine weiteren Ausweisvorschriften zum Eigenkapital.
- Transaktionskosten einer Eigenkapitaltransaktion sind abzüglich des mit den Transaktionskosten verbundenen Steuervorteils im Eigenkapital zu erfassen.
- Eigene Anteile sind offen vom Eigenkapital abzusetzen.
- Nach den IFRS sind zahlreiche Informationen zum Eigenkapital im Anhang darzulegen.

1. Definition und Abgrenzung

a) Eigenkapitaldefinition

Das Rahmenkonzept zu den IFRS definiert das Eigenkapital in F.49 (c) als **Differenz zwischen den Vermögenswerten und den Schulden**. Das Eigenkapital ist somit der Residualanspruch der Eigenkapitalgeber. Eine ähnliche Definition enthält IAS 32.11. Danach ist jeder Vertrag als Eigenkapitalinstrument zu klassifizieren, welcher einen Residualanspruch auf die Vermögenswerte eines Unternehmens abzüglich der Schulden begründet.

Der Betrag des Eigenkapitals resultiert vor allem aus den Definitions- und Bewertungsvorschriften für Vermögenswerte und Schulden. Der Betrag des Eigenkapitals im IFRS-Abschluss entspricht somit grundsätzlich nicht dem Marktwert des Eigenkapitals. Eine solche Übereinstimmung ist nicht angestrebt und wäre lediglich Zufall.

Die Bestimmung der Saldogröße zwischen den Vermögenswerten und den Schulden erfordert, Vermögenswerte, Schulden und Eigenkapitalinstrumente zu differenzieren.

Zu dieser Differenzierung enthält IAS 32 Grundsätze, welche im Folgenden erläutert werden. Anschließend werden Ausnahmen von diesen Grundsätzen erläutert. Diese Ausnahmen betreffen zum einen sogenannte »*puttable instruments*«. Dies sind Instrumente, bei denen der Inhaber des Eigenkapitalinstruments das Recht zur Kündigung besitzt (z. B. Anteile an einer Personengesellschaft). Zum anderen betreffen die Ausnahmen Instrumente, bei denen das Unternehmen lediglich bei Liquidation verpflichtet ist, anteiliges Nettovermögen an einen Dritten zu zahlen.

b) Grundsätze zur Differenzierung von Eigenkapital, Vermögenswerten und Schulden

Die wesentlichen Merkmale, anhand derer ein Finanzinstrument als Eigenkapital zu klassifizieren ist, enthält IAS 32.16. Danach ist ein Finanzinstrument als Eigenkapital zu klassifizieren, soweit das Instrument **keine vertragliche Verpflichtung** enthält,

- Zahlungsmittel oder einen anderen finanziellen Vermögenswert an ein anderes Unternehmen zu liefern; oder
- finanzielle Vermögenswerte oder finanzielle Verbindlichkeiten unter nachteiligen Bedingungen zu tauschen.

Wenn das analysierte Finanzinstrument **in Aktien des Emittenten erfüllt wird** oder erfüllt werden kann, ist es als Eigenkapital zu klassifizieren, sofern es zusätzlich

- ein **nicht-derivatives** Finanzinstrument ist, welches **keine** vertragliche Verpflichtung des Emittenten enthält, eine **variable Zahl eigener Eigenkapitalinstrumente** auszugeben; oder
- ein **Derivat** ist, welches vom Emittenten beglichen wird, indem entweder ein fixer Geldbetrag oder ein bestimmter finanzieller Vermögenswert gegen eine **fixe Zahl eigener Eigenkapitalinstrumente** getauscht wird.

Bei der Klassifikation ist immer von der wirtschaftlichen und nicht von der rechtlichen Betrachtung auszugehen. Unabhängig davon, ob ein Instrument Genussschein, Genussrecht, Aktie, Vorzugsaktie, Beteiligung usw. bezeichnet wird, sind die Vorschriften des IAS 32 zur Abgrenzung des Eigenkapitals anzuwenden.

Enthält ein Finanzinstrument eine vertragliche Verpflichtung, Zahlungsmittel oder einen anderen finanziellen Vermögenswert zu liefern, ist es nicht als Eigenkapitalinstrument, sondern als **Schuldinstrument** zu klassifizieren. Dies gilt z. B. für Vorzugsaktien, welche durch das ausgebende Unternehmen zu einem späteren Zeitpunkt gegen die Zahlung eines festen oder noch zu bestimmenden Zahlungsmittelbetrags verpflichtend zurückzunehmen sind. Ebenso gilt dies für Genussrechte, soweit diese zu einem bestimmten künftigen Zeitpunkt eine Rückzahlungsverpflichtung des Unternehmens an den Inhaber enthalten.

Eine vertragliche Verpflichtung, Zahlungsmittel oder einen anderen finanziellen Vermögenswert zu liefern, liegt immer dann vor, wenn sich das Unternehmen einer Zahlung nicht entziehen kann. Dies ist nicht nur der Fall, wenn diese Verpflichtung ohne Handeln der Vertragspartner zu einem bestimmten künftigen Zeitpunkt eintritt bzw. die Zahlung fällig wird. Eine solche vertragliche Verpflichtung liegt auch vor, wenn dem Inhaber des

Instruments **das Recht zusteht**, künftig eine solche **Zahlungsverpflichtung herbeizuführen**. Dies ist z. B. der Fall bei Anteilen an Personengesellschaften, bei denen der Anteilseigner ein Kündigungsrecht besitzt. Im Falle einer solchen Kündigung gibt der Anteilseigner seinen Anteil an den Emittenten zurück (»*put it back to the issuer*«), welcher verpflichtet ist, einen bestimmten Betrag an den (ehemaligen) Inhaber zu zahlen (vgl. aber die auf S. 299 ff. dargestellte Ausnahmevorschrift).

Soweit das Finanzinstrument in Eigenkapitalinstrumenten des Emittenten erfüllt wird oder erfüllt werden kann, liegt ein Eigenkapitalinstrument nur vor, soweit die Eigenkapitalinstrumente **nicht als »Währung«** (»*currency*«, IAS 32.BC10 (b)) dienen. Die Eigenkapitalinstrumente dienen als »Währung«, soweit nicht eine fixe Zahl, sondern eine variable Zahl an Aktien zu liefern oder zu erhalten ist. Ist eine variable Zahl an Eigenkapitalinstrumenten zu liefern oder zu erhalten, besitzt die Vertragspartei keinen Residualanspruch auf die Vermögenswerte des Unternehmens abzüglich der Schulden, sondern i. d. R. einen festen Anspruch. In diesen Fällen ist die Definition eines Eigenkapitalinstruments nicht erfüllt, nach welcher ein Eigenkapitalinstrument immer einen Residualanspruch begründet.

Die Klassifizierung eines Vertrags, welcher den Emittenten verpflichtet, eigene Eigenkapitalinstrumente zu liefern, als Eigenkapitalinstrument hat u. a. zur Folge, dass

- für den Vertragsabschluss erhaltene oder gezahlte Prämien in der Kapitalrücklage zu erfassen sind und nicht im Gewinn oder Verlust; und
- Wertänderungen des Vertrags nicht im Abschluss erfasst werden.

BEISPIEL:

Die ABC AG erwirbt am 1.1.20X1 ein Forderungsportfolio. Der beizulegende Zeitwert des Forderungsportfolios beträgt 50 000 €. Als Gegenleistung wird Unternehmen A am 1.7.20X1.

Fall 1: 1 000 Aktien ausgeben.

Fall 2: Aktien im Wert von 50 000 € ausgeben.

Der Nennwert je Aktie beträgt dann am 1.1.20X1: 1 €. Der beizulegende Zeitwert einer Aktie beträgt am 1.1.20X1 50 €, am 1.7.20X1 40 €.

Zu Fall 1: Die Zahl der auszugebenden Aktien ist fix. Das Finanzinstrument ist als Eigenkapitalinstrument zu klassifizieren. A bucht am 1.1.20X1:

Forderungsportfolio	an Kapitalrücklage	50 000 €

Wertänderungen des Vertrags sind künftig nicht im Abschluss zu erfassen (IAS 32.22 letzter Satz). Am 1.7.20X1 bucht A:

Kapitalrücklage	an Gezeichnetes Kapital	1 000 €

Zu Fall 2: Die Zahl der auszugebenden Aktien ist variabel. Das Finanzinstrument ist **nicht** als Eigenkapitalinstrument zu klassifizieren, sondern als Schuldinstrument. A bucht am 1.1.20X1:

Forderungsportfolio	an Verbindlichkeit	50 000 €

Am 1.7.20X1 gibt A 1 250 Aktien aus. A bucht:

Verbindlichkeit	50 000 €	an Gezeichnetes Kapital	1 250 €
		an Kapitalrücklage	48 750 €

BEISPIEL:

Die ABC AG schließt mit einem Dritten am 1.1.20X1 folgenden Vertrag:

Fall 1: Der Dritte erhält die Option, in fünf Monaten 1 000 Aktien der ABC AG für 50 000 € zu erwerben.

Fall 2: Der Dritte erhält die Option, in fünf Monaten 1 000 Aktien zum Gegenwert von 90 Feinunzen Gold zu erwerben.

Der Dritte zahlt eine Optionsprämie in Höhe von 1 500 €. Der Nennbetrag je Aktie beträgt 1 €.

Zu Fall 1: Das Derivat ist als Eigenkapitalinstrument zu klassifizieren, da die ABC AG aus dem Derivat verpflichtet ist, eine fixe Zahl an Aktien zu liefern und dafür einen fixen Zahlungsmittelbetrag erhält. Die Prämie ist daher in der Kapitalrücklage zu erfassen. Soweit die Option am 1.6.20X1 ausgeübt wird, bucht die ABC AG:

Kasse	50 000 €	an Gezeichnetes Kapital	1 000 €
		an Kapitalrücklage	49 000 €

Zu Fall 2: Das Derivat ist **nicht** als Eigenkapitalinstrument, sondern als Schuldinstrument zu klassifizieren. Zwar gibt die ABC AG eine feste Zahl an Aktien aus, die Gegenleistung ist aber variabel auf Basis des Goldpreises. Die erhaltene Prämie ist bei der ABC AG unmittelbar als Ertrag im Gewinn oder Verlust zu erfassen.

Ist ein Finanzinstrument als Eigenkapitalinstrument zu klassifizieren, kann daraus trotzdem eine zu bilanzierende Verbindlichkeit resultieren. Dies ist der Fall bei als Eigenkapitalinstrument zu klassifizierenden Verträgen, welche eine Erwerbspflicht des Unternehmens enthalten (IAS 32.23). In diesem Fall hat das Unternehmen die Verbindlichkeit in Höhe des Barwerts des Rückkaufbetrags anzusetzen.

BEISPIEL:

Die ABC AG räumt einem Dritten gegen Zahlung einer Prämie das Recht ein, in einem Jahr 1 000 Aktien der ABC AG an diese für 50 000 € zu veräußern. Der anzuwendende Zinssatz beträgt 10 %.

Da in diesem Fall eine fixe Zahl an Aktien gegen einen fixen Zahlungsmittelbetrag getauscht wird, ist der Vertrag als Eigenkapitalinstrument zu klassifizieren. Die Prämie ist gegen die Kapitalrücklage zu erfassen. Wertänderungen des Vertrags sind nicht im Abschluss abzubilden (IAS 32.22).

Die Verbindlichkeit aus dem Erwerb der eigenen Aktien ist bei Unternehmen A als Verbindlichkeit zu passivieren. Der Barwert der Verbindlichkeit beträgt 45 455 €. Unternehmen A bucht folglich:

Eigenkapital	an Verbindlichkeit	45 455 €

Soweit das Recht nicht ausgeübt wird, ist die Verbindlichkeit gegen das Eigenkapital auszubuchen.

Bedingte Erfüllungsvereinbarungen

In einigen Fällen werden bei Finanzinstrumenten bedingte Erfüllungsvereinbarungen vereinbart, die dazu führen könnten, dass ein als Eigenkapital einzustufendes Finanzinstrument als Fremdkapitalinstrument zu klassifizieren ist. So kann z. B. eine Zahlungsverpflichtung oder die Verpflichtung zur Lieferung einer variablen Zahl von Aktien abhängig von der Entwicklung bestimmter Indizes, Zinssätze oder des Verschuldungsgrads des Unternehmens entstehen. Eine bedingte Zahlungsverpflichtung liegt z. B. vor, wenn die Vertragspartei einem Forderungsverzicht mit Besserungsschein zugestimmt hat. In diesem Falle sind Zahlungen zu leisten, soweit vereinbarte Besserungen (z. B. bestimmte Eigenkapitalquote oder ausreichende Liquidität) künftig eintreten. Grundsätzlich sind Finanzinstrumente, die eine bedingte Erfüllungsvereinbarung enthalten als Fremdkapitalinstrumente zu klassifizieren, da sich das Unternehmen der entsprechenden Verpflichtung nicht entziehen kann. In den Fällen, in denen

- das bedingte Ereignis extrem selten, **äußerst ungewöhnlich und sehr unwahrscheinlich** ist, oder
- die Zahlungsverpflichtung oder die Verpflichtung zur Lieferung einer variablen Zahl von Eigenkapitalinstrumenten **nur im Falle der Liquidation** des Emittenten entsteht,

sind die Finanzinstrumente dagegen **als Eigenkapitalinstrumente** zu klassifizieren.

Erfüllungswahlrecht

Soweit bei einem Derivat einer Vertragspartei ein Erfüllungswahlrecht eingeräumt wird, ist das Derivat als finanzieller Vermögenswert oder als finanzielle Schuld zu klassifizieren, soweit nicht alle Erfüllungsalternativen zu einer Klassifikation als Eigenkapital führen.

BEISPIEL:

Die ABC AG erwirbt die Option, 10.000 Aktien der DEF AG für 50 000 € zu erwerben. Die DEF AG erhält dafür eine Prämie i. H. v. 700 €. Wird die Option ausgeübt, hat die DEF AG das Wahlrecht, die 10 000 Aktien zu liefern, oder die positive Differenz zwischen dem beizulegenden Zeitwert der 10 000 Aktien und dem Basispreis von 50 000 € an die ABC AG zu zahlen. Die letztgenannte Alternative führt zu einer Klassifikation der Option als Schuldinstrument. Daher ist die Prämie bei der DEF AG erfolgswirksam abzubilden. Wertänderungen der Option sind künftig zu erfassen.

IFRIC 2

IFRIC 2 enthält besondere Vorschriften für die Klassifikation von Eigenkapital bei **Genossenschaften**[1]. Geschäftsguthaben sind danach als Eigenkapital zu klassifizieren, soweit die Genossenschaft ein uneingeschränktes Recht hat, die Rücknahme der Anteile zu verweigern, oder eine Mindestkapitalisierung der Genossenschaft vorgeschrieben ist. Im Ergebnis stimmen die Regelungen des IFRIC 2 mit denen des IAS 32 überein.

c) Ausnahmen bei der Klassifizierung von Finanzinstrumenten

aa) Überblick

Finanzinstrumente mit Inhaberkündigungsrecht sind nach IAS 32 grundsätzlich als Schuldinstrumente zu klassifizieren. Dies führte bei zahlreichen Gesellschaftsformen dazu, dass diese nach IFRS kein oder zumindest wenig Eigenkapital ausweisen. Zudem kommt es zu der wenig entscheidungsnützlichen Situation, dass der Wert der Schuld umso größer ist, je höher der Unternehmenswert ist und umgekehrt.[2] Dieser Problematik hat sich das IASB angenommen und mit IAS 32.16A bis 32.16D ergänzende Regelungen zu Finanzinstrumenten erlassen, die

- ein Kündigungsrecht des Inhabers enthalten oder auf andere Weise in Abhängigkeit von ungewissen künftigen Ereignissen oder im Falle des Todes oder der Pensionierung des Inhabers »an das Unternehmen zurückgegeben werden« (*puttable instruments*), sowie

- eine Verpflichtung des Unternehmens enthalten, anteiliges Nettovermögen lediglich im Falle der Liquidation des Unternehmens zu zahlen.

Entsprechend IAS 32.AG29A und IAS 32.BC68 sind die Regelungen des IAS 32.16A-D zur Klassifizierung nicht auf die Anteile anderer Gesellschafter an Tochtergesellschaften im Konzernabschluss anzuwenden. Sowohl Inhaberkündigungsrechte, als auch Abfindungsansprüche führen zu einer Klassifizierung der Anteile anderer Gesellschafter als Schuldinstrumente.

(bb) Ausnahmen bei »puttable instruments«

»*Puttable instruments*« sind nach den allgemeinen Grundsätzen als Fremdkapital zu klassifizieren, da sich der Emittent der Zahlungsverpflichtung nicht entziehen kann. Soweit solch ein Instrument die folgenden Eigenschaften aufweist, ist es indes als Eigenkapital zu klassifizieren[3]:

- Das Instrument garantiert dem Inhaber im Falle der Liquidation einen **beteiligungsproportionalen Anspruch** auf das Nettovermögen des Unternehmens.
- Das Instrument zählt zu der **nachrangigsten Klasse** von Finanzinstrumenten. Im Falle der Liquidation werden zunächst alle aus anderen Finanzinstrumenten entstehenden Ansprüche beglichen.

BEISPIEL:

Der Gesellschaftsvertrag der XYZ OHG ist wie folgt ausgestaltet: Gesellschafter X erhält vor den Gesellschaftern Y und Z einen Vorabanteil am Liquidationsergebnis. Nachdem Gesellschafter X seinen Anteil erhalten hat, wird der Rest zwischen den Gesellschaftern Y und Z entsprechend ihrer Anteile aufgeteilt.

BEURTEILUNG:

Beim Anteil des X handelt es sich nicht um Eigenkapital. Dieser Anteil ist nicht der nachrangigsten Klasse von Finanzinstrumenten zuordenbar. Indes sind die Anteile der Gesellschafter Y und Z in der nachrangigsten Klasse zu erfassen. Bei diesen handelt es sich um bilanzielles Eigenkapital.

- Alle Instrumente in dieser nachrangigsten Klasse haben **identische Eigenschaften**.
- Das Instrument enthält **keine weiteren Verpflichtungen**, Zahlungsmittel oder eigene Eigenkapitalinstrumente zu liefern.
- Der **erwartete Zahlungsstrom** des Instruments basiert im Wesentlichen auf dem Gewinn oder Verlust, der Änderung des Nettovermögens oder der Änderung des Unternehmenswerts.

Neben der Voraussetzung, dass das Instrument die genannten Eigenschaften erfüllt, dürfen nach IAS 32.16B keine Finanzinstrumente oder Verträge bestehen, die den Gewinn- bzw. Residualanspruch beschränken bzw. »abschöpfen«.

(cc) Ausnahmen nur bei Liquidation

Einige Finanzinstrumente enthalten die vertragliche Verpflichtung für das Unternehmen, im Fall der Liquidation anteiliges Nettovermögen an den Inhaber zu liefern. Eine solche Verpflichtung besteht,

- entweder, weil die Liquidation sicher ist und sich das Unternehmen dieser nicht entziehen kann (Unternehmen, welches für eine bestimmte Zeit gegründet wurde), oder
- weil der Inhaber die Möglichkeit besitzt, die Liquidation einzuleiten (*at the option of the instrument holder*).

Ein solches Finanzinstrument ist grundsätzlich als Schuldinstrument zu klassifizieren. Soweit es alle folgenden Eigenschaften aufweist, ist es abweichend vom Grundsatz als Eigenkapitalinstrument zu klassifizieren:

- Das Instrument garantiert dem Inhaber im Falle der Liquidation einen **beteiligungsproportionalen Anspruch** auf das Nettovermögen des Unternehmens.
- Das Instrument zählt zu der **nachrangigsten Klasse** von Finanzinstrumenten. Im Falle der Liquidation werden zunächst alle aus anderen Finanzinstrumenten entstehenden Ansprüche beglichen.
- Alle Finanzinstrumente dieser untergeordneten Klasse enthalten **dieselbe Verpflichtung**, im Fall der Liquidation anteiliges Nettovermögen zu zahlen bzw. zu liefern.

Neben der Voraussetzung, dass das Instrument die genannten Eigenschaften erfüllt, dürfen wiederum nach IAS 32.16D keine Finanzinstrumente oder Verträge bestehen, die den Gewinn- bzw. Residualanspruch beschränken bzw. »abschöpfen«.

d) Zusammengesetzte Finanzinstrumente

Einige Finanzinstrumente enthalten sowohl eine Eigenkapitalkomponente als auch eine Fremdkapitalkomponente. Solch ein Finanzinstrument wird »zusammengesetztes Finanzinstrument« genannt. Ein Beispiel für ein solches zusammengesetztes Finanzinstrument ist eine **Wandelanleihe**. Aus einer Wandelanleihe resultiert zum einen eine finanzielle Verpflichtung des Unternehmens, künftig Zins- und Tilgungsleistungen zu erbringen. Zum anderen besitzt der Inhaber der Wandelanleihe das Recht, die Anleihe innerhalb eines bestimmten Zeitraums oder zu einem bestimmten Zeitpunkt gegen eine bestimmte Zahl an Aktien des Unternehmens zu tauschen. Für dieses Recht werden bei der Ausgabe von Wandelanleihen häufig niedrigere Zinsen für die Anleihe vereinbart, als wenn eine entsprechende Anleihe ohne Wandlungsrecht emittiert würde.

Beim erstmaligen Ansatz der Wandelanleihe beim Emittenten ist diese in ihre Eigenkapitalkomponente und Schuldkomponente aufzuteilen. Dabei ist in einem ersten Schritt der **beizulegende Zeitwert der Schuldkomponente** zu ermitteln. Nach IAS 32.AG31 (a) ist dies der Barwert der vertraglich vereinbarten künftigen Zahlungsströme abgezinst mit einem Marktzinssatz für Instrumente

- ähnlicher Bonitätsklasse,
- mit ähnlichen künftigen Zahlungsströmen und ähnlichen sonstigen Bedingungen sowie
- ohne eine Eigenkapitalkomponente.

Auf Grund des häufig geringeren Zinses der Wandelanleihe gegenüber einer ähnlichen Anleihe ohne Eigenkapitalkomponente, ist der beizulegende Zeitwert der Anleihe ohne Eigenkapitalkomponente regelmäßig niedriger als der beizulegende Zeitwert der Anleihe.

Im zweiten Schritt ist der **Wert der Eigenkapitalkomponente** zu bestimmen. Dies ist die Differenz zwischen dem Wert der Wandelanleihe und dem beizulegenden Zeitwert der Schuldkomponente. Die Summe aus Eigenkapitalkomponente und Schuldkomponente entspricht somit immer dem Wert der Wandelanleihe. Ein Erfolgsbeitrag ist beim erstmaligen Ansatz der Wandelanleihe nicht zu erfassen.

BEISPIEL:

Die ABC AG gibt am 1.1.20X1 eine Wandelanleihe aus. Der Nominalbetrag der Anleihe beträgt 1 000 000 €, die Laufzeit beträgt zehn Jahre und der vereinbarte Zins 4 %. Am Ende der Laufzeit hat der Inhaber der Wandelanleihe das Recht, diese in Aktien der ABC AG zu wandeln. Der Marktzins für eine ähnliche Anleihe ohne Eigenkapitalkomponente beträgt 5,5 %.

Der Barwert der künftigen Zahlungsströme aus der Anleihe abgezinst mit dem Marktzinssatz für ähnliche Anleihen beträgt 886 936 €. Mit diesem Wert ist die Schuldkomponente der Wandelanleihe beim erstmaligen Ansatz zu bewerten. Der Wert der Eigenkapitalkomponente beträgt in der Folge 113 064 € (= 1 000 000 € - 886 936 €).

2. Gliederungs- und Angabevorschriften

a) Gliederungsvorschriften

Die IFRS enthalten zur Gliederung des Eigenkapitals nur wenige Vorschriften. Nach IAS 1.54 (q) und (r) sind in der Bilanz das den Anteilseignern des Mutterunternehmens zustehende »ausgegebene Kapital« und die »Rücklagen« auszuweisen. Zudem ist – im Konzernabschluss – der Anteil der anderen Gesellschafter am Konzerneigenkapital innerhalb des Eigenkapitals separat auszuweisen. Die Ausweisvorschriften werden ergänzt durch IAS 1.55, wonach zusätzliche Zeilen und Zwischensummen anzugeben sind, soweit dies hilft, den Abschluss besser zu verstehen.[4] Im Rahmenkonzept des IASB werden als ggf. separat auszuweisende Rücklagen »gesetzliche Rücklagen«, »satzungsmäßige Rücklagen« und »steuerliche Rücklagen« genannt. Letztlich ist nach IAS 1.106 das Eigenkapital im Rahmen des Eigenkapitalspiegels aufzugliedern. Eine **am deutschen Handels- und Aktienrecht orientierte** Eigenkapitalgliederung nach IFRS könnte die folgenden Positionen ausweisen:

Ausgegebenes Kapital (*issued capital*)

- Gezeichnetes Kapital
- Kapitalrücklage

Gewinnrücklagen

- Satzungsmäßige Rücklage
- Gesetzliche Rücklage
- Sonstige Gewinnrücklagen
- Erfolgsneutral erfasste Erfolgsbestandteile

Eigene Anteile[5]

Anteile anderer Gesellschafter

Die folgende Tabelle zeigt den Eigenkapitalausweis der Deutsche Telekom AG[6], der Bayer AG[7] sowie der Allianz AG[8] im Konzernabschluss jeweils zum 31.12.2012:

Konzernbilanz zum 31.12.2012		
Deutsche Telekom AG	**Bayer AG**	**Allianz AG**
Gezeichnetes Kapital	Gezeichnetes Kapital der Bayer AG	Eigenkapital
Eigene Anteile	Kapitalrücklage der Bayer AG	Anteile anderer Gesellschafter
Zwischensumme	Sonstige Rücklagen	Summe Eigenkapital
Kapitalrücklage	Aktionären der Bayer AG zurechenbarer Anteil am Eigenkapital	
Gewinnrücklagen einschließlich Ergebnisvortrag	Anteile anderer Gesellschafter	
Kumuliertes übriges Konzernergebnis	Summe Eigenkapital	
Konzernüberschuss / (-fehlbetrag)		
Anteile der Eigentümer des Mutterunternehmens		
Anteile anderer Gesellschafter		
Summe Eigenkapital		

Soweit nach IAS 1.55 geboten, haben Unternehmen anderer Rechtsformen das Eigenkapital in anderer Form aufzugliedern.

IAS 1.79 (b) verlangt, jede im Eigenkapital ausgewiesene Position zu erläutern. Im Folgenden werden die Positionen der oben dargestellten Beispielgliederung erläutert. Die dargestellten Grundsätze sind für andere Rechtsformen entsprechend anzuwenden.

b) Erläuterungen der Eigenkapitalpositionen

aa) Ausgegebenes Kapital (issued capital)

Das ausgegebene Kapital ist zu differenzieren in das **gezeichnete Kapital** (bei Aktiengesellschaften »Grundkapital«) und die **Kapitalrücklage**. Als gezeichnetes Kapital ist der auf die Aktien entfallende **Nennwert** auszuweisen.

Ein Unternehmen kann Aktien mit unterschiedlichen Rechten emittiert haben. So verbriefen z. B. **Vorzugsaktien** im Vergleich zu Stammaktien häufig das Recht auf eine höhere Dividende. Zudem können die mit einer Aktie verbundenen Rechte bei Vorzugsaktien entsprechend eingeschränkt sein, wenn z. B. eine Vorzugsaktie kein Stimmrecht gewährt. Nach IAS 1.79 (a) sind für jede Klasse von Anteilen die folgenden Angaben in der Bilanz, im Eigenkapitalspiegel oder im Anhang zu veröffentlichen:

- genehmigte Zahl der Anteile;
- die Zahl der ausgegebenen Anteile, die vollständig eingezahlt sind sowie die Zahl der ausgegebenen Anteile, die nicht vollständig eingezahlt sind;

- Nennwert je Aktie oder die Angabe, dass die Aktien nennwertlos sind;
- eine Überleitung der zu Beginn der Periode in Umlauf befindlichen Zahl der Anteile zur entsprechenden Zahl am Ende der Periode;
- Rechte, Vorzugsrechte und Beschränkungen der Aktienklasse;
- Anteile an dem Unternehmen, die durch das Unternehmen selbst, seine Tochterunternehmen oder assoziierte Unternehmen gehalten werden, und
- Anteile, die für die Ausgabe auf Grund von Optionen und Verkaufsverträgen vorgehalten werden, unter Angabe der Modalitäten und Beträge.

Die Kapitalrücklage enthält die Zuwendungen von Gesellschaftern, welche über den Nennwert der Aktien hinaus geleistet werden. So wird z. B. das Agio bei einer Aktienausgabe in der Kapitalrücklage erfasst.

Bei Ausgabe und Rückerwerb von Anteilen entstehen häufig Transaktionskosten in Form von Honoraren für Wirtschaftsprüfer, Steuer- und andere Berater, Druckkosten oder Registrierungsgebühren. Nach IAS 32.35 sind solche Transaktionskosten abzüglich eines ggf. entstehenden Steuervorteils innerhalb des Eigenkapitals, vorzugsweise innerhalb der Kapitalrücklage zu erfassen. Auf Grund des Widerspruchs des IAS 32.35 (Berücksichtigung der Steuern im Eigenkapital) und IAS 12 (Berücksichtigung der Steuern in der Gewinn- und Verlustrechnung) wurde im Zuge des Annual Improvements Project 2009-2011 IAS 32.35A eingefügt. Demnach sind ab dem Jahr 2013 Steuereffekte entsprechend IAS 12 zu behandeln.

Allerdings sind Transaktionskosten nach IAS 32.37 nur soweit innerhalb des Eigenkapitals zu erfassen, als sie direkt der Kapitaltransaktion zuzurechnen sind und ohne die Kapitaltransaktion nicht angefallen wären. Ausgaben, die wahlweise auch ohne eine Kapitaltransaktion anfallen, dürfen nicht mit einbezogen werden. So dürfen z. B. die Kosten der Umstellung der Rechnungslegung auf die IFRS nicht mit dem Eigenkapital verrechnet werden.

BEISPIEL:

Die ABC AG emittiert 1 000 Stück neue Aktien mit einem Nennwert von 1 € zu 25 € das Stück. Direkt der Transaktion zuzurechnende Kosten (z. B. Wirtschaftsprüfer, Rechtsanwalt) fallen i. H. v. 1 500 € an. Die Transaktionskosten sind steuerlich voll abzugsfähig. Der Steuersatz beträgt 30 %.

Der Nennwert der ausgegebenen Anteile ist im Gezeichneten Kapital zu erfassen, das Agio in der Kapitalrücklage. Die Transaktionskosten abzüglich des Steuervorteils sind ebenso in der Kapitalrücklage zu erfassen. Der Steuervorteil beträgt 30 % von 1 500 € = 450 €. Dieser tatsächliche Steuervorteil ist aus dem Steueraufwand herauszunehmen und in der Kapitalrücklage zu erfassen. Die ABC AG bucht:

Kasse	25 000 €	an Gezeichnetes Kapital	1 000 €
Steueraufwand	450 €	an Kapitalrücklage	22 950 €
		an Verbindlichkeiten	1 500 €

Ausstehende Einlagen

Das Gesellschaftsrecht kann zulassen, dass Gesellschafter ihre Einlage bei Ausgabe der Anteile nicht unmittelbar erbringen. Der Ausweis ausstehender Einlagen ist in den IFRS nicht geregelt.

- Soweit solche ausstehenden Einlagen eingefordert wurden, wird überwiegend angenommen, dass eine entsprechende Forderung auszuweisen ist.[9]

- Soweit die ausstehenden Einlagen **nicht eingefordert** wurden, ist zu analysieren, ob die nicht eingeforderte Einlage als Vermögenswert des Unternehmens auszuweisen ist. Es besteht gem. IAS 1.79 (b) eine Angabepflicht, wie viele der ausgegebenen Anteile voll eingezahlt wurden. Entsprechend dieser Angabe und der Framework-Definition eines Vermögenswerts (Ergebnis vergangener Ereignisse) kann geschlussfolgert werden, dass ausstehende nicht eingeforderte Einlagen nicht als Vermögenswert zu bilanzieren sind. Folglich sind im Eigenkapital lediglich die geleisteten (und eingeforderten) Einlagen auszuweisen.[10]

bb) Gewinnrücklagen

In einigen IFRS werden die Gewinnrücklagen als »*retained earnings*« explizit benannt. Eine Ausweispflicht existiert nicht. Die Gewinnrücklagen enthalten vor allem die thesaurierten Jahresüberschüsse sowie die Jahresfehlbeträge der vergangenen Jahre. Häufig enthalten sie auch den Gewinn oder Verlust der aktuellen Periode. Eine Vorschrift zum Ausweis des Gewinn oder Verlusts in der Bilanz enthalten die IFRS indes ebenso wenig. Somit ist ein Ausweis nach nationalen Vorschriften möglich, soweit damit nicht gegen IFRS verstoßen wird.

Auf Grund nationaler Vorschriften sind Unternehmen dazu verpflichtet, bestimmte Rücklagen zu bilden, wie etwa bestimmte Steuerrücklagen, gesetzliche Rücklagen oder satzungsmäßige Rücklagen. Diese Rücklagen sind i. d. R. Teil der Gewinnrücklagen und werden aus thesaurierten Gewinnen gebildet.

cc) Sonstiges Ergebnis

Entsprechend IAS 1.106 (d) ist der im Zeitablauf kumulierte Betrag jedes Einkommenspostens, der nach dem jeweiligen Standard ohne Berührung des Gewinns oder Verlusts direkt im Eigenkapital zu erfassen ist, im Eigenkapitalspiegel anzugeben. Die kumulierten erfolgsneutralen Ergebnisse werden im sonstigen Ergebnis zusammengefasst. Von Bedeutung sind insbesondere folgende Sachverhalte:

- **Zur Veräußerung verfügbare finanzielle Vermögenswerte:** Wertschwankungen von zur Veräußerung verfügbaren finanziellen Vermögenswerten sind im sonstigen Ergebnis zu erfassen. Im Falle einer Wertminderung (*impairment*) oder bei Abgang des finanziellen Vermögenswerts ist der im sonstigen Ergebnis erfasste Betrag im Gewinn oder Verlust abzubilden (IAS 39.55 (b)).[11]
- **Cash Flow Hedge**: Wertschwankungen von Sicherungsinstrumenten im Rahmen eines Cash Flow Hedges werden im sonstigen Ergebnis erfasst.[12]
- **Neubewertungsmethode bei Sachanlagen und immateriellen Werten:** Wird nach IAS 16 und IAS 38 die Neubewertungsmethode angewandt, sind Wertänderungen über die fortgeführten Anschaffungskosten[13] hinaus im sonstigen Ergebnis sowie innerhalb des Eigenkapitals in einer Neubewertungsrücklage zu erfassen. Die Neubewertungsrücklage ist entweder ratierlich über die Nutzungsdauer oder bei Abgang des Vermögenswerts in der Gewinnrücklage darzustellen.
- **Versicherungsmathematische Gewinne und Verluste**: Nach IAS 19.120 (c) sind versicherungsmathematische Gewinne und Verluste in der Periode ihrer Entstehung vollständig im sonstigen Ergebnis zu berücksichtigen. Der im sonstigen Ergebnis erfasste Betrag darf nach IAS 19.122 innerhalb des Eigenkapitals übertragen werden.

- **Differenzen aus der Währungsumrechnung**: Für die Einbeziehung in den Konzernabschluss eines Mutterunternehmens sind die Abschlüsse von Tochterunternehmen, deren funktionale Währung nicht der des Mutterunternehmens entspricht, in die funktionale Währung des Mutterunternehmens umzurechnen. Daraus resultierende Währungsdifferenzen sind nach IAS 21.39 (c) im sonstigen Ergebnis zu erfassen.

dd) Eigene Anteile

Unternehmen können aus unterschiedlichen Gründen eigene Anteile erwerben. Sie können **Aktienkurspflege** betreiben, Kapitalherabsetzungen vorbereiten oder Mitarbeiteraktien- bzw. Aktienoptionsprogramme bedienen.

Mit IAS 32.33 wird bestimmt, dass erworbene eigene Anteile in Höhe der **Anschaffungskosten** vom Eigenkapital abzusetzen sind. Eine Aktivierung der eigenen Anteile ist ausgeschlossen. Eine spätere **Veräußerung** der eigenen Anteile zu einem von den Anschaffungskosten abweichenden Preis führt nicht dazu, dass ein Gewinn oder Verlust zu erfassen ist.

In welcher Form die Anschaffungskosten vom Eigenkapital abzusetzen sind, regelt IAS 32 nicht. Dies bleibt letztlich dem Bilanzierenden überlassen. Hilfestellung in Auslegungsfragen kann hierbei die mittlerweile durch IAS 32 außer Kraft gesetzte Rechnungslegungsinterpretation *SIC-16 – Share Capital – Reacquired Own Equity Instruments (Treasury Shares)* leisten. In Anlehnung an SIC-16 werden vor allem die in Abb. E.11 aufgeführten Methoden der Erfassung als zulässig erachtet[14]:

Methoden der Bilanzierung eigener Anteile (*treasury shares*)
Anschaffungskostenmethode (*cost method*)
Nennwertmethode (*par value method*)
Aufteilung nach eigenem Ermessen

Abbildung E.11: Methoden der Bilanzierung eigener Anteile

Anschaffungskostenmethode

Bei Anwendung der **Anschaffungskostenmethode** zur Bilanzierung eigener Anteile werden die gesamten Anschaffungskosten in einer Position vom Gesamteigenkapital subtrahiert. Werden zu einem späteren Zeitpunkt die Anteile wieder veräußert, ist die Differenz zwischen den Anschaffungskosten und dem Veräußerungspreis im Eigenkapital zu erfassen. Da IAS 32 keine Vorschrift enthält, gegen welche Rücklage dieser Betrag zu erfassen ist, besteht die Möglichkeit, die Differenz entweder in der Kapitalrücklage oder in den Gewinnrücklagen zu erfassen. Nach der hier vertretenen Ansicht sollte die erstgenannte Möglichkeit gewählt werden.

Nennwertmethode

Bei der **Nennwertmethode** werden die Anschaffungskosten der erworbenen eigenen Anteile vom gezeichneten Kapital und anderen Rücklagen abgezogen. Der auf die Anteile entfallende Nennbetrag ist dabei vom gezeichneten Kapital, der verbleibende Betrag von anderen Rücklagen abzuziehen. Dabei kommt wiederum vor allem die Kapitalrücklage in Betracht.

Die **Aufteilung der Nennwertkomponente** und des Agios **nach eigenem Ermessen** führt angesichts bestehender Ermessensspielräume des Managements i. d. R. zu einer intersubjektiv nicht nachvollziehbaren und wenig transparenten Vorgehensweise. Diese Methode ist daher **nicht** zu empfehlen.

BEISPIEL:

Die Asterix AG kauft 10 000 der ursprünglich zu 10 € emittierten eigenen Stammaktien am Wertpapiermarkt zurück (Nennwert: 1 €), um ein Aktienoptionsprogramm für Führungskräfte zu bedienen. Nach einer nachhaltig positiven Entwicklung der Aktie beträgt der Rücknahmekurs für die Asterix AG 25 € pro Aktie.

Nach der Anschaffungskostenmethode kürzt die Asterix AG das Eigenkapital in einer Summe um den Betrag von 25 × 10 000 € = 250 000 € für eigene Anteile.

Bei Anwendung der Nennwertmethode ist zuvor der Rücknahmewert in die Beträge aufzuteilen, die im Stammkapital und in der Kapitalrücklage zu erfassen sind. Auf das Stammkapital entfällt dabei der Betrag von 1 € × 10 000 = 10 000 €. Die Kapitalrücklage wird um 240 000 € reduziert.

Für das Aktienoptionsprogramm werden nur 5 000 der erworbenen eigenen Aktien benötigt. Das Management beschließt aufgrund der weiterhin positiven Kursentwicklung den Verkauf der restlichen 5 000 Aktien über die Börse zum Kurswert von 30 €. Aus diesem Vorgang resultiert eine weitere Erhöhung der Kapitalrücklage um (30 € – 25 €) × 5 000 = 25 000 €. Der »Veräußerungsgewinn« darf nicht im Gewinn oder Verlust erfasst werden.

c) Weitere Anhangangaben

Neben den in IAS 1.79 anzugebenden Informationen zu den Arten der Anteile sowie der Beschreibung der Rücklagen, ist nach IAS 1.107 der Betrag, der in der Berichtsperiode als Ausschüttung an die Anteilseigner erfasst wurde, entweder in der Eigenkapitalveränderungsrechnung oder im Anhang absolut und je Aktie anzugeben.

Nach IAS 1.137 ist überdies der bis zur Abschlusserstellung erklärte, aber noch nicht als Ausschüttung an die Anteilseigner erfasste Betrag absolut und je Aktie anzugeben.

3. Weiterführende Literatur

Baetge/Kirsch/Leuschner/Jerzembek, Die Kapitalabgrenzung nach IFRS – Ein Vorschlag zur Modifizierung des IAS 32 –, DB 2006, S. 2133-2138;

Baetge/Winkeljohann/Haenelt, Die Bilanzierung des gesellschaftsrechtlichen Eigenkapitals von Nicht-Kapitalgesellschaften nach der novellierten Kapitalabgrenzung des IAS 32 (rev. 2008), DB 2008, S. 1518-1522;

Barckow/Schmidt, IASB Exposure Draft »Financial Instruments Puttable at Fair Value and Obligations Arising on Liquidation« – Darstellung und Würdigung der vorgeschlagenen Änderungen –, KoR 2006, S. 623-634;

Bömelburg/Landgraf/Luce, Die Auswirkungen der Eigenkapitalabgrenzung nach IAS 32 (rev. 2008) auf deutsche Personengesellschaften, PiR 2008, S. 143-149;

Herzog/Eberli, Auf der Suche nach der geeigneten Definition nach Eigenkapital, Der Schweizer Treuhänder 2007, S. 839-844;

Küting/Erdmann/Dürr, Ausprägungsformen von Mezzanine-Kapital in der Rechnungslegung nach IFRS (Teil 1 und Teil 2), DB 2008, S. 941-948 und S. 997-1002;

Zwirner/König, Gesellschaftsvertragliche Vereinbarungen bei Personenhandelsgesellschaften und ihre Auswirkungen auf die Abgrenzung von Eigen- und Fremdkapital nach IAS 32, KoR 2013, S. 1-7.

VII. Rückstellungen, Eventualschulden und Eventualforderungen

RELEVANTE STANDARDS

IAS 2 – Vorräte
IAS 10 – Ereignisse nach dem Bilanzstichtag
IAS 36 – Wertminderung von Vermögenswerten
IAS 37 – Rückstellungen, Eventualschulden und Eventualforderungen
IFRIC 1 – Änderungen bestehender Rückstellungen für Entsorgungs-, Wiederherstellungs- und ähnliche Verpflichtungen

KERNAUSSAGEN

- Die Regelungen des IAS 37 beschäftigen sich im Kern mit der Rückstellungsbilanzierung. Ebenso betrachtet werden Eventualschulden und Eventualforderungen.
- Mittels der Regelungen des IAS 37 sollen den Abschlussadressaten umfassende Informationen zu Ursachen, zeitlichem Anfall und Betrag der erwarteten künftigen Verpflichtungen des bilanzierenden Unternehmens vermittelt werden.
- Rückstellungen sind nach IAS 37 definiert als Schulden, deren Fälligkeit oder Höhe unsicher ist. Überdies liegt eine Rückstellung nach IAS 37.16 bei Unsicherheit dem Grunde nach vor.
- Eine Rückstellung ist in einer IFRS-Bilanz anzusetzen, wenn eine rechtliche oder faktische Verpflichtung basierend auf einem vergangenen Ereignis vorliegt, ein damit zusammenhängender Ressourcenabfluss wahrscheinlich ist und eine zuverlässige Schätzung der Verpflichtungshöhe möglich ist.
- Die Bewertung einer Rückstellung erfolgt zum besten Schätzwert *(best estimate)* der Ausgabe, welche zur Begleichung der Verpflichtung am Abschlussstichtag erforderlich ist.
- Ist eine Rückstellung für eine große Zahl von Ereignissen zu bilanzieren, ist diese grundsätzlich mit ihrem Erwartungswert zu bewerten. Für den Fall, dass eine Rückstellung lediglich für ein einzelnes Ereignis zu bilanzieren ist, kann der beste Schätzwert der Betrag sein, welchem die höchste Eintrittswahrscheinlichkeit beigemessen wird.
- Die Änderungen der Rückstellungen sind grundsätzlich erfolgswirksam zu erfassen. Soweit eine Rückstellung mit ihrem Barwert angesetzt wird, ist der Aufzinsungsbetrag in der Gewinn- und

Verlustrechnung als Zinsaufwand zu erfassen.

- Sonderfälle im Rahmen der Rückstellungsbilanzierung sind die bilanzielle Behandlung künftiger betrieblicher Verluste (*future operating losses*; IAS 37.63-37.65), belastender Verträge (*onerous contracts*; IAS 37.66-37.69) sowie von Restrukturierungsmaßnahmen (*restructuring*; IAS 37.70-37.83).
- Die Regelungen des IAS 37 umfassen weiterhin zahlreiche Offenlegungspflichten, wie eine Überleitungsrechnung für jede Gruppe von Rückstellungen sowie Informationen zu Eventualschulden und Eventualforderungen.

1. Anwendungsbereich und Zielsetzung des IAS 37

Die Vorschriften des IAS 37 sind auf die Bilanzierung von Rückstellungen, Eventualforderungen und Eventualschulden anzuwenden. Vom Standard ausgenommen sind indes Sachverhalte, die aus schwebenden Geschäften entstehen, die nicht belastend sind, oder in den Anwendungsbereich eines anderen Standards fallen.

Schwebende Geschäfte

Ein schwebendes Geschäft liegt vor, wenn aus einem Vertrag die Vertragsparteien entweder noch keine oder beide Parteien in gleicher Höhe Lieferungen oder Leistungen erbracht haben (IAS 37.3). Schwebende Geschäfte und die aus dem Vertrag resultierenden Ansprüche und Verpflichtungen werden (soweit es sich nicht um Derivate handelt) nach den Regelungen der IFRS grundsätzlich nicht bilanziert. Besteht indes aus dem Vertrag ein **Verpflichtungsüberschuss**, d. h., die mit dem Vertrag verbundenen unvermeidbaren Ausgaben übersteigen den aus dem Vertrag zu erhaltenden wirtschaftlichen Nutzen, ist für die Verpflichtung eine Rückstellung zu bilanzieren (Vgl. S. 318).

Rückstellungen, Eventualschulden und Eventualforderungen, die in den Anwendungsbereich eines anderen Standards fallen, sind nicht nach IAS 37 zu bilanzieren. Dazu zählen nach IAS 37.5 z. B. Verluste, die in Zusammenhang mit kundenspezifischer Auftragsfertigung drohen. Diese sind in Übereinstimmung mit IAS 11 zu bilanzieren. Des Weiteren sind Rückstellungen im Zusammenhang mit Ertragsteuern (IAS 12), Leasingverträgen (IAS 17), Leistungen an Arbeitnehmern (IAS 19) oder Versicherungsverträgen (IFRS 4) nicht nach IAS 37 zu bilanzieren, soweit Regelungen dazu in den entsprechenden Standards enthalten sind.

IAS 37 enthält vor allem Vorschriften zum Ansatz und zur Bewertung von Rückstellungen sowie entsprechende Angabevorschriften. Zudem umfasst IAS 37 ein Ansatzverbot für Eventualforderungen und Eventualverbindlichkeiten. Unter bestimmten Voraussetzungen sind den Abschlussadressaten indes im Anhang Informationen zu Eventualforderungen und Eventualschulden zu erteilen.

Ziel der Vorschriften zur Rückstellungsbilanzierung in IAS 37 ist es, dass durch die angemessene Anwendung der in IAS 37 festgeschriebenen Ansatzkriterien und Bewertungsgrundlagen die am Abschlussstichtag bestehenden wirtschaftlichen Belastungen des bilanzierenden Unternehmens und die damit verbundenen erwarteten Auszahlungen gezeigt werden. So wird es den Abschlussadressaten ermöglicht, die Ursachen, den zeitlichen Anfall und den Betrag der erwarteten Verpflichtungen zu erkennen.

2. Begriffsbestimmungen

Rückstellungen sind nach IAS 37 definiert als Schulden (vgl. S. 76), deren **Fälligkeit** (*timing*) oder **Höhe** (*amount*) unsicher ist. Zudem liegt eine Rückstellung vor, soweit eine Schuld **dem Grunde nach** unsicher ist (IAS 37.16).

Abzugrenzen sind die Rückstellungen von sonstigen Schulden und den Eventualschulden. Nach IAS 37.11 ist der mit einer Rückstellung verbundene **Grad der Unsicherheit höher** als bei einer sonstigen Schuld (z. B. Verbindlichkeit aus Lieferung und Leistung). Neben Schulden, über die die Vertragsparteien Einigkeit erzielt haben, zählen nach IAS 37.11 auch »abgegrenzte Schulden« (*accruals*) zu den sonstigen Schulden und nicht zu den Rückstellungen. »Abgegrenzte Schulden« sind Schulden aus Lieferungen oder Leistungen, die das Unternehmen erhalten hat, die aber noch nicht in Rechnung gestellt wurden und über deren Abrechnung zwischen den Vertragsparteien noch keine Einigung erzielt wurde. Obgleich ein gewisser Grad an Unsicherheit auch bei den abgegrenzten Schulden besteht, sind diese nicht als Rückstellung zu bilanzieren. Während der Standardtext eine derartige Differenzierung vornimmt, weist zumindest die deutsche Unternehmenspraxis die abgegrenzten Schulden nicht gesondert aus.[1]

Eine **Eventualschuld** ist nach IAS 37.10 definiert als

(a) eine **mögliche Verpflichtung**, die aus vergangenen Ereignissen resultiert und deren Existenz durch das Eintreten oder Nichteintreten eines oder mehrerer unsicherer künftiger Ereignisse erst noch bestätigt wird, die nicht vollständig unter der Kontrolle des Unternehmens stehen; oder

(b) eine **gegenwärtige Verpflichtung**, die auf vergangenen Ereignissen beruht, jedoch nicht erfasst wird, weil:

   (i) ein Abfluss von Ressourcen mit wirtschaftlichem Nutzen mit der Erfüllung dieser Verpflichtung nicht wahrscheinlich ist, oder

   (ii) die Höhe der Verpflichtung nicht ausreichend zuverlässig geschätzt werden kann.

Rückstellungen unterscheiden sich zum einen von den Eventualschulden dadurch, dass Rückstellungen immer eine gegenwärtige Verpflichtung des Unternehmens zugrunde liegt. Eine Eventualschuld nach obigem Fall (a) ist eine Schuld, welche nicht die im Rahmenkonzept und in IAS 37 enthaltenen Definitionskriterien einer Schuld erfüllt, da lediglich eine *mögliche* Verpflichtung besteht. Zum anderen unterscheidet sich eine Rückstellung nach obigem Fall (b) von den Eventualschulden dadurch, dass Rückstellungen die im Rahmenkonzept festgelegten Ansatzkriterien für eine Schuld erfüllen. Ist ein Ansatzkriterium nicht erfüllt, liegt eine Eventualschuld vor. Eventualschulden dürfen folglich nicht in einer IFRS-Bilanz angesetzt werden, da entweder ein Ressourcenabfluss nicht hinreichend wahrscheinlich ist oder die Höhe dieses Ressourcenabflusses nicht ausreichend zuverlässig bestimmt werden kann. Ausgenommen vom Bilanzierungsverbot für Eventualschulden ist der Sonderfall des Unternehmenserwerbs nach IFRS 3.[2] Über Eventualschulden ist ferner gesondert im Anhang eines IFRS-Abschlusses zu berichten.[3] Ist ein Ressourcenabfluss auf Basis der betrachteten Eventualschuld nahezu unwahrscheinlich,[4] wird dem bilanzierenden Unternehmen nach IAS 37.28 zugestanden, diese Angabe entfallen zu lassen. Als Eventualschulden können z. B. Verbindlichkeiten aus

Bürgschaften, Verbindlichkeiten aus Gewährleistungsverträgen oder Haftungsverhältnissen aus der Bestellung von Sicherheiten für fremde Verbindlichkeiten gelten.

Abbildung E.12 fasst die Abgrenzung von sonstigen Schulden, Rückstellungen und Eventualschulden nochmals im Überblick zusammen:

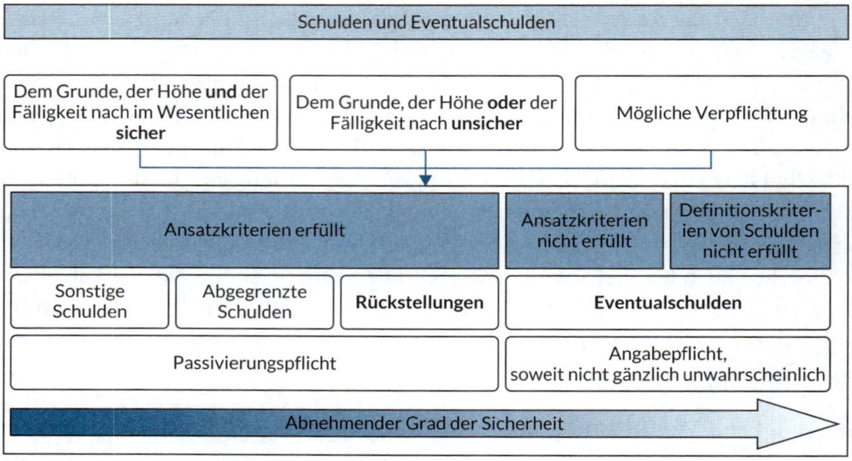

Abbildung E.12 Abgrenzung zwischen Rückstellungen und Eventualschulden

Eventualforderungen

Neben den Eventualschulden wird mit IAS 37 auch die Darstellung von Eventualforderungen geregelt. Eine **Eventualforderung** ist nach IAS 37.10 definiert als ein **möglicher Vermögenswert**, der aus vergangenen Ereignissen resultiert und dessen Existenz durch das Eintreten oder Nichteintreten eines oder mehrerer unsicherer künftiger Ereignisse **erst noch bestätigt wird**, die nicht vollständig unter der Kontrolle des bilanzierenden Unternehmens stehen. Diese Definition folgt der Definition für Eventualschulden, obwohl diese Regelung im Vergleich zu der für Eventualschulden als imparitätisch zu qualifizieren ist.[5] Beträgt die Wahrscheinlichkeit eines künftigen Ressourcenzuflusses nämlich weniger als 50 %, so ist weder eine bilanzielle Erfassung noch eine Anhangangabe in den IFRS-Abschluss aufzunehmen. Hingegen sind bei einer Eventualschuld bei gleicher Wahrscheinlichkeit bereits Erläuterungen im Anhang erforderlich, wenn die Eintrittswahrscheinlichkeit vernachlässigbar ist. Liegt die Wahrscheinlichkeit für einen künftigen Ressourcenzufluss aber über 50 %, wird diese Eventualforderung im Anhang erfasst. Eine bilanzielle Erfassung erfolgt jedoch nicht. Bei einer gleich hohen Wahrscheinlichkeit einer Verpflichtung wäre dagegen bereits eine Rückstellung anzusetzen. Als Beispiel für eine Eventualforderung kann ein Anspruch gelten, den das bilanzierende Unternehmen in einem gerichtlichen Verfahren mit unsicherem Ausgang durchzusetzen versucht.

3. Ansatz von Rückstellungen

Nach IAS 37.14 ist eine **Rückstellung** anzusetzen, soweit die folgenden Voraussetzungen kumulativ erfüllt sind:

- Eine rechtliche oder faktische (Außen-) Verpflichtung liegt vor, welche aus einem vergangenen Ereignis resultiert;

- der Abfluss von Ressourcen mit wirtschaftlichem Nutzen zur Erfüllung dieser Verpflichtung wahrscheinlich ist; und
- eine zuverlässige Schätzung der Verpflichtungshöhe möglich ist.

Erste Voraussetzung für den Ansatz einer Rückstellung ist das Bestehen einer rechtlichen oder faktischen Verpflichtung. Eine **rechtliche Verpflichtung** resultiert z. B. aus Verträgen (z. B. vertragliche Pflicht zur Zahlung einer Leibrente oder zur Zahlung von Abfindungen) oder Gesetzen (rechtliche Verpflichtung zur Erbringung von Gewährleistungen). Eine **faktische Verpflichtung** liegt vor, wenn aufgrund von Handlungen in der Vergangenheit, veröffentlichten Unternehmensgrundsätzen oder bestimmten Verlautbarungen das bilanzierende Unternehmen gegenüber anderen Parteien angedeutet hat, die Verpflichtung zu übernehmen und dabei bei den anderen Parteien eine gerechtfertigte Erwartung geweckt hat, diese Verpflichtung zu begleichen (IAS 37.10).

BEISPIEL:[6]

Ein Unternehmen ist in der Ölindustrie tätig und kontaminiert eine Landfläche in einem Staat, in dem es keine Umweltgesetze zur Beseitigung solcher Kontaminierungen gibt. Indes betreibt das Unternehmen eine öffentlich verfügbare und bekannte Umweltpolitik, nach der es stets für die Schäden etwaiger Kontaminierungen aufkommt. Ebenso ist das Unternehmen der Beseitigung solcher Kontaminierungen in der Vergangenheit stets nachgekommen.

Das verpflichtende Ereignis ist die Kontaminierung der Landfläche, die eine faktische Verpflichtung begründet, da das Unternehmen durch seine Handlungen in der Vergangenheit gegenüber der Öffentlichkeit eine gerechtfertigte Erwartung geweckt hat, die Kontaminierung zu beseitigen.

In den Fällen, in denen nicht klar ist, ob eine gegenwärtige Verpflichtung besteht, hat ein Unternehmen auf Basis aller verfügbaren Informationen die Wahrscheinlichkeit des Vorliegens einer Verpflichtung zu beurteilen (IAS 37.15). Beispielsweise kann es unklar sein, ob eine Verpflichtung vorliegt, soweit das Unternehmen verklagt wurde und es nicht sicher ist, dass das Unternehmen schuldig gesprochen wird. Soweit die Wahrscheinlichkeit für das Vorliegen einer Verpflichtung **größer als 50 %** ist, ist die Voraussetzung für den Ansatz einer Rückstellung gegeben. Beträgt die Wahrscheinlichkeit dagegen maximal 50 %, ist ggf. eine Eventualschuld im Anhang zu veröffentlichen.

Außenverpflichtung

In IAS 37.20 wird klargestellt, dass Voraussetzung für den Ansatz einer Rückstellung eine Verpflichtung **gegenüber einem externen Dritten** ist. Daraus folgt, dass nach IAS 37 lediglich Außenverpflichtungen als Rückstellungen angesetzt werden dürfen. Die Identität der externen Partei muss dem bilanzierenden Unternehmen nicht bekannt sein, d. h. es kann auch eine Verpflichtung gegenüber der Öffentlichkeit bestehen. Der Ansatz einer Rückstellung für eine Innenverpflichtung ist indes unzulässig.

Verpflichtendes Ereignis

Eine Rückstellung ist nur für Verpflichtungen zu bilanzieren, die aus einem vergangenen Ereignis resultieren. Ein solches Ereignis wird auch **»verpflichtendes Ereignis«** (*obligating event*) genannt. Eine Rückstellung ist für eine Verpflichtung nur zu bilanzieren, soweit diese Verpflichtung am Bilanzstichtag unabhängig von der künftigen Geschäftstätigkeit des Unternehmens vorliegt.

Ein Ereignis kann nachträglich zu einem verpflichtenden Ereignis werden, wenn z. B. neue oder geänderte Gesetze erlassen werden. Nach IAS 37.22 sind neue gesetzliche Vorschriften zu berücksichtigen, sobald deren »In Kraft treten« so gut wie sicher ist:

- Für Umweltschäden, welche zum Bilanzstichtag vorlagen und welche aufgrund gesetzlicher Vorschriften zu beseitigen sind, ist eine Rückstellung zu bilden.
- Für Umweltschäden, welche aufgrund der künftigen Geschäftstätigkeit vorliegen werden und welche dann aufgrund aktueller gesetzlicher Vorschriften zu beseitigen sind, ist keine Rückstellung zu bilden. Das Unternehmen kann sich dieser Verpflichtung entziehen, da es die Geschäftstätigkeit ändern kann.
- Für Umweltschäden, welche zum Bilanzstichtag vorlagen und welche nicht aufgrund gesetzlicher Vorschriften zu beseitigen sind, ist keine Rückstellung zu bilden. Sobald künftig das »In Kraft treten« eines Gesetzes so gut wie sicher ist, welches rückwirkend vorschreibt, die betrachteten Umweltschäden zu beseitigen, wäre eine Rückstellung anzusetzen.
- Für künftige Investitionen auf Basis rechtlicher Vorschriften ist keine Rückstellung zu bilanzieren. Wird bei einer Fabrik z. B. rechtlich der Einbau einer Filteranlage gefordert, kann sich das Unternehmen der Verpflichtung entziehen, indem es die Geschäftstätigkeit ändert.

Eine Verpflichtung ist nur als Rückstellung anzusetzen, soweit die Wahrscheinlichkeit, dass wirtschaftlicher Nutzen aus dem Unternehmen fließen wird, **größer** ist als **50 %** *(more likely than not)*. In welcher Form wirtschaftlicher Nutzen abfließt ist irrelevant. Dies kann z. B. in Form von Auszahlungen oder aber in einem geringeren künftigen Zufluss an liquiden Mitteln bestehen.

Die Wahrscheinlichkeit des Abflusses wirtschaftlichen Nutzens ist in einigen Fällen auf Basis einer großen Zahl ähnlicher Verpflichtungen zu schätzen. So sind Rückstellungen für Gewährleistungen nicht für jedes veräußerte Produkt einzeln zu bilanzieren. Auch wenn die Wahrscheinlichkeit des Mittelabflusses je veräußerter Einheit gering ist, ist nach IAS 37.24 doch eine Gewährleistungsrückstellung auf Basis aller veräußerten Einheiten zu bilanzieren, soweit die weiteren Ansatzkriterien erfüllt sind.

Eine Rückstellung ist nur anzusetzen, soweit die Höhe der Verpflichtung zuverlässig bemessen werden kann. Ist die Höhe der Verpflichtung nicht genau bestimmbar, ist diese zu schätzen. Eine Schätzung der Rückstellungshöhe steht der zuverlässigen Bewertung einer Rückstellung i. S. d. IAS 37 nicht entgegen. Vielmehr ist die Anwendung von Schätzungen im Rahmen der Abschlusserstellung zwingend erforderlich. Kann indes kein Spektrum möglicher Ereignisse bestimmt werden – das IASB bezeichnet solche Fälle als äußerst selten (IAS 37.25-37.26) –, ist über die Verpflichtung als Eventualschuld im Anhang zu berichten.[7]

Abbildung E.13 fasst die in IAS 37 enthaltenen Kriterien für den Ansatz einer Rückstellung sowie einer Eventualschuld in einem Entscheidungsbaum zusammen:

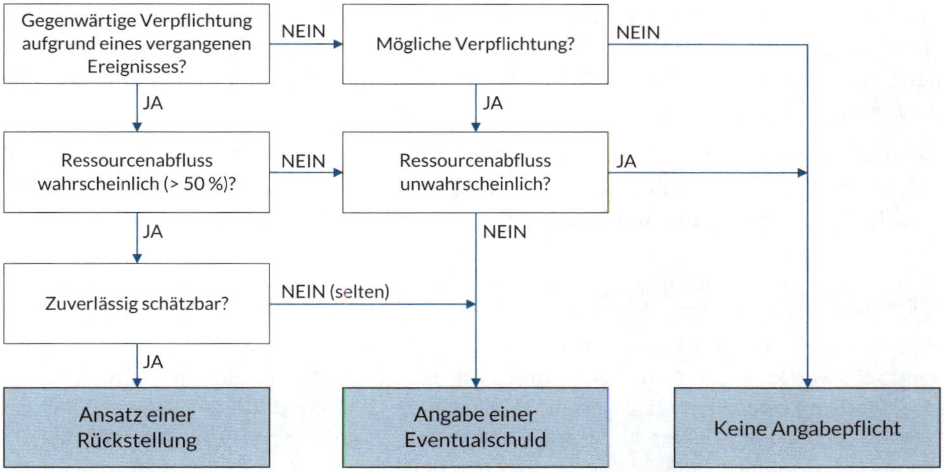

Abbildung E.13 Entscheidungsbaum zur Zusammenfassung der Ansatzkriterien von IAS 37[8]

4. Bewertung von Rückstellungen

a) Überblick

Die Bewertung der Rückstellungen wird in IAS 37.36-37.52 sowie IAS 37.59-37.60 geregelt. Die Grundsätze der Bewertung von Rückstellungen sind dabei sowohl auf die Zugangsbewertung wie auf die Folgebewertung von Rückstellungen anzuwenden. Im Folgenden wird daher nicht zwischen diesen beiden Bewertungsschritten differenziert. Die Veränderung einer Rückstellung ist grundsätzlich in der Gesamtergebnisrechnung zu erfassen. Bezüglich der Erfassung von Wertänderungen von Rückstellungen, welche nach IAS 16.16 (c) als Teil der Anschaffungs- oder Herstellungskosten (AK/HK) einer Sachanlage aktiviert wurden, wird auf S. 212 verwiesen.

Rückstellungen sind nach IAS 37 mit dem besten Schätzwert (*best estimate*) zu bewerten. Wie dieser zu ermitteln ist, wird im Folgenden erläutert. Anschließend wird auf weitere Bewertungsfragen eingegangen. Zu diesen Bewertungsfragen zählen, ob und wie Rückstellungen abzuzinsen sind, wie künftige Ereignisse im Rahmen der Rückstellungsbilanzierung und wie Erstattungen z. B. von Versicherungen bei der Bewertung von Rückstellungen zu berücksichtigen sind.

b) Bester Schätzwert

Rückstellungen sind nach IAS 37.36 mit dem Betrag anzusetzen, welcher die bestmögliche Schätzung der Ausgabe darstellt, welche zur Begleichung der Verpflichtung am Abschlussstichtag erforderlich ist. Dies ist der Betrag, welcher bei vernünftiger kaufmännischer Betrachtung notwendig ist, die Verpflichtung am Abschlussstichtag **zu erfüllen** oder **auf einen Dritten zu übertragen**. Bei der Schätzung dieses Betrags durch das Management sind sämtliche verfügbaren Informationen zu berücksichtigen. Dazu zählen auch die Urteile von externen Fachleuten.

Bei der Schätzung sind zudem alle Risiken und Unsicherheiten zu erfassen, welche mit dem Betrag der Rückstellung verbunden sind (IAS 37.42). Unsicherheiten, die mit der Bewertung von Rückstellungen verbunden sind, rechtfertigen indes nicht eine zu hohe Bewertung von Rückstellungen.

Ist eine Rückstellung für eine große Zahl von Ereignissen zu bilanzieren, ist diese nach IAS 37.39 grundsätzlich mit deren **Erwartungswert** anzusetzen. Dazu werden die möglichen Ereignisse mit ihrer jeweiligen Eintrittswahrscheinlichkeit gewichtet.

BEISPIEL:

Ein Unternehmen veräußert Produkte. Der gesetzliche Gewährleistungszeitraum beträgt zwei Jahre. 80 % der veräußerten Produkte werden in diesem Zeitraum voraussichtlich keinen Fehler aufweisen, 15 % kleinere Fehler und 5 % große Fehler. Wenn alle Produkte kleine Fehler aufwiesen, betrüge der gesamte Reparaturaufwand 1 Mio. €, wenn alle Produkte große Fehler aufwiesen, betrüge der gesamte Reparaturaufwand 6 Mio. €. Der erwartete Reparaturaufwand beträgt 450 T-€ (80 % × 0 € + 15 % × 1 Mio. € + 5 % × 6 Mio. €).

Soweit **innerhalb einer Bandbreite** die Eintrittswahrscheinlichkeit für ein Ereignis **gleich groß** ist, ist nach IAS 37.39 der Mittelpunkt der Bandbreite anzusetzen. Dies stimmt letztlich mit der Erwartungswertmethode überein.

BEISPIEL:

Ein Unternehmen veräußert in einer Periode 1 Mio. Produkte. Der gesetzliche Gewährleistungszeitraum beträgt zwei Jahre. 30 % der Produkte werden voraussichtlich einen Schaden aufweisen. Die Reparaturaufwendungen betragen pro Produkt zwischen 5 € und 13 €. Jeder Wert innerhalb dieser Bandbreite ist gleich wahrscheinlich. Der erwartete Reparaturaufwand beträgt 30 % × 1 Mio. Produkte × [(13 €/Produkt + 5 €/Produkt) / 2] = 2,7 Mio. €.

Für den Fall, dass eine Rückstellung lediglich für ein einzelnes Ereignis zu bilanzieren ist, sind die Bewertungsvorschriften des IAS 37 sehr vage. In diesem Fall kann der beste Schätzwert nach IAS 37.40 der Betrag sein, welchem die **höchste Eintrittswahrscheinlichkeit** beigemessen wird. Dabei sind indes auch weitere mögliche Ereignisse zu berücksichtigen. Soweit der Betrag dieser Ereignisse überwiegend höher oder niedriger ist als der Betrag des wahrscheinlichsten Ereignisses, ist der beste Schätzwert entsprechend höher oder niedriger als der Betrag des wahrscheinlichsten Ereignisses.

Unsicherheit besteht zudem, ob als Rückstellung ein Wert anzusetzen ist, welcher tatsächlich eintreten kann,[9] oder ob auch ein »Zwischenwert« angesetzt werden darf.[10] Nach der hier vertretenen Auffassung ist der Ansatz von Zwischenwerten geboten. Soweit bei der Bewertung einer Rückstellung wesentliche Unsicherheiten bestehen, ist darüber nach IAS 37.85 (b) im Anhang zum IFRS-Abschluss zu berichten.

BEISPIEL:

Ein Unternehmen hat einen größeren Schaden in einer vom Unternehmen selbst errichteten Fabrik zu beseitigen. Mit einer Wahrscheinlichkeit von 55 % werden die Reparaturaufwendungen 15 000 € betragen, mit einer Wahrscheinlichkeit von 45 % 40 000 €.

In diesem Fall ist es unangemessen, die Rückstellung mit 15 000 € zu bewerten. Statt dessen ist zu berücksichtigen, dass die Reparaturaufwendungen mit einer Wahrscheinlichkeit von 45 % 40 000 € betragen werden. Die Rückstellung ist daher mit einem Betrag zwischen 15 000 € und 40 000 € zu bewerten. Zudem sind nach IAS 37.85 (b) entsprechende Informationen über die mit der Bewertung der Rückstellung verbundenen Unsicherheiten zu veröffentlichen.

Im Schrifttum wird z. T. die Ansicht vertreten, dass nach IAS 37 ein Wertansatz geboten ist, soweit die kumulierte Eintrittswahrscheinlichkeit dieses Wertansatzes 50 % übersteigt.[11] Da bei einem solchen Vorgehen aber ggf. signifikante Risiken völlig außer Acht gelassen werden, wird diese Vorgehensweise hier abgelehnt.

BEISPIEL:

Ein Unternehmer schätzt die Wahrscheinlichkeit der Höhe einer Schadenersatzpflicht wie folgt ein: Zu 45 % wird er 50 000 €, zu 10 % wird er 70 000 € und zu 45 % wird er 120 000 € zahlen müssen. Nach geschilderter Auffassung im Schrifttum wäre in diesem Fall ein Wertansatz der Rückstellung zwischen 50 000 € und 70 000 € geboten, da die kumulierte Wahrscheinlichkeit 55 % beträgt. Dabei wird indes das signifikante Risiko außer Acht gelassen, 120 000 € aufwenden zu müssen. Daher ist nach der hier vertretenen Ansicht die Rückstellung mit einem Betrag zwischen 70 000 € und 120 000 € zu bewerten.

Indes ist zu berücksichtigen, dass in den vorgestellten Beispielen sowohl die Kosten als auch die Wahrscheinlichkeiten diskrete Werte repräsentieren. In der Unternehmenspraxis wird es regelmäßig nicht möglich sein, exakte Schätzungen abzugeben.[12] Im Ergebnis verbleiben bei der Bewertung von Rückstellungen stets Ermessensspielräume, die das bilanzierende Unternehmen – im Sinne der intersubjektiven Nachprüfbarkeit – auszuüben hat.[13]

c) Weitere Bewertungsparameter

Soweit die Auswirkung des **Zeitwerts des Geldes** wesentlich ist, sind Rückstellungen mit dem Barwert der erwarteten Ausgaben zu bewerten. In der Regel werden Rückstellungen mit einer Laufzeit von mehr als zwölf Monaten abzuzinsen sein. Bei Rückstellungen mit einer Laufzeit von weniger als zwölf Monaten ist zu analysieren, ob die Auswirkung des Zeitwerts des Geldes wesentlich ist. Dies ist vor allem bei großen Rückstellungsbeträgen gegeben.

Der Zinssatz ist nach IAS 37.47 ein **Marktzinssatz vor Steuern**, der die spezifischen Risiken der Rückstellung berücksichtigt.[14] Eine Anpassung des Zinssatzes um bestimmte Risiken ist indes praktisch von untergeordneter Relevanz, da die Risiken i. d. R. schon bei der Bestimmung des besten Schätzwertes berücksichtigt werden. Welcher Marktzinssatz vor Steuern der Abzinsung zugrunde zu legen ist, ist nicht eindeutig geregelt. Anwendbar ist der Zinssatz, zu dem das Unternehmen aktuell fristadäquat Fremdkapital aufnehmen kann. Darüber hinaus wird es als zulässig erachtet, den Marktzinssatz für fristadäquates

Fremdkapital oder den Zinssatz für fristadäquate risikolose Anleihen zu nutzen. Zu beachten ist, dass ein **Nominalzins** zugrunde zu legen ist, soweit die künftigen Zahlungen auf Basis des künftigen Preisniveaus festgelegt werden. Dagegen ist ein **Realzins** zugrunde zu legen, soweit das Preisniveau vom Abschlussstichtag fortgeschrieben wird.[15]

Künftige Ereignisse sind nach IAS 37.48 bei der Bewertung der Rückstellungen zu berücksichtigen, soweit ausreichend objektive Hinweise vorliegen, dass diese Ereignisse künftig auch eintreten und den Wert der Rückstellung beeinflussen werden. Auf Basis der mit IAS 37 verfolgten investitionstheoretischen Sichtweise heraus bedeutet dies, dass die künftigen Ereignisse mit hinlänglicher Sicherheit die aus der Verpflichtung resultierenden Ressourcenströme verändern werden und damit den Barwert der Verpflichtung beeinflussen.

Technischer Fortschritt ist bei der Bewertung der Rückstellungen nur zu berücksichtigen, soweit objektiv nachweisbar ist, dass zum Zeitpunkt der Erfüllung der Verpflichtung eine neue Technologie zur Verfügung stehen wird. Dies gilt gleichermaßen für technische Weiterentwicklungen sowie für neue Technologien. Ein objektiver Nachweis gilt dabei grundsätzlich als erbracht, soweit technisch qualifizierte, objektive Beobachter unter Berücksichtigung aller substanziellen Hinweise den künftigen Stand der Technik dokumentieren.

Nach IAS 37.49 sind erwartete Kostenminderungen aufgrund von weiteren Erfahrungen mit gegenwärtiger Technologie bei der Rückstellungsbewertung zu berücksichtigen (**Erfahrungseffekte**). Damit sind die künftigen Preis- und Kostenverhältnisse zum Erfüllungsstichtag maßgeblich, soweit sie am Bilanzstichtag objektiv nachweisbar sind.[16]

Eine »**neue Gesetzgebung**« ist nach IAS 37.50 zu berücksichtigen, soweit ausreichend objektive Hinweise bestehen, dass deren »In Kraft treten« so gut wie sicher ist. Ausreichende objektive Hinweise sind notwendig sowohl für die Anforderungen, die aus der neuen Gesetzgebung resultieren, als auch dafür, dass die neue Gesetzgebung zeitnah verabschiedet und umgesetzt wird. Im deutschen Rechtsraum ist dies der Fall, wenn im Gesetzgebungsverfahren lediglich die Billigung des Bundespräsidenten aussteht und zum Zeitpunkt der Abschlusserstellung keine Einwände bekannt sind.[17]

Preissteigerungen sind zu berücksichtigen, soweit diese durch ausreichende objektive Hinweise belegt werden.

Erwartete positive Erfolgsbeiträge aus der Veräußerung von Vermögenswerten sind bei der Bewertung von Rückstellungen nicht zu berücksichtigen. Dies gilt auch, wenn und soweit die Veräußerung mit dem verpflichtenden Ereignis eng zusammenhängt. Stattdessen sind die Geschäftsvorfälle entsprechend dem Saldierungsverbot des IAS 1.32 separat zu bilanzieren.

Lediglich für den Fall, dass ein Vermögenswert im Zuge der Verpflichtung übernommen und wieder veräußert wird, wird eine Saldierung des dann erzielten Erfolgsbeitrags mit dem Rückstellungsbetrag als zulässig angesehen, soweit der Erfolgsbeitrag aus der Veräußerung zuverlässig geschätzt werden kann.[18]

BEISPIEL:

Ein Unternehmen ist verpflichtet, alte Elektrogeräte zurückzunehmen. Diese kann das Unternehmen zum Schrottwert verkaufen. Der Erlös aus der Veräußerung der alten Elektrogeräte ist bei der Bewertung der Rückstellung zu berücksichtigen.

Erstattungen

In einigen Fällen hat das bilanzierende Unternehmen das Recht, sich künftige Ausgaben, welche durch den Ansatz einer Rückstellung im Abschluss berücksichtigt werden, von Dritten erstatten zu lassen, oder ein Dritter ist verpflichtet, die durch den Ansatz einer Rückstellung im Abschluss gezeigte Verpflichtung künftig zu begleichen. Dies kann z. B. aufgrund von Versicherungsverträgen, Entschädigungsklauseln oder Gewährleistungen von Lieferanten der Fall sein.

Soweit die Erstattung so gut wie sicher ist, ist diese nach IAS 37.53 **als separater Vermögenswert** in einer IFRS-Bilanz anzusetzen. Eine Saldierung mit der Rückstellung ist nicht zulässig. Zu beachten ist, dass ein Erstattungsanspruch maximal in Höhe der Rückstellung angesetzt werden darf. In der **Gesamtergebnisrechnung** ist es dagegen nach IAS 37.54 zulässig, die aus der Rückstellung erfassten Aufwendungen mit den Erträgen aus dem Erstattungsanspruch zu **saldieren**.

BEISPIEL:

Die A-AG wurde per Gerichtsurteil dazu verpflichtet, einem Kunden Schadenersatz i. H. v. 10 T-€ zu zahlen. Die A-AG macht wiederum von einer Entschädigungsklausel in ihrem Vertrag mit dem Lieferanten L-AG Gebrauch, nach der dieser zu einer Erstattung sowie einer Strafzahlung in Höhe von 10 % des Schadenersatzes verpflichtet ist. Die L-AG hat sich bereits zur Zahlung der 11 T-€ bereit erklärt.

Die A-AG bilanziert die Schadenersatzzahlung als Rückstellung und setzt gleichzeitig einen Vermögenswert aufgrund der Erstattungspflicht des Lieferanten an. Der Vermögenswert darf indes nicht die Rückstellung übersteigen und wird daher mit 10 T-€ bilanziert.

5. Änderung, Auflösung und Inanspruchnahme von Rückstellungen

Die oben erläuterten Bewertungsgrundsätze sind sowohl beim erstmaligen Ansatz als auch bei einer Bewertung an den darauffolgenden Abschlussstichtagen zu berücksichtigen. Bei Bedarf sind die Rückstellungen anzupassen, so dass sie an jedem Abschlussstichtag die bestmögliche Schätzung des Erfüllungsbetrags widerspiegeln (IAS 37.59). Die Änderungen (Erhöhung/Verringerung) der Rückstellungen sind grundsätzlich erfolgswirksam zu erfassen. Soweit eine Rückstellung mit ihrem Barwert angesetzt wird, ist der Aufzinsungsbetrag nach IAS 37.60 in der Gewinn- und Verlustrechnung als Zinsaufwand zu erfassen. Änderungen von Entsorgungs-, Wiederherstellungs- und ähnlichen Verpflichtungen sind nach IFRIC 1, soweit sie auf Änderungen des besten Schätzwerts sowie des Zinssatzes zurückzuführen sind, grundsätzlich gegen den Buchwert der entsprechenden Sachanlage zu erfassen (vgl. S. 223).[19]

Soweit nach dem erstmaligen Ansatz einer Rückstellung die Wahrscheinlichkeit des künftigen Ressourcenabflusses nicht mehr größer ist als 50 %, ist die Rückstellung nach IAS 37.59 aufzulösen. Die Auflösung der Rückstellung ist in der Gesamtergebnisrechnung grundsätzlich als »Sonstiger betrieblicher Ertrag« *(other income)* zu erfassen.

Tritt der Sachverhalt, für den die Rückstellung gebildet wurde, ein, ist die Rückstellung in Anspruch zu nehmen. Die Ausgaben sind nicht als Aufwand zu erfassen, sondern mit der Rückstellung unmittelbar und damit erfolgsneutral zu verrechnen.

Die Rückstellung ist dabei nur für die Ausgaben in Anspruch zu nehmen, für die sie ursprünglich gebildet wurde. Eine »Übertragung« einer Rückstellung auf andere Sachverhalte ist nicht zulässig, da in einem solchen Fall die Wirkung zweier Sachverhalte vermengt würde (IAS 37.62).

BEISPIEL:

Ein Unternehmen hat eine Rückstellung i. H. v. 100 T-€ gebildet, da es auf Schadenersatz verklagt wurde und annimmt, dass es verurteilt wird. Überraschend wird das Unternehmen freigesprochen. Nun ist indes eine Rückstellung i. H. v. 100 T-€ für eine gewährte Garantiezusage zu bilden. Das Unternehmen ist verpflichtet, 100 T-€ Ertrag aus der Auflösung der Rückstellung aus der Schadenersatzklage zu erfassen. Separat davon ist die Rückstellung für die Garantiezusage zu erfassen. Eine Übertragung der Rückstellung für Schadenersatz auf die Rückstellung für gewährte Garantiezusagen ist nicht zulässig.

6. Sonderfälle der Rückstellungsbilanzierung

a) Künftige betriebliche Verluste (*future operating losses*)

Für erwartete künftige betriebliche Verluste darf nach IAS 37.63 **keine Rückstellung** gebildet werden. In diesem Falle fehlt es nämlich zum einen an dem Kriterium der Verpflichtung, zum anderen sind die allgemeinen Ansatzkriterien des IAS 37.14 nicht erfüllt.

Die künftigen operativen Verluste entstehen nicht unabhängig von der künftigen Geschäftstätigkeit des Unternehmens. Das Unternehmen kann sich der »Verpflichtung« entziehen, indem es die Geschäftstätigkeit in dem Bereich, in welchem die Verluste erwartet werden, einstellt.

Zu berücksichtigen ist, dass erwartete betriebliche Verluste einen Hinweis auf eine Wertminderung i. S. d. *IAS 36 – Wertminderungen von Vermögenswerten* geben können.

b) Belastende Verträge (*onerous contracts*)

Nach IAS 37.66 ist für die aus einem belastenden Vertrag resultierende gegenwärtige Verpflichtung eine Rückstellung anzusetzen. Hauptanwendungsfall dieser Regelung sind Rückstellungen für drohende Verluste aus schwebenden Geschäften.[20] Ein schwebendes Geschäft (*executory contracts*) liegt vor, wenn beide Vertragsparteien noch keine oder in gleicher Höhe Lieferungen oder Leistungen erbracht haben.

Ein Vertrag gilt als belastend (d. h., ein Verlust aus dem vorliegenden Geschäft droht), soweit die **unvermeidbaren Ausgaben** zur Erfüllung der vertraglichen Verpflichtung den aus dem Vertrag erwarteten **wirtschaftlichen Nutzen** übersteigen (IAS 37.10).

Aus dieser Definition wird deutlich, dass die Prüfung, ob ein Vertrag für das bilanzierende Unternehmen belastend ist, immer **absatzmarktorientiert** zu erfolgen hat. Soweit der Vertrag insgesamt nicht zu einem negativen Erfolgsbeitrag führt, ist keine Rückstellung zu bilanzieren. **Entgangene Gewinne** sind danach nicht als Rückstellung zu antizipieren, wenn z. B. aufgrund von Preisschwankungen der Gewinn aus einem Geschäft geringer sein wird als ursprünglich berechnet.

Nach IAS 37.66 ist als Rückstellung für einen belastenden Vertrag eine Rückstellung in Höhe der **gegenwärtigen Verpflichtung** anzusetzen. Ein Vertrag begründet i. d. R. für die Vertragsparteien Verpflichtungen und Rechte (IAS 37.67). Bei wörtlicher Auslegung des IAS 37.66 wäre bei einem belastenden Vertrag lediglich die Verpflichtung zurückzustellen, ohne die mit dem Vertrag verbundenen Rechte zu berücksichtigen. Dies wäre unangemessen und wirtschaftlich nicht nachvollziehbar. Daher ist als Rückstellung für einen belastenden Vertrag der aus dem Vertrag resultierende **Verpflichtungsüberschuss** zurückzustellen. Dieser Verpflichtungsüberschuss ist nach IAS 37.68 der niedrigere Betrag aus

- den erwarteten Aufwendungen zur Erfüllung der vertraglichen Verpflichtung abzüglich des erwarteten wirtschaftlichen Nutzens (zu erhaltende Gegenleistung) aus dem Vertrag; und
- bei Nichterfüllung zu leistenden Entschädigungszahlungen oder Strafgeldern.

Bevor für einen belastenden Vertrag eine Rückstellung gebildet wird, ist ggf. nach IAS 36 ein Wertminderungsaufwand für Vermögenswerte zu erfassen, die mit dem Vertrag verbunden sind. Gleiches gilt nach IAS 2 für Vorräte, auch wenn in IAS 37.69 nicht explizit darauf verwiesen wird.

BEISPIEL:

Die L-AG hat im Jahr 2015 einen Vertrag mit der K-AG über die Lieferung von Waren i. H. v. 100 T-€ geschlossen. Die Waren sollen am 15.1.2016 an die K-AG geliefert werden. Wird dieser Liefertermin verpasst, hat die L-AG eine Vertragsstrafe in Höhe von 15 % des Vertragsumfangs zu zahlen. Während des gesamten Jahres hat die L-AG mit hohen Krankenständen zu kämpfen und muss kurzfristig auf Zeitarbeiter zurückgreifen, um die Waren rechtzeitig an die K-AG liefern zu können. Dabei fallen zusätzliche Kosten an, so dass die L-AG mit einem Verlust aus dem Vertrag i. H. v. 10 T-€ rechnet.

Am 31.12.2015 besteht für die L-AG aus dem schwebenden Geschäft ein drohender Verlust. Ein Wertminderungsbedarf nach IAS 36 ergibt sich für die L-AG nicht. Demnach hat sie eine Rückstellung in Höhe des Verpflichtungsüberschusses zu bilden. Dieser bemisst sich aus dem niedrigeren Betrag aus erwarteten Aufwendungen zur Erfüllung des Vertrags abzüglich der erwarteten Gegenleistung (10 T-€) und der Entschädigungszahlung (15 T-€). Im Ergebnis bildet die L-AG eine Rückstellung in Höhe von 10 T-€.

c) Restrukturierungsmaßnahmen (*restructuring*)

Eine Restrukturierungsmaßnahme ist nach IAS 37.10 definiert als ein Programm, das vom Management geplant und kontrolliert wird und entweder das von dem Unternehmen abgedeckte Geschäftsfeld oder die Art, in der dieses Geschäft durchgeführt wird, wesentlich verändert. Dazu zählen nach IAS 37.70 z. B.

- der Verkauf oder die Beendigung eines Geschäftszweigs,
- die Stilllegung von Standorten in einem Land oder einer Region,
- die Verlegung von Geschäftsaktivitäten von einem Land oder einer Region in ein(e) andere(s),
- Änderungen in der Struktur des Managements (z. B. Auflösung einer Managementebene) oder
- die grundsätzliche Umorganisation mit wesentlichen Auswirkungen auf den Charakter und Schwerpunkt der Geschäftstätigkeit eines Unternehmens.

In der Regel ist ein Unternehmen nicht vertraglich oder gesetzlich verpflichtet, eine Restrukturierungsmaßnahme durchzuführen. Stattdessen obliegt die Entscheidung über die Durchführung einer Restrukturierungsmaßnahme dem Management. Fraglich ist, zu welchem **Zeitpunkt** im Rahmen der Restrukturierungsmaßnahme eine **faktische Verpflichtung** gegeben ist, die den Ansatz einer Rückstellung erfordert. Dazu enthält IAS 37.70-37.79 detaillierte Regelungen.[21]

Eine faktische Verpflichtung aus der Restrukturierungsmaßnahme entsteht nach IAS 37.72 nur, wenn das bilanzierende Unternehmen

- einen **detaillierten, formalen Restrukturierungsplan** hat, in dem zumindest die folgenden Angaben enthalten sind:
  - der betroffene Geschäftsbereich oder Teil eines Geschäftsbereichs;
  - die wichtigsten betroffenen Standorte;
  - Standort, Funktion und ungefähre Zahl der Arbeitnehmer, die für die Beendigung ihres Beschäftigungsverhältnisses eine Abfindung erhalten werden;
  - die entstehenden Ausgaben; und
  - der Umsetzungszeitpunkt des Plans; sowie
- bei den Betroffenen eine **gerechtfertigte Erwartung** geweckt hat, dass die Restrukturierungsmaßnahmen durchgeführt werden. Diese gerechtfertigte Erwartung kann entweder durch den Beginn der Umsetzung des Plans (z. B. Demontage einer Anlage oder Verkauf von Vermögenswerten) geweckt werden oder durch die Ankündigung der wesentlichen Bestandteile des Plans den Betroffenen gegenüber. Im letztgenannten Fall reicht es aus, wenn die Arbeitnehmervertreter (z. B. Betriebsrat) informiert wurden.[22]

Eine faktische Verpflichtung liegt nur vor, wenn mit der Restrukturierungsmaßnahme **so früh wie möglich begonnen** und voraussichtlich **innerhalb eines Zeitraums** abgeschlossen wird, der so kurz ist, dass bedeutende Änderungen an dem Restrukturierungsplan unwahrscheinlich erscheinen (IAS 37.74). Umfasst der erwartete Zeitraum der Umsetzung der Maßnahme mehr als zwölf Monate, ist grundsätzlich anzunehmen, dass keine faktische Verpflichtung des bilanzierenden Unternehmens vorliegt.[23]

Sind die genannten Voraussetzungen für den Ansatz einer Restrukturierungsrückstellung nicht gegeben, darf sie nicht im IFRS-Abschluss angesetzt werden. Soweit die Ansatzvoraussetzungen **nach dem Stichtag** und noch vor Veröffentlichung des Abschlusses erfüllt sind, ist darüber ggf. nach *IAS 10 – Ereignisse nach dem Bilanzstichtag* im Anhang des Abschlusses zu berichten.

Soweit ein **Unternehmensteil veräußert** werden soll, aber noch kein Käufer gefunden und kein Vertrag unterzeichnet wurde, besteht nach IAS 37.78 keine faktische Verpflichtung aus der Veräußerung des Unternehmensteils, selbst wenn das Unternehmen die geplante Veräußerung öffentlich bekanntgegeben hat. Bis zum Vertragsabschluss könnte das Management seine Meinung über die Veräußerung noch ändern. Zudem besteht die Möglichkeit, keinen Käufer zu finden, der bereit ist, einen angemessenen Preis für den in Rede stehenden Unternehmensteil zu zahlen.

Im Rahmen einer Restrukturierungsrückstellung sind nur die künftigen Aufwendungen zu berücksichtigen, die sowohl

- **zwangsweise im Zuge der Restrukturierung** entstehen, als auch
- **nicht mit den weiterlaufenden Aktivitäten** des Unternehmens in Zusammenhang stehen.

Danach sind z. B. Abfindungszahlungen und Abbruchkosten bei der Bemessung einer Restrukturierungsrückstellung zu berücksichtigen. Schulungsmaßnahmen für die verbleibenden Mitarbeiter, Kosten für den Umzug von Mitarbeitern zu einem anderen Standort, Ausgaben für die Werbung neuer Mitarbeiter oder Ausgaben für die Beratung bei der Umorganisation des Unternehmens sind dagegen nicht im Rückstellungswert zu beachten.

Werden im Zuge der Durchführung einer Restrukturierungsmaßnahme **Vermögenswerte veräußert**, ist der erwartete Gewinn aus der Veräußerung bei der Bewertung der Rückstellung nicht zu berücksichtigen. Stattdessen ist der Gewinn zu erfassen, wenn das Veräußerungsgeschäft bezüglich des Vermögenswerts realisiert ist.

Bis zum Tag einer Restrukturierung entstehende, **identifizierbare künftige betriebliche Verluste** sind überdies nicht zurückzustellen, soweit sie nicht im Zusammenhang mit einem belastenden Vertrag anfallen.

BEISPIEL:

Die L-AG möchte einen ihrer Standorte umstrukturieren und beauftragt die Beratungsgesellschaft ProConsult mit der Konzipierung eines Restrukturierungsplans. Dieser wurde am 15.11.2015 überreicht und am 1.12.2015 bekannt gemacht. Das Konzept umfasst folgende Bestandteile:

a) Zur Verkleinerung des Standorts werden 20 % der Mitarbeiter gekündigt. Dabei entstehen Kosten i. H. v. 150 T-€. Der Betriebsrat wurde bereits informiert und hat der Maßnahme zugestimmt.

b) Etwa 25 % der verbleibenden Mitarbeiter werden umgeschult, um der neuen Strategie für den Standort gerecht zu werden. Dabei entstehen Kosten i. H. v. 60 T-€.

c) ProConsult stellt für dieses Konzept am 15.12.2015 einen Betrag von 10 T-€ in Rechnung, welchen die L-AG zum 31.12.2015 noch nicht überwiesen hat.

Da der Restrukturierungsplan bekannt gemacht wurde, kann die L-AG eine Restrukturierungsrückstellung bilden. Die Sachverhalte sind wie folgt zu beurteilen:

a) Die erwarteten Zahlungen an die gekündigten Mitarbeiter sind Teil der Restrukturierungsrückstellung. Durch die Information des Betriebsrats wurden Erwartungen geweckt, dass die L-AG die Kündigungen durchführt. Eine faktische Verpflichtung liegt demnach vor.

b) Die Umschulungsmaßnahmen sind nach IAS 37.81 nicht als Teil der Restrukturierungsrückstellung anzusetzen, sondern zum Zeitpunkt ihres Anfalls als Aufwand zu erfassen.

c) Die Beratungsleistung wurde schon erbracht, jedoch noch nicht bezahlt. Demnach ist eine Verbindlichkeit aus Lieferungen und Leistungen zu erfassen.

7. Offenlegungspflichten

Ein Unternehmen hat nach IAS 37.84 **für jede Gruppe von Rückstellungen** die folgenden Angaben zu machen:

- den Buchwert zu Beginn und zum Ende der Berichtsperiode;
- zusätzliche, in der Berichtsperiode gebildete Rückstellungen, einschließlich der Erhöhung von bestehenden Rückstellungen;
- während der Berichtsperiode in Anspruch genommene Beträge;
- nicht verwendete Beträge, die während der Berichtsperiode aufgelöst wurden; und

- die Erhöhung des während der Berichtsperiode aufgrund des Zeitablaufs abgezinsten Betrags und die Auswirkung von Änderungen des Abzinsungssatzes.
- **Vergleichsinformationen** sind zu diesen Angaben nicht erforderlich.

Zudem hat ein Unternehmen nach IAS 37.85 für jede Gruppe von Rückstellungen die folgenden Angaben offen zu legen:

- eine **kurze Beschreibung** der Art der Verpflichtung sowie der erwarteten Fälligkeiten resultierender Abflüsse von wirtschaftlichem Nutzen;
- die **Angabe von Unsicherheiten** hinsichtlich des Betrags oder der Fälligkeiten dieser Abflüsse sowie ggf. die wesentlichen Annahmen bezüglich künftiger Ereignisse; und
- die Höhe aller erwarteten **Erstattungen** unter Angabe der Höhe der Vermögenswerte, die für die jeweilige erwartete Erstattung angesetzt wurden.

Sofern die Möglichkeit eines Ressourcenabflusses bei der Erfüllung einer gegenwärtigen oder möglichen Verpflichtung nicht unwahrscheinlich ist, hat das bilanzierende Unternehmen **für jede Gruppe von Eventualschulden** zum Abschlussstichtag eine kurze Beschreibung der Eventualschuld und, soweit praktikabel, die folgenden Angaben zu machen (IAS 37.86):

- eine Schätzung der finanziellen Auswirkungen, bewertet nach den Bewertungsgrundsätzen für Rückstellungen;
- die Angabe von Unsicherheiten hinsichtlich des Betrags oder der Fälligkeiten von Ressourcenabflüssen; und
- die Möglichkeit einer Erstattung.

Ist ein Zufluss von wirtschaftlichem Nutzen wahrscheinlich, so hat ein Unternehmen eine kurze Beschreibung der Art der Eventualforderungen zum Abschlussstichtag und, wenn praktikabel, eine Schätzung der finanziellen Auswirkungen, bewertet auf Basis der Bewertungsgrundsätze für Rückstellungen anzugeben.

Mit IAS 37.92 wird eine Schutzvorschrift für die bilanzierenden Unternehmen eingeführt. Soweit die von IAS 37 geforderten Anhangangaben die wirtschaftliche Lage eines Unternehmens in einem Rechtsstreit beeinflussen könnten, ist das Unternehmen von der Veröffentlichung dieser Angaben befreit. Das Unternehmen hat jedoch den allgemeinen Charakter des Rechtsstreits darzulegen sowie die Tatsache, dass gewisse Angaben nicht gemacht wurden, ebenso wie die diesbezüglichen Gründe.

8. Weiterführende Literatur

Hachmeister, Verbindlichkeiten nach IFRS. Bilanzierung von kurz- und langfristigen Verbindlichkeiten, Rückstellungen und Eventualschulden, München 2006;

Hain, Restrukturierungsaufwendungen in der Rechnungslegung nach HGB, IAS und US-GAAP, Düsseldorf 2000;

Kümpel, Bilanzielle Behandlung von Entsorgungs-, Rekultivierungs- und ähnlichen Verpflichtungen im IFRS-Regelwerk, DStR 2004, S. 1227-1232;

Schween, Bewertung von Rückstellungen und sonstigen nichtfinanziellen Verpflichtungen: Änderungsvorschläge in ED IAS 37 amend, WPg 2007, S. 686-696;

Wünsche, Verbindlichkeitsrückstellungen im IFRS-Abschluss: eine Untersuchung der Entscheidungsnützlichkeit der Regelungen in ED IAS 37 und in IAS 37, Düsseldorf 2009.

VIII. Pensionsrückstellungen und sonstige Leistungen an Arbeitnehmer

RELEVANTE STANDARDS

IAS 1 – Darstellung des Abschlusses
IAS 19 – Leistungen an Arbeitnehmer
IAS 24 – Angaben über Beziehungen zu nahe stehenden Unternehmen und Personen
IAS 37 – Rückstellungen, Eventualschulden und Eventualforderungen
IFRS 2 – Aktienbasierte Vergütung
SIC 12 – Konsolidierung – Zweckgesellschaften
IFRIC 14 – IAS 19 – Die Obergrenze von Vermögenswerten bei leistungsorientierten Plänen, Mindestfinanzierungsanforderungen und ihre Wechselwirkung

KERNAUSSAGEN

- IAS 19 enthält Vorschriften zur Bilanzierung von Leistungen an Arbeitnehmer. Diese umfassen Leistungen nach Beendigung des Arbeitsverhältnisses, kurzfristig fällige Leistungen an Arbeitnehmer, andere langfristig fällige Leistungen an Arbeitnehmer sowie Leistungen aus Anlass der Beendigung des Arbeitsverhältnisses. Vorschriften zur Abbildung von aktienbasierten Vergütungen enthält IFRS 2.
- Bei den **Leistungen nach Beendigung des Arbeitsverhältnisses** werden beitragsorientierte und leistungsorientierte Versorgungspläne unterschieden.
- Bei **beitragsorientierten Versorgungssystemen** zahlt der Arbeitgeber einen oder mehrere Beträge an einen externen Fonds. Dieser ist verpflichtet, die künftigen Versorgungsleistungen zu erbringen. Der Arbeitgeber hat keine Nachschusspflicht. Bei dieser Art der Versorgungszusage sind im IFRS-Abschluss die entsprechenden Aufwendungen sowie Zahlungen zu erfassen.
- **Leistungsorientierte Versorgungssysteme** sind sämtliche Versorgungssysteme, welche nicht als beitragsorientiert zu klassifizieren sind. Bei diesen ist dem Arbeitgeber die Versorgungsverpflichtung zuzurechnen. Diese ist mit ggf. vorhandenem Planvermögen zu saldieren.
- Nach IAS 19 ist der im Gewinn oder Verlust zu erfassende Betrag grundsätzlich **zu Beginn der Periode** zu ermitteln. Die Differenz zwischen dem im Gewinn oder Verlust erfassten Erfolgsbeitrag und dem tatsächlichen Aufwand/Ertrag ist, soweit sie auf einer Veränderung von versicherungsmathematischen Annahmen basiert, ein versicherungsmathematischer Verlust/Gewinn. Dieser ist unmittelbar im sonstigen Ergebnis zu erfassen.

- **Nachzuverrechnender Dienstzeitaufwand** ist unmittelbar im Gewinn oder Verlust zu erfassen.
- IAS 19 umfasst detaillierte Vorschriften zu **Plankürzungen und Planabgeltungen.**
- Im Rahmen der Bilanzierung von leistungsorientierten Versorgungsplänen darf ein Vermögenswert maximal in der Höhe angesetzt werden, wie dieser künftig auch realisiert werden kann (***asset-ceiling***).
- IAS 19 enthält **zahlreiche Angabevorschriften** zu leistungsorientierten Versorgungssystemen.

1. Anwendungsbereich und Zielsetzung des IAS 19

IAS 19 ist grundsätzlich anzuwenden für sämtliche Leistungen an Arbeitnehmer. »Leistungen an Arbeitnehmer« sind alle Formen von Vergütungen, die ein Unternehmen im Tausch für die vom Arbeitnehmer für das Unternehmen erbrachte Arbeitsleistung gewährt. Dabei kann vom Unternehmen die Leistung in Form von Zahlungen an den Arbeitnehmer selbst, aber auch an den Ehepartner oder die Kinder erfüllt werden. Zudem kann in bestimmten Fällen die Leistung an den Arbeitnehmer auch erfüllt werden, indem z. B. ein bestimmter Betrag an ein Versicherungsunternehmen gezahlt wird. Letzteres ist dann verpflichtet, bei Eintritt bestimmter Sachverhalte an den Arbeitnehmer zu zahlen (z. B. Pensionszahlungen).

Leistungen an Arbeitnehmer, die in den Anwendungsbereich des ***IFRS 2*** – *Anteilsbasierte Vergütung* fallen, sind von IAS 19 **ausgenommen**.

Leistungen an Arbeitnehmern können auf unterschiedlichen Grundlagen gewährt werden. Sie können gewährt werden auf Basis von:

- formellen Verträgen (z. B. Arbeitsverträgen), Plänen oder anderen formellen Vereinbarungen zwischen einem Unternehmen und Arbeitnehmern, Gruppen von Arbeitnehmern oder deren Vertretern;
- gesetzlichen Bestimmungen oder tarifvertraglichen Vereinbarungen; oder
- betrieblicher Übung, die eine faktische Verpflichtung begründet. Eine faktische Verpflichtung aus betrieblicher Übung liegt vor, wenn das Unternehmen keine realistische Alternative zur Zahlung der Leistung an die Arbeitnehmer hat.
- IAS 19 unterteilt die Leistungen an Arbeitnehmer in vier Kategorien. Da die vier Kategorien jeweils unterschiedliche Merkmale aufweisen, werden sie nach IAS 19 differenziert geregelt:
- **Leistungen nach Beendigung des Arbeitsverhältnisses** umfassen Renten, sonstige Altersversorgungsleistungen, Lebensversicherungen und medizinische Versorgung nach Beendigung des Arbeitsverhältnisses.
- **Kurzfristig fällige Leistungen an Arbeitnehmer** umfassen Löhne, Gehälter und Sozialversicherungsbeiträge, Urlaubs- und Krankengeld, Gewinn- und Erfolgsbeteiligungen sowie geldwerte Leistungen.
- **Andere langfristig fällige Leistungen an Arbeitnehmer** umfassen Sonderurlaub nach langjähriger Dienstzeit, Jubiläumsgelder, Versorgungsleistungen im Falle langfristiger Erwerbsunfähigkeit sowie Gewinn- und Erfolgsbeteiligungen und sonstige Vergütungsbestandteile, soweit diese nicht innerhalb von zwölf Monaten zu zahlen sind.
- **Leistungen aus Anlass der Beendigung des Arbeitsverhältnisses**.

Das Ziel der Standardregelung des IAS 19 besteht darin, eine den tatsächlichen Verhältnissen entsprechende Darstellung der Vermögenslage sowie eine verursachungsgerechte Erfolgsperiodisierung zu gewährleisten. Um dieses Ziel zu erreichen ist zum einen zu ermitteln, mit welchem Betrag eine Verbindlichkeit des Unternehmens in der Bilanz anzusetzen ist, wenn der Arbeitnehmer in Vorleistung getreten ist, er also die Vergütung erst zu einem der Leistungserbringung nachgelagertem Zeitpunkt erhält (Standardfall »Pensionsrückstellung«). Zum anderen ist zu ermitteln, in welcher Höhe in der Ergebnisrechnung ein Aufwand zu erfassen ist.

Im Folgenden wird zunächst die Abbildung von Leistungen nach Beendigung des Arbeitsverhältnisses, anschließend die Abbildung der sonstigen genannten Leistungen erläutert.

2. Leistungen nach Beendigung des Arbeitsverhältnisses *(post-employment benefits)*

a) Überblick

Unternehmen und Arbeitnehmer schließen häufig Vereinbarungen ab, mit denen den Arbeitnehmern Leistungen für die Zeit nach Beendigung des Arbeitsverhältnisses zugesagt werden. Dazu zählen z. B. Leistungen der betrieblichen Altersversorgung wie Renten sowie Lebensversicherungen oder (in Deutschland selten der Fall) medizinische Versorgung.

Von den Leistungen nach Beendigung des Arbeitsverhältnisses ausgenommen sind nach IAS 19 die Leistungen aus Anlass der Beendigung des Arbeitsverhältnisses (*termination benefits*) (vgl. S. 345 f.).

Die Regelungen des IAS 19 sind auf **formelle wie auf informelle Pensionspläne** anzuwenden. Letztere liegen grundsätzlich vor, soweit das bilanzierende Unternehmen keine realistische Möglichkeit hat, künftig die Zahlungen nicht zu leisten. In diesem Fall liegt nach IFRS eine faktische Verpflichtung vor. Zudem ist IAS 19 unabhängig davon anzuwenden, ob

- das Unternehmen die Leistungen künftig selbst erbringt, oder
- ein separates Unternehmen (z. B. ein rechtlich selbständiger Fonds) verpflichtet ist, künftig die Versorgungsleistungen an die Mitarbeiter zu erbringen.

Für die Bilanzierung von Leistungen nach Beendigung des Arbeitsverhältnisses werden zwei Arten von Versorgungsplänen unterschieden: Beitragsorientierte Pläne *(defined contribution plans)* und leistungsorientierte Pläne *(defined benefit plans).*

Beitragsorientierte Pläne *(defined contribution plans)* zeichnen sich dadurch aus, dass ein Unternehmen bestimmte Beiträge an eine eigenständige externe Einheit (einen Fonds) zahlt und diese Einheit künftig verpflichtet ist, die Versorgungsleistungen an den Mitarbeiter zu erbringen. Das bilanzierende Unternehmen selbst hat bei beitragsorientierten Plänen keine über die Zahlung der vereinbarten Beiträge hinausgehende Zahlungsverpflichtung, auch dann nicht, wenn die externe Einheit künftig nicht in der Lage ist, die erwarteten Leistungen zu erbringen.

Bei den beitragsorientierten Versorgungsplänen werden das versicherungsmathematische Risiko und das Anlagerisiko nicht vom Arbeitgeber, sondern vom **Arbeitnehmer** getragen. Das **versicherungsmathematische Risiko** ist das Risiko, dass die künftigen Leistungen geringer als erwartet ausfallen, das **Anlagerisiko** ist das Risiko, dass die im Fonds angelegten Vermögenswerte künftig nicht ausreichen, die erwarteten Versorgungsleistungen zu erbringen.

BEISPIEL:

Unternehmen A zahlt pro Periode 500 € in einen externen Fonds ein. Diese Beiträge und die aus der Anlage der Beiträge erzielten Gewinne sind künftig zu nutzen, um bestimmte Leistungen nach Beendigung des Arbeitsverhältnisses an einen Arbeitnehmer auszuzahlen. Soweit der Fonds künftig nicht in der Lage ist, die vereinbarten Leistungen zu erbringen, ist Unternehmen A nicht nachschusspflichtig. Der Pensionsplan ist als beitragsorientiert zu klassifizieren.

Leistungsorientierte Pläne *(defined benefit plans)* sind alle Pläne, die nicht als beitragsorientierte Pläne einzustufen sind. Ein leistungsorientierter Plan liegt z. B. vor, wenn das Unternehmen künftig selbst die Zahlungen an den Mitarbeiter erbringt. Zudem liegt ein leistungsorientierter Plan vor, wenn das Unternehmen Beiträge an eine externe Einheit zahlt, welche verpflichtet ist, künftig die Leistungen an die Arbeitnehmer zu erbringen, das Unternehmen aber unter bestimmten Umständen nachschusspflichtig ist. Dies ist z. B. der Fall, wenn die im Plan enthaltene Leistungsformel nicht nur auf die gezahlten Beiträge abstellt und das Unternehmen zu einem späteren Zeitpunkt weitere Beträge zu zahlen hat, oder wenn die ursprünglichen Beträge nicht ausreichen, um die Ansprüche des Arbeitnehmers zu begleichen. Ebenso liegt z. B. ein leistungsorientierter Plan vor, wenn das Unternehmen dem Arbeitnehmer Ansprüche auf Basis einer bestimmten Mindestrendite der eingezahlten Beiträge garantiert und der Arbeitgeber nachschusspflichtig ist, sofern die Rendite nicht erzielt wird. In diesen Fällen werden das versicherungsmathematische Risiko sowie das Anlagerisiko im Wesentlichen vom Unternehmen getragen.

BEISPIEL:

Unternehmen A zahlt pro Periode einen Betrag von 500 € an einen externen Fonds. Der Fonds ist künftig verpflichtet, nach Beendigung des Arbeitsverhältnisses bestimmte Leistungen an einen Arbeitnehmer zu zahlen. Ist der Fonds künftig nicht in der Lage, aus den Beiträgen und aus den aus deren Anlage erzielten Gewinnen die künftigen Versorgungsleistungen zu erbringen, ist Unternehmen A verpflichtet, den fehlenden Betrag nachzuschießen. Der Pensionsplan ist als leistungsorientiert zu klassifizieren.

b) Beitragsorientierte Versorgungspläne (*defined contribution plans*)

Ansatz

Bei beitragsorientierten Versorgungsplänen zahlt der Arbeitgeber bzw. das bilanzierende Unternehmen bestimmte Beiträge an ein externes Unternehmen, welches künftig die Leistungen nach Beendigung des Arbeitsverhältnisses zu erbringen hat. Soweit ein Arbeitnehmer in der abgelaufenen Periode Arbeitsleistung für das bilanzierende Unternehmen erbracht hat, hat das bilanzierende Unternehmen den dieser Leistung zuzurechnenden Beitrag **als Aufwand zu erfassen**, soweit dieser nicht in die Anschaffungs- oder Herstellungskosten (AK/HK) eines Vermögenswerts einbezogen wird.[1]

Soweit der Beitrag noch nicht gezahlt wurde, ist dieser abzüglich schon geleisteter Zahlungen **als Schuld anzusetzen**. Ergibt sich als Saldo ein Vermögenswert, ist dieser anzusetzen, soweit er mit entsprechenden künftigen Zahlungsverpflichtungen saldiert werden darf oder zu einer Rückerstattung führt.

Der zu erfassende Aufwand ist grundsätzlich mit dem Betrag der voraussichtlichen Zahlung zu bewerten. Ist der Betrag an den Fonds nicht innerhalb von zwölf Monaten zu zahlen, ist der zu erfassende Betrag der Barwert des künftig zu zahlenden Beitrags. Der Barwert ist mit dem bei leistungsorientierten Plänen anzuwendenden Zinssatz zu berechnen (vgl. S. 333). Dies ist grundsätzlich ein Zinssatz von Unternehmensanleihen bester Bonität.

Ein Unternehmen hat den in der Berichtsperiode als Aufwand für einen beitragsorientierten Plan erfassten Betrag im Anhang eines IFRS-Abschlusses offen zu legen.

c) Leistungsorientierte Versorgungspläne (*defined benefit plans*)

aa) Überblick

Zurechnung der Verpflichtung

Leistungsorientierte Versorgungspläne sind alle die Versorgungspläne, die nicht als beitragsorientiert klassifiziert werden. Bei leistungsorientierten Plänen hat das bilanzierende Unternehmen grundsätzlich dafür Sorge zu tragen, dass der Mitarbeiter künftig die zugesagten Versorgungsleistungen erhält. Soweit das Unternehmen Beiträge an ein externes Unternehmen zahlt, welches künftig verpflichtet ist, die Versorgungsleistungen zu erbringen, ist das Unternehmen verpflichtet nachzuschießen, soweit das externe Unternehmen nicht in der Lage ist, die zugesagten Versorgungsleistungen zu erbringen. Aus diesem Grund ist dem bilanzierenden Unternehmen **die Verpflichtung zuzurechnen**, künftig die Versorgungsleistungen zu erbringen. Das gleiche gilt natürlich, soweit das bilanzierende Unternehmen künftig die Versorgungsleistungen selbst erbringt.

Neben der Leistungsverpflichtung ist dem bilanzierenden Unternehmen das sog. Planvermögen zuzurechnen. **Planvermögen** *(plan assets)* ist grundsätzlich das Vermögen, welches künftig nur dazu eingesetzt werden kann und darf, die Ansprüche der Pensionsberechtigten zu begleichen.

Da dieses Planvermögen mit der Verpflichtung wirtschaftlich unmittelbar verknüpft ist, ist die Verpflichtung in der Bilanz mit dem Planvermögen **zu saldieren**. Für den Fall, dass bei der Saldierung ein Vermögenswert anzusetzen ist, darf dieser nur angesetzt werden, soweit dieser künftig auch realisiert werden kann. Realisiert werden könnte der Vermögenswert z. B. durch die bestehende Möglichkeit, künftige Beiträge zu kürzen oder gezahlte Beiträge zurückzuerstatten. Der daraus resultierende Vermögenswert ist nach IAS 19 der **Nettovermögenswert**. Resultiert aus der Saldierung der Verpflichtung mit dem Planvermögen eine Schuld, ist dies die sogenannte **Nettoschuld**.

Die Berechnung der Verpflichtung und des laufenden Dienstzeitaufwands beruht auf zahlreichen sogenannten versicherungsmathematischen Annahmen. Dazu zählen z.B. Sterblichkeit, Fluktuation, Gehaltstrend, Rententrend, Invalidität und der Zinssatz.

Diese Annahmen ändern sich häufig von einem zum nächsten Abschlussstichtag. Dabei können solche Änderungen von versicherungsmathematischen Annahmen oder Differenzen zwischen erwarteten und tatsächlichen Parametern immense Auswirkungen auf den Barwert der leistungsorientierten Verpflichtung und den beizulegenden Zeitwert des Planvermögens haben. Diese Veränderungen der Verpflichtung werden im Rahmen der »Neubewertung der Nettoschuld bzw. des Nettovermögenswerts« erfasst.

Die Bestandteile des in einer Periode im Gesamtergebnis zu erfassenden Betrags sind

1. der Dienstzeitaufwand,
2. die Nettozinsen auf die Nettoschuld bzw. den Nettovermögenswert, sowie
3. die Neubewertungen der Nettoschuld bzw. des Nettovermögenswerts.

Die aus 1. und 2. zu erfassenden Beträge sind im Gewinn oder Verlust zu erfassen. Die aus 3. zu erfassenden Beträge sind im sonstigen Ergebnis zu erfassen.

Ad 1.

Der **Dienstzeitaufwand** setzt sich aus drei Bestandteilen zusammen. Diese sind

- der **laufende Dienstzeitaufwand**: Der laufende Dienstzeitaufwand ist der Barwert der Versorgungsleistungen, die der Mitarbeiter in der aktuellen Periode hinzuverdient hat. Der Betrag des laufenden Dienstzeitaufwands wird auf Basis der zu Beginn der Periode bestehenden Parameter mit Wertstellung auf das Ende der Periode ermittelt.
- der **nachzuverrechnende Dienstzeitaufwand**: Dieser ist die Veränderung der Leistungsverpflichtung, die aus einer Anpassung oder einer Kürzung eines Versorgungsplans entsteht. Eine Anpassung liegt dabei vor, wenn ein Versorgungsplan neu eingeführt, zurückgenommen oder verändert wird. Eine sogenannte Kürzung liegt dagegen vor, wenn die Zahl der vom Versorgungsplan begünstigten Mitarbeiter signifikant reduziert wird; sowie
- Gewinne und Verluste bei **Abgeltung**. Eine Abgeltung ist dabei ein Sachverhalt, bei dem alle künftigen Leistungen, eliminiert werden. Sachverhalte, die im Versorgungsplan berücksichtigt sind, zählen nicht dazu.

Ad 2.

Die Nettoschuld bzw. der Nettovermögenswert sind mit dem Barwert anzusetzen. Die **Nettozinsen auf die Nettoschuld bzw. den Nettovermögenswert** sind zu erfassen, da der Zeitpunkt der Zahlung der zu Beginn der Periode bilanzierten Versorgungsleistungen am Ende der Periode eine Periode näher gerückt ist. Zudem wird das Planvermögen einer Periode verzinst, sodass daraus ein Ertrag zu erfassen ist. Die gesamte Verzinsung wird dabei aus dem Saldo der Verpflichtung abzüglich des Planvermögens berechnet. Dies gilt, da das IASB bestimmt hat, dass die Verpflichtung und das Planvermögen mit demselben Zinssatz zu verzinsen sind. Die Differenz zwischen dem so berechneten Ertrag aus Planvermögen und dem tatsächlichen Ertrag aus Planvermögen ist ein versicherungsmathematischer Gewinn bzw. Verlust, welcher im Rahmen der Neubewertung der Nettoschuld, bzw. des Nettovermögenswerts erfasst wird.

Die Nettozinsen sind wie der laufende Dienstzeitaufwand auf Basis der Wertverhältnisse zu Beginn der Periode zu ermitteln. Dabei sind gem. IAS 19.123 geplante Veränderungen der Nettoschuld bzw. des Nettovermögenswerts zu berücksichtigen. Diese resultieren z. B. aus Zahlungen an den Fonds/die Versicherung oder Zahlungen des Fonds/der Versicherung an die Versicherten.

BEISPIEL:

Zu Beginn des Jahres beträgt der Barwert der leistungsorientierten Verpflichtung 1 000 T-€, der beizulegende Zeitwert des Planvermögens beträgt 800 T-€ und der anzuwendende Zinssatz beträgt 10%. Die daraus resultierende Nettoschuld beträgt 200 T-€. Soweit sich die Zusammensetzung der Schuld und des Planvermögens im Jahr voraussichtlich nicht ändert, ist zum Ende des Jahres ein Zinsaufwand von 200 T-€ × 10% = 20 T-€ zu erfassen.

Ad 3.

Die im sonstigen Ergebnis zu erfassenden **Auswirkungen der Neubewertung** resultieren daraus, dass der im Gewinn oder Verlust zu erfassende Betrag (Ertrag/Aufwand) nach IAS 19 grundsätzlich schon zu Beginn der Rechnungslegungsperiode berechnet wird. Dies gilt für den laufenden Dienstzeitaufwand und die Nettozinsen auf die Nettoschuld bzw. den Nettovermögenswert. Eine Veränderung der Leistungsverpflichtung, welche z. B. auf eine Veränderung des Zinssatzes zurückzuführen ist, ist in den bisher beschriebenen Komponenten gar nicht enthalten.

Die **Auswirkungen der Neubewertung** der Nettoschuld bzw. des Nettovermögenswerts lassen sich in drei Bereiche teilen.

Zum einen sind da die **versicherungsmathematischen Gewinne und Verluste**, welche definitionsgemäß nur bei der leistungsorientierten Versorgungsverpflichtung entstehen können. Zu den versicherungsmathematischen Gewinnen und Verlusten zählen Auswirkungen auf die leistungsorientierte Verpflichtung von

- **erfahrungsbedingten Anpassungen**. Diese sind zu erfassen, wenn die tatsächliche Entwicklung nicht der zu Beginn des Jahres prognostizierten Entwicklung entspricht. Solche erfahrungsbedingten Anpassungen entstehen z. B., wenn folgende Parameter in der Periode tatsächlich größer oder kleiner waren, als zu Beginn der Periode angenommen:
  - die Sterblichkeit der dem Plan zugehörigen Mitarbeiter;
  - die Gehaltserhöhung oder
  - die Fluktuation der Mitarbeiter;

  sowie
- **Veränderungen der Annahmen** von einem Stichtag zum nächsten, welche der Berechnung der Versorgungsverpflichtung zu Grunde liegen.

Zum anderen gibt es die Differenz zwischen dem am Ende des Jahres festgestellten tatsächlichen Ertrag aus Planvermögen und dem bei den Nettozinsen auf Basis des einheitlichen Zinssatzes berücksichtigten Ertrag des Planvermögens.

Letztlich sind bei der Neubewertung der Nettoschuld/des Nettovermögenswerts Auswirkungen der Vermögensobergrenze (*asset-ceiling*) zu berücksichtigen.

Im Folgenden wird aufbauend auf den einleitenden Erläuterungen in diesem Abschnitt analysiert,

- in welchen Perioden der Begünstigte seine Ansprüche auf Versorgungsleistungen erdient und
- welche Beträge im IFRS-Abschluss bezüglich der leistungsorientierten Versorgungspläne zu erfassen sind.

Abschließend wird dargelegt, welche Informationen zu den leistungsorientierten Plänen im Anhang eines IFRS-Abschlusses offen zu legen sind.

bb) Zuordnung der Leistungen auf Dienstjahre

Bei leistungsorientierten Plänen verdient der Mitarbeiter über einen bestimmten in der Vereinbarung festgelegten Zeitraum die künftigen Versorgungsansprüche. Über diesen Zeitraum hat das Unternehmen die entsprechende Verpflichtung anzusammeln. Nach IAS 19.67 ist die sog. *Projected Unit Credit Method* (PUCM, Methode der laufenden Einmalprämien) anzuwenden, um den Aufwand über die Perioden zu verteilen, in denen der Anspruch erdient wird. Nach der PUCM verdient der Mitarbeiter in jedem Dienstjahr einen zusätzlichen Anspruch auf Versorgungsleistung, welcher separat zu bewerten ist.

BEISPIEL:

Ein Mitarbeiter erhält einen bestimmten Versorgungsanspruch, wenn er die kommenden fünf Jahre im Unternehmen verbleibt. In jedem der fünf Jahre erdient sich der Mitarbeiter 20 % des künftigen Versorgungsanspruchs.

Nach IAS 19.70 erdient der Mitarbeiter seine Ansprüche grundsätzlich auf der Basis, die in dem Versorgungsplan festgelegt worden ist (**Planformel**). Dabei ist eine Verschiebung des Aufwands in spätere Perioden über eine lineare Erfassung hinaus nicht zulässig. Soweit ein Mitarbeiter in späteren Perioden auf Basis der Planformel einen wesentlich höheren Anspruch hinzuverdient, ist die Leistung linear vom Zeitpunkt, zu dem der Mitarbeiter erstmalig Ansprüche verdient, bis zu dem Zeitpunkt, ab dem der Mitarbeiter keinen weiteren wesentlichen Anspruch erdient, zu verteilen.

Bei den folgenden Beispielen wird die Wahrscheinlichkeit, dass ein Mitarbeiter früher als erwartet stirbt oder das Unternehmen verlässt, außer Acht gelassen.

BEISPIEL (LINEARE PLANFORMEL)

Ein Mitarbeiter erhält die Zusage, bis zum 55. Lebensjahr pro Dienstjahr 3 % des letzten Gehalts lebenslänglich als monatliche Rente zu erhalten. Bis zum 55. Lebensjahr werden pro Jahr ein Betrag der 3 % des erwarteten letzten Gehalts entspricht zusätzlich erdient und erfasst.

BEISPIEL (DEGRESSIVE PLANFORMEL)

Ein Mitarbeiter erhält die Zusage, für die kommenden zehn Jahre jeweils 5 % des letzten Gehalts lebenslänglich als monatliche Rente zu erhalten. Für die darauf folgenden zehn Jahre erhält er 2 % des letzten Monatsgehalts zusätzlich als monatliche Rente. Insgesamt erhält er, soweit er 20 Jahre im Unternehmen verbleibt, 70 % des letzten Gehalts als lebenslange monatliche Rente. In den ersten zehn Jahren erdient er pro Jahr 5 % des erwarteten letzten Gehalts, in den darauf folgenden zehn Jahren erdient er 2 % des erwarteten letzten Gehalts. Dies wird entsprechend erfasst.

BEISPIEL (PROGRESSIVE PLANFORMEL)

Ein Mitarbeiter erhält die Zusage, für die kommenden zehn Jahre jeweils 1 % des letzten Gehalts lebenslänglich als monatliche Rente zu erhalten. Für die darauf folgenden zehn Jahre erhält er 5 % des letzten Monatsgehalts zusätzlich als monatliche Rente. Insgesamt erhält er, soweit er 20 Jahre im Unternehmen verbleibt, 60 % des letzten Gehalts als lebenslange monatliche Rente. Da die in späteren Dienstjahren erdienten Ansprüche wesentlich höher sind, als die in früheren Jahren erdienten Ansprüche, sind die erdienten Ansprüche linear über die Dienstjahre zu verteilen. In jedem Jahr wird als Dienstzeitaufwand somit ein Betrag erfasst, der dem Barwert von 3 % des letzten Gehalts entspricht.

Verfallbare und unverfallbare Ansprüche

Der Aufwand ist in der beschriebenen Form unabhängig davon zu erfassen, ob die Ansprüche eines Mitarbeiters verfallbar (scheidet der Mitarbeiter aus dem Unternehmen aus, verfällt sein Anspruch) oder unverfallbar (scheidet der Mitarbeiter aus dem Unternehmen aus, verfällt sein Anspruch nicht) sind.

cc) Im IFRS-Abschluss zu erfassende Beträge

(1) Überblick

Im IFRS-Abschluss ist in der Bilanz die Nettoschuld bzw. der Nettovermögenswert (Saldo aus leistungsorientierter Verpflichtung und Planvermögen) auszuweisen (vgl. S. 332 ff.). Im Gewinn oder Verlust werden der Dienstzeitaufwand (vgl. S. 337 f.) und die Nettozinsen (vgl. S. 338 ff.) auf die Nettoschuld bzw. den Nettovermögenswert erfasst. Da die im Gewinn oder Verlust erfassten Beträge grundsätzlich zu Beginn des Jahres ermittelt werden, entspricht der im Gewinn oder Verlust erfasste Betrag in aller Regel nicht der Veränderung der Nettoschuld/des Nettovermögenswerts. Der über den im Gewinn oder Verlust erfassten hinausgehende Betrag der Veränderung der Nettoschuld/des Nettovermögenswerts resultiert aus der Neubewertung der Nettoschuld/des Nettovermögenswerts (vgl. S. 339 ff.). Dieser Betrag ist im sonstigen Ergebnis zu erfassen.

BEISPIEL:

Ende des Jahres 1 beträgt die Nettoschuld 400 T-€. Die im Gewinn oder Verlust zu erfassenden Beträge werden grundsätzlich zu Beginn des Jahres ermittelt. Diese betragen 70 T-€. Die Nettoschuld Ende des Jahres 2 beträgt 495 T-€. Nachzuverrechnender Dienstzeitaufwand sei nicht zu erfassen. Die Veränderung der Nettoschuld von 400 T-€ auf 470 T-€ ist im Gewinn oder Verlust zu erfassen. Die Veränderung der Nettoschuld von 470 T-€ auf 495 T-€ ist im sonstigen Ergebnis zu erfassen.

(2) Nettoschuld/Nettovermögenswert

Überblick/Vermögensobergrenze

In der Bilanz wird nach IAS 19.63 eine Nettoschuld/ein Nettovermögenswert ausgewiesen. Diese(r) ist der Saldo aus der leistungsorientierten Verpflichtung und dem sogenannten Planvermögen, jeweils bewertet zum Bilanzstichtag. Planvermögen kann grundsätzlich nur eingesetzt werden, um die leistungsorientierte Verpflichtung zu begleichen.

Vermögensobergrenze

Ein Nettovermögenswert entsteht, wenn ein Plan überdotiert ist oder wenn aus der Neubewertung der Nettoschuld/des Nettovermögenswerts Gewinne im sonstigen Ergebnis erfasst wurden, die so hoch sind, dass der beizulegende Zeitwert des Planvermögens höher ist als die leistungsorientierte Verpflichtung. Bei der Bewertung des Nettovermögenswerts ist die sogenannte Vermögensobergrenze (*asset-ceiling*) zu beachten. Diese resultiert daraus, dass ein Vermögenswert nur in der Höhe angesetzt werden darf, in der künftig wirtschaftlicher Nutzen realisiert werden kann. Der Vermögenswert ist dabei entweder mit

- der tatsächlichen Vermögensüberdeckung anzusetzen oder
- der Vermögensobergrenze, welche dem Barwert der künftigen wirtschaftlichen Vorteile – z. B. aus Rückerstattungen oder Beitragskürzungen – entspricht. Dieser Barwert ist unter Verwendung des nach IAS 19 anzuwendenden Zinssatzes zu berechnen.

BEISPIEL:

Ende des Jahres 2X20 beträgt die Nettoschuld 50 Mio. €. Auf Grund erheblicher Kurssteigerungen beim Planvermögen beträgt der Nettovermögenswert Ende 2X21 15 Mio. €.

Fall 1: Überdeckungen dürfen jederzeit an das Unternehmen ausgezahlt werden. Ergebnis: Der Vermögenswert ist mit 15 Mio. € zu bewerten.

Fall 2: Eine Rückerstattung oder Beitragskürzung ist nicht möglich. Ergebnis: Der Vermögenswert ist mit 0 € zu bewerten bzw. es ist kein Vermögenswert anzusetzen.

Fall 3: Besteht ein Überschuss, werden die künftigen Beiträge um 5% reduziert. Der Barwert der künftigen wirtschaftlichen Vorteile beträgt 8 Mio. €. Ergebnis: Der Vermögenswert ist mit 8 Mio. € zu bewerten.

Leistungsorientierte Verpflichtung

Berechnungsgrundlagen:

In der Bilanz ist die Leistungsverpflichtung mit dem Barwert der bis zum Bilanzstichtag auf Basis der PUCM erdienten Ansprüche zu bewerten. Für die Berechnung dieses Barwerts sind zahlreiche **versicherungsmathematische Annahmen** notwendig. Dazu zählen **demografische Annahmen** wie

- die Sterblichkeit der Begünstigten, während und nach Beendigung des Arbeitsverhältnisses;
- Fluktuationsraten, Invalidisierungsraten und Frühpensionierungsverhalten;
- der Anteil der begünstigten Arbeitnehmer mit Angehörigen, die berechtigt sind, künftig Leistungen zu beziehen; und

- die Raten der Inanspruchnahme von Leistungen aus Plänen zur medizinischen Versorgung.

Ebenso zählen **finanzielle Annahmen** dazu wie

- der Zinssatz für die Abzinsung;
- das künftige Gehalts- und Leistungsniveau; und
- im Falle von Leistungen im Rahmen medizinischer Versorgung, die Kostentrends im Bereich der medizinischen Versorgung.

Im Folgenden werden bestimmte versicherungsmathematische Annahmen erläutert.

Erläuterung bestimmter versicherungsmathematischer Annahmen:

In IAS 19 sind einige Grundsätze enthalten, die bei der Bestimmung von versicherungsmathematischen Annahmen zu berücksichtigen sind. Danach sind versicherungsmathematische Annahmen gem. IAS 19.75 **unvoreingenommen** zu wählen. Das bedeutet, dass sie weder unvorsichtig noch übertrieben vorsichtig zu wählen sind. Zudem sind versicherungsmathematische Annahmen **aufeinander abzustimmen**. Dieses Erfordernis ist erfüllt, wenn die versicherungsmathematischen Annahmen wirtschaftliche Zusammenhänge abbilden. So ist z. B. bei der Ermittlung von Zinssätzen und Lohn- und Gehaltssteigerungen immer von derselben Inflationsrate auszugehen. Versicherungsmathematische Annahmen basieren zudem gem. IAS 19.79 grundsätzlich auf nominellen Werten.

Bezüglich der demografischen Annahmen enthält IAS 19 nur wenige Erläuterungen zur Sterblichkeit. Dass nach IAS 19.81 ein Unternehmen die bestmögliche Einschätzung der Sterbewahrscheinlichkeit sowohl während des als auch nach dem Arbeitsverhältnis zu Grunde zu legen hat, erscheint nach den Ausführungen zu IAS 19.75 selbstverständlich. Das IASB weist in IAS 19.82 darauf hin, dass neben den aktuellen Daten auch die künftige Veränderung von Sterbewahrscheinlichkeiten zu berücksichtigen ist, welche z. B. das Ergebnis besserer medizinischer Versorgung oder besserer Ernährung sein können.

Biometrische Parameter (Sterblichkeit, Invalidität, Familienstatus usw.) werden in Deutschland i. d. R. auf Basis der sog. Heubeck-Tafeln bestimmt. Andere demografische Annahmen sind unternehmensindividuell zu treffen.

Die bis zum aktuellen Stichtag erdienten Ansprüche sind mit einem zum Ende der Rechnungslegungsperiode zu ermittelnden Zinssatz von **erstrangigen Industrieanleihen** abzuzinsen. Soweit es in einem Land für solche Anleihen keinen liquiden Markt gibt (und somit der entsprechende Zins nicht zuverlässig zu bestimmen ist), sind am Ende des Jahres ermittelte Renditen von Staatsanleihen zu Grunde zu legen. Der nach IAS 19 anzuwendende Zinssatz repräsentiert nur den Zeitwert des Geldes. Weitere Risiken, wie das versicherungsmathematische Risiko, das Investitionsrisiko oder das Kreditrisiko des Unternehmens sind im Zinssatz nicht zu berücksichtigen.

Bei der Bestimmung des Zinssatzes ist der Zeitpunkt der erwarteten Zahlungen zu berücksichtigen. Werden die Zahlungen in der nahen Zukunft erwartet, ist der Zins von Anleihen mit entsprechend kurzer Laufzeit zu Grunde zu legen. Werden Zahlungen jedoch später erwartet, ist ein Zins entsprechend lang laufender Anleihen zu Grunde zu legen. Nach IAS 19.85 ist auch die Anwendung von gewichteten durchschnittlichen Zinssätzen zulässig.

Leistungszusagen werden häufig in der Form gegeben, dass die Versorgungsleistung **auf Basis des letzten Gehalts** berechnet wird. Nach IAS 19.87 (b) sind künftige Gehaltssteigerungen bei der Berechnung der Verpflichtung zu berücksichtigen.

Dabei sind alle Faktoren wie Inflation, Zugehörigkeit zum Unternehmen und künftige Beförderungen zu berücksichtigen.

Bei der Berechnung der Verpflichtung sind **Veränderungen der künftigen Versorgungsleistungen** zu erfassen, zu denen das bilanzierende Unternehmen rechtlich oder faktisch verpflichtet ist. Hat ein Unternehmen in der Vergangenheit z. B. regelmäßig die Versorgungsleistungen angepasst, um Inflationseffekte auszugleichen und ist dies als faktische Verpflichtung zu werten, sind die künftigen Erhöhungen der Versorgungsleistungen daraus bei der Berechnung der Verpflichtung zu berücksichtigen. Ebenso ist ein Rententrend zu bedenken, soweit eine Anpassung der künftig zu zahlenden Renten anderweitig vereinbart wurde. Auch eine Erhöhung der Verpflichtung ist zu berücksichtigen, wenn vereinbart ist, dass Überschüsse aus Planvermögen an die Berechtigten ausgezahlt werden. Ist eine solche Erhöhung nicht im Versorgungsplan vereinbart, sondern wird sie nachträglich beschlossen, liegt nachzuverrechnender Dienstzeitaufwand vor, soweit sich die in der Vergangenheit erdienten Ansprüche erhöhen. Die erhöhten künftig zu erdienenden Ansprüche sind künftig als laufender Dienstzeitaufwand zu erfassen.

Soweit ein Unternehmen den Mitarbeitern Zusagen über die Erstattung künftiger Kosten der medizinischen Versorgung gegeben hat, sind diese Kosten unter Berücksichtigung von Inflation und sonstigen Änderungen der Kosten der medizinischen Versorgung zu erfassen.

BEISPIEL ZUR BERECHNUNG DER LEISTUNGSVERPFLICHTUNG:

Ein Mitarbeiter wird im Alter von 50 Jahren zu Beginn des Jahres 2X01 angestellt. Der vereinbarte Versorgungsplan sagt ihm zu, in den kommenden 15 Jahren jeweils einen Anspruch i. H. v. 5 % des letzten Jahresgehalts zu erdienen, so dass er im ersten Jahr des Pensionsbezugs (2X16) 75 % des Gehalts des Jahres 2X15 erhält. Die zu leistenden Pensionszahlungen erhöhen sich auf Basis des allgemeinen Rententrends. Zum Ende des Jahres 2X07 ist die Pensionsverpflichtung zu berechnen. Das Gehalt des Mitarbeiters betrug im Jahre 2X07 55 000 €.

Im ersten Schritt ist die voraussichtliche Verpflichtung zu berechnen, die bis Ende des Jahres 2X15 anzusammeln ist. Diese Verpflichtung ist der Barwert der künftigen Pensionszahlungen. Die Pensionszahlungen sind abhängig vom künftigen Gehaltstrend, von der künftigen Rentenentwicklung und von der Lebenserwartung des Mitarbeiters. Folgende Annahmen werden getroffen:

- 2,5 % Gehaltssteigerung pro Jahr
- 1 % Rentensteigerung pro Jahr
- Lebenserwartung: 80 Jahre
- Zinssatz: 4,5 %

Da das Gehalt in 2X07 55 000 € betrug, wird das Gehalt des Jahres 2X15 voraussichtlich 55 000 € × $1{,}025^8$ = 67 012 € betragen. Im Jahr 2X16 wird der Mitarbeiter eine Rente i. H. v. 75% × 67 012 € = 50 259 € erhalten. Diese Rente steigt bis zum Jahr 2X30 auf Grund des erwarteten allgemeinen Rententrends auf 57 772 €. Der Barwert der erwarteten Rentenzahlungen der Jahre 2X16 bis 2X30 bei einem Zinssatz von 4,5 % beträgt 574 539 €.

Die Ansprüche des Mitarbeiters werden linear angesammelt. Daher hat er 7/15 seines gesamten Anspruchs zum Ende des Jahres 2X07 erdient. Dies sind (7/15) × 574 539 € = 268 188 €. Zum Ende des Jahres 2X07 ist der Barwert des Anspruchs anzusetzen. Dieser beträgt 268 188 € × 1,045-8 = **188 537 €**. Dies ist der Betrag, der zum Ende des Jahres 2X07 zu berücksichtigenden Leistungsverpflichtung.

Planvermögen

Zum Planvermögen zählen:

- Vermögen, das durch einen **langfristig ausgelegten Fonds** zur Erfüllung von Leistungen an Arbeitnehmer gehalten wird, wobei der Fonds vom bilanzierenden Unternehmen rechtlich unabhängig ist und ausschließlich besteht, um Leistungen an Arbeitnehmer zu zahlen oder zu finanzieren; und
- **qualifizierte Versicherungsverträge**, welche nicht von einer nahe stehenden Person ausgegeben wurden (z. B. Direktversicherungen).

Das Vermögen sowie die qualifizierten Versicherungspolicen sind als Planvermögen zu qualifizieren, soweit sie grundsätzlich **nur dazu eingesetzt werden können, die künftigen Versorgungsansprüche der Arbeitnehmer** zu bedienen. Die Gläubiger des bilanzierenden Unternehmens haben selbst bei Insolvenz des berichtenden Unternehmens keinen Zugriff auf das Vermögen. Ebenso darf das bilanzierende Unternehmen selbst grundsätzlich nicht mehr auf das Vermögen zugreifen.

Eine Zahlung an das bilanzierenden Unternehmen steht einer Qualifizierung als Planvermögen nicht entgegen, soweit sie nur zulässig ist, wenn

- Leistungen an Arbeitnehmer erstattet werden, die vom bilanzierenden Unternehmen bereits gezahlt worden sind; oder
- im Falle von Vermögen das verbleibende Vermögen des Fonds ausreicht, um alle Leistungsverpflichtungen gegenüber den Arbeitnehmern zu erfüllen; oder
- im Falle von Versicherungspolicen die Erlöse Überschüsse darstellen, die für die Erfüllung sämtlicher Leistungsverpflichtungen gegenüber Arbeitnehmern im Zusammenhang mit der Police nicht benötigt werden.

Das Planvermögen ist zum Bilanzstichtag mit dem **beizulegenden Zeitwert** zu bewerten.

Bei der **Ermittlung des beizulegenden Zeitwerts** des Planvermögens sind Forderungen eines Fonds gegen das bilanzierende Unternehmen auf Grund von noch nicht gezahlten Beiträgen nicht zu berücksichtigen (IAS 19.114). Schulden des Fonds mindern den beizulegenden Zeitwert des Planvermögens, soweit diese nicht im Zusammenhang mit den künftig zu erbringenden Leistungen an die Arbeitnehmer stehen. Dies gilt z. B. für Verbindlichkeiten aus Lieferungen und Leistungen und sonstige Verbindlichkeiten.[2]

BEISPIEL:

Unternehmen A hat mit den Arbeitnehmern einen leistungsorientierten Versorgungsplan vereinbart und den externen Fonds F gegründet. Dieser ist künftig verpflichtet, die Leistungen an die Arbeitnehmer zu erbringen. A ist verpflichtet, periodisch bestimmte Beiträge an F zu entrichten. Ist F künftig nicht in der Lage, die Leistungen an die Arbeitnehmer zu erbringen, ist A verpflichtet, nachzuschießen. Daher ist die Verpflichtung, künftig Leistungen an die Arbeitnehmer zu erbringen, A zuzurechnen.

Zum Abschlussstichtag erstellt F die folgende Aufstellung über Vermögenswerte und Schulden:

Vermögenswerte:	
Aktien	2 000 €
Staatsanleihen	500 €
Forderung gegenüber A aus noch nicht gezahlten Beiträgen	200 €
Schulden:	
Leistungsorientierte Verpflichtung	1 500 €
Verbindlichkeiten aus Lieferungen und Leistungen	400 €
Sonstige Verbindlichkeiten (Grundsteuern usw.)	200 €

Als Planvermögen gelten die Aktien sowie die Staatsanleihen. Die Forderungen aus noch nicht gezahlten Beiträgen sind nicht zu berücksichtigen. Bei den Schulden ist die leistungsorientierte Verpflichtung A zuzurechnen. Daher ist sie bei der Ermittlung des Planvermögens nicht zu berücksichtigen.

Die weiteren Schulden sind dem Fonds zuzurechnen, sind von diesem zu bezahlen und mindern das Vermögen, das künftig zur Verfügung steht, die Leistungen an die Arbeitnehmer zu erbringen. Daher sind die Verbindlichkeiten aus Lieferungen und Leistungen sowie die sonstigen Verbindlichkeiten bei der Ermittlung des Planvermögens mit ihren beizulegenden Zeitwerten in Abzug zu bringen.

Soweit **qualifizierte Versicherungspolicen** zum Planvermögen zählen, die die zugesagten Leistungen hinsichtlich des **Betrags** und der **Fälligkeit** ganz oder z. T. abdecken, entspricht der beizulegende Zeitwert dieser qualifizierten Versicherungen nach IAS 19.115 annahmegemäß dem Barwert der entsprechenden Verpflichtung.

Hat ein Unternehmen einen Erstattungsanspruch für zu zahlende Versorgungsleistungen und ist dieser Erstattungsanspruch nicht als Planvermögens zu qualifizieren, ist der Erstattungsanspruch als separater Vermögenswert zu bilanzieren und mit dem beizulegenden Zeitwert zu bewerten. Als solch ein Erstattungsanspruch gelten z.B. an den Arbeitnehmer verpfändete **Rückdeckungsversicherungen**.

Soweit die Ansprüche hinsichtlich des **Betrags** und der **Fälligkeit** mit der Verpflichtung aus der leistungsorientierten Zusage ganz oder z. T. übereinstimmen, entspricht der beizulegende Zeitwert des Erstattungsanspruchs annahmegemäß dem Barwert der entsprechenden Verpflichtung.

(3) Dienstzeitaufwand

Der im Gewinn oder Verlust zu erfassende **Dienstzeitaufwand** umfasst den laufende Dienstzeitaufwand, den nachzuverrechnenden Dienstzeitaufwand und die Gewinne und Verluste bei Abgeltung.

Der **laufende Dienstzeitaufwand** ist der Barwert der Leistungsverpflichtung, die in der aktuellen Periode hinzuverdient wird. Der laufende Dienstzeitaufwand wird zu Beginn der Periode auf Basis der zu diesem Zeitpunkt geltenden Daten bestimmt, mit Wertstellung auf das Periodenende. Das bedeutet, dass der zu Beginn des Jahres ermittelte Dienstzeitaufwand für ein Jahr aufgezinst wird.

BEISPIEL:

Ausgehend von dem Beispiel auf S. 334: Zu Beginn des Jahres 2X08 ermittelt das Unternehmen den Barwert des Anspruchs, welchen der Mitarbeiter im Jahr 2X08 hinzuverdienen wird. Der Gesamte Anspruch zum Zeitpunkt der Pensionierung beträgt 574 539 €. Da dieser Anspruch über 15 Jahre angesammelt wird, erdient der Mitarbeiter pro Jahr einen Anspruch i. H. v. 38 303 €. Der Barwert Ende 2X08 beträgt bei einem Zins von 4,5 % 28 146 €. Dies ist der Betrag, der Ende 2X08 im Gewinn oder Verlust erfasst wird.

Nachzuverrechnender Dienstzeitaufwand entsteht, wenn eine Plananpassung oder eine Kürzung vorliegt. Eine Plananpassung liegt vor, wenn ein neuer Plan eingeführt wird, ein bestehender Plan zurückgezogen wird oder die zugesagten Leistungen verändert werden. Eine Kürzung liegt vor, wenn die Zahl der vom Plan erfassten Mitarbeiter signifikant verringert wird. Im Abschluss erfasst wird der nachzuverrechnende Dienstzeitaufwand grundsätzlich, wenn die Anpassung oder Kürzung eintritt. Steht die Anpassung im Zusammenhang mit einer Restrukturierung oder einer Beendigung eines Arbeitsverhältnisses, ist der nachzuverrechnende Dienstzeitaufwand schon zu erfassen, wenn Restrukturierungsaufwendungen oder Leistungen aus Anlass der Beendigung des Arbeitsverhältnisses angesetzt werden.

Der zu erfassende nachzuverrechnende Dienstzeitaufwand entspricht der Veränderung der leistungsorientierten Verpflichtung zum Zeitpunkt der Veränderung. Der Berechnung sind die aktuellen Parameter zum Zeitpunkt der Anpassung oder Kürzung zu Grunde zu legen. Nachzuverrechnender Dienstzeitaufwand kann sowohl positiv als auch negativ sein.

BEISPIEL:

Ein Mitarbeiter hat die Zusage, pro Dienstjahr 3 % des letzten Gehalts nach Pensionsbeginn bis zum Tode zu erhalten. Seit vier Jahren arbeitet er im Unternehmen und wird voraussichtlich in drei Jahren pensioniert.

Fall 1: Es wird vereinbart, dass er pro Dienstjahr 3,5 % des letzten Gehalts bis zum Tode als Pension erhält. Zum Zeitpunkt der Zusage erhöht sich der erdiente Anspruch von 12 % auf 14 % des letzten Gehalts. Die Veränderung der leistungsorientierten Verpflichtung zu diesem Zeitpunkt ist als Aufwand zu erfassen.

Fall 2: Es wird vereinbart, dass er pro Dienstjahr 2 % des letzten Gehalts bis zum Tode als Pension erhält. Zum Zeitpunkt der Zusage verringert sich der erdiente Anspruch von 12 % auf 8 % des letzten Gehalts. Die Veränderung der leistungsorientierten Verpflichtung zu diesem Zeitpunkt ist als Ertrag zu erfassen.

Fall 3: Es wird vereinbart, dass er pro künftigem Dienstjahr 4 % des letzten Gehalts bis zum Tode als Pension erhält. Zum Zeitpunkt der Anpassung verändert sich die leistungsorientierte Verpflichtung nicht, da die erdienten Ansprüche nicht verändert wurden. Künftig ist indes ein höherer laufender Dienstzeitaufwand zu erfassen.

Eine **Abgeltung** liegt vor, wenn ein Unternehmen sich der leistungsorientierten Verpflichtung entledigt. Dies kann z. B. durch eine Zahlung an den Arbeitnehmer erfolgen (als Abgeltung gilt dies aber nur, soweit eine solche Zahlung im Plan nicht schon vereinbart war) oder durch den Erwerb einer Versicherung, durch die der leistungsorientierte Plan zu einem beitragsorientierten Plan umgewandelt wird. Der Gewinn bzw. Verlust aus Abgeltung ist die Differenz zwischen dem Barwert der leistungsorientierten Verpflichtung (zum Zeitpunkt der Abgeltung auf Basis aktueller Parameter bestimmt) und dem Abgeltungspreis. Letzterer enthält alle Zahlungen des Unternehmens im Zusammenhang mit der Abgeltung sowie übertragenes (Plan-)Vermögen.

(4) Nettozinsaufwand

Der Nettozinsaufwand enthält zum einen die Verzinsung der Verbindlichkeit. Zum anderen enthält der Nettozinsaufwand die Verzinsung des Planvermögens. Der Nettozinsaufwand wird wie der laufende Dienstzeitaufwand zu Beginn der Periode berechnet. Da möglicherweise einige Unternehmen in der Vergangenheit den in der Periode erwarteten Ertrag aus Planvermögen etwas optimistisch geschätzt haben, ist nach dem aktuellen IAS 19 der im Nettozinsaufwand enthaltene Ertrag aus Planvermögen mit dem selben Zins zu berechnen, der auch für die Verbindlichkeit angewandt wird. Die Differenz zwischen dem Zinsertrag, welcher in den Nettozinsaufwand eingeht und der am Ende des Jahres tatsächlich realisierten Verzinsung, ist bei der Neubewertung der Nettoschuld/des Nettovermögenswerts im sonstigen Ergebnis zu erfassen.

Der zu erfassende Nettozinsaufwand wird zu Beginn der Periode berechnet, indem die Nettoschuld/der Nettovermögenswert mit dem anzuwendenden Zins multipliziert wird. Erwartete Veränderungen (Zahlungen und Dotierungen) des Planvermögens in der Periode sind dabei zu berücksichtigen.

BEISPIEL:

Zum Ende des Jahres X5 betrage der Barwert der leistungsorientierten Verpflichtung 4 Mio. €, der beizulegende Zeitwert des Planvermögens betrage 2,5 Mio. € und der Zinssatz betrage 4 %. Ende X5/Anfang X6 beträgt die Nettoschuld 1,5 Mio. €. Mitte des Jahres X6 wird zusätzliches Planvermögen i. H. v. 1 Mio. € dotiert. Die in X6 zu erfassenden Nettozinsen werden zu Beginn des Jahres X6 berechnet: 1,5 Mio. € × 4 % / 2 = 30 000 € und 0,5 Mio. € × 4 % / 2 = 10 000 €. Der gesamte Nettozinsaufwand beträgt somit 40 000 €.

Erträge aus Erstattungsansprüchen

Die Erträge aus Erstattungsansprüchen werden genauso berechnet, wie die Erträge aus Planvermögen. Der Unterschied zwischen den zu Beginn der Periode auf Basis des nach IAS 19 anzuwendenden Zinssatzes und der tatsächlich in einer Periode realisierten Rendite ist im Rahmen der Neubewertung der Nettoschuld/des Nettovermögenswerts im sonstigen Ergebnis zu erfassen, obwohl der Erstattungsanspruch gar nicht Teil dieser Nettoposition ist.

(5) Neubewertung der Nettoschuld/des Nettovermögenswerts

Nach IAS 19 werden wesentliche Bestandteile der in der Gesamtergebnisrechnung zu erfassenden Beträge auf Basis der Verhältnisse **zu Beginn der Periode** ermittelt. Dies gilt grundsätzlich für den laufenden Dienstzeitaufwand und für den Nettozinsaufwand. Die Veränderung der Nettoschuld/des Nettovermögenswerts einer Periode entspricht i. d. R. nicht der Summe der sonst in Bezug auf diese(n) erfassten Beträge. Dies ist vor allem auf vier Sachverhalte zurückzuführen.

1. Erfahrungsbedingte Anpassungen;
2. Änderung von versicherungsmathematischen Annahmen.

Diese beiden Auswirkungen werden zusammen auch als versicherungsmathematische Gewinne und Verluste bezeichnet.

3. Differenz zwischen dem tatsächlichen Ertrag aus Planvermögen und dem im Nettozinsaufwand enthaltenen Ertrag aus Planvermögen;
4. Änderung der Vermögensobergrenze.

Erfahrungsbedingte Anpassungen sind die Auswirkungen der Abweichung bezüglich der versicherungsmathematischen Annahmen zu Beginn der Periode und der in der Periode tatsächlichen eingetretenen Entwicklung. Dazu zählen z. B. eine unerwartet hohe oder niedrige Fluktuation oder Sterblichkeit oder ein unerwartet hoher oder niedriger Gehaltsanstieg in der Periode.

Zudem sind bei den versicherungsmathematischen Gewinnen und Verlusten die **Auswirkungen von Änderungen von versicherungsmathematischen Annahmen** zu berücksichtigen.

BEISPIEL:

Zu Beginn der Periode X 5 beträgt die Nettoschuld 307 T-€. Der zu Beginn der Periode X5 ermittelte laufende Dienstzeitaufwand beträgt 32 T-€ und der Nettozinsaufwand 14 T-€. Daraus resultiert zum Ende des Jahres eine Nettoschuld von 353 T-€. Nun sei zum Ende des Jahres X5 der Zins von 4,5 % auf 3,5 % gefallen. Die Nettoschuld beträgt zum Ende des Jahres 394 T-€. Die Differenz von 41 T-€ ist ein im sonstigen Ergebnis zu erfassender versicherungsmathematischer Verlust.

Des Weiteren ist bei der Neubewertung der Nettoschuld/des Nettovermögenswerts die Differenz zwischen dem tatsächlichen Ertrag aus Planvermögen und dem im Nettozinsaufwand enthaltenen Ertrag aus Planvermögen zu berücksichtigen. Bei der Berechnung des tatsächlichen Ertrags des Planvermögens sind neben den Erträgen aus dem Planvermögen auch die Aufwendungen für die Verwaltung des Plans sowie vom Plan zu tragende Steuern ertragsmindernd zu berücksichtigen.

Letztlich sind die Veränderungen der Vermögensobergrenze zu berücksichtigen. Dabei ist zunächst die Auswirkung der Vermögensobergrenze fiktiv (das bedeutet, dass dieses Zinsergebnis nicht bei der Verzinsung der Nettoschuld zu erfassen ist) zu verzinsen. Zum Ende des Jahres ist die Differenz zwischen der Auswirkung der Vermögensobergrenze zuzüglich der fiktiven Verzinsung abzüglich der Vermögensobergrenze zum Ende des Jahres im sonstigen Ergebnis im Rahmen der Neubewertung der Nettoschuld/des Nettovermögenswerts zu erfassen.

BEISPIEL:

Zu Beginn des Jahres 2X20 liegen folgende Daten vor:

Leistungsorientierte Verpflichtung	2 Mio. €
Beizulegender Wert des Planvermögens	3 Mio. €
Vermögensobergrenze	700 T-€
Anzuwendender Zinssatz	5 %

Dienstzeitaufwand ist 2X20 nicht zu erfassen.

Der Nettozinsertrag beträgt für 2X20 700 T-€ × 5% = 35 T-€. Die fiktive Verzinsung der Auswirkung der Vermögensobergrenze beträgt 300 T-€ × 5% = 15 T-€.

Ende des Jahres 2X20 ist bei der leistungsorientierten Verpflichtung ein versicherungsmathematischer Verlust i. H. v. 70 T-€ aufgetreten. Die Verpflichtung beträgt Ende 2X20 2 170 T-€. Der tatsächliche Ertrag des Planvermögens lag in 2X20 bei 7 %. Der beizulegende Zeitwert des Planvermögens beträgt 3 210 T-€. Der Überschuss beträgt nun 1 040 T-€. Die Vermögensobergrenze betrage 830 T-€. Die Auswirkung der Vermögensobergrenze hat sich wie folgt entwickelt:

Auswirkung der Vermögensobergrenze Beginn 2X20	300 T-€
Fiktive Verzinsung	15 T-€
Veränderung der Auswirkung der Vermögensobergrenze (– = Ertrag)	– 105 T-€
Auswirkung der Vermögensobergrenze Ende 2X20	210 T-€

Im sonstigen Ergebnis ist insgesamt ein Ertrag i. H. v. 90 T-€ zu erfassen. Aus der leistungsorientierten Verpflichtung – 75 T-€, aus dem Planvermögen 60 T-€ und aus der Vermögensobergrenze 105 T-€. Der Nettovermögenswert entwickelt sich wie folgt:

Wert Beginn 2X20	700 T-€
Nettozinsertrag	35 T-€
Neubewertung	105 T-€
Wert Ende 2X20	840 T-€

EXKURS
IFRIC 14[3]

Die in diesem Abschnitt diskutierte Vermögensobergrenze hat immer dann praktische Bedeutung, wenn das Planvermögen höher ist als die leistungsorientierte Verpflichtung. Häufig profitiert das bilanzierende Unternehmen gar nicht von den Überschüssen, da Rückerstattungen ausgeschlossen oder beschränkt sind und spätere Beitragsstundungen durch Mindestdotierungspflichten begrenzt sind. Zur Klärung des dargelegten Problems hat das IFRIC am 5.7.2007 die Rechnungslegungsinterpretation *IFRIC 14 – IAS 19 – Die Obergrenze von Vermögenswerten bei leistungsorientierten Plänen, Mindestfinanzierungsanforderungen und ihre Wechselwirkung* verabschiedet. Diese Interpretation befasst sich mit der in IAS 19.64 kodifizierten Wertobergrenze eines positiven Saldos zwischen Planvermögen und leistungsorientierter Verpflichtung und hierbei vor allem mit den Fragen (IFRIC 14.6)

1. unter welchen Voraussetzungen ein wirtschaftlicher Nutzen aus einem Pensionsplan für ein Unternehmen verfügbar ***(available)*** ist (auch IFRIC 14.1);
2. inwiefern durch gesetzliche oder vertragliche Vorschriften zur Leistung von Mindestfinanzierungen (Mindestdotierungsverpflichtung) die Verfügbarkeit eines solchen künftigen Nutzens eingeschränkt wird (auch IFRIC 14.2) und
3. ob eine solche Mindestdotierungsverpflichtung den Ansatz einer Verbindlichkeit auslöst (auch IFRIC 14.3).

Ad 1.: Ermittlung und Verfügbarkeit eines wirtschaftlichen Nutzens

Erwartet ein Unternehmen einen wirtschaftlichen Nutzen in Form von Rückerstattungen aus dem Plan, bemisst sich dieser in Höhe des Planvermögensüberschusses (Differenz des Zeitwerts des Planvermögens und des Barwerts der leistungsorientierten Verpflichtung) abzüglich etwaiger damit in Verbindung stehender Kosten (z. B. Vergütungen für externe Berater) (IFRIC 14.13). Ein wirtschaftlicher Nutzen in Form einer Rückerstattung steht einem Unternehmen nur zur Verfügung, wenn dieses ein **vorbehaltsloses Recht** auf diesen Betrag hat (IFRIC 14.11). Ist die Erstattung des Planvermögensüberschusses indes an das Eintreten oder Nichteintreten einer oder mehrerer künftiger Bedingungen geknüpft, die nicht unter der Kontrolle des bilanzierenden Unternehmens stehen, ist eine solche Erstattung nicht mehr vorbehaltlos und das bilanzierende Unternehmen darf demzufolge keinen Vermögenswert aktivieren (IFRIC 14.12). Falls das Unternehmen künftige Beitragszahlungen mindern kann und **keine Mindestdotierungsverpflichtung** existiert, bestimmt sich der verfügbare wirtschaftliche Nutzen aus dem **Barwert des künftigen Dienstzeitaufwands** eines Unternehmens (IFRIC 14.16 (b)), soweit dieser nicht schon auf durch Arbeitnehmer erbrachte Arbeitsleistungen entfällt. Dabei hat das bilanzierende Unternehmen bei der Bestimmung des künftigen Dienstzeitaufwands auf dieselben Parameter zurückzugreifen, die auch bei der Berechnung der leistungsorientierten Verpflichtung herangezogen wurden (IFRIC 14.17).

Ad 2.: Die Auswirkungen einer Verpflichtung zur Mindestdotierung auf die Verfügbarkeit eines wirtschaftlichen Nutzens durch Minderung künftiger Beitragszahlungen

Eine Mindestdotierung für leistungsorientierte Pläne nach Beendigung des Arbeitsverhältnisses ist in einigen Ländern gesetzlich verankert (IFRIC 14.2). Unternehmen sind hier verpflichtet eine Mindestdotierung vorzunehmen, um die Zahlungssicherheit für die Empfänger solcher Pensionszusagen zu erhöhen. Falls das bilanzierende Unternehmen einen wirtschaftlichen Nutzen in Form von Minderungen künftiger Beitragszahlungen an den Plan besitzt und zugleich eine **Mindestdotierungsverpflichtung** für den Plan besteht, stellt sich zunächst die Frage, inwieweit diese Verpflichtung die **Verfügbarkeit eines wirtschaftlichen Nutzens aus dem Plan begrenzt**. Hierzu hat das bilanzierende Unternehmen nach IFRIC 14.18 zunächst zu untersuchen, ob die Mindestdotierungsverpflichtung entweder dazu dient, eine vorhandene Unterdeckung im Hinblick auf erbrachte Leistungen zu beseitigen oder das bilanzierende Unternehmen dazu verpflichtet, jährlich einen Mindestbeitrag in den Pensionsplan einzuzahlen. Im **ersten Fall** (Beseitigung einer Unterdeckung) bleiben künftige Beitragszahlungen von der Mindestdotierungsverpflichtung unberührt, da diese an künftig zu erbringende Leistungen der Mitglieder anknüpfen, während eine bestehende Unterdeckung auf bereits erbrachte Leistungen zurückzuführen ist. Diese Arten von Mindestdotierungsverpflichtungen können jedoch zum Ansatz einer Verbindlichkeit führen (IFRIC 14.19). Im **zweiten Fall** betrifft die Mindestdotierungsverpflichtung die von den Mitgliedern künftig zu erbringenden Leistungen. Diese Verpflichtung kann somit eine mögliche Beitragsminderung begrenzen. IFRIC 14 verlangt in diesem Fall die Bewertung des **Planüberschusses zu mindern**. Der Betrag eines verfügbaren wirtschaftlichen Nutzens in Form einer möglichen Beitragsminderung bestimmt sich demnach aus dem **Barwert des geschätzten künftigen Dienstzeitaufwands abzüglich** den vom Unternehmen **geschätzten benötigten Mindestbeitragszahlungen** aufgrund der künftigen Ansammlung von Leistungen. (IFRIC 14.20).

Ad 3.: Ansatz einer Verbindlichkeit aufgrund einer Mindestdotierungsverpflichtung

Ist ein Unternehmen aufgrund vertraglicher oder gesetzlicher Restriktionen dazu verpflichtet, zusätzliche Beiträge in einen Pensionsplan einzuzahlen, um bestehende Unterdeckungen aus vergangenheitsbezogenen Leistungen zu beseitigen, kann eine Mindestdotierungsverpflichtung zusätzlich zum **Ansatz einer Verbindlichkeit** führen. Dies gilt dann, wenn der aufgrund der Mindestdotierungsverpflichtung zu zahlende Betrag dem Unternehmen anschließend nicht mehr in vollem Umfang in Form von Rückerstattungen oder Kürzungen von künftigen Beitragszahlungen zur Verfügung steht und somit begrenzt wird (IFRIC 14.23). Gemäß IFRIC 14.24 wird in diesem Fall die Erfassung einer Verbindlichkeit in Höhe der Beträge verlangt, die dem Unternehmen anschließend nicht mehr zur Verfügung stehen und zwar bereits zum Zeitpunkt des Entstehens der Mindestdotierungsverpflichtung und nicht erst im Zeitpunkt der Zahlungsfälligkeit. Dieser Betrag reduziert den Planvermögensüberschuss oder erhöht die leistungsorientierte Verpflichtung. Falls jedoch der zur Erfüllung der Mindestdotierungsverpflichtung gezahlte Betrag in vollem Umfang dem bilanzierenden Unternehmen zu einem späteren Zeitpunkt als wirtschaftlicher Nutzen in Form einer Beitragsrückerstattung oder eine Minderung künftiger Beiträge zur Verfügung steht, erfordert die Mindestdotierungsverpflichtung keinen Ansatz einer Verbindlichkeit.

(6) Darstellung und Offenlegungspflichten

Hat ein Unternehmen mit den Arbeitnehmern unterschiedliche Versorgungspläne vereinbart, kann es vorkommen, dass für einige Pläne ein Vermögenswert, für andere Pläne eine Schuld anzusetzen ist. Solche Vermögenswerte und Schulden dürfen nur saldiert werden, soweit das Unternehmen

- ein einklagbares Recht hat, die Vermögensüberdeckung des einen Plans zur Ablösung von Verpflichtungen aus dem anderen Plan zu verwenden; und
- beabsichtigt, entweder den Ausgleich der Verpflichtungen auf Nettobasis herbeizuführen, oder gleichzeitig mit der Verwertung der Vermögensüberdeckung des einen Plans seine Verpflichtung aus dem anderen Plan abzulösen.

In IAS 19.134 wird explizit klargestellt, dass nicht geregelt wird, wie die im Gewinn oder Verlust enthaltenen Komponenten auszuweisen sind. Dies hat in Übereinstimmung mit IAS 1 zu erfolgen.

IAS 19 enthält explizit keine Regelung, ob und wie Unternehmen Leistungen nach Beendigung des Arbeitsverhältnisses im IFRS-Abschluss auf Basis der Darstellung nach kurz- und langfristigen Vermögenswerten und Schulden darzustellen hat.

IAS 19.135-19.152 enthalten umfangreichen Angabevorschriften zu den leistungsorientierten Versorgungsplänen. Nach IAS 19.135 hat ein Unternehmen

- die Merkmale seiner leistungsorientierten Versorgungspläne und der damit verbundenen Risiken zu erläutern (vgl. IAS 19.139),

- die bezüglich der leistungsorientierten Versorgungspläne erfassten Beträge zu identifizieren und zu erläutern (vgl. IAS 19.140-19.144) und
- zu beschreiben, wie sich die leistungsorientierten Versorgungspläne auf den Betrag, die Fälligkeit und die Unsicherheit der künftigen Zahlungsströme des Unternehmens auswirkt (vgl. IAS 19.145-19.147).

3. Sonstige Leistungen an Arbeitnehmer

a) Kurzfristig fällige Leistungen an Arbeitnehmer

aa) Ansatz und Bewertung

Die Bilanzierung von kurzfristig fälligen Leistungen an Arbeitnehmer ist einfach, da zum einen keine versicherungsmathematischen Annahmen notwendig sind und zum anderen die kurzfristig fälligen Leistungen nicht diskontiert werden.

Hat ein Arbeitnehmer in der abgelaufenen Periode Arbeitsleistung für ein Unternehmen erbracht, hat das bilanzierende Unternehmen den nicht abgezinsten Betrag, welcher für die erbrachten Leistungen des Arbeitnehmers voraussichtlich gezahlt wird, **als Aufwand zu erfassen**, soweit der Betrag nicht in die AK/HK eines Vermögenswerts einbezogen wird.[4]

Soweit der Betrag für die Leistung des Arbeitnehmers noch nicht gezahlt wurde, ist dieser abzüglich schon geleisteter Zahlungen **als Schuld anzusetzen**. Sind die geleisteten Zahlungen größer als der als Aufwand zu erfassende Betrag, ist ein Vermögenswert anzusetzen, soweit die geleisteten Zahlungen mit entsprechenden künftigen Zahlungsverpflichtungen saldiert werden dürfen oder zu einer Rückerstattung führen.

bb) Kurzfristig fällige Abwesenheitsvergütung

Unternehmen erbringen häufig kurzfristig fällige Leistungen an die Arbeitnehmer, obwohl diese gar nicht für das bilanzierende Unternehmen arbeiten. Diese **kurzfristig fälligen Abwesenheitsvergütungen** werden häufig gezahlt für Urlaub oder bei Krankheit des Arbeitnehmers. Soweit die Leistungen nicht innerhalb von zwölf Monaten nach Ende der Periode, in der der Arbeitnehmer die Leistung erbracht hat, gewährt werden, sind sie als »andere langfristig fällige Leistungen an Arbeitnehmer« zu bilanzieren.

Nach IAS 19 wird bei den kurzfristig fälligen Abwesenheitsvergütungen zwischen **ansammelbaren** und **nicht ansammelbaren Ansprüchen** unterschieden. Dabei sind ansammelbare Ansprüche solche, die – soweit in der aktuellen Periode nicht in Anspruch genommen – in künftige Perioden vorgetragen werden können. Dies gilt z. B. für nicht in Anspruch genommene Urlaubstage. Nicht ansammelbare Ansprüche können dagegen nicht vorgetragen werden. Der Anspruch verfällt mit Ende der Periode. Dies gilt häufig für die Lohnfortzahlung im Krankheitsfall.

Ansammelbare Ansprüche

Soweit **ansammelbare Ansprüche** in der aktuellen Periode nicht vollständig in Anspruch genommen worden sind, hat das bilanzierende Unternehmen am Ende der Periode eine Schuld zu bilanzieren. Diese besteht darin, dass das Unternehmen in kommenden Perioden verpflichtet ist, den Mitarbeiter über die ursprünglich vereinbarte Abwesenheitszeit hinaus zu bezahlen. Die Schuld ist mit dem Betrag anzusetzen, den das bilanzierende Unternehmen künftig zusätzlich zu zahlen hat, da der Mitarbeiter seinen Abwesenheitsanspruch nicht voll ausgeschöpft hat. Dies gilt unabhängig davon, ob die Ansprüche verfallbar oder unverfallbar sind (z. B. beim Ausscheiden des Arbeitnehmers aus dem Unternehmen). Die Verfallbarkeit der Ansprüche ist indes bei der Bewertung der Schuld zu berücksichtigen. Entsprechend der Bewertung ist der zu erfassende Aufwand zu bestimmen.

BEISPIEL:

Unternehmen A gewährt seinen 100 Mitarbeitern durchschnittlich 28 Tage Urlaub im Jahr. Der nicht in Anspruch genommene Urlaub darf ein Jahr vorgetragen werden, anschließend verfällt der Anspruch. Durchschnittlich sind von den Mitarbeitern in der abgelaufenen Periode 25 Urlaubstage in Anspruch genommen worden. Für die kommende Periode erwartet das bilanzierende Unternehmen, dass alle Mitarbeiter ihren vollen Urlaubsanspruch ausschöpfen. Das bilanzierende Unternehmen passiviert eine Schuld und erfasst einen Aufwand entsprechend der zusätzlichen Auszahlung für die 300 zusätzlichen Urlaubstage.

Nicht ansammelbare Ansprüche

Die Bilanzierung von **nicht ansammelbaren Ansprüchen** ist wenig komplex. Ein Aufwand und eine Schuld sind nicht zu erfassen, soweit die Abwesenheit nicht tatsächlich eintritt. Da sie nicht vorgetragen werden können, besteht zum Ende der Periode keine Schuld des bilanzierenden Unternehmens.

BEISPIEL:

Ein Unternehmen gewährt eine Lohnfortzahlung im Krankheitsfall für fünf Tage pro Jahr. Der Anspruch kann nicht vorgetragen werden. Am Ende der Periode sind für nicht in Anspruch genommene Lohnfortzahlung im Krankheitsfall keine Schuld und kein Aufwand zu erfassen.

cc) Gewinnbeteiligungs- und Bonuspläne

Der erwartete Aufwand und die entsprechende Schuld aus einem Gewinnbeteiligungs- und Bonusplan sind zu erfassen, soweit

- das bilanzierende Unternehmen aus einem vergangenen Ereignis eine **rechtliche oder faktische Verpflichtung** hat, Zahlungen zu leisten und
- der Betrag der Zahlung **zuverlässig geschätzt** werden kann.

Ein Unternehmen hat eine **Verpflichtung** aus einem Gewinnbeteiligungs- oder Bonusplan, wenn es faktisch keine Alternative zur Zahlung hat. Eine rechtliche Verpflichtung zur Zahlung ist nicht erforderlich.

Eine **zuverlässige Schätzung** des Betrags der Zahlung ist möglich, soweit

- die Regelungen des Plans eine Formel zur Ermittlung des Betrags enthalten,
- das bilanzierende Unternehmen den Betrag ermittelt, bevor der Abschluss zur Veröffentlichung freigegeben wird, **oder**
- die frühere Praxis einen klaren Hinweis auf den Betrag der faktischen Verpflichtung gibt.

Die Schuld und der Aufwand sind auf Basis des Betrags zu bewerten, der künftig tatsächlich gezahlt wird. Falls eine Zahlung daran geknüpft ist, dass ein Mitarbeiter eine bestimmte Zeit im Unternehmen verbleibt, ist auch die Möglichkeit der Mitarbeiterfluktuation bei der Bewertung zu berücksichtigen. Soweit nicht davon ausgegangen wird, dass innerhalb von zwölf Monaten gezahlt wird, handelt es sich um andere langfristig fällige Leistungen.

b) Andere langfristig fällige Leistungen an Arbeitnehmer

Andere langfristig fälligen Leistungen an Arbeitnehmer umfassen z. B. Sonderurlaub nach langjähriger Dienstzeit, Jubiläumsgelder, Versorgungsleistungen im Falle langfristiger Erwerbsunfähigkeit sowie Gewinn- und Erfolgsbeteiligungen und sonstige Vergütungsbestandteile, soweit diese nicht innerhalb von zwölf Monaten zu zahlen sind. Wesentliches Merkmal von anderen langfristig fälligen Leistungen an Arbeitnehmer ist, dass deren Bewertung nicht mit so großen Unsicherheiten behaftet ist, wie die Bewertung von Leistungen nach Beendigung des Arbeitsverhältnisses.

Andere langfristig fälligen Leistungen an Arbeitnehmer sind wie Leistungen nach Beendigung des Arbeitsverhältnisses zu bilanzieren, nur dass die gesamte Veränderung der Nettoschuld/des Nettovermögenswerts im Gewinn oder Verlust erfasst wird.

In der **Bilanz** ist der Barwert der Verpflichtung abzüglich des beizulegenden Zeitwerts des Planvermögens anzusetzen. Bei der Bewertung der Verpflichtung sind die Grundsätze anzuwenden, die auch bei der Bewertung von Leistungen nach Beendigung des Arbeitsverhältnisses anzuwenden sind.

Im **Gewinn oder Verlust** ist die Summe der folgenden Beträge zu erfassen:

- Dienstzeitaufwand,
- Nettozinsaufwand und
- aus der Neubewertung der Nettoschuld/des Nettovermögenswerts zu erfassender Betrag.

Soweit z. B. bei langfristiger Erwerbsunfähigkeit die zu erhaltenden Leistungen unabhängig von den Dienstjahren bzw. der erbrachten Leistung sind, ist der Aufwand zu erfassen, soweit ein Mitarbeiter die Leistungen in Anspruch nimmt. Steigt der Anspruch mit den Dienstjahren bzw. der erbrachten Leistung, ist der Aufwand unter Berücksichtigung entsprechender Annahmen (z. B. Wahrscheinlichkeit der Inanspruchnahme und erwartete Dauer der Zahlung) über die Dienstjahre zu verteilen.

In IAS 19 werden zu anderen langfristig fälligen Leistungen keine weitergehenden **Anhangangaben** gefordert. Soweit ein Betrag wesentlich ist, ist er indes nach *IAS 1 – Darstellung des Abschlusses* zu erläutern. Soweit ein Betrag im Zusammenhang mit nahe stehenden Personen steht, ist er nach *IAS 24 – Angaben über Beziehungen zu nahe stehenden Unternehmen und Personen* zu erläutern.

c) Leistungen aus Anlass der Beendigung des Arbeitsverhältnisses

Leistungen aus Anlass der Beendigung des Arbeitsverhältnisses sind zu zahlende Leistungen an Arbeitnehmer, die daraus resultieren, dass entweder

- ein Unternehmen die Beendigung des Beschäftigungsverhältnisses eines Arbeitnehmers vor dem regulären Pensionierungszeitpunkts beschlossen hat, oder
- ein Arbeitnehmer im Austausch für diese Leistungen freiwillig seiner Freisetzung zugestimmt hat.

Leistungen aus Anlass der Beendigung des Arbeitsverhältnisses sind unabhängig von erbrachten Leistungen des Arbeitnehmers. Daher sind diese nicht über den Zeitraum, über den der Arbeitnehmer Leistungen erbringt, anzusammeln, sondern zu erfassen, sobald das entsprechende Ereignis eintritt.

Leistungen aus Anlass der Beendigung des Arbeitsverhältnisses sind zum früheren der folgenden Zeitpunkte als Schuld und Aufwand zu erfassen:

- Das Unternehmen kann das Angebot der Leistung aus Anlass der Beendigung des Arbeitsverhältnisses nicht mehr zurückziehen, oder
- das Unternehmen setzt eine Restrukturierungsrückstellung an und die Restrukturierung sieht die Zahlung von Leistungen aus Anlass der Beendigung des Arbeitsverhältnisses vor.

Hat der Mitarbeiter ein Angebot angenommen, kann der Arbeitgeber die zugesagten Leistungen nicht mehr zurücknehmen. Gleiches gilt, falls der Arbeitgeber ein Angebot unterbreitet hat und er dieses auf Grund von rechtlichen oder sonstigen Beschränkungen nicht zurücknehmen darf.

- Hat das Unternehmen beschlossen, Mitarbeiter zu kündigen, kann es das Angebot nicht mehr zurückziehen, wenn es den Mitarbeitern einen Kündigungsplan mitgeteilt hat, und die folgenden Bedingungen kumulativ erfüllt sind (IAS 19.167):
- Die noch notwendigen Maßnahmen lassen erkennen, dass keine wesentlichen Änderungen am Plan vorgenommen werden.
- Der Plan enthält die Zahl der Arbeitnehmer, deren Arbeitsverhältnis beendet werden soll, deren Tätigkeitskategorie oder Aufgabenbereiche, deren Standorte und den Beendigungstermin. Die Mitarbeiter müssen dabei aber nicht einzeln identifiziert werden.
- Die Mitarbeiter können aus den Angaben im Plan ermitteln, welche Leistungen sie aus Anlass der Beendigung des Arbeitsverhältnisses erhalten werden.

Leistungen aus Anlass der Beendigung des Arbeitsverhältnisses sind grundsätzlich mit dem Nominalbetrag anzusetzen. Soweit sie erst nach mehr als zwölf Monaten zu zahlen sind, sind sie mit dem Barwert anzusetzen. Der Diskontierungsfaktor ist der, welcher für die Bilanzierung von Leistungen nach Beendigung des Arbeitsverhältnisses anzuwenden ist. Soweit ein Angebot zur Förderung des freiwilligen vorzeitigen Ausscheidens unterbreitet wurde, sind die Leistungen auf der Basis der Zahl von Arbeitnehmern, die das Angebot voraussichtlich annehmen werden, zu bewerten.

Nach IAS 19 sind keine speziellen Angaben zu Leistungen des bilanzierenden Unternehmens aus Anlass der Beendigung des Arbeitsverhältnisses erforderlich. Angabepflichten können sich aber aus anderen Standards ergeben (z. B. bei einem wesentlichen Posten nach IAS 1, einer Leistung an nahe stehende Person en (IAS 24) oder bezüglich einer Eventualschuld (IAS 37).

4. Weiterführende Literatur

Faßhauer/Böckem, IAS 19R (rev. 2011) Employee Benefit – Konzeptioneller Befreiungsschlag und neue Herausforderungen, WPg 2011, S. 449 ff.;

Kirsch, Bewertung von Pensionsverpflichtungen nach IAS 19 (2011), BBK Magazin 2012, S. 134-141;

Lange/Müller, Bewertung von Pensionsrückstellungen gem. IAS 19 (rev. 2011). Eine Fallstudie zu den Auswirkungen der Neufassung, KoR 2011, S. 605 ff;

Scharr/Feige/Beier, Die Auswirkungen des geänderten IAS 19 auf die Bilanzierung von defined benefit plans und termination benefits in der Praxis, KoR 2012, S. 9 ff;

Zülch/Salewski, Bilanzierung von Pensionsverpflichtungen deutscher Unternehmen nach IFRS – Empirische Erkenntnisse für die Jahre 2000 bis 2008, WPg 2012, S. 9 ff.

IX. Finanzinstrumente

RELEVANTE STANDARDS

IAS 1 – Darstellung des Abschlusses
IAS 32 – Finanzinstrumente: Darstellung
IAS 39 – Finanzinstrumente: Ansatz und Bewertung
IFRS 7 – Finanzinstrumente: Angaben
IFRIC 16 – Absicherung einer Nettoinvestition in einen ausländischen Geschäftsbetrieb

KERNAUSSAGEN

- IAS 32, IAS 39 und IFRS 7 regeln innerhalb der IFRS-Rechnungslegung Ansatz, Bewertung und Angaben von bzw. zu Finanzinstrumenten.
- Ein Finanzinstrument ist definiert als ein Vertrag, der gleichzeitig bei der einen Vertragspartei zu einem finanziellen Vermögenswert und bei der anderen Vertragspartei eine finanzielle Verbindlichkeit oder ein Eigenkapitalinstrument führt.
- Neben originären Finanzinstrumenten existieren abgeleitete Finanzinstrumente, sog. Derivate.
- Finanzielle Vermögenswerte und finanzielle Verbindlichkeiten sind anzusetzen, sobald das Unternehmen Vertragspartner wird.
- IAS 39 enthält umfangreiche Vorschriften zur Ausbuchung finanzieller Vermögenswerte.
- Für Zwecke der Bewertung sind finanzielle Vermögenswerte und finanzielle Schulden bestimmten Kategorien zuzuordnen.
- Beim erstmaligen Ansatz ist ein finanzieller Vermögenswert oder eine finanzielle Schuld mit dem beizulegenden Zeitwert plus – soweit es sich nicht um einen als »erfolgswirksam zum beizulegenden Zeitwert bewerteten« finanziellen Posten handelt – Transaktionskosten zu bewerten.
- Finanzielle Vermögenswerte und finanzielle Verbindlichkeiten, die zu Handelszwecken gehalten werden oder von bilanzierenden Unternehmen freiwillig als »erfolgswirksam zum beizulegenden Zeitwert bewertet« kategorisiert werden, sind zum beizulegenden Zeitwert zu bewerten. Wertänderungen sind im Gewinn oder Verlust zu erfassen.
- Als »zur Veräußerung verfügbar« kategorisierte finanzielle Vermögenswerte sind zum beizulegenden Zeitwert zu bewerten. Wertänderungen werden – soweit keine Wertminderung vorliegt – bis zum Abgang im sonstigen Ergebnis und im Eigenkapital erfasst.
- »Bis zur Endfälligkeit gehaltene finanzielle Vermögenswerte« und »Kredite und Forderungen« werden zu fortgeführten Anschaffungskosten bewertet.
- Die Bewertung von Finanzinstrumenten, für die kein beizulegender Zeitwert auf aktiven Märkten ermittelbar ist, erfolgt zu Anschaffungskosten.
- Ein Wechsel der für den erstmaligen Ansatz eines Finanzinstruments gewählten Kategorie ist nur unter Auflagen und eingeschränkt möglich.
- Liegen objektive Anzeichen für eine bleibende Wertminderung vor und lassen sich die Auswirkungen dieser Indikatoren verlässlich abschätzen, muss das

bilanzierende Unternehmen eine Wertberichtigung vornehmen.

- IAS 39 regelt ebenfalls die Bilanzierung von Geschäften zur Absicherung finanzwirtschaftlicher Risiken.
- Mit einem Fair Value Hedge werden Risiken aus Schwankungen des beizulegenden Zeitwerts von Vermögenswerten und Schulden abgesichert.
- Cash Flow Hedges dienen zur Absicherung gegen das Risiko schwankender künftiger Zahlungsströme.
- IFRS 7 enthält zahlreiche Vorschriften zu Angaben zu Finanzinstrumenten. Die Bilanzleser sollen dadurch gezielt über die Bedeutung von Finanzinstrumenten für die Finanzlage und die Ertragskraft des bilanzierenden Unternehmens und das Ausmaß der eingegangenen Risiken informiert werden.

1. Einleitung

Die Abbildung von Finanzinstrumenten im Abschluss von Unternehmen ist sehr komplex. Dies wird u. a. schon dadurch deutlich, dass diese nicht in einem, sondern in drei Standards (IAS 32, IAS 39 und IFRS 7) geregelt ist.

IAS 32 – Finanzinstrumente: Darstellung enthält Vorschriften über den Ausweis von Finanzinstrumenten. Eine der zentralen Regelungen des IAS 32 ist dabei die Differenzierung zwischen Eigenkapital- und Fremdkapitalinstrumenten (vgl. S. 294 f.). Daneben enthält IAS 32 Vorschriften

- zum Ausweis von zusammengesetzten Finanzinstrumenten (z. B. einer Wandelschuldverschreibung),
- zur Bilanzierung von eigenen Anteilen (*treasury shares*),
- zur Erfassung von Zinsen, Dividenden sowie Gewinnen und Verlusten im Zusammenhang mit Finanzinstrumenten sowie
- zur Saldierung von finanziellen Vermögenswerten und finanziellen Schulden.

IAS 39 – Finanzinstrumente: Ansatz und Bewertung enthält Vorschriften zum Ansatz, zur Ausbuchung und zur Bewertung von Finanzinstrumenten. Dabei sind Finanzinstrumente, abhängig von ihrer Klassifikation, unterschiedlich zu bewerten. Zudem enthält IAS 39 Vorschriften, ob Sicherungsbeziehungen als solche und wenn ja, wie diese in einem Abschluss abzubilden sind. Auf Grund der Komplexität der Bilanzierung von Finanzinstrumenten enthält IAS 39 zusätzlich eine ausführliche Anleitung zur Anwendung, erläuternde Beispiele sowie Einführungsleitlinien.

IFRS 7 – Finanzinstrumente: Angaben enthält Vorschriften, welche Informationen zu Finanzinstrumenten im Anhang offen zu legen sind. Das Ziel von IFRS 7 ist die Offenlegung von Informationen, die es den Bilanzadressaten ermöglichen:

- die **Bedeutung der eingesetzten Finanzinstrumente** für Finanzlage und Ertragskraft des Unternehmens und
- die **Art und das Ausmaß der Risiken** aus Finanzinstrumenten für das Unternehmen einzuschätzen.

2. Anwendungsbereich des IAS 39

a) Grundsatz und Ausnahme

Nach IAS 39.2 ist der Standard von allen Unternehmen grundsätzlich für alle (originären und derivativen) Finanzinstrumente anzuwenden. Nach IAS 32.11 ist ein **Finanzinstrument** definiert als Vertrag, welcher gleichzeitig bei dem einen Unternehmen zu einem finanziellen Vermögenswert und bei dem anderen Unternehmen zu einer finanziellen Verbindlichkeit oder einem Eigenkapitalinstrument führt. Dabei ist zu berücksichtigen, dass nach IAS 39 in der Bilanz nicht Finanzinstrumente, sondern finanzielle Vermögenswerte, finanzielle Schulden und Eigenkapitalinstrumente bilanziert werden. Ein einzelnes Finanzinstrument ist somit immer in den Bilanzen von (mindestens) zwei Unternehmen abzubilden.

Von der Anwendung des IAS 39 ausgenommen sind nach IAS 39.2 einige Finanzinstrumente, für die besondere Standards gelten. Dazu zählen zum Beispiel:

- Anteile an Tochterunternehmen, assoziierten Unternehmen oder Joint Ventures, welche nach IFRS 10, IAS 27, IAS 28 und IAS 31 bilanziert werden.
- Rechte und Verpflichtungen aus Leasingverhältnissen, die nach IAS 17 abgebildet werden. Indes gelten für bestimmte Forderungen und Verbindlichkeiten aus Leasingverhältnissen die Vorschriften zur Ausbuchung des IAS 39, für Forderungen zudem die Vorschriften zur Wertminderung finanzieller Vermögenswerte.
- Rechte und Verpflichtungen von Arbeitgebern, welche nach IAS 19 zu bilanzieren sind.
- Bestimmte Rechte und Verpflichtungen im Zusammenhang mit Versicherungsverträgen.

b) Finanzielle Vermögenswerte und finanzielle Schulden

Finanzielle Vermögenswerte

Nach IAS 39 sind in der Bilanz finanzielle Vermögenswerte und finanzielle Schulden anzusetzen. Der Begriff »finanzielle Vermögenswerte« umfasst dabei nach IAS 32.11 die folgenden Vermögenswerte:

- flüssige Mittel;
- ein Eigenkapitalinstrument eines anderen Unternehmens;
- das vertragliche Recht,
  - flüssige Mittel oder andere finanzielle Vermögenswerte von einem anderen Unternehmen zu erhalten; oder
  - finanzielle Vermögenswerte oder finanzielle Verbindlichkeiten mit einem anderen Unternehmen zu potenziell vorteilhaften Bedingungen auszutauschen; sowie
- bestimmte Verträge, die in eigenen Eigenkapitalinstrumenten erfüllt werden (dürfen).

Finanzielle Verbindlichkeiten

Finanzielle Verbindlichkeiten umfassen

- eine vertragliche Verpflichtung,
- flüssige Mittel oder andere finanzielle Vermögenswerte zu liefern, oder
- finanzielle Vermögenswerte oder finanzielle Verbindlichkeiten zu potenziell nachteiligen Bedingungen zu tauschen; sowie
- bestimmte Verträge, die in eigenen Eigenkapitalinstrumenten beglichen werden (dürfen).

Finanzielle Vermögenswerte und finanzielle Verbindlichkeiten umfassen häufig einen erheblichen Teil einer Bilanz. Dies gilt nicht nur für Banken und Versicherungen, sondern für alle Unternehmen. So sind z. B. **Forderungen**, gleich ob Kreditforderungen, Ausleihungen oder Forderungen aus Lieferungen und Leistungen, finanzielle Vermögenswerte, soweit sie in finanziellen Vermögenswerten (meist liquide Mittel) beglichen werden. Das Unternehmen, gegen welches die Forderung besteht, hat entsprechend eine **finanzielle Verbindlichkeit** auszuweisen.

Ebenso sind **Gesellschaftsanteile** (Aktien, GmbH-Anteile, Anteile an Personengesellschaften) finanzielle Vermögenswerte. Das andere Unternehmen hat entsprechend **Eigenkapital** auszuweisen. Vermögenswerte wie Bestände an Gold oder Silber zählen dagegen nicht zu den finanziellen Vermögenswerten.

Finanzielle Verbindlichkeiten umfassen z. B. die Verbindlichkeiten aus Lieferungen und Leistungen, Anleihen, Kreditverbindlichkeiten sowie alle sonstigen Verbindlichkeiten, welche in finanziellen Vermögenswerten (meist liquide Mittel) beglichen werden. In diesen Fällen weist das andere Unternehmen einen finanziellen Vermögenswert aus.

c) Derivative Finanzinstrumente

Derivat

Neben den **originären Finanzinstrumenten** sind grundsätzlich **Derivate** nach IAS 39 zu bilanzieren. Derivate sind Finanzinstrumente oder andere Verträge, welche die folgenden Eigenschaften aufweisen:

- Die Wertentwicklung ist an die Entwicklung eines **Basiswerts** gekoppelt,
- es erfordert keine oder i. d. R. eine nur geringe **Anschaffungszahlung** und
- der **Ausgleich** erfolgt zu einem späteren Zeitpunkt.

Als **Basiswerte** für ein Derivat kommen unterschiedlichste Größen in Betracht. Dazu zählen u. a. Aktienindizes, Währungskurse oder Währungskursindizes, Rohstoff- und Warenpreise und Rohstoffpreisindizes oder Zinssätze oder Zinsindizes.

EXKURS: DERIVATE
Es können drei verschiedene Erscheinungsformen von Derivaten unterschieden werden:

- Termingeschäft,
- Swap und
- Option.

Termingeschäft

Termingeschäfte sind Verträge, bei denen sich die Vertragspartner verpflichten, an einem in der Zukunft liegenden Zeitpunkt, die kontrahierte Transaktion abzuwickeln. Kommt im Rahmen eines Termingeschäfts ein standardisierter Vertrag zur Anwendung, wird ein solches Geschäft auch als »**Future**« bezeichnet. Geschäfte, die individuell-vertraglich regelt werden, heißen »**Forward**«. Für gewöhnlich erwirbt der Halter eines Termingeschäfts vom Stillhalter das Recht, einen Basiswert zu einem vereinbarten Preis an einem in der Zukunft liegenden Zeitpunkt zu erwerben. Mit diesem Recht geht allerdings auch die Pflicht zur Abnahme des Wertes einher.

BEISPIEL: DEVISENTERMINGESCHÄFT:

A und B schließen am 1.1.2X10 einen Vertrag. In diesem Vertrag wird vereinbart, dass A am 31.3.2X10 von B 100 000 US-$ für 90 000 € erwirbt. Der Terminkurs (drei Monate) €:US-$ beträgt 0,9:1. Da der vereinbarte Kurs dem Terminkurs entspricht, beträgt der beizulegende Zeitwert des Derivats bei Vertragsabschluss 0 €. Der Wert des Derivates ist abhängig von der Entwicklung des Terminkurses €/US-$ mit entsprechender Fälligkeit am 31.3.2X10. Auf Grund der Abhängigkeit der Bewertung des Derivats von der künftigen Entwicklung der **Devisenkurse** kann ein Devisentermingeschäft zum Stichtag entweder einen Vermögenswert darstellen oder den Charakter einer Verpflichtung annehmen. Verändert sich der entsprechende Terminkurs auf €:US-$ 0,8:1, ist das Derivat bei A als Schuld zu klassifizieren. Am Markt könnte A 100 000 US-$ für 80 000 € erwerben, aus dem Vertrag heraus ist A verpflichtet, 10 000 € mehr zu zahlen. Bei B ist in diesem Fall das Devisentermingeschäft als Vermögenswert zu bilanzieren.

Swap

Besteht die Verpflichtungen zweier Vertragsparteien darin, über einen bestimmten Zeitraum hinweg, Zahlungsströme aus Basiswerten (Zinsen oder Währungen) zu tauschen, so liegt ein sog. »**Swap**« vor.

Bei einem **Zinsswap** tauschen zwei Vertragsparteien **Zinszahlungen aus Krediten**, die i. d. R. zwar einen identischen nominalen Kapitalbetrag aufweisen, aber unterschiedlich verzinst werden.

BEISPIEL:

A und B haben jeweils einen endfälligen Kredit mit identischer Laufzeit über 1 000 000 € aufgenommen. A hat für den Kredit variable, B hat für den Kredit fixe Zinszahlungen zu leisten. A rechnet künftig mit steigenden Zinsen, B rechnet mit fallenden Zinsen. A und B schließen einen Vertrag ab, in welchem vereinbart wird, dass A an B künftig die fixen und B an A künftig die variablen Zinsen zu zahlen hat. Die Zinszahlungen wurden dadurch »getauscht«.

Neben dem Tausch von Zinssätzen werden Swaps häufig für Währungen abgeschlossen. Bei einem **Währungsswap** werden zwischen zwei Vertragsparteien Beträgen einer bestimmten Währung einschließlich der damit verbundenen Zinszahlungen in einen entsprechenden Betrag einer anderen Währung getauscht.

Kommen die Vertragspartner überein, sowohl unterschiedliche Währungen, als auch feste gegen variable Zinsen untereinander zu tauschen, wird diese kombinierte Variante als **Zins-Währungsswap** bezeichnet.

Über Einzelabsprachen und individuelle Regelungen haben die internationalen Kapitalmärkte in den zurückliegenden Jahren teils sehr **exotische Swapkonstruktionen** hervorgebracht.

Option

Bei einer **Option** erhält der Halter das Recht (aber nicht die Pflicht!), zu einem künftigen Zeitpunkt (europäische Option) oder innerhalb eines bestimmten Zeitraums (amerikanische Option) zu einem bestimmten Preis einen Vermögenswert oder eine Schuld zu erwerben oder zu veräußern. Da der Halter einer Option diese auch verfallen lassen kann, liegt hier ein sog. »bedingtes« Termingeschäft vor. Der Verkäufer einer Option (der Stillhalter) hat bei Ausübung die Pflicht, den kontrahierten Betrag des Basiswertes zu dem bei Abschluss des Vertrags vereinbarten Preis vom Halter zu kaufen (sog. **Put-Option**) oder an den Halter zu verkaufen (sog. **Call-Option**).

Für die **Bezeichnung der Wertigkeitsprofile** von Optionen haben sich an den Finanzmärkten folgende sprachliche Konventionen etabliert:

- **Im Geld** (*in the money*) ist eine Option dann, wenn der aktuelle Kurs höher ist als der Ausübungspreis (Call) bzw. der aktuelle Kurs niedriger ist als der Ausübungspreis (Put). Der Betrag, um den der aktuelle Kurs höher (Call) bzw. niedriger (Put) ist als der Ausübungspreis, nennt man **Inneren Wert** (*intrinsic value*) der Option.
- Eine Call-Option ist **aus dem Geld** (*out of the money*), wenn der Marktpreis des Basiswertes kleiner als der Ausübungspreis ist. Eine Put-Option ist aus dem Geld, wenn der Marktpreis des Basiswertes größer als der Ausübungspreis ist. Aus dem Geld ist eine Option also dann, wenn sie keinen inneren Wert besitzt.
- Eine Option ist **am Geld** (*at the money*), wenn der Marktpreis des Basiswertes mit dem Ausübungspreis identisch ist.

Der Wert einer Option setzt sich aus zwei Komponenten zusammen, dem inneren Wert und dem Zeitwert. Der innere Wert entspricht grundsätzlich dem Unterschiedsbetrag zwischen dem Marktpreis des Basiswertes und dem Ausübungspreis. Der Zeitwert entspricht dem Preis, den ein Marktteilnehmer für die Chance zahlen würde, dass der Gewinn aus dem Optionsgeschäft gegenüber dem aktuellen Zeitpunkt größer wird. Folgendes Beispiel verdeutlicht dies:

BEISPIEL:

Zwischen A und B besteht eine Vereinbarung, aus der A die Option besitzt, am 31.12.2X11 eine Aktie der ABC AG zu einem Preis von 100 € von B zu erwerben (Call).

Fall 1: Am 1.1.2X11 beträgt der Marktpreis einer Aktie der ABC AG 105 €. Der innere Wert der Option beträgt 5 €. Der Zeitwert der Option kann – abhängig von bestimmten Parametern – signifikant sein, da eine Chance besteht, dass der Wert einer Aktie der ABC AG bis zum 31.12.2X11 weiter steigt.

Fall 2: Am 30.12.2X11 beträgt der Marktpreis einer Aktie der ABC AG 110 €. Der innere Wert der Option beträgt 10 €. Der Zeitwert der Option ist gering, da innerhalb eines Tages die Chance auf weitere Wertsteigerung der Aktie der ABC AG gering ist.

Soweit ein Vertrag über den Erwerb oder die Veräußerung von nicht-finanziellen Posten abgeschlossen wurde, liegt kein Finanzinstrument, sondern ein grundsätzlich nicht zu bilanzierendes schwebendes Geschäft vor. Sobald das Geschäft für das Unternehmen belastend ist, ist nach IAS 37 ggf. eine Rückstellung aus einem belastenden Vertrag zu bilanzieren.

In einigen Fällen sind diese schwebenden Geschäfte wie Finanzinstrumente nach IAS 39 zu bilanzieren. Voraussetzung dafür ist

- der Vertrag kann netto in liquiden Mitteln, anderen Finanzinstrumenten oder durch den Tausch von Finanzinstrumenten beglichen werden; und
- der Vertrag wurde **nicht** zum Zweck des Empfangs oder der Lieferung von nicht finanziellen Posten gem. dem erwarteten Einkaufs-, Verkaufs- oder Nutzungsbedarf des Unternehmens abgeschlossen und wird in diesem Sinne weiter gehalten.

Die Voraussetzung, dass der Vertrag netto in liquiden Mitteln oder anderen Finanzinstrumenten beglichen werden kann, ist jedoch nicht nur erfüllt, wenn dies tatsächlich möglich ist. Vielmehr ist diese Voraussetzung nach IAS 39.6 auch erfüllt, wenn das Unternehmen einen Vermögenswert liefern lässt und diesen mit Gewinnerzielungsabsicht aus kurzfristigen Preisschwankungen oder Händlermargen innerhalb kurzer Zeit weiterveräußert oder der nicht-finanzielle Posten selbst jederzeit in liquide Mittel gewandelt werden kann.

Eingebettete Derivate

Neben den freistehenden Derivaten können diese auch Bestandteil eines strukturierten Instruments (sog. »hybride« oder »zusammengesetzte« Finanzinstrumente) sein. Solche **eingebetteten Derivate** (*embedded derivatives*) sind grundsätzlich an einen nicht-derivativen Basisvertrag gekoppelt.

Liegen folgende Voraussetzungen vor, sind für den Ansatz und die Bewertung das originäre Instrument und das Derivat zu trennen und die Bestandteile separat zu bilanzieren:

- die wirtschaftlichen Merkmale und Risiken des eingebetteten Derivats sind nicht eng mit den wirtschaftlichen Merkmalen und Risiken des Basisvertrags verbunden;
- ein eigenständiges Instrument mit den gleichen Bedingungen wie das eingebettete Derivat würde die Definition eines Derivats erfüllen; und
- das strukturierte (zusammengesetzte) Finanzinstrument als solches wird nicht erfolgswirksam zum beizulegenden Zeitwert bewertet (d. h. ein Derivat, das in einem erfolgswirksam zum beizulegenden Zeitwert bewerteten finanziellen Vermögenswert oder eine solche finanzielle Verbindlichkeit eingebettet ist, ist nicht herauszutrennen).

Die Bilanzierung eingebetteter Derivate nach IAS 39 ist problematisch, da das IASB nicht definiert, wann das wichtige erste Kriterium erfüllt ist. Stattdessen wird auf Erläuterungen und Beispiele in den Anwendungsleitlinien zu IAS 39 verwiesen. Danach liegt z. B. ein separat zu bilanzierendes Derivat vor, wenn ein Gesellschafter eines Unternehmens die Option besitzt, seine Anteile an das Unternehmen zurückzugeben, der in diesem Fall vom Unternehmen zu zahlende Preis aber nicht vom Wert des Unternehmens, sondern z. B. von der Entwicklung des Goldpreises, abhängig ist.

d) Finanzgarantien

IAS 39 regelt ebenfalls die bilanzielle Behandlung von **Finanzgarantien** *(financial guarantee contract)*. Eine Finanzgarantie ist ein Vertrag, der einen Garantiegeber zu einer Entschädigungszahlung verpflichtet, wenn der Inhaber der Garantie einen Verlust erleidet, weil ein bestimmter Schuldner seinen vertraglichen Zahlungsverpflichtungen nicht nachgekommen ist. Unter die Definition einer Finanzgarantie fallen z. B. **Bürgschaften, Bankgarantien und Akkreditive.**

Hat ein Unternehmen in der Vergangenheit öffentlich erklärt, dass es Finanzgarantien als Versicherungsverträge ansieht und diese entsprechend bilanziert hat, steht es diesem Unternehmen frei, Finanzgarantien nach IFRS 4 oder nach IAS 39 zu bilanzieren (vgl. IAS 39.2 (e)).

3. Ansatz und Ausbuchung von Finanzinstrumenten

a) Ansatz

Nach IAS 39.14 sind finanzielle Vermögenswerte und finanzielle Verbindlichkeiten zu dem Zeitpunkt anzusetzen, zu dem das Unternehmen **Vertragspartei** des Finanzinstruments wird.

Marktüblicher Erwerb

Ein Abbildungswahlrecht enthält IAS 39 für den marktüblichen Erwerb von finanziellen Vermögenswerten, wenn der Zeitpunkt, zu dem ein Kauf vereinbart wird (**Handelszeitpunkt**), und der Zeitpunkt, zu dem ein finanzieller Vermögenswert geliefert wird (**Erfüllungszeitpunkt**), nicht identisch sind. Soweit ein **marktüblicher Erwerb** vorliegt hat das Unternehmen pro Kategorie von finanziellen Vermögenswerten die stetig auszuübende Wahl, die finanziellen Vermögenswerte entweder zum Handelszeitpunkt (*trade date accounting*) oder zum Erfüllungszeitpunkt (*settlement date accounting*) anzusetzen.

Marktüblicher Erwerb: Der Kauf oder Verkauf von finanziellen Vermögenswerten auf Basis eines Vertrags, nach dem der Vermögenswert innerhalb der von Vorschriften oder Konventionen des jeweiligen Marktes bestimmten Zeit zu liefern ist.

BEISPIEL:

An der XYZ-Börse liegen zwischen dem Erwerb und der Erfassung von Aktien südamerikanischer Unternehmen im Depot des Erwerbers i. d. R. zwei bis drei Tage. Alle Transaktionen, welche in diesem Zeitraum abgeschlossen werden, gelten als marktüblicher Erwerb. Eine Vereinbarung, diese Aktien erst in acht Tagen zu erwerben, ist kein marktüblicher Erwerb. Stattdessen ist dieser Vertrag als Derivat zu klassifizieren.

Bilanzierung zum Handelszeitpunkt: Der erworbene Vermögenswert wird zum Handelstag angesetzt und die entsprechende Verbindlichkeit erfasst. Zu erfassende Erfolgsbeiträge werden entsprechend der Regelungen des IAS 39 erfasst. Bei Veräußerung eines Vermögenswerts wird der veräußerte Vermögenswert ausgebucht sowie die Forderung und Veräußerungsgewinne und Veräußerungsverluste erfasst.

Bilanzierung zum Erfüllungszeitpunkt: Der Vermögenswert wird bei Erwerb zum Erfüllungszeitpunkt angesetzt bzw. bei Veräußerung zu diesem Zeitpunkt ausgebucht. Wertänderungen des Vermögenswerts zwischen dem Handels- und dem Erfüllungstag sind so zu erfassen, wie Wertänderungen des Vermögenswerts. Ist der Vermögenswert als »zur Veräußerung verfügbar« klassifiziert, sind die Wertänderungen im sonstigen Ergebnis zu erfassen.

BEISPIEL:

Am 30.12. vereinbart die A AG mit der B AG, Aktien zu einem Preis (aktueller beizulegender Zeitwert) von 100 € zu erwerben. Die Aktien werden am 1.1. geliefert. Der Erwerb ist marktüblich. Die Aktien werden bei der A AG als »zur Veräußerung verfügbar« kategorisiert. Der beizulegende Zeitwert der Aktien am 31.12. beträgt 105 €.

Fall 1:

Bilanzierung zum Handelstag: Die A AG erfasst am 30.12. die Aktien.

Finanzieller Vermögenswert	an Verbindlichkeit	100 €

Wertschwankungen sind im Eigenkapital zu erfassen. Die A AG erfasst die Werterhöhung zum 31.12. wie folgt:

Finanzieller Vermögenswert	an Sonstiges Ergebnis	5 €

Fall 2:

Bilanzierung zum Erfüllungstag: Die A AG erfasst am 30.12. nichts. Am 31.12. hat die A AG die Wertschwankung so zu erfassen, wie Wertschwankungen des erworbenen Vermögenswerts. Daher bucht sie:

Finanzieller Vermögenswert	an Sonstiges Ergebnis	5 €

Am 1.1. bucht die A AG bei Lieferung der Aktien:

Finanzieller Vermögenswert	an Verbindlichkeit	100 €

In beiden Fällen wird damit zum 31.12. ein identisches sonstiges Ergebnis ausgewiesen. Zum 1.1. werden die erworbenen Aktien identisch bewertet.

b) Ausbuchung

IAS 39.15-39.37 enthält Vorschriften zur Ausbuchung finanzieller Vermögenswerte. Dabei ist in einem ersten Schritt zu analysieren, ob die Regelungen zur Ausbuchung von finanziellen Vermögenswerten auf den gesamten Vermögenswert oder nur einen Teil des Vermögenswerts anzuwenden sind (IAS 39.16).

In IAS 39.17 wird festgestellt, dass ein finanzieller Vermögenswert auszubuchen ist, wenn die **mit dem Vermögenswert verbundenen Rechte auf Zahlungsmittel auslaufen**. Dies ist z. B. der Fall, wenn eine Forderung beglichen wird. Dieser Fall ist i. d. R. unproblematisch. Die weiteren Vorschriften zur Ausbuchung finanzieller Vermögenswerte regeln die Frage, wann ein finanzieller Vermögenswert im Falle eines Transfers (z. B. bei Veräußerung des Vermögenswerts) auszubuchen ist.

Wird ein finanzieller Vermögenswert **transferiert** und wird dabei auch das Recht auf die Zahlungsmittelströme aus dem Vermögenswert transferiert, ist der Vermögenswert grundsätzlich auszubuchen. Gleiches gilt, soweit der finanzielle Vermögenswert transferiert wird, das Unternehmen die Rechte auf die Zahlungsströme aus dem Vermögenswert behält, diese für das Unternehmen aber lediglich einen »durchlaufenden Posten« i. S. d. IAS 39.19 darstellen, da es die Zahlungen zwar erhält, aber umgehend an Dritte weiterleitet.

Bei jedem Transfer eines finanziellen Vermögenswerts hat das Unternehmen nach IAS 39.20 zu analysieren, inwieweit es mit dem Eigentum an dem finanziellen Vermögenswert verbundene Risiken und Chancen behält. Dabei sind drei Fälle zu differenzieren[1]:

Fall 1:

Das Unternehmen hat im Wesentlichen **alle** mit dem Eigentum an dem finanziellen Vermögenswert verbundenen **Risiken und Chancen übertragen**:

Der finanzielle Vermögenswert ist auszubuchen. Vermögenswerte und Schulden sind für die Rechte und Verpflichtungen anzusetzen, die beim Unternehmen verblieben oder durch den Transfer neu entstanden sind.

Fall 2:

Das Unternehmen hat im Wesentlichen **alle** mit dem Eigentum an dem finanziellen Vermögenswert verbundenen **Risiken und Chancen behalten:**

Das Unternehmen hat den finanziellen Vermögenswert weiter zu bilanzieren.

Fall 3:

Das Unternehmen hat **weder** im Wesentlichen **alle** mit dem Eigentum an dem finanziellen Vermögenswert verbundenen Risiken und Chancen **übertragen noch** hat es diese **behalten:**

Dann hat das Unternehmen zu analysieren, ob es weiterhin über den finanziellen Vermögenswert verfügen kann. Zwei Ergebnisse sind möglich

- Das Unternehmen hat die **Verfügungsmacht** über den Vermögenswert **nicht mehr inne**. Dies ist nach IAS 39.23 der Fall, wenn der Erwerber den Vermögenswert ohne Restriktionen veräußern kann: Der finanzielle Vermögenswert ist auszubuchen. Vermögenswerte und Schulden sind für die Rechte und Verpflichtungen anzusetzen, die beim Unternehmen verblieben oder durch den Transfer neu entstanden sind.
- Das Unternehmen hat die **Verfügungsmacht** über den Vermögenswert **behalten**: Der finanzielle Vermögenswert ist in dem Umfang des anhaltenden Engagements (*continuing involvement*) weiter zu erfassen.

Abbildung E.14 fasst die Regelungen zur Ausbuchung von finanziellen Vermögenswerten nochmals im Überblick zusammen.

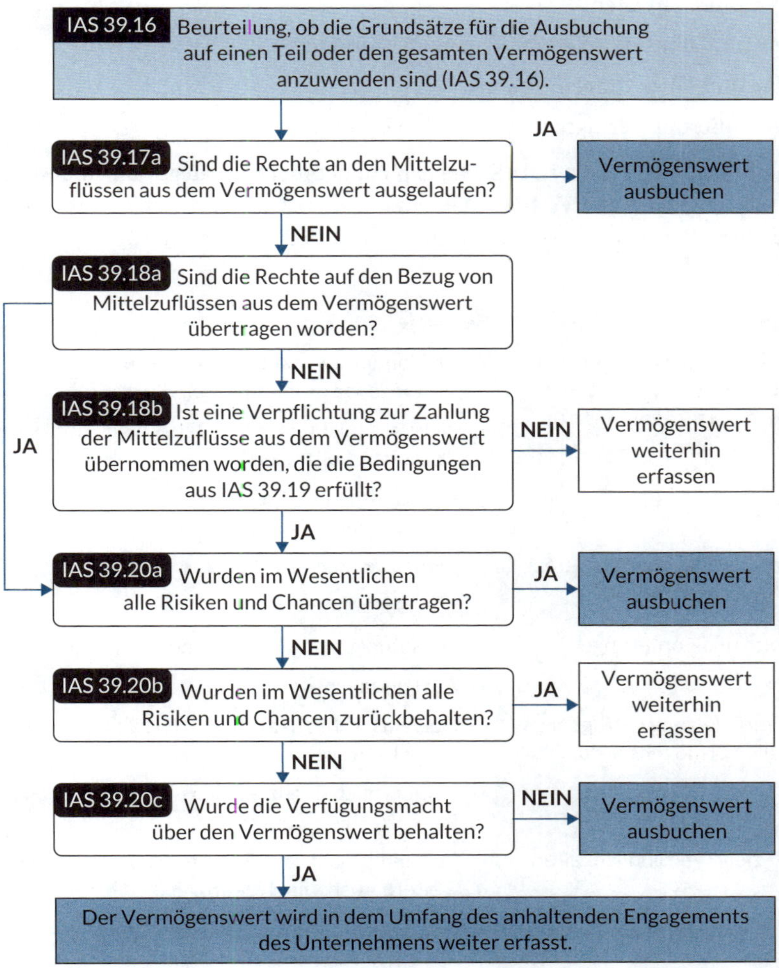

Abbildung E.14 Prüfschema zur Ausbuchung von finanziellen Vermögenswerten

4. Kategorisierung von Finanzinstrumenten

a) Überblick

Die Vorschriften zum Ansatz und zur Ausbuchung sind für alle finanziellen Vermögenswerte und finanziellen Verbindlichkeiten gleich anzuwenden. Dies gilt indes nicht bei der Frage der Bewertung von finanziellen Vermögenswerten und Schulden. Unternehmen erwerben finanzielle Vermögenswerte bzw. gehen finanzielle Verbindlichkeiten zu unterschiedlichen Zwecken ein. Folglich erfüllen die verschiedenen Finanzinstrumente im Rahmen der operativen, vermögensverwaltenden oder finanzierenden Unternehmenstätigkeit eine Vielzahl von Aufgaben und besitzen i. d. R. dadurch auch einen **unterschiedlichen Charakter**.

Für Zwecke der Bewertung sind finanzielle Vermögenswerte und finanzielle Verbindlichkeiten daher bestimmten Kategorien zuzuordnen. IAS 39 definiert dazu vier Kategorien. Dies sind

- erfolgswirksam zum beizulegenden Zeitwert bewertete finanzielle Vermögenswerte und Verbindlichkeiten;
- bis zur Endfälligkeit gehaltene Finanzinvestitionen;
- Kredite und Forderungen; sowie
- zur Veräußerung verfügbare finanzielle Vermögenswerte.

Zudem gibt es neben diesen in IAS 39.9 explizit definierten Kategorien eine weitere Kategorie: **sonstige finanzielle Verbindlichkeiten**. Tab. E.2 zeigt die Kategorien und Beispiele für zugehörige Werte. Im Folgenden werden die Kategorien erläutert.

Kategorie	Beispiele
(a) erfolgswirksam zum beizulegenden Zeitwert bewertete finanzielle Vermögenswerte und Verbindlichkeiten	• Zu **Handelszwecken** gehaltene finanzielle Vermögenswerte und Verbindlichkeiten
	• **Derivate** (nicht nach den Regelungen des Hedge Accounting bilanziert)
	• Bestimmte Vermögenswerte und Schulden auf Grund der **Fair-Value-Option**
(b) bis zur Endfälligkeit gehaltene Finanzinvestitionen	• Industrieanleihen
	• Staatsanleihen
(c) Kredite und Forderungen	• Forderungen aus Lieferungen und Leistungen
	• Ausleihungen
(d) zur Veräußerung verfügbare finanzielle Vermögenswerte	• Das, was nicht zu (a), (b) und (c) zählt (Aktien, GmbH-Anteile).
	• Option, auch finanzielle Vermögenswerte aus (b) und (c) hier zuzuordnen.
(e) Finanzielle Verbindlichkeiten	• Verbindlichkeiten außer die zu (a) zugeordneten und weitere Ausnahmen gem. IAS 39.47

Tabelle E.2 Kategorien von finanziellen Vermögenswerten und Verbindlichkeiten

b) Ergebniswirksam zum beizulegenden Zeitwert bewertete finanzielle Vermögenswerte und Verbindlichkeiten

Der Kategorie der ergebniswirksam bewerten finanziellen Vermögenswerte und Verbindlichkeiten (*financial asset or financial liability at fair value through profit and loss*) sind zum einen die finanziellen Vermögenswerte und Schulden zuzurechnen, welche zu **Handelszwecken** gehalten werden (held for trading) und zum anderen diejenigen, welche dieser Kategorie auf Grund der **Fair-Value-Option** zugeordnet wurden.

Zu Handelszwecken gehalten

Ein finanzieller Vermögenswert oder eine finanzielle Verbindlichkeit gilt dann als zu Handelszwecken gehalten, wenn er/sie hauptsächlich mit der Absicht erworben oder eingegangen wurde, **innerhalb kurzer Zeit** veräußert oder zurückerworben zu werden. Gleiches gilt, wenn der Vermögenswert oder die Verbindlichkeit **Teil eines Portfolios** von Finanzinstrumenten ist, welches zusammen gemanagt wird, und für das in der jüngsten Vergangenheit Hinweise auf kurzfristige Gewinnmitnahmen bestehen. Zudem sind **Derivate** als zu Handelszwecken gehalten zu kategorisieren, soweit das Derivat keine Finanzgarantie ist und nicht nach den Regelungen des Hedge Accounting bilanziert wird.

Fair-Value-Option

IAS 39 enthält zudem eine so genannte Fair-Value-Option. Diese ermöglicht es den Unternehmen finanzielle Vermögenswerte und Verbindlichkeiten der Kategorie »Ergebniswirksam zum beizulegenden Zeitwert bewertet« zuzuordnen, soweit die Anwendung der Option dazu führt, dass im Abschluss zuverlässigere Informationen vermittelt werden (IAS 39.AG4B und 4C). Die Fair-Value-Option darf einzelfallbezogen von den Unternehmen angewandt werden. Zu beachten ist zudem, dass die Option nur vollständig auf einen Vermögenswert oder eine Schuld anzuwenden ist. Nicht zulässig ist es, die Fair-Value-Option nur auf eine Komponente eines Vermögenswerts oder einer Schuld anzuwenden.

Konkret ist die Anwendung der Fair-Value-Option für zwei Sachverhalte zulässig:[2]

- **Sachverhalt 1 – Ansatz- oder Bewertungsinkongruenzen (»*accounting mismatch*«) werden beseitigt**: Nach IAS 39 werden finanzielle Vermögenswerte und Schulden abhängig von der Kategorisierung zum beizulegenden Zeitwert oder zu fortgeführten Anschaffungskosten bewertet. Änderungen des beizulegenden Zeitwerts werden im Gewinn oder Verlust oder im sonstigen Ergebnis erfasst. Sind wirtschaftlich zusammenhängende finanzielle Vermögenswerte oder Schulden unterschiedlichen Kategorien zugeordnet, kann es zu Inkongruenzen kommen.

BEISPIEL:

Ein Unternehmen hat ein Portfolio festverzinslicher Vermögenswerte, die ansonsten als zur Veräußerung verfügbar kategorisiert würden, mit festverzinslichen Schuldverschreibungen refinanziert. Die Änderungen der beizulegenden Zeitwerte kompensieren sich dabei weitgehend. Durch die einheitliche Kategorisierung der Vermögenswerte und der Schuldverschreibungen als erfolgswirksam zum beizulegenden Zeitwert bewertet wird die Inkongruenz berichtigt, die sich andernfalls dadurch ergeben hätte, dass die Vermögenswerte zum beizulegenden Zeitwert bei Erfassung der Wertänderungen im Eigenkapital und die Schuldverschreibungen zu fortgeführten Anschaffungskosten bewertet worden wären.

- **Sachverhalte 2 – Gruppe von finanziellen Vermögenswerten und Verbindlichkeiten**: Unter bestimmten Voraussetzungen darf eine Gruppe von finanziellen Vermögenswerten und finanziellen Schulden der Kategorie »ergebniswirksam zum beizulegenden Zeitwert bewertet« zugeordnet werden, soweit diese Gruppe für interne Managementzwecke auf Basis des beizulegenden Zeitwerts gesteuert wird.

c) Bis zur Endfälligkeit gehaltene finanzielle Vermögenswerte

Finanzielle Vermögenswerte, welche der Kategorie »bis zur Endfälligkeit gehalten« zuzuordnen sind, weisen die folgenden Merkmale auf:

- Der finanzielle Vermögenswert ist **nicht** derivativ;
- die **Zahlungsströme** sind fest oder bestimmbar;
- die **Laufzeit** ist fest, und
- das Unternehmen hat die **Absicht** und die **Fähigkeit**, den finanziellen Vermögenswert bis zur Endfälligkeit zu halten. Diese sind zu jedem Bilanzstichtag neu zu beurteilen.

Finanzielle Vermögenswerte, welche diese Merkmale aufweisen, aber als »erfolgswirksam zum beizulegenden Zeitwert bewertet« oder als »zur Veräußerung verfügbar« designiert wurden, oder welche die Definition von »Krediten und Forderungen« erfüllen, sind nicht als »bis zur Endfälligkeit gehalten« zu kategorisieren.

Das Merkmal »feste oder bestimmbare Zahlungsströme« liegt nach IAS 39.A17 vor, soweit eine vertragliche Vereinbarung existiert, welche die Höhe und den Zeitpunkt von Zahlungen (Zins- und Kapitalzahlungen) an den Inhaber definiert. **Schuldinstrumente mit einer variablen Verzinsung** können somit genauso wie solche mit einer fixen Verzinsung zu dieser Kategorie zählen.

Eigenkapitalinstrumente zählen nicht zu dieser Kategorie, da sie entweder keine feste Laufzeit haben oder die Zahlungsströme nicht fest oder bestimmbar sind. Ein **signifikantes Ausfallrisiko** steht der Kategorisierung als »bis zur Endfälligkeit gehalten« grundsätzlich nicht entgegen (IAS 39.A17).

Soweit ein finanzieller Vermögenswert **durch den Emittenten kündbar** ist, kann er als »bis zur Endfälligkeit gehalten« kategorisiert werden, wenn bei Kündigung im Wesentlichen der vollständige Buchwert der Investition wiedererlangt wird und die weiteren Merkmale der Kategorie erfüllt sind (IAS 39.A18). Bei der Frage, ob im Wesentlichen der vollständige Buchwert wiedererlangt werden kann, sind auch Agien und aktivierte Transaktionskosten zu berücksichtigen.

Ist der finanzielle Vermögenswert **durch den Inhaber kündbar**, ist eine Kategorisierung als »bis zur Endfälligkeit gehalten« nicht zulässig. Das IASB ist der Ansicht, dass die Zahlung einer Prämie für eine frühe Kündigung nicht vereinbar ist mit der Absicht und Fähigkeit, einen finanziellen Vermögenswert bis zur Endfälligkeit zu halten (IAS 39.A19).

Die Kategorisierung eines finanziellen Vermögenswertes als »bis zur Endfälligkeit gehalten« ist nur möglich, soweit das Unternehmen die Absicht und die Fähigkeit besitzt, diesen **bis zur Endfälligkeit** zu halten. Diese Absicht und Fähigkeit ist sowohl beim erstmaligen Ansatz, wie auch **zu jedem folgenden Bilanzstichtag** zu überprüfen.

Die **Absicht,** den finanziellen Vermögenswert bis zur Endfälligkeit zu halten, hat ein Unternehmen nach IAS 39.A16 nicht, wenn es den Vermögenswert als Reaktion auf Veränderungen von Marktzinsen, des Liquiditätsbedarfs oder des Währungsrisikos veräußern würde. Zudem liegt eine solche Absicht nicht vor, wenn der Emittent des Vermögenswerts das Recht hat, den Vermögenswert zu einem Betrag zu begleichen, welcher wesentlich unter den fortgeführten Anschaffungskosten liegt.

Die **Fähigkeit**, den finanziellen Vermögenswert bis zur Endfälligkeit zu halten, hat ein Unternehmen nicht, soweit es finanziell dazu nicht in der Lage ist, oder es gesetzlichen oder anderen Beschränkungen unterliegt, die seine Absicht, den finanziellen Vermögenswert bis zur Endfälligkeit zu halten, zunichtemachen können.

Das IASB ist grundsätzlich der Ansicht, dass der beizulegende Zeitwert der beste Bewertungsmaßstab für finanzielle Vermögenswerte ist. Die als »bis zur Endfälligkeit gehalten« kategorisierten finanziellen Vermögenswerte gelten aber als Ausnahme. Soweit ein Unternehmen die Absicht und die Fähigkeit besitzt, diese finanziellen Vermögenswerte bis zur Endfälligkeit zu halten, ist es eben nicht das Ziel, bei einer Wertsteigerung durch Veräußerungen Gewinne zu erzielen. Stattdessen dient das Instrument als Finanzanlage mit festen oder bestimmbaren Zahlungsströmen. Als Folge daraus sind als »bis zur Endfälligkeit gehalten« kategorisierte finanzielle Vermögenswerte nicht mit dem beizulegenden Zeitwert, sondern zu fortgeführten Anschaffungskosten zu bewerten.

Daher hat das IASB in IAS 39.9 eine **Strafvorschrift** installiert: Hat ein Unternehmen im aktuellen oder in den zwei vorangegangenen Geschäftsjahren einen im Vergleich zu den gesamten »bis zur Endfälligkeit gehaltenen« finanziellen Vermögenswerten **nicht unwesentlichen Teil** dieser Vermögenswerte veräußert oder umklassifiziert, darf es keine finanziellen Vermögenswerte als »bis zur Endfälligkeit gehalten« mehr klassifizieren. Stattdessen sind diese dann grundsätzlich als »zur Veräußerung verfügbar« zu klassifizieren. Bei der Beurteilung, ob ein nicht unwesentlicher Teil der Vermögenswerte veräußert wurde, werden Verkäufe oder Umklassifizierungen nicht berücksichtigt, soweit diese

- sehr kurz vor Ende der Laufzeit stattfinden, oder
- das Unternehmen im Wesentlichen den Kapitalbetrag des finanziellen Vermögenswerts eingezogen hat.

Zudem sind Verkäufe und Umklassifizierung nicht zu berücksichtigen, soweit sie einem isolierten Sachverhalt zuzurechnen sind, der sich der Kontrolle des Unternehmens entzieht, von einmaliger Natur ist und von diesem praktisch nicht vorhergesehen werden konnte. Zu diesen Ereignissen zählen z. B.[3]:

- Eine wesentliche Bonitätsverschlechterung des Emittenten.
- Eine Änderung der Steuergesetzgebung, wodurch die Steuerbefreiung von Zinsen auf die bis zur Endfälligkeit gehaltenen Finanzinvestitionen abgeschafft oder wesentlich reduziert wird.
- Eine wesentliche Erhöhung der aufsichtsrechtlichen Risikogewichtung von bis zur Endfälligkeit gehaltenen Finanzinvestitionen.

Nicht dazu zählt z. B. die Wertminderung einer großen Zahl von Forderungen aus Lieferungen und Leistungen.

d) Kredite und Forderungen

Loans and Receivables

Kredite und Forderungen (*loans and receivables*) stellen **originäre** finanzielle Vermögenswerte dar, die über eine feste oder bestimmbare Zahlung oder Zahlungsreihe verfügen und nicht an einem aktiven Markt gehandelt werden.

Damit fallen z. B. **Ausleihungen und Forderungen aus Lieferungen und Leistungen** in diese Kategorie. Ein erworbener Anteil an einem Portfolio von Vermögenswerten, die weder Kredite noch Forderungen darstellen (z. B. Anteile an einem Immobilienfonds), können grundsätzlich nicht der Kategorie der Kredite und Forderungen zugeordnet werden.

e) Zur Veräußerung verfügbare finanzielle Vermögenswerte

Available-for-Sale Financial Assets

Diejenigen finanziellen Vermögenswerte, die definitionsgemäß keiner der anderen Kategorien zuzuordnen sind, sind als »zur Veräußerung verfügbar« zu kategorisieren (*available-for-sale financial assets*). Zudem dürfen finanzielle Vermögenswerte, welche grundsätzlich als »bis zur Endfälligkeit gehalten« oder als »Kredite und Forderungen« klassifiziert würden, dieser Kategorie zugeordnet werden.

f) Sonstige finanzielle Verbindlichkeiten

Other Financial Liabilities

Die Kategorie der **sonstigen finanziellen Verbindlichkeiten** (*other financial liabilities*) ist ausschließlich **originären Schuldinstrumenten** vorbehalten. Eine Einordnung von finanziellen Verbindlichkeiten in diese Kategorie ist regelmäßig dann geboten, wenn Schulden nicht ergebniswirksam zum beizulegenden Zeitwert bewertet werden.

Typische Anwendungsbeispiele aus der Praxis für die Zuordnung zu dieser Kategorie stellen Verbindlichkeiten aus Lieferungen und Leistungen gegenüber Kunden und Darlehensverbindlichkeiten gegenüber Kreditinstituten dar.

g) Umwidmungen

Ein finanzieller Vermögenswert bzw. eine finanzielle Verbindlichkeit sind beim erstmaligen Ansatz einer der Kategorien des IAS 39 zuzuordnen. Ein späterer Wechsel der Kategorie ist nicht ohne weiteres zulässig. IAS 39.50-39.54 enthält Vorschriften, unter welchen Umständen eine Umwidmung eines Finanzinstruments zulässig ist. Diese Vorschriften wurden im Oktober 2008 als Reaktion auf die Finanzmarktkrise erweitert. Vor allem wurde es den Unternehmen ermöglicht, Forderungen und Kredite, welche ursprünglich zu Handelszwecken erworben wurden oder als »zur Veräußerung verfügbar« kategorisiert wurden, in die Kategorie »Kredite und Forderungen« umzuwidmen. Im Folgenden wird ein Überblick über die Vorschriften zur Umwidmung gegeben:

- **Derivate** und auf Grund der **Fair-Value-Option** der Kategorie »erfolgswirksam zum beizulegenden Zeitwert bewertet« zugeordnete finanzielle Vermögenswert und finanzielle Schulden **dürfen nicht** aus dieser Kategorie umgewidmet werden.

- Nach dem erstmaligen Ansatz darf **kein** finanzieller Vermögenswert und keine finanzielle Verbindlichkeit in die Kategorie »erfolgswirksam zum beizulegenden Zeitwert bewertet« umgewidmet werden.
- Wird ein finanzieller Vermögenswert nicht mehr mit der Absicht gehalten, diesen innerhalb eines kurzen Zeitraums zu veräußern, und wäre dieser beim erstmaligen Ansatz – unabhängig von der zu diesem Zeitpunkt bestehenden kurzfristigen Gewinnerzielungsabsicht – als »**Kredite und Forderungen**« kategorisiert worden, darf dieser aus der Kategorie »erfolgswirksam zum beizulegenden Zeitwert bewertet« herausgenommen werden. Dies gilt indes nur, soweit das Unternehmen die Absicht und die Fähigkeit besitzt, diesen Vermögenswert über die absehbare Zukunft oder bis zur Fälligkeit zu halten. Zum Zeitpunkt der Umwidmung ist der finanzielle Vermögenswert erfolgswirksam zum beizulegenden Zeitwert zu bewerten.

Held-to-maturity

Eine Umwidmung von Finanzinstrumenten der Kategorie **»bis zur Endfälligkeit gehalten«** in die Kategorie »zur Veräußerung verfügbare finanzielle Vermögenswerte« ist möglich. IAS 39.51 räumt diese Möglichkeit ein, sofern sich die Absicht oder die Fähigkeit des bilanzierenden Unternehmens, die Finanzinstrumente bis zur Endfälligkeit zu halten, geändert hat. Allerdings hat das Unternehmen die negativen Sanktionen einer »schädlichen« Veräußerung zu tragen, sofern es **mehr als einen unwesentlichen Teil** eines Instruments umgewidmet hat. In diesem Falle sind alle Finanzinstrumente, die als »bis zur Endfälligkeit gehalten« kategorisiert sind, in die Kategorie »zur Veräußerung verfügbar« umzugliedern.

Zur Veräußerung verfügbar

- Eine Umwidmung von **»zur Veräußerung verfügbare finanzielle Vermögenswerte«** *(available-for-sale)* in die Kategorie »bis zur Endfälligkeit gehalten« **darf vorgenommen werden**. Hat sich nämlich die Absicht (und die Fähigkeit) des bilanzierenden Unternehmens im Hinblick auf den Charakter dieser Instrumente geändert, darf ein Kategorienwechsel vollzogen werden. Die definitorischen Anforderungen, die IAS 39.9 an die zur Umwidmung vorgesehenen Finanzinstrumente stellt, müssen erfüllt sein. Eine Rückübertragung aus der neuen Kategorie heraus, ist indes weniger einfach möglich (siehe oben).
- Ein als »zur Veräußerung verfügbar« kategorisierter finanzieller Vermögenswert, welcher beim erstmaligen Ansatz – unabhängig von der Designation als »zur Veräußerung verfügbar« – als »**Kredite und Forderungen**« kategorisiert worden wäre, darf in die Kategorie »Kredite und Forderungen« umgewidmet werden. Dies gilt indes nur, soweit das Unternehmen die Absicht und die Fähigkeit besitzt, diesen Vermögenswert über die absehbare Zukunft oder bis zur Fälligkeit zu halten.

5. Bewertung von Finanzinstrumenten

a) Überblick

Bei der Bewertung von finanziellen Vermögenswerten und finanziellen Schulden sind grundsätzlich zwei Aspekte relevant. Zum einen ist die Frage der Zugangs- und Folgebewertung inklusive Wertminderungen zu beantworten. Zum anderen ist zu klären, wie künftige Änderungen des Buchwerts von finanziellen Vermögenswerten und finanziellen

Verbindlichkeiten im Abschluss zu erfassen sind. Die Antwort ist abhängig davon, welcher Kategorie die finanziellen Vermögenswerte und finanziellen Verbindlichkeiten zugeordnet wurden.

Die Vorschriften zur Bewertung und zur Erfassung von Änderungen des Buchwerts sind äußerst komplex. Tabelle E.3 fasst daher die wesentlichen Aspekte zu diesem Themenkomplex zusammen. Im Folgenden werden die einzelnen Fragestellungen erörtert.

	Ergebniswirksam zum beizulegenden Zeitwert bewertet	**Zur Veräußerung verfügbar**	**Bis zur Endfälligkeit gehalten**	**Kredite und Forderungen**	**Finanzielle Verbindlichkeiten**
Zugangsbewertung	Beizulegender Zeitwert	Beizulegender Zeitwert + Transaktionskosten			
Folgebewertung	Beizulegender Zeitwert		Fortgeführte Anschaffungskosten		
Erfassung Wertschwankungen	Gewinn und Verlust	Sonstiges Ergebnis; Erfassung im Gewinn und Verlust bei Wertminderung oder Ausbuchung	-/-		
Erfassung Agio/Disagio	-/-	Verteilen			
Wertminderung	Nein	Ja			-/-

Tabelle E.3 Bewertungsvorschriften für Finanzinstrumente im Überblick

b) Zugangsbewertung

Finanzielle Vermögenswerte und Verbindlichkeiten sind beim erstmaligen Ansatz mit dem beizulegenden Zeitwert plus – soweit es sich nicht um erfolgswirksam zum beizulegenden Zeitwert zu bewertende finanzielle Vermögenswerte und finanzielle Verbindlichkeiten handelt – Transaktionskosten anzusetzen. Der beizulegende Zeitwert ist nach IFRS 13 definiert als der Preis, der in einem geordneten Geschäftsvorfall zwischen Marktteilnehmern am Bewertungsstichtag für den Verkauf eines Vermögenswerts eingenommen bzw. für die Übertragung einer Schuld gezahlt würde. Der beizulegende Zeitwert ist immer ein Exit-Preis (vgl. S. 84).

Transaktionskosten sind nach IAS 39.9 zusätzlich anfallende Kosten, die dem Erwerb, der Emission oder der Veräußerung eines Finanzinstruments unmittelbar zurechenbar sind und die nicht angefallen wären, wäre das Finanzinstrument nicht erworben, emittiert oder veräußert worden.

In einigen Fällen kann es vorkommen, dass beim Erwerb eines finanziellen Vermögenswerts oder Eingehen einer finanziellen Schuld der Transaktionspreis (der Preis, der für einen Vermögenswert gezahlt wurde oder der Betrag, den ein Unternehmen erhalten hat, um eine Verbindlichkeit einzugehen; ein Entry-price) nicht gleich dem beizulegenden Zeitwert ist. Dieser Fall kann z. B. eintreten, wenn eine Transaktion mit einer nahestehenden Person zu nicht marktüblichen Bedingungen stattfindet, oder wenn eine Transaktion unter Zwang stattfindet, wenn z. B. auf Grund finanzieller Schwierigkeiten ein sofortiger Verkauf – auch unter dem Marktwert – notwendig ist. Die Differenz zwischen dem Transaktionspreis und dem beizulegenden Zeitwert ist wie folgt zu erfassen:

- Der beizulegende Zeitwert ist durch eine Marktnotierung in einem aktiven Markt oder durch eine Bewertungsmethode belegt, bei der nur am Markt beobachtbare Inputfaktoren genutzt werden: Sofortige Erfassung im Gewinn oder Verlust.
- In allen anderen Fällen: Die Differenz zwischen dem Transaktionspreis und dem beizulegenden Zeitwert ist abzugrenzen und nur als Ertrag oder Aufwand zu erfassen, wenn diese aus Änderungen von Inputfaktoren resultieren, die auch andere Marktteilnehmer bei der Ermittlung des beizulegenden Zeitwertes berücksichtigen würden.

c) Folgebewertung

aa) Bewertung finanzieller Vermögenswerte und finanzieller Verbindlichkeiten

(1) Grundsatz

Finanzielle Vermögenswerte sind nach IAS 39.46 nach dem erstmaligen Ansatz grundsätzlich mit dem **beizulegenden Zeitwert** zu bewerten. Von diesem Grundsatz abweichend sind finanzielle Vermögenswerte der Kategorien »Kredite und Forderungen« sowie »bis zur Endfälligkeit gehalten« zu **fortgeführten Anschaffungskosten** zu bewerten. Die fortgeführten Anschaffungskosten sind dabei unter Anwendung der Effektivzinsmethode zu ermitteln.

Eigenkapitalinstrumente, die nicht an einem Markt gehandelt werden und deren beizulegender Zeitwert nicht zuverlässig zu bestimmen ist, sind zu **Anschaffungskosten** zu bewerten. Gleiches gilt für Derivate, welchen solche Eigenkapitalinstrumente als Basiswert zu Grunde liegen oder die in solchen Eigenkapitalinstrumenten zu begleichen sind.

Finanzielle Verbindlichkeiten sind nach IAS 39.47 nach dem erstmaligen Ansatz grundsätzlich zu **fortgeführten Anschaffungskosten** zu bewerten. Davon ausgenommen sind Verbindlichkeiten, die als »erfolgswirksam zum beizulegenden Zeitwert bewertet« kategorisiert wurden. Diese werden zum beizulegenden Zeitwert bewertet.

Zudem sind **Finanzgarantien** sowie Verpflichtungen, einen Kredit zu einem unter dem Marktzins liegenden Zinssatz zu gewähren, zum höheren Betrag aus den folgenden beiden Beträgen zu bewerten:

- Der nach IAS 37 ermittelte Betrag und
- der beim erstmaligen Ansatz ermittelte Betrag abzüglich kumulierter nach IAS 18 erfasster Amortisation.

(2) Beizulegender Zeitwert

Der beizulegende Zeitwert ist nach IFRS 13.9 definiert als der Preis, der in einem geordneten Geschäftsvorfall zwischen Marktteilnehmern am Bewertungsstichtag für den Verkauf eines Vermögenswerts eingenommen bzw. für die Übertragung einer Schuld gezahlt würde. Der beizulegende Zeitwert ist nach IFRS 13 immer ein Exit-Preis. Der Definition des beizulegenden Zeitwerts immanent ist die Annahme, dass das Unternehmen nicht gezwungen ist, den Vermögenswert zu veräußern und diesen zu nachteiligen Bedingungen (unter Wert) zu veräußern. Der beizulegende Zeitwert ist in vielen Fällen auf Basis eines Bewertungsmodells zu ermitteln. Dabei ist nach IFRS 13.61 vor allem auf am Markt beobachtbare Faktoren zurückzugreifen. Die Anwendung von nicht am Markt beobachtbaren Faktoren ist zu minimieren (vgl. S. 81 ff.).

Fair-Value-Hierarchie

Für die Ermittlung des beizulegenden Zeitwertes etabliert IFRS 13 eine sogenannte Fair-Value-Hierarchie[4]. Daten, die dem sogenannten »Level 1« zuzuordnen sind, haben bei der Ermittlung des beizulegenden Zeitwertes die höchste Priorität. Daten, die dem sogenannten »Level 3« zuzuordnen sind, haben bei der Ermittlung des beizulegenden Zeitwertes die niedrigste Priorität.

Level 1-Inputfaktoren sind nach IFRS 13.76 nicht angepasste, zum Bewertungsstichtag beobachtbare Marktpreise in einem aktiven Markt für identische Vermögenswerte und Schulden.

Level 2-Inputfaktoren sind nach IFRS 13.81 für Vermögenswerte und Schulden direkt oder indirekt beobachtbar. Dazu zählen z. B.

- Marktpreise für ähnliche Vermögenswerte und Schulden in aktiven Märkten,
- Marktpreise für identische oder ähnliche Vermögenswerte oder Schulden in inaktiven Märkten oder
- für den Vermögenswert oder die Schuld beobachtbare Bewertungsfaktoren, die nicht Marktpreise sind, wie z. B. Zinsen oder Risikoprämien.

Level 3-Inputfaktoren sind die nicht an einem Markt beobachtbaren Bewertungsfaktoren.

(3) Fortgeführte Anschaffungskosten – Effektivzinsmethode

Die **fortgeführten Anschaffungskosten** (*amortised cost*) eines finanziellen Vermögenswerts oder einer finanziellen Verbindlichkeit entsprechen nach IAS 39.9 dem Betrag, mit dem ein Finanzinstrument beim erstmaligen Ansatz bewertet wurde, abzüglich der Tilgungen und zuzüglich (bzw. abzüglich) der mit der Effektivzinsmethode berechneten kumulierten Amortisation der Differenz zwischen Ausgabekurs und dem rückzahlbaren Betrag.

Effektivzinsmethode

Die **Effektivzinsmethode** (*effective interest method*) ist eine Methode, die fortgeführten Anschaffungskosten eines finanziellen Vermögenswerts oder einer finanziellen Schuld zu berechnen und dabei den Zinsaufwand bzw. den Zinsertrag angemessen über die Perioden zu verteilen. Die Effektivzinsmethode erfordert grundsätzlich drei Schritte:

1. Ermittlung des Netto-Buchwerts des zu bewertenden Instruments.
2. Ermittlung der künftig erwarteten Ein- und Auszahlungen aus dem Instrument.
3. Ermittlung des Effektivzinssatzes.

Bei der Berechnung sind sämtliche Vorauszahlungen, Kauf- und Optionsrechte sowie Gebühren und andere Transaktionskosten zu berücksichtigen.

BEISPIEL:

Die A AG erwirbt am 1.1.20X1 eine Staatsanleihe mit einer Restlaufzeit von drei Jahren für 47 000 €. Der Nominalwert beträgt 50 000 €, die Nominalverzinsung beträgt 4,5 %. Für die Transaktion hat die A AG Gebühren in Höhe von 1 % der Transaktionssumme zu zahlen.

1. Der Nettobuchwert beim erstmaligen Ansatz beträgt 47.470 €.
2. Die künftigen Zahlungsströme:

	20X1	20X2	20X3
Zahlungsströme	2 250 €	2 250 €	52 250 €

3. Der Zinssatz, mit dem die künftigen Zahlungsströme abgezinst genau dem erstmaligen Buchwert entsprechen, beträgt 6,4 %. Dies ist die effektive Verzinsung der Staatsanleihe.

In der Folge sind Zinserträge jeweils in Höhe von 6,4 % des Buchwerts der Staatsanleihe zu Beginn der Periode zu erfassen. Die Differenz zwischen Zinsertrag und Zahlung der Periode ist als Veränderung des Buchwertes der Staatsanleihe zu erfassen. Die folgende Tabelle zeigt, wie in den Perioden 2X01 bis 2X03 die Zinsen zu erfassen sind und der Buchwert der Staatsanleihe zu verändern ist.

Jahr	Buchwert zu Beginn der Periode	Zinsertrag (6,4 %)	Zahlung	Veränderung Buchwert der Staatsanleihe	Buchwert zum Ende der Periode
2X01	47 470 €	3 042 €	2 250 €	792 €	48 262 €
2X02	48 262 €	3 092 €	2 250 €	842 €	49 104 €
2X03	49 104 €	3 146 €	52 250 €	- 49 104 €	0 €

bb) Erfassung von Erfolgsbeiträgen bei zum beizulegenden Zeitwert bewerteten Vermögenswerten und Schulden

Erfolgswirksam zum beizulegenden Zeitwert bewertet

Sämtliche Wertänderungen von finanziellen Vermögenswerten und finanziellen Verbindlichkeiten, welche als »erfolgswirksam zum beizulegenden Zeitwert bewertet« kategorisiert wurden, sind unmittelbar **im Gewinn oder Verlust** zu erfassen. Dies gilt unabhängig davon, worauf die Wertänderung zurückzuführen ist (Zinsänderung, Amortisation eines Disagios, Währungsänderung).

Zur Veräußerung verfügbar

Wertänderungen von als »zur Veräußerung verfügbar« klassifizierten finanziellen Vermögenswerten sind grundsätzlich im **sonstigen Ergebnis** zu erfassen. Die gesamten im sonstigen Ergebnis erfassten Wertänderungen sind zu dem Zeitpunkt im Gewinn oder Verlust zu erfassen, zu dem der finanzielle Vermögenswert ausgebucht wird.

BEISPIEL:

Die A AG erwirbt am 1.10.2X10 Aktien der B AG für 500 €. Der beizulegende Zeitwert der Aktien beträgt am 31.12.2X10 600 €. Die A AG erfasst die Werterhöhung wie folgt:

Wertpapiere	an Sonstiges Ergebnis	100 €

Zum 31.12.2X11 ist der beizulegende Zeitwert der Aktien auf 450 € gefallen. Eine Wertminderung liegt nicht vor. Die A AG erfasst den Rückgang des beizulegenden Zeitwertes wie folgt:

Sonstiges Ergebnis	an Wertpapiere	150 €

Am 1.1.2X12 veräußert die A AG die Aktien für 450 €. Der Verkauf wird wie folgt erfasst:

Bank	an Wertpapiere	450 €

Zudem sind die in der Vergangenheit kumulierten im sonstigen Ergebnis erfassten Wertänderungen aus dem Eigenkapital in den Gewinn oder Verlust umzugliedern.

Aufwand	an sonstiges Ergebnis	50 €

Abweichend von diesem Grundsatz sind bei »zu Veräußerung verfügbaren« Finanzinstrumenten direkt im Gewinn oder Verlust zu erfassen:

- Wertänderungen, welche als **Wertminderung** (*impairment*) zu qualifizieren sind, sowie
- Wertänderungen bei monetären finanziellen Vermögenswerten, welche **Fremdwährungsgewinne oder Fremdwährungsverluste** darstellen[5]. Da es sich bei Eigenkapitalinstrumenten (zum Beispiel Aktien) nicht um monetäre Vermögenswerte handelt, sind Fremdwährungsgewinne und Fremdwährungsverluste bei Eigenkapitalinstrumenten jedoch stets im sonstigen Ergebnis zu erfassen.

Soweit der als »zur Veräußerung verfügbar« kategorisierte finanzielle Vermögenswert eine **Zinskomponente** enthält, sind die Zinsen auf Basis der Effektivzinsmethode zu berechnen und nach IAS 18 im Gewinn und Verlust zu erfassen.

BEISPIEL:

Die A AG erwirbt am 1.1.2X11 eine Staatsanleihe mit einer Restlaufzeit von fünf Jahren für 916 €. Der Nominalwert der Staatsanleihe beträgt 1 000 €, die Nominalverzinsung, zahlbar jeweils am Jahresende beträgt 4 %. Der Effektive Zinssatz beträgt 6 %. Die A AG kategorisiert die Staatsanleihe als »zur Veräußerung verfügbar«.

Die fortgeführten Anschaffungskosten der Staatsanleihe sowie den beizulegenden Zeitwert jeweils zum Ende der Periode zeigt die folgende Tabelle:

Jahr	Fortgeführte AK zu Beginn der Periode	Zinsertrag	Zinszahlung	Erhöhung Buchwert der Staatsanleihe	Fortgeführte AK zum Ende der Periode	Beizulegender Zeitwert am Ende der Periode
2X11	916 €	55 €	40 €	15 €	931 €	940 €
2X12	931 €	56 €	40 €	16 €	947 €	962 €
2X13	947 €	57 €	40 €	17 €	963 €	965 €
2X14	963 €	58 €	40 €	18 €	981 €	980 €
2X15	981 €	59 €	40 €	19 €	1 000 €	1 000 €

Am Ende des Jahres 2X11 hat die A AG zunächst den Zinsertrag auf Basis der Effektivzinsmethode sowie die Zahlung zu erfassen:

Staatsanleihe	15 €	an Zinsertrag	55 €
Bank	40 €		

Anschließend ist die Differenz zwischen dem beizulegenden Zeitwert der Staatsanleihe und dem bisher erfassten Wert im sonstigen Ergebnis zu erfassen.

Staatsanleihe		an Sonstiges Ergebnis	9 €

Am Ende des Jahres 2X12 hat die A AG wiederum zunächst den Zinsertrag auf Basis der Effektivzinsmethode sowie die Zahlung zu erfassen:

Staatsanleihe	16 €	an Zinsertrag	56 €
Bank	40 €		

Anschließend ist die Differenz zwischen dem beizulegenden Zeitwert der Staatsanleihe (962 €) und dem bisher erfassten Wert (940 € + 16 €) im sonstigen Periodenergebnis zu erfassen.

Staatsanleihe	6 €	an Sonstiges Ergebnis	6 €

Veräußert die A AG die Staatsanleihe am 1.1.2X13 für 962 €, sind die im Eigenkapital erfassten Änderungen des beizulegenden Zeitwertes vom Eigenkapital in den Gewinn oder Verlust umzugliedern.

Bank	962 €	an Staatsanleihe	962 €
Sonstiges Ergebnis	15 €	an Ertrag	15 €

cc) Erfassung von Erfolgsbeiträgen bei zu (fortgeführten) Anschaffungskosten bewerteten Vermögenswerten und Schulden

Bei zu (fortgeführten) Anschaffungskosten bewerteten finanziellen Vermögenswerten und finanziellen Verbindlichkeiten sind Erfolgsbeiträge vor allem in Form von Zinserträgen bzw. Zinsaufwendungen zu erfassen, welche unter Anwendung der Effektivzinsmethode zu ermitteln sind. Zudem sind Erfolgsbeiträge im Falle einer Wertminderung oder bei Ausbuchung zu erfassen.

dd) Wertminderungen von finanziellen Vermögenswerten

(1) Anzeichen für eine Wertminderung

Zu jedem Stichtag hat ein Unternehmen nach IAS 39.58 zu analysieren, ob **objektive Anzeichen für eine Wertminderung** oder Uneinbringlichkeit für einzelne Finanzinstrumente oder eine Gruppe von Finanzinstrumenten vorliegen. Liegen **objektive Anzeichen** für eine Wertminderung vor, so hat das Unternehmen den finanziellen Vermögenswert oder die Gruppe finanzieller Vermögenswerte im Wert zu mindern.

BEISPIELE

IAS 39.59-39.62 nennt Beispiele für Ereignisse, welche – soweit sie dem Unternehmen bekannt sind – als objektive Anzeichen für eine Wertminderung gelten. Dazu zählen:

- erhebliche finanzielle Schwierigkeiten des Kreditnehmers oder des Emittenten,
- Ausfall oder Verzug von Zins- und Tilgungszahlungen des Kreditnehmers,
- eine erhöhte Wahrscheinlichkeit, dass der Kreditnehmer insolvent wird,
- das Verschwinden eines aktiven Markts für bestimmte finanzielle Vermögenswerte infolge finanzieller Schwierigkeiten, und
- bei einem Eigenkapitalinstrument: Das signifikant oder länger anhaltende Fallen des beizulegenden Zeitwerts unter die Anschaffungskosten.

In manchen Fällen liegen die beobachtbaren Indikatoren, die für die **Schätzung der Wertberichtigungshöhe** erforderlich sind, nur in unzureichender Qualität vor. Dies kann z. B. dann der Fall sein, wenn ein Kreditnehmer in finanzielle Schwierigkeiten gerät und nur wenige **historische Daten** über vergleichbare Schuldner vorliegen. Um die Höhe der Wertberichtigung zu bestimmen, hat das Unternehmen in einem solchen Fall auf eigene **Erfahrungswerte** zurückzugreifen.

*(2) Erfassung einer Wertminderung bei zu **fortgeführten** Anschaffungskosten bewerteten finanziellen Vermögenswerten*

Bei finanziellen Vermögenswerten[6], die zu fortgeführten Anschaffungskosten bilanziert werden, errechnet sich die **Wertminderung als Differenz zwischen dem Buchwert** des finanziellen Vermögenswerts und **dem Barwert** der künftig noch zu erwartenden Cashflows.

Die Zahlungsmittelzuflüsse sind zur Ermittlung des Barwerts mit dem **ursprünglichen Effektivzinssatzes** zu diskontieren, der beim erstmaligen Ansatz des Vermögenswerts verwendet wurde (IAS 39.63). Der Betrag der Wertminderung ist im Gewinn oder Verlust zu erfassen. Soweit finanzielle Vermögenswerte in kurzer Zeit fällig sind, ist auf die Diskontierung zu verzichten, wenn der Zeitwert des Geldes in diesem Fall unwesentlich ist.

Dieser Wertminderungstest ist **zunächst auf einzelne finanzielle Vermögenswerte** anzuwenden. Soweit ein finanzieller Vermögenswert im Wert gemindert ist, ist eine Wertberichtigung in Form einer **Einzelwertberichtigung** zu erfassen. Häufig, z. B. bei Forderungen aus Lieferungen und Leistungen, ist es aber nicht möglich, jeden einzelnen finanziellen Vermögenswert auf eine Wertminderung hin zu analysieren. Für Gruppen von finanziellen Vermögenswerten ist eine undifferenzierte **Pauschalwertberichtigung** (z. B. 3 % auf den Nominalbetrag) **nicht zulässig**.

Stattdessen sind – soweit anwendbar – nach IAS 39.64 und IAS 39.A87 die nicht einzelwertberichtigten finanziellen Vermögenswerte in Gruppen einzuteilen. Diese Einteilung erfolgt auf Basis von **ähnlichen Ausfallrisikoeigenschaften**, die über die Fähigkeit des Schuldners Auskunft geben, künftig alle fälligen Beträge in Übereinstimmung mit den vertraglichen Bedingungen zu zahlen. Dabei sind die Art des Vermögenswerts, die Branche, der geographische Standort, die Art der Sicherheiten, der Verzugsstatus und sonstige relevante Faktoren zu berücksichtigen. Die so gebildeten Gruppen von finanziellen Vermögenswerten sind dann auf Basis von vergangenen Erfahrungen und aktuellen Beobachtungen pauschal im Wert zu berichtigen. Damit diese Wertminderung sprachlich von der Pauschalwertberichtigung differenziert wird, wird häufig der Begriff **pauschalierte Einzelwertberichtigung** verwandt.[7]

BEISPIEL:

Ein Unternehmen aus der Telekommunikationsbranche hat Forderungen aus Lieferungen und Leistungen mit einem Nominalbetrag von 1 500 T-€[8]. Diese bestehen gegenüber inländischen und ausländischen Privat- und Firmenkunden. Drei große Forderungen gegenüber zwei inländischen Firmenkunden werden einzeln auf eine Wertberichtigung untersucht. Für eine Forderung mit einem Nominalbetrag von 70 T-€ ist eine Einzelwertberichtigung i. H. v. 50 T-€ zu erfassen, für die anderen beiden Forderungen mit einem Nominalbetrag von insgesamt 90 T-€ ist keine Einzelwertberichtigung zu erfassen.

Für die pauschalierte Einzelwertberichtigung teilt das Unternehmen die Forderungen in Gruppen mit ähnlichem Risiko ein. Diese Gruppen sind der folgenden Tabelle zu entnehmen. Die einzelwertberichtigte Forderung ist bei der Ermittlung der pauschalierten Einzelwertberichtigung nicht zu berücksichtigen. Die Forderungen, welche zwar einzeln analysiert, aber nicht einzelwertberichtigt wurden, sind indes zu berücksichtigen. Auf Grund vergangener Erfahrungen ist das Ausfallrisiko einzeln analysierter Forderungen, für die keine Einzelwertberichtigung erfasst wurde erheblich geringer. Die auf Basis vergangener Erfahrungen und aktueller Beobachtungen geschätzten Ausfallsätze sind der folgenden Tabelle zu entnehmen. Der Buchwert der Forderungen beträgt demnach nach Einzelwertberichtigung und pauschalierter Einzelwertberichtigung 1 378,75 T-€.

Angaben in T-€		Nominalbetrag	Nominalbetrag der Forderung (EWB)	EWB	Nominalbetrag der Forderungen für pEWB	%-Satz pEWB	Buchwert nach EWB und pEWB
Forderung Inland	Firmenkunden	**340**			340	2,0%	333,20
	Firmenkunden auf EWB geprüft	**160**	70	50	90	0,5%	89,55
	Privatkunden	**400**			400	6,5%	374,00
Forderung Ausland	Firmenkunden	**250**			250	4,0%	240,00
	Privatkunden	**350**			350	8,0%	322,00
			Buchwert einzelwertberichtigte Forderung				20,00
Summe		**1 500**					**1 378,75**
EWB ≙ Einzelwertberichtigung pEWB ≙ pauschalierte Einzelwertberichtigung							

Kann objektiv zu einem späteren Zeitpunkt festgestellt werden, dass die Gründe für die Wertminderung entfallen sind, ist die **Wertminderung umzukehren**. Diese Zuschreibung ist wie die Wertminderung im Gewinn und Verlust zu erfassen. Dabei ist zu berücksichtigen, dass der Buchwert nach Zuschreibung nicht höher sein darf als die ursprünglichen fortgeführten Anschaffungskosten zu diesem Zeitpunkt (IAS 39.65).

(3) Erfassung einer Wertminderung bei zu Anschaffungskosten bewerteten finanziellen Vermögenswerten

Bei nicht notierten Eigenkapitalinstrumenten, deren beizulegender Zeitwert nicht zuverlässig zu bestimmen ist und bei Derivaten, denen solche Eigenkapitalinstrumente als Basiswert zu Grunde liegen oder die in solchen Eigenkapitalinstrumenten zu begleichen sind, ist der Wertminderungsaufwand wie folgt zu bestimmen:

	Buchwert
–	Barwert der künftigen Zahlungsmittelströme diskontiert mit einem Zinssatz ähnlicher finanzieller Vermögenswerte
=	Wertminderungsaufwand

Eine erfasste Wertberichtigung für solche finanzielle Vermögenswerte darf nicht rückgängig gemacht werden.

(4) Erfassung einer Wertminderung bei als »zur Veräußerung verfügbar« kategorisierten finanziellen Vermögenswerten

Marktwertschwankungen finanzieller Vermögenswerte, die der Kategorie »zur Veräußerung verfügbar« zugeordnet sind, werden im sonstigen Ergebnis und im Eigenkapital erfasst. Im Gegensatz zu Marktwertschwankungen sind **Wertminderungen** im Gewinn und Verlust zu erfassen. Nach IAS 39.68 ist zum Zeitpunkt der Wertminderung der finanzielle Vermögenswert noch einmal regulär (gegen das sonstige Ergebnis) zu bewerten. Anschließend ist der gesamte Betrag der nun im Eigenkapital erfassten Wertminderung im Gewinn und Verlust zu erfassen.

Ergebniswirksam erfasste Wertberichtigungen für ein **Eigenkapitalinstrument**, welches zur Veräußerung bestimmt ist und deshalb der Kategorie *available-for sale* zugeordnet ist, dürfen nicht rückgängig gemacht werden (IAS 39.69). Sind indes **Schuldinstrumente** (z. B. Anleihen) von einer Wertberichtigung betroffen, so ist die Abwertung in künftigen Perioden rückgängig zu machen. **Voraussetzung** für eine Zuschreibung ist, dass der Wert eines solchen Finanzinstruments objektiv nachvollziehbar angestiegen und die Gründe für diesen Wertanstieg auf ein wertbegründendes Ereignis nach dem Abwertungszeitpunkt zurückzuführen sind (IAS 39.70).

6. Bilanzierung von Sicherungsbeziehungen

a) Grundlagen

Wirtschaftliche Risiken

Neben Ansatz und Bewertung von finanziellen Vermögenswerten und finanziellen Schulden regelt IAS 39 die Bilanzierung von Geschäften zur Absicherung von Risiken. Beispielhaft werden die folgenden Risiken genannt:

- Bei einer **variabel verzinslichen Verbindlichkeit** besteht das Risiko, bei steigenden Zinsen künftig mehr Zahlungsmittel hinzugeben.
- Im Zeitablauf kann der **Verkaufspreis für auf Lager liegende Vorräte** sinken.
- Bei **Fremdwährungsforderungen** besteht das Risiko, dass diese bei einer nachteiligen Entwicklung des Währungskurses an Wert verlieren.
- Gleiches gilt z. B. für künftige Umsätze in fremder Währung.

Gegen solche Risiken kann sich ein Unternehmen absichern. Dazu wird ein Sicherungsgeschäft abgeschlossen, dessen Wertentwicklung der des Grundgeschäfts entgegengesetzt ist.

BEISPIEL:

Ein Unternehmen hat eine variabel verzinsliche Verbindlichkeit über 50 000 €, zahlbar in sechs Monaten. Das Unternehmen ist dem Risiko ausgesetzt, dass es durch steigende Zinsen einen erhöhten Abfluss von Zahlungsmitteln zu verkraften hat. Daher hat das Unternehmen die Möglichkeit, den aktuellen Zins mit einem Zins-Swap zu sichern. Das Unternehmen erwirbt einen Zins-Swap. Aus dem Zins-Swap ist das Unternehmen verpflichtet, monatlich fixe Zinsen zu zahlen, gleichzeitig ist es berechtigt, aus dem Zins-Swap variable Zinsen zu erhalten. Insgesamt hat das Unternehmen künftig somit die fixen Zinsen zu zahlen. Das Unternehmen hat sich dabei gegen das Risiko steigender Zinsen abgesichert. Gleichzeitig hat es in diesem Fall aber auch die Chance aus einer günstigen Zinsentwicklung aufgegeben.

Soweit die Verbindlichkeit aus obigem Beispiel und der Zins-Swap nicht nach den Regelungen des Hedge Accounting abgebildet werden, ist die Verbindlichkeit grundsätzlich zu fortgeführten Anschaffungskosten zu bilanzieren und der Zins-Swap zum beizulegenden Zeitwert, wobei Änderungen des beizulegenden Zeitwertes im Gewinn und Verlust zu erfassen wären. Da zwischen der Verbindlichkeit und dem Zins-Swap eine Sicherungsbeziehung besteht, kann es für Zwecke der Rechnungslegung sinnvoll sein, die Sicherungsbeziehung im Abschluss als solche abzubilden. Dabei würden letztlich im Gewinn und Verlust die fixen Zinszahlungen erfasst. Das Ziel des Hedge Accounting besteht daher darin, z. B. für Zins-, Währungs-, Aktienkurs-, Kredit- oder Warenpreisrisiken geschlossene Positionen zu bilden und die Sicherungsbeziehung im Abschluss so abzubilden, dass die gesicherten Risiken keinen oder nur noch einen geringen Einfluss auf den Abschluss haben. Mit dem Hedge Accounting wird sichergestellt, dass unerwünschte Schwankungen von beizulegenden Zeitwerten bzw. Cashflows des Grundgeschäfts durch das Sicherungsgeschäft ausgeglichen und im Ergebnis sowohl Bilanz als auch GuV von ungeplanten Zeitwert- bzw. Cashflow-Veränderungen freigehalten werden (vgl. IAS 39.85).

Die Anwendung der Vorschriften des Hedge Accounting ist nach IAS 39 indes an die folgenden Voraussetzungen geknüpft:

- Zu Beginn der Absicherung sind sowohl die Sicherungsbeziehung als auch die Ziele des **Risikomanagements** formal festzulegen und zu dokumentieren. Dabei ist zu dokumentieren, welches das Sicherungsinstrument, das Grundgeschäft und das abzusichernde Risiko ist. Zudem sind Dokumentationen zur Messung der Wirksamkeit der Absicherung notwendig.
- Es wird erwartet, dass die Absicherung in Übereinstimmung mit den ursprünglich definierten Zielen des Risikomanagements für diese spezielle Sicherungsbeziehung in hohem Maße wirksam ist.
- Bei Absicherungen von künftig erwarteten Geschäften tritt das Grundgeschäft mit einer **hohen Wahrscheinlichkeit** ein.
- Die Wirksamkeit der Sicherungsbeziehung ist verlässlich bestimmbar.
- Das **Sicherungsgeschäft** wird fortlaufend beurteilt und aktuell über die bisherige Laufzeit als hoch effektiv beurteilt.

Grundgeschäfte

Eine Sicherungsbeziehung besteht immer aus (mindestens einem) Grundgeschäft und einem Sicherungsgeschäft. Das Grundgeschäft darf dabei folgendes sein:

- bilanzierte Vermögenswerte und bilanzierte Verbindlichkeiten,
- feste Verpflichtungen,
- erwartete und mit hoher Wahrscheinlichkeit eintretende künftige Transaktionen oder
- Nettoinvestitionen in ausländische Konzern-Tochtergesellschaften.

Eine Sicherungsbeziehung kann für ein einzelnes Grundgeschäft abgeschlossen werden (**Micro-Hedge**). Unterliegen mehrere Finanzinstrumente denselben zu sichernden Risiken, darf nach IAS 39.83 f. eine Sicherungsposition auch für eine Gruppe von Vermögenswerten oder Verbindlichkeiten bzw. sicher erwartete Verpflichtungen eingegangen werden (**Portfolio-Hedge**).

Soweit ein **finanzieller Posten** gegen ein Risiko abgesichert wird, kann sich die Sicherungsbeziehung nur auf einen Teil des beizulegenden Zeitwerts oder Cashflows beziehen. So darf z. B. bei einer variabel verzinslichen Anleihe in fremder Währung nur das Risiko aus der fremden Währung oder nur das Zinsrisiko abgesichert werden. Bei einem als »bis zur Endfälligkeit gehalten« kategorisierten finanziellen Vermögenswert ist eine Absicherung künftiger Zinsschwankungen nach IAS 39.79 indes nicht zulässig.

Bei einem **nicht finanziellen Posten** darf nach IAS 39.82 als separates Risiko lediglich das Fremdwährungsrisiko gesichert werden. Ansonsten ist das nicht finanzielle Grundgeschäft in seiner Gesamtheit abzusichern.

Sicherungsinstrumente

Als Sicherungsinstrumente kommen nach IAS 39.72 grundsätzlich **sämtliche Derivate** in Betracht, mit Ausnahme bestimmter geschriebener Optionen[9]. Nicht-derivative Finanzinstrumente dürfen dagegen nur eingesetzt werden, um Währungsrisiken abzusichern. Im Rahmen der Bilanzierung von Sicherungsbeziehungen dürfen nur solche Finanzinstrumente als Sicherungsinstrumente bestimmt werden, bei denen eine externe Partei Vertragspartner ist. Um ein Risiko vollständig zu eliminieren, reicht es grundsätzlich **nicht** aus, dass eine Risikokompensation innerhalb der Unternehmensgruppe, für die ein konsolidierter Konzernabschluss zu erstellen ist, erfolgt (IAS 39.73).

Ein einzelnes Sicherungsinstrument kann zudem zur Absicherung verschiedener Risiken eingesetzt werden, vorausgesetzt dass:

- die abzusichernden Risiken eindeutig bestimmt werden können,
- die Wirksamkeit der Sicherung nachgewiesen werden kann und
- eine exakte Zuordnung des Sicherungsinstruments zu den Risiken gewährleistet werden kann (IAS 39.76).

Ein Sicherungsinstrument wird nach IAS 39.74 **grundsätzlich in seiner Gesamtheit** als Sicherungsinstrument eingesetzt. Eine Trennung von bestimmten Komponenten eines Sicherungsinstruments ist nur in den folgenden Fällen zulässig:

- die Trennung eines **Optionskontrakts** in inneren Wert und Zeitwert, wobei nur die Änderung des inneren Werts einer Option als Sicherungsinstrument bestimmt und die Änderung des Zeitwerts ausgeklammert wird; und
- die Trennung von Zinskomponente und Kassakurs eines **Terminkontrakts**.

Effektivität

Eine Sicherungsbeziehung hat sich innerhalb einer definierten **Effektivitätsspanne** zu bewegen, um die Voraussetzung der Wirksamkeit zu erfüllen. In IAS 39 wird nicht verlangt, dass eine Sicherungsbeziehung immer zu 100 % wirksam bzw. effektiv ist. Allerdings muss das absolute Verhältnis von Wertänderung des Sicherungsinstruments und Wertänderung des gesicherten Grundgeschäfts zwischen 80 % und 125 % liegen. Zur Messung der Effektivität kommen in der Unternehmenspraxis regelmäßig die sog. **Dollar-Offset-Methode** und das **Regressionsverfahren** zur Anwendung. Eine bestimmte Methode für die Messung und Dokumentation schreibt IAS 39 **nicht** vor.

IAS 39.86 definiert drei Arten von Sicherungsgeschäften, deren Funktionsweisen und Zielsetzungen im Folgenden beschrieben werden.

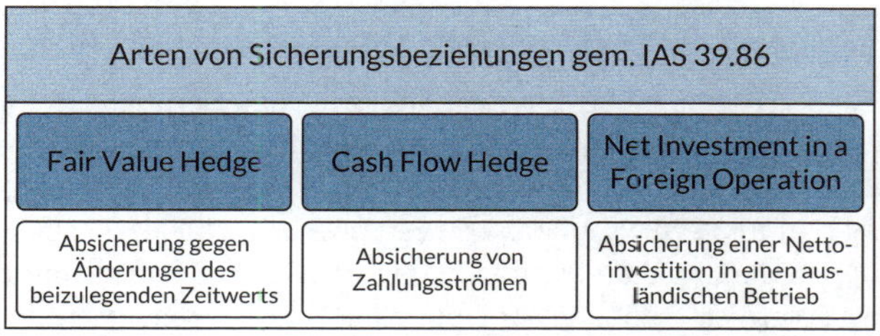

Abbildung E.15 Arten von Sicherungsbeziehungen gem. IAS 39.86

b) Fair Value Hedge

Fair Value Hedge

Mit Hilfe eines **Fair Value Hedge** werden finanzielle Vermögenswerte und Schulden gegen Schwankungen ihres beizulegenden Zeitwerts (*fair value*) abgesichert, die auf ein bestimmbares Risiko zurückzuführen sind und die Auswirkungen auf den Gewinn oder Verlust haben können. Ebenso können definierte Anteile von Finanzinstrumenten und (bilanzunwirksame) feste Verpflichtungen als Grundgeschäft eines Fair Value Hedge dienen.

So können u. a. die folgenden **Sachverhalte** mittels eines Fair Value Hedge abgesichert werden:

- Absicherung des Risikos aus der Änderung des beizulegenden Zeitwerts eines festverzinslichen Schuldinstruments aufgrund einer Zinsänderung (IAS 39.A102);
- Absicherung gegen Risiken einer Änderung des Kraftstoffpreises im Rahmen einer nicht bilanzierten vertraglichen Verpflichtung zum Kauf zu einem festgesetzten Preis (IAS 39.A104).

Das Grundgeschäft und das Sicherungsinstrument sind bei einem Fair Value Hedge – unabhängig von der Bilanzierung ohne Anwendung des Hedge Accounting – **zum beizulegenden Zeitwert** zu bewerten. **Wertschwankungen** des Grundgeschäfts sowie des Sicherungsinstruments sind **im Gewinn oder Verlust** zu erfassen.

Durch diese Bilanzierung wird in der Berichterstattung vermieden, dass die Erfolgs- und Vermögensdarstellung verzerrt wird.

- Wird das Grundgeschäft ohne Hedge Accounting zu fortgeführten Anschaffungskosten bewertet, würden dessen Wertschwankungen nicht im **Gewinn oder Verlust** erfasst werden. Die Wertschwankungen des Derivats wären indes im **Gewinn oder Verlust** zu erfassen.
- Ist das Grundgeschäfts als »zur Veräußerung verfügbar« kategorisiert, sind Wertschwankungen grundsätzlich im sonstigen Ergebnis zu erfassen. Die Wertschwankungen des Derivats wären indes im **Gewinn oder Verlust** zu erfassen.

Aus diesem Grunde erfolgt im Rahmen des *Hedge Accounting* unter Umständen ein **Wechsel der Bewertung** des abzusichernden Grundgeschäfts. Im Zeitpunkt des wirksamen Aufbaus einer *Hedge Position* ist ein designiertes Grundgeschäft zum beizulegenden Zeitwert zu bewerten. Die Wertänderungen des Grundgeschäfts sind im **Gewinn oder Verlust** zu erfassen.

BEISPIEL:

Die Asterix AG kauft Aktien für 100 €, welche als »zur Veräußerung verfügbar« klassifiziert sind. Wertänderungen sind grundsätzlich im sonstigen Ergebnis zu erfassen. Der Kurs der Aktien ist auf 500 € gestiegen und die Asterix AG möchte den Kurs sichern. Sie erwirbt eine Put-Option, die Aktien zum Preis von 500 € zu veräußern und bildet einen Fair Value Hedge. Sinkt der Kurs der Aktien, ist die Wertminderung unmittelbar im **Gewinn oder Verlust** zu erfassen. Ebenso ist die Werterhöhung der Option (meist die Veränderung des inneren Werts (IAS 39.74 (a)) im **Gewinn oder Verlust** zu erfassen.

c) Cash Flow Hedge

Cash Flow Hedge

Cash Flow Hedges dienen zur Absicherung gegen das Risiko schwankender künftiger **Zahlungsströme**. Das abzusichernde Risiko steht dabei entweder im Zusammenhang mit bereits bilanzierten Vermögenswerten oder Verbindlichkeiten, oder im Zusammenhang mit Transaktionen, welche mit hoher Wahrscheinlichkeit eintreten. Zudem kann das Risiko künftig Einfluss auf den **Gewinn oder Verlust** haben.

Erfüllt die Absicherung von Zahlungsströmen im Verlauf der Berichtsperiode die **Voraussetzungen** für das Hedge Accounting, erfolgt die Bilanzierung des Sicherungsinstruments wie folgt:

- der Teil des Gewinns oder Verlusts aus einem Sicherungsinstrument, der als effektive Absicherung ermittelt wird, ist im sonstigen Ergebnis zu erfassen und
- der Teil des Gewinns oder Verlusts aus dem Sicherungsinstrument, der aus dem **nicht** effektiven Part der Sicherungsbeziehung resultiert, ist im laufenden **Gewinn oder Verlust** zu erfassen.

Da der **Gewinn oder Verlust** das **Risiko aus dem Grundgeschäft** bis zum tatsächlichen Eintreten des Zahlungsstroms nicht reflektiert, wird durch die Erfassung der Wertänderungen aus dem **Kompensationsgeschäft** im sonstigen Ergebnis ein *Accounting Mismatch* vermieden. Die künftigen Zahlungsströme sind noch nicht zu bilanzieren. Daher ist es nicht angemessen, die Wertschwankungen des Sicherungsinstruments im **Gewinn oder Verlust** zu erfassen.

Beispiele für die **Risikoabsicherung** im Rahmen von Cash Flow Hedges stellen u. a. die folgenden Sachverhalte dar:

- Absicherung gegen die Verminderung eines Zahlungsmittelzustroms aus einer Dollar-Forderung aufgrund von Änderungen des Wechselkurses,
- Absicherung gegen die Erhöhung einer bestehenden Dollar-Zahlungsverpflichtung aufgrund des Anstiegs des Wechselkurses,
- Absicherung gegen Zahlungsschwankungen aus Zinsänderungen aus einer variabel verzinslichen Verbindlichkeit, und
- Absicherung der Zahlungsverpflichtung im Rahmen eines mit hoher Wahrscheinlichkeit eintretenden Kaufs eines Anlageguts, welches in Fremdwährung zu bezahlen ist.

Die Absicherung des **Währungsrisikos** einer festen Verpflichtung (*firm commitment*) darf alternativ als Fair Value Hedge oder Cash Flow Hedge abgebildet werden (IAS 39.87).

BEISPIEL:

Am 1.10.2X11 plant die A AG Ende Januar 2X12 eine neue Produktionsmaschine zu erwerben. Die Maschine kann nur in Amerika erworben werden. Der Preis der Maschine beträgt 400 000 USD. Der Terminkassakurs beträgt €:US-$ 0,9:1. Die A AG möchte sich gegen künftige nachteilige Veränderungen des Wechselkurses absichern und schließt einen Devisenterminkontrakt (Derivat) ab, in vier Monaten 400 000 USD für 360 000 € zu erwerben.

Zum 31.12.2X11 ist der Terminkassakurs €:US-$ auf 1,05:1 verändert. Das Derivat ist mit dem beizulegenden Zeitwert zu bewerten. Dieser beträgt 60 000 € (am Markt müsste die A AG für 400 000 USD 420 000 € zahlen, aus dem Derivat nur 360 000 €). Die Veränderung des beizulegenden Zeitwertes ist im sonstigen Ergebnis und im Eigenkapital zu erfassen.

Wird aus einer erwarteten Transaktion ein **finanzieller Vermögenswert oder eine finanzielle Schuld** angesetzt, ist der im Eigenkapital erfasste Betrag in der Periode im **Gewinn oder Verlust** zu erfassen, in dem der finanzielle Vermögenswert oder die finanzielle Schuld den **Gewinn oder Verlust** beeinflusst.

Wird aus einer erwarteten Transaktion ein **nicht-finanzieller Vermögenswert oder eine nicht-finanzielle Schuld** angesetzt, ist der im sonstigen Ergebnis und im Eigenkapital erfasste Betrag wie folgt zu behandeln:

- Der Betrag ist im **Gewinn oder Verlust** zu erfassen in den Perioden, in denen der Vermögenswert oder die Schuld den **Gewinn oder Verlust** beeinflussen; oder
- der Betrag ist beim erstmaligen Ansatz des Vermögenswerts oder der Schuld als Kürzung der Anschaffungskosten zu erfassen.

Dieses Wahlrecht darf einmalig ausgeübt werden und ist anschließend stetig auszuüben.

FORTSETZUNG DES OBIGEN BEISPIELS:

Am 15.1. wird die Maschine erworben. Der Kurs €:US-$ beträgt weiterhin 1,05:1. Die Nutzungsdauer der Maschine beträgt zehn Jahre.

Fall 1: Die A AG bewertet die Maschine mit Anschaffungskosten von 420 000 € und erfasst jährlich 42 000 € planmäßige Abschreibungen sowie einen positiven Erfolgsbeitrag von 60 000 € (Amortisation des im Eigenkapital erfassten Betrags).

Fall 2: Die A AG bewertet die Maschine mit Anschaffungskosten von 360 000 €. In diesem Fall wird der im Eigenkapital erfasste Betrag unmittelbar gegen die Anschaffungskosten der Maschine erfasst.

d) Hedge of a Net Investment

Die **Absicherung einer Nettoinvestition** *(hedge of a net investment in a foreign operation)* in einem **ausländischen Geschäftsbetrieb** ist in gleicher Weise zu bilanzieren wie in Cash Flow Hedge. Neben IAS 39 ist diese Art der Sicherungsbeziehung ebenfalls in IAS 21 geregelt, da die Bildung einer Sicherungsposition in diesem Falle die Absicherung von **Fremdwährungsrisiken** zum Ziel hat.

Wie bei der Bildung von Sicherungspositionen zur Absicherung von schwankenden Zahlungsströmen muss dabei folgendermaßen verfahren werden:

- der Teil des Gewinns oder Verlusts aus einem Sicherungsinstrument, der als effektive Absicherung ermittelt wird, ist in die Neubewertungsrücklage im **Eigenkapital** einzustellen und bis zum Abgang des Instruments erfolgsneutral zu behandeln und

- der Teil des Gewinns oder Verlusts aus dem Sicherungsinstrument, der aus dem **nicht** effektiven Part der Sicherungsbeziehung resultiert, ist im laufenden **Gewinn oder Verlust** zu erfassen (IAS 39.102).

Die **Wertrücklage** für das Sicherungsinstrument im Eigenkapital ist analog zur Vorgehensweise beim Cash Flow Hedge im Zeitpunkt des Verkaufs des ausländischen Geschäftsbetriebs ergebniswirksam im **Gewinn oder Verlust** zu erfassen.

Für Zwecke des Hedge Accountings ist ein **ausländischer Geschäftsbetrieb definiert** als die Nettoinvestition in eine Tochtergesellschaft, die auf dem Wege der Konsolidierung als assoziiertes Unternehmen, Joint Venture oder Geschäftsbetrieb in den Konzernabschluss einbezogen wird (IAS 21.8). Die Summe aller Vermögenswerte (inklusive Goodwill) abzüglich aller Verbindlichkeiten einer Tochtergesellschaft stellt dabei die **Nettoinvestition** dar, die mittels einer Sicherungsbeziehung gegen Fremdwährungsrisiken abgesichert wird.

Ein solches Risiko besteht immer dann, wenn die Tochtergesellschaft ihre Geschäfte in einer anderen funktionalen Währung als die Konzernobergesellschaft abwickelt. Eine Absicherung des Eigenkapitals gegen Schwankungen aus der Währungsumrechnung wird notwendig, weil IAS 21 die Einstellung von Umrechnungsdifferenzen aus **Währungsumrechnung** des Eigenkapitals von Tochtergesellschaften in das Eigenkapital vorschreibt (IAS 21.32). Die erfolgsneutrale Behandlung der Währungsumrechnung im Rahmen der Konsolidierung eines »ausländischen Geschäftsbetriebs« kann bei Wechselkursschwankungen zu einer teils signifikanten **Volatilität des Eigenkapitals** führen. Um diese, aus der Konzernabschlusserstellung resultierenden, »technischen« Schwankungen zu eliminieren, bietet sich grundsätzlich der Kauf einer Fremdwährungsverbindlichkeit in gleicher funktionaler Währung der zu sichernden Nettoinvestition an. Bei effektiver Ausgestaltung der Sicherungsbeziehung sollte die wechselkursinduzierte Wertänderung der Verbindlichkeit die **Wertentwicklung der Nettoinvestition** ausgleichen.

Diese **Kompensationswirkung** wird auch in der Finanzberichterstattung adäquat abgebildet, da die Gewinne und Verluste aus der Umrechnung des Sicherungsinstruments (z. B. der Fremdwährungsverbindlichkeit) ebenfalls erfolgsneutral dem Eigenkapital zugerechnet werden. Das Grundprinzip des IAS 21, also die erfolgswirksame Umrechnung von Fremdwährungspositionen, gilt demzufolge **nicht** für die Absicherung einer Nettoinvestition in einen ausländischen Geschäftsbetrieb.[10]

IFRIC 16 nimmt zu konzernspezifischen Fragen Stellung. Dabei geht es um die Frage, ob nur das Währungsrisiko zwischen der funktionalen Währung des Mutterunternehmens und der des Tochterunternehmens abgesichert werden darf, oder ob auch die Währungsumrechnungsdifferenz zwischen der Darstellungswährung und der funktionalen Währung des Tochterunternehmens abgesichert werden darf. Letzteres ist nach Ansicht des IASB nicht möglich.

Wo im Konzern das Sicherungsinstrument gehalten wird, ist unerheblich. Allerdings ist zu berücksichtigen, dass ein Risiko aus Konzernsicht nur einmal abgesichert werden kann. Bei einem mehrstufigen Konzern, in dem das unterste Unternehmen eine von den anderen

Unternehmen abweichende funktionale Währung hat, kann jedes Mutterunternehmen (im Teilkonzernabschluss) das Risiko aus der Währungsumrechnung absichern. Im Konzernabschluss des obersten Mutterunternehmens darf indes nur eine Sicherung als solche bestimmt werden.

7. Offenlegungspflichten gem. IFRS 7

a) Ziel des IFRS 7

Ziel des Standards ist es, die Bilanzleser gezielt über die **Bedeutung von Finanzinstrumenten** für die Finanzlage und die Ertragskraft des bilanzierenden Unternehmens zu informieren und dazu die **Wesensart und das Ausmaß** der eingegangenen Risiken strukturiert darzustellen. Ein weiterer Schwerpunkt der nach IFRS 7 geforderten Angaben ist die Dokumentation der Risikomanagementmethoden, die das Unternehmen zur Schadensabwehr einsetzt.

IFRS 7 stellt in IFRS 7.6 zunächst fest, dass soweit Angaben für **Klassen** von Finanzinstrumenten gefordert sind, ein Unternehmen Finanzinstrumente so in Klassen einordnet, dass diese der Art der geforderten Informationen angemessen sind und den Eigenschaften dieser Finanzinstrumente Rechnung tragen. Zudem hat das Unternehmen Angaben zu veröffentlichen, mit denen ermöglicht wird, die Angaben auf die Bilanzpositionen überzuleiten.

Anschließend werden in IFRS 7.7-7.30 Angaben zur Bilanz und Erfolgsrechnung gefordert. Anschließend werden in IFRS 7.31-7.42 Angaben zu Risiken aus den Finanzinstrumenten gefordert. Diese Angaben werden im Folgenden erläutert.

b) Angaben zur Bilanz und zum Gesamtergebnis

Zur Bilanz haben die Unternehmen das Folgende zu veröffentlichen:

- Bestimmte Angaben, falls finanzielle Vermögenswerte oder finanzielle Verbindlichkeiten als »erfolgswirksam zum beizulegenden Zeitwert bewertet« designiert wurden (IFRS 7.9-7.11).
- Wurde im Geschäftsjahr ein finanzieller Vermögenswert von einer zu (fortgeführten) Anschaffungskosten in eine zum beizulegenden Zeitwert bewertete Kategorie umgegliedert (oder umgekehrt), sind der umgegliederte Betrag sowie die Gründe für die Umgliederung zu nennen (IFRS 7.12).
- Angaben, falls finanzielle Vermögensgegenstände und finanzielle Schulden saldiert wurden (IFRS 7.13A-7.13F).
- Angaben zu Sicherheiten (IFRS 7.14-7.15).
- Eine Überleitungsrechnung vom Beginn zum Ende der Periode des Kontos, auf welchem Wertminderungen für finanzielle Vermögenswerte erfasst werden. Werden die Wertminderungen direkt auf dem Konto des finanziellen Vermögenswerts erfasst, ist eine solche Überleitungsrechnung nicht gefordert. Beispiel[11]:

Die Wertberichtigungen auf Forderungen aus Lieferungen and Leistungen haben sich wie folgt entwickelt:

in Mio. €	2012	2011
Stand Wertberichtigungen am 1. Januar	**1 232**	**1 323**
Kursdifferenzen	(2)	(9)
Zuführungen (Aufwendungen für Wertberichtigungen)	949	830
Verbrauch	(754)	(589)
Auflösungen	(113)	(323)
Stand Wertberichtigungen am 31. Dezember	**1 316**	**1 232**

- Erläuterungen zu zusammengesetzten Finanzinstrumenten mit mehreren eingebetteten Derivaten.
- Angabe zu Zahlungsverzögerungen und Vertragsverletzungen im Zusammenhang mit Darlehensverbindlichkeiten.

Zur Erfolgsrechnung sind nach IFRS 7 die folgenden Angaben zu veröffentlichen:

- Der Netto-Gewinn bzw. Netto-Verlust separat nach Kategorien (IFRS 7.20 (a)). Siehe zu dieser Pflichtangabe das folgende Beispiel:[12]
- Der gesamte Zinsertrag bzw. Zinsaufwand aus finanziellen Vermögenswerten und finanziellen Schulden, die nicht als »erfolgswirksam zum beizulegenden Zeitwert« kategorisiert sind (IFRS 7.20 (b); siehe obiges Beispiel)
- Sonstige Ertrags- und Aufwandspositionen, die nicht auf Basis der Effektivitätszinsmethode erfasst werden und die im Zusammenhang stehen mit finanziellen Vermögenswerten oder Schulden, die nicht als »erfolgswirksam zum beizulegenden Zeitwert bewertet« kategorisiert sind sowie bestimmte treuhänderische Tätigkeiten.
- Zinserträge aus finanziellen Vermögenswerten, für welche eine Wertminderung erfasst wurde.
- Der Betrag einer Wertminderung für jede Kategorie von finanziellen Vermögenswerten.

Bezüglich der Finanzinstrumente hat ein Unternehmen in Übereinstimmung mit IAS 1 die Bilanzierungsgrundlagen für Finanzinstrumente zu veröffentlichen. Nach IFRS 7.22-7.24 hat ein Unternehmen zudem zahlreiche Informationen zu Sicherungsbeziehungen zu veröffentlichen, welche nach den Regelungen des Hedge Accounting abgebildet werden.

Schließlich hat ein Unternehmen für jede Klasse von Finanzinstrumenten den beizulegenden Zeitwert anzugeben. Die Angabe hat so zu erfolgen, dass ein Vergleich mit dem entsprechenden Buchwert möglich ist.[13]

c) Risikoberichterstattung

Für **Risiken** aus Finanzinstrumenten, denen das bilanzierende Unternehmen am Stichtag ausgesetzt ist, müssen entweder in den Financial Statements selbst oder im Anhang Angaben veröffentlicht werden. Diese sollen einen Bilanzleser in die Lage versetzen, die **Art**

Nettoergebnisse nach Bewertungskategorien:

	Erfolgswirksam aus Zinsen, Dividenden	Erfolgswirksam aus der Folgebewertung			Erfolgsneutral aus der Folgebewertung	Erfolgswirksam aus Abgang	Nettoergebnis	
		zum beizulegenden Zeitwert	Währungsumrechnung	Wertberichtigung	zum beizulegenden Zeitwert		2012	2011
	Mio. €	Mio. €	Mio. €	Mio. €	Mio. €	Mio. €	Mio. €	Mio. €
Loans and Receivables (LaR)	51		(73)	(825)			(847)	(307)
Held-to-Maturity Investments (HiM)	2						2	(8)
Available-for-Sale Financial Assets (AfS)	63			(66)	33	276	306	274
Financial Instruments Held for Trading (FAHfT und FLHfT)	n.a.	(165)					(165)	576
Financial Liabilities Measured at Amortized Cost (FLAC)	(2 157)		152				(2 005)	(3 056)
	(2 041)	**(165)**	**79**	**(891)**	**33**	**276**	**(2 709)**	**(2 521)**

und das Ausmaß der bestehenden Risiken beurteilen zu können (IFRS 7.31). In jedem Fall muss die Berichterstattung über die Risiken so gestaltet sein, dass die veröffentlichten Information (z. B. durch die Verwendung von Referenzierungen) für den Bilanzleser ein geschlossenes Bild ergeben (IFRS 7.IG2).

Der Standard unterscheidet **qualitative** von **quantitativen** Angaben zu Finanzinstrumenten. Zusätzlich dazu sind risikospezifische Angaben zu einzelnen Risikoarten zu veröffentlichen. In qualitativer Hinsicht müssen die Ziele und die Strategie des Risikomanagements erläutert werden. Um die Risikopolitik eines bilanzierenden Unternehmens umfassend darzustellen, sollen zudem die Risikomessmethoden und die Steuerungsprozesse beschrieben werden.

Die **quantitativen** Angaben umfassen neben der Bezifferung des maximalen **Ausfallrisikos** finanzieller Aktivpositionen auch Analysen zur Qualität nicht wertberichtigter Forderungen und zur **Altersstruktur** finanzieller Vermögenswerte.

Ausführliche Angaben fordert IFRS 7 außerdem zu einzelnen **Risikoarten**, wie z. B. Kreditrisiken, Marktrisiken und Liquiditätsrisiken.

8. Exkurs: IFRS 9

a) Hintergrund und Zielsetzung

Ein immer wieder geäußerter Kritikpunkt an der aktuell gültigen Bilanzierung von Finanzinstrumenten nach IAS 39 ist die hohe Komplexität der Regelungen und die sich hieraus ergebenden Umsetzungsprobleme in der betrieblichen Praxis. Aus diesem Grund veröffentlichte der IASB bereits im März 2008 ein erstes Diskussionspapier, das eine Überarbeitung des Standards und damit mögliche Vereinfachungen zum Inhalt hatte. In der Folge wurde die Reform der Bilanzierung von Finanzinstrumenten in mehrere Phasen untergliedert, während derer jeweils vorläufige Fassungen des neuen Standards IFRS 9 veröffentlicht wurden. Eine finale Version wurde am 24. Juli 2014 publiziert. Damit hat der IASB seine geplante Überarbeitung wesentlicher Aspekte der Bilanzierung von Finanzinstrumenten – Klassifizierung und Bewertung, Wertminderung und Risikovorsorge sowie die Bilanzierung von Sicherungsbeziehungen (Hedge Accounting) – abgeschlossen. Lediglich die Thematik der Sicherungsbeziehungen auf Portfolioebene (sog. Macro Hedge Accounting) wurde aufgrund des hohen inhaltlichen Anspruchs in ein eigenständiges Projekt überführt und verbleibt derzeit noch ungelöst. Ein erstes Diskussionspapier wurde indes bereits am 17. April 2014 publiziert.

b) Anwendungsbereich

Der Anwendungsbereichs von IFRS 9 ist mit jenem des Vorgängerstandards IAS 39 weitgehend identisch. Grundsätzlich umfasst der neue Standard damit sämtliche Arten von Finanzinstrumenten, mit Ausnahme der Folgenden (IFRS 9.2.1):

- Anteile an Tochterunternehmen (IAS 27 bzw. IFRS 10), assoziierten Unternehmen und Joint Ventures (IAS 28 sowie IAS 31, IFRS 11);
- Rechte und Pflichten aus Plänen der betrieblichen Altersvorsorge gem. IAS 19;

- Rechte und Pflichten aus Versicherungsverträgen, mit Ausnahme von Verträgen, welche die Übertragung finanzieller Risiken umfassen, sowie in Versicherungsverträgen enthaltene Derivate;
- eigene Eigenkapitalinstrumente nach IAS 32 sowie solche, die den Definitionen nach IAS 32.16A-D eines Emittenten entsprechen;
- dem Erwerb oder Verkauf eines Unternehmens dienende Termingeschäfte, die dem Zweck eines künftigen Unternehmenszusammenschlusses dienen;
- Finanzinstrumente, Verträge und Pflichten bei anteilsbasierten Vergütungstransaktionen gem. IFRS 2;
- Ansprüche auf Erstattungen gem. IAS 37.

Verträge, die den Erwerb oder die Veräußerung finanzieller Posten betreffen, sind generell nach den Regelungen von IFRS 9 zu bilanzieren. Betreffen sie indes nichtfinanzielle Posten, ist die Anwendung von IFRS 9 an die nachfolgenden (kumulativ zu erfüllenden) Kriterien geknüpft (IFRS 9.2.1):

- Der Vertrag kann durch einen Ausgleich in bar oder ein anderes Finanzinstrument erfüllt werden;
- der Vertrag wurde nicht abgeschlossen, um nichtfinanzielle Posten entsprechend dem erwarteten Einkaufs-, Verkaufs- oder Nutzungsbedarf des Unternehmens zu empfangen oder zu liefern und soll weiter gehalten werden;
- der Vertrag wird auf der Nettobasis erfüllt.

Eingeschränkte Anwendung findet der Standard darüber hinaus auf Forderungen und Verbindlichkeiten aus Leasingverhältnissen. So deckt IFRS 9 ausschließlich in Leasingverträgen enthaltene Derivate, die Ausbuchungsregelungen von Leasingverbindlichkeiten und die Ausbuchungs- und Wertminderungsregelungen von Leasingforderungen ab.

Ebenfalls unter die Regelungen von IFRS 9 fallen Finanzgarantieverträge, allerdings nur für den Schreiber. Für den Inhaber sind sie – mit Ausnahme von Rückversicherungsverträgen – von der Anwendung des IFRS 9 (sowie IFRS 4) ausgeschlossen. Sie sind daher gem. IAS 8 zu bilanzieren. Liegt auf Seiten des Schreibers eine vorherige explizite Bekundung sowie die gängige Praxis vor, Finanzgarantieverträge analog zu Versicherungsverträgen zu behandeln, sieht IFRS 9 ein Wahlrecht vor: Der Anwender kann dann für jeden Vertrag individuell (indes ohne Widerrufsrecht) bestimmen, ob dieser nach IFRS 4 oder nach IFRS 9 zu bilanzieren ist (IFRS 9.B2.5).

Auf Zusagen über Kredite ist IFRS 9 nur dann anzuwenden, wenn eines der folgenden Kriterien gegeben ist:

- Die Kreditzusage kann durch einen Ausgleich in bar oder ein anderes Finanzinstrument erfüllt werden;
- die Kreditzusage wurde als erfolgswirksam zum beizulegenden Zeitwert zu bewertende finanzielle Verbindlichkeit eingestuft; und
- die Kreditzusage wird zu einem Zins unter der marktüblichen Rate getroffen.

Kreditzusagen zu einem Zinssatz unter dem Marktzins sind zum beizulegenden Zeitwert anzusetzen. In der Folge sind sie entweder zu dem Betrag zu bewerten, der sich nach dem

Wertminderungsmodell nach IFRS 9 ergeben würde, oder zu dem ursprünglichen Wert abzüglich der sich ggf. ergebenden kumulierten Auflösungen nach IFRS 15. Aus beiden Beträgen ist der jeweils höhere Ansatz zu wählen (IFRS 9.4.2.1). Wurden Zusagen für einen Kredit demgegenüber zu einem Zins begeben, der dem Marktzins entspricht bzw. diesen übersteigt, sind nur die Regelungen zu Wertminderung und Ausbuchung gem. IFRS 9 auf sie anzuwenden. Darüber hinaus gelten die Vorgaben des IAS 37.

c) Kategorisierung und Bewertung von Finanzinstrumenten

Die erstmalige Bewertung von Finanzinstrumenten bleibt im Vergleich zu den bisherigen Regelungen des IAS 39 unverändert. So sind sowohl finanzielle Vermögenswerte als auch Verbindlichkeiten zum Zeitpunkt ihres Zugangs zum beizulegenden Zeitwert zu bewerten. Im Hinblick auf die Folgebewertung erfordert auch IFRS 9 eine Einordnung von Finanzinstrumenten in verschiedene Kategorien. Während die Klassifizierung finanzieller Verbindlichkeiten dabei weitgehend unverändert beibehalten wird, kommt es im Bereich der finanziellen Vermögenswerte zu bedeutenden Anpassungen:

aa) Finanzielle Vermögenswerte

IFRS 9 unterscheidet die folgenden Kategorien für die Bewertung finanzieller Vermögenswerte (IFRS 9.4.1.1):

- Bewertung zu fortgeführten Anschaffungskosten;
- erfolgswirksame Bewertung zum beizulegenden Zeitwert (engl.: Fair Value through Profit or Loss, kurz: FVtPL);
- erfolgsneutrale Bewertung zum beizulegenden Zeitwert (engl.: Fair Value through Other Comprehensive Income, kurz: FVtOCI).

Die Einordnung in die jeweiligen Kategorien erfolgt dabei auf Basis des zugrunde liegenden Geschäftsmodells sowie der Natur der zu erwartenden Zahlungsströme. Hinsichtlich des Geschäftsmodells differenziert der Standard zwischen Vermögenswerten, die vollständig oder teilweise zu dem Zweck gehalten werden, die aus ihrem Eigentum resultierenden vertraglich vereinbarten Zahlungsströme zu erhalten und solchen, bei denen ausschließlich eine Absicht zur Weiterveräußerung steht.

Liegt der Fokus auf der Veräußerung, so sind die entsprechenden Vermögenswerte in jedem Fall als erfolgswirksam zum beizulegenden Zeitwert zu deklarieren. Auch Derivate werden nach IFRS 9 generell dieser Kategorie zugeordnet.

Bei Vermögenswerten mit vollständiger oder teilweiser Haltungsabsicht ist die Art der Zahlungsströme für die weitere Einordnung entscheidend. Sind die zu erwartenden Zahlungen vertraglich nicht zeitlich fixiert und weisen keinen Zins- oder Tilgungscharakter auf, hat die Bewertung des entsprechenden Vermögenswerts ebenfalls erfolgswirksam zum beizulegenden Zeitwert zu erfolgen.

Sind die oben genannten Zahlungsstrom-Kriterien indes erfüllt, sind Vermögenswerte mit vollständiger Haltungsabsicht zu fortgeführten Anschaffungskosten zu bewerten (IFRS 9.4.1.2). Beinhaltet das zugrunde liegende Geschäftsmodell jedoch neben dem Zweck, die sich ergebenden Zahlungsströme zu vereinnahmen auch die Möglichkeit, den Vermögenswert zu verkaufen, so ist dieser grundsätzlich der Kategorie der erfolgsneutral zum beizulegenden Zeitwert zu bewertenden Vermögenswerte zuzuordnen (IFRS 9.4.1.2A).

Die Auswirkungen etwaiger vertraglicher Nebenabreden (wie eingebetteter Derivate) auf den Charakter der Zahlungsströme sind dabei durch einen Benchmark-Test zu beurteilen. Dabei sind die vertraglich gegebenen (d.h. die um Nebenabreden erweiterten) Zahlungsströme den um die Modifikationen bereinigten Zahlungsströmen gegenüber zu stellen. Die sich ergebenden Differenzen sind zu evaluieren. Stellen sich die Auswirkungen der Nebenabreden dabei als nicht wesentlich heraus, kann das o. g. Zahlungsstrom-Kriterium als erfüllt angesehen werden (IFRS 9.B4.19A ff.).

Ein ebenfalls weitgehend aus IAS 39 übernommenes Wahlrecht besteht in der Gewährung einer »Fair-Value-Option«, die es dem Anwender erlaubt, finanzielle Vermögenswerte alternativ erfolgswirksam zum beizulegenden Zeitwert zu bewerten. Voraussetzung ist, dass durch die Klassifizierung sich in der Rechnungslegung des Unternehmens ergebende Anomalien gemindert oder eliminiert werden können (IFRS 9.4.1.5). Daneben können auch nicht zu Handelszwecken gehaltene Eigenkapitalinstrumente wahlweise (jedoch ohne Widerrufsrecht) in die Kategorie der erfolgsneutral zum beizulegenden Zeitwert zu bewertenden Vermögenswerte eingeordnet werden. Alternativ ist auf sie eine erfolgswirksame Bewertung anzuwenden. Eine Umklassifizierung finanzieller Vermögenswerte kann nur vorgenommen werden, wenn eine Änderung des Geschäftsmodells des bilanzierenden Unternehmens vorliegt.

bb) Finanzielle Verbindlichkeiten

Die Klassifizierung finanzieller Verbindlichkeiten bleibt nach IFRS 9 gegenüber IAS 39 weitgehend unverändert. So werden finanzielle Verbindlichkeiten zunächst grundsätzlich zu fortgeführten Anschaffungskosten bewertet. Lediglich Verbindlichkeiten, die zu Handelszwecken gehalten werden oder für die eine Fair-Value-Option in Anspruch genommen wurde, sind erfolgswirksam zum beizulegenden Zeitwert zu bewerten (IFRS 9.4.2.1). Liegt eine erfolgswirksame Bewertung vor, ist gemäß einer Neuregelung des IFRS 9 der Teil der sich ergebenden Gewinne und Verluste zu separieren, der dem genuinen Kreditrisiko des Unternehmens zuzuordnen ist. Dieser ist erfolgsneutral zu erfassen, während der übrige Differenzwert erfolgswirksam auszuweisen ist. Eine Umklassifizierung ist für finanzielle Verbindlichkeiten generell nicht möglich (IFRS 9.4.4.2).

d) Ausbuchung

Sowohl bei der Ausbuchung von finanziellen Vermögenswerten als auch von finanziellen Verbindlichkeiten wurden in IFRS 9 keine Änderungen gegenüber den geltenden Regelungen nach IAS 39 vorgenommen.

e) Wertminderungen finanzieller Vermögenswerte

Eine wesentliche Änderung von IFRS 9 zu IAS 39 besteht in dem Wechsel von dem bislang geltenden »incurred loss«-Wertminderungsmodell hin zu einem »expected credit loss«-Modell. Dieses ist gemäß dem neuen Standard auf die folgenden Arten finanzieller Vermögenswerte anzuwenden (IFRS 9.5.5.1):

- Zu fortgeführten Anschaffungskosten bewertete finanzielle Vermögenswerte;
- erfolgsneutral zum beizulegenden Zeitwert bewertete finanzielle Vermögenswerte;
- Kreditzusagen sowie Finanzgarantien, die nicht erfolgswirksam zum beizulegenden Zeitwert bewertet werden;

- Leasingforderungen gem. IAS 17;
- aktive Vertragsposten gem. IFRS 15.

Gemäß dem neu anzuwendenden Modell ist eine Wertminderung nicht mehr nur dann zu erfassen, wenn objektive Hinweise auf eine solche vorliegen, sondern bereits, wenn es zu einem signifikanten Anstieg des Ausfallrisikos gekommen ist. Zu diesem Zweck sind alle von den Wertminderungsvorschriften betroffenen Finanzinstrumente in ein dreistufiges System einzuordnen. Aus der jeweiligen Einordnung ergeben sich die Höhe der zu erfassenden Verluste sowie die Vereinnahmung der Zinsen.

Zum Zeitpunkt ihres erstmaligen Ansatzes sind zunächst alle Finanzinstrumente grundsätzlich und unabhängig von ihrem individuellen Ausfallrisiko der *ersten Stufe* zuzuordnen. Auf dieser Ebene ist der innerhalb von zwölf Monaten nach dem Abschlussstichtag erwartete Verlust mit dem Barwert erfolgswirksam zu erfassen (IFRS 9.5.5.5).

Hat sich das Risiko eines zu erwartenden Zahlungsausfalls zum Abschlussstichtag signifikant erhöht, ist das entsprechende Finanzinstrument in die *zweite Stufe* umzugruppieren. Hier ist der Barwert aller Verluste über die gesamte Restlaufzeit des Finanzinstruments erfolgswirksam zu erfassen (IFRS 9.5.5.4).

Die sich auf den ersten beiden Stufen ergebenden Zinserträge sind jeweils auf Grundlage des Bruttobuchwerts sowie des ursprünglichen effektiven Zinssatzes zu erfassen.

In Fällen, in denen sowohl eine signifikante Erhöhung des Ausfallrisikos zum Stichtag als auch ein objektiver Hinweis auf eine Wertminderung vorliegen, ist das betreffende Finanzinstrument der *dritten Stufe* zuzuordnen. Wie bereits auf der zweiten Stufe bemisst sich auch hier der Barwert des zu erwartenden Zahlungsausfalls über die gesamte Restlaufzeit. Indes kommt es zu einer Abwandlung der Zinserfassung: Diese ist auf Basis des Nettobuchwertes durchzuführen, der sich aus dem um den Betrag der Risikovorhersage bereinigten Bruttobuchwert ergibt.

Entfallen der objektive Hinweis auf eine Wertminderung und/oder die Erhöhung des Ausfallrisikos, ist gem. IFRS 9 darüber hinaus weiterhin eine Rückstufung des betreffenden Finanzinstruments in die entsprechende Kategorie vorzunehmen.

f) Bilanzierung von Sicherungsgeschäften

Eine erste Änderung hinsichtlich der Bilanzierung von Sicherungsbeziehungen gem. IFRS 9 gegenüber den bisherigen Regelungen nach IAS 39 besteht in der Ausweitung des Spektrums möglicher Sicherungsinstrumente. So waren nach IAS 39 neben Derivaten lediglich solche nicht-derivativen finanziellen Vermögenswerte oder Verbindlichkeiten zur Designation als Sicherungsinstruments gestattet, die der Absicherung eines Währungsrisikos dienen. IFRS 9 ermöglicht es indes, auch sämtliche nicht-derivativen Finanzinstrumente als Sicherungsinstrument einzusetzen, die erfolgswirksam zum beizulegenden Zeitwert bewertet werden (IFRS 9.6.2.2).

Auch die Möglichkeiten zur Qualifizierung von Grundgeschäften wurden erweitert. Die separate Designation einzelner Risikokomponenten war unter IAS 39 nur für finanzielle Grundgeschäfte (Finanzinstrumente) sowie für die in nichtfinanziellen Grundgeschäften enthaltenen Fremdwährungsrisiken gestattet. IFRS 9 erlaubt es demgegenüber, sämtliche Risikokomponenten nichtfinanzieller Grundgeschäfte zu designieren, solange diese separat identifizierbar und verlässlich bewertbar sind (IFRS 9.6.3.1 f.).

In Hinblick auf die Messung der Effektivität einer Sicherungsbeziehung markiert der Übergang von IAS 39 auf IFRS 9 einen Wechsel von einer sowohl prospektiven als auch retrospektiven Effektivitätsbetrachtung hin zu einer rein prospektiven Methode. Überdies entfällt der unter den bisher geltenden Regelungen anzusetzende Effektivitätsspielraum von 80 bis 125 %. Demgegenüber sind nach IFRS 9 die folgenden prinzipienbasierten, qualitativen Kriterien anzusetzen (IFRS 9.6.4.1):

- Die Existenz eines wirtschaftlichen Zusammenhangs zwischen Grundgeschäft und Sicherungsinstrument;
- die sich aus der wirtschaftlichen Absicherung ergebenden Wertänderungen werden nicht durch das Ausfallrisiko dominiert; und
- die für die wirtschaftliche Sicherung eingesetzten Mengen von Grundgeschäft und Sicherungsinstrument werden durch die Sicherungsquote reflektiert.

Im Falle geänderter Rahmenbedingungen war es nach IAS 39 regelmäßig geboten, eine bestehende Sicherungsbeziehung zu beenden und in angepasster Form neu zu designieren. Diese sehr aufwändige und damit in der Praxis für viele Unterhemen impraktikable Regelung wurde durch die Möglichkeit ersetzt, Sicherungsbeziehungen unter bestimmten Voraussetzungen anzupassen, ohne diese zuvor formell zu beenden.

Eine Restriktion gegenüber den bisherigen Regelungen von IAS 39 stellt das nach IFRS 9 weitgehend geltende Verbot dar, die Anwendung der Bilanzierung von Sicherungsbeziehungen freiwillig zu beenden. So kann eine Sicherungsbeziehung nach den neuen Regeln lediglich beendet werden, wenn das Sicherungsinstrument ausläuft, veräußert, beendet oder ausgeübt wird, der Eintritt der abgesicherten Transaktion nicht mehr als hinreichend wahrscheinlich gilt oder die Sicherungsbeziehung als Ganzes nicht länger den Kriterien einer bilanziellen Darstellung genügt (IFRS 9.6.5.5 f.).

g) Erstmalige Anwendung und Übergangsvorschriften

Im Verlaufe des Entstehungsprozesses von IFRS 9 wurden mehrere vorläufige Versionen des neuen Standards publiziert. Diese enthielten teilweise Daten für Zeitpunkte einer verpflichtenden Erstanwendung, die im weiteren Verlauf wieder zurückgenommen wurden. Mit der am 24. Juli 2014 vorgelegten finalen Fassung des Standards wurde indes die erstmalige Anwendung auf Geschäftsjahre, die am oder nach dem 1. Januar 2018 beginnen, festgelegt. Eine vorherige freiwillige Anwendung ist zugelassen.

h) Anhangangaben

Aus den verschiedenen in IFRS 9 gegenüber IAS 39 vorgenommenen Änderungen ergeben sich auch verschiedene Anpassungen im Bereich der notwendigen Anhangangaben, wie sie in IFRS 7 dargestellt sind. Neue Angaben sind insbesondere:

- Bezogen auf Wertminderungen:
  - Informationen über das interne Risikomanagement;
  - quantitative und qualitative Angaben über aufgrund von Wertminderungen im Abschluss enthaltene Beträge;
  - Informationen über Ausfallrisiko sowie Ausfallrisikokonzentrationen eines Unternehmens.

- Bezogen auf die bilanzierten Sicherungsbeziehungen:
  - Die von dem bilanzierenden Unternehmen angewendete Risikomanagementstrategie;
  - die Art und Weise, wie die bilanzierten Sicherungsbeziehungen primäre Abschlussbestandteile beeinflussen;
  - die Art und Weise, wie die Risikomanagementaktivitäten des Unternehmens Höhe, Unsicherheit sowie den zeitlichen Anfall zukünftiger Zahlungsströme beeinflussen.

9. Weiterführende Literatur

Berger/Struffert/Nagelschmitt, Neue Bilanzierungs- und Bewertungsvorschriften für Finanzinstrumente – Endgültige Fassung von IFRS 9 veröffentlicht (Teil 1), WPg 2014, S. 1075-1088;

Berger/Struffert/Nagelschmitt, Neue Bilanzierungs- und Bewertungsvorschriften für Finanzinstrumente – Endgültige Fassung von IFRS 9 veröffentlicht (Teil 2), WPg 2014, S. 1127-1131;

Deloitte (Hrsg.), IFRS 9, einsehbar im Internet unter: http://www.iasplus.com/de/standards/ifrs/ifrs9 (abgerufen am 12.6.2016);

Deloitte (Hrsg.), IFRS fokussiert. Hedge Accounting, Berlin 2013;

Deloitte (Hrsg.), IFRS fokussiert. IFRS 9 – Das neue Wertminderungsmodell im Überblick, Berlin 2014;

Finke/Kümpel, Bilanzierung finanzieller Verbindlichkeiten nach IFRS – Untersuchung der Fair Value-Bewertung bei ausgewählten Banken in der EU, IRZ 2013, S. 293-301;

Gehrer/Krakuhn/Schüz, IFRS 9 Financial Instruments – die finale Fassung im Überblick, IRZ 2014, S. 385-389.

KPMG (Hrsg.), IFRS 9 – Veröffentlichung des finalen Standards zur Bilanzierung von Finanzinstrumenten, in: Accounting News – Aktuelles zur Rechnungslegung nach HGB und IFRS;

Meier/Mitscherlich, IFRS 9 Financial Instruments. Die Auswirkungen der erstmaligen Anwendung, PiR 2015, S. 63-68.

Schmidt/Barekzai/Hüttermann, IFRS 9 »Finanzinstrumente«: Neuregelungen zur Sicherungsbilanz (Teil 1), DB 2014, S. 373-381.

Schmidt/Barekzai/Hüttermann, Lieber ungefähr richtig, als genau falsch: Die Neuregelungen des IFRS 9 zur Wertminderung finanzieller Vermögenswerte, KoR 2015, S. 344-356.

Schön, Praxis der IFRS 7-Berichterstattung bei Nicht-Finanzdienstleistern, Lohmar 2012;

Schredelseker, Finanzkrise – Mitschuld der Theorie?, Zfbf 2012, S. 833-845;

Thomas, Hedge Accounting nach IFRS 9: Methodenvergleich und Herausforderungen für die Prüfungspraxis, KoR 2015, S. 291-300;

Zülch/Hoffmann/Wünsch, IFRS 7 – Angaben zu Finanzinstrumenten, Weinheim 2011.

F. Sonderbereiche der Bilanzierung nach IFRS

I. Fertigungsaufträge

RELEVANTE STANDARDS

IAS 1 – Darstellung des Abschlusses
IAS 2 – Vorräte
IAS 8 – Bilanzierungs- und Bewertungsmethoden, Änderungen von Schätzungen und Fehler
IAS 11 – Fertigungsaufträge
IAS 23 – Fremdkapitalkosten
IAS 37 – Rückstellungen, Eventualschulden und Eventualforderungen
IFRIC 12 – Dienstleistungskonzessionsvereinbarungen

KERNAUSSAGEN

- Ein Fertigungsauftrag ist ein kundenspezifischer Vertrag im Sinne speziell ausgehandelter Verträge über die Fertigung einzelner Vermögenswerte oder einer Zahl von bestimmten Vermögenswerten.
- Vertragsformen von Fertigungsaufträgen umfassen Festpreisverträge (*fixed price contracts*), Kostenzuschlagsverträge (*cost plus contracts*) oder Mischformen dieser beiden Vertragsformen.
- Die Bilanzierung von Auftragserlösen bzw. Auftragskosten wird entweder nach der *Percentage-of-Completion*-Methode oder nach der modifizierten *Completed-Contract*-Methode vorgenommen.
- Die *Percentage-of-Completion*-Methode ist anzuwenden, wenn das Ergebnis des Fertigungsauftrags zuverlässig geschätzt werden kann. Dieses Verfahren sieht die Erfassung der Auftragserlöse und Auftragskosten nach dem Grad der Fertigstellung des Fertigungsauftrags vor.
- Die Ermittlung des Fertigstellungsgrads eines Fertigungsauftrags kann mittels *Cost-to-Cost*-Verfahren, *Effort-expended*-Verfahren oder *Units-of-work-performed*-Verfahren erfolgen.
- Ist das Ergebnis des Fertigungsauftrags indes nicht zuverlässig schätzbar, so ist die modifizierte *Completed-Contract*-Methode zur Bilanzierung des betrachteten Fertigungsauftrags anzuwenden. Hierbei ist die erfolgswirksame Realisierung der Auftragserlöse begrenzt auf die Höhe der Auftragskosten entsprechend dem Leistungsfortschritt.
- Die Einschätzung über die prognostizierten Ergebnisse des Fertigungsauftrags ist vom bilanzierenden Unternehmen im Zeitablauf ggf. zu überprüfen bzw. zu überarbeiten. Daraus resultierende Veränderungen von Schätzungen müssen prospektiv und erfolgswirksam erfasst werden.
- Erwartete Verluste aus einem Fertigungsauftrag sind unmittelbar in der Periode, in welcher sie auftreten, als Aufwand zu erfassen.
- Die Offenlegungspflichten für Fertigungsaufträge sehen vor allem Erläuterungen der Bilanzierungs- und Bewertungsmethoden sowie bereits ausgewiesener Gewinne noch zu erfüllender Verträge vor.

1. Anwendungsbereich und Zielsetzung von IAS 11

IAS 11 enthält Vorschriften zur Bilanzierung von Fertigungsaufträgen. Ein Fertigungsauftrag ist nach IAS 11.3 ein Vertrag, welcher speziell für die Fertigung einzelner Vermögenswerte oder einer Zahl von bestimmten Vermögenswerten verhandelt wurde. Das Kriterium »**speziell ausgehandelter Vertrag**« (»*specifically negotiated*«) bildet das Abgrenzungskriterium zur Bilanzierung nach *IAS 2 – Vorräte*, in dem als Gegensatz zum speziell ausgehandelten Vertrag die Massenfertigung steht. Bei einzelnen Verträgen, die im Spektrum zwischen Massenfertigung und »speziell ausgehandelten Verträgen« stehen, können Abgrenzungsprobleme bestehen, ob diese nach IAS 11 oder nach IAS 2 zu bilanzieren sind.

Umfasst der Fertigungsauftrag die Fertigung von mehr als einem Vermögenswert (»*combination of assets*«), ist die Fertigung der Vermögenswerte als ein einzelner Fertigungsauftrag zu bilanzieren, soweit diese hinsichtlich Design, Technologie und Funktion oder hinsichtlich ihrer Verwendung aufeinander abgestimmt oder voneinander abhängig sind.

Zudem umfassen Fertigungsaufträge nach IAS 11.5:

- Verträge über die Erbringung von Dienstleistungen, die direkt im Zusammenhang mit der Fertigung eines Vermögenswerts stehen; und
- Verträge über den Abriss oder die Restaurierung von Vermögenswerten sowie die Rekultivierung im Anschluss an den Abriss der Vermögenswerte.

Als Beispiel für die Fertigung eines einzelnen Vermögenswerts nennt IAS 11.4 die kundenspezifische Produktion einer Brücke, eines Gebäudes, eines Dammes, einer Pipeline, einer Straße, eines Schiffs oder eines Tunnels. Die Fertigung einer Zahl von Vermögenswerten findet sich in Verträgen über den Bau von Raffinerien oder anderen komplexen Anlagen (z. B. Kraftwerken). Die Fertigung eines Autos zählt grundsätzlich nicht zu den Fertigungsaufträgen i. S. d. IAS 11, auch wenn der Kunde aus einem »Baukastensystem« die Ausstattung des Autos bestimmen kann.[1] Ebenso ist die Fertigung eines Sofas nicht als Fertigungsauftrag zu klassifizieren, auch wenn das Sofa vom Kunden im Geschäft ausgesucht und daraufhin speziell produziert wird. In diesem Falle liegt zwar eine kundenspezifische Fertigung, nicht jedoch ein speziell ausgehandelter Vertrag über die Fertigung eines Gegenstands vor. Verhandlungen über den Preis des Gegenstands reichen dabei nicht aus, um eine Klassifikation als Fertigungsauftrag i. S. d. IAS 11 herbeizuführen.[2]

Nach IAS 11.3 werden Fertigungsaufträge grundsätzlich in zwei verschiedenen Vertragsformen als sog. Festpreisvertrag (*fixed price contract*) oder als Kostenzuschlagsvertrag (*cost plus contract*) klassifiziert. Daneben wird in IAS 11.6 darauf hingewiesen, dass manche Fertigungsaufträge sowohl Merkmale von Festpreisverträgen als auch von Kostenzuschlagsverträgen aufweisen können. Diese Verträge werden als Mischverträge bezeichnet.

Ein **Festpreisvertrag** liegt vor, soweit in einem Vertrag ein fester Preis bzw. ein festgelegter Preis pro Outputeinheit vereinbart wurde. Unschädlich für die Klassifikation als Festpreisvertrag ist eine Kopplung der Preisvereinbarung an eine Preisgleitklausel.

Ein **Kostenzuschlagsvertrag** liegt vor, soweit bei einem Fertigungsauftrag vereinbart wurde, dem Auftragnehmer abrechenbare oder anderweitig festgelegte Kosten zuzüglich eines festgelegten prozentualen Aufschlags oder eines festen Entgelts zu vergüten.

Ein **Mischvertrag** liegt vor, soweit ein Fertigungsauftrag Charakteristika sowohl eines Festpreisvertrags als auch eines Kostenzuschlagsvertrags aufweist. Dies ist z. B. bei einem Kostenzuschlagsvertrag mit vereinbarter Teilgewinnrealisation bei Fertigungsaufträgen der Fall.

Das bilanzielle Problem im Zusammenhang mit Fertigungsaufträgen liegt in der zutreffenden zeitlichen Verteilung der fertigungsbezogenen Auftragserlöse und Auftragskosten auf die Rechnungslegungsperioden, in welchen die Auftragsleistung zu erbringen ist. Gerade der Umstand, dass bei Fertigungsaufträgen i. d. R. der Beginn und das Ende der Auftragsabwicklung in unterschiedliche Rechnungslegungsperioden fallen, macht die Komplexität des Rechnungslegungsproblems aus, das es auf Basis der Regelungen des IAS 11 zu lösen gilt. Zielsetzung des Standards ist es daher, im Sinne einer periodengerechten Erfolgsermittlung *(accrual basis)* als Basisgrundsatz der IASB-Rechnungslegung ein den tatsächlichen Verhältnissen entsprechendes Bild der Vermögens- und Ertragslage des bilanzierenden Unternehmens zu zeichnen. Fraglich ist, nach welcher Methode eine Ertragserfassung im Rahmen von Fertigungsaufträgen zu vollziehen ist. International diskutiert werden in diesem Zusammenhang die *Completed-Contract*-Methode und die *Percentage-of-Completion*-Methode (PoC). Mit IAS 11 wird in dieser Frage eine einheitliche Ertragserfassung geregelt. Ansatz und Bewertung der aus den Fertigungsaufträgen zu erfassenden Bilanzposten ergeben sich indirekt aus den Regelungen zur Ertragserfassung.

Die Anforderungen des IAS 11 sind gem. IAS 11.7 grundsätzlich einzeln auf jeden Fertigungsauftrag anzuwenden. Unter bestimmten in IAS 11.8 und IAS 11.9 genannten Voraussetzungen greifen die Regelungen des IAS 11 indes auch für die abgrenzbaren Teile eines einzelnen Vertrags oder einer Gruppe von Verträgen. In manchen Fällen spiegelt nur eine solche Bilanzierung den wirtschaftlichen Gehalt des zugrunde liegenden Vertrags bzw. der zugrunde liegenden Gruppe von Verträgen wieder. Umfasst ein Vertrag die Fertigung mehrerer Vermögenswerte, ist der Vertrag in einzelne Bestandteile zu segmentieren, wenn getrennte Angebote für die einzelnen Vermögenswerte abgegeben wurden, über jeden Vermögenswert einzeln verhandelt wurde und die Erlöse und Kosten der einzelnen Vermögenswerte identifiziert werden können (IAS 11.8). Unter entgegengesetzten Bedingungen ist eine Gruppe von Verträgen als ein einziger Fertigungsauftrag zu behandeln und zwar, wenn die Verträge gemeinsam verhandelt wurden, die Verträge so eng miteinander verbunden sind, dass sie ein einzelnes Projekt darstellen, und die Verträge gleichzeitig oder sequentiell bearbeitet werden (IAS 11.9).

Gemäß IAS 11.10 kann ein Vertrag auf Wunsch des Kunden einen Folgeauftrag umfassen oder um einen Folgeauftrag ergänzt werden. Der Folgeauftrag ist dann als separater Fertigungsauftrag zu bilanzieren, wenn

- der Folgeauftrag sich hinsichtlich Design, Technologie oder Funktion wesentlich von dem ursprünglichen Vertrag unterscheidet; oder
- die Preisverhandlungen für den Folgevertrag losgelöst von den ursprünglichen Verhandlungen geführt werden.

EXKURS
Dienstleistungskonzessionsvereinbarungen (*Service Concession Arrangements*)[3]

IFRIC 12 regelt die Bilanzierung von sog. Dienstleistungskonzessionsvereinbarungen (*Service Concession Arrangements*), die auf sog. *Public Private Partnerships basieren.* Gewöhnlich werden hierunter im funktionalen Sinne mittel- bis längerfristige Formen der institutionalisierten, freiwilligen und partnerschaftlichen Zusammenarbeit von Akteuren der öffentlichen Hand und der Privatwirtschaft mit dem Ziel der Erfüllung öffentlicher Aufgaben unter weiterhin öffentlicher Trägerschaft verstanden. Infrastrukturleistungen (z. B. Brücken oder Tunnel) können in diesem Zusammenhang als Regelbeispiele angeführt werden.

Werden zwischen den Vertragsparteien Bau- oder Ausbauleistungen der Infrastruktur *(construction or upgrade services)* vereinbart, sind die erbrachten Leistungen des privaten Partners im Einklang mit den grundlegenden Vorschriften des IAS 11 abzubilden (IFRIC 12.14).

2. Teilgewinnrealisierung

Bedingt durch die Natur von Fertigungsaufträgen fallen – wie eingangs bereits angedeutet – i. d. R. der Beginn der Fertigung und der Abschluss der Arbeiten in unterschiedliche Rechnungslegungsperioden.[4] Fraglich ist, welchen Weg IAS 11 bei der Realisierung des aus dem Auftrag entstehenden Gewinns wählt. Bei **rechtlicher Betrachtung** wären Umsatzerlöse und Gewinn bei Gefahrenübergang zu realisieren. Dieser Zeitpunkt ist i. d. R. nach Abschluss der Arbeiten erreicht. Umsatzerlöse und Gewinn werden somit erst erfasst, wenn der gesamte Vertrag »abgearbeitet« ist. Daher wird diese Methode, den Umsatz und den Gewinn nach rein rechtlichen Maßstäben zu erfassen, als »*Completed-Contract*«-Methode bezeichnet. In den Perioden der Fertigung wird nach dieser Methode kein Gewinn aus dem Fertigungsauftrag realisiert.

Bei **wirtschaftlicher Betrachtung** kann hingegen argumentiert werden, dass die dem Fertigungsauftrag zuzurechnende Wertschöpfung nicht erst nach Abnahme, sondern über die gesamte Fertigungszeit hinweg erbracht wird. Eine vollständige Gewinnrealisation erst nach Beendigung des Fertigungsauftrags ist nach einer solchen Betrachtung keine zuverlässige Abbildung der tatsächlichen wirtschaftlichen Gegebenheiten des bilanzierenden Unternehmens. Daher wären in den Perioden der Fertigung entsprechend dem Leistungsfortschritt Umsatz und Gewinn zu erfassen. Die Methode, nach welcher Umsatz und Gewinn entsprechend dem Leistungsfortschritt realisiert werden, wird als »*Percentage-of-Completion*«-Methode (PoC-Methode) bezeichnet.

Dem Gedanken »*substance over form*« folgend orientiert sich das IASB in IAS 11 an der rein wirtschaftlichen Betrachtung. Daher sind nach **IAS 11** Umsatzerlöse und Gewinne aus Fertigungsaufträgen nach der **PoC-Methode** entsprechend dem Leistungsfortschritt zu erfassen, soweit das Ergebnis des Fertigungsauftrags zuverlässig geschätzt werden kann (IAS 11.22). Wird aus einem Fertigungsauftrag indes ein Verlust erwartet, ist dieser unmittelbar im Jahr seines Entstehens in vollem Umfange erfolgswirksam zu erfassen. Eine anteilige Verlustrealisation ist nicht zulässig.

Die PoC-Methode erfordert – abhängig vom zugrunde liegenden Vertragstypus – zahlreiche Annahmen. So sind z. B. bei so genannten Festpreisverträgen u. a. die Gesamterlöse und Gesamtkosten eines Auftrags zu schätzen, wobei die Schätzungen Auswirkung auf die zu erfassenden Umsatzerlöse und den zu erfassenden Gewinn haben. Nach Ansicht des IASB wird aber die durch diese Annahmen reduzierte Zuverlässigkeit durch die erhöhte Relevanz der im Abschluss vermittelten Informationen mehr als kompensiert.

Der PoC-Methode liegen zahlreiche Parameter zugrunde. Dazu zählen die Auftragserlöse, die Auftragskosten und die Methode, anhand derer der Leistungsfortschritt bzw. der Fertigstellungsgrad ermittelt wird. Im Folgenden wird daher erläutert, welche Erlös- und Kostenbestandteile nach IAS 11 einem Fertigungsauftrag zuzurechnen sind. Anschließend wird dargelegt, nach welchen Methoden der Leistungsfortschritt bestimmt werden kann und wie Fertigungsaufträge in einem IFRS-Abschluss abzubilden sind.

3. Auftragserlöse und Auftragskosten

a) Auftragserlöse (*contract revenue*)

In IAS 11 wird spezifiziert, welche Erlöse den Auftragserlösen zuzurechnen sind. Danach umfassen die Auftragserlöse die folgenden Bestandteile:

	Ursprünglich im Fertigungsvertrag vereinbarter Erlöse
+/–	Zahlungen für Abweichungen am Gesamtwerk (*variations*)
+	Nachforderungen für Kosten (*claims*)
+	Prämien (*incentive payments*)
=	Auftragserlöse (*contract revenue*)

Variations, claims und *incentive payments* zählen neben dem ursprünglich im Fertigungsvertrag vereinbarten Erlös zu den Auftragserlösen, soweit sie wahrscheinlich zu Umsatzerlösen führen und der Betrag zuverlässig zu bestimmen ist (IAS 11.11). Diese drei Beträge werden im Folgenden näher erläutert.

Abweichungen am Gesamtwerk

Eine **Abweichung** *(variation)* am Gesamtwerk liegt nach IAS 11.13 vor, wenn eine Anweisung des Kunden zu einer Änderung des ursprünglich vertraglich vereinbarten Leistungsumfangs führt. Dabei können die Auftragserlöse sowohl erhöht als auch vermindert werden. Häufig treten Abweichungen in Form von Änderungen an der Art und Zusammensetzung oder dem Design der Leistung auf. Als weiteres Beispiel wird die Modifikation der Vertragsdauer genannt. Abweichungen sind genau dann bei der Ermittlung der Auftragserlöse zu berücksichtigen, wenn

- es wahrscheinlich ist, dass der Kunde die Abweichung sowie den daraus resultierenden Erlös akzeptiert; und
- der Erlös zuverlässig ermittelt werden kann.

Somit wird in IAS 11.13 hinsichtlich des Wahrscheinlichkeitskriteriums konkretisiert, dass dieses erfüllt ist, sofern der Auftraggeber die Abweichung inhaltlich, aber auch wertmäßig hinsichtlich des Minder- oder Mehrerlöses akzeptiert. Nicht ausreichend ist, dass sich Auftraggeber und Auftragnehmer über die Abweichung inhaltlich bzw. technisch einig sind, indes noch nicht übereingekommen sind, in welcher Höhe der Erlös durch die Abweichung verringert bzw. erhöht wird.[5]

Nachforderungen für Kosten

Eine **Nachforderung** *(claim)* ist der Betrag, den der Auftragnehmer dem Kunden oder einer anderen Partei als Vergütung für nicht im ursprünglichen Vertrag enthaltene (Mehr-)Kosten in Rechnung stellt. Nach IAS 11.14 kann eine Nachforderung aus einer vom Kunden verschuldeten Verzögerung resultieren, aus Spezifikations- oder Designfehlern oder aus strittigen Abweichungen vom Fertigungsvertrag. Da die Bestimmung der Erlöse aus Nachforderungen zumeist mit einem hohen Maß an Unsicherheit behaftet und häufig vom Ergebnis von Verhandlungen abhängig ist, sind Nachforderungen nur dann Teil der Auftragserlöse, wenn

- die diesbezüglichen Verhandlungen soweit fortgeschritten sind, dass der Kunde die Nachforderung wahrscheinlich akzeptiert; und
- der vom Kunden wahrscheinlich akzeptierte Betrag zuverlässig bewertet werden kann.

Prämien

Prämien *(incentive payments)* werden zusätzlich an den Auftragnehmer bezahlt, wenn bestimme Leistungsanforderungen erreicht oder überschritten werden (IAS 11.15). So kann ein Vertrag eine Prämie für vorzeitige Erfüllung vorsehen. Voraussetzung für die bilanzielle Abbildung dieser Prämien als Teil der Auftragserlöse ist wiederum, dass der vom Kunden wahrscheinlich akzeptierte Betrag zuverlässig bewertet werden kann.

b) Auftragskosten (*contract costs*)

Die einzelnen Komponenten der **Auftragskosten** bestimmen sich gem. IAS 11.16-11.21 wie folgt:

	Direkt mit dem Fertigungsvertrag in Verbindung stehende Kosten (Einzelkosten)
+	alle indirekten und allgemein dem Fertigungsvertrag zurechenbare Kosten
+	sonstige Kosten, die dem Kunden vertragsgemäß in Rechnung gestellt werden können
=	Auftragskosten (contract costs)

Als direkt mit einem einzelnen Fertigungsvertrag zusammenhängende Kosten werden in IAS 11.17 und IAS 11.21 u. a. angeführt:

Einzelkosten

- Kosten der Auftragserlangung[6];
- Fertigungsmaterialkosten;
- Fertigungslöhne einschließlich der Löhne bzw. Gehälter für die Auftragsüberwachung;
- planmäßige Abschreibungen auftragsbezogen eingesetzter Anlagen und Maschinen; und
- die geschätzten Kosten für Nachbesserungen und zu erbringender Garantieleistungen einschließlich erwartetem Gewährleistungsaufwand.

Diese Kosten können durch zusätzliche Erlöse verringert werden, soweit diese nicht Bestandteil der Auftragserlöse sind. Beispielhaft genannt werden Verkaufserträge von überschüssigem Material oder von nicht mehr benötigten Anlagegütern nach Beendigung des Projekts (IAS 11.17).

Zu den indirekten und allgemein dem Fertigungsvertrag zurechenbaren Kosten zählen nach IAS 11.18:

- Fertigungsgemeinkosten;
- Versicherungsprämien; sowie
- nicht direkt in Zusammenhang mit dem Auftrag stehende Kosten für den Entwurf und die technische Unterstützung.

Indirekte und allgemeine Kosten

Die indirekten Kosten sind mittels planmäßiger und sachgerechter Methoden auf Basis der Normalkapazität des bilanzierenden Unternehmens dem Fertigungsauftrag zuzurechnen. Die jeweilige Allokationsmethode ist stetig und einheitlich auf alle Kosten mit ähnlichen Merkmalen anzuwenden. Als indirekte Kosten gelten auch **Fremdkapitalkosten** bei Vorliegen eines qualifizierten Vermögenswerts (IAS 23.5) (vgl. S. 277). Erträge aus einer vorübergehenden Zwischenanlage der dem bilanzierenden Unternehmen i. d. R. aufgrund von Anzahlungen der Kunden zur Verfügung stehenden Mittel sind indes von den Fremdkapitalkosten abzuziehen (IAS 23.12).[7]

Sonstige Kosten

Sonstige Kosten können alle weiteren Kosten sein, deren Erstattung durch den Kunden im Fertigungsvertrag vereinbart wurde. Hierzu zählen z. B. die Kosten der allgemeinen Verwaltung sowie Entwicklungskosten (IAS 11.19).

Keine Auftragskosten

Sofern Kosten **nicht** den einzelnen Fertigungsaufträgen zugeordnet werden können, dürfen sie auch nicht als Kosten des Fertigungsauftrags berücksichtigt werden. Als Beispiele hierfür werden in IAS 11.20 genannt:

- Kosten der allgemeinen Verwaltung sowie Entwicklungskosten, für die keine Erstattung im Vertrag vereinbart wurde;
- Vertriebskosten;
- planmäßige Abschreibungen auf Vermögenswerte des Anlagevermögens, die nicht der Abwicklung des Fertigungsauftrags dienen; sowie
- Leerkosten[8] für nicht auftragsbezogen eingesetzte Anlagen und Maschinen.

4. Bilanzielle Abbildung von Fertigungsaufträgen

a) Voraussetzungen für die Anwendung der PoC-Methode

Gemäß IAS 11.22 sind die in Verbindung mit einem Fertigungsauftrag stehenden Auftragserlöse und Auftragskosten entsprechend dem **Leistungsfortschritt** (*percentage of completion*) am Bilanzstichtag zu erfassen. Voraussetzung dieser ergebniswirksamen Erfassung nach der PoC-Methode ist eine zuverlässige Schätzung des Ergebnisses des Fertigungsauftrags. Abhängig davon, ob ein Festpreis-, Kostenzuschlags- oder Mischvertrag vorliegt, sind an das Kriterium »Zuverlässige Schätzung« unterschiedliche Anforderungen zu stellen.

Festpreisvertrag

Das Ergebnis eines **Festpreisvertrags** kann zuverlässig geschätzt werden, wenn die Voraussetzungen des IAS 11.23 kumulativ vorliegen, und zwar:

- Die gesamten Auftragserlöse sind zuverlässig bewertbar.
- Der wirtschaftliche Nutzenzufluss aus dem Fertigungsvertrag an das bilanzierende Unternehmen ist wahrscheinlich.

- Am Abschlussstichtag können sowohl die bis zur Fertigstellung des Auftrags noch anfallenden Kosten als auch der erreichte Fertigstellungsgrad zuverlässig bewertet werden.
- Die bisher entstandenen – dem Fertigungsvertrag zurechenbaren – Kosten können eindeutig bestimmt und zuverlässig bewertet werden, so dass der Vergleich mit früheren Schätzungen möglich ist.

Kostenzuschlagsvertrag

Beim **Kostenzuschlagsvertrag** gilt das Ergebnis eines Fertigungsauftrags aufgrund des niedrigeren Risikos bereits dann als zuverlässig schätzbar, wenn die folgenden Kriterien des IAS 11.24 erfüllt sind:

- Der wirtschaftliche Nutzen aus dem Vertrag wird dem bilanzierenden Unternehmen wahrscheinlich zufließen.
- Die dem Fertigungsvertrag zurechenbaren Auftragskosten können eindeutig bestimmt und zuverlässig bewertet werden. Die Möglichkeit einer gesonderten Abrechnung der Kosten ist nicht erforderlich.

Mischvertrag

Mischverträge müssen sowohl die Kriterien des IAS 11.23 als auch die des IAS 11.24 erfüllen. Nur unter diesen Umständen kann die PoC-Methode für diesen Vertragstyp angewandt werden.

Sofern das Ergebnis der Auftragsfertigung nicht zuverlässig geschätzt werden kann, ist eine Teilgewinnrealisierung nach der PoC-Methode nicht möglich. Dies ist häufig in einem frühen Stadium eines Fertigungsauftrags der Fall, wenn vor allem die Auftragskosten noch nicht zuverlässig geschätzt werden können. Kann das Ergebnis der Auftragsfertigung nicht zuverlässig geschätzt werden, sind nach IAS 11.32

- Auftragserlöse in Höhe der bislang angefallenen Auftragskosten, die zudem wahrscheinlich einbringbar sind, zu erfassen, und
- Auftragskosten in der Periode zu erfassen, in der sie anfallen.

Diese Methode wird als »***Zero-Profit-Margin*-Methode**« bezeichnet.[9] In der Folge ist auf die Teilgewinnrealisation nach der PoC-Methode überzugehen, sobald das Auftragsergebnis im Gegensatz zu früheren Perioden zuverlässig geschätzt werden kann (IAS 11.35).

Obwohl das Ergebnis eines Fertigungsauftrags nicht zuverlässig schätzbar ist, kann es wahrscheinlich sein, dass die gesamten Auftragskosten die gesamten Auftragserlöse übersteigen. In solchen Fällen ist dieser erwartete **Verlust** unmittelbar und vollständig als Aufwand in der Gesamtergebnisrechnung zu erfassen (IAS 11.33).

Ebenso sind bei Anwendung der *Zero-Profit-Margin*-Methode wahrscheinlich **nicht gedeckte** Auftragskosten unmittelbar als Aufwand zu erfassen. Beispiele hierfür sind gem. IAS 11.34 Verträge,

- die nicht in vollem Umfang durchsetzbar sind;
- deren Fertigstellung vom Ergebnis eines schwebenden Prozesses oder eines laufenden Gesetzgebungsverfahrens abhängig ist;
- die in Verbindung mit wahrscheinlich beschlagnahmten oder enteigneten Vermögenswerten stehen;

- bei denen der Kunde seine Verpflichtungen nicht erfüllen kann; oder
- die vom Auftragnehmer nicht erfüllt werden können.

Mit Abb. F.1 werden die soeben erwähnten Methoden nebst zu erfüllenden Voraussetzungen als Grundlage für die weiteren Ausführungen grafisch dargestellt.

b) Grundsätze der Gewinnrealisation nach der PoC-Methode

Erfüllt der Fertigungsauftrag die in IAS 11.23 und/oder IAS 11.24 enthaltenen Voraussetzungen hinsichtlich der zuverlässigen Schätzung des Auftragsergebnisses (vgl. S. 396), hat das bilanzierende Unternehmen das aus dem Fertigungsauftrag erwartete Ergebnis unter Anwendung der PoC-Methode zu erfassen. Nach IAS 11.22 sind die Auftragserlöse und die Auftragskosten entsprechend des Leistungsfortschritts des Fertigungsprojekts abzubilden. Die Gewinnrealisierung beim Auftragnehmer erfolgt bereits **vor dem Zeitpunkt, zu dem sämtliche Risiken und Chancen aus der Fertigung** auf den Auftraggeber übergehen. Demnach ist nicht der rechtliche Gefahrenübergang für die Gewinnrealisierung relevant, sondern es wird eine wirtschaftliche Betrachtungsweise gewählt. Ein **erwarteter Verlust** aus dem Fertigungsauftrag, d. h., die gesamten Auftragskosten übersteigen die gesamten Auftragserlöse, ist gem. IAS 11.36 als Aufwand in der Gesamtergebnisrechnung zu erfassen.

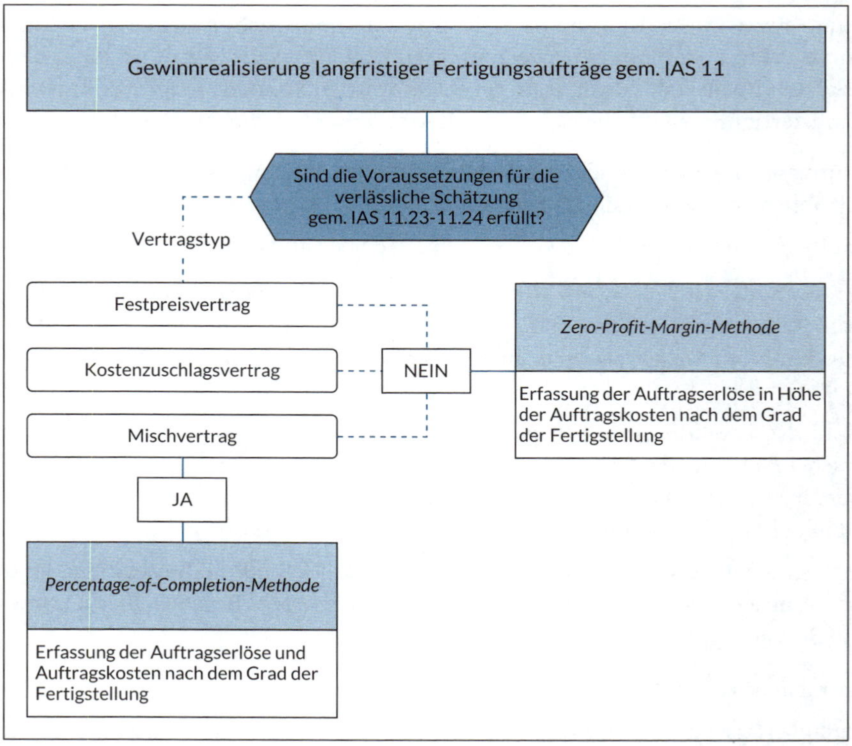

Abbildung F.1 Verfahren der Gewinnrealisierung von Fertigungsaufträgen

Auswirkungen von Schätzungen sind nach IAS 11.38 **in der aktuellen Periode und in Folgeperioden** zu erfassen. Da Auftragserlöse und Auftragskosten nach IAS 11.38 auf einer kumulierten Basis zu erfassen sind, bedeutet dies, dass zum Ende der Periode, in der die Schätzungsänderung eintritt, auf Basis der aktuellen Schätzungen der anteilig bis zu diesem Zeitpunkt zu erfassende Gesamtumsatz zu ermitteln ist. In dieser Periode wird die Differenz zwischen anteilig ermittelten Gesamterlösen und den in den vergangenen Perioden schon erfassten Auftragserlösen als Umsatzerlöse erfasst. Die zu erfassenden Auftragskosten sind entsprechend zu ermitteln. Im Ergebnis werden somit die Auswirkungen der Schätzung, die der aktuellen und den vergangenen Perioden zuzurechnen sind, in der aktuellen Periode erfasst.

Hat der Auftragnehmer Ausgaben im Zusammenhang mit künftigen Tätigkeiten im Rahmen des Fertigungsauftrags unternommen, sind diese als Vermögenswerte zu erfassen, soweit die entsprechenden Ansatzvoraussetzungen erfüllt sind. Hat der Auftragnehmer z. B. Rohstoffe erworben, welche noch nicht verarbeitet wurden, sind diese zu aktivieren und nicht als Auftragskosten der Periode im Aufwand zu erfassen.

Umsatzerlöse und Auftragskosten sind nach IAS 11 entsprechend des Leistungsfortschritts in der Gesamtergebnisrechnung abzubilden. Wird es in künftigen Perioden unwahrscheinlich, dass ein Teil der erfassten Umsatzerlöse tatsächlich erlöst wird, ist dies als **Wertberichtigung** des Aktivpostens darzustellen und nicht als Korrektur der Umsatzerlöse.

Ein Parameter, welcher sich wesentlich auf die erfassten Umsatzerlöse und Auftragskosten auswirkt, ist die Methode, nach der der Fertigstellungsgrad zum Bilanzstichtag ermittelt wird. Nach IAS 11.30 ist eine Methode anzuwenden anhand derer der Fertigstellungsgrad zuverlässig bestimmt werden kann. Dabei wird explizit klargestellt, dass vom Auftraggeber erhaltene Zahlungen **kein** zuverlässiger Hinweis auf den Fertigstellungsgrad sind. In IAS 11.30 werden beispielhaft Methoden genannt, anhand derer der Fertigstellungsgrad ermittelt werden kann. Diese Nennung ist nicht abschließend, so dass auch andere Methoden angewandt werden dürfen, soweit mit der entsprechenden Methode der Fertigstellungsgrad zuverlässig ermittelt werden kann.

Die Verfahren zur Ermittlung des Fertigstellungsgrads lassen sich grundsätzlich in sog. input- und output-orientierte Verfahren differenzieren.[10] Bei den erstgenannten wird der Fertigstellungsgrad auf Basis von Inputfaktoren, bei den letztgenannten auf Basis der erbrachten Leistung ermittelt. Zu den **inputorientierten Verfahren** zählen z. B.:

- ***Cost-to-Cost*-Methode**: Nach dieser Methode wird der Fertigstellungsgrad ermittelt, indem die angefallenen Kosten ins Verhältnis zu den erwarteten Gesamtkosten gesetzt werden.

$$\mathit{Fertigstellungsgrad} = \frac{\mathit{Angefallene\ Kosten}}{\mathit{Aktuell\ erwartete\ Gesamtkosten}}$$

Kosten z. B. für Rohstoffe, die schon beschafft, aber noch nicht verbraucht wurden, sind bei der Ermittlung des Fertigstellungsgrads lediglich bei den erwarteten Gesamtkosten, nicht aber bei den angefallenen Kosten zu berücksichtigen.

- ***Efforts-expended*-Methode**: Ist der Leistungsfortschritt bei einem Fertigungsauftrag im Wesentlichen von einem Inputfaktor abhängig, kann nach dieser Methode der Fertigstellungsgrad ermittelt werden, indem der verbrauchte Inputfaktor ins Verhältnis zu der insgesamt notwendigen Menge des Faktors gesetzt wird. Der Inputfaktor kann dabei z. B. Arbeitsstunden, Tonnen eines bestimmten Rohstoffs oder auch die Zeit repräsentieren.

$$Fertigstellungsgrad = \frac{Verbrauchter\ Inputfaktor}{Derzeit\ erwarteter,\ insgesamt\ notwendiger\ Inputfaktor}$$

Zu den **outputorientierten Verfahren** zählen z. B.:

- ***milestone*-Methode**: Nach dieser Methode sind für einen Fertigungsauftrag bestimmte Meilensteine zu definieren. Zudem ist zu definieren, wie hoch der Fertigstellungsgrad des Gesamtprojekts bei Erreichen der Meilensteine ist. Zum einen erfolgt die Festlegung des Fertigstellungsgrads nach dieser Methode recht willkürlich, zum anderen wird zum Bilanzstichtag i. d. R. gerade eine Phase des Projekts bearbeitet, so dass innerhalb der Meilenstein-Regelung eine weitere Methode notwendig ist, den Fertigstellungsgrad festzustellen. Ein solches Vorgehen stellt erhebliche Anforderungen an das Projektcontrolling des bilanzierenden Unternehmens, da sowohl die Projektkontrolle (Schätzung des Erfüllungsgrads der Teilprojekte) als auch die Projektplanung (Planung der Projektstruktur, Ablauf-, Zeit- und Terminplanung sowie Ermittlung von Plankosten und Budgets) entsprechend ausgeprägt sein müssen.[11]
- ***Units-of-work-performed*-Methode**: Umfasst ein Auftrag die Lieferung einer bestimmten Zahl von Gegenständen, kann der Fertigstellungsgrad anhand des Verhältnisses von gelieferten zu den insgesamt zu liefernden Gegenständen ermittelt werden.
- **Ermittlung des Fertigstellungsgrads nach dem physischen Leistungsfortschritt**: Diese Methode ist anwendbar, wenn die erbrachte Leistung in das Verhältnis zur insgesamt zu erbringenden Leistung gesetzt werden kann. Wird z. B. eine 1 600 km lange Öl-Pipeline gebaut, könnte der Fertigstellungsgrad auf Basis des Verhältnisses zwischen fertig gestellten Kilometern zu den 1 600 Gesamtkilometern ermittelt werden.

c) Ausweis und Anhangangaben

Die Offenlegungspflichten im Hinblick auf Fertigungsaufträge sind in IAS 11.39-11.45 kodifiziert. Einige der geforderten Angaben ergeben sich bereits aus den allgemeinen Anforderungen an den Ausweis in einer IFRS-Bilanz gem. IAS 1. So hat ein in der Auftragsfertigung tätiges Unternehmen gem. IAS 11.42 Folgendes anzugeben:

- Fertigungsaufträge mit aktivischem Saldo gegenüber Kunden als Vermögenswert; und
- Fertigungsaufträge mit passivischem Saldo gegenüber Kunden als Schulden.

Fraglich ist indes, ob Vermögenswerte aus Fertigungsaufträgen **Forderungs- oder Vorratscharakter** haben. Bei wirtschaftlicher Betrachtungsweise scheint insgesamt der Forderungscharakter zu überwiegen, so dass auch die Bilanzierungspraxis den Ausweis unter den Forderungen bevorzugt.[12] Die Entscheidung über die Zuordnung ist – soweit nicht unwesentlich – im Anhang im Zusammenhang mit den Erläuterungen der Bilanzierungsmethoden anzugeben.

Gleichwohl enthält IAS 11.43-11.40 Vorschriften darüber, was als Vermögenswert oder als Schuld zu erfassen ist. Dabei sind die folgenden Komponenten zu berücksichtigen:

	Angefallene Auftragskosten
+	Ausgewiesene Gewinne gem. Fertigstellungsgrad
–	Ausgewiesene Verluste einschließlich Verlustantizipation
–	Teilabrechnungen
=	Vermögenswert (sofern aktivisch) bzw. Schuld (sofern passivisch)

Ist das Ergebnis dieser Berechnung **positiv**, so sind »Fertigungsaufträge mit aktivischem Saldo gegenüber Kunden« als Vermögenswert in der Bilanz anzusetzen. Ist das Ergebnis dieser Berechnung **negativ**, sind »Fertigungsaufträge mit passivischem Saldo gegenüber Kunden« in der Bilanz als Schuld anzusetzen. Soweit ein Vermögenswert separat ausgewiesen wird, ist auch eine andere eindeutige Bezeichnung wie »Forderungen gem. PoC-Methode« möglich.

Teilabrechnungen versus Anzahlungen

Bei der Berechnung des als Vermögenswert oder Schuld anzusetzenden Betrags sind Teilabrechnungen in Abzug zu bringen. Wichtig ist in diesem Zusammenhang eine Differenzierung von Teilabrechnungen und Anzahlungen. **Teilabrechnungen** sind nach IAS 11.41 für eine vertragsgemäß erbrachte Leistung in Rechnung gestellte Beträge, unabhängig davon, ob sie vom Kunden bezahlt wurden oder nicht. Die in Rechnung gestellten Beträge fallen nicht mehr in den Anwendungsbereich des IAS 11. Stattdessen handelt es sich um ein Finanzinstrument, das nach IAS 32, IAS 39 und IFRS 7 zu bilanzieren ist. Teilabrechnungen sind grundsätzlich unter den Forderungen aus Lieferungen und Leistungen auszuweisen.

Anzahlungen sind hingegen Beträge, die beim Auftragnehmer eingehen, bevor die dazugehörige Leistung erbracht ist. Diese sind auf der Passivseite der Bilanz als Schuld auszuweisen.

Besonders relevante Angaben betreffen die Erläuterungen der Bilanzierungs- und Bewertungsmethoden sowie der bereits ausgewiesenen Gewinne noch laufender Fertigungsaufträge. Gemäß IAS 11.39-11.40 sind in diesem Zusammenhang folgende Informationen im Anhang eines IFRS-Abschlusses offen zu legen:

- die in der Berichtsperiode erfassten Auftragserlöse sowie deren Ermittlungsmethoden; sowie
- die Methoden zur Ermittlung des Fertigstellungsgrads laufender Projekte unter Angabe
  - der Summe angefallener Kosten und ausgewiesener Gewinne (abzüglich etwaiger ausgewiesener Verluste),
  - des Betrags erhaltener Anzahlungen und
  - des Betrags von Einbehalten i. S. d. IAS 11.41, d. h. Beträge für Teilabrechnungen, welche erst dann vom Auftraggeber bezahlt werden, wenn die im Fertigungsvertrag festgeschriebenen Bedingungen erfüllt oder etwaige Fehler behoben wurden.

Überdies wird in IAS 11.45 i. V. m. IAS 37 gefordert, Eventualschulden und Eventualforderungen anzugeben. Diese können z. B. aus Gewährleistungsverpflichtungen, Nachforderungen, Vertragsstrafen oder möglichen Verlusten resultieren.

5. Beispiele zur Abbildung von Fertigungsaufträgen nach IAS 11

a) Überblick

Die folgenden Beispiele basieren auf der PoC-Methode, nach welcher die Umsatzrealisierung dem Fertigstellungsgrad folgt. In der Praxis ist die häufigste Methode, nach der der Fertigstellungsgrad ermittelt wird, die *Cost-to-Cost*-Methode[13]. Zum einen ist bei dieser Methode die Berechnung des Fertigstellungsgrads recht einfach, zum anderen ist sie auch buchungstechnisch am einfachsten anzuwenden. Denn bei der *Cost-to-Cost*-Methode entsprechen – aufgrund der Berechnungssystematik des Fertigstellungsgrads – die anteilig zu erfassenden Kosten den tatsächlich angefallenen Kosten (Ausnahme: Verlustfall).

Soweit nach einer anderen Methode die anteilig in einer Periode zu erfassenden Kosten von den tatsächlich angefallenen Kosten abweichen, sind in der Bilanz Abgrenzungsposten zu erfassen. Dies ist notwendig, da die zu erfassenden Umsatzerlöse und Kosten nach IAS 11.22 auf Basis der PoC–Methode zu bestimmen sind.

In den folgenden Abschnitten wird die Abbildung von Fertigungsaufträgen zunächst anhand der praktisch relevantesten *Cost-to-Cost*-Methode beispielhaft erläutert. Anschließend wird auf Besonderheiten hingewiesen, welche zu berücksichtigen sind, wenn eine andere als die *Cost-to-Cost*-Methode zur Ermittlung des Fertigstellungsgrads angewandt wird.

Die Gesamtergebnisrechnung wird im Folgenden nach dem Umsatzkostenverfahren (UKV) gegliedert. Nach dem Gesamtkostenverfahren (GKV) sind die Umsatzerlöse wie im Beispiel gezeigt zu erfassen. Die Aufwendungen sind dagegen den einzelnen Kostenarten zuzurechnen. Latente Steuern werden aus Vereinfachungsgründen in den nachfolgenden Beispielen nicht berücksichtigt.

b) Abbildung nach der Cost-to-Cost-Methode

aa) Sachverhalt: Ausgangsfall

Die A AG erhält im Februar des Jahres 20X1 den Auftrag, eine große Produktionsanlage zu bauen. Der Auftrag erfüllt die Definition eines Fertigungsauftrags i. S. d. IAS 11. Die A AG erhält für den Auftrag 30 Mio. €. Die Auftragskosten werden voraussichtlich 20 Mio. € betragen. Zum Ende des Jahres 20X1 sind 6 Mio. € Auftragskosten angefallen, zum Ende des Jahres 20X2 insgesamt 16 Mio. €, im Jahr 20X3 wird schließlich die Produktionsanlage fertig gestellt. In nachfolgender Tabelle wird gezeigt, wie der Fertigungsauftrag abzubilden ist:

Jahr	**20X1**	**20X2**	**20X3**
Am Ende des Jahres erwartete Gesamtkosten (in Mio. €)	20	20	20
Bis zum Ende des Jahres insgesamt angefallene Kosten (in Mio. €)	6	16	20
Fertigstellungsgrad	30%	80%	100%
Umsatzerlöse (in Mio. €)	9	15	6
Herstellungskosten (in Mio. €)	6	10	4
Ergebnis (in Mio. €)	**3**	**5**	**2**
Forderung gem. PoC-Methode (in Mio. €)	9	24	30

Am Ende des Jahres 20X1 beträgt der Fertigstellungsgrad (6/20 =) 30 %. Bis zum Ende des Jahres 20X1 sind insgesamt 30 % der gesamten Auftragserlöse zu erfassen. Da in der Vergangenheit keine Umsatzerlöse erfasst wurden, sind im aktuellen Jahr 9 Mio. € als Umsatzerlöse zu erfassen. Zudem ist eine ›Forderung gem. PoC-Methode‹ i. H. v. 9 Mio. € zu erfassen.

t_1	Forderung gem. PoC-Methode	an Umsatzerlöse	9 Mio. €

Die zu erfassenden Auftragskosten entsprechen nach der *Cost-to-Cost*-Methode den tatsächlich angefallenen Kosten. Im Jahr 20X1 wird ein Gewinn von 3 Mio. € erzielt.

Am Ende des Jahres 20X2 beträgt der Fertigstellungsgrad (16/20 =) 80 %. Bis zum Ende des Jahres 20X2 sind insgesamt 80 % (24 Mio. €) der geschätzten Auftragserlöse zu erfassen. In der Vergangenheit wurden bereits 9 Mio. € Umsatzerlöse erfasst, daher sind im Jahr 20X2 15 Mio. € als Umsatzerlöse zu erfassen.

t_2	Forderung gem. PoC-Methode	an Umsatzerlöse	15 Mio. €

Im Jahr 20X2 wird ein Gewinn von 5 Mio. € erzielt.

Im Jahr 20X3 wird der Auftrag schließlich fertig gestellt, der Fertigstellungsgrad beträgt (20/20 =) 100 %. Bis zum Ende des Jahres 20X3 sind 100 % (30 Mio. €) der geschätzten Auftragserlöse zu erfassen. In der Vergangenheit wurden bereits 24 Mio. € Umsatzerlöse erfasst, daher sind im Jahr 20X3 6 Mio. € als Umsatzerlöse zu erfassen. Im Jahr 20X3 wird ein Gewinn von 2 Mio. € erzielt, während sowohl Umsatzerlöse als auch Gesamtgewinn auf die drei Perioden verteilt wurden.

t_3	Forderung gem. PoC-Methode	an Umsatzerlöse	6 Mio. €

bb) Abwandlung 1: Schätzungsänderung und Teilabrechnung

Die Daten des Sachverhalts in Abschnitt aa) gelten mit der Abwandlung, dass die erwarteten Gesamtkosten ab 20X2 nicht 20 Mio. €, sondern 24 Mio. € betragen. Bis zum Ende des Jahres 20X2 sind 18 Mio. € Kosten angefallen. Ende des Jahres 20X2 wird eine Rechnung für erbrachte Leistungen über 12 Mio. € gestellt. Der Auftrag ist wie folgt zu erfassen:

Jahr	**20X1**	**20X2**	**20X3**
Am Ende des Jahres erwartete Gesamtkosten (in Mio. €)	20	24	24
Bis zum Ende des Jahres insgesamt angefallene Kosten (in Mio. €)	6	18	24
Fertigstellungsgrad	30%	75%	100%
Umsatzerlöse (in Mio. €)	9	13,5	7,5
Herstellungskosten (in Mio. €)	6	12	6
Ergebnis (in Mio. €)	**3**	**1,5**	1,5
Forderung gem. PoC-Methode (in Mio. €)	9	10,5	18

Die Darstellung im Jahr 20X1 entspricht der des Ausgangsfalls.

Im Jahr 20X2 tritt eine Änderung der Schätzung ein. Die gesamten Auftragskosten betragen voraussichtlich 24 Mio. €. Der Fertigstellungsgrad am Ende der Periode 20X2 beträgt (18/24 =) 75 %. Bis zum Ende des Jahres 20X2 sind insgesamt 75 % (22,5 Mio. €) der geschätzten Auftragserlöse zu erfassen. In der Vergangenheit wurden bereits 9 Mio. € Umsatzerlöse erfasst, daher sind im Jahr 20X2 13,5 Mio. € als Umsatzerlöse abzubilden.

t_2 Forderung gem. PoC-Methode an Umsatzerlöse 13,5 Mio. €

Die Höhe der ›Forderung gem. PoC-Methode‹ ist wie folgt zu ermitteln:

	Angefallene Auftragskosten	18
+	Ausgewiesene Gewinne gem. Fertigstellungsgrad	4,5
–	Ausgewiesene Verluste einschließlich Verlustantizipation	–
–	*Teilabrechnungen*	*–12*
=	Vermögenswert (Forderung gem. PoC-Methode)	10,5

Der Betrag der Teilabrechnung ist – der gängigen Bilanzierungspraxis folgend – unter den Forderungen aus Lieferungen und Leistungen auszuweisen.

Im Jahr 20X2 wird ein Gewinn von 1,5 Mio. € erzielt.

Im Jahr 20X3 sind die Umsatzerlöse und Kosten schließlich entsprechend zu erfassen.

cc) Abwandlung 2: Verlustsituation

Die Daten des Sachverhalts in Abschnitt aa) gelten mit der Abwandlung, dass die erwarteten Gesamtkosten des Auftrags ab 20X2 nicht 20 Mio. €, sondern 34 Mio. € betragen. Aus dem Auftrag wird insgesamt ein Verlust realisiert. Bis zum Ende des Jahres 20X2 sind 22 Mio. € Kosten angefallen. Der Auftrag ist wie folgt zu erfassen:

Jahr	**20X1**	**20X2**	**20X3**
Am Ende des Jahres erwartete Gesamtkosten (in Mio. €)	20	34	34
Bis zum Ende des Jahres insgesamt angefallene Kosten (in Mio. €)	6	22	34
Fertigstellungsgrad	30%	64,7%	100%
Umsatzerlöse (in Mio. €)	9	10,4	10,6
Herstellungskosten (in Mio. €)	6	(16+1,4=)17,4	(12–1,4=)10,6
Ergebnis (in Mio. €)	**3**	**–7**	**0**
Forderung gem. PoC-Methode (in Mio. €)	9	18	30

Die Darstellung im Jahr 20X1 entspricht der des Ausgangsfalls.

Ende des Jahres 20X2 betragen die erwarteten Gesamtkosten des Auftrags 34 Mio. €. Das Projekt wird insgesamt voraussichtlich mit einem Verlust i. H. v. 4 Mio. € abgeschlossen. Der Fertigstellungsgrad beträgt Ende 20X2 (22/34=) 64,7 %. Bis zum Ende des Jahres 20X2 sind insgesamt 64,7 % (19,4 Mio. €) der geschätzten Auftragserlöse zu erfassen. In der Vergangenheit wurden bereits 9 Mio. € Umsatzerlöse erfasst, daher sind im Jahr 20X2 10,4 Mio.

€ als Umsatzerlöse zu erfassen. In 20X2 sind insgesamt 16 Mio. € Kosten angefallen, welche zu erfassen sind. Bei Erfassung dieser Erlöse und Kosten würde der Verlust des Jahres 20X2 5,6 Mio. € (10,4 Mio. € – 16 Mio. €) betragen.

Nach IAS 11.36 sind aber erwartete Verluste unmittelbar in voller Höhe zu darzustellen. Über die Jahre 20X1 und 20X2 hinweg wurde bisher ein Verlust von 2,6 Mio. € (3 Mio. € Gewinn in 20X1 abzüglich 5,6 Mio. € Verlust in 20X2) erfasst. Da der erwartete Gesamtverlust aus dem Fertigungsauftrag indes 4 Mio. € beträgt, sind zusätzlich zu den 16 Mio. € Herstellungskosten 1,4 Mio. € Verlust zu erfassen. Der gesamte Aufwand des Jahres 20X2 beträgt somit 17,4 Mio. €, der Verlust des Jahres 20X2 beträgt 7 Mio. € und der bisher erfasste Gesamtverlust entspricht somit dem erwarteten Verlust aus dem Fertigungsauftrag (4 Mio. €).

Der zum Ende des Jahres 20X2 anzusetzende Vermögenswert ist wie folgt zu ermitteln:

	Angefallene Auftragskosten	22
+	Ausgewiesene Gewinne gem. Fertigstellungsgrad	3
–	Ausgewiesene Verluste einschließlich Verlustantizipation	7
–	*Teilabrechnungen*	*0*
=	Vermögenswert (Forderung gem. PoC-Methode)	18

Im Jahr 20X3 wird der Auftrag fertig gestellt, der Fertigstellungsgrad beträgt (34/34 =) 100 %. Bis zum Ende des Jahres 20X3 sind 100 % (30 Mio. €) der geschätzten Auftragserlöse zu erfassen. In der Vergangenheit wurden bereits 19,4 Mio. € Umsatzerlöse erfasst, daher sind im Jahr 20X3 10,6 Mio. € als Umsatzerlöse zu erfassen. Im Jahr 20X3 fallen Kosten i. H. v. 12 Mio. € an. Davon sind 1,4 Mio. € abzuziehen, welche schon im Jahr 20X2 erfasst wurden. Die in 20X3 zu erfassenden Kosten betragen 10,6 Mio. €. Das in 20X3 realisierte Ergebnis beträgt 0 €, während der Verlust aus dem Fertigungsauftrag insgesamt 4 Mio. € beträgt.

dd) Abwandlung 3: Zuverlässige Schätzung zunächst nicht möglich

Die Daten des Sachverhalts in Abschnitt aa) gelten mit der Abwandlung, dass die erwarteten Gesamtkosten Ende 20X1 nicht zuverlässig zu schätzen sind. Ende 20X2 ist eine zuverlässige Schätzung der Gesamtkosten möglich. Diese betragen voraussichtlich 20 Mio. €. Ende 20X1 sind 6 Mio. €, Ende des Jahres 20X2 sind insgesamt 16 Mio. € Kosten angefallen. Der Auftrag ist wie folgt zu erfassen:

Jahr	**20X1**	**20X2**	**20X3**
Am Ende des Jahres erwartete Gesamtkosten (in Mio. €)		20	20
Bis zum Ende des Jahres insgesamt angefallene Kosten (in Mio. €)	6	16	20
Fertigstellungsgrad	–	80%	100%
Umsatzerlöse (in Mio. €)	6	18	6
Herstellungskosten (in Mio. €)	6	10	4
Ergebnis (in Mio. €)	**0**	**8**	**2**
Forderung gem. PoC-Methode (in Mio. €)	6	24	30

Im Jahr 20X1 ist eine zuverlässige Schätzung des Ergebnisses aus dem Fertigungsauftrag nicht möglich. Daher ist Ende 20X1 die *Zero-Profit-Margin*-Methode anzuwenden. Nach dieser Methode werden Umsatzerlöse nur in Höhe der wahrscheinlich einbringbaren Auftragskosten erfasst, mithin i. H. v. 6 Mio. €. Das im Jahr 20X1 realisierte Ergebnis beträgt 0 €.

Ende des Jahres 20X2 sind die Auftragserlöse und Auftragskosten zuverlässig messbar. Der Fertigstellungsgrad beträgt (16/20 =) 80 %. Bis zum Ende des Jahres 20X2 sind insgesamt 80 % (24 Mio. €) der geschätzten Auftragserlöse zu erfassen. In der Vergangenheit wurden bereits 6 Mio. € Umsatzerlöse erfasst, daher sind im Jahr 20X2 18 Mio. € als Umsatzerlöse vom bilanzierenden Unternehmen zu erfassen. Im Jahr 20X2 wird ein Gewinn von 8 Mio. € erzielt. Im Vergleich zum Ausgangsfall wird hier der Gewinn in 20X2 realisiert, welcher im Ausgangsfall auf die Jahre 20X1 und 20X2 verteilt worden war.

Im Jahr 20X3 sind die Beträge entsprechend bilanziell abzubilden.

c) Abbildung abweichend von der Cost-to-Cost-Methode

Wird der Fertigstellungsgrad eines Fertigungsauftrags anhand der *Cost-to-Cost*-Methode ermittelt, entsprechen die anteilig zu erfassenden Auftragskosten den in der Periode angefallenen Kosten. Wird der Fertigstellungsgrad anhand einer anderen Methode ermittelt, kommt es zu Abweichungen zwischen den anteilig zu erfassenden Kosten und den tatsächlich in der Periode angefallenen Kosten. Die abweichend von den tatsächlich angefallenen Kosten zu erfassenden Kosten sind mit Hilfe von Abgrenzungsposten abzubilden, welche unter den sonstigen Vermögenswerten oder sonstigen Schulden auszuweisen sind. Dies wird anhand des folgenden Beispiels erläutert:

BEISPIEL:

Die A AG erhält den Auftrag, eine Brücke über die Mosel zu bauen. Die Gesamtkosten werden auf 5 Mio. € geschätzt, die Gesamterlöse auf 7 Mio. €. Am Ende des ersten Jahres sind 2 Mio. € Kosten angefallen. Der anhand der Milestone-Methode ermittelte Fertigstellungsgrad beträgt 60 %. Die Differenz ist vor allem darauf zurück zu führen, dass die erfolgreichen Fundamentarbeiten einen großen Teil zur Wertschöpfung beitragen. Der Sachverhalt ist wie folgt abzubilden:

Jahr	**20X1**	**20X2**
Am Ende des Jahres erwartete Gesamtkosten (in Mio. €)	5	5
Bis zum Ende des Jahres insgesamt angefallene Kosten (in Mio. €)	2	5
Fertigstellungsgrad	60 %	100 %
Umsatzerlöse (in Mio. €)	4,2	2,8
Herstellungskosten (in Mio. €)	3	2
Ergebnis (in Mio. €)	**1,2**	**0,8**
Forderung gem. PoC-Methode (in Mio. €)	4,2	7
Fertigungsauftrag mit passivischem Saldo (in Mio. €)	1	0

Am Ende des Jahres 20X1 beträgt der Fertigstellungsgrad 60 %. Bis zum Ende des Jahres 20X1 sind insgesamt 60 % der gesamten Auftragserlöse zu erfassen. Da in der Vergangenheit keine Umsatzerlöse erfasst wurden, sind im aktuellen Jahr 4,2 Mio. € als Umsatzerlöse zu erfassen (60 % × 7 Mio. €). Zudem ist eine ›Forderung gem. PoC-Methode‹ i. H. v. 4,2 Mio. € zu erfassen.

t_1	Forderung gem. PoC-Methode	an Umsatzerlöse	4,2 Mio. €

Als Auftragskosten sind 60 % der erwarteten Gesamtkosten zu erfassen. Dies sind 3 Mio. €. Tatsächlich sind im Jahr 20X1 indes 2 Mio. € an Kosten angefallen. Die verbleibenden 1 Mio. € sind zusätzlich durch folgende Buchung abzubilden:

t_1	Umsatzkosten	an Fertigungsauftrag mit passivischem Saldo	1 Mio. €

Am Ende des Jahres 20X2 beträgt der Fertigstellungsgrad 100 %. Bis zum Ende des Jahres 20X2 sind dann insgesamt 100 % der geschätzten Auftragserlöse zu erfassen. In der Vergangenheit wurden bereits 4,2 Mio. € Umsatzerlöse erfasst, daher sind im Jahr 20X2 durch folgende Buchung 2,8 Mio. € als Umsatzerlöse zu erfassen.

Zudem sind in 20X2 die verbleibenden 40 % der Auftragskosten zu erfassen. Dies sind 2 Mio. €. Tatsächlich sind in 20X2 jedoch 3 Mio. € Kosten angefallen und erfasst worden. Der passivische Abgrenzungsposten ist wie folgt aufzulösen:

t_1	Fertigungsauftrag mit passivischem Saldo	an Umsatzkosten	1 Mio. €

6. Weiterführende Literatur

Dobler, Ertragsvereinnahmung bei Fertigungsaufträgen nach IAS 11 und den Vorschlägen des Projekts Revenue Recognition – Vergleich und kritische Würdigung, KoR 2006, S. 658-667;

Hommel/Schmitz/Wolf, IFRIC D21 »Real Estate Sales« – Die Percentage-of-Completion-Methode vor dem Aus?, WPg 2007, S. 1012-1020;

Kirsch, Bewertung von Fertigungsaufträgen nach der Percentage-of-Completion-Methode, KoR 2006, S. 52-58;

Kühnberger, Ausgewählte Probleme der Bilanzierung von Fertigungsaufträgen nach IAS 11, KoR 2006, S. 658-667;

Pottgießer/Velte/Weber, Die langfristige Auftragsfertigung nach IAS 11, KoR 2005, S. 310-318.

II. Ertragsteuern

RELEVANTE STANDARDS

IAS 12 – Ertragsteuern
SIC-25 – Ertragsteuern – Änderungen im Steuerstatus eines Unternehmens oder seiner Anteilseigner

KERNAUSSAGEN

- Die Bilanzierung von Ertragsteuern gem. IAS 12 hat für alle Steuern vom Einkommen und Ertrag zu erfolgen. Verkehr-, Verbrauch- und Substanzsteuern fallen nicht in den Anwendungsbereich des Standards.
- Offene Positionen aus tatsächlichen Ertragsteuern sind als Vermögenswerte oder Schulden in Höhe des erwarteten Zahlungsstroms zu bilanzieren und werden grundsätzlich erfolgswirksam erfasst. Eine Saldierung erfolgt nur dann, wenn ein einklagbares Recht zur Aufrechnung besteht.
- Nach dem in den IFRS umgesetzten Temporary-Konzept sind latente Steuern für alle temporären Differenzen zwischen IFRS-Buchwerten und Steuerwerten zu bilden.
- Eine aktive latente Steuer (latente Steuerforderung) ist anzusetzen, soweit der IFRS-Buchwert eines Vermögenswerts niedriger, oder der IFRS-Buchwert einer Schuld höher als dessen / deren Steuerwert ist.
- Eine passive latente Steuer (latente Steuerverbindlichkeit) ist anzusetzen, soweit der IFRS-Buchwert eines Vermögenswerts höher, oder der IFRS-Buchwert einer Schuld niedriger als dessen / deren Steuerwert ist.
- Neben den latenten Steuern auf temporäre Differenzen sind latente Steuern auch für den Vorteil zu bilden, welcher mit steuerlichen Verlustvorträgen oder Steuergutschriften verbunden ist.
- Aktive latente Steuern sind soweit anzusetzen, wie eine künftige Realisation wahrscheinlich ist.
- Latente Steuern werden mit dem zum Zeitpunkt der Auflösung der temporären Differenzen erwarteten Steuersatz bewertet. Latente Steueransprüche und latente Steuerschulden sind nicht abzuzinsen. Aktive latente Steuern sind jährlich auf Werthaltigkeit zu prüfen.
- Die Erfassung latenter Steuern erfolgt analog zur Behandlung des zu Grunde liegenden Sachverhalts im Gewinn/Verlust, im sonstigen Ergebnis oder direkt im Eigenkapital.

1. Anwendungsbereich des IAS 12

IAS 12 regelt die **bilanzielle Abbildung** der Steuern vom Einkommen und Ertrag (**Ertragsteuern**). Entsprechend ist der Standard nicht anzuwenden auf die bilanzielle Behandlung von Verkehrssteuern (z. B. Grunderwerbsteuer, Zölle), Verbrauchsteuern (z. B. Energiesteuer, Tabaksteuer, Umsatzsteuer) und Substanzsteuern (z. B. Grundsteuer,

Vermögensteuer). In Deutschland ist IAS 12 demnach anzuwenden auf die Einkommen- und Körperschaftsteuer mit Solidaritätszuschlag sowie die Gewerbesteuer. Darüber hinaus fallen auch Quellensteuern in den Anwendungsbereich des Standards. Eine Quellenbesteuerung liegt z. B. vor, wenn die Steuern auf Dividenden nicht vom Dividendenempfänger, sondern vom ausschüttenden Unternehmen an die Steuerbehörde abzuführen sind. IAS 12 gilt rechtsformunabhängig für alle IFRS Einzel- und Konzernabschlüsse.

Tatsächliche versus latente Steuern

Neben der Bilanzierung **tatsächlicher Steuerforderungen und -schulden** regelt IAS 12 die in ihrer bilanziellen Behandlung problematischeren **latenten Steuerwirkungen**. Latente, d. h. noch nicht entstandene Steuerforderungen oder Steuerverbindlichkeiten resultieren aus unterschiedlichen Bilanzierungsvorschriften in der IFRS-Rechnungslegung und der steuerlichen Rechnungslegung. Daneben ist auch für den künftigen Vorteil aus noch nicht genutzten steuerlichen Verlustvorträgen grundsätzlich eine aktive latente Steuer zu bilanzieren.

2. Tatsächliche Ertragsteuern

Tatsächliche Ertragsteuern sind die Steuern, die auf das zu versteuernde Einkommen einer Periode **zu zahlen sind, oder** welche **erstattet werden**. Die auf das Ergebnis einer Periode zu zahlende Steuer ist in der jeweiligen Periode als Aufwand zu erfassen. Der noch nicht gezahlte Betrag an tatsächlichen Steuern für die laufende oder eine vergangene Periode ist als Steuerschuld in der Bilanz auszuweisen. Soweit z. B. auf Grund eines steuerlichen Verlustrücktrags tatsächliche Steuern erstattet werden, ist ein Steuerertrag zu erfassen und der Anspruch gegen die Steuerbehörde als Steuerforderung zu aktivieren. Hat der Bilanzierende in der aktuellen Periode mehr Ertragsteuervorauszahlungen geleistet als er schuldet, ist ebenfalls eine Steuerforderung als Vermögenswert anzusetzen (IAS 12.12).

Grundsätzlich werden gem. IAS 12.58 tatsächliche Ertragsteuern **erfolgswirksam** im Gewinn oder Verlust erfasst. Eine Klarstellung enthält IAS 12.65A für Dividendenzahlungen an die Unternehmenseigner, wenn die Unternehmen verpflichtet sind, einen Teil der Dividenden direkt an die Steuerbehörden abzuführen (Quellensteuer). Diese Quellensteuern sind beim ausschüttenden Unternehmen nicht im Gewinn oder Verlust zu erfassen, sondern als Bestandteil der Dividende direkt mit dem Eigenkapital zu verrechnen.

Steuerforderungen und Steuerverbindlichkeiten sind gem. IAS 1.54 (n) in der Bilanz **separat auszuweisen**. Ebenso ist der Steueraufwand oder Steuerertrag (inklusive des latenten Steueraufwands bzw. Steuerertrags) in der Gesamtergebnisrechnung gem. IAS 1.82 (d) getrennt von anderen Vermögenswerten und Schulden auszuweisen.

Die tatsächlichen Ertragsteuern bzw. Steuerforderungen oder Steuerverbindlichkeiten werden **mit dem Betrag** bewertet, **in dessen Höhe ein Zahlungsstrom entsteht oder erwartet wird**. Bei Schätzung der Zahlungsströme ist grundsätzlich auf die am Bilanzstichtag geltenden Steuersätze abzustellen.

Eine Saldierung von tatsächlichen Ansprüchen und Schulden aus Ertragsteuern ist gem. IAS 12.71 nur dann geboten, wenn ein **einklagbares Recht zur Aufrechnung** besteht und der Bilanzierende einen Ausgleich beider Posten auf Nettobasis anstrebt. Ein einklagbares Recht liegt nach IAS 12.72 häufig dann vor, wenn die Ansprüche und Verbindlichkeiten gegenüber derselben Steuerbehörde bestehen und diese eine Nettozahlung gestattet.

3. Latente Ertragsteuern

a) Grundlagen des Temporary-Konzepts

Der Bilanzierung latenter Steuern können **unterschiedliche Ziele** zu Grunde liegen. Grundsätzlich ist die Bilanzierung latenter Steuern entweder GuV-orientiert oder bilanzorientiert. Bei einer GuV-orientierten Auslegung der Bilanzierung latenter Steuern steht grundsätzlich der Ausweis eines im Verhältnis zum ausgewiesenen Vorsteuerergebnis angemessenen Steueraufwands im Vordergrund. Bei einer bilanzorientierten Auslegung der Bilanzierung latenter Steuern steht ein angemessener Ausweis der latenten Steuerforderungen und -verbindlichkeiten im Vordergrund. In IAS 12 ist eine bilanzorientierte Auslegung der Bilanzierung latenter Steuern umgesetzt.

Bei der in IAS 12 umgesetzten Bilanzierung latenter Steuern werden latente Steuern nach dem sog. Temporary-Konzept bilanziert. Danach werden latente Steuern auf temporäre Differenzen bilanziert. **Temporäre Differenzen** sind Differenzen zwischen dem Buchwert und dem Steuerwert eines Vermögenswerts oder einer Schuld.

BEISPIEL:

In den folgenden Sachverhalten entstehen auf Grund unterschiedlicher Bilanzierungsvorschriften in der IFRS- und steuerlichen Rechnungslegung Differenzen zwischen dem IFRS-Buchwert und dem Steuerwert (temporäre Differenzen):

Fall 1: Eine Sachanlage mit Anschaffungskosten von 1 000 € wird nach IFRS über fünf Jahre, für Steuerzwecke über vier Jahre linear abgeschrieben. Nach einem Jahr beträgt der Buchwert 800 €, der Steuerwert beträgt 750 €. Diese Differenz gleicht sich mit Verkauf der Sachanlage oder spätestens nach weiteren vier Jahren aus, wenn sowohl Buchwert als auch Steuerwert gleich Null sind.

Fall 2: Entwicklungskosten wurden nach IAS 38 i. H. v. 12 000 € aktiviert. Für Steuerzwecke ist dies nicht zulässig. Der Buchwert beträgt 12 000 €, der Steuerwert 0 €. Auch diese Differenz gleicht sich durch Veräußerung der Entwicklung oder spätestens nach Abschreibung der Entwicklungskosten aus.

Fall 3: Nach IAS 37 ist für einen belastenden Vertrag eine Rückstellung i. H. v. 1 000 € passiviert worden. Dies ist für Steuerzwecke nicht zulässig. Der Buchwert beträgt 1 000 €, der Steuerwert 0 €. Mit Auflösung der Rückstellung (durch Erfüllung oder Wegfall des Rückstellungsgrunds) wird die Differenz ausgeglichen.

Nach dem Temporary-Konzept werden zwei Arten von temporären Differenzen unterschieden:

- **Zu versteuernde temporäre Differenzen**, die grundsätzlich den Ansatz einer **passiven latenten Steuer** erfordern.
- **Abzugsfähige temporäre Differenzen**, die grundsätzlich den Ansatz einer **aktiven latenten Steuer** erfordern.

Ist das steuerliche Ergebnis in der **künftigen Periode**, in welcher sich die temporäre Differenz auflöst, **größer** als das Ergebnis nach IFRS und ist die künftige tatsächliche Steuerbelastung höher als sie es auf Basis des IFRS-Ergebnisses wäre, liegt eine **zu versteuernde temporäre Differenz** vor, welche den Ansatz einer **passiven latenten Steuer** erfordert.

BEISPIEL (FORTSETZUNG):

Fall 1: Der Buchwert der Sachanlage beträgt 800 €, der Steuerwert 750 €. Wird der Buchwert der Sachanlage in kommenden Perioden durch Nutzung oder Veräußerung realisiert, wird das steuerliche Ergebnis künftig um 50 € höher sein, als das Ergebnis nach IFRS. Dies liegt daran, dass für IFRS der Buchwert ein Abschreibungspotenzial von 800 € enthält, der Steuerwert dagegen lediglich 750 €. Bei einem angenommenen Steuersatz von 30 % ist die künftige Steuermehrbelastung i. H. v. 50 € × 30 % = 15 € durch den Ansatz einer passiven latenten Steuer zu berücksichtigen.

Fall 2: Wird in künftigen Perioden der Buchwert der Entwicklungskosten realisiert, wird das steuerliche Ergebnis um 12 000 € höher sein, als das IFRS-Ergebnis. Dies liegt daran, dass der Buchwert nach IFRS ein Abschreibungspotenzial von 12 000 €, der Steuerwert von 0 € dagegen kein Abschreibungspotenzial enthält. Bei einem angenommenen Steuersatz von 30 % ist die künftige Steuermehrbelastung i. H. v. 12 000 € × 30 % = 3 600 € durch den Ansatz einer passiven latenten Steuer zu berücksichtigen.

Ist das steuerliche Ergebnis in der **künftigen Periode**, in der sich die temporäre Differenz auflöst, **kleiner** als das Ergebnis nach IFRS und ist die künftige tatsächliche Steuerbelastung niedriger als sie es auf Basis des IFRS-Ergebnisses wäre, liegt eine **abzugsfähige temporäre Differenz** vor, welche den Ansatz einer **aktiven latenten Steuer** erfordert.

BEISPIEL (FORTSETZUNG):

Fall 3: Im IFRS-Abschluss wurde eine Rückstellung für einen belastenden Vertrag i. H. v. 1 000 € angesetzt. Für steuerliche Zwecke ist der Ansatz einer solchen Rückstellung nicht zulässig. In künftigen Perioden wird das steuerliche Ergebnis um 1 000 € niedriger sein, als das IFRS-Ergebnis: Der Aufwand der kommenden Perioden wird nach IFRS gegen die Rückstellung verrechnet, für steuerliche Zwecke ist der Aufwand in der Ergebnisrechnung zu erfassen. Alternativ ist nach IFRS ein Ertrag aus der Auflösung der Rückstellung zu erfassen, welcher steuerlich nicht entstehen würde. Bei einem angenommenen Steuersatz von 30 % ist die künftige Steuerentlastung durch den Ansatz einer aktiven latenten Steuer i. H. v. 1 000 € × 30 % = 300 € zu berücksichtigen.

Abbildung F.2 gibt einen Überblick darüber, in welchen Fällen zu versteuernde und abzugsfähige temporäre Differenzen vorliegen:

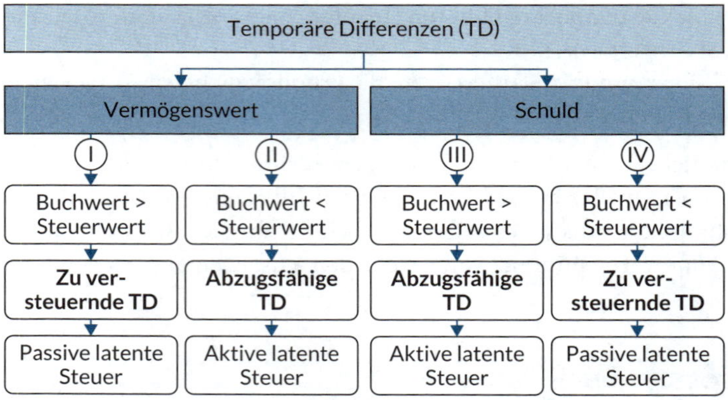

Abbildung F.2 Temporäre Differenzen und latente Steuern

BEISPIELE:

Ⓘ Sachanlagen werden für steuerliche Zwecke degressiv, nach IFRS linear abgeschrieben.

Entwicklungskosten werden nach IAS 38 aktiviert, für steuerliche Zwecke ist dies nicht zulässig.

Ⓘⓘ Nicht produktionsbezogene Kosten der allgemeinen Verwaltung werden in die steuerlichen Herstellungskosten von Vorräten einbezogen. Nach IFRS ist dies nicht zulässig.

Ⓘⓘⓘ Eine Drohverlustrückstellung wird nach IFRS angesetzt. Dies ist für steuerliche Zwecke nicht zulässig.

Eine Rückstellung wird steuerlich mit einem höheren Zins abgezinst als nach IFRS.

Ⓘⓥ Für Steuerzwecke wurde eine Rückstellung angesetzt, die nach IFRS nicht bilanziert werden darf.

Eine unverzinsliche Schuld wird steuerlich mit einem niedrigeren Zins abgezinst als nach IFRS.

b) Passive und aktive latente Steuern

aa) Ansatzvorschriften

(1) Passive latente Steuern

Nach IAS 12.15 sind **passive latente Steuern grundsätzlich für alle zu versteuernden temporären Differenzen** anzusetzen. Nach IAS 12.16 sind weitere Prüfungen von Ansatzkriterien (Wahrscheinlichkeit des Mittelabflusses und verlässliche Bestimmung des Werts) nicht erforderlich bzw. als erfüllt anzusehen.

IAS 12.15 enthält **Ausnahmen von der allgemeinen Ansatzpflicht** für passive latente Steuern. Danach sind latente Steuern nicht anzusetzen für Differenzen,

- die beim erstmaligen Ansatz eines Geschäfts- oder Firmenwerts entstehen und
- die beim erstmaligen Ansatz eines Vermögenswerts oder einer Schuld entstehen, wenn ihnen ein Geschäftsvorfall zu Grunde liegt, der
  - kein Unternehmenszusammenschluss ist, und
  - sich zum Zeitpunkt des Geschäftsvorfalls weder auf das IFRS-Vorsteuerergebnis noch auf das zu versteuernde Einkommen ausgewirkt hat.

Sind die Anschaffungskosten eines Unternehmenszusammenschlusses höher als das anteilig erworbene und nach IFRS 3 bewertete Eigenkapital, ist der Differenzbetrag als Goodwill auszuweisen. Auf temporäre Differenzen, die beim **erstmaligen Ansatz des Goodwill** entstehen, darf **keine latente Steuer** bilanziert werden. Würde eine passive latente Steuer angesetzt, würde sich der Buchwert des Goodwill erhöhen, worauf wiederum eine passiver latente Steuer zu bilden wäre, usw.

Nach IAS 12 sind die latenten Steuern entsprechend des zu Grunde liegenden Sachverhalts entweder im Gewinn oder Verlust, im sonstigen Ergebnis oder direkt im Eigenkapital zu erfassen. Latente Steuern auf temporäre Differenzen, die aus einem Unternehmenszusammenschluss resultieren, wirken sich auf die Höhe des aus dem Unternehmenszusammenschluss resultierenden Geschäfts- oder Firmenwerts aus. Soweit eine Differenz **nicht aus** einem **Unternehmenszusammenschluss** resultiert **und** sich der Geschäftsvorfall weder auf das **IFRS-Vorsteuerergebnis** noch auf das **zu versteuernde Ergebnis** auswirkt, wäre die latente Steuer mit dem Buchwert des Vermögenswerts oder der Schuld zu **verrechnen** (*net of tax*). Würden die Vermögenswerte und Schulden beim Zugang »net of tax« bewertet, wäre der Abschluss nach Ansicht des IASB weniger transparent. Daher ist die Bewertung »net of tax« nach IAS 12.22 (c) **nicht zulässig**.

Die soeben dargestellte **Ausnahme** beim erstmaligen Ansatz eines Vermögenswerts oder einer Schuld **gilt indes nicht**, soweit ein vom Unternehmen **ausgegebenes Finanzinstrument** sowohl eine Eigenkapitalkomponente als auch eine Fremdkapitalkomponente besitzt und für steuerliche Zwecke der Nominalwert des Instruments als Schuld angesetzt wird. Auf die Differenz zwischen dem Buchwert der Schuld und deren Steuerwert ist eine passive latente Steuer zu bilanzieren, welche mit der Eigenkapitalkomponente zu verrechnen ist.

BEISPIEL:

Ein Unternehmen begibt eine Wandelanleihe. Der Steuerwert der Wandelanleihe beträgt 1 000 €. Nach IFRS betrage der Wert der Fremdkapitalkomponente 850 € und der Wert der Eigenkapitalkomponente 150 €. Die Differenz zwischen dem Buchwert der Fremdkapitalkomponente von 850 € und dem Steuerwert der Schuld von 1 000 € ist eine zu versteuernde temporäre Differenz, für die eine passive latente Steuer zu bilanzieren ist. Die latente Steuer wird beim erstmaligen Ansatz mit der Eigenkapitalkomponente verrechnet. Bei einem angenommenen Steuersatz von 30 % lautet der Buchungssatz:

Eigenkapital	an Passive latente Steuern	45 €

Fraglich ist, ob die Ausnahmeregelung des IAS 12.24 (b) auch greift, wenn beim erstmaligen Ansatz eines Geschäftsvorfalls **gleichzeitig** eine **zu versteuernde und eine abzugsfähige Differenz** entstehen.

BEISPIELE:

Die Anschaffungs- oder Herstellungskosten einer Sachanlage enthalten nach IAS 16.16 (c) den Barwert einer nach IAS 37 anzusetzenden Rückbau- oder Rekultivierungsverpflichtung. Für Steuerzwecke wird weder die Rückstellung angesetzt (abzugsfähige temporäre Differenz) noch enthalten die Anschaffungs- oder Herstellungskosten einer Sachanlage die Rückbau- oder Rekultivierungskomponente (zu versteuernde temporäre Differenz).

Ein nach IAS 17 als Finanzierungsleasing zu klassifizierendes Leasingverhältnis wird für Steuerzwecke als Operating Leasing behandelt. Der Steuerwert des nach IAS 17 anzusetzenden Leasinggegenstands sowie der Steuerwert der Leasingverbindlichkeit betragen jeweils 0 €.

Schulz-Danso[1] geht in diesem Fall davon aus, dass ein Ansatz einer latenten Steuer sowohl beim erstmaligen Ansatz als auch in Folgeperioden nicht zulässig ist. *Lüdenbach/ Freiberg*[2] plädieren dagegen trotz des – bei wörtlicher Auslegung des IAS 12 bestehenden – Ansatzverbots für eine wirtschaftliche Betrachtung und für den Ansatz latenter Steuerposten in Folgeperioden, wenn und soweit sich der Buchwert des Leasinggegenstands vom Buchwert der Leasingverbindlichkeit auf Grund unterschiedlicher Methoden der Fortschreibung unterscheiden. Eine Erfassung der latenten Steuern „net of tax" ist in letztgenanntem Fall nicht erforderlich. Das oben genannte Argument des IASB gegen den Ansatz einer latenten Steuer greift hier somit nicht. Zudem werden durch den Ansatz der latenten Steuern die unterschiedlichen Entwicklungen der jeweils aktivischen und passivischen latenten Steuern gezeigt. Da nach der letztgenannten Abbildungsalternative nützlichere Informationen im Abschluss vermittelt werden und eine vom IASB abgelehnte Erfassung der latenten Steuern „net of tax" nicht erfolgt, schließen wir und der letztgenannten Abbildungsalternative an. Soweit das IASB keine explizite Regelung zu dieser Frage verabschiedet, ist aber davon auszugehen, dass den Unternehmen diesbezüglich ein Wahlrecht zusteht.

(2) Aktive latente Steuern

Aktive latente Steuern auf abzugsfähige temporäre Differenzen

Nach IAS 12.24 sind aktive latente Steuern für alle **abzugsfähigen temporären Differenzen** zu bilanzieren. Dies gilt indes **nur, soweit** es **wahrscheinlich** ist, dass künftig steuerpflichtiger Gewinn erzielt wird, gegen den die temporäre Differenz verwendet werden kann.

Von diesem Grundsatz **ausgenommen** sind abzugsfähige temporäre Differenzen, die beim erstmaligen Ansatz eines Vermögenswerts oder einer Schuld entstehen und aus einem Geschäftsvorfall resultieren, der kein Unternehmenszusammenschluss ist und der sich zum Zeitpunkt des Geschäftsvorfalls weder auf das IFRS-Vorsteuerergebnis noch das steuerliche Ergebnis ausgewirkt hat. Die Begründung ist dieselbe wie bei den entsprechenden zu versteuernden temporären Differenzen (vgl. S. 411 f.). Würde die aktive latente Steuer angesetzt, müsste sie mit dem Buchwert des entsprechenden Vermögenswerts oder der Schuld verrechnet werden. Dies macht den Abschluss eines Unternehmens weiniger transparent.

BEISPIEL:

Ein Unternehmen erwirbt eine Maschine für 1 000 €. Für die Maschine erhält das Unternehmen einen steuerfreien Investitionszuschuss i. H. v. 300 €, der nach IAS 20 im Buchwert der Maschine erfasst wird. Der Buchwert beim erstmaligen Ansatz beträgt also 700 €, der Steuerwert 1 000 €. Die Differenz von 300 € ist eine abzugsfähige temporäre Differenz, für die nach IAS 12.24 weder beim erstmaligen Ansatz der Maschine noch in Folgeperioden eine aktive latente Steuer bilanziert werden darf.

Der künftige wirtschaftliche Nutzen einer aktiven latenten Steuer besteht darin, dass das steuerliche Ergebnis bei Auflösung der abzugsfähigen temporären Differenz niedriger ist als das IFRS-Ergebnis und somit im Vergleich zum IFRS-Ergebnis **weniger tatsächliche Steuern zu erfassen und zu zahlen** sind. Dieser Nutzen kann indes nur dann realisiert werden, wenn künftig ein zu versteuerndes Ergebnis realisiert wird. Dieses ist bei Auflösung der abzugsfähigen temporären Differenz entsprechend niedriger.

Eine aktive latente Steuer darf nur angesetzt werden, soweit es **wahrscheinlich** ist (vgl. zur Wahrscheinlichkeitsdefinition in den IFRS S. 77), dass künftig ausreichend steuerpflichtiges Einkommen erzielt wird (IAS 12.27). Die Wahrscheinlichkeit einer solchen Verrechnungsmöglichkeit wird gem. IAS 12.28 dann angenommen, wenn mindestens gleich hohe zu versteuernde temporäre Differenzen gegenüber der gleichen Steuerbehörde bestehen,

- die sich in zeitlicher Kongruenz zu den aktiven latenten Steuern auflösen oder
- die sich in den Perioden auflösen, in welche ein aus der Auflösung der abzugsfähigen temporären Differenz entstehender oder sich erhöhender steuerlicher Verlustvortrag vor- oder zurückgetragen werden kann.

Sind beide Bedingungen nicht erfüllt, darf eine aktive latente Steuer gem. IAS 12.29 dann angesetzt werden, wenn

- im Zeitraum der Realisierung der aktiven latenten Steuer gegenüber der gleichen Steuerbehörde wahrscheinlich ein **ausreichender steuerlicher Gewinn** vorliegt oder
- sich dem Bilanzierenden **Steuergestaltungsmöglichkeiten** zur Erzeugung steuerpflichtiger Gewinne in entsprechenden Perioden bieten. So ist es z. B. möglich, durch eine Sale-and-lease-back-Maßnahme steuerpflichtigen Gewinn zu erzielen, welcher dann bei Auflösung der abzugsfähigen Differenz reduziert wird.

Aktive latente Steuern auf steuerliche Verlustvorträge und Steuergutschriften

Nach IAS 12.34 sind aktive latente Steuern für den **künftigen Vorteil aus Steuergutschriften und steuerlichen Verlustvorträgen** grundsätzlich **als Vermögenswert** anzusetzen. Dies gilt, soweit es wahrscheinlich ist, dass künftig ein steuerpflichtiges Ergebnis erzielt wird, gegen das die Steuergutschriften oder die steuerlichen Verlustvorträge genutzt werden können.

Der Vorteil, der mit Steuergutschriften und steuerlichen Verlustvorträgen verbunden ist, resultiert nicht aus einer temporären Differenz. Vielmehr resultiert der Vorteil einer Steuergutschrift i. d. R. daraus, dass künftige **tatsächliche Steuern mit der Steuergutschrift verrechnet** werden dürfen. Der mit einem steuerlichen Verlustvortrag verbundene wirtschaftliche Nutzen resultiert daraus, dass der steuerliche Verlustvortrag künftig mit einem steuerpflichtigen Ergebnis verrechnet werden darf. Auf dieses steuerpflichtige Ergebnis sind dann keine tatsächlichen Steuern mehr zu zahlen.

BEISPIEL:

Die ABC AG erzielt im Jahr 2015 einen Verlust von 500 €. Ein Verlustrücktrag ist nicht möglich. Im Jahr 2016 erzielt sie einen Gewinn von 700 €. Der anzuwendende Steuersatz beträgt 30 %. Temporäre Differenzen liegen nicht vor. Die folgende Tabelle zeigt einen Ausschnitt aus der Ergebnisrechnung nach IFRS:

	2015	2016
Vorsteuerergebnis	- 500	700
Laufende Steuern	0	- 60
Latente Steuern	+ 150	- 150
Gesamte Steuern	+ 150	- 210
Ergebnis nach Steuern	**- 350**	**490**

Im Jahr 2015 entsteht ein steuerlicher Verlustvortrag von 500 €. Künftig dürfen steuerpflichtige Gewinne von 500 € mit dem Verlustvortrag verrechnet werden. Somit werden sie nicht der Besteuerung unterliegen. Der erwartete Vorteil beträgt 500 € × 30 % = 150 €. Dieser erwartete Vorteil ist durch den Ansatz einer aktiven latenten Steuer in der Bilanz zu berücksichtigen.

Aktive latente Steuern an Latenter Steuerertrag 150 €

Im Jahr 2016 wird steuerpflichtiger Gewinn i. H. v. 700 € erzielt. 500 € werden mit dem Verlustvortrag verrechnet, sodass 200 € der Besteuerung unterliegen. Bei einem Steuersatz von 30 % betragen die laufenden Steuern 60 €. Da der Verlustvortrag aufgebraucht wurde, ist die latente Steuer auszubuchen.

Latenter Steueraufwand an Aktive latente Steuern 150 €

Aktive latente Steuern auf steuerliche Verlustvorträge und Steuergutschriften sind nur anzusetzen, soweit künftige steuerpflichtige Gewinne wahrscheinlich sind. Auch hier ist der Begriff »wahrscheinlich« mit *»more likely than not«* auszulegen.[3] In IAS 12.35 weist das IASB darauf hin, dass die Existenz von steuerlichen Verlustvorträgen an sich Zweifel begründen kann, ob künftig steuerpflichtige Gewinne erzielt werden. Hat das Unternehmen zudem in der jüngsten Vergangenheit eine **Historie von Verlusten** erlitten, sind aktive latente Steuern für Steuergutschriften und steuerliche Verlustvorträge nur unter folgenden Voraussetzungen anzusetzen:

- Das Unternehmen verfügt über zu versteuernde temporäre Differenzen gegenüber derselben Steuerbehörde. Aktive latente Steuern sind in dem Maße anzusetzen, in dem künftig aus den zu versteuernden temporären Differenzen steuerpflichtiges Ergebnis erzielt wird, gegen das der steuerliche Verlustvortrag verrechnet werden kann.

- Darüber hinaus darf eine aktive latente Steuer auf Steuergutschriften und steuerliche Verlustvorträge nur angesetzt werden, wenn überzeugende substanzielle Hinweise vorliegen, dass künftig zu versteuernde Gewinne erzielt werden. Als substanzielle Hinweise gelten in diesem Zusammenhang z.B. die Gewinnung von neuen Kunden, der erfolgreiche Abschluss einer Restrukturierungsmaßnahme oder eine positive Branchenentwicklung.[4] Die substanziellen Hinweise und die auf deren Basis angesetzte latente Steuer sind im Anhang gesondert anzugeben.

Die Aktivierung latenter Steuern auf Verlustvorträge ist mit zahlreichen **Unsicherheitsfaktoren** und damit mit erheblichem **Ermessensspielraum** verbunden. Diese Unsicherheitsfaktoren umfassen vor allem die Frage, welcher Betrachtungshorizont zu Grunde zu legen ist, d. h. innerhalb welcher Zahl von Jahren der Vorteil aus dem steuerlichen Verlustvortrag gehoben wird. Vorgeschlagen wird, grundsätzlich zunächst von einem Zeitraum von fünf Jahren auszugehen.[5] Dies ist indes strittig.[6]

Erneute Beurteilung latenter Steueransprüche

Soweit eine aktive latente Steuer auf Grund mangelnder Wahrscheinlichkeit nicht angesetzt wurde, ist **zu jedem Stichtag** zu untersuchen, ob sich die Wahrscheinlichkeit künftiger steuerpflichtiger Ergebnisse verändert hat. Eine zunächst nicht angesetzte aktive latente Steuer ist im Abschluss anzusetzen, wenn im Rahmen der Neubeurteilung ein künftiges steuerpflichtiges Ergebnis wahrscheinlich ist.

bb) Bewertungsvorschriften

IAS 12.47 schreibt vor, dass für die Bewertung latenter Steuern die zum Zeitpunkt ihrer Realisierung **erwarteten Steuersätze** zu nutzen sind. Da hinsichtlich künftiger Steuersätze keine Sicherheit besteht, sind grundsätzlich die aktuell gültigen Steuersätze zu verwenden. Abweichend davon sind künftige Steuersätze anzuwenden, soweit diese entweder schon in Kraft sind (*enacted*) oder mit hinreichender Sicherheit in Kraft gesetzt werden (*substantively enacted*). Letzteres kann z. B. dann angenommen werden, wenn eine Steuerreform bereits von der Legislative verabschiedet, aber noch nicht in Kraft getreten ist.

IAS 12.51A regelt Fälle, bei denen unterschiedliche Steuersätze anzuwenden sind, abhängig davon, ob der Buchwert eines Vermögenswerts durch Veräußerung oder durch Nutzung realisiert wird.

- Nach IAS 12.51A wendet ein Unternehmen den Steuersatz an, der auf Basis der erwarteten Nutzung bzw. Realisierung anzuwenden ist.
- Abweichend davon wird in IAS 12.51B vorgeschrieben, dass bei entsprechend unterschiedlichen Steuersätzen latente Steuern bezüglich bei nach IAS 16 nach der Neubewertungsmethode bewerteten Sachanlagen, die nicht planmäßig abgeschrieben werden (also vor allem Grundstücke), für die Bewertung immer der Steuersatz anzuwenden ist, der bei Verkauf der Sachanlage gilt.
- Nach IAS 12.51C gilt die widerlegbare Vermutung, dass der Buchwert von als Finanzinvestition gehaltenen Immobilien, die zum beizulegenden Zeitwert bewertet werden, durch Veräußerung realisiert wird. Entsprechend ist auch der Steuersatz bei Veräußerung der Bewertung der entsprechenden latenten Steuern zu Grunde zu

legen. Diese Vermutung kann widerlegt werden, indem nachgewiesen wird, dass die Immobilie grundsätzlich abschreibungsfähig ist und der wirtschaftliche Nutzen der Immobile im Laufe der Zeit aufgebraucht wird, diese eben nicht veräußert wird.

BEISPIEL:

In einem Land sind Gewinne aus der Veräußerung von als Finanzinvestition gehaltenen Immobilien mit einem Steuersatz von 40 % zu versteuern. Gewinne aus der laufenden Vermietung der Immobilie sind mit einem Steuersatz von 25 % zu versteuern. Der Steuerwert beträgt 500 000 €.

Fall 1: Ein Unternehmen hält eine als Finanzinvestition gehaltenen Immobilien, welche zu fortgeführten Anschaffungskosten von 300 000 € bilanziert wird. Der Steuerwert beträgt 250 000 €. Abhängig davon, wie das Unternehmen den Buchwert der Immobilie erwartet zu realisieren, ist die latente Steuer mit 20 000 € (40 % von 50 000 €) oder 12 500 € (25 % von 50 000 €) zu bewerten.

Fall 2: Ein Unternehmen hält eine als Finanzinvestition gehaltenen Immobilien, welche zum beizulegenden Zeitwert von 500 000 € bilanziert wird. Der Steuerwert beträgt 250 000 €. Grundsätzlich ist die passive latente Steuer i. H. v. 100 000 € zu bewerten, da die widerlegbare Vermutung besteht, dass der Buchwert der Immobilie durch Veräußerung realisiert wird. Nur wenn diese Vermutung widerlegt wird (die Immobilie ist abschreibbar und der Nutzen wird nachweislich durch Nutzung und nicht Veräußerung realisiert), ist die latente Steuer mit 62 500 € zu bewerten.

Die **aktiven und passiven latenten Steuern** sind bei Änderungen der Steuersätze gem. IAS 12.60 (a) **mit dem neuen Steuersatz zu bewerten.** Die Anpassung der Bewertung erfolgt entsprechend der ursprünglichen Erfassung der Steuerlatenz im Gewinn oder Verlust, im sonstigen Ergebnis oder direkt im Eigenkapital. Die Auswirkungen von Änderungen der Steuersätze auf latente Steuerpositionen und auf die ausgewiesenen Ergebnisse von Unternehmen können beachtliche Größenordnungen erreichen. Deutsche Unternehmen mussten nach der im Juli 2007 verabschiedeten Unternehmenssteuerreform 2008 Anpassungen ihrer latenten Steuern vornehmen. Dabei traten bei einzelnen Unternehmen im dritten Quartal 2007 Ergebniseffekte von teilweise mehreren Hundert Millionen Euro auf[7].

Werden in einem Steuersystem unterschiedliche Steuersätze auf unterschiedliche Höhen des zu versteuernden Ergebnisses angewendet (z. B. in einem **Stufen- oder Progressionstarif**), sind der Berechnung die für die jeweilige Periode **erwarteten Durchschnittssteuersätze** zu Grunde zu legen. In Deutschland bietet sich unter Beachtung des Wesentlichkeitsgrundsatzes eine Durchschnittsbildung wegen der unterschiedlichen Hebesätze der Gemeinden für die Gewerbesteuer und wegen des progressiven Tarifs für die Einkommensteuer an.[8]

Ein Verlustvortrag ist mit dem **für seine Verwendung maßgeblichen Steuersatz** anzusetzen. Ist der Verlustvortrag eines deutschen Unternehmens sowohl bei der Gewerbesteuer als auch bei der Körperschaftsteuer berücksichtigungsfähig, ist die aktive latente Steuer separat für die Körperschaftsteuer und Gewerbesteuer zu berechnen. Eine Mindestbesteuerung bei ansonsten unbegrenzter Vortragsfähigkeit der steuerlichen Verluste beeinflusst auf Grund des längeren Realisationszeitraums ggf. die Höhe der aktiven latenten Steuern, nicht jedoch die anzuwendenden Steuersätze.

Aktive und passive latente Steuern sind nach IAS 12.53 **nicht abzuzinsen**. Dies gilt unabhängig davon, wann die latente Steuer voraussichtlich realisiert wird. Ein Wahlrecht für den Fall, dass dieser Zeitpunkt hinreichend genau bestimmbar ist, räumen die IFRS nicht ein, um die Vergleichbarkeit der Abschlüsse zu gewährleisten.

Zu jedem Bilanzstichtag sind die auf abzugsfähige temporäre Differenzen, Steuergutschriften und steuerliche Verlustvorträge **aktivieren latenten Steuern auf Werthaltigkeit zu prüfen**. Eine Wertminderung ist in dem Umfang vorzunehmen, in dem es nicht mehr wahrscheinlich ist, dass der mit der aktiven latenten Steuer verbundene wirtschaftliche Nutzen künftig realisiert wird. Die Wertminderung der Steuerlatenz ist so zu erfassen, wie die latente Steuer ursprünglich erfasst wurde. Wertminderungen für **aktive latente Steuer auf steuerliche Verlustvorträge** signalisieren, dass sich die erwartete künftige Ertragssituation verschlechtert hat.

Der Betrag der latenten Steuer ist zu erhöhen, wenn aktive latente Steuern beim erstmaligen Ansatz nicht vollständig erfasst wurden, eine umfassendere Realisation nun aber wahrscheinlich geworden ist. Erfasste Wertminderungen auf aktive latente Steuern sind dann rückgängig zu machen, wenn die Gründe der Wertminderung entfallen sind. Insofern besteht hier ein **Wertaufholungsgebot**.

c) Bilanzielle Erfassung latenter Steuern

Nach IAS 12.57 ist der latente Steueraufwand oder -ertrag so zu erfassen, wie der zu Grunde liegende Sachverhalt erfasst wird. Wird der zu Grunde liegende Sachverhalt

- im Gewinn oder Verlust erfasst, ist auch die latente Steuer im Gewinn oder Verlust zu erfassen.
- im sonstigen Ergebnis erfasst, ist auch die latente Steuer im sonstigen Ergebnis zu erfassen.
- außerhalb des Gesamtergebnisses direkt im Eigenkapital erfasst, ist auch die latente Steuer direkt im Eigenkapital zu erfassen.

Entsteht bzw. verändert sich eine temporäre Differenz im Zuge eines **Geschäftsvorfalls, der im Gewinn oder Verlust erfasst wird**, oder ändert sich der Steuersatz oder die Wahrscheinlichkeitseinschätzung hinsichtlich eines solchen Geschäftsvorfalls, sind auch die daraus resultierenden latenten Steuerwirkungen gem. IAS 12.58 im Gewinn oder Verlust zu erfassen.

BEISPIEL:

Der mit einem drohenden Verlust aus einem schwebenden Geschäft verbundene negative Erfolgsbeitrag wird nach IFRS bei Erkenntnis durch den Ansatz einer Rückstellung i. H. v. 500 € berücksichtigt. Für steuerliche Zwecke ist der Aufwand erst zu erfassen, wenn der negative Erfolgsbeitrag realisiert wurde. Zu dem Zeitpunkt, zu dem die Drohverlustrückstellung nach IFRS bilanziert wird, ist die latente Steuer bei einem angenommenen Steuersatz von 30 % mit dem folgenden Buchungssatz zu erfassen:

Aktive latente Steuern	an Latenter Steuerertrag	150 €

Tritt der Verlust aus dem schwebenden Geschäft tatsächlich ein, wird der negative Erfolgsbeitrag auch für steuerliche Zwecke erfasst. Die aktive latente Steuer ist dann durch den folgenden Buchungssatz zu eliminieren:

Latenter Steueraufwand	an Aktive latente Steuern	150 €

Eine Sachanlage mit Anschaffungskosten von 1 000 € wird nach IFRS über fünf Jahre (200 € p. a.), für Steuerzwecke über vier Jahre (250 € p. a.) linear abgeschrieben. In den ersten vier Jahren wird unter Annahme eines Steuersatzes von 30 % die passive latente Steuer wie folgt aufgebaut (temporäre Differenz 50 € x 30 % = 15 € latente Steuer):

Latenter Steueraufwand	an Passive latente Steuern	15 €

Am Ende des Jahres fünf beträgt die temporäre Differenz 0 €, sowohl nach IFRS wie auch in der Steuerbilanz ist die Sachanlage vollständig abgeschrieben. Die latente Steuer ist mit dem Buchungssatz wie folgt zu erfassen:

Passive latenter Steuern	an Latenter Steuerertrag	60 €

Nach IAS 12.61A (a) sind die latenten Steuern **im sonstigen Ergebnis** zu erfassen, soweit der zu Grunde liegende **Geschäftsvorfall** ebenfalls im sonstigen Ergebnis erfasst wurde. Dazu zählen u. a. die folgenden Fälle:

- Neubewertung von Sachanlagen nach IAS 16 oder immateriellen Vermögenswerten nach IAS 38.
- Wertänderungen von Derivaten, welche als Grundgeschäft bei einem Cash Flow Hedge klassifiziert sind.
- Wertänderung (außer Wertminderungen) von als »zur Veräußerung verfügbar« klassifizierten Finanzinstrumenten.
- Erfolgsneutrale Erfassung versicherungsmathematischer Gewinne und Verluste nach IAS 19.

Soweit **Sachverhalte** außerhalb des Gesamtergebnisses **direkt im Eigenkapital erfasst** werden, ist gem. IAS 12.61A (b) auch der entsprechende (latente) Steueraufwand direkt im Eigenkapital zu erfassen. Dies ist z. B. bei folgenden Sachverhalten der Fall:

- Beim erstmaligen Ansatz einer Wandelschuldverschreibung ist die Schuldkomponente mit ihrem beizulegenden Zeitwert zu bewerten. Die Differenz zwischen dem Wert der Anleihe und dem beizulegenden Zeitwert der Schuldkomponente ist direkt im Eigenkapital zu erfassen. Soweit der Steuerwert vom Buchwert nach IFRS abweicht, ist auf diese temporäre Differenz eine latente Steuer zu bilanzieren. Der entsprechende Steueraufwand oder -ertrag ist direkt im Eigenkapital zu erfassen.
- Eine Fehlerkorrektur bzw. eine Änderung der Bilanzierungsmethoden hat nach IAS 8.22 bzw. 8.42 rückwirkend zu erfolgen. In der Eröffnungsbilanz der frühesten im Abschluss veröffentlichten Periode sind die Auswirkungen von Änderungen der Perioden vor dem Stichtag der Eröffnungsbilanz im Eigenkapital zu erfassen. Entsprechend sind auch die daraus resultierenden Veränderungen der latenten Steuern direkt im Eigenkapital zu erfassen.

d) Ausweis latenter Steuern

Aktive und passive latente Steuern sind gem. IAS 1.54 **getrennt von anderen Vermögenswerten und Schulden** auszuweisen. Unterscheidet der Bilanzierende in der Bilanz nach kurz- und langfristigen Vermögenswerten bzw. Schulden, sind latente Steuern **nicht als kurzfristig** auszuweisen.

Eine Saldierung aktiver und passiver latenter Steuern ist nach IAS 12.74 **nur dann** geboten, wenn

- der Bilanzierende ein einklagbares Recht zur Aufrechnung tatsächlicher Steuererstattungsansprüche und -verbindlichkeiten hat und
- sich die latenten Steuern auf Ertragsteuern beziehen, die von der gleichen Steuerbehörde erhoben werden.

4. Sonderfragen

In Deutschland können die von einem Unternehmen angesetzten **Steuerbilanzwerte mit hoher Unsicherheit behaftet** sein. Zumindest für größere Unternehmen ist die Erhebung von Ertragsteuern i. d. R. von Vorläufigkeit gekennzeichnet. Erst nach einer steuerlichen Außenprüfung, die meist Jahre nach der Veranlagung stattfindet, und sich ggf. anschließenden Gerichtsverfahren herrscht Sicherheit über die tatsächliche Höhe der Steuerbilanzwerte. Eine Lösung dieser Problematik findet sich weder im IAS 12 noch in anderen Verlautbarungen von IASB-Gremien. Orientierungshilfe kann hier die US-amerikanische Interpretation FIN 48 zu SFAS 109 geben. Demnach ist für unsichere Steuerwerte vom Wahrscheinlichkeitsgrad der Anerkennung eines abzugsfähigen Postens auszugehen. Entsprechend des allgemeinen Wahrscheinlichkeitskriteriums ist die mögliche Steuerbe- oder -entlastung nach FIN 48.8 mit dem Betrag anzusetzen, dessen kumulierte Wahrscheinlichkeit 50 % übersteigt.

BEISPIEL:

Die Karomar AG bildet in Steuer- und IFRS-Bilanz eine Gewährleistungsrückstellung für ein Sonderprojekt i. H. v. 200 000 €. Bei einem Steuersatz von 30 % errechnet sich eine maximale Steuerermäßigung i. H. v. 60 000 €. Da hinsichtlich der Anerkennung durch die Steuerbehörden keine Rechtssicherheit herrscht, prognostiziert die Karomar AG unter Berücksichtigung der Annahmen von FIN 48.7 folgende Wahrscheinlichkeiten.

Steuerermäßigung	Wahrscheinlichkeit der Anerkennung durch Steuerbehörde	Kumulierte Wahrscheinlichkeit
60 000 €	20 %	20 %
40 000 €	25 %	45 %
20 000 €	**30 %**	**75 %**
0 €	25%	100%

Die kumulierte Wahrscheinlichkeit überschreitet 50 % bei einer Steuerermäßigung i. H. v. 20 000 €. Für die Steuerberechnung ist von diesem Betrag auszugehen. Eine Veränderung des Steuerbuchwerts darf an dieser Stelle nicht erfolgen, da dieser erst ex post (nach steuerlicher Außenprüfung) sicher wird. Vielmehr ist nur die erwartete Steuerermäßigung in der IFRS-Bilanz auf Basis der Wahrscheinlichkeiten zu erfassen.

Für die Behandlung von latenten Steuern bei Personengesellschaften entstehen **auf Grund der steuerlichen Rechtslage in Deutschland Besonderheiten**. Personengesellschaften unterliegen nur der Gewerbesteuer. Wegen unterschiedlicher Hebesätze in den Gemeinden kann für diese eine Durchschnittsberechnung erfolgen. Da Kapitalgesellschaften über die Gewerbesteuer hinaus der Körperschaftsteuer unterliegen, ist eine Vergleichbarkeit von Personen- und Kapitalgesellschaften in steuerlicher Hinsicht (vor allem auch in Bezug auf Steuerlatenzen) nicht gegeben. Unter der Voraussetzung einer umfassenden Abbildung der gesellschaftsrechtlichen Struktur im Jahresabschluss kann daher die Einbeziehung einer fiktiven Körperschaftsteuer in den IFRS-Abschluss einer Personengesellschaft erfolgen[9].

SIC-25 regelt die **Behandlung latenter Steuern bei Rechtsformänderungen**, die sich auf die anzuwendenden Steuersätze auswirken. SIC-25 legt dazu fest, dass solche Bewertungsänderungen grundsätzlich im Gewinn oder Verlust zu erfassen sind, soweit sie sich nicht auf Sachverhalte beziehen, die im sonstigen Ergebnis oder direkt im Eigenkapital erfasst werden. In Deutschland betrifft dies vor allem die Transformation von Personenhandels- in Kapitalgesellschaften und umgekehrt. Begründet liegt dies darin, dass Personenhandelsgesellschaften nur der Gewerbesteuer, Kapitalgesellschaften zusätzlich der Körperschaftsteuer unterliegen. Wegen der zusätzlich anzuwendenden Steuersätze erhöht die Transformation einer Personenhandels- in eine Kapitalgesellschaft also die Steuerlatenz, der Wechsel von einer Kapital- in eine Personengesellschaft vermindert diese.

5. Anhangangaben

IAS 12.79 fordert eine **separate Offenlegung der Hauptbestandteile des Steuerertrags bzw. -aufwands**. Zu diesen können gem. IAS 12.80 gehören:

- der tatsächliche Steuerertrag bzw. -aufwand,
- periodenfremde tatsächliche Ertragsteuern und
- der latente Steuerertrag bzw. -aufwand, der aus temporären Differenzen, Steuersatzänderungen oder der Einführung neuer Steuern resultiert.

Neben dieser allgemeingültigen Offenlegungspflicht existieren **weitere umfangreiche Angabepflichten**. Im Wesentlichen sind demnach anzugeben:

- Steuerposten, die direkt im Eigenkapital erfasst wurden.
- der auf die einzelnen Komponenten des sonstigen Ergebnisses entfallende Ertragsteueranteil.
- eine Überleitungsrechnung[10], die den Zusammenhang zwischen Steuerergebnis und IFRS-Ergebnis vor Steuern erläutert. Dazu kann entweder der anzuwendende nominelle Steuersatz in den effektiven Steuersatz oder das fiktive Steuerergebnis aus Anwendung des nominellen Steuersatzes in das effektive Steuerergebnis übergeleitet werden.

BEISPIEL:

Die Sunshine GmbH erwirtschaftete in der betrachteten Periode ein Ergebnis vor Steuern i. H. v. 150 000 €. Die GmbH unterliegt einem Gesamtsteuersatz von 30 %. Im ausgewiesenen Ergebnis sind eine steuerfreie Investitionszulage i. H. v. 30 000 € und steuerlich nicht abzugsfähige Betriebsausgaben i. H. v. 6 000 € enthalten.

Bei einer Überleitung des Steuersatzes ergäbe sich folgendes Bild:

Nomineller Steuersatz (30 %)		30,0 %
–	Steuerbefreite Investitionszulage (30 000 €/150 000 € × 30 %)	– 6,0 %
+	Steuerlich nicht abzugsfähige Betriebsausgaben (6 000 €/150 000 € × 30 %)	+ 1,2 %
=	Effektiver Steuersatz	= 25,2 %

Bei einer Überleitung des Steuerergebnisses ergäbe sich folgendes Bild:

Fiktives Steuerergebnis (30 % von 150 000 €)		45 000 €
–	Steuerbefreite Investitionszulage (30 % von 30 000 €)	– 9 000 €
+	Steuerlich nicht abzugsfähige Betriebsausgaben (30 % von 6 000 €)	+ 1 800 €
=	Effektives Steuerergebnis	= 37 800 €

Erläuterungen zu Änderungen der angewendeten Steuersätze im Vergleich zur Vorperiode.

- der Betrag und ggf. das Verfalldatum der latenten Steuern, die aus Verlustvorträgen und temporären Differenzen resultieren und noch nicht aktiviert wurden.
- der Betrag der ertragsteuerlichen Konsequenzen, die aus Dividendenzahlungen resultieren, welche bereits beschlossen oder vorgeschlagen wurden, bevor der Abschluss veröffentlicht wurde und für die keine Verbindlichkeit bilanziert ist.
- eine Begründung für und den Betrag der aktiven latenten Steuern, die angesetzt werden, obwohl der Betrag die passiven latenten Steuern übersteigt oder das Unternehmen in den vorangegangenen Perioden Verluste erzielt hat.

6. Weiterführende Literatur

Hahn/Oser/Breitweg/Eisenhardt/Kollmann, Latente Steuern in der Bilanzierungspraxis mittelständischer Konzerne – Ergebnisse einer empirischen Untersuchung von BDI, Ernst & Young und Dualer Hochschule Baden-Württemberg, DStR 2012, S. 572-578. und S. 619-626.

Herzig/Fuhrmann, Handbuch latente Steuern im Einzelabschluss, Düsseldorf 2012.

Lüdenbach, Keine latenten Steuern bei Personenunternehmen, PiR 2011, S. 68-69.

III. Leasing

RELEVANTE STANDARDS

IAS 16 – Sachanlagen
IAS 17 – Leasingverhältnisse
IAS 18 – Erträge
IAS 21 – Auswirkungen von Änderungen der Wechselkurse
IAS 23 – Fremdkapitalkosten
IAS 36 – Wertminderung von Vermögenswerten
IAS 38 – Immaterielle Vermögenswerte
IAS 39 – Finanzinstrumente: Ansatz und Bewertung
IAS 40 – Als Finanzinvestition gehaltene Immobilien
IFRS 5 – Zur Veräußerung gehaltene langfristige Vermögenswerte und aufgegebene Geschäftsbereiche
IFRS 7 – Finanzinstrumente: Angaben
SIC-15 – Operating-Leasingverhältnisse – Anreizvereinbarungen
SIC-27 – Beurteilung des wirtschaftlichen Gehalts von Transaktionen in der rechtlichen Form von Leasingverhältnissen
IFRIC 4 – Feststellung, ob eine Vereinbarung ein Leasingverhältnis enthält

KERNAUSSAGEN

- Leasingverhältnisse sind vertragliche Vereinbarungen, bei denen eine Vertragspartei für einen vereinbarten Zeitraum ein Nutzungsrecht an einem Vermögenswert auf eine andere Partei entgeltlich überträgt.
- Die Abbildung des Leasingverhältnisses ist abhängig von dessen Klassifizierung als Finanzierungs- oder Operating-Leasingverhältnis. Bei der Klassifizierungsentscheidung ist auf den wirtschaftlichen und nicht auf den rechtlichen Gehalt der vertraglichen Vereinbarungen abzustellen.
- Klassifizierungskriterium ist die Verteilung der Risiken und Chancen, welche üblicherweise mit dem Eigentum am Leasinggegenstand verbunden sind.
- Sind im Wesentlichen alle Chancen und Risiken auf den Leasingnehmer übergegangen (Übergang des wirtschaftlichen Eigentums am Leasinggegenstand), ist das Leasingverhältnis als Finanzierungs-Leasingverhältnis zu klassifizieren. Sind indes im Wesentlichen nicht alle Chancen und Risiken auf den Leasingnehmer übergegangen, liegt ein Operating-Leasingverhältnis vor.
- Im Abschluss des Leasingnehmers wird bei einem Finanzierungs-Leasingverhältnis zu Beginn des Leasingverhältnisses der Leasinggegenstand als Vermögenswert auf der Aktivseite der Bilanz und eine entsprechende Leasingverbindlichkeit auf der Passivseite der Bilanz angesetzt. Leasingzahlungen sind in Zins und Tilgung aufzuteilen, während der bilanzierte Vermögenswert ggf. abzuschreiben ist.
- Im Abschluss des Leasinggebers wird bei einem Finanzierungs-Leasingverhältnis eine Forderung angesetzt. Hat der Leasinggeber den Leasinggegenstand vor Beginn des Leasingverhältnisses bilanziert, ist dieser auszubuchen. Die künftigen Leasingzahlungen sind in Zins und Tilgung aufzuteilen.

- Operating-Leasingverhältnisse sind auf Seiten des Leasingnehmers bilanzunwirksam. Leasingzahlungen sind über die Leasinglaufzeit hinweg unabhängig vom tatsächlichen Zahlungsvorgang linear oder auf Basis einer anderen systematischen Grundlage als Aufwand zu erfassen.
- Im Abschluss des Leasinggebers wird bei einem Operating-Leasingverhältnis der Leasinggegenstand entsprechend seiner Art bilanziert und ggf. abgeschrieben. Leasingzahlungen sind über die Leasinglaufzeit linear oder auf Basis einer anderen systematischen Grundlage erfolgswirksam zu erfassen.
- Die Abbildung von Sale-and-lease-back-Transaktionen ist abhängig von der Klassifizierung des zugrunde liegenden Leasingverhältnisses. Liegt ein Finanzierungs-Leasingverhältnis zugrunde, ist ein Gewinn oder ein Verlust aus dem Verkauf des Leasinggegenstands grundsätzlich abzugrenzen und über die Laufzeit des Leasingverhältnisses zu erfassen. Liegt ein Operating-Leasingverhältnis zugrunde, ist nur dann eine Abgrenzung vorzunehmen, soweit der Verkaufspreis nicht dem beizulegenden Zeitwert des Leasinggegenstands entspricht.

1. Begriff des Leasingverhältnisses

Definition »Leasingverhältnis«

Gemäß IAS 17.4 ist ein Leasingverhältnis eine **Vereinbarung**, bei der eine Partei einer anderen das **Recht zur Nutzung eines Vermögenswerts gegen Entgelt für eine bestimmte Zeit** einräumt. Unerheblich ist die zivilrechtliche Ausgestaltung und Bezeichnung solcher Nutzungsüberlassungsverträge. Entscheidend ist der wirtschaftliche Gehalt der Vereinbarung. Dementsprechend fallen etwa Miet-, Pacht-, Erbbau- sowie Mietkaufverträge unter diese Definition. Dies kann zudem auch auf Outsourcing-Vereinbarungen, Take-or-pay-Verträge oder ähnliche Verträge zutreffen (IFRIC 4). Unerheblich für die Klassifikation einer vertraglichen Vereinbarung als Leasingverhältnis ist zudem die Art und Weise der Entgeltzahlungen (z. B. in Form von Tauschgeschäften).

2. Anwendungsbereich des IAS 17

Die Ansatz-, Bewertungs- und Angabevorschriften des IAS 17 erstrecken sich gem. IAS 17.2 im Grundsatz auf sämtliche Leasingverhältnisse.

Vom Anwendungsbereich des IAS 17 ausgenommen sind einerseits Vereinbarung über die Entdeckung und Verarbeitung von nicht-regenerativen Ressourcen (vgl. IFRS 6) und andererseits Lizenzvereinbarungen bezüglich Filme, Videoaufnahmen, Theaterstücke, Manuskripte, Patente und Urheberrechte (vgl. IAS 18 und IAS 38).

Auch Leasingvereinbarungen über biologische Vermögenswerte oder als Finanzinvestitionen gehaltene Immobilien fallen gem. IAS 17.2 grundsätzlich in den Anwendungsbereich des IAS 17. Sofern das bilanzierende Unternehmen jedoch den Leasinggegenstand bilanziert, gelten für den Leasinggegenstand die Bewertungsvorschriften anderer Standards. In Frage kommen *IAS 40 – Als Finanzinvestitionen gehaltene Immobilien* bzw. *IAS 41 – Landwirtschaft*. Abweichend von den Bewertungsvorschriften des IAS 17 eröffnen diese Standards dem Bilanzierenden das Wahlrecht, die Vermögenswerte zum beizulegenden Zeitwert zu bewerten.

Aufgrund der in der Praxis vorzufindenden Komplexität vertraglicher Gestaltungen ergaben sich mangels spezifischer Regelungen mitunter Unklarheiten hinsichtlich der Anwendbarkeit des IAS 17. Dieser Problematik nahm sich das IFRIC an und erließ im Dezember 2004 IFRIC 4.[1]

Gemäß IFRIC 4.6 ist eine Vereinbarung oder enthält eine Vereinbarung ein Leasingverhältnis, soweit die beiden folgenden Merkmale kumulativ erfüllt sind:

- die Erfüllung der Vereinbarung ist von der Nutzung eines bestimmten Vermögenswerts abhängig und
- die Vereinbarung enthält die Übertragung eines Nutzungsrechts am Vermögenswert.

Gemäß IFRIC 4.7 ist die Erfüllung der Vereinbarung dann von einem bestimmten Vermögenswert abhängig, wenn dieser explizit im Vertrag benannt ist und die Partei ihre Leistungsverpflichtungen vertraglich oder faktisch nur durch Nutzung dieses spezifizierten Vermögenswerts erfüllen kann. Insofern ist dieses Kriterium dann nicht erfüllt, wenn zur Leistungserfüllung jederzeit auch auf andere Vermögenswerte zurückgegriffen werden kann. Ist eine solche Möglichkeit vertragsgemäß erst ab einem bestimmten Zeitpunkt vorgesehen, hindert dies nicht die Klassifikation als Leasingverhältnis bis zu diesem Zeitpunkt. Für die Prüfung dieses Kriteriums ist es indes unerheblich, ob das vertragliche Recht oder die Pflicht zum Ersatz des spezifizierten Vermögenswerts im Falle der Beschädigung oder des Untergangs besteht.

Gemäß IFRIC 4.9 wird die Übertragung des Nutzungsrechts am spezifizierten Vermögenswert unterstellt, wenn der Sachleistungsempfänger (Leasingnehmer) die Verfügungsmacht über den Vermögenswert innehat. Die Verfügungsmacht kann dabei in drei Formen in Erscheinung treten:

- operationell: Der Leasingnehmer kann den Vermögenswert nach freiem Ermessen betreiben oder Dritte hierzu anweisen. Dabei nimmt er mehr als nur einen geringen Teil des Outputs oder des sonstigen Nutzens aus dem Vermögenswert ab.
- physisch: Der Leasingnehmer hat die Möglichkeit den räumlichen Zugang zum Vermögenswert zu kontrollieren und nimmt mehr als einen geringen Teil des Output oder des sonstigen Nutzens ab.
- wirtschaftlich: Nach dem Gesamtbild des Vertrags ist es unwahrscheinlich, dass Dritte mehr als nur einen geringen Anteil am Output bzw. am sonstigen Nutzen im Vertragszeitraum abnehmen. Hierbei darf die vertragliche Preisgestaltung pro Outputeinheit weder fix sein noch darf sie sich am Marktpreis zum Leistungszeitpunkt orientieren.

BEISPIEL:[2]

Die Gasi AG vereinbart mit dem Eigentümer und Betreiber einer nahe gelegenen Gasförderanlage einen langfristigen Abnahmevertrag, der ihr sämtliche Gasförderungen dieser Anlage in diesem Zeitraum sichert. Zu diesem Zweck wird die Anlage auf die Anforderungen der Gasi AG angepasst und umgebaut. Es ist unwahrscheinlich, dass dritte Parteien die Anlage in der nun spezifizierten Form nutzen können. Die Vertragsparteien vereinbaren einen variablen Preis, der alle künftigen Produktionskosten plus eine Gewinnmarge von 15 % umfasst.

Der Abnahme- bzw. Liefervertrag enthält gem. IFRIC 4 eine Leasingkomponente über die Nutzung der Gasförderanlage.

SIC-27 enthält spezifische Regelungen für sog. Lease-and-leaseback Transaktionen (auch »US-Leasingtransaktionen« oder Cross-Border Leasing).[3] Hierbei handelt es sich um meist steuerlich motivierte Vertragskonstruktionen, bei denen ein Unternehmen mit einem Investor zunächst eine Haupt-Leasingvereinbarung über einen zumeist langlebigen Vermögenswert für einen festgelegten Zeitraum abschließt. Gleichzeitig wird ein Unter-Leasingverhältnis zwischen den involvierten Parteien begründet. Dieses regelt die Rückübertragung der Nutzungsrechte am selben Vermögenswert vom Investor auf das Unternehmen für einen meist kürzeren Zeitraum.

BEISPIEL:

Eine Gemeinde in Deutschland verleast ihr Straßenbahnnetz für 99 Jahre an einen US-amerikanischen Investor. Gleichzeitig least die Gemeinde das Straßenbahnnetz für den gleichen Zeitraum zurück

Zudem wird üblicherweise zugunsten des Unternehmens ein Recht zum Rückerwerb der restlichen übertragenen Nutzungsrechte vereinbart. Zur Sicherstellung einer Mindestverzinsung für den Investor werden darüber hinaus häufig Verkaufsoptionen bzw. ähnliche Rechte für den Investor festgelegt. SIC-27.3 verlangt in diesen Fällen eine Gesamtwürdigung des wirtschaftlichen Gehalts aller Vereinbarungen. Diese Prüfung kann zu dem Ergebnis führen, dass faktisch kein Nutzungsrecht übertragen wurde und insofern kein Leasingverhältnis gem. IAS 17 vorliegt. Dementsprechend wäre in solchen Fällen IAS 17 nicht anzuwenden.

3. Klassifizierung von Leasingverhältnissen

a) Grundsatz

Die Abbildung eines Leasingverhältnisses ist nach IAS 17.7 von dessen Klassifikation als Finanzierungsleasing oder Operating-Leasingverhältnis abhängig. Diese Klassifikation wird auf Basis der Verteilung der üblicherweise mit dem (zivilrechtlichen) Eigentum am Leasinggegenstand verbundenen Chancen und Risiken getroffen.

Werden im Wesentlichen alle üblicherweise mit dem Eigentum verbundenen Risiken und Chancen auf den Leasingnehmer übertragen, ist das Leasingverhältnis als **Finanzierungsleasing** zu klassifizieren (IAS 17.8). Bei einem Finanzierungsleasing wird somit das wirtschaftliche Eigentum an dem Leasinggegenstand auf den Leasingnehmer übertragen. Ein Übergang des rechtlichen Eigentums auf den Leasingnehmer ist nicht erforderlich.

Als **Operating-Leasingverhältnisse** sind alle Leasingverhältnisse zu klassifizieren, die nicht als Finanzierungsleasing zu klassifizieren sind (IAS 17.4).

Nach IAS 17 sind bei der Klassifikation eines Leasingverhältnisses alle relevanten Sachverhalte sowie der wirtschaftliche Gehalt der Transaktion zu würdigen. Trotz dieser Forderung ergeben sich für den Bilanzierenden erhebliche Ermessensspielräume bei der Klassifizierungsentscheidung.

Der **Zeitpunkt, zu dem ein Leasingverhältnis zu klassifizieren ist**, ist der **Beginn des Leasingverhältnisses** (*inception of the lease*). Dieser Zeitpunkt stimmt nicht mit dem Beginn der Laufzeit des Leasingverhältnisses (*commencement of the lease term*) überein. Der Beginn des Leasingverhältnisses ist vielmehr der Zeitpunkt, zu dem sich die Vertragsparteien über die wesentlichen Bestimmungen der Leasingvereinbarung geeinigt haben, spätestens aber der Tag der Leasingvereinbarung. Der Beginn des Leasingverhältnisses ist daher häufig dem Beginn der Laufzeit des Leasingverhältnisses zeitlich vorgelagert.

b) Konkretisierung des allgemeinen Klassifizierungskriteriums

Das in IAS 17.8 vorgegebene, allgemeine Klassifizierungskriterium ist sehr abstrakt gefasst. Das IASB hat daher bestimmte Auslegungshinweise in IAS 17 aufgenommen. IAS 17.10 enthält Beispielsituationen, bei denen grundsätzlich davon auszugehen ist, dass im Wesentlichen alle mit dem Leasinggegenstand verbundenen Chancen und Risiken auf den Leasingnehmer übergegangen sind und das entsprechende Leasingverhältnis als Finanzierungsleasing zu klassifizieren ist. Darüber hinaus werden in IAS 17.11 Indikatoren für Situationen gegeben, die ebenfalls ein Finanzierungsleasing begründen können.

Das IASB verzichtet bewusst darauf, zur Klassifizierung von Leasingverhältnissen bestimmte quantitative Größen vorzuschreiben. Stattdessen werden qualitative, von den Anwendern zu konkretisierende Merkmale vorgegeben. Auf der einen Seite schafft das IASB dadurch erhebliche Ermessensspielräume bei der Klassifikation von Leasingverhältnissen. Auf der anderen Seite verhindert das IASB damit den Abschluss von Leasingverhältnissen, die die ansonsten vorgegebenen quantitativen Merkmale ggf. minimal verfehlen.

IAS 17.10 enthält folgende Beispielsituationen, welche grundsätzlich auf das Vorliegen eines Finanzierungsleasing schließen lassen:

(a) Am Ende der Laufzeit des Leasingverhältnisses geht das rechtliche Eigentum an dem Leasinggegenstand auf den Leasingnehmer über.

(b) Der Leasingnehmer hat eine günstige Kaufoption, aufgrund derer es hinreichend sicher ist, dass der Leasingnehmer den Leasinggegenstand erwirbt.

(c) Die Laufzeit des Leasingverhältnisses umfasst den überwiegenden Teil der wirtschaftlichen Nutzungsdauer des Leasinggegenstands.

(d) Der Barwert der Mindestleasingzahlungen entspricht zu Beginn des Leasingverhältnisses im Wesentlichen mindestens dem beizulegenden Zeitwert des Leasinggegenstands.

(e) Die Leasinggegenstände haben eine spezielle Beschaffenheit, so dass sie nur vom Leasingnehmer ohne wesentliche Veränderungen genutzt werden können.

IAS 17.11 enthält die folgenden Indikatoren für Situationen, welche zu einem Finanzierungsleasing führen können:

(f) Soweit der Leasingnehmer die Möglichkeit hat, das Leasingverhältnis zu kündigen, hat der Leasingnehmer die in Verbindung mit der Kündigung entstehenden Verluste des Leasinggebers zu tragen.

(g) Gewinne oder Verluste aus Schwankungen des Restwerts des Leasinggegenstands am Ende des Leasingverhältnisses fallen dem Leasingnehmer zu.

(h) Der Leasingnehmer hat die Möglichkeit, das Leasingverhältnis zu einer Miete fortzuführen, welche wesentlich niedriger als die marktübliche Miete ist.

Ad (a)

Übergang des zivilrechtlichen Eigentums

Gemäß IAS 17.10 (a) ist grundsätzlich von einem Finanzierungsleasing auszugehen, wenn vertraglich vereinbart wurde, dass das juristische Eigentum am Leasinggegenstand zum Ende der Vertragslaufzeit automatisch auf den Leasingnehmer übergeht. Unerheblich ist es dabei, ob der Eigentumsübergang vom Leasingvertrag formal getrennt vereinbart wird.

Ad (b)

Günstige Kaufoption

Eine Leasingvereinbarung wird gem. IAS 17.10 (b) normalerweise als Finanzierungsleasing klassifiziert, wenn dem Leasingnehmer eine günstige Kaufoption eingeräumt wird. Eine Kaufoption gilt dabei als »günstig«, soweit zu Beginn des Leasingverhältnisses erwartet wird, dass der vereinbarte Optionspreis **deutlich niedriger** (»*sufficiently lower*«) als der beizulegende Zeitwert des Leasinggegenstands zum Ausübungszeitpunkt der Option ist und es somit zu Beginn des Leasingverhältnisses **hinreichend sicher** (»*reasonably certain*«) ist, dass der Leasingnehmer den Leasinggegenstand erwerben wird. Wie »deutlich niedriger« und »hinreichend sicher« zu konkretisieren sind, lässt IAS 17 offen.

Ad (c)

Wird dem Leasingnehmer das Nutzungsrecht am Leasinggegenstand für einen Zeitraum eingeräumt, der den überwiegenden Teil (»*major part*«) der wirtschaftlichen Nutzungsdauer des Leasinggegenstands umfasst, handelt es sich gem. IAS 17.10 (c) grundsätzlich um ein Finanzierungsleasing. Nutzt der Leasingnehmer den Leasinggegenstand den überwiegenden Teil der Nutzungsdauer, ist davon auszugehen, dass ihm auch die entsprechenden Chancen und Risiken aus dem Leasinggegenstand zustehen.

Zur Prüfung dieses Kriteriums sind einerseits die Leasinglaufzeit und andererseits die wirtschaftliche Nutzungsdauer des Leasinggegenstands zu bestimmen. Die **Leasinglaufzeit** umfasst nach IAS 17.4 den unkündbaren Zeitraum eines Leasingverhältnisses zuzüglich der Zeiträume, für die der Leasingnehmer eine Option ausüben kann und die Optionsausübung zu Beginn des Leasingverhältnisses hinreichend sicher ist.

Die **wirtschaftliche Nutzungsdauer** stellt gem. IAS 17.4 eine Größe dar, die unternehmensunabhängig, d. h. aus Marktperspektive, zu ermitteln ist. Sie ist damit von der (unternehmensindividuellen) Nutzungsdauer zu unterscheiden, die dem Vermögenswert vom bilanzierenden Unternehmen auf Basis der spezifischen betrieblichen Verhältnisse beigemessen wird.[4]

In IAS 17 finden sich keine quantitativen Grenzwerte für die geforderte Beurteilung des Verhältnisses von Leasinglaufzeit und wirtschaftlicher Nutzungsdauer. Im Schrifttum wird deshalb versucht, sachgerechte Grenzwerte zu bestimmen. Jedoch reicht das Spektrum vorgeschlagener Grenzwerte von größer 50 % bis nahezu 100 %.[5] Eine statische Wertangabe ist bei diesem Kriterium indes i. d. R. wertlos, da bei der Auslegung des Kriteriums der Verbrauch des wirtschaftlichen Nutzens und die damit zusammenhängenden Risiken zu berücksichtigen sind. So ist bei einem degressiven Verbrauch des wirtschaftlichen Nutzens ein Finanzierungsleasing bei einer kürzeren Leasinglaufzeit anzunehmen als dies bei einem linearen Verbrauch der Fall wäre.

Ad (d)

Entspricht der Barwert der Mindestleasingzahlungen zu Beginn des Leasingverhältnisses im Wesentlichen mindestens dem beizulegenden Zeitwert des Leasinggegenstands handelt es sich gem. IAS 17.10 (d) grundsätzlich um ein Finanzierungsleasing, da davon auszugehen ist, dass dem Leasinggeber im Wesentlichen alle Chancen und damit auch im Wesentlichen alle mit dem Leasinggut verbundenen Risiken zuzurechnen sind. Das IASB vermeidet auch an dieser Stelle, quantitative Grenzwerte für die Beurteilung vorzugeben. Die Ansichten im Schrifttum hinsichtlich der quantitativen Auslegung reichen von mindestens 90 % bis mindestens 95 %.[6]

Zwei wesentliche Parameter für dieses Kriterium sind die Mindestleasingzahlungen und der Zinssatz, mit welchem die Mindestleasingzahlungen zu diskontieren sind. Diese Parameter werden im Folgenden erläutert:

Mindestleasingzahlungen

Die Mindestleasingzahlungen umfassen nach IAS 17.4 alle Zahlungen, die der Leasingnehmer während der Leasinglaufzeit zu leisten hat oder zu denen er herangezogen werden kann. Nicht zu den Mindestleasingzahlungen gehören gem. IAS 17.4 Zahlungen, die von anderen Bedingungen als dem Ablauf der Zeit abhängen (z. B. Zahlungen in Abhängigkeit vom Erreichen bestimmter Umsatz-, Absatz- oder Gewinnquoten). Indes ist es sachgerecht, bedingte Zahlungen in die Mindestleasingzahlungen einzubeziehen, soweit der Eintritt der Bedingung als hinreichend sicher gilt, wie etwa bei günstigen Mietverlängerungsoptionen. Explizit verlangt wird dies in IAS 17.4 für günstige Kaufoptionen. Zahlungen des Leasingnehmers für erbrachte Dienstleistungen des Leasinggebers wie Wartungs-, Service- und Versicherungsleistungen zählen nach IAS 17.4 nicht zu den Mindestleasingzahlungen.

Gemäß IAS 17.4 zählen **aus Sicht des Leasingnehmers** zu den Mindestleasingzahlungen auch Beträge, die von diesem selbst oder von einer mit ihm verbundenen Partei garantiert werden. **Aus Sicht des Leasinggebers**[7] zählen zu den Mindestleasingzahlungen darüber hinaus Beträge, die von unabhängigen dritten Parteien garantiert werden, sofern diese in der Lage sind, ihren Verpflichtungen nachzukommen. Beispiele für solche **garantierten Restwerte** sind vom Hersteller des Leasinggegenstands preislich fixierte Rücknahmeverpflichtungen oder Versicherungen, die den kalkulierten Restwert sichern.[8]

Der dem Leasingverhältnis zugrunde liegende Zinssatz

Zur Ermittlung des Barwerts der Mindestleasingzahlungen ist in einem nächsten Schritt der anzuwendende Zinssatz zu bestimmen. Gemäß IAS 17.20 i. V. m. IAS 17.4 ist dies grundsätzlich der Zinssatz, der dem Leasingverhältnis zugrunde liegt. Dabei wird die Sicht des Leasinggebers eingenommen und derjenige Zinssatz bestimmt, bei welchem zu Beginn des Leasingverhältnisses die Summe der Barwerte der Mindestleasingzahlungen und des Barwerts des nicht garantierten Restwerts dem beizulegenden Zeitwert des Leasinggegenstands zuzüglich der anfänglichen direkten Kosten des Leasinggebers entspricht. Die **anfänglichen direkten Kosten** des Leasinggebers sind dabei sämtliche Kosten der Anbahnung und des Abschlusses des

Vertrags wie externe und interne Rechts- und Beratungskosten, Vermittlungsprovisionen, Such- und Informationskosten sowie Kosten der Bestellung und Eintragung von Sicherheiten.

Dieser interne Zinsfuß des Leasinggebers i ergibt sich somit allgemein als Lösung der folgenden Formel:

$$-fv_0 - idc + \sum_{t=1}^{n} c_t(1+i)^{-t} + ngrv(1+i)^{-n} = 0$$

Hierbei steht n für die Laufzeit des Leasingverhältnisses, fv_0 für den beizulegenden Zeitwert des Leasingguts zu Beginn des Leasingverhältnisses, idc für die anfänglichen direkten Kosten des Leasinggebers, c_t für die Mindestleasingzahlungen der Periode t aus dem Leasingverhältnis und $ngrv$ für den nicht garantierten Restwert des Leasingguts.

BEISPIEL:

Eine Maschine mit einem beizulegenden Zeitwert von 180 T-€ ist Gegenstand eines Leasingvertrags. Die Leasinglaufzeit beträgt fünf Jahre. Die vereinbarten, nachschüssig zu zahlenden Leasingzahlungen betragen 45 T-€. Nach Ablauf des Leasingvertrags beträgt der Restwert der Maschine 0 €. Dem Leasinggeber entstehen bei Vertragsschluss Ausgaben von 5 T-€ für Rechtsberatung.

Folgende Gleichung ist nach *i* aufzulösen:

$$-180.000 - 5.000 + \sum_{t=1}^{5} 45.000\,(1+i)^{-t} = 0$$

Der interne Zinssatz beträgt ca. 6,9 %.

Grenzfremdkapitalzinssatz

Der Leasingnehmer ist häufig mangels Zugang zu den Kalkulationsunterlagen des Leasinggebers nicht in der Lage, diesen internen Zinssatz zu bestimmen. In solchen Fällen hat der Leasingnehmer den sog. Grenzfremdkapitalzinssatz als Diskontierungssatz zu verwenden. Der Grenzfremdkapitalzinssatz ist nach IAS 17.4 der Zinssatz, den der Leasingnehmer bei einem vergleichbaren Leasingverhältnis zahlen müsste. Ist auch dieser Zinssatz nicht zu ermitteln, ist der Zinssatz als Grenzfremdkapitalzinssatz zu verwenden, zu dem der Leasingnehmer zu Beginn des Leasingverhältnisses den Kauf des betreffenden Leasinggegenstands fremdfinanzieren könnte. Dabei ist zu unterstellen, dass die gleichen Sicherheiten bestellt werden und die Fremdfinanzierung über einen der Leasinglaufzeit entsprechenden Zeitraum vereinbart wird.

Ad (e)

Spezialleasing

Sofern dem Leasingvertrag ein Gegenstand zugrunde liegt, der nicht ohne wesentliche Veränderungen von einer anderen Person als dem gegenwärtigen Leasingnehmer genutzt werden kann (sog. Spezialleasing)[9], ist nach IAS 17.10 (e) das Leasingverhältnis i. d. R. als Finanzierungsleasing zu klassifizieren. Ein rational handelnder Leasinggeber wird nur dann Investitionen in solche Leasinggegenstände tätigen, sofern er erwarten kann, sämtliche Investitionskosten durch Zahlungen des Leasingnehmers zu amortisieren. Werden die Investitionskosten durch Zahlungen des Leasingnehmers amortisiert, ist anzunehmen, dass sämtliche Risiken und Chancen aus dem Leasinggegenstand auf den Leasingnehmer übergehen.

Ad (f)

Verlustübernahme bei Vertragsauflösung

Wird vertraglich vereinbart, dass der Leasingnehmer die Verluste des Leasinggebers auszugleichen hat, die ihm bei Ausübung von Kündigungsrechten seitens des Leasingnehmers entstehen, handelt es sich nach IAS 17.11 (a) um ein Indiz für das Vorliegen eines Finanzierungsleasing. Diesem Kriterium liegt ebenfalls die Annahme zugrunde, dass bei nahezu vollständiger Amortisation der vom Leasinggeber investierten Beträge durch Zahlungen des Leasingnehmers im Wesentlichen alle Risiken und Chancen aus dem Leasinggegenstand auf den Leasingnehmer übergehen. Konkret wird diese Annahme insoweit erweitert, als es keine Rolle spielen darf, ob die Amortisation durch die vertraglichen Leasingraten oder durch Kompensationszahlungen bei vorzeitiger Auflösung des Leasingverhältnisses erfolgt.

Dieses Kriterium erlangt auch vor dem Hintergrund des Barwertkriteriums Relevanz. Kompensationszahlungen für den Fall der vorzeitigen Auflösung sind immer dann in die Mindestleasingzahlungen einzubeziehen, sofern mit hinreichender Sicherheit von einer Kündigung auszugehen ist. Auswirkungen ergeben sich zudem auf den Laufzeittest. Denn ist es hinreichend sicher, dass das Leasingverhältnis durch den Leasingnehmer **nicht gekündigt** wird, ist auch der kündbare Zeitraum bei der Laufzeitbestimmung zu berücksichtigen.

Ad (g)

Gewinne oder Verluste aus Restwertschwankungen

Nach IAS 17.11 (b) liegt ein Indiz für ein Finanzierungsleasing vor, soweit Gewinne oder Verluste aus Schwankungen des künftigen Restwerts dem Leasingnehmer zufallen. Beispielsweise führt die Vereinbarung einer Kaufoption zu Gunsten des Leasingnehmers und einer Verkaufsoption zu Gunsten des Leasinggebers immer dann zu einer Klassifizierung des Leasingverhältnisses als Finanzierungsleasing, wenn die Ausübungspreise beider Optionen identisch sind.[10] Denn alle monetären Auswirkungen von Wertschwankungen würden in diesem Falle zu Gunsten bzw. zu Lasten des Leasingnehmers anfallen. Die gleiche Wirkung würde erreicht, wenn eine Restwertgarantie vom Leasingnehmer abgegeben wird und gleichzeitig eine Kaufoption mit einem Ausübungspreis in Höhe des kalkulierten Restwerts vereinbart wird. Besonderer Würdigung bedürfen spezielle Vereinbarungen über Aufteilung von Mehr- und/oder Mindererlösen.

Unklar bleibt gleichwohl, welche konkreten Gewinnchancen oder Verlustrisiken aus der Anschlussverwertung beim Leasinggeber verbleiben können, um noch von einem Übergang des wirtschaftlichen Eigentums auf den Leasingnehmer ausgehen zu können. Mithin wird die Zuweisung der Gewinne oder Verluste aus Schwankungen im Restwert auch lediglich als Konkretisierung des Barwerttests gekennzeichnet.[11]

Ad (h)

Mietverlängerungsoption

Einen weiteren Indikator für das Vorliegen eines Finanzierungsleasings stellen Mietverlängerungsoptionen dar, die als günstig einzustufen sind. Dabei handelt es sich um solche Optionen, deren Ausübungspreis deutlich unter dem erwarteten marktüblichen Mietzins liegt und die damit mit hinreichender Sicherheit ausgeübt werden. Bedeutung erlangt dieses Kriterium vor allem im Zusammenhang mit dem Barwert- und dem Laufzeittest.

c) Immobilienleasing

Leasingverhältnisse, denen Immobilien zugrunde liegen, sind nach den oben beschriebenen Grundsätzen zu klassifizieren. Werden im Rahmen eines Leasingverhältnisses Nutzungsrechte über ein bebautes Grundstück übertragen, verlangt IAS 17.15A die Aufspaltung des Leasingverhältnisses in seine Komponenten, d. h. ein Grundstücksleasing und ein Gebäudeleasing. Für die Klassifizierung der einzelnen Komponenten des Leasingverhältnisses als Finanzierungsleasing oder Operating-Leasingverhältnis sind die Mindestleasingraten nach dem Verhältnis der jeweiligen beizulegenden Zeitwerte der Leistungen für die Mietrechte (*relative fair values of the leasehold interest*) für die Grundstückskomponente und die Gebäudekomponente zu Beginn des Leasingverhältnisses aufzuteilen (IAS 17.16). Dabei ist nach IAS 17.BC10-17.BC11 zu berücksichtigen, dass die Nutzungsdauer von Grundstücken grundsätzlich unbegrenzt ist und der Leasinggeber daher für das Grundstück eine Verzinsung des Investitionsvolumens verlangt. Hingegen werden Gebäude über die Laufzeit des Leasingverhältnisses vollständig oder anteilig abgenutzt. Daher verlangt der Leasinggeber neben der Verzinsung der Investition eine Kompensation für die Abnutzung des Gebäudes.

Soweit die Leasingzahlungen nicht zuverlässig auf die Grundstücks- und Gebäudekomponente aufgeteilt werden können, ist das Leasingverhältnis als Finanzierungsleasing zu klassifizieren, solange nicht eindeutig ist, dass beide Komponenten als Operating-Leasingverhältnis zu klassifizieren sind.

Drei weitere Besonderheiten sind nach IAS 17.17, 17.18 und 17.19 bei der Abbildung von Leasingverhältnissen über bebaute Grundstücke zu berücksichtigen:

- Soweit der Betrag, welcher bei einem Finanzierungsleasing dem Grundstück zuzurechnen ist, unwesentlich ist, darf das Leasingverhältnis als Einheit bilanziert werden. Ist das Leasingverhältnis insgesamt als Finanzierungsleasing zu klassifizieren, ist die wirtschaftliche Nutzungsdauer des Gebäudes dem gesamten Leasingverhältnis zugrunde zu legen.
- Auf eine gesonderte Bewertung der einzelnen Vertragskomponenten kann bei einem Finanzierungsleasing grundsätzlich dann verzichtet werden, sofern Gebäude und Grundstück gem. IAS 40 als Investment Property zu klassifizieren sind und mit dem beizulegenden Zeitwert bewertet werden.
- Eine im Rahmen eines Operating-Leasingverhältnisses gehaltene Immobilie darf gem. IAS 40.6 als Investment Property (vgl. S. 245 ff.) klassifiziert werden. In diesem Fall ist das Vertragsverhältnis als Finanzierungsleasing zu behandeln und der angesetzte Vermögenswert zwingend zum beizulegenden Zeitwert zu bewerten.

4. Leasingverhältnisse im Abschluss des Leasingnehmers

a) Finanzierungsleasing

aa) Ansatz und Zugangsbewertung

Ist ein Leasingverhältnis als Finanzierungsleasing klassifiziert, verlangt IAS 17.20 zu Beginn der Laufzeit des Leasingverhältnisses den Ansatz eines Vermögenswerts und einer Schuld im Abschluss des Leasingnehmers. Als Vermögenswert ist der dem Leasingvertrag zugrunde liegende Leasinggegenstand, als Schuld der Barwert der vertraglichen Leistungsverpflichtung anzusetzen.

Der Leasinggegenstand und die Leasingverbindlichkeit sind nach IAS 17.20 in Höhe des **beizulegenden Zeitwerts des Leasinggegenstands oder**, sofern niedriger, des **Barwerts der Mindestleasingzahlungen** zu bewerten. Direkt der Anbahnung und dem Abschluss des Leasingverhältnisses zurechenbare Ausgaben (sog. anfängliche direkte Kosten) sind als Anschaffungsnebenkosten im Buchwert des Leasinggegenstands zu erfassen.

bb) Folgebewertung

(1) Leasinggegenstand

Bei einem Finanzierungsleasing gilt der Leasingnehmer als wirtschaftlicher Eigentümer des Leasinggegenstands. Daher unterscheidet sich die Folgebewertung von im Rahmen eines Finanzierungsleasings »wirtschaftlich erworbenen« Vermögenswerten nicht von der Folgebewertung rechtlich erworbener Vermögenswerte. IAS 17.27 verweist daher für Leasinggegenstände auf die allgemeinen Grundsätze zur Folgebewertung des *IAS 16 – Sachanlagen* bzw. des *IAS 38 – Immaterielle Vermögenswerte.* Zudem sind die Vorschriften des IAS 36 zu Wertminderungen auf die Leasinggegenstände anzuwenden.

Abschreibungszeitraum

Soweit nicht hinreichend sicher ist, dass das Eigentum am Ende der Laufzeit auf den Leasingnehmer übergeht, ist der Leasinggegenstand über den kürzeren Zeitraum aus Leasinglaufzeit und unternehmensindividueller Nutzungsdauer abzuschreiben. Nach IAS 16 bzw. IAS 38 ist, sofern die Nutzungsdauer bestimmbar und begrenzt ist, das Abschreibungsvolumen eines Vermögenswerts planmäßig über dessen unternehmensindividuelle Nutzungsdauer zu verteilen. Der Leasingnehmer wird den wirtschaftlichen Nutzen aus dem Leasinggegenstand maximal über die Laufzeit des Leasingverhältnisses realisieren. Soweit die Laufzeit des Leasingverhältnisses kürzer ist als die Nutzungsdauer des Leasinggegenstands, ist daher über die kürzere Laufzeit des Leasingverhältnisses abzuschreiben.

BEISPIELE:

Sachverhalt 1: Die LeasY AG mietet am 1.1.2016 für sechs Jahre eine Anlage. Weder der Eigentumsübergang noch Optionsrechte sind vereinbart. Die Anlage hat eine Nutzungsdauer von sieben Jahren.

Lösung 1: Die Anlage ist über einen Zeitraum von sechs Jahren (der Leasinglaufzeit) abzuschreiben.

Sachverhalt 2: Die LeasY AG mietet zudem einen Lastkraftwagen zum gleichen Zeitpunkt für einen Zeitraum von fünf Jahren. Wiederum handelt es sich um einen Standardleasingvertrag (kein Eigentumsübergang und keine Optionsrechte). Die Nutzungsdauer des Lkw beträgt voraussichtlich vier Jahre.

Lösung 2: Der Lkw ist über vier Jahre abzuschreiben.

Sachverhalt 3: Letztlich wird zum gleichen Zeitpunkt eine Maschine gemietet. Der Leasingvertrag läuft über drei Jahre. Vereinbart wurde eine Kaufoption zugunsten der LeasY AG, deren Ausübung als hinreichend sicher gilt. Die Maschine hat eine verbleibende Nutzungsdauer von zehn Jahren.

Lösung 3: Die Maschine ist über zehn Jahre abzuschreiben.

(2) Leasingverbindlichkeit

Aufteilung der Leasingzahlungen

Die Leasingverbindlichkeit wird bei erstmaligem Ansatz mit dem Barwert der Mindestleasingzahlungen angesetzt oder, falls niedriger, mit dem beizulegenden Zeitwert des Leasinggegenstands. Die Leasingzahlungen enthalten daher sowohl einen Tilgungsteil als auch einen Zinsteil. IAS 17.25 verlangt, die Leasingzahlungen entsprechend aufzuteilen. Die **Tilgung** mindert den Buchwert der Leasingverbindlichkeit. Der **Zins** ist grundsätzlich als Finanzierungsaufwand zu erfassen.[12]

Zeitliche Verteilung der Zinskomponente

Gemäß IAS 17.25 ist der Finanzierungsaufwand über die Laufzeit des Leasingverhältnisses in der Art zu verteilen, dass sich über die Perioden hinweg eine konstante Verzinsung der verbleibenden Leasingverbindlichkeit ergibt. Soweit der Leasinggegenstand und die Leasingverbindlichkeit beim Zugang zum Barwert der Mindestleasingzahlungen bewertet wurden, entspricht diese Verzinsung dem bei der Barwertberechnung zugrunde gelegten Zinssatz. Soweit der Leasinggegenstand und die Leasingverbindlichkeit beim Zugang mit dem niedrigeren beizulegenden Zeitwert des Leasinggegenstands bewertet wurden, ist zunächst der effektive Zins zu ermitteln. Das folgende Beispiel zeigt, wie der Finanzierungsaufwand den einzelnen Perioden zuzurechnen ist. Die Verbindlichkeit wird dabei beim erstmaligen Ansatz mit dem Barwert der Mindestleasingzahlungen bewertet.

BEISPIEL:[13]

Die LeasY AG least am 1.1.2016 für fünf Jahre eine Fabrikanlage. Vereinbart werden Leasingraten von 400 T-€ p. a. (nachschüssig zu zahlen). Es handelt sich um einen Standardleasingvertrag (keine weiteren Absprachen). Dem Leasingvertrag liegt ein Zinssatz von 10,425 % zugrunde.

Der Barwert der Mindestleasingzahlungen beträgt auf Basis des Diskontierungszinssatzes von 10,425 % zu Beginn des Leasingverhältnisses 1,5 Mio. €. Dies entspricht auch dem Zugangswert der Leasingverbindlichkeit. Insgesamt enthalten die Mindestleasingzahlungen einen Tilgungsanteil von 1,5 Mio. € und einen Zinsanteil von 0,5 Mio. € (= Summe der Mindestleasingzahlungen i. H. v. 2 Mio. € abzüglich Tilgungsanteil i. H. v. 1,5 Mio. €). Der Zinsanteil ist auf Basis der Effektivzinsmethode den einzelnen Perioden wie folgt zuzurechnen:

Jahr	Leasingverbindlichkeit zum 1.1. (a)	Zahlung per 31.12. (b)	Finanzierungsaufwand des Jahres (c)	Tilgung (b) – (c) = (d)	Leasingverbindlichkeit zum 31.12. (a) – (d)
01	1 500	400	156,4 (= 10,425 % × 1 500)	243,6	1 256,4
02	1 256,4	400	131,0 (= 10,425 % × 1 256,4)	269,0	987,4
03	987,4	400	102,9 (= 10,425 % × 987,4)	297,1	690,3
04	690,3	400	72,0 (= 10,425 % × 690,3)	328,0	362,2
05	362,2	400	37,8 (= 10,425 % × 362,2)	362,2	0
Summen		2 000	500	1 500	

Buchungstechnisch ist der Sachverhalt am Ende des Jahres 2016 wie folgt zu erfassen:

Zinsaufwand	156,4 T-€		
Leasingverbindlichkeit	243,6 T-€	an Bank	400 T-€

Die Buchungen erfolgen in den Jahren 2017 bis 2020 analog.

Näherungsverfahren

Da die erwähnte Methode der Aufteilung der Finanzierungskosten in der Praxis einen hohen Aufwand verursachen kann, bietet IAS 17.26 die Möglichkeit, **Näherungsverfahren** zu verwenden. Im Schrifttum wird in diesem Zusammenhang auf die **Zinsstaffel- bzw. digitale Methode** verwiesen. Bei der Entscheidung für ein bestimmtes Näherungsverfahren sind gleichwohl die qualitativen Anforderungen an nützliche Finanzinformationen des IASB-Rahmenkonzepts (vgl. S. 436 ff.) zu berücksichtigen.[14]

BEISPIEL:

In Abwandlung zu obigem Beispiel ist der Zinsanteil i. H. v. 500 T-€ den Perioden nach der Zinsstaffelmethode zuzuschlüsseln. Dies führt aus Gesamtunternehmenssicht nur zu einem unwesentlich anderen Ergebnisausweis.

Die Verteilungsschlüssel für die einzelnen Jahre ergeben sich wie folgt:

1. Jahr: 5 / (1+2+3+4+5) = 5/15

2. Jahr: 4 / (1+2+3+4+5) = 4/15

3. Jahr: 3 / (1+2+3+4+5) = 3/15

4. Jahr: 2 / (1+2+3+4+5) = 2/15

5. Jahr: 1 / (1+2+3+4+5) = 1/15

Damit ergibt sich im ersten Jahr ein Zinsaufwand i. H. v. 166,7 T-€ (= 5/15 × 500 T-€) und ein Tilgungsanteil von 233,3 T-€ (= 400 T-€ – 166,7 T-€). Zinsaufwand und Tilgungsanteil der Folgejahre berechnen sich analog.

Jahr	Leasingverbindlichkeit zum 1.1.	Zahlung per 31.12.	Finanzierungskosten des Jahres	Tilgungsanteil	Leasingverbindlichkeit per 31.12.
01	1 500	400	166,7	233,3	1 266,7
02	1 266,7	400	133,3	266,7	1 000,0
03	1 000,0	400	100,0	300,0	700,0
04	700,0	400	66,7	333,3	366,7
05	366,7	400	33,3	366,7	0
Summen		2 000	500	1 500	

cc) Anhangangaben

Gemäß IAS 17.31 sind Leasingnehmer zu umfangreichen Angaben in Bezug auf die eingegangenen Finanzierungsleasingverhältnisse verpflichtet. Anzugeben sind u. a.:

- eine allgemeine Beschreibung der wesentlichen Leasingvereinbarungen, insbesondere Klauseln zu bedingten Mietzahlungen, Kauf- oder Mietverlängerungsrechten, Preisanpassungen und Kreditsicherungsklauseln (*covenants);*

- der Nettobuchwert (ursprünglicher Wertansatz abzüglich planmäßiger sowie außerplanmäßiger Abschreibungen) für jede Gruppe von Vermögenswerten zum Bilanzstichtag;
- Überleitungsrechnung der Summe der Mindestleasingzahlungen zum Bilanzstichtag zu deren Barwert;
- die Summe der künftigen Mindestleasingzahlungen zum Bilanzstichtag und deren Barwert für bestimmte Zeiträume (bis ein Jahr, länger als ein bis weniger als fünf Jahre, länger als fünf Jahre);
- die in der Periode erfassten bedingten Mietzahlungen.

Gemäß IAS 17.32 sind zudem die allgemeinen Angabepflichten von IAS 16, IAS 38, IAS 40 und IAS 41 im Hinblick auf die angesetzten Leasinggegenstände zu beachten. Für die Leasingverbindlichkeit gelten zudem die Angabevorschriften des IFRS 7 (vgl. S. 379 ff.). Soweit außerplanmäßige Wertminderungen in der Berichtsperiode erfasst wurden, sind die Angabevorschriften des IAS 36 anzuwenden (vgl. S. 520 f.).

b) Operating-Leasingverhältnisse

aa) Erfassung der Leasingzahlungen

Der Leasingnehmer ist bei einem Operating-Leasingverhältnis weder rechtlicher noch wirtschaftlicher Eigentümer des Leasinggegenstands. Daher ist zu Beginn der Laufzeit des Leasingverhältnisses nach IAS 17 weder ein Vermögenswert noch eine Schuld anzusetzen.

Die aus Operating-Leasingverhältnissen resultierenden Leasingzahlungen sind gem. IAS 17.33 in den Perioden als Aufwand zu erfassen, denen sie wirtschaftlich zuzurechnen sind. Die Zurechnung bestimmt sich dabei nicht nach dem Zahlungsverlauf (IAS 17.34), sondern nach dem Verbrauch des Nutzenpotenzials des Leasingguts. Nach IAS 17.33 sind die Leasingzahlungen i. d. R. linear zu erfassen. In Frage kommt aber auch eine degressive, progressive oder leistungsabhängige Zurechnungssystematik. Bedingte Mietzahlungen sind in der Periode zu erfassen, in der sie anfallen.

Spezielle Regelungen finden sich für Anreize, die den Leasingnehmer zum Vertragsabschluss bewegen sollen. Als Anreize gelten gem. SIC-15.1 etwa Barleistungen des Leasinggebers zu Beginn des Leasingverhältnisses, die Übernahme bzw. Erstattung von Kosten des Leasingnehmers (z. B. Umzugskosten) oder der Verzicht auf oder die Reduzierung von Leasingraten für einen bestimmten Zeitraum. Gemäß SIC-15.3 sind solche Anreize **(negative) Bestandteile der Leasingzahlungen** und damit entsprechend dem Nutzenverlauf systematisch zu verteilen.

Abgrenzungsbuchungen

Sofern die Leasingzahlungen von den erfassten Leasingaufwendungen abweichen, bedingt dies die Bildung von Abgrenzungsposten.

BEISPIEL:

A least am 1.1.2016 im Rahmen eines Operating-Leasingverhältnisses von B für zwei Jahre ein Auto. A und B vereinbaren, dass A Ende 2016 1 500 € und Ende 2017 500 € zahlt. Der zeitliche Verlauf des Nutzens für A ist linear.

In 2016 und 2017 erfasst A einen Leasingaufwand i. H. v. 1 000 €. Zudem erfasst A Ende 2016 einen aktivischen Abgrenzungsposten i. H. v. 500 €.

Belastende Verträge Gemäß IAS 37 ist zu jedem Bilanzstichtag zu prüfen, ob eine Rückstellung für belastende Verträge zu bilden ist. Dies gilt nach IAS 37.5 (c) auch für Operating-Leasingverhältnisse. Belastend sind Verträge, wenn das erwartete Nutzenpotenzial aus dem Vertrag die unvermeidbaren Kosten zur Erfüllung der vertraglichen Verpflichtungen unterschreitet.

bb) Anhangangaben

Auch für Operating-Leasingverhältnisse sind umfangreiche Angabevorschriften zu beachten. Hierzu zählen u. a. (IAS 17.35):

- eine allgemeine Beschreibung der wesentlichen Leasingvereinbarungen, insbesondere Klauseln zu bedingten Mietzahlungen, Kauf- oder Mietverlängerungsrechten, Preisanpassungen und Kreditsicherungsklauseln (*covenants*);
- die Summe der künftigen Leasingzahlungen aus unkündbaren Verträgen für bestimmte Zeiträume (bis ein Jahr, länger als ein bis weniger als fünf Jahre, länger als fünf Jahre);
- die Summe der künftigen Mindestzahlungen aus unkündbaren Untermietverhältnissen zum Bilanzstichtag.

Zudem sind die Angabevorschriften des IFRS 7 (vgl. S. 379 ff.) zu beachten.

5. Leasingverhältnisse im Abschluss des Leasinggebers

a) Finanzierungsleasing

aa) Ansatz und Zugangsbewertung

Wird ein Leasingvertrag als Finanzierungsleasing klassifiziert, hat der Leasinggeber den Leasinggegenstand auszubuchen, sofern sich dieser in seinem Bestand befand. Im Gegenzug ist beim Leasinggeber eine Forderung zu erfassen, welche die erwarteten wirtschaftlichen Nutzenzuflüsse aus dem Finanzierungsgeschäft repräsentiert (IAS 17.36).

Die Forderung ist nach IAS 17.36 in Höhe der **Nettoinvestition** in das Leasingverhältnis zu bewerten. Anfängliche direkte Kosten sind nicht zusätzlich zu berücksichtigen. Aufgrund der Definition der »Nettoinvestition in das Leasingverhältnis« sind sie in diesem Wert definitionsgemäß schon enthalten. Die Nettoinvestition in das Leasingverhältnis entspricht gem. IAS 17.4 dem Barwert der Bruttoinvestitionen in das Leasingverhältnis. Die Bruttoinvestition umfasst neben den Mindestleasingzahlungen aus Sicht des Leasinggebers (d. h. einschließlich aller garantierten Restwerte) auch den dem Leasinggeber zuzurechnenden nicht garantierten Restwert. Der Unterschiedsbetrag zwischen Brutto- und Nettoinvestition ist der »noch nicht realisierte Finanzertrag«. Dies ist der Betrag, welcher künftig vom Leasinggeber als Finanzertrag erfasst wird.

Zur Barwertermittlung ist der dem Leasingvertrag zugrunde liegende Zinssatz zu verwenden. Dies ist der Zinssatz, bei dem zu Beginn des Leasingverhältnisses die Bruttoinvestition dem beizulegenden Zeitwert des Leasinggegenstands zuzüglich der anfänglichen direkten Kosten des Leasinggebers entspricht. Insoweit kommt es regelmäßig zum Forderungsansatz in Höhe des beizulegenden Zeitwerts des Leasinggegenstands zuzüglich der anfänglichen direkten Kosten.

bb) Folgebewertung

Der zu Beginn der Leasinglaufzeit ermittelte noch nicht realisierte Finanzertrag ist vom Leasinggeber während der Leasinglaufzeit zu realisieren (IAS 17.39). Dazu sind nach IAS 17.40 die Mindestleasingzahlungen in einen Zins- und einen Tilgungsanteil aufzuteilen. Während der **Zinsanteil** als Finanzertrag zu erfassen ist, ist der **Tilgungsanteil** erfolgsneutral als Minderung der ausstehenden Forderung zu erfassen.

Die Verteilung des zu Beginn des Leasingverhältnisses ermittelten Finanzertrags auf die einzelnen Perioden hat entsprechend der Vorgehensweise beim Leasingnehmer so zu erfolgen, dass die jeweils zum Periodenbeginn noch ausstehende Leasingforderung konstant verzinst wird (**Effektivzinsmethode**). Folglich ist für diese Berechnung regelmäßig der dem Leasingverhältnis zugrunde liegende Zinssatz zu nutzen.

Das IASB äußert sich nicht explizit dazu, ob Leasinggeber **Näherungsverfahren** zur Ermittlung der periodisch zu erfassenden Finanzerträge anwenden dürfen. Führen Näherungsverfahren nur zu unwesentlich anderen Ergebnissen, sind diese grundsätzlich zu akzeptieren.

IAS 17.41 verlangt zu jedem Bilanzstichtag für jedes Leasingverhältnis eine Werthaltigkeitsprüfung des nicht garantierten Restwerts. Sofern Restwertschätzungen nach unten revidiert werden, ist zunächst der Zinssatz unter Verwendung der Annahme neu zu bestimmen, dass die neu zugehenden Informationen bereits zum Beginn des Leasingverhältnisses vorgelegen hätten. Auf dieser Basis ist der bis dato zu realisierende Anteil des Finanzertrags neu zu kalkulieren. Der Unterschiedsbetrag ist in der Berichtsperiode als Aufwand zu erfassen. Zudem ist gem. IAS 17.41 die künftige Verteilung des noch nicht realisierten Finanzertrags unter Berücksichtigung des veränderten Zinssatzes anzupassen. Diese Vorgehensweise stimmt im Grundsatz mit der in IAS 8 vorgegeben Regelungen zur Behandlung von Schätzungsänderungen überein (vgl. S. 531 f.). Der gesamte Forderungsbetrag ist zudem nach den Vorgaben des IAS 39 auf Wertminderungen zu überprüfen (IAS 39.2 (b) (i)).

cc) Anhangangaben

IAS 17.47 verlangt u. a. folgende Angaben:

- eine allgemeine Beschreibung der wesentlichen Leasingvereinbarungen;
- Überleitungsrechnung der Bruttoinvestition zum Bilanzstichtag zum Barwert der zum Bilanzstichtag ausstehenden Mindestleasingzahlungen;
- Bruttoinvestition zum Bilanzstichtag und deren Barwert für bestimmte Zeiträume (bis ein Jahr, länger als ein bis weniger als fünf Jahre, länger als fünf Jahre);
- den noch nicht realisierten Finanzertrag zum Bilanzstichtag;
- Schätzung der nicht garantierten Restwerte.

Da Forderungen aus Finanzierungsleasing die Definitionskriterien von Finanzinstrumenten gem. IAS 32 erfüllen, sind zudem die Angabepflichten des IFRS 7 zu beachten (vgl. S. 379 ff.).

b) Operating-Leasingverhältnisse

aa) Ansatz- und Zugangsbewertung

Bei Operating-Leasingverhältnissen sind nicht im Wesentlichen alle Chancen und Risiken aus dem Leasinggegenstand auf den Leasingnehmer übertragen worden. Insofern hält der Leasinggeber den Leasinggegenstand unverändert nicht nur im zivilrechtlichen, sondern auch im wirtschaftlichen Eigentum. IAS 17.49 verlangt deshalb, dass die Leasinggegenstände (weiterhin) in der Bilanz des Leasinggebers auszuweisen sind. Grundlage für deren Bilanzierung sind die Standards, die für gleichartige Vermögenswerte anzuwenden sind. Je nach Art des Leasinggegenstands sind dies IAS 16, IAS 38, IAS 40 oder IAS 41.

Der Leasinggegenstand wird bei Zugang zu Anschaffungs- bzw. Herstellungskosten bewertet. Sofern dem Leasinggeber anfängliche direkte Kosten entstehen, sind diese gem. IAS 17.52 Teil der Anschaffungs- bzw. Herstellungskosten des Leasinggegenstands.

bb) Folgebilanzierung

Die vom Leasingnehmer zu leistenden Leasingzahlungen sind gem. IAS 17.50 vom Leasinggeber in den Perioden erfolgswirksam zu erfassen, denen sie zuzurechnen sind. Die Zurechnung bestimmt sich nicht nach dem Zahlungszufluss, sondern nach dem Verbrauch des wirtschaftlichen Nutzenpotenzials des Leasinggegenstands über die Leasinglaufzeit. Sofern dieser Nutzen kontinuierlich erbracht wird, erfolgt die Zurechnung linear. Ein anderer Nutzenverlauf erfordert eine abweichende Zurechnungssystematik (z. B. degressiv, progressiv oder leistungsabhängig).

Sind Gegenstände mit unbegrenzter Nutzungsdauer Gegenstand des Leasingverhältnisses, hat die Zurechnung grundsätzlich linear über die Leasinglaufzeit zu erfolgen. Bedingte Mietzahlungen und Zahlungen des Leasingnehmers für erbrachte Dienstleistungen des Leasinggebers wie Wartungs-, Service- und Versicherungsleistungen sind jeweils in der Periode ihres Anfalls erfolgswirksam zu erfassen, da diese gem. IAS 17.51 keine systematisch zu verteilenden Leasingerträge darstellen.

Spezielle Regelungen finden sich für Anreize, die vom Leasinggeber gewährt werden und den Leasingnehmer zum Vertragsabschluss bewegen sollen. Entsprechend den Vorgaben des SIC-15 sind solche Anreize zu periodisieren, wobei der Verbrauch des wirtschaftlichen Nutzens aus dem Leasinggegenstand die Erfolgserfassung determiniert. Insoweit vermindern die periodisch erfassten Kosten solcher Anreizvereinbarungen die laufenden Erträge aus dem Leasingverhältnis (SIC-15.4).

Abgrenzungsbuchungen

Da weder die Höhe noch der Zugangszeitpunkt der Leasingzahlungen Einfluss auf die Erfassung der Leasingerträge hat, erfordert ein vom Nutzenverlauf abweichender Zahlungsverlauf die Bildung von Abgrenzungsposten.

Planmäßige und außerplanmäßige Abschreibung

IAS 17 hält keine eigenständigen Regelungen zur Folgebewertung von Leasinggegenständen bereit, die Gegenstand von Operating-Leasingverhältnissen sind. Für die Folgebewertung sind die Regelungen des IAS 16, IAS 38, IAS 40 oder IAS 41 anzuwenden. Klargestellt wird indes, dass abnutzbare Leasinggegenstände nach den auch sonst vom Leasinggeber verwendeten Methoden abzuschreiben sind (IAS 17.53). Die Höhe der Abschreibung richtet sich nach den Vorgaben des IAS 16 bzw. IAS 38. Die Abschreibung der aktivierten anfänglichen direkten Kosten richtet sich ebenfalls nach dem Verbrauch des wirtschaftlichen Nutzens aus dem

Leasinggegenstand (IAS 17.52). Gemäß IAS 17.54 sind Leasinggegenstände regelmäßig auf außerplanmäßige Wertminderungen hin zu prüfen. Diesbezüglich wird auf die Regelungen des IAS 36 verwiesen (vgl. S. 506 f.).

cc) Anhangangaben

Da der Leasinggeber bei einem Operating-Leasingverhältnis sowohl rechtlicher als auch wirtschaftlicher Eigentümer des Leasinggegenstands bleibt, sind für ihn die Angabepflichten der IAS 16, IAS 38, IAS 40 oder IAS 41 relevant. Zudem verlangt IAS 17.56 u. a. folgende Angaben:

- eine allgemeine Beschreibung der wesentlichen Leasingvereinbarungen;
- die Summe der künftigen Leasingzahlungen aus unkündbaren Verträgen als Gesamtbetrag und separat für bestimmte Zeiträume (bis ein Jahr, länger als ein bis weniger als fünf Jahre, länger als fünf Jahre);
- die Summe der in der Berichtsperiode erfolgswirksam erfassten bedingten Leasingzahlungen.

Zudem sind die Angabevorschriften des IFRS 7 zu beachten (vgl. S. 379 ff.).

6. Sonderfälle der Leasingbilanzierung

a) Hersteller- bzw. Händlerleasing

Besonderheiten ergeben sich für Leasingverhältnisse, die von Herstellern oder Händlern als Absatzinstrument genutzt werden. Die Klassifizierung solcher Leasingverhältnisse richtet sich nach den allgemeinen Kriterien der Leasingklassifizierung. Soweit ein Leasingverhältnis als Finanzierungsleasing zu klassifizieren ist, handelt es sich nach Ansicht des IASB wirtschaftlich um ein Veräußerungsgeschäft. Daher ist ein Veräußerungserfolg zu erfassen und Umsatzerlöse sind zu realisieren. Da Leasingverhältnisse immer auch Finanzierungsgeschäfte sind, müssen bei Hersteller- bzw. Händlerleasing zwei Arten von Erträgen berücksichtigt werden:

- der über die Laufzeit des Leasingverhältnisses zu erfassende Finanzertrag und
- der zu Beginn des Leasingverhältnisses zu erfassende Veräußerungserfolg.

Fraglich ist, wie Veräußerungs- und Finanzierungserfolg zu ermitteln sind. In IAS 17.42-17.46 werden die anzuwendenden Methoden konkretisiert.

Der **Veräußerungserfolg** ist nach IAS 17.44 die Differenz zwischen den zu erfassenden Umsatzerlösen und Umsatzkosten. Die Umsatzhöhe entspricht dabei grundsätzlich dem beizulegenden Zeitwert des Leasinggegenstands. Sofern der Barwert der Mindestleasingzahlungen (nicht garantierte Restwerte sind nicht zu berücksichtigen) geringer ist, ist dieser niedrigere Wert für die Umsatzrealisation maßgebend.

Hinsichtlich der Barwertermittlung ist jedoch in Abweichung zu den oben genannten Vorgaben nicht der dem Leasingvertrag zugrunde liegende Kalkulationszins zu verwenden (IAS 17.45). Begründet wird dies mit der üblichen Praxis, Finanzierungskonditionen aus absatzpolitischen Überlegungen heraus gering auszuweisen. Dies würde jedoch c. p. zu einem entsprechend höheren Umsatzausweis führen. Um eine sachgerechte Aufteilung des Gesamtertrags in Veräußerungs- und Finanzierungskomponente zu gewährleisten, entschied sich das IASB, die **Verwendung eines marktüblichen Zinssatzes** zur Barwertermittlung zu fordern (IAS 17.45).

Die **Umsatzkosten** entsprechen nach IAS 17.44 grundsätzlich den Anschaffungs- bzw. Herstellungskosten des betreffenden Leasinggegenstands, oder, falls abweichend, dem Buchwert des Leasinggegenstands abzüglich des Barwerts des nicht garantierten Restwerts. Für die Barwertberechnung ist nicht vorgeschrieben, welcher Diskontierungszins zu verwenden ist. Sachgerecht ist hier die Verwendung eines marktüblichen Zinssatzes.

Gemäß IAS 17.38 sind anfängliche direkte Kosten des Leasingverhältnisses bei Herstellern oder Händlern sofort als Aufwand zu erfassen und nicht innerhalb der Forderung gegenüber dem Leasingnehmer erfolgsneutral abzugrenzen. Begründet wird diese Vorgehensweise mit der Annahme, diese Kosten seien dem Veräußerungsgeschäft zuzurechnen und nicht dem Abschluss der Leasingvereinbarung.

Für Operating-Leasingverhältnisse bestehen beim Hersteller- bzw. Händlerleasing keine besonderen Regelungen.

BEISPIEL:

Die Mercedy AG stellt nicht nur Kraftfahrzeuge her, sondern bietet für ihre Kunden darüber hinaus Finanzierungsdienstleistungen an. Am 1.1.2016 verleast sie im Rahmen eines Finanzierungsleasings ein gerade fertig gestelltes Kraftfahrzeug des Typs »Smarty«. Vereinbart ist eine Leasinglaufzeit von drei Jahren zu jeweils am Ende eines jeden Jahres fälligen Leasingraten von 8 T-€ bei einem vereinbarten effektiven Zinssatz von 0 %. Der Marktzins beträgt 10 %. Die Herstellungskosten sowie der Buchwert des Fahrzeugs betragen 20 T-€.

Die Mercedy AG erwartet nach Ablauf der drei Jahre einen Restwert von 4 T-€ (nicht garantiert). Die anfänglichen, dem Leasingverhältnis zuzurechnenden Kosten betragen 1 T-€. Gewöhnlich kann das Unternehmen für »Smarty«-Kfz eine Marge von 15 % am Markt durchsetzen. Der beizulegende Zeitwert beträgt somit 23 T-€ (= Herstellungskosten i. H. v. 20 T-€ + Restwert i. H. v. 4 T-€ – zurechenbare Kosten i. H. v. 1 T-€).

Die zu berücksichtigenden Umsatzerlöse betragen 22,9 T-€. Dies entspricht der Nettoinvestition in das Leasingverhältnis (auf Basis des marktüblichen Zinses von 10 %).

$$\sum_{t=1}^{3} 8\ \text{T€} \times 1{,}1^{-t} + 4\ \text{T€} \times 1{,}1^{-3} = 22{,}9\ \text{T€}$$

Der beizulegende Zeitwert ist 0,1 T-€ höher und deshalb nicht maßgeblich. Die Umsatzkosten betragen rund 17,0 T-€ (Herstellungskosten i. H. v. 20 T-€ abzüglich Barwert des nicht garantierten Restwertes i. H. v. 4 T-€ × $1{,}1^{-3}$). Folgende Buchungssätze ergeben sich zu Beginn des Leasingverhältnisses:

Umsatzkosten	17 T-€		
Forderung (Restwert)	3 T-€	an Fertige Erzeugnisse	20 T-€
sonstiger Aufwand	1 T-€	an Bank	1 T-€
Forderung	22,9 T-€	an Umsatzerlöse	22,9 T-€

Der auf die Leasinglaufzeit zu verteilende Finanzertrag beträgt 5,1 T-€ (Differenz aus Bruttoinvestitionen in das Leasingverhältnis i. H. v. 28 T-€ und deren Barwert von 22,9 T-€).

b) Sale-and-leaseback-Transaktionen

aa) Überblick

IAS 17 sieht für Vertragskonstruktionen, die einerseits den zivilrechtlichen Verkauf eines Vermögenswerts und anderseits die unmittelbare Rückübertragung von Nutzungsrechten am selben Vermögenswert vorsehen, besondere Bilanzierungsregelungen für den Verkäufer-Leasingnehmer vor. Solchen als Sale-and-leaseback-Transaktionen bezeichneten Vereinbarungen können unterschiedliche **Motive** zugrunde liegen.

- Auswirkung auf die Liquidität des Unternehmens: Der Verkauf eines Vermögenswerts löst zunächst einen Zahlungszufluss in Höhe des vereinbarten Kaufpreises aus. Die vereinbarten Leasingraten werden indes erst künftig zahlungswirksam.
- Gegebenenfalls können durch solche Transaktionen Steuervorteile ausgenutzt werden.
- Soweit die operative Rendite des Unternehmens höher als die zu zahlenden Zinsen für das Leasingverhältnis ist, kann das Unternehmen aus der Differenz einen zusätzlichen Gewinn erzielen.
- Das Bilanzbild kann gestaltet werden.

Für die Bilanzierung ist zunächst die Klassifizierung des Leasingverhältnisses relevant. Zu fragen ist, ob der Leasingnehmer über das rechtliche Eigentum hinaus auch das wirtschaftliche Eigentum am Leasinggegenstand abgegeben hat. Für die Klassifizierungsentscheidung sind dabei die allgemeinen Kriterien heranzuziehen. Besonderheiten ergeben sich hinsichtlich der Behandlung eines sich ergebenden Veräußerungserfolgs. Die diesbezüglichen Regelungen des IAS 17.58-17.66 sind in Abb. F.3 zusammengestellt

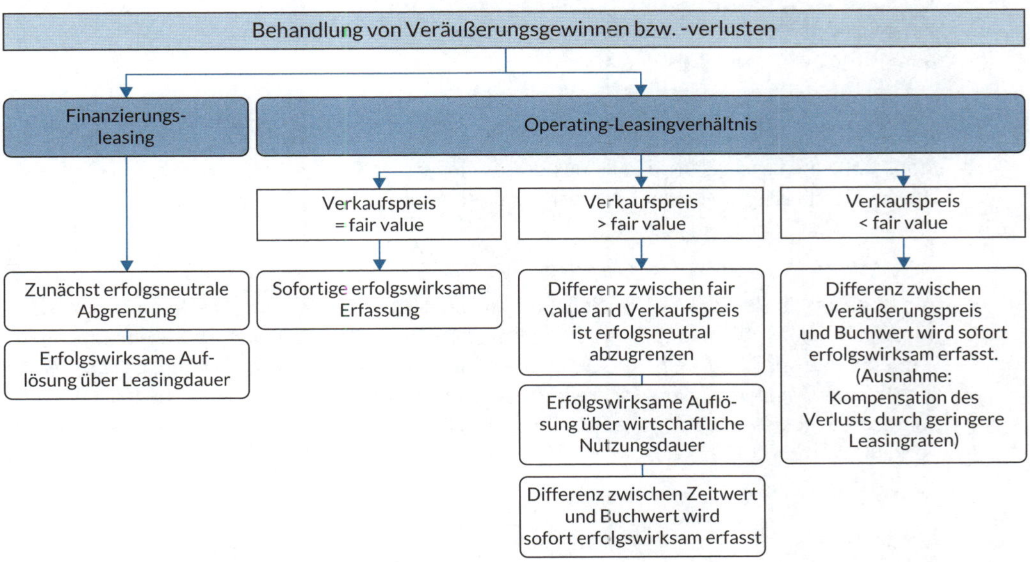

Abbildung F.3 Behandlung von Veräußerungserfolgen bei Sale-and-leaseback-Transaktionen

bb) Finanzierungsleasing

Im Falle eines Finanzierungsleasings sind grundsätzlich sämtliche positiven wie negativen Differenzen zwischen Verkaufspreis und Buchwert des Leasinggegenstands erfolgsneutral abzugrenzen (IAS 17.59). Diese Regelung erscheint plausibel, wenn man der Vorstellung folgt, dass es sich hierbei nicht um ein Veräußerungsgeschäft, sondern um ein reines Finanzierungsgeschäft mit Sicherheitenstellung handelt (IAS 17.60). Allerdings kann auch die Situation eintreten, dass der vereinbarte Verkaufspreis eine Wertminderung des zugrunde liegenden Leasinggegenstands anzeigt. In diesen Fällen verlangt IAS 17.64 deren unmittelbare erfolgswirksame Berücksichtigung im Einklang mit den Regelungen des IAS 36. Lediglich ein verbleibender Differenzbetrag ist erfolgsneutral abzugrenzen.

Der erfolgsneutral gebildete Abgrenzungsposten ist gem. IAS 17.59 über die Leasinglaufzeit aufzulösen, ohne dass die anzuwendende Aufteilungsmethode spezifiziert wird. Als sachgerecht wird im Schrifttum sowohl eine Auflösung entsprechend der Abschreibungsmethode für den Leasinggegenstand als auch entsprechend der Verteilungsmethode für die Finanzierungsaufwendungen angesehen.

BEISPIEL:

Die LeasyBack AG veräußert per 1.1.2016 eine Anlage und erwirbt unmittelbar ein Nutzungsrecht an der Anlage für die folgenden acht Jahre. Die vereinbarten Leasingraten betragen 3 T-€. Die Restnutzungsdauer wird auf acht Jahre geschätzt. Der Restwert am Ende der Nutzungsdauer beträgt voraussichtlich 0 €. Die Anlage stand zum 31.12.2015 mit einem Wert von 14 T-€ in den Büchern der LeasyBack AG. Der Verkaufspreis der Anlage entspricht deren beizulegendem Zeitwert von 16 T-€.

Da es sich um ein Finanzierungs-Leasingverhältnis handelt, ist der Unterschiedsbetrag zwischen Verkaufspreis und Buchwert, mithin 2 T-€, erfolgsneutral zu behandeln. Folgender Buchungssatz ergibt sich:

Bank	16 T-€	an Anlage	14 T-€
		an abgegrenzter Gewinn	2 T-€

Da der Leasingnehmer weiterhin wirtschaftlicher Eigentümer bleibt, sind der Leasinggegenstand und eine Leasingschuld in Höhe des beizulegenden Zeitwerts anzusetzen. Der Barwert der Mindestleasingzahlungen entspricht in diesem Beispiel dem beizulegenden Zeitwert der Anlage (Kalkulationszinssatz: 10 %).

Anlage	16 T-€	an Leasingverbindlichkeit	16 T-€

Am Ende des Jahres 2011 ist zunächst die Anlage abzuschreiben. Unterstellt wird, dass der wirtschaftliche Nutzen kontinuierlich verbraucht wird, ergibt sich eine Abschreibung von 2 T-€. Zudem ist der abgegrenzte Gewinn über die Leasinglaufzeit zu realisieren. Dies bewirkt letztlich eine Minderung des Abschreibungsaufwands um 0,25 T-€ (2 T-€ linear verteilt auf acht Jahre). Im Ergebnis wird damit der Abschreibungsaufwand so erfasst, als wäre die Anlage nicht verkauft worden (14 T-€ / 8 Jahre = 1,75 T-€).

Abschreibung	2 T-€	an Anlage	2 T-€
PRAP	0,25 T-€	an Abschreibung	0,25 T-€

Schließlich ist noch die Leasingzahlung in die Zins- und Tilgungskomponente aufzuteilen. Bei einem Diskontierungszins von 10 % beträgt für das Jahr 2016 der Zinsaufwand 1,6 T-€ (= 10 % × 16 T-€) und der Tilgungsanteil 1,4 T-€ (= 3 T-€ – 1,6 T-€).

Zinsaufwand	1,6 T-€		
Leasingverbindlichkeit	1,4 T-€	an Bank	3,0 T-€

cc) Operating-Leasingverhältnisse

Marktübliche Konditionen

Führt die Prüfung der Leasingvereinbarung zu dem Ergebnis, dass neben dem rechtlichen auch das wirtschaftliche Eigentum am Leasinggegenstand auf den Leasinggeber übertragen wurde, ist der Differenzbetrag zwischen Verkaufspreis und Buchwert nicht in jedem Falle sofort vollständig als Ertrag oder Aufwand zu berücksichtigen. Eine sofortige vollständige Erfassung des Erfolgsbeitrags ist z. B. dann geboten, wenn der vereinbarte Verkaufspreis dem beizulegenden Zeitwert des Leasinggegenstands entspricht. In diesem Fall ist von einem marktüblichen Geschäft auszugehen, was zur erfolgswirksamen Erfassung des Differenzbetrags berechtigt (IAS 17.62).

Marktunübliche Konditionen

In Fällen der Vereinbarung marktunüblicher Konditionen sieht IAS 17.61 eine differenzierte Vorgehensweise für die Behandlung des Differenzbetrags vor, die zu einer sachgerechten Ergebnisdarstellung beitragen soll.

Wird ein Veräußerungspreis oberhalb des beizulegenden Zeitwerts vereinbart, so ist der Unterschiedsbetrag zwischen beiden Werten stets erfolgsneutral abzugrenzen und über die Leasinglaufzeit hinweg aufzulösen (IAS 17.61). Dieser Regelung liegt die Annahme zugrunde, dass dem erhöhten Verkaufspreis entsprechend höhere Leasingraten gegenüberstehen. Die Differenz zwischen dem beizulegenden Zeitwert und dem Buchwert des Leasinggegenstands ist unmittelbar erfolgswirksam als Veräußerungsgewinn zu erfassen.

Ist hingegen ein Veräußerungspreis unterhalb des beizulegenden Zeitwerts des Leasinggegenstands vereinbart, ist die Differenz zwischen Veräußerungspreis und Buchwert des Leasinggegenstands grundsätzlich sofort erfolgswirksam zu erfassen. Eine Ausnahme sieht IAS 17.61 für den Fall vor, dass sich ein Veräußerungsverlust ergibt und dieser Verlust durch günstige Konditionen für das Leasinggeschäft zumindest teilweise ausgeglichen wird. Der Teil des Veräußerungsverlusts, welcher durch marktunüblich niedrige Nutzungsentgelte kompensiert wird, ist demnach erfolgsneutral abzugrenzen und über die Leasinglaufzeit zu erfassen. Dieser Teil ist damit als vorausbezahlte Leasingrate zu interpretieren. Ein verbleibender unkompensierter Teil ist unmittelbar erfolgswirksam als Veräußerungsverlust zu erfassen.

BEISPIEL:

Die LeasyBack AG verkauft am 1.1.2016 eine Maschine mit einem Buchwert von 100 T-€ zu einem Preis von 140 T-€ an eine Finanzierungsgesellschaft und least diese Maschine über einen Zeitraum von zwei Jahren zu Raten von 30 T-€ wieder zurück. Der beizulegende Zeitwert der Maschine beträgt zu Beginn des Leasingverhältnisses 120 T-€. Unterstellt sei, dass es sich um ein Operating-Leasingverhältnis handelt.

Da es sich um einen Veräußerungsvorgang handelt, ist der Leasinggegenstand zunächst auszubuchen. Der Unterschiedsbetrag zwischen Buchwert und beizulegenden Zeitwert in Höhe von 20 T-€ ist erfolgswirksam zu erfassen. Der Differenzbetrag zwischen Veräußerungspreis und beizulegenden Zeitwert i. H. v. 20 T-€ ist hingegen erfolgsneutral abzugrenzen. Folgende Buchungssätze ergeben sich zum 1.1.2016:

Bank	140 T-€	an Maschine	100 T-€
		an sonst. Ertrag	20 T-€
		an abgegrenzter Gewinn	20 T-€

Zum Ende eines jeden Jahres ist der abgegrenzte Gewinn mittels folgender Buchung erfolgswirksam aufzulösen (lineare Zurechnung wird unterstellt):

Abgegrenzter Gewinn	15 T-€		
Mietaufwand	15 T-€	an Bank	30 T-€

Bevor die vorstehenden Regelungen Anwendung finden, ist zunächst zu prüfen, ob eine Wertminderung des Leasinggegenstands vorliegt (IAS 17.63). Sollte die Prüfung ergeben, dass der beizulegende Zeitwert unter dem ausgewiesenen Buchwert des Leasinggegenstands liegt, so ist dieser Buchwert zunächst erfolgswirksam anzupassen. Dieser angepasste Buchwert dient dann als Referenzwert für die Abbildung der Sale-and-leaseback-Transaktion.

7. Exkurs: Bilanzierung von Leasingverhältnissen nach IFRS 16

a) Entstehung und Zielsetzung

Mit dem am 13.1.2016 veröffentlichten IFRS 16 »Leases« hat der IASB eine umfassende Neuregelung der Leasingbilanzierung in der internationalen Rechnungslegung vorgenommen. Der neue Standard geht auf ein bereits 2006 gemeinsam durch IASB und FASB angestoßenes Konvergenzprojekt zurück und ist das Ergebnis eines längeren Mediationsprozesses, in dem der Standardsetter u. a. zwei Entwürfe veröffentlicht und insgesamt über 1.750 Stellungsnahmen ausgewertet hat.

Die Überarbeitung geht wesentlich auf die vermehrt geäußerte Kritik zurück, wonach sich die Leasing-Bilanzierung gem. IAS 17 als zu komplex darstellt und Anwendern ein hohes Maß an bilanzpolitischem Ermessen zugesteht. So eröffnet etwa die Klassifizierung als Operating- oder Finanzierungs-Leasing in der Praxis einen breiten Spielraum für Sachverhaltsgestaltungen, indem Verträge bewusst auf eine Weise formuliert werden, die es dem Leasingnehmer erlaubt, betreffende Leasinggüter außerhalb der Bilanz (»Off Balance«) zu führen (IFRS 16.IN5). Weiterhin besteht die Möglichkeit, dass in ihrer wirtschaftlichen Substanz vergleichbare Verträge von verschiedenen Anwendern unterschiedlich gewertet und somit abweichend bilanziert werden. In der Folge sind Abschlüsse mit Blick auf das in den Unternehmen vorhandene Leasing-Vermögen nur eingeschränkt vergleichbar und bedürfen bei der Nutzung durch Finanzanalysten oder Investoren umfassenden Anpassungen auf Basis der vorliegenden Anhangangaben. Eine weitere Zielsetzung von IASB und FASB bestand in einer stärkeren Angleichung internationaler und US-amerikanischer Rechnungslegung.

Diese konnte indes im Rahmen des Projekts nicht wie geplant umgesetzt werden (IFRS 16.IN7-8).

Dieser Exkurs stellt die wesentlichen Änderungen des IFRS 16 gegenüber IAS 17 dar. Da diese beinahe ausschließlich die Bilanzierung durch den Leasingnehmer betreffen, erfolgt eine Erörterung des Leasinggebers nur verkürzt.

b) Leasing-Begriff und Anwendungsbereich

Trotz einer Umstellung auf den sogenannten *Right-of-Use*-Ansatz (s. u.) bleibt der bisherige Anwendungsbereich des IAS 17 auch nach IFRS 16 weitgehend bestehen. So begründet ein Vertrag gem. IFRS 16.9 genau dann ein Leasingverhältnis, wenn er die Übertragung des Nutzungsrechts an einem Vermögenswert über einen Zeitraum und im Austausch für eine Gegenleistung beinhaltet.

Hierfür muss der betroffene Vermögenswert hinreichend genau spezifiziert sein (IFRS 16.B13). Davon ist regelmäßig auszugehen, wenn er etwa konkret innerhalb des Vertrags beschrieben oder dem Leasingnehmer faktisch durch den Leasinggeber zur Nutzung überlassen wird. Besteht für den Leasinggeber die Möglichkeit, den Vermögenswert jederzeit und bedingungslos auszutauschen, kann dieser nicht mehr als hinreichend spezifiziert angesehen werden, wenn der Austausch für den Leasinggeber einen wirtschaftlichen Vorteil darstellt (IFRS 16.B13-B14). Wird ein Vermögenswert hingegen rein zu Zwecken der Wartung, Reparatur oder Verbesserung kurzfristig ausgetauscht, ist dies mit einer Klassifizierung als Leasingverhältnis vereinbar (IFRS 16.B16). Grundsätzlich können auch Anteile an Vermögenswerten ein eigenständiges Leasingobjekt darstellen, sofern sie einen physisch eigenständigen Bestandteil von dessen Gesamtheit darstellen oder ihnen ein wesentlicher Anteil an dessen Kapazität zukommt (IFRS 16.B20).

Das Nutzungsrecht an einem Vermögenswert ergibt sich aus der Befugnis, diesen über die Dauer des Vertrags zu kontrollieren. Ein solches Kontrollrecht liegt gem. IFRS 16.B9 vor, wenn der Leasingnehmer über die Art und den Zweck der Nutzung bestimmen kann und gleichzeitig Haupt-Begünstigter der sich aus ihm ergebenden wirtschaftlichen Vorteile ist. Schutzrechte des Leasinggebers, die etwa einen Leistungsabruf über eine vertraglich definierte Grenze hinaus untersagen, sind für das Vorliegen eines Kontrollrechts dabei unschädlich. Das Recht, einen Vermögenswert zu kontrollieren, liegt darüber hinaus ebenso in Fällen sog. »Spezialleasings« vor. Hierbei können die Art und der Zweck der Nutzung durch den Leasingnehmer auf Grund der Beschaffenheit des Vermögenswerts zwar nicht frei bestimmt werden, ergeben sich jedoch unmittelbar aus den im Vorfeld von ihm gemachten Vorgaben und/oder Gestaltungen (IFRS 16.B24).

Die sich bereits nach IAS 17 ergebenden Ausnahmen wurden in IFRS 16 weitgehend übernommen. So sind von einer Anwendung insbesondere die folgenden Fälle ausgeschlossen (IFRS 16.3):

- Die Entdeckung und Verarbeitung von Mineralien, Öl, Erdgas und ähnlichen nicht-regenerativen Ressourcen;
- Biologische Vermögenswerte, auf die die Regelungen des IAS 41 »Landwirtschaft« anzuwenden sind;
- Dienstleistungskonzessionen gem. IFRIC 12 »Dienstleistungskonzessionsvereinbarungen«;

- Lizenzen auf geistiges Eigentum nach IFRS 15; sowie
- Lizenzrechte, die in den Anwendungsbereich von IAS 38 »Immaterielle Vermögenswerte« fallen, wie etwa Patente, Urheberrechte, Manuskripte, Kinofilme, Videoaufnahmen und Theaterstücke.

Abweichungen zu den bisherigen Regelungen ergeben sich insbesondere für als Finanzinvestitionen gehaltene Immobilien nach IAS 40 sowie für immaterielle Vermögenswerte nach IAS 38.

Eine weitere sich aus IFRS 16 ergebende Änderung besteht in einer künftig einzuhaltenden strikten Trennung von in einem Vertrag enthaltenen Leasing- und Nichtleasing-Komponenten (IFRS 16.12). Hiervon sind speziell in Leasing-Verträgen enthaltene Dienstleistungskomponenten betroffen, wie etwa Wartungsvereinbarungen bei Kraftfahrzeugen. Von einer getrennt zu bilanzierenden Leasingkomponente ist regelmäßig dann auszugehen, wenn der zu erwartende Nutzen allein aus der Nutzung des betreffenden Vermögenswerts erwächst und nicht von einem anderen Vermögenswert abhängig oder in hohem Maße mit diesem verbunden ist (IFRS 16.B32). Aufteilungen haben dabei zu vergleichbaren Einzelveräußerungspreisen zu erfolgen, wie sie sich auch am Markt ergeben würden. Alternativ können auch Schätzungen vorgenommen werden, sofern die Marktpreise nicht ermittelt werden können (IFRS 16.13-14). Für Leasingnehmer besteht darüber hinaus die Erleichterung, Gruppen gleichartiger Vermögenswerte aggregiert, d.h. unter Zusammenfassung von Leasing- und Nichtleasing-Bestandteilen zu erfassen (IFRS 16.15).

c) Leasingverhältnisse im Abschluss des Leasingnehmers

aa) Erstbewertung

Für den Leasingnehmer entsteht mit Beginn der Vertragslaufzeit die Verpflichtung, die sich für ihn ergebende Leasingverbindlichkeit sowie das erhaltene Nutzungsrecht in der Bilanz anzusetzen.

Die Leasingverbindlichkeit ist dabei in Höhe der Leasingzahlungen zu passiveren, die im Rahmen des Leasingverhältnisses zu zahlen sind. Dabei sind nur ausstehende Zahlungen zu berücksichtigen. Solche Zahlungen, die vor oder mit Beginn des Leasingverhältnisses geleistet wurden, sind nicht mit einzubeziehen (IFRS 16.26). Stellte IAS 17 bei der Ermittlung der Verbindlichkeit noch auf den Begriff der Mindestleasingzahlungen ab, sind nach IFRS 16 sowohl feste als auch variable Leasingraten, die etwa von einem Index oder Referenzzinssatz abhängen, bei der Berechnung des Barwerts zu berücksichtigen. Mit einzubeziehen sind auch Zahlungen, die zwar formell variabel sind, faktisch indes einen festen Charakter aufweisen, da ihr Eintreten in der Realität als sehr wahrscheinlich angesehen werden kann (IFRS 16.B42). Ebenso fließen in die Ermittlung mit ein (IFRS 16.27):

- erwartete Zahlungen im Rahmen von Restwertgarantien;
- Zahlungen für mit hoher Wahrscheinlichkeit auszuübende Kaufoptionen; sowie
- Strafzahlungen für eine Beendigung des Leasingverhältnisses.

Bei der Bestimmung des Diskontierungszinssatzes ist zunächst auf den internen Zinssatz des Leasingverhältnisses abzustellen. Kann dieser nicht verlässlich geschätzt werden, erlaubt IFRS 16.26 dem Leasingnehmer die Anwendung des für ihn relevanten Grenzfremdkapitalzinssatzes.

Das Nutzungsrecht des betreffenden Leasinggegenstandes ist demgegenüber mit dessen Anschaffungskosten zu bewerten, deren Basis zunächst der Wertansatz der Leasingverbindlichkeit darstellt. Diese ist um geleistete Zahlungen vor Laufzeitbeginn sowie um Initialkosten, die zu Beginn des Leasingverhältnisses geleistet wurden, zu erhöhen und um erhaltene Anreizzahlungen zu vermindern. Auch etwaige durch den Leasingnehmer zu tragende Rückbau- und Rekultivierungskosten sind in die Anschaffungskosten mit einzubeziehen (IFRS 16.24).

bb) Folgebewertung

Im Falle der Leasingverbindlichkeit entspricht die Folgebewertung dem Prinzip der Effektivzinsmethode. Dabei teilen sich die laufenden Leasingraten in einen Tilgungs- und einen Zinsanteil. Bei einer konstanten Verzinsung vermindert sich die Verbindlichkeit dabei um den Tilgungsanteil und wird gleichzeitig mit dem verwendeten Zinssatz aufgezinst (IFRS 16.36).

Bei der Folgebewertung des Nutzungsrechts (IFRS 16.29-35) sind die geltenden Regelungen für das Anlagevermögen und somit das Anschaffungskostenmodell anzuwenden. Für planmäßige Abschreibungen gelten demnach die Regelungen des IAS 16, für außerplanmäßige Wertminderungen jene des IAS 36. Beinhaltet der Vertrag eine feste Übernahmevereinbarung oder eine Kaufoption, deren Inanspruchnahme durch den Leasingnehmer hinreichend wahrscheinlich erscheint, ist die wirtschaftliche Nutzungsdauer für die Ermittlung der Abschreibungsdauer heranzuziehen. Andernfalls ist aus wirtschaftlicher Nutzungsdauer und Leasinglaufzeit der jeweils kürzere Zeitraum anzulegen. Hiervon abweichend sind als Finanzinvestitionen gehaltene Immobilien gem. den Regelungen des IAS 40.30 weiterhin mit ihrem beizulegenden Zeitwert zu bewerten (IFRS 16.34). Werden Vermögenswerte im Eigentum des Unternehmens nach der Neubewertungsmethode folgebewertet, so kann diese auf der Grundlage von Vermögenswertklassen auch auf die sich aus Leasingverhältnissen ergebende Nutzungsrechte angewendet werden.

Werden die Leasingzahlungen innerhalb eines Leasingverhältnisses neu evaluiert, ist dies durch eine Neubewertungen der Leasingverbindlichkeit sowie des Nutzungsrechts abzubilden. Eine Änderung ergibt sich etwa, wenn Zahlungen entfallen oder hinzukommen, in ihrer Höhe neu angesetzt werden oder über den Zeitverlauf des Leasingverhältnisses neu aufgeteilt werden. Sowohl Verbindlichkeit als auch Nutzungsrecht sind in diesem Fall betragsgleich anzupassen (IFRS 16.39). Verändert sich die Laufzeit eines Leasingverhältnisses oder wird die Wahrscheinlichkeit, dass eine Kaufoption ausgeübt wird, neu eingeschätzt, hat dies mit einer Anpassung des relevanten Diskontierungszinssatzes einherzugehen. Bei Verwendung des internen Zinssatzes ist dieser an der veränderten Restlaufzeit auszurichten. Wird der Grenzfremdkapitalzinssatz angewendet, ist dieser ebenso neu zu ermitteln (IFRS 16.41). Eine Anpassung des Zinssatzes kann unterbleiben, wenn sich Annahmen über den Restwert oder künftige Zahlungen auf Basis einer Zins- oder Indexentwicklung verändern. Nimmt das Nutzungsrecht im Rahmen der Neubewertung einen Wert von Null an, führt dies zu einer erfolgswirksamen Erfassung in der GuV.

Kommt es im Rahmen eines Leasingverhältnisses zu Veränderungen des diesem zugrunde liegenden Vertrags, kann dies einen weiteren Grund für eine Neubewertung darstellen.

Werden Nutzungsrechte an mindestens einem weiteren Vermögenswert eingeräumt und stehen die vertraglichen Gegenleistungen in einer angemessenen Relation hierzu, so konstituiert dies ein neues Leasingverhältnis. Dieses ist eigenständig zu bilanzieren (IFRS 16.44). Bei allen von diesem Sachverhalt abweichenden Fällen ist dagegen von einer bloßen Modifikation eines bereits bestehenden Leasingverhältnisses auszugehen. Dieses ist entsprechend der beschriebenen Regeln neu zu bewerten (IFRS 16.45-46).

cc) Anhangangaben

Gegenüber IAS 17 wurde der Umfang der notwendigen Anhangangaben durch IFRS 16 deutlich erweitert. Insbesondere sind nach IFRS 16.59 detaillierte qualitative Erläuterungen hinsichtlich des Inhalts der betreffenden Leasingverhältnisse zu tätigen. So sind u. a. die eigentlichen Leasingleistungen deutlich von den in einem Vertrag darüber hinaus enthaltenen Dienstleistungen abzugrenzen sowie etwaige Verlängerungs- und/oder Kündigungsoptionen oder Sale-and-Lease-Back-Verhältnisse gesondert anzugeben. Wurden die durch IFRS 16 gewährten Erleichterungen für kurzfristige Leasingverhältnisse oder Leasingverhältnisse über geringwertige Vermögenswerte in Anspruch genommen, sind hierzu ebenfalls Angaben zu tätigen (IFRS 16.53 (c)-(d)). Exemplarische Fälle für die notwendigen quantitativen Angaben sind u. a.:

- Die Buchwerte der Nutzungsrechte zum Abschlussstichtag sowie deren Zugänge innerhalb der Berichtsperiode;
- die auf die unterhaltenen Leasingverhältnisse anfallenden Abflüsse von Zahlungsmitteln; sowie
- die Höhe des kurzfristigen Leasingverhältnissen und solchen über geringwertige Vermögenswerte zuzuschreibenden Aufwands.

Darüber hinaus sind Leasingverbindlichkeiten durch den Leasingnehmer nach IFRS 16 von anderen finanziellen Verpflichtungen abzugrenzen sowie einer separaten Fälligkeitsanalyse gem. IFRS 7 zu unterziehen.

d) Leasingverhältnisse im Abschluss des Leasinggebers

Ein gewichtiger Grund für die Überarbeitung von IAS 17 bestand in der Unterbindung von Off-Balance-Lösungen durch involvierte Leasingnehmer. Auf Seiten der Leasinggeber besteht demgegenüber bereits gemäß den bisherigen Regelungen die Verpflichtung, das jeweilige Leasingverhältnis entweder als Sachanlage oder aber alternativ als Forderung anzusetzen. Der IASB hat daher 2014 im Rahmen seiner Neukonzipierung der Leasingbilanzierung davon Abstand genommen, den künftig für die Leasingnehmer geltenden *Right-of-Use*-Ansatz auch für die Leasinggeber einzurichten. Daher wurde die nach IAS 17 geltende Unterscheidung von Finanzierungs- und Operating-Leasing für die Leasinggeber im Wesentlichen unverändert in IFRS 16 übernommen.

Änderungen ergeben sich insbesondere aus den veränderten Anforderungen an zu tätigende Anhangangaben. So sind speziell die Art der Leasingverhältnisse und Informationen über die Steuerung des Restwertrisikos von Leasinggegenständen durch den Geber anzugeben (IFRS 16.92). Weitere notwendige Erläuterungen bei Vorliegen von Finanzierungs-Leasing betreffen wesentliche Änderungen der Nettoinvestitionen innerhalb der Periode und Fälligkeitsanalysen der nicht abgezinsten Cashflows, inklusive einer Überleitung auf die in Bilanz und Anhang aufgeführten Leasingforderungen (IFRS 16.89 ff.). Bei Operating-Leasingverhältnissen hat zudem eine Fälligkeitsanalyse nicht abgezinster künftiger Leasingzahlungen zu erfolgen (IFRS 16.97).

e) Sonderfälle und Erleichterungen

aa) Kurzfristige Leasingverhältnisse

IFRS 16.5 eröffnet dem Leasingnehmer die Möglichkeit, bei kurzfristigen Leasingverhältnissen auf eine Anwendung des *Right-of-Use*-Ansatzes zu verzichten. In diesem Fall erfolgt eine Bilanzierung entsprechend den bisher nach IAS 17 geltenden Regeln für Operating-Leasing, so dass die Leasingzahlungen linear über die Laufzeit in der GuV zu verteilen sind. Gemäß IFRS 16.5 liegt ein kurzfristiges Leasingverhältnis bei einer zu Beginn der Vertragslaufzeit weniger als zwölf Monate andauernden Laufzeit vor. Das Bestehen einer Kaufoption ist dabei für eine Klassifizierung als kurzfristiges Leasingverhältnis schädlich. Die Dauer der Laufzeit umfasst dabei auch sich aus Verlängerungs- bzw. Kündigungsoptionen ergebende Zeiträume, wenn eine Fortführung des Leasingverhältnisses als hinreichend sicher erachtet werden kann.

IFRS 16.8 schränkt die Inanspruchnahme des Wahlrechts dergestalt ein, dass dieses nur auf einheitliche Gruppen von Leasingobjekten anzuwenden ist.

bb) Leasingverhältnisse über geringwertige Vermögenswerte

Eine weitere Erleichterung besteht für Leasingverhältnisse über geringwertige Vermögenswerte, die genau wie kurzfristige Leasingverhältnisse optional bilanzunwirksam bilanziert werden können (IFRS 16.5 ff.). Dabei gibt IFRS 16.BC100 zunächst eine Wertobergrenze von 5.000 US-Dollar vor, die gemäß den Ausführungen des IASB indes lediglich als Ausgangspunkt für die Herausarbeitung unternehmens- oder bracheninterner Wertgrenzen zu verstehen ist. Die eigentliche Definition geringwertiger Vermögenswerte erfolgt demgegenüber entlang qualitativer Kriterien. So muss dieser zunächst einzeln oder mithilfe der dem Unternehmen bereits zur Verfügung stehenden Ressourcen nutzbar sein. Weiterhin darf er nicht in hohem Maße von anderen Vermögenswerten abhängig oder mit diesen verbunden sein (IFRS 16.B5). Die Kategorisierung hat sich darüber hinaus an dem Betrag zu orientieren, zu dem der betreffende Vermögenswert im Neuzustand anzusetzen wäre. Vermögenswerte wie etwa Automobile, bei denen im Neuzustand regelmäßig nicht von einem geringen Wert auszugehen ist, qualifizieren sich daher nicht für die Inanspruchnahme der Erleichterung. Weiterhin können Vermögenswerte, welche durch den Leasingnehmer weiter geleast werden (Unterleasingverhältnis), nicht als geringwertig eingestuft werden (IFRS 16.B6-7).

Anders als im Falle kurzfristiger Leasingverhältnisse besteht für solche über geringwertige Vermögenswerte die Möglichkeit einer eigenständigen Inanspruchnahme bzw. eines Verzichts auf die Erleichterung für jeden einzelnen Leasingvertrag (IFRS 16.8).

cc) Sale-and-Lease-Back-Transaktionen

Im Falle von Sale-and-Lease-Back-Transaktionen sind gem. IFRS 16.99 die Regelungen des IFRS 15 anzuwenden, um festzustellen, ob es sich bei diesen um einen Verkauf i. S. d.

referierten Standards handelt oder nicht. Ein solcher liegt vor, wenn es zu einer Übertragung der Kontrolle bzw. Beherrschung des Vermögenswerts und des aus seiner Verwendung erwachsenden Nutzens vom Verkäufer (Leasingnehmer) auf den Käufer (Leasinggeber) kommt.

Handelt es sich um einen Verkaufsfall, so hat der Leasingnehmer den Vermögenswert aus seiner Bilanz auszubuchen und diesen durch die Einbuchung des entsprechenden Nutzungsrechts sowie der korrespondierenden Leasingverbindlichkeit zu ersetzen. Besteht einer Divergenz zwischen Veräußerungspreis und beizulegendem Zeitwert des Leasinggegenstands oder kommt es zu einer Vereinbarung marktunüblicher Leasingzahlungen, sind die entsprechenden Parameter an marktübliche Bedingungen anzupassen. Liegen die Parameter unter den marktüblichen Bedingungen, ist die Differenz so abzubilden, als handle es sich bei ihr um eine im Voraus auf die Leasingraten getätigte Zahlung. Bei Werten über dem marktüblichen Wert ist eine Abbildung wie im Falle einer zusätzlichen Finanzierung vorzunehmen (IFRS 16.101). für den Leasinggeber ist bei der Annahme eines vorliegenden Kaufs der Erwerb des Leasinggegenstandes nach den Vorgaben der hierfür üblicherweise anzuwenden Standards zu bilanzieren. Auf das Leasingverhältnis sind die Regelungen des IFRS 16 anzuwenden (IFRS 16.100).

Ist das Vorliegen eines Verkaufs nach den Maßstäben von IFRS 15 zu verneinen, ist der Vermögenswert weiterhin in der Bilanz des Leasingnehmers zu erfassen. Das Leasingverhältnis wird in diesem Falle abgebildet, indem der Leasingnehmer entsprechend des Transferpreises eine finanzielle Verbindlichkeit einbucht, während der Leasinggeber einen korrespondierenden finanziellen Vermögenswert aktiviert. Beide Parteien haben hierbei den Vorgaben des IFRS 9 zu folgen (IFRS 16.103).

f) Inkrafttreten und Übergangsvorschriften

IFRS 16 wird für am oder nach dem 1.1.2019 beginnende Berichtsperioden verpflichtend in Kraft treten (IFRS 16.C1) und neben dem bisherigen Standard IAS 17 auch die anhängenden Interpretationen IFRIC 4, SIC 15 und SIC 27 ersetzen (IFRS 16.C21). Eine freiwillige vorherige Anwendung ist nur unter einer gleichzeitigen Implementierung von IFRS 15 zulässig (IFRS 16.C1). Für Unternehmen aus der EU ist darüber hinaus die vorherige Genehmigung im Rahmen des EU-Endorsements abzuwarten.

Hinsichtlich der Erstanwendung eröffnet IFRS 16.C5 ff. dem Leasingnehmer das Wahlrecht, die neuen Regelungen entweder vollständig retrospektiv entlang der Vorgaben von IAS 8 umzusetzen oder aber die Option einer modifizierten retrospektiven Anwendung in Anspruch zu nehmen. Im Falle der vollständigen Retrospektion sind die Eröffnungsbilanzwerte eines jeden Bestandteils des Eigenkapitals für die früheste Vergleichsperiode so anzupassen, als ob die neue Rechnungslegungsmethode in dieser bereits angewendet worden wäre. Entscheidet sich der Bilanzierende für eine modifizierte Retrospektion, ergeben sich für ihn unterschiedliche einzuhaltende Vorschriften, abhängig davon, ob es sich bei den betroffenen Leasing-Verhältnissen nach IAS 17 bisher um Finanzierungsleasing oder Operating-Leasing gehandelt hat. Im Falle eines Finanzierungsleasings sind die Buchwerte des Vermögenswerts und der Leasingverbindlichkeit zu ihren bisherigen Wertansätzen zu übernehmen und erst in der Folge nach den Vorschriften des neuen Standards zu bewerten. Liegt ein Operating Leasing vor, sind vom Leasingnehmer eine

Leasingverbindlichkeit und das dazugehörige Nutzungsrecht anzusetzen. Die Informationen der Vergleichsperiode sind hierfür nicht anzupassen. Der Wert der Verbindlichkeit ergibt sich dabei aus der Höhe ausstehenden Leasingraten, die mit dem Grenzfremdkapitalzinssatz im Zeitpunkt der Erstanwendung zu diskontieren sind. Für die Bewertung des Nutzungsrechts räumt IFRS 16.C8 in der Folge ein weiteres Wahlrecht ein, welches für jedes Leasingverhältnis individuell in Anspruch genommen werden kann. So kann das Nutzungsrecht entweder (1) mit dem Buchwert angesetzt werden, der sich bei einer retrospektiven Anwendung unter Berücksichtigung des Grenzfremdkapitalzinssatzes zum Zeitpunkt der Erstanwendung ergeben würde, oder (2) dem Wert der Verbindlichkeit entsprechen, wobei geleistete oder abgegrenzte Zahlungen von diesem abzuziehen sind. Weiterhin besteht für Verträge, die nach IAS 17 bereits als Leasingverhältnis klassifiziert wurden, nicht die Notwendigkeit einer Revaluation nach den Regeln von IFRS 16.

8. Weiterführende Literatur

Alvarez/Büttner, Bilanzierung verdeckter Leasingverhältnisse gem. IFRIC 4: Theoretischer Hintergrund und praktische Anwendung, PiR 2008, S. 45;

Bauer/Gallert, Die neue Leasingbilanzierung nach IFRS 16 – Wesentliche Änderungen und Herausforderungen in der Praxis, WPg 2016, S. 321-327;

Claßen/Schulz, Nationale und internationale Leasingbilanzierung im Wandel?, IRZ 2009, S. 313;

Eckl/Kirch/Pesbergen/Pilhofer, IFRS 16 »Leases«: Bestandsaufnahme und erste kritische Würdigung der IFRS Leasingreform (Teil 1) – Paradigmenwechsel in der internationalen Leasingbilanzierung – Fluch oder Segen?, DB 2016, S. 661-672;

Eckl/Kirch/Pesbergen/Pilhofer, IFRS 16 »Leases«: Bestandsaufnahme und erste kritische Würdigung der IFRS Leasingreform (Teil 2) – Paradigmenwechsel in der internationalen Leasingbilanzierung – Fluch oder Segen?, DB 2016, S. 721-727;

Kümpel/Becker, Leasing nach IFRS. Beurteilung, Bilanzierung und Berichtspflichten, München 2006;

Küting/Hellen/Koch, Das Leasingverhältnis: Begriffsabgrenzung nach IAS 17 und IFRC 4 sowie kritische Würdigung, KoR 2006, S. 649;

Küting/Koch, Das Sale-and-Lease-back-Verfahren im Jahresabschluss des Verkäufers/Leasingnehmers nach HGB und IFRS – Bilanzrechtliche Grundlagen auf der Basis eines Fallbeispiels (Teil II: IFRS-Abschluss) –, KoR 2007, S. 607;

Lange/Müller, Neue Regeln für die Bilanzierung von Leasingverhältnissen – Teil 1: Grundsachverhalte und Bilanzierung bei Leasinggebern gemäß IFRS 16, IRZ 2016, S. 111-117;

Lange/Müller, Neue Regeln für die Bilanzierung von Leasingverhältnissen – Teil 2: Leasingnehmerseitige Bilanzierung gemäß IFRS, IRZ 2016, S. 165-170;

Nemet/Heyd, Bilanzierung von Leasingverhältnissen nach IFRS 16 – Right of Use-Konzept: Welchen Nutzen stiftet der neue Standard?, PiR 2016, S. 65-74.

IV. Anteilsbasierte Vergütung

RELEVANTE STANDARDS

IFRS 2 – Anteilsbasierte Vergütung

KERNAUSSAGEN

- Vereinbaren Vertragsparteien als Gegenleistung für den Erhalt von Gütern oder Leistungen eine Zahlung in (echten oder virtuellen) Eigenkapitalinstrumenten, so findet *IFRS 2 – Anteilsbasierte Vergütung* Anwendung. Hauptanwendungsfall ist die anteilsbasierte Vergütung der Leistungen von Mitarbeitern.
- Erhält das bilanzierende Unternehmen Güter, die es anteilsbasiert vergütet, so sind diese Güter als Vermögenswerte entsprechend der einschlägigen Standardregelungen zu aktivieren. Erbringt die Gegenpartei eine Leistung (z. B. Arbeitsleistung des Mitarbeiters), die das bilanzierende Unternehmen anteilsbasiert vergütet, so ist die Leistung grundsätzlich als (Personal-)Aufwand zu erfassen.
- Soweit die Vertragspartei nicht unmittelbar einen Rechtsanspruch auf die Eigenkapitalinstrumente erhält, ist die anteilsbasierte Vergütung über die (voraussichtliche) Sperrfrist zu erfassen.
- Die Regelungen des IFRS 2 unterscheiden zwischen anteilsbasierter Vergütung, die in Eigenkapitalinstrumenten erbracht wird (echte Eigenkapitalinstrumente), und anteilsbasierter Vergütung, die in Zahlungsmitteln erbracht wird (virtuelle Eigenkapitalinstrumente).
- Bei anteilsbasierter Vergütung, die in (echten) Eigenkapitalinstrumenten erbracht wird,
  - erfolgt die Gegenbuchung im Eigenkapital;
  - wird der beizulegende Zeitwert *eines* gewährten Eigenkapitalinstruments zum Bewertungsstichtag bestimmt und an künftigen Abschlussstichtagen nicht angepasst (»Preisgerüst«) und
  - wird die Zahl der zu berücksichtigenden Eigenkapitalinstrumente, auf die die Vertragspartei voraussichtlich einen Rechtsanspruch erhält, zum Bewertungsstichtag sowie zu jedem Abschlussstichtag geschätzt und angepasst (»Mengengerüst«).
- Bei anteilsbasierter Vergütung, die in Zahlungsmitteln erbracht wird,
  - erfolgt die Gegenbuchung innerhalb der Schulden;
  - wird der beizulegende Zeitwert der Schuld zu jedem Stichtag bestimmt (»Preisgerüst« und »Mengengerüst«); und
  - werden Änderungen des beizulegenden Zeitwerts der Schuld in der Gewinn- und Verlustrechnung erfasst.

1. Hintergrund der Standardregelung

Bei anteilsbasierter Vergütung vereinbaren die Vertragsparteien, Güter oder Leistungen nicht in einem fixen Geldbetrag zu vergüten, sondern in Form von Eigenkapitalinstrumenten oder mit einem Geldbetrag, welcher auf Basis des Werts von Eigenkapitalinstrumenten zu bestimmen ist. Hauptanwendungsfall einer anteilsbasierten Vergütung ist die Vergütung von Leistungen von Mitarbeitern. Dabei wird meist neben einem fixen Gehalt eine anteilsbasierte Vergütung vereinbart, welche an die Entwicklung des Unternehmenswerts geknüpft wird. Dies soll die begünstigten Mitarbeiter motivieren, den Unternehmenswert und so auch die eigene Vergütung zu maximieren. Eine anteilsbasierte Vergütung, bei der die Vertragspartei (echte) Eigenkapitalinstrumente erhält, hat zudem für das bilanzierende Unternehmen den großen Vorteil, dass hiermit kein Abfluss von Liquidität verbunden ist. Dies bietet z. B. Start-up-Unternehmen mit geringer Liquiditätsausstattung die Möglichkeit, im Wettbewerb mit anderen Arbeitgebern qualifiziertes Personal an das Unternehmen zu binden. Belastet werden bei dieser Art der Vergütung die Anteilseigner des Unternehmens, da mit der Ausgabe neuer Anteile ein Verwässerungseffekt eintritt.

Werden im Rahmen der anteilsbasierten Vergütung Eigenkapitalinstrumente ausgegeben, ist fraglich, ob im IFRS-Abschluss des bilanzierenden Unternehmens ein Aufwand zu erfassen ist, da die Ausgabe der Eigenkapitalinstrumente, wie erwähnt, ohne den Abfluss von liquiden Mitteln erfolgt. Die Ausgabe von Aktien oder Optionen kann einerseits als Transaktion zwischen bilanzierendem Unternehmen und (potenziellen) Anteilseignern gesehen werden, welche demzufolge lediglich im Eigenkapital zu erfassen ist. Andererseits ist zu beachten, dass die Eigenkapitalinstrumente für die Arbeit der Mitarbeiter ausgegeben werden. Somit könnte es angemessen sein, die Ausgabe der Aktien oder Aktienoptionen im Abschluss als Personalaufwand auszuweisen. Mit IFRS 2 wird klargestellt, dass für anteilsbasierte Vergütungen von (Arbeits-)Leistungen in einem IFRS-Abschluss **stets ein entsprechender Aufwand** zu erfassen ist.

2. Anwendungsbereich und Zielsetzung des IFRS 2

IFRS 2 ist grundsätzlich auf alle anteilsbasierten Vergütungen anzuwenden (IFRS 2.2). Dazu zählen zum einen anteilsbasierte Vergütungen von Arbeitnehmern und Vorständen bzw. Geschäftsführern. Zum anderen zählen dazu auch anteilsbasierte Vergütungen von freien Mitarbeitern, Lieferanten oder externen Dienstleistern. Weiterhin fallen auch anteilsbasierte Vergütungen in den Anwendungsbereich des IFRS 2, für die das bilanzierende Unternehmen keine unmittelbar ersichtliche Gegenleitung erhält. Dies können z. B. Spenden in Form von anteilsbasierten Vergütungen sein. In den Anwendungsbereich des IFRS 2 fällt ebenso die Übertragung von Aktien eines bilanzierenden Unternehmens an Personen oder Unternehmen, die Güter an das entsprechende Unternehmen geliefert oder Leistungen erbracht haben, soweit die Gewährung der Anteile auf die betrachtete Lieferung oder Leistung zurückzuführen ist. Gleiches gilt für anteilsbasierte Vergütungen, die von einem Unternehmen innerhalb der Unternehmensgruppe für die Lieferung von Gütern oder die Erbringung von Leistungen an das berichtende Unternehmen gewährt wurden.

Nicht in den Anwendungsbereich von IFRS 2 fallen gem. IFRS 2.4 Transaktionen, bei denen Mitarbeiter, Lieferanten oder externe Dienstleister als Anteilseigner des Unternehmens agieren. Dies ist z. B. dann der Fall, wenn ein bilanzierendes Unternehmen allen Anteilseignern ein Optionsrecht für den Kauf weiterer Anteile gewährt und ein Mitarbeiter nur deshalb dieses Optionsrecht erhält, weil er Anteilseigner ist.

IFRS 2 differenziert zwischen drei verschiedenen Formen von anteilsbasierten Vergütungen: solchen, die in Eigenkapitalinstrumenten beglichen werden, solchen, die in Zahlungsmitteln erbracht werden, und solchen, die mit Erfüllungswahlrecht erbracht werden (IFRS 2.Anhang A). Diese drei Formen werden im Folgenden vorgestellt.

Als anteilsbasierte **Vergütung, die in Eigenkapitalinstrumenten erbracht wird** (*equity-settled share-based payment transactions*), wird eine Vergütung dann bezeichnet, wenn das bilanzierende Unternehmen als Gegenleistung für Güter oder Leistungen eigene Eigenkapitalinstrumente gewährt oder keine Verpflichtung zum Begleichen der Transaktion hat. Zu den Eigenkapitalinstrumenten zählen vor allem Aktien und Aktienoptionen (Call-Optionen). Dieser Grundtyp anteilsbasierter Vergütungsformen wird auch als reale Aktienoption bezeichnet.

EXKURS
Aktienoptionen

Aktienoptionen geben dem Optionsinhaber das Recht (nicht die Verpflichtung!), zu einem bestimmten Zeitpunkt (sog. europäische Option) oder in einem bestimmten Zeitraum (sog. amerikanische Option) eine bestimmte Zahl von Aktien zu einem bestimmten Preis (Ausübungspreis) zu erwerben oder zu verkaufen. Es wird zwischen Kauf- (sog. Call-) und Verkaufs- (sog. Put-)optionen unterschieden. Eine amerikanische Calloption kann z. B. bestimmen, dass der Optionsinhaber das Recht hat, innerhalb von drei Jahren zehn Aktien eines Unternehmens zu einem Preis von 15 Euro zu erwerben.

Der **Wert einer Kaufoption** setzt sich aus folgenden Werten zusammen:

- **Innerer/intrinsischer Wert *(intrinsic value)*:** Der innere Wert (C) wird aus der Differenz zwischen dem Wert der zugrunde liegenden Aktie (S) und dem Ausübungspreis (X) ermittelt. Es gilt somit $C = S - X$. Ist der Wert der Aktie größer als der Ausübungspreis, gilt also $S > X$, ist der innere Wert positiv. Die Kaufoption ist »im Geld« *(»in the money«)*. Ist der Wert der Aktie gleich dem Ausübungspreis, gilt also $S = X$, ist der innere Wert null. Die Kaufoption ist »am Geld« *(»at the money«)*. Ist der Wert der Aktie kleiner als der Ausübungspreis, gilt also $S < X$, ist der innere Wert null. Die Kaufoption ist »aus dem Geld« *(»out of the money«)*. Im letzten Fall ist der innere Wert der Option null, da der innere Wert niemals negativ wird. Denn gilt $S < X$, wird die Kaufoption nicht ausgeübt; die Kaufoption verfällt in diesem Fall.
- **Zeitwert der Aktienoption:** Der Zeitwert der Aktienoption wird zum einen durch die Laufzeit beeinflusst. Je länger diese ist, desto größer ist die Möglichkeit, dass der innere Wert der Option gegenüber dem aktuellen Zeitpunkt steigt. Der Zeitwert der Aktienoption wird zum anderen durch die Volatilität der zugrunde liegenden Aktie beeinflusst. Denn je volatiler eine Aktie ist, desto größer ist die Wahrscheinlichkeit, dass die Option einen positiven inneren Wert aufweist. Zum Ende der Laufzeit der Aktienoption ist der Zeitwert der Aktienoption null.

Wird eine Aktienoption nicht an einem Markt gehandelt, d. h. es existiert kein Marktpreis, kann der Zeitwert der Option anhand von Optionspreismodellen berechnet werden.[1] Zu diesen Modellen zählen z. B. das Binomialmodell von COX, ROSS und RUBINSTEIN[2] sowie das BLACK-and-SCHOLES-Modell[3].

Bei **anteilsbasierten Vergütungen, die in Zahlungsmitteln erbracht werden** *(cash-settled share-based payment transactions)*, geht das Unternehmen für den Erhalt von Gütern oder Leistungen Verbindlichkeiten ein, deren Wert auf dem Kurs der Aktien oder anderer Eigenkapitalinstrumente des bilanzierenden Unternehmens oder eines anderen Unternehmens der Gruppe basiert und die in der Folge mit Zahlungsmitteln zu begleichen sind.

Ein Instrument, dessen Auszahlung von der Wertentwicklung eines Eigenkapitalinstruments des bilanzierenden Unternehmens oder eines anderen Unternehmens der Gruppe abhängt, sind so genannte (virtuelle) Wertsteigerungsrechte ***(stock appreciation rights**, SAR)*. SAR enthalten die Zusage gegenüber dem Begünstigten, dass ihm die Differenz zwischen einem (fiktiven) Ausgabebetrag und dem Börsenkurs des Unternehmens ausgezahlt wird. Gibt ein Unternehmen beispielsweise SAR mit einem (fiktiven) Ausübungspreis von 50 € aus, so erhält der Inhaber des SAR bei dessen Ausübung die Differenz zwischen dem Börsenkurs und dem (fiktiven) Ausgabebetrag. Beträgt der Börsenkurs 60 €, erhält der Mitarbeiter bei Ausübung pro SAR 10 € (= 60 € – 50 €). Die Ermittlung des beizulegenden Zeitwerts von SAR erfolgt nach denselben Grundsätzen wie bei Aktienoptionen.

Bei anteilsbasierten Vergütungen mit **Erfüllungswahlrecht** *(share-based payment transactions with cash alternatives)* hat entweder das bilanzierende Unternehmen oder die Gegenpartei das Recht, zu bestimmen, ob die Gegenleistung für die erbrachten Leistungen bzw. die gelieferten Güter in Zahlungsmitteln oder in Eigenkapitalinstrumenten zu erbringen ist.

Die Regelungen des IFRS 2 sollen sicherstellen, dass der der anteilsbasierten Vergütungen zugrunde liegende Leistungsaustausch sachgerecht erfasst wird. Ein den tatsächlichen Verhältnissen entsprechendes Bild der Vermögens-, Finanz- und insbesondere Ertragslage des bilanzierenden Unternehmens soll gezeigt werden. Somit werden mit IFRS 2 Bilanzierungs- und Offenlegungspflichten für anteilsbasierte Vergütungen festgeschrieben, um den Abschlussadressaten u. a. einen Einblick in die Vergütungspolitik des bilanzierenden Unternehmens zu verschaffen.

3. Ansatz erhaltener Güter und Leistungen

Die im Rahmen der anteilsbasierten Vergütung erhaltenen Güter und Leistungen sind nach IFRS 2.7 vom bilanzierenden Unternehmen zu dem Zeitpunkt als Vermögenswerte oder als Aufwand zu erfassen, zu dem die Güter erhalten, bzw. die Leistungen erbracht wurden. Daraus folgt, dass erhaltene Güter grundsätzlich als Vermögenswert anzusetzen und erhaltene Leistungen, da sie i. d. R. sofort verbraucht werden, als Aufwand zu erfassen sind (IFRS 2.8 f.). Eine Ausnahme davon bilden z. B. für ein Forschungsprojekt erworbene Güter. Diese sind ggf. unmittelbar bei Zugang als Aufwand zu erfassen, soweit nicht alle Ansatzkriterien eines Vermögenswerts, insbesondere das des »Wahrscheinlichen Nutzenzuflusses«, (vgl. S. 77) erfüllt sind.

Die anteilsbasierte Vergütung selbst ist gem. IFRS 2.7 sowie IFRS 2.8 abhängig von ihrer Art zu erfassen:

- Bei anteilsbasierter Vergütung, die in Eigenkapitalinstrumenten erbracht wird, erfolgt eine entsprechende Erhöhung des Eigenkapitals. Der Buchungssatz lautet:
  - *bei erhaltenen Gütern:* Vermögenswert an Eigenkapital X €
  - *bei erbrachten Leistungen:* Aufwand an Eigenkapital X €
- Bei anteilsbasierten Vergütungen, die in Zahlungsmitteln erbracht werden, erfolgt der Ansatz einer entsprechenden Schuld. Der Buchungssatz lautet:
  - *bei erhaltenen Gütern:* Vermögenswert an Schuld X €
  - *bei erbrachten Leistungen:* Aufwand an Schuld X €

Soweit die Gegenpartei bei einer anteilsbasierten Vergütungstransaktion eine Leistung erbringt (z. B. Mitarbeiter) und die anteilsbasierte Vergütung sofort ausübbar ist, ist davon auszugehen, dass die vergütete Leistung in der Vergangenheit erbracht wurde. In diesem Fall ist der entsprechende (Personal-)Aufwand in voller Höhe sofort in der Gesamtergebnisrechnung zu erfassen. Die Gegenbuchung erfolgt (bei echten Eigenkapitalinstrumenten) im Eigenkapital (IFRS 2.14).

Wird indes die anteilsbasierte Vergütung erst ausübbar, wenn der Begünstigte eine bestimmte Zeit im Unternehmen gearbeitet hat (Sperrfrist), ist davon auszugehen, dass die anteilsbasiert vergütete Leistung in dieser Sperrfrist erbracht wird (IFRS 2.15). Entsprechend ist der Aufwand über die Sperrfrist zu verteilen. Das folgende Beispiel verdeutlicht die Vorschriften zum Erfassungszeitpunkt:

BEISPIEL:

Das Unternehmen A gewährt seinem Mitarbeiter X zu dessen Dienstjubiläum Aktienoptionen im Wert von 10 000 €. Die Optionen sind sofort ausübbar. Dem neu eingestellten Mitarbeiter Y gewährt Unternehmen A zur Steigerung seiner Motivation ebenfalls Aktienoptionen im Wert von 10 000 €. Die Optionen des Mitarbeiters Y sind indes erst nach Ende seines dritten Dienstjahres ausübbar.

Die anteilsbasierte Vergütung des Mitarbeiters X ist im laufenden Geschäftsjahr sofort zu erfassen. Die Gegenleistung, mithin die Arbeitsleistung von X, wurde bereits erhalten, so dass Unternehmen A bucht:

Personalaufwand an Eigenkapital 10 000 €

Die anteilsbasierte Vergütung des Mitarbeiters Y ist auf dessen drei Dienstjahre zu verteilen, da die Vergütung erst in diesem Zeitraum erdient wird.

4. Anteilsbasierte Vergütung, die in Eigenkapitalinstrumenten erbracht wird

a) Bewertungsgrundsätze

Im Rahmen einer in Eigenkapitalinstrumenten erbrachten anteilsbasierten Vergütung sind die erhaltenen Güter oder Leistungen sowie die korrespondierende Erhöhung des Eigenkapitals nach IFRS 2.10 mit dem beizulegenden Zeitwert *(fair value)* der erhaltenen

Güter bzw. Leistungen zu bewerten. Nach IFRS 2.10 i. V. m. IFRS 2.13 besteht eine widerlegbare Vermutung, dass der beizulegende Zeitwert der erhaltenen Güter und Leistungen zuverlässig zu ermitteln ist. Demnach determiniert die Bewertung der erhaltenen Güter bzw. Leistungen die korrespondierende Erhöhung des Eigenkapitals. Soweit diese Vermutung widerlegt wird, sind die erhaltenen Güter und Leistungen auf Basis des beizulegenden Zeitwerts der gewährten Eigenkapitalinstrumente zu bewerten. Nach IFRS 2.13A sind nicht identifizierbare Vermögenswerte mit der Differenz aus dem Zeitwert der Eigenkapitalinstrumente und dem Zeitwert der erhaltenen Güter oder Leistungen zu bewerten. Solche nicht identifizierbaren Vermögenswerte liegen dann vor, wenn der Wert der erhaltenen Güter oder Leistungen den der hingegebenen Eigenkapitalinstrumente unterschreitet.

BEISPIEL:[4]

Ein Unternehmen gewährt zur Steigerung seiner Reputation einem gemeinnützigen Verein Aktien im Wert von 100 000 €. Im Gegenzug erwartet das Unternehmen einen künftigen wirtschaftlichen Nutzenzufluss, der u. a. durch eine Erweiterung der Kundenbasis und damit verbundene Umsatzzuwächse realisiert wird. Das Unternehmen kann indes die Gegenleistung nicht spezifisch identifizieren, da weder eine Zahlung noch andere Leistungen durch den gemeinnützigen Verein erfolgen. Daher ist die identifizierbare Gegenleistung (0 €) geringer als der Zeitwert der anteilsbasierten Vergütung (100 000 €). Die Vermutung, dass die erhaltenen Güter bzw. Leistungen bewertet werden können (IFRS 2.13), ist widerlegt und die erhaltenen Güter bzw. Leistungen werden über den Zeitwert der gewährten Aktien bewertet.

Leistungen von Mitarbeitern

Wird die erhaltene, anteilsbasiert vergütete Leistung von Mitarbeitern des bilanzierenden Unternehmens erbracht, wird mit IFRS 2.11 klargestellt, dass diese Leistungen stets auf Basis der gewährten Eigenkapitalinstrumente zu bewerten sind, da eine direkte Quantifizierung der erbrachten Dienstleistung i. d. R. nicht möglich ist.

b) Bewertung der erhaltenen Güter und Leistungen auf Basis des beizulegenden Zeitwerts der gewährten Eigenkapitalinstrumente

Da die anteilsbasierte Vergütung vor allem im Rahmen der Mitarbeitervergütung angewandt wird, wird im Folgenden weitgehend auf diese Bezug genommen. Die Grundsätze sind für andere anteilsbasierte Vergütungen, die auf Basis des beizulegenden Zeitwerts der gewährten Eigenkapitalinstrumente bewertet werden, entsprechend anzuwenden.

Der Gesamtwert einer anteilsbasierten Transaktion ist wie folgt zu bestimmen:

Gesamtwert der Transaktion	=	Beizulegender Zeitwert der gewährten Eigenkapitalinstrumente zum Bewertungsstichtag[5]	×	Zahl der Eigenkapitalinstrumente, die voraussichtlich ausübbar werden[6]

Bewertungsstichtag

Der Gesamtwert der Transaktion entspricht dem insgesamt als Aufwand zu erfassenden Betrag.

Der beizulegende Zeitwert der gewährten Eigenkapitalinstrumente ist nach IFRS 2.16 zum **Bewertungsstichtag** zu bestimmen. Für erhaltene Güter und Leistungen ist der

Bewertungsstichtag der Zeitpunkt, zu dem das bilanzierende Unternehmen die Güter erhält oder die Leistungen erbracht werden. Für Leistungen von Mitarbeitern ist der Bewertungsstichtag der »Tag der Gewährung«. Dies ist der Zeitpunkt, zu dem das Unternehmen und der Mitarbeiter ein **gemeinsames Verständnis** über die Vertragsbedingungen der Vereinbarung erlangt haben. Ist für die anteilsbasierte Vergütung z. B. ein Hauptversammlungsbeschluss notwendig, entspricht der »Tag der Gewährung« dem Tag der Hauptversammlung.

Erhält der Mitarbeiter unmittelbar einen rechtlichen Anspruch auf die gewährten Eigenkapitalinstrumente (d. h., das Entstehen des rechtlichen Anspruchs ist an keine weiteren Bedingungen geknüpft), ist nach IFRS 2.14 davon auszugehen, dass die zu vergütenden Leistungen des Mitarbeiters in der Vergangenheit erbracht wurden. Daher ist der Gesamtwert der Transaktion unmittelbar als Personalaufwand zu erfassen.

In vielen Fällen ist das Entstehen eines Rechtsanspruchs auf die gewährten Eigenkapitalinstrumente indes an **Ausübungsbedingungen** gekoppelt (IFRS 2.19).[7] Ausübungsbedingungen wirken sich auf den bei der Berechnung des Gesamtwerts der Transaktion zugrunde zu legenden beizulegenden Zeitwert der Eigenkapitalinstrumente sowie auf die Zahl der Eigenkapitalinstrumente aus, die voraussichtlich ausübbar werden. Bei den Ausübungsbedingungen wird differenziert zwischen **Dienstbedingungen**, welche die Entstehung eines Rechtsanspruchs an eine bestimmte Dienstzeit knüpfen, und **Leistungsbedingungen**, welche Bezug auf unternehmensspezifische – oder persönliche – Erfolgsziele nehmen. Daneben können sonstige **Ausübungsbedingungen** vorliegen.

Leistungsbedingungen können marktbezogen und nicht-marktbezogen sein. Marktbezogene Leistungsbedingungen sind Bedingungen, welche sich auf den Marktpreis der Eigenkapitalinstrumente beziehen und von welchen der Ausübungspreis, der Übergang des Rechtsanspruchs oder die Ausübbarkeit von Eigenkapitalinstrumenten abhängen können. Beispiele für Marktbedingungen sind:

Der Mitarbeiter erhält einen Rechtsanspruch auf die gewährten Eigenkapitalinstrumente nur dann, wenn der Aktienkurs des Unternehmens

- in den folgenden drei Jahren jeweils um 5 % steigt;
- in den folgenden drei Jahren um insgesamt 25 % steigt oder
- in drei aufeinander folgenden Jahren stärker als ein bestimmter Börsenindex steigt.

Nicht-marktbezogene Leistungsbedingungen unterscheiden sich von den Marktbedingungen dadurch, dass sie nicht auf den Marktwert der Eigenkapitalinstrumente des bilanzierenden Unternehmens Bezug nehmen. Eine solche Leistungsbedingung liegt z. B. vor, wenn der Mitarbeiter den Rechtsanspruch auf die Eigenkapitalinstrumente nur erhält, wenn innerhalb der Sperrfrist:

- der Umsatz pro Jahr um 5 % steigt;
- der Gewinn insgesamt um 10 % steigt oder
- der Deckungsbeitrag insgesamt um 25 % steigt..

Sonstige Ausübungsbedingungen sind im Sinne einer Negativdefinition solche Bedingungen, die weder dienst- noch leistungsbezogen sind.[8] Darunter fallen beispielsweise

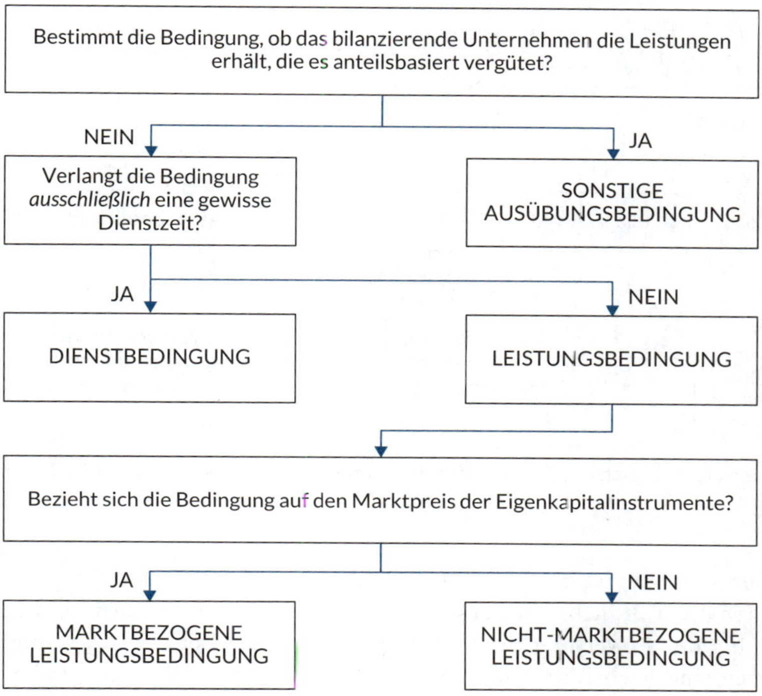

Abbildung F.4 Überblick über mögliche Ausübungsbedingungen[9]

Bedingungen, die von keiner Vertragspartei kontrolliert werden können (z. B. Bindung an einen Index), oder solche Bedingungen, die im Ermessen einer Vertragspartei liegen (z. B. Fortführung des Aktienoptionsplans durch das Unternehmen).

Abbildung F.4 fasst die Ausübungsbedingungen überblicksartig zusammen.

Die Ausübungsbedingungen haben einen direkten Bezug zur Bewertung der Eigenkapitalinstrumente. Dabei kann zwischen der Ermittlung eines **»Wertgerüsts«** oder eines **»Mengengerüsts«** unterschieden werden.[10] Das »Wertgerüst« beruht auf der einmaligen Ermittlung des Werts einer Option und berücksichtigt sowohl die marktbezogenen Leistungsbedingungen als auch die sonstigen Ausübungsbedingungen. Die Bestimmung des Werts einer gewährten Aktienoption ist damit endgültig. Das »Mengengerüst« erfasst die Zahl der ausübbaren Rechte und bezieht die nicht-marktbezogenen Leistungsbedingungen sowie die Dienstbedingungen mit ein. Aus der Multiplikation des »Wertgerüsts« mit dem »Mengengerüst« ergibt sich der Gesamtwert der gewährten Aktienoptionen. Zum Bewertungsstichtag, d. h. dem Zusagezeitpunkt, ist damit der **beizulegende Zeitwert der Eigenkapitalinstrumente** zu bestimmen (IFRS 2.16). Im Rahmen der Folgebewertung wird ausschließlich das »Mengengerüst« angepasst und im Zuge der Schlussbewertung endgültig determiniert. Abbildung F.5 fasst die Bewertungsgrundsätze bei in echten Eigenkapitalinstrumenten erbrachter anteilsbasierter Vergütung zusammen:

Ermittlung des »Preisgerüsts«

Die Ermittlung des »Preisgerüsts« erfolgt grundsätzlich unter Bezugnahme auf den Marktpreis des Eigenkapitalinstruments. Existiert kein Marktpreis,

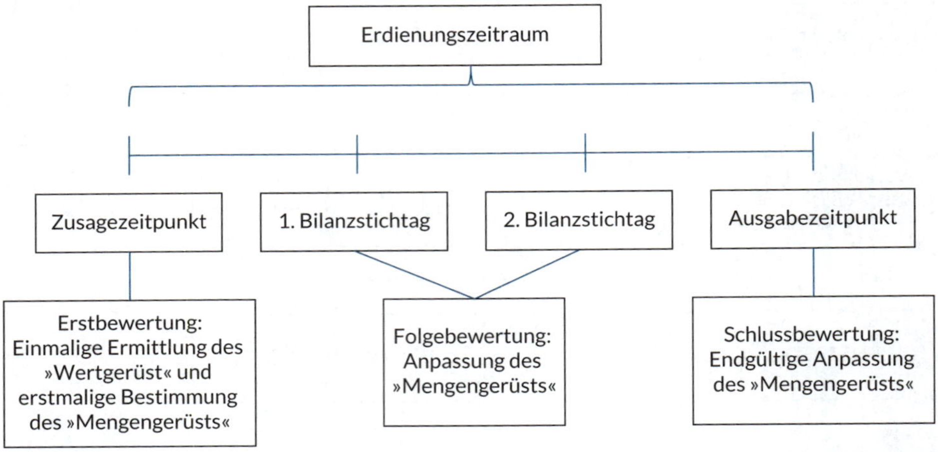

Abbildung F.5 Bewertungsgrundsätze bei in Eigenkapitalinstrumenten erbrachter anteilsbasierter Vergütung[11]

ist dieser mit Hilfe von anerkannten Bewertungsmethoden für die Bewertung von Finanzinstrumenten unter Berücksichtigung aller Faktoren zu ermitteln, die rationale Marktteilnehmer bei der Bewertung berücksichtigen würden.[12] Bei der Bewertung von Aktienoptionen sind nach IFRS 2.B6 mindestens die folgenden Faktoren zu beachten:

- der Ausübungspreis,
- die Laufzeit der Option,
- der aktuelle Aktienkurs,
- die erwartete Volatilität des Aktienpreises,
- die erwartete Dividenden auf die Aktien und
- der risikofreie Zins.

Unabhängig davon, ob der beizulegende Zeitwert des Eigenkapitalinstruments unter Bezugnahme auf einen Marktpreis oder mit Hilfe von anerkannten Bewertungsverfahren ermittelt wird, sind die vereinbarten **marktbezogenen Leistungsbedingungen** zu berücksichtigen. Der unter Anwendung dieser Parameter ermittelte beizulegende Zeitwert der Eigenkapitalinstrumente berücksichtigt ebenso Vereinbarungen, bei denen der Mitarbeiter nicht unmittelbar einen Rechtsanspruch auf die gewährten Eigenkapitalinstrumente erhält (sonstige Ausübungsbedingungen). Der so bestimmte Wert einer Option ist Basis für die Berechnung des Gesamtwerts der Transaktion an künftigen Bilanzstichtagen. Der beizulegende Zeitwert der Eigenkapitalinstrumente ist somit künftig nicht an aktuelle Marktdaten anzupassen.

Ermittlung des »Mengengerüsts«

Erhalten die Mitarbeiter unmittelbar einen Rechtsanspruch auf die gewährten Eigenkapitalinstrumente, ist die Zahl der auszugebenden Eigenkapitalinstrumente bekannt. Erhalten die Mitarbeiter den Rechtsanspruch auf die Eigenkapitalinstrumente erst, wenn vereinbarte Dienstbedingungen und nichtmarktbezogene Leistungsbedingungen erfüllt sind, ist die Zahl der Eigenkapitalinstrumente, auf die die Mitarbeiter voraussichtlich einen Rechtsanspruch erhalten, zu jedem Bilanzstichtag neu zu schätzen (»Mengengerüst«). An dem Tag, an dem der Mitarbeiter letztlich den Rechtsanspruch auf die Eigenkapitalinstrumente erwirbt, ist die Zahl der Eigenkapitalinstrumente an den tatsächlichen Wert anzupassen.

Das folgende **Beispiel** verdeutlicht das Vorgehen:[13]

BEISPIEL:

Am 1.1.2016 gewährt die ABC AG 100 ihrer Mitarbeiter je 50 Kaufoptionen. Die Mitarbeiter erhalten unter den folgenden Bedingungen einen Rechtsanspruch auf die Kaufoptionen:

Die Mitarbeiter verbleiben bis zum 31.12.2018 (drei Jahre) im Unternehmen (Dienstbedingung) und der Aktienkurs steigt innerhalb dieser drei Jahre um insgesamt 5 % (marktbezogene Leistungsbedingung).

a) Zum Bewertungsstichtag, welcher in diesem Falle dem Tag der Gewährung, dem 1.1.2016, entspricht, ist der beizulegende Zeitwert der Kaufoptionen unter Berücksichtigung der marktbezogenen Leistungsbedingung zu ermitteln. Der beizulegende Zeitwert *einer* Kaufoption beträgt zum Bewertungsstichtag 5 € (»Preisgerüst«). Dieser Wert ist Basis für die Ermittlung des Gesamtwerts der anteilsbasierten Vergütung und wird in der Folge nicht auf den beizulegenden Zeitwert zum jeweiligen Bilanzstichtag angepasst. Der maximal zu erfassende Aufwand errechnet sich durch Multiplikation des »Preisgerüsts« mit dem »Mengengerüst« und beträgt 25 000 € (100 Mitarbeiter × 50 Optionen pro Mitarbeiter × 5 €/Option).

b) Zum ersten Abschlussstichtag, dem 31.12.2016, ist der erwartete Gesamtwert der Transaktion unter Berücksichtigung der Dienstbedingung zu ermitteln. Zum 31.12.2016 geht die ABC AG davon aus, dass am Ende der Sperrfrist noch 90 Mitarbeiter dem Unternehmen angehören werden (erstmalige Ermittlung des »Mengengerüsts«). Der erwartete Gesamtwert der Transaktion beträgt daher 22 500 € (90 Mitarbeiter × 50 Optionen pro Mitarbeiter × 5 €/Option). Davon sind im ersten Jahr der Sperrfrist anteilig 1/3, mithin 7 500 €, zu erfassen. Irrelevant für die Erfassung ist, ob die marktbezogene Leistungsbedingung voraussichtlich erfüllt wird, da diese in der Berechnung des »Preisgerüsts« berücksichtigt wurde. Der Buchungssatz lautet:

t_1: Personalaufwand an Eigenkapital 7 500 €

c) Zum 31.12.2017 ist erneut der erwartete Gesamtwert der Transaktion zu ermitteln. Die ABC AG geht zu diesem Stichtag davon aus, dass am Ende der Sperrfrist nur noch 87 der Mitarbeiter dem Unternehmen angehören werden (Anpassung des »Mengengerüsts«). Der erwartete Gesamtwert der Transaktion beträgt 21 750 € (87 Mitarbeiter × 50 Optionen pro Mitarbeiter × 5 €/Option). Bis zum Stichtag sind insgesamt 2/3 von 21 750 €, mithin 14 500 €, zu erfassen. In den vergangenen Perioden wurde bereits Personalaufwand i. H. v. 7 500 € erfasst. Somit sind zum 31.12.2017 7 000 € durch nachfolgende Buchung zu erfassen.

t_2: Personalaufwand an Eigenkapital 7 000 €

d) Zum 31.12.2018 sind von den begünstigten 100 Mitarbeitern 95 Mitarbeiter im Unternehmen (endgültiges »Mengengerüst«). Der Gesamtwert der Transaktion beträgt 23 750 € (95 Mitarbeiter × 50 Optionen pro Mitarbeiter × 5 €/Option). In den vorangegangenen Perioden wurden insgesamt 14 500 € erfasst. Daher ist zum 31.12.2013 der verbleibende Betrag von 9 250 € zu erfassen.

t_3: Personalaufwand an Eigenkapital 9 250 €

Abwandlung des Beispiels:

e) Wie a) bis c). Ende 2018 ist der Kurs der ABC AG wegen mangelnder Erfolgsaussichten weit unter den Ausübungspreis gefallen. Zahlreiche Mitarbeiter haben das Unternehmen verlassen. Zum 31.12.2018 sind von den 100 Mitarbeitern, denen die Aktienoptionen gewährt wurden, noch fünf im Unternehmen. Der Gesamtwert der Transaktion beträgt 1 250 € (5 Mitarbeiter × 50 Optionen pro Mitarbeiter × 5 €/Option). Insgesamt sind bis zum 31.12.2018 1 250 € zu erfassen. Dies gilt auch, wenn die marktbezogene Leistungsbedingung nicht erreicht wurde. In der Vergangenheit wurden schon 14 500 € erfasst. Somit sind 13 250 € wie folgt zu erfassen:

t_3: Eigenkapital an Personalaufwand 13 250 €

Die in obigem Beispiel erläuterte Darstellung der anteilsbasierten Vergütung ist damit unabhängig davon, ob

- die marktbezogene Leistungsbedingung erreicht wurde. Diese ist gem. IFRS 2.21 lediglich bei der Ermittlung des beizulegenden Zeitwerts des Eigenkapitalinstruments (»Preisgerüst«) zu berücksichtigen und
- die Mitarbeiter die Optionen tatsächlich ausüben werden oder diese verfallen lassen.

In keinem dieser Fälle sind nachträglich die bis zum Ende der Sperrfrist erfassten Beträge zu korrigieren.

c) Sondervorschriften

IFRS 2 enthält Vorschriften zu den folgenden Sonderfällen:

- Der beizulegende Zeitwert einer Aktienoption kann zum Bewertungsstichtag nicht zuverlässig bestimmt werden (IFRS 2.24-2.25).
- Die Vertragsbedingungen werden modifiziert (IFRS 2.26-2.27).
- Optionen werden gekündigt oder zurückgekauft (IFRS 2.28-2.29).

In seltenen Fällen kann es vorkommen, dass der beizulegende Zeitwert eines Eigenkapitalinstruments nicht zuverlässig bestimmt werden kann. In diesen Fällen sind die folgenden Grundsätze anzuwenden (IFRS 2.24):

- Das Eigenkapitalinstrument ist zu jedem Abschlussstichtag und am Tag der Erfüllung bzw. des Verfalls mit dem inneren Wert (= aktueller Marktwert abzüglich Ausübungspreis) zu bewerten.
- Änderungen des inneren Werts sind erfolgswirksam zu erfassen. Dies gilt auch nach der Sperrfrist.

BEISPIEL:

Am 1.1.2016 gewährt die ABC AG 100 ihrer Mitarbeiter je eine Option auf den Erwerb einer Aktie. Die Kaufoptionen sind mit einer Sperrfrist von zwei Jahren ausgestattet. Weitere Ausübungsbedingungen sind nicht vereinbart. Der beizulegende Zeitwert der Optionen kann nicht bestimmt werden. Folgende Tabelle zeigt den inneren Wert je Kaufoption, die zu berücksichtigende Zahl der Mitarbeiter (Ende 2016 geschätzt, Ende 2017 die tatsächliche Zahl), sowie die zum Ende des jeweiligen Jahres ausgeübten Optionen:

Ende Jahr	Innerer Wert	Mitarbeiterzahl	Ausgeübte Optionen
2016	5	80	
2017	12	90	10
2018	15		50
2019	1		10

Die folgende Tabelle zeigt den zu erfassenden Gesamtaufwand, den in den einzelnen Jahren zu erfassenden sowie den kumulierten Aufwand. Zu erkennen ist, dass auch nach Ablauf der Sperrfrist Aufwand aus der Veränderung des inneren Wertes zu erfassen ist. Der letztlich erfasste Gesamtaufwand entspricht der Zahl der tatsächlich ausgeübten Optionen multipliziert mit dem inneren Wert, jeweils zum Zeitpunkt der Ausübung.

Ende Jahr	Gesamtaufwand	Bereits erfasster Aufwand	Im Jahr zu erfassender Aufwand
2016	80 Optionen × 5 €/Option = 400 €	0 €	200 € (50 % von 400 €)
2017	90 Optionen × 12 €/Option = 1 080 €	200 €	880 €
2018	10 Optionen × 12 €/Option + 80 Optionen × 15 €/Option = 1 320 €	1 080 €	240 €
2019	10 Optionen × 12 €/Option + 50 Optionen × 15 €/Option + 10 Optionen × 1 €/Option = 880 €	1 320 €	- 440 €

In einigen Fällen kommen die Vertragsparteien überein, die Optionsbedingungen zu ändern. In diesen Fällen sind die folgenden Grundsätze anzuwenden:

- Werden die Vertragsbedingungen **zu Gunsten der Mitarbeiter** verändert, ist der zum Zeitpunkt der Modifikation ermittelte zusätzliche beizulegende Zeitwert über die verbleibende Sperrzeit zu erfassen. Anpassungen zu Gunsten des Mitarbeiters sind z. B. eine Verringerung des Ausübungspreises einer Kaufoption, eine Erhöhung der Zahl der auszugebenden Eigenkapitalinstrumente oder eine Verwässerung der Leistungsbedingungen (IFRS 2.B43).
- Werden die Bedingungen des gewährten Eigenkapitalinstruments **zu Ungunsten der Mitarbeiter** angepasst, sind die Leistungen so zu erfassen, als wären die Vertragsbedingungen nicht angepasst worden (IFRS 2.B44).

Wird ein gewährtes Eigenkapitalinstrument innerhalb der Sperrfrist gekündigt oder zurückgekauft, ist dies wie eine Verkürzung der Sperrfrist zu behandeln. Daher ist der Aufwand sofort und in voller Höhe zu erfassen, der ansonsten über die verbleibende Sperrfrist erfasst worden wäre (IFRS 2.28 (a)).

Zahlungen, die ein Unternehmen bei Kündigung oder Rückkauf von Eigenkapitalinstrumenten leistet, sind grundsätzlich wie der Rückkauf von eigenen Aktien vom Eigenkapital abzusetzen (IFRS 2.28 (b)). Übersteigt der gezahlte Betrag indes den beizulegenden Zeitwert des Eigenkapitalinstruments zum Zeitpunkt des Rückkaufs, ist die Differenz zwischen beizulegendem Zeitwert des Eigenkapitalinstruments und gezahltem Betrag als Aufwand zu erfassen.

5. Anteilsbasierte Vergütungen, die in Zahlungsmitteln erbracht werden

Erhält ein bilanzierendes Unternehmen im Rahmen einer in Zahlungsmitteln erbrachten anteilsbasierten Vergütung Güter und Leistungen, sind diese Güter und Leistungen **mit dem beizulegenden Zeitwert der anzusetzenden Schuld** zu bewerten. Die anzusetzende Verbindlichkeitsrückstellung repräsentiert dabei die bereits gewährte, indes noch zu zahlende anteilsbasierte Vergütung. Eine Bewertung der anteilsbasierten Leistung auf Basis des beizulegenden Zeitwerts der erhaltenen Güter oder Leistungen ist nach IFRS 2.30 in diesem Fall nicht zulässig. Soweit die Transaktion zu Marktbedingungen abgeschlossen wird, ist grundsätzlich davon auszugehen, dass beide Werte übereinstimmen.

Die anzusetzende Schuld ist nach IFRS 2.30 zu jedem Stichtag und zum Zeitpunkt, zu dem die Schuld beglichen wird, mit dem beizulegenden Zeitwert zu bewerten. Alle Änderungen des beizulegenden Zeitwerts sind erfolgswirksam zu erfassen.[14] Wurde eine Sperrfrist vereinbart, ist der Aufwand nicht sofort, sondern über die Sperrfrist zu erfassen. Wird mit den virtuellen Eigenkapitalinstrumenten hingegen bereits erbrachte Arbeitsleistung vergütet, so hat das bilanzierende Unternehmen die Schuld sofort in voller Höhe anzusetzen (IFRS 2.32).

Insgesamt wird also bei virtuellen Eigenkapitalinstrumenten im Unterschied zu echten Eigenkapitalinstrumenten bei der Erst- und bei der Folgebewertung sowohl das »Preisgerüst« als auch das »Mengengerüst« angepasst.[15] Das folgende Beispiel verdeutlicht die Bilanzierung von anteilsbasierter Vergütung, die in Zahlungsmitteln erbracht wird:

BEISPIEL:[16]

Am 1.1.2016 gewährt die ABC AG 500 Mitarbeitern je 100 Stock Appreciation Rights (SAR), welche mit einer Sperrfrist von drei Jahren verbunden sind. Der Ausübungspreis je SAR beträgt 40 €.

Das Unternehmen ermittelt mit Hilfe eines Optionspreismodells zu jedem Abschlussstichtag den beizulegenden Zeitwert der SAR und der Verbindlichkeit. Folgende Tabelle zeigt die ermittelten Zeitwerte der SAR zum jeweiligen Stichtag, den inneren Wert der SAR (beizulegender Zeitwert der zugrunde liegenden Aktie abzüglich Ausübungspreis), die zu den jeweiligen Stichtagen zu berücksichtigende Zahl der Mitarbeiter, die (voraussichtlich) am Ende der Sperrfrist noch im Unternehmen sind, sowie die Zahl der Mitarbeiter, die am Ende des jeweiligen Jahres ihre SAR ausgeübt haben:

Ende Jahr	Zeitwert SAR	Innerer Wert SAR	zu berücksichtigende Mitarbeiter	Mitarbeiter, die SAR ausüben
2016	14,4		405	
2017	15,5		400	
2018	18,2	15	403	150
2019	21,4	20		140
2020		25		113

Die folgende Tabelle zeigt den im jeweiligen Jahr zu erfassenden Personalaufwand, dessen Berechnung sowie die zu bilanzierende Schuld am Ende des jeweiligen Jahres. In den ersten beiden Jahren entspricht der Personalaufwand der Veränderung der Schuld. In den Jahren drei bis fünf setzt er sich zusammen aus der Veränderung der Schuld sowie der Zahlung des bilanzierenden Unternehmens an die Mitarbeiter aufgrund der ausgeübten SAR:

Ende Jahr	Berechnung	Aufwand (in €)	Schuld (in €)
2016	405 Mitarbeiter (MA) × 100 SAR/MA × 14,40 €/SAR × 1/3	194 400	194 400
2017	400 MA × 100 SAR/MA × 15,50 €/SAR × 2/3 – 194 400 € [Schuld in t_1] = 218 933 €	218 933	413 333
2018	(403–150) MA × 100 SAR/MA × 18,20 €/SAR – 413 333 € [Schuld in t_2] = 47 127 € + 150 MA × 100 SAR/MA × 15,00 €/SAR = 225 000 €	272 127	460 460
2019	(253–140) MA × 100 SAR/MA × 21,40 €/SAR – 460 460 € [Schuld in t_3] = –218 640 € + 140 MA × 100 SAR/MA × 20,00 €/SAR = 280 000 €	61 360	241 820
2020	0 € – 241 820 € [Schuld in t_4] = –241 820 € + 113 MA × 100 SAR/MA × 25,00 €/SAR = 282 500 €	40 680	0

6. Anhangangaben

Ein Unternehmen hat nach IFRS 2.44 Angaben zu veröffentlichen, welche den Abschlussadressaten über **Art und Ausmaß** der anteilsbasierten Vergütung informieren. Dazu hat das bilanzierende Unternehmen im Wesentlichen die folgenden Angaben zu machen:

- eine Beschreibung der einzelnen Pläne inklusive der grundlegenden Vertragsinhalte (z. B. Ausübungspreis, Ausübungsbedingungen, Erbringung der anteilsbasierten Vergütung in Eigenkapitalinstrumenten oder in Zahlungsmitteln) (IFRS 2.45 (a));
- die Zahl und den gewichteten durchschnittlichen Ausübungspreis für unterschiedliche Gruppen von Aktienoptionen (IFRS 2.45 (b));für die in der Periode ausgeübten Aktienoptionen der gewichtete durchschnittliche Aktienpreis (IFRS 2.45 (c)); sowie
- für am Ende der Periode ausstehende Aktienoptionen die Bandbreite der Ausübungspreise sowie die durchschnittliche Restlaufzeit der Optionen (IFRS 2.45 (d)).

Wurden erhaltene Güter oder Leistungen mit dem beizulegenden Zeitwert bewertet, ist nach IFRS 2.46 zu erläutern, wie der beizulegende Zeitwert ermittelt wurde.

Wurden erhaltene Güter und Leistungen auf Basis des beizulegenden Zeitwerts von gewährten Eigenkapitalinstrumenten bewertet, hat das Unternehmen mindestens folgende Angaben zu erteilen:

- für in der Periode ausgegebene Aktienoptionen den gewichteten durchschnittlichen beizulegenden Zeitwert zum Bewertungsstichtag sowie Informationen darüber, wie dieser Wert ermittelt wurde (IFRS 2.47 (a));
- für andere als Aktienoptionen ausgegebene Eigenkapitalinstrumente die Zahl und den gewichteten durchschnittlichen beizulegenden Zeitwert zum Bewertungsstichtag sowie Informationen darüber, wie dieser Wert ermittelt wurde (IFRS 2.47 (b)); und
- weitere Informationen zu anteilsbasierten Vergütungen, deren Bedingungen modifiziert wurden (IFRS 2.47 (c)).

Nach IFRS 2.50 hat ein Unternehmen Informationen zu veröffentlichen, mit denen der Abschlussadressat die Auswirkungen der anteilsbasierten Vergütungen auf den Gewinn oder Verlust sowie auf die Bilanz nachvollziehen kann. Dazu hat ein Unternehmen Folgendes anzugeben:

- den gesamten in der Periode erfassten Aufwand aus anteilsbasierter Vergütung. Der Aufwand aus anteilsbasierter Vergütung, die in Eigenkapitalinstrumenten erbracht wird, ist separat anzugeben (IFRS 2.51 (a)).
- Den Buchwert der Schuld aus anteilsbasierten Vergütungen, die in Zahlungsmitteln erbracht werden. Zudem hat ein Unternehmen den inneren Wert der Instrumente anzugeben, auf die die Vertragspartner spätestens zum Ende der Periode einen Rechtsanspruch erworben haben (IFRS 2.51 (b)). Dies sind z. B. Stock Appreciation Rights (SAR), die ein Mitarbeiter ausüben darf, da er zum Ende der Sperrfrist weiterhin für das bilanzierende Unternehmen tätig gewesen ist.

7. Weiterführende Literatur

Hoffmann/Lüdenbach, Die Bilanzierung aktienorientierter Vergütungsformen nach IFRS 2 (Share-based Payment), DStR 2004, S. 786-792;

Küting/Dürr, IFRS 2 Share-based Payment – ein Schritt zur weltweiten Konvergenz?, WPg 2004, S. 609-620;

Lüdenbach/Freiberg, Bilanzierung bedingter Optionszusagen nach dem Amendment zu IFRS 2, PiR 2008, S. 107-113;

Pellens/Crasselt/Jödicke, Amendments to IFRS 2 – Vesting Conditions and Cancellations, in Vater u. a. (Hrsg.), IFRS Änderungskommentar 2009, Weinheim 2009, S. 17-25.

Rossmanith/Funk/Alber, Stock Options – Neue Bilanzierungs- und Bewertungsansätze nach IFRS 2 und SFAS 123 (R) im Vergleich, WPg 2006, S. 664-671;

Schmidt, Bilanzierung von Aktienoptionen nach IFRS 2 – Darstellung und ökonomische Analyse, Frankfurt a. M. 2006;

Zwirner/Froschhammer, Bilanzierung von anteilsbasierten Vergütungsformen – Eine Fallstudie zur Anwendung des IFRS 2, KoR 2010, S. 515-524.

V. Umsatzrealisation

RELEVANTE STANDARDS

IAS 18 – Erträge
IAS 20 – Bilanzierung und Darstellung von Zuwendungen der öffentlichen Hand
IAS 41 – Landwirtschaft
SIC-10 – Beihilfen der öffentlichen Hand – kein spezifischer Zusammenhang mit betrieblichen Tätigkeiten
SIC-27 – Beurteilung des wirtschaftlichen Gehalts von Transaktionen in der rechtlichen Form von Leasingverhältnissen
SIC-31 – Erträge – Tausch von Werbeleistungen
IFRIC 13 – Kundenbindungsprogramme
IFRIC 15 – Vereinbarungen über die Errichtung von Immobilien

KERNAUSSAGEN

- IAS 18 regelt im Wesentlichen die Vereinnahmung von Erträgen mit Erlöscharakter, also **Erträgen aus der gewöhnlichen Geschäftstätigkeit**. Das Ziel des Standards besteht dabei in der Determinierung eines systemkonformen **Realisationszeitpunkts**.
- IAS 18 **konkretisiert** die allgemeinen Ansatzkriterien für Vermögenswerte – hier insbesondere für Forderungen bzw. die korrespondierenden Erträge – aus dem **Rahmenkonzept**. Unterschieden wird hierbei zwischen Vorschriften für die Ertragsrealisation aus dem Verkauf von Gütern, aus der Erbringung von Dienstleistungen und aus Nutzungsüberlassungen. Auch Tauschgeschäfte fallen in den Anwendungsbereich des Standards.
- Die Ertragsrealisation aus dem **Verkauf von Gütern** ist an die Übertragung der maßgeblichen Risiken und Chancen geknüpft. Der durch das Wort ›maßgeblich‹ beschriebene Umfang der Risiken- und Chancenübertragung ist schwierig zu konkretisieren. In jedem Fall sind die genauen Sachverhaltsumstände einer Transaktion unter Berücksichtigung des Prinzips der wirtschaftlichen Betrachtungsweise *(substance over form)* zu beachten.
- Die Ertragsrealisation aus der **Erbringung von Dienstleistungen** erfolgt – im Einklang mit der aus IAS 11 bekannten *Percentage-of-Completion*-Methode – mit dem Leistungsfortschritt. Die Messung des Leistungsfortschritts erfolgt anhand der aus IAS 11 bekannten Verfahren: Dem *Units-of-work-performed*-Verfahren, dem *Effort-expended*-Verfahren oder dem *Cost-to-Cost*-Verfahren.
- Erträge aus **Zinsen** werden unter Anwendung der Effektivzinsmethode vereinnahmt. Die Realisation von Erträgen aus **Nutzungsentgelten** erfolgt in praxi oftmals linear. Für die Realisation von Erträgen aus **Dividenden** ist die Erlangung eines rechtlichen Anspruchs maßgeblich. Umstritten ist in diesem Zusammenhang die Zulässigkeit einer phasengleichen Dividendenvereinnahmung.
- Der **Tausch** gleichartiger und gleichwertiger Güter führt zu keinem Ertragsausweis. Unter der Voraussetzung, dass die Realisationskriterien erfüllt sind, sind Erträge aus Tauschgeschäften aber dann zu erfassen, wenn nicht ähnliche Güter oder Dienstleistungen getauscht werden.
- Im Zusammenhang mit **Kundenbindungsprogrammen** ist der Ertragsanteil für die

später Leistungsverpflichtung passivisch abzugrenzen und mit der Erbringung der Verpflichtung zu vereinnahmen. Die initiale Erfassung der gesamten Ertragshöhe bei gleichzeitiger Buchung eines Marketingaufwands ist demgegenüber nicht zulässig.

- Die Bilanzierung von **Zuwendungen der öffentlichen Hand gem. IAS 20** wird als Ergänzung zu den Regelungen des IAS 18 betrachtet. Diese Regelungen sind zurzeit geprägt von Wahlrechten und einer pragmatischen, nicht immer zweckkonformen Unterscheidung von Zuwendungen. Eine Überarbeitung des Standards ist seitens des IASB langfristig vorgesehen.
- Anhangangaben zur Ertragsrealisierung für standardisierte Transaktionen fallen regelmäßig verhältnismäßig kurz aus, da eine entsprechende Aufschlüsselung der Erträge in der Gesamtergebnisrechnung bereits einen maßgeblichen Beitrag zur Informationsvermittlung liefert.

1. Anwendungsbereich und Zielsetzung von IAS 18

a) Anwendungsbereich

Positivabgrenzung

Der zentrale Standard zur Ertragsrealisation ist IAS 18. Dieser regelt gem. IAS 18.7 die Bilanzierung von **Erträgen**, die **im Rahmen der gewöhnlichen Geschäftstätigkeit** (Liefer- und Leistungsbeziehungen) eines Unternehmens erzielt werden. Unter Ertrag wird dabei der Bruttozufluss wirtschaftlichen Nutzens verstanden, der zu einer Erhöhung des Eigenkapitals führt. Konkret umfasst der Anwendungsbereich des Standards gem. IAS 18.1 die Bilanzierung von Erträgen aus

- dem Verkauf von Gütern (*sale of goods*),
- der Erbringung von Dienstleistungen (*rendering of services*),
- Nutzungsüberlassungen gegen Zinsen, Nutzungsentgelte und Dividenden (*interests, royalties and dividends*) sowie
- Tauschgeschäften (*barter transactions*).

Negativabgrenzung

Demgegenüber ist die Ertragsrealisation für **spezielle Bilanzierungssachverhalte und spezielle Branchen in anderen Einzelstandards** geregelt. Diese Erträge sind gem. IAS 18.6 explizit vom Anwendungsbereich des IAS 18 ausgenommen. Dazu zählen die Erträge aus

1. Leasingverträgen (vgl. S. 442 f.),
2. Dividenden für Anteile, die nach der Equity-Methode bilanziert werden (IAS 28),
3. Versicherungsverträgen im Anwendungsbereich von IFRS 4,
4. Änderungen des beizulegenden Zeitwerts finanzieller Vermögenswerte oder Schulden bzw. deren Veräußerung (vgl. S. 368 ff.),
5. Wertänderungen bei anderen kurzfristigen Vermögenswerten,
6. dem erstmaligen Ansatz und aus Änderungen des beizulegenden Zeitwerts biologischer Vermögenswerte, welche mit landwirtschaftlicher Tätigkeit zusammenhängen (IAS 41; vgl. S. 292),

7. dem erstmaligen Ansatz landwirtschaftlicher Erzeugnisse (IAS 41; vgl. S. 292) sowie
8. dem Abbau von Bodenschätzen (IFRS 6).

Diese in IAS 18.6 abgebildete Ausschlussliste ist allerdings nicht als abschließend zu verstehen, da regelmäßig (nach der jeweils letzten Überarbeitung von IAS 18) Standards veröffentlicht werden, die ebenfalls Vorschriften zur Ertragsrealisierung umfassen. Somit ist IAS 18 insbesondere immer dann anzuwenden, wenn keine Einzelstandards mit spezifischeren Regelungen zur Ertragsrealisation existieren.

Der Anwendungsbereich des IAS 18 erstreckt sich des Weiteren nicht auf die Realisation von Erträgen aus langfristigen Fertigungsaufträgen. Die aus derartigen Transaktionen resultierenden Erträge unterliegen den spezifischen Vorschriften des *IAS 11 - Fertigungsaufträge*. Diese spezifischen Vorschriften gehen auch in diesem Fall den allgemeinen Vorschriften aus IAS 18 vor (vgl. S. 393 f.). Für die Realisation von Erträgen aus Dienstleistungsgeschäften nach den Regelungen in IAS 18 gelten indes ähnliche Vorschriften wie für die Realisation von Erträgen aus langfristigen Fertigungsaufträgen gem. IAS 11 (vgl. S. 482).

Ergänzt werden die Vorschriften von IAS 18 durch mehrere Interpretationen. Neben *SIC-31 - Erträge - Tausch von Werbeleistungen*, *IFRIC 13 - Kundenbindungsprogramme* und *IFRIC 15 - Vereinbarungen über die Errichtung von Immobilien*, auf die im weiteren Verlauf noch eingegangen wird, beinhalten auch *SIC-27 - Beurteilung des wirtschaftlichen Gehalts von Transaktionen in der rechtlichen Form von Leasingverhältnissen*[1] und *IFRIC 12 - Dienstleistungskonzessionsvereinbarungen*[2] Interpretationshinweise für in IAS 18 nicht eindeutig geregelte Sachverhalte.

Die in diesem Kapitel gewählte Vorgehensweise folgt im Wesentlichen dem dargelegten Anwendungsbereich von IAS 18. Darüber hinaus werden einige Sonderfälle (Tauschgeschäfte, Kundenbindungsprogramme) sowie die Vorschriften aus IAS 20 diskutiert. In Abb. F.6 wird die thematische Vorgehensweise der S. 470 ff. nochmals visualisiert. Zuvor wird die Zielsetzung der Regelungen zur Ertragserfassung herausgearbeitet. Ebenso wird die **Definition von Erträgen** eingangs dargelegt; eine Erläuterung der **Realisationskriterien des Rahmenkonzepts** und die **Bilanzierung von Erträgen der Höhe nach** schließen sich an.

b) Zielsetzung der Regelungen zur Ertragsrealisation

Der Totalerfolg eines Unternehmens während der Gesamtzeit seines Bestehens entspricht den im Laufe dieser Zeit generierten Netto-Cashflows. Erst durch die Aufteilung des Gesamtzeitraums zu Zwecken der Rechnungslegung in gleich lange Teilzeiträume (Perioden) entsteht der Bedarf nach Abgrenzungs- und Zuordnungsprinzipien für Erträge und Aufwendungen. Das vorrangige Ziel der Regelungen zur Ertragsvereinnahmung besteht demnach in der Bestimmung des adäquaten **Zeitpunkts der Ertragserfassung**. Aus diesem Grund erfahren die allgemeinen Ansatzkriterien für Erträge, die im Rahmenkonzept des IASB enthalten sind (vgl. S. 474 f.), durch die Regelungen in IAS 18 eine Konkretisierung.

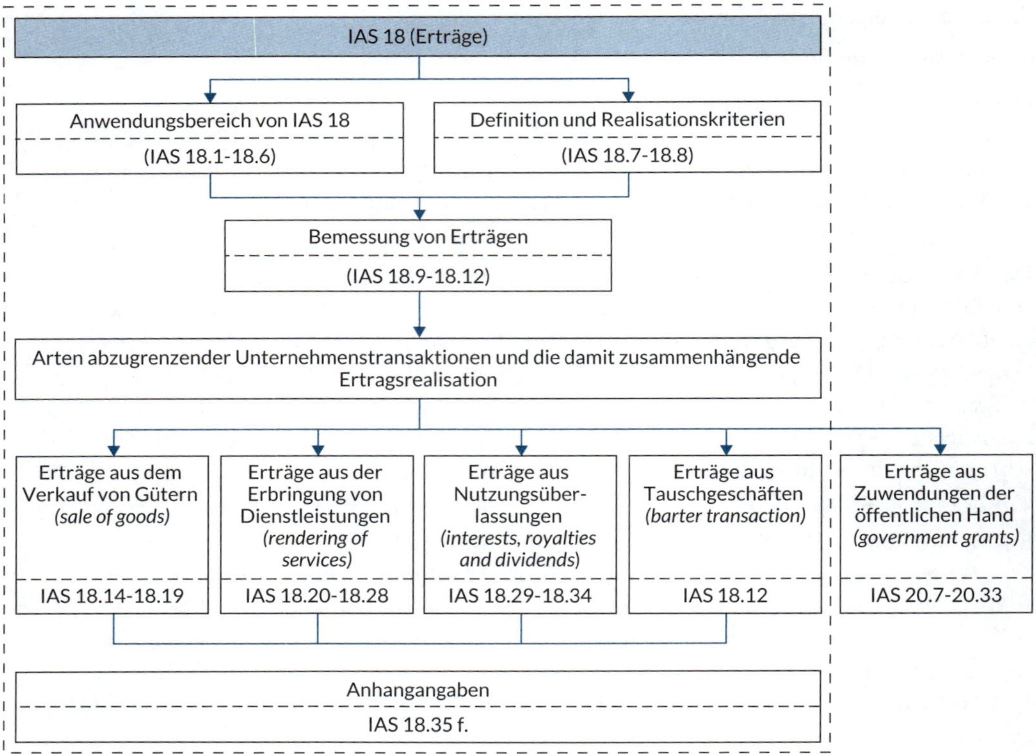

Abbildung F.6 Realisation von Erträgen gem. IAS 18 und IAS 20[3]

BEISPIEL:

Je nach Transaktionstyp sind prinzipiell unterschiedliche Zeitpunkte für die Realisation des aus der Transaktion resultierenden Ertrags denkbar. Beim Verkauf von Gütern aus dem Bestand ist z. B. prinzipiell denkbar, dass der Ertrag schon mit der Vertragsunterzeichnung realisiert wird. Ein späterer denkbarer Realisationszeitpunkt besteht zum Zeitpunkt der Auslieferung der Güter. Denkbar wäre zudem, den Ertrag erst dann zu realisieren, wenn man die monetäre Gegenleistung für die Lieferung erhalten hat, die Güter also letztlich bezahlt wurden. Schon dieser alltägliche Transaktionstyp verdeutlicht die Notwendigkeit für konkrete Realisationsvorschriften. Überdies gibt es vielfältige andere (komplexere) Transaktionen, für die adäquate Realisationsvorschriften erforderlich sind.[4]

Zeitpunkt versus zeitraumbezogene Betrachtung

In diesem Zusammenhang ist grundsätzlich zwischen einer **Zeitpunkt**- und einer **Zeitraumbetrachtung** zu unterscheiden. Bei einem klassischen Verkauf von Gütern z. B. ist die Realisation von Erträgen an einen bestimmten Zeitpunkt gebunden, zu dem das Verfügungsrecht auf das erwerbende Unternehmen übergeht (zeitpunktbezogene Betrachtung). Bei Nutzungsüberlassungen (z. B. Mieten) ist ein Ertrag hingegen erst nach Ablauf eines definierten Zeitraums zu realisieren, obwohl die Leistung kontinuierlich erbracht wird (zeitraumbezogene Betrachtung). In diesem Zusammenhang sind **Mehrkomponentenverträge** von besonderem Interesse, bei denen verschiedene Leistungsarten kombiniert werden (vgl. Exkurs zu Mehrkomponentenverträgen auf S. 486 f.). Im Falle solcher Verträge muss untersucht werden, ob die einzelnen Komponenten einer isolierten Betrachtung hinsichtlich des Zeitpunkts der Ertragsrealisation (sowie hinsichtlich der an dieser Stelle nicht weiter problematisierten Ertragshöhe) zugeführt werden können.

2. Ertragsdefinition

Während im Rahmenkonzept »Erlöse« (*revenue*, 4.29) und »andere Erträge« (*gains*, 4.31) als Erträge im umfassenden Sinne (*income*) gelten, sind unter dem Ertragsbegriff in IAS 18 vor allem »**Erträge mit Erlöscharakter**« (*revenue*) zu subsumieren. Im Unterschied zu »anderen Erträgen« (*gains*), die z. B. aus Wertänderungen (Erhöhung des Buchwerts langfristiger Vermögenswerte) und Veräußerungsgewinnen (aus der Veräußerung langfristiger Vermögenswerte) resultieren, handelt es sich bei den in IAS 18 geregelten Erträgen also um (Bruttonutzen-)Zuflüsse im Sinne des oben beschriebenen Anwendungsbereichs.[5] Die Regelungen in IAS 18 betreffen demnach neben Erträgen (mit Erlöscharakter), die in der Zeile »Umsatzerlöse« in der Gesamtergebnisrechnung ausgewiesen werden, auch Erträge aus Nutzungsüberlassungen (vgl. S. 486 ff.).

Der Bruttozufluss wirtschaftlichen Nutzens aus der gewöhnlichen Geschäftstätigkeit eines Unternehmens schlägt sich gem. IAS 18.7 regelmäßig in einer **Erhöhung des Eigenkapitals** nieder. Einlagen der Eigenkapitalgeber sind in diesem Zusammenhang explizit nicht unter den Ertragsbegriff in IAS 18 zu subsumieren. Gleichermaßen sind gem. IAS 18.8 Beträge, die das Unternehmen zu Gunsten Dritter einzieht (z. B. Umsatzsteuern) und Beträge aus Vermittlungsgeschäften, die im Namen eines Auftraggebers eingezogen werden (z. B. Preise für Flugtickets aus Sicht eines Reisebüros), nicht als Erträge zu qualifizieren. Unter die Ertragsdefinition in IAS 18, die der grundlegenden Definition von Erlösen im Rahmenkonzept folgt (4.25 (a); vgl. S. 76), fallen alle Erträge aus der betriebstypischen Geschäftstätigkeit wie Umsatzerlöse (im Falle des Reisebüros sind dies z. B. die Vermittlungsprovisionen der Fluggesellschaften), Gebühren, Zinsen, Dividenden, Lizenzerträge und Mieten (4.29). Diese Erträge sind im Gegensatz zu den »anderen Erträgen« (*gains*), die z. T. nicht direkt in der Berichtsperiode Ergebniswirkung entfalten, sondern dem sonstigen Ergebnis (*other comprehensive income*) zuzuordnen sind, **stets ergebniswirksam**.

Im Folgenden werden unter dem Begriff »Erträge« im Wesentlichen betriebliche Erträge (mit Erlöscharakter) bzw. Umsatzerlöse (*revenue*) verstanden, sodass die Begriffe »Erträge« und »Erlöse« synonym verwendet werden. Hierbei sei noch einmal explizit darauf hingewiesen, dass IAS 18 neben Regelungen zu Umsatzerlösen auch Ertragsvorschriften zu Zinsen und anderen Nutzungsentgelten enthält; Nutzungsentgelte werden dementsprechend dem Ertragsbegriff zugeordnet.

EXKURS
Asset-Liability-Theory

In der aktuellen Diskussion von IASB und FASB über die Neugestaltung der Regelungen zur Ertragsrealisation spielt die sog. *Asset-Liability-Theory* eine entscheidende Rolle. Der hinter dieser Theorie stehende Grundgedanke lässt sich wie folgt skizzieren:

Erträge werden zeitgleich mit einer Zunahme von Vermögenswerten (*assets*) oder einer Abnahme von Schulden (*liabilities*) in einem IFRS-Abschluss erfasst. Dabei kann die Zunahme von Vermögenswerten aus einer Erhöhung der liquiden Mittel oder der Forderungen aus Lieferungen- und Leistungen des bilanzierenden Unternehmens resultieren (für diesen Fall wird der Begriff ›*revenue*‹ verwendet). Des Weiteren kann aber auch eine Erhöhung des Werts von im Bestand befindlichen Vermögenswerten ursächlich für die Zunahme von Vermögenswerten und damit für Erträge sein. Ebenso kann eine Wertminderung bei Schulden grundsätzlich Erträge generieren (für diesen Fall wird der Begriff ›*gains*‹ verwendet). Zusammenfassend lässt sich festhalten, dass die Erfassung von Erträgen in unmittelbarem Zusammenhang zu Ansatz und Bewertung von Vermögenswerten und Schulden steht, sodass in die umfassende Definition von Erträgen (*income*) grundsätzlich auch unrealisierte Erträge (*gains*) eingehen, wie etwa Erträge aus Wertänderungen langfristiger Vermögenswerte.

3. Allgemeine Ansatzkriterien für Erträge

Nach den Vorschriften des Rahmenkonzepts, das selbst keinen Standard darstellt (vgl. Purpose and Status of the Conceptual Framework), werden Erträge im IFRS-Abschluss im Rahmen eines **zweistufigen Vorgehens** bestehend aus Definitions- und Ansatzkriterien erfasst (4.26). Sind die Definitionsmerkmale in 4.25 (a)[6] (als notwendige Bedingung) erfüllt, ist auf der zweiten Stufe zu untersuchen, ob zusätzlich die allgemeinen **Ansatzkriterien** in 4.38 i. V. m. 4.47f. (als hinreichende Bedingung) erfüllt sind. Nur wenn ein Sachverhalt sowohl der Ertragsdefinition genügt als auch die Ansatzkriterien erfüllt, ist ein Ertrag zu realisieren.

Gemäß den Vorschriften im Rahmenkonzept ist ein Abschlussposten zu erfassen bzw. ein Ertrag zu realisieren, wenn

- ein **Nutzenzufluss wahrscheinlich** ist (4.38 (a)) bzw. einen hinreichenden Grad an Sicherheit aufweist (4.48) und
- der Wert des Sachverhalts (4.38 (b)) bzw. die **Höhe des Erlöses zuverlässig ermittelt** werden kann (4.47).

Die abstrakte Formulierung »wahrscheinlich«, die im Rahmenkonzept (wie auch in verschiedenen Standards) immer wieder verwendet wird, erscheint wenig praktikabel, da ein universales Verständnis des Begriffs nur schwer möglich ist. International reicht das Spektrum an Interpretationen des Wortes »wahrscheinlich« von weit unter 50 % bis nahe

100 %.[7] Kennzeichnend für das Wahrscheinlichkeitskriterium ist demnach, dass es sich um eine kaum objektivierbare Größe handelt. Auch das Kriterium der zuverlässigen Bilanzierung der Höhe nach erscheint denkbar **unbestimmt** und vermag nicht zu einer Beschränkung individueller Ermessensspielräume beizutragen.

Mit dem Vorliegen der allgemeinen Ansatzkriterien des Rahmenkonzepts, die bereits auf S. 75 ff. eingehend diskutiert worden sind, ist der Realisationszeitpunkt für einzelne Sachverhalte demnach zwar grundsätzlich geregelt, aber noch nicht hinreichend konkretisiert, da unklar bleibt, welches konkrete Ereignis letztlich als ausschlaggebendes Kriterium für die Ertragsrealisation anzusehen ist.[8] Die einzelnen ertragsrealisierenden Tatbestandsmerkmale in den Standards legen nämlich im Hinblick auf das Wahrscheinlichkeitskriterium ein unterschiedliches Verständnis von Risikoabbau zugrunde, d. h., es gibt nach den IFRS keinen allgemeingültigen Realisationszeitpunkt. Ein übergeordnetes Realisationsprinzip – wie aus der handelsrechtlichen Rechnungslegung bekannt – ist im System der IFRS nicht vorhanden. Zur Frage, wieweit IAS 18 eine Konkretisierung der allgemeinen Definitions- und Ansatz- bzw. Realisationskriterien für die im Standard geregelten Sachverhalte (siehe Anwendungsbereich) gelingt, vgl. S. 475 ff.

4. Bemessung von Erträgen

Gemäß IAS 18.9 sind Bruttozuflüsse wirtschaftlichen Nutzens für die den Anwendungsbereich betreffenden Unternehmenstransaktionen bzw. die daraus resultierenden Erträge zum **beizulegenden Zeitwert *(fair value)* der erhaltenen oder zu beanspruchenden Gegenleistung** zu bemessen. Die Definition des beizulegenden Zeitwerts folgt der Begriffsbestimmung des IFRS 13: Es handelt sich gem. IAS 18.7 um jenen Betrag, der in einer geordneten Geschäftstransaktion zwischen Marktteilnehmern am Bemessungsstichtag für den Verkauf eines Vermögenswerts eingenommen bzw. für die Übertragung einer Schuld gezahlt würde (*arm's length transaction*). Die Abnahme wirtschaftlichen Nutzens, die mit dem Zufluss verbunden ist (z. B. der Wert der erbrachten Dienstleistungen), darf nicht mit den Erträgen saldiert werden.[9] **Erlösschmälerungen** (Rabatte, Skonti, Boni u. ä.) sind bei der Ermittlung der Ertragshöhe gem. IAS 18.10 in Abzug zu bringen. Umsatzsteuern erfüllen die Ertragsdefinition nicht und beeinflussen somit auch nicht die Höhe der zu vereinnahmenden Erträge.

Im Rahmen der meisten Transaktionen wird die Gegenleistung gem. IAS 18.11 in Form von Zahlungsmitteln oder Zahlungsmitteläquivalenten ausgegeben. Der Ertrag entspricht in diesem Fall dem Betrag der erhaltenen oder zu beanspruchenden Zahlungsmittel oder Zahlungsmitteläquivalente. Wird zu der Transaktion indes eine Vereinbarung getroffen, die einen **Finanzierungsvorgang** darstellt, so bemisst sich der beizulegende Zeitwert der Gegenleistung nach der Höhe der **diskontierten Zahlungsmittelströme**.

BEISPIEL:

Der Automobilhersteller SportsCars AG verkauft am 31.12.2015 ein Auto direkt an einen Kunden für 130 900 €. Darin enthalten sind 19 % Umsatzsteuer. Die SportCars AG bietet ihren Kunden grundsätzlich eine 0 %-Finanzierung mit einem Jahr Laufzeit an, d. h., der volle Rechnungsbetrag ist erst in einem Jahr (31.12.2016) fällig. Der derzeitige marktübliche Zinssatz für vergleichbare Geschäfte mit gleicher Laufzeit beträgt 10 %. In diesem Fall werden am 31.12.2015 100 000 € als Umsatzerlöse bei der SportsCar AG verbucht, da die Umsatzsteuer nicht berücksichtigt werden darf und somit jene 110 000 € (= 130 900 € / 1,19), die dem Unternehmen am 31.12.2016 ergebniswirksam zustehen, auf den Bewertungsstichtag 31.12.2015 zu diskontieren sind (110 000 € / 1,10). Die übrigen 10 000 € sind am 31.12.2015 zunächst passivisch abzugrenzen (*deferred revenue*) und am 31.12.2016 ergebniswirksam zu vereinnahmen. Der verkürzte Buchungssatz zum 31.12.2015 lautet dementsprechend:

Forderungen aus L+L	110 000 €	an Umsatzerlöse	100 000 €
		an Deferred revenue	10 000 €

Der Buchungssatz zum 31.12.2016 lautet:

Deferred revenue	10 000 €	an Umsatzerlöse	10 000 €

5. Die Realisation von Erträgen in Abhängigkeit von der zugrunde liegenden Unternehmenstransaktion

a) Arten abzugrenzender Unternehmenstransaktionen

Die **allgemeinen Ansatz- bzw. Realisationskriterien** des Rahmenkonzepts sind entsprechend der jeweils zugrunde liegenden Transaktion **auszulegen**. Wie eingangs skizziert (vgl. Abb. 45) enthält IAS 18 separate Vorschriften für Erträge aus

- dem **Verkauf von Gütern** (*sale of goods*),
- der **Erbringung von Dienstleistungen** (*rendering of services*) und
- **Zinsen**, **Nutzungsentgelten** und **Dividenden** (*interests, royalties and dividends*).

Darüber hinaus wird in IAS 18 die Ertragsrealisation bei **Tauschgeschäften** (*barter transactions*) behandelt, wenngleich hierfür kein gesonderter Abschnitt in IAS 18 wie für die drei in der Aufzählung genannten Kategorien vorhanden ist.

Verkauf von Gütern

Unter die Kategorie 'Güter' fallen gem. IAS 18.3 sowohl Erzeugnisse, die explizit **für den Verkauf hergestellt** worden sind, als auch Waren, die zum **Weiterverkauf** erworben worden sind; auch Grundstücke und Sachanlagen, die zum Weiterverkauf bestimmt sind, sind dieser Kategorie zuzurechnen. Es kann sich demnach beim Verkauf von Gütern (*sale of goods*) um selbst erstellte oder erworbene Vermögenswerte handeln, die abnutzbarer oder nicht abnutzbarer Natur sind. Wie bei allen in IAS 18 behandelten Transaktionen wird gem. IAS 18.7 vorausgesetzt, dass die Veräußerung im Rahmen der gewöhnlichen Geschäftstätigkeit des Unternehmens erfolgt.

Dienstleistungsgeschäfte

Charakteristisch für Dienstleistungsgeschäfte (*rendering of services*) ist gem. IAS 18.4 die **zeitraumbezogene Erfüllung** vertraglich vereinbarter Leistungen. Ein solcher Zeitraum kann sich auch auf mehrere Perioden erstrecken.

Insbesondere dieser letzte Fall führt zu Problemen bei der Zurechnung der Erträge zu den einzelnen Perioden. Ähnlich den Vorschriften in IAS 11 (vgl. S. 393 f.) erfolgt die Zurechnung bei diesen Geschäften nach Maßgabe des Fertigstellungsgrads (*percentage of completion*).

Nutzungsüberlassungen

Unter Nutzungsüberlassungen werden gem. IAS 18.5 sämtliche **Nutzungsüberlassungen von Vermögenswerten** des Unternehmens an Dritte verstanden, die **Zinsen** (*interests*), **Lizenzerträge** (*royalties*) oder **Dividenden** (*dividends*) erbringen. Zinsen sind Erträge in Form von Entgelten für die Überlassung von Zahlungsmitteln oder Zahlungsmitteläquivalenten bzw. die Stundung von Zahlungsansprüchen; unter Lizenzerträgen sind Entgelte für die Überlassung langlebiger immaterieller Vermögenswerte (z. B. Patente, Warenzeichen oder Urheberrechte) zu verstehen; Dividenden sind Erträge in Form von Gewinnausschüttungen an Inhaber von Kapitalbeteiligungen.

Tauschgeschäfte

Die Ertragsrealisation für Tauschgeschäfte (*barter transaction*) wird im Rahmen der Bemessung von Erträgen in IAS 18.12 erläutert. Beim Tausch von **gleichartigen** oder **gleichwertigen** Erzeugnissen, Waren oder Dienstleistungen entsteht demnach kein Ertrag. Vielmehr liegt in diesem Fall ein **Aktivtausch** vor. Nur bei einem Tausch von art- oder wertmäßig unterschiedlichen Erzeugnissen, Waren oder Dienstleistungen geht mit der Transaktion ein **Ertrag** einher.

Neben den kurz charakterisierten Unternehmenstransaktionen, die in den Anwendungsbereich von IAS 18 fallen, werden im Folgenden auch einige ausgesuchte Sonderfälle (u. a. Kundenbindungsprogramme) sowie die Realisation von Erträgen im Zusammenhang mit Zuwendungen der öffentlichen Hand (IAS 20) behandelt. Letztere besitzen für viele Unternehmen einen hohen Stellenwert und sollen daher ebenso Gegenstand der weiteren Ausführungen sein.

b) Ertragsrealisation beim Verkauf von Gütern

Die Erträge aus Veräußerungsgeschäften sind gem. IAS 18.14 in der Gesamtergebnisrechnung zu erfassen, wenn neben den allgemeinen aus dem Rahmenkonzept bekannten Kriterien folgende spezifischen Kriterien erfüllt sind:

- Die maßgeblichen **Chancen und Risiken**, die aus dem Eigentum des Vermögenswerts erwachsen, sind auf den Käufer übergegangen;
- dem Verkäufer verbleibt kein **Verfügungsrecht bzw.** wirksame **Verfügungsmacht** über die veräußerten Waren und Erzeugnisse und
- die mit dem Verkauf verbundenen **Kosten** können zuverlässig bestimmt werden.

Für eine Realisierung der Erträge aus Veräußerungsgeschäften müssen somit insgesamt **fünf Realisationskriterien kumulativ** erfüllt ein, die in Abb. F.7 zusammengefasst werden. Auf drei der Kriterien wird nachfolgend detailliert eingegangen. Nicht diskutiert werden demgegenüber die Kriterien der zuverlässigen Ermittlung der Höhe der Erlöse sowie der Höhe der mit dem Verkauf verbundenen Kosten, da deren Auslegung in praxi eher unproblematisch erscheint.

Gemäß IAS 18.14 zu erfüllenden Kriterien zur Vereinnahmung von Erträgen aus dem Verlauf von Gütern
• Übergang der maßgeblichen (Eigentums-) Risiken und (Eigentums-) Chancen auf den Käufer
• Verlust der Verfügungsmacht
• Zuverlässige Ermittlung der Höhe der Erlöse
• Wahrscheinlicher Zufluss des aus dem Verkauf resultierenden wirtschaftlichen Nutzens
• Zuverlässige Ermittlung der Höhe der mit dem Verkauf verbundenen Kosten

Abbildung F.7 Realisationskriterien für den Verkauf von Gütern

Die Bestimmung des genauen Zeitpunkts der **Übertragung der maßgeblichen (Eigentums-)Chancen und (Eigentums-)Risiken** (*risks and rewards of ownership*) vom Verkäufer auf den Käufer der Waren erfordert gem. IAS 18.15 eine **Untersuchung der Gesamtumstände** des Verkaufs. In vielen Fällen fällt die Übertragung der maßgeblichen Eigentumsrisiken und Eigentumschancen mit der rechtlichen Eigentumsübertragung zusammen. In diesem Zusammenhang wird allerdings gleichzeitig klargestellt, dass die Übertragung der Risiken und Chancen nicht in jedem Fall mit der rechtlichen Eigentumsübertragung einhergehen. Bei einem Verkauf unter Eigentumsvorbehalt etwa fallen die Übertragung der Risiken und Chancen und die rechtliche Eigentumsübertragung zeitlich auseinander. Entscheidend für den Übergang der Preisgefahr ist die Übertragung der **maßgeblichen Risiken und Chancen**. Das Kriterium des Übergangs der Preisgefahr bzw. der maßgeblichen Chancen und Risiken (*risks and rewards*-Kriterium) gilt demnach als erfüllt, wenn keine oder lediglich unmaßgebliche Eigentumsrisiken beim Verkäufer verbleiben. Eine weitere Konkretisierung dieses zentralen Realisationskriteriums bleibt der Standard indes schuldig; insofern unterliegt das Kriterium einer einzelfallabhängigen Interpretation. Lediglich beispielhaft wird in IAS 18.16 erläutert, in welchen Fällen die maßgeblichen Chancen und Risiken beim Verkäufer verbleiben, sodass kein Ertrag realisiert werden darf. Demnach gehen im Rahmen der folgenden Sachverhalte die maßgeblichen Chancen und Risiken nicht auf den Käufer über:

- Das veräußernde Unternehmen übernimmt über normale Garantien hinaus Verpflichtungen für Schlechterfüllung;
- der Erhalt der Erlöse hängt von Weiterveräußerungen der Waren oder Erzeugnisse durch den Käufer ab;
- wesentliche Nebenleistungen des Vertrags wie Aufstellung und Montage sind noch nicht erfüllt; und
- der Käufer hat ein Rücktrittsrecht, für welches die Wahrscheinlichkeit der Ausübung nicht eingeschätzt werden kann.

BEISPIEL:

Ein Einzelhandelskaufhaus sichert seinen Kunden zu, bei Unzufriedenheit die Waren zurückzunehmen. Erfahrungsgemäß machen nur sehr wenige Kunden von diesem Recht Gebrauch. Das beim Verkäufer verbleibende Risiko kann gem. IAS 18.17 als unmaßgeblich bezeichnet werden, sodass ein Ertrag zu realisieren ist. Aus den Erfahrungswerten zur Rückgabe von Waren muss indes die Höhe für eine entsprechend zu passivierende Rückstellung zuverlässig geschätzt werden.

Gemäß dem zweiten in IAS 18.14 kodifizierten Kriterium in Abb. 46 darf dem **Verkäufer weder** ein **Verfügungsrecht**, wie es gewöhnlich mit dem Eigentum verbunden ist (*marginal involvement usually associated with ownership*), **noch** eine wirksame **Verfügungsmacht** (*effective control*) über die verkauften Güter verbleiben. Als Merkmal dafür, dass keine Verfügungsmacht beim Verkäufer verbleibt, dient regelmäßig der Besitzübergang der Güter auf den Käufer oder einen Intermediär (z. B. ein Transportunternehmen). Eine weitere Konkretisierung fehlt jedoch auch für dieses Kriterium. Zusammenfassend betrachtet stellt das Kriterium des Verlusts der Verfügungsmacht im Wesentlichen einen Teilaspekt des *risks and rewards*-Kriteriums dar, sodass eine gemeinsame Untersuchung der beiden Kriterien sinnvoller erscheint als eine strikt separate Diskussion.[10] Das folgende Beispiel dient zur Verdeutlichung des Zusammenwirkens beider Kriterien.

BEISPIEL:

Vertraglich vereinbart für den Versand von Maschinen durch den Verkäufer V an den Käufer K sei die internationale Handelsklausel free on board (FOB), wonach die Preisgefahr im Moment der Verladung der Maschinen auf das Schiff übergeht. Der Käufer trägt demnach ab dem Verladezeitpunkt das finanzielle Risiko (= Übergang der Preisgefahr). Der Verladezeitpunkt sei der 30.12.2015. Das über die Maschinen ausgestellte Konnossement, das anstelle der Güter übergeben wird (dadurch erhält der Käufer den Anspruch auf Herausgabe der Maschinen), erreicht den Käufer erst einige Tage später. Entscheidend für die Ertragsrealisierung ist neben dem Übergang der Preisgefahr der Verlust der Verfügungsmacht auf Seiten des Verkäufers. Der Verkäufer verliert die Verfügungsmacht mit der Übergabe des Konnossements an den Intermediär und muss in diesem Zeitpunkt den Ertrag realisieren. Der Erhalt des Konnossements durch den Käufer ist nicht entscheidend für die Ertragsrealisation beim Verkäufer.

Der **wahrscheinliche Zufluss wirtschaftlichen Nutzens** ist neben den beiden diskutierten Kriterien aus IAS 18.14 das verbleibende Kriterium, das an dieser Stelle kurz vorgestellt werden soll. Eine Konkretisierung des aus dem Rahmenkonzept bekannten Kriteriums leistet IAS 18 (wiederum) nicht. Insofern bleibt die Problematik der subjektiven Begriffsauslegung für das Wort »wahrscheinlich« bestehen. Entscheidenden Einfluss auf die Auslegung hat die im Vergleich zum deutschen Handelsrecht zurückgedrängte Stellung des Vorsichtsprinzips (*prudence*). Abzuwägen ist also, wann der Ertragszufluss hinreichend wahrscheinlich ist, ohne den Grundsatz der Vorsicht zu verletzen. Der Extremfall, dass man mit der Ertragsrealisierung bis zur Erbringung der Gegenleistung durch den Käufer (Bezahlung der Güter) wartet, kommt in der überwiegenden Zahl der Transaktionen als Realisationszeitpunkt nicht in Frage. Die Wahrscheinlichkeit des Nutzenzuflusses muss wiederum im Zusammenhang mit dem *risks and rewards*-Kriterium beurteilt werden. Der Nutzenzufluss auf Seiten des Verkäufers kann durch Risiken, die die erwartete Gegenleistung des Käufers betreffen, gefährdet sein. Bis zur **Beseitigung der maßgeblichen mit dem Kauf verbundenen Risiken** ist von einem Ertragsausweis abzusehen. Gemäß IAS 18.18 kann es z. B. unsicher sein, ob ein Zahlungsmittelzufluss aus einem Auslandgeschäft, der einer Genehmigung einer ausländischen Behörde bedarf, tatsächlich angewiesen wird. Sofern sich Zweifel über die Einbringlichkeit eines bereits erfassten Ertrags ergeben, sind die Forderungen durch eine Aufwandsbuchung (Buchungssatz: Wertberichtigungen an Forderungen aus Lieferungen und Leistungen) entsprechend im Wert zu berichtigen. Die ursprüngliche Ertragsbuchung (Buchungssatz: Forderungen aus Lieferungen und Leistungen an Umsatzerlöse) ist nicht zu korrigieren. Letztlich verbleibt der erforderliche Grad des Risikoabbaus als Untersuchungsgegenstand der spezifischen Sachverhalte.

Im Rahmen spezifischer Sachverhalte kann das Kriterium der wirtschaftlichen Betrachtungsweise (*substance over form*) die Realisationskriterien des IAS 18 überwiegen. Dies folgt neben der klaren Stellung der wirtschaftlichen Betrachtungsweise im Prinzipiengefüge der IFRS schon aus der Tatsache, dass die Gesamtumstände einer Transaktion zu berücksichtigen sind. Die Kriterien zur Realisation von Erträgen aus dem Verkauf von Gütern sollen im Folgenden ergänzend zu den bereits dargestellten Beispielen für **spezifische Transaktionstypen**, wie sie sich auch im Anhang von IAS 18 finden, diskutiert werden. Charakterisiert werden

- Veräußerungsgeschäfte unter Eigentumsvorbehalt,
- »Bill-and-hold«-Verkäufe,
- Veräußerungsgeschäfte mit signifikanten Zusatzleistungen,
- »Lay away«-Verkäufe,
- Kommissionsgeschäfte und Veräußerungsgeschäfte über Handelsintermediäre,
- Abonnementvergabe für Printmedien und ähnliche Güter sowie
- Immobilienverkäufe.

Veräußerungsgeschäfte unter Eigentumsvorbehalt

Beim Verkauf von Gütern unter **Eigentumsvorbehalt** verbleibt zwar das rechtliche Eigentum beim Verkäufer, damit seine Forderungsposition abgesichert ist; einer Ertragsrealisation steht der Eigentumsvorbehalt aber gem. IAS 18.17 nicht entgegen. Nach wirtschaftlicher Betrachtungsweise ist ein Verkauf unter Eigentumsvorbehalt regelmäßig ein Veräußerungsgeschäft, in dessen Rahmen die **maßgeblichen Risiken und Chancen** auf den Käufer **übergehen**, da der Käufer die Güter verarbeiten oder weiterveräußern kann. Auch beim verlängerten Eigentumsvorbehalt, bei dem der Käufer die Forderungen gegenüber seinen Kunden als Sicherheit an den Verkäufer abtritt, werden demnach die maßgeblichen Eigentumsrisiken und Eigentumschancen auf den Käufer übertragen; dementsprechend ist auch beim verlängerten Eigentumsvorbehalt ein Ertrag zu realisieren.

»Bill-and-hold«-Verkäufe

Im Rahmen sog. **»*Bill-and-hold*«-Verkäufe** geht das rechtliche Eigentum bereits bei Vertragsabschluss auf den Käufer über, die Auslieferung der Güter erfolgt hingegen zu einem späteren Zeitpunkt. Entscheidend für eine Ertragsrealisation im Rahmen von »*Bill-and-hold*«-Verkäufen ist die kumulative Erfüllung folgender fünf Kriterien:

- Das rechtliche Eigentum ist übertragen worden;
- die spätere Lieferung der Güter ist wahrscheinlich;
- die Güter sind identifizierbar, d. h. zum Realisationszeitpunkt verfügbar und werden für den Käufer bereitgehalten;
- beide Parteien sind sich über den Lieferzeitpunkt einig und
- es wurden im gewöhnlichen Geschäftsverkehr übliche Zahlungsbedingungen vereinbart.

Insbesondere das Erfordernis der Identifizierbarkeit kann bei Mengengütern wie Getreide oder Kaffee problematisch sein, da die Verkaufsmenge i. d. R. erst dann als **identifizierbar** gilt, wenn sie gesondert aufbewahrt wird (und nicht als Teil einer Schiffsladung o. Ä.).[11] Sofern die Güter hingegen identifizierbar sind und auch sonst nichts gegen die Erfüllung des Vertrags spricht, ist ein Ertrag vor der Auslieferung der Güter (mit dem Übergang der Eigentumsrisiken und -chancen) auszuweisen.

Veräußerungsgeschäfte mit signifikanten Zusatzleistungen

Sofern in einem Vertrag **signifikante Zusatzleistungen** vereinbart wurden, die der Verkäufer neben der Lieferung der Güter **noch zu erbringen** hat (Installation, Montage etc.), ist **kein Ertrag** auszuweisen. Wann genau eine Leistung als signifikant, also als wesentlicher Bestandteil eines Kaufvertrags anzusehen ist, wird nicht näher konkretisiert.

»Lay away«-Verkäufe

Bei sog. »*lay away sales*« (aufschiebend bedingte Verkäufe) erbringt der Käufer eine Reihe von **Teilzahlungen**. Die Güter werden ihm allerdings erst mit der Begleichung der letzten Teilzahlung übersandt. Die **Ertragsrealisation** findet in diesem Fall erst **mit der Lieferung der Güter** an den Käufer statt. Sofern allerdings Erfahrungswerte gleichartiger Geschäfte ergeben, dass die überwiegende Zahl derartiger Verträge vereinbarungsgemäß abgewickelt wird und der Käufer darüber hinaus bereits eine umfangreiche Anzahlung geleistet hat, kann bereits vor der Lieferung der Güter ein Ertrag realisiert werden. Wie bei »*Bill and hold*«-Verkäufen müssen die Güter in diesem Fall verfügbar sein und für den Käufer bereitgehalten werden.

Kommissionsgeschäfte und Veräußerungsgeschäfte über Handelsintermediäre

Im Rahmen von **Kommissionsgeschäften (*consignment sales*)** verkauft der Kommissionär die Güter auf Rechnung des Kommittenten an Dritte weiter. Der **Kommittent** (das bilanzierende Unternehmen) realisiert die aus dem Kommissionsgeschäft resultierenden Erträge zu dem Zeitpunkt, an dem die Güter **vom Kommissionär an Dritte** verkauft werden. Die Ertragsrealisation erfolgt in der Gesamtergebnisrechnung des Kommittenten nicht auf der Grundlage der Transaktion zwischen Kommittent und Kommissionär, sondern aufgrund der Transaktion zwischen Kommissionär und Drittem. Der **Kommissionär** realisiert nach Übergang der mit dem Eigentum verbundenen Risiken und Chancen auf den Dritten lediglich die **Provision als Ertrag**. Der Verkauf von Gütern an Personen, die wirtschaftlich wie Kommissionäre handeln (Handelsintermediäre wie Großhändler oder Einzelhändler), ist (nach wirtschaftlicher Betrachtungsweise) als kommissionsähnliches Geschäft zu qualifizieren und dementsprechend wie ein Kommissionsgeschäft zu behandeln.

BEISPIEL:

Bei einem Internetversandhaus für Bücher zahlen die Kunden bei Abschluss der Bestellung direkt per Kreditkarte. Das Internetversandhaus leitet die Bestellungen nach Prüfung der Kreditkartendaten direkt an die Verlage weiter. Die Verlage versenden die Bücher direkt an die Kunden. Das Internetversandhaus schlägt auf die Verkaufspreise eine Handelsmarge auf, die von den Kunden mitbezahlt wird. Diese Marge weist das Internetversandhaus als Ertrag aus, da es keine weiteren Risiken aus dem Geschäft trägt (Versender sind die Verlage). Außerdem verändert das Versandhaus die Verkaufsgüter nicht. In diesem Fall liegt ein kommissionsähnliches Geschäft vor.

Abonnementvergabe für Printmedien und ähnliche Güter

Sofern der Wert der abzugebenden Güter in jeder Periode gleich hoch ist, sind die aus der **Abonnementvergabe** resultierenden Veräußerungserträge **linear** über die Laufzeit des Vertragsverhältnisses zu verteilen. Variiert der Wert der abzugebenden Güter je Periode hingegen, so hat die Ertragsrealisation **wertanteilig** (im Verhältnis zum Wert über die Laufzeit des gesamten Vertragsverhältnisses) zu erfolgen.

Immobilienverkäufe

Maßgeblich für die Realisation von Veräußerungserträgen im Rahmen von Immobilienverkäufen ist der Zeitpunkt, zu dem das **zivilrechtliche Eigentum** auf den Käufer der Immobilie übergeht. Da der Übergang des zivilrechtlichen Eigentums jedoch in einigen Ländern erst nach dem Übergang des wirtschaftlichen Eigentums erfolgt (z. B. wenn der Einzug des Käufers in die erworbene Immobilie vor der Eintragung in das Grundbuch erfolgt), ist es in solchen Fällen zulässig, die Veräußerungserträge bereits mit dem Übergang des wirtschaftlichen Eigentums zu realisieren. Dies ist indes nur möglich, wenn das veräußernde Unternehmen keine wesentlichen vertraglichen Pflichten mehr zu erfüllen hat. In anderen Fällen, etwa bei Immobilienbauverträgen, sind die wesentlichen vertraglichen Pflichten oftmals noch nicht vollständig auf den Käufer übergegangen, da es in der Baubranche durchaus üblich ist, dass ein Kaufvertrag bereits deutlich vor Fertigstellung der Immobilie (z. T. sogar vor Baubeginn) abgeschlossen wird. Für Immobilienbauverträge regelt IFRIC 15, ob die Vorschriften in IAS 18 oder IAS 11 (vgl. S. 391 f.) anzuwenden sind. Die grundlegende in diesem Zusammenhang zu beantwortende Frage ist, ob der Immobilienverkauf einen Verkauf von Gütern oder von Dienstleistungen darstellt.[12]

c) Ertragsrealisation bei der Erbringung von Dienstleistungen

IAS 18 enthält des Weiteren die Realisationskriterien für Erträge aus Dienstleistungsverträgen. Diese in IAS 18.20 definierten Kriterien sind allerdings nahezu identisch mit den speziellen Vorschriften in IAS 11.23 zu langfristigen Fertigungsaufträgen (vgl. S. 393 f.). Hinsichtlich der Anwendung der ***Percentage-of-Completion*-Methode** (Methode der Ertragsrealisierung nach dem Fertigstellungsgrad) wird insofern folgerichtig in IAS 18.21 explizit auf IAS 11 verwiesen. Die spezifischen Kriterien zur Vereinnahmung von Erträgen aus Dienstleistungsverträgen konkretisieren – wie schon die spezifischen Kriterien für die Ertragsvereinnahmung beim Verkauf von Gütern – die allgemeinen Kriterien des Rahmenkonzepts (vgl. S. 75 ff.). Zusammenfassend sind die in Abb. F.8 aufgeführten **vier Kriterien** für eine Ertragsrealisation bei der Erbringung von Dienstleistungen **kumulativ** zu erfüllen:

Gemäß IAS 18.20 zu erfüllenden Kriterien zu Vereinnahmung von Erträgen aus Dienstleistungsgeschäften
• Zuverlässige Ermittlung der Höhe der Erlöse • Wahrscheinlicher Zufluss des aus dem Verkauf resultierenden wirtschaftlichen Nutzens • Zuverlässige Bestimmung des Fertigstellungsgrades des Geschäfts am Bilanzstichtag • Zuverlässige Ermittlung der Höhe der mit dem Verkauf verbundenen Kosten

Abbildung F.8 Realisationskriterien für Dienstleistungsgeschäfte

In zahlreichen Fällen ist die Ertragshöhe durch vertraglich detailliert bestimmte Entgelte zuverlässig bestimmbar. Sofern sich die Ertragshöhe jedoch nicht eindeutig bestimmen lässt, sind die Erträge zum Bilanzstichtag zuverlässig zu schätzen. Um **zuverlässige Schätzungen** vornehmen zu können, sollte in dem Vertrag zwischen beiden Parteien Folgendes vereinbart sein:

- Gegenseitige, durchsetzbare **Rechte** hinsichtlich der zu erbringenden und zu empfangenden Dienstleistung;
- die gegenseitigen **Leistungen**; sowie
- die **Abwicklungs- und Erfüllungsmodalitäten**.

Die Ertragserfassung nach dem Grundsatz der *Percentage-of-Completion*-Methode liefert gem. IAS 18.21 nützliche Informationen über den Umfang der Dienstleistungsaktivitäten und der Ertragskraft des bilanzierenden Unternehmens während einer Periode. Dementsprechend ist das zentrale Kriterium für die Ertragsrealisation bei Dienstleistungsverträgen die **zuverlässige Bestimmung des Fertigstellungsgrads** (bzw. Leistungsfortschritts) der vereinbarten Dienstleistung am Bilanzstichtag. Damit der Verkäufer der Leistung (das bilanzierende Unternehmen) eine solche zuverlässige Bestimmung vornehmen kann, ist es i. d. R. gem. IAS 18.23 neben den o. g. Voraussetzungen für die Vertragsgestaltung erforderlich, dass ein **effektives Budgetierungs- und Berichtssystem** eingesetzt wird. Erst dadurch kann die Bestimmung der Ertragshöhe regelmäßig überprüft und ggf. angepasst werden, wie es in IAS 18.23 gefordert ist. Die Notwendigkeit zur Anpassung stellt dabei nicht den Schätzprozess bzw. die daraus resultierende Ertragsrealisierung in Frage.

Des Weiteren setzt die Ermittlung des Fertigstellungsgrads eine Bestimmung desselben anhand von **objektiven Kriterien** voraus. Je nach Art der Dienstleistungsgeschäfte kommen dafür gem. IAS 18.24 die folgenden **drei** aus IAS 11.30 bekannten **Methoden** (vgl. detailliert S. 399 f.) für die Ertragsabgrenzung in Frage:

- Anhand der erbrachten **Arbeitsleistung** (= outputorientierte *Units-of-work-performed*-Methode):

$$\frac{\textit{Erbrachte Arbeitsleistung}}{\textit{Geplante Arbeitsleistung des Gesamtprojekts}}$$

- Anhand der prozentual **erbrachten Leistung** an der Gesamtleistung (= inputorientierte *Effort-expended*-Methode):

$$\frac{\textit{Verbrauchter Inputfaktor}}{\textit{Insgesamt notwendiger Inputfaktor}}$$

- Im Verhältnis der zum Stichtag **angefallenen Kosten** zu den geschätzten Gesamtkosten (= inputorientierte *Cost-to-Cost*-Methode):

$$\frac{\textit{Angefallene Kosten}}{\textit{Aktuell erwartete Gesamtkosten}}$$

BEISPIEL:

Die Beratungs AG hat in einem Großprojekt bereits erhebliche Personalkosten aufgewendet; eine erste Abschlagsrechnung i. H. v. 100 000 € ist daher bereits erstellt worden, die der Auftraggeber bereits beglichen hat. Das Gesamtvolumen des Auftrags beläuft sich vertragsgemäß auf 500 000 €. Nach diesen Angaben kann kein Fertigstellungsgrad ermittelt werden, da Abschlagszahlungen die erbrachten Leistungen gem. IAS 18.24 zumeist nicht wiedergeben, also keine zulässige Schätzmethode darstellen. Können hingegen die bereits geleisteten Stunden mit den für das Gesamtprojekt veranschlagten Stunden (gem. internen Kalkulationen) ins Verhältnis gesetzt werden, so könnte ein Fertigstellungsgrad anhand der *Units-of-work-performed*-Methode objektiv ermittelt werden.

Von den genannten Methoden ist im Einzelfall die Methode zu wählen, die die zuverlässigste Ertragsvereinnahmung über die Laufzeit des Dienstleistungsgeschäfts gewährleistet. **Vereinfachend** kann die Realisation gem. IAS 18.25 auch **linear** über die Laufzeit erfolgen, wenn die Dienstleistungen durch eine unbestimmte Zahl von hinsichtlich ihrer Bedeutung vergleichbaren Teilleistungen über einen bestimmten Zeitraum erbracht werden. Voraussetzung für diese Methode ist indes, dass nachweislich keine andere Methode den Leistungsfortschritt verursachungsgerechter abzubilden vermag.

In den Fällen, in denen das Ergebnis eines Dienstleistungsgeschäfts (der Gewinn bzw. Verlust) nicht zuverlässig schätzbar ist, z. B. weil sich ein Projekt noch in einer sehr frühen Phase befindet, sind gem. IAS 18.26 Erträge nur in dem Ausmaß zu erfassen, in dem die angefallenen **Aufwendungen wiedererlangt** werden können. Somit wird das Dienstleistungsgeschäft erfolgsneutral abgebildet (sog. *cost recovery method*). Ist absehbar, dass das Projekt insgesamt mit einem Verlust abschließen wird, so müssen die über die Erträge hinausgehenden Projektkosten unmittelbar in der Periode ihres Auftretens als Aufwand erfasst werden; bereits ausgewiesene Erträge werden in diesem Fall nicht angepasst.

Wie im vorangegangenen Abschnitt zur Ertragsrealisation beim Verkauf von Gütern werden die allgemein vorgestellten Kriterien auch in diesem Abschnitt nachfolgend anhand von **spezifischen Transaktionen** kurz diskutiert. Charakterisiert werden

- Werbeprovisionen (*advertising commissions*),
- Versicherungsprovisionen (*insurance agency commissions*),
- Finanzdienstleistungen (*financial service fees*),
- Aufnahme-, Einlass- und Mitgliedschaftsentgelte (*admission, tuition and membership fees*) sowie
- Entgelte aus Franchiseverträgen (*franchise fees*).[13]

Werbeprovisionen

Werbeprovisionen (*advertising commissions*) sind Entgelte, die ein Unternehmen für die mediale Verbreitung von Werbung erhält. Der daraus resultierende Ertrag ist in dem Moment zu realisieren, zu dem die Werbung über das entsprechende Medium verbreitet worden ist (**Veröffentlichungszeitpunkt**). Bei Werbeleistungen, die regelmäßig über einen bestimmten Zeitraum erbracht werden, ist eine zeitanteilige Realisation sachgerecht. Provisionen für die Erstellung von Werbeleistungen sind entsprechend ihres Leistungsfortschritts zu erfassen.

Versicherungsprovisionen

Versicherungsprovisionen (*insurance agency commissions*) sind Entgelte, die ein Versicherungsvertreter bei einem Vertragsabschluss erhält. Sofern der Versicherungsvertreter keine über die Vertragsvermittlung hinausgehenden Leistungen zu erbringen hat, sind die gesamten Provisionen im **Zeitpunkt des Vertragsabschlusses** als Ertrag zu realisieren. Existieren hingegen Leistungsvereinbarungen für den Zeitraum nach dem Vertragsabschluss oder ist es hinreichend wahrscheinlich, dass weitere Leistungsverpflichtungen entstehen, so ist der Gesamtbetrag an Provisionen bzw. ein Teil davon passivisch abzugrenzen und über die Dauer des Vertragsverhältnisses als Ertrag zu realisieren. Dies gilt wiederum dann nicht, wenn neben der Abschlussprovision explizit eine jährliche Bestandspflegeprovision vereinbart wurde. In diesem Fall ist erneut die gesamte Versicherungsprovision bei Vertragsabschluss zu realisieren.

Finanzdienstleistungen

Im Rahmen von Finanzdienstleistungen (*financial service fees*) können Gebühren und Provisionen für verschiedene Serviceleistungen entstehen. Entscheidend für die Ertragsrealisation ist, ob die Gebühren bzw. Provisionen **Zinsbestandteil** des zugrunde liegenden Finanzinstruments sind **oder eigenständig** erhoben werden. Überdies ist relevant, ob die Gebühren bzw. Provisionen unmittelbar oder über die Laufzeit des Vertrags (z. B. eines Kreditvertrags) verdient werden. Die nach **wirtschaftlicher Betrachtungsweise** beabsichtigte Zweckbestimmung der gezahlten Beträge ist maßgeblich für deren Realisation. Drei Zweckbestimmungen lassen sich unterscheiden:

- Entgelte, die Bestandteil der Effektivverzinsung (vgl. S. 488 f.) der zugrunde liegenden Transaktion sind (z. B. Gebühren für die Kreditwürdigkeitsprüfung). Diese Entgelte werden als Komponente der Effektivverzinsung über die Laufzeit des Kredits/der Geldanlage realisiert.
- Entgelte, die über den Zeitraum der Leistungserbringung hinweg verdient werden (z. B. Gebühren für laufende Abwicklungsleistungen, Kontoführungsgebühren) sind entsprechend der Leistungserbringung über deren Zeitraum zu realisieren.
- Entgelte für die Ausführung einer bestimmten übergeordneten Tätigkeit (z. B. Gebühren für die Zuteilung von Aktien, Kreditvermittlungsprovisionen) sind mit dem Zeitpunkt ihrer Erbringung zu realisieren (Zuteilung der Aktien bzw. Abschluss des Kreditvertrags).

Aufnahme-, Einlass- und Mitgliedschaftsentgelte

Wie bei anderen Verträgen hängt die Ertragsrealisation bei erhaltenen Beträgen von Aufnahme-, Einlass- und Mitgliedschaftsentgelten (*admission, tuition and membership fees*) von der konkret vereinbarten Gegenleistung ab. Wird durch den zu zahlenden Betrag lediglich ein Mitgliedschaftsrecht gewährt und sind weitere Leistungen separat zu zahlen, so ist daraus **umgehend** ein Ertrag zu realisieren, sofern **kein besonderer Vorteil** auf Folgeleistungen gewährt wird; Folgeleistungen, die in Form weiterer, z. B. monatlicher Mitgliedschaftsentgelte normal erworben werden, stehen der Realisation eines initialen Aufnahmeentgelts (*up-front fee*) also nicht entgegen. Berechtigt das Aufnahmeentgelt das Mitglied hingegen zum Bezug weiterer Leistungen, Publikationen oder vergünstigter Vermögenswerte oder Dienstleistungen, ist der Ertrag entsprechend dem **zeitlichen Anfall**, der **Art und Weise** und des **Werts der eingeräumten Vorteile** zu realisieren.

BEISPIEL:

Mit dem Abschluss eines Mobilfunkvertrags mit zweijähriger Mindestvertragslaufzeit zahlt ein Kunde eine Anschlussgebühr. Darüber hinaus wird monatlich eine Grundgebühr und Gesprächsentgelte entrichtet, denen die gleiche Tarifstruktur zugrunde liegt wie für Kunden, die wegen Ablaufs der Mindestvertragslaufzeit jederzeit monatlich kündigen können. Die Anschlussgebühr ist in diesem Fall gem. IAS 18.IE17 sofort als Ertrag zu realisieren, es sei denn, das Forderungsausfallrisiko aus Sicht des Mobilfunkanbieters sowie die Telefonnutzung bei Neukunden sind höher als bei Bestandskunden, sodass im Neukundengeschäft ein geringerer Durchschnittsgewinn erwirtschaftet wird. In diesem Fall ist die Anschlussgebühr passivisch abzugrenzen. Die Abgrenzung und entsprechende Verteilung der Erträge über die Vertragslaufzeit erscheint aus wirtschaftlicher Betrachtungsweise adäquat, da die Anschlussgebühr allein zu keinem Gegenwert für den Kunden führt; erst durch die Bezahlung der monatlichen Grundgebühr hat der Kunde einen Anspruch auf Telefonleistungen; dennoch ist im Anhang des IAS 18 die sofortige Ertragsvereinnahmung bestimmt.[14]

Entgelte aus Franchiseverträgen

Merkmal von Franchiseverträgen (*franchise fees)* als sog. hybrider Distributionsform (Mischung zwischen direktem und indirektem Vertrieb) ist die Überlassung von Waren, Dienstleistungen und/oder immateriellen Vermögenswerten (Knowhow) durch einen Franchisegeber an einen Franchisenehmer. Der Franchisenehmer erhält dabei die Lizenz zur selbständigen Führung eines Unternehmens unter Nutzung der Firmen- bzw. Warenzeichen oder z. B. des Geschäftskonzepts des Franchisegebers. **Initialkosten (*up-front fees*)**, die bei Abschluss des Franchisevertrags fällig werden, sind beim Franchisegeber unmittelbar als Ertrag auszuweisen. Hingegen sind **Franchisekosten**, die über die Laufzeit des Vertrags regelmäßig fällig werden (z. B. für die Gewährung von Rechten oder die Erbringung von Dienstleistungen) beim Franchisegeber laufzeit- bzw. erbringungsgerecht als Ertrag abzubilden.

EXKURS
Mehrkomponentenverträge

Die Realisationskriterien in IAS 18 sind gem. IAS 18.13 i. d. R. einzeln für jeden Geschäftsvorfall anzuwenden. Verträge enthalten aber regelmäßig Vereinbarungen über den Verkauf mehrerer eng verbundener Einzelleistungen. In einem solchen Fall spricht man von Mehrkomponentenverträgen, wobei unter Einzelleistungen **sowohl Güter als auch Dienstleistungen** subsumiert werden. Jede Basistransaktion ist im Falle eines Mehrkomponentenvertrags – soweit möglich – aus dem Transaktionszusammenhang herauszulösen und als **Einzeltransaktion** zu behandeln.[15] Aus bilanzieller Sicht ist nun entscheidend, ob die identifizierbaren Einzelleistungen unterschiedlichen Realisationskriterien bzw. Realisationszeitpunkten unterliegen. In IAS 18 finden sich neben dem Hinweis auf eine separate Anwendung der Realisationskriterien indes keine konkreten Hinweise zur Disaggregation eines Mehrkomponentengeschäfts. Dies deutet darauf hin, dass eine solche separate Bewertung der Einzelleistungen einer hohen Komplexität und damit notwendiger Weise auch einer ermessensbehafteten Würdigung unterliegt. Die amerikanische Vorschrift ASC 605-25[16], auf die gem. IAS 8.12 im Falle einer solchen Regelungslücke zurückgegriffen werden kann (vgl. S. 39), enthält diesbezüglich konkretere Regelungen. So fordert ASC 605-25 z. B. eine sachliche und wertmäßige Trennbarkeit der Einzelleistungen anhand objektivierter Kriterien.[17]

Eine typische Form eines Mehrkomponentenvertrags ist die Veräußerung von Vermögenswerten mit zusätzlich vereinbarten Dienstleistungen. Sofern bei der Veräußerung des Vermögenswerts ein ermittelbarer (*identifiable*) Betrag für die sachlich abgrenzbaren, im Anschluss an die Veräußerung zu erbringenden Dienstleistungen enthalten ist, ist das der Dienstleistung zugeordnete Entgelt durch Ansatz einer Verbindlichkeit passivisch abzugrenzen und über die Perioden der Leistungserbringung zeitanteilig als Ertrag zu realisieren. Beispielhaft für eine solche Vertragsgestaltung können Softwareverkäufe mit anschließend zu programmierenden Erweiterungen oder ein Maschinenverkauf mit garantierter Wartung über einen bestimmten Zeitraum genannt werden.

Beispiel:

Betrachtet man die typische Form eines Softwareverkaufs, in dessen Rahmen Updateleistungen gewährt werden, so besteht die Gegenleistung bei einem angenommenen Barverkauf in einer bestimmten Geldsumme. Während für den Verkauf der Software (erste Teilleistung des Mehrkomponentengeschäfts) zum Zeitpunkt des Verkaufs ein Teilertrag zu realisieren ist, ist nach Erbringung der zeitraumbezogenen Durchführung von zu programmierenden Aktualisierungen der Software (zweite Teilleistung des Mehrkomponentenvertrags) ein weiterer Teilertrag zu realisieren. Die Bestimmung der Höhe der Teilerträge stellt offenkundig eine weitere Herausforderung für die bilanzierenden Unternehmen dar.

d) Ertragsrealisation bei Nutzungsüberlassungen

Die Realisationskriterien in IAS 18.29 für Erträge aus Nutzungsüberlassungen von Vermögenswerten, namentlich **Zinserträge**, **Lizenzerträge**, **Dividendenerträge** sowie **Erträge aus Vermietung und Verpachtung**, entsprechen den allgemeinen aus dem Rahmenkonzept des IASB bekannten Kriterien (vgl. S. 474 f.). Entscheidend ist demnach, dass dem bilanzierenden Unternehmen ein Nutzen aus den mit Dritten eingegangenen Nutzungsüberlassungen zufließt und die Höhe der Erträge zuverlässig ermittelt werden kann.

Näher bestimmt wird die Erfassung von Erträgen aus Nutzungsüberlassungen in IAS 18.30. Demnach sind

- **Zinsen** *(interests)* unter Anwendung der **Effektivzinsmethode** gem. IAS 39,
- **Nutzungsentgelte** *(royalties)* **periodengerecht** in Übereinstimmung mit den Bestimmungen des zugrunde liegenden **Vertrags** und
- **Dividenden** *(dividends)* mit der Entstehung des **Rechtsanspruchs** auf Zahlung zu erfassen.

Gemäß IAS 18.29 zu erfüllende Kriterien zur Vereinnahmung von Zinsen, Nutzungsentgelten and Dividenden
• Wahrscheinlicher Zufluss des aus dem Geschäft resultierenden wirtschaftlichen Nutzens • Zuverlässige Ermittlung der Höhe der Erlöse

Abbildung F.9 Realisationskriterien für Erträge aus Nutzungsüberlassungen

aa) Erträge aus Zinsen (interests)

Die Effektivzinsmethode, die bei der Vereinnahmung von **Zinsen** zur Anwendung kommt, dient zur Berechnung der fortgeführten Anschaffungskosten eines finanziellen Vermögenswerts und zur Allokation von Zinserträgen und Zinsaufwendungen auf die jeweiligen Perioden. Unter dem **Effektivzins** eines Vermögenswerts wird in diesem Zusammenhang der Zins verstanden, welcher die über die Laufzeit der Nutzungsüberlassung erwarteten Einzahlungen exakt auf den ursprünglichen Nettobuchwert abzinst. Der Effektivzinssatz entspricht somit dem **internen Zinsfuß** aus der Investitionstheorie, also jenem Zinssatz, bei dem der Kapitalwert eines Projekts den Wert Null annimmt.[18] Sofern der Ausgabebetrag eines Fremdkapitaltitels und der Rückzahlungsbetrag bei Fälligkeit voneinander abweichen, stellt der Unterschiedsbetrag einen Zinsertrag bzw. Zinsaufwand (Disagio, Agio) während der Laufzeit des Fremdkapitaltitels dar. Ein Disagio wird in diesem Fall als vorausgezahlte Zinszahlung behandelt und mindert zunächst den Forderungsbetrag für das Darlehen. Die Forderung baut sich über die Laufzeit kontinuierlich bis zum Rückzahlungsbetrag auf.

BEISPIEL:

Der Unternehmer U gewährt seinem langjährigen Geschäftspartner P ein endfälliges Darlehen über 90 000 €. P erhält zu Beginn des Jahres 85 000 € ausgezahlt, die übrigen 5 000 € werden als Disagio einbehalten. Der Kredit hat eine Laufzeit von drei Jahren. Die am Ende jedes Kalenderjahres fällige Zinszahlung beläuft sich auf 4 000 €.

Der aus dem Darlehen des Unternehmers U an den Geschäftspartner P resultierende Zahlungsstrom ist in der oberen Zeile der Abb. F.19 dargestellt. Diese Zahlungsfolge wird nun mit dem internen Zinsfuß auf den 1.1.2015 diskontiert. Der **interne Zinsfuß** der Zahlungsreihe beträgt (gerundet) **6,54 %**, d. h., zinst man die Teilzahlungen der Zahlungsfolge mit diesem Zinssatz auf den Beginn der Zahlungsfolge ab, resultiert ein Kapitalwert von Null. Als Auszahlungsbetrag erhält man den vereinbarten Betrag i. H. v. 85 000 €. Der Zusammenhang zwischen dem internen Zinsfuß und den Gliedern der Zahlungsfolge wird in Abb. F.10 dargestellt.

Der Unternehmer U muss nun unter Berücksichtigung des Effektivzinssatzes seine Forderung sowie die periodengerechten Zinserträge ermitteln. In Tab. F.1 wird gezeigt, wie das Darlehen in den Büchern von U fortzuführen ist. Der Zinsertrag ergibt sich aus der Multiplikation des internen Zinsfußes der Zahlungsfolge mit der zu Beginn des jeweiligen Jahres erfassten Forderung (beispielhaft für den Zinsertrag zum 31.12.2016: 86 562,21 € × 6,5437757 %). Die Überschüsse der so jährlich errechneten Zinsforderungen über die vereinbarte, jährliche Zinszahlung i. H. v.

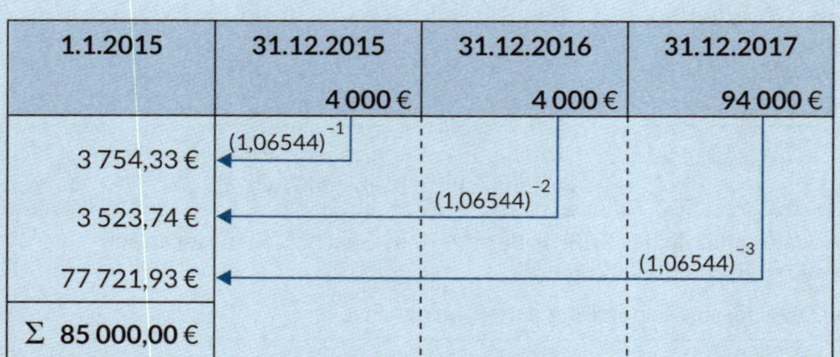

Abbildung F.10 Effektivverzinsung des Darlehens

4 000 € erhöhen die aus dem Darlehen resultierende Gesamtforderung. Die Summe der Überschüsse führt zum 31.12.2017 zu einer Forderung i. H. v. 90 000 €; dies entspricht dem zu diesem Zeitpunkt von P geschuldeten Betrag, sodass die Forderung ausgebucht werden kann. Die jährliche Zuschreibung der Forderung entspricht überdies einer effektivzinsmethodenkonformen Ermittlung der Ertragslage zu Lasten einer verzerrten Darstellung der Vermögenslage des Unternehmers U.

	1.1.2015	31.12.2015	31.12.2016	31.12.2017
Zahlungsstrom (in €)	– 85 000,00	4 000,00	4 000,00	94 000,00
Zinsertrag der Periode (in €)	–	5 562,21	5 664,44	5 773,35
Zuschreibung der Forderung (in €)	–	1 532,21	1 664,44	1 773,35
Forderungsentwicklung (in €)	85 000,00	86 562,21	88 226,65	90 000,00

Tabelle F.1 Fortführung des Darlehens beim Gläubiger

bb) Erträge aus Lizenzen (royalties)

Erträge aus **Nutzungs- bzw. Lizenzentgelten** ergeben sich aus der Nutzung von **langfristigen Vermögenswerten** durch Dritte. Als Vermögenswerte kommen z. B. Software, Patente oder Warenzeichen in Betracht. Der Ausweis in der Gesamtergebnisrechnung erfolgt gem. IAS 18.33 grundsätzlich in Übereinstimmung mit den **zugrunde liegenden Vertragsbestimmungen.** Die Übertragung von Schutzrechten kann aus Praktikabilitätsgründen bei einer über mehrere Perioden vereinbarten Nutzungsüberlassung in einer **linearen Ertragserfassung** münden. Eine Nutzungsüberlassung kann oft auch als Veräußerung eines Nutzungsrechts interpretiert werden, sodass ein Ertrag dann zu realisieren ist, wenn dem Lizenzgeber keine Risiken aus der Transaktion mehr verbleiben.

BEISPIEL:

Die CarScience Inc. entwickelt neuartige LED-Tagfahrlichtscheinwerfer und überlässt die Produktionsrechte für diese zeitlich und örtlich unbefristet exklusiv dem Automobilzulieferer CarLamps Ltd. Der Zulieferer CarLamps Ltd. als Hersteller der LED-Tagfahrlichtscheinwerfer muss innerhalb des Gültigkeitszeitraums des Patents von zehn Jahren eine Nutzungsgebühr an die CarScience Inc. zahlen. Der Nutzungspreis berechnet sich nach einem festen Prozentsatz des Umsatzes, den die CarLamps Ltd. während der Patentlaufzeit aus dem Verkauf der Scheinwerfer an die Automobilhersteller erzielen wird. Da mittlerweile fast alle Gesetzgeber im relevanten Absatzgebiet ein Gesetz beschlossen haben, wonach das Tagfahrlicht für alle neu erstellten PKWs zur Serienausstattung zählen muss, und darüber hinaus die Kundschaft der Automobilhersteller großen Wert auf die LED-Technik legt, darf mit einem großen Interesse seitens der Automobilhersteller an der neuen Technologie gerechnet werden. Die Absatzmenge für Fahrzeuge der von der CarLamps Ltd. belieferten Automobilhersteller für die kommenden Jahre kann annahmegemäß zuverlässig ermittelt werden.

Die unbeschränkte und exklusive Lizenzierung ist wirtschaftlich als Verkauf anzusehen. Da die Absatzzahlen der Automobilhersteller und damit die Umsatzzahlen der CarLamps Inc. zuverlässig geschätzt werden können, und im Moment keine Risiken bekannt sind, die den Absatz gefährden könnten, ist eine unmittelbare Umsatzrealisation in diesem Fall zulässig.

Festzuhalten bleibt, dass bestimmte Sachverhalte im Zusammenhang mit Nutzungsüberlassungen in IAS 18 **ungeregelt** bleiben. Die Lücken im Regelwerk beziehen sich insbesondere auf die Ertragsrealisation bei **Filmlizenzverträgen** sowie die Ertragsrealisation bei **Softwareunternehmen**. Die US-amerikanischen Vorschriften ASC 926-605 – *Entertainment – Films* (vormals: SOP 00-2 – *Accounting by Producers or Distributors of Films)* bzw. ASC 985-605 – *Software* (vormals: SOP 97-2 – *Software Revenue* bzw. SOP 98-9 – *Modification of SOP 97-2, Software Revenue Recognition, with Respect to Certain Transactions)*, auf welche u. U. gem. IAS 8.12 zurückgegriffen werden darf (vgl. S. 39), enthalten genauere Regelungen für die Film- bzw. Softwareindustrie.[19]

cc) Erträge aus Beteiligungen (dividends)

Dividendenerträge resultieren aus Gewinnausschüttungen eines Unternehmens, an dem das bilanzierende Unternehmen eine Kapitalbeteiligung hält. Die Höhe der Erträge bemisst sich dabei nach dem **Beteiligungsanteil**, den das bilanzierende Unternehmen hält. In diesem Zusammenhang sei noch einmal darauf hingewiesen, dass Dividenden aus Anteilen an **assoziierten Unternehmen nicht** in den Anwendungsbereich von IAS 18 fallen (vgl. S. 506 f.); assoziierte Unternehmen sind gem. IAS 28.3 dadurch charakterisiert, dass der Anteilseigner über einen maßgeblichen Einfluss verfügt, das Unternehmen aber kein Tochterunternehmen oder Joint Venture ist; ein maßgeblicher Einfluss wird gem. IAS 28.5 ab einem Kapitelanteil von etwa 20 % vermutet; diese Vermutung gilt insgesamt bis zu einem Kapitalanteil von unter 50 %. Dividendenerträge aus Anteilen an assoziierten Unternehmen gehören zu einer anderen, gem. IAS 1.82 zwingend auszuweisenden Ertragskategorie als Umsatzerlöse (vgl. S. 118 f.). Zusammenfassend ist also festzustellen, dass IAS 18 nur Dividendenerträge aus Beteiligungen regelt, bei denen das bilanzierende Unternehmen einen **beherrschenden Einfluss** auf die Geschäfts- oder Firmenpolitik hat; dies wird bei einem Beteiligungsanteil von **mehr als 50 %** widerlegbar vermutet (vgl. die Ausführungen zu IFRS 10, S. 560 ff.).

Realisiert werden Dividendenerträge gem. IAS 18.30, wenn ein **Rechtsanspruch** des Anteilseigners auf Zahlung entstanden ist. Die zentrale Frage, die in IAS 18 unbeantwortet bleibt, ist also, ab wann ein solcher Rechtsanspruch besteht. Der bloße Ausweis eines Gewinns bei einem Unternehmen, an dem das bilanzierende Unternehmen eine Kapitalbeteiligung hält, kann demnach nicht entscheidend für die Realisation beim bilanzierenden Unternehmen sein. Die Gewinnausschüttung muss vielmehr quasi sicher sein. Hierbei ist i. d. R. auf die jeweilige **zivilrechtliche und gesellschaftsrechtliche Struktur** abzustellen.

Das im Schrifttum umstrittene Problem besteht also darin, ob im Rahmen eines IFRS-(Einzel-)Abschlusses eine **phasengleiche Ertragsvereinnahmung** zulässig ist, also, ob z. B. ein Mutterunternehmen für die Periode, in der beim Tochterunternehmen ein Gewinn entsteht, bereits eine Forderung ausweisen und damit den Dividendenertrag in der gleichen Periode (phasengleich) vereinnahmen darf. Nach **strikter Auslegung des Wortlauts** in IAS 18.30 muss eine solche phasengleiche Vereinnahmung **abgelehnt** werden, da erst mit einem Gewinnverteilungsbeschluss beim Tochterunternehmen ein Rechtsanspruch seitens des Mutterunternehmens geltend gemacht werden kann.

Der Rückgriff auf das nationale Recht ergibt zusammengefasst folgende Lösung des Problems: Sofern für die Beteiligung an einer Kapitalgesellschaft ein **Ergebnisabführungsvertrag** gem. § 291 Abs. 1 AktG vorliegt, ist die Dividendenzahlung bereits mit dem Abschluss des betrachteten Geschäftsjahres zulässig, da der Vertrag bereits zum Abschlussstichtag gültig ist. Dieser verhältnismäßig eindeutige Fall muss neu beurteilt werden, falls kein Ergebnisabführungsvertrag vorliegt. Nach derzeit geltender Rechtsprechung durch den BFH und den EuGH wird auch in letzterem Fall eine phasengleiche Dividendenvereinnahmung vor dem offiziellen Gewinnverwendungsbeschluss, der den nötigen Rechtsanspruch darstellt, nicht kategorisch ausgeschlossen und ist unter bestimmten Voraussetzungen zulässig.[20]

Zu beachten ist jedoch weiterhin ein Umkehrschluss innerhalb der internationalen Rechnungslegung: So dürfen Dividenden, deren Ausschüttung zwar nach dem Bilanzstichtag aber vor der Freigabe des Abschlusses zur Veröffentlichung beschlossen worden ist, gem. IAS 10.12 explizit nicht als Verbindlichkeit in der Bilanz des ausschüttenden Unternehmens ausgewiesen werden. Da also für die Passivierung der Dividendenausschüttung beim Tochterunternehmen eine Wertaufhellung ausscheidet, erscheint eine Aktivierung der Forderung beim Mutterunternehmen in gleicher Weise unzulässig.

Als bisheriges Fazit lässt sich festhalten, dass eine phasengleichen Dividendenvereinnahmung im IFRS-(Einzel-)Abschluss des Mutterunternehmens für spezifische Fallkonstellationen zu bejahen, für allgemeine hingegen abzulehnen ist.[21] Einer grundsätzlichen Bejahung steht der nicht weiter konkretisierte Wortlaut des IAS 18.30 entgegen; eine wortlautinkonsistente Auslegung unter Berücksichtigung des im Rahmenkonzept enthaltenen (spezifischen Standards untergeordneten) Prinzips der wirtschaftlichen Betrachtungsweise (*substance over form*) erscheint problembehaftet und argumentativ nicht überzeugend.[22] Die Lösung hängt insofern von der genauen einzelfallspezifischen Sachverhaltsgestaltung ab.

e) Ertragsrealisation bei Sonderfällen

aa) Ertragsrealisation bei Tauschgeschäften

Bei einem Tauschgeschäft wird anstelle einer monetären Gegenleistung eine nicht monetäre Gegenleistung erbracht. Die Gegenleistung kann also z. B. in Form einer Übertragung von Gütern oder der Erbringung von Dienstleistungen geschehen. Ein Tausch von **gleichartigen und gleichwertigen** Gütern führt gem. IAS 18.12 zu **keiner Realisation von Erträgen**. Vielmehr liegt im Falle einer gleichartigen und gleichwertigen Gegenleistung ein Aktivtausch vor. Insbesondere treten solche Geschäftsvorfälle auf, wenn Lieferanten Vorräte wie Rohstoffe und Bedarfsgüter austauschen, um zeitliche Nachfrageschwankungen an unterschiedlichen Standorten kurzfristig auszugleichen.

BEISPIEL:

Ein Erdöllieferant aus Bergen (Norwegen) beliefert regelmäßig seine Kunden in Caracas (Venezuela) mit Erdöl in einer bestimmten Qualität. Ein Erdöllieferant aus Caracas hat demgegenüber seine Kunden in Oslo (Norwegen) mit Erdöl vergleichbarer Qualität zu beliefern. Um Transportkosten einzusparen, vereinbaren die beiden Erdöllieferanten einen Tausch. Dieser führt jedoch nicht zum Ausweis von Erträgen bei einem der beiden Lieferanten.

Werden hingegen **unterschiedliche Güter und Dienstleistungen** ausgetauscht, also Leistungen, die in ihren Eigenschaften und ihrem Wert voneinander abweichen, so ist der Austausch ein **erfolgswirksam**er Geschäftsvorfall. Die Ertragshöhe bemisst sich entsprechend den Vorschriften in IAS 18 nach dem **beizulegenden Zeitwert** der empfangenen Gegenleistung; diese ist um eventuelle Geldzahlungen oder Zahlungsmitteläquivalente zu korrigieren, die im Zusammenhang mit dem Tausch stehen. Falls der beizulegende Zeitwert nicht hinreichend zuverlässig bestimmt werden kann, wird statt des beizulegenden Zeitwerts der erhaltenen Güter und Dienstleistungen der beizulegende Zeitwert der hingegebenen Güter und Dienstleistungen – berichtigt um eventuelle Geldzahlungen bzw. Zahlungsmitteläquivalente – angesetzt.

Eine Konkretisierung der Ertragsrealisation bei Tauschgeschäften erfolgt vor allem durch IAS 16 und IAS 38, in denen die Zugangsbewertung für Sachanlagen sowie für immaterielle Vermögenswerte geregelt wird. Damit ein solcher Vermögenswert einer Zugangsbewertung zum beizulegenden Zeitwert zugänglich ist, muss der Tauschvorgang über eine **wirtschaftliche Substanz** verfügen und der beizulegende Zeitwert des empfangenen oder hingegebenen Vermögenswerts muss **zuverlässig ermittelbar** sein; ist dies nicht der Fall, erfolgt ein Bilanzansatz zum Buchwert.[23]

BEISPIEL:

Der Erdöllieferant aus obigem Beispiel tauscht mit einem anderen Unternehmen 15 Tonnen Diesel gegen 15 Tonnen Kerosin. Dafür bezahlt er 2,8 Millionen €. Der beizulegende Zeitwert des Diesels ist 12 Millionen € und der des Kerosins 15 Millionen €. Der Buchwert des Diesels war 11 Millionen €.

Es werden unterschiedliche Waren getauscht und der Geschäftsvorfall wird erfolgswirksam. Dementsprechend sind folgende Buchungen vorzunehmen:

Umsatzkosten	11 Mio. €	an Vorräte	11 Mio. €
Vorräte	15 Mio. €	an Umsatzerlöse	12,2 Mio. €
		an Bank	2,8 Mio. €

Im Ergebnis steht ein Gewinn von 1,2 Mio. € (= 12,2 Mio. € – 11 Mio. €).

EXKURS
Tausch von Werbedienstleistungen

Der Tausch von Werbedienstleistungen wird mit SIC-31 – Revenue – Barter Transactions Involving Advertising Services geregelt. Die Interpretation stellt im Kern klar, dass Erträge im Rahmen des Tauschs von Werbedienstleistungen (z. B. wechselseitig gestaltete Werbeflächen im Internet) nicht auf Grundlage der erhaltenen, sondern auf Grundlage der erbrachten Werbedienstleistungen zu bemessen sind.

Zur Bemessung des beizulegenden Zeitwerts müssen gem. SIC-31.5 Vergleichstransaktionen herangezogen werden, die keine Tauschtransaktionen sind. Die Vergleichbarkeit bezieht sich auf die Art und die Güte der erbrachten Werbedienstleistungen. Darüber hinaus werden folgende Anforderungen an die Vergleichstransaktionen gestellt. Sie müssen:

- häufig auftreten;
- eine überwiegende Ertragsquelle aus Werbeleistungen im Verhältnis zu Werbeleistungen aus dem Tauschgeschäft darstellen;
- eine Gegenleitung in Form von Zahlungsmitteln und/oder anderen Leistungen enthalten; sowie
- unter Beteiligung eines anderen Vertragspartners als desjenigen des Tauschgeschäfts stattfinden.

Ein reiner Tausch von Werbedienstleistungen zwischen zwei Transaktionspartnern führt – nicht zuletzt um eine unangemessene Ertragsvereinnahmung wie zu Zeiten der Euphorie über astronomische Unternehmenswerte bei Internet-Firmen um die Jahrtausendwende zu verhindern – i. d. R. zu keiner Ertragsrealisation (mehr).

f) Ertragsrealisation in Verbindung mit Kundenbindungsprogrammen *(Customer Loyalty Programmes)*

Die Ertragsrealisation in Verbindung mit Kundenbindungsprogrammen ist eine spezielle Form eines Mehrkomponentenvertrags. Hier ist im Verkaufspreis für Güter oder Dienstleistungen (implizit) ein Bonusanteil enthalten (z. B. der Erhalt von Bonusmeilen bei einer Fluggesellschaft oder die Ansammlung von Treuepunkten für Warenumsätze). Die bilanzielle Behandlung solcher Verpflichtungen in Form von auf Sachleistungen lautenden Bonusprogrammen ist in ***IFRIC 13 – Kundenbindungsprogramme*** *(Customer Loyalty Programmes)* geregelt. Im Kern besagt die Interpretation, dass die **Ertragshöhe zu reduzieren** und eine entsprechende **Verpflichtung** für die künftig zu liefernden Güter und Dienstleistungen zu **passivieren** ist (passivische Abgrenzung). Die Verpflichtung wird aufgelöst, sobald die kostenfreien bzw. reduzierten Güter und Dienstleistungen geliefert bzw. erbracht wurden. Die Ansprüche seitens der Kunden bzw. die zu gewährenden Prämien stellen also – dies stellt IFRIC 13 unmissverständlich fest – keine künftigen Kosten dar, sondern vielmehr implizit vergütete Leistungsverpflichtungen, die erst zu einem späteren Zeitpunkt bedient werden. Damit kommt eine Bilanzierungspraxis, bei der zum Verkaufszeitpunkt die Erträge in voller Höhe erfasst werden und gleichzeitig aufwandswirksam eine Rückstellung gebucht wird, nicht mehr in Frage.[24]

Bemessung der Verbindlichkeiten

Die Erfassung des Ertrags ist also vergleichsweise unkompliziert. Entscheidend ist vielmehr eine angemessene Bemessung der Verpflichtungshöhe; der anzulegende Wertmaßstab ist der **beizulegende Zeitwert**, also bei kostenlos gewährten Gütern ist z. B. der durchschnittliche Verkaufspreis des Gutes relevant. Auf der anderen Seite sind **Schätzungen** auf der Basis von Erfahrungswerten für den Anteil ungenutzt verfallener Bonuspunkte erforderlich, denn die Verbindlichkeit bemisst sich entsprechend des Anteils der zum Stichtag eingelösten Ansprüche an den **voraussichtlich künftig noch einzulösenden Ansprüchen**.

BEISPIEL:

Eine Tankstellenmarke einer Mineralölgesellschaft gewährt seinen Kunden für jeweils 10 € Umsatz einen Treuepunkt. Die Treuepunkte können gegen Sachleistungen eingetauscht werden und verfallen nach zwei Jahren. Der beizulegende Zeitwert eines Treuepunkts wird auf 15 Cent geschätzt. Im Geschäftsjahr 2016 werden 500 Mio. Punkte gewährt, von denen bis zum 31.12.2016 200 Mio. Punkte eingelöst werden. Das Management rechnet anhand von Erfahrungswerten ähnlicher Kundenbindungsprogramme in den letzten Jahren damit, dass insgesamt 400 Mio. Punkte eingelöst werden. Zunächst sind für das Geschäftsjahr 2016 demnach 75 Mio. € (= 0,15 € × 500 Mio.) passivisch abzugrenzen. Mit der Einlösung der Punkte sind davon 50 % (200 von 400 Mio. Punkten), also 37,5 Mio. € wieder aufzulösen. Im Jahresabschluss zum 31.12.2016 bleiben dementsprechend 37,5 Mio. € als passivische Rechnungsabgrenzung erhalten. Der auf die voraussichtlich nicht eingelösten Punkte entfallende abgegrenzte Betrag wird somit in dem Moment erfolgswirksam aufgelöst, in dem die tatsächlich eingelösten Sachleistungen erfolgswirksam gebucht werden.

6. Ertragsrealisation im Zusammenhang mit Zuwendungen der öffentlichen Hand

a) Anwendungsbereich

Die Realisation von Erträgen aus Zuwendungen der öffentlichen Hand (*government grants*) ist in IAS 20 geregelt. Zuwendungen der öffentlichen Hand, die für manche Unternehmen einen erheblichen Wirtschaftsfaktor darstellen, umfassen gem. IAS 20.3 **direkt gewährte Beihilfen** durch die Übertragung von Mitteln (in bar, durch Aufrechnung oder durch Forderungsverzicht)[25] von Regierungsbehörden, Institutionen mit hoheitlichen Aufgaben und ähnlichen Körperschaften für die vergangene oder künftige Erfüllung bestimmter Kriterien, um einem Unternehmen einen besonderen wirtschaftlichen Vorteil im Rahmen der betrieblichen Tätigkeit zu gewähren. Darüber hinaus wird mit IAS 20 die Bilanzierung allgemeiner Beihilfen der öffentlichen Hand (*government assistance*) geregelt, auf die im Folgenden indes nicht genauer eingegangen werden soll.

Zu den in IAS 20 behandelten Zuwendungen zählen nur **Beihilfen**, die sich **angemessen bewerten** lassen und die sich klar von der **gewöhnlichen Geschäftstätigkeit** des bilanzierenden Unternehmens **unterscheiden**. Das Vorliegen dieser zu erfüllenden Bedingung ist insofern wesentlich für die Behandlung einer Beihilfe als Zuwendung der öffentlichen Hand. Da solche Zuwendungen häufig auf die Förderung spezieller Branchen oder unterentwickelter Regionen zielen bzw. auch erst kürzlich privatisierten Unternehmen zugutekommen, wird mit ***SIC-10*** – *Government Assistance – No Specific Relation to Operating Activities* klargestellt, dass diese unabhängig von dem Vorhandensein etwaiger Bedingungen zur Geschäftstätigkeit in den Anwendungsbereich von IAS 20 fallen. Zuwendungen für bestimmte Branchen oder Regionen sind also stets Zuwendungen der öffentlichen Hand.

Negativabgrenzung

Explizit **ausgeschlossen** vom Anwendungsbereich (und damit im Folgenden nicht behandelt) werden gem. IAS 20.2

- besondere Probleme aus der Auswirkung von Preisänderungen auf den Abschluss im Zusammenhang mit Zuwendungen der öffentlichen Hand;
- Beihilfen der öffentlichen Hand in Form von Ertragsteuervergünstigungen (z. B. Steuerstundungen, Investitionssteuergutschriften, erhöhte Abschreibungsmöglichkeiten oder ermäßigte Einkommensteuersätze);
- Beteiligungen der öffentlichen Hand an Unternehmen; sowie
- Zuwendungen der öffentlichen Hand, die im Rahmen von IAS 41 *(Agriculture)* behandelt werden.

b) Bilanzierung von Zuwendungen der öffentlichen Hand

aa) Überblick

Bei der Ertragsrealisation im Zusammenhang mit Zuwendungen der öffentlichen Hand werden systematisch zwei Arten von Zuwendungen unterschieden:

- Zuwendungen **für** (langfristige) **Vermögenswerte** und
- **erfolgsbezogene** Zuwendungen.

BEISPIEL:

Zuwendungen für langfristige Vermögenswerte sind klassische Investitionszulagen. Sie beziehen sich also auf Vermögenswerte, die das Unternehmen erwerben oder herstellen möchte. Beispielhaft kann hier ein Hersteller von Solarzellen, der eine neue Fabrik in Sachsen baut und dafür eine Investitionszulage bekommt, angeführt werden. Erfolgsbezogene Zuwendungen beziehen sich demgegenüber nicht auf Vermögenswerte. Beispielhaft sei hier ein insolvenzgefährdetes Unternehmen genannt, dass im Rahmen einer Sofortmaßnahme finanzielle Mittel zur Sicherung der Arbeitsplätze erhält.

Die Bilanzierung soll im Folgenden für diese beiden Arten von Zuwendungen separat dargestellt werden. Zuvor sollen aber die Bilanzierungsaspekte herausgearbeitet werden, die für beide Arten von Zuwendungen gelten.

Die Aktivierung von Zuwendungen der öffentlichen Hand ist gem. IAS 20.7 unabhängig von ihrer Art daran gekoppelt, dass eine **angemessene Sicherheit** dafür besteht, dass

- das bilanzierende Unternehmen die mit der Zuwendung verbundenen Bedingungen erfüllen wird und
- die Zuwendungen tatsächlich gewährt werden.

Eine Konkretisierung des Begriffs der ‘angemessenen Sicherheit‘ enthält IAS 20 nicht. Der Standard ist daher auf Basis der im Rahmenkonzept verankerten allgemeinen Rechnungslegungsgrundsätze des IASB auszulegen. Demzufolge ist für die Beurteilung der bilanziellen Erfassung der Zuwendungen auf die allgemeinen Definitions- und Ansatzkriterien für Abschlusselemente zu rekurrieren. Eine nachvollziehbare Einschätzung durch das Management (z. B. in Form eines Businessplans) wird hierbei zwingend erforderlich sein.

Matching principle

Zuwendungen sind gem. IAS 20.12 grundsätzlich im Verlauf der Perioden als Ertrag zu erfassen, in denen eine Verrechnung der Erträge mit den korrespondierenden Aufwendungen, die durch die Zuwendungen kompensiert werden sollen, erfolgt. Die dadurch erreichte **periodengerechte Zuordnung** von Erträgen zu den korrespondierenden Aufwendungen *(matching principle)* erfordert demnach eine passivische Abgrenzung der Erträge (Bruttomethode) bzw. eine aktivische Kürzung der Anschaffungs- oder Herstellungskosten (Nettomethode). Eine sofortige (erfolgsneutrale) Erfassung im Eigenkapital ist demgegenüber explizit untersagt. An dieser Stelle wird deutlich, dass eine solche Bilanzierung dem derzeitigen im Rahmenkonzept dargestellten Bilanzierungsverständnis des IASB nicht mehr entspricht und IAS 20 deshalb dringend einer Korrektur bedarf (vgl. S. 499 ff.).

bb) Zuwendungen für Vermögenswerte

Brutto- versus Nettomethode

Ein Unternehmen, das langfristige Vermögenswerte kauft bzw. herstellt und dafür Zuwendungen erhält, wird diese Zuwendungen bei der Bemessung der Anschaffungs- oder Herstellungskosten mit einbeziehen. Für die Bilanzierung der Zuwendungen für Vermögenswerte kommen zwei Darstellungsformen in Betracht: Die Bruttomethode und die Nettomethode. Bei der **Bruttomethode** wird die passiv abgegrenzte Zuwendung periodengerecht über die Nutzungsdauer des Vermögenswerts ertragswirksam aufgelöst. Periodengerecht bedeutet in diesem Zusammenhang proportional zu den Abschreibungen des Vermögenswerts, sofern es sich um einen abschreibungsfähigen Vermögenswert handelt. Im Fall nicht abschreibungsfähiger Vermögenswerte wie Grund und Boden werden die Erträge aus Zuwendungen gem. IAS 20.18 im Sinne des *matching principle* während der Perioden erfasst, die durch Aufwendungen in Folge der Erfüllung von mit der Zuwendung verbundenen Bedingungen belastet werden. Bei der **Nettomethode** werden die Anschaffungs- oder Herstellungskosten um die Zuwendung vermindert – mit der Folge einer geringeren Abschreibungsverrechnung. Beide Darstellungsformen werden gem. IAS 20.25 als gleichwertig angesehen. Allerdings bewirkt die Anwendung der Nettomethode im Vergleich zu einer Bilanzierung nach der Bruttomethode eine Bilanzverkürzung, sodass sich eine günstigere Bilanzrelation von Eigen- zu Fremdkapital ergibt. Auch die Darstellung in der Gesamtergebnisrechnung ändert sich. Durch das explizite Wahlrecht in IAS 20 lassen sich also Unternehmenskennzahlen seitens des Bilanzierenden beeinflussen,[26] sodass **Unternehmensvergleiche erschwert** werden.[27]

BEISPIEL:

Anfang des Jahres 2016 erhält die SportsCars AG eine Zuwendung i. H. v. 50 Mio. € für den Kauf einer 120 Mio. € teuren Montagehalle in Sachsen. Die Halle wird über zehn Jahre linear abgeschrieben.

	Bruttomethode	Nettomethode
Ansatz des Vermögenswerts (in €)	120 Mio.	70 Mio.
Abschreibungen in 2008 (in €)	– 12 Mio.	– 7 Mio.
Auflösung des passivisch abgegrenzten Betrags (in €)	5 Mio.	–
Ergebnisbelastung (in €)	– 7 Mio.	– 7 Mio.

cc) Erfolgsbezogene Zuwendungen

Aufwandzuwendungen versus Ertragszuwendungen

Unter erfolgsbezogene Zuwendungen fallen alle Zuwendungen, die nicht unter Zuwendungen für Vermögenswerte subsumiert werden können. Auch erfolgsbezogene Zuwendungen sind im Einklang mit dem *matching principle* zu erfassen. Die periodengerechte Ertragsrealisation richtet sich also nach den Aufwendungen, die durch die Zuwendungen kompensiert werden sollen; bereits gezahlte Zuwendungen, die noch keine Aufwendungen, wie Forschungs- und Entwicklungsaufwendungen, kompensieren, sind dementsprechend abzugrenzen und in den Folgeperioden ertragswirksam aufzulösen. Neben Zuwendungen zur Kompensation bestimmter Aufwendungen (**Aufwandzuwendungen**) sind auch Zuwendungen zur Kompensation von Ertragsausfällen denkbar (**Ertragszuwendungen**), wie Stilllegungsprämien oder Zuwendungen im Rahmen von Katastrophenfällen. Letztere führen in der Periode zum Ertrag, in welcher der Anspruch auf die Zuwendung entsteht. Wirtschaftlich sind beide Arten erfolgswirksamer Zuwendungen vergleichbar.

Bruttoausweis versus Nettoausweis

Für den Ausweis in der Gesamtergebnisrechnung kommen gem. IAS 20.29 wiederum zwei alternative Methoden in Betracht: Entweder sind die Zuwendungen als Ertrag darzustellen (**Bruttoausweis**), wobei ein Ausweis in diesem Fall unter einer gesonderten Position wie »Erträge aus Zuwendungen« erfolgt oder alternativ ein Ausweis unter der Sammelposition »sonstige Erträge« möglich ist; oder die Zuwendungen werden mit dem korrespondierenden Aufwand saldiert (**Nettoausweis**). Buchungstechnisch wird also das Bankkonto jeweils im Soll angesprochen; auf der Habenseite wird entweder ein Ertragskonto (Bruttoausweis) oder das entsprechende Aufwandskonto (Nettoausweis) herangezogen. In jedem Fall sind gem. IAS 20.31 die Auswirkungen von Zuwendungen auf die einzelnen Ertrags- und Aufwandspositionen im Anhang anzugeben.

BEISPIEL:

Die SportsCars AG erhält Anfang des Jahres 2016 für die kommenden zwei Jahre eine einmalige Zuwendung i. H. v. 20 Mio. € für den Erhalt von Arbeitsplätzen.

	Bruttoausweis	**Nettoausweis**
Passivisch abzugrenzender Betrag (in €)	20 Mio.	20 Mio.
Ertragsausweis durch Auflösung des passivisch abgegrenzten Betrags (in €)	10 Mio.	–
Aufwandsreduktion durch Auflösung des passivisch abgegrenzten Betrags (in €)	–	– 10 Mio.

dd) Anhangangaben

Folgende Angabepflichten sind im Rahmen der Bilanzierung von Zuwendungen der öffentlichen Hand gem. IAS 20.39 erforderlich:

- Die auf die Zuwendungen angewandte Bilanzierungs- und Bewertungsmethode einschließlich der im Abschluss angewandten Darstellungsmethoden;
- Art und Umfang der im Abschluss erfassten Zuwendungen und ein Hinweis auf andere Formen von Beihilfen der öffentlichen Hand, von denen das Unternehmen unmittelbar begünstigt wurde; sowie
- unerfüllte Bedingungen und andere Erfolgsunsicherheiten im Zusammenhang mit erfassten Beihilfen der öffentlichen Hand.

7. Anhangangaben

Die im Anhang zu erteilenden wesentlichen Angaben zur Umsatzrealisation sind gem. IAS 18.35 Angaben zum Realisationszeitpunkt, zur Unterscheidung der Ertragskategorien und zu den jeweiligen davon aus Tauschgeschäften resultierenden Ertragsbestandteilen. Sofern die Gesamtergebnisrechnung eine hinreichend detaillierte Aufschlüsselung der Erträge enthält (vgl. S. 119 ff.), können die Anhangangaben verhältnismäßig kurz ausfallen, da der Großteil der offen zu legenden Informationen bei standardisierten Transaktionen bereits in der Gesamtergebnisrechnung enthalten ist. Bei komplexeren Transaktionen haben die Erläuterungen dementsprechend umfangreicher auszufallen.

Nachfolgend werden exemplarisch einige ausgewählte Anhangangaben aus dem Konzerngeschäftsbericht 2012 der *Deutschen Telekom AG* vorgestellt.[28]

BEISPIEL:

Die Umsatzerlöse enthalten alle Erlöse, die aus der **typischen Geschäftstätigkeit** der Deutschen Telekom resultieren. Die Umsatzerlöse werden **ohne Umsatzsteuer** und sonstige bei den Kunden erhobene und an die Steuerbehörden abgeführte Steuern ausgewiesen. Sie werden **zeitraumbezogen** nach dem Realisationsprinzip erfasst. **Bereitstellungsentgelte** werden über die geschätzte durchschnittliche Kundenbindungsdauer **abgegrenzt**, es sei denn, sie sind Teil eines Mehrkomponentenvertrags; in diesem Fall sind sie Bestandteil des vom Kunden zu entrichtenden Entgelts für das Mehrkomponentengeschäft. [...]

Bei Mehrkomponentenverträgen ist die Umsatzerfassung für jede der identifizierten **Bewertungseinheiten (Komponenten) gesondert** zu bestimmen. Hierbei wird der Umsatz auf Basis der beizulegenden Zeitwerte der einzelnen Komponenten realisiert. [...]

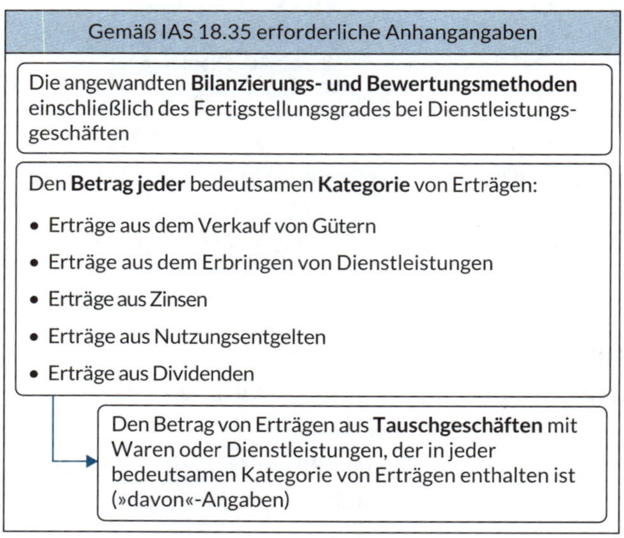

Abbildung F.11 Erforderliche Anhangangaben für die in der Gesamtergebnisrechnung ausgewiesenen Erträge

Zahlungen an Kunden einschließlich Zahlungen an **Händler und Vermittler** (Rabatte, Provisionen) werden grundsätzlich als Erlösminderung erfasst. Hat die Gegenleistung einen eigenständigen Nutzen und ist zuverlässig bewertbar, werden die Zahlungen als Aufwendungen erfasst. [...]

Umsätze aus **Mobilfunk-Diensten** enthalten monatliche Leistungsentgelte, Entgelte für Sondermerkmale sowie Verbindungs- und Roaming-Entgelte, die sowohl Kunden der Deutschen Telekom als auch anderen Mobilfunk-Betreibern in Rechnung gestellt werden. Umsätze aus Mobilfunk-Diensten werden **auf Basis in Anspruch genommener Nutzungsminuten oder anderer vereinbarter Tarifmodelle** realisiert, abzüglich Gutschriften und Anpassungen aufgrund von Preisnachlässen. Der aus dem **Verkauf mobiler Telefone**, mobiler Datengeräte und Zubehör generierte Umsatz und die damit verbundenen Aufwendungen werden realisiert, sobald die Produkte **geliefert** und vom Kunden **abgenommen** wurden. [...]

Umsatzerlöse aus Vermietungen sowie Mieten und Leasing-Raten werden **linear** über den Mietzeitraum erfasst.

8. Exkurs: IFRS 15

a) Zielstellung, Inkrafttreten und Übergangsvorschriften

Ein wesentlicher Grund für die mit IFRS 15 vorgelegte Neukonzeption der Erlöserfassung sind die laufenden Konvergenzbemühungen zwischen IASB und FASB. So bestanden zwischen den bislang in den jeweiligen Rechnungslegungsregimen geltenden Standards teilweise entscheidende Unterschiede. Außerdem wurde in beiden Hoheitsbereichen ein Bedarf für eine grundlegende Neukonzeption bzw. Verbesserung der eigenen Regelungen identifiziert. Auf Seiten der internationalen Rechnungslegung galten dabei die beiden zentralen Normen, IAS 18 und IAS 11, in der Praxis als hochkomplex und mit diversen Anwendungsproblemen behaftet, während gleichzeitig bedeutende Teilfragen, wie etwa die Behandlung von Mehrkomponentenverträgen, keine abschließende Klärung erfahren haben (IFRS 15.IN4).

Diese Situation war insbesondere in Hinblick auf die herausgehobene Bedeutung der Umsatzerlöse für die Vergleichbarkeit und Entscheidungsnützlichkeit externer Rechnungslegungsinformationen kritisch zu beurteilen. Speziell die von einem Unternehmen veröffentlichte Ertragslage, die die Grundlage für die an modernen Kapitalmärkten getroffenen Investitionsentscheidungen darstellt, wird ihrerseits durch die für die Erlöserfassung geltenden Rechnungslegungsregeln beeinflusst.

Das im Juni 2002 in die Agenda des IASB aufgenommene Projekt zur Neukonzipierung der Erlösbilanzierung diente damit der Erfüllung einer Reihe unterschiedlicher, wenn auch komplementärer Zielstellungen: So sollten zunächst in den bisher geltenden Regelungen bestehende Mängel behoben und ein einheitliches, belastbares Konzept gefunden werden. Dieses sollte darüber hinaus durch einen reduzierten Umfang an Vorgaben ein hohes Maß an Praxistauglichkeit gewährleisten und so die Abschlusserstellung für die betroffenen Unternehmen erleichtern. Mit Blick auf die Abschlussadressaten galt es, eine hohe Vergleichbarkeit der Umsatzerlöse nicht nur zwischen Unternehmen, sondern auch über verschiedene Branchen, Kapitalmärkte und Rechtssysteme hinweg zu erreichen (IFRS 15.IN5).

Die gemeinsam durch IASB und FASB eingeleitete Reform der Bilanzierung von Umsatzerlösen wurde mit der Veröffentlichung von IFRS 15 »Erlöse aus Verträgen mit Kunden« am 28. Mai 2014 abgeschlossen. Dieser wird auf alle Abschlüsse für am oder nach dem 1. Januar 2018 beginnende Geschäftsjahre anzuwenden sein. Eine freiwillige vorherige Anwendung ist zulässig. Die Entscheidung hierzu ist indes im Abschluss zu vermerken (IFRS 15.C1). Wendet ein bilanzierendes Unternehmen IFRS 15 erstmalig an, hat es dessen Regelungen uneingeschränkt auf die betreffende Berichtsperiode und auch auf solche Verträge anzuwenden, die zu deren Beginn noch nicht erfüllt waren. (IFRS 15.C3)

Dieser Exkurs zielt darauf ab, wesentliche Sachverhalte bzw. Änderungen in der Bilanzierung von Umsatzerlösen darzustellen, die sich aus dem neuen Standard ergeben, ohne dessen Regelungen indes vollumfänglich darzustellen.

b) Anwendungsbereich

Mit seinem Inkrafttreten ist IFRS 15 auf alle Verträge zwischen dem bilanzierenden Unternehmen und dessen Kunden anzuwenden und ersetzt die folgenden Standards und komplementären Dokumente: IAS 11, IAS 18, IFRIC 13, IFRIC 15, IFRIC 18 sowie SIC-31 (IFRS 15.IN3). Von der Anwendung ausgeschlossen sind Verträge, die unter die Regelungen für Leasingverhältnisse nach IAS 17 fallen, sowie solche über Finanzinstrumente nach IFRS 9 oder Verträge, auf die einer der folgenden Standards anzuwenden ist: IFRS 4, IFRS 10, IFRS 11, IAS 27, IAS 28. Darüber hinaus findet IFRS 15 keine Anwendung auf nicht-finanzielle Tauschgeschäfte zwischen Unternehmen derselben Branche, die ausschließlich dem Zweck dienen, Transaktionen mit (potenziellen) Kunden zu vereinfachen (IFRS 15.5).

Weiterhin formuliert IFRS 15 Vorgehensweisen für den Umgang mit Verträgen, deren zugrundeliegende Sachverhalte sowohl IFRS 15 als auch einem anderen Standard zuzuordnen sind: Der Bilanzierende hat in diesem Fall zunächst zu überprüfen, ob der andere Standard konkrete Vorgaben bezüglich der Aufspaltung bzw. Erstbewertung verschiedener Vertragsbestandteile enthält. Ist dies der Fall, sind die entsprechenden Regelungen des anderen Standards anzuwenden. Andernfalls ist IFRS 15 anzuwenden (IFRS 15.7).

c) Bilanzierung von Erlösen

Ein wesentlicher Inhalt von IFRS 15 besteht in der Formulierung eines fünfstufigen Verfahrens, nach dem die anwendenden Unternehmen Erlöse zu erfassen haben (IFRS 15.IN7). Das Verfahren umfasst die nachfolgenden Schritte:

1. Identifizierung des Vertrages/der Verträge, der/die mit dem Kunden abgeschlossen wurden;
2. Identifizierung der eigenständigen vertraglichen Leistungsverpflichtungen;
3. Bestimmung der Gegenleistung bzw. des Transaktionspreises;
4. Aufteilung der Gegenleistung bzw. des Transaktionspreises auf die vertragliche Leistungsverpflichtung;
5. Erfassung der Umsatzerlöse bei Erfüllung der vertraglichen Leistungsverpflichtung.

Im Einzelnen gestaltet sich die Umsetzung der jeweiligen Schritte wie folgt:

aa) Vertragsidentifizierung

Mit Ausnahme der o. g. Sonderfälle, die nach den Maßgaben der jeweils auf sie anzuwendenden Standards zu bilanzieren sind, ist IFRS 15 auf alle Verträge mit Kunden anzuwenden, die die nachstehenden Voraussetzungen erfüllen: Zunächst müssen alle Vertragsparteien den Inhalten des Vertrags zustimmen. Die im Vertrag behandelten Waren bzw. Dienstleistungen, die sich aus ihnen ergebenden Rechte und Pflichte sowie zu tätigenden Gegenleistungen müssen identifizierbar sein. Weiterhin muss der Vertrag einen wirtschaftlichen Gehalt aufweisen und es muss eine hinreichend hohe Wahrscheinlichkeit bestehen, dass die im Gegenzug für die Waren bzw. Dienstleistungen zu erbringende Gegenleistung vereinnahmt werden (IFRS 15.9).

Verträge, welche die oben genannten Maßnahmen zunächst nur unvollständig erfüllen, sind durch die bilanzierenden Unternehmen in regelmäßigen Abständen zu reevaluieren. Ist eine Anwendbarkeit von IFRS 15 gegeben, hat eine erneute Beurteilung erst dann zu erfolgen, wenn den Anwendern Hinweise vorliegen, die auf wesentliche Veränderungen der zugrundeliegenden Sachverhalte hindeuten (IFRS 15.13-14).

Etwaige Vertragsänderungen sind entsprechend ihrer jeweiligen Ausprägungen entweder wie ein separater Vertrag zu bilanzieren oder durch eine Modifikation der bestehenden Bilanzierung aufzugreifen. Detaillierte Vorgaben, in welchen Fällen vom Abschluss eines neuen bzw. der Anpassung eines existierenden Vertrages auszugehen ist, finden sich in IFRS 15.18-21.

bb) Identifizierung separater Leistungsverpflichtungen

Liegt ein Vertrag gemäß der o. g. Kriterien vor, sind die darin enthaltenen Leistungsverpflichten einzeln zu identifizieren. Eine eigenständige Verpflichtung liegt vor, wenn Waren oder Dienstleistungen entweder einzeln oder in Gruppen eigenständig voneinander abgegrenzt werden können, oder einzeln voneinander abgrenzbar, aber in der Gruppe wesentlich gleich sind und in ihrer Übertragung an den Kunden einem gleichen Schema folgen (IFRS 15.22).

Dabei gelten Waren bzw. Dienstleistungen als eigenständig abgrenzbar im Sinne des Standards, wenn sie von anderen Waren/Dienstleistungen des Vertrags trennbar sind und der Kunde aus ihnen unmittelbar oder in Kombination mit den zu seiner Disposition stehenden Ressourcen ein Nutzen erzielt (vgl. hierzu ausführlich IFRS 15.27-30).

Handelt es sich bei allen betroffenen eigenständig abgrenzbaren Waren oder Dienstleistungen um Leistungsverpflichtungen, die über einen Zeitraum erfüllt werden und deren jeweiliger Leistungsfortschritt mit der gleichen Methode erhoben wird, ist von einer gleichartigen Übertragung auszugehen (IFRS 15.23).

cc) Transaktionspreisbestimmung

Die Bemessung des Transaktionspreises hat sich nach den durch die bilanzierenden Unternehmen vereinbarten Vertragsbedingungen sowie ihren darüber hinaus üblichen betrieblichen Praktiken zu richten. Der Transaktionspreis ist dabei definiert als die Gegenleistung, die die Unternehmen für die von in den Vertrag eingebrachten Waren bzw. Dienstleistungen erwarten können (IFRS 15.47).

Beinhaltet ein Vertrag variable Gegenleistungen, ist ihre zu erwartende Höhe mithilfe von Schätzungen des Erwartungswerts oder des wahrscheinlichsten Betrags zu ermitteln. Hierbei ist jeweils das Verfahren anzuwenden, von dessen Nutzung das Unternehmen sich die genauere Schätzung erwartet (IFRS 15.53). Die Höhe der einzubeziehenden variablen Bestandteile ist indes auf den Betrag beschränkt, bei dem eine hohe Wahrscheinlichkeit existiert, dass sich aus ihr zu einem zukünftigen Zeitpunkt keine wesentliche Reduktion der kumulativen Erlöse ergeben (15.56). Neben Nachlässen, Rabatten, Bonus- oder Strafzahlungen und weiteren üblichen variablen Zahlungen stellen darüber hinaus auch solche Leistungen regelmäßig variable Gegenleistungen dar, deren Anspruch erst durch den Eintritt bestimmter zukünftiger Ereignisse entsteht (IFRS 15.51).

Erlöse aus dem Verkauf bzw. der Überlassung von Lizenzen aus geistigem Eigentum sind demgegenüber regelmäßig erst dann zu erfassen, wenn die ihnen zugrunde liegende Veräußerung bzw. Nutzung erfolgt ist (IFRS 15.B63).

dd) Transaktionspreisverteilung

Beinhaltet ein Vertrag mehr als eine eigenständige Leistungsverpflichtung, hat das bilanzierende Unternehmen den angesetzten Transaktionspreis entsprechend der Einzelveräußerungspreise der einzelnen Leistungen aufzuteilen (IFRS 15.74). Für den Fall, dass ein Preis nicht unmittelbar zu ermitteln ist, hat es eine Schätzung vorzunehmen (IFRS 15.78), wofür IFRS 15.79 verschiedene alternative Methoden vorgibt. Hierzu gehören etwa:

- Die Schätzung der von den Kunden auf dem gegebenen bzw. relevanten Markt zu erwartenden Zahlungsbereitschaft, wie sie sich approximativ etwa über eine Beobachtung der von Wettbewerbern ermitteln lässt;
- die Schätzung der zu erwartenden Kosten, inklusive einer adäquaten Gewinnmarge;
- die Differenz zwischen der gesamten vertraglich vereinbarter Leistung und der Summe der den einzelnen Teilleistungen zuzuordnenden Einzelveräußerungspreise. IFRS 15 begrenzt die Anwendung dieser Methode indes auf Fälle, in denen die Einzelveräußerungspreise zwischen den einzelnen Leistungen stark schwanken oder ihre Schätzung sich in hohem Grade unsicher gestaltet.

Im Rahmen der Aufteilung sind auf den Transaktionspreis gewährte Nachlässe grundsätzlich den jeweiligen Leistungsverpflichtungen analog zuzurechnen (IFRS 15.81). Liegen indes Gegebenheiten vor, die darauf schließen lassen, dass ein enthaltener Nachlass einer einzelnen oder mehreren (aber nicht allen) Leistungen zugeordnet werden kann, so ist eine entsprechende Aufteilung vorzunehmen. Von einer solchen Zuordenbarkeit ist immer dann auszugehen, wenn das Unternehmen jede enthaltene, separierbare Ware bzw. Dienstleistung (oder deren Bündel) regelmäßig zu deren Einzelveräußerungspreis und mit einem Preisnachlass verkauft, der wesentlich dem innerhalb des vorliegenden Vertrags gewährten Nachlass entspricht (IFRS 15.82).

Bei im Vorfeld oder im Nachhinein zu zahlenden Gegenleistungen hat das bilanzierende Unternehmen den vorliegenden Vertrag auf die Existenz bedeutender Vereinbarungen über die Finanzierung hin zu überprüfen. Liegt eine solche vor, hat es den Preis um den Zeitwert des Geldes zu korrigieren (IFRS 15.60). Eine Erleichterung hiervon liegt indes für Sachverhalte vor, bei denen die Gegenleistung mit hinreichender Sicherheit innerhalb der ersten zwölf Monate nach der Erbringung der vertraglichen Leistung erwartet werden kann (IFRS 15.63).

ee) Erfassung von Erlösen

Gemäß IFRS 15.31 hat die Erfassung von Erlösen in dem Moment zu erfolgen, in dem die Übertragung der Kontrolle über die betreffende Ware oder Dienstleistung vom bilanzierenden Unternehmen auf dessen Vertragspartner stattfindet. Hierbei sind die Fälle, in denen die Übertragung über einen bestimmten Zeitraum hinweg stattfindet von solchen zu unterscheiden, die sich zu einem bestimmten Zeitpunkt ereignen (IFRS 15. 31 i.V.m. IFRS 15.35-38).

Ist einer der folgenden Umstände gegeben, hat das bilanzierende Unternehmen die sich ergebenden Erlöse über einen Zeitraum hinweg zu erfassen (IFRS 15.35):

- Der Kunde erhält und verbraucht den sich für ihn ergebenden Nutzen zum Zeitpunkt der Leistungsverbringung durch das Unternehmen.
- Die Leistungserbringung durch das Unternehmen dient der Erstellung oder Verbesserung eines sich bereits unter der Kontrolle des Kunden befindlichen Vermögenswerts.
- Das Unternehmen erstellt einen Vermögenswert, für den es selbst keine alternative Verwendung (als die Veräußerung an den Kunden) besitzt und für den es mit hinreichender Wahrscheinlichkeit eine Zahlung entsprechend seiner bislang erbrachten Leistung annehmen kann.

In allen alternativen Fällen ist von einer Erlöserfassung zu einem bestimmten Zeitpunkt auszugehen. Unter diesen Umständen ist der Zeitpunkt des Kontrollübergangs zu bestimmen, wobei IFRS 15.38 die folgenden – nicht abschließenden – möglichen Entscheidungskriterien aufführt:

- Das Unternehmen besitzt einen Anspruch auf die Zahlung des von ihm eingebrachten Vermögenswerts.
- Das rechtliche Eigentum an dem Vermögenswert hat sich auf den Kunden übertragen.
- Die physische Übertragung des Vermögenswerts hat bereits stattgefunden.
- Der Kunde trägt die wesentlichen, sich aus dem Vermögenswert ergebenden Chancen und Risiken.
- Der Vermögenswert wurde durch den Kunden abgenommen.

Die Kontrolle über einen Vermögenswert ergibt sich gem. IFRS 15 dabei wesentlich aus der faktischen Möglichkeit, über dessen Nutzung zu entscheiden und den sich aus ihm ergebenden Nutzen zu vereinnahmen, sowie andere Parteien von diesen Rechten auszuschließen. IFRS 15 definiert den Nutzen eines Vermögenswerts als die sich aus seiner Verwendung bzw. seinem Besitz potenziell ergebenden Zahlungsströme. Diese können etwa entstehen, wenn der Vermögenswert zur Produktion von Gütern, zur Wertsteigerung eines anderen Vermögenswerts oder zur Hinterlegung als Kreditsicherheit eingesetzt wird (IFRS 15.33).

d) Bilanzierung von Vertragskosten

IFRS 15 unterscheidet grundsätzlich zwischen solchen Kosten, die für die Initiierung eines Vertrags angefallen sind (IFRS 15.91) und solchen, die seiner Erfüllung zuzuschreiben sind (IFRS 15.95). Beide Kostenarten sind durch das bilanzierende Unternehmen als Vermögenswert zu erfassen, sofern jeweils die folgenden Kriterien erfüllt sind:

Zu aktivierende Initiierungskosten liegen vor, wenn diese sich dem Unternehmen erst aus einem erfolgreichen Vertragsabschluss ergeben und ihre künftige Erstattung von diesem erwartet werden kann. Beträgt die Laufzeit des Vertrages ein Jahr oder weniger, eröffnet IFRS 15 dem Anwender das Wahlrecht, die entstandenen Kosten unmittelbar als Aufwand zu erfassen (IFRS 15.91-94).

Die Aktivierung von zur Erfüllung eines Vertrages angefallenen Kosten ist demgegenüber von einer kumulativen Erfüllung einer Reihe verschiedener Voraussetzungen abhängig. So müssen die angefallenen Kosten zunächst einerseits dem betreffenden Vertrag direkt zurechenbar sein und andererseits unmittelbar dazu dienen, die für die Erfüllung der darin enthaltenen Vereinbarungen notwendigen Betriebsmittel bereitzustellen. Überdies muss die zukünftige Erstattung der entstandenen Kosten für das bilanzierende Unternehmen zu erwarten sein. (IFRS 15.95).

Die Abschreibung der angesetzten Vermögenswerte hat der vertraglich vereinbarten Übertragung der Waren bzw. Erbringung der Dienstleistungen zu entsprechen (IFRS 15.99).

e) Darstellung im Jahresabschluss

In Fällen, in denen die Erbringung der Gegenleistung durch den Kunden der Übermittlung der Ware bzw. der Erbringung der Dienstleistung durch das bilanzierende Unternehmen vorausgeht, hat dieses einen passiven Vertragsposten zu erfassen (IFRS 15.106).

Steht demgegenüber die Gegenleistung für eine bereits erfüllte Leistungsverpflichtung noch aus, hat das bilanzierende Unternehmen entweder einen aktiven Vertragsposten oder eine Forderung zu bilanzieren. Ergibt sich der Anspruch auf die zu erwartende Gegenleistung nicht aus dem Zeitverlauf allein, ist ein aktiver Vertragsposten zu erfassen. Ein solcher Fall ist etwa dann gegeben, wenn der betreffende Anspruch dem Unternehmen erst aus der Erfüllung weiterer Vertragsbedingungen erwächst, wie der Übermittlung einer zusätzlichen Ware oder der Erbringung einer komplementären Dienstleistung (IFRS 15.107). Liegen derartige einschränkende Bedingungen nicht vor und ist die Erfüllung des Anspruchs rein von der Zeit abhängig, hat das bilanzierende Unternehmen eine Forderung zu erfassen (IFRS 15.108).

f) Anhangangaben

Eine weitere Neuerung besteht in den gegenüber den Vorgänger-Standards deutlich ausgeweiteten quantitativen und qualitativen Pflichtangaben im Anhang (vgl. IFRS 15.110 ff.).

So sind im Hinblick auf die Verträge mit Kunden zunächst speziell die Umsatzerlöse im Anhang aufzugliedern. Weiterhin sind Angaben zu Änderungen der vertraglich vereinbaren Vermögenswerte und Verbindlichkeiten, den Leistungsverpflichtungen sowie der Aufteilung der auf sie entfallenden Gegenleistungen zu tätigen (IFRS 15.113-122).

Weitere wesentliche Pflichtangaben betreffen die im Rahmen der Anwendung getroffenen Ermessensentscheidungen und deren Änderungen (IFRS 15.123-126) sowie die Vermögenswerte, die sich dem Unternehmen auf Basis aktivierter Kosten für die Vertragserfüllung oder -erlangung ergeben haben (IFRS 15.127-128).

Der Detailgrad der getätigten Angaben hat sich am Grundsatz der Entscheidungsnützlichkeit zu orientieren und obliegt dem Ermessen des bilanzierenden Unternehmens (IFRS 15.111).

9. Weiterführende Literatur

Deloitte (Hrsg.), IFRS 15, einsehbar im Internet unter http://www.iasplus.com/de/standards/ifrs/ifrs15 (abgerufen am 12.6.2016);

Fülbier/Gassen/Küting/Weller, Öffentliche Zuwendungen und Bilanzpolitik: Eine beispielgestützte Analyse von IAS 20, KoR 2008, S. 474;

Grote/Hold/Pilhofer, IFRS 15: Die neuen Vorschriften zur Umsatz- und Gewinnrealisierung (Teil 1). Paradigmenwechsel oder Viel Lärm und Nichts?, KoR 2014, S. 405-415;

Grote/Hold/Pilhofer, IFRS 15: Die neuen Vorschriften zur Umsatz- und Gewinnrealisierung (Teil 2). Paradigmenwechsel oder Viel Lärm um Nichts?, KoR 2014, S. 474-481;

Heintges/Hoffmann, Umsatzerlöse verstehen – Angaben im Anhang nach IFRS 15, DB 2015, S. 1973-1980;

Kühne, Ertragsvereinnahmung in der Diskussion des IASB: Hoffnung für das Realisationsprinzip?, WPg 2006, S. 1393;

Lüdenbach/Hoffmann, Das schwebende Geschäft als Vermögenswert: Bilanzierung bei Erwerb und Verkauf von Nutzungsrechten, DStR 2006, S. 1382;

Lüdenbach/Hoffmann, Ertragsrealisierung bei Mehrkomponentengeschäften nach IFRS und HGB/EStG, DStR 2006, S. 153;

Morich, IFRS 15: Neue Regeln zur Erlöserfassung nach IFRS, DB 2014, S. 1997-2007;

Plock, Ertragsrealisation nach International Financial Reporting Standards (IFRS), Düsseldorf 2004;

Scharpenberg/Schreiber, Auslegung von IAS 11 und IAS 18 durch das IFRIC – der Interpretationsentwurf IFRIC D24 Customer Contributions und weitere aktuelle IFRIC-Verlautbarungen zur Erlöserfassung, WPg 2008, S. 388;

Schmidt/Barekzai/Hüttermann, Umsatzrealisierung nach IFRS 15 – Implikationen auf die Bilanzierungspraxis (Teil 1), DB 2015, S. 77-87;

Schmidt/Barekzai/Hüttermann, Umsatzrealisierung nach IFRS 15 – Implikationen auf die Bilanzierungspraxis (Teil 2), DB 2015, S. 137-146;

Wüstemann/Kierzek, Revenue Recognition under IFRS Revisited: Conceptual Models, Current Proposals and Practical Consequences, Accounting in Europe 2005, S. 69;

Zülch/Fischer/Willms, Die Neugestaltung der Ertragsrealisation nach IFRS im Lichte der »Asset-Liability-Theory«, KoR Beilage 2006.

VI. Wertminderung von Vermögenswerten

RELEVANTE STANDARDS

IAS 16 – Sachanlagen
IAS 21 – Auswirkungen von Änderungen der Wechselkurse
IAS 28 – Anteile an assoziierten Unternehmen
IAS 36 – Wertminderung von Vermögenswerten
IAS 37 – Rückstellungen, Eventualverbindlichkeiten und Eventualforderungen
IAS 38 – Immaterielle Vermögenswerte
IFRS 5 – Zur Veräußerung gehaltene langfristige Vermögenswerte und aufgegebene Geschäftsbereiche
IFRS 8 – Geschäftssegmente
IFRS 10 – Konzernabschlüsse
IFRS 11 – Gemeinsame Vereinbarungen
IFRS 13 – Bemessung des beizulegenden Zeitwerts
IFRIC 10 – Zwischenberichterstattung und Wertminderung

KERNAUSSAGEN

- Wertminderungen von Vermögenswerten gem. IAS 36 sind für Sachanlagen, langfristige immaterielle Vermögenswerte, Immobilien, die als Finanzanlagen gehalten und zu fortgeführten AK/HK bewertet werden, den Geschäfts- oder Firmenwert aus Unternehmenszusammenschlüssen und bestimmte Beteiligungen zu berücksichtigen.
- Der Wertminderungstest ist in einen qualitativen und einen quantitativen Test zu unterscheiden.
- Der qualitative Test ist an jedem Bilanzstichtag durchzuführen. Dabei ist zu prüfen, ob Indikatoren für eine Wertminderung vorliegen.
- Liegen Indikatoren für eine Wertminderung vor, ist ein quantitativer Test durchzuführen. Für bestimmte Vermögenswerte ist der quantitative Test auch ohne Indikatoren mindestens jährlich durchzuführen.
- Im Rahmen des quantitativen Tests wird für die identifizierten Vermögenswerte der erzielbare Betrag ermittelt und mit dem Buchwert verglichen. Ist der Buchwert größer als der erzielbare Betrag, liegt in Höhe der Differenz zwischen Buchwert und erzielbarem Ertrag ein Wertminderungsaufwand vor.
- Der erzielbare Betrag ist der höhere Wert aus beizulegendem Zeitwert abzüglich Verkaufskosten und Nutzungswert. Ersterer orientiert sich dabei am Marktwert des Vermögenswerts, letzterer stellt auf die subjektiven Erwartungen des Bilanzierenden ab.
- In der Praxis werden oft mehrere Vermögenswerte, die nur zusammen einen Zahlungsstrom erzeugen, zu sog. zahlungsmittelgenerierenden Einheiten zusammengefasst. Für diese gelten grundsätzlich die gleichen Vorschriften wie für einzelne Vermögenswerte. Besonderheiten ergeben sich bei zahlungsmittelgenerierenden Einheiten vor allem in der Behandlung gemeinsam genutzter Vermögenswerte und des Geschäfts- oder Firmenwerts.
- Die Erfassung einer Wertminderung erfolgt entweder im Gewinn oder

Verlust oder im sonstigen Ergebnis, abhängig davon, ob der entsprechende Vermögenswert zu fortgeführten AK/HK oder zu einem Neubewertungsbetrag bewertet wird.

- Bei zahlungsmittelgenerierenden Einheiten ist eine bestimmte Reihenfolge für die Erfassung einer Wertminderung vorgeschrieben.
- Zuschreibungen beziehungsweise Wertaufholungen sind grundsätzlich immer dann vorzunehmen, wenn die Gründe für die Wertminderung weggefallen sind.
- Ein Geschäfts- oder Firmenwert darf nach einer Wertminderung nicht wieder zugeschrieben werden.

1. Begriff der Wertminderung

Definition »Wertminderung«

Eine Wertminderung liegt nach IAS 36 vor, wenn der **Buchwert eines Vermögenswerts über dessen erzielbarem Betrag** *(recoverable amount)* liegt. In diesem Fall kann der Buchwert des Vermögenswerts künftig nicht mehr realisiert werden. Die Differenz zwischen Buchwert und erzielbarem Betrag ist als Wertminderungsaufwand zu erfassen.

Vorschriften zu Wertminderungen sind in zahlreichen IFRS enthalten. So unterliegen z. B. Wertminderungen im Vorratsvermögen den Regelungen des IAS 2, solche für Finanzinstrumente den Vorschriften des IAS 39. Bis 1998 fehlte eine einheitliche Regelung zur Wertminderung von sonstigen langfristigen Vermögenswerten. Mit Inkrafttreten des IAS 36 im Jahre 1998 wurde diese Lücke geschlossen.

2. Anwendungsbereich des IAS 36

Die Vorschriften des IAS 36 sind **grundsätzlich auf alle Vermögenswerte** anzuwenden mit der Einschränkung, dass IAS 36 nicht für die Vermögenswerte anzuwenden ist, für die eigene Wertminderungsvorschriften in den entsprechenden Standards enthalten sind. Dies gilt z. B. für Vorräte (IAS 2), Finanzinstrumente (IAS 39), aktivische latente Steuern (IAS 12) oder Vermögenswerte im Zusammenhang mit Fertigungsaufträgen (IAS 11).

Positiv abgegrenzt fallen in den **Anwendungsbereich** des IAS 36 demnach aktuell

- das Sachanlagevermögen gem. IAS 16.63,
- das immaterielles Anlagevermögen gem. IAS 38.111,
- die als Finanzinvestition gehaltenen Immobilien gem. IAS 40, sofern diese zu fortgeführten Anschaffungs- oder Herstellungskosten (AK/HK) bewertet werden,
- den Geschäfts- oder Firmenwert aus Unternehmenszusammenschlüssen gem. IFRS 3.32 und
- die Anteile an Tochterunternehmen, assoziierten Unternehmen und Gemeinschaftsunternehmen gem. IFRS 10, IAS 28, IFRS 11 in einem IFRS-Einzelabschluss.

3. Der Wertminderungstest

a) Identifizierung einer Wertminderung

Nach IAS 36 ist grundsätzlich **zu jedem Stichtag zu analysieren, ob Indikatoren** dafür **vorliegen**, dass ein Vermögenswert beziehungsweise eine Gruppe solcher (vgl. S. 513 ff.) im Wert gemindert sein könnte (**qualitativer Test** gem. IAS 36.9). Liegen solche Indikatoren vor, ist der entsprechende Vermögenswert im Rahmen des quantitativen Tests auf eine Wertminderung hin zu prüfen.

Abweichend von diesem Grundsatz sind folgende Vermögenswerte unabhängig davon, ob Indikatoren für eine Wertminderung vorliegen, **mindestens einmal jährlich auf eine Wertminderung hin zu testen** (IAS 36.10):

- immaterielle Vermögenswerte mit unbestimmter Nutzungsdauer (z. B. erworbene Markennamen),
- noch nicht zum Gebrauch verfügbare immaterielle Vermögenswerte (z. B. in Entwicklung befindliche immaterielle Vermögenswerte) sowie
- Geschäfts- oder Firmenwerte, die bei Unternehmenszusammenschlüssen angesetzt wurden.

Der Zeitpunkt, zu dem die genannten Vermögenswerte auf eine Wertminderung hin zu testen sind, ist vom bilanzierenden Unternehmen für jeden immateriellen Vermögenswert und für den Geschäfts- oder Firmenwert frei wählbar. Der einmal gewählte Zeitpunkt ist in den Folgeperioden jedoch beizubehalten. Neben dem obligatorischen jährlichen Wertminderungstest ist ein Geschäfts- oder Firmenwert nach IAS 36.90 auf eine Wertminderung hin zu testen, soweit Indikatoren für eine solche Wertminderung vorliegen.

Indikatoren

In IAS 36.12 werden Indikatoren aufgezählt, die mindestens zu berücksichtigen sind, wenn im Rahmen des qualitativen Tests analysiert wird, ob Indikatoren für eine Wertminderung vorliegen. Die dort genannten Indikatoren sind nicht abschließend. Vielmehr sind die bilanzierenden Unternehmen gehalten, eigene geschäfts- und branchenspezifische Indikatoren zu entwickeln, um einen evtl. Wertminderungsbedarf möglichst frühzeitig und zuverlässig feststellen zu können.

Als Indikatoren aus **unternehmensexternen Informationsquellen** werden genannt:

- ein ungewöhnlich starker Rückgang des Marktwerts, der nicht durch Zeitablauf oder gewöhnliche Nutzung erklärt werden kann,
- für das Unternehmen nachteilige Veränderungen des gesetzlichen, technischen, wirtschaftlichen oder marktbezogenen Umfelds, die bereits eingetreten sind oder in naher Zukunft eintreten werden,
- eine Erhöhung der Marktzinssätze, die Ausgangspunkt für die interne Kalkulation des Diskontierungssatzes für den Nutzungswert sind, sofern der Nutzungswert dadurch wesentlich gemindert wird, und
- ein Buchwert des Reinvermögens, der die Marktkapitalisierung des Unternehmens übersteigt.

Als Indikatoren aus **unternehmensinternen Informationsquellen** werden genannt:

- Überalterung oder physischer Schaden des Vermögenswerts,

- nachteilige Veränderungen des Umfelds, in dem der Vermögenswert eingesetzt wird, z. B. geplante Stilllegung oder Restrukturierung des Einsatzbereichs des Vermögenswerts,
- Hinweise des internen Berichtswesens, die eine schlechtere wirtschaftliche Ertragskraft des Vermögenswerts erwarten lassen, z. B. durch höhere Ausgaben für Erwerb oder Betrieb des Vermögenswerts oder in Form tatsächlich oder erwarteter wesentlicher Verringerung der Cashflows aus der Nutzung des Vermögenswerts (IAS 36.14), und
- ein über deren anteiligem Nettovermögen (einschließlich Geschäfts- oder Firmenwert) im Konzernabschluss liegender Buchwert einer Beteiligung im Einzelabschluss beziehungsweise Dividendenausschüttungen einer Beteiligung, die das Gesamtergebnis übersteigen.

Bei der Durchführung des qualitativen Tests ist gem. IAS 36.15 der **Wesentlichkeitsgrundsatz** zu beachten. Dies bedeutet, dass das Vorliegen eines oder mehrerer Indikatoren für eine Wertminderung nicht zwangsläufig auch zu einem quantitativen Wertminderungstest führen muss. Es ist darüber hinaus notwendig, dass auf Grund des Vorliegens eines Indikators eine deutliche Wertminderung des Vermögenswerts wahrscheinlich beziehungsweise zu erwarten ist. Außerdem kann auf den quantitativen Test verzichtet werden, wenn frühere Berechnungen einen erheblichen Bewertungspuffer aufgedeckt haben und aus der Datenkonstellation nicht geschlossen werden kann, dass dieser bereits aufgezehrt ist. Möglich erscheint auch, dass bestimmte der genannten Indikatoren keinen Einfluss auf einzelne Aktiva haben. In jedem Fall muss jedoch plausibel erklärt werden können, warum bestimmte Anzeichen einer Wertminderung vernachlässigt werden können.

b) Quantifizierung einer Wertminderung

aa) Der erzielbare Betrag (recoverable amount)

Beim quantitativen Teil des Wertminderungstests ist der **Buchwert eines Vermögenswerts mit dessen erzielbarem Betrag *(recoverable amount)* zu vergleichen**. Eine Wertminderung liegt vor, wenn der Buchwert des Vermögenswerts höher als dessen erzielbarer Betrag ist. Die Differenz zwischen beiden Werten wird als Wertminderungsaufwand bezeichnet. Der erzielbare Betrag ist dabei der höhere der beiden Werte aus beizulegendem Zeitwert abzüglich Verkaufskosten *(fair value less costs of disposal)* und Nutzungswert *(value in use)*. Abbildung F.12 zeigt schematisch, wann und wie eine Wertminderung zu quantifizieren ist.

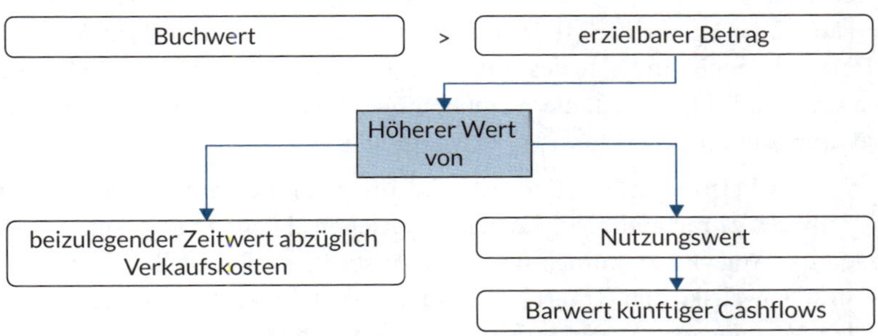

Abbildung F.12 Schematischer Aufbau eines Wertminderungstests

Die Ermittlung des erzielbaren Betrags aus einem Wertevergleich verfolgt das Ziel, den **tatsächlichen wirtschaftlichen Wert eines Vermögenswerts** – unabhängig von dessen Verwendung – festzustellen. So würde ein Unternehmen unter rationalen Gesichtspunkten einen Vermögenswert veräußern, wenn dessen beizulegender Zeitwert abzüglich Verkaufskosten den Nutzungswert übersteigt et vice versa. Diese Überlegung erklärt, warum beide Beträge hier simultan betrachtet werden.

BEISPIEL:

Die Grund-und-Boden GmbH ist Eigentümerin eines Grundstücks mit einem Buchwert von 170 000 €. Aus diesem generiert sie jährliche Nettozahlungsüberschüsse i. H. v. 8 000 €. Die GmbH ermittelt auf Basis von Marktdaten einen Kalkulationszinssatz von 5 %. Am 1.12.2015 erhält sie ein Kaufangebot i. H. v. 150 000 € für dieses Grundstück. Weitere Kosten würden für die Grund-und-Boden GmbH bei der Transaktion nicht anfallen.

Einem Nettoveräußerungspreis i. H. v. 150 000 € steht hier ein Nutzungswert i. H. v. 8 000 € / 0,05 = 160 000 € gegenüber. Folglich ist der Nutzungswert als erzielbarer Betrag anzusetzen.

In begründeten Fällen genügt es, **nur einen der beiden Vergleichswerte** zur Ermittlung des erzielbaren Betrags zu **berechnen**. Dies gilt z. B. für folgende Fälle:

- Ist ein Vergleichswert höher als der Buchwert des untersuchten Vermögenswerts, so ist die Ermittlung des zweiten Vergleichswerts nicht notwendig. Eine Wertminderung liegt in diesem Fall nicht vor (IAS 36.19).
- Ist der beizulegende Zeitwert abzüglich Verkaufskosten für bestimmte Vermögenswerte nicht zuverlässig zu ermitteln, ist der Nutzungswert der erzielbare Betrag (IAS 36.20).
- Ist nicht zu erwarten, dass der Nutzungswert eines Vermögenswerts wesentlich über dem beizulegenden Zeitwert abzüglich Verkaufskosten liegt, braucht nur letzterer berechnet zu werden (IAS 36.24).

bb) Der beizulegende Zeitwert abzüglich Verkaufskosten (fair value less costs of disposal)

Für eine Bestimmung des beizulegenden Zeitwerts abzüglich Verkaufskosten ist zunächst der beizulegende Zeitwert zu bestimmen. Der beizulegende Zeitwert ist derjenige Betrag, den ein Unternehmen erzielen könnte, wenn es den Vermögenswert an einen Dritten unter Marktbedingungen veräußert (IAS 36.9). Einschlägig für die Ermittlung des beizulegenden Zeitwerts ist IFRS 13. Die Ermittlungsmethode für den beizulegenden Zeitwert folgt der Fair-Value-Hierarchie (IFRS 13.72) und ist somit von den zur Verfügung stehenden Daten abhängig. In Folge des IFRS 13 wurden IAS 36.25 bis IAS 36.27 gestrichen. Weiterhin sind mit IFRS 13 auch die vormals ausgeschlossenen kostenorientierten Bewertungsverfahren anwendbar.[1]

Verkaufskosten

Vom beizulegenden Zeitwert sind **die dem Verkauf des Vermögenswerts direkt zurechenbaren Kosten** abzuziehen. Diese Kosten sind entweder einem bindenden Angebot zu entnehmen oder zu schätzen. Beispielhaft nennt IAS 36.28 Gerichts- und Anwaltskosten, Transaktionssteuern und direkt zurechenbare Aufwendungen, um den Vermögenswert verkaufsbereit zu machen. Nicht zu berücksichtigen sind

Abfindungen und Restrukturierungsaufwendungen und solche Verkaufskosten, die bereits passiviert wurden.

Der beizulegende Zeitwert abzüglich Verkaufskosten ist wie folgt zu berechnen:

	Ermittlung des beizulegenden Zeitwerts
–	Abzug der direkt zurechenbaren Verkaufskosten
=	**Beizulegender Zeitwert abzüglich Verkaufskosten**

BEISPIEL:

Der Stahl AG liegt ein verbindliches Kaufangebot für eine ihrer Walzmaschinen i. H. v. 180 000 € vor. Vor dem Verkauf der Maschine entstünden ihr zusätzlich 8 000 € direkt zurechenbare Kosten durch Demontage und Verpackung der Maschine.

Der beizulegende Zeitwert abzüglich Verkaufskosten für diese Walzmaschine beträgt 172 000 €.

cc) Der Nutzungswert (value in use)

Die Berechnung des Nutzungswerts **basiert auf dem Grundgedanken einer ertragsorientierten Unternehmensbewertung**: Der Nutzungswert ist der Barwert der künftigen Zahlungsströme des betrachteten Vermögenswerts. Daher sind bei der Ermittlung des Nutzungswerts zwei wesentliche Elemente zu unterscheiden:

- Ermittlung des erwarteten Zahlungsstroms aus dem Vermögenswert und
- Kalkulation eines angemessenen Diskontierungszinssatzes.

Sind beide Komponenten verfügbar, kann zur Berechnung des Nutzungswerts der ermittelte Zahlungsstrom mit dem entsprechenden Zins diskontiert werden.

Zunächst sind die Informationsquellen zu identifizieren, aus denen Daten für die Ermittlung des Zahlungsstroms gewonnen werden. Ausgangspunkt dafür ist i. d. R. die **interne Planung des Bilanzierenden**. IAS 36.33-36.38 konkretisieren die Anforderungen, die an die verwendeten Planzahlen zu stellen sind. Demnach soll die Planung:

- auf **vernünftigen und vertretbaren Annahmen** des Managements beruhen. Dabei ist ein größeres Gewicht auf solche Annahmen zu legen, die durch externe Quellen gestützt werden.
- auf den **aktuellsten genehmigten Budgets** basieren. Dies soll verhindern, dass spezielle Planungsszenarien nur für den Wertminderungstest erstellt werden.
- grundsätzlich auf einem **Detailplanungszeitraum** (d. h. Planung von mindestens jährlichen Zahlungsströmen) **von maximal fünf Jahren** beruhen. Der Gesamtplanungszeitraum (Detailplanungszeitraum plus anschließende Rente) entspricht bei Vermögenswerten mit bestimmbarer Nutzungsdauer grundsätzlich der Nutzungsdauer des Vermögenswerts. Bei unbestimmbarer Nutzungsdauer ist an den Detailplanungszeitraum eine ewige Rente anzuhängen. Die für den Zahlungsstrom unterstellten Wachstumsraten außerhalb des Detailplanungszeitraumes dürfen die langfristig erwarteten Wachstumsraten der Branche nicht übersteigen. Ausnahmen sind nur zulässig, sofern sie gerechtfertigt sind. Dabei wird in den IFRS nicht konkretisiert, unter welchen Voraussetzungen eine Rechtfertigung anzunehmen ist.

Die Zusammensetzung der Zahlungsströme regeln IAS 36.39-36.53. Für die **in die Zahlungsströme aufzunehmenden Bestandteile** gilt Folgendes:

- Es sind alle prognostizierten Mittelzuflüsse aus der fortgesetzten Nutzung des Vermögenswerts sowie der erwartete Netto-Cashflow (auf Basis geschätzter künftiger Marktpreise) aus dessen Abgang einzubeziehen.
- Mittelabflüsse sind insoweit zu berücksichtigen, wie sie notwendig sind, um weiterhin Mittelzuflüsse aus dem Vermögenswert zu generieren. Sie müssen dem Vermögenswert nachvollziehbar zuordenbar sein. Auszahlungen für Erweiterungsinvestitionen sind nur dann zu berücksichtigen, wenn diese nötig sind, um den Vermögenswert nutzungs- oder verkaufsbereit zu machen (z. B. bei Anlagen im Bau).
- Die Zahlungsströme sind auf Basis des momentanen Zustands zu schätzen. D. h., vor allem künftige, noch nicht verpflichtende Restrukturierungen oder Verbesserungsinvestitionen sind bei der Schätzung nicht zu berücksichtigen.
- Die Zahlungsströme sind finanzierungs- und steuerneutral zu ermitteln, d. h., Cashflows aus Finanzierungstätigkeit oder Steuern sind nicht zu berücksichtigen.

Die Schätzung der Zahlungsströme erfolgt in der Währung, in der sie entstehen. Der Nutzungswert wird ggf. zunächst in der Fremdwährung berechnet und dann zum am Berechnungstag gültigen Devisenkassakurs (IAS 21.8) umgerechnet (IAS 36.54).

Der Diskontierungszinssatz ist ein **vermögensspezifischer Marktzinssatz**. Die Anforderungen des IAS 36 an eine Diskontierungsrate sind zunächst prinzipiell nach IAS 36.55-36.57 zu ermitteln:

- Der Diskontierungssatz ist ein Vorsteuerzinssatz, der die aktuelle Markteinschätzung hinsichtlich Zeitwert des Gelds und spezifischem Risiko des bewerteten Vermögenswerts widerspiegelt. Spezifische Risiken sind dabei nur insoweit zu berücksichtigen, wie sie nicht bereits bei der Ermittlung der Zahlungsströme berücksichtigt wurden. Im Gegensatz zu den unternehmensintern ermittelten Zahlungsströmen erfolgt die Kalkulation des Zinssatzes marktorientiert.
- Ein angemessener Diskontierungssatz entspricht der Rendite, die von Marktteilnehmern bei der Anlage in mit dem ermittelten Zahlungsstrom vergleichbare Auszahlungsprofile (hinsichtlich Höhe, Zeitpunkt und Risiko) erzielt werden kann. Erst wenn eine solche Marktrendite nicht beobachtbar ist, sind Kalkulationsverfahren – wie sie im Anhang des IAS 36 beschrieben werden – zu nutzen.

Aus dem Anhang des IAS 36 sind für die Ermittlung des Diskontierungszinssatzes die Regelung der IAS 36.A15-36.A21 relevant. Ergänzend zu IAS 36.55 f. ist demnach Folgendes für die **Anwendung von Kalkulationsverfahren** zu berücksichtigen:

- Ausgangspunkt einer Kalkulation können entweder die gewogenen durchschnittlichen Kapitalkosten des Unternehmens (WACC), die unternehmenseigenen Fremdkapitalgrenzkosten oder andere marktübliche Fremdkapitalzinssätze sein. Diese Werte sind jeweils an die für die Zahlungsströme relevanten Risiken anzupassen.
- Die Diskontierungsrate ist unabhängig von der Kapitalstruktur des Unternehmens, um eine finanzierungsneutrale Bewertung zu gewährleisten.

An den Kapitalmärkten sind i. d. R. keine Zinssätze für spezifische Zahlungsstromprofile beobachtbar. Daher werden der Berechnung des Diskontierungszinssatzes in der Praxis **überwiegend die gewogenen durchschnittlichen Kapitalkosten des Unternehmens** (WACC) zugrunde gelegt und entsprechend obiger Vorgaben angepasst. Die notwendige Anpassung basiert auf komplexen finanztheoretischen Überlegungen, die einer gesonderten Betrachtung bedürfen. Aus diesem Grund soll an dieser Stelle zu Einzelheiten bei der Ermittlung des Diskontierungszinssatzes auf Basis des WACC auf das weiterführende Schrifttum verwiesen werden[2]. Gleichwohl steht es den Bilanzierenden frei, andere Ausgangspunkte für die Kalkulation zu wählen.

Der Nutzungswert wird nach der Ermittlung von Zahlungsströmen und Diskontsatz als Barwert berechnet.

BEISPIEL:

Die Tunnel AG ist Eigentümerin einer Tiefbaumaschine, die eigens für sie gebaut wurde. Am 31.12.2015 beträgt der Buchwert der Maschine 650 000 €. Da es sich bei der Maschine um eine Spezialanfertigung handelt, ist ein Nettoveräußerungspreis nicht zu ermitteln. Der Nutzungswert ist demzufolge als erzielbarer Betrag anzusetzen. Die Maschine kann voraussichtlich noch drei Jahre genutzt werden. Im Jahr 2016 werden Einzahlungen i. H. v. 380 000 € und für 2017 und 2018 jeweils 400 000 € prognostiziert. Die Wartung und der Betrieb der Maschine verursachen jährlich 20 000 € Auszahlungen. In 2017 sind darüber hinaus Überholungsarbeiten erforderlich, die eine einmalige Auszahlung i. H. v. 5 000 € nötig werden lassen. Am Ende des Jahres 2018 ist die Maschine zu verschrotten. Dafür werden Auszahlungen i. H. v. 100 000 € nötig. Gleichzeitig erzielt die Tunnel AG durch den Verkauf des Schrottes voraussichtliche Einzahlungen i. H. v. 40 000 €. Für die Tiefbaumaschine hat die Tunnel AG ihre gewichteten Kapitalkosten an das Risikoprofil der Tiefbaumaschine angepasst und einen Diskontierungszinssatz i. H. v. 18 % vor Steuern ermittelt.

Somit ergibt sich folgende Berechnung:

Jahr	Einzahlungen	Auszahlungen	Cashflow	Diskontfaktor	Barwert
2016	380 000 €	20 000 €	360 000 €	$1/1{,}18=0{,}85$	306 000 €
2017	400 000 €	25 000 €	375 000 €	$(1/1{,}18)^2=0{,}72$	270 000 €
2018	440 000 €	120 000 €	320 000 €	$(1/1{,}18)^3=0{,}61$	195 200 €
Summe der Barwerte					771 200 €

Der Nutzungswert der Maschine beträgt 771 200 €. Dieser entspricht dem erzielbaren Betrag. Da er über dem Buchwert der Maschine i. H. v. 650 000 € liegt, ist keine Wertminderung erforderlich.

4. Zahlungsmittelgenerierende Einheiten

Nach IAS 36.66 ist ein Wertminderungstest grundsätzlich für einen einzelnen Vermögenswert durchzuführen. Häufig ist es indes nicht möglich, Zahlungsströme für einen einzelnen Vermögenswert zu bestimmen. In einem solchen Fall ist der Wertminderungstest auf Basis einer zahlungsmittelgenerierenden Einheit durchzuführen. Eine zahlungsmittelgenerierende Einheit ist dabei die **kleinste Gruppe von Vermögenswerten, welche** den zu untersuchenden Vermögenswert enthält und **im Wesentlichen unabhängig von anderen Vermögenswerten Zahlungsmittel generiert**. Die Definition einer zahlungsmittelgenerierenden Einheit stellt somit sicher, dass für diese Einheit Zahlungsmittelströme identifiziert werden können und somit der Nutzungswert für diese Einheit zu ermitteln ist.

IAS 36 liefert **keine abschließenden Kriterien** zur Identifizierung einer zahlungsmittelgenerierenden Einheit. Prinzipiell liegt eine solche Einheit gem. IAS 36.70 immer dann vor, wenn ein aktiver Markt für die von dem Vermögenswert beziehungsweise der Gruppe von Vermögenswerten produzierten Erzeugnisse oder Dienstleistungen besteht. Eine tatsächliche Weiterveräußerung der Erzeugnisse oder Dienstleistungen ist für die Identifizierung der zahlungsmittelgenerierenden Einheit nicht erforderlich. IAS 36.130 (d) (i) nennt einige Beispiele dafür, wie eine zahlungsmittelgenerierende Einheit definiert sein kann. So kommt z. B. eine Produktlinie, ein Werk, ein Geschäftsbereich, ein bestimmtes geographisches Gebiet oder ein Segment gem. IFRS 8 in Betracht. IAS 36.IE Example 1 zeigt darüber hinaus anhand von vier verschiedenen Beispielen, wie eine zahlungsmittelgenerierende Einheit in Einzelfällen ausgestaltet sein und identifiziert werden kann. Die tatsächliche Abgrenzung einer zahlungsmittelgenerierenden Einheit bietet dem bilanzierenden Unternehmen **weit reichende Ermessensspielräume**. Die gewählten Kriterien zur Bestimmung einer zahlungsmittelgenerierenden Einheit sind im Zeitablauf indes stetig anzuwenden, sofern keine Änderung der Kriterien gerechtfertigt ist.

Für die Berechnung des erzielbaren Betrags einer zahlungsmittelgenerierenden Einheit sind gem. IAS 36.74 **die Vorschriften für die Berechnung des erzielbaren Betrags bei einem einzelnen Vermögenswert anzuwenden**. Im Rahmen der Berechnung des Nutzungswerts können Probleme bei der Anwendung der IAS 36.19-36.57 auf zahlungsmittelgenerierende Einheiten auftreten. So ist z. B. die Festlegung des Gesamtnutzungszeitraums problematisch. Bei unbestimmter Nutzungsdauer der gesamten Einheit ist der Gesamtplanungszeitraum unbegrenzt. Ansonsten ist auf den führenden Vermögenswert[3] oder auf den längstlebenden Vermögenswert abzustellen.

Der Buchwert einer zahlungsmittelgenerierenden Einheit ist in Übereinstimmung mit dem Vorgehen bei der Identifizierung einer zahlungsmittelgenerierenden Einheit zu ermitteln und umfasst gem. IAS 36.76 alle Vermögenswerte, die sich dieser Einheit direkt zurechnen lassen oder dieser durch nachvollziehbare und konsistente Schlüsselung zugeordnet werden können. Zu berücksichtigen sind folglich:

- alle direkt zuordenbaren Vermögenswerte,
- der anteilige Buchwert der zugeordneten gemeinschaftlichen Vermögenswerte (z. B. das von mehreren zahlungsmittelgenerierenden Einheiten genutzte Forschungszentrum oder die Konzernzentrale) sowie
- der anteilige Buchwert des zugeordneten Geschäfts- oder Firmenwerts.

Die **anteilige Zuordnung** nicht separat bewertungsfähiger Vermögenswerte zu einzelnen zahlungsmittelgenerierenden Einheiten ist **problematisch**. Entsprechende Regelungen für gemeinschaftlich genutzte Vermögenswerte finden sich in den Vorschriften der IAS 36.100-36.103 und für den Geschäfts- oder Firmenwert in IAS 36.80-36.99.

Gemeinschaftlich genutzte Vermögenswerte

Gemeinschaftlich genutzte Vermögenswerte erzeugen keine unabhängigen Mittelzuflüsse. Sie stehen daher **immer in Verbindung mit anderen Vermögenswerten**. Bei der Zuordnung von Buchwerten gemeinschaftlich genutzter Vermögenswerte beziehungsweise Teilen davon ist Folgendes zu beachten:

- Ist zumindest ein Teil des Buchwerts eines gemeinschaftlich genutzten Vermögenswerts vernünftig und dauerhaft einer zahlungsmittelgenerierenden Einheit zuordenbar, wird dessen (Teil-)Buchwert beim Buchwert dieser Einheit erfasst. Der Wertminderungstest erfolgt dann unter Einbeziehung des entsprechenden Anteils des gemeinschaftlich genutzten Vermögenswerts (IAS 36.102 (a)).
- Ist eine solche Zuordnung nicht möglich, ist der Wertminderungstest zunächst ohne Berücksichtigung des gemeinschaftlich genutzten Vermögenswerts durchzuführen. Anschließend ist solange nach einer Gruppe zahlungsmittelgenerierender Einheiten zu suchen, bis wenigstens eine Teilzuordnung des gemeinschaftlich genutzten Vermögenswerts möglich ist. Auf dieser Ebene ist dann der Wertminderungstest durchzuführen (IAS 36.102b)).

Die Schlüsselung für die Zuordnung kann in Anlehnung an die Verteilung von Gemeinkosten auf Kostenstellen oder z. B. im Verhältnis zum Jahresumsatz oder Ertrag erfolgen.

Geschäfts- oder Firmenwert

Auch Geschäfts- oder Firmenwerte generieren **keine unabhängigen Mittelzuflüsse**. Der Geschäfts- oder Firmenwert wird als die Zahlung definiert, die ein Erwerber bei einer Unternehmensübernahme in Erwartung eines künftigen wirtschaftlichen Nutzens über den beizulegenden Zeitwert der erworbenen Vermögenswerte abzüglich Schulden hinaus bereit ist zu leisten. Für Geschäfts- oder Firmenwerte ist ein quantitativer Wertminderungstest zwingend jährlich durchzuführen, wobei der Zeitpunkt des Tests für jede zahlungsmittelgenerierende Einheit frei gewählt werden kann. Als Ausnahme erlaubt IAS 36.99 die Übernahme des erzielbaren Betrags der Vorperiode ohne Neuberechnung unter folgenden kumulativ zu erfüllenden Bedingungen:

- Die Vermögenswerte und Schulden der zahlungsmittelgenerierenden Einheit haben sich seit dem letzten Testzeitpunkt nicht wesentlich geändert,
- die letzten Berechnungen ergaben einen deutlich über dem Buchwert liegenden erzielbaren Betrag und
- eine Analyse der Änderung des Umfelds seit dem letzten Testzeitpunkt ergibt eine sehr geringe Wahrscheinlichkeit dafür, dass der Buchwert den erzielbaren Betrag übersteigt.

Für die **Zuordnung des Geschäfts- oder Firmenwerts** zu bestimmten zahlungsmittelgenerierenden Einheiten gibt IAS 36.80 die folgenden Hinweise:

- Der Geschäfts- oder Firmenwert ist den zahlungsmittelgenerierenden Einheiten zuzuordnen, die von den Synergien des zu Grunde liegenden Unternehmenszusammenschlusses profitieren. Eine bereits bestehende Zuordnung anderer Vermögenswerte oder Schulden aus dem Unternehmenszusammenschluss zur gleichen zahlungsmittelgenerierenden Einheit ist dabei unbeachtlich.
- Die Zuordnung muss auf der niedrigsten Unternehmensebene erfolgen, auf der der Geschäfts- oder Firmenwert vom Management überwacht wird. Die Implementierung einer neuen Berichtsebene nur für den Wertminderungstest ist allerdings nicht erforderlich.

- Die zahlungsmittelgenerierenden Einheiten, bei denen die Zuordnung erfolgt, dürfen nicht größer als ein operatives Geschäftssegment nach IFRS 8 sein.

Die Schlüsselung für die Zuordnung einzelner Teile des Geschäfts- oder Firmenwerts kann entsprechend der Synergieeffekte oder nach den gleichen Prinzipien wie bei gemeinschaftlich genutzten Vermögenswerten erfolgen.

BEISPIEL:

Die Pharma GmbH ist ein erfolgreicher mittelständischer Hersteller von Kopfschmerztabletten (K), Schlaftabletten (S) und Hustensaft (H). Durch neue gesetzliche Regelungen ist ab der kommenden Berichtsperiode mit einem Preisrückgang für Medikamente zu rechnen. Ein Wertminderungsindikator i. S. d. IAS 36.8 liegt vor.

Entsprechend der Produktlinien hat das Unternehmen seine zahlungsmittelgenerierenden Einheiten identifiziert. Ein Nettoveräußerungspreis kann für diese nicht bestimmt werden. Aus der aktuellen Berechnung der Nutzungswerte für die Produktlinien resultieren folgende Beträge: für K 340 000 €, für S 180 000 € und für H 150 000 €. Der Umsatz der Produktlinie K betrug in der aktuellen Periode 300 000 €, der von S 200 000 € und der von H 500 000 €.

Die Produktlinie K verfügt über direkt zuordenbare Vermögenswerte mit einem Buchwert i. H. v. 200 000 €, die Produktlinie S über solche i. H. v. 100 000 € und H i. H. v. 125 000 €.

Alle drei Produktlinien nutzen das zentrale Labor, für das ein Buchwert i. H. v. 50 000 € ermittelt wurde, gemeinsam. Die Nutzung des Labors ist zwischen K und S jedoch nicht eindeutig aufteilbar. Für die zentrale Verwaltung konnte ein Buchwert i. H. v. 20 000 € festgestellt werden.

Vor einigen Jahren erwarb die Pharma GmbH ein kleineres Unternehmen zur Verstärkung der Produktlinie H, aus dem noch ein Geschäfts- oder Firmenwert i. H. v. 30 000 € resultiert. 10 % der aus dieser Akquisition entstandenen Synergien waren der Produktlinie K zuzuordnen.

Damit kann der Wertminderungstest für die zahlungsmittelgenerierenden Einheiten nun wie folgt durchgeführt werden (alle Angaben in Tausend €):

Stufe	Produktlinie	Einzelbuchwert	Verteilung Geschäftswert	Verteilung Verwaltung	Verteilung Labor	Gesamtbuchwert	Nutzungswert	Wertminderung
1.	K	200	3	6	n. a.	209	340	–
	S	100	–	4	n. a.	104	180	–
	H	125	27	10	25	187	150	37
2.	K+S	300	3	10	25	338	520	–

Der Geschäfts- oder Firmenwert wird entsprechend der Synergieeffekte zugeordnet. Die Schlüsselung des Buchwerts der Verwaltung erfolgt im Verhältnis der Jahresumsatzerlöse. Da die Nutzung des Labors zwischen K und S nicht aufteilbar ist, muss an dieser Stelle zunächst ein Wertminderungstest für K und S ohne Berücksichtigung des Labors erfolgen (1. Stufe). Dazu vergleicht man die Buchwerte der Produktlinien einschließlich des verteilten Geschäftswerts und der Verwaltung mit den Nutzungswerten (die hier die erzielbaren Beträge sind) von K und S. Im vorliegenden Fall steht bei K einem Buchwert i. H. v. 209 000 € ein Nutzungswert i. H. v. 340 000 € gegenüber. Für S wird der Buchwert mit 100 000 € + 4 000 € = 104 000 € beziffert, welcher mit dem Nutzungswert i. H. v. 180 000 € verglichen werden muss. Sowohl für K wie auch für S liegen die Nutzungswerte über den Buchwerten. Eine Wertminderung ist an dieser Stelle also nicht vorzunehmen.

Nun kann zur Verteilung des Buchwerts des Labors aus K und S eine Gruppe zahlungsmittelgenerierender Einheiten gebildet werden (2. Stufe). Der Buchwert des Labors wird im Verhältnis der Umsatzerlöse zwischen der Gruppe aus K und S und der Produktlinie H verteilt. Anschließend sind die Gesamtbuchwerte der zahlungsmittelgenerierenden Einheiten mit deren Nutzungswerten zu vergleichen.

Die Pharma GmbH muss die zahlungsmittelgenerierende Einheit H um 37 000 € wertmindern. Für die Gruppe zahlungsmittelgenerierender Einheiten aus K und S ist keine Wertminderung erforderlich.

5. Erfassung von Wertminderungen

Ist ein Wertminderungsaufwand identifiziert und quantifiziert worden, ist dieser zu erfassen. **Ausgangspunkt für die Erfassung ist IAS 36.60**. Der Wertminderungsaufwand ist danach:

- als **Aufwand** zu erfassen, wenn der Vermögenswert zu **fortgeführten AK/HK** bewertet wird.
- in der **Neubewertungsrücklage und im sonstigen Ergebnis** zu erfassen, wenn der Vermögenswert nach der **Neubewertungsmethode** bewertet wird. Der die Neubewertungsrücklage übersteigende Betrag des Wertminderungsaufwands ist im Aufwand zu erfassen.

Denkbar ist auch, dass der sich ergebende Wertminderungsaufwand den Buchwert des Vermögenswerts übersteigt, z. B. wenn der Nutzungswert negativ ist. In diesem Fall wird der Vermögenswert auf null abgeschrieben. Ein verbleibender Betrag darf nur dann als Schuld passiviert werden, wenn dies ein anderer Standard (z. B. IAS 37) verlangt (IAS 36.62).

In IAS 36.63 wird darauf hingewiesen, dass im Anschluss an die Erfassung des Wertminderungsaufwands bei planmäßig abzuschreibenden Vermögenswerten der Abschreibungsplan anzupassen ist. Der erzielbare Betrag als neuer Buchwert ist der Ausgangspunkt für künftige planmäßige Abschreibungen. Entsprechend sind die latenten Steuern anzupassen.

Bei zahlungsmittelgenerierenden Einheiten ist für die bilanzielle Behandlung von Wertminderungen **eine bestimmte Reihenfolge** vorgeschrieben.

- Zuerst ist ein der zahlungsmittelgenerierenden Einheit zugeordneter Geschäfts- oder Firmenwert im Wert zu mindern.
- Danach ist ein ggf. verbleibender Wertminderungsaufwand auf die Vermögenswerte der zahlungsmittelgenerierenden Einheit, die in den Anwendungsbereich des IAS 36 fallen, wie folgt aufzuteilen:

Basis der Verteilung sind die Buchwerte der einzelnen Aktiva (IAS 36.104 (b)).

Der Buchwert eines einzelnen Vermögenswerts darf dabei nicht unter seinen beizulegenden Zeitwert abzüglich Verkaufskosten, seinen Nutzungswert (sofern die letzten beiden bestimmbar sind), oder null sinken (IAS 36.105). Wurde die einem Vermögenswert im ersten Schritt zugeordnete Wertminderung nicht vollständig erfasst, da die Erfassung der Wertminderung durch den Nutzungswert begrenzt war, ist die verbleibende Wertminderung auf die anderen Vermögenswerte pro rata zu verteilen.

Eine zusätzliche Rückstellung für einzelne Vermögenswerte ist ausgeschlossen. Sie kann ausnahmsweise nur dann erfolgen, wenn alle in Frage kommenden Vermögenswerte voll abgeschrieben sind und ein anderer Standard diese Passivierung fordert (IAS 36.108).

Die Erfassung des Wertminderungsaufwands erfolgt dabei je nach Bewertungsmethode (fortgeführte AK/HK oder Neubewertungsmethode) im sonstigen Ergebnis bzw. im Gewinn oder Verlust.

BEISPIEL:

Die Chemie AG fertigt an einem Standort in Deutschland einen Spezialkunststoff. Dafür betreibt sie an diesem Standort drei Produktionsanlagen und ein Rohrleitungsnetz. Die Produktionsanlagen und das Rohrleitungsnetz sind einzeln bewertbar, erzeugen allerdings nicht unabhängig voneinander Zahlungsströme. Die Chemie AG bewertet die Produktionsanlagen zu fortgeführten Anschaffungskosten und das Rohrleitungsnetz nach der Neubewertungsmethode. Für das Rohrleitungsnetz besteht eine Neubewertungsrücklage i. H. v. 10 000 €. Dem Standort ist aus früheren Transaktionen ein Geschäftswert i. H. v. 20 000 € zugeordnet.

Auf Grund eines von einem Konkurrenten entwickelten neuen Kunststoffs ist künftig mit einem Nachfragerückgang nach dem Spezialkunststoff der Chemie AG zu rechnen. Ein Wertminderungsindikator liegt vor. Dementsprechend wurde ein aktueller Nutzungswert für den Standort ermittelt. Die Nettoveräußerungspreise der einzelnen Anlagen wurden aktualisiert. Die Situation der Chemie AG stellt sich nun wie folgt dar:

	Buchwert	Nettoveräußerungspreis	Nutzungswert	Erzielbarer Betrag
Anlage 1	40 000 €	45 000 €	–	45 000 €
Anlage 2	80 000 €	40 000 €	–	40 000 €
Anlage 3	50 000 €	20 000 €	–	20 000 €
Rohrleitungen	60 000 €	30 000 €	–	30 000 €
Geschäftswert	20 000 €	–	–	–
Standort	250 000 €	135 000 €	150 000 €	150 000 €

Zunächst ist der gesamte Standort zu betrachten. Durch Vergleich von Buchwert und erzielbarem Betrag lässt sich ein Wertminderungsaufwand i. H. v. 100 000 € ermitteln. Dieser muss aufgeteilt werden und ist zunächst ergebniswirksam im Geschäftswert zu erfassen:

Wertminderungsaufwand an Geschäftswert 20 000 €

Die verbleibenden 80 000 € sind auf die Produktionsanlagen entsprechend ihre Buchwerte zu verteilen. Dabei ist zu berücksichtigen, dass eine Wertminderung der Anlage 1 nicht erfolgen darf, da ihr erzielbarer Betrag über dem Buchwert liegt. Die verbleibenden 80 000 € sind also im Verhältnis der Buchwerte auf die Anlagen 2 und 3 sowie auf das Rohrleitungsnetz (Summe der drei Buchwerte 190 000 €) zu verteilen: 80 000 €/190 000 € = 0,42105, d. h. die Buchwerte sind um jeweils ca. 42,1 % zu mindern:

Wertminderungsaufwand		an Anlage 2	33 680 €
Wertminderungsaufwand		an Anlage 3	21 050 €
Neubewertungs-RL/sonstiges Ergebnis	10 000 €		
Wertminderungsaufwand	15 270 €	an Rohrleitungsnetz	25 270 €

Zu beachten ist hierbei, dass bei Verwendung der Neubewertungsmethode zwingend zuerst die Neubewertungsrücklage unter Ausweis im sonstigen Ergebnis aufzulösen ist, bevor eine vollständig erfolgswirksame Aufwandsbuchung erfolgen kann. Die Änderung der Neubewertungsrücklage ist außerdem in der Gesamtergebnisrechnung auszuweisen. Für die Chemie AG ergibt sich abschließend folgendes Bild:

	bisheriger Buchwert	erzielbarer Betrag	Abschreibungs-bedarf	neuer Buchwert
Anlage 1	40 000 €	45 000 €	0 €	40 000 €
Anlage 2	80 000 €	40 000 €	33 680 €	46 320 €
Anlage 3	50 000 €	20 000 €	21 050 €	28 950 €
Rohrleitungen	60 000 €	30 000 €	25 270 €	34 730 €
Geschäftswert	20 000 €	–	20 000 €	0 €
Standort	250 000 €	150 000 €	100 000 €	150 000 €

6. Wertaufholungen

Wertaufholungen sind **grundsätzlich für alle Vermögenswerte** (einschließlich zahlungsmittelgenerierender Einheiten) durchzuführen. Einzige Ausnahme diesbezüglich sind wertgeminderte Geschäfts- oder Firmenwerte. Bei diesen darf nach IAS 36.124 keine Zuschreibung erfolgen.

Jährliche Überprüfung

Nachdem ein Vermögenswert wertgemindert wurde, ist gem. IAS 36.110 an jedem folgenden Bilanzstichtag eine **Überprüfung dahingehend** vorzunehmen, **ob die Wertminderung noch besteht** oder aber eine Zuschreibung zu erfassen ist. Zur Beurteilung dieser Frage können in umgekehrter Art und Weise die in IAS 36.12 genannten Indikatoren dienen (IAS 36.111-36.112). So kann z. B. der Wegfall von Umständen, die zur Wertminderung führten, oder eine günstige Entwicklung des Umfelds dazu führen, dass die Wertminderung hinfällig geworden ist. Eine Zuschreibung aus dem Grund, dass sich der Nutzungswert eines Vermögenswerts erhöht, weil die künftigen Zahlungsströme näher rücken, ist verboten (IAS 36.116). Liegen Anzeichen für einen Wertaufholungsbedarf vor, ist der erzielbare Betrag unter den geänderten Voraussetzungen neu zu berechnen (IAS 36.114-36.115).

Die Wertaufholung erfolgt durch **Erhöhung des aktuellen Buchwerts auf den neu berechneten erzielbaren Betrag**. Die Erhöhung des Buchwerts ist allerdings beschränkt. Eine Zuschreibung darf nur bis zu dem Betrag erfolgen, der dem aktuellen Buchwert entsprechen würde, wenn die Wertminderung nicht stattgefunden hätte.

Auch bei der Bilanzierung von Wertaufholungen ist zwischen der Bewertung zu fortgeführten AK/HK und zu einem Neubewertungsbetrag zu differenzieren (IAS 36.119). Für Vermögenswerte, die zu fortgeführten AK/HK bewertet werden, ist die Wertaufholung im Gewinn oder Verlust zu erfassen. Für solche, die nach der Neubewertungsmethode bewertet werden, ist die Wertaufholung im sonstigen Ergebnis zu erfassen und die Neubewertungsrücklage zu erhöhen. Eine Ausnahme besteht diesbezüglich, wenn auch hier die Wertminderung erfolgswirksam erfasst wurde. Dann ist auch die Zuschreibung zunächst erfolgswirksam zu erfassen.

Die Regelungen des IAS 36 zu Wertaufholungen können im **Widerspruch zu *IAS 34*** – *Zwischenberichterstattung* stehen. Die Häufigkeit der Zwischenberichterstattung darf gem. IAS 34.28 keinen Einfluss auf das Jahresergebnis haben. Folgt man dem IAS 34.28 weiter, hat ein Unternehmen somit die Regelung des IAS 36.124 anzuwenden und darf somit einen wertgeminderten Geschäfts- oder Firmenwert nicht wieder zuschreiben. Für zwei gleichartige Unternehmen mit unterschiedlich häufiger Berichterstattung kann dies zu verschiedenen Jahresergebnissen führen. Dies ist insbesondere dann der Fall, wenn ein Unternehmen bereits eine Wertminderung vorgenommen hat, der Grund für diese jedoch entfällt, bevor das andere Unternehmen die Wertminderung durchführt. IFRIC 10 löst diesen Konflikt nicht, legt jedoch fest, dass die spezielle Regelung des IAS 36.124 der des IAS 34.28 vorgeht. Ein einmal wertgeminderter Geschäfts- oder Firmenwert ist also unter keinen Umständen wieder zuzuschreiben.

Die Wertaufholung für zahlungsmittelgenerierende Einheiten erfolgt ebenfalls **spiegelbildlich zur Wertminderung**. Der Höchstbetrag der Wertaufholung ist dabei als niedrigerer Wert aus dem erzielbaren Betrag und dem fiktiven aktuellen Buchwert (also dem Buchwert, den die Einheit hätte, wenn keine Wertminderung vorgenommen worden wäre) definiert. Der Geschäfts- oder Firmenwert darf auch dann nicht zugeschrieben werden, wenn bereits alle anderen Vermögenswerte auf ihre einzeln maximal zulässigen Höchstbeträge zugeschrieben wurden.

7. Anhangangaben

Für eine **gleichartige Gruppe von Vermögenswerten** ist gem. IAS 36.126 anzugeben, wie Wertminderungen und Wertaufholungen bilanziert und in welcher Höhe sie erfasst wurden. Dabei ist zwischen zu fortgeführten AK/HK und zum Neubewertungsbetrag angesetzten Vermögenswerten zu unterscheiden. Diese Informationen können z. B. im Rahmen des Anlagenspiegels bereitgestellt werden.

Erfolgt eine **Segmentberichterstattung** gem. IFRS 8, sind die Wertminderungen und Wertaufholungen auch für die anzugebenden Segmente darzulegen. Eine Unterteilung nach Gruppen von Vermögenswerten ist dabei nicht notwendig.

Ist die Wertminderung beziehungsweise Wertaufholung für den gesamten Abschluss wesentlich, sind gem. IAS 36.131 die wichtigsten Ereignisse und Umstände der Wertminderung sowie die wichtigsten betroffenen Gruppen von Vermögenswerten darzulegen.

Darüber hinaus kann gem. IAS 36.130 eine Vielzahl von zusätzlichen Angaben nötig werden, **wenn die einzelne Wertminderung beziehungsweise Wertaufholung wesentlich ist:**

- Grundsätzlich muss dann die Ermittlung des erzielbaren Betrags erläutert werden. Wird der beizulegende Zeitwert abzüglich Verkaufskosten genutzt, sind dessen Ermittlungsgrundlage (insbesondere, ob diese aus einem aktiven Markt resultiert) und – sofern er auf Basis diskontierter Zahlungsströme ermittelt wird – einer Kalkulation zugrunde liegende Annahmen sowie ggf. Zinssätze anzugeben. Für den Nutzungswert müssen ebenfalls Ausführungen zum Diskontierungszinssatz und zu den der Kalkulation der Zahlungsströme zugrunde liegenden Annahmen gemacht werden.
- Für einzelne Vermögenswerte sind außerdem die Gründe und Beträge der Wertminderung, die Art des Vermögenswerts und dessen Zugehörigkeit zu Berichtssegmenten aufzuführen.
- Bei zahlungsmittelgenerierenden Einheiten sind neben den Gründen und Beträgen der Wertminderung zusätzlich Angaben zur Abgrenzung und Identifizierung der Einheit und ggf. solche zu Änderungen der Größe und Zusammensetzung der zahlungsmittelgenerierenden Einheiten zu machen.
- Ist ein Geschäfts- oder Firmenwert beziehungsweise ein immaterieller Vermögenswert mit unbestimmter Nutzungsdauer wesentlicher Teil der zahlungsmittelgenerierenden Einheit, müssen zusätzlich deren Buchwerte, eine ggf. erfolgte Schlüsselung sowie die Basisannahmen für deren Berechnung offengelegt werden.
- Das IASB hat im Mai 2013 eine Klarstellung zu den „Angaben zum erzielbaren Betrag bei nicht-finanziellen Vermögenswerten (Änderungen zu IAS 36)" veröffentlicht. Im Zuge der Verabschiedung von IFRS 13 haben sich auch Auswirkungen auf die Anhangangaben des IAS 36 ergeben. Demzufolge wäre unabhängig von der Wertminderung einer zahlungsmittelgenerierenden Einheit die Angabe des erzielbaren Betrags notwendig, wenn der Buchwert des Geschäfts- oder Firmenwerts bzw. der immateriellen Vermögenswerte mit unbestimmter Nutzungsdauer an dieser Einheit im Vergleich zum Gesamtbuchwert des Geschäfts- oder Firmenwerts bzw. der immateriellen Vermögenswerte mit unbestimmter Nutzungsdauer wesentlich ist. Mit der Veröffentlichung stellt das IASB klar, dass Informationen über den erzielbaren Betrag nur anzugeben sind, wenn dieser Betrag auf dem beizulegenden Zeitwert abzüglich Verkaufskosten basiert und es sich um wertgeminderte Vermögenswerte oder zahlungsmittelgenerierende Einheiten handelt. Weiterhin berücksichtigen die Änderungen Klarstellungen, welche Angaben im Falle einer Wertminderung auf Basis des beizulegenden Zeitwerts abzüglich Verkaufskosten zu machen sind. Die Änderungen sind für Geschäftsjahre anzuwenden, die am oder nach dem 1. Januar 2014 beginnen. Eine frühere Anwendung ist zulässig, sofern auch IFRS 13 angewendet wird.

8. Weiterführende Literatur

Freiberg/Lüdenbach, Ermittlung des Diskontierungszinssatzes nach IAS 36, KoR 2005, S. 479-487;

Klingels, Die cash generating unit nach IAS 36 im IFRS-Jahresabschluß, Berlin 2005;

Schmusch/Laas, Werthaltigkeitsprüfungen nach IAS 36 in der Interpretation des IDW RS HFA 16, WPg 2006, S. 1048-1060.

VII. Änderungen des Abschlusses

RELEVANTE STANDARDS

IFRS 1 – Erstmalige Anwendung der IFRS
IAS 1 – Darstellung des Abschlusses
IAS 8 – Bilanzierungs- und Bewertungsmethoden, Änderungen von Schätzungen und Fehler
IAS 10 – Ereignisse nach dem Bilanzstichtag
IAS 12 – Ertragsteuern
IAS 23 – Fremdkapitalkosten
IAS 33 – Ergebnis je Aktie
IAS 34 – Zwischenberichterstattung

KERNAUSSAGEN

- Um dem Rechnungslegungszweck der IFRS – der Vermittlung von entscheidungsnützlichen Informationen – gerecht zu werden, sind bei der Abschlusserstellung die Regelungen des IAS 8 zu Rechnungslegungsmethoden, Änderungen von rechnungslegungsbezogenen Schätzungen und Fehlern zu beachten, welche die **Vergleichbarkeit** der dargestellten Abschlussinformationen gewährleisten sollen.
- **Rechnungslegungsmethoden** sind regelmäßig **retrospektiv** zu ändern. Der Anpassungsbedarf wird **erfolgsneutral** mit dem Saldovortrag der Gewinnrücklagen verrechnet. Die Vergleichsinformationen aus Vorjahren sind anzupassen. Ebenso besteht die Möglichkeit, die Änderungen rein **prospektiv** zu erfassen, also auf Anpassungen für Vorjahre zu verzichten, sofern die Ermittlung der entsprechenden Auswirkungen impraktikabel ist.
- **Änderungen von Schätzungen** sind regelmäßig **erfolgswirksam** und **prospektiv** zu erfassen. Bei Änderungen, die sich ausschließlich auf das Berichtsjahr beziehen, sind die Auswirkungen nur im betroffenen Jahr zu erfassen. Wenn sich die Schätzungsänderung jedoch auch auf Folgeperioden auswirkt, so sind die Auswirkungen der Schätzungsänderungen jeweils in der Periode zu erfassen, die sie betreffen.
- **Fehler** aus Vorperioden, die auch bewusst zwecks Verzerrung der dargestellten Unternehmenslage in Vorperioden eingebaute, per se unbedeutende Fehler umfassen, sind **retrospektiv** und **erfolgsneutral** mit dem Saldovortrag der betroffenen Eigenkapitalposition zu verrechnen. Die Vorjahresinformationen sind entsprechend anzupassen. Für Fehler der aktuellen Berichtsperiode wird indes davon ausgegangen, dass diese vor Veröffentlichung des Abschlusses behoben werden.

1. Anwendungsbereich und Zielsetzung von IAS 8

Einhaltung des Rechnungslegungszwecks

IAS 8 regelt die bilanzielle Behandlung von **Schätzungsänderungen** und **grundlegenden Fehlern** aus Vorperioden im Rahmen der Abschlusserstellung. Des Weiteren werden mit IAS 8 Vorschriften zur Behandlung von **Änderungen der Rechnungslegungsmethoden** getroffen. Diese Regelungen sind erforderlich, da die Beachtung aller Standards gem. IAS 1.15 zu IFRS-Abschlüssen führen soll, die ein den tatsächlichen Verhältnissen entsprechendes Bild der Vermögens-, Finanz- und Ertragslage vermitteln. Darüber hinaus enthält IAS 8 Leitlinien, die beim Fehlen eines spezifischen Standards bzw. einer Interpretation zu beachten sind.

Zur Zielsetzung des Standards gehört gem. IAS 8.1 dementsprechend explizit die **Verbesserung der Relevanz** *(relevance)* **und Zuverlässigkeit** *(reliability)* der mit einem IFRS-Abschluss vermittelten Informationen sowie die **Förderung der Vergleichbarkeit** (*comparability*) von IFRS-Abschlüssen – sowohl intertemporal als auch unternehmensübergreifend. Relevanz, Zuverlässigkeit und Vergleichbarkeit sind dabei jene zentralen Eigenschaften eines IFRS-Abschlusses, die als zugrunde liegende Annahmen eines jeden Abschlusses im Rahmenkonzept des IASB verankert sind (vgl. S. 57 ff.).[1] Die Vergleichbarkeit von Abschlüssen ist grundsätzlich nicht gesichert, wenn bereits veröffentlichte Abschlüsse nachträglich geändert werden, oder wenn ein Unternehmen in Folgeperioden alternative und damit nicht konsistente Bilanzierungs- und Bewertungsmethoden anwendet. Diesen Schwierigkeiten wird mit den in IAS 8 dargestellten Regelungen begegnet. Explizit **nicht berücksichtigt** werden darf der Standard hingegen **bei der erstmaligen Erstellung** eines vollständigen IFRS-Abschlusses. In diesem Fall sind die Vorschriften in IFRS 1 zu beachten (vgl. S. 723 ff.). Auch die aus Fehlerkorrekturen bzw. aus der Änderung von Bilanzierungs- und Bewertungsmethoden resultierenden **steuerlichen Auswirkungen** fallen **nicht** in den Anwendungsbereich des IAS 8. Vielmehr gehören diese steuerlichen Auswirkungen zum Regelungsbereich des IAS 12 (vgl. S. 408 ff.).

2. Änderungen von Rechnungslegungsmethoden

a) Definition und Ermittlung von Rechnungslegungsmethoden

Gemäß IAS 8.5 sind Rechnungslegungsmethoden **besondere Prinzipien, grundlegende Überlegungen, Konventionen, Regeln und Praktiken**, die ein Unternehmen bei der Aufstellung und Darstellung eines Abschlusses anwendet. Grundsätzlich soll ein Abschluss, der nach den in den einzelnen Standards festgelegten Bilanzierungs- und Bewertungsmethoden aufgestellt wird, entsprechend der Darstellungen auf S. 57 entscheidungsnützliche Informationen enthalten. Wie zu verfahren ist, wenn **kein Rechnungslegungsstandard bzw. keine Rechnungslegungsinterpretation** für einen zu beurteilenden Geschäftsvorfall **vorhanden** ist, ist in IAS 8.10-8.12 geregelt. In diesem Fall hat das Management darüber zu entscheiden, welche Bilanzierungs- und Bewertungsmethode zu entwickeln und anzuwenden ist (vgl. S. 37 ff.). Gemäß den Leitlinien in IAS 8.11 und IAS 8.12 sind dabei die in Abb. F.13 dargestellten Quellen heranzuziehen (in absteigender Reihenfolge):[2]

Zur ausführlichen Erläuterung der Ermittlung von Rechnungslegungsmethoden im Falle einer Regelungslücke wird an dieser Stelle auf die Ausführungen auf S. 37 ff. verwiesen.

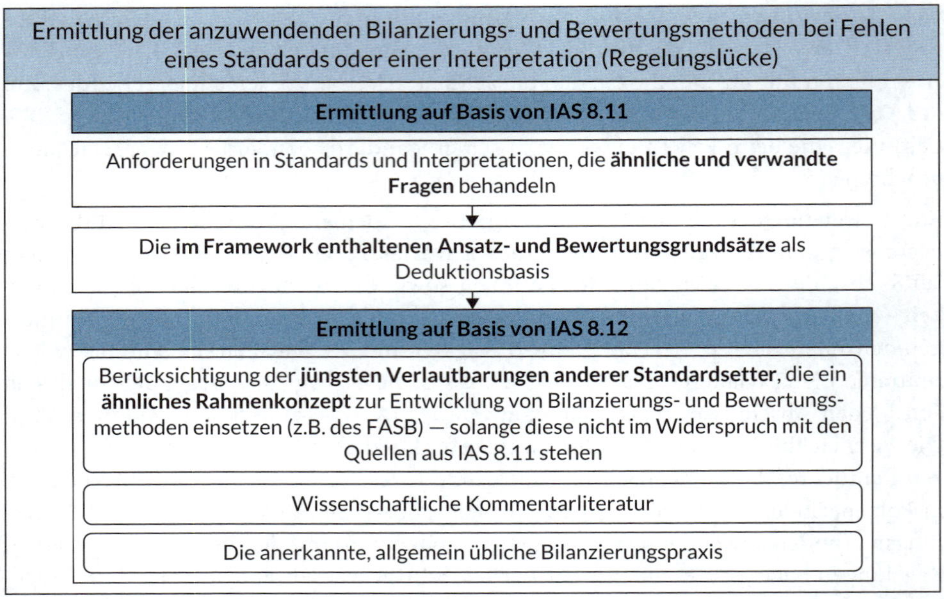

Abbildung F.13 Leitlinien zur Ermittlung von Rechnungslegungsmethoden im Falle des Fehlens konkreter Vorschriften

b) Änderungen von Bilanzierungs- und Bewertungsmethoden

aa) Grundlagen

Zur Gewährleistung der bereits angesprochenen Vergleichbarkeit der Abschlussinformationen wird den Regelungen zu Änderungen von Rechnungslegungsmethoden[3] in IAS 8.13 das **Stetigkeitsgebot** vorangestellt. Demnach sind die Bilanzierungs- und Bewertungsmethoden für ähnliche Geschäftsvorfälle, sonstige Ereignisse und Bedingungen stetig auszuwählen und anzuwenden.

Eine Ausnahme des Stetigkeitsgrundsatzes gilt gem. IAS 8.14 nur dann, wenn entweder

- ein Rechnungslegungsstandard oder eine Rechnungslegungsinterpretation dies erfordert, oder
- wenn die Darstellung der unternehmensbezogenen Sachverhalte bzw. der Einblick in die Vermögens-, Finanz- und Ertragslage durch die Änderungen verbessert wird.

Durchbrechung des Stetigkeitsgrundsatzes

In beiden Fällen ist eine Durchbrechung des Stetigkeitsgrundsatzes zwingend, wenngleich dem für die Bilanzierung verantwortlichen Management im Hinblick auf die Methodenwahl ein erheblicher Ermessensspielraum verbleibt, da etwa ein Verweis auf Branchenpraktiken i. d. R. ausreichend ist, um eine Verbesserung des Einblicks in die wirtschaftliche Lage des Unternehmens zu begründen.[4] Beispielhaft seien nachfolgende explizite Bilanzierungswahlrechte genannt, wobei eine geänderte Ausübung des jeweiligen Wahlrechts, also eine Methodenänderung eine Durchbrechung des Stetigkeitsgrundsatzes darstellt:[5]

- Die Anwendung der FIFO- oder der Durchschnittskostenmethode im Vorratsvermögen gem. IAS 2;
- die Anwendung des Anschaffungskosten- oder Neubewertungsmodells beim Sachanlagevermögen gem. IAS 16 und bei bestimmten immateriellen Vermögenswerten gem. IAS 38;
- die Erfassung versicherungsmathematischer Gewinne und Verluste bei Leistungen nach Beendigung des Arbeitsverhältnisses gem. IAS 19;
- die Erfassung von Fremdkapitalkosten als Aufwand oder als Bestandteil der Anschaffungs- oder Herstellungskosten gem. IAS 23; sowie
- die Bilanzierung von als Finanzinvestitionen gehaltene Immobilien gem. IAS 40 zu Anschaffungskosten oder zum beizulegenden Zeitwert.

Negativabgrenzung von Methodenänderungen

In IAS 8.16-8.18 werden Sachverhalte beschrieben, die keine nach IAS 8 zu behandelnde Änderung von Rechnungslegungsmethoden darstellen. Demnach ist gem. IAS 8.16 (a) zum einen die Anwendung von Rechnungslegungsmethoden auf **Geschäftsvorfälle, die sich grundsätzlich von vergangenen Geschäftsvorfällen unterscheiden**, nicht als Änderung von Rechnungslegungsmethoden und somit nicht als Durchbrechung des Stetigkeitsgrundsatzes anzusehen. Dies können etwa Geschäftsvorfälle sein, die auf neuen Produkten basieren, deren Produktion grundlegend anders ist als die Produktion bislang hergestellter Produkte. Für diese neuen Produkte könnte man sich z. B. eine bislang nicht aufgetretene Verbrauchsfolge der Vorräte vorstellen. Zum anderen ist die Anwendung einer neuen Methode auf Geschäftsvorfälle, die früher nicht vorgekommen sind oder die unwesentlich waren, gem. IAS 8.16 (b) nicht als Änderung von Rechnungslegungsmethoden (und somit nicht als Durchbrechung des Stetigkeitsgrundsatzes) zu klassifizieren.

Die **erstmalige Anwendung des Neubewertungsmodells** für Vermögenswerte des Sachanlagevermögens gem. IAS 16 sowie immaterielle Vermögenswerte gem. IAS 38 zählt gem. IAS 8.17 ebenso wenig als Methodenänderung i. S. v. IAS 8.5. Diese explizit angeführte Ausnahme gilt analog für die **erstmalige Bewertung von Gebäuden und Grundstücken** zum beizulegenden Zeitwert, wenn diese als Finanzinvestition gehalten werden. Beide Fälle werden durch die entsprechenden Standards geregelt.[6] Der Umkehrschluss dieser Regelung gilt dabei nicht, d. h., ein Wechsel vom Neubewertungsmodell zum Anschaffungskostenmodell wäre nach der im Folgenden beschriebenen Behandlung der Methodenänderungen gem. IAS 8 zu erfassen.

bb) Behandlung der Methodenänderungen

Grundsätzlich können Methodenänderungen **aus der erstmaligen Anwendung eines IFRS** resultieren. Solche Änderungen aus der erstmaligen Anwendung eines neuen oder überarbeiteten Rechnungslegungsstandards bzw. einer Rechnungslegungsinterpretation sind gem. IAS 8.19 (a) gesondert zu behandeln. Maßgeblich sind in diesem Zusammenhang zunächst die **Übergangsvorschriften** der anzuwendenden neuen oder überarbeiteten IFRS, die in vielen Fällen vorhanden sind.[7] Falls solche Übergangsvorschriften fehlen, gelten gem. IAS 8.19 (b) die allgemeinen Regelungen zur **retrospektiven Behandlung** bei einer Änderung der Bilanzierungs- oder Bewertungsmethoden in IAS 8.22.

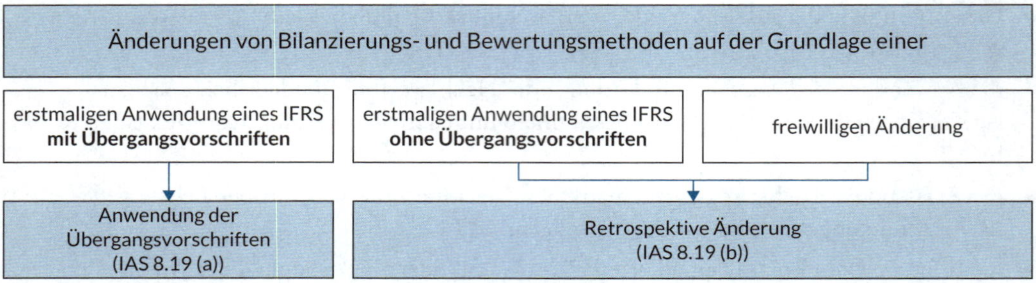

Abbildung F.14 Überblick über Änderungen von Rechnungslegungsmethoden gem. IAS 8.19

Eine retrospektive Anwendung der Änderung wird ebenso verlangt, wenn der Bilanzierende die Rechnungslegungsmethoden freiwillig ändert.

Geänderte Bilanzierungs- und Bewertungsmethoden sind gem. IAS 8.19 (b) **regelmäßig retrospektiv** (rückwirkend) anzuwenden. Die Vermögens-, Finanz- und Ertragslage des bilanzierenden Unternehmens ist also in diesen Fällen üblicherweise so darzustellen, als wenn der Bilanzierende die Methoden schon immer so angewandt hätte. Gemäß den Vorschriften in IAS 8.23-8.27 besteht in diesem Zusammenhang indes die Möglichkeit, die Änderungen rein **prospektiv** (zukunftsbezogen) zu erfassen, also auf eine Anpassung der Vorjahre zu verzichten, sofern die Ermittlung des kumulierten oder auf eine Periode bezogenen Anpassungseffekts **impraktikabel** (undurchführbar) ist. Die retrospektive Anwendung einer Änderung von Bilanzierungs- und Bewertungsmethoden gilt gem. IAS 8.5 dann als impraktikabel, wenn

- die **Auswirkungen** der rückwirkenden Anwendung (bzw. rückwirkenden Anpassung) **nicht zu ermitteln** sind;
- die rückwirkende Anwendung (bzw. Anpassung) **Annahmen über die Intention des Managements** in früheren Perioden erfordert; oder
- die rückwirkende Anwendung (bzw. Anpassung) **umfangreiche Schätzungen** der Beträge erforderlich macht und es unmöglich ist, eine objektive Unterscheidung der Informationen aus diesen Schätzungen von sonstigen Informationen vorzunehmen.

Die Impraktikabilitätsklausel ist periodenbezogen anzuwenden, d. h., falls sich der Anpassungseffekt nur für einzelne vergangene Perioden nicht bestimmen lässt, so hat die Anwendung der neuen Rechnungslegungsmethode retrospektiv ab der frühesten Periode zu erfolgen, ab welcher der Effekt bestimmbar ist. Dies kann auch die laufende Berichtsperiode sein.

EXKURS
Impraktikabilität

Kann die Anwendung einer Norm trotz einer angemessenen Anstrengung des bilanzierenden Unternehmens nicht eingehalten werden, so spricht man von der Impraktikabilität (Undurchführbarkeit) einer Norm. Sie liegt immer dann vor, wenn die zur Einhaltung einer Vorschrift benötigten Informationen weder bekannt bzw. zuverlässig einschätzbar sind und sich auch nicht ermitteln bzw. herstellen lassen. Der Verweis auf die Impraktikabilität einer Vorschrift ist in bestimmten IFRS implementiert und stellt den bilanzierenden Unternehmen ein Instrument zur Verfügung, mit dem sie auf die Bereitstellung von Informationen verzichten können, sofern sie sich dazu nicht in der Lage sehen. Das Instrument dient indes nicht dazu, Einzelregeln nach Belieben außer Kraft zu setzen. Vielmehr erlaubt der Verweis auf die Impraktikabilität, praxisgerechte Lösungen für Fälle zu finden, in denen die Bereitstellung von in einer Norm geforderten Informationen nicht oder nur mit erheblichem Aufwand möglich ist.

Beispiel:

Ein Unternehmen hat in der Vergangenheit (Perioden 01 bis 05) Maschinen und technische Anlagen nach dem Anschaffungskostenmodell bewertet. Ab Periode 06 soll die Bewertung nach dem Neubewertungsmodell erfolgen. Hier liegt ein freiwilliger Methodenwechsel im Sinne des IAS 8.19 (b) vor, die Anpassung hat entsprechend retrospektiv zu erfolgen. Dies würde allerdings eine Bestimmung der beizulegenden Zeitwerte der vergangenen fünf Perioden für sämtliche Maschinen und technische Anlagen erfordern. Weiterhin müssten die vorgenommenen planmäßigen Abschreibungen, die Neubewertungs- und Gewinnrücklage sowie die Erträge/Aufwendungen aus der Neubewertung angepasst werden. Die in diesem Zeitraum verbuchten latenten Steuern wären ebenfalls anzupassen. Wenn die benötigten Informationen (hier die beizulegenden Zeitwerte) nicht oder nicht mit einem vertretbaren Aufwand ermittelt werden können, so kann das Unternehmen die Neubewertungsmethode auch erst ab Periode 06 anwenden. Sind die beizulegenden Zeitwerte der Periode 05 verfügbar, so müsste die Anpassung retrospektiv ab dieser Periode erfolgen und die Gesamtergebnisrechnung wäre entsprechend anzupassen. Sind die Informationen auch noch für die Vorperioden verfügbar, so erfolgt die Darstellung der Änderungen anhand der im Folgenden dargestellten Vorgehensweise.

Allgemein erfolgen retrospektive Änderungen von Rechnungslegungsmethoden gem. IAS 8.22 als **erfolgsneutrale Anpassungen** der betroffenen Eigenkapitalbestandteile, d. h., der Anpassungsbetrag wird mit dem Saldovortrag der entsprechenden Eigenkapitalposition im aktuellen Berichtsjahr verrechnet (vgl. **I.** in Abb. F.15). Dabei handelt es sich gem. IAS 8.26 i. d. R. um den **Saldovortrag der Gewinnrücklagen**. Die Vermögens-, Finanz- und Ertragslage ist so darzustellen, als wenn der Bilanzierende die Methoden seit jeher angewandt hätte.

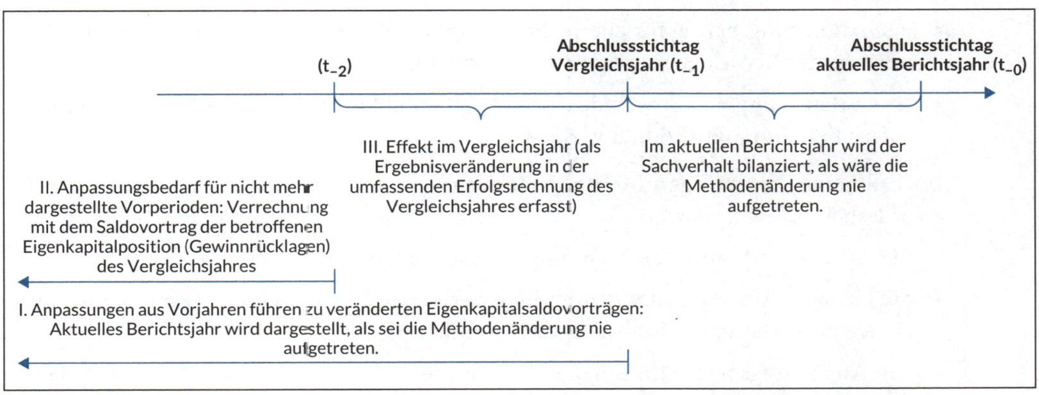

Abbildung F.15 Prinzip der retrospektiven Anpassung[8]

Neben der Verrechnung im aktuellen Berichtsjahr erfolgt die Darstellung der Anpassung aufgeteilt auf die erforderlichen Vergleichsinformationen. Annahmegemäß wird in Abb. F.15 nur ein Vergleichsjahr offen gelegt. Der eine Teil des Anpassungsbetrags – nämlich die Summe aller Anpassungsbeträge, die vor der frühesten dargestellten Periode anfallen – wird dann mit dem Saldovortrag der betroffenen Eigenkapitalposition der frühesten dargestellten Periode verrechnet, also hier mit dem Saldovortrag des Vergleichsjahres (vgl. **II.** in Abb. F.15). Der Rest des Anpassungsbetrags entfällt auf den Vergleichszeitraum, für den Informationen im Abschluss offen gelegt werden (vgl. **III.** in Abb. F.15). Dieser Teil wird (auf Grundlage der retrospektiv angewandten Methoden) in der **angepassten Gesamtergebnisrechnung des Vergleichsjahres** dargestellt. Dadurch wird die Vergleichbarkeit der Vorjahreszahlen gewährleistet. Die **Wirkung der erfolgsneutralen Methodenänderung** liegt demgegenüber **in voller Höhe im Berichtsjahr**. Sie ergibt sich als Summe aus den Anpassungen für nicht mehr im aktuellen Abschluss dargestellte Perioden (vgl. **II.** in Abb. F.15) und den Anpassungen für das Vergleichsjahr (vgl. **III.** in Abb. F.15). Für das aktuelle Berichtsjahr resultiert diese Anpassung aus der Veränderung der Saldenvorträge der Gewinnrücklagen (vgl. **I.** in Abb. F.15). Die Vorgehensweise wird im Folgenden anhand eines Beispiels erläutert. Zunächst ist indes noch auf die mit der Änderung von Rechnungslegungsmethoden einhergehenden Anhangangaben hinzuweisen.

Die Auswirkungen einer Änderung von Rechnungslegungsmethoden auf die Berichtsperiode, auf frühere Perioden und auf künftige Perioden sind für den Fall einer **Erstanwendung eines IFRS** gem. IAS 8.28 im Anhang zu erläutern. Zu den offen zu legenden Informationen gehören:

- der Titel des Rechnungslegungsstandards bzw. der Rechnungslegungsinterpretation;
- die Angabe, dass Übergangsvorschriften (falls vorhanden) beachtet wurden;
- die Art der Änderung der Rechnungslegungsmethoden;
- eine Beschreibung der Übergangsvorschriften (falls vorhanden);
- eine Beschreibung der Übergangsvorschriften (falls vorhanden), die evtl. eine Auswirkung auf künftige Perioden haben könnten;
- den Anpassungsbetrag für die Berichtsperiode und für jede frühere dargestellte Periode (unter Berücksichtigung der Impraktikabilitätsklausel) für jede betroffene Eigenkapitalposition sowie für das Ergebnis je Aktie nach IAS 33;
- den Anpassungsbetrag für alle vor der frühesten dargestellten Periode liegenden Perioden (unter Berücksichtigung der Impraktikabilitätsklausel) und
- eine Erläuterung der Umstände der Impraktikabilität einer retrospektiven Anpassung, sofern eine Impraktikabilität vorliegt.

Im Falle einer **freiwilligen Methodenänderung** sind gem. IAS 8.29 ähnliche Angaben erforderlich. Diese umfassen:

- die Art der Änderung der Rechnungslegungsmethoden;
- die Gründe, weswegen die Anwendung der neuen Rechnungslegungsmethode zuverlässige und relevantere Informationen vermittelt;
- den Anpassungsbetrag für die Berichtsperiode und für jede frühere dargestellte Periode (unter Berücksichtigung der Impraktikabilitätsklausel) für jede betroffene Eigenkapitalposition sowie für das Ergebnis je Aktie nach IAS 33;

- den Anpassungsbetrag für alle vor der frühesten dargestellten Periode liegenden Perioden (unter Berücksichtigung der Impraktikabilitätsklausel) und
- eine Erläuterung der Umstände der Impraktikabilität einer retrospektiven Anpassung, sofern eine Impraktikabilität vorliegt.

Darüber hinaus bestehen gem. IAS 8.30-8.31 Erläuterungsvorschriften bzw. -empfehlungen für Änderungen von Rechnungslegungsmethoden durch Rechnungslegungsstandards und Rechnungslegungsinterpretationen, die zwar veröffentlicht, aber **noch nicht in Kraft getreten** sind. Die Auswirkungen der (bevorstehenden) Erstanwendung eines solchen IFRS sollen – sofern sie zuverlässig abzuschätzen sind – im Anhang diskutiert werden.

BEISPIEL:[9]

Vorbemerkung: Im Jahr 2008 wurde der Rechnungslegungsstandard IAS 23 überarbeitet. Gemäß der zuvor geltenden Fassung (im Folgenden IAS 23 (rev. 1993)) waren Fremdkapitalkosten grundsätzlich als Aufwand zu erfassen. Alternativ konnten sie auch als Teil der Anschaffungs- bzw. Herstellungskosten angesetzt werden. Nach Überarbeitung des Standards (im Folgenden IAS 23 (rev. 2008)) sind Fremdkapitalkosten von qualifizierten Vermögenswerten zwingend als Teil der Anschaffungs- bzw. Herstellungskosten zu erfassen (vgl. S. 277). Das folgende Beispiel bezieht sich aus didaktischen Gründen auf einen Sachverhalt vor Überarbeitung des IAS 23.

Die E-AG, ein Energieversorger, baut seit 2005 ein neues Atomkraftwerk. Die dabei anfallenden Fremdkapitalkosten sind dem Atomkraftwerk direkt zurechenbar und wurden bis Ende 2006 nach IAS 23.7 (rev. 1993) erfolgswirksam in der Gesamtergebnisrechnung erfasst. Nehmen wir an, dass die E-AG ihre Bilanzierungs- und Bewertungsmethoden zum 1.1.2007 (freiwillig) geändert hat. Die Fremdkapitalkosten werden also von der E-AG seit dem 1.1.2007 aktiviert. Dies ist eine nach IAS 23.11 (rev. 1993) alternativ zulässige Methode.

Bis Ende des Geschäftsjahres 2005 waren bereits Fremdkapitalkosten i. H. v. 9 000 € angefallen, die erfolgswirksam berücksichtigt wurden. Im Laufe des Geschäftsjahres 2006 wurden weitere 6 500 € erfolgswirksam erfasst. Da das Atomkraftwerk noch im Bau ist, sind bislang keine Abschreibungen vorgenommen worden.

Neben dem Atomkraftwerk besitzt die E-AG ein Wasserkraftwerk, das bereits seit der Fertigstellung zu Beginn des Jahres 2004 in Betrieb ist und planmäßig über zehn Jahre abgeschrieben wird. Für das Wasserkraftwerk sind im Rahmen des Herstellungsprozesses 12 000 € an Fremdkapitalkosten angefallen, die aufwandswirksam verbucht wurden.

Auszug aus der Gesamtergebnisrechnung der E-AG zum 31.12.2006	
Umsatzerlöse	100 000 €
Umsatzbezogene Aufwendungen	70 500 €
Gewinn vor Ertragssteuern und Zinsen	29 500 €
Zinsaufwand	6 500 €
Gewinn vor Ertragsteuern	23 000 €
Ertragsteuern	6 900 €
Gewinn nach Steuern	**16 100 €**

In 2007 wurden Umsätze i. H. v. 145 000 € erzielt; diesen Umsätzen standen Aufwendungen i. H. v. 120 000 € gegenüber. Der Ertragsteueraufwand belief sich auf 7 500 € (angenommener Ertragsteuersatz: 30 %). Von der Bilanzierung latenter Steuern wird in diesem

Beispiel aus Vereinfachungsgründen abgesehen, wenngleich latenten Steuern in der betrieblichen Bilanzierungspraxis eine hohe Relevanz zukommt (vgl. S. 410 ff.).

Auszug aus der Gesamtergebnisrechnung der E-AG zum 31.12.2007

	2007	(geändert) 2006
Umsatzerlöse	145 000 €	100 000 €
Umsatzbezogene Aufwendungen	120 000 €	71 700 €
Gewinn vor Ertragssteuern und Zinsen	25 000 €	28 300 €
Zinsaufwand	0 €	0 €
Gewinn vor Ertragsteuern	25 000 €	28 300 €
Ertragsteuern	7 500 €	8 490 €
Gewinn nach Steuern	**17 500 €**	**19 810 €**

Durch die Methodenänderung in 2007 wurden die Fremdkapitalkosten für das Wasserkraftwerk nachträglich aktiviert. Der erhöhte Buchwert ist planmäßig über zehn Jahre abzuschreiben, erhöht also die umsatzbezogenen Aufwendungen pro Jahr um 1 200 € (Anpassung von 70 500 auf 71 700 €). Auf der anderen Seite sind die Fremdkapitalkosten für das Atomkraftwerk i. H. v. 6 500 € aus dem Jahr 2006 zusätzlich zu aktivieren und daher aus dem Zinsaufwand für das Geschäftsjahr 2006 wieder herauszurechnen.

Aus diesen beiden Effekten resultiert ein um 5 300 € (= 6 500 – 1 200 €) geringerer Gesamtaufwand vor Steuern. Die Bemessungsgrundlage zur Ermittlung der Ertragsteuerzahllast (Gewinn vor Ertragsteuern) erhöht sich entsprechend, sodass sich die Ertragsteuerzahllast um 1 590 € (= 5 300 € × 30 %) erhöht (Anpassung von 6 900 auf 8 490 €). Die beschriebene Anpassung des Nachsteuergewinns i. H. v. 3 710 € (= 5 300 – 1 590 €) ist in Abb. F.15 mit »**III.**« gekennzeichnet.

Der Saldovortrag der Gewinnrücklagen für das Geschäftsjahr 2006 betrug 45 510 €, der Endbestand (vor Änderung) betrug 61 610 € (Saldo zum 31.12.2005 i. H. v. 45 510 € zzgl. Gewinn des Geschäftsjahres 2006 i. H. v. 16 100 €). Die angepasste Eigenkapitalveränderungsrechnung der E-AG stellt sich wie folgt dar:

Eigenkapitalveränderungsrechnung der E-AG zum 31.12.2007

	Gezeichnetes Kapital und Kapitalrücklagen	**(geändert) Gewinnrücklagen**	**Summe**
Saldo zum 31.12.2005	55 000 €	45 510 €	100 510 €
Änderung der Methoden zur Bilanzierung von Fremdkapitalzinsen (abzgl. 5 220 € Ertragsteuern)		12 180 €	12 180 €
Saldo zum 31.12.2005 **(geändert)**	55 000 €	57 690 €	112 690 €
Gewinn nach Steuern zum 31.12.2006 **(geändert)**		19 810 €	19 810 €
Saldo zum 31.12.2006	55 000 €	77 500 €	132 500 €
Gewinn nach Steuern zum 31.12.2007		17 500 €	17 500 €
Saldo zum 31.12.2007	**55 000 €**	**95 000 €**	**150 000 €**

Der Saldo der Gewinnrücklagen zum 31.12.2005 wird durch die Hinzurechnung von 12 180 € um Effekte aus nicht mehr dargestellten Vorperioden korrigiert (vgl. Anpassung »**II.**« in Abb. F.15). Dieser Betrag ergibt sich wie folgt: Zunächst sind die dem Posten zugrunde liegenden erfolgswirksam erfassten Fremdkapitalkosten aus nicht mehr dargestellten Vorperioden zu berechnen, die nach der neuen Methode hätten aktiviert werden müssen. Dies betrifft einerseits die Fremdkapitalkosten für das Wasserkraftwerk i. H. v. 8 400 € (= 12 000 € – 3 600 €). Hierbei wird berücksichtigt, dass seit der Inbetriebnahme Anfang 2004 bis zum 31.12.2006 bereits 3 600 € (= 3 × 1 200 €) an Fremdkapitalkosten wieder abgeschrieben worden wären, wenn die Methode seit jeher angewandt worden wäre. Überdies sind die bislang nicht aktivierten Fremdkapitalkosten für das Atomkraftwerk aus dem Jahr 2005 i. H. v. 9 000 € zu berücksichtigen. Der Korrekturbedarf für nicht mehr dargestellte Vorperioden besteht jedoch nicht in Höhe der vollen 17 400 € (= 8 400 € + 9 000 €), da sich auch die Bemessungsgrundlage zur Ermittlung des Steueraufwands für denselben Zeitraum um diesen Betrag erhöht. Der hieraus resultierende zusätzliche Steueraufwand beträgt bei einem unterstellten konstanten Steuersatz 5 220 € (= 30 % × 17 400 €). Der Korrekturbedarf beträgt somit 12 180 € (= 17 400 € – 5 220 €).

Der Gesamteffekt, der sich aus der geänderten Behandlung der Fremdkapitalkosten ergibt (vgl. Anpassung »**I.**« in Abb. F.15) zeigt sich in der Änderung des Saldovortrags der Gewinnrücklagen zum 31.12.2006:

Gesamteffekt der Methodenänderung		
Saldo zum 31.12.2006		**61 610 €**
+ Effekt aus der Anpassung von nicht mehr im aktuellen Berichtsjahr dargestellten Vorperioden (**II.** in Abb. F.15)	12 180 €	
+ Gewinnerhöhung für den Vergleichszeitraum (19 810 € – 16 100 €) (**III.** in Abb. F.15)	3 170 €	
Gesamter Änderungseffekt (I. in Abb. F.15)		15 890 €
Saldo zum 31.12.2006 (geändert)		**77 500 €**

Die hier gezeigten Änderungen ziehen außerdem Änderungen im Ergebnis je Aktie, dem Anlagengitter, dem Segmentbericht sowie der Kapitalflussrechnung nach sich. Auf die Darstellung der in diesen Abschlusselementen erforderlichen Anpassungen wird jedoch aus Vereinfachungsgründen an dieser Stelle verzichtet.

3. Änderungen von Schätzungen

Im Rahmen der bilanziellen Darstellung von Sachverhalten sind Schätzungen **häufig unumgänglich**, da mit der Geschäftstätigkeit eines Unternehmens stets ein gewisses Maß an Unsicherheit einhergeht. Immer dann, wenn Abschlussinformationen lediglich unvollständig ermittelt werden können oder wenn die Kosten ihrer Beschaffung in keinem vernünftigen Verhältnis zu ihrem Nutzen stehen, sind Schätzungen nötig. Vernünftige Schätzungen sind also zur Abschlusserstellung zwingend erforderlich. Die **Zuverlässigkeit** der Abschlussinformationen wird indes durch Schätzungen gem. IAS 8.33 **nicht beeinträchtigt**. IAS 8.32 nennt beispielhaft Sachverhalte, für die Schätzungen erforderlich sein können. Dazu zählen die Bewertung risikobehafteter Forderungen, die Wertminderung überalterter Vorräte, die Bemessung des beizulegenden Zeitwerts finanzieller Vermögenswerte und Schulden, die Ermittlung der Nutzungsdauer oder des erwarteten Abschreibungsverlaufs von abnutzbaren Vermögenswerten des Anlagevermögens sowie die Bewertung von Gewährleistungsgarantien. Allerdings kann gem. IAS 8.34 eine **Überarbeitung einer Schätzung** erforderlich sein, etwa wenn sich die Umstände, auf deren Grundlage die Schätzung erfolgt ist, ändern. Daneben ist denkbar, dass neue Informationen vorliegen oder der Bilanzierende im Zeitablauf schlicht reicher an Erfahrungen im Umgang mit dem bilanziellen Sachverhalt wird. Die Überarbeitung einer Schätzung gilt, da sie sich naturgemäß nicht auf frühere Perioden beziehen kann, **nicht als Fehlerkorrektur**. Geht aus einem Sachverhalt nicht eindeutig hervor, ob es sich um eine Schätzungsänderung oder eine Änderung von Bilanzierungs- und Bewertungsmethoden handelt, so ist der Sachverhalt gem. IAS 8.35 **im Zweifelsfall als Schätzungsänderung** zu behandeln.

Behandlung von Schätzungsänderungen

Änderungen von Schätzungen sind **prospektiv und ergebniswirksam** zu erfassen. Sofern eine Änderung nur die aktuelle Berichtsperiode betrifft, so ist die Erfassung der Auswirkungen gem. IAS 8.36 (a) in der Periode der Änderung vorzunehmen. Dies ist z. B. bei der Bewertung einer zweifelhaften (im Wert zu berichtigenden) Forderung der Fall. Betrifft die Änderung neben der aktuellen Berichtsperiode hingegen auch spätere Perioden, so sind die Auswirkungen der Änderung gem. IAS 8.36 (b) jeweils in der Periode zu erfassen, die sie betreffen. Beispielhaft sei hier die Schätzung des erwarteten Nutzungs- und damit Abschreibungsverlaufs eines abnutzbaren Vermögenswerts des Anlagevermögens genannt. Ändert sich diese Schätzung, so ist sowohl der Abschreibungsaufwand des Berichtsjahres als auch der in den Folgeperioden zu erfassende Aufwand davon betroffen.

Soweit die Änderung einer Schätzung zu Änderungen von Vermögenswerten oder Schulden führt oder sich auf eine Eigenkapitalposition bezieht, hat die Erfassung gem. IAS 8.37 dadurch zu erfolgen, dass der **Buchwert** des entsprechenden Vermögenswerts oder der Schuld oder der Eigenkapitalposition in der Periode der Änderung anzupassen ist. Im Anhang sind gem. IAS 8.39 **Art und Betrag** der Schätzungsänderung anzugeben.[10] Von dieser Vorschrift darf gem. IAS 8.39-8.40 abgewichen werden, wenn die Ermittlung **impraktikabel** im Sinne obiger Erläuterungen ist. In diesem Fall ist diese Tatsache wiederum zu berichten.

Im nachfolgenden Beispiel wird die Behandlung von Schätzungsänderungen noch einmal verdeutlicht.

BEISPIEL:

Die Industrie AG erwirbt am 1.1.2016 drei gleichartige Spezialmaschinen. Die Anschaffungskosten belaufen sich auf insgesamt 400 000 €. Die Nutzungsdauer wird auf sechs Jahre geschätzt, wobei die Maschinen linear auf einen Restnutzungswert von Null abgeschrieben werden sollen. Nach der Hälfte der Nutzungsdauer stellt der Vorstand der Industrie AG am 1.1.2019 fest, dass die Maschinen nur noch ein weiteres Jahr genutzt werden können und danach aufgrund einer erwarteten radikalen Marktänderung verschrottet werden müssen. Die Schätzungsänderung hat demnach zur Folge, dass die Maschinen bereits bis Ende 2019 (nach einer Nutzungsdauer von vier Jahren) auf einen Restwert von Null abzuschreiben sind. Der Restbuchwert der Maschinen beträgt (unter Vernachlässigung latenter Steuern) zu Beginn des Jahres 2019 (**vor** Anpassung) 200 000 € (= 400 000 € / 6 Jahre × 3 Jahre). Der Abschreibungsbetrag für 2019 entspricht folglich 200 000 €, da die Maschinen zum Ende des Jahres vollständig abgeschrieben sein sollen. Der Buchungssatz für das Geschäftsjahr 2019 lautet entsprechend

Abschreibungsaufwand	an Maschinen	200 000 €

Folglich liegt eine prospektive Erfassung der Schätzungsänderung vor, deren Art und Betrag im Anhang anzugeben sind.

4. Fehlerkorrekturen

Fehler können gem. IAS 8.41 im Hinblick auf die **Erfassung, Ermittlung, Darstellung oder Offenlegung** von Bestandteilen eines Abschlusses entstehen. Sie können **wesentlicher** oder **unwesentlicher** Art sein. Die im Folgenden zu beschreibenden Korrekturvorschriften in IAS 8.42 beziehen sich allerdings nur auf wesentliche Fehler, was vor dem Hintergrund des Wesentlichkeitskriteriums aus dem Rahmenkonzept durchaus sinnvoll erscheint, denn die Vorschriften des IAS 8 sind gem. IAS 8.8 nur auf wesentliche Sachverhalte anzuwenden.

EXKURS
Wesentlichkeit

Warum es konzeptionell den Begriff des unwesentlichen Fehlers gibt, ist zunächst nicht klar ersichtlich. Die Intention des IASB bei Einführung des Begriffs war wohl, darauf hinzuweisen, dass prozentual (betragsmäßig) kleine Abweichungen von den Rechnungslegungsvorschriften, die für sich genommen keinen Fehler darstellen, als wesentliche Fehler einzuschätzen sind, wenn diese minimalen Abweichungen systematisch (absichtlich) dazu eingesetzt werden, um die Vermögens-, Finanz- und Ertragslage in einem bestimmten Licht erscheinen zu lassen.[11] Insofern ist der Begriff der Wesentlichkeit an die Beeinflussung der (Investitions-)Entscheidung der Abschlussadressaten geknüpft. Die in IAS 8.5 verwendete Definition der Wesentlichkeit enthält zwar sowohl eine quantitative als auch eine qualitative Komponente, jedoch sind diese nicht in jedem Fall intersubjektiv nachprüfbar zu beurteilen, wodurch das bilanzierende Unternehmen letztlich eine Abwägung im Sinne der aus dem Rahmenkonzept des IASB bekannten Entscheidungsnützlichkeit treffen muss.[12]

Grundsätzlich sind Fehler (aus früheren Perioden) in IAS 8.5 definiert als **Auslassungen** oder **fehlerhafte Angaben** in den Abschlüssen eines Unternehmens, die sich aus einer Nicht- oder Fehlanwendung von zuverlässigen, zur Verfügung stehenden bzw. berücksichtigungsfähigen Informationen ergeben haben. Diese Fehler umfassen **Rechenfehler, Fehler bei der Auswahl der Bilanzierungs- und Bewertungsmethoden, Flüchtigkeitsfehler, Fehlinterpretationen von Sachverhalten** sowie **Betrugsfälle**.

Fehlerbehaftete Vorjahresabschlüsse erfüllen nicht mehr die im Rahmenkonzept des IASB verankerte Forderung nach relevanten und zuverlässigen Abschlussinformationen und bieten den Abschlussadressaten somit keine entscheidungsnützlichen Informationen. Folgerichtig hat ein Unternehmen **wesentliche Fehler aus früheren Perioden** gem. IAS 8.42 **im ersten vollständigen Abschluss**, der zur Veröffentlichung nach der Entdeckung der Fehler genehmigt wurde, **retrospektiv** zu korrigieren. Bei der Anpassung ist wiederum davon auszugehen, dass der Fehler nie aufgetreten ist. Der Korrekturbetrag ist gem. IAS 8.42 aufzuteilen auf den **Zeitraum vor der ersten im Abschluss dargestellten Periode** und auf den **im Abschluss dargestellten Vergleichszeitraum**. Der erste

Teilbetrag wird kumuliert mit dem Saldovortrag der Vermögenswerte, Schulden und des Eigenkapitals des frühesten Jahres verrechnet, über das berichtet wird. Der auf den im Abschluss dargestellten Vergleichszeitraum entfallende Restbetrag wird durch die Anpassung der Vergleichszahlen erfasst. Im aktuellen Berichtsjahr spiegelt sich die Korrektur lediglich in der erfolgsneutralen Veränderung der Saldovorträge der betroffenen Eigenkapitalpositionen wider. Auch bei der Anpassung von Fehlerkorrekturen gilt wiederum die **Impraktikabilitätsklausel**. Wenn also vernünftige Anstrengungen nicht ausreichen, um die Auswirkungen eines Fehlers zu ermitteln, so kann auf eine Anpassung verzichtet werden. Wie bei der Änderung von Bilanzierungs- und Bewertungsmethoden ist die Impraktikabilität auf Basis einzelner Perioden zu beurteilen. In **Zweifelsfällen**, in denen strittig ist, ob ein Sachverhalt als Schätzungsänderung oder als Korrektur von Fehlern zu behandeln ist, sollte nach herrschender Meinung – analog zu IAS 8.35 – von einer **Schätzungsänderung** ausgegangen werden.[13] In diesem Zusammenhang ist zu beachten, dass wesentliche Fehler, die nach dem Bilanzstichtag, aber vor der Freigabe zur Veröffentlichung der Informationen entdeckt werden (Fehler der Berichtsperiode), in der laufenden Berichtsperiode zu korrigieren sind. Bei den daraus resultierenden Anpassungen aufgrund von Ereignissen nach dem Bilanzstichtag i. S. v. IAS 10 handelt es sich indes nicht um die Korrektur von Fehlern aus einer früheren Periode, sodass eine Anwendung von IAS 8.42 ausscheidet.[14]

EXKURS

Deutsche Prüfstelle für Rechnungslegung (DPR) e.V.

Vor dem Hintergrund zahlreicher Bilanzierungsskandale hat Deutschland im Jahr 2005 ein sog. Enforcement-System eingerichtet. Im Zusammenwirken mit der Bundesanstalt für Finanzdienstleistungsaufsicht (BaFin) übernimmt die DPR die Aufgabe der Überwachung der Rechnungslegung kapitalmarktorientierter Unternehmen.[15] Konkret geht es um die Prüfung des zuletzt festgestellten (Konzern-)Jahresabschlusses einschließlich des (Konzern-)Lageberichts. Ebenso können die zuletzt veröffentlichten verkürzten Abschlüsse inklusive Zwischenlageberichten Prüfungsgegenstand im Enforcement-Verfahren sein.

Wird in Folge des Enforcement-Verfahrens festgestellt, dass die Rechnungslegung eines bilanzierenden Unternehmens fehlerhaft ist, so hat das Unternehmen eine Fehlerfeststellung im Bundesanzeiger zu veröffentlichen sowie den Fehler zu korrigieren. Diese Korrektur der durch DPR bzw. BaFin festgestellten Fehler wird auf der Basis des IAS 8 durchgeführt.[16]

Das bilanzierende Unternehmen hat gem. IAS 8.49 im Anhang folgende Angaben zu durchgeführten Fehlerkorrekturen zu machen:

- Die Art des Fehlers aus Vorperioden;
- den Korrekturbetrag für die Berichtsperiode und für jede frühere dargestellte Periode (unter Berücksichtigung der Impraktikabilitätsklausel) für jede betroffene Position des Abschlusses sowie für das Ergebnis je Aktie nach IAS 33;
- den Anpassungsbetrag am Anfang der frühesten dargestellten Periode; und
- eine Erläuterung der Umstände der Impraktikabilität einer retrospektiven Anpassung, sofern eine Impraktikabilität vorliegt.

Das nachfolgende Beispiel subsumiert die Vorgehensweise bei der Feststellung eines wesentlichen Fehlers aus einer früheren Periode.

BEISPIEL:

Die Tuch & Stoff AG hat zum 1.1.2014 vier Webstühle für insgesamt 40 000 € erworben. Die Nutzungsdauer wird auf zehn Jahre geschätzt. In 2016 versäumt der Anlagenbuchhalter die Buchung des Abschreibungsaufwands. Erst nach der Veröffentlichung des Abschlusses zum 31.12.2016 wird das Versäumnis bemerkt. In 2016 berichtete die Tuch & Stoff AG nachfolgende Zahlen in der Gesamtergebnisrechnung (Auszug). Dabei wird von einem Ertragsteuersatz von 30 % ausgegangen. Das Ergebnis je Aktie wird annahmegemäß nicht berichtet.

Auszug aus der Gesamtergebnisrechnung der Tuch & Stoff AG zum 31.12.2012	
Umsatzerlöse	150 000 €
Umsatzbezogene Aufwendungen	136 000 €
Gewinn vor Ertragssteuern	14 000 €
Ertragsteuern	4 200 €
Gewinn nach Ertragsteuern	**9 800 €**

Da der Fehler als wesentlich anzusehen ist, muss eine retrospektive Korrektur im Abschluss zum 31.12.2017 vorgenommen werden (nicht im Zwischenbericht gem. IAS 34). Die Abschreibung ist also nachzuholen, indem der Abschreibungsbetrag für die Vergleichsperiode 2016 angepasst wird. Folglich steigen die umsatzbezogenen Aufwendungen. Der entsprechende Buchungssatz zum 31.12.2017 lautet

Abschreibungsaufwand (2016)	an Maschinen	4 000 €

Durch die unterlassene Abschreibung der Webstühle wurde zum 31.12.2016 ein um 4 000 € zu hoher Gewinn oder Verlust ausgewiesen. Dementsprechend vermindern sich nach der Fehlerfeststellung die abzuführenden Ertragsteuern. Bei dem angenommenen Ertragsteuersatz von 30 % lautet der entsprechende Buchungssatz zum 31.12.2017

Steuerrückstellung	an Ertragsteueraufwand (2016)	1 200 €

Die Gesamtergebnisrechnung zum 31.12.2017 stellt sich damit wie folgt dar (die Zahlen für 2017 sind als gegeben zu betrachten):

Auszug aus der Gesamtergebnisrechnung der Tuch & Stoff AG zum 31.12.2013		
		(geändert)
	2017	**2016**
Umsatzerlöse	180 000 €	150 000 €
Umsatzbezogene Aufwendungen	165 000 €	140 000 €
Gewinn vor Ertragssteuern	15 000 €	10 000 €
Ertragsteuern	4 500 €	3 000 €
Gewinn nach Ertragsteuern	**10 500 €**	**7 000 €**

Aufgrund der Annahme, dass in der Steuerbilanz in 2016 die Abschreibungsbuchung ebenso vergessen wurde wie in der IFRS-Bilanz, ist es nicht zu der Bildung einer passiven latenten Steuer gekommen, die nun aufzulösen wäre. Aus den beiden gegenläufigen dargestellten Effekten – steigende Aufwendungen und sinkende Steuerlast – ergibt sich zum 31.12.2016 ein um 2 800 € (= 4 000 € – 1 200 €) gesunkener Gewinn. Die Fehlerkorrektur spiegelt sich dementsprechend auch in der Eigenkapitalveränderungsrechnung wider. Der ursprünglich zum 31.12.2016 berichtete Saldo der Gewinnrücklagen betrug 87 800 €. Dieser fällt durch die Fehlerkorrektur nunmehr um 2 800 € geringer aus.

Eigenkapitalveränderungsrechnung der Tuch & Stoff AG zum 31.12.201

	gez. Kapital und Kapitalrücklagen	**(geändert) Gewinnrücklagen**	**Summe**
Saldo zum 31.12.201	60 000 €	78 000 €	138 000 €
Gewinn nach Steuern zum 31.12.201 **(geändert)**		7 000 €	7 000 €
Saldo zum 31.12.201	60 000 €	85 000 €	145 000 €
Gewinn nach Steuern zum 31.12.201		10 500 €	10 500 €
Saldo zum 31.12.201	**60 000 €**	**95 500 €**	**155 500 €**

Auf die Darstellung der in weiteren Abschlusselementen erforderlichen Anpassungen wird wiederum aus Vereinfachungsgründen verzichtet. Im Anhang sind die oben angeführten Angaben gem. IAS 8.49 offen zu legen.

5. Weiterführende Literatur

Fink/Zeyer, Änderung von Rechnungslegungsmethoden und Schätzungen nach IFRS – Bilanzierungsänderung nach IAS 8, PiR 2011, S. 181;

Hoffmann, Bilanzberichtigung, PiR 2006, S. 14;

Lüdenbach, Revidierte Restnutzungsdauerannahme und geänderte Abschreibungsmethode bei Sachanlagen, PiR 2008, S. 381.

G. Konzernbilanzierung nach IFRS

I. Begriff, Zwecke und Grundsätze eines IFRS-Konzernabschlusses

RELEVANTE STANDARDS

Rahmenkonzept der IFRS
IFRS 10 – Konzernabschlüsse
IFRS 11 – Gemeinsame Vereinbarungen
IFRS 12 – Angaben zu Anteilen an anderen Unternehmen

KERNAUSSAGEN

- Die wichtigste Organisationsform für die wirtschaftlichen Aktivitäten von global agierenden Unternehmen stellt der Konzern dar. Ein Konzern besteht aus rechtlich selbstständigen Unternehmen, die wirtschaftlich voneinander abhängig sind und somit eine wirtschaftliche Einheit bilden.
- Ein Konzern bildet keine eigenständige rechtliche Einheit und besitzt damit auch keine eigene Rechtspersönlichkeit. Entsprechend können an diesem auch keine Rechtsfolgen (wie z. B. die Ausschüttungsbemessungsfunktion oder die Besteuerungsbemessung) anknüpfen. Ein Konzernabschluss dient somit einzig und allein der Informationsfunktion.
- Das deutsche Aktiengesetz unterscheidet Konzerne nach ihrer grundlegenden Ausgestaltung in Unterordnungskonzerne und Gleichordnungskonzerne. Konzernrechnungslegungspflichtig sind lediglich Unterordnungskonzerne.
- Die Zwecke und Grundsätze des IFRS-Konzernabschlusses sind im Rahmenkonzept der IFRS-Rechnungslegung benannt. Ziel ist die Bereitstellung entscheidungsnützlicher Informationen für bestehende und potenzielle Kapitalgeber des bilanzierenden Unternehmens.

1. Einführung

Der **Konzern** ist die wichtigste Organisationsform für die wirtschaftlichen Aktivitäten von global agierenden Unternehmen. In ihm werden rechtlich selbstständige Unternehmen zu einer **wirtschaftlichen Einheit** zusammengefasst. Hierdurch ist es möglich, die umfangreichen Beziehungen innerhalb eines Konzernverbunds unter wirtschaftlichen Gesichtspunkten abzubilden, um ein den tatsächlichen Verhältnissen entsprechendes Bild des Konzerns zu zeigen.

Seit dem Jahr 2005 sind die IFRS die Rechnungslegungsvorschriften, nach denen ein Konzernabschluss kapitalmarktorientierter Unternehmen in der EU aufzustellen ist. Als internationale Vorschriften der kapitalmarktorientierten Rechnungslegung unterliegen die IFRS ständiger Veränderung, wodurch die Bereitstellung von entscheidungsnützlichen Informationen an die Adressaten der Rechnungslegung kontinuierlich verbessert werden soll. Mit der Veröffentlichung von **IFRS 10 – Konzernabschlüsse, IFRS 11 – Gemeinsame Vereinbarungen** sowie **IFRS 12 – Angaben zu Anteilen an anderen Unternehmen** am 12.5.2011 hat das IASB umfangreiche Neuerungen zur Konzernrechnungslegung vorgenommen. Diese Standards bilden die Grundlage der nachfolgenden Ausführungen.

Die folgenden Abschnitte dieses Kapitels geben zunächst einen Überblick über Begriff, Zwecke und Grundsätze eines IFRS-Konzernabschlusses. Die anschließenden Kapitel behandeln die Themen »Aufstellungspflicht und entsprechende Umsetzungsschritte« (G.II), »Abgrenzung des Konsolidierungskreises« (G.III) sowie »Grundsatz der Einheitlichkeit« (G.IV). An diese vorbereitenden Ausführungen schließen sich die Kapitel G.V und G.VI an. Diese bieten eine Einführung in die Grundlagen der Konzernrechnungslegungstechnik, insbesondere in die Konsolidierung von Tochterunternehmen sowie die Technik der Equity-Methode. Abschließend führt Kapitel G.VII in die Anforderungen des Konzernanhangs auf Grundlage des IFRS 12 ein.

2. Begriff und Bedeutung eines IFRS-Konzernabschlusses

Ein **Konzern** besteht aus rechtlich selbstständigen Unternehmen, die wirtschaftlich voneinander abhängig sind und somit eine wirtschaftliche Einheit bilden.

Entsprechend der Definition des Konzerns als eine wirtschaftliche Einheit bildet dieser keine eigenständige rechtliche Einheit und besitzt damit auch **keine eigene Rechtspersönlichkeit**. Aufgrund der Tatsache, dass ein Konzern rechtlich somit ein »Nullum« darstellt, können an diesem auch keine Rechtsfolgen (wie z. B. die Ausschüttungsbemessungsfunktion oder die Besteuerungsbemessung) anknüpfen. Ein Konzernabschluss dient somit einzig und allein der Informationsfunktion. Ein Konzern besitzt folglich auch keine eigenständigen Organe. Wenn von einem Konzernvorstand oder einem Konzernaufsichtsrat die Rede ist, betrifft dies immer die jeweiligen Organe des einem Konzern vorstehenden Mutterunternehmens. Da ein Konzern kein eigenes Rechtsgebilde ist, gibt es für diesen zudem auch keine Vorschriften für eine eigene originäre Buchführung. In der Praxis leitet sich daher der Abschluss eines Konzerns aus den Einzelabschlüssen der darin einfließenden Konzernunternehmen ab. Unter dem Begriff der **Konzernrechnungslegung** wird somit der Weg von der Einbeziehung der Einzelabschlüsse bis hin zur Erstellung des finalen Konzernabschlusses verstanden. Die Rechnungslegung von Konzernen unterscheidet sich somit grundlegend von der Rechnungslegung einzelner Unternehmen.

Die IFRS umfassen keinerlei Information hinsichtlich der rechtlichen Struktur von Konzernen, weshalb eine Orientierung an nationalem Recht geboten ist. Das deutsche Aktiengesetz beschreibt verschiedene Konzernformen. Die nachfolgende Abb. G.1 gibt einen Überblick über die verschieden Formen des Konzerns gem. § 18 AktG.

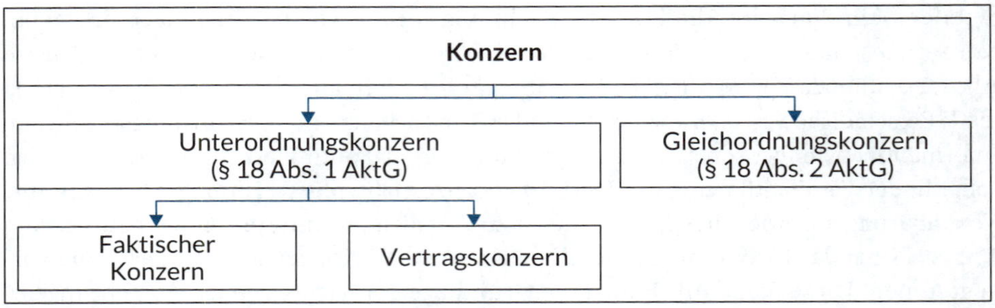

Abbildung G.1: Konzernformen gem. § 18 AktG[1]

Unterordnungs- und Gleichordnungskonzerne

Das Aktiengesetz unterscheidet Konzerne nach ihrer grundlegenden Ausgestaltung in Unterordnungskonzerne und Gleichordnungskonzerne. Das Merkmal eines **Unterordnungskonzerns** besteht darin, dass die Konzernunternehmen im Verhältnis zueinander in einer Über- bzw. Unterordnungs-Beziehung stehen. Dies bedeutet, dass ein Unternehmen A ein anderes Konzernunternehmen B beherrscht und im Umkehrschluss das Unternehmen B von dem Unternehmen A beherrscht wird (zum Begriff der Beherrschung in der internationalen Rechnungslegung vgl. ausführlich S. 560 ff.). **Gleichordnungskonzerne** zeichnen sich demgegenüber dadurch aus, dass mindestens zwei Unternehmen A und B tatsächlich beherrscht werden, ohne dass Unternehmen A von Unternehmen B bzw. Unternehmen B von Unternehmen A abhängig ist. Folglich wird die tatsächliche Beherrschung von den gleichgeordneten Unternehmen A und B gemeinsam ausgeübt. Die Beherrschung kann hierbei auf Grundlage eines Vertrags oder auf eine andere Weise, wie auf der Grundlage personeller Verflechtungen, ausgeübt werden.

Nach den Regelungen des § 290 HGB, der über § 315a Abs. 1 HGB auch die Aufstellungspflicht für einen IFRS-Konzernabschluss regelt, besteht lediglich für Unterordnungskonzerne die Verpflichtung, einen Konzernabschluss aufzustellen. Demnach muss lediglich ein Mutterunternehmen, das auf mindestens ein Tochterunternehmen unmittelbar oder mittelbar einen beherrschenden Einfluss ausüben kann, einen Konzernabschluss aufstellen. Für Gleichordnungskonzerne besteht hingegen keine Konzernrechnungslegungspflicht. Eine Über- bzw. Unterordnungs-Beziehung in Form eines Mutterunternehmens, welches die Beherrschung ausüben kann, sowie eines Tochterunternehmens, welches beherrscht wird, liegt hier definitionsgemäß nicht vor. Folglich fallen Gleichordnungskonzerne nicht in den Anwendungsbereich des § 290 Abs. 1 HGB.

Faktische Konzerne und Vertragskonzerne

Nach den Vorschriften des deutschen Aktiengesetzes und denen der IFRS können Unterordnungskonzerne in faktische Konzerne sowie Vertragskonzerne unterschieden werden:

Faktische Konzerne liegen vor, wenn ein Unternehmen B von einem Unternehmen A tatsächlich beherrscht wird, ohne dass diese Beherrschung auf Grundlage eines zwischen beiden Unternehmen abgeschlossenen Vertrags beruht. **Vertragskonzerne** liegen vor, wenn ein Unternehmen B von einem Unternehmen A auf Grundlage eines zwischen beiden Unternehmen abgeschlossenen Beherrschungsvertrages beherrscht wird.

Bei einem faktischen Konzern erfolgt die Beherrschung im Regelfall aufgrund von **Stimmrechten** oder anderen substanziellen Rechten, die ein Mutterunternehmen an einem Tochterunternehmen innehat. Die Ausübung der Beherrschung ist somit an die Tatsache gebunden, dass ein Mutterunternehmen bestehende Rechte an einem Tochterunternehmen besitzt. Hierbei ist es sowohl irrelevant, ob diese Rechte mit der Absicht erworben wurden, ein Tochterunternehmen zu beherrschen, als auch, ob diese Beherrschung tatsächlich ausgeübt wird. Bei einem Vertragskonzern hingegen wird ein **vertraglicher Kontrakt** mit der Absicht geschlossen, ein Tochterunternehmen zu beherrschen. Hierbei bildet ein sogenannter **Beherrschungsvertrag** die Grundlage dafür, dass ein Mutterunternehmen über ein Tochterunternehmen herrschen kann (zur Bestimmung des Vorliegens eines Beherrschungsverhältnisses bzw. einer Mutter-Tochter-Beziehung anhand der Regelungen des IFRS 10 siehe ausführlich S. 560 ff.)

3. Zwecke und Grundsätze eines IFRS-Konzernabschlusses

Der Zweck sowie die Grundsätze eines IFRS-Konzernabschlusses entsprechen jenen der IFRS-Rechnungslegung. Im Nachfolgenden wird zur Wiederholung ein kurzer Überblick über den Zweck und die Grundsätze der IFRS-(Konzern-)Rechnungslegung gegeben (zu einer ausführlichen Darstellung der Zwecke und Grundsätze der IFRS-Rechnungslegung siehe S. 57 ff.)

Ein nach den IFRS aufgestellter Konzernabschluss verfolgt ausschließlich den Zweck der sogenannten **Informationsfunktion**. Demnach soll ein IFRS-Konzernabschluss bestehenden und potenziellen **Eigen- und Fremdkapitalgebern** Informationen liefern, mit deren Hilfe diese Entscheidungen über die Bereitstellung von Ressourcen treffen können (OB2). Informationen sind für potenzielle Eigen- und Fremdkapitalgeber entscheidungsnützlich, wenn mit deren Hilfe **künftige Nettozahlungsmittelzuflüsse** des berichterstattenden Konzerns einzuschätzen sind (OB3). Folglich müssen die in einem IFRS-Konzernabschluss enthaltenen Informationen über die ökonomischen Ressourcen des Konzerns und die Ansprüche gegen den Konzern sowie die Änderungen dieser Ressourcen und Ansprüche berichten (OB12). Außer der Informationsfunktion werden mit einem IFRS-Konzernabschluss keine weiteren Zielsetzungen verfolgt. Somit schließen sich an einen IFRS-Konzernabschluss generell keine weiteren Rechtsfolgen, wie die Ausschüttungsbemessungsfunktion oder die Steuerbemessungsfunktion, an. Individuell kann es indes zur Vereinbarung von an IFRS-Abschlussdaten geknüpften Rechtsfolgen kommen. Beispiele hierfür sind die Vereinbarung variabler Management-Entlohnungen, bedingter Gegenleistungen bei Unternehmenserwerben oder sog. Covenants im Rahmen der Fremdkapitalüberlassung.

Die beschriebene Zielsetzung der Informationsfunktion ergibt sich aus dem Rahmenkonzept (*Conceptual Framework*) zu den IFRS. Das Rahmenkonzept umfasst die **Grundprinzipien der IFRS-Rechnungslegung**. Im Verhältnis zu den bestehenden IFRS-Standards und den bestehenden IFRS-Interpretationen bietet es eine Auslegungs- sowie Interpretationshilfe für Sachverhalte, die nicht im Detail geregelt sind. Zudem dient das Rahmenkonzept als Maßstab für die Entwicklung neuer Standards und neuer Interpretationen.

Das Rahmenkonzept benennt zur Konkretisierung des beschriebenen Zwecks der IFRS-Rechnungslegung qualitative Kriterien, denen Finanzinformationen genügen müssen, um entscheidungsnützlich zu sein. Die fundamentalen Kriterien der **Relevanz** (*relevance*) sowie der **glaubwürdigen Darstellung** (*faithful representation*) sind hierarchisch gegenüber den restlichen Kriterien höher angesiedelt. Finanzinformationen, welche diesen beiden Kriterien genügen, gelten bereits als entscheidungsnützliche Informationen und tragen somit zum Informationszweck des IFRS-Konzernabschlusses bei. Neben diesen beiden fundamentalen Kriterien beschreibt das Rahmenkonzept vier weiterführende qualitative Anforderungen, mit denen die Entscheidungsnützlichkeit von relevanten und glaubwürdig dargestellten Informationen verstärkt wird. Zu diesen unterstützenden Kriterien zählen die **Vergleichbarkeit** (*comparability*), die **intersubjektive Nachprüfbarkeit** (*verifiability*), die **Zeitnähe** bzw. der zeitnahe Zugang der Informationen (*timeless*) sowie die **Verständlichkeit** (*understandability*).

Um der im Rahmenkonzept formulierten Zielsetzung eines IFRS-Konzernabschlusses zu genügen, müssen im Abschluss sämtliche Regelungen der IFRS-Rechnungslegung entsprechend angewendet werden. Somit sind für einen IFRS-Konzernabschluss alle IFRS-Standards, alle Interpretationen zu den IFRS sowie die im Rahmenkonzept verankerten Grundsätze zu beachten.

4. Weiterführende Literatur

Baetge/Kirsch/Thiele, Konzernbilanzen, Düsseldorf, 11. Aufl. 2015;

Busse von Colbe/Ordelheide/Gebhardt/Pellens, Konzernabschlüsse, Wiesbaden, 9. Aufl. 2009;

Hoffmann/Detzen, Das Joint Conceptual Framework von IASB und FASB – Praktische Implikationen aus dem Abschluss der Phase A für kapitalmarktorientierte Unternehmen, KoR 2012, S. 53-55;

Koch, § 18. Konzern und Konzernunternehmen, in Hüffer/Koch, Aktiengesetz, München, 12. Aufl. 2016, S. 91–99;

Küting/Weber, Der Konzernabschluss, Stuttgart, 13. Aufl. 2012;

Pelger, Rechnungslegungszweck und qualitative Anforderungen im Conceptual Framework for Financial Reporting (2010) – Der erste Stein im neuen Fundament der internationalen Rechnungslegung, WPg 2011, S. 908-916.

II. Aufstellungspflicht und entsprechende Umsetzungsschritte

RELEVANTE STANDARDS

IFRS 10 – Konzernabschlüsse
IFRS 11 – Gemeinsame Vereinbarungen
IFRS 12 – Angaben zu Anteilen an anderen Unternehmen

KERNAUSSAGEN

- Die Frage, ob ein Mutterunternehmen einen Konzernabschluss aufzustellen hat, bestimmt sich ausschließlich nach nationalem Recht. Für Mutterunternehmen mit Sitz in Deutschland ergibt sich die Aufstellungspflicht aus den Vorschriften des Handelsgesetzbuches (HGB).
- Die Pflicht zur Aufstellung eines IFRS-Konzernabschlusses ergibt sich nicht aus der EG-Verordnung 1606/2002 des europäischen Parlaments und des Rates vom 19.7.2002 (IAS-Verordnung). Die IAS-Verordnung legt lediglich fest, wann für die Aufstellung eines Konzernabschlusses die Rechnungslegungsnormen der IFRS anzuwenden sind.
- Für die Aufstellungspflicht eines Konzernabschlusses gibt es drei Voraussetzungen, die kumulativ erfüllt sein müssen. (1) Das Mutterunternehmen muss die Rechtsform einer Kapitalgesellschaft aufweisen. (2) Der Sitz des Mutterunternehmens muss im Inland sein. (3) Das Mutterunternehmen muss unmittel- oder mittelbar einen beherrschenden Einfluss auf ein Tochterunternehmen ausüben können.
- Ein Mutterunternehmen hat i. d. R. einen beherrschenden Einfluss über ein Tochterunternehmen, wenn das Mutterunternehmen die Möglichkeit hat, die Finanz- und Geschäftspolitik dieses Tochterunternehmens dauerhaft zu bestimmen.
- Das deutsche Handelsrecht sieht Befreiungstatbestände von der Konzernaufstellungspflicht vor. So kann entweder ein befreiender Konzernabschluss eines übergeordneten Mutterunternehmens ein untergeordnetes Mutterunternehmen von der Pflicht zur Aufstellung eines eigenen Konzernabschlusses entbinden oder ein Mutterunternehmen aufgrund seiner Größe von der Aufstellungspflicht ausgenommen sein.
- Handelt es sich bei einem Mutterunternehmen um ein kapitalmarktorientiertes Unternehmen i. S. d. § 315a Abs. 1 HGB, greifen die Regelungen der IFRS zur Konzernrechnungslegung. Insbesondere ist dann ein IFRS-Konzernabschluss unter den Bedingungen des IFRS 10 aufzustellen.
- Sofern ein Unternehmen keine Kapitalmarktorientierung aufweist, steht diesem ein Wahlrecht zu, anstelle eines HGB-Konzernabschlusses einen Konzernabschluss nach den Vorschriften der IFRS aufzustellen.

1. Aufstellungspflicht

a) Grundlagen

Die Pflicht zur Anwendung der IFRS auf Konzernabschlüsse ergibt sich aus der EG-Verordnung 1606/2002 des europäischen Parlaments und des Rates vom 19.7.2002 (sogenannte IAS-Verordnung). Als Verordnung entfaltet diese unmittelbare rechtliche Bindungswirkung gegenüber den Bilanzierenden innerhalb der EU. Eine Transformation der Regelungen in nationales Recht war daher grundsätzlich nicht notwendig. Lediglich die in der IAS-Verordnung enthaltenen Mitgliedsstaatenwahlrechte mussten in das nationale Recht des jeweiligen Mitgliedsstaates transformiert werden. Während gem. Art. 4 der IAS-Verordnung kapitalmarktorientierte Unternehmen zwingend ihren Konzernabschluss nach den Vorschriften der IFRS aufstellen müssen, sieht Art. 5 der IAS-Verordnung ein Wahlrecht für den Jahres- und Konzernabschluss nicht kapitalmarktorientierter Unternehmen vor. Abb. G.2 gibt einen Überblick über die Mitgliedsstaatenwahlrechte gem. Art. 5 der IAS-Verordnung sowie die Aufnahme in das deutsche HGB.

	Kapitalmarktorientierte Unternehmen	Nicht kapitalmarktorientierte Unternehmen
Einzelabschluss	Nationale Umsetzung möglich als Gebot, Verbot oder Unternehmenswahlrecht *[In Deutschland Unternehmenswahlrecht geregelt in § 325 Abs. 2a HGB]*	Nationale Umsetzung möglich als Gebot, Verbot oder Unternehmenswahlrecht *[In Deutschland Unternehmenswahlrecht geregelt in § 325 Abs. 2a HGB]*
Konzernabschluss	Verpflichtende Anwendung der IFRS *[In Deutschland geregelt in § 315a Abs. 1 HGB]*	Nationale Umsetzung möglich als Gebot, Verbot oder Unternehmenswahlrecht *[In Deutschland Unternehmenswahlrecht geregelt in § 315a Abs. 3 HGB]*

Abbildung G.2 Mitgliedsstaatenwahlrechte gem. Art. 5 der IAS-Verordnung und deren Aufnahme in das deutsche HGB

Die IAS-Verordnung legt fest, wann für die Aufstellung eines Konzernabschlusses die Rechnungslegungsnormen der IFRS anzuwenden sind. Die Frage, ob ein Mutterunternehmen einen Konzernabschluss aufzustellen hat, wird indes nicht von der IAS-Verordnung geregelt. Dies bestimmt sich ausschließlich nach dem nationalen Recht der jeweiligen Mitgliedsstaaten. **Für Mutterunternehmen mit Sitz in Deutschland ergibt sich die Aufstellungspflicht aus den Vorschriften des Handelsgesetzbuches (HGB).** Einschlägig hierfür sind die Vorschriften des § 315a Abs. 1 HGB i. V. m. §§ 290 bis 293 HGB.

§ 315a HGB:

(1) Ist ein Mutterunternehmen, das nach den Vorschriften des Ersten Titels einen Konzernabschluss aufzustellen hat, nach Artikel 4 der Verordnung (EG) Nr. 1606/2002 des Europäischen Parlaments und des Rates vom 19. Juli 2002 in der jeweils geltenden Fassung verpflichtet, die nach den Artikeln 2, 3 und 6 der genannten Verordnung übernommenen

internationalen Rechnungslegungsstandards anzuwenden, so sind von den Vorschriften des Zweiten bis Achten Titels nur § 294 Abs. 3, § 297 Abs. 2 Satz 4, § 298 Abs. 1, dieser jedoch nur in Verbindung mit den §§ 244 und 245, ferner § 313 Abs. 2 und 3, § 314 Abs. 1 Nr. 4, 6, 8 und 9, Abs. 2 Satz 2 sowie die Bestimmungen des Neunten Titels und die Vorschriften außerhalb dieses Unterabschnitts, die den Konzernabschluss oder den Konzernlagebericht betreffen, anzuwenden.

(2) Mutterunternehmen, die nicht unter Absatz 1 fallen, haben ihren Konzernabschluss nach den dort genannten internationalen Rechnungslegungsstandards und Vorschriften aufzustellen, wenn für sie bis zum jeweiligen Bilanzstichtag die Zulassung eines Wertpapiers im Sinne des § 2 Abs. 1 Satz 1 des Wertpapierhandelsgesetzes zum Handel an einem organisierten Markt im Sinne des § 2 Abs. 5 des Wertpapierhandelsgesetzes im Inland beantragt worden ist.

(3) Mutterunternehmen, die nicht unter Absatz 1 oder 2 fallen, dürfen ihren Konzernabschluss nach den in Absatz 1 genannten internationalen Rechnungslegungsstandards und Vorschriften aufstellen. Ein Unternehmen, das von diesem Wahlrecht Gebrauch macht, hat die in Absatz 1 genannten Standards und Vorschriften vollständig zu befolgen.

Für die Pflicht zur Aufstellung eines Konzernabschlusses verweist § 315a Abs. 1 HGB gleich zu Anfang auf die Vorschriften des Ersten Titels, welcher die §§ 290 bis 293 HGB umfasst. § 290 HGB regelt die **Pflicht zur Aufstellung eines HGB-Konzernabschlusses**. Die §§ 291 bis 293 HGB beschreiben verschiedene **Befreiungstatbestände** von dieser Aufstellungspflicht. Die Frage, ob überhaupt ein Konzern vorliegt, bestimmt sich somit nach den Vorschriften des HGB. Die für das Vorliegen eines Konzernverhältnisses einschlägigen IFRS-Vorschriften (IFRS 10, siehe hierzu ausführlich S. 560 ff.) sind für deutsche Mutterunternehmen somit zunächst nicht von Relevanz. Bei kapitalmarktorientierten Mutterunternehmen hat die Erstellung eines Konzernabschlusses indes gem. § 315a Abs. 1 HGB i. V. m. Artikel 4 der IAS-Verordnung nach den IFRS zu erfolgen. Zusätzlich zu den Vorschriften der IFRS sind nach § 315a Abs. 1 HGB allerdings auch diverse Konzernrechnungslegungsvorschriften des HGB von Bedeutung. Hervorzuheben sind hierunter beispielsweise die Vorschriften zur Erstellung eines Konzernlageberichts. Die IFRS sehen die Erstellung eines solchen Berichts bisher nicht vor. Nicht kapitalmarktorientierten Mutterunternehmen eröffnet § 315a Abs. 3 HGB die Möglichkeit, freiwillig einen Konzernabschluss nach den IFRS aufzustellen. Sofern von diesem Wahlrecht Gebrauch gemacht wird, sind die Standards und Vorschriften in § 315a Abs. 1 HGB vollständig zu befolgen.

Das in Abb. G.3 abgebildete Prüfschema zur Beurteilung der Konzernabschlusspflicht stellt die zuvor dargestellten Regelungen des § 315a HGB in Form eines Entscheidungsbaumes zusammenfassend dar. In den folgenden Abschnitten werden sodann die Beurteilungsschritte näher betrachtet.

b) Aufstellungspflicht nach handelsrechtlichen Regelungen

Wie in Abb. G.3 ersichtlich, ist in einem ersten Schritt zu beurteilen, ob nach den handelsrechtlichen Regelungen eine Pflicht zur Erstellung eines Konzernabschlusses besteht. Zu diesem Zweck verweist § 315a Abs. 1 HGB auf die einschlägigen Vorschriften der §§ 290 bis 293 HGB.

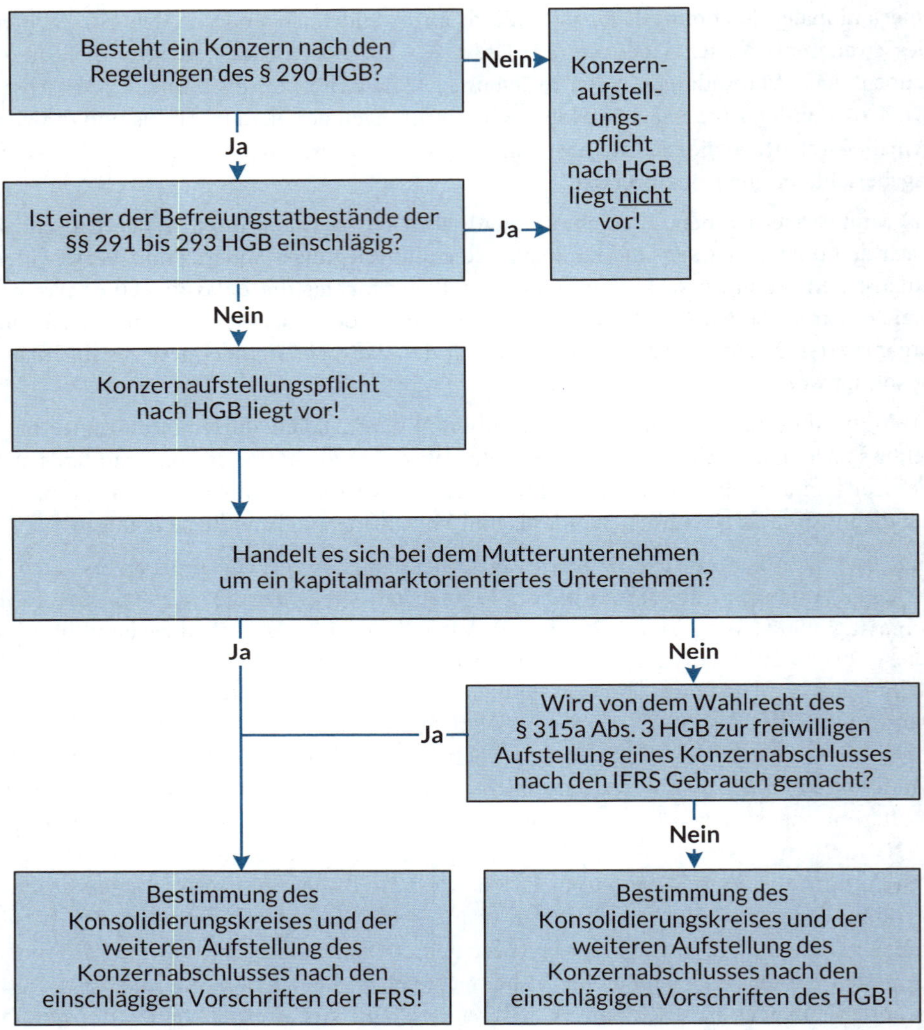

Abbildung G.3 Beurteilung der Konzernabschlusspflicht nach § 315a HGB

Gemäß § 290 Abs. 1 HGB müssen die gesetzlichen Vertreter einer Kapitalgesellschaft (Mutterunternehmen) mit Sitz im Inland innerhalb von fünf Monaten nach Ablauf des Konzerngeschäftsjahres einen Konzernabschluss und den dazugehörigen Konzernlagebericht aufstellen, wenn das Mutterunternehmen auf ein anderes Unternehmen (Tochterunternehmen) unmittelbar oder mittelbar einen beherrschenden Einfluss ausüben kann. Somit gibt es für die Aufstellungspflicht eines Konzernabschlusses die folgenden drei Voraussetzungen, welche kumulativ erfüllt sein müssen:

1. Das Mutterunternehmen muss die **Rechtsform** einer Kapitalgesellschaft aufweisen.
2. Der **Sitz** des Mutterunternehmens muss im Inland (Deutschland) sein.

3. Das Mutterunternehmen muss unmittel- oder mittelbar einen **beherrschenden Einfluss** auf (mindestens) ein Tochterunternehmen ausüben können.

Die Voraussetzungen hinsichtlich der Rechtsform sowie des Sitzes eines Mutterunternehmens sind i. d. R. verhältnismäßig einfach zu prüfen. Die Frage, ob in Bezug auf (mindestens) ein anderes Unternehmen (Tochterunternehmen) Beherrschung vorliegt, ist hingegen genauer zu analysieren. Der Begriff des beherrschenden Einflusses wird in § 290 Abs. 1 HGB nicht ausdrücklich definiert. Stattdessen enthält § 290 Abs. 2 HGB eine **Aufzählung von Tatbeständen**, die stets zu einem beherrschenden Einfluss über ein Tochterunternehmen führen.

§ 290 Pflicht zur Aufstellung:

(2) Beherrschender Einfluss eines Mutterunternehmens besteht stets, wenn

1. ihm bei einem anderen Unternehmen die Mehrheit der Stimmrechte der Gesellschafter zusteht;
2. ihm bei einem anderen Unternehmen das Recht zusteht, die Mehrheit der Mitglieder des die Finanz- und Geschäftspolitik bestimmenden Verwaltungs-, Leitungs- oder Aufsichtsorgans zu bestellen oder abzuberufen, und es gleichzeitig Gesellschafter ist;
3. ihm das Recht zusteht, die Finanz- und Geschäftspolitik auf Grund eines mit einem anderen Unternehmen geschlossenen Beherrschungsvertrages oder auf Grund einer Bestimmung in der Satzung des anderen Unternehmens zu bestimmen, oder
4. es bei wirtschaftlicher Betrachtung die Mehrheit der Risiken und Chancen eines Unternehmens trägt, das zur Erreichung eines eng begrenzten und genau definierten Ziels des Mutterunternehmens dient (Zweckgesellschaft). Neben Unternehmen können Zweckgesellschaften auch sonstige juristische Personen des Privatrechts oder unselbständige Sondervermögen des Privatrechts, ausgenommen Spezial-Sondervermögen im Sinn des § 2 Abs. 3 des Investmentgesetzes, sein.

Bei genauerer Betrachtung der einzelnen Tatbestände sind Gemeinsamkeiten zu erkennen, die auf eine allgemeine Definition für einen beherrschenden Einfluss hindeuten. Ein Mutterunternehmen hat demnach einen beherrschenden Einfluss über ein Tochterunternehmen, wenn das Mutterunternehmen die Möglichkeit hat, die Finanz- und Geschäftspolitik eines Tochterunternehmens dauerhaft zu bestimmen.

c) Befreiung von der Aufstellungspflicht nach HGB

Liegt ein Mutter-Tochter-Verhältnis nach den Vorschriften des § 290 HGB vor (d. h. ein Mutterunternehmen hat einen beherrschenden Einfluss auf ein Tochterunternehmen), ist im Anschluss an diese Feststellung zu prüfen, ob einer der Befreiungstatbestände für die Pflicht zur Aufstellung eines Konzernabschlusses einschlägig ist. Hierfür sind die einzelnen Befreiungstatbestände in den §§ 291 bis 293 HGB zu untersuchen.

§ 291 HGB regelt die Vorschriften für einen sogenannten **befreienden Konzernabschluss**. Ein befreiender Konzernabschluss eines übergeordneten Mutterunternehmens entbindet demnach ein untergeordnetes Mutterunternehmen von der Pflicht zur Aufstellung eines eigenen Konzernabschlusses.

BEISPIEL

Das Mutterunternehmen A hält 100% der Anteile an seinem Tochterunternehmen B. Das Unternehmen B hält wiederum 100% der Anteile an den Unternehmen C und D (siehe Abb. G.4).

Gemäß § 290 HGB liegt ein Beherrschungsverhältnis zwischen den Unternehmen A (als Mutterunternehmen) und B (als Tochterunternehmen) sowie zwischen den Unternehmen B (als Mutterunternehmen) und C und D (als Tochterunternehmen) vor. Folglich müssten sowohl A als auch B grundsätzlich einen Konzernabschluss aufstellen.

Aufgrund der Tatsache, dass der Konzernabschluss von A die Informationen des Konzernabschlusses von B ebenso umfasst, besteht allerdings nach § 291 HGB die Möglichkeit, dass Unternehmen B unter bestimmten Bedingungen von der Erstellung eines Konzernabschlusses befreit ist.

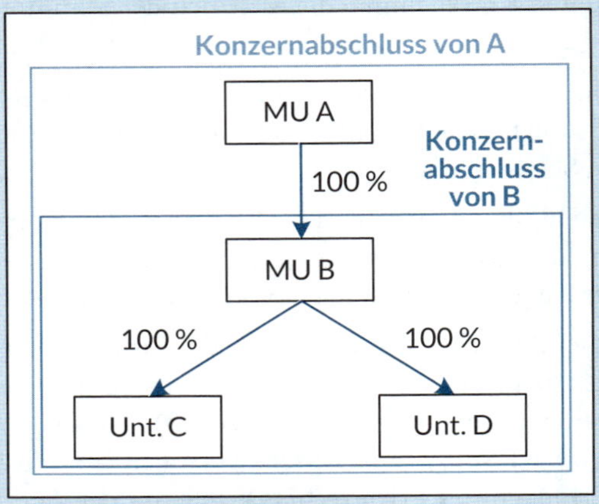

Abbildung G.4 Beispiel: Befreiender Konzernabschluss nach § 291 HGB

Damit ein Konzernabschluss nach § 291 HGB eine befreiende Wirkung für einen darunterliegenden Teilkonzernabschluss aufweist, muss dieser umfangreichen Anforderungen genügen. So muss ein Mutterunternehmen, das einen befreienden Konzernabschluss nach § 291 HGB erstellt,

- seinen Sitz in einem Mitgliedsstaat der EU oder einem anderen Vertragsstaat des Abkommens über den Europäischen Wirtschaftsraum haben;
- seinen Konzernabschluss in deutscher Sprache aufstellen;
- einen Bestätigungsvermerk oder einen Vermerk über dessen Versagung für seinen Konzernabschluss vorweisen können;
- das zu befreiende Mutterunternehmen und dessen Tochterunternehmen in den befreienden Konzernabschluss unbeschadet des § 296 HGB einbeziehen;
- seinen Konzernabschluss entsprechend den Anforderungen der 7. EG Richtlinie aufstellen.

Ein Mutterunternehmen, das nach § 291 HGB von der Konzernaufstellungspflicht befreit wird, muss in seinem Jahresabschluss

- den Namen und den Sitz des Mutterunternehmens angeben, welches den befreienden Konzernabschluss aufstellt;
- einen Hinweis auf die Befreiung von der Konzernaufstellungspflicht aufnehmen;
- eine Erläuterung der im befreienden Konzernabschluss vom deutschen Recht abweichend angewandten Bilanzierungs-, Bewertungs- sowie Konsolidierungsmethoden angeben.

Unternehmen mit Sitz in einem Staat, der **weder Mitglied der EU noch Vertragsstaat des Abkommens über den Europäischen Wirtschaftraums** ist, wird mittels einer Rechtsverordnung ebenfalls die Möglichkeit eingeräumt, einen befreienden Konzernabschluss nach § 291 HGB aufzustellen. Hierfür muss gem. § 292 HGB der befreiende Konzernabschluss entweder

- nach dem Recht eines Mitgliedstaates der EU oder des Europäischen Wirtschaftsraumes, das der 7. EG-Richtlinie entspricht, aufgestellt werden oder
- einem nach diesem Recht aufgestellten Konzernabschluss gleichwertig sein.

Auch wenn die oben dargelegten Voraussetzungen zur Befreiung von der Konzernaufstellungspflicht erfüllt sind, so bedeutet dies noch nicht, dass tatsächlich eine Befreiung von der Konzernaufstellungspflicht erfolgen kann. So sind regelmäßig **zwei Ausnahmeregelungen** zu beachten, auf deren Grundlage eine Befreiung verneint werden kann. Zum einen sind Mutterunternehmen, deren **Aktien zum Handel am amtlichen Markt zugelassen** sind, gem. § 291 Abs. 3 Nr. 1 HGB nicht von der Aufstellungspflicht eines Teilkonzernabschlusses befreit. Zum anderen können unter den Voraussetzungen des § 291 Abs. 3 Nr. 2 HGB die Minderheitsgesellschafter des Teilkonzernmutterunternehmens verlangen, dass ein Teilkonzernabschluss aufgestellt wird. Die Vorschrift des § 291 Abs. 3 Nr. 2 HGB schützt so in bestimmten Situationen das **Interesse der Minderheitsgesellschafter** an Teilkonzernabschlüssen. Gemäß § 291 Abs. 3 Nr. 2 HGB kann das Mutterunternehmen nicht von der Pflicht zur Aufstellung eines Teilkonzernabschlusses befreit werden, wenn die Gesellschafter des zu befreienden Mutterunternehmens, denen bei einer AG oder KGaA mindestens 10% und bei einer GmbH mindestens 20% der Anteile gehören, spätestens sechs Monate vor Ablauf des Konzerngeschäftsjahres die Aufstellung eines Teilkonzernabschlusses beantragt haben.

Die bisher dargelegten Befreiungsmöglichkeiten für die Konzernabschlussaufstellung betreffen allesamt die Befreiung von der Aufstellung eines Teilkonzernabschlusses aufgrund eines (übergeordneten) Gesamtkonzernabschlusses. Neben diesen Befreiungsmöglichkeiten sieht § 293 HGB auch die Befreiung von der Aufstellungspflicht für einen Konzernabschluss vor, wenn ein Konzern bestimmte **Größenkriterien** nicht überschreitet. Unterschieden werden hierbei die sogenannte **Bruttomethode** (§ 293 Abs. 1 Satz 1 Nr. 1 HGB) und die sogenannte **Nettomethode** (§ 293 Abs. 2 Satz 1 Nr. 2 HGB). Die beiden Methoden unterscheiden sich dahingehend, dass die Bruttomethode auf die Zahlen vor Durchführung der Konsolidierung und die Nettomethode auf die Zahlen nach

Konsolidierung abstellt. Mit Ausnahme der Arbeitnehmerzahl liegen die Schwellenwerte daher bei der Bruttomethode um ca. 20 % über denen der Nettomethode. Sowohl bei der Bruttomethode als auch bei der Nettomethode ist das Mutterunternehmen von der Pflicht, einen Konzernabschluss aufzustellen, befreit, wenn an zwei aufeinanderfolgenden Abschlussstichtagen zwei der drei in Abb. G.5 aufgeführten Kriterien nicht überschritten werden.

Größenkriterien	Bruttomethode	Nettomethode
Bilanzsumme (Mio. €)	≤ 23,1	≤ 19,25
Umsatzerlöse (Mio. €)	≤ 46,2	≤ 38,5
Arbeitnehmerzahl	≤ 250	≤ 250

Abbildung G.5 Größenkriterien und Schwellenwerte zur Befreiung von der Konzernaufstellungspflicht gem. § 293 HGB

Da § 293 HGB ein Wahlrecht zwischen beiden Methoden vorsieht, ist es ausreichend, wenn das Mutterunternehmen die Größenkriterien lediglich bei einer Methode überschreitet. Für die Bruttomethode ist der Abschlussstichtag des Jahresabschlusses des Mutterunternehmens relevant, während bei der Nettomethode der Konzernabschlussstichtag für die Bestimmung der Grenzwerte maßgeblich ist.

d) Kriterium der Kapitalmarktorientierung

Nachdem sich die vorstehenden Ausführungen der Frage der Aufstellungspflicht für einen Konzernabschluss nach deutschem Handelsrecht widmen, ist in einem zweiten Schritt zu bestimmen, ob es sich bei dem Mutterunternehmen um ein **kapitalmarktorientiertes Unternehmen** i. S. d. § 315a Abs. 1 HGB handelt (vgl. Abb. G.3). Sofern dies bejaht wird, greifen die Regelungen der IFRS zur Konzernrechnungslegung. Insbesondere ist ein IFRS-Konzernabschluss unter den Bedingungen des **IFRS 10** aufzustellen.

Ein Unternehmen ist kapitalmarktorientiert, wenn die von ihm ausgegebenen Wertpapiere am Abschlussstichtag in einem Mitgliedsstaat der EU oder einem anderen Vertragsstaat des Abkommens über den Europäischen Wirtschaftsraum zum **Handel an einem geregelten Markt zugelassen** sind. Überdies sind gem. § 315a Abs. 2 HGB auch Unternehmen zur Aufstellung eines IFRS-Konzernabschlusses verpflichtet, die den **Antrag auf Zulassung von Wertpapieren zum Handel** an einem organisierten Markt im Inland gestellt haben.

Wahlrecht bei fehlender Kapitalmarktorientierung

Sofern ein Unternehmen keine Kapitalmarktorientierung aufweist, steht diesem ein Wahlrecht zu, anstelle eines HGB-Konzernabschlusses einen Konzernabschluss nach den Vorschriften der IFRS aufzustellen. Sofern sich ein nicht kapitalmarktorientiertes Unternehmen für die freiwillige Anwendung der IFRS entscheidet, sind allerdings alle zu diesem Zeitpunkt gültigen Vorschriften der IFRS sowie die in § 315a Abs. 1 HGB genannten Regelungen des HGB anzuwenden. Ein sogenanntes »cherry picking«, wonach nur eine selektive Anwendung einzelner IFRS-Vorschriften stattfindet, ist demnach nicht gestattet.

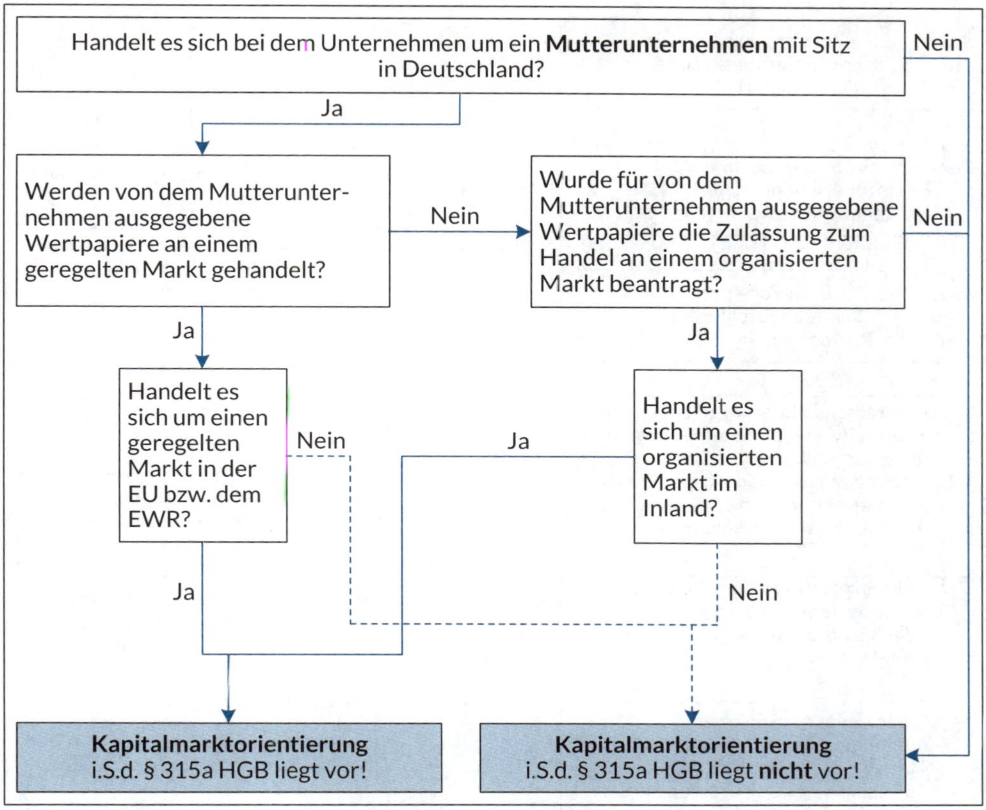

Abbildung G.6 Beurteilung der Kapitalmarktorientierung gem. § 315a

2. Umsetzungsschritte bei der Aufstellung eines Konzernabschlusses im Überblick

Die vorangehenden Ausführungen behandelten die Frage der Konzernabschlussaufstellungspflicht, d. h. die Frage, wann und unter welchen Voraussetzungen ein Konzernabschluss nach den Regelungen der IFRS aufzustellen ist. Im Folgenden wird nunmehr ein Überblick über die einzelnen Schritte gegeben, welche zur Aufstellung eines IFRS-Konzernabschlusses durchzuführen sind (Abb. G.7). Die wesentlichen Erstellungsschritte werden schließlich in eigenständigen Abschnitten ausführlich erläutert.

Stufenkonzeption

Im Anschluss an die Feststellung der Aufstellungspflicht ist in einem ersten Schritt die **Abgrenzung des Konsolidierungskreises** durchzuführen. Dies erfolgt anhand der sogenannten Stufenkonzeption, die in Abb. G.8 dargestellt wird. Die verschiedenen Stufen stehen für den **Informationsumfang**, mit dem ein Unternehmen in den Konzernabschluss einbezogen wird und richten sich nach dem Grad der Einflussnahme, den ein Mutterunternehmen auf das jeweilige Unternehmen ausüben kann. Je nach Einflussnahmemöglichkeit des Mutterunternehmens auf das jeweilige Beteiligungsunternehmen werden die Beteiligungen des Mutterunternehmens unterschieden in Tochterunternehmen, gemeinschaftliche Tätigkeiten, Gemeinschaftsunternehmen, assoziierte

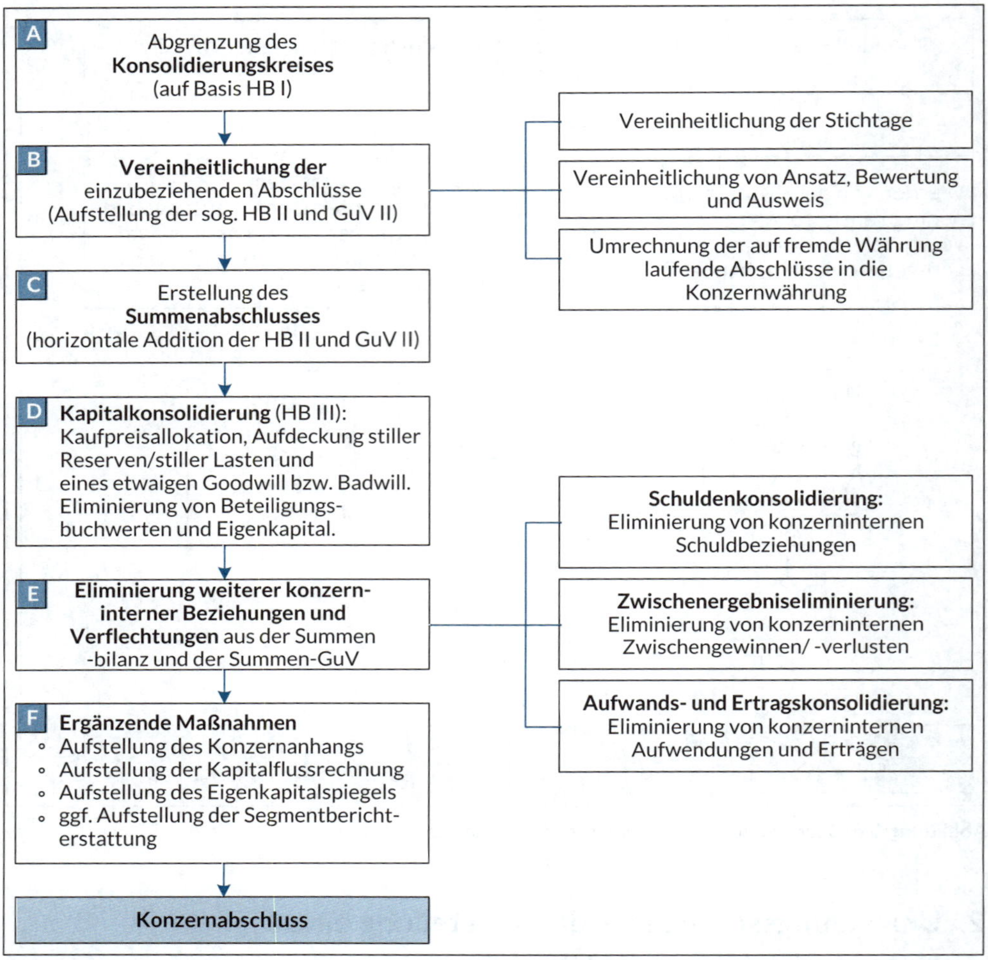

Abbildung G.7 Umsetzungsschritte im Rahmen der Erstellung eines IFRS-Konzernabschlusses

Unternehmen sowie sonstige Unternehmen. An die jeweilige Beteiligungsform knüpfen wiederum unterschiedliche Formen der Einbeziehung in den Konzernabschluss an. Die Abgrenzung des Konsolidierungskreises anhand der Stufenkonzeption wird ausführlich ab S. 558 ff. behandelt, die verschiedenen Formen der Einbeziehung in den Konzernabschluss ab S. 602 ff. bzw. S. 673 ff.

Vereinheitlichung

Im Anschluss an die Abgrenzung des Konsolidierungskreises sind in einem nächsten Schritt die einzubeziehenden Jahresabschlüsse zu vereinheitlichen. Für diese Vereinheitlichung werden die Einzelabschlüsse der einzubeziehenden Unternehmen (sog. **Handelsbilanz I** [HB I]) insbesondere an konzerneinheitliche Bilanzierungs- und Bewertungsmethoden angepasst. Die angepassten Einzelabschlüsse stellen die sog. **Handelsbilanz II** (HB II) dar.

Auf Basis der HB II erfolgt sodann die Neubewertung der Vermögenswerte und Schulden sowie die Aufdeckung von etwaigen stillen Reserven und stillen Lasten. Die neubewerteten Vermögenswerte und Schulden bilden die sogenannte **Handelsbilanz III** (HB III). Im Anschluss werden die HB III-Abschlüsse horizontal addiert und zum sogenannten **Summenabschluss**

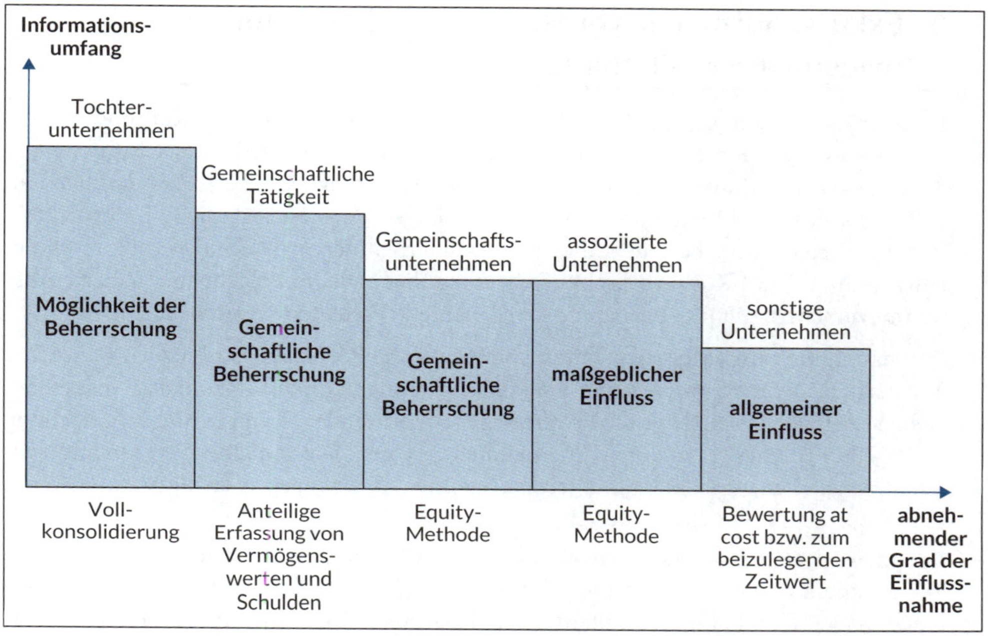

Abbildung G.8 Stufenkonzeption des IFRS-Konzernabschlusses: Beteiligungsformen, Einflussnahmemöglichkeiten und Bilanzierungsmethoden

(SB) zusammengefasst. Dieser bildet schließlich den Ausgangspunkt für die Kapitalkonsolidierung sowie die darauf folgende weitere Eliminierung von konzerninternen Transaktionen im Zuge der Schuldenkonsolidierung, Zwischenergebniseliminierung sowie Aufwands- und Ertragskonsolidierung. Abbildung G.9 gibt einen Überblick über die durchzuführenden Schritte von den einzubeziehenden Einzelabschlüssen bis zum Konzernabschluss nach IFRS.

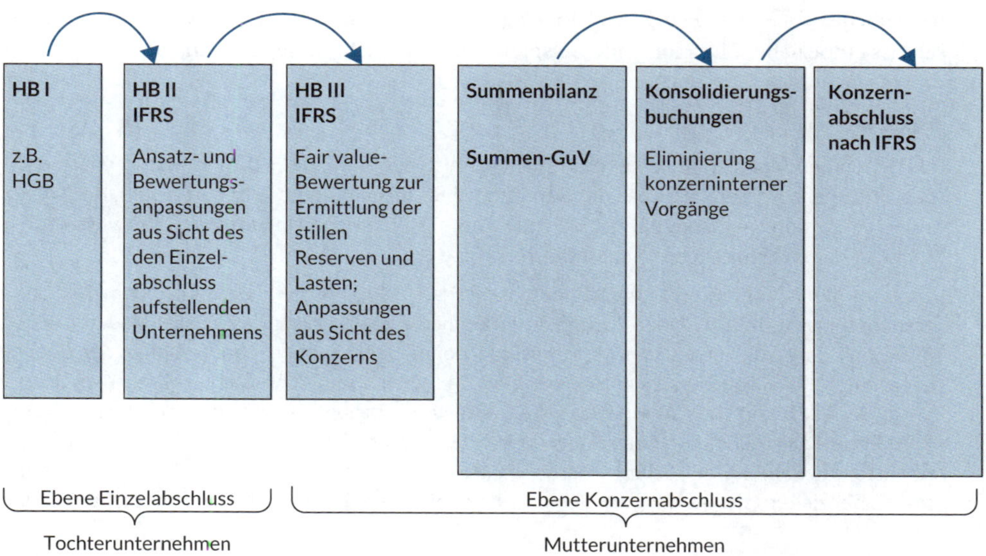

Abbildung G.9 Schritte von den einzubeziehenden Einzelabschlüssen zum Konzernabschluss

3. Exkurs: Ausnahme von der Konsolidierung für Investmentgesellschaften

Im Nachgang zu den vorgestellten Neuregelungen zur Abgrenzung des Konsolidierungskreises sowie zu den gemeinsamen Vereinbarungen verabschiedete das IASB weitere Änderungen zur Konzernrechnungslegung. So wurden am 31.12.2012 Änderungen an IFRS 10 und IFRS 12 vorgenommen, welche einige Fonds oder ähnliche Unternehmen von der Verpflichtung befreiten, ihre Tochterunternehmen im Wege der Vollkonsolidierung in ihren IFRS-Konzernabschluss einzubeziehen. Die im Folgenden erläuterte **Ausnahmevorschrift** gilt für sogenannte Investmentgesellschaften (*investment entities*).

Sogenannte **Investmentgesellschaften** müssen gem. IFRS 10.31 grundsätzlich weder ihre Tochterunternehmen im Wege der Vollkonsolidierung in ihren Konzernabschluss einbeziehen noch den IFRS 3 bzw. die Erwerbsmethode anwenden, wenn sie die Beherrschung i. S. d. IFRS 10 über ein anderes Unternehmen erlangen. Die von einer Investmentgesellschaft gehaltenen Anteile an Tochterunternehmen sind hingegen **erfolgswirksam zum Fair Value** gem. IFRS 9 zu bewerten.

Von diesem Grundsatz abweichend hat eine Investmentgesellschaft allerdings solche Tochterunternehmen gemäß der Regelungen der IFRS 10.19-10.26 zu konsolidieren (siehe hierzu S. 560 ff., 586 ff.), die weitere **Dienstleistungen in Bezug auf die Investitionstätigkeiten der Investmentgesellschaft** erbringen. Gleichermaßen ist beim Erwerb eines solchen Tochterunternehmens auch der IFRS 3 bzw. die Erwerbsmethode anzuwenden.

IFRS 10.33 stellt überdies klar, dass die Ausnahme von der Konsolidierung nur den von der Investmentgesellschaft selbst aufgestellten Konzernabschluss betrifft. Ein übergeordnetes Mutterunternehmen, welches folglich auch die Investmentgesellschaft beherrscht, hat sämtliche von ihm direkt und indirekt über Tochterunternehmen beherrschten Gesellschaften zu konsolidieren, es sei denn das Mutterunternehmen erfüllt ebenfalls die Definition einer Investmentgesellschaft. Ein Mutterunternehmen, welches nicht die Definition einer Investmentgesellschaft erfüllt, muss somit auch etwaige indirekt über eine Investmentgesellschaft beherrschte Tochterunternehmen im Wege der Vollkonsolidierung in seinen Konzernabschluss einbeziehen. Das folgende Beispiel veranschaulicht diese Regelungen.

BEISPIEL

Unternehmen Alpha stellt keine Investmentgesellschaft i. S. d. IFRS 10 dar. Alpha beherrscht das Unternehmen Beta, welches die Definition einer Investmentgesellschaft erfüllt. Beta hält zwei Tochterunternehmen, 1 und 2, welche keine Dienstleitungen in Bezug auf die Investmenttätigkeit der Investmentgesellschaft Beta erbringen.

Da Beta die Definition einer Investmentgesellschaft erfüllt, bezieht Beta in seinem Teilkonzernabschluss nach IFRS beide Tochterunternehmen erfolgswirksam zum Fair Value ein. Eine Konsolidierung, wie ansonsten für Tochterunternehmen vorgesehen, unterbleibt. In den übergeordneten IFRS-Konzernabschluss der Alpha sind jedoch sämtliche Tochterunternehmen im Wege der Vollkonsolidierung einzubeziehen. Alpha muss bezüglich Tochterunternehmen 1 und 2 im Erwerbszeitpunkt die Regelungen des IFRS 3 anwenden und die Tochterunternehmen sowie sämtliche weiteren Tochterunternehmen konsolidieren. Es kommt somit zu unterschiedlichen Einbeziehungsformen auf den verschiedenen Konzernabschlussebenen (siehe Abb. G.10).

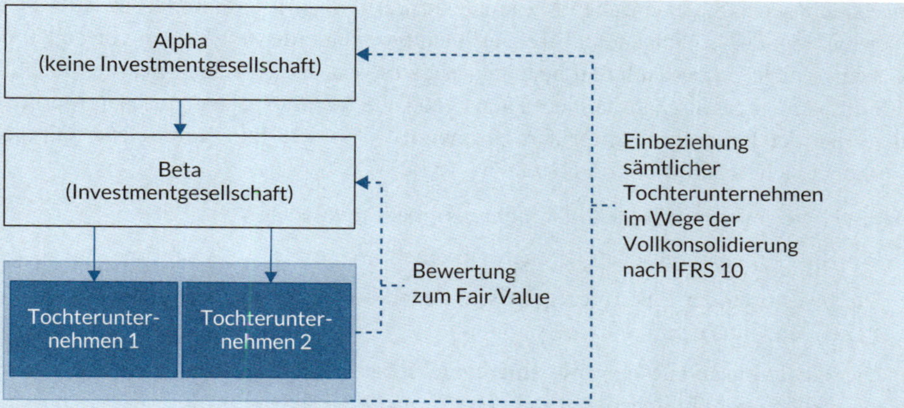

Abbildung G.10 Beispiel zur Ausnahme von der Konsolidierung für Investmentgesellschaften

Die Notwendigkeit zu beurteilen, ob ein Mutterunternehmen eine Investmentgesellschaft ist, resultiert aus IFRS 10.27. An dieser Stelle wird verlangt, dass ein Mutterunternehmen beurteilt, ob es eine Investmentgesellschaft i. S. d. IFRS 10 ist. Im Weiteren legt der Paragraph fest, dass eine Investmentgesellschaft ein Unternehmen ist, das

- von einem oder mehreren Investoren Kapital erhält, mit dem Zweck, für diese Kapitalgeber Vermögensverwaltungsdienstleistungen zu erbringen;
- sich den Investoren gegenüber verpflichtet, dass der Unternehmenszweck einzig und allein in der Anlage der erhaltenen Mittel zur Erreichung von Wertsteigerungen oder der Erwirtschaftung von Kapitalerträgen (wie Zinsen, Dividenden) oder beidem besteht; und
- den wirtschaftlichen Erfolg im Wesentlichen aller seiner Beteiligungen bzw. Anlagen (Investments) auf Basis des Fair Value bewertet und beurteilt.

Auch wenn der Unternehmenszweck einer Investmentgesellschaft eng begrenzt sein muss, so sind bestimmte Tätigkeit zulässig, die eine Investmentgesellschaft entweder direkt oder indirekt über Tochterunternehmen erbringen kann. So stehen insbesondere Dienstleistungen im Zusammenhang mit der Investmenttätigkeit (»Investment-Related-Services« bzw. anlagebezogene Dienstleistungen) wie Beratungs- oder Verwaltungsdienstleistungen für Dritte oder die eigenen Investoren nicht einer Qualifizierung als Investmentgesellschaft entgegen. Dies gilt auch dann, wenn diese Tätigkeiten im Verhältnis zur Gesamttätigkeit der Investmentgesellschaft wesentlich sind (vgl. IFRS 10.B85C). Zudem schadet auch die Bereitstellung von Management-Dienstleistungen sowie etwaiger finanzieller Unterstützung an die von der Investmentgesellschaft gehaltenen Beteiligungsunternehmen nicht der Qualifizierung als Investmentgesellschaft. Dies gilt allerdings nur, soweit diese Tätigkeiten keine wesentliche Geschäftsaktivität der Investmentgesellschaft darstellen und lediglich dem Zweck dienen, die Renditen aus den gehaltenen Anlagen zu maximieren (vgl. IFRS 10.B85D).

Bei der Beurteilung, ob ein Mutterunternehmen die Definition einer Investmentgesellschaft erfüllt oder nicht, ist zu berücksichtigen, ob das Unternehmen die für eine

Investmentgesellschaft typischen Merkmale aufweist. Liegt im konkreten Einzelfall eines oder mehrere der im Folgenden beschriebenen typischen Merkmale nicht vor, so hat dies allerdings nicht zwangsläufig zu bedeuten, dass es sich bei dem Unternehmen nicht um eine Investmentgesellschaft handeln kann (vgl. IFRS 10.B85N). Die typischen Merkmale, die es bei der Beurteilung zu prüfen gilt, nennt IFRS 10.28 (zur Konkretisierung dieser Merkmale siehe ausführlich IFRS 10.B85N-10.B85W):

- Eine Investmentgesellschaft hält mehr als eine Kapitalanlage.
- Eine Investmentgesellschaft hat mehr als einen Investor.
- Die Investoren der Investmentgesellschaft sind keine der Investmentgesellschaft nahe stehenden Unternehmen bzw. Personen.
- Die Eigentumsanteile der Investmentgesellschaft bestehen in Form von Eigenkapitalanteilen oder ähnlichen Anteilen (*equity or similar interests*).

Überdies ist es entscheidendes Merkmal einer Investmentgesellschaft, dass das Unternehmen nicht die Absicht hat, die Beteiligungen unbegrenzt zu halten. Vielmehr werden die Beteiligungen laut den Investitionsplänen der Investmentgesellschaft lediglich über einen befristeten Zeitraum gehalten. Im Gegensatz zu anderen Unternehmen muss eine Investmentgesellschaft daher über eine **Ausstiegsstrategie** verfügen, die belegt, auf welche Weise das Unternehmen aus seinen Anlagen Wertsteigerungen zu erzielen gedenkt. Die Ausstiegsstrategien müssen nicht für jede einzelne Investition gesondert formuliert sein, sondern es sollten verschiedene potenzielle Strategien für unterschiedliche Arten von Investments und Portfolios einschließlich realistischer Ausstiegszeiträume aufgestellt werden (vgl. IFRS 10.B85F). Als Beispiel für eine Ausstiegsstrategie dient der Plan, eine Immobilie durch einen Immobilienhändler oder auf dem freien Markt zu veräußern (vgl. IFRS 10.B85G).

Für Investmentgesellschaften wurden spezifische Anhangangabepflichten in den IFRS 12 aufgenommen. Dazu gehören insbesondere:

- Angaben zur Ermessensausübung sowie wesentlichen Annahmen, die bei der Beurteilung, dass es sich um eine Investmentgesellschaft handelt, getroffen wurden (vgl. IFRS 12.9A);
- Sofern eine Investmentgesellschaft nicht sämtliche der typischen Merkmale einer Investmentgesellschaft erfüllt, sind Gründe anzugeben, warum man dennoch zu der Auffassung gelangt, dass es sich beim Unternehmen um eine Investmentgesellschaft handelt (vgl. IFRS 12.9A);
- Spezifische Angabepflichten, sofern sich die Einschätzung in Bezug auf die Erfüllung der Definitionskriterien der Investmentgesellschaft geändert hat. Dies umfasst insbesondere eine diesbezügliche Statusänderung sowie die Gründe hierfür und die resultierenden Auswirkungen auf den gegenwärtigen Abschluss (vgl. IFRS 12.9B).

4. Weiterführende Literatur

Lorson/Fuhrmann/Handtrag/Horn/Poller, Konzernrechnungslegung nach EU-IFRS 2012: Fallstudie zur Erstellung eines IFRS-Konzernabschlusses (Teil 1: Aufstellungspflicht sowie IFRS-Bilanz und IFRS-GuV), KoR 2013, S. 261-268;

Lorson/Fuhrmann/Handtrag/Horn/Poller, Konzernrechnungslegung nach EU-IFRS 2012: Fallstudie zur Erstellung eines IFRS-Konzernabschlusses (Teil 2: Review von Bilanz und GuV der Schiffbau-AG), KoR 2013, S. 320-329;

Lüdenbach, § 32. Tochterunternehmen im Konzern- und Einzelabschluss, in Lüdenbach/Hoffmann (Hrsg.), Haufe IFRS-Kommentar, Freiburg im Breisgau, 12. Aufl. 2014, S. 2117-2217;

Rapp, Praxis des Konzernabschlusses, DB 2013, S. 948-953;

Senger/Rulfs, § 31. Aufstellungspflichten, in Bohl/Riese/Schlüter (Hrsg.), Beck'sches IFRS-Handbuch, München/Bern, 4. Aufl. 2013, S. 1329-1342.

Zur Ausnahme von der Konsolidierung für Investmentgesellschaften:

Buschhüter, Neuregelung der Bilanzierung von Investmentgesellschaften, IRZ 2013, S. 23-28;

Christian, Bilanzierung von Anlageunternehmen (investment entities): Änderung von IFRS 10 »Konzernabschlüsse«, PiR 2013, S. 69-74;

Kühnberger/Thurmann, Die Abgrenzung des Konsolidierungskreises in der nationalen und internationalen Rechnungslegung unter besonderer Berücksichtigung der Neuregelung zu Investmentgesellschaften, Der Konzern 2013, S. 540-547;

Zwirner/Boecker, Bilanzierungserleichterungen für Private-Equity- und Venture-Capital-Gesellschaften durch die amendments zu IFRS 10, IFRS 12 und IAS 27. Fallstudie zum Übergang auf die Neuregelungen für investment entities, KoR 2014, S. 103-114;

Zwirner/Froschhammer, Amendments betreffend Investmentgesellschaften: Bilanzierungserleichterungen für Private-Equity- und Venture-Capital-Gesellschaften, IRZ 2013, S. 215-218.

III. Abgrenzung des Konsolidierungskreises

RELEVANTE STANDARDS

IFRS 10 – Konzernabschlüsse
IFRS 11 – Gemeinsame Vereinbarungen
IFRS 12 – Angaben zu Anteilen an anderen Unternehmen
IAS 28 – Anteile an assoziierten Unternehmen und Gemeinschaftsunternehmen

KERNAUSSAGEN

- Nach abnehmender Einflussnahmemöglichkeit des Mutterunternehmens werden die einzubeziehenden Unternehmen unterschieden in Tochterunternehmen, gemeinsame Vereinbarungen und assoziierte Unternehmen.
- Gemäß IFRS 10 beherrscht ein Investor ein Beteiligungsunternehmen dann, wenn die drei folgenden Kriterien kumulativ erfüllt sind: Verfügungsgewalt über das Beteiligungsunternehmen, Anrecht auf schwankende Renditen (*variable returns*) aus dem Beteiligungsunternehmen sowie die Möglichkeit, die Höhe der Renditen zu beeinflussen.
- Verfügungsgewalt (*power*) über ein Beteiligungsunternehmen liegt vor, wenn ein Unternehmen über bestehende Rechte verfügt, die ihm die gegenwärtige Fähigkeit verleihen, über die maßgeblichen Tätigkeiten des Beteiligungsunternehmens zu entscheiden.
- Ein Investor ist schwankenden Renditen ausgesetzt, wenn seine Rückflüsse aus dem Beteiligungsunternehmen von der Leistung (*performance*) des Beteiligungsunternehmens abhängen. Die Rückflüsse können dabei nur negativ, nur positiv oder sowohl negativ als auch positiv sein.
- Der Zusammenhang zwischen Verfügungsgewalt und Renditen ist auf Grundlage etwaiger Prinzipal-Agenten-Beziehungen sowie De-Facto-Agenten zu analysieren. Hierbei sind sowohl vertragliche Beziehungen als auch wirtschaftliche Abhängigkeiten zu berücksichtigen.
- Eine gemeinsame Vereinbarung ist eine vertragliche Vereinbarung, bei der zwei oder mehr Parteien gemeinschaftliche Führung ausüben, d. h. die Vereinbarung gemeinsam beherrschen. Die internationale Rechnungslegung unterscheidet zwei Arten gemeinsamer Vereinbarungen: gemeinschaftliche Tätigkeiten und Gemeinschaftsunternehmen.
- Eine gemeinschaftliche Tätigkeit ist eine gemeinsame Vereinbarung, bei der die Parteien, die gemeinschaftlich die Führung über die Vereinbarung ausüben, Rechte an den der Vereinbarung zuzurechnenden Vermögenswerten und Verpflichtungen für deren Schulden haben.
- Ein Gemeinschaftsunternehmen ist eine gemeinsame Vereinbarung, bei der die Parteien, die gemeinschaftlich die Führung über die Vereinbarung ausüben, Rechte am Nettovermögen der Vereinbarung besitzen.
- Ein assoziiertes Unternehmen ist ein Unternehmen, bei dem der Anteilseigner über maßgeblichen Einfluss verfügt. Maßgeblicher Einfluss ist die Möglichkeit,

an den finanz- und geschäftspolitischen Entscheidungen des Beteiligungsunternehmens mitzuwirken, nicht aber die Beherrschung oder die gemeinschaftliche Führung der Entscheidungsprozesse. Ein solcher Einfluss wird (widerlegbar) vermutet, wenn ein Unternehmen mindestens 20 % der Anteile an einem anderen Unternehmen hält.

- Unternehmen, auf die das Mutterunternehmen nicht mindestens maßgeblichen Einfluss ausüben kann, zählen nicht zum Konsolidierungskreis.

1. Einführung

Im Anschluss an die Prüfung der Konzernabschlussaufstellungspflicht ist für die Konzernabschlusserstellung der Konsolidierungskreis im Sinne der bereits auf S. 551 ff. erwähnten **Stufenkonzeption** abzugrenzen. Alle zum Konsolidierungskreis zählenden Unternehmen werden in den Konzernabschluss einbezogen. Indes sind nicht alle in den Konzernabschluss einzubeziehenden Unternehmen auf dieselbe Art in den Konzernabschluss einzubeziehen. Die Bilanzierungsmethode bzw. Art der Einbeziehung einer Beteiligung in den Konzernabschluss richtet sich vielmehr danach, welchen **Einfluss** das bilanzierende Konzernmutterunternehmen auf das jeweilige Beteiligungsunternehmen ausüben kann.

Nach abnehmender Einflussnahmemöglichkeit des Mutterunternehmens werden die einzubeziehenden Unternehmen unterschieden in Tochterunternehmen, gemeinsame Vereinbarungen und assoziierte Unternehmen. Zu beachten ist, dass in der IFRS-Terminologie mit der unten erläuterten Regelung des IFRS 11 nunmehr von gemeinsamen Vereinbarungen (*Joint Arrangements*) gesprochen wird. Dieser Begriff umfasst auf der einen Seite Gemeinschaftsunternehmen (*Joint Ventures*) sowie auf der anderen Seite gemeinschaftliche Tätigkeiten (*Joint Operations*).

Die größte Einflussnahme kann das Mutterunternehmen auf Tochterunternehmen ausüben. Tochterunternehmen sind die Unternehmen, die von dem Mutterunternehmen **beherrscht** bzw. »kontrolliert« werden. Danach folgt der Kreis der gemeinsamen Vereinbarungen, über welche das Mutterunternehmen nicht alleine, sondern nur gemeinsam mit mindestens einer weiteren Partei die **gemeinschaftliche Führung** ausüben kann. Gegenüber den Tochterunternehmen kann das Mutterunternehmen somit auf diese Unternehmen keinen vergleichbar starken Einfluss ausüben. Einen noch geringeren Einfluss übt das Mutterunternehmen schließlich auf assoziierte Unternehmen aus. In Bezug auf assoziierte Unternehmen besteht lediglich ein **maßgeblicher Einfluss** seitens des bilanzierenden Mutterunternehmens. Die Konzepte der Beherrschung, gemeinschaftlichen Führung sowie des maßgeblichen Einflusses werden später ausführlich erläutert.

Alle **sonstigen Unternehmen**, an denen das Mutterunternehmen (direkt oder indirekt über Tochterunternehmen) Anteile hält, bei denen der Einfluss aber nicht als mindestens maßgeblich zu qualifizieren ist, gehören nicht dem Konsolidierungskreis an. Derartige Beteiligungen sind i. d. R. nach den einschlägigen Regelungen für Finanzinstrumente zu bilanzieren und als »held for trading« oder »available-for-sale« zu klassifizieren (vgl. hierzu ausführlich S. 358 ff.).

Die Einordnung von Beteiligungen an den in den Konzernabschluss einzubeziehenden Unternehmen in die genannten Kategorien ist von großer **Bedeutung** für die weitere

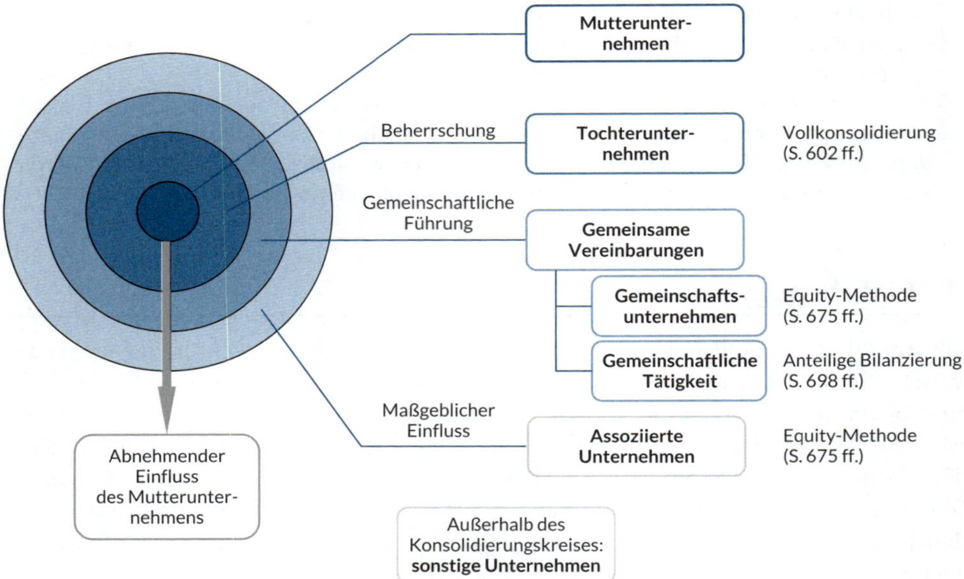

Abbildung G.11 Überblick über den Zusammenhang zwischen Grad der Einflussnahme sowie Bilanzierungsmethode im Konzernabschluss

Vorgehensweise bei der Konzernabschlusserstellung sowie für den **Informationsgehalt** des Konzernabschlusses, da die Bilanzierung der Anteile im Konzernabschluss von der Zuordnung zu den Kategorien abhängt. In den folgenden Abschnitten dieses Kapitels wird die Abgrenzung des Konsolidierungskreises, d. h. die Kategorisierung von Anteilen bzw. Beteiligungen, auf Basis der einschlägigen IFRS-Vorschriften erläutert. Die von der Klassifizierung einer Beteiligung abhängigen Bilanzierungsmethoden werden später beschrieben (vgl. S. 602 ff. und S. 673 ff.). Den Zusammenhang zwischen Grad der Einflussnahme, Klassifizierung der Beteiligung sowie anzuwendender Bilanzierungsmethode stellt Abb. G.11 zusammenfassend dar. Überdies erfolgt eine Zuordnung zu den entsprechenden Kapiteln des vorliegenden Lehrbuchs.

2. Tochterunternehmen nach IFRS 10

a) Grundlegende Regelungen

Das stärkste Verhältnis innerhalb eines Konzerns besteht zwischen Mutter- und Tochterunternehmen. In diesem Zusammenhang ist zunächst auf die grundlegenden Regelungen einzugehen, die ein derartiges Mutter-Tochter-Verhältnis begründen. Die internationale Rechnungslegung hat diesbezüglich erst vor kurzem eine **grundlegende Überarbeitung** erfahren.

Die Abgrenzung des Konsolidierungskreises eines IFRS-Konzernabschlusses beruhte bisher auf zwei Konzepten, dem grundsätzlich anzuwendenden Control-Konzept des IAS 27 – *Konzern- und Einzelabschlüsse* sowie dem speziell für Zweckgesellschaften anzuwendenden sog. »risks and rewards approach« des SIC-12. IAS 27 orientierte sich für die Abgrenzung des Konsolidierungskreises insbesondere an gesellschaftsrechtlichen sowie formaljuristischen Gesichtspunkten. Im Verhältnis dazu stellte SIC-12 einen Auffangtatbestand für Zweckgesellschaften dar, die zwar nicht nach den Vorschriften des IAS 27, wohl aber aufgrund einer wirtschaftlichen Betrachtungsweise beherrscht wurden. Die Tatsache, dass die wirtschaftliche Betrachtungsweise des SIC-12 lediglich auf Zweckgesellschaften beschränkt war, war ein großer Kritikpunkt. Hierdurch kam es zu einer Ungleichbehandlung von Zweckgesellschaften und »klassischen« (operativen) Unternehmen.

Die unterschiedliche Zielsetzung der beiden Konzepte sowie der nicht eindeutig abgegrenzte Anwendungsbereich von IAS 27 im Verhältnis zu SIC-12 führten in der Praxis oftmals zu einer inkonsistenten Abgrenzung des Konsolidierungskreises. Diesen Problemen begegnet der neue IFRS 10 mit einem einheitlichen Beherrschungsbegriff, der auf alle potenziell zu konsolidierenden Einheiten anzuwenden ist und auf dem sog. Control-Konzept beruht. Die neue Beherrschungsdefinition sowie deren Ausprägungen werden nachfolgend näher betrachtet.

b) Beherrschung (*control*) nach IFRS 10

Ausschlaggebend für das Vorliegen einer **Mutter-Tochter-Beziehung** ist das Vorliegen von Beherrschung eines Unternehmens über ein anderes Unternehmen. Dementsprechend handelt es sich bei einem Mutterunternehmen gem. IFRS 10.Appendix A um ein Unternehmen, das ein oder mehrere andere Unternehmen beherrscht, während ein Tochterunternehmen ein Unternehmen ist, welches durch ein anderes Unternehmen beherrscht wird.

Die Definition von **Beherrschung** (*control*) wird in IFRS 10.6 geregelt. Demnach beherrscht ein Mutterunternehmen (auch: Investor) eine potenziell zu konsolidierende Einheit (im Folgenden auch: Beteiligungsunternehmen, *investee*), wenn dieses im Stande ist bzw. Rechte hat, schwankende Renditen (auch: variable Rückflüsse, *variable returns*) aus der Beteiligung an dem Beteiligungsunternehmen zu erzielen, und zudem die Möglichkeit besitzt, die Höhe dieser Renditen mittels seiner Verfügungsgewalt über dieses Beteiligungsunternehmen zu beeinflussen. Betrachtet man die nachfolgende Konkretisierung der Definition der Beherrschung gem. IFRS 10.7, beherrscht ein Investor ein Beteiligungsunternehmen dann, wenn die drei folgenden Kriterien kumulativ erfüllt sind:

1. Der Investor hat die Verfügungsgewalt (*power*) über das Beteiligungsunternehmen (*investee*).
2. Der Investor ist aufgrund von Rechten oder faktischen Gegebenheiten schwankenden Renditen (*variable returns*) aus seinem Verhältnis zu dem Beteiligungsunternehmen ausgesetzt.
3. Der Investor hat die Möglichkeit, die Verfügungsgewalt über das Beteiligungsunternehmen zu nutzen, um damit die Höhe der Rückflüsse aus diesem zu beeinflussen (*link between power and returns*).

Die Definition der Beherrschung nach IFRS 10 lässt sich folglich auf die drei in Abb. G.12 dargestellten Komponenten *power*, *variable returns* sowie dem Zusammenhang zwischen beiden (*link between power and returns*) herunterbrechen, die in den folgenden Abschnitten näher erläutert werden.

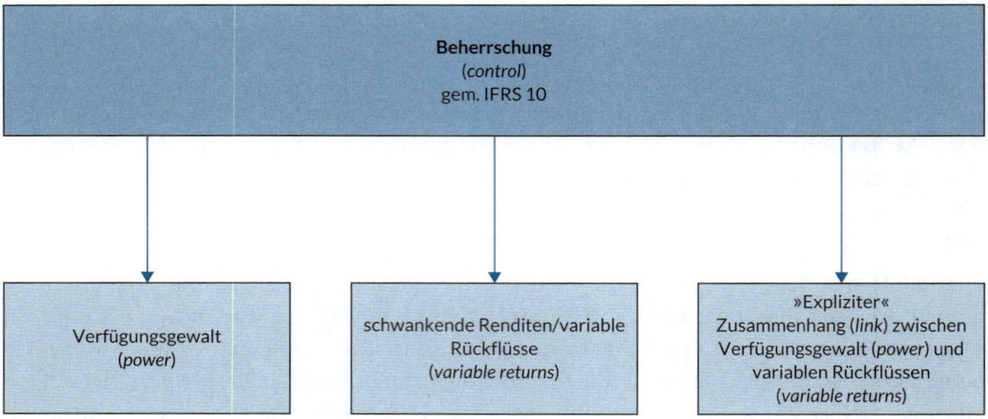

Abbildung G.12 Die drei Elemente des Control-Konzepts nach IFRS 10

c) Verfügungsgewalt (*power*)

Für die Frage der Verfügungsgewalt (*power*) über ein Beteiligungsunternehmen sind gem. IFRS 10.10 **bestehende Rechte** zu berücksichtigen, die dem bilanzierenden Unternehmen (*investor*) die **gegenwärtige Fähigkeit** verleihen, über die **maßgeblichen Tätigkeiten** des Beteiligungsunternehmens zu entscheiden. Demnach lassen sich für die Definition der Verfügungsgewalt wiederum drei Kriterien unterscheiden, die im Folgenden genauer betrachtet werden. Abb. G.13 gibt einen Überblick über diese Elemente der Definition der Verfügungsgewalt.

Bestehende Rechte

Im Rahmen der Beurteilung der Verfügungsgewalt sind alle bestehenden Rechte zu berücksichtigen, die substanziell sind und keine Schutzrechte darstellen. Dieser Logik folgend unterscheidet IFRS 10 generell zwei Arten von Rechten. Zum einen sog. **substanzielle Rechte** (*substantive rights*) und zum anderen sog. **Schutzrechte** (*protective rights*), wobei ausschließlich substanzielle Rechte deren Inhabern die Ausübung von Verfügungsgewalt über ein Beteiligungsunternehmen ermöglichen können. Abbildung G.14 gibt einen Überblick über die Arten bestehender Rechte.

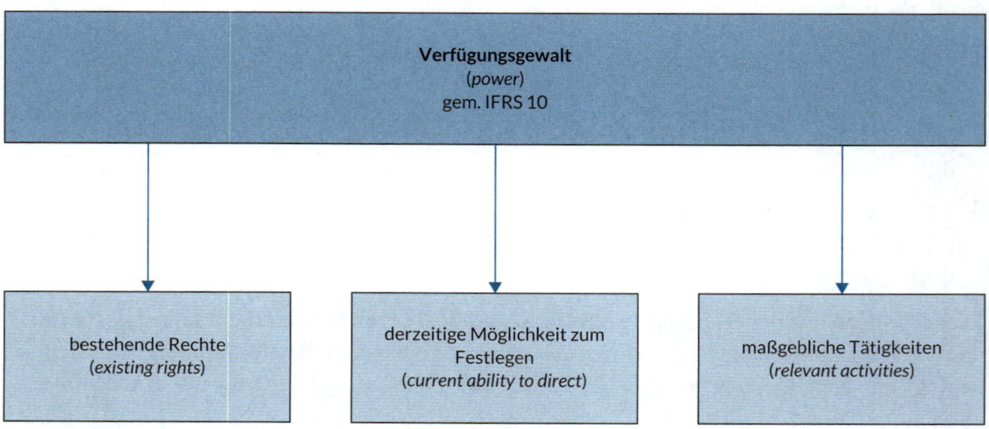

Abbildung G.13 Elemente der Definition von Verfügungsgewalt

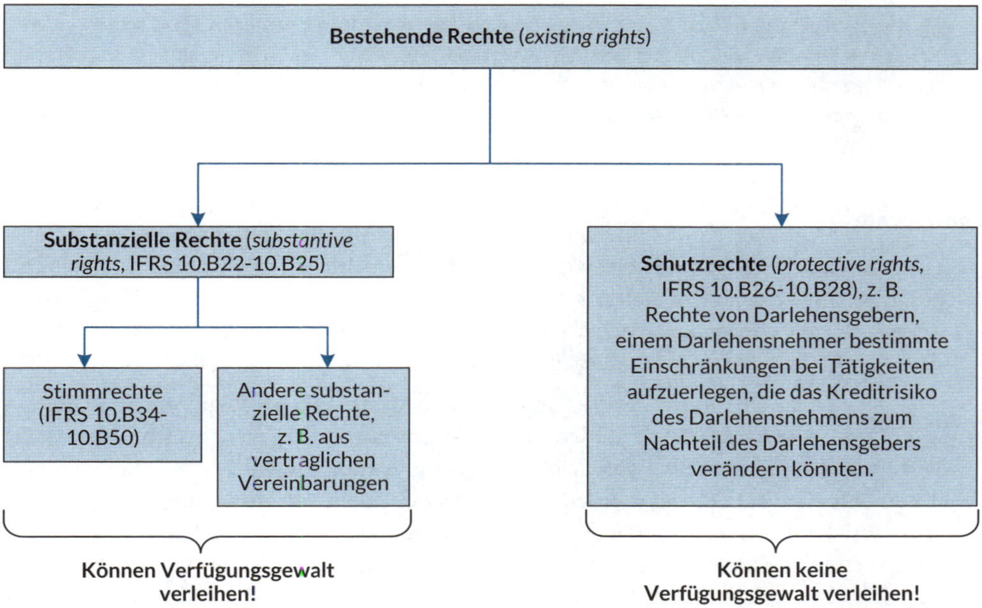

Abbildung G.14 Arten bestehender Rechte

Substanzielle Rechte

Substanzielle Rechte i. S. d. IFRS 10 müssen zu dem Zeitpunkt praktisch ausübbar sein, an dem die Entscheidungen zur Festlegung der maßgeblichen Tätigkeiten zu treffen sind. Ein typischer Fall für das Vorliegen von substanziellen Rechten besteht darin, dass ein Investor über aus Eigenkapitalinstrumenten erwachsende **Stimmrechte** verfügt.

BEISPIEL:

Investor A hält 10 % der Stammaktien an der Aktiengesellschaft B.

Stammaktien verbriefen definitionsgemäß das Recht eines Aktionärs zur Abstimmung auf einer Hauptversammlung. Für Aktiengesellschaften stellt nach dem deutschen Aktienrecht die Hauptversammlung das zentrale Gremium für grundlegende Entscheidungen dar (z. B. Besetzung des Aufsichtsrats).

Folglich stellen die 10 % der Stammaktien, die Investor A an der B-AG hält, ein substanziell bestehendes Recht dar.

Für Investoren, die über keinerlei substanzielle Stimmrechte verfügen, besteht nach IFRS 10 überdies die Möglichkeit mittels **sonstiger substanzieller Rechte** die Verfügungsgewalt über ein Beteiligungsunternehmen zu erlangen.

BEISPIEL:

Investor A hält 50 % der Fondsanteile an dem Spezialfonds B. Darüber hinaus übernimmt Investor A mittels eines Outsourcing-Agreement das Asset Management des Spezialfonds B.Fondsanteile verbriefen definitionsgemäß keine Stimmrechte. Somit stellen die Fondsanteile keine substanziellen Rechte im Sinne des IFRS 10 dar. Allerdings existiert mit dem

Outsourcing-Agreement ein bestehender Vertrag, der A die Möglichkeit gibt, das Asset Management des Spezialfonds zu betreiben. Das Asset Management eines Fonds stellt dessen zentrale Geschäftstätigkeit (= maßgebliche Tätigkeit) dar. Folglich ist das Outsourcing-Agreement ein substanziell bestehendes Recht, welches dem Investor A die Verfügungsgewalt verleihen kann.

Schutzrechte

Neben substanziellen Rechten kennt IFRS 10 auch sog. Schutzrechte. Die Inhaber von Schutzrechten haben **keine Möglichkeit aktiv auf ein Beteiligungsunternehmen einzuwirken**. Schutzrechte vermitteln lediglich die Möglichkeit, passiv die Interessen ihrer Halter zu schützen. Unter Schutzrechten können beispielweise Kreditauflagen (*covenants*), Sicherheitsvereinbarungen und Schutzrechte nicht beherrschender Gesellschafter (»Minderheiten«) subsumiert werden (vgl. IFRS 10.B26-10.B28).

Ability-Approach

Die Definition der Verfügungsgewalt gem. IFRS 10 folgt dem sog. Ability-Approach. Nach diesem Ability-Approach kann ein Investor bereits die Verfügungsgewalt über eine potenziell zu konsolidierende Einheit bzw. ein Beteiligungsunternehmen ausüben, wenn er lediglich die Möglichkeit zur Festlegung der maßgeblichen Tätigkeiten innehat. Das Vorliegen eines **gegenwärtig durchsetzbaren** gesetzlichen oder vertraglichen Rechts ist somit nicht zwingend notwendig, um die Verfügungsgewalt über ein anderes Unternehmen zu erlangen. Somit kann ein Investor auch auf der Grundlage von Rechten die Macht über ein Beteiligungsunternehmen erlangen, die erst künftig ausgeübt werden können. Zu beachten ist, dass IFRS 10.11 indes vorgibt, dass Verfügungsgewalt aus Rechten des Investors entsteht. Ohne jegliches Recht wird somit Verfügungsgewalt nicht bejaht werden können.

BEISPIEL:

Investor A hält eine Wandelschuldverschreibung an der B-AG, die am 1.2.2016 in Stammaktien umgewandelt werden kann. Darüber hinaus gibt es keine weiteren Beteiligungen von A an der B-AG. Nach der Wandlung der Schuldverschreibung hält Investor A 60 % der Anteile an der B-AG. Die nächste Hauptversammlung der B-AG findet am 20.2.2016 statt. Annahmegemäß kann vorher keine Hauptversammlung einberufen werden. Der Abschlussstichtag der B-AG sowie des Investors A ist der 31.12.2015.

Am 31.12.2015 hält Investor A lediglich eine Wandelschuldverschreibung an der B-AG und hat keine stimmrechtsbegründenden Aktien. Allerdings besteht am 1.2.2016 die Möglichkeit, die Wandelschuldverschreibung in Aktien zu tauschen. Zudem ist die Hauptversammlung, auf der die Entscheidungen über die maßgeblichen Tätigkeiten getroffen werden, auf den 20.2.2016 terminiert.

Investor A verfügt im vorliegenden Sachverhalt bereits am 31.12.2015 über die Verfügungsgewalt über die B-AG, da A zum Zeitpunkt der Hauptversammlung, d. h. im nächsten Zeitpunkt, in welchem Entscheidungen zu treffen sind, über die maßgeblichen Tätigkeiten der B-AG bestimmen kann. Die Tatsache, dass Investor A die Wandelschuldverschreibung nicht zwingend in Aktien wandeln muss, ändert nichts an dieser Beurteilung. Die Möglichkeit, sich die Stimmrechtsmehrheit bis zur nächsten Hauptversammlung zu verschaffen, ist hier ausreichend.

IFRS 10 setzt für die Ausübung von Verfügungsgewalt über ein Beteiligungsunternehmen voraus, dass ein Investor die gegenwärtige Möglichkeit besitzt, die maßgeblichen Tätigkeiten (»relevant activities«) festlegen zu können. Die im zuvor anwendbaren IAS 27 angeführte

Möglichkeit, die **Finanz- und Geschäftspolitik** eines Beteiligungsunternehmens zu bestimmen, ist hierbei nur ein Weg, um die maßgeblichen Tätigkeiten eines Beteiligungsunternehmens festlegen zu können. Im Vergleich zu IAS 27 ist die Definition von Verfügungsgewalt an dieser Stelle weiter gefasst, da die Bestimmung der Finanz- und Geschäftspolitik i. d. R. zwar hinreichend, jedoch nicht notwendig ist, um die maßgeblichen Tätigkeiten eines Beteiligungsunternehmens leiten zu können. Relevant ist diese Unterscheidung insbesondere mit Blick auf strukturierte Unternehmen bzw. Zweckgesellschaften, bei denen keine laufenden geschäfts- und finanzpolitischen Entscheidungen getroffen werden.

Die Frage, welche neben der Bestimmung der Finanz- und Geschäftspolitik die weiteren maßgeblichen Tätigkeiten eines Beteiligungsunternehmens sein können, beantwortet IFRS 10 nicht konkret. IFRS 10.10 enthält lediglich die wichtige Anforderung, dass hierunter Geschäftstätigkeiten fallen, die **wesentlich die Rückflüsse bzw. den wirtschaftlichen Erfolg des Beteiligungsunternehmens beeinflussen**. Beispiele für »maßgebliche Tätigkeiten« sind (vgl. IFRS 10.B11):

- Das Einkaufen und das Verkaufen von Produkten.
- Die Verwaltung von finanziellen Vermögenswerten.
- Die Auswahl, der Erwerb sowie die Veräußerung von Vermögenswerten.
- Das Erforschen und das Entwickeln neuer Produkte und Prozesse.
- Das Festlegen der Finanzierungsstruktur oder die Sicherstellung der Finanzierung.

Als Beispiel für Tätigkeiten, die nicht als maßgebliche Tätigkeiten zu beurteilen sind, können administrative Tätigkeiten gelten, die keinen oder lediglich einen geringen Einfluss auf ein Beteiligungsunternehmen bzw. dessen wirtschaftlichen Erfolg haben.

Neben diesen Beispielen für mögliche maßgebliche Tätigkeiten eines Beteiligungsunternehmens gibt IFRS 10.B12 auch Beispiele dafür, wie Entscheidungen über solche maßgeblichen Tätigkeiten getroffen werden können. Demnach sind insbesondere Entscheidungen über den operativen Betrieb bzw. die Geschäftsführung sowie über die Beschaffung von Kapital bzw. die Finanzierung des Beteiligungsunternehmens von Bedeutung, einschließlich der Entscheidungen über entsprechende **Budgets**. In der Praxis erfolgen diese Entscheidungen oftmals im Rahmen der Festlegung des (jährlichen) Businessplans des Unternehmens, über welchen ein beherrschender Gesellschafter i. d. R. die Entscheidungshoheit innehaben sollte. Als weiteres Beispiel wird an gleicher Stelle die **Besetzung wichtiger Managementpositionen** (*key management personnel*) und die Entscheidung über deren Vergütung genannt sowie die Beendigung der Arbeitsverhältnisse (vgl. IFRS 10.B12 (b)).

d) Schwankende Renditen (*variable returns*)

Als weitere Voraussetzung für die Beherrschung über ein Beteiligungsunternehmen muss ein Investor bzw. das bilanzierende Unternehmen **schwankenden Renditen** (im Folgenden auch: **variable Rückflüsse** bzw. *variable returns*) aus seinem Engagement bei dem Beteiligungsunternehmen ausgesetzt sein. Durch die explizite Hervorhebung von »variable« möchte das IASB zum Ausdruck bringen, dass hierunter sowohl positive als auch negative Renditen fallen können. Die Rückflüsse sollen demnach die Performance eines Unternehmens widerspiegeln. Zudem ist der Begriff der »Renditen« in IFRS 10 sehr weit gefasst. Neben direkten monetären Rückflüssen, wie Dividenden, können hierunter auch indirekte nicht monetäre Rückflüsse, wie die Nutzung von Synergieeffekten, fallen.

Ein Investor ist variablen Rückflüssen ausgesetzt, wenn seine Rückflüsse von der Leistung (*performance*) des Beteiligungsunternehmens abhängen. Die Rückflüsse können dabei nur negativ, nur positiv oder sowohl negativ als auch positiv sein. Auf den ersten Blick erscheint die Identifikation variabler Rückflüsse einfach. Variabel sind zum Beispiel die Rückflüsse, die ein Investor auf Basis seiner Anteile an dem Beteiligungsunternehmen erhält. Dies sind insbesondere Dividenden- oder andere Gewinnausschüttungen.

Die Identifizierung variabler Rückflüsse ist dabei jedoch keineswegs trivial. Selbst anscheinend fixe Rückflüsse können sich bei näherer Betrachtung als variabel herausstellen. So können gem. IFRS 10.B56 auch die fixen, d. h. der Höhe nach **fest vereinbarten, Zinsen** eines Schuldinstruments, als variabel gelten und damit schwankende Renditen darstellen. Solange das Beteiligungsunternehmen in der Lage ist, die Zinsen zu zahlen, sind diese natürlich nicht variabel. Die Variabilität ist darin begründet, dass der Investor ein **Ausfallrisiko** trägt. Je höher das Kreditrisiko des Beteiligungsunternehmens ist, desto höher ist das Ausfallrisiko des Investors. Fallen die Zahlungen dann tatsächlich aus oder werden reduziert, ist in der Tat festzustellen, dass die fix vereinbarten Zinszahlungen als variable Zahlungen zu klassifizieren sind. Gleichermaßen sind fest vereinbarte Leistungsbezüge für das Management der Vermögenswerte eines Beteiligungsunternehmens als variabel zu beurteilen. Dies ist darin begründet, dass das Beteiligungsunternehmen zunächst einmal die Mittel erwirtschaften muss, um die Bezüge zahlen zu können.

IFRS 10.B57 nennt eine Reihe von Beispielen zur Veranschaulichung des Konzepts schwankender Renditen, u. a.:

- Dividenden, andere Ausschüttungen bzw. Übertragungen von wirtschaftlichem Nutzen und Wertänderungen der Investition in das Beteiligungsunternehmen;
- Entlohnung für das Management von Vermögenswerten und Schulden des Beteiligungsunternehmens, Gebühren und Risiken aus der Bereitstellung von Krediten und Liquidität, Residualansprüche im Falle der Liquidation, Steuervorteile und Zugang zu künftiger Liquidität, die ein Investor aus der Beziehung zu dem Beteiligungsunternehmen erhält.
- Rückflüsse, die andere Investoren nicht erzielen können. Dies kann beispielsweise der Fall sein, wenn ein Investor seine Vermögenswerte mit denen des Beteiligungsunternehmens zusammen nutzen kann, um Synergien zu heben. Stichworte in diesem Zusammenhang sind Größendegression, Kosteneinsparungen oder Nutzung knapper Faktoren.

Es ist unschädlich, wenn nicht nur ein Investor variablen Rückflüssen aus einem Beteiligungsunternehmen ausgesetzt ist. So ist z. B. auch ein nicht beherrschender Anteilseigner variablen Rückflüssen ausgesetzt. Dies alleine hat aber keine Auswirkung auf die Frage, ob ein Investor ein Beteiligungsunternehmen beherrscht.

e) Zusammenhang zwischen Verfügungsgewalt und Rendite (*link between power and returns*)

Verfügungsgewalt und schwankende Renditen allein reichen nicht aus, um ein Beteiligungsunternehmen zu beherrschen. Als drittes Kriterium fordert IFRS 10.17 zusätzlich einen expliziten **Zusammenhang** (*Link*) zwischen der Ausübung von Verfügungsgewalt über eine potenziell zu konsolidierende Einheit bzw. ein Beteiligungsunternehmen sowie den hieraus resultierenden, schwankenden Renditen. Dieser Zusammenhang muss allerdings nicht in der Form bestehen, dass die Höhe der Rückflüsse aus dem Beteiligungsunternehmen mit dem

Umfang der Verfügungsgewalt des Investors über diese Einheit direkt korreliert. Zur Erfüllung dieses dritten Kriteriums muss das bilanzierende Unternehmen die Möglichkeit haben, seine Verfügungsgewalt so auszuüben, dass es hiermit die ihm aus seinem Engagement bei dem Beteiligungsunternehmen zufließenden variablen Rückflüsse beeinflussen kann.

Hinter dieser Regelung des IFRS 10 steht die Frage, ob derjenige, der die Verfügungsgewalt hat, ein Prinzipal oder ein Agent ist. Ein **Prinzipal** ist eine Person (bzw. ein Unternehmen), die auf Grundlage einer vertraglichen Vereinbarung an einen Agenten Entscheidungsrechte delegiert, die der Agent im Sinne des Prinzipals nutzen muss. Ein **Agent** ist eine Person (bzw. ein Unternehmen), die angestellt wurde, um im Auftrag eines Prinzipals oder mehrerer Prinzipale zu handeln. Andersherum ist ein Entscheidungsträger nicht unbedingt ein Agent, nur weil auch andere von seinen Entscheidungen profitieren. Da ein Agent lediglich die Verfügungsgewalt des Prinzipals ausübt, beherrscht er das Beteiligungsunternehmen nicht selbst. Daher sind Entscheidungsrechte von Agenten für die Beurteilung der Beherrschung i. S. d. IFRS 10 dem Prinzipal zuzurechnen. Im Sinne eines besseren Verständnisses muss zunächst geklärt werden, wer ein Agent bzw. wer ein Prinzipal i. S. d. IFRS 10 ist.

BEISPIEL:

Die A-AG hält 60 % der Anteile an der B-AG. Vertraglich geregelt ist in der Satzung der B-AG, dass »Person C« über sämtliche Aktivitäten der B-AG bestimmen darf. »Person C« ist diesbezüglich von der D-AG beauftragt. Person C ist vertraglich verpflichtet, den Anweisungen der D-AG zu folgen. Die D-AG hat mit der B-AG einen Beratervertrag abgeschlossen und besitzt 40 % der Anteile an der B-AG.

Die B-AG wird weder von dem Mehrheitsgesellschafter (A-AG) noch von »Person C« beherrscht. Vielmehr wird sie von der D-AG beherrscht. Diese hat zwar nicht die Möglichkeit, direkt die maßgeblichen Tätigkeiten der B-AG zu bestimmen. Die Möglichkeit besteht aber indirekt über den Agenten »Person C«, dessen Entscheidungsgewalt sich die D-AG zurechnen lassen muss. Somit verfügt die D-AG über Verfügungsgewalt über die B-AG und hat aufgrund ihres Anteils i. H. v. 40 % auch ein Anrecht auf variable Rückflüsse aus der Beteiligung an der B-AG (z. B. Dividenden, Wertsteigerungen).

Nicht immer ist unmittelbar ersichtlich, ob ein Entscheidungsträger Agent oder Prinzipal ist. In diesem Fall hat ein Entscheidungsträger nach IFRS 10.B60 **das gesamte Verhältnis** zwischen ihm, dem Beteiligungsunternehmen und anderen Beteiligten zu beurteilen. Insbesondere die folgenden Faktoren sind vom Entscheidungsträger zu berücksichtigen:

- Den Umfang seiner Entscheidungsbefugnis;
- die von anderen Parteien gehaltenen Rechte;
- die Entlohnung, zu welcher er auf Grund von Vereinbarungen berechtigt ist;
- inwieweit der Entscheidungsträger auf Grund von Investments in das Beteiligungsunternehmen variablen Rückflüssen ausgesetzt ist.

Abberufungsrecht

Soweit ein Entscheidungsträger von einer Partei alleine jederzeit und ohne Grund abberufen werden kann, ist eindeutig, dass er als Agent (für die das Abberufungsrecht innehabende Partei) handelt (IFRS 10.B61 und 10.B65). In anderen Fällen sind die oben genannten, im Folgenden erläuterten Faktoren zu berücksichtigen.

Der **Umfang der Entscheidungsbefugnis** über das Beteiligungsunternehmen ist anhand der Tätigkeiten zu beurteilen, die gemäß den Vereinbarungen und gesetzlichen Regelungen zu treffen sind, sowie anhand des Ermessensspielraums, den der Entscheidungsträger bei seinen Entscheidungen ausüben kann (IFRS 10.B62). Bei den **von anderen Parteien gehaltenen Rechten** sind insbesondere die bereits erwähnten Abberufungsrechte sowie Zustimmungsrechte zu berücksichtigen. Je mehr Parteien zusammen agieren müssen, um ein Abberufungsrecht oder ein anderweitiges Zustimmungsrecht, das den Entscheidungsspielraum des Entscheidungsträgers einengen kann, auszuüben, desto weniger Gewicht kommt diesem Kriterium im Rahmen der Prinzipal-Agenten-Würdigung zu. Die **Entlohnung des Entscheidungsträgers** fließt folgendermaßen in die Beurteilung ein: Je höher und je variabler das Entgelt des Entscheidungsträgers im Verhältnis zu den aus den Tätigkeiten des Beteiligungsunternehmens erwarteten Rückflüssen ist, desto wahrscheinlicher ist es, dass der Entscheidungsträger als Prinzipal einzuordnen ist (IFRS 10.B68). Überdies ist zu betrachten, ob die Entlohnung in einem angemessenen Verhältnis zu der vom Entscheidungsträger erbrachten Dienstleistung steht und ob die Entlohnungsvereinbarung lediglich marktübliche Bedingungen enthält (IFRS 10.B69). Nur sofern die Entlohnung angemessen und marktüblich ist, kann ein Entscheidungsträger gem. IFRS 10.B70 als Agent eingestuft werden, wobei die Erfüllung dieser Voraussetzungen allein nicht hinreichend für eine solche Beurteilung ist. **Das Ausmaß, in welchem der Entscheidungsträger auf Grund von Investments in das Beteiligungsunternehmen variablen Rückflüssen ausgesetzt ist** (vgl. IFRS 10.B71 und B72), ist ebenfalls in die Beurteilung einzubeziehen. Sofern ein Entscheidungsträger selbst eine Beteiligung am Beteiligungsunternehmen hält oder eine Garantie für die Leistungsfähigkeit des Unternehmens stellt, agiert er typischerweise als Prinzipal. Zu berücksichtigen ist hierbei, wie groß das Ausmaß und die Variabilität seiner gesamten wirtschaftlichen Interessen ist und ob das Ausmaß seiner Risikobelastung üblicherweise dem eines fremden Dritten entspricht.

Neben Prinzipal-Agenten-Beziehungen, die auf einer vertraglichen Vereinbarung beruhen, sieht IFRS 10 auch die Möglichkeit vor, dass ein sog. De-Facto-Agent aufgrund der Art der Beziehung für einen Prinzipal handelt. Hierbei basiert die Beziehung zwischen dem Prinzipal und dem Agenten nicht auf Grundlage einer vertraglichen Vereinbarung, sondern aufgrund einer wirtschaftlichen Abhängigkeit des Agenten vom Prinzipal.

Durch die Berücksichtigung von Prinzipal-Agenten-Beziehungen auf Basis einer wirtschaftlichen Betrachtungsweise soll eine mögliche Umgehung aufgrund von vertraglichen Gestaltungen verhindert werden.

BEISPIEL:

Investor A hält 100 % der Fondsanteile an dem Spezialfonds B, der vom Investment-Manager C verwaltet wird. C erhält für seine Tätigkeit als Fondsmanager eine angemessene und marktübliche Vergütung i. H. v. 3 % des Fondsvermögens.

Investor A hat keine (unmittelbare) Verfügungsgewalt über den Spezialfonds, weil die Fondsanteile keinerlei Stimmrechte verbriefen. Allerdings ist C unter wirtschaftlichen Gesichtspunkten als De-Facto-Agent von A einzustufen. A muss sich die Entscheidungsrechte von C somit zurechnen lassen und verfügt daher über Verfügungsgewalt über den Spezialfonds B.

Zur weiteren Konkretisierung bzw. zur Beurteilung des Vorliegens einer De-Facto-Agenten-Beziehung nennt IFRS 10.B75 folgende Beispiele für Dritte, die aufgrund der Beschaffenheit der Beziehung zum Investor als dessen De-Facto-Agenten agieren könnten:

- Dem Investor nahe stehende Parteien gem. IAS 24;
- Parteien, die ihren Anteil am Beteiligungsunternehmen in Form eines Beitrags oder Darlehens vom Investor erhalten haben;
- Parteien, die ihre Zustimmung erteilt haben, ihre Anteile am Beteiligungsunternehmen nicht ohne Zustimmung des Investors zu veräußern, zu übertragen oder zu belasten;
- Parteien, die zur Durchführung ihrer Geschäftstätigkeit auf nachrangige finanzielle Unterstützung des Investors angewiesen sind;
- Beteiligungsunternehmen, bei denen in Aufsichts- und Führungsgremien weitgehend Personenidentität im Vergleich mit den entsprechenden Organen beim Investor besteht;
- Parteien, die in enger Geschäftsbeziehung mit dem Investor stehen, wie z. B. ein Dienstleistungsunternehmen mit einem sehr wichtigen Kunden.

3. Gemeinsame Vereinbarungen nach IFRS 11

a) Überblick: Grundlegende Regelungen

Die zweite Stufe der Einflussnahme ist die Möglichkeit, ein Beteiligungsunternehmen gemeinschaftlich zu führen. Durch diese Form der Einflussnahmemöglichkeit zeichnen sich die sog. gemeinsamen Vereinbarungen aus. Gemeinsame Vereinbarungen werden unterschieden in Gemeinschaftsunternehmen sowie gemeinschaftliche Tätigkeiten. Die Bilanzierung gemeinsamer Vereinbarungen wird konkret in **IFRS 11 – Gemeinsame Vereinbarungen** geregelt. IFRS 11 ersetzte die früheren Regelungen des IAS 31 – *Anteile an Gemeinschaftsunternehmen* sowie SIC-13 – *Gemeinschaftlich geführte Unternehmen – Nicht monetäre Einlagen durch Partnerunternehmen*.

Der verwendete Standardtitel »Gemeinsame Vereinbarungen« ist gegenüber der bisherigen Standardbezeichnung »Anteile an Gemeinschaftsunternehmen« begrifflich weiter gefasst und nimmt, wie oben erwähnt, auch auf andere Formen von gemeinschaftlichen unternehmerischen Tätigkeiten Bezug. Allerdings unterscheidet sich die Definition einer gemeinschaftlichen Vereinbarung (*joint arrangement*) in IFRS 11 nicht wesentlich von der Definition eines Gemeinschaftsunternehmens (*joint venture*) nach dem früheren IAS 31. Im Vergleich zu IAS 31 unterscheidet der geltende IFRS 11 lediglich zwei anstatt früher drei Formen von gemeinschaftlichen Vereinbarungen (siehe Abb. G.15). Durch die Zusammenfassung von gemeinschaftlichen Tätigkeiten (*jointly controlled operations*) sowie gemeinschaftlich geführten Vermögenswerten (*jointly controlled assets*) reagierte das IASB insbesondere auf in der Praxis aufgetretene Abgrenzungsprobleme zwischen diesen beiden Klassen. Eine weitere wesentliche Änderung stellt die Abschaffung der Quotenkonsolidierung dar. Nach IFRS 11 werden nunmehr Gemeinschaftsunternehmen ebenso wie assoziierte Unternehmen mittels der Equity-Methode in den Konzernabschluss einbezogen.

In den folgenden Abschnitten wird die Abgrenzung gemeinsamer Vereinbarungen im Rahmen der Abgrenzung des Konsolidierungskreises erläutert. Im ersten Schritt ist regelmäßig das Vorliegen einer gemeinsamen Vereinbarung, insbesondere das Vorliegen gemeinschaftlicher Führung, zu prüfen. In einem zweiten Schritt erfolgt die Klassifizierung

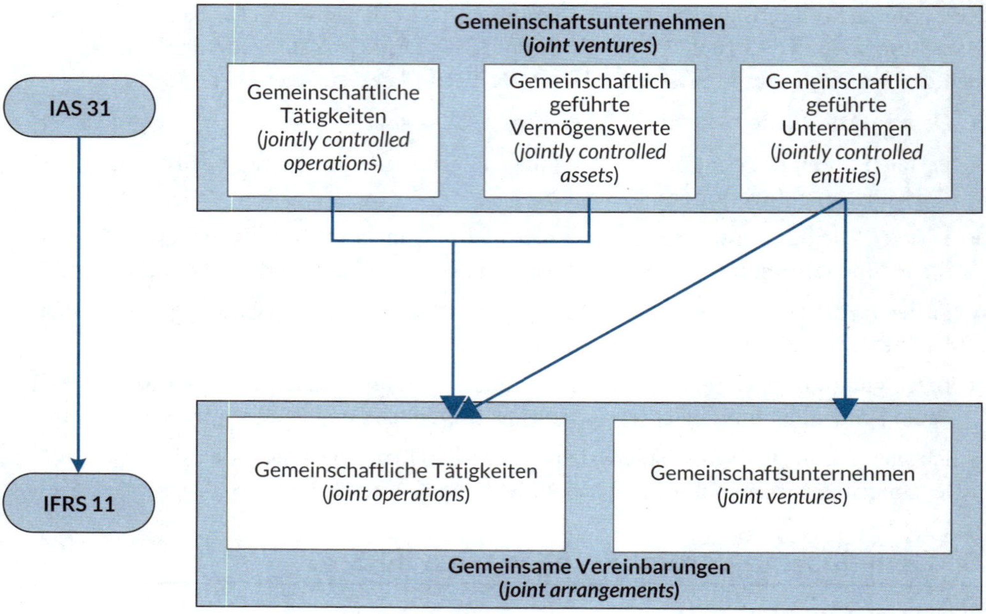

Abbildung G.15 Vergleich der früheren Regelungen des IAS 31 mit den aktuellen Regelungen des IFRS 11

der gemeinsamen Vereinbarung als gemeinschaftliche Tätigkeit oder Gemeinschaftsunternehmen. Die nachfolgenden Erläuterungen umfassen daher insbesondere das **Konzept der gemeinschaftlichen Führung** sowie die **Unterscheidung zwischen gemeinschaftlichen Tätigkeiten sowie Gemeinschaftsunternehmen**. Die Einbeziehungstechniken (Equity-Methode bei Gemeinschaftsunternehmen bzw. anteilige Bilanzierung bei gemeinschaftlichen Tätigkeiten) werden später behandelt (vgl. S. 675 ff. sowie S. 698 ff.).

b) Gemeinsame Vereinbarungen und gemeinschaftliche Führung

Eine **gemeinsame Vereinbarung** ist eine vertragliche Vereinbarung, bei der zwei oder mehr Parteien gemeinschaftliche Führung ausüben, d. h. die Vereinbarung gemeinsam beherrschen (IFRS 11.4). Gemäß IFRS 11.5 zeichnet sich eine gemeinsame Vereinbarung durch folgende Merkmale aus:

- Die Parteien sind durch eine vertragliche Vereinbarung gebunden (siehe hierzu IFRS 11.B2-11.B4).
- In der vertraglichen Vereinbarung wird zwei oder mehr Parteien die gemeinschaftliche Führung der Vereinbarung zugewiesen (siehe IFRS 11.7-11.13).

»Gemeinschaftliche Führung ist die vertraglich vereinbarte, gemeinsam ausgeübte Führung einer Vereinbarung. Sie besteht nur dann, wenn Entscheidungen über die maßgeblichen Tätigkeiten die einstimmige Zustimmung der an der gemeinschaftlichen Führung beteiligten Parteien erfordern« (IFRS 11.7). Die Definition der maßgeblichen Tätigkeiten entspricht hierbei der oben erläuterten Definition gem. IFRS 10.Appendix A.

Die Definition einer gemeinsamen Vereinbarung erfordert somit die drei in Abb. G.16 zusammengefassten Elemente.

IFRS 11 sieht für die **vertragliche Vereinbarung** keine spezielle Form vor. In der Regel werden solche Vereinbarungen jedoch in schriftlicher Form dokumentiert oder sie ergeben sich aus gesellschaftsrechtlichen Regelungen. Die gemeinschaftliche Führung kann auch durch die lokale Gesetzgebung, anderweitige behördliche Mechanismen oder vertragliche Regelungen des Unternehmens, entweder einzeln oder in Kombination mit weiteren vertraglichen Vereinbarungen, zwischen den beteiligten Parteien begründet werden.

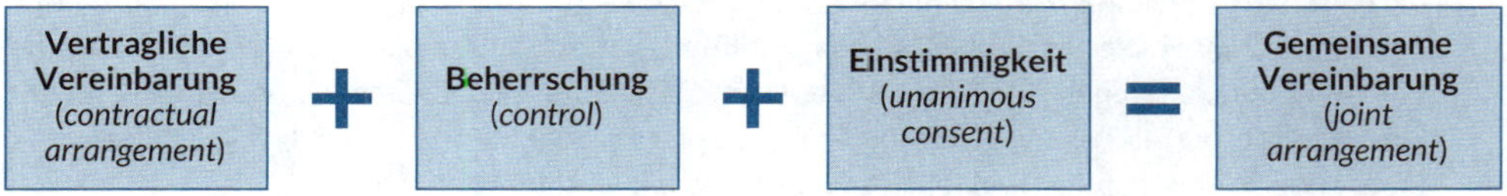

Abbildung G.16 Voraussetzungen für das Vorliegen einer gemeinsamen Vereinbarung

Inhaltlich sollte eine derartige vertragliche Vereinbarung die Bedingungen der gemeinschaftlichen Zusammenarbeit zwischen den einzelnen Parteien regeln. Hiervon sind insbesondere folgende Aspekte betroffen:

- Ziel, Dauer sowie Geschäftstätigkeit der gemeinsamen Vereinbarung,
- Besetzung von wichtigen Entscheidungs-/Aufsichtsgremien,
- Art und Weise der Entscheidungsfindung,
- Finanzierung bzw. Kapital- und sonstige Einlagen,
- ggf. Aufteilung der Vermögenswerte.

Für die **Definition von Beherrschung** (bzw. Führung) greift IFRS 11 auf das oben erläuterte control-Konzept des IFRS 10 zurück. Somit gelten für die Beherrschung nach IFRS 11 die bereits bekannten Kriterien und Regelungen des IFRS 10 (Verfügungsgewalt, schwankende Renditen sowie der Zusammenhang zwischen diesen beiden Elementen). Zur gemeinsamen Ausübung der Beherrschung müssen die Entscheidungen über die maßgeblichen Tätigkeiten des Beteiligungsunternehmens **einstimmig von allen an der gemeinschaftlichen Beherrschung bzw. Führung beteiligten Parteien** getroffen werden. Dies heißt im Umkehrschluss, dass keine gemeinschaftliche Beherrschung vorliegt, wenn eine Entscheidung über die maßgeblichen Tätigkeiten entgegen dem Willen einer einzelnen Partei, die an der gemeinschaftlichen Beherrschung beteiligt ist, getroffen werden kann.

BEISPIEL:

Die Unternehmen A, B, C und D halten jeweils ein Viertel der Anteile an dem Unternehmen E. Die Entscheidungen über die maßgeblichen Tätigkeiten des Unternehmens E bedürfen satzungsgemäß einer Zustimmung von zwei Dritteln der stimmberechtigten Anteilseigner. Es sind keinerlei Vereinbarungen unter den beteiligten Unternehmen A, B, C und D zur Stimmrechtsbindung bzw. -ausübung getroffen.

Unternehmen E wird nicht gemeinschaftlich geführt, da keine (vertragliche) Vereinbarung zwischen den Anteilseignern über eine gemeinschaftliche Führung getroffen wurde. Vielmehr handelt es sich um einen Zustand der »kollektiven Beherrschung«, d. h., die Abstimmungsvereinbarungen des Unternehmen E gestatten eine Zustimmung durch jede Kombination von drei bis vier der beteiligten Anteilseigner, um Entscheidungen über maßgebliche Tätigkeiten zu treffen. Entscheidungen sind demnach auch gegen den Willen einer an der »kollektiven Beherrschung« mitwirkenden Partei möglich.

Das Vorliegen gemeinschaftlicher Führung kann, wie in nachfolgendem Beispiel veranschaulicht, in einer **expliziten vertraglichen Vereinbarung** festgehalten sein.

BEISPIEL:

Unternehmen A hält 55 % der Anteile der Z-GmbH. Die übrigen Anteile halten die Unternehmen B (25 %) sowie C (20 %). Laut Gesellschaftsvertrag der Z-GmbH sind Entscheidungen über die Geschäfts- und Finanzpolitik mit einfacher Mehrheit zu treffen, d. h. mit »50 % der Stimmen plus eine Stimme«. Die geschäfts- und finanzpolitischen Entscheidungen entsprechen in diesem Fall den Entscheidungen über die maßgeblichen Tätigkeiten der Z-GmbH. Zusätzlich besteht eine separate Vereinbarung zwischen A und B, dass Entscheidungen über die Geschäfts- und Finanzpolitik einstimmiger Entscheidungen zwischen A und B bedürfen.

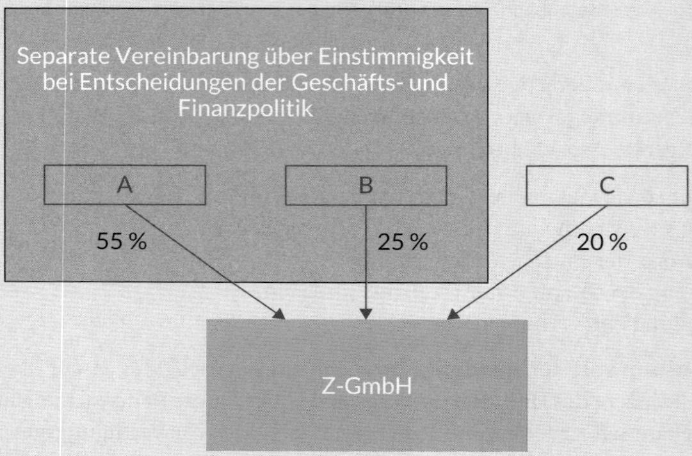

Abb G-Beispiel 1

In diesem Fall wird die Z-GmbH von den Gesellschaftern Unternehmen A und B gemeinschaftlich geführt, da beide einstimmig über die maßgeblichen Tätigkeiten entscheiden müssen. Unternehmen A kann, obwohl es die einfache Mehrheit der Stimmen innehat, keine Beherrschung über die Z-GmbH ausüben, da es nicht alleine über maßgebliche Tätigkeiten entscheiden kann.

Für das Vorliegen gemeinschaftlicher Führung ist es indes nicht erforderlich, dass die Vereinbarung explizite Vertragsbestimmungen enthält, wonach die Entscheidungen über die maßgeblichen Tätigkeiten von den an der gemeinschaftlichen Führung beteiligten Parteien einstimmig zu treffen sind. Vielmehr ist es ausreichend, wenn die jeweiligen Bestimmungen bzw. die Struktur der Vereinbarung zu einer **impliziten gemeinschaftlichen Führung** der vertraglichen Vereinbarung durch die beteiligten Parteien führen.

BEISPIEL:

Das Unternehmen F besitzt 53 % der Anteile an der G-GmbH. Die übrigen Anteile an der G-GmbH halten Investor H (26 %) sowie das Unternehmen I (21 %). Laut Gesellschaftsvertrag der G-GmbH ist für Entscheidungen über maßgebliche Tätigkeiten eine Mehrheit von 75 % notwendig. Die beteiligten Gesellschafter sind jeweils entsprechend ihrer Beteiligungsquote stimmberechtigt.

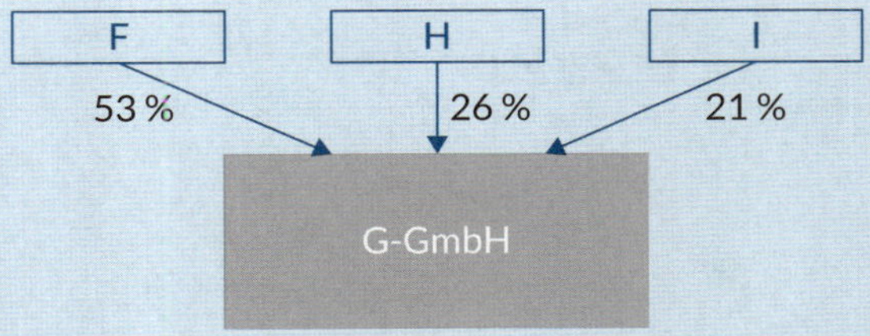

Abb G-Beispiel 2

Das Unternehmen F beherrscht die G-GmbH nicht, da es nicht einseitig Entscheidungen über maßgebliche Tätigkeiten treffen kann. Die G-GmbH wird stattdessen von den Gesellschaftern

F und H gemeinschaftlich geführt. Die beiden Gesellschafter halten in Summe 79 % der Anteile und sind aufgrund der erforderlichen Mehrheit gezwungen, zusammenzuarbeiten. Die Einstimmigkeit zwischen F und H ist die einzige Kombination, in welcher die erforderliche Mehrheit erreicht werden kann. Weder F und I (insgesamt 74 %) noch H und I (insgesamt 47 %) können über eine Zusammenarbeit Entscheidungen über maßgebliche Tätigkeiten herbeiführen. Die gemeinschaftliche Führung ist somit implizit gegeben.

Die folgenden beiden Beispiele veranschaulichen, dass sowohl potenzielle Stimmrechte der beteiligten Parteien als auch Regelungen im Hinblick auf entscheidende Stimmen in Pattsituation (d. h. bei Uneinigkeit der beteiligten Parteien) bei der Prüfung, ob gemeinschaftliche Führung vorliegt, zu berücksichtigen sind.

BEISPIEL: SCHIEDSVERFAHREN

Die Unternehmen J und K sind zu jeweils 50 % an der L-GmbH beteiligt. Gemäß dem Gesellschaftsvertrag der L-GmbH können Entscheidungen über maßgebliche Tätigkeiten des Unternehmens nur gemeinsam von J und K getroffen werden. Überdies wurde ein Eskalationsmechanismus vereinbart, wonach die Einberufung eines Schiedsverfahrens für den Fall vorgesehen ist, dass keine Einigung zwischen den Parteien J und K erzielt werden kann.

In einem solchen Fall liegt gemeinschaftliche Führung durch die beiden Gesellschafter (hier J und K) vor, sofern in das Schiedsverfahren eine neutrale dritte Partei eingeschaltet ist, die keinen der beiden Gesellschafter bevorzugt.

BEISPIEL: POTENZIELLE STIMMRECHTE

Das Unternehmen F besitzt 53 % der Anteile an der G-GmbH. Die übrigen Anteile an der G-GmbH halten Investor H (26 %) sowie das Unternehmen I (21 %). Laut Gesellschaftsvertrag der G-GmbH ist für Entscheidungen über maßgebliche Tätigkeiten eine Mehrheit von 75 % notwendig. Die beteiligten Gesellschafter sind jeweils entsprechend ihrer Beteiligungsquote stimmberechtigt. Für den Fall, dass zwischen F und H keine Einigung erzielt werden kann, besitzt das Unternehmen F eine jederzeit ausübbare Option, die Anteile des Unternehmens H an der G-GmbH zum beizulegenden Zeitwert (Fair Value) zu erwerben.

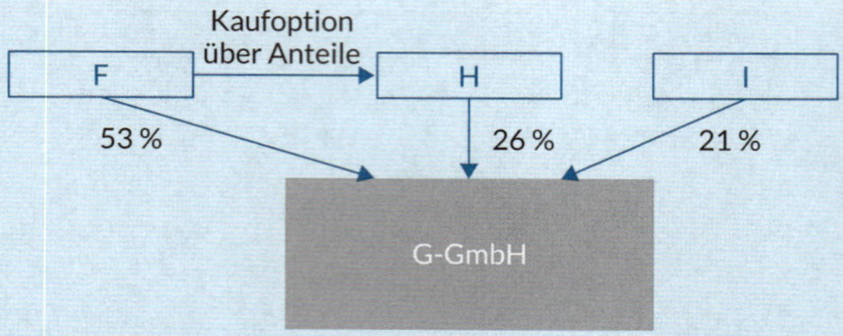

Abb G-Beispiel 3

In diesem Fall liegt keine gemeinschaftliche Führung der G-GmbH durch F und H vor, da Unternehmen F seine Entscheidungen jederzeit aufgrund der Möglichkeit des Erwerbs der Anteile von H an der G-GmbH durchsetzen kann, falls H nicht in Übereinstimmung mit F abstimmt. Die Option, die Anteile zum Zeitwert zu erwerben, stellt damit ein substanzielles Recht des Unternehmens F dar. F beherrscht in diesem Fall die G-GmbH i. S. d. IFRS 10.

Bei einer gemeinsamen Vereinbarung handelt es sich entweder um eine gemeinschaftliche Tätigkeit oder um ein Gemeinschaftsunternehmen (IFRS 11.6). Im folgenden Abschnitt werden diese beiden Arten gemeinsamer Vereinbarung bzw. die Differenzierung zwischen diesen Arten erläutert.

c) Klassifizierung gemeinsamer Vereinbarungen

Die internationale Rechnungslegung unterscheidet **zwei Arten gemeinsamer Vereinbarungen**, gemeinschaftliche Tätigkeiten und Gemeinschaftsunternehmen. Von Bedeutung ist diese Unterscheidung insbesondere aufgrund der unterschiedlichen Bilanzierungsmethoden, anhand welcher die gemeinsamen Vereinbarungen in den Konzernabschluss einbezogen werden. So sind Gemeinschaftsunternehmen auf Basis der Equity-Methode zu bilanzieren, während für gemeinschaftliche Tätigkeiten eine anteilige Bilanzierung der Vermögenswerte und Schulden erfolgt.

Die Klassifizierung der jeweiligen gemeinsamen Vereinbarung hängt allein von den hieraus für die Parteien entstehenden **Rechten und Pflichten** ab. Erwachsen einer Partei aus einer gemeinsamen Vereinbarung unmittelbare Rechte bzw. Pflichten an den Vermögenswerten bzw. Schulden der gemeinsamen Vereinbarung, ist diese als **gemeinschaftliche Tätigkeit** (*joint operation*) zu klassifizieren. Sollte im Gegensatz dazu eine Partei keine unmittelbaren Rechte bzw. Pflichten an den Vermögenswerten und Schulden einer gemeinsamen Vereinbarung besitzen, sondern lediglich einen Anspruch an deren Netto-Reinvermögen innehaben, ist diese als **Gemeinschaftsunternehmen** (*joint venture*) zu klassifizieren:

- Eine gemeinschaftliche Tätigkeit ist eine gemeinsame Vereinbarung, bei der die Parteien, die gemeinschaftlich die Führung über die Vereinbarung ausüben, Rechte an den der Vereinbarung zuzurechnenden Vermögenswerten und Verpflichtungen für deren Schulden haben. Diese Parteien werden gemeinschaftlich Tätige genannt (IFRS 11.15).
- Ein Gemeinschaftsunternehmen ist eine gemeinsame Vereinbarung, bei der die Parteien, die gemeinschaftlich die Führung über die Vereinbarung ausüben, Rechte am Nettovermögen der Vereinbarung besitzen. Diese Parteien werden Partnerunternehmen genannt (IFRS 11.16).

Gemeinsame Vereinbarungen

Gemeinschaftliche Tätigkeiten

- Die beteiligten Parteien besitzen unmittelbare Rechte bzw. Verpflichtungen an den Vermögenswerten und Schulden sowie Erträgen und Aufwendungen der gemeinsamen Vereinbarung.
- Die beteiligten Parteien besitzen kein Recht am Netto-Reinvermögen (*net assets*) der gemeinsamen Vereinbarung.
- Die Aktivitäten der gemeinsamen Vereinbarung können in einer rechtlich selbstständigen Einheit stattfinden.

Gemeinschaftsunternehmen

- Die beteiligten Parteien besitzen keine unmittelbaren Rechte bzw. Verpflichtungen an den Vermögenswerten und Schulden sowie Erträgen und Aufwendungen der gemeinsamen Vereinbarung.
- Die beteiligten Parteien besitzen ein Recht am Netto-Reinvermögen (*net assets*) der gemeinsamen Vereinbarung.
- Die Aktivitäten der gemeinsamen Vereinbarung müssen in einer rechtlich selbstständigen Einheit stattfinden.

Abbildung G.17: Arten gemeinsamer Vereinbarungen nach IFRS 11

Abbildung G.17 fasst die wesentlichen Unterscheidungsmerkmale gemeinsamer Vereinbarungen zusammen.

Die Klassifizierung von gemeinsamen Vereinbarungen erfolgt im Unterschied zu den früheren Regelungen des IAS 31 nicht mehr ausschließlich nach der formalen Ausgestaltung der Vereinbarung. Vielmehr fordert IFRS 11 eine detaillierte Untersuchung der Rechte und der Verpflichtungen, die für einzelne Parteien aus der gemeinsamen Vereinbarung erwachsen. Dies hat im Rahmen einer **einzelfallbezogenen Betrachtungsweise** für die Struktur, die Rechtsform, die Bedingungen von etwaigen vertraglichen Vereinbarungen sowie ggf. andere Tatsachen und Umstände der betrachteten gemeinschaftlichen Vereinbarung zu erfolgen. Einen Überblick zu den einzelnen Schritten im Rahmen der Klassifizierung bietet Abb. G.18.

Die in Abb. G.18 dargestellten Prüfschritte im Rahmen der Beurteilung der Art einer gemeinsamen Vereinbarung werden im Folgenden näher erläutert.

Der erste Beurteilungsschritt widmet sich dem Aufbau bzw. der Struktur der gemeinsamen Vereinbarung. Sofern hierbei deutlich wird, dass die Vereinbarung nicht im Wege eines separaten Vehikels bzw. im Wege einer **rechtlich selbstständigen Einheit** strukturiert ist, handelt es sich zwingend um eine gemeinschaftliche Tätigkeit. Wird die gemeinsame Vereinbarung dagegen in einer rechtlich selbstständigen Einheit betrieben, so sind die weiteren Prüfschritte sukzessive zu durchlaufen, um zur Klassifizierung der gemeinsamen Vereinbarung zu gelangen.

Als separates Vehikel gelten insbesondere rechtlich eigenständige oder durch einen Gesellschaftsvertrag anerkannte Einheiten, unabhängig davon, ob diese Einheiten eine eigene Rechtspersönlichkeit besitzen und eingetragen sind oder nicht. Eine eigenständige Einheit weist jedoch immer eine eigene Finanzstruktur auf. Im deutschen Rechtsraum werden sowohl Personen- und Kapitalgesellschaften als auch BGB-Außengesellschaften als separate Vehikel betrachtet.

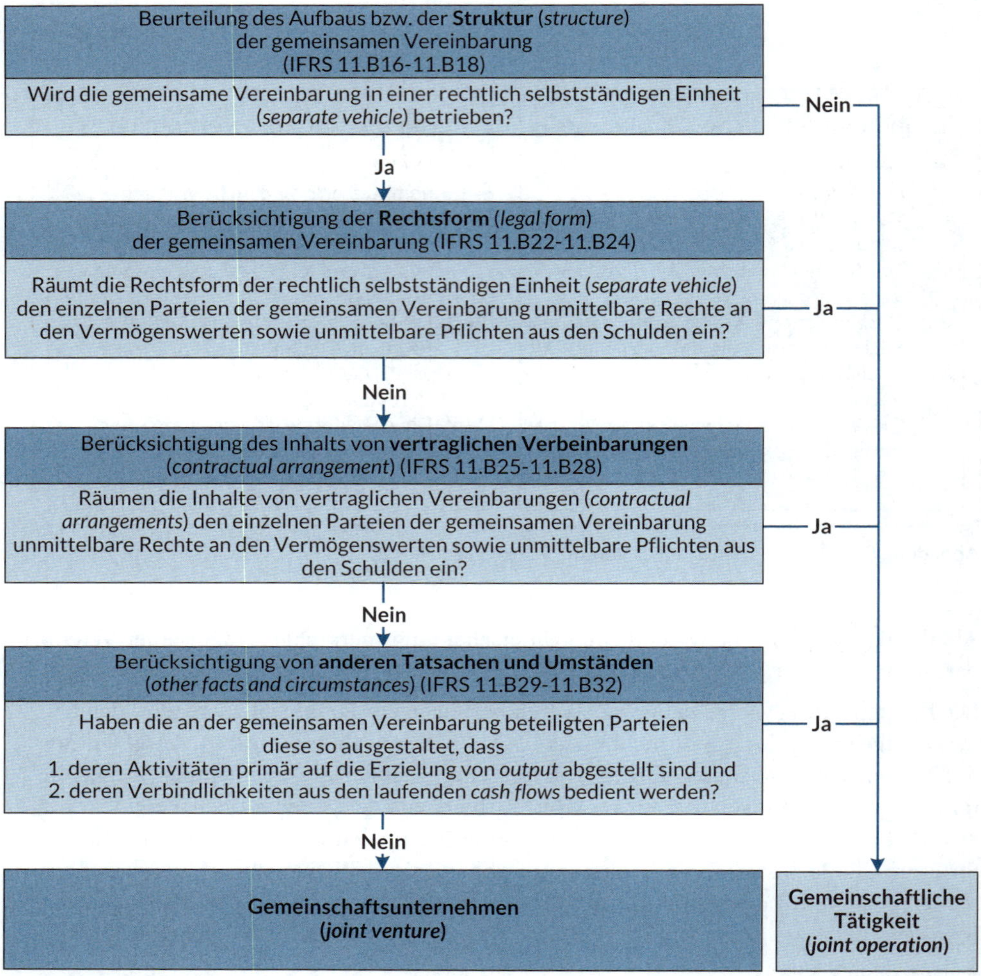

Abbildung G.18 Entscheidungsbaum zur Klassifizierung von gemeinsamen Vereinbarungen (vgl. IFRS 11.B33)

Wurde im ersten Schritt festgestellt, dass die gemeinsame Vereinbarung in einer selbstständigen Einheit betrieben wird, sind nun weitere Faktoren zu berücksichtigen. In einem zweiten Schritt ist zu analysieren, ob die **Rechtsform** der gemeinsamen Vereinbarung den Parteien direkte Rechte an den Vermögenswerten und Verpflichtungen aus den Schulden überträgt.

Gemeinsame Vereinbarungen können in unterschiedlicher Rechtsform ausgestaltet sein. Insbesondere aufgrund lokaler (nationaler) Besonderheiten bzw. nationaler Gesetzgebung können sich Unterschiede ergeben. Daher ist zu prüfen, ob die Rechtsform eine Trennung zwischen rechtlich selbstständiger Einheit und der Sphäre der Eigentümer gewährleistet oder nicht. Für Deutschland besteht eine solche Trennung zwischen der Gesellschaft einerseits und den an dieser beteiligten Gesellschaftern andererseits sowohl bei Personen- als auch bei Kapitalgesellschaften. Das Kriterium der Rechtsform deutet im deutschen Rechtraum somit i. d. R. auf das Vorliegen eines Gemeinschaftsunternehmens hin. Sofern die Rechtsform den Parteien direkte Rechte an den Vermögenswerten und Verpflichtungen aus den Schulden überträgt, liegt eine gemeinschaftliche Tätigkeit vor. Ist dies nicht der Fall, sind weitere Prüfungsschritte durchzuführen.

Sofern die Rechtsform eine Trennung zwischen Gesellschafts- und Gesellschaftersphäre sicherstellt, ist in einem nächsten Schritt zu analysieren, ob die Verteilung der Rechte und Pflichten aus einer gemeinsamen Vereinbarung aufgrund einer **vertraglichen Vereinbarung** erfolgt. Überdies ist denkbar, dass die durch Rechtsform festgelegten Rechte und Verpflichtungen aufgrund vertraglicher Regelungen außer Kraft gesetzt oder modifiziert werden. Aufgrund dessen sind die genauen Bedingungen der vertraglichen Vereinbarung für die Bestimmung des wirtschaftlichen Gehalts der Vereinbarung maßgebend. Sofern die vertragliche Vereinbarung den Parteien direkte Rechte an den Vermögenswerten und Verpflichtungen aus den Schulden überträgt, liegt eine gemeinschaftliche Tätigkeit vor. Ist dies nicht der Fall, sind sonstige relevante Tatsachen und Umstände in einem letzten Schritt zu berücksichtigen.

BEISPIEL:

Zwei Unternehmen, Alpha und Beta, gründen ein Softwareunternehmen (SW-GmbH). Laut Gesellschaftsvertrag der SW-GmbH sind Entscheidungen in Bezug auf die Geschäfts- und Finanzpolitik gemeinschaftlich von Alpha und Beta zu treffen. Die Festlegung der Finanz- und Geschäftspolitik entspricht in diesem Beispiel der Entscheidung über maßgebliche Tätigkeiten. Die SW-GmbH finanziert sich über ein langfristiges Bankdarlehen. Hierfür haben beide Gesellschafter gegenüber dem finanzierenden Kreditinstitut eine Garantie abgegeben, dass die SW-GmbH stets fähig sein wird, fällige Zins- und Tilgungszahlungen zu leisten. Sofern die SW-GmbH in Zahlungsschwierigkeiten gerät, müssen demnach Alpha oder Beta die entsprechenden Leistungen erbringen.

Auch wenn die beiden Gesellschafter im Beispiel eine Garantie abgeben und ggf. für die Schulden der SW-GmbH unmittelbar aufkommen müssen, liegt in diesem Fall ein Gemeinschaftsunternehmen (vorbehaltlich des folgenden abschließenden Prüfungsschritts) vor. Die SW-GmbH ist eine rechtlich selbstständige Einheit, deren Rechtsform zu einer Trennung zwischen Gesellschafts- und Gesellschaftersphäre führt. Aufgrund der Garantieverpflichtung sind Alpha und Beta lediglich zur Übernahme des Bankdarlehens verpflichtet. Es stehen den Gesellschaftern indes keine weiteren direkten Rechte und Pflichten aus den Vermögenswerten und Schulden der SW-GmbH zu.

Sofern weder aufgrund der Rechtsform noch aufgrund sonstiger vertraglicher Vereinbarungen die Rechte und Pflichten an bzw. aus den Vermögenswerten und Schulden einer als selbstständige Einheit betriebenen gemeinsamen Vereinbarung unmittelbar auf die an der gemeinschaftlichen Führung beteiligten Parteien übertragen werden, sind die aus der gemeinsamen Vereinbarung resultierenden Rechte und Pflichten der Parteien in einem letzten Schritt **unter wirtschaftlichen Gesichtspunkten zu würdigen**.

Insbesondere liegt eine gemeinschaftliche Tätigkeit auch dann vor, wenn sich die an der gemeinschaftlichen Führung beteiligten Parteien **zur Abnahme des gesamten Outputs der gemeinsamen Vereinbarung verpflichtet** haben. Hiermit besitzen die Parteien dem wirtschaftlichen Gehalt nach direkte Rechte an den Vermögenswerten und Schulden, da ihnen der gesamte Nutzen aus den Vermögenswerten der gemeinsamen Vereinbarung zuzurechnen ist. Gleichfalls sind die beteiligten Parteien die einzige Quelle von

Zahlungsmittelzuflüssen der gemeinsamen Vereinbarung, die zur Bedienung etwaiger Schulden der gemeinsamen Vereinbarung dienen können. Sofern die Würdigung der sonstigen Tatsachen und Umstände dazu führt, dass die Rechte und Pflichten aus der gemeinsamen Vereinbarung wirtschaftlich betrachtet bei den beteiligten Parteien liegen, handelt es sich um eine gemeinschaftliche Tätigkeit. Ist dies nicht der Fall, ist die gemeinsame Vereinbarung als Gemeinschaftsunternehmen zu klassifizieren.

BEISPIEL:

Alpha und Beta gründen eine gemeinsame Vereinbarung in Form eines rechtlich selbstständigen Unternehmens (Z-GmbH). Beide Gesellschafter sind zu je 50 % an der Z-GmbH beteiligt. Zweck der Vereinbarung ist die Herstellung eines spezifischen Produkts, welches sowohl Alpha als auch Beta im Rahmen ihrer weiteren Fertigungsprozesse benötigen. In der gegründeten Z-GmbH erfolgt die Herstellung dieses Produkts gemäß den Anforderungen von Alpha und Beta.

Eine Veräußerung an fremde Dritte ist nicht vorgesehen, eine nennenswerte Marktnachfrage ist für das Produkt der Z-GmbH nicht gegeben. Die Z-GmbH veräußert das Produkt an die beiden Gesellschafter zu einem Preis, der sich auf Basis der Kostenstruktur der Z-GmbH ermittelt und die entstehenden Fertigungs- und Verwaltungskosten deckt. Die beiden Gesellschafter sind verpflichtet, im Verhältnis ihrer Anteilsquoten (d. h. je zur Hälfte) den gesamten Output der gemeinsamen Vereinbarung abzunehmen.

Im beschriebenen Beispiel liegt eine gemeinschaftliche Tätigkeit aufgrund der sonstigen Tatsachen und Umstände vor: Die Z-GmbH stellt eine selbstständige rechtliche Einheit dar. Die Rechtsform der GmbH stellt die Trennung zwischen Gesellschafts- und Gesellschaftersphäre sicher. Dies bedeutet, dass die Vermögenswerte und Schulden in der Z-GmbH gebunden sind und die Gesellschafter lediglich (unmittelbaren) Zugriff auf das Nettoreinvermögen der Gesellschaft haben. Der Gesellschaftsvertrag lässt diese Merkmale der Gesellschaft unverändert und bestätigt, dass die Parteien Rechte am Eigenkapital der Gesellschaft haben. Bis zu dieser Feststellung würde die Würdigung grundsätzlich zu einem Gemeinschaftsunternehmen führen. Unter Berücksichtigung der anderen Tatsachen und Umstände, d. h. der Tatsache, dass Alpha und Beta den gesamten Output der Z-GmbH abnehmen müssen und zwar zu einem kostendeckenden Preis, besitzen die Gesellschafter Rechte an den Produkten der Z-GmbH und ziehen wirtschaftlichen Nutzen daraus. Gleichermaßen stellen die Zahlungsmittelzuflüsse der Gesellschafter die einzige Einnahmequelle der Z-GmbH dar, aus welcher Schulden bedient werden können. Aufgrund der Abnahmeverpflichtung in Höhe der jeweiligen Anteilsquote resultiert hieraus unter wirtschaftlichen Gesichtspunkten eine Verpflichtung für die anteiligen Schulden der gemeinsamen Vereinbarung aufzukommen. Die Berücksichtigung der anderen Tatsachen und Umstände führt somit zur Klassifizierung der Z-GmbH als gemeinschaftliche Tätigkeit.

Gemeinschaftliche Tätigkeiten werden **sowohl im Einzel- als auch im Konzernabschluss nach den gleichen Vorschriften** bilanziert. Jede Partei einer gemeinschaftlichen Tätigkeit erfasst ihren Anteil an der gemeinschaftlichen Tätigkeit unter Berücksichtigung ihrer unmittelbar hieraus entstehenden Rechte und Verpflichtungen. Für Vermögenswerte und Schulden sowie die daraus resultierenden Erträge und Aufwendungen, die einem gemeinschaftlich Tätigen direkt zugerechnet werden können, erfolgt eine gänzliche Erfassung im Abschluss des jeweiligen gemeinschaftlich Tätigen. Lediglich für die verbleibenden und somit nicht vollständig direkt zurechenbaren Vermögenswerte und Schulden bzw. Erträge und Aufwendungen erfolgt eine anteilige Erfassung. Durch die unterschiedliche bilanzielle Behandlung von direkt und nicht vollständig direkt zurechenbaren Vermögenswerten und Schulden kann die Bilanzierung von gemeinschaftlichen Tätigkeiten nicht mit der Quotenkonsolidierung gleichgesetzt werden. Vielmehr handelt es sich um eine sog. anteilige Bilanzierung von Vermögenswerten und Schulden, welche auf S. 698 ff. näher betrachtet wird.

Ein **Gemeinschaftsunternehmen** wird mittels der **Equity-Methode** in den Konzernabschluss einbezogen. Hierfür verweist IFRS 11 auf die Regelungen in IAS 28 (zur Technik der Equity-Methode vgl. S. 675 ff.). Neben den an der gemeinschaftlichen Beherrschung beteiligten Parteien gibt es nach IFRS 11 sog. Minderheiten-Parteien, die an einem Gemeinschaftsunternehmen beteiligt sein können, ohne an der gemeinschaftlichen Führung zu partizipieren. IFRS 11 enthält für die Bilanzierung dieser Anteile im Abschluss der Minderheiten-Parteien spezielle Regelungen. Zunächst müssen die Minderheiten prüfen, ob diese einen maßgeblichen Einfluss (*significant influence*) i. S. d. IAS 28 an dem Gemeinschaftsunternehmen besitzen und somit ein assoziiertes Unternehmen vorliegt. Ist dies der Fall, muss die Bilanzierung nach der Equity-Methode gemäß den Vorschriften des IAS 28 erfolgen. Sollten die Minderheiten keinen maßgeblichen Einfluss besitzen, sind die Anteile nach den Vorschriften für die Bilanzierung von Finanzinstrumenten zu bilanzieren.

EXKURS
Bilanzierung von Gemeinschaftsunternehmen im Einzelabschluss

Im Einzelabschluss wird die Beteiligung an einem Gemeinschaftsunternehmen nach IAS 27.10 (rev. 2011) bilanziert. Demnach ist die Beteiligung an einem Gemeinschaftsunternehmen entweder zu Anschaffungskosten (*at cost*) oder im Einklang mit den Regelungen des IFRS 9 – *Financial Instruments* zu erfassen. Solange die Regelungen des IFRS 9 noch nicht anzuwenden sind, ist auf die entsprechenden Regelungen des IAS 39 zurückzugreifen.

4. Assoziierte Unternehmen nach IAS 28

Als weitere in den Konzernabschluss einzubeziehende Gruppe von Unternehmen sind die **assoziierten Unternehmen** zu nennen. Bei einem assoziierten Unternehmen verfügt der Anteilseigner bzw. das bilanzierende Unternehmen über maßgeblichen Einfluss (IAS 28.3), wobei weder ein Tochterunternehmen noch eine gemeinsame Vereinbarung vorliegt.

Assoziierte Unternehmen sind gem. IAS 28 nach der **Equity-Methode** in den Konzernabschluss einzubeziehen. Dabei wird das assoziierte Unternehmen beim erstmaligen Ansatz mit den Anschaffungskosten angesetzt. In den folgenden Perioden wird der Buchwert des assoziierten Unternehmens um die anteiligen Ergebnisse und um Ausschüttungen fortgeschrieben (zur Technik der Equity-Methode vgl. ausführlich S. 675 ff.). Im Folgenden wird die Beurteilung des Vorliegens eines maßgeblichen Einflusses und damit das Vorliegen eines assoziierten Unternehmens erläutert.

Gemäß IAS 28.3 ist der **maßgebliche Einfluss** wie folgt definiert:

»Maßgeblicher Einfluss ist die Möglichkeit, an den finanz- und geschäftspolitischen Entscheidungen des Beteiligungsunternehmens mitzuwirken, nicht aber die Beherrschung oder die gemeinschaftliche Führung der Entscheidungsprozesse.«

Ein solcher maßgeblicher Einfluss wird gem. IAS 28.5 vermutet, wenn der Anteilseigner direkt oder indirekt (z. B. über Tochterunternehmen) **20 % oder mehr der Anteile** an einem Beteiligungsunternehmen hält. Umgekehrt wird vermutet, dass kein maßgeblicher Einfluss besteht, wenn der Anteilseigner **weniger als 20 % der Anteile** am betrachteten Unternehmen hält. In beiden Fällen handelt es sich um **widerlegbare Vermutungen**. Dies bedeutet, dass von der Beurteilung abgewichen werden kann, sofern die Vermutung widerlegt werden kann.

IAS 28.5 betont zudem, dass ein Unternehmen auch dann maßgeblichen Einfluss auf ein Beteiligungsunternehmen haben kann, wenn eine fremde dritte Partei einen erheblichen Anteilsbesitz an bzw. eine starke Einflussnahmemöglichkeit (bis hin zur Beherrschung) auf dieses Beteiligungsunternehmen besitzt.

BEISPIEL:

Investor A hält 20 % der Anteile an der B-GmbH. Die übrigen 80 % der Anteile an der B-GmbH werden von der C-AG gehalten, bei welcher es sich aus Sicht von A um einen fremden Dritten handelt. Die C-AG beherrscht die B-GmbH gem. IFRS 10 und bezieht die Gesellschaft auch im Wege der Vollkonsolidierung in ihren IFRS-Konzernabschluss ein.

Aufgrund der Tatsache, dass der Investor A 20 % an der B-GmbH hält, besteht gem. IAS 28.5 die widerlegbare Vermutung, dass A über maßgeblichen Einfluss auf B verfügt. Dies gilt zunächst unabhängig davon, ob es weitere (starke) Anteilseigner an B gibt. Die Tatsache, dass die C-AG die B-GmbH beherrscht, reicht allein auch nicht aus, um die Vermutung eindeutig zu widerlegen.

IAS 28.6 führt überdies aus, dass ein maßgeblicher Einfluss i. d. R. dann besteht, wenn eine der folgenden **Situationen** gegeben ist:

a) Vertreter des Unternehmens gehören zum Geschäftsführungs- und/oder Aufsichtsorgan oder einem gleichartigen Leitungsgremium des Beteiligungsunternehmens;
b) Vertreter des Unternehmens nehmen an den Entscheidungsprozessen, wie z.B. über Dividenden oder sonstige Ausschüttungen, teil;
c) es finden wesentliche Geschäftsvorfälle zwischen dem Anteilseigner und dem Beteiligungsunternehmen statt;
d) Führungspersonal wird ausgetauscht; oder
e) bedeutende technische Informationen werden bereitgestellt.

Finanzinstrumente, die in stimmrechtsvermittelnde Eigenkapitalinstrumente umwandelbar sind (z. B. Aktienkaufoptionen, Wandelschuldverschreibungen), können als potenzielle Stimmrechte (*potential voting rights*) von Bedeutung sein, wenn es darum geht, die Frage nach dem Vorliegen eines maßgeblichen Einflusses zu beantworten. Dies ist dann der Fall, wenn die potenziellen Stimmrechte **gegenwärtig ausübbar** sind. In diesem Fall sind sie bei der Beurteilung, ob ein maßgeblicher Einfluss i. S. d. IAS 28 vorliegt, mit zu berücksichtigen. Gleichermaßen sind auch etwaige **von anderen Gesellschaftern gehaltenen potenziellen Stimmrechte** bei der Beurteilung des Einflusses eines bilanzierenden Unternehmens zu berücksichtigen. Potenzielle Stimmrechte gelten beispielsweise dann als nicht gegenwärtig ausübbar bzw. umwandelbar, wenn sie erst in Zukunft oder bei Eintritt eines künftigen Ereignisses ausgeübt werden bzw. umgewandelt werden können (IAS 28.7).

Bei der Beurteilung von potenziellen Stimmrechten hinsichtlich der Frage, ob diese zum maßgeblichen Einfluss beitragen, sind **sämtliche relevanten Tatsachen und Umstände** zu berücksichtigen. So sind beispielsweise Ausübungs- und sonstige vertragliche Bedingungen in die Beurteilung einzubeziehen. Nicht zu berücksichtigen sind hingegen die **Handlungsabsichten des Managements** sowie die **finanziellen Möglichkeiten** des Optionsinhabers, die Option tatsächlich auszuüben (IAS 28.8). Demnach führt mangelnde Finanzkraft nicht zu einer Widerlegung der Möglichkeit der Ausübung einer Option, da dieser Zustand nur vorübergehend sein könnte.

Im Gegensatz zur Beurteilung des Vorliegens maßgeblichen Einflusses sind potenzielle Stimmrechte bei der Anwendung der Equity-Methode nicht von Bedeutung, d. h. sie wirken sich nicht auf die bei der Fortschreibung zu berücksichtigende Anteilsquote des bilanzierenden Unternehmens aus. Die Equity-Bilanzierung erfolgt auf Basis der **bestehenden Anteile** (*present ownership*) (vgl. IAS 28.12). Finanzinstrumente, die zwar potenzielle Stimmrechte, aber keine bestehenden Eigentumsanteile vermitteln, sind nach den Regelungen für Finanzinstrumente zu bewerten (IAS 28.14).

BEISPIEL:

Investor A hält 15 % der Anteile an der B-AG. Die übrigen 85 % der Anteile werden von der C-AG gehalten, bei welcher es sich aus Sicht von A um einen fremden Dritten handelt. Unternehmen A besitzt zusätzlich eine jederzeit ausübbare Call-Option über 10 % der Anteile.

Die Call-Option des A stellt eine Vereinbarung dar, welche Unternehmen A gegenwärtig ausübbare potenzielle Stimmrechte verleiht. Die potenziellen Stimmrechte sind daher bei der Beurteilung maßgeblichen Einflusses zu berücksichtigen, sodass A über maßgeblichen Einfluss i. S. d. IAS 28 auf die B-AG verfügt. Unternehmen A bilanziert (bis zur tatsächlichen Ausübung) indes nur die bestehenden Anteile (15 %) gemäß der Equity-Methode. Zusätzlich ist die Call-Option nach den Regelungen für Finanzinstrumente zu bilanzieren.

5. Einbeziehung von Anteilen an sonstigen Unternehmen in den Konzernabschluss

Wie einführend bereits erwähnt, gehören Unternehmen, auf die das Mutterunternehmen **nicht mindestens einen maßgeblichen Einfluss i. S. d. IAS 28** ausüben kann, nicht zum Konsolidierungskreis. Dies sind also die Unternehmen, die außerhalb des Konsolidierungskreises stehen.

Anteile an Unternehmen, die nicht beherrscht, die nicht gemeinschaftlich geführt werden und auf die kein maßgeblicher Einfluss ausgeübt werden kann, sind als Finanzinstrumente nach IAS 32 und IAS 39 zu bilanzieren. Solche Anteile sind entweder als »at fair value through profit and loss« oder als »available for sale« zu klassifizieren.

Werden die Anteile als »at fair value through profit and loss« klassifiziert, findet der beizulegende Zeitwert als Bewertungsmaßstab Anwendung. Wertänderungen sind in der GuV zu erfassen. Werden die Anteile dagegen als »available for sale« klassifiziert, sind diese ebenfalls zum Fair Value zu bewerten. Wertschwankungen sind indes im sonstigen Periodenergebnis (OCI) zu erfassen. Nur bei einem Impairment oder bei Ausbuchung (z. B. bei Veräußerung) der Anteile werden die im OCI erfassten Erfolgsbeiträge in die GuV umgegliedert. Die Bilanzierung von Finanzinstrumenten wird ausführlich auf S. 348 ff. erläutert.

6. Weiterführende Literatur

Brune, § 32. Konsolidierungskreis, Abschlussstichtag sowie konzerneinheitliche Bilanzierung und Bewertung, in Bohl/Riese/Schlüter (Hrsg.), Beck'sches IFRS-Handbuch, München/Bern, 5. Aufl. 2016, S. 1343;

Brune, Darstellung der Zwischengewinneliminierung bei Downstream-Transaktionen mit assoziierten Unternehmen oder Joint Ventures bei einem Equity-Buchwert von null, IRZ 2014, S. 132-134;

Busch/Zwirner, Joint Arrangements nach IFRS 11 – neue Abbildungsvorschriften und Folgewirkungen, IRZ 2012, S. 219-222;

Dietrich/Krakuhn/Sierleja, Berücksichtigung von Prinzipal-Agenten-Beziehungen im Rahmen der Abgrenzung des Konsolidierungskreises nach IFRS 10, IRZ 2011, S. 519-521;

Fischer, IFRS 10 – Consolidated Financial Statements, PiR 2011, S. 173-174;

Fischer, IFRS 11 – Joint Arrangements, PiR 2011, S. 204-205;

Freiberg/Teufel, Neue Herausforderungen in der Abgrenzung des Konsolidierungskreises – Anwendung des IFRS 10 und IFRS 11, Der Konzern 2013, S. 9-16,

Küting/Seel, Gemeinschaftliche Beherrschung nach IFRS 11: Zur Beurteilung von Konfliktlösungs- oder Beendigungsmechanismen, IRZ 2012, S. 467-472;

Lorson/Fuhrmann/Handtrag/Horn/Poller, Konzernrechnungslegung nach EU-IFRS 2012: Fallstudie zur Erstellung eines IFRS-Konzernabschlusses (Teil 3: Abgrenzung des Konsolidierungskreises und Einheitlichkeitsgrundsätze), KoR 2013, S. 376-385;

Lüdenbach, § 32.Tochterunternehmen im Konzern- und Einzelabschluss, in Lüdenbach/Hoffmann (Hrsg.), Haufe IFRS-Kommentar, Freiburg im Breisgau, 12. Aufl. 2014, S. 2117;

Lüdenbach, § 34.Gemeinsame Vereinbarungen, in Lüdenbach/Hoffmann (Hrsg.), Haufe IFRS-Kommentar, Freiburg im Breisgau, 12. Aufl. 2014, S. 2272;

Lüdenbach/Freiberg, Der Beherrschungsbegriff des IFRS 10 – Anwendung auf normale vs. strukturierte Unternehmen, PiR 2012, S. 41-50;

Lüdenbach/Schubert, Gemeinschaftliche Vereinbarungen (joint arrangements) nach IFRS 11: Darstellung und kritische Würdigung des neuen Standards, PiR 2012, S. 1-7;

Meyer, Abgrenzung von substanziellen Rechten und Schutzrechten auf der Grundlage von IFRS 10, PiR 2012, S. 269-275;

Popp, Das Control-Konzept nach IFRS 10, (Diss.), Weinheim 2014;

Rühl/Althoff, Faktische Beherrschung durch Präsenzmehrheit im Konzernabschluss nach HGB und IFRS, KoR 2012, S. 553-562;

Theile/Pawelzik, D. I. Tochterunternehmen (IAS 27(2008)/IFRS 10), in Heuser/Theile (Hrsg.), IFRS-Handbuch, Köln, 5. Aufl. 2012, S 789;

Theile/Pawelzik, D. II. Joint Ventures (IAS 31)/Joint Arrangements (Gemeinschaftsunternehmen und Arbeitsgemeinschaften), in Heuser/Theile (Hrsg.), IFRS-Handbuch, Köln, 5. Aufl. 2012, S 832;

Theile/Pawelzik, D. III. Assoziierte Unternehmen (IAS 28), in Heuser/Theile (Hrsg.), IFRS-Handbuch, Köln, 5. Aufl. 2012, S 843;

Zülch/Erdmann/Popp/Wünsch, IFRS 11 – Die neuen Regelungen zur Bilanzierung von Joint Arrangements und ihre praktischen Implikationen, DB 2011, S. 1817-1822;

Zülch/Popp, Reformation der IFRS-Konzernrechnungslegung (Teil II): – Joint Arrangements nach IFRS 11 –, Der Konzern 2012, S. 328-337;

Zülch/Popp, Die Konsolidierungsstandards IFRS 10, IFRS 11 und IFRS 12: Implikationen der EFRAG-Feldstudien, PiR 2013, S. 84-89;

Zülch/Popp, Feldstudie zur Konsolidierung von Zweckgesellschaften nach IFRS 10: Eine Analyse der EFRAG-Aktivitäten und ihre praktischen Implikationen, PiR 2013, S. 109-112;

Zülch/Popp, IFRS 10 – Consolidated Financial Statements: Ein erster Überblick über das neue Control-Konzept, DStR 2011, S. 1532-1538;

Zülch/Popp, Reformation der IFRS-Konzernrechnungslegung (Teil I): – Das Control-Konzept nach IFRS 10 –, Der Konzern 2012, S. 245-255.

IV. Grundsatz der Einheitlichkeit

RELEVANTE STANDARDS

IFRS 10 – Konzernabschlüsse
IAS 21 – Auswirkungen von Wechselkursänderungen

KERNAUSSAGEN

- Die Umsetzung des Grundsatzes der Einheitlichkeit erfolgt in drei Schritten. So sind die Abschlussstichtage der einzubeziehenden Konzerneinheiten, die Bilanzierungs- und Bewertungsmethoden sowie die verwendete Berichtswährung zu vereinheitlichen.
- Grundsätzlich ist ein in den Konzernabschluss einzubeziehender Abschluss einer rechtlich selbstständigen Einheit auf den Bilanzstichtag des Konzerns zu erstellen. Bei Abweichungen ist prinzipiell ein Zwischenabschluss der einzubeziehenden Einheit aufzustellen. Bei Abweichungen von weniger als drei Monaten kann hiervon unter Berücksichtigung wesentlicher zwischenzeitlicher Transaktionen und Ereignisse abgesehen werden.
- Die Einheitlichkeit der Bilanzierung wird unterschieden in die sachliche Stetigkeit sowie in die zeitliche Stetigkeit. Die sachliche Stetigkeit fordert, dass Ansatz-, Bewertungs- sowie Ausweisvorschriften bei gleichartigen Sachverhalten im Konzernabschluss einheitlich anzuwenden sind. Die zeitliche Stetigkeit verlangt hingegen, dass der IFRS-Abschluss eines Konzerns intertemporal vergleichbar sein muss.
- Die funktionale Währung eines bilanzierenden Unternehmens ist definiert als die Währung des primären wirtschaftlichen Umfelds, in welchem das Unternehmen tätig ist. Im Regelfall stellt die funktionale Währung des Mutterunternehmens die Berichtswährung des Konzernabschlusses dar.
- Die IFRS kennen zwei unterschiedliche Methoden der Währungsumrechnung: Die modifizierte Stichtagskursmethode sowie die Zeitbezugsmethode. Die Anwendung der jeweiligen Methode richtet sich danach, welche Zielsetzung mit der Währungsumrechnung im konkreten Einzelfall verfolgt wird.
- Die modifizierte Stichtagskursmethode wird bei der Umrechnung von Einzelabschlüssen weitgehend selbstständig operierender ausländischer Unternehmen in die Berichtswährung des Konzerns angewendet. Hiermit wird das Ziel verfolgt, eine Umrechnung ausländischer Abschlüsse in die jeweilige Berichtswährung zu erreichen.
- Für die Umrechnung von Abschlüssen integrierter Teileinheiten sowie einzelner Fremdwährungstransaktionen und -bestände kommt die Zeitbezugsmethode zur Anwendung. Diese basiert auf der Idee, dass die Geschäftsvorfälle der ausländischen Einheit des Konzerns so abgebildet werden sollen, als wären diese direkt in der Berichtswährung des Konzernabschlusses abgewickelt worden.

1. Vorbemerkung

Einheitsfiktion

Ein Konzern besteht aus rechtlich selbstständigen Unternehmen, die **eine wirtschaftliche Einheit** bilden. Zur Abbildung dieser wirtschaftlichen Einheit in einem einzigen Abschluss, dem Konzernabschluss, wird für diesen die sog. »Einheitsfiktion« angewendet. Demnach sind für Zwecke der Konzernabschlusserstellung die rechtlich selbstständigen Einheiten so darzustellen, als ob diese einzelnen Unternehmen insgesamt eine einzige Einheit wären. Um die Jahresabschlüsse der in den Konzernabschluss einzubeziehenden Unternehmen zu einem gemeinsamen Abschluss zusammenzufassen, müssen die Einzelabschlüsse der einzelnen Einheiten (sog. HB I) zunächst vereinheitlicht werden. Hierfür enthalten IFRS 10.19 sowie 10.21 i. V. m. IFRS 10.B86-10.B91 detaillierte Vorschriften, welche sich in die der Abb. G.19 zu entnehmenden drei Schritte unterteilen lassen.

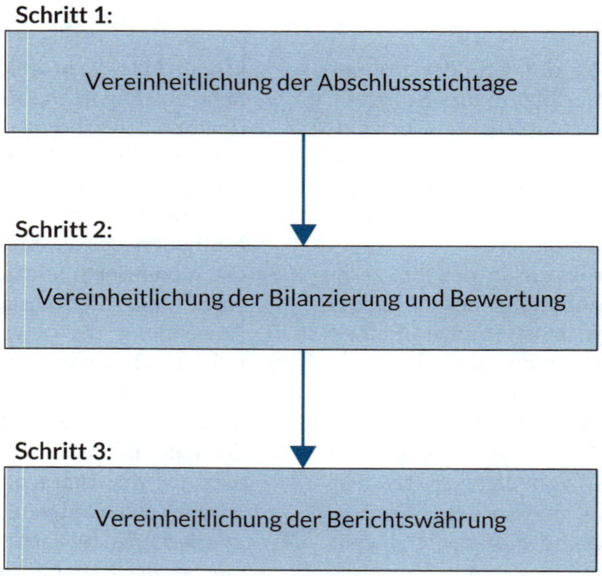

Abbildung G.19 Vereinheitlichungsschritte bei der Konzernabschlusserstellung

In den folgenden Abschnitten werden die einzelnen Schritte der Vereinheitlichung erläutert.

2. Einheitlichkeit der Abschlussstichtage

IFRS 10.21 i. V. m. IFRS 10.B92-10.B93 regeln die Einheitlichkeit des Abschlussstichtages. Zur Zusammenfassung von Einzelabschlüssen verschiedener rechtlich selbstständiger Einheiten in einen gemeinsamen Konzernabschluss ist es notwendig, dass diese zu einem einheitlichen Konzernbilanzstichtag aufgestellt werden. Dieser einheitliche

Konzernbilanzstichtag entspricht i. d. R. dem **Bilanzstichtag des Mutterunternehmens**. Somit haben sämtliche in den Konzernabschluss einzubeziehenden Unternehmen einen Abschluss auf den Abschlussstichtag des Mutterunternehmens zu erstellen.

Sofern der Abschlussstichtag einer in den Konzernabschluss einzubeziehenden Einheit vom Konzernbilanzstichtag abweicht, ist von dieser Einheit grundsätzlich ein **Zwischenabschluss** auf den Abschlussstichtag des Konzerns aufzustellen. Die Aufstellung eines solchen Zwischenabschlusses kann lediglich unterbleiben, wenn dies nicht praktikabel ist oder der Abschlussstichtag des einzubeziehenden Unternehmens maximal drei Monate vor oder nach dem Konzernbilanzstichtag liegt. Wenn von der Aufstellung eines Zwischenabschlusses abgesehen wird, sind für wesentliche Geschäftsvorfälle und Ereignisse zwischen den beiden Abschlussstichtagen entsprechende Anpassungen in der Konzernbilanz sowie -GuV vorzunehmen, um diese Sachverhalte zu berücksichtigen.

Die Aufstellung eines Zwischenabschlusses gilt als nicht praktikabel, wenn die zusätzlichen Kosten für die Aufstellung höher sind als der Nutzen der zusätzlichen Informationen. Die Beurteilung der Wesentlichkeit muss auf Grundlage aller nicht berücksichtigten Geschäftsvorfälle erfolgen. Dabei gelten die Geschäftsvorfälle als wesentlich, wenn deren Weglassen die auf Basis des Konzernabschlusses getroffenen Entscheidungen eines Abschlussadressaten beeinflussen kann. Abbildung G.20 fasst die vorstehenden Ausführungen zur Einheitlichkeit der Abschlussstichtage zusammen.

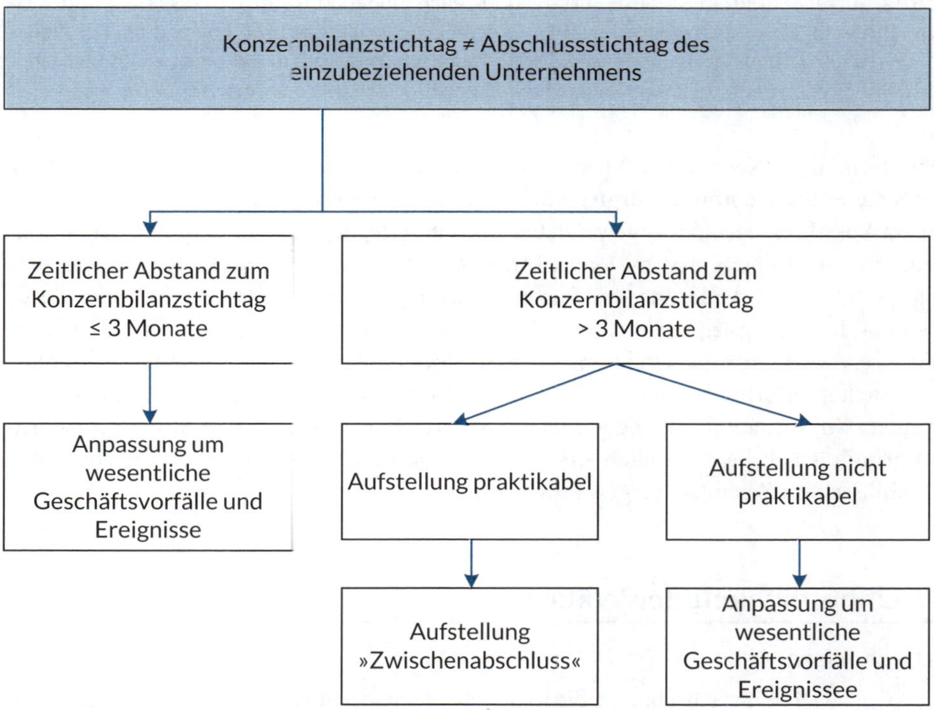

Abbildung G.20 Vereinheitlichung der Abschlussstichtage

3. Einheitlichkeit der Bilanzierung

Die Einheitlichkeit der Bilanzierung umfasst sowohl die sog. **sachliche Stetigkeit** als auch die sog. **zeitliche Stetigkeit**.

Gemäß der sachlichen Stetigkeit sind **Ansatz-, Bewertungs- sowie Ausweisvorschriften** bei gleichartigen Sachverhalten im Konzernabschluss **einheitlich anzuwenden**. Dies entspricht der Vorschrift des IFRS 10.19, wonach bei der Aufstellung eines Konzernabschlusses für ähnliche Geschäftsvorfälle und Ereignisse unter vergleichbaren Umständen einheitliche Rechnungslegungsmethoden anzuwenden sind. Damit sind insbesondere etwaige in den IFRS eingeräumte Wahlrechte im Konzern einheitlich auszuüben.

Die Vorschrift des IFRS 10.19 lautet:

Ein Mutterunternehmen hat Konzernabschlüsse unter Verwendung einheitlicher Bilanzierungs- und Bewertungsmethoden für gleichartige Geschäftsvorfälle und sonstige Ereignisse in ähnlichen Umständen zu erstellen (*A parent shall prepare consolidated financial statements using uniform accounting policies for like transactions and other events in similar circumstances.*)

BEISPIEL:

Sofern für Zwecke des Konzernabschlusses entschieden wurde, für sämtliche Vermögenswerte des Sachanlagevermögens auf die Anwendung der Neubewertungsmethode (vgl. IAS 16.31-16.42) zu verzichten, so ist diese Entscheidung auch bindend für Konzerngesellschaften, die von ihrem lokalen Gesetzgeber für Zwecke des Einzelabschlusses zur Anwendung der Neubewertungsmethode gezwungen sind. Die Einzelabschlüsse sind im Rahmen der Konzernabschlusserstellung entsprechend um die Bewertung des Sachanlagevermögens anzupassen.

Damit ein IFRS-Konzernabschluss den Maßgaben der zeitlichen Stetigkeit entspricht, muss dieser **intertemporär vergleichbar** sein. Dies kann nur gewährleistet werden, wenn die im Vorjahresabschluss angewendeten Rechnungslegungsgrundsätze beibehalten werden. Eine Abweichung davon ist gem. IAS 8.14 nur zulässig, wenn ein Standard oder eine Interpretation die Änderung der Rechnungslegungsmethode gefordert hat oder durch die neue Rechnungslegungsmethode die Informationsfunktion des Konzernabschlusses verbessert wird. Entsprechendes gilt ebenfalls für den Ausweis der im Konzernabschluss dargestellten Informationen (IAS 1.45). Die zeitliche Stetigkeit bedeutet kurzum, dass die in einem Konzernabschluss angewendeten Ansatz-, Bewertungs- sowie Ausweisvorschriften grundsätzlich beizubehalten sind, um die Vergleichbarkeit zwischen verschiedenen Abschlüssen im Zeitablauf zu gewährleisten.

4. Einheitlichkeit der Währung

a) Grundlagen

Funktionale Währung

Die Einzelabschlüsse, die in den Konzernabschluss einfließen, sind ursprünglich in der jeweiligen funktionalen Währung des den Einzelabschluss aufstellenden Unternehmens aufgestellt (sog. HB I). Als funktionale Währung eines bilanzierenden Unternehmens gilt die Währung des **primären wirtschaftlichen Umfelds**, in welchem das Unternehmen tätig ist.

BEISPIEL:

Die T AG hat ihren Sitz in Frankfurt am Main, Deutschland, und produziert dort Konsumgüter für den deutschen Markt. Das primäre wirtschaftliche Umfeld der T AG ist somit Deutschland, da das Unternehmen seinen Sitz in diesem Land hat und überdies Güter für den nationalen Markt produziert. Die funktionale Währung der T AG ist daher der Euro.

Berichtswährung

In internationalen Konzernen besteht häufig die Problematik, dass die funktionale Währung einiger Konzernunternehmen von der **Berichtswährung des zugrundliegenden Konzernabschlusses** abweicht. Ist dies der Fall, so sind die Abschlüsse der Unternehmen (sog. HB I) gem. IAS 21.38 in die Berichtswährung des Konzerns umzurechnen. Im Regelfall stellt die funktionale Währung des Mutterunternehmens die Berichtswährung des Konzernabschlusses dar. Gemäß IAS 21.38 darf ein (Konzern-)Abschluss indes grundsätzlich in jeder beliebigen Währung aufgestellt werden, so dass der berichterstattende Konzern für die Veröffentlichung seines Abschlusses auch von der funktionalen Währung des Mutterunternehmens abweichen kann. Sofern dies der Fall ist, erfordert dies allerdings eine entsprechende Begründung im Anhang des Konzernabschlusses (vgl. IAS 21.53). In diesem Zusammenhang ist auch die funktionale Währung anzugeben. Abbildung G.21 fasst die einzelnen Schritte der Währungsumrechnung bzw. -vereinheitlichung zusammen.

IAS 21 – *Auswirkungen von Wechselkursänderungen* sieht für die Währungsumrechnung zwei unterschiedliche Methoden vor: die **modifizierte Stichtagskursmethode** sowie die **Zeitbezugsmethode**. Die Anwendung der jeweiligen Methode richtet sich danach, welche Zielsetzung mit der Währungsumrechnung im konkreten Einzelfall verfolgt wird.

Modifizierte Stichtagskursmethode

Die modifizierte Stichtagskursmethode wird bei der Umrechnung von Einzelabschlüssen weitgehend selbstständig operierender ausländischer Unternehmen in die Berichtswährung des Konzerns angewendet. Mit der Umrechnung anhand der modifizierten Stichtagskursmethode verfolgt man das Ziel, eine Transformation ausländischer Abschlüsse in die jeweilige Berichtswährung zu erreichen. Folglich wird die modifizierte Stichtagskursmethode in der Konzernrechnungslegung dann angewendet, wenn die funktionale Währung einer ausländischen Einheit des Konzerns von der Berichtswährung des Konzernes abweicht.

Zeitbezugsmethode

Geht es hingegen um die Umrechnung von Abschlüssen integrierter Teileinheiten sowie einzelner Fremdwährungstransaktionen und -bestände, so kommt die sogenannte Zeitbezugsmethode zur Anwendung. Die Zeitbezugsmethode fußt auf der Idee, dass die Geschäftsvorfälle der ausländischen Einheit des Konzerns so abgebildet werden sollen, als ob diese direkt in der Berichtswährung des Konzernabschlusses abgewickelt worden wären. Abbildung G.22 fasst die unterschiedlichen Zwecke der Währungsumrechnung sowie die jeweils anzuwendenden Methode zusammen.

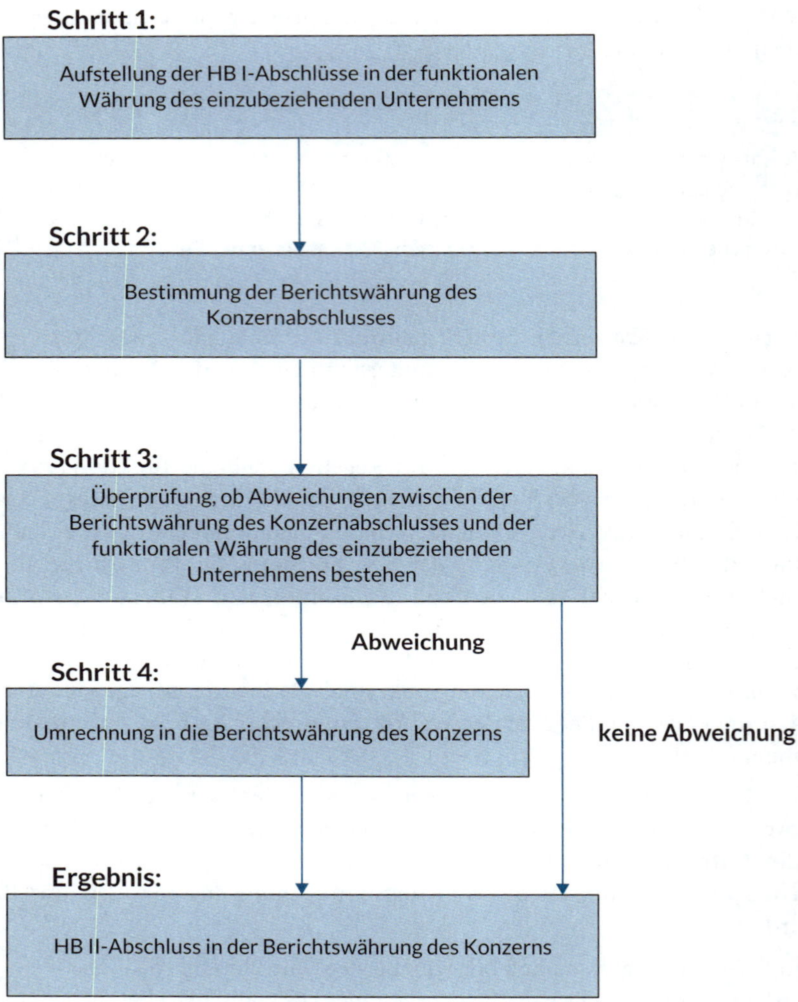

Abbildung G.21 Schritte zur Vereinheitlichung der Währung im Konzern

Die modifizierte Stichtagskursmethode sowie die Zeitbezugsmethode werden in den folgenden Abschnitten detailliert erläutert.

b) Währungsumrechnung nach der modifizierten Stichtagskursmethode

aa) Grundlagen

Die Währungsumrechnung nach der modifizierten Stichtagskursmethode baut auf dem auf den Konzernbilanzstichtag in der funktionalen Währung aufgestellten Einzelabschluss des einzubeziehenden ausländischen Unternehmens auf. Zuvor wurde dieser Einzelabschluss bereits an die konzerneinheitlichen Bilanzierungs- und Bewertungsmethoden angepasst.

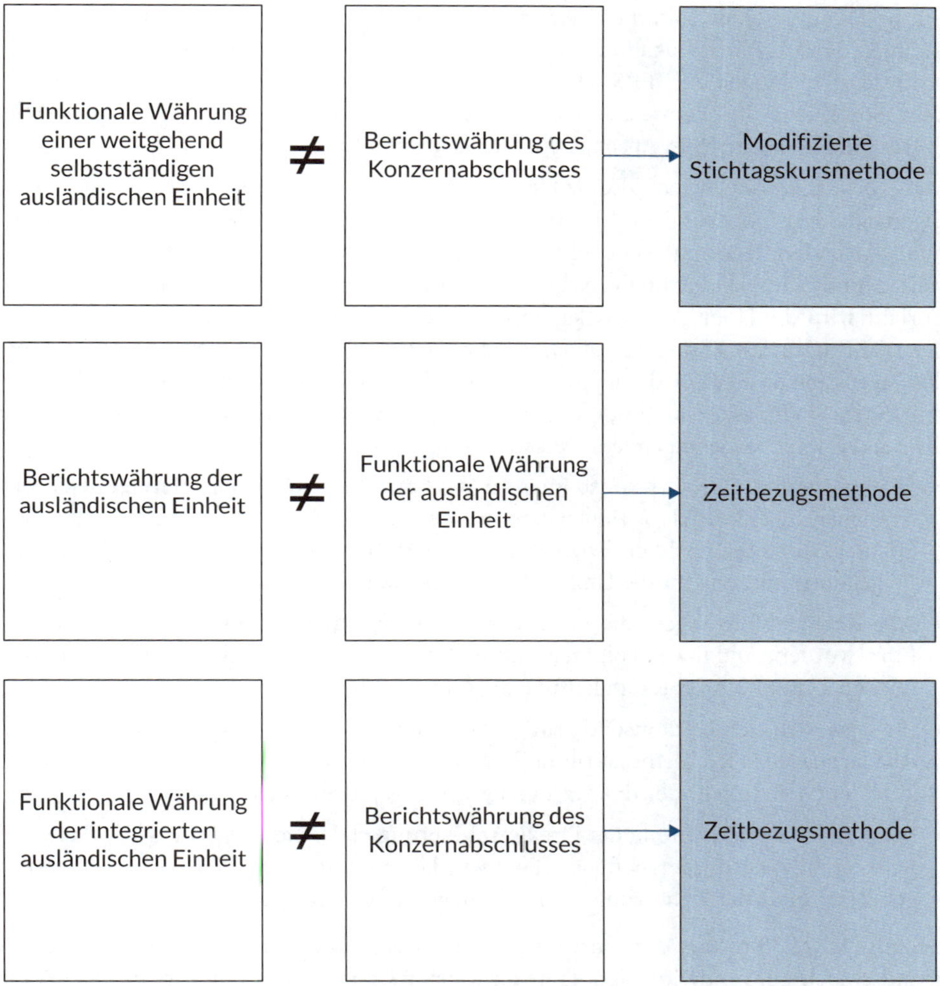

Abbildung G.22 Anwendungsfälle der Methoden der Währungsumrechnung

Die Währungsumrechnungskurse, die bei der Währungsumrechnung zu verwenden sind, hängen von den betreffenden Positionen des Jahresabschlusses ab. Unterschieden wird hierbei zwischen den folgenden Positionen:

- Vermögenswerte und Schulden in der Bilanz,
- Goodwill sowie stille Reserven bzw. stille Lasten,
- Eigenkapitalpositionen, sowie
- Positionen der Gewinn- und Verlustrechnung.

Die Umrechnung von Vermögenswerten und Schulden in der Bilanz hat gem. IAS 21.39 (a) mit dem **am Abschlussstichtag geltenden Wechselkurs** zu erfolgen. In der Praxis wird hierfür regelmäßig der Kassaschlusskurs des Bilanzstichtages verwendet.

Ein im Rahmen eines Unternehmenserwerbs entstandener Goodwill sowie etwaige im Rahmen der Kaufpreisallokation aufgedeckten stillen Reserven sowie stillen Lasten sind nach den Regelungen der IFRS bilanziell wie Vermögenswerte und Schulden zu behandeln. Somit sind die entsprechenden Beträge wie die oben genannten Vermögenswerte und Schulden mit dem am Abschussstichtag geltenden Kurs umzurechnen.

IAS 21 umfasst keine expliziten Vorschriften für die Umrechnung von Eigenkapitalpositionen. Dies ist der Tatsache geschuldet, dass sich das bilanzielle Eigenkapital gemäß den Regelungen der IFRS als Residualgröße aus den bilanzierten Vermögenswerten und Schulden ermittelt. Neben der Fortentwicklung des Eigenkapitals aus dem Vorjahr wird die Höhe des Eigenkapitals somit auch aus den Umrechnungsdifferenzen der Währungsumrechnung beeinflusst. Zur bilanziellen Abbildung der Fortentwicklung des Eigenkapitals sind für die Umrechnung der Eigenkapitalpositionen anhand der modifizierten Stichtagskursmethode üblicherweise die **historischen Kurse** zu verwenden. Hieraus ergibt sich die folgende Unterscheidung:

- Die im Zeitpunkt der Erstkonsolidierung des betreffenden Tochterunternehmens vorhandenen Eigenkapitalpositionen sind mit dem am Erstkonsolidierungstag geltenden Stichtagskurs umzurechnen. Dieser (historische) Kurs ist später auch im Rahmen der Folgekonsolidierung für die Umrechnung zu verwenden.
- Alle Kapitalzuführungen, die nach dem Zeitpunkt der Erstkonsolidierung durchgeführt wurden, sind in der Folgezeit mit dem jeweiligen (historischen) Kurs des individuellen Zeitpunkts der Kapitalzuführung umzurechnen.
- Etwaige nach der Erstkonsolidierung vorgenommene Zuführungen in die Gewinnrücklagen stellen i. d. R. thesaurierte Gewinne dar und werden mit dem Umrechnungskurs der GuV im Jahr der Entstehung des jeweiligen Gewinns erfasst.
- Sofern nach dem Zeitpunkt der Erstkonsolidierung in der Neubewertungsrücklage unrealisierte Bewertungsergebnisse erfasst wurden, sind diese mit dem Kurs des jeweiligen Zeitpunkts der Zuführung in die Neubewertungsrücklage zu erfassen.

Gemäß IAS 21.39 (b) hat die Umrechnung der Erträge und Aufwendungen in der GuV grundsätzlich zum individuellen **Transaktionskurs** zu erfolgen. Dies ist in der Praxis indes regelmäßig nicht möglich. IAS 21.40 eröffnet in diesem Zusammenhang aus Vereinfachungsgründen auch die Möglichkeit, die Erträge und Auf-wendungen mit dem **Durchschnittskurs der Berichtsperiode** umzurechnen. Voraussetzung für die Umrechnung mit dem Periodendurchschnittskurs ist allerdings, dass die betroffene Währung lediglich geringen Schwankungen unterliegt, um eine näherungsweise Abbildung des tatsächlichen Transaktionskurses zu gewährleisten. In der Praxis kommen aus diesem Grund in der Regel Wochen- oder Monatsdurchschnittskurse bei der Umrechnung zur Anwendung.

Die beiden Abb. G.23 und G.24 geben einen zusammenfassenden Überblick über die Verwendung der verschiedenen Kurse für die Währungsumrechnung bei der modifizierten Stichtagskursmethode.

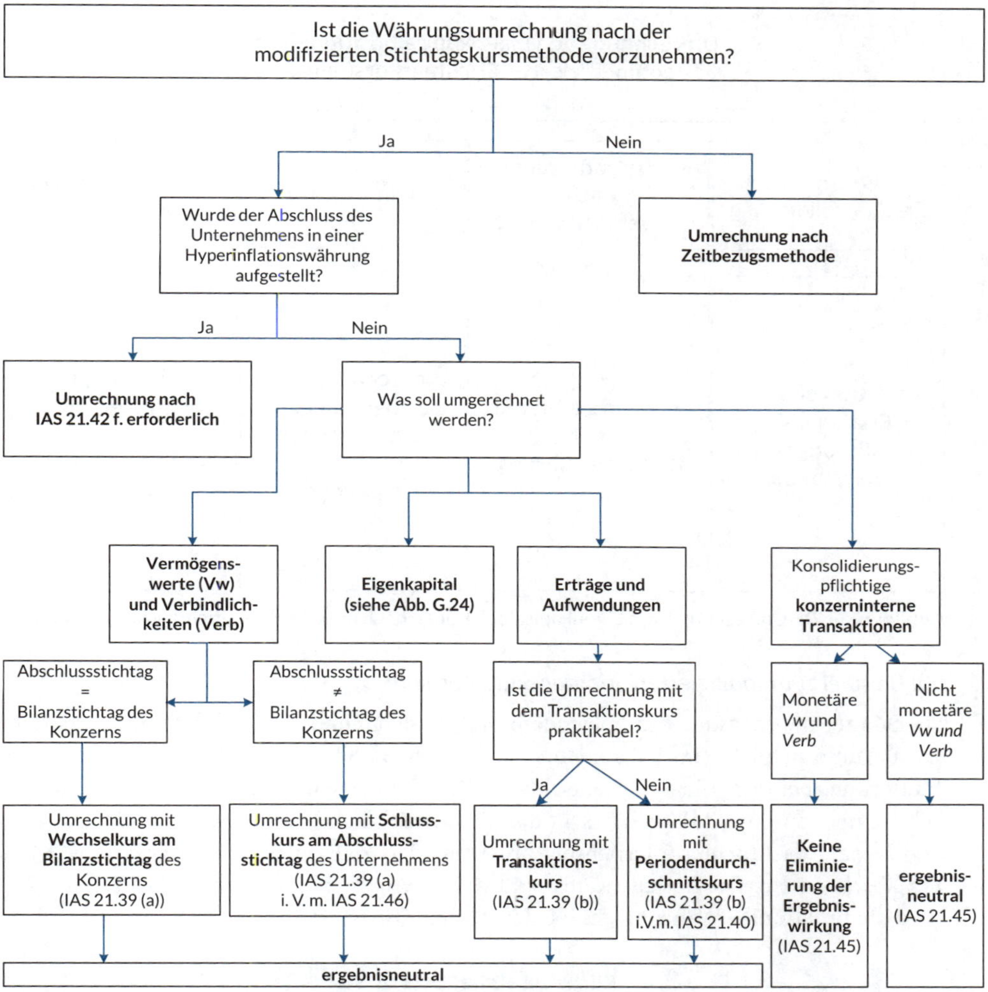

Abbildung G.23 Überblick zur modifizierten Stichtagskursmethode

Aus der Umrechnung der verschiedenen Positionen eines IFRS-Konzernabschlusses mit unterschiedlichen Wechselkursen resultieren sog. **Währungsumrechnungsdifferenzen**. Diese gilt es ebenfalls im Konzernabschluss zu erfassen. Um die mit der modifizierten Stichtagskursmethode angestrebte Transformation von Abschlüssen ausländischer Unternehmen in die Berichtswährung des bilanzierenden Konzerns zu gewährleisten, muss das Ergebnis des jeweiligen ausländischen Unternehmens unverändert in den Konzernabschluss einfließen. Deshalb dürfen in der GuV der betreffenden Einheit keine Effekte aus der Währungsumrechnung auftreten. Etwaige Währungsumrechnungsdifferenzen sind dementsprechend **erfolgsneutral im Eigenkapital** zu erfassen. Im Konzernabschluss ist zu diesem Zweck eine gesonderte Eigenkapitalposition zu bilden, in welcher diese Umrechnungsdifferenzen separat ausgewiesen werden.

Die vorstehenden Regelungen zur Anwendung der modifizierten Stichtagsmethode werden im folgenden Abschnitt anhand eines umfassenden Beispiels veranschaulicht.

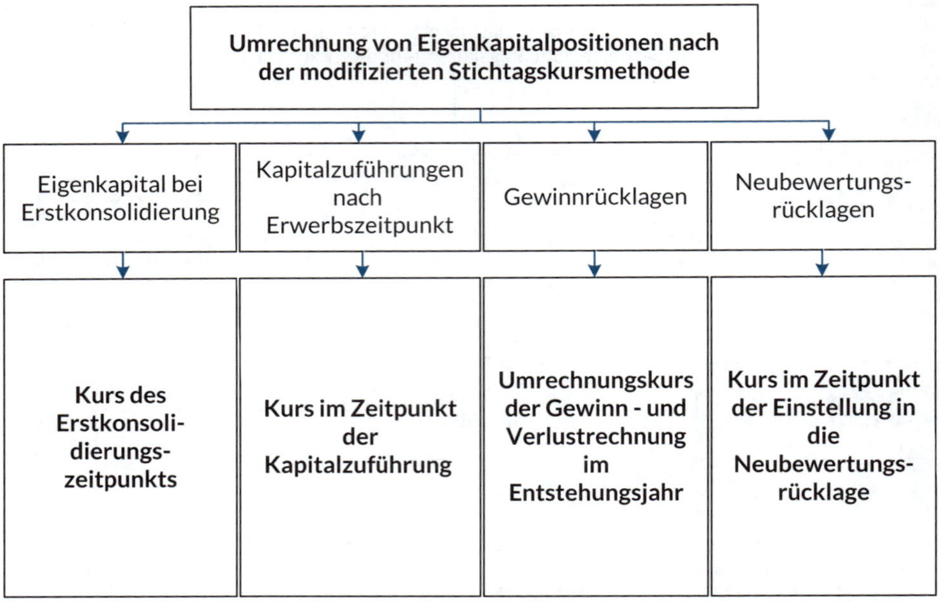

Abbildung G.24 Umrechnung von Eigenkapitalpositionen nach modifizierter Stichtagskursmethode

bb) Beispiel zur modifizierten Stichtagskursmethode

Das Mutterunternehmen (im Folgenden: MU) besitzt eine 100 %-ige Beteiligung an dem Tochterunternehmen (im Folgenden: TU), das seinen Sitz in den USA hat. Der Sitz des Mutterunternehmens liegt in Deutschland. Das TU hat seine Geschäftstätigkeit im Jahr 20X1 aufgenommen. MU beherrscht das TU gemäß dem Control-Konzept des IFRS 10 und bezieht das Tochterunternehmen im Wege der Vollkonsolidierung in seinen Konzernabschluss ein. Die Berichtswährung des Konzernabschlusses von MU ist **Euro**, während die funktionale Währung des TU **US-Dollar** (**USD**) ist.

Bilanz zum 31.12.X1 (T-USD)			
Kasse	120	Verbindlichkeiten	5 600
Forderungen	3 200	Rückstellungen	2 000
Vorratsvermögen	2 000	Gezeichnetes Kapital	800
Finanzanlagen	4 000	Kapitalrücklage	800
Sachanlagevermögen	360	Neubewertungsrücklage	400
		Bilanzgewinn	80
Bilanzsumme	9 680	Bilanzsumme	9 680

Folgende Hinweise zur Bilanz von TU werden gegeben:

Der Buchwert des Sachanlagevermögens i. H. v. 360 T-$ ermittelt sich aus den historischen Anschaffungs- bzw. Herstellungskosten i. H. v. 400 T-$ sowie den hierauf entfallenden Abschreibungsaufwendungen i. H. v. 40 T-$.

Die bilanzierten Finanzanlagen bestehen aus Wertpapieren. Diese sind der Kategorie *available-for-sale* (afs) zuzuordnen. Die Anschaffungskosten dieser Wertpapiere betrugen ursprünglich 3 600 T-$. Der Wert zum Bilanzstichtag resultiert aus Bewertungsgewinnen i. H. v. 400 T-$, welche erfolgsneutral in der Neubewertungsrücklage erfasst wurden.

Gewinn- und Verlustrechnung X1 (T-USD)	
Umsatzerlöse	144
Beteiligungserträge	28
Ergebnis aus Finanzanlagen	8
Verwaltungsaufwendungen	- 60
Ertragsteuern	- 40
Jahresüberschuss	**80**

Folgende Hinweise zur GuV von TU werden gegeben:

Der Jahresüberschuss von 80 T-$ entspricht dem Bilanzgewinn. Die Abschreibungen der Sachanlagen in Höhe von 40 T-$ wurden in den Verwaltungsaufwendungen erfasst.

Lösung:

Die Lösung wird nachfolgend anhand der oben dargestellten Umsetzungsschritte erläutert:

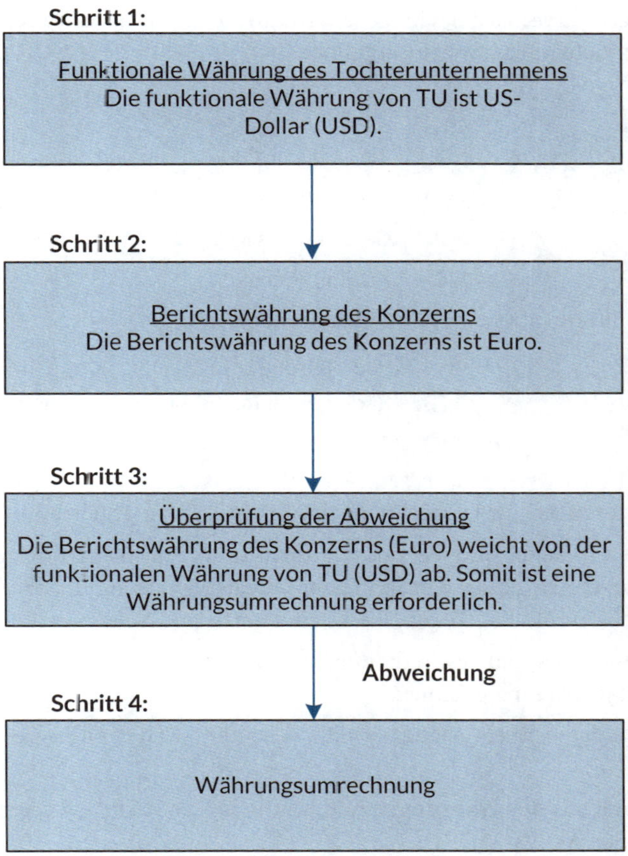

Abb G-Beispiel 4

Währungsumrechnung

Die Währungsumrechnung beginnt mit der **Umrechnung der GuV**. Der Kurs für USD sei annahmegemäß relativ stabil und nur geringfügigen Schwankungen ausgesetzt, sodass vereinfachend auf den Periodendurchschnittskurs zurückgegriffen werden kann. Annahmegemäß sei im Periodendurchschnitt für 1 Euro ein Betrag von 0,80 USD zu zahlen. Nachfolgend sind die umgerechneten Werte der GuV dargestellt.

Gewinn- und Verlustrechnung X1 (T-€)	
Umsatzerlöse	180
Beteiligungserträge	35
Ergebnis aus Finanzanlagen	10
Verwaltungsaufwendungen	- 75
Ertragsteuern	- 50
Jahresüberschuss	**100**

Im Anschluss an die Umrechnung der GuV im Jahr X1 ist die **Umrechnung der Bilanz** des einzubeziehenden Tochterunternehmens TU durchzuführen. Im Zeitpunkt der Erstkonsolidierung sei der Wechselkurs annahmegemäß: 1 Euro zu 0,70 \$. Am Bilanzstichtag (31.12.20X1) sei der Wechselkurs hingegen: 1 Euro zu 0,90 \$. Nachfolgend sind die umgerechneten gerundeten Bilanzwerte dargestellt.

Bilanz zum 31.12.X1 (T-€)			
Kasse	133,4	Verbindlichkeiten	6 222,2
Forderungen	3 555,6	Rückstellungen	2 222,2
Vorratsvermögen	2 222,2	Gezeichnetes Kapital	1 142,9
Finanzanlagen	4 444,4	Kapitalrücklage	1 142,9
Sachanlagevermögen	400	Neubewertungsrücklage	444,4
		Bilanzgewinn	100
		Rücklage aus der Währungsumrechnung	- 519,0
Bilanzsumme	10 755,6	Bilanzsumme	10 755,6

Folgende Erläuterungen zur Umrechnung der Bilanz werden gegeben:

- Die folgenden Bilanzpositionen sind mit dem Kurs zum Bilanzstichtag i. H. v. 1 € zu 0,90 $ umzurechnen: Kasse, Forderungen, Vorratsvermögen, Finanzanlagen, Sachanlagevermögen, Verbindlichkeiten, Rückstellungen sowie Neubewertungsrücklage.
- Das **gezeichnete Kapital** sowie die **Kapitalrücklage** sind mit dem historischen Kurs i. H. v. 1 € zu 0,70 $ umzurechnen.
- Der in Euro umgerechnete Bilanzgewinn i. H. v. 100 T-€ ist der umgerechneten GuV zu entnehmen.
- Die **Rücklagen aus der Währungsumrechnung** i. H. v. – 519 T-€ ergeben sich als Residualgröße aus Aktiva und Passiva.

Die **Währungsdifferenzen** ergeben sich wie folgt aus Bilanz und GuV:

- Umrechnungsdifferenzen i. H. v. 11 T-€ aus der Umrechnung des Bilanzgewinns mit dem Kurs am Bilanzstichtag (0,90 €/$) sowie dem Jahresüberschuss laut GuV mit dem Periodendurchschnittskurs (0,80 €/$).
- Umrechnungsdifferenzen i. H. v. 508 T-€ aus der Umrechnung des gezeichneten Kapitals sowie der Kapitalrücklage mit dem historischen Kurs (0,70 €/$) anstelle des Kurses am Bilanzstichtag (0,90 €/$).

c) Währungsumrechnung nach der Zeitbezugsmethode

aa) Grundlagen

Die Zeitbezugsmethode kommt zur Anwendung, wenn Abschlüsse **in einer von der funktionalen Währung abweichenden Währung** aufgestellt worden sind sowie bei der Umrechnung von **Abschlüssen integrierter Teileinheiten** in die Konzernberichtswährung.

Ist ein Einzelabschluss eines in den Konzernabschluss einzubeziehenden Unternehmens in einer von der funktionalen Währung des aufstellenden Unternehmens abweichenden Währung aufgestellt, so hat zunächst eine Umrechnung in diese funktionale Währung zu erfolgen. Diese Umrechnung nach der Zeitbezugsmethode spielt sich **auf Ebene des Einzelabschlusses** bei der Aufstellung der sog. HB I ab, d. h. in einem der Konzernabschlusserstellung vorgelagerten Schritt.

Ausgangsbasis für die Umrechnung der Abschlüsse integrierter Teileinheiten nach der Zeitbezugsmethode ist der auf den Konzernbilanzstichtag in der funktionalen Währung aufgestellte Abschluss der ausländischen Teileinheit. Dieser wurde zuvor bereits an die konzerneinheitlichen Bilanzierungs- und Bewertungsmethoden angepasst.

Wie bei der modifizierten Stichtagskursmethode richten sich die für die Währungsumrechnung zu verwendenden Währungsumrechnungskurse nach den umzurechnenden Positionen des Abschlusses der ausländischen Einheit. Folgende **Abschlusspositionen** werden bei der Zeitbezugsmethode unterschieden:

- monetäre Vermögenswerte und Schulden,
- nicht monetäre Vermögenswerte und Schulden, die zu fortgeführten Anschaffungs- oder Herstellungskosten bewertet werden,
- nicht monetäre Vermögenswerte und Schulden, die zum Fair Value bewertet werden,
- Eigenkapitalpositionen, sowie
- Positionen der GuV.

Bilanzierte monetäre Vermögenswerte und Schulden sind gem. IAS 21.23 (a) mit dem **Abschlussstichtagskurs** umzurechnen. In der Praxis findet hierfür regelmäßig der Kassaschlusskurs am Bilanzstichtag Verwendung.

Nicht monetäre Vermögenswerte und Schulden werden gem. IAS 21.23 je nach Art der Folgebewertung mit unterschiedlichen Währungsumrechnungskursen umgerechnet. Nicht monetäre Vermögenswerte und Schulden, die mit ihren fortgeführten

Anschaffungs- oder Herstellungskosten bewertet werden, sind mit dem (historischen) **Transaktionskurs** umzurechnen (IAS 21.23 (b)). Demgegenüber sind zum Fair Value bewertete nicht monetäre Vermögenswerte und Schulden mit dem **am Bewertungstag geltenden Wechselkurs** (Bewertungskurs) umzurechnen (IAS 21.23 (c)).

Die Positionen der GuV, d. h. die einzelnen Ertrags- und Aufwandspositionen, sind danach zu unterscheiden, ob sie sich unmittelbar auf eine Bilanzposition beziehen oder nicht. Sofern dies bejaht wird, folgt die Währungsumrechnung der Umrechnung der Bilanzposition. Relevant ist dies z. B. für die Realisierung von Gewinnen aus der Neubewertungsrücklage. Sämtliche Positionen der GuV, welche sich nicht unmittelbar auf eine Position der Bilanz beziehen, sind nach den gleichen Grundsätzen umzurechnen, wie es bei der modifizierten Stichtagskursmethode der Fall ist. Das bedeutet, dass die Umrechnung der Erträge und Aufwendungen grundsätzlich zum Transaktionskurs zu erfolgen hat, was in der Praxis regelmäßig nicht möglich sein wird. Aus Vereinfachungsgründen wird daher im Einklang mit IAS 21.40 häufig die Möglichkeit gewählt, die Erträge und Aufwendungen mit dem Durchschnittskurs der Berichtsperiode umzurechnen, wobei die betroffene Währung lediglich geringen Schwankungen unterliegen darf.

Wie die letztgenannten Ertrags- und Aufwandspositionen erfolgt auch die Umrechnung der einzelnen Eigenkapitalpositionen entsprechend der für die modifizierte Stichtagsmethode skizzierten Grundsätze.

Wie bei der modifizierten Stichtagskursmethode entstehen auch bei der Zeitbezugsmethode aufgrund der unterschiedlichen Umrechnungskurse für verschiedene Abschlusspositionen sog. **Umrechnungsdifferenzen**. Im Gegensatz zur modifizierten Stichtagskursmethode sind diese bei der Zeitbezugsmethode indes **grundsätzlich ergebniswirksam** in der GuV zu erfassen (vgl. IAS 21.28). Davon ausgenommen sind mögliche Umrechnungsdifferenzen, die aus den folgenden Sachverhalten resultieren:

- Die Umrechnung von monetären Posten, die Teil einer Nettoinvestition in einen ausländischen Geschäftsbetrieb sind, muss bis zum Abgang des Investments erfolgsneutral im Eigenkapital angesetzt werden (IAS 21.32 i. V. m. 21.15).
- Die Umrechnung von monetären Posten, die im Rahmen eines Cash Flow Hedges zur Absicherung von Fremdwährungsrisiken eingesetzt werden, muss, soweit die Sicherungsbeziehung effektiv ist, erfolgsneutral erfasst werden (IAS 21.27).
- Die Bewertungsgewinne und -verluste aus der Umrechnung von nicht monetären Posten, deren Wertänderungen nach den einschlägigen IFRS unmittelbar im Eigenkapital erfasst werden müssen, sind ebenfalls nicht ergebniswirksam in der GuV zu erfassen. Dies gilt beispielsweise für Umrechnungsdifferenzen, die sich auf Zu- oder Abschreibungen beziehen, die aus der Anwendung der Neubewertungsmethode gem. IAS 16 resultieren.

Abbildung G.25 gibt einen zusammenfassenden Überblick zur Währungsumrechnung nach der Zeitbezugsmethode.

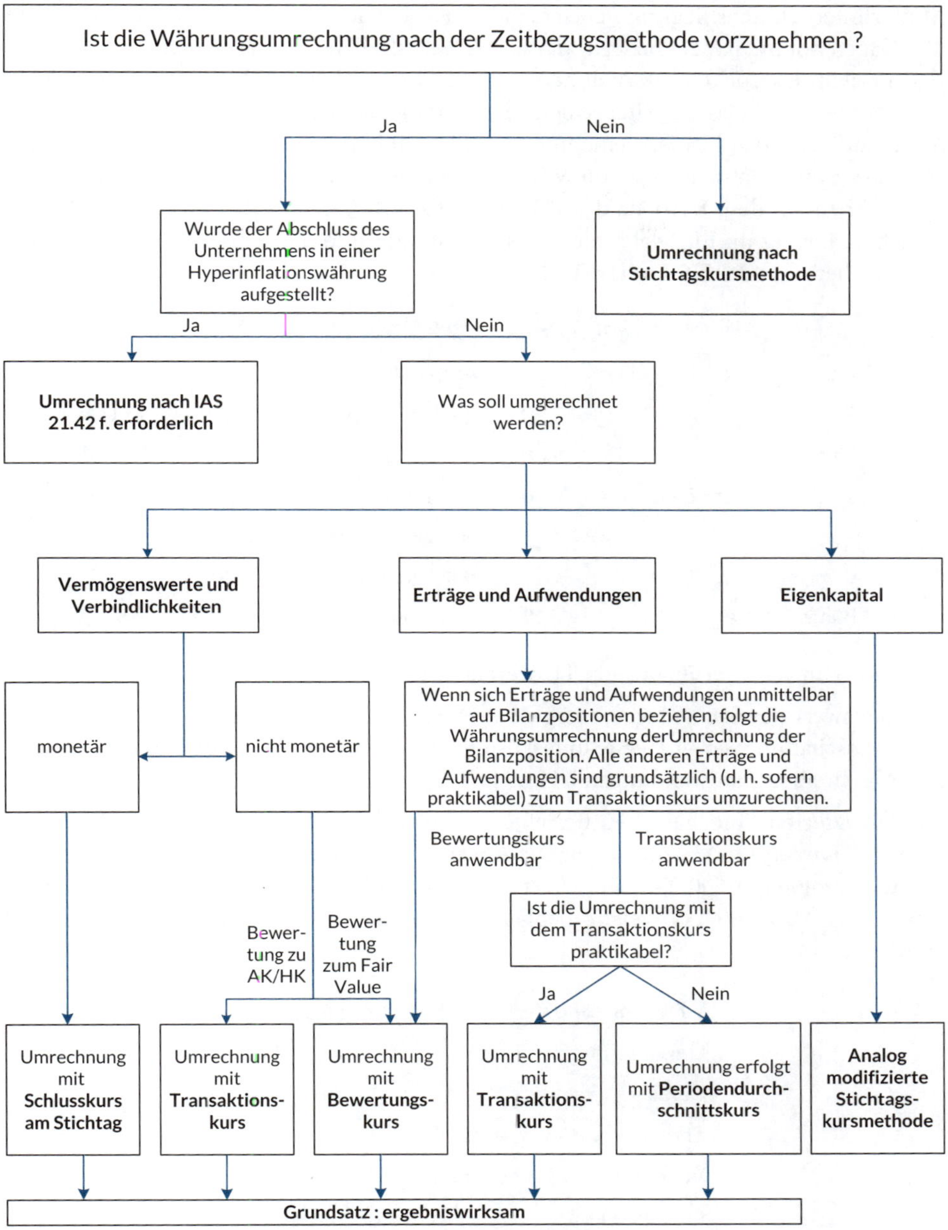

Abbildung G.25 Währungsumrechnung nach der Zeitbezugsmethode

Die vorstehenden Regelungen zur Anwendung der Zeitbezugsmethode werden im folgenden Abschnitt anhand eines umfassenden Beispiels veranschaulicht.

bb) Beispiel zur Zeitbezugsmethode

Das Mutterunternehmen (im Folgenden: MU) besitzt eine 100 %-ige Beteiligung an dem Tochterunternehmen (im Folgenden: TU), das seinen Sitz in den USA hat. Der Sitz des

Mutterunternehmens liegt in Deutschland. Das TU hat seine Geschäftstätigkeit im Jahr 20X1 aufgenommen. MU beherrscht das TU gemäß dem Control-Konzept des IFRS 10 und bezieht das Tochterunternehmen im Wege der Vollkonsolidierung in seinen Konzernabschluss ein. Das TU tritt als nicht eigenständiges Unternehmen am amerikanischen Markt auf und stellt insofern eine integrierte Teileinheit von MU dar. Die Berichtswährung des Konzernabschlusses von MU ist **Euro**. Die funktionale Währung des TU entspricht ebenfalls dem **Euro**, da das TU eine integrierte Teileinheit von MU darstellt. Die Berichtswährung im Einzelabschluss des TU ist aufgrund lokaler gesetzlicher Anforderungen allerdings der **US-Dollar (USD)**.

Bilanz zum 31.12.X1 (T-USD)			
Kasse	120	Verbindlichkeiten	3 600
Forderungen	3 200	Rückstellungen	2 000
Finanzanlagen	4 000	Gezeichnetes Kapital	800
Sachanlagevermögen	360	Kapitalrücklage	800
		Neubewertungsrücklage	400
		Bilanzgewinn	80
Bilanzsumme	7 680	Bilanzsumme	7 680

Folgende Hinweise zur Bilanz von TU werden gegeben:

Der Buchwert des Sachanlagevermögens i. H. v. 360 T-$ ermittelt sich aus den historischen Anschaffungs- bzw. Herstellungskosten i. H. v. 400 T-$ sowie den hierauf entfallenden Abschreibungsaufwendungen i. H. v. 40 T-$.

Die bilanzierten Finanzanlagen bestehen aus Wertpapieren. Diese sind der Kategorie *available-for-sale* (afs) zuzuordnen. Die Anschaffungskosten dieser Wertpapiere betrugen ursprünglich 3 600 T-$. Der Wert zum Bilanzstichtag resultiert aus Bewertungsgewinnen i. H. v. 400 T-$, welche erfolgsneutral in der Neubewertungsrücklage erfasst wurden.

Gewinn- und Verlustrechnung X1 (T-USD)	
Umsatzerlöse	144
Beteiligungserträge	28
Ergebnis aus Finanzanlagen	8
Verwaltungsaufwendungen	- 60
Ertragsteuern	- 40
Jahresüberschuss	**80**

Folgende Hinweise zur GuV von TU werden gegeben:

Die Abschreibungen der Sachanlagen i. H. v. 40 T-$ wurden in den Verwaltungsaufwendungen erfasst. Die restlichen Verwaltungsaufwendungen stellen Personalaufwand dar.

Lösung:

Die Lösung wird nachfolgend anhand der oben dargestellten Umsetzungsschritte erläutert:

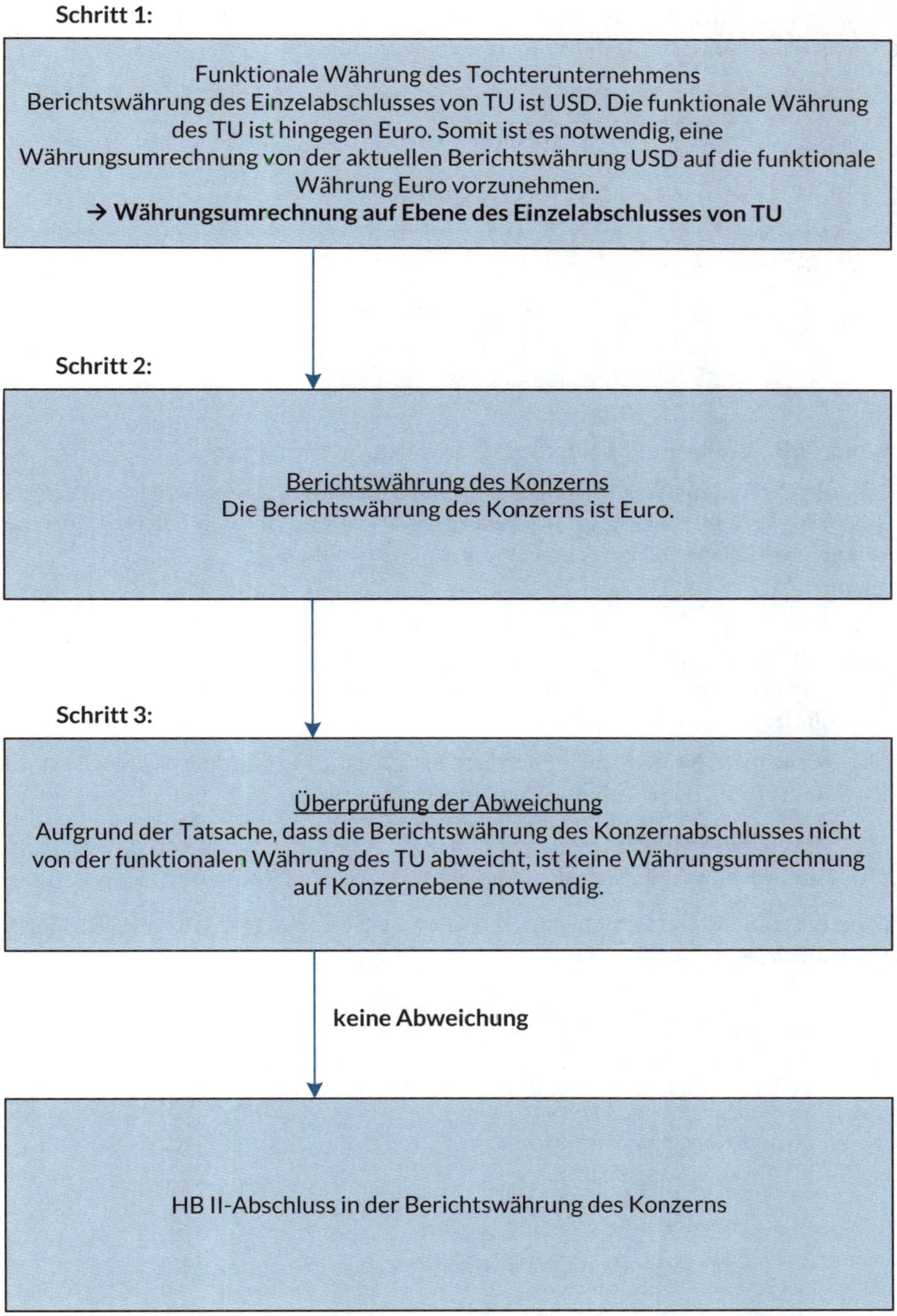

Abb G-Beispiel 5

Ausgangspunkt der Währungsumrechnung auf Ebene des Einzelabschlusses ist die Umrechnung der Bilanz von TU. Im Zeitpunkt der Erstkonsolidierung sei der Wechselkurs annahmegemäß 1 € zu 0,70 $. Am Bilanzstichtag (31.12.20X1) sei der Wechselkurs hingegen: 1 €

zu 0,90 $. Annahmegemäß sei im Periodendurchschnitt für 1 € ein Betrag von 0,80 $ zu zahlen. Etwaige Abweichungen resultieren aus Rundungsdifferenzen.

Bilanz zum 31.12.X1 (T-€)			
Kasse	133,4	Verbindlichkeiten	4 000,0
Forderungen	3 555,6	Rückstellungen	2 222,2
Finanzanlagen	4 444,4	Gezeichnetes Kapital	1 142,8
Sachanlagevermögen	514,2	Kapitalrücklage	1 142,8
		Neubewertungsrücklage	444,4
		Bilanzgewinn	- 304,6
Bilanzsumme	8 647,6	Bilanzsumme	8 647,6

Folgende Erläuterungen zur Umrechnung der Bilanz werden gegeben:

- Identifikation monetärer Vermögenswerte und Schulden: Kasse, Forderungen, Finanzanlagen, Verbindlichkeiten, Rückstellungen. Diese sind mit dem Stichtagskurs, d. h. mit dem am Bilanzstichtag geltenden Kurs, umzurechnen.
- Identifikation nicht monetärer Vermögenswerte und Schulden: Sachanlagevermögen. Das Sachanlagevermögen wird mit den fortgeführten Anschaffungskosten bewertet. Bei der Währungsumrechnung ist somit der Transaktionskurs anzuwenden. Im vorliegenden Beispiel entspricht dieser dem Kurs zum Zeitpunkt der Erstkonsolidierung.
- Das gezeichnete Kapital sowie die Kapitalrücklage sind mit dem Wechselkurs zum Zeitpunkt der Erstkonsolidierung umzurechnen.
- Die Umrechnung der Neubewertungsrücklage erfolgt auf Basis des Stichtagskurses.
- Der Bilanzgewinn ergibt sich als Residualgröße zwischen Aktiva und Passiva.

Im Anschluss an die Umrechnung der Bilanz ist die GuV in die funktionale Währung des TU umzurechnen.

Gewinn- und Verlustrechnung X1 (T-€)	
Umsatzerlöse	180,0
Beteiligungserträge	35,0
Ergebnis aus Finanzanlagen	10,0
Verwaltungsaufwendungen	- 82,2
Ertragsteuern	- 50,0
Jahresergebnis vor Währungsumrechnung	92,8
Aufwendungen aus Währungsumrechnungen	- 397,4
Jahresüberschuss	**- 304,6**

Folgende Erläuterungen zur Umrechnung der GuV werden gegeben:

- Umsatzerlöse, Beteiligungserträge, Ergebnis aus Finanzanlagen sowie Ertragssteuern sind mit dem Durchschnittskurs der Berichtsperiode umzurechnen.
- Die Verwaltungsaufwendungen sind genau zu analysieren. So sind die darin enthaltenen Abschreibungen auf Sachanlagen mit dem historischen Kurs umzurechnen, da sich die Abschreibungen auf die Bilanzposition beziehen. Der restliche Betrag der Verwaltungsaufwendungen stellt annahmegemäß Personalaufwendungen dar, welche mit dem Durchschnittskurs der Berichtsperiode umzurechnen sind.

In der GuV sind somit Aufwendungen aus der Währungsdifferenz i. H. v. – 397 T-€ enthalten. Diese ermitteln sich als absoluter Differenzbetrag aus:

- dem Bilanzverlust (ermittelt als Differenz zwischen Aktiva und Passiva in der umgerechneten Bilanz) nach der Umrechnung i. H. v. – 304 T-€ sowie
- dem in der GuV ausgewiesenen Jahresergebnis nach Umrechnung der einzelnen Ertrags- und Aufwandspositionen in die funktionale Währung des TU i. H. v. 93 T-€.

Die **Währungsdifferenzen** verteilen sich wie folgt auf Bilanz und GuV:

- Bilanzielle Umrechnungsdifferenzen i. H. v. – 393 T-€: Diese resultieren aus der Differenz zwischen dem bilanzseitig ermittelten Bilanzgewinn bzw. -verlust i. H. v. – 304 T-€ sowie dem zum Stichtagskurs umgerechneten Jahresüberschuss i. H. v. 89 T-€.
- Umrechnungsdifferenzen in der GuV i. H. v. – 4 T-€: Diese ergeben sich als Differenz aus den in die Berichtswährung umgerechneten Aufwendungen und Erträgen i. H. v. 93 T-€ (Jahresergebnis vor Währungsumrechnung) sowie dem zum Stichtagskurs umgerechneten Jahresüberschuss i. H. v. 89 T-€.

5. Weiterführende Literatur

Baetge/Kirsch/Thiele, Konzernbilanzen, Düsseldorf, 11. Aufl. 2015, S. 129-174;

Brune, § 32. Konsolidierungskreis, Abschlussstichtag sowie konzerneinheitliche Bilanzierung und Bewertung, in Bohl/Riese/Schlüter (Hrsg.), Beck'sches IFRS-Handbuch, München/Bern, 5. Aufl. 2016, S. 1343;

Küting/Weber, Der Konzernabschluss, Stuttgart, 13. Aufl. 2012, S. 251-277;

Lorson/Fuhrmann/Handtrag/Horn/Poller, Konzernrechnungslegung nach EU-IFRS 2012: Fallstudie zur Erstellung eines IFRS-Konzernabschlusses (Teil 3: Abgrenzung des Konsolidierungskreises und Einheitlichkeitsgrundsätze), KoR 2013, S. 376-385;

Roos, Umrechnung von Fremdwährungsabschlüssen nach IFRS 21: Vorbereitende Maßnahmen zur Aufstellung eines IFRS-Konzernabschlusses, KoR 2014, S. 271-279;

Roos, Währungsumrechnung bei at equity-bilanzierten Beteiligungen: Bestimmung der funktionalen Währung, PiR 2014, S. 204-212;

Senger/Rulfs, § 33. Währungsumrechnung, in Bohl/Riese/Schlüter (Hrsg.), Beck'sches IFRS-Handbuch, München/Bern, 5. Aufl. 2016, S. 1367;

Theile/Pawelzik, D. IV. Konzernabschlussstichtag, Ansatz und Bewertung im Konzernabschluss (IFRS 10), in Heuser/Theile (Hrsg.), IFRS-Handbuch, Köln, 5. Aufl. 2012, S 848;

Theile/Pawelzik, D. V. Währungsumrechnung (IAS 21, IAS 29), in Heuser/Theile (Hrsg.), IFRS-Handbuch, Köln, 5. Aufl. 2012, S 851;

Zwirner/Busch, Fremdwährungsumrechnung im Zusammenhang mit Goodwills im Konzern, IRZ 2013, S. 7-9.

V. Konsolidierung von Tochterunternehmen

RELEVANTE STANDARDS

IFRS 3 – Unternehmenszusammenschlüsse
IFRS 10 – Konzernabschlüsse

KERNAUSSAGEN

Kapitalkonsolidierung (Erstkonsolidierung):

- Nach dem Ansatzgrundsatz des IFRS 3 sind im Rahmen eines Unternehmenszusammenschlusses die Vermögenswerte und Schulden anzusetzen, die zum Erwerbszeitpunkt die Definition des Frameworks für Vermögenswerte und Schulden erfüllen. Vermögenswerte müssen zudem identifizierbar sein, d. h. aus vertraglichen oder anderweitigen Rechten resultieren oder separierbar sein.
- Zum Erwerbszeitpunkt sind Neu-Klassifikationen und -Designationen der erworbenen Vermögenswerte vorzunehmen. Ausgenommen hiervon sind Leasingverhältnisse im Anwendungsbereich des IAS 17.
- Der Bewertungsgrundsatz des IFRS 3 sieht vor, alle Vermögenswerte und Schulden des erworbenen Unternehmens mit dem beizulegenden Zeitwert zum Erwerbszeitpunkt anzusetzen.
- IFRS 3 sieht Ausnahmen vom Ansatz- und Bewertungsgrundsatz vor, die u. a. Leistungen an Arbeitnehmer, latente Steuern, anteilsbasierte Vergütungen und Vermögenswerte, die mit Weiterveräußerungsabsicht erworben wurden, betreffen.
- Für nicht beherrschende Anteile besteht gem. IFRS 3 ein Wahlrecht: Sie sind entweder mit ihrem beizulegenden Zeitwert oder dem anteiligen Reinvermögen zu Zeitwerten anzusetzen.

Kapitalkonsolidierung (Folgekonsolidierung):

- Bei der Folgekonsolidierung sind die zum Zeitpunkt der Erstkonsolidierung aufgedeckten stillen Reserven und stillen Lasten fortzuführen.
- In der Vergangenheit erfasste Anpassungen sind ergebnisneutral gegen die Rücklagen zu erfassen. Dagegen sind Anpassungen der Berichtsperiode gegen das Gesamtergebnis zu erfassen.
- Der Buchungssatz der Erstkonsolidierung ist in jeder Folgeperiode – bis zur Veräußerung – zu wiederholen.

Schuldenkonsolidierung:

- Im Rahmen der Schuldenkonsolidierung sind sämtliche im Summenabschluss enthaltenen Schuldverhältnisse zwischen den in den Konzernabschluss einbezogenen Unternehmen zu eliminieren.
- Sofern sich konzerninterner Anspruch und konzerninterne Schuld betragsmäßig entsprechen, erfolgt deren Eliminierung durch die Buchung: Per Schuld an Anspruch. Stehen sich Anspruch und Schuld indes nicht in selber Höhe gegenüber, entsteht bei diesem Buchungssatz eine Aufrechnungsdifferenz. Differenziert werden dabei unechte, stichtagsbedingte und echte Aufrechnungsdifferenzen.
- Echte Aufrechnungsdifferenzen sind in der Periode ihrer Entstehung gegen das

Gesamtergebnis zu eliminieren. In Folgeperioden ist die Aufrechnungsdifferenz, die in vergangenen Perioden gegen das Gesamtergebnis eliminiert wurde, gegen die Rücklagen zu eliminieren; Veränderungen der Aufrechnungsdifferenz sind gegen das Gesamtergebnis zu eliminieren.

Zwischenergebniseliminierung:

- Im Rahmen der Zwischenergebniseliminierung wird die Differenz zwischen dem Wertansatz von Vermögenswerten und Schulden im Einzelabschluss und dem im Konzernabschluss anzusetzenden Wert eliminiert.
- Die Zwischenergebniseliminierung bezieht sich nur auf die Bilanz. In Verbindung mit der Zwischenergebniseliminierung anfallende Erträge und Aufwendungen werden bei der Aufwands- und Ertragskonsolidierung eliminiert.
- Im Jahr der Entstehung sind Zwischenergebnisse ergebniswirksam zu eliminieren. In Folgeperioden sind Zwischenergebnisse, die bereits in Vorjahren ergebniswirksam eliminiert wurden, gegen die Rücklagen zu eliminieren. Veränderungen des Zwischenergebnisses sind indes gegen das Gesamtergebnis der Berichtsperiode zu eliminieren.

Aufwands- und Ertragseliminierung:

- Im Rahmen der Aufwands- und Ertragskonsolidierung werden die konzerninternen Erträge und Aufwendungen in der Gesamtergebnisrechnung eliminiert. Hierbei ist nach dem Gesamtkostenverfahren und nach dem Umsatzkostenverfahren zu differenzieren.

Entkonsolidierung:

- Der Entkonsolidierungszeitpunkt ist der Zeitpunkt, an dem das Mutterunternehmen die Beherrschung über das bisherige Tochterunternehmen verliert.
- Bei der Entkonsolidierung kommt es zur Ausbuchung aller Vermögenswerte und Schulden einschließlich eines etwaigen (anteiligen) Geschäfts- oder Firmenwerts sowie etwaiger nicht beherrschender Anteile inklusive deren Anteilen am sonstigen Ergebnis. Überdies werden die erhaltene Gegenleistung sowie evtl. zurückbehaltene Anteile zum beizulegenden Zeitwert im Entkonsolidierungszeitpunkt erfasst.
- Die im sonstigen Ergebnis des Konzerns erfassten Beträge in Bezug auf das vormalige Tochterunternehmen sind bei der Entkonsolidierung in den Gewinn oder Verlust bzw. die Gewinnrücklagen umzugliedern.

1. Einführung

Verfügt ein bilanzierendes Unternehmen als Investor über Beherrschung i. S. d. IFRS 10 über ein Beteiligungsunternehmen (vgl. zum Beherrschungsbegriff ausführlich S. 561 ff.), so hat es dieses Tochterunternehmen im Rahmen des eigenen Konzernabschlusses im Wege der **Vollkonsolidierung** einzubeziehen. Hierunter wird die vollständige Einbeziehung sämtlicher Vermögenswerte und Schulden sowie aller Aufwendungen und Erträge des Tochterunternehmens in den Konzernabschluss des Mutterunternehmens verstanden, und zwar unabhängig von der Beteiligungsquote. Die Einbeziehung eines Unternehmens in den Konzernabschluss unter Eliminierung konzerninterner Beziehungen wird allgemein als **Konsolidierung** bezeichnet. Ziel der Konsolidierungsmaßnahmen ist es, die wirtschaftliche Lage des Konzerns so darzustellen, als handele es sich bei diesem um ein einziges Unternehmen (Grundsatz der wirtschaftlichen Einheit).

Die folgenden Abschnitte beschreiben die notwendigen Konsolidierungsschritte von der Erst- bis zur Entkonsolidierung eines Tochterunternehmens. Ziel der Ausführungen ist die Vermittlung der Grundlagen der Konzernbilanzierung nach IFRS sowie ein Überblick über die relevanten Regelungen. Aus Gründen der Übersichtlichkeit und zur Vereinfachung wird hierbei auf Darstellungen zur Bilanzierung latenter Steuern weitestgehend verzichtet. Am Ende des Kapitels wird ein umfassendes Verzeichnis an weiterführender Literatur bereitgestellt, die die Erarbeitung weiterführender Kenntnisse und komplexer Sachverhalte erleichtern soll.

2. Kapitalkonsolidierung

a) Grundlagen: IFRS 3 – Unternehmenszusammenschlüsse

Unter den konzerninternen Beziehungen sind zunächst die Kapitalverflechtungen der Konzernunternehmen untereinander Gegenstand von Konsolidierungsmaßnahmen. So stehen sich bei Erstellung des Konzernabschlusses der Beteiligungsbuchwert im Einzelabschluss des Mutterunternehmens und das Reinvermögen bzw. das Eigenkapital des einzubeziehenden Tochterunternehmens gegenüber. Da das Vermögen des Tochterunternehmens vollständig einbezogen wird, würde es ohne Konsolidierungsmaßnahmen zu einer **Doppelerfassung** kommen (einerseits das Reinvermögen durch Einbeziehung der Vermögenswerte und Schulden des Tochterunternehmens, andererseits die Beteiligung, die den gesellschaftsrechtlichen Anspruch auf das Vermögen des Tochterunternehmens verkörpert). Handelsrechtlich wird dieser Doppelerfassung durch die **Verrechnung von Beteiligung und Eigenkapital** begegnet (§ 301 HGB), wodurch im Konzernabschluss lediglich die Vermögenswerte und Schulden des Tochterunternehmens bestehen bleiben (§ 300 Abs. 1 HGB). Dieser Vorgang wird daher als **Kapitalkonsolidierung** bezeichnet. Wie bei den übrigen Konsolidierungsmaßnahmen steht auch am Beginn der Kapitalkonsolidierung die Addition der Einzelabschlüsse der Unternehmen des Konsolidierungskreises (sog. Summenbilanz).

Auch wenn es bei der Kapitalkonsolidierung somit traditionell formal lediglich um die Verrechnung von Beteiligung und Eigenkapital in der Summenbilanz geht, zählt dieser Bereich zu den komplexeren Anwendungsbereichen innerhalb der Konzernbilanzierung nach IFRS. Der Grund liegt darin, dass der Erwerb einer Beteiligung aus Konzernsicht wirtschaftlich betrachtet zu einem Erwerb einer (Rein-)Vermögensmasse führt. Die neu hinzukommenden Vermögenswerte und Schulden werden mit dem bisherigen Reinvermögen zusammengefasst. Aus diesem Grunde verwenden die IFRS dafür den Begriff des Unternehmenszusammenschlusses (*Business Combination*). Demzufolge lautet auch der zugehörige Rechnungslegungsstandard **IFRS 3 – Unternehmenszusammenschlüsse**. Im Wesentlichen geht es folglich darum, wie der Erwerbsvorgang abzubilden ist (Erstkonsolidierung) und welche Konsequenzen sich für die nachfolgenden Abschlussperioden ergeben (Folgekonsolidierung).

Ein **Unternehmenszusammenschluss** ist die Zusammenführung bisher selbstständiger Einheiten bzw. Unternehmen zu einer einheitlichen berichterstattenden Einheit. IFRS 3. App. A definiert einen Unternehmenszusammenschluss als Transaktion oder Ereignis, wobei ein Unternehmen (Erwerber) die Beherrschung i. S. d. IFRS 10 über einen (oder mehrere) Geschäftsbetrieb(e) erlangt. Aus der Definition geht hervor, dass es sich bei dem erworbenen Unternehmen bzw. den übernommenen Vermögenswerten und Schulden um einen Geschäftsbetrieb (*business*) handeln muss, damit IFRS 3 zur Anwendung kommt.

Ein **Geschäftsbetrieb** stellt eine integrierte Gruppe von Tätigkeiten und Vermögenswerten dar, die mit dem Ziel geführt und geleitet werden kann, Erträge zu erwirtschaften, die in Form von Dividenden, niedrigeren Kosten oder sonstigem wirtschaftlichen Nutzen direkt den Eigentümern bzw. anderen Teilnehmern zugehen (IFRS 3.App. A). Liegt kein Erwerb eines Geschäftsbetriebs vor, handelt es sich nicht um einen Unternehmenszusammenschluss.

Zielsetzung des IFRS 3 ist es, Relevanz, Zuverlässigkeit und Vergleichbarkeit der Abschlussinformationen, die das berichterstattende Unternehmen über einen Unternehmenszusammenschluss und dessen Auswirkungen offenlegt, zu verbessern. Hierzu stellt der Standard Grundsätze und Vorschriften dazu auf, wie der Erwerber:

- die erworbenen identifizierbaren Vermögenswerte, die übernommenen Schulden und alle nicht beherrschenden Anteile an dem erworbenen Unternehmen in seinem Abschluss ansetzt und bewertet;
- den beim Unternehmenszusammenschluss erworbenen Geschäfts- oder Firmenwert oder einen Gewinn aus einem Erwerb unter dem Marktwert ansetzt und bewertet; und
- bestimmt, welche Angaben zu machen sind, damit die Abschlussadressaten die Art und die finanziellen Auswirkungen des Unternehmenszusammenschlusses beurteilen können (zur Zielsetzung vgl. IFRS 3.1).

IFRS 3 ist grundsätzlich auf sämtliche Transaktionen oder Ereignisse anzuwenden, die die obige Definition eines Unternehmenszusammenschlusses erfüllen. Gemäß IFRS 3.2 sind indes bestimmte Sachverhalte vom **Anwendungsbereich** des IFRS 3 ausgenommen:

- Unternehmenszusammenschlüsse, bei denen eine gemeinsame Vereinbarung (Gemeinschaftsunternehmen, gemeinschaftliche Tätigkeit) gegründet wird.
- Erwerbe von (Gruppen von) Vermögenswerten, welche nicht die Definition eines Geschäftsbetriebs erfüllen. In derartigen Fällen sind die einzelnen erworbenen Vermögenswerte und die übernommenen Schulden zu identifizieren und anzusetzen, wobei die Anschaffungskosten auf Grundlage der relativen beizulegenden Zeitwerte auf die Vermögenswerte und Schulden zu verteilen sind. Ein Geschäfts- oder Firmenwert entsteht hierbei nicht.
- Unternehmenszusammenschlüsse von Unternehmen bzw. Geschäftsbetrieben unter gemeinsamer Beherrschung, d. h. von Unternehmen, die von derselben Partei beherrscht werden (sog. »Transactions under Common Control«; vgl. dazu IFRS 3.B1-3.B4).

Bei Vorliegen eines Unternehmenszusammenschlusses sieht IFRS 3 ausschließlich eine Form der »**Erwerbsmethode**« für die Abbildung des Unternehmenszusammenschlusses vor (IFRS 3.4). Das IASB bezeichnet diese Methode als »Acquisition Method«, sodass im Deutschen z. T. auch der Begriff »Akquisitionsmethode« verwendet wird. Gemäß IFRS 3.5 (a)-(d) erfordert die Erwerbsmethode im Wesentlichen **vier Schritte**:

- Identifizierung des Erwerbers;
- Bestimmung des Erwerbszeitpunkts;

- Ansatz und Bewertung der erworbenen identifizierbaren Vermögenswerte, der übernommenen Schulden sowie der nicht beherrschenden Anteile (*non-nontrolling interest*) am erworbenen Unternehmen; sowie
- Bilanzierung und Bestimmung eines etwaigen Geschäfts- oder Firmenwerts (*Goodwill*) oder eines Gewinns aus einem Erwerb zu einem Preis unter Marktniveau (*gain from a bargain purchase*).

Abbildung G.26 veranschaulicht die Abfolge dieser Schritte bei der Erwerbsmethode, welche in den folgenden Abschnitten erläutert werden.

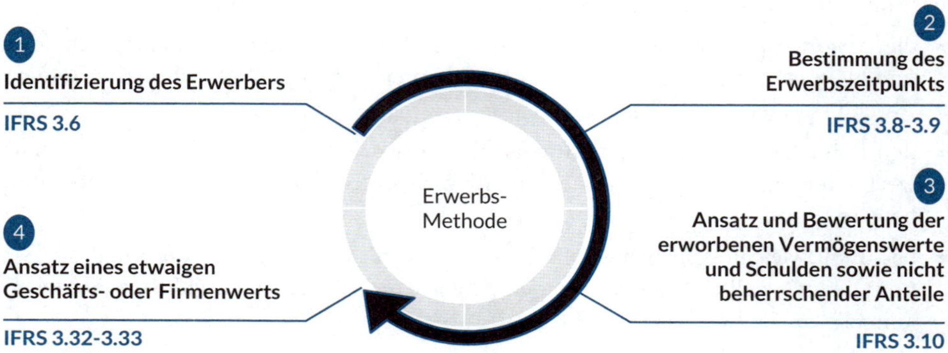

Abbildung G.26 Die vier Schritte der Erwerbsmethode

b) Bestimmung des Erwerbers und des Erwerbszeitpunkts (Schritte 1 und 2)

aa) Identifizierung des Erwerbers (Schritt 1)

IFRS 3.6 verlangt, dass bei jedem Unternehmenszusammenschluss eines der beteiligten Unternehmen als Erwerber zu identifizieren ist. Bedeutend ist dies, da im Konzernabschluss die bisherigen Buchwerte des Erwerbers fortgeführt werden, während die Vermögenswerte und Schulden des erworbenen Unternehmens im Erwerbszeitpunkt neu zu bewerten sind. Aus der Definition des Erwerbers als das Unternehmen, welches die Beherrschung über ein anderes Unternehmen, das erworbene Unternehmen, erlangt (zur Definition des Erwerbers vgl. IFRS 3.App. A), folgt, dass für die Identifizierung des Erwerbers die **Regelungen des IFRS 10 ausschlaggebend** sind (IFRS 3.7).

Die **Bestimmung des Erwerbers** folgt in der Praxis häufig eindeutig aus der Transaktionsstruktur, sodass erkennbar ist, welches Unternehmen die Beherrschung über das andere beteiligte Unternehmen erlangt. In seltenen Fällen kann die Identifizierung des Erwerbers indes schwierig sein, weshalb IFRS 3 hierfür bestimmte weitere Indikatoren enthält (siehe ausführlich IFRS 3.B13-3.B18):

- Erfolgt der Unternehmenszusammenschluss primär durch Übertragung von (finanziellen) Vermögenswerten oder durch das Eingehen von Schulden, so ist das Unternehmen, welches Zahlungsmittel oder sonstige Vermögenswerte hingibt oder Schulden eingeht, i. d. R. der Erwerber.
- Erfolgt der Unternehmenszusammenschluss primär durch den Austausch von Eigenkapitalinstrumenten, so ist das ausgebende Unternehmen normalerweise der Erwerber.

Für diesen Fall nennt der Standard allerdings noch diverse zusätzliche Indikatoren, die es zu berücksichtigen gilt (siehe hierzu IFRS 3.B15).

- Im Normalfall ist das relativ (wesentlich) größere Unternehmen der beteiligten Unternehmen der Erwerber. Größe kann beispielsweise anhand von Vermögenswerten, Erlösen oder Gewinn gemessen werden.
- Des Weiteren kann es sinnvoll sein, zu berücksichtigen, welche der beteiligten Parteien der Initiator der Transaktion war.

bb) Identifizierung des Erwerbszeitpunkts (Schritt 2)

Der Erwerber hat gem. IFRS 3.8 den Erwerbszeitpunkt, d. h. den **Zeitpunkt, an welchem die Beherrschung über das erworbene Unternehmen erlangt wurde**, zu bestimmen. Gem. IFRS 3.9 ist der Erwerbszeitpunkt im Allgemeinen der Tag, an dem der Erwerber rechtlich den Kaufpreis transferiert und die Vermögenswerte und Schulden übernimmt, d. h. der Tag des Abschlusses (auch: Closing). Allerdings wird ein abweichender Erwerbszeitpunkt – sowohl vor als auch nach Abschluss der Transaktion – ausdrücklich für möglich gehalten. So kann beispielsweise vertraglich vorgesehen sein, dass der Erwerber bereits vor dem Tag des Abschlusses die Beherrschung über das erworbene Unternehmen erlangt, sodass der Erwerbszeitpunkt vor dem Abschluss eintritt. Grundsätzlich sind demnach sämtliche relevanten Tatsachen und Umstände bei der Bestimmung des Erwerbszeitpunkts zu berücksichtigen (IFRS 3.9).

Von Bedeutung ist die Frage nach dem Erwerbszeitpunkt beispielsweise in Fällen, in denen ein sog. Gremienvorbehalt besteht, also z. B. die Zustimmung einer Wettbewerbsbehörde zur Transaktion noch aussteht. Soweit die Prüfung durch die Wettbewerbsbehörde substanziell ist, kann i. d. R. noch nicht von der Erlangung der Beherrschung ausgegangen werden. Auch bei Vereinbarungen, die den Erwerber trotz Übertragung der Anteile (aufschiebend) an der Ausübung der Beherrschung hindern, ist der Erwerbszeitpunkt noch nicht eingetreten. Steht indes lediglich eine reine Formalie wie die Eintragung in ein Handelsregister noch aus, so kann bereits vor dem endgültigen Abschluss der Transaktion vom Übergang der Beherrschung ausgegangen werden.

Der Erwerbszeitpunkt stellt zugleich den **Zeitpunkt der Erstkonsolidierung** dar, da ab dem Zeitpunkt der Erlangung der Beherrschung über das erworbene Unternehmen die Vermögens- und Schuldpositionen des neuen Tochterunternehmens sowie etwaige nicht beherrschende Anteile vollständig in den Konzernabschluss des Erwerbers einzubeziehen sind (vgl. IFRS 3.10). Dies gilt auch für alle nach diesem Zeitpunkt realisierten Aufwendungen und Erträge (vgl. IFRS 10.B88).

c) Ansatz und Bewertung der erworbenen identifizierbaren Vermögenswerte, der übernommenen Schulden und der nicht beherrschenden Anteile am erworbenen Unternehmen (Schritt 3)

aa) Der Ansatzgrundsatz (Recognition Principle)

Der Ansatzgrundsatz (auch: das Ansatzprinzip) gibt vor, welche Posten in den Konzernabschluss des Erwerbers einzubeziehen sind. Dem Ansatzgrundsatz des IFRS 3 folgend hat der Erwerber zum Erwerbszeitpunkt **alle identifizierbaren Vermögenswerte und**

übernommenen Schulden des erworbenen Unternehmens sowie die nicht-beherrschenden Anteile an dem erworbenen Unternehmen separat vom Geschäfts- oder Firmenwert **anzusetzen** (IFRS 3.10). Hierbei unterliegen die Vermögenswerte und Schulden indes weiteren Ansatzbedingungen (IFRS 3.10-3.12).

Die Ansatzbedingungen verlangen, dass die zu bilanzierenden Vermögenswerte und Schulden **die Definitionen von Vermögenswerten und Schulden gem. Framework** erfüllen (IFRS 3.11; zu den Definitionen vgl. S. 76). Der IFRS 3 spricht zudem ausdrücklich von identifizierbaren Vermögenswerten und konkretisiert die Identifizierbarkeit in den im Anhang des IFRS 3 aufgeführten Definitionen. Demnach ist ein **Vermögenswert identifizierbar, wenn**:

- er separierbar ist, d. h. er kann vom Unternehmen separiert und entweder selbstständig oder in Verbindung mit zugehörigen Verträgen, identifizierbaren Vermögenswerten oder Schulden veräußert, übertragen, lizenziert, vermietet oder getauscht werden. Die Absichten des Unternehmens sind dabei unbeachtlich.
- er aus vertraglichen oder anderweitigen gesetzlichen Rechten resultiert, unabhängig davon, ob diese Rechte vom Unternehmen oder von anderen Rechten und Verpflichtungen separierbar oder transferierbar sind (IFRS 3.App. A).

Da der IFRS 3 neben dem Kriterium der Identifizierbarkeit nicht ausdrücklich auf andere Kriterien verweist, ist es für den Ansatz grundsätzlich hinreichend, wenn die Definition eines Vermögenswerts gem. Framework erfüllt ist und dieser auch identifizierbar, also vom erworbenen Geschäfts-oder Firmenwert abgrenzbar, ist. Das Kriterium der Identifizierbarkeit erscheint insbesondere im Hinblick auf immaterielle Vermögenswerte mitunter problematisch, sodass im Anhang B zum IFRS 3 zusätzliche Leitlinien zum Ansatz immaterieller Vermögenswerte gegeben werden (siehe IFRS 3. B28-3.B40). Diese umfassen Beispiele zur Anwendung der o. g. Kriterien der Identifizierbarkeit, Separierbarkeit sowie vertragliche bzw. gesetzliche Rechte, sowie besondere Ausführungen zu zurückerworbenen Rechten und Sachverhalten, welche nicht als identifizierbar anzusehen sind.

BEISPIEL (vgl. IFRS 3.B32 (C)):

Unternehmen A erwirbt Unternehmen B, welches ein Technologiepatent besitzt. Unternehmen B hat dieses Patent einer dritten Partei außerhalb des heimischen Markts in Lizenz gegeben, wofür Unternehmen B einen definierten Anteil der künftigen ausländischen Erlöse erhält. Das Technologiepatent sowie die Lizenzvereinbarung erfüllen das vertragliche bzw. gesetzliche Kriterium für einen Ansatz getrennt vom Geschäfts- oder Firmenwert. Dies gilt auch, wenn das Technologiepatent und die korrespondierende Lizenzvereinbarung nicht separat voneinander veräußert werden können.

Es gilt: Ein immaterieller Vermögenswert, der weder übertragbar noch separierbar von dem erworbenen Unternehmen bzw. sonstigen Rechten oder Verpflichtungen ist, gilt als identifizierbar, wenn er das vertragliche bzw. gesetzliche Kriterium erfüllt.

Für den Ansatz von Schulden gilt das beschriebene Grundprinzip, wonach nur die Schulden **zum Erwerbszeitpunkt** anzusetzen sind. Klarstellend wird ausgeführt, dass erwartete Kosten für die Aufgabe von Aktivitäten, die Freisetzung von Mitarbeitern oder das Verlegen von Aktivitäten keine Verpflichtung des erworbenen Unternehmens zum Erwerbszeitpunkt darstellen und demzufolge nicht zum Erwerbszeitpunkt anzusetzen sind. Solche Kosten sind dagegen in den nachfolgenden Perioden unter Anwendung der einschlägigen IFRS zu erfassen (vgl. IFRS 3.11).

Für den Ansatz im Rahmen der Erwerbsmethode ist neben der Erfüllung der Definitionen des Frameworks für Vermögenswerte bzw. Schulden insbesondere erforderlich, dass die Vermögenswerte und Schulden **im Zuge des Unternehmenszusammenschlusses getauscht** worden sind und es sich nicht um separate Transaktionen handelt (IFRS 3.12). Abgrenzungsprobleme können sich beispielsweise zur Abgeltung von bereits vor dem Unternehmenszusammenschluss bestehenden (vertraglichen) Beziehungen oder der Vergütung von Mitarbeitern ergeben.

Bei Anwendung des Ansatzgrundsatzes sowie der Ansatzbedingungen kann es zum Ansatz von Vermögenswerten und Schulden kommen, die vor dem Unternehmenszusammenschluss nicht vom erworbenen Unternehmen bilanziell erfasst waren. Beispielhaft nennt IFRS 3.13 erworbene identifizierbare immaterielle Vermögenswerte, wie Markennamen, Patente oder Kundenbeziehungen, welche vom erworbenen Unternehmen zuvor nicht als Vermögenswerte bilanziert wurden, da es diese intern entwickelt und die korrespondierenden Kosten aufwandswirksam erfasst hatte.

Soweit erforderlich hat der Erwerber die anzusetzenden erworbenen Vermögenswerte und Schulden im Erwerbszeitpunkt einzuordnen bzw. zu klassifizieren, wobei die Vertragskonditionen, die wirtschaftlichen Bedingungen, die Geschäftspolitik oder seine Bilanzierungs- und Bewertungsmethoden sowie andere relevante Umstände zum Erwerbszeitpunkt zu berücksichtigen sind (IFRS 3.15). Dies ist erforderlich, **um in der Folge die jeweils einschlägigen anderen IFRS anzuwenden**, welche z. T. die Designation bzw. Klassifizierung von Vermögenswerten und Schulden verlangen. Beispielhaft sei an dieser Stelle auf die Bilanzierung von Finanzinstrumenten gem. IAS 39 verwiesen, wonach finanzielle Vermögenswerte in vier verschiedene Kategorien einzuordnen sind, von denen die Folgebilanzierung abhängt (zu weiteren Beispielen vgl. IFRS 3.16).

IFRS 3 verlangt ausdrücklich, sämtliche derartige Einstufungen und Einschätzungen zum Erwerbszeitpunkt **aus der Sicht des Erwerbers** neu vorzunehmen. Die Regelung ist Ausfluss der nicht explizit vom Standard genannten »Einzelerwerbsfiktion«. Dies kann dazu führen, dass die bisherige Bilanzierungsweise beim erworbenen Unternehmen aus Sicht des Konzerns nicht sachgerecht ist und folglich nicht beibehalten werden kann. Vom beschriebenen **Grundsatz der Neubeurteilung** gem. IFRS 3.15 sind indes zwei **Ausnahmen** vorgesehen (vgl. IFRS 3.17): die Einstufung von Leasingverhältnissen i. S. d. IAS 17 (zur Klassifikation von Leasingverhältnissen als Operating- oder Finanzierungsleasing vgl. S. 427 ff.) sowie die Klassifikation eines Vertrags als Versicherungsvertrag gem. IFRS 4 – *Versicherungsverträge*. Derartige Verträge sind vom Erwerber auf Grundlage der Vertragsbedingungen sowie anderweitigen Faktoren beim jeweiligen Vertragsabschluss einzustufen – oder sofern die Vertragsbedingungen derart geändert wurden, dass sich die Einstufung des Vertrags ändern würde, zum Zeitpunkt dieser Änderung, welches der Erwerbszeitpunkt sein könnte. Diese Ausnahmeregelung ist insbesondere für die Klassifikation von Leasing-Verträgen regelmäßig relevant. Die Einordnung eines Leasing-Vertrags als »Operating Lease« oder »Finance Lease« ist somit grundsätzlich **auf Basis der Verhältnisse zu Beginn des Leasingvertrags** vorzunehmen, sodass es insbesondere dann regelmäßig zu keiner Neu-Klassifikation kommen dürfte, wenn das erworbene Unternehmen vor dem Unternehmenszusammenschluss nach IFRS bilanziert hat. Für die Bewertung übernommener Verträge sieht der IFRS 3 indes z. T. weiterführende Regelungen vor. Die Bewertung der erworbenen identifizierbaren Vermögenswerte und Schulden ist Gegenstand des folgenden Abschnitts.

bb) Der Bewertungsgrundsatz (Measurement Principle)

Der Bewertungsgrundsatz (auch: das Bewertungsprinzip) gibt vor, wie die gemäß der vorangehenden Ausführungen im Konzernabschluss des Erwerbers anzusetzenden Posten zu bewerten sind. Gemäß IFRS 3.18 sind alle erworbenen identifizierbaren Vermögenswerte und übernommenen Schulden **zu ihrem beizulegenden Zeitwert zum Erwerbszeitpunkt** zu bewerten. Die Ermittlung des beizulegenden Zeitwerts wird in einem eigenen Standard, IFRS 13 – *Bemessung des beizulegenden Zeitwerts*, geregelt (vgl. ausführlich S. 81 ff.).

cc) Ausnahmen vom Ansatz- und Bewertungsgrundsatz

IFRS 3 sieht einige Ausnahmen von den oben dargelegten Grundsätzen in Bezug auf Ansatz und Bewertung vor (vgl. IFRS 3.21).

So handelt es sich bei Eventualschulden i. S. d. IAS 37 um eine **Ausnahme vom Ansatzgrundsatz**. Gemäß IAS 37.27-37.30 sind Eventualschulden grundsätzlich nicht anzusetzen und lediglich im Anhang anzugeben (vgl. zu Definition und Behandlung von Eventualschulden S. 309 ff.). Diese Vorschrift wird von IFRS 3 außer Kraft gesetzt, d. h. im Rahmen von Unternehmenszusammenschlüssen sind Eventualschulden bilanziell zu erfassen. Gemäß IFRS 3.23 ist dafür indes Voraussetzung, dass es sich um eine gegenwärtige Verpflichtung handelt, die aus früheren Ereignissen stammt und deren beizulegender Zeitwert zuverlässig bestimmt werden kann. Demnach sind Eventualschulden dem Bewertungsgrundsatz folgend mit ihrem beizulegenden Zeitwert zum Erwerbszeitpunkt anzusetzen, auch dann, wenn ein künftiger Nutzenabfluss zur Erfüllung der Verpflichtung nicht wahrscheinlich ist. Handelt es sich allerdings lediglich um eine mögliche Verpflichtung, so erfolgt auch im Rahmen von Unternehmenszusammenschlüssen kein Ansatz der Eventualschuld.

Kommt es zum Ansatz einer Eventualschuld nach IFRS 3, so ergeben sich in den Folgeperioden Probleme, da die Passivposition nun grundsätzlich in den Anwendungsbereich des IAS 37 fallen würde, welcher den Ansatz verbietet und zur Ausbuchung der Schuld führen würde. Aus diesem Grund sieht IFRS 3 **spezifische Vorschriften für die Folgebilanzierung** von im Rahmen von Unternehmenszusammenschlüssen angesetzten **Eventualschulden** vor. Gemäß IFRS 3.56 ist die Eventualverbindlichkeit nach dem Erstansatz und bis zu ihrem Begleichen, Stornieren oder Erlöschen grundsätzlich mit dem höheren Betrag aus den beiden nachfolgend aufgeführten Werten anzusetzen:

- dem Betrag, der sich nach IAS 37 ergeben würde (z. B. wenn der Nutzenabfluss wahrscheinlich wird); und
- dem erstmalig erfassten Betrag, ggf. vermindert um gem. IAS 18 erfasste Erträge.

Ausnahmen vom Ansatz- und Bewertungsgrundsatz gibt es dagegen mehrere. **Ertragsteuern bzw. latente Steueransprüche und latente Steuerschulden** sind gem. IFRS 3.24 f. auf Basis des einschlägigen Standards IAS 12 – *Ertragsteuern* zu bilanzieren. Insoweit liegt hier eine Ausnahme vom Bewertungsgrundsatz des IFRS 3 vor, da die latenten Steuern nach IAS 12 nicht mit dem beizulegenden Zeitwert zu bewerten sind. So sind sie beispielsweise nicht abzuzinsen (vgl. IAS 12.53), was bei einer Bewertung von langfristigen Positionen mit dem beizulegenden Zeitwert unerlässlich ist. Begründet wird die Ausnahme damit, dass somit in den nachfolgenden Abschlussperioden Übergangsprobleme auf den dann anzuwendenden IAS 12 vermieden werden (vgl. zum Hintergrund der Ausnahme für Ertragsteuern ausführlich IFRS 3.BC279-3.BC295).

Des Weiteren hat der Erwerber gem. IFRS 3.26 eine Verbindlichkeit (oder einen Vermögenswert) im Zusammenhang mit Vereinbarungen für **Leistungen an Arbeitnehmer** des erworbenen Unternehmens nach den Vorschriften des einschlägigen Standards IAS 19 – *Leistungen an Arbeitnehmer* abzubilden. In der Praxis erlangt diese Ausnahmeregelung insbesondere Bedeutung für die Bilanzierung von Pensionsrückstellungen, deren Höhe sich somit nach den Ermittlungsvorschriften des IAS 19 richtet, sodass es ebenfalls nicht zum Ansatz des korrespondierenden beizulegenden Zeitwerts kommt. Auch für diese Ausnahme stellt die Vermeidung von Problemen in der Folgebilanzierung die Begründung dar (vgl. ausführlich IFRS 3.BC296-3.BC300).

Daneben umfasst der IFRS 3 eine besondere Vorschrift für **Vermögenswerte für Entschädigungsleistungen** (*Indemnification Assets*). Diese Vorschrift ist einschlägig, wenn der Veräußerer des Unternehmens sich z. B. vertraglich verpflichtet, den Erwerber von künftigen ungewissen Ereignissen bzw. der Erfolgsunsicherheit hinsichtlich aller oder zumindest eines Teils der spezifischen Vermögenswerte und Schulden freizustellen bzw. ihn zu entschädigen. Zur Veranschaulichung nennt IFRS 3.27 den Fall, in dem der Veräußerer den Erwerber für Verluste, die einen festgelegten Betrag einer Schuld aus einem bestimmten Eventualfall übersteigen, entschädigt bzw. garantiert, dass die Schuld des Erwerbers eine bestimmte Höhe nicht überschreitet. Somit könnte z. B. ein (Erstattungs-)Anspruch des Erwerbers begründet werden, soweit eine Schuld über einen bestimmten Betrag hinausgeht. Ein solcher Erstattungsanspruch ist vom Erwerber zum selben Zeitpunkt anzusetzen wie die »abgesicherte Position« und auf derselben Basis zu bewerten wie die Position, die abgesichert ist. Dies bedeutet im Normalfall, dass, wenn die abgesicherte Position (beispielsweise eine Schuld) zum Erwerbszeitpunkt angesetzt wird, auch der korrespondierende Erstattungsanspruch zum Erwerbszeitpunkt anzusetzen ist, und, sofern die abgesicherte Position dem Bewertungsgrundsatz des IFRS 3 folgend mit dem beizulegenden Zeitwert bewertet wird, auch der zugehörige Erstattungsanspruch zum beizulegenden Zeitwert zu bewerten ist (IFRS 3.27). Ist die abgesicherte Position indes vom Bewertungsgrundsatz des IFRS 3 ausgenommen und wird somit nicht zum beizulegenden Zeitwert bewertet, so wird der Erstattungsanspruch bzw. der Vermögenswert für Entschädigungsleistungen auf gleicher Basis wie die entschädigte Position angesetzt. In diesem Fall ist indes u. U. ein Wertabschlag für die Gefahr der Uneinbringlichkeit der Forderung zu berücksichtigen, welche bei Bewertung zum beizulegenden Zeitwert bereits im Rahmen der Wertermittlung zu berücksichtigen ist (vgl. IFRS 3.27 f.).

IFRS 3 umfasst überdies spezifische Vorschriften für die **Folgebilanzierung von Vermögenswerten für Entschädigungsleistungen**. Gemäß IFRS 3.57 ist ein Erstattungsanspruch auch in den nachfolgenden Perioden auf der gleichen Basis zu bilanzieren wie die zugrundeliegende Position, für welche der Erwerber ggf. vom Veräußerer entschädigt wird. Hierbei sind allerdings etwaige vertragliche Begrenzungen der Höhe des Anspruchs zu berücksichtigen. Eine Ausbuchung des Erstattungsanspruchs ist erst möglich, wenn die Erstattung vereinnahmt wurde, der Anspruch veräußert wurde oder das Recht auf andere Art und Weise verloren ging (IFRS 3.57).

BEISPIEL:

Unternehmen A erwirbt Unternehmen B, welches als Beklagter in Patentrechtsstreitigkeiten mit unabhängigen Dritten verwickelt ist. Die bisherigen Eigentümer des Unternehmens B sichern dem erwerbenden Unternehmen A vertraglich zu, dass sie den Erwerber für etwaige wirtschaftlich nachteilige Konsequenzen aus dem Prozess, d. h. bei Verlust des Prozesses, entschädigen. Verliert Unternehmen B den Prozess, sind die veräußernden, bisherigen Eigentümer des Unternehmens B somit verpflichtet, Erstattungszahlungen an Unternehmen A zu leisten. Die Höhe der Erstattungszahlungen ist vertraglich jedoch auf 1 000 000 € begrenzt.

Unter der Annahme, dass im Rahmen des Unternehmenszusammenschlusses eine Eventualschuld für etwaige Strafzahlungen aus der Patentrechtsstreitigkeit anzusetzen und mit dem beizulegenden Zeitwert zum Erwerbszeitpunkt zu bewerten ist, ist auch ein Vermögenswert für Entschädigungsleistungen zum beizulegenden Zeitwert zum Erwerbszeitpunkt anzusetzen. Bei der Ermittlung des Wertansatzes sind die Einbringlichkeit des Anspruchs (d. h. die Bonität der früheren Eigentümer von B) sowie die vertragliche Einschränkung hinsichtlich des Betrags zu berücksichtigen.

Als Ausnahme vom Bewertungsgrundsatz nennt IFRS 3 u. a. **zurückerworbene Rechte**. Im Zuge des Unternehmenserwerbs kann ein Erwerber das Recht, einen bilanzierten oder nicht bilanzierten Vermögenswert des Erwerbers zu nutzen, zurückerwerben, sofern dieses Recht vor dem Unternehmenszusammenschluss dem erworbenen Unternehmen gewährt wurde (IFRS 3.B35). Beispielhaft nennt IFRS 3.B35 das Recht, den Markennamen oder eine Technologie des Erwerbers auf Basis von Franchise- bzw. Technologie-Lizenzvereinbarungen zu nutzen. Gemäß IFRS 3.B35 stellen derartige zurückerworbene Rechte ausdrücklich identifizierbare immaterielle Vermögenswerte dar, die im Rahmen der Abbildung des Unternehmenszusammenschlusses separat anzusetzen sind. Die Ausnahme vom Bewertungsgrundsatz für zurückerworbene Rechte sieht allerdings vor, dass entgegen dem üblichen Vorgehen bei der Bestimmung des beizulegenden Zeitwerts nur die vertragliche Restlaufzeit des Rechts zu berücksichtigen ist und etwaige Vertragsverlängerungen bei der Bewertung zum Erwerbszeitpunkt keine Berücksichtigung finden (IFRS 3.29). Die Folgebilanzierung zurückerworbener Rechte regelt IFRS 3.55. Hiernach sind solche, als immaterielle Vermögenswerte angesetzten Rechte über die Restlaufzeit des ursprünglichen Vertrags abzuschreiben. Wird das zurückerworbene Recht nach dem Unternehmenszusammenschluss an einen Dritten veräußert, so ist der Buchwert des angesetzten immateriellen Vermögenswerts zur Ermittlung des Gewinns bzw. Verlusts aus dem Verkauf heranzuziehen.

Des Weiteren besteht eine Ausnahme vom Bewertungsgrundsatz des IFRS 3 in Bezug auf **anteilsbasierte Vergütungen**. Diese sind grundsätzlich in IFRS 2 – *Anteilsbasierte*

Vergütung geregelt und umfassen beispielsweise Aktienoptionsprogramme, virtuelle Aktienoptionen oder Mitarbeiterbeteiligungsprogramme. IFRS 3.30 verlangt, dass der Erwerber Schulden oder Eigenkapitalinstrumente, die sich auf anteilsbasierte Vergütungstransaktionen des erworbenen Unternehmens oder deren Ersatz durch anteilsbasierte Vergütungstransaktionen des Erwerbers beziehen, zum Erwerbszeitpunkt nach den Regelungen des IFRS 2 bewertet.

Eine weitere Ausnahme resultiert aus den Regelungen des **IFRS 5** – *Zur Veräußerung gehaltene langfristige Vermögenswerte und aufgegebene Geschäftsbereiche*, wonach bestimmte Vermögenswerte sowie Gruppen von Vermögenswerten, wenn sie **zur Veräußerung gehalten** werden, separat auszuweisen und mit dem niedrigeren Wert aus dem Buchwert der Vermögenswerte und dem beizulegendem Zeitwert abzüglich Veräußerungskosten anzusetzen sind (vgl. zu den Regelungen des IFRS 5 S. 229 ff.). Im Rahmen eines Unternehmenszusammenschlusses ist es möglich, dass langfristige Vermögenswerte erworben werden, welche unmittelbar bzw. kurzfristig weiterveräußert werden sollen. Gleichermaßen ist denkbar, dass z. B. beim Erwerb eines Konzerns kein Interesse des Erwerbers an bestimmten miterworbenen Tochterunternehmen besteht, sodass diese unmittelbar weiterveräußert werden sollen. Bei Erfüllung der Kriterien des IFRS 5 sind diese Vermögenswerte oder Veräußerungsgruppen im Rahmen eines Unternehmenszusammenschlusses mit dem beizulegenden Zeitwert abzüglich Veräußerungskosten nach den Regelungen der IFRS 5.15-5.18 anzusetzen. Diese Ausnahme vom Bewertungsgrundsatz soll sofortige Abschreibungen in Höhe der Veräußerungskosten im Anschluss an den Erstansatz verhindern.

dd) Besondere Positionen und Sachverhalte I: Nicht beherrschende Anteile

In den vorangegangenen Ausführungen wurde die Beteiligungsquote des Mutterunternehmens nicht in die Betrachtung einbezogen, wenn es um den Ansatz von beizulegenden Zeitwerten bzw. die Aufdeckung stiller Reserven und Lasten ging. Stets wurde somit davon ausgegangen, dass – unabhängig von der Beteiligungsquote des Mutterunternehmens – regelmäßig der vollständige beizulegende Zeitwert anzusetzen ist. Genau hierin liegt die Vorgehensweise des IFRS 3: Auch wenn der Erwerber weniger als 100 % der Anteile erworben hat, sind stets die vollständigen beizulegenden Zeitwerte im Rahmen der Erstkonsolidierung anzusetzen. Dieses Vorgehen wird auch als »Neubewertungsmethode« bezeichnet.

Sofern ein Mutterunternehmen weniger als 100 % der Anteile an einem Tochterunternehmen hält, bestehen sog. nicht beherrschende Anteile (*non-controlling interests*). Nicht beherrschende Anteile werden in IFRS 3.App. A definiert als das Eigenkapital eines Tochterunternehmens, das einem Mutterunternehmen weder unmittelbar noch mittelbar zugeordnet wird. Im Gegensatz zur alternativen Bezeichnung »Minderheitenanteile« wird in den IFRS die Bezeichnung »nicht beherrschende Anteile« verwendet, da nicht beherrschende Gesellschafter in Ausnahmefällen auch über die Mehrheit der Anteile verfügen können, obwohl sie nicht die Beherrschungsmöglichkeit i. S. d. IFRS 10 innehaben. In Bezug auf die Bewertung solcher nicht beherrschenden Anteile räumt IFRS 3 ein **Wahlrecht** ein. Gemäß IFRS 3.19 können die nicht beherrschenden Anteile zum Erwerbszeitpunkt entweder

- mit ihrem beizulegenden Zeitwert oder
- zum **entsprechenden Anteil der Eigenkapitalinstrumente** an den für das identifizierbare Nettovermögen des erworbenen Unternehmens bemessenen Beträgen (Ansatz mit dem anteiligen Reinvermögen zu beizulegenden Zeitwerten) angesetzt werden.

Werden die nicht beherrschenden Anteile zu ihrem beizulegenden Zeitwert angesetzt, so enthält dieser regelmäßig den **auf die nicht beherrschenden Anteile entfallenden Geschäfts- oder Firmenwert**. Der auf die nicht beherrschenden Anteile am Tochterunternehmen entfallende Geschäfts- oder Firmenwert kommt somit zum Ansatz (zur Ermittlung des Geschäfts- oder Firmenwerts vgl. S. 617 ff.). Dieser Ansatz wird daher auch als »**Full Goodwill Method**« bezeichnet und stellt eine weitere Hinwendung zur Einheitstheorie dar, wonach der Konzern in seiner Gesamtheit betrachtet wird und die nicht beherrschenden Anteile als Eigenkapitalgeber des Unternehmens anzusehen sind. Der zugrundeliegende beizulegende Zeitwert der nicht beherrschenden Anteile ist hierfür allerdings grundsätzlich nicht einfach aus den Anschaffungskosten der Mehrheitsbeteiligung rechnerisch zu ermitteln. Bei Vorliegen eines aktiven Marktes für die Eigenkapitalanteile ist der zum Erwerbszeitpunkt gültige beizulegende Zeitwert aus der Marktpreisnotierung abzuleiten, andernfalls muss ein Bewertungsmodell zum Einsatz kommen (IFRS 3. B44). Unterschiede zwischen den beizulegenden Zeitwerten der Anteile des Erwerbers am erworbenen Unternehmen sowie der nicht beherrschenden Anteile können sich insbesondere daraus ergeben, dass für die Beherrschungsmöglichkeit häufig ein Aufschlag auf den Preis je Anteil des Erwerbers (sog. »Kontroll-Zuschläge«) bzw. Abschläge für die fehlende Beherrschungsmöglichkeit bei nicht beherrschenden Anteilen zu berücksichtigen sind (IFRS 3.B45).

Alternativ können die nicht beherrschenden Anteile allerdings auch mit dem **anteiligen identifizierbaren Reinvermögen zu beizulegenden Zeitwerten** angesetzt werden. Da der Geschäfts- oder Firmenwert definitionsgemäß nicht identifizierbar ist, wird **folglich kein Geschäfts- oder Firmenwert aufgedeckt**, der auf die nicht beherrschenden Gesellschafter entfällt.

Das Wahlrecht des IFRS 3, die nicht beherrschenden Anteile mit dem beizulegenden Zeitwert oder dem anteiligen identifizierbaren Vermögen zu Zeitwerten zu bewerten, schränkt die Vergleichbarkeit von IFRS-Abschlüssen verschiedener Unternehmen potenziell ein. Auch im Zeitablauf gibt es wohl keine Bindungswirkung einer einmal getroffenen Entscheidung, d. h., das Wahlrecht zur Bewertung der nicht beherrschenden Anteile steht nach dem Wortlaut des Standards individuell für jeden Unternehmenszusammenschluss erneut zur Verfügung (vgl. IFRS 3.DO2). Das nachfolgende Beispiel veranschaulicht die Auswirkungen der unterschiedlichen Ausübung des Wahlrechts.

BEISPIEL:

Ein Unternehmen erwirbt 80 % der Anteile an einem anderen Unternehmen für einen Kaufpreis von 285 000 €. Der beizulegende Zeitwert des identifizierbaren Reinvermögens des erworbenen Unternehmens beträgt 300 000 €. Nach einem externen Bewertungsgutachten beträgt der beizulegende Zeitwert der nicht erworbenen 20 % der Anteile 70 000 € (zur Bestimmung des Geschäfts- oder Firmenwerts vgl. S. 617 ff.).

Variante a): Bewertung zum anteiligen Reinvermögen:

Nicht beherrschende Anteile: 20 % × 300 000 € = **60 000 €**

Angesetzter Geschäfts- oder Firmenwert:

Kaufpreis	285 000 €
– anteiliges Reinvermögen (80 % × 300 000 € =)	240 000 €
	= **45 000 €**

Im Konzernabschluss des Erwerbers werden erfasst:

Nicht beherrschende Anteile:	60 000 €
Identifizierbares Reinvermögen:	300 000 €
Geschäfts- oder Firmenwert:	45 000 €

Variante b): Bewertung zum beizulegenden Zeitwert (= »Full Goodwill Method«):

Angesetzter Geschäfts- oder Firmenwert:

Kaufpreis	285 000 €
+ Nicht beherrschende Anteile	70 000 €
– Reinvermögen (100 % × 300 000 € =)	300 000 €
	= **55 000 €**

Im Konzernabschluss des Erwerbers werden erfasst:

Nicht beherrschende Anteile:	70 000 €
Identifizierbares Reinvermögen:	300 000 €
Geschäfts- oder Firmenwert:	55 000 €

Deutlich wird, dass die beiden Möglichkeiten zu unterschiedlichen Bilanzansätzen der nicht beherrschenden Anteile sowie des Geschäfts- oder Firmenwerts führen. Beiden Bilanzierungsweisen liegen indes dieselben ökonomischen Sachverhalte zugrunde. Je nach bilanzpolitischem Kalkül kann das Bilanzbild somit beeinflusst werden, wodurch die Vergleichbarkeit der Konzernabschlüsse vermindert wird. Dies gilt auch für die Folgeperioden, da sich aufgrund der unterschiedlichen Höhe der angesetzten Geschäfts- oder Firmenwerte auch etwaige Wertminderungen unterschiedlich stark auswirken.

ee) Besondere Positionen und Sachverhalte II: Immaterielle Vermögenswerte

Die Bedeutung immaterieller Vermögenswerte ist im Zeitablauf immer weiter angestiegen. Heute sind immaterielle Vermögenswerte wie Patente, Know-how oder Markenrechte in vielen Unternehmen ohne Zweifel genauso bedeutend wie materielle Vermögenswerte. IFRS 3 sieht für die Abbildung von Unternehmenszusammenschlüssen den Ansatz sämtlicher identifizierbarer immaterieller Vermögenswerte getrennt von einem etwaigen erworbenen Geschäfts- oder Firmenwert vor.

Die grundsätzlichen Ansatz- bzw. Definitionskriterien des IAS 38 – *Immaterielle Vermögenswerte* (vgl. dazu S. 180 ff.) werden durch weitere konkretisierende Ausführungen für im Rahmen von Unternehmenszusammenschlüssen erworbene immaterielle Vermögenswerte ergänzt. Grundsätzlich ist es demnach für den Ansatz im Rahmen eines

Unternehmenszusammenschlusses unerheblich, ob im Einzelabschluss des erworbenen Unternehmens bereits ein entsprechender immaterieller Vermögenswert bilanziert wird (IAS 38.34). Der Tatbestand des Erwerbsvorgangs ist somit für den Ansatz bisher nicht aktivierter Vermögenspositionen des Tochterunternehmens hinreichend. Überdies unterstellt IAS 38.33, dass bei im Rahmen von Unternehmenszusammenschlüssen erworbenen immateriellen Vermögenswerten das Kriterium des wahrscheinlichen Nutzenzuflusses stets als erfüllt anzusehen ist. Etwaige Unsicherheiten bezüglich der erwarteten künftigen wirtschaftlichen Vorteile werden bei der Ermittlung des beizulegenden Zeitwerts berücksichtigt. Des Weiteren besteht gem. IAS 38.33 die Annahme, dass der beizulegende Zeitwert eines im Zuge eines Unternehmenserwerbs erworbenen immateriellen Vermögenswerts zuverlässig ermittelbar ist, sofern er separierbar ist oder aus vertraglichen oder sonstigen gesetzlichen Rechten resultiert. Angesichts der Tatsache, dass Separierbarkeit und/oder die Existenz eines Rechts die Grundlage für die Identifizierbarkeit eines Vermögenswerts darstellt, ist demnach bei jedem identifizierbaren Vermögenswert von der zuverlässigen Bewertbarkeit auszugehen.

Im Rahmen der *Illustrative Examples* zu IFRS 3 werden zahlreiche Beispiele identifizierbarer immaterieller Vermögenswerte genannt (IFRS 3.IE16-3.IE44), bei welchen grundsätzlich davon auszugehen ist, dass eine Ansatzpflicht im Rahmen von Unternehmenszusammenschlüssen besteht. Für einen Überblick werden einige der genannten Beispiele in Tab. G.1 wiedergegeben:

Marketingbezogen (*marketing-related*)	**Kundenbezogen (*customer-related*)**	**Kunstbezogen (*artistic-related*)**	**Vertragsbasiert (*contract-based*)**	**Technologiebasiert (*technology-based*)**
Marken, Gebrauchs- und Geschmacksmuster, Internetdomain-Namen, Wettbewerbsverbote, …	Kundenlisten, Auftragsbestände, Kundenbeziehungen, …	Urheber-/Lizenz-/ähnliche Rechte an: Theaterstücken, Opern und Ballettstücken, Büchern, Zeitschriften, Zeitungen und anderen literarischen Werken, musikalischen Werken, Bildern und Fotografien Video-/Filmmaterial …	Lizenzen, Werbe- und sonstige Dienstleistungsverträge, Leasingverträge, Verträge mit Arbeitnehmern, …	Technologie (patentrechtlich geschützt oder ungeschützt), Geschäftsgeheimnisse (Formeln, Prozesse, Rezepturen), Software, F & E-Projekte, …

Tabelle G.1 Beispiele identifizierbarer immaterieller Vermögenswerte gem. IFRS 3.IE16-3.IE44

d) Bilanzierung und Bestimmung des Geschäfts- oder Firmenwerts oder eines Gewinns aus einem Erwerb zu einem Preis unter Marktniveau (Schritt 4)

aa) Vorbemerkung

Nachdem mit Ansatz und Bewertung der erworbenen identifizierbaren Vermögenswerte, Schulden und nicht beherrschenden Anteile im Vorangehenden bereits ein erster zentraler Schritt der Abbildung eines Unternehmenszusammenschlusses erläutert wurde, ist in einem nächsten Schritt der **Geschäfts- oder Firmenwert oder aber ein Gewinn aus einem Erwerb zu einem Preis unter Marktniveau** zu ermitteln. Dieser Schritt ist Gegenstand der nachfolgenden Abschnitte. Auch wenn somit formal eine andere Technik verwendet wird, spricht der IFRS 10 im Hinblick auf die notwendigen Konsolidierungsvorgänge davon, dass im Konzernabschluss des Erwerbers der Buchwert der Beteiligung des Mutterunternehmens am Tochterunternehmen gegen das auf das Mutterunternehmen entfallende Eigenkapital des Tochterunternehmens eliminiert wird (vgl. IFRS 10.B86 (b)). Ein Beispiel zu den entsprechenden Konsolidierungsmaßnahmen findet sich ab S. 619 ff.).

bb) Der Geschäfts- oder Firmenwert

IFRS 3 definiert den Geschäfts- oder Firmenwert als Vermögenswert, der künftigen ökonomischen Nutzen aus anderen bei dem Unternehmenszusammenschluss erworbenen Vermögenswerten darstellt, die nicht einzeln identifizierbar sind und angesetzt werden (IFRS 3.App. A). Praktisch wird der Geschäfts- oder Firmenwert indes als **Residualgröße** ermittelt (siehe IFRS 3.BC312). IFRS 3.32 gibt diesbezüglich ein grundlegendes Ermittlungsschema vor (vgl. IFRS 3.32). Demzufolge wird der Geschäfts- oder Firmenwert zum Erwerbszeitpunkt berechnet als **Unterschiedsbetrag bzw. Differenz aus den folgenden Komponenten** a) und b):

a) Die Summe aus

- **(i)** **der übertragenen Gegenleistung** (»Consideration Transferred«), die grundsätzlich gem. IFRS 3 mit dem beizulegenden Zeitwert zum Erwerbszeitpunkt bestimmt wird;
- **(ii)** dem Betrag der **nicht beherrschenden Anteile** am erworbenen Unternehmen, bewertet gem. IFRS 3; und
- **(iii)** dem zum Erwerbszeitpunkt geltenden beizulegenden Zeitwert der Eigenkapitalanteile, die vom Erwerber bereits vor dem Unternehmenserwerb gehalten wurden, sofern ein sog. sukzessiver Unternehmenszusammenschluss vorliegt.

b) Der Nettobetrag aus erworbenen identifizierbaren Vermögenswerten und übernommenen Schulden, bewertet zum Erwerbszeitpunkt gem. den Regelungen des IFRS 3.

Abbildung G. 27 veranschaulicht die typischen Elemente des Unternehmenszusammenschlusses sowie den Ansatz des IFRS 3 zur Ermittlung des Geschäfts- oder Firmenwerts.

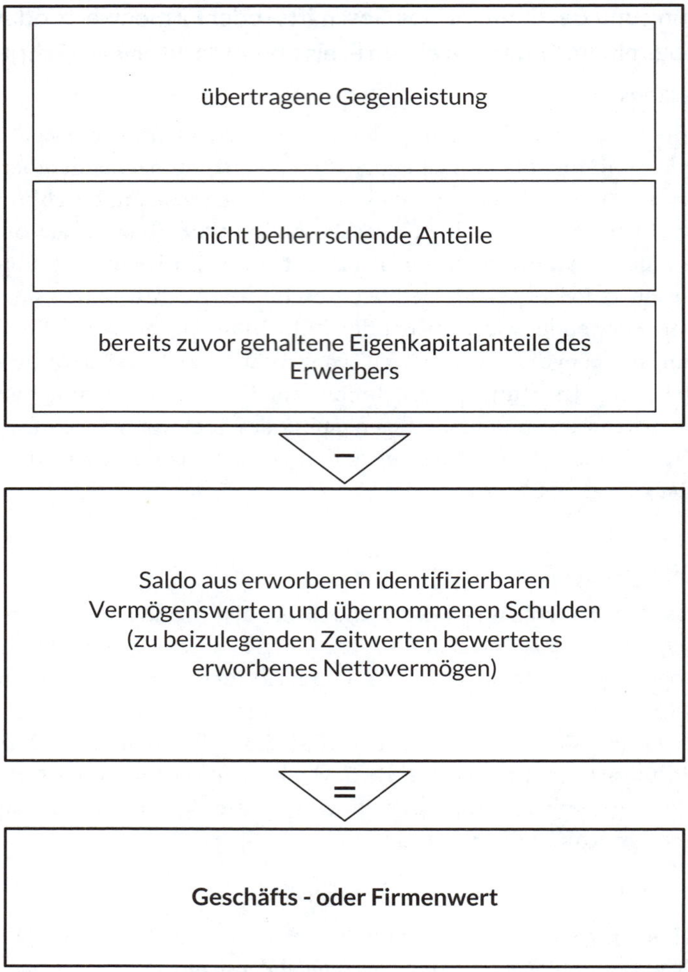

Abbildung G.27 Elemente eines typischen Unternehmenszusammenschlusses und Ermittlung des Geschäfts- oder Firmenwerts

Es stehen sich somit in erster Linie die **übertragene Gegenleistung**, d. h. das für den Erwerb entrichtete Entgelt (vgl. dazu ausführlich den nächsten Abschnitt), sowie das erworbene, (unter Berücksichtigung der oben beschriebenen Ausnahmen) zu beizulegenden Zeitwerten bewertete **Nettovermögen** gegenüber. Daneben sind auch die **nicht beherrschenden Anteile** bei der Ermittlung des Geschäfts- oder Firmenwerts zu berücksichtigen. Wie im Vorangehenden beschrieben, räumt IFRS 3 hierfür das **Wahlrecht ein, diese Anteile entweder mit dem beizulegenden Zeitwert oder mit dem anteiligen Reinvermögen zu bewerten**. Erfolgt der Ansatz der nicht beherrschenden Anteile mit dem anteiligen Reinvermögen, so entspricht der im Rahmen der Ermittlung des Geschäfts- oder Firmenwerts zu berücksichtigende Betrag in a) dem auf diese Anteile anteilig entfallenden Betrag der Komponente b) des Ermittlungsschemas. In diesem Fall ergibt sich aus dem Ansatz der nicht beherrschenden Anteile folglich keine Auswirkung auf die Höhe des Geschäfts- oder Firmenwerts. Werden die nicht beherrschenden Anteile indes zu ihrem beizulegenden Zeitwert angesetzt und übersteigt dieser Wert das auf die nicht beherrschenden Anteile entfallende, anteilige Reinvermögen, kommt es dem Ermittlungsschema folgend zum Ansatz des auf die nicht beherrschenden Gesellschafter entfallenden Anteils des Geschäfts- oder Firmenwerts.

BEISPIEL:

Ein Unternehmen erwirbt 75 % der Anteile an einem anderen Unternehmen. Der Erwerber entrichtet hierfür einen Kaufpreis (»übertragene Gegenleistung«) i. H. v. 15 Mio. €. Der beizulegende Zeitwert der identifizierten Vermögenswerte beträgt 27 Mio. €, die übernommenen Schulden werden mit 17 Mio. € bewertet, sodass das Reinvermögen des erworbenen Tochterunternehmens 10 Mio. € beträgt.

Das auf die nicht beherrschenden Anteile entfallende Reinvermögen beträgt somit 2,5 Mio. € (25 % x 10 Mio. €). Gemäß einem externen Bewertungsgutachten beträgt der beizulegende Zeitwert der nicht beherrschenden Anteile 3,5 Mio. €. Der Erwerber hält vor dem Unternehmenszusammenschluss keinerlei Anteile am erworbenen Unternehmen.

a) Bewertung der nicht beherrschenden Anteile zum beizulegenden Zeitwert:

Übertragene Gegenleistung:	15,0 Mio. €
Nicht beherrschende Anteile:	3,5 Mio. €
Summe der Beträge = a:	18,5 Mio. €
Reinvermögen des erworbenen Unternehmens = b:	10,0 Mio. €
= Geschäfts- oder Firmenwert = a – b	**8,5 Mio. €**

b) Bewertung der nicht beherrschenden Anteile zum anteiligen Reinvermögen:

Übertragene Gegenleistung:	15,0 Mio. €
Nicht beherrschende Anteile:	2,5 Mio. €
Summe der Beträge = a	17,5 Mio. €
Reinvermögen des erworbenen Unternehmens = b	10,0 Mio. €
= Geschäfts- oder Firmenwert = a – b	**7,5 Mio. €**

Wiederum zeigt sich, dass der Ausübung des Wahlrechts zur Bewertung der nicht beherrschenden Anteile besondere Bedeutung bei der Ermittlung des Geschäfts- oder Firmenwerts zukommt. Obwohl es sich in beiden Fällen, um die Abbildung desselben Unternehmenszusammenschlusses handelt, resultieren aus der Ausübung des Wahlrechts unterschiedliche Wertansätze für den Geschäfts- oder Firmenwert.

Ein Geschäfts- oder Firmenwert kann sich grundsätzlich aus folgenden Bestandteilen zusammensetzen (vgl. IFRS 3.BC313):

1. Überschuss der beizulegenden Zeitwerte über die Buchwerte des Reinvermögens des erworbenen Unternehmens zum Erwerbszeitpunkt.
2. Der beizulegende Zeitwert von Vermögenswerten, die vom erworbenen Unternehmen vor dem Unternehmenserwerb nicht angesetzt waren.

3. Der beizulegende Zeitwert des »Going Concern-Elements« eines erworbenen bestehenden Geschäfts, d. h. die Fähigkeit, höhere Zahlungsmittelzuflüsse zu erzielen, wenn ein bereits bestehender Verbund an Vermögenswerten gekauft wird anstelle des Erwerbs einzelner Vermögenswerte.
4. Der erwartete beizulegende Zeitwert von Synergien sowie weiteren Vorteilen aus dem Unternehmenszusammenschluss, in dessen Zuge die Vermögenswerte und Geschäfte (*businesses*) von Erwerber und Erworbenem vereint werden.
5. Überbewertung der übertragenen Gegenleistung aufgrund von Bewertungsfehlern, insbesondere sofern der Kaufpreis teilweise in Eigenkapitalanteilen des Erwerbers geleistet wird.
6. Über- oder Unterzahlungen des Erwerbers.

Die beiden erstgenannten – konzeptionell keinen Teil eines Geschäfts- oder Firmenwerts darstellenden – Bestandteile werden durch die oben erläuterten Ansatz- und Bewertungsvorschriften grundsätzlich eliminiert (IFRS 3.BC314). Gemäß IFRS 3.BC315 stellen auch die Bestandteile 5. und 6. konzeptionell keinen Teil des Geschäfts- oder Firmenwerts dar. Während die fünfte Komponente durch entsprechende Bewertungsregeln möglichst weitgehend ausgeschlossen werden soll, hält das IASB indes derzeit keine praktische Lösung für den sechsten Bestandteil bereit, sodass es insbesondere nicht zu einer Anpassung der übertragenen Gegenleistung für etwaige Über- oder Unterzahlungen kommt. Die Bestandteile 3. und 4. stellen dagegen auch konzeptionell Teile eines Geschäfts- oder Firmenwerts dar, weshalb sie vom IASB auch als »core goodwill« bezeichnet werden (IFRS 3. BC316).

Der gemäß dargestellter Berechnungsweise ermittelte Geschäfts- oder Firmenwert ist zwingend in der Konzernbilanz anzusetzen und unterliegt nicht der planmäßigen Abschreibung. Stattdessen ist der Geschäfts- oder Firmenwert mindestens einmal jährlich auf das Vorliegen einer Wertminderung nach den Bestimmungen des IAS 36 hin zu überprüfen (IFRS 3.B63 (a); zum Wertminderungstest gem. IAS 36 vgl. S. 508 ff.). Diese Regelung hat allgemein als sog. »**Impairment Only Approach**« Eingang in die Terminologie der Rechnungslegung gefunden und ist das Ergebnis eines langen Diskussionsprozesses zur Abbildung von Unternehmenserwerben. Als Begründung dient insbesondere die Schwierigkeit der Bestimmung der Nutzungsdauer eines Geschäfts- oder Firmenwerts.

cc) Die übertragene Gegenleistung

IFRS 3.37 verlangt, die übertragene Gegenleistung grundsätzlich zum beizulegenden Zeitwert zum Erwerbszeitpunkt zu bewerten. Der **beizulegende Zeitwert der übertragenen Gegenleistung** wird ermittelt, indem die vom Erwerber im Austausch für das erworbene Unternehmen hingegebenen Vermögenswerte, die übernommenen bzw. eingegangenen Schulden sowie etwaige ausgegebene Eigenkapitalinstrumente zum beizulegenden Zeitwert bewertet und diese Zeitwerte addiert werden. Im Standard werden u. a. folgende Beispiele für mögliche Formen der Gegenleistung genannt: Zahlungsmittel, anderweitige Vermögenswerte, ein Tochterunternehmen oder ein Geschäftsbetrieb des Erwerbers, Aktien und Aktienoptionen (IFRS 3.37). Offenbar kann die übertragene Gegenleistung somit vielfältige Formen annehmen. Sofern es sich bei Teilen der übertragenen Gegenleistung allerdings um Vermögenswerte und Schulden des Erwerbers handelt, deren Buchwerte zum Erwerbszeitpunkt von den jeweiligen beizulegenden Zeitwerten abweichen (insbesondere nicht-monetäre Vermögenswerte oder Tochterunternehmen/Geschäftsbetriebe), hat der Erwerber zum Erwerbszeitpunkt eine Neubewertung der entsprechenden Vermögenswerte und Schulden zum beizulegenden Zeitwert vorzunehmen (IFRS 3.38). Etwaige hieraus entstehende Gewinne oder Verluste sind ggf. im Gewinn oder Verlust zu erfassen, sodass es durch den Tauschvorgang zu einer Aufdeckung stiller Reserven (ggf. stiller Lasten) kommt. Sofern die Übertragung der Gegenleistung indes an das erworbene Unternehmen erfolgt bzw. im neu zusammengeschlossenen Unternehmen verbleibt, sodass der Erwerber nach wie vor die Beherrschung über die Vermögenswerte und Schulden innehat, findet indes keine Neubewertung und Erfolgsrealisation statt. Es kommt dagegen zur Fortführung der zum Erwerbszeitpunkt geltenden Buchwerte (IFRS 3.38).

Besondere Vorschriften sieht der IFRS 3 für Fälle vor, in denen der Erwerber anteilsbasierte Vergütungen des erworbenen Unternehmens durch eigene anteilsbasierte Vergütungen ersetzt. Hier stellt sich regelmäßig die Frage, welcher Teil der Vergütungen Bestandteil der im Rahmen des Unternehmenszusammenschlusses übertragenen Gegenleistung ist und welcher Teil Personalaufwand für die Zeit nach dem Unternehmenszusammenschluss darstellt, der somit nach dem einschlägigen Standard IFRS 2 zu bilanzieren ist (die relevanten Regelungen zu diesem Spezialfall finden sich in IFRS 3.B56-3.B62B; IFRS 3.IE61-3.IE71).

Eine besondere Form der Gegenleistung bildet die sog. »bedingte Gegenleistung«. Hierbei handelt es sich um eine Verpflichtung des Erwerbers, den ehemaligen Eignern des erworbenen Unternehmens zusätzliche Vermögenswerte oder Eigenkapitalanteile als Teil des Tauschs für die Beherrschung des erworbenen Unternehmens zu übertragen, wenn **spezifische künftige Ereignisse eintreten oder bestimmte Bedingungen erfüllt werden**. Gleichermaßen kann eine bedingte Gegenleistung auch in dem Recht des Erwerbers auf Rückerhalt der zuvor geleisteten Gegenleistung bestehen, falls bestimmte Umstände eintreten (IFRS 3.App. A). Solche Entgeltformen sind in der Unternehmenspraxis nicht unüblich. So können beispielsweise zusätzliche Zahlungen fällig werden, wenn definierte **Ergebnis- oder Umsatzkennziffern** überschritten werden oder ein bestimmter Meilenstein eines Forschungs- und Entwicklungsprojekts erreicht wird. Auch bedingte Gegenleistungen sind mit dem beizulegenden Zeitwert zum Erwerbszeitpunkt zu bewerten.

Von Bedeutung sind die Regelungen des IFRS 3 in Bezug auf Anschaffungsnebenkosten (*Acquisition-related costs*). Diese mit dem Unternehmenszusammenschluss verbundenen Kosten sind Kosten, die der Erwerber im Rahmen der Durchführung eines Unternehmenserwerbs eingeht. Beispielhaft nennt IFRS 3.53 u. a. Vermittlungsprovisionen, Beratungs-, Anwalts-, Wirtschaftsprüferhonorare sowie allgemeine Verwaltungskosten oder Kosten für eine interne M&A-Abteilung. Diese Kosten sind **grundsätzlich in der Periode aufwandswirksam zu erfassen, in der sie anfallen** und die damit in Verbindung stehenden Dienste empfangen werden. Anschaffungsnebenkosten sind damit nicht Bestandteil der übertragenen Gegenleistung und somit nicht bei der Ermittlung der Höhe des Geschäfts- oder Firmenwerts zu erfassen. Ausgenommen von diesem Grundsatz sind Kosten im Zusammenhang mit der Emission von Eigen- oder Fremdkapitaltiteln, die gem. IAS 32 oder IAS 39 zu behandeln sind (IFRS 3.53). Bei Eigenkapitaltiteln sind die

Kosten somit grundsätzlich vom Eigenkapital abzusetzen, wohingegen sie bei Schuldtiteln nach der Effektivzinsmethode amortisiert werden.

Begründet wird die **Nichteinbeziehung der Anschaffungsnebenkosten** in die übertragene Gegenleistung damit, dass diese Kosten nicht Teil des Austausches zwischen dem Erwerber und dem Veräußerer des erworbenen Unternehmens sind. Stattdessen handelt es sich um separate Dienstleistungen, die sich überdies im Regelfall nicht in der Aktivierung eines Vermögenswerts niederschlagen. Die Nichteinbeziehung von Anschaffungsnebenkosten folgt somit dem Grundgedanken, dass sie nicht Bestandteil des beizulegenden Zeitwerts sein können und dass bei Unternehmenszusammenschlüssen nur ein Austausch von Zeitwerten für die Beherrschung eines Unternehmens abzubilden ist (vgl. zur Begründung des IASB IFRS 3.BC366).

BEISPIEL:

Am 30.6.20X0 unterzeichnet das börsennotierte Unternehmen A (Erwerber) einen Kaufvertrag mit Unternehmen B (Veräußerer) über Erwerb und Veräußerung sämtlicher Anteile des Unternehmens C. Noch am selben Tag geben die beteiligten Parteien den Vertragsabschluss bekannt. Folgendes sieht der Vertrag vor:

Unternehmen B überträgt am 30.9.20X0 100 % der Anteile an Unternehmen C auf Unternehmen A, den Erwerber. Hierfür erhält B am gleichen Tag 1,5 Mio. Aktien von A. Zudem erhält der Veräußerer gleichzeitig Zahlungsmittel i. H. v. 15 Mio. € und A verpflichtet sich, ein langfristiges Darlehen, das B in der Vergangenheit zum Erwerb von Unternehmen C aufgenommen hatte, zu übernehmen. Die Verpflichtung weist zum 30.9.20X0 einen beizulegenden Zeitwert von 7,5 Mio. € auf. Der Aktienkurs von A beträgt am 30.6.20X0 22,30 €. Bis zum 30.9.20X0 steigt der Kurs auf 33,50 €. Für Bewertungsgutachten, Anwaltsgebühren sowie Wirtschaftsprüferleistungen fallen Honorare i. H. v. 275 000 € an.

Der Erwerber erlangt die Beherrschung über Unternehmen C mit Erhalt der Anteile, d. h., dass der 30.9.20X0 der Erwerbszeitpunkt ist. Die von A an B übertragene Gegenleistung ist zu diesem Zeitpunkt wie folgt zu ermitteln:

Ausgegebene Aktien: 1,5 Mio. zu 33,5 € =	50,25 Mio. €
Barvergütung:	15,0 Mio. €
Darlehensübernahme:	7,5 Mio. €
Summe = übertragene Gegenleistung:	**72,75 Mio. €**

Der Aktienkurs am Tag des Vertragsabschlusses am 30.6.20X0 ist für die Bestimmung der übertragenen Gegenleistung grundsätzlich nicht relevant. Die angefallenen Honorare für Beratungsleistungen sind als Anschaffungsnebenkosten zu qualifizieren und somit nicht zu berücksichtigen, sondern sofort aufwandswirksam zu erfassen.

dd) Der Gewinn aus einem Erwerb zu einem Preis unter Marktniveau

Übersteigt das Reinvermögen (Eigenkapital) des Tochterunternehmens bei der Erstkonsolidierung eines erworbenen Unternehmens die Anschaffungskosten der Beteiligung des Mutterunternehmens, so entsteht bei der Verrechnung dieser Beträge im Rahmen der Kapitalkonsolidierung ein auf der Passivseite verbleibender Betrag (sog. »passiver Unterschiedsbetrag«). Analog zum für den Geschäfts- oder Firmenwert häufig verwendeten

Begriff »Goodwill« wird für diesen Fall häufig der Begriff »**Badwill**« verwendet, der indes kein »offizieller« Begriff der Rechnungslegungsterminologie ist.

Für die **Ermittlung eines »passiven Unterschiedsbetrags«** wird das gleiche Schema des IFRS 3 verwendet wie für die Ermittlung eines Geschäfts- oder Firmenwerts, welches im Vorangehenden beschrieben wurde. Ein passiver Unterschiedsbetrag ergibt sich formal demnach dann, wenn das nach IFRS 3 berechnete erworbene Reinvermögen die Summe aus der nach IFRS 3 ermittelten übertragenen Gegenleistung, nach IFRS 3 bewerteten nicht beherrschenden Anteilen sowie etwaigen zum beizulegenden Zeitwert bewerteten, bereits zuvor gehaltenen Anteilen des Erwerbers übersteigt. Der Standard bezeichnet solche Fallkonstellationen als »Erwerb zu einem Preis unter dem Marktwert« (»bargain purchases«). Ein solcher Unterschiedsbetrag bzw. der resultierende Gewinn ist gem. IFRS 3.34 grundsätzlich im Erwerbszeitpunkt erfolgswirksam zu vereinnahmen und dem Erwerber zuzurechnen. Zu einem Erwerb unter Marktwert kann es gem. IFRS 3.35 z. B. dann kommen, wenn der Veräußerer das Unternehmen verkaufen muss (»Zwangsverkauf«). Das Wahlrecht zur Bewertung etwaiger nicht beherrschender Anteile besteht auch bei einem Erwerb zu einem Preis unter Marktpreis.

Vor der Vereinnahmung eines Gewinns aus einem solchen »bargain purchase« sieht der IFRS indes vor, zu prüfen, ob tatsächlich alle erworbenen Vermögenswerte und übernommenen Schulden identifiziert und entsprechend angesetzt wurden. Im Anschluss fordert IFRS 3.36 ausdrücklich die Bewertung folgender Positionen zu überprüfen und, sofern nötig, entsprechende Anpassungen vorzunehmen:

- erworbene identifizierbare Vermögenswerte und übernommene Schulden;
- etwaige nicht beherrschende Anteile am erworbenen Unternehmen;
- etwaige bereits vor dem Unternehmenserwerb vom Erwerber gehaltene Anteile am erworbenen Unternehmen;
- die übertragene Gegenleistung.

BEISPIEL:

Das Unternehmen A (Erwerber) erwirbt 75 % der Anteile an Unternehmen B zu einem Kaufpreis von 10 Mio. €. Die beizulegenden Zeitwerte der identifizierbaren Vermögenswerte und Schulden betragen 36 Mio. € bzw. 22 Mio. €, sodass das Reinvermögen des erworbenen Unternehmens 14 Mio. € beträgt. Die nicht beherrschenden Anteile werden mit dem anteiligen Reinvermögen angesetzt. Der Erwerber besitzt vor dem Unternehmenszusammenschluss keinerlei Eigenkapitalanteile an dem erworbenen Unternehmen.

Übertragene Gegenleistung	10,0 Mio. €
Nicht beherrschende Anteile	3,5 Mio. €
Summe = a)	13,5 Mio. €
Reinvermögen des erworbenen Unternehmens = b)	14,0 Mio. €
Gewinn = b) – a)	**0,5 Mio. €**

Im Beispiel ergibt sich folglich ein Gewinn aus einem sog. *bargain purchase* i. H. v. 0,5 Mio. €, welcher nach einer sorgfältigen Überprüfung der erworbenen Vermögenswerte, übernommen Schulden, nicht beherrschenden Anteile sowie der Ermittlung der übertragenen Gegenleistung sofort erfolgswirksam vereinnahmt wird.

e) Ausgewählte Spezialfragen im Überblick

aa) Der Bewertungszeitraum

Die Bestimmung von beizulegenden Zeitwerten ist aufwendig und bedarf vielerlei Informationen. Zwar muss die Bilanzierung eines Unternehmenszusammenschlusses grundsätzlich bis zum ersten Abschlussstichtag nach dem Erwerbszeitpunkt abgeschlossen sein, da dieser Abschluss den Unternehmenszusammenschluss enthalten muss. Bestehen indes zum Zeitpunkt der Abschlusserstellung noch Unsicherheiten in Bezug auf die anzusetzenden Vermögenswerte und Schulden, sieht IFRS 3.45 vor, dass die Erstkonsolidierung auf der Basis vorläufiger Werte (*provisional amounts*) durchzuführen ist.

Im Hinblick auf die endgültige Abbildung des Unternehmenserwerbs steht dem Bilanzierenden gem. IFRS 3.45 ein **Zeitraum von höchstens zwölf Monaten nach dem Erwerbszeitpunkt** zur Verfügung: Sofern der Erwerber während dieses Zeitraums Kenntnis von Informationen über bereits zum Erwerbszeitpunkt vorliegende Tatsachen oder Umstände erhält, die – wären sie bereits bekannt gewesen – Auswirkungen auf die Bewertung im Erwerbszeitpunkt gehabt hätten, sind die entsprechenden Werte retrospektiv anzupassen. Dies gilt gleichermaßen für den Ansatz von Vermögenswerten und Schulden. Bei einer retrospektiven Anpassung hat die Anpassung so zu erfolgen, als hätten die Informationen bereits von Beginn an vorgelegen, sodass ggf. Vergleichszahlen anzupassen sind.

Von Änderungen im Rahmen des zwölfmonatigen Bewertungszeitraums können insbesondere die erworbenen identifizierbaren Vermögenswerte und übernommenen Schulden, die übertragene Gegenleistung, etwaige nicht beherrschende Anteile oder bereits vor dem Erwerb gehaltene Eigenkapitalanteile sowie der resultierende Geschäfts- oder Firmenwert bzw. ein Gewinn aus einem Kauf unter Marktwert betroffen sein. Der Zwölfmonats-Zeitraum stellt einen maximalen Anpassungszeitraum dar. Liegen die notwendigen Informationen früher vor oder können überhaupt nicht beschafft werden, endet dieser Zeitraum entsprechend früher (IFRS 3.45). Nach Ablauf des Bewertungszeitraums sind Änderungen nur möglich, falls es sich um **Fehlerkorrekturen im Sinne von IAS 8** – *Rechnungslegungsmethoden, Änderungen von rechnungslegungsbezogenen Schätzungen und Fehler* handelt (IFRS 3.50).

bb) Sukzessiver Unternehmenszusammenschluss

Hält ein Erwerber bereits Anteile an dem Unternehmen, über welches er im Zuge des Unternehmenszusammenschlusses die Beherrschung erlangt, so handelt es sich um einen sog. sukzessiven Unternehmenserwerb. Die bereits zuvor gehaltenen Anteile können – je nach Einflussmöglichkeit des Investors auf das Beteiligungsunternehmen – als Finanzinstrument, gem. der Equity-Methode oder in besonderen Fallkonstellationen im Wege der anteiligen Einbeziehung gem. IFRS 11 – *Gemeinsame Vereinbarungen* einbezogen worden sein. Die Bilanzierungsmethode, welcher die bereits gehaltenen Anteile vor dem Unternehmenszusammenschluss unterlagen, ist für die Anwendung des IFRS 3 indes nicht von Bedeutung.

Gemäß IFRS 3.42 sind sämtliche bereits gehaltenen Eigenkapitalanteile zum Erwerbszeitpunkt mit ihrem **beizulegenden Zeitwert** zu bewerten und folglich etwaige stille Reserven (ggf. stille Lasten) aufzudecken. Der Unterschiedsbetrag zum bisherigen Buchwert ist erfolgswirksam zu vereinnahmen. Konzeptionell steht dahinter der Gedanke, dass die bisherigen Anteile veräußert werden und eine neue Beteiligung an einem Tochterunternehmen zugeht. Dies ist damit zu begründen, dass die Substanz der Beteiligung sich durch die Erlangung der Beherrschung so stark verändert, dass der Erwerber faktisch »eine neue Beteiligung« erhält.

BEISPIEL:

Unternehmen A hält 30 % der Anteile an Unternehmen B und bezieht die Beteiligung im Wege der Equity-Methode ein. Der Buchwert der Beteiligung beträgt zum Erwerbszeitpunkt 500 000 €, während der beizulegende Zeitwert der Beteiligung 750 000 € beträgt. Unternehmen A erwirbt nun die restlichen 70 % der Anteile an Unternehmen B und leistet einen Kaufpreis (übertragene Gegenleistung) i. H. v. 2 Mio. €. Das erworbene, gem. IFRS 3 bewertete Reinvermögen des Unternehmen B beträgt 2,2 Mio. €.

Übertragene Gegenleistung	2,00 Mio. €
Zeitwert bereits zuvor gehaltener Anteile	0,75 Mio. €
Summe = a)	2,75 Mio. €
Reinvermögen des erworbenen Unternehmens = b)	2,20 Mio. €
Geschäfts- oder Firmenwert = a) – b)	**0,55 Mio. €**

Zudem vereinnahmt Unternehmen A zum Erwerbszeitpunkt den Unterschiedsbetrag zwischen beizulegendem Zeitwert und Buchwert der bereits zuvor gehaltenen Anteile:

Equity-Beteiligung (Unternehmen B)	an Ertrag	0,25 Mio. €

cc) Bestimmung des Umfangs eines Unternehmenszusammenschlusses

Erwerber und erworbenes Unternehmen können möglicherweise bereits vor Verhandlungen zum Unternehmenserwerb sog. **vorher bestehende Beziehungen** (*pre-existing relationships*) haben oder während der Verhandlungen zum Unternehmenszusammenschluss **Vereinbarungen** treffen, **die von dem Unternehmenszusammenschluss unabhängig** zu sehen sind (IFRS 3.51). Die IFRS umfassen ausdrückliche Regelungen, die sich mit der Abgrenzung des Unternehmenszusammenschlusses von solchen sonstigen Geschäftsvorfällen befassen.

Der Erwerber hat genau zu bestimmen, welche Transaktionen nicht mit dem Unternehmenszusammenschluss in Verbindung stehen und somit außerhalb des Unternehmenszusammenschlusses bzw. getrennt von der Erwerbsmethode nach den entsprechenden IFRS zu bilanzieren sind. IFRS 3.52 gibt als Richtlinie vor, dass Transaktionen durch den Erwerber oder primär zu dessen Nutzen oder zum Vorteil des zusammengeschlossenen Unternehmens und nicht zum Nutzen des erworbenen Unternehmens bzw. dessen bisherigen Eigentümern vor dem Erwerb wahrscheinlich als unabhängige Transaktionen zu beurteilen sind. Überdies nennen die Anwendungsleitlinien folgende konkretisierende Faktoren, die bei der Abgrenzung von Transaktionen vom Unternehmenszusammenschluss Beachtung finden sollten: die Gründe für die Transaktion, der Initiator der Transaktion sowie der Zeitpunkt der Transaktion (vgl. ausführlich IFRS 3.B50 (a)-(c)).

Zur weiteren Konkretisierung der Abgrenzung des Unternehmenszusammenschlusses von sonstigen, vom Erwerb unabhängigen Transaktionen werden in IFRS 3.52 (a)–(c)

Beispiele angeführt (vgl. ausführlich hierzu die Anwendungsleitlinien in IFRS 3.B51-B62), die insbesondere folgende Sachverhalte umfassen:

- Begleichung einer bereits vor dem Erwerbsvorgang zwischen Erwerber und erworbenem Unternehmen bestehenden Beziehung (*pre-existing relationship*):

  Wird durch den Unternehmenszusammenschluss tatsächlich eine zuvor bestehende Beziehung zwischen dem Erwerber und dem erworbenen Unternehmen erfüllt, so enthält IFRS 3.B52 besondere Vorschriften für die Erfassung eines etwaigen Gewinns oder Verlusts aus der Erfüllung dieser Beziehung. Eine solche Beziehung kann z. B. vorliegen, wenn die beiden Unternehmen vor dem Unternehmenszusammenschluss in einen Rechtsstreit verwickelt sind, welcher durch die Transaktion hinfällig wird.

- Vergütungsleistungen für Mitarbeiter oder bisherige Eigentümer des erworbenen Unternehmens:

  Bestehen Vereinbarungen über bedingte Zahlungen an Mitarbeiter oder die ehemaligen Eigentümer des erworbenen Unternehmens, so hängt es von der spezifischen Art der Vereinbarung ab, ob es sich hierbei um bedingte Kaufpreisbestandteile (»bedingte Gegenleistung«) handelt oder aber um eine separate Transaktion. Gemäß IFRS 3.B54 ist es in solchen Fällen hilfreich, zu verstehen, warum die Verträge eine Klausel über bedingte Zahlungen enthalten, von welcher Partei die Vereinbarung eingeleitet wurde und wann der Vertrag geschlossen wurde. Im Anschluss gibt IFRS 3.B55 eine Vielzahl an Hinweisen, die es erleichtern sollen, in Zweifelsfällen zu entscheiden, ob es sich um Zahlungen im Austausch für das erworbene Unternehmen oder um separat zu behandelnde Transaktionen handelt. Zu berücksichtigen sind demnach u. a. ob die Beschäftigung fortgesetzt wird, wie lange die Beschäftigung fortgesetzt wird sowie die Höhe der Vergütung (»Angemessenheit der Zahlungen«).

dd) Erstmalige Anwendung der IFRS

Die Erstanwendung der IFRS-Rechnungslegungsstandards, beispielsweise beim Übergang von HGB auf IFRS, wird in IFRS 1 – *Erstmalige Anwendung der International Financial Reporting Standards* geregelt (vgl. zur erstmaligen Anwendung der IFRS S. 723 ff.). Gemäß IFRS 1.C1 stehen dem IFRS-Erstanwender im Hinblick auf die Abbildung von Unternehmenszusammenschlüssen folgende, die Bilanzierung erleichternde **Möglichkeiten wahlweise zur Verfügung**:

- Anwendung des IFRS 3 auf alle früheren Unternehmenszusammenschlüsse.
- Beibehaltung des bisher angewandten Konsolidierungsverfahrens unter Berücksichtigung spezifischer Modifikationen gem. IFRS 1.C4. Bei Wahl dieser Alternative bleiben Klassifikation des Unternehmenserwerbs sowie Bilanzierung eines etwaigen Geschäfts- oder Firmenwerts unverändert.
- Retrospektive Anwendung des IFRS 3 auf Unternehmenszusammenschlüsse ab einem vom IFRS-Erstanwender bestimmten Zeitpunkt.

f) Anhangangaben zu Unternehmenszusammenschlüssen

Im Folgenden wird ein (nicht abschließender) Überblick über wichtige Anhangangaben, welche die Bilanzierung von Unternehmenszusammenschlüssen betreffen, gegeben. Zu jedem Unternehmenszusammenschluss der Berichtsperiode sind u. a.

zu folgenden Sachverhalten Angaben zu machen (vgl. zu den Angabepflichten im Zusammenhang mit Unternehmenszusammenschlüssen ausführlich IFRS 3.59-3.63 sowie IFRS 3.B64-3.B67):

- Name und Beschreibung des erworbenen Unternehmens,
- Erwerbszeitpunkt,
- Prozentsatz der erworbenen Eigenkapitalanteile mit Stimmrecht,
- Hauptgründe für den Unternehmenserwerb und Beschreibung, auf welche Art und Weise die Beherrschung erlangt wurde,
- Beschreibung der Faktoren (qualitativ), die zur Erfassung des Geschäfts- oder Firmenwerts führen (beispielsweise erwartete Synergien),
- Der beizulegende Zeitwert der gesamten übertragenen Gegenleistung,
- Angaben zu bedingten Gegenleistungen und Vermögenswerten für Entschädigungsleistungen,
- Die zum Erwerbszeitpunkt für jede Gruppe der angesetzten Vermögenswerte und Schulden erfassten Beträge,
- Angaben zu Eventualschulden,
- Der Betrag des Geschäfts- oder Firmenwerts, der erwartungsgemäß für Steuerzwecke abzugsfähig ist,
- Angaben zu Geschäftsvorfällen, die getrennt vom Unternehmenszusammenschluss bilanziert wurden,
- Angaben bei einem Erwerb zu einem Preis unter dem Marktwert,
- Angaben, sofern der Erwerber nicht 100 % der Anteile hält, insbesondere zu nicht beherrschenden Anteilen und deren Bewertung,
- Angaben bei sukzessivem Unternehmenszusammenschluss,
- Diverse (auch Pro-Forma)-Angaben zu Umsatz und Ergebnis,
- Angaben, wenn die Abbildung des Erwerbs auf vorläufigen Werten beruht.

g) Zusammenfassendes Beispiel zur Erstkonsolidierung

aa) Ausgangssituation

Die in den vorangehenden Abschnitten erläuterten Regelungen zur Abbildung von Unternehmenszusammenschlüssen sollen nun zur Veranschaulichung und Vertiefung nochmals an einem übergreifenden Beispiel erläutert werden.

Folgende **Ausgangssituation** liegt vor:

Das Unternehmen A (Erwerber) erwirbt am 31.12.20X0 (Erwerbszeitpunkt gem. IFRS 3) 80 % der Anteile an dem Unternehmen B (erworbenes Unternehmen). Da A in diesem Zuge die Beherrschung über B erlangt, werden die Unternehmen im Folgenden (insbesondere in Konsolidierungstabellen und Bilanzdarstellungen) auch als Mutterunternehmen (auch kurz: MU) bzw. Tochterunternehmen (auch kurz: TU) bezeichnet.

Bereits vor dem Unternehmenszusammenschluss hielt der Erwerber A eine Beteiligung i. H. v. 10 % der Anteile an B. Im Erwerbszeitpunkt beträgt der Buchwert dieser Beteiligung

120 000 €, wohingegen der beizulegende Zeitwert im Erwerbszeitpunkt auf 170 000 € geschätzt wurde. A zahlt für den Erwerb der 80 % der Anteile einen Kaufpreis i. H. v. 1 000 000 € in Form liquider Mittel. Zusätzlich gibt A für die Anteile an B neue (eigene) Aktien aus, die zum Erwerbszeitpunkt einen beizulegenden Zeitwert von 360 000 € haben. Annahmegemäß fallen für die Aktienausgabe keinerlei Transaktionskosten an. Der beizulegende Zeitwert der fremden Dritten, d. h. nicht beherrschenden Gesellschaftern, zuzurechnenden Anteile von 10 % beträgt annahmegemäß 170 000 €.

Im Rahmen der Vertragsverhandlungen wurden mehrere Berater (Rechtsanwälte, M&A-Berater, Due-Diligence, etc.) vom Unternehmen A in Anspruch genommen. Insgesamt beliefen sich die Honorare auf 100 000 €. In seinem Einzelabschluss aktivierte das MU diese Kosten in voller Höhe als Anschaffungsnebenkosten der Beteiligung.

Tabelle G.2 zeigt die **IFRS-Bilanz des MU** auf Einzelabschlussebene. Die gesamten Anteile bzw. die Beteiligung am TU ist in der Position »Finanzanlagen« enthalten. Stille Reserven in Bezug auf die bereits vor dem Unternehmenszusammenschluss gehaltenen Anteile wurden noch nicht aufgedeckt.

Aktiva	**Bilanz von MU zum 31.12.20X0**		**Passiva**
Langfristige Vermögenswerte		**Eigenkapital**	
Immaterielle Vermögenswerte	1 400	Gezeichnetes Kapital	1 180
Sachanlagen	2 400	Rücklagen	1 800
Finanzanlagen	1 580	Jahresergebnis (*profit or loss*)	400
		Neubewertungsrücklage	0
		Summe Eigenkapital	**3 380**
Kurzfristige Vermögenswerte		**Langfristige Schulden**	
Vorräte	2 000	Rückstellungen	400
Forderungen aus Lieferungen und Leistungen	1 600	Finanzverbindlichkeiten	3 000
Zahlungsmittel und Zahlungsmitteläquivalente	900		
		Kurzfristige Schulden	
		Rückstellungen	1 600
		Laufende Ertragsteuern	400
		Finanzverbindlichkeiten	300
		Verbindlichkeiten aus Lieferungen und Leistungen	800
Bilanzsumme	**9 880**	**Bilanzsumme**	**9 880**

Tabelle G.2 Bilanz des Mutterunternehmens zum 31.*12.20X0* (Angaben in T-€)

Des Weiteren liegt eine HB II auf IFRS-Basis des Unternehmens B (TU) vor, in welcher die Bilanzierungs- und Bewertungsmethoden des IFRS-Konzernabschlusses bereits angewendet worden sind. Indes wurden noch keinerlei stille Reserven und Lasten aufgedeckt. Die langfristigen Rückstellungen bestehen ausschließlich aus Pensionsrückstellungen und die Neubewertungsrücklage resultiert aus der Bewertung von in den Finanzanlagen enthaltenen *financial instruments at fair value*. Tabelle G.3 zeigt die HB II des TU.

Aktiva	Bilanz von TU zum 31.12.20X0		Passiva
Langfristige Vermögenswerte		**Eigenkapital**	
Immaterielle Vermögenswerte	900	Gezeichnetes Kapital	1 100
Sachanlagen	2 800	Rücklagen	0
Finanzanlagen	240	Jahresergebnis (*profit or loss*)	0
		Neubewertungsrücklage	40
		Summe Eigenkapital	**1 140**
Kurzfristige Vermögenswerte		**Langfristige Schulden**	
Vorräte	700	Rückstellungen	1 200
Forderungen aus Lieferungen und Leistungen	800	Finanzverbindlichkeiten	2 200
Zahlungsmittel und Zahlungsmittteläquivalente	700		
		Kurzfristige Schulden	
		Rückstellungen	400
		Laufende Ertragsteuern	0
		Finanzverbindlichkeiten	400
		Verbindlichkeiten aus Lieferungen und Leistungen	800
Bilanzsumme	**6 140**	**Bilanzsumme**	**6 140**

Tabelle G.3 Bilanz des Tochterunternehmens zum 31.12.20X0 (Angaben in T-€)

In Bezug auf die im Zuge des Unternehmenszusammenschluss aufzudeckenden stillen Reserven und stillen Lasten liegen folgende Informationen vor (abgesehen von den folgenden Sachverhalten, wird vereinfachend angenommen, dass die Buchwerte der obigen HB II den gem. IFRS 3 anzusetzenden Werten, i. d. R. somit den beizulegenden Zeitwerten, entsprechen):

- Unternehmen B besitzt eine selbst erstellte Kundenliste, welche vom TU weder nach IAS 38 noch im handelsrechtlichen Einzelabschluss aktiviert werden durfte. Nach einem Sachverständigengutachten beträgt der beizulegende Zeitwert des immateriellen Vermögenswerts 300 000 €.
- In der HB II wurde ein Grundstück mit den (fortgeführten) historischen Anschaffungskosten i. H. v. 700 000 € angesetzt. Der beizulegende Zeitwert des Grundstücks im Erwerbszeitpunkt beträgt indes 1 200 000 €.
- Ebenso sind die Vorräte in der HB II mit einem Wert von 700 000 € angesetzt, wohingegen der ermittelte beizulegende Zeitwert im Erwerbszeitpunkt 800 000 € beträgt.

- Die Pensionsrückstellungen wurden auf Einzelabschlussebene noch unter Anwendung der früher zulässigen sog. Korridormethode ermittelt und in der HB II mit 1 200 000 € angesetzt. Die tatsächliche Verpflichtung (basierend auf den Regeln des aktuellen IAS 19, nach welchem die Korridormethode nicht mehr anwendbar ist) wird vom Erwerber indes auf 1 400 000 € geschätzt.

Des Weiteren liegen folgende Informationen zum Sachverhalt vor:

- In der HB II des TU wird unter den immateriellen Vermögenswerten ein Geschäfts- oder Firmenwert i. H. v. 250 000 € bilanziert, welcher aus dem Erwerb eines anderen Unternehmens im Rahmen eines Asset Deal (Kauf der Vermögenswerte und Schulden und nicht der Anteile am Eigenkapital des anderen Unternehmens) vor vier Jahren resultiert.
- Das TU hält Wertpapiere der Kategorie »Available for Sale«, die mit dem beizulegenden Zeitwert bewertet werden. Etwaige Wertänderungen dieser Wertpapiere werden im Eigenkapital in der Neubewertungsrücklage erfasst. Die Anschaffungskosten der Wertpapiere betragen insgesamt 200 000 €, wohingegen sich der aktuelle beizulegende Zeitwert auf 240 000 € beläuft.
- Latente Steuern bleiben im vorliegenden Beispiel unberücksichtigt.

bb) Vorgehensweise bei der Erstkonsolidierung

Bei jedem Unternehmenszusammenschluss ist zunächst der **Erwerber** zu bestimmen. In diesem Fall erlangt Unternehmen A bzw. das MU die Beherrschung über das Unternehmen B bzw. das TU, sodass es sich beim Unternehmen A um den Erwerber i. S. d. IFRS 3 handelt.

In einem nächsten Schritt sind nach IFRS 3 die beizulegenden Zeitwerte der erworbenen identifizierbaren Vermögenswerte, übernommenen Schulden sowie etwaigen nicht beherrschenden Anteile zu bestimmen. Die Basis zur Aufdeckung von stillen Reserven und stillen Lasten bildet die im Vorangehenden dargestellte HB II des TU, in welcher bereits konzerneinheitliche Bilanzierungs- und Bewertungsmethoden angewendet wurden. Hierzu wird im Eigenkapital ein eigenes Konto angelegt, in welchem die mit der Anpassung der Vermögenswerte und der Schulden einhergehenden Veränderungen des Eigenkapitals erfasst werden. Schließlich weist das modifizierte Eigenkapital des TU das erworbene Reinvermögen zu Zeitwerten (i. S. d. IFRS 3) aus.

Im vorliegenden Beispiel sind nun die in Tab. G.4 aufgeführten Anpassungen im Rahmen der HB II vorzunehmen:

Die vom TU gehaltenen Wertpapiere werden auch vom MU der Kategorie »Available for Sale« zugeordnet. Da diese Wertpapiere bereits in der Bilanz des TU mit dem beizulegenden Zeitwert bewertet werden, kommt es in diesem Zusammenhang im Rahmen des Unternehmenszusammenschlusses nicht zur Aufdeckung stiller Reserven.

Das Resultat der dargelegten Anpassungen ist die modifizierte HB II (Akquisitionsbilanz) des Unternehmens B bzw. des TU (vgl. Tab. G.5). Die separate Darstellung des Anpassungseffekts im Eigenkapital erfolgt hierbei aus rein didaktischen Gründen.

Anpassung	EK-Effekt	Betroffene Bilanzposition
Der Geschäfts- oder Firmenwert in der HB II aus einem früheren Unternehmenserwerb ist nach IAS 38 kein identifizierbarer Vermögenswert und somit zu eliminieren.	– 250 000 €	Auswirkung auf die immateriellen Vermögenswerte: + 50 000 €
Die selbst erstellte Kundenliste stellt einen identifizierbaren Vermögenswert dar und ist mit ihrem beizulegenden Zeitwert zu aktivieren.	+ 300 000 €	
Das erworbene Grundstück ist mit dem beizulegenden Zeitwert i. H. v. 1 200 000 € anzusetzen. Somit kommt es zur Aufdeckung stiller Reserven i. H. v. 500 000 €.	+ 500 000 €	Sachanlagen
Das Vorratsvermögen ist ebenfalls zum beizulegenden Zeitwert, d. h. i. H. v. 800 000 €, anzusetzen. Somit kommt es zur Aufdeckung stiller Reserven i. H. v. 100 000 €.	+ 100 000 €	Vorräte
Die Pensionsrückstellungen müssen die Höhe der tatsächlichen Verpflichtung widerspiegeln. Somit sind diese um 200 000 € zu erhöhen.	– 200 000 €	Rückstellungen
Gesamt-Auswirkung auf das Reinvermögen	**+ 450 000 €**	

Tabelle G.4 Anpassungen auf Ebene der HB II des Tochterunternehmens

Aktiva				HB II des TU zum 31.12.20X0			Passiva
	HB II	Anpassung	Mod. HB II		HB II	Anpassung	Mod. HB II
Langfristige Vermögenswerte				**Eigenkapital**			
Immaterielle Vermögenswerte	900	50	950	Gezeichnetes Kapital	1 100		1 100
Sachanlagen	2 800	500	3 300	Rücklagen	0		0
Finanzanlagen	240		240	Jahresergebnis (*profit or loss*)	0		0
				Neubewertungsrücklage	40		40
				Anpassungseffekt HB II a)	____	450	450
				Summe Eigenkapital	**1 140**		**1 590**
Kurzfristige Vermögenswerte				**Langfristige Schulden**			
Vorräte	700	100	800	Rückstellungen	1 200	200	1 400

Aktiva	HB II des TU zum 31.12.20X0						Passiva
	HB II	Anpassung	Mod. HB II		HB II	Anpassung	Mod. HB II
Forderungen aus Lieferungen und Leistungen	800		800	Finanzverbindlichkeiten	2 200		2 200
Zahlungsmittel und Zahlungsmitteläquivalente	700		700				
				Kurzfristige Schulden			
				Rückstellungen	400		400
				Laufende Ertragsteuern	0		0
				Finanzverbindlichkeiten	400		400
				Verbindlichkeiten aus Lieferungen und Leistungen	800		800
Bilanzsumme	**6 140**	**650**	**6 790**	**Bilanzsumme**	**6 140**	**650**	**6 790**

Tabelle G.5 Anpassung der HB II des Tochterunternehmens (Angaben in T-€)

Auf die Aufdeckung der stillen Reserven und Lasten folgt die Ermittlung eines etwaigen aus dem Unternehmenserwerb resultierenden Geschäfts- oder Firmenwerts. Hierzu ist zunächst die im Austausch für den Erwerb des Geschäftsbetriebs übertragene Gegenleistung zu bestimmen. Im vorliegenden Beispiel setzt sich diese zusammen aus den entrichteten liquiden Mitteln i. H. v. 1 000 000 € sowie den ausgegebenen Anteilen an Unternehmen A (bewertet zum beizulegenden Zeitwert im Erwerbszeitpunkt) i. H. v. 360 000 €. Hinzu kommt der beizulegende Zeitwert der bereits vor dem Unternehmenszusammenschluss gehaltenen Anteile (10 %) i. H. v. 170 000 €.

Für die Ermittlung des Geschäfts- oder Firmenwerts nach IFRS 3 ist es zudem von Bedeutung, in welcher Weise das Wahlrecht zur Bewertung der nicht beherrschenden Anteile ausgeübt wird. Einerseits können die nicht beherrschenden Anteile mit ihrem beizulegenden Zeitwert im Erwerbszeitpunkt, d. h. mit 170 000 €, angesetzt werden. Andererseits ist es möglich, die nicht beherrschenden Anteile mit dem anteiligen neu bewerteten Reinvermögen, d. h. mit (1 590 000 x 10 % =) 159 000 €, anzusetzen. Im vorliegenden Beispiel soll davon ausgegangen werden, dass sich das Unternehmen A dazu entscheidet, die nicht beherrschenden Anteile mit dem anteiligen neu bewerteten Reinvermögen zu bewerten. Die Ermittlung des Geschäfts- oder Firmenwerts stellt sich dann folgendermaßen dar:

Übertragene Gegenleistung:

Hingegebene liquide Mittel	1 000 000 €
Ausgegebene Aktien	360 000 €

Beizulegender Zeitwert des bereits vor dem Unternehmenserwerb gehaltenen Anteils (10 %)	170 000 €
Beizulegender Zeitwert der nicht beherrschenden Anteile	159 000 €
Zwischensumme	**1 689 000 €**
Abzüglich erworbenes Reinvermögen des TU	1 590 000 €
Geschäfts- oder Firmenwert	**99 000 €**

Die Anschaffungsnebenkosten der Beteiligung, d. h. die Honorare für diverse Beratungsleistungen in Höhe von 100 000 €, sind in der Bilanz des MU noch in den Anschaffungskosten der Beteiligung enthalten. Nach den Regelungen des IFRS 3 handelt es sich hierbei indes nicht um Bestandteile der übertragenen Gegenleistung, sodass der Betrag aufwandswirksam zu eliminieren ist. Da im vorliegenden Beispiel keine GuV betrachtet wird, erfolgt die Buchung direkt gegen das Jahresergebnis. (Hinweis: Bei vollständiger Betrachtung der Rechenwerke des Jahresabschlusses wären anstelle des Jahresergebnisses für die folgenden Buchungen die entsprechenden Konten der GuV heranzuziehen.)

Jahresergebnis (Aufwand) an Finanzanlagen 100 000 €

Überdies ist zu berücksichtigen, dass der Erwerber bereits vor der Transaktion 10 % der Anteile an Unternehmen B hielt, sodass die Regelungen für einen sukzessiven Unternehmenserwerb zu beachten sind. Somit sind die in der 10-%-Beteiligung enthaltenen stillen Reserven zum Erwerbszeitpunkt erfolgswirksam aufzudecken:

Finanzanlagen an Jahresergebnis (Ertrag) 50 000 €

Die in der Position »Finanzanlagen« in der Bilanz des MU enthaltene Beteiligung an Unternehmen B ist nach diesen Anpassungsbuchungen mit 1 530 000 € bewertet. Die vorstehenden beiden Buchungen sind nicht in der Konsolidierungsspalte in Tab. G.6 abgebildet, sondern bereits in der angepassten Bilanz des MU enthalten.

Im nächsten Schritt wird die Summenbilanz erstellt, in welcher die Werte aus den Bilanzen der einzelnen in den Konzernabschluss einbezogenen Unternehmen addiert werden. In der Summenbilanz liegt faktisch eine »Doppelzählung« des (Rein-)Vermögens des TU vor: Zum einen enthält die Summenbilanz den angepassten Buchwert der Beteiligung, die das MU an dem TU hält, i. H. v. 1 530 000 € (die Anpassung erfolgte gegen die Rücklagen bzw. das »Jahresergebnis«). Zum anderen ist das hinter der Beteiligung stehende Reinvermögen des TU i. H. v. 1 590 000 € in der Summenbilanz enthalten.

Auf Basis der Summenbilanz erfolgt in einem nächsten Schritt die Kapitalkonsolidierung. Das erworbene Reinvermögen des TU wird mit dem Beteiligungsbuchwert aus dem Abschluss des MU verrechnet, um die »Doppelzählung« von Vermögen und Beteiligung im Konzernabschluss zu eliminieren. Der (oben ermittelte) bei der Verrechnung entstehende Unterschiedsbetrag wird als Geschäfts- oder Firmenwert ausgewiesen. Zu berücksichtigen ist, dass 10 % des Vermögens des TU fremden, nicht beherrschenden Gesellschaftern zustehen. Der auf die nicht beherrschenden Anteile entfallende Anteil am Vermögen wird in einer gesonderten Position im Eigenkapital ausgewiesen.

Die Konsolidierungsbuchungen lauten:

Gezeichnetes Kapital	1 100 T-€	an	Finanzanlagen (Beteiligung)	1 530 T-€
Neubewertungsrücklage	40 T-€		Nicht beherrschende Anteile	159 T-€
Anpassungen im Eigenkapital	450 T-€			
Geschäft- oder Firmenwert	99 T-€			

Tabelle G.6 fasst die Erstellung der Summenbilanz sowie die Konsolidierungsbuchungen zusammen. Der Konzernabschluss findet sich in der letzten Spalte der zusammenfassenden Tabelle.

Erstkonsolidierung zum 31.12.20X0	MU	TU (HB II)	Summen-bilanz	Konsolidierung		Konzern
				Soll	Haben	
Aktiva						
Langfristige Vermögenswerte						
Geschäfts- oder Firmenwert				99		99
Immaterielle Vermögenswerte	1 400	950	2 350			2 350
Sachanlagen	2 400	3 300	5 700			5 700
Finanzanlagen	1 530	240	1 770		1 530	240
Kurzfristige Vermögenswerte						
Vorräte	2 000	800	2 800			2 800
Forderungen aus Lieferungen und Leistungen	1 600	800	2 400			2 400
Zahlungsmittel und Zahlungsmitteläquivalente	900	700	1 600			1 600
Bilanzsumme	**9 830**	**6 790**	**16 620**	**99**	**1 530**	**15 189**
Passiva						
Eigenkapital						
Gezeichnetes Kapital	1 180	1 100	2 280	1 100		1 180
Rücklagen	1 800	0	1 800			1 800
Jahresergebnis (*profit or loss*)	350	0	350			350
Neubewertungsrücklage	0	40	40	40		0
Anpassungseffekt HB II		450	450	450		0
Nicht beherrschende Anteile					159	159
Summe Eigenkapital	**3 330**	**1 590**	**4 920**			**3 489**
Langfristige Schulden						
Rückstellungen	400	1 400	1 800			1 800
Finanzverbindlichkeiten	3 000	2 200	5 200			5 200
Kurzfristige Schulden						
Rückstellungen	1 600	400	2 000			2 000
Laufende Ertragsteuern	400	0	400			400
Finanzverbindlichkeiten	300	400	700			700
Verbindlichkeiten aus Lieferungen und Leistungen	800	800	1 600			1 600
Bilanzsumme	**9 830**	**6 790**	**16 620**	**1 590**	**159**	**15 189**

Tabelle G.6 Abschluss der Erstkonsolidierung (Angaben in T-€)

h) Folgekonsolidierung

aa) Überblick

In den vorangehenden Abschnitten wurde erläutert, wie Unternehmen im Rahmen der Erstkonsolidierung in den IFRS-Konzernabschluss einzubeziehen sind. Bei der Erstkonsolidierung ist eine sog. **Akquisitionsbilanz** zu erstellen, welche den Ausgangspunkt für die künftige Bilanzierung der erworbenen Vermögenswerte und Schulden bildet. Überdies wird anhand dieser Akquisitionsbilanz das gem. IFRS 3 bewertete erworbene Reinvermögen (Eigenkapital) des neuen Tochterunternehmens ermittelt. Der Unterschiedsbetrag zwischen der übertragenen Gegenleistung sowie dem anteiligen, nach IFRS 3 bewerteten Eigenkapital ist der Geschäfts- oder Firmenwert bzw. ein negativer Unterschiedsbetrag.

Wie beschrieben sind im Rahmen eines Unternehmenszusammenschlusses die erworbenen identifizierbaren Vermögenswerte und Schulden (mit Ausnahmen) zum beizulegenden Zeitwert anzusetzen. An darauffolgenden Abschlussstichtagen ist nunmehr sicherzustellen, dass die bei Bilanzierung des Erwerbs aufgedeckten stillen Reserven und stillen Lasten entsprechend fortgeführt werden. Im Ablauf der Konzernabschlusserstellung erfolgt dies im Rahmen des dritten Schritts:

Schritt 1: Einzelabschlüsse der einzubeziehenden Unternehmen werden bereitgestellt (HB I)

Schritt 2: Konzerneinheitliche Rechnungslegungsmethoden und einheitliche Währung werden angewandt (HB II)

Schritt 3: Stille Reserven und Lasten werden fortgeführt (HB III)

Die Fortführung der beim Unternehmenszusammenschluss aufgedeckten stillen Reserven und stillen Lasten (Schritt 3) ist Teil der **Folgekonsolidierung**. Hierbei gilt der Grundsatz, dass sämtliche in der Vergangenheit ergebniswirksam erfassten Anpassungen gegen die Rücklagen (Eigenkapital) zu erfassen sind, wohingegen die Veränderungen der Berichtsperiode im Gesamtergebnis zu erfassen sind.

bb) Beispiel zur Folgekonsolidierung ohne nicht beherrschende Anteile

Jahr 20X0: Unternehmenszusammenschluss/Erstkonsolidierung

Ein Mutterunternehmen (im Folgenden: MU) erwirbt zum 31.12.20X0 sämtliche Anteile an einem anderen Unternehmen (Tochterunternehmen, im Folgenden: TU) für 1 800 € mit folgender Bilanz zum 31.12.20X0:

Bilanz zum 31.12.20X0 TU (Angaben in €)			
Sachanlagen	750	Eigenkapital	1 050
Kasse	300		
Summe	**1 050**	**Summe**	**1 050**

Im Rahmen der Bilanzierung des Erwerbs werden die erworbenen Vermögenswerte und Schulden identifiziert und bewertet. Hierbei kommt es zur Aufdeckung stiller Reserven bei den immateriellen Vermögenswerten i. H. v. 600 €. Die anzusetzenden immateriellen Vermögenswerte weisen eine Nutzungsdauer von sechs Jahren auf. Bei der Erstellung der Akquisitionsbilanz sind wie oben beschrieben derartige stille Reserven und stille Lasten aufzudecken bzw. die identifizierbaren Vermögenswerte und Schulden zum beizulegenden Zeitwert anzusetzen, sodass sich folgender Buchungssatz nebst entsprechender Akquisitionsbilanz ergibt:

Immaterielle Vermögenswerte an Rücklagen 600 €

Akquisitionsbilanz zum 31.12.20X0 TU (Angaben in €)			
Immaterielle Vermögenswerte	600	Eigenkapital	1 650
Sachanlagen	750		
Kasse	300		
Summe	**1 650**	**Summe**	**1 650**

Bei der Erstellung des Konzernabschlusses zum 31.12.20X0 ist im ersten Schritt die Summenbilanz zu erstellen, wobei Vermögenswerte und Schulden sowie Erträge und Aufwendungen zeilenweise, d. h. je Position, aufsummiert werden. Im Anschluss erfolgt die Verrechnung des Beteiligungsbuchwerts (Anschaffungskosten der Beteiligung von MU an TU) mit dem anteiligen erworbenen Eigenkapital (in diesem Fall 100 %). Die sich ergebende Differenz ist als Geschäfts- oder Firmenwert (im Folgenden auch: GoF) auszuweisen. Dieser Buchungssatz der Erstkonsolidierung ist zu jedem künftigen Bilanzstichtag zu wiederholen.

Angesichts des Erwerbs zum 31.12.20X0 sind dem Konzern noch keine Erträge und Aufwendungen des TU zuzurechnen. Die Spalte MU in Tab. G.7, die Einzel-, Summen- und Konzernabschlüsse sowie die Konsolidierungsbuchungen zusammenfasst, enthält die HB II des MU für das Jahr 20X0.

31.12.20X0	MU	TU	Summe	Konsolidierung		Konzern
Geschäfts- oder Firmenwert				150		150
Immaterielle Vermögenswerte	0	600	600			600
Sachanlagen	0	750	750			750
Beteiligung	1800	0	1800		1800	0
Kasse	300	300	600			600
Summe	**2 100**	**1 650**	**3 750**			**2 100**
Eigenkapital	1 800	1 650	3 450	1 650		1 800
Jahresüberschuss	300	0	300			300
Schulden	0	0	0			0
Summe	**2 100**	**1 650**	**3 750**			**2 100**
Erträge	600	0	600			600
Aufwendungen	300	0	300			300
Jahresüberschuss	**300**	**0**	**300**			**300**

Tabelle G.7 Erstkonsolidierung zum 31.12.20X0 (Angaben in €)

Jahr 20X1: Folgekonsolidierung

Annahmegemäß sei zum Ende des Jahres 20X1 eine Wertminderung des Geschäfts- oder Firmenwerts i. H. v. 45 € zu erfassen. Die HB II des TU zum 31.12.20X1 lautet:

HB II 31.12.20X1 TU (Angaben in €)			
Sachanlagen	675	Eigenkapital	1 050
Kasse	750	Jahresüberschuss	375
Summe	**1 425**	**Summe**	**1 425**

GuV (Angaben in €)			
Aufwand	375	Ertrag	750
Jahresüberschuss	375		
Summe	**750**	**Summe**	**750**

Wie oben ausgeführt sind die bei der Erstkonsolidierung aufgedeckten stillen Reserven bei der Folgekonsolidierung fortzuführen. Hierbei ist zunächst die in der Vorperiode erfasste Änderung gegen die Rücklagen zu wiederholen. In einem zweiten Schritt ist die Veränderung der Berichtsperiode (hier die Abschreibung der angesetzten immateriellen Vermögenswerte) in der Gesamtergebnisrechnung zu erfassen:

Immaterielle Vermögenswerte	an Rücklagen	600 €
Abschreibung	an Immaterielle Vermögenswerte	100 €

Nach diesen Anpassungen ergibt sich die HB III des TU, die in den Konzernabschluss einbezogen wird. Nach Erstellung des Summenabschlusses ist zunächst der Buchungssatz aus der Erstkonsolidierung zu wiederholen (Buchungssatz ①). Danach wird die Wertminderung des Geschäfts- oder Firmenwerts auf Ebene des Konzerns erfasst (Buchungssatz ②).

31.12.20X1	MU	TU (HB III)	Summe	Konsolidierung				Konzern
Geschäfts- oder Firmenwert	0	0	0	①	150	②	45	105
Immaterielle Vermögenswerte	0	500	500					500
Sachanlagen	0	675	675					675
Beteiligung	1 800	0	1 800			①	1800	0
Kasse	675	750	1 425					1 425
Summe	**2 475**	**1 925**	**4 400**					**2 705**
Eigenkapital	2 100	1 650	3 750	①	1 650			2 100
Jahresüberschuss	375	275	650					605
Schulden	0	0	0					0
Summe	**2 475**	**1 925**	**4 400**					**2 705**
Erträge	675	750	1 425					1 425
Aufwendungen	300	475	775	②	45			820
Jahresüberschuss	**375**	**275**	**650**					**605**

Tabelle G.8 Folgekonsolidierung zum 31.*12.20X1* (Angaben in €)

Jahr 20X2: Folgekonsolidierung

Die HB II des TU zum 31.12.20X2 sieht folgendermaßen aus:

HB II 31.12.20X2 TU (Angaben in €)			
Sachanlagen	900	Eigenkapital	1 425
Kasse	1 050	Jahresüberschuss	450
		Schulden	75
Summe	**1 950**	**Summe**	**1 950**

GuV (Angaben in €)			
Aufwand	450	Ertrag	900
Jahresüberschuss	450		
Summe	**900**	**Summe**	**900**

Zunächst sind im Rahmen der Folgekonsolidierung wieder die bei der Erstkonsolidierung aufgedeckten stillen Reserven fortzuschreiben, wozu im ersten Schritt die in den Vorperioden erfassten Änderungen gegen die Rücklagen zu wiederholen sind. Die Veränderung der Berichtsperiode ist hingegen in der Gesamtergebnisrechnung zu erfassen. Die einzelnen Buchungssätze (die zusammengefasst werden können) lauten wie folgt:

Erstkonsolidierung:

Immaterielle Vermögenswerte an Rücklagen 600 €

Abschreibung 20X1:

Rücklagen an Immaterielle Vermögenswerte 100 €

Abschreibung 20X2:

Abschreibung an Immaterielle Vermögenswerte 100 €

Nach diesen Anpassungen ergibt sich die HB III des TU, die in den Konzernabschluss einbezogen wird. Nach Erstellung des Summenabschlusses ist zunächst der Buchungssatz aus der Erstkonsolidierung zu wiederholen (Buchungssatz ①). Danach ist die Wertminderung des Geschäfts- oder Firmenwerts (GoF) der vorangegangenen Periode auf Ebene des Konzerns gegen die Rücklagen zu erfassen (Buchungssatz ②).

31.12.20X2	MU	TU (HB III)	Summe	Konsolidierung		Konzern
Geschäfts- oder Firmenwert	0	0	0	① 150	② 45	105
Immaterielle Vermögenswerte	0	400	400			400
Sachanlagen	0	900	900			900
Beteiligung	1 800	0	1 800		① 1800	0
Kasse	1 050	1 050	2 100			2 100

Summe	**2 850**	**2 350**	**5 200**		**3 505**
Eigenkapital	2 475	1 925	4 400	① 1 650	
				② 45	2 705
Jahresüberschuss	375	350	725		725
Schulden	0	75	75		75
Summe	**2 850**	**2 350**	**5 200**		**3 505**
Erträge	675	900	1 575		1 575
Aufwendungen	300	550	850		850
Jahresüberschuss	**375**	**350**	**725**		**725**

Tabelle G.9 Folgekonsolidierung zum 31.12.20X2 (Angaben in €)

cc) Beispiel zur Folgekonsolidierung mit nicht beherrschenden Anteilen

Besitzt ein Mutterunternehmen weniger als 100 % der Anteile an einem Tochterunternehmen, so sind in der Konzernbilanz **nicht beherrschende Anteile** auszuweisen. In solchen Fällen ist Folgendes zu beachten:

- Stille Reserven und stille Lasten werden im Rahmen des Unternehmenszusammenschlusses zu 100 % aufgedeckt und anteilig den nicht beherrschenden Anteilen zugerechnet.
- Auch die Fortführung von im Rahmen des Unternehmenszusammenschlusses aufgedeckten stillen Reserven und stillen Lasten ist den nicht beherrschenden Anteilen anteilig zuzurechnen.
- Das Konzernergebnis enthält auch denjenigen Teil des Ergebnisses, der den nicht beherrschenden Anteilen zuzurechnen ist. Das Konzernergebnis ist indes unter der Gesamtergebnisrechnung aufzuteilen in den Anteil, welcher den Eigentümern des Mutterunternehmens des Konzerns zuzurechnen ist, und den den nicht beherrschenden Anteilen zuzurechnenden Teil.

Diese Grundsätze werden an nachfolgendem Beispiel erläutert.

Jahr 20X0: Unternehmenszusammenschluss/Erstkonsolidierung

Ein Mutterunternehmen (im Folgenden: MU) erwirbt zum 31.12.20X0 80 % der Anteile an einem anderen Unternehmen (Tochterunternehmen, im Folgenden: TU) für 1 800 €. Die Bilanz des TU zum 31.12.20X0 sieht folgendermaßen aus:

Bilanz zum 31.12.20X0 TU (Angaben in €)			
Sachanlagen	750	Eigenkapital	1 050
Kasse	300		
Summe	**1 050**	**Summe**	**1 050**

Im Rahmen der Bilanzierung des Unternehmenszusammenschlusses kommt es zur Aufdeckung stiller Reserven bei den immateriellen Vermögenswerten i. H. v. 600 €. Die anzusetzenden immateriellen Vermögenswerte weisen eine Nutzungsdauer von sechs Jahren auf. Unabhängig von der Beteiligungsquote des MU sind die stillen Reserven und stillen

Lasten bei Erstellung der Akquisitionsbilanz vollständig aufzudecken. Es ergibt sich folgender Buchungssatz nebst entsprechender Akquisitionsbilanz:

Immaterielle Vermögenswerte an Rücklagen 600 €

Akquisitionsbilanz zum 31.12.20X0 TU (Angaben in €)			
Immaterielle Vermögenswerte	600	Eigenkapital	1 650
Sachanlagen	750		
Kasse	300		
Summe	**1 650**	**Summe**	**1 650**

Bei der Erstellung des Konzernabschlusses zum 31.12.20X0 ist im ersten Schritt die Summenbilanz zu erstellen, wobei Vermögenswerte und Schulden sowie Erträge und Aufwendungen zeilenweise, d. h. je Position, aufsummiert werden. Im Anschluss erfolgt die Verrechnung des Beteiligungsbuchwerts (Anschaffungskosten der Beteiligung von MU an TU = 1 800 €) mit dem anteiligen erworbenen Eigenkapital (in diesem Fall 80 %, d. h. 1 650 × 80 % = 1 320 €). Die sich ergebende Differenz i. H. v. 480 € ist als Geschäfts- oder Firmenwert auszuweisen. Der den nicht beherrschenden Anteilen zuzurechnende Betrag des Eigenkapitals (1 650 × 20 % = 330 €) ist innerhalb des Konzerneigenkapitals in einer separaten Zeile auszuweisen. Die im Folgenden genannten Buchungssätze der Erstkonsolidierung sind zu jedem künftigen Bilanzstichtag zu wiederholen:

Eigenkapital	1 320 €		
Geschäfts- oder Firmenwert	480 €	an Beteiligung	1 800 €
Eigenkapital	330 €	an Nicht beherrschende Anteile	330 €

Angesichts des Erwerbs zum 31.12.20X0 sind dem Konzern noch keine Erträge und Aufwendungen des TU zuzurechnen. Die Spalte MU in Tab. G.10, die Einzel-, Summen- und Konzernabschlüsse sowie die Konsolidierungsbuchungen zusammenfasst, enthält die HB II des MU für das Jahr 20X0.

31.12.20X0	MU	TU (HB III)	Summe	Konsolidierung				Konzern
Geschäfts- oder Firmenwert	0	0	0	①	480			480
Immaterielle Vermögenswerte	0	600	600					600
Sachanlagen	0	750	750					750
Beteiligung	1 800	0	1 800			①	1800	0
Kasse	300	300	600					600
Summe	**2 100**	**1 650**	**3 750**					**2 430**
Eigenkapital	1 800	1 650	3 450	①	1 320			
				②	330			1 800
Jahresüberschuss	300	0	300					300
Nicht beherrschende Anteile	0	0	0			②	330	330
Schulden	0	0	0					0

Summe	**2 100**	**1 650**	**3 750**		**2 430**
Erträge	600	0	600		600
Aufwendungen	300	0	300		300
Jahresüberschuss	**300**	**0**	**300**		**300**

Tabelle G.10 *Erstkonsolidierung zum 31.12.20X0 (Angaben in €)*

Jahr 20X1: Folgekonsolidierung

Annahmegemäß sei zum Ende des Jahres 20X1 eine Wertminderung des Geschäfts- oder Firmenwerts i. H. v. 45 € zu erfassen. Die HB II sowie die HB III des TU entsprechen den Bilanzen des Beispiels im vorangegangen Abschnitt, da die nicht beherrschenden Anteile keine Auswirkungen auf die Bilanzen des TU haben.

Nach Erstellung des Summenabschlusses ist zunächst der Buchungssatz der Erstkonsolidierung zu wiederholen (Buchungssatz ①). Anschließend erfolgt die Dotierung der nicht beherrschenden Anteile wie zum Zeitpunkt der Erstkonsolidierung (Buchungssatz ②). Zudem ist auf Ebene des Konzerns die Wertminderung des Geschäfts- oder Firmenwerts zu erfassen (Buchungssatz ③) und unterhalb der GuV ist der Jahresüberschuss den nicht beherrschenden Anteilen sowie den Anteilseignern des MU zuzurechnen. Auf die nicht beherrschenden Anteile entfällt dabei deren Anteil am Jahresüberschuss des TU (20 % × 275 = 55 €).

31.12.20X1	**MU**	**TU (HB III)**	**Summe**	**Konsolidierung**				**Konzern**
Geschäfts- oder Firmenwert	0	0	0	①	480	③	45	435
Immaterielle Vermögenswerte	0	500	500					500
Sachanlagen	0	675	675					675
Beteiligung	1 800		1 800			①	1800	0
Kasse	675	750	1 425					1 425
Summe	**2 475**	**1 925**	**4 400**					**3 035**
Eigenkapital	2 100	1 650	3 750	①	1 320			
				②	330			2 100
Jahresüberschuss	375	275	650					605
Nicht beherrschende Anteile	0	0	0			②	330	330
Schulden	0	0	0					0
Summe	**2 475**	**1 925**	**4 400**					**3 035**
Erträge	675	750	1 425					1 425
Aufwendungen	300	475	775	③	45			820
Jahresüberschuss	**375**	**275**	**650**					**605**
davon Anteilseigner des MU								550
davon nicht beherrschende Anteile								55

Tabelle G.11 Folgekonsolidierung zum 31.12.20X1 (Angaben in €)

Jahr 20X2: Folgekonsolidierung

Die HB II sowie die HB III des TU entsprechen den Bilanzen des Beispiels im vorangegangen Abschnitt, da die nicht beherrschenden Anteile, keine Auswirkungen auf die Bilanzen des TU haben.

Nach Erstellung des Summenabschlusses ist zunächst der Buchungssatz der Erstkonsolidierung zu wiederholen (Buchungssatz ①). Anschließend erfolgt die Dotierung der nicht beherrschenden Anteile wie zum Zeitpunkt der Erstkonsolidierung (Buchungssatz ②). Auf Ebene des Konzerns ist die Wertminderung des Geschäfts- oder Firmenwerts der vorangegangenen Berichtsperiode gegen die Rücklagen zu erfassen (Buchungssatz ③). Überdies ist das den nicht beherrschenden Anteilen zuzurechnende Ergebnis der vorangegangenen Periode aus den Rücklagen in die Position »nicht beherrschende Anteile« umzugliedern (Buchungssatz ④). Schließlich erfolgt die Zurechnung des Jahresüberschusses der Berichtsperiode auf die nicht beherrschenden Anteile sowie die Anteilseigner des MU, wobei auf Erstere deren Anteil am Jahresüberschuss des TU (20 % × 350 = 70 €) entfällt.

31.12.20X1	MU	TU (HB III)	Summe	Konsolidierung		Konzern
Geschäfts- oder Firmenwert	0	0	0	① 480	③ 45	435
Immaterielle Vermögenswerte	0	400	400			400
Sachanlagen	0	900	900			900
Beteiligung	1 800	0	1 800		① 1800	0
Kasse	1 050	1 050	2 100			2 100
Summe	**2 850**	**2 350**	**5 200**			**3 835**
Eigenkapital	2 475	1 925	4 400	① 1 320		
				② 330		
				③ 45		
				④ 55		2 650
Jahresüberschuss	375	350	725			725
Nicht beherrschende Anteile	0	0	0		② 330	
					④ 55	385
Schulden	0	75	75			75
Summe	**2 850**	**2 350**	**5 200**			**3 835**
Erträge	675	900	1 575			1 575
Aufwendungen	300	550	850			850
Jahresüberschuss	**375**	**350**	**725**			**725**
davon Anteilseigner des MU						655
davon nicht beherrschende Anteile						70

Tabelle G.12 Folgekonsolidierung zum 31.*12.20X2* (Angaben in €)

3. Schuldenkonsolidierung, Zwischenergebniseliminierung sowie Aufwands- und Ertragskonsolidierung

a) Überblick

Die Einzelabschlüsse der Unternehmen, die in einen Konzernabschluss einbezogen werden, umfassen die **Auswirkungen konzerninterner Transaktionen**, d. h. solcher Geschäftsvorfälle, die zwischen in den Konzernabschluss einbezogenen Unternehmen, anfallen. Veräußert beispielsweise das Mutterunternehmen selbst hergestellte Vorräte unter Erzielung eines Gewinns an ein Tochterunternehmen auf Ziel, so kommt es im Einzelabschluss des Mutterunternehmens zum Ausweis von Umsatzerlösen, Materialaufwand, Gewinn sowie einer entsprechenden Forderung gegenüber dem Tochterunternehmen. Das Tochterunternehmen bilanziert wiederum die erworbenen Vermögenswerte zu Anschaffungskosten und eine entsprechende Verbindlichkeit gegenüber dem Mutterunternehmen. An diesem Beispiel lassen sich die folgenden, bei der Erstellung des Konzernabschlusses (als Abschluss der wirtschaftlichen Einheit »Konzern«) auftretenden, Problemkreise verdeutlichen:

1. Ein Konzern darf keine Forderungen und Verbindlichkeiten gegen sich selbst ausweisen.

   Dieses Problem ist Teil der sog. **Schuldenkonsolidierung**, bei der es um die Eliminierung von Schuldbeziehungen zwischen den Konzernunternehmen geht.

2. Die veräußerten Vorräte wurden im Konzern selbst hergestellt. Das zu Anschaffungskosten bilanzierende Tochterunternehmen bewertet die Vermögenswerte indes höher als zu den Herstellungskosten aus Konzernsicht, da das Mutterunternehmen unter Erzielung eines Gewinns veräußert hat.

   Das Problem Nr. 2 wird bei der Konzernabschlusserstellung im Rahmen der sog. **Zwischenergebniseliminierung** adressiert.

3. In der GuV sind Erfolgsbestandteile enthalten, die aus Konzernsicht keine Erfolge darstellen. Umsatzerlöse dürfen beispielsweise nur erfasst werden, wenn eine Veräußerung an konzernexterne Dritte erfolgt.

   Das dritte auftretende Problem ist schließlich Gegenstand der sog. **Aufwands- und Ertragskonsolidierung**. Hierbei geht es um die Eliminierung von solchen in den Gewinn- und Verlustrechnungen der Einzelabschlüsse enthaltenen Erfolgsbeiträgen, die in der GuV der wirtschaftlichen Einheit »Konzern« nicht enthalten sein dürfen.

Grundlage für die genannten Konsolidierungsschritte ist die Regelung des IFRS 10.B86 (c). Demnach eliminieren Konzernabschlüsse

- konzerninterne Vermögenswerte und Schulden (Schuldenkonsolidierung, vgl. S. 644 ff.),
- Eigenkapital (**Kapitalkonsolidierung**, vgl. S. 604 ff.),
- Aufwendungen und Erträge (**Aufwands- und Ertragskonsolidierung**, vgl. S. 658 ff.) sowie
- Zahlungsströme aus Geschäftsvorfällen, die zwischen Konzernunternehmen stattfinden, vollständig (Gewinne oder Verluste aus konzerninternen Geschäftsvorfällen, die bei den Vermögenswerten angesetzt wurden, wie Vorräte oder Sachanlagen, werden vollständig eliminiert (**Zwischenergebniseliminierung**, vgl. S. 652 ff.)).

Indes enthält der IFRS 10 – *Konzernabschlüsse* keine Regelungen zur technischen Umsetzung der geforderten Konsolidierungsschritte. Diese sind somit deduktiv aus der Zielsetzung des Konzernabschlusses abzuleiten. Demnach ist insbesondere auf den **Grundsatz der wirtschaftlichen Einheit** abzustellen, d. h. eine Bilanzierungsweise zu wählen, die den berichterstattenden Konzern darstellt, als handele es sich um ein einheitliches Unternehmen.

b) Schuldenkonsolidierung

aa) Grundlagen

Der Konzernabschluss soll die wirtschaftliche Lage des Konzerns so darstellen, als handele es sich hierbei um ein einziges Unternehmen. Da ein einzelnes Unternehmen in seinem Abschluss keine Forderungen und Schulden gegenüber sich selbst bilanzieren darf, dürfen in einem Konzernabschluss folglich keine Schuldverhältnisse enthalten sein, die zwischen den in den Konzernabschluss einbezogenen Unternehmen bestehen. **Konzerninterne Schuldverhältnisse** sind daher bei der Konzernabschlusserstellung im Rahmen der Schuldenkonsolidierung zu **eliminieren**.

Die IFRS machen keinerlei Vorgaben, welche Positionen Gegenstand der Schuldenkonsolidierung sind. Aus der Zielsetzung des IFRS-Konzernabschlusses ist somit zu schließen, dass sämtliche konzerninternen Ansprüche und Schulden aus der Konzernbilanz zu eliminieren sind. Dies gilt zudem für sämtliche Angaben zu konzerninternen Schuldverhältnissen. Beispiele für grundsätzlich von der Schuldenkonsolidierung betroffene Positionen sind konzerninterne Forderungen und Verbindlichkeiten aus Lieferungen und Leistungen sowie sonstige Forderungen und Verbindlichkeiten, Anleihen, Rückstellungen und Eventualschulden.

Sofern **konzerninterner Anspruch und korrespondierende Schuld** im Summenabschluss **betragsmäßig identisch** sind, werden die Positionen, d. h. der Anspruch des einen Konzernunternehmens und die entsprechende Schuld des anderen Konzernunternehmens, mit dem Buchungssatz »Per Schuld an Anspruch« erfolgsneutral gegeneinander eliminiert. Dies wird an nachfolgendem Beispiel verdeutlicht.

BEISPIEL:

Ein Mutterunternehmen (MU) veräußert selbst erstellte Vorräte zu einem Preis von 25 000 € an ein Tochterunternehmen (TU). MU realisiert den Erfolg in seinem Einzelabschluss und bilanziert im Einzelabschluss eine Forderung gegen TU in Höhe des Veräußerungspreises (25 000 €). TU weist in seinem Einzelabschluss eine entsprechende Verbindlichkeit gegenüber MU i. H. v. 25 000 € aus. Für Zwecke des Konzernabschlusses ist dieses konzerninterne Schuldverhältnis im Rahmen der Schuldenkonsolidierung zu eliminieren. Der Buchungssatz lautet:

Verbindlichkeit	an Forderung	25 000 €

Stehen sich Anspruch und Verpflichtung indes nicht in gleicher Höhe gegenüber, entstehen sog. **Aufrechnungsdifferenzen**, deren Behandlung vom zugrundeliegenden Sachverhalt abhängt. In den nachfolgenden Abschnitten werden zunächst ausgewählte Sachverhalte der Schuldenkonsolidierung erläutert, um im Anschluss daran die Behandlung der Aufrechnungsdifferenzen zu analysieren.

bb) Ausgewählte Sachverhalte der Schuldenkonsolidierung

Je nach nationalem Recht besteht mitunter die Möglichkeit, dass die Eigentümer bzw. Gesellschafter eines Unternehmens ihre Einlagen nicht vollständig einzahlen. So besteht diese Möglichkeit in Deutschland sowohl für die Aktiengesellschaft (gem. § 36a Abs. 2 AktG) als auch für die GmbH (gem. § 7 Abs. 2 GmbHG). Handelt es sich beim Gesellschafter in derartigen Fällen um ein Konzernunternehmen, so ist zu prüfen, ob aus der Tatsache, dass die Einlagen nicht vollständig eingezahlt wurden, ein Schuldverhältnis resultiert, das bei der Schuldenkonsolidierung zu eliminieren ist. Ausschlaggebend ist hierfür, ob das Unternehmen, dessen Einlagen zum Teil ausstehen, einen Anspruch und der Gesellschafter bzw. das Unternehmen, welches die Einlage zu leisten hat, eine Schuld ausweist. Diese Forderung und Einzahlungsverpflichtung in selber Höhe entstehen, wenn und soweit die ausstehenden Einlagen eingefordert wurden. Da sich Anspruch und Schuld betragsmäßig entsprechen, erfolgt die Eliminierung analog der Buchung im Beispiel des vorangehenden Abschnitts.

Ein weiteres Beispiel möglicher konzerninterner Schuldbeziehungen sind konzerninterne Anleihen, d. h. ein Konzernunternehmen hält ein solches Fremdkapitalinstrument eines anderen Konzernunternehmens. Derartige konzerninterne Schuldverhältnisse sind bei der Konzernabschlusserstellung einschließlich der damit verbundenen Erfolgswirkungen zu eliminieren.

BEISPIEL:

Ein Mutterunternehmen begibt am 1.1.20X0 eine zu 5 % verzinsliche Anleihe. Diese Anleihe wird in Höhe des Nominalwerts von 10 000 € von einem Tochterunternehmen des emittierenden Unternehmens gezeichnet. Das Mutterunternehmen weist in der Folge in seinem Einzelabschluss eine Verbindlichkeit i. H. v. 10 000 € aus. Überdies erfasst es zum 31.12.20X0 einen Zinsaufwand i. H. v. 500 €. Das Tochterunternehmen zeigt in seinem Einzelabschluss ein Wertpapier (Forderung aus der Anleihe) i. H. v. 10 000 € und erfasst für das Jahr 20X0 einen Zinsertrag i. H. v. 500 €.

Die bilanziellen Auswirkungen der konzerninternen Anleihe sowie die Zinsaufwendungen und -erträge sind im Konzernabschluss durch folgende Buchungssätze zu eliminieren:

Verbindlichkeit	an Wertpapier	10 000 €
Zinsertrag	an Zinsaufwand	500 €

Weiterhin könnte fraglich sein, ob Forderungen und Verbindlichkeiten aus einem sog. **Drittschuldverhältnis** im Rahmen der Schuldenkonsolidierung zu eliminieren sind. Ein Drittschuldverhältnis ist dadurch gekennzeichnet, dass ein Konzernunternehmen gegenüber einem konzernexternen Unternehmen eine Forderung und ein anderes Konzernunternehmen gegenüber demselben konzernfremden Unternehmen eine Verbindlichkeit ausweist. Da in diesem Fall kein konzerninternes Schuldverhältnis vorliegt, sind solche Sachverhalt nicht im Rahmen der Schuldenkonsolidierung zu eliminieren. Auch eine Saldierung der Forderung und der Verbindlichkeit im Konzernabschluss scheidet gem. IAS 1.32 aus, da die IFRS keine Vorschrift zur Saldierung von Drittschuldverhältnissen enthalten.

cc) Aufrechnungsdifferenzen

Aufrechnungsdifferenzen entstehen, sofern sich konzerninterne Ansprüche und Schulden nicht in gleicher Höher gegenüberstehen. Übersteigt der Buchwert des Anspruchs den Buchwert der korrespondierenden Schuld, so entsteht eine **aktivische Aufrechnungsdifferenz**. Eine **passivische Aufrechnungsdifferenz** entsteht demgegenüber, soweit der Buchwert der Schuld größer ist als der Buchwert des zugehörigen Anspruchs.

BEISPIEL: AKTIVISCHE AUFRECHNUNGSDIFFERENZ

Das Mutterunternehmen gewährte seinem Tochterunternehmen für den Zeitraum von 15 Jahren ein zinsloses Darlehen. Während das Mutterunternehmen für die Abzinsung des Rückzahlungsbetrags einen Zinssatz von 5 % für angemessen erachtet und im Rahmen des Einzelabschlusses verwendet, ist das Tochterunternehmen in seinem Einzelabschluss zu der Ansicht gelangt, dass ein Zinssatz von 6 % sachgerecht ist. Hieraus resultiere eine Forderung beim Mutterunternehmen i. H. v. 1 000 € und eine Verbindlichkeit beim Tochterunternehmen über etwa 867 €. Bei der Schuldenkonsolidierung ist demnach folgender Buchungssatz zu erfassen:

Verbindlichkeit	867 €		
Aktivische Aufrechnungsdifferenz	133 €	an Forderung	1 000 €

BEISPIEL: PASSIVISCHE AUFRECHNUNGSDIFFERENZ

Ein Tochterunternehmen hat eine selbst gefertigte Maschine an sein Mutterunternehmen veräußert. Auf der Basis von Erfahrungswerten bildet das Tochterunternehmen wie bei jedem Verkauf einer Maschine dieses Typs eine Garantierückstellung i. H. v. 7 000 €. Bei der Schuldenkonsolidierung wird in diesem Fall im ersten Schritt gebucht:

Rückstellung	an Passivische Aufrechnungsdifferenz	7 000 €

Zur Eliminierung von Aufrechnungsdifferenzen geben die IFRS keine Regelungen vor. Entscheidend ist somit der Grundsatz, dass der Konzernabschluss die wirtschaftliche Lage des Konzerns so darstellt, als handele es sich um ein einheitliches Unternehmen. Im Folgenden wird die Behandlung der Aufrechnungsdifferenzen getrennt nach den drei verschiedenen Arten »unechte«, »stichtagsbedingte« sowie »echte Aufrechnungsdifferenzen« erläutert.

Unechte Aufrechnungsdifferenzen

Unechte Aufrechnungsdifferenzen entstehen durch **Buchungsfehler** oder **zeitliche Buchungsunterschiede**. Für die Behandlung ist zunächst zu untersuchen, aus welchem Sachverhalt die Differenz resultiert. Im Anschluss ist die Differenz durch Korrektur des Fehlers bzw. durch Eliminierung des einseitig erfassten Sachverhalts zu eliminieren.

BEISPIEL: ZEITLICHER BUCHUNGSUNTERSCHIED

Konzernunternehmen A liefert am 31.12.20X0 einen Vermögenswert an Konzernunternehmen B für einen vereinbarten Preis von 500 €. Bei A wird zu diesem Zeitpunkt eine Forderung sowie ein entsprechender Ertrag i. H. v. 500 € erfasst. Bei B wird die korrespondierende Verbindlichkeit indes erst bei Eingang der Lieferung am 3.1.20X1 erfasst, sodass sich Anspruch und Schuld bei der Schuldenkonsolidierung zum 31.12.20X0 aufgrund zeitlicher Buchungsunterschiede in unterschiedlicher Höhe gegenüberstehen.

Aktivische Aufrechnungsdifferenz	an Forderung	500 €

Betrachtet man den Sachverhalt, so ist festzustellen, dass aus Sicht des bilanzierenden Konzerns weder die Forderung noch der zugehörige Ertrag zu erfassen ist. Die aktivische Aufrechnungsdifferenz ist somit gegen den zu hoch erfassten Ertrag zu eliminieren:

Ertrag	an Aktivische Aufrechnungsdifferenz	500 €

BEISPIEL: BUCHUNGSFEHLER

Konzernunternehmen A liefert einen Vermögenswert an Konzernunternehmen B. Hierfür wurde ein Preis von 250 € vereinbart. Aus Versehen werden bei A eine Forderung sowie die entsprechenden Umsatzerlöse i. H. v. 2 500 € gebucht, wohingegen B die Verbindlichkeit gegenüber A in zutreffender Höhe von 250 € erfasst, sodass bei der Schuldenkonsolidierung folgende Aufrechnungsdifferenz entsteht:

Verbindlichkeit	250 €		
Aktivische Aufrechnungsdifferenz	2 250 €	an Forderung	2 500 €

Diese unechte Aufrechnungsdifferenz wird gegen die überhöht erfassten Umsatzerlöse korrigiert.

Umsatzerlöse	an Aktivische Aufrechnungsdifferenz	2 250 €

Unechte Aufrechnungsdifferenzen sollten idealerweise bereits im Vorfeld der Konsolidierung durch Abstimmung konzerninterner Schuldbeziehungen identifiziert werden. Eine Analyse der gesamten, sich bei der Schuldenkonsolidierung ergebenden Aufrechnungsdifferenz kann ansonsten unübersichtlich und eine sachgerechte Korrektur der Differenzen undurchführbar werden.

Stichtagsbedingte Aufrechnungsdifferenzen

Grundsätzlich sind alle in den Konzernabschluss einzubeziehenden Abschlüsse auf denselben Stichtag, den Konzernstichtag, zu erstellen. Ein Tochterunternehmen mit abweichendem Stichtag muss daher grundsätzlich einen zusätzlichen Abschluss für das dem Konzerngeschäftsjahr entsprechende Geschäftsjahr erstellen. In Fällen, in denen Letzteres indes undurchführbar ist, darf jedoch auch der auf einen bis zu drei Monate abweichenden Stichtag aufgestellte Einzelabschluss eines Tochterunternehmens in den Konzernabschluss einbezogen werden. Bei **abweichenden Stichtagen** können dann sog. stichtagsbedingte Aufrechnungsdifferenzen entstehen, wenn zwischen den unterschiedlichen Stichtagen Geschäftsvorfälle auftreten, welche Auswirkungen auf die konzerninternen Schuldbeziehungen haben. Die bei der Schuldenkonsolidierung entstehende Aufrechnungsdifferenz ist – je nach zugrundeliegendem Sachverhalt – zu eliminieren.

BEISPIEL:

Konzernunternehmen A stellt seinen Einzelabschluss auf den Bilanzstichtag 31.10.20X0 auf. Dieser Abschluss wird in den Konzernabschluss einbezogen, der auf den 31.12.20X0 (gleichzeitig Bilanzstichtag des Mutterunternehmens, im Folgenden: MU) aufgestellt wird. A weist zum 31.10.20X0 eine Verbindlichkeit gegenüber MU i. H. v. 30 000 € aus, welche A am 5.12.20X0 begleicht. Da der Verbindlichkeit von A zum 31.10.20X0 keine entsprechende Forderung im Abschluss von MU zum 31 12.20X0 gegenübersteht, entsteht im Rahmen der Schuldenkonsolidierung eine stichtagsbedingte Aufrechnungsdifferenz:

Verbindlichkeit	an Passivische Aufrechnungsdifferenz	30 000 €

Die Eliminierung derartiger Differenzen ist nicht immer eindeutig. Angenommen, Konzernunternehmen A zeigt am 31.10.20X0 keine flüssigen Mittel in seiner Bilanz. Diese generiert A nach seinem Bilanzstichtag durch den Verkauf von Vorräten und kann die Verbindlichkeit daher am 5.12.20X0 begleichen. MU investiert das Geld seinerseits indes unmittelbar in Sachanlagen und besitzt zum 31.12.20X0 keine finanziellen Mittel, sodass im Summenabschluss keine liquiden

Mittel ausgewiesen werden. Für die Eliminierung solch einer Aufrechnungsdifferenz gibt es keine eindeutige Lösung. Der Fehler, einen Abschluss mit abweichendem Stichtag in den Konzernabschluss einzubeziehen, kann (wie hier gezeigt) zu einem »Folgefehler« führen. Im Regelfall werden solche Aufrechnungsdifferenzen gegen die liquiden Mittel eliminiert.

Echte Aufrechnungsdifferenzen

Während es sich bei unechten und stichtagsbedingten Aufrechnungsdifferenzen eher um »technische Phänomene« handelt, entstehen echte Aufrechnungsdifferenzen, wenn sich **konzerninterne Ansprüche und Schulden** trotz Anwendung konzerneinheitlicher Bilanzierungsmethoden **betragsmäßig unterscheiden**. Als Beispiele für echte Aufrechnungsdifferenzen werden typischerweise Rückstellungen eines Konzernunternehmens genannt, bei denen das andere betroffene Konzernunternehmen keine Forderung bilanziert, oder Forderungen gegen ein Konzernunternehmen, die (beispielsweise aufgrund verschlechterter Bonität) im Wert gemindert wurden, wobei die entsprechende Verbindlichkeit des Schuldnerunternehmens in der ursprünglichen Höhe bestehen bleibt.

Bei der Behandlung von echten Aufrechnungsdifferenzen ist zwischen der Eliminierung in der Periode des Entstehens der Aufrechnungsdifferenz sowie der Behandlung in nachfolgenden Abschlussjahren zu differenzieren. Bei Entstehung einer echten Aufrechnungsdifferenz bzw. bei Veränderung einer Aufrechnungsdifferenz in einer Folgeperiode wird die Differenz gegen das Gesamtergebnis eliminiert. Besteht die Aufrechnungsdifferenz hingegen in Folgejahren unverändert fort, so ist diese Differenz ergebnisneutral zu eliminieren.

In der **Periode der Entstehung einer echten Aufrechnungsdifferenz** ist die Ursache der Differenz zu untersuchen. Sofern der Betrag bei Entstehung der Aufrechnungsdifferenz in der Gesamtergebnisrechnung erfasst wurde, ist diese Differenz entsprechend gegen die Gesamtergebnisrechnung zu eliminieren. Möglich ist indes auch, dass die Aufrechnungsdifferenz bei ihrer Entstehung keine Auswirkungen auf das Gesamtergebnis hatte, deren Eliminierung dann aber gegen das Gesamtergebnis erfolgt.

BEISPIEL 1:

Konzernunternehmen A begibt eine Anleihe i. H. v. 2 500 € (annahmegemäß fallen keine Transaktionskosten an). A bewertet die Verbindlichkeit zu fortgeführten Anschaffungskosten, d. h. zu 2 500 €. Konzernunternehmen B erwirbt diese Anleihe für 2 500 € und bewertet sie zum beizulegenden Zeitwert, wobei Wertänderungen im sonstigen Ergebnis erfasst werden. Zum Konzernabschlussstichtag beträgt der beizulegende Zeitwert der Anleihe 3 000 €. Die Wertsteigerung i. H. v. 500 € erfasst B im sonstigen Ergebnis. Im Rahmen der Schuldenkonsolidierung kommt es zu folgenden Buchungssätzen:

Verbindlichkeit	2 500 €		
Aktivische Aufrechnungsdifferenz	500 €	an Anleihe	3 000 €

Diese aktivische Aufrechnungsdifferenz wird gegen das sonstige Ergebnis eliminiert:

Sonstiges Ergebnis	an Aktivische Aufrechnungsdifferenz	500 €

BEISPIEL 2:

Konzernunternehmen A hat eine Forderung i. H. v. 1 000 € gegen Konzernunternehmen B. Da sich die Bonität von B erheblich verschlechtert, schreibt A seine Forderung auf 0 € ab. Die Verbindlichkeit bei B bleibt in unveränderter Höhe bestehen. A weist in seinem Einzelabschluss eine Forderung i. H. v. 0 € und einen Aufwand aus der Abschreibung der Forderung i. H. v. 1 000 € aus. B zeigt dagegen eine Verbindlichkeit i. H. v. 1 000 €, sodass sich bei der Schuldenkonsolidierung folgender Buchungssatz ergibt:

Verbindlichkeit	an Passivische Aufrechnungsdifferenz	1 000 €

Diese passivische Aufrechnungsdifferenz wird gegen den Aufwand aus der Abschreibung der Forderung eliminiert:

Passivische Aufrechnungsdifferenz	an Aufwand	1 000 €

In **Berichtsperioden nach der Entstehung einer echten Aufrechnungsdifferenz** ist bei der Schuldenkonsolidierung zwischen den in Vorperioden schon eliminierten Aufrechnungsdifferenzen und der Veränderung von Aufrechnungsdifferenzen zu unterscheiden. Die bereits in Vorjahren eliminierten Aufrechnungsdifferenzen sind ergebnisneutral gegen das Eigenkapital zu eliminieren. Als Gegenposition im Eigenkapital wird hierfür in der Praxis entweder die Konzerngewinnrücklage bzw. der Konzerngewinnvortrag oder das kumulierte sonstige Ergebnis gewählt.

FORTSETZUNG DES BEISPIELS 2

Im folgenden Jahr bilanziert A weiterhin eine Forderung i. H. v. 0 €. B weist dagegen immer noch eine Verbindlichkeit gegenüber A i. H. v. 1 000 € aus, sodass bei der Schuldenkonsolidierung folgende Buchung durchgeführt wird:

Verbindlichkeit	an Passivische Aufrechnungsdifferenz	1 000 €

Diese passivische Aufrechnungsdifferenz ist nun nicht gegen das Gesamtergebnis zu eliminieren, da dieses in der Berichtsperiode nicht berührt wurde. In der Vorperiode war das Ergebnis der Einzelabschlüsse aus diesem Sachverhalt um 1 000 € niedriger als das Konzernergebnis, da der im Einzelabschluss von A erfasste Aufwand i. H. v. 1 000 € im Konzernabschluss eliminiert wurde. Unter der Annahme, dass sämtliche Jahresüberschüsse (d. h. im Einzel- wie im Konzernabschluss) des Vorjahrs thesauriert wurden, hat sich die Gewinnrücklage im Einzelabschluss im Vergleich zur Konzerngewinnrücklage um einen um 1 000 € geringeren Betrag erhöht. Die Gewinnrücklage im Konzernabschluss ist aus diesem Sachverhalt folglich um 1 000 € höher als die Gewinnrücklage im Einzelabschluss. Da der Konzernabschluss indes ausgehend von den einbezogenen Einzelabschlüssen erstellt wird, in welchen die Gewinnrücklage im Vergleich zur erwarteten Konzerngewinnrücklage um 1 000 € zu niedrig ausgewiesen ist, ist die Konzerngewinnrücklage bei Erstellung des Konzernabschlusses um 1 000 € zu erhöhen:

Passivische Aufrechnungsdifferenz	an Konzerngewinnrücklage	1 000 €

Veränderungen von Aufrechnungsdifferenzen in der Berichtsperiode sind wie die Entstehung einer Aufrechnungsdifferenz zu behandeln, d. h. erfolgswirksam gegen das Gesamtergebnis zu eliminieren.

dd) Zusammenfassendes Beispiel zur Schuldenkonsolidierung

Im Jahr 20X0 gewährt das Mutterunternehmen (im Folgenden: MU) seinem Tochterunternehmen (im Folgenden: TU) ein Darlehen i. H. v. 600 000 €. Im darauffolgenden Jahr 20X1 schreibt das MU seine Forderung gegenüber dem TU auf 480 000 € ab. Im Jahr 20X2 schreibt das MU die Forderung wiederum auf einen Betrag von 520 000 € zu. Das Tochterunternehmen zahlt schließlich im Jahr 20X3 einen Betrag von 530 000 €, womit der Sachverhalt abgeschlossen ist.

Im Folgenden werden die Auswirkungen des Sachverhalts auf die Bilanzen von MU und TU, den Summenabschluss sowie die Konsolidierung und den Konzernabschluss dargestellt. Der Jahresüberschuss in der Bilanz entspricht dem Jahresüberschuss, wie er sich in der GuV ergibt. Deutlich wird, dass sich aus dem konzerninternen Schuldverhältnis in keiner der Abschlussperioden Auswirkungen auf den Konzernabschluss ergeben.

Im Jahr 20X0 ergeben sich keinerlei Schwierigkeiten bei der Schuldenkonsolidierung, da sich Anspruch und Schuld in gleicher Höhe gegenüberstehen und erfolgsneutral gegeneinander zu eliminieren sind.

20X0	MU	TU	Summe	Konsolidierung		Konzern-abschluss
Forderungen	600 000	0	600 000		① 600 000	0
Gewinnrücklagen	0	0	0			0
Jahresüberschuss	0	0	0			0
Verbindlichkeiten	0	600 000	600 000	① 600 000		0

Tabelle G.13 Schuldenkonsolidierung für 20X0 (Angaben in €)

Im darauffolgenden Jahr 20X1 ist bei MU ein Aufwand (Abschreibung der Forderung) i. H. v. 120 000 € zu erfassen, welcher den Jahresüberschuss von MU mindert. Im Rahmen der Schuldenkonsolidierung (Buchungssatz ①) ergibt sich nun eine passivische Aufrechnungsdifferenz i. H. v. 120 000 €, welche gegen die Position zu eliminieren ist, in der im Einzelabschluss der Aufwand erfasst wurde.

20X1	MU	TU	Summe	Konsolidierung		Konzern-abschluss
Forderungen	480 000	0	480 000		① 480 000	0
Aufrechnungsdifferenzen	0	0	0	② 120 000	① 120 000	0
Gewinnrücklagen	0	0	0			0
Jahresüberschuss	– 120 000	0	– 120 000			0
Verbindlichkeiten	0	600 000	600 000	① 600 000		0
Ertrag	0	0	0			0
Aufwand	120 000	0	0		② 120 000	0
Jahresüberschuss	– 120 000	0	0			0

Tabelle G.14 Schuldenkonsolidierung für 20X1 (Angaben in €)

Im Jahr 20X2 schreibt MU die Forderung in seinem Einzelabschluss wieder um 40 000 € zu, wodurch es zu einer entsprechenden Erhöhung des Jahresüberschuss von MU kommt. Auch wenn bei der Schuldenkonsolidierung lediglich eine Aufrechnungsdifferenz von 80 000 € entsteht, ist im ersten Schritt die Aufrechnungsdifferenz aus der Vorperiode (20X1) gegen die Gewinnrücklage zu erfassen (Buchungssatz ②). Hiermit wird die Gewinnrücklage auf den Betrag erhöht, welcher sich aus Sicht des Konzerns ergeben haben sollte (0 €). Schließlich erfolgt die ergebniswirksame Eliminierung der Veränderung der Aufrechnungsdifferenz in der aktuellen Periode (Buchungssatz ③).

20X2	MU	TU	Summe	Konsolidierung		Konzern-abschluss
Forderungen	520 000	0	520 000		① 520 000	0
Aufrechnungsdif-ferenzen	0	0	0	② 120 000	① 80 000	0
					③ 40 000	
Gewinnrücklagen	- 120 000	0	- 120 000		② 120 000	0
Jahresüberschuss	40 000	0	40 000			0
Verbindlichkeiten	0	600 000	600 000	① 600 000		0
Ertrag	40 000	0	0	③ 40 000		0
Aufwand	0	0	0			0
Jahresüberschuss	40 000	0	0			0

Tabelle G.15 Schuldenkonsolidierung für 20X2 (Angaben in €)

20X3	MU	TU	Summe	Konsolidierung		Konzern-abschluss
Forderungen	0	0	0			0
Aufrechnungsdif-ferenzen	0	0	0	① 80 000	② 80 000	0
Gewinnrücklagen	- 80 000	0	- 80 000		① 80 000	0
Jahresüberschuss	10 000	70 000	80 000			0
Verbindlichkeiten	0	0	0			0
Ertrag	10 000	70 000	80 000	② 80 000		0
Aufwand	0	0	0			0
Jahresüberschuss	10 000	70 000	80 000			0

Tabelle G.16 Schuldenkonsolidierung für 20X3 (Angaben in €)

MU weist in seinem Einzelabschluss in der Gewinnrücklage die Ergebnisbestandteile aus dem Sachverhalt der vergangenen Perioden aus (– 120 000 € + 40 000 € = – 80 000 €). Im Jahr 20X3 erfasst MU schließlich einen Ertrag i. H. v. 10 000 €, da das Unternehmen eine um diesen Betrag höher bewertete Zahlung erhält als die Forderung im Einzelabschluss bewertet war. TU hat seinerseits einen Ertrag i. H. v. 70 000 € zu erfassen, da eine Verbindlichkeit i. H. v. 600 000 € durch eine Zahlung i. H. v. 530 000 € beglichen wird. Insgesamt ergeben sich somit in den Einzelabschlüssen Erträge i. H. v. 80 000 € und es liegt keine konzerninterne Schuldbeziehung mehr vor. Im Rahmen der Schuldenkonsolidierung ist dennoch die in der Vergangenheit ergebniswirksam erfasste Aufrechnungsdifferenz zu erfassen (Buchungssatz ①). Anschließend wird die Veränderung der Aufrechnungsdifferenz der aktuellen Periode ergebniswirksam erfasst. Der Sachverhalt ist damit abgeschlossen.

c) Zwischenergebniseliminierung

aa) Grundlagen

Als **Zwischenergebnis** bezeichnet man die Differenz zwischen dem Buchwert eines Vermögenswerts oder einer Schuld im Einzelabschluss eines Unternehmens und dem Buchwert, der in der Konzernbilanz anzusetzen ist. Eine **Zwischenergebniseliminierung** ist folglich dann durchzuführen, wenn sich Geschäftsvorfälle zwischen Unternehmen, die in den Konzernabschluss einbezogen werden, ereignet haben, die dazu führten, dass ein Vermögenswert oder eine Schuld im Konzernabschluss abweichend von den (fortgeführten) Anschaffungs- oder Herstellungskosten des Konzerns bewertet wird. Obgleich IFRS 10 lediglich auf Zwischenergebnisse im Buchwert von Vermögenswerten ausdrücklich Bezug nimmt, ist die Zwischenergebniseliminierung auch auf Zwischenergebnisse im Buchwert von Schulden anzuwenden, da gem. IFRS 10.B86 (c) sämtliche konzerninternen Salden, Transaktionen, Erträge und Aufwendungen zu eliminieren sind. Die Zwischenergebniseliminierung ist ein Konsolidierungsschritt, der sich nur auf die Konzernbilanz bezieht, nicht aber auf die Gesamtergebnisrechnung. Bei ergebniswirksamer Eliminierung eines Zwischenergebnisses ergeben sich indes stets auch Auswirkungen auf die Gesamtergebnisrechnung. Diese werden allerdings im Rahmen der Aufwands- und Ertragskonsolidierung (vgl. S. 658 ff.) eliminiert.

BEISPIEL:

Konzernunternehmen A hat im Jahr 20X0 ein Grundstück für 1,5 Mio. € von einem konzernfremden Dritten erworben. Im Jahr 20X4 veräußert A dieses Grundstück ohne jemals Veränderungen an diesem vorgenommen zu haben zu einem Preis von 2,1 Mio. € an Konzernunternehmen B, in dessen Einzelabschluss das Grundstück folglich zu Anschaffungskosten i. H. v. 2,1 Mio. € angesetzt wird. Bei Bilanzierung zu fortgeführten Anschaffungskosten ist das Grundstück im Konzernabschluss indes weiterhin maximal mit 1,5 Mio. € zu bewerten. Im Buchwert des Grundstücks ist somit ein Zwischenergebnis (in diesem Fall ein Zwischengewinn) i. H. v. 0,6 Mio. € enthalten, den es im Rahmen der Zwischenergebniseliminierung zu neutralisieren gilt.

Unabhängig von der Beteiligungsquote des Mutterunternehmens am betroffenen Tochterunternehmen sind Zwischenergebnisse immer vollständig, d. h. zu 100 %, zu eliminieren. Ausnahmen von der Zwischenergebniseliminierung sieht IFRS 10 grundsätzlich nicht vor. Lediglich aufgrund des Wesentlichkeitsgrundsatzes oder wenn und soweit ein Zwischenverlust vorliegt, welcher aus Konzernsicht als Wertminderung zu klassifizieren ist, sind Zwischenergebnisse bzw. -verluste nicht (vollständig) zu eliminieren.

bb) Ermittlung von Zwischenergebnissen

Wie im Vorangehenden beschrieben ist ein Zwischenergebnis die Differenz zwischen dem Wert, mit welchem ein Vermögenswert bzw. eine Schuld im Einzelabschluss eines zum Konzern gehörenden Unternehmens angesetzt wird, und dem Wertansatz dieses Vermögenswerts bzw. dieser Schuld im Konzernabschluss. Bei einem **Zwischengewinn** übersteigt der Wertansatz im Einzelabschluss den Wert im Konzernabschluss. Im umgekehrten Fall liegt ein **Zwischenverlust** vor. Da der im Einzelabschluss angesetzte Wert bei Erstellung des Konzernabschlusses bekannt ist (es handelt sich um den Wert in der Bilanz, welche in den Konzernabschluss einbezogen wird, also nach Anwendung konzerneinheitlicher Bilanzierungsmethoden), liegt der Kern der Ermittlung von Zwischenergebnissen in der **Ermittlung der Konzernanschaffungs- und Konzernherstellungskosten**.

Während die Ermittlung von **Konzernanschaffungskosten** im Normalfall unproblematisch ist, da diese den Anschaffungskosten desjenigen Konzernunternehmens entsprechen, welches den Vermögenswert von einem konzernexternen Unternehmen erworben hat, ist die Ermittlung von **Konzernherstellungskosten** mitunter wesentlich anspruchsvoller. Herstellungskosten umfassen nach IFRS die produktionsbezogenen Vollkosten, d. h. neben den dem Produkt direkt zurechenbaren Einzelkosten sind sämtliche Gemeinkosten zu aktivieren, die der Produktion zuzurechnen sind. Wahlrechte sehen die IFRS im Zusammenhang mit der Herstellungskostenermittlung nicht vor.

In Bezug auf die Herstellungskosten ergeben sich häufig Unterschiede zwischen Einzel- und Konzernabschluss aufgrund konzerninterner Transaktionen, deren Auswirkungen im Konzernabschluss zu eliminieren sind. Überdies sind aus Sicht des bilanzierenden Konzerns mitunter Ausgaben für den Transport von Vermögenswerten in die Herstellungskosten einzubeziehen, sofern diese im Rahmen des Herstellungsprozesses notwendigerweise angefallen sind. Transportausgaben sind im Einzelabschluss hingegen üblicherweise als Vertriebskosten aufwandswirksam zu erfassen.

BEISPIEL:

Konzernunternehmen A stellt einen Vermögenswert her. Für die Herstellung fallen bei A Materialkosten i. H. v. 250 € sowie Fertigungskosten i. H. v. 360 € an. Anschließend veräußert A das Zwischenprodukt an Konzernunternehmen B zu einem Preis von 640 €. Die dabei anfallenden Transportkosten i. H. v. 40 € hat A zu tragen. B verarbeitet den Vermögenswert weiter, wobei Fertigungskosten i. H. v. 460 € anfallen. Im Einzelabschluss von B wird der Vermögenswert daher mit 1 100 € bewertet.

Konzernunternehmen A musste zur Produktion des Vermögenswerts Lizenzgebühren i. H. v. 30 € an ein drittes Konzernunternehmen (C) zahlen, die in den Materialkosten bei Konzernunternehmen A enthalten sind. Aus Sicht des gesamten Konzerns würden dem produzierten Vermögenswert aufgrund der planmäßigen Abschreibung des bei Konzernunternehmen C bilanzierten immateriellen Vermögenswerts (Lizenzrecht) Abschreibungen i. H. v. 10 € zugerechnet werden. Ferner sind in den Kosten des Unternehmens B bezogene Leistungen des Konzernunternehmens D i. H. v. 200 € enthalten. Der Aufwand von D für diese Leistungen betrug lediglich 100 €.

Die Konzernherstellungskosten ermitteln sich im angeführten Beispiel folgendermaßen:

	Materialkosten bei A	250 €
–	Anpassung für die Lizenzzahlung an C	20 €
+	Fertigungskosten bei A	360 €
+	Transportkosten	40 €
+	Fertigungskosten bei B	460 €
–	Anpassung Fertigungskosten	100 €
=	Konzernherstellungskosten	990 €

Das zu eliminierende Zwischenergebnis ist die Differenz zwischen dem Buchwert des Vermögenswerts im Einzelabschluss von B (1 100 €) und den Konzernherstellungskosten i. H. v. 990 €; also 110 €.

Für Zwecke des Konzernabschlusses sind Sachverhalte immer aus der Sicht des Konzerns zu würdigen. Dies bedeutet, dass im Anschluss an die Ermittlung der Konzernanschaffungs- bzw. Konzernherstellungskosten nach den Regelungen der jeweiligen IFRS zu beurteilen ist, ob eine **Wertminderung** zu erfassen ist. Hierbei ist zunächst zu berücksichtigen, dass die im Einzelabschluss anzuwendende Vorschrift möglicherweise nicht die im Konzernabschluss anzuwendende Vorschrift ist. So ist es denkbar, dass ein unfertiges oder fertiges Erzeugnis im Einzelabschluss des Konzernunternehmens in den Anwendungsbereich des IAS 2 –*Vorräte* fällt, während es sich aus Sicht des bilanzierenden Konzerns um Sachanlagevermögen handeln kann, soweit das Erzeugnis innerhalb des Konzerns veräußert und später als Sachanlage genutzt werden soll. Während im Konzernabschluss in solch einem Fall IAS 36 – *Wertminderung von Vermögenswerten* anzuwenden und eine Sachanlage bei einer Wertminderung auf den höheren Wert aus beizulegendem Zeitwert abzüglich Veräußerungskosten oder dem Nutzungswert abzuschreiben ist, wird ein Vermögenswert gem. IAS 2 mit dem niedrigeren Wert aus Buchwert und Nettoveräußerungswert angesetzt. Aufgrund der unterschiedlichen Bewertungskonzepte ist es vorstellbar, dass der Wert nach einer Wertminderung im Einzelabschluss nicht zwingend dem im Konzernabschluss anzusetzenden Wert entspricht. Neben möglicherweise abweichenden anzuwendenden Vorschriften im Einzel- und Konzernabschluss ist zu berücksichtigen, dass die konzerninterne Veräußerung eines Vermögenswerts unter Erzielung eines Verlusts ein Hinweis darauf sein kann, dass auch im Konzernabschluss eine Wertminderung zu erfassen ist. In der Konzern-GuV ist immer der Verlust aus Sicht des bilanzierenden Konzerns auszuweisen (vgl. hierzu die Ausführungen zur Aufwands-und Ertragskonsolidierung, S. 658 ff.).

cc) Technik der Zwischenergebniseliminierung: Beispiele

Bei der Zwischenergebniseliminierung ist zu differenzieren: In der Berichtsperiode ergebniswirksam entstandene Zwischenergebnisse sind ergebniswirksam zu eliminieren, wohingegen Zwischenergebnisse, die in vergangenen Perioden entstanden sind, in Folgeperioden gegen die Konzerngewinnrücklagen zu eliminieren sind. Überdies sind in der Periode entstandene ergebniswirksame Veränderungen von Zwischenergebnissen ebenfalls ergebniswirksam zu eliminieren. Bei Veräußerung des der Zwischenergebniseliminierung zugrundeliegenden Vermögenswerts ist das verbleibende Zwischenergebnis zu realisieren. Abbildung G.28 fasst die verschiedenen Schritte zusammen.

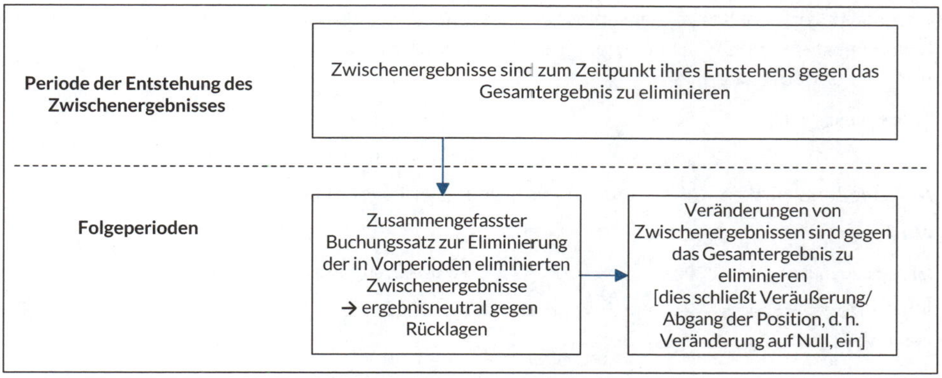

Abbildung G.28 Schritte der Zwischenergebniseliminierung

Anhand der folgenden zwei Beispiele wird die beschriebene Technik der Zwischenergebniseliminierung veranschaulicht.

BEISPIEL 1:

Konzernunternehmen A veräußert im Jahr 20X0 fertige Erzeugnisse für 1 200 € an Konzernunternehmen B. Bei B werden die von A erworbenen Erzeugnisse als Waren erfasst. Die Konzernherstellungskosten betragen 1 500 €. Das Unternehmen B ist davon überzeugt, die Vermögenswerte mit Gewinn weiterveräußern zu können. Am Ende des darauffolgenden Jahres 20X1 liegen die Waren unverändert bei Unternehmen B auf Lager. Annahmegemäß ist im Einzelabschluss von B keine Wertminderung zu erfassen. Im Laufe des Jahres 20X2 veräußert Unternehmen B die Waren an ein konzernexternes Unternehmen zu einem Preis von 1 800 €.

Es ergeben sich folgende Auswirkungen auf die Bilanzierung: Am Ende des Jahres 20X0 weist Konzernunternehmen A einen Verlust i. H. v. 300 € und Unternehmen B Waren i. H. v. 1 200 € aus. Die Differenz zwischen dem Wertansatz im Einzelabschluss von B (1 200 €) und den Konzernherstellungskosten (1 500 €) beträgt am Ende des Jahres 20X0 300 € und stellt einen Zwischenverlust dar. Dieses Zwischenergebnis ist im Entstehungsjahr ergebniswirksam zu eliminieren. Des Weiteren ist zu berücksichtigen, dass es sich bei den Vermögenswerten aus Konzernsicht nicht um Waren sondern um fertige Erzeugnisse handelt, sodass bei der Zwischenergebniseliminierung Folgendes zu buchen ist:

Fertige Erzeugnisse	1 500 €	an	Waren	1 200 €
			Jahresüberschuss	300 €

Im Jahr **20X1** besteht das Zwischenergebnis unverändert fort. Es ist daher ergebnisneutral gegen die Rücklagen zu eliminieren. Überdies ist die Umgliederung zwischen fertigen Erzeugnissen und Waren zu wiederholen:

Fertige Erzeugnisse	1 500 €	an	Waren	1 200 €
			Gewinnrücklage	300 €

Im Jahr **20X2** kommt es schließlich zur Realisierung des Zwischenergebnisses. Das Unternehmen B weist in seinem Einzelabschluss folgerichtig einen Gewinn i. H. v. 600 € aus. Aus der Sicht der Einheit »Konzern« ist indes lediglich ein Gewinn i. H. v. (1 800 € – 1 500 € =) 300 € zu erfassen und in dem Konzernabschluss auszuweisen, in welchem das zum Zeitpunkt der Veräußerung bestehende Zwischenergebnis realisiert wird. Zunächst ist daher der Schritt aus dem Vorjahr zu wiederholen:

Fertige Erzeugnisse	1 500 €	an	Waren	1 200 €
			Gewinnrücklage	300 €

Anschließend wird das Zwischenergebnis ergebniswirksam realisiert:

Waren	1 200 €			
Jahresüberschuss	300 €	an	Fertige Erzeugnisse	1 500 €

Im Konzernabschluss wird ein Gewinn aus der Veräußerung der Erzeugnisse i. H. v. 300 € ausgewiesen.

BEISPIEL 2:

Konzernunternehmen A erstellt eine Maschine, deren Konzernherstellungskosten sich auf 20 000 € belaufen. Am **Ende des Jahres 20X0** veräußert A den Vermögenswert für einen Kaufpreis von 28 000 € an Konzernunternehmen B, welches die Maschine im Rahmen der eigenen Produktionsabläufe einsetzt. Die Nutzungsdauer der linear abzuschreibenden Maschine beträgt fünf Jahre. Aufgrund der konzerninternen Veräußerung der Maschine ergibt sich zum 31.12.20X0 ein Zwischenergebnis i. H. v. 8 000 €, welches folgendermaßen eliminiert wird:

Jahresüberschuss	an Maschine	8 000 €

Im **Folgejahr 20X1** schreibt Unternehmen B die Maschine in seinem Einzelabschluss um 5 600 € (20 % der Anschaffungskosten) ab und weist demzufolge am 31.12.20X1 einen Buchwert von 22 400 € aus. Aus Sicht der Einheit »Konzern« sind indes lediglich 4 000 € pro Jahr abzuschreiben, sodass die Maschine am Ende des Jahres 20X1 im Konzernabschluss mit 16 000 € zu bewerten ist. Somit ergibt sich ein Zwischenergebnis von 6 400 €. Zunächst sind die Buchungssätze der Zwischenergebniseliminierung vergangener Abschlussjahre ergebnisneutral gegen die Konzerngewinnrücklage zu erfassen. In einem zweiten Schritt ist die Veränderung des Zwischenergebnisses (1 600 €) ergebniswirksam zu erfassen:

Buchung aus 20X0:

Gewinnrücklage	an Maschine	8 000 €

Buchung aus 20X1:

Maschine	an Jahresüberschuss	1 600 €

Die ergebniswirksame Erfassung der Veränderung des aktuellen Jahres (hier: 1 600 €) führt zu einer linearen Verteilung des ursprünglichen Zwischengewinns i. H. v. 8 000 € über die Nutzungsdauer der Maschine. In der Konzern-GuV wird hierdurch die im Einzelabschluss von B erfasste Abschreibung i. H. v. 5 600 € auf den im Konzernabschluss auszuweisenden Wert von 4 000 € korrigiert.

Im **Jahr 20X2** schreibt B erneut 5 600 € ab, sodass der Buchwert der Maschine im Einzelabschluss 16 800 € beträgt, wohingegen der Buchwert in der Konzernbilanz (20 000 € – 2 × 4 000 € =) 12 000 € beträgt. Das zu eliminierende Zwischenergebnis beträgt somit 4 800 €:

Buchung aus 20X0:

Gewinnrücklage	an Maschine	8 000 €

Buchung aus 20X1:

Maschine	an Gewinnrücklagen	1 600 €

Buchung aus 20X2:

Maschine	an Jahresüberschuss	1 600 €

Im **Jahr 20X3** schreibt B erneut 5 600 € ab, sodass der Buchwert der Maschine im Einzelabschluss 11 200 € beträgt, wohingegen der Buchwert in der Konzernbilanz (20 000 € – 3 × 4 000 € =) 8 000 € beträgt. Das zu eliminierende Zwischenergebnis beträgt somit 3 200 €:

Buchung aus 20X0:

Gewinnrücklage	an Maschine	8 000 €

Buchung aus 20X1:

Maschine	an Gewinnrücklagen	1 600 €

Buchung aus 20X2:

Maschine	an Gewinnrücklagen	1 600 €

Buchung aus 20X3:

Maschine	an Jahresüberschuss	1 600 €

Am **1.1.20X4** veräußert Unternehmen B die Maschine für 12 000 € und realisiert demzufolge in seinem Einzelabschluss einen Gewinn von 800 €. Im Rahmen der Konzernabschlusserstellung zum 31.12.20X4 ist der zum Zeitpunkt der Veräußerung verbleibende Zwischengewinn von 3 200 € ergebniswirksam zu erfassen:

Buchung aus 20X0:

Gewinnrücklage	an Maschine	8 000 €

Buchung aus 20X1:

Maschine	an Gewinnrücklagen	1 600 €

Buchung aus 20X2:

Maschine	an Gewinnrücklagen	1 600 €

Buchung aus 20X3:

Maschine	an Gewinnrücklagen	1 600 €

Buchung aus 20X4:

Maschine	an Jahresüberschuss	3 200 €

Im Ergebnis wird somit aus Konzernsicht im Jahr der Veräußerung ein Erfolg i. H. v. (12 000 € – 8 000 € =) 4 000 € realisiert und im Konzernabschluss ausgewiesen. Die im Beispiel verwendeten Buchungssätze für die Wiederholung der Buchungen aus den Vorperioden können, soweit möglich, auch zusammengefasst werden.

d) Aufwands- und Ertragskonsolidierung

aa) Überblick

Die GuV des Konzerns soll die Ertragslage, d. h. die Aufwendungen und Erträge der Einheit »Konzern« so darstellen, als handele es sich bei den in den Konzernabschluss einbezogenen Unternehmen um ein einziges Unternehmen. Aus diesem Grund sind diejenigen im Gesamtergebnis des Summenabschlusses enthaltenen Aufwendungen und Erträge, die aus konzerninternen Transaktionen resultieren, zu eliminieren. Dies erfolgt im Rahmen der Aufwands- und Ertragskonsolidierung.

Wird beispielsweise von einem Konzernunternehmen ein Vermögenswert hergestellt und an ein anderes zum gleichen Konzern gehörendes Unternehmen verkauft, welches den erworbenen Vermögenswert in seiner Bilanz (z. B. als Ware) ansetzt, wird in der Gesamtergebnisrechnung des Verkäufers die Veräußerung abgebildet, während sich keine Auswirkungen auf die Gesamtergebnisrechnung des Käufers ergeben. Aus der **Sicht des bilanzierenden Konzerns** liegt indes auch nach der konzerninternen Transaktion ein selbsterstellter Vermögenswert vor.

Gemäß IAS 1.105 stehen zur Erstellung der GuV grundsätzlich zwei verschiedene Verfahren bzw. Gliederungsmöglichkeiten, das **Gesamtkosten-** und das **Umsatzkostenverfahren**, zur Verfügung. Die Aufwands- und Ertragskonsolidierung ist von der gewählten Gliederung der GuV abhängig. Beim Umsatzkostenverfahren erfolgt die Gliederung der Aufwendungen nach Kostenstellen (Fertigung, Verwaltung, Vertrieb), während nach dem Gesamtkostenverfahren sämtliche Aufwendungen der Periode erfasst und nach Kostenarten gegliedert werden (vgl. zu den beiden Verfahren S. 120 ff.). Die Aufwands- und Ertragskonsolidierung wird in den beiden nächsten Abschnitten anhand der folgenden drei Sachverhalte für beide Gliederungsformen der GuV erläutert.

Sachverhalt 1: Konzerninterner Verkauf ohne und mit Weiterveräußerung

Konzernunternehmen A produziert fertige Erzeugnisse. Hierbei fallen Materialaufwand i. H. v. 1 000 € und Personalaufwand i. H. v. 1 400 € an. Zudem sind den Erzeugnissen Abschreibungen i. H. v. 2 400 € zuzurechnen.

A veräußert 70 % der produzierten Einheiten für einen Preis von insgesamt 4 400 € an Konzernunternehmen B, welches die Vermögenswerte weiterverarbeitet. Bei der Weiterverarbeitung fallen weitere Aufwendungen für Material (200 €), Personal (300 €) sowie zuzurechnende Abschreibungen (600 €) an.

Im Folgenden werden zwei Fälle unterschieden:

Fall a) Am Ende des Jahres 20X0 liegen die Vorräte vollständig auf Lager.

Fall b) Das Konzernunternehmen B veräußert 50 % der von A erworbenen Vermögenswerte für 3 200 € an einen konzernfremden Abnehmer.

Das im beschriebenen Sachverhalt entstehende, in den Vorräten des Konzernunternehmens B enthaltene Zwischenergebnis, d. h. die Differenz zwischen dem Buchwert im Einzelabschluss und den Konzernherstellungskosten, wird im Rahmen der Zwischenergebniseliminierung eliminiert. Gegenstand der im Folgenden beschriebenen Aufwands- und Ertragskonsolidierung sind die Auswirkungen auf die Gesamtergebnisrechnung.

Sachverhalt 2: Konzerninterne Leistungserbringung

Das Konzernunternehmen A erbringt Serviceleistungen an das Konzernunternehmen B. Die Leistungen sind für Zwecke der Einzelabschlusserstellung bei B nicht aktivierungsfähig. Für die Leistungen, für die bei A ein Personalaufwand i. H. v. 1 500 € angefallen ist, stellt A dem Unternehmen B 3 000 € in Rechnung.

Sachverhalt 3: Konzerninterner Verkauf mit Verlust

Das Konzernunternehmen A produziert eine Maschine. Hierfür fallen bei A Aufwendungen für Material (1 000 €) sowie Personal (1 000 €) an. Im November 20X0 veräußert A die Maschine an das Konzernunternehmen B für einen Preis von 1 500 €. Am 31.12.20X0 stellt sich heraus, dass der Vermögenswert aus Sicht des bilanzierenden Konzerns nur mit einem Wert von 1 750 € bewertet werden darf, da der Buchwert den erzielbaren Betrag überschreitet. Planmäßige Abschreibungsaufwendungen werden erst ab Beginn des Jahres 20X1 erfasst.

bb) Aufwands- und Ertragskonsolidierung bei Anwendung des Gesamtkostenverfahrens

Sachverhalt 1: Konzerninterner Verkauf ohne und mit Weiterveräußerung

Variante a) Am Ende des Jahres 20X0 liegen die Vorräte vollständig auf Lager.

Zunächst wird die Variante a) betrachtet, d. h. der Fall, in dem B die von A produzierten und an B veräußerten Erzeugnisse nicht an konzernexterne Parteien weiter veräußert. Im ersten Schritt sind die Auswirkungen der Transaktion auf die Einzelabschlüsse von A und B zu analysieren. Unternehmen A erfasst seine Aufwendungen vollständig (4 800 €) und realisiert darüber hinaus Umsatzerlöse aus der Veräußerung der fertigen Erzeugnisse i. H. v. 4 400 €. Da A 70 % der produzierten Einheiten veräußert hat, erfolgt zudem die Erfassung einer Bestandserhöhung bei den fertigen Erzeugnissen, welche zu berechnen ist, indem die gesamten Herstellungskosten der Vorräte i. H. v. (1 000 € + 1 400 € + 2 400 € =) 4 800 € mit dem noch auf Lager befindlichen Teil der Produktion von A (30 %) multipliziert werden. Die Bestandserhöhung bei A beträgt somit 1 440 €.

Bei Konzernunternehmen B liegen die von A erworbenen Vorräte zum Abschlussstichtag noch vollständig auf Lager. Der Materialaufwand des Unternehmens B umfasst neben den von A bezogenen Vermögenswerten (4 400 €) den zusätzlichen Materialaufwand der Weiterverarbeitung (200 €) und beträgt somit 4 600 €. Die Herstellungskosten der Vorräte bei Konzernunternehmen B betragen (4 600 € + 300 € + 600 € =) 5 500 € und sind als Bestandsveränderung in der GuV von B auszuweisen. Es ergeben sich folgende Werte in den Einzelabschlüssen sowie im Summenabschluss:

(Angaben in €)	A	B	Summe
Umsatzerlöse	4 400	0	4 400
Bestandsveränderungen	1 440	5 500	6 940
Materialaufwand	1 000	4 600	5 600
Personalaufwand	1 400	300	1 700
Abschreibungen	2 400	600	3 000
Jahresüberschuss	1 040	0	1 040

Aus Sicht des Konzerns sind nun folgende Aspekte zu berücksichtigen bzw. anzupassen:

- Umsatzerlöse:

  Es wurden keine Umsatzerlöse mit konzernexternen Parteien (»Dritten«) realisiert. Bei den Umsatzerlösen handelt es sich um konzerninterne Umsätze.

- Vorratsbewertung und Materialaufwand:

  Vorräte sind im Konzernabschluss mit den Konzernherstellungskosten zu bewerten. In diesem Fall umfassen die Konzernherstellungskosten die Herstellungskosten bei A (Material, Personal, Abschreibungen) sowie die Kosten der Weiterverarbeitung (Material, Personal, Abschreibungen) bei B, nicht aber den Materialaufwand i. H. v. 4 400 € bei B, der bei Unternehmen B aufgrund der konzerninternen Transaktion entstanden ist. Die Konzernherstellungskosten und damit die Bestandsveränderung betragen somit 5 900 €. Der Materialaufwand ist entsprechend um 4 400 € aus der konzerninternen Transaktion zu kürzen.

- Konzernergebnis:

  Aus Sicht der Einheit »Konzern« wurde kein Ergebnis realisiert.

Auf dieser Grundlage ist die Aufwands- und Ertragskonsolidierung folgendermaßen durchzuführen:

(Angaben in €)	A	B	Summe	Konsolidierung		Konzern
Umsatzerlöse	4 400	0	4 400	① 4 400		0
Bestandsveränderung	1 440	5 500	6 940	② 1 040		5 900
Materialaufwand	1 000	4 600	5 600		① 4 400	1 200
Personalaufwand	1 400	300	1 700			1 700
Abschreibungen	2 400	600	3 000			3 000
Jahresüberschuss	1 040	0	1 040		② 1 040	0

Zur Zwischenergebniseliminierung:

Im Buchwert der bei Unternehmen B auf Lager liegenden Vorräte ist ein Zwischenergebnis i. H. v. 1 040 € enthalten, da der Buchwert (5 500 €) die Konzernherstellungskosten der bei B liegenden Vorräte (4 460 €) übersteigt. Dieses Zwischenergebnis wird durch folgenden Buchungssatz eliminiert:

Jahresüberschuss	1 040 €	an	Vorräte	1 040 €

Der Jahresüberschuss wird im Rahmen der Aufwands- und Ertragskonsolidierung mit 1 040 € im Haben und bei der Zwischenergebniseliminierung in gleicher Höhe im Soll angesprochen. Da bei einer ergebniswirksamen Zwischenergebniseliminierung immer auch eine Aufwands- und Ertragskonsolidierung notwendig ist, können die Buchungssätze zusammengefasst werden, wobei jeweils lediglich der Jahresüberschuss im Soll bzw. Haben zu streichen ist. Die zusammengefasste Buchung von Zwischenergebniseliminierung und Aufwands- und Ertragskonsolidierung lautet im vorliegenden Sachverhalt:

Umsatzerlöse	4 400 €	an	Vorräte	1 040 €
Bestandsveränderung	1 040 €		Materialaufwand	4 400 €

Variante b) Das Konzernunternehmen B veräußert 50 % der von A erworbenen Vermögenswerte für 3 200 € an einen konzernfremden Abnehmer.

Veräußert B die von A erworbenen Vermögenswerte zu 50 % an konzernexterne Parteien zu einem Preis von 3 200 € weiter (Variante b)), so ergeben sich folgende Änderungen: Während im Einzelabschluss von A keine Änderungen zum vorstehend beschriebenen Fall auftreten, beträgt die Bestandsveränderung im Einzelabschluss von B nun 2 750 €, da die Hälfte der Vorräte veräußert wurde. B weist einen Jahresüberschuss i. H. v. 450 € aus:

(Angaben in €)	A	B	Summe
Umsatzerlöse	4 400	3 200	7 600
Bestandsveränderungen	1 440	2 750	4 190
Materialaufwand	1 000	4 600	5 600
Personalaufwand	1 400	300	1 700
Abschreibungen	2 400	600	3 000
Jahresüberschuss	1 040	450	1 490

Aus Sicht des Konzerns sind nun folgende Aspekte zu berücksichtigen bzw. anzupassen:

- Umsatzerlöse:

  Konzerninterne Umsatzerlöse sind zu eliminieren.

- Vorratsbewertung und Materialaufwand:

  Vorräte sind im Konzernabschluss mit den Konzernherstellungskosten zu bewerten. Zu differenzieren ist zwischen den bei A bzw. B gehaltenen Beständen. Bei A betragen Buchwert und Bestandsveränderung wie im vorstehenden Fall 1 440 €. Aus Sicht des Konzerns liegen bei B noch 50 % der Vorräte, die B von A erworben und weiterverarbeitet hat. Die Konzernherstellungskosten der von A erworbenen Vorräte betrugen 3 360 €. Zudem sind 1 100 € Herstellungskosten bei Unternehmen B angefallen. Insgesamt betragen die Konzernherstellungskosten nach der Weiterverarbeitung bei B somit 4 460 €. Davon liegt die Hälfte noch bei B auf Lager, sodass der Buchwert der Vorräte sowie die Bestandsveränderung bei B aus Konzernsicht 2 230 € beträgt. Insgesamt beträgt die Bestandsveränderung somit 1 440 € + 2 230 € = 3 670 €. Der Materialaufwand ist um 4 400 € aus der konzerninternen Transaktion zu kürzen.

- Konzernergebnis:

  Aus Sicht der Einheit »Konzern« wurde ein Ergebnis i. H. v. (3 200 € – 2 230 € =) 970 € realisiert.

Auf dieser Grundlage ist die Aufwands- und Ertragskonsolidierung folgendermaßen durchzuführen:

(Angaben in €)	A	B	Summe		Konsolidierung	Konzern
Umsatzerlöse	4 400	3 200	7 600	①	4 400	3 200
Bestandsveränderung	1 440	2 750	4 190	②	520	3 670

Materialaufwand	1 000	4 600	5 600		① 4 400	1 200
Personalaufwand	1 400	300	1 700			1 700
Abschreibungen	2 400	600	3 000			3 000
Jahresüberschuss	1 040	450	1 490		② 520	970

Sachverhalt 2: Konzerninterne Leistungserbringung

Konzernunternehmen A weist aus dem Sachverhalt in seinem Einzelabschluss Umsatzerlöse i. H. v. 3 000 € und Personalaufwand i. H. v. 1 500 € aus, sodass sich hieraus ein Jahresüberschuss i. H. v. 1 500 € ergibt. Unternehmen B erfasst die (nicht aktivierungsfähigen) Ausgaben für die von A erhaltenen Serviceleistungen im sonstigen betrieblichen Aufwand, sodass sich im Einzelabschluss von B ein Jahresfehlbetrag von 3 000 € ergibt.

(Angaben in €)	A	B	Summe
Umsatzerlöse	3 000	0	3 000
Personalaufwand	1 500	0	1 500
Sonstiger betrieblicher Aufwand	0	3 000	3 000
Jahresüberschuss	1 500	- 3 000	- 1 500

Aus Sicht des Konzerns sind nun folgende Aspekte zu berücksichtigen bzw. anzupassen:

- Konzerninterne Umsatzerlöse sind zu eliminieren.
- Aus Sicht des Konzerns ist der sonstige betriebliche Aufwand nicht angefallen.

Auf dieser Grundlage ist die Aufwands- und Ertragskonsolidierung folgendermaßen durchzuführen:

(Angaben in €)	A	B	Summe	Konsolidierung		Konzern
Umsatzerlöse	3 000	0	3 000	3 000		0
Personalaufwand	1 500	0	1 500			1 500
Sonstiger betrieblicher Aufwand	0	3 000	3 000		3 000	0
Jahresüberschuss	1 500	- 3 000	- 1 500			- 1 500

Sachverhalt 3: Konzerninterner Verkauf mit Verlust

Konzernunternehmen A weist aus dem Sachverhalt in seinem Einzelabschluss Umsatzerlöse i. H. v. 1 500 € aus. Überdies zeigt A Materialaufwand und Personalaufwand i. H. v. je 1 000 €, sodass sich ein Jahresfehlbetrag in Höhe von 500 € ergibt. Die Transaktion hat keine Auswirkungen auf die GuV von Unternehmen B (die planmäßige Abschreibung beginnt erst im Jahr 20X1).

(Angaben in €)	A	B	Summe
Umsatzerlöse	1 500	0	1 500
Aktivierte Eigenleistung	0	0	0
Materialaufwand	1 000	0	1 000
Personalaufwand	1 000	0	1 000
Abschreibungen	0	0	0
Jahresüberschuss	- 500	0	- 500

Aus Sicht des Konzerns sind nun folgende Aspekte zu berücksichtigen bzw. anzupassen:

- Konzerninterne Umsatzerlöse sind zu eliminieren.
- Aus Sicht des Konzerns beträgt der Verlust nicht 500 € sondern nur 250 €.

Auf dieser Grundlage ist die Aufwands- und Ertragskonsolidierung folgendermaßen durchzuführen:

(Angaben in €)	A	B	Summe	Konsolidierung				Konzern
Umsatzerlöse	1 500	0	1 500	①	1 500			0
Aktivierte Eigenleistung	0	0	0			①	2 000	2 000
Materialaufwand	1 000	0	1 000					1 000
Personalaufwand	1 000	0	1 000					1 000
Abschreibungen	0	0	0	②	250			250
Jahresüberschuss	- 500	0	- 500	①	500	②	250	- 250

In einem ersten Schritt ist die Verkaufstransaktion zu eliminieren (Buchungssatz ①). Im Anschluss wird dann der aus Sicht des bilanzierenden Konzerns sachgerechte Erfolgsbeitrag, d. h. die Wertminderung der Maschine i. H. v. 250 €, erfasst (Buchungssatz ②).

cc) Aufwands- und Ertragskonsolidierung bei Anwendung des Umsatzkostenverfahrens

Sachverhalt 1: Konzerninterner Verkauf ohne und mit Weiterveräußerung

Variante a) Am Ende des Jahres 20X0 liegen die Vorräte vollständig auf Lager.

Konzernunternehmen A weist in seinem Einzelabschluss Umsatzerlöse i. H. v. 4 400 € aus. Die Herstellungskosten der veräußerten Produkte bei Unternehmen A betragen (4 800 € × 70 % =) 3 360 €. A weist somit einen Jahresüberschuss i. H. v. 1 040 € aus. Da Unternehmen B keine Vermögenswerte veräußerte, ergeben sich keine Auswirkungen auf die GuV von B.

(Angaben in €)	A	B	Summe
Umsatzerlöse	4 400	0	4 400
Herstellungskosten	3 360	0	3 360
Jahresüberschuss	1 040	0	1 040

Im Rahmen der Aufwands- und Ertragskonsolidierung ist die konzerninterne Transaktion zu eliminieren. Da keine Transaktion mit einer konzernexternen Partei stattgefunden hat, dürfen sich keine Auswirkungen auf die GuV des Konzerns ergeben. Auf dieser Grundlage ist die Aufwands- und Ertragskonsolidierung folgendermaßen durchzuführen:

(Angaben in €)	A	B	Summe	Konsolidierung		Konzern
Umsatzerlöse	4 400	0	4 400	4 400		0
Herstellungskosten	3 360	0	3 360		3 360	0
Jahresüberschuss	1 040	0	1 040		1 040	0

Variante b) Das Konzernunternehmen B veräußert 50 % der von A erworbenen Vermögenswerte für 3 200 € an einen konzernfremden Abnehmer.

Die Auswirkungen auf den Einzelabschluss von A sind identisch zum vorangehenden Fallbeispiel. Da Unternehmen B nun aber 50 % der Vorräte an eine konzernexterne Partei veräußert, fallen bei B Umsatzerlöse sowie Herstellungskosten für die veräußerten Vermögenswerte an. Die Umsatzerlöse betragen laut Sachverhaltsbeschreibung 3 200 €. Die Herstellungskosten von B betragen insgesamt (4 400 € + 200 € + 300 € + 600 € =) 5 500 €. Da B lediglich 50 % des Bestands weiterveräußerte, betragen die Herstellungskosten 2 750 €, sodass B einen Jahresüberschuss i. H. v. 450 € ausweist.

(Angaben in €)	A	B	Summe
Umsatzerlöse	4 400	3 200	7 600
Herstellungskosten	3 360	2 750	6 110
Jahresüberschuss	1 040	450	1 490

Aus Sicht des Konzerns sind nun folgende Aspekte zu berücksichtigen bzw. anzupassen:

- Konzerninterne Umsatzerlöse sind zu eliminieren.
- Aus Sicht des Konzerns betragen die Herstellungskosten der veräußerten Vermögenswerte 2 230 € (die Konzernherstellungskosten der von Unternehmen B erstellten Vermögenswerten betragen 4 460 €; hiervon veräußerte B die Hälfte).

Auf dieser Grundlage ist die Aufwands- und Ertragskonsolidierung folgendermaßen durchzuführen:

(Angaben in €)	A	B	Summe	Konsolidierung		Konzern
Umsatzerlöse	4 400	3 200	7 600	4 400		3 200
Herstellungskosten	3 360	2 750	6 110		3 880	2 230
Jahresüberschuss	1 040	450	1 490		520	9 700

Sachverhalt 2: Konzerninterne Leistungserbringung

Konzernunternehmen A weist in seinem Einzelabschluss Umsatzerlöse in Höhe von 3 000 € und Herstellungskosten der erbrachten Leistung i. H. v. 1 500 € aus, sodass sich ein Jahresüberschuss i. H. v.1 500 € ergibt. Konzernunternehmen B zeigt in seinem Einzelabschluss einen sonstigen betrieblichen Aufwand i. H. v. 3 000 € und einen entsprechenden Jahresfehlbetrag.

(Angaben in €)	A	B	Summe
Umsatzerlöse	3 000	0	3 000
Herstellungskosten	1 500	0	1 500
Sonstiger betrieblicher Aufwand	0	3 000	3 000
Jahresüberschuss	1 500	- 3 000	- 1 500

In diesem Fall ist aus Sicht des bilanzierenden Konzerns lediglich der Personalaufwand zu erfassen, welcher hier nach dem Umsatzkostenverfahren als sonstiger betrieblicher Aufwand zu klassifizieren ist:

(Angaben in €)	A	B	Summe	Konsolidierung		Konzern
Umsatzerlöse	3 000	0	3 000	3 000		0
Herstellungskosten	1 500	0	1 500		1 500	0
Sonstiger betrieblicher Aufwand	0	3 000	3 000		1 500	1 500
Jahresüberschuss	1 500	- 3 000	- 1 500			- 1 500

Sachverhalt 3: Konzerninterner Verkauf mit Verlust

Konzernunternehmen A weist aus dem Sachverhalt in seinem Einzelabschluss Umsatzerlöse i. H. v. 1 500 € sowie Herstellungskosten i. H. v. 2 000 € aus, sodass sich ein Jahresfehlbetrag i. H. v.500 € ergibt. Die Transaktion hat keine Auswirkungen auf die GuV von Unternehmen B (die planmäßige Abschreibung beginnt erst im Jahr 20X1).

(Angaben in €)	A	B	Summe
Umsatzerlöse	1 500	0	1 500
Herstellungskosten	2 000	0	2 000
Jahresüberschuss	- 500	0	- 500

Aus Sicht des Konzerns sind nun folgende Aspekte zu berücksichtigen bzw. anzupassen:

- Konzerninterne Umsatzerlöse sind zu eliminieren.
- Aus Sicht des Konzerns beträgt der Verlust nicht 500 € sondern nur 250 €.

Auf dieser Grundlage ist die Aufwands- und Ertragskonsolidierung folgendermaßen durchzuführen:

In einem ersten Schritt ist die Verkaufstransaktion zu eliminieren (Buchungssatz ①). Im Anschluss wird dann der aus Sicht des bilanzierenden Konzerns sachgerechte Erfolgsbeitrag,

d. h. die Wertminderung des selbst erstellten Gegenstands des Sachanlagevermögens (Maschine) i. H. v.250 €, in den Herstellungskosten erfasst (Buchungssatz ②).

(Angaben in €)	A	B	Summe	Konsolidierung				Konzern
Umsatzerlöse	1 500	0	1 500	①	1 500			0
Herstellungskosten	2 000	0	2 000	②	250	①	2 000	250
Jahresüberschuss	- 500	0	- 500	①	500	②	250	- 250

4. Entkonsolidierung

a) Zeitpunkt der Entkonsolidierung

Ein Tochterunternehmen ist grundsätzlich dann zu entkonsolidieren, wenn das Mutterunternehmen die Beherrschung i. S. d. IFRS 10 verliert. Dies wird beispielsweise bei einer Veräußerung sämtlicher Anteile an einem Tochterunternehmen an Dritte der Fall sein. Der **Verlust der Beherrschung** kann indes auch ohne eine Veränderung der Beteiligungshöhe eintreten. Beispielhaft seien hierfür an dieser Stelle folgende Sachverhalte angegeben:

- Verwässerung der Beteiligungsquote,
- Auslaufen bzw. Wegfall eines Beherrschungsvertrags,
- Kontrolle durch staatliche Behörden, Gerichte oder Insolvenzverwalter.

Der Zeitpunkt, zu welchem ein bisheriges Tochterunternehmen zu entkonsolidieren ist, der **Entkonsolidierungszeitpunkt**, wird nach IFRS 10.20 definiert als der Zeitpunkt, zu dem die Beherrschungsmöglichkeit tatsächlich verloren gegangen ist (z. B. bei Abgang der Anteile).

Der **Beherrschungsverlust** kann auch **in zwei oder mehr Geschäftsvorfällen** (anstelle einer einzigen Verkaufstransaktion) erfolgen (IFRS 10.B97). In einigen Fällen deuten die Tatsachen und Umstände darauf hin, dass mehrere Geschäftsvorfälle als eine einzelne Transaktion bilanziert werden sollten. Die den Beherrschungsverlust begleitenden Tatsachen und Umstände sind vom berichterstattenden Unternehmen genau dahingehend zu untersuchen, ob mehrere Transaktionen als ein einheitlicher Geschäftsvorfall zu bilanzieren sind. Die folgenden Punkte deuten, einzeln oder gemeinsam, darauf hin, dass das Mutterunternehmen mehrere Geschäftsvorfälle als eine Transaktion bilanzieren muss:

- Die Transaktionen wurden gleichzeitig oder unter gegenseitiger Erwägung eingegangen.
- Die Transaktionen zielen auf einen wirtschaftlichen Gesamteffekt ab.
- Der Eintritt einer Transaktion ist abhängig von der Durchführung mindestens einer anderen Transaktion.
- Eine Transaktion macht nur dann wirtschaftlich Sinn, wenn sie mit einer anderen Transaktion zusammen betrachtet wird. Beispielsweise kann eine Veräußerung von Anteilen unter dem Marktpreis erfolgen, die durch eine anschließende Veräußerung über dem Marktpreis ausgeglichen wird.

b) Maßnahmen der Entkonsolidierung

Im Rahmen der Entkonsolidierung soll der **aus Sicht des Konzerns zutreffende Abgangserfolg** für das abgehende Tochterunternehmen ermittelt werden (ein bloßes »Unterlassen« der Konsolidierungsbuchungen ist hierfür unzureichend). Gemäß IFRS 10.B98 werden bei der Entkonsolidierung eines Tochterunternehmens

- die Vermögenswerte (einschließlich eines etwaigen Geschäfts- oder Firmenwerts) und Schulden des Tochterunternehmens zu ihren IFRS-Buchwerten am Tag des Verlusts der Beherrschung ausgebucht;
- der Buchwert etwaiger nicht beherrschender Anteile am ehemaligen Tochterunternehmen zum Entkonsolidierungszeitpunkt ausgebucht. Dies betrifft auch jedwede Komponenten des sonstigen Ergebnisses, die den nicht beherrschenden Gesellschaftern zuzurechnen sind, wie anteilige kumulierte Währungsumrechnungsdifferenzen;
- der beizulegende Zeitwert der (evtl.) erhaltenen Gegenleistung aus dem Geschäftsvorfall, aus welchem der Beherrschungsverlust resultiert, erfasst bzw. angesetzt;
- etwaige zurückbehaltene Anteile an dem vormaligen Tochterunternehmen zu deren beizulegendem Zeitwert im Entkonsolidierungszeitpunkt angesetzt;
- die im sonstigen Ergebnis des Konzerns erfassten Beträge in Bezug auf das vormalige Tochterunternehmen in den Gewinn oder Verlust bzw. die Gewinnrücklagen umgegliedert (siehe hierzu IFRS 10.B99 sowie das Folgende);
- eine aus den genannten Maßnahmen resultierende Differenz als Gewinn bzw. Verlust des Mutterunternehmens ergebniswirksam erfasst (Erfolg aus der Entkonsolidierung).

Überdies verlangt IFRS 10.B98 im Zuge des Beherrschungsverlusts die **Umgliederung der im sonstigen Ergebnis des Konzerns erfassten Beträge** in Bezug auf das ehemalige Tochterunternehmen. Hierzu sind die Regelungen des IFRS 10.B99 heranzuziehen. Demnach hat ein Mutterunternehmen bei Verlust der Beherrschung über ein Tochterunternehmen alle im sonstigen Ergebnis ausgewiesenen Beträge in Bezug auf dieses Tochterunternehmen so zu bilanzieren, wie wenn das Mutterunternehmen die dazugehörigen Vermögenswerte und Schulden direkt veräußert hätte. Falls daher ein zuvor im sonstigen Ergebnis erfasster Gewinn bzw. Verlust bei der Veräußerung der dazugehörigen Vermögenswerte oder Schulden in den Gewinn oder Verlust umgegliedert würde, hat das Mutterunternehmen im Zuge des Beherrschungsverlusts an dem jeweiligen Tochterunternehmen ebenfalls den entsprechenden Gewinn oder Verlust vom Eigenkapital ins Ergebnis umzugliedern. Hat ein Tochterunternehmen beispielsweise zur Veräußerung verfügbare finanzielle Vermögenswerte, so sind zuvor im sonstigen Ergebnis erfasste, zu jenen Vermögenswerten gehörenden Gewinne bzw. Verluste, vom Mutternehmen in das Ergebnis umzugliedern, wenn es die Beherrschung über das Tochterunternehmen verliert. Dem vergleichbar ist ein Neubewertungsbetrag, der zuvor im sonstigen Ergebnis erfasst worden ist und der bei der Veräußerung der zugrundeliegenden Vermögenswerte direkt in die Gewinnrücklagen übertragen würde, im Falle des Beherrschungsverlusts vom Mutterunternehmen ohne Berührung der GuV direkt in die Gewinnrücklagen zu übertragen (vgl. zum Vorstehenden IFRS 10.B99).

Gemäß IAS 21.48 sind beim Abgang eines ausländischen Geschäftsbetriebs die kumulierten Umrechnungsdifferenzen, die bis zu diesem Tag im sonstigen Ergebnis erfasst und in einer eigenen Eigenkapitalkomponente kumuliert wurden, in der Periode vom Eigenkapital in das Ergebnis umzugliedern, in welcher auch der Gewinn oder Verlust aus dem Abgang des Geschäftsbetriebs erfasst wird. Erfolgt die Veräußerung eines ausländischen Geschäftsbetriebs im Zuge der Veräußerung eines Tochterunternehmens, an welchem nicht beherrschende Anteile bestehen, so sind bei der Entkonsolidierung des Tochterunternehmens die kumulierten, auf den ausländischen Geschäftsbetrieb entfallenden Umrechnungsdifferenzen, welche den nicht beherrschenden Anteilen zugeordnet waren, auszubuchen, ohne diese in das Ergebnis des Mutterunternehmens umzugliedern (IAS 21.48B).

Die Ermittlung des Erfolgs aus der Entkonsolidierung soll nun an folgendem Beispiel verdeutlicht werden.

BEISPIEL:

Ein Mutterunternehmen besitzt 75 % der Anteile an einem Tochterunternehmen, das einen ausländischen Geschäftsbetrieb darstellt.

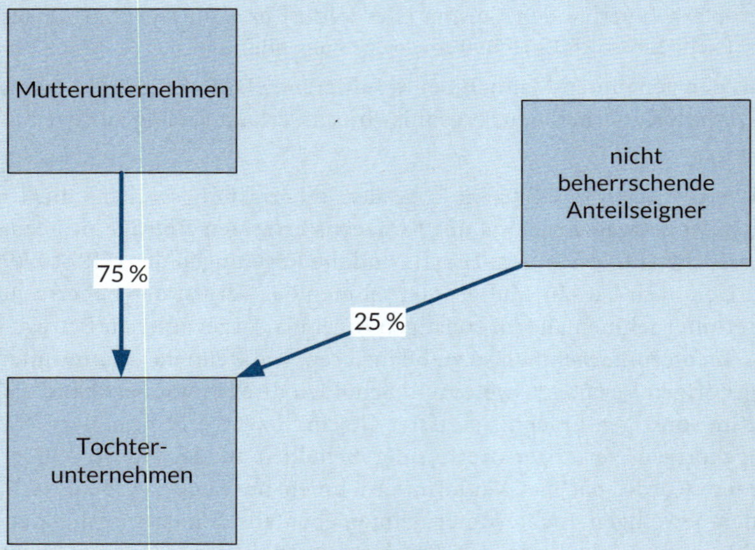

Abbildung G.29 Beteiligungsverhältnisse vor Entkonsolidierung

Die Anteile werden für einen Preis von 150 Mio. € veräußert. Das Nettoreinvermögen des Tochterunternehmens auf Basis der Buchwerte der Vermögenswerte und Schulden betrage 120 Mio. €. Auf Ebene des Konzernabschlusses sind im Eigenkapital (sonstiges Ergebnis) Währungsumrechnungsdifferenzen i. H. v. 16 Mio. € (Gewinne aus der Währungsumrechnung) erfasst. Hiervon sind 12 Mio. € dem Mutterunternehmen und die übrigen 4 Mio. € den nicht beherrschenden Anteilen zugeordnet. Die folgende Tabelle (Angaben in Mio. €) fasst die Ausgangssituation zusammen.

Nettovermögen des Tochterunternehmens	120	Nicht beherrschende Anteile (einschließlich Anteil am sonstigen Ergebnis i. H. v. 4)	30
		Sonstiges Ergebnis (Anteil des Mutterunternehmens)	12
		Übrige Eigenkapitalbestandteile (Anteil des Mutterunternehmens)	78
Summe	**120**	**Summe**	**120**

Im Zuge der Entkonsolidierung wird nun das Nettoreinvermögen, das auf die nicht beherrschenden Anteile entfällt (30 Mio. €), erfolgsneutral ausgebucht und das auf das Mutterunternehmen entfallende Nettoreinvermögen des Tochterunternehmens i. H. v. 90 Mio. € erfolgswirksam entkonsolidiert. Hierbei entsteht ein Entkonsolidierungserfolg als Differenz zwischen beizulegendem Zeitwert der erhaltenen Gegenleistung und IFRS-Buchwert des auf das Mutterunternehmen entfallenden Nettovermögens einschließlich der umzugliederndnen Komponenten des sonstigen Ergebnisses (Angaben in Mio. €):

Erhaltene Gegenleistung	150
Anteil des Mutterunternehmens am Nettoreinvermögen	- 90
Erfolgswirksame Umgliederung der Währungsumrechnungsdifferenzen	+ 12
Gewinn des Mutterunternehmens	**72**

Die zusammengefassten Entkonsolidierungsbuchungen sind nachfolgend angeführt:

Nicht beherrschende Anteile	30 Mio. €	an	Nettoreinvermögen	120 Mio. €
Liquide Mittel	150 Mio. €		Gewinn	72 Mio. €
Währungsumrechnungsdifferenz (Eigenkapital)	12 Mio. €			

Der Entkonsolidierungserfolg i. H. v. 72 Mio. € wird als Gewinn des Mutterunternehmens im Konzernabschluss erfasst.

c) Entkonsolidierung bei Teilveräußerungen mit Beherrschungsverlust

Bei **teilweisen Anteilsveräußerungen**, die zum Verlust der Beherrschungsmöglichkeit führen, sind die zurückbehaltenen Anteile zu ihrem beizulegenden Zeitwert im Zeitpunkt der Entkonsolidierung neu zu bewerten (IFRS 10.25 (b)). Ein hieraus resultierender Gewinn bzw. Verlust wird **ergebniswirksam** realisiert. Der beizulegende Zeitwert der zurückbehaltenen Anteile im Zeitpunkt der Entkonsolidierung stellt zugleich die Anschaffungskosten bzw. den Zugangswert für die Bilanzierung dieser Anteile anhand der Equity-Methode oder aber gem. den Regelungen des IAS 39 dar.

Bei einem Verlust der Beherrschungsmöglichkeit im Zuge einer teilweisen Beteiligungsveräußerung umfasst der Erfolg aus dieser Transaktion somit nicht nur den Unterschied zwischen dem Buchwert des abgehenden Nettoreinvermögens und der erhaltenen Gegenleistung, sondern auch den **Effekt aus einer Neubewertung der verbleibenden Anteile**. Der Beherrschungsverlust führt folglich in solchen Fällen zu einer Erfolgsrealisierung sowie zu einer Neubewertung der zurückbehaltenen Anteile mit ihrem beizulegenden Zeitwert im Zeitpunkt des Verlusts der Beherrschungsmöglichkeit. Der Regelung zur erfolgswirksamen

Neubewertung des zurückbehaltenen Anteils liegt das Verständnis zugrunde, dass ein Tochterunternehmen veräußert wird und eine Beteiligung anderer Qualität, beispielsweise eine Beteiligung an einem Gemeinschaftsunternehmen oder an einem assoziierten Unternehmen, erworben wird.

BEISPIEL:

Ein Mutterunternehmen besitzt 90 % der Anteile an einem Tochterunternehmen (Unternehmen B) und veräußert annahmegemäß 60 %, sodass nach der teilweisen Anteilsveräußerung noch 30 % der Anteile an dem Beteiligungsunternehmen gehalten werden und somit eine Beteiligung an einem assoziierten Unternehmen vorliegt, die künftig in den Anwendungsbereich des IAS 28 – *Anteile an assoziierten Unternehmen und Gemeinschaftsunternehmen* fällt. Im Gegenzug für die 60 % der Anteile an dem Unternehmen B erhält A 800 000 €. Im Zeitpunkt der Veräußerung beträgt der Buchwert des Nettoreinvermögens des Unternehmens B 1 100 000 € und der Buchwert der nicht beherrschenden Anteile 132 000 €. Der beizulegende Zeitwert der zurückbehaltenen Anteile wird auf 400 000 € beziffert. Aus der Neubewertung der zurückbehaltenen Anteile resultiert somit ein Effekt i. H. v. 70 000 €, welcher den Erfolg aus der Transaktion erhöht.

Es ergeben sich folgende Entkonsolidierungsbuchungen und ein Erfolg aus dem Abgang des Tochterunternehmens i. H. v. 232 000 €.

Liquide Mittel	800 000 €	an	Nettoreinvermögen	1 100 000 €
Beteiligung assoziiertes Unternehmen	400 000 €		Gewinn	232 000 €
Nicht beherrschende Anteile	132 000 €			

5. Weiterführende Literatur nach Themen

Aufgrund der Zielsetzung dieses Lehrbuchs, die Grundlagen der Konzernrechnungslegung nach IFRS zu vermitteln sowie einen Überblick über die relevanten Regelungen zu geben, stellen wir umfangreiche Literaturnachweise zur Konsolidierung von Tochterunternehmen zur Verfügung. Die vorgenommene Gliederung nach Themenbereichen sowie ausgewählten Einzelfragen soll die Erarbeitung weiterführender Kenntnisse und komplexer Sachverhalte erleichtern.

Kapitalkonsolidierung, Unternehmenszusammenschlüsse

Beyhs/Wagner, Die neuen Vorschriften des IASB zur Abbildung von Unternehmenszusammenschlüssen – Darstellung der wichtigsten Änderungen in IFRS 3 –, DB 2008, S. 73-83;

Bödecker/Gaßmann, Anwendungsfragen im Zusammenhang mit IFRS 3 zur Abbildung von Unternehmenszusammenschlüssen, WPg 2011, S. 1179-1186;

Fink, Bilanzierung von Unternehmenszusammenschlüssen nach der Überarbeitung von IFRS 3, PiR 2008, S. 114-119;

Hachmeister, Neuregelung der Bilanzierung von Unternehmenszusammenschlüssen nach IFRS 3 (2008), IRZ 2008, S. 115-122;

Hendler/Zülch, Unternehmenszusammenschlüsse und Änderung von Beteiligungsverhältnissen bei Tochterunternehmen – die neuen Regelungen des IFRS 3 und IAS 27, WPg 2008, S. 484-493;

IDW RS HFA 2 (Stand: 6.6.2012): Institut der Wirtschaftsprüfer: IDW Stellungnahme zur Rechnungslegung: Einzelfragen zur Anwendung von IFRS, in IDW-Fachnachrichten, 7/2012, S. 380;

Küting/Mojadadr, Offene Fragen der Kapitalkonsolidierung von Zweckgesellschaften nach HGB und IFRS, DB 2013, S. 539-597;

Küting/Weber/Wirth, Kapitalkonsolidierung im mehrstufigen Konzern, Fallstudie zur Kapitalkonsolidierung von Enkelkapitalgesellschaften unter Berücksichtigung indirekter Fremdanteile, KoR 2013, S. 43-52;

Lorson/Fuhrmann/Handtrag/Horn/Poller, Konzernrechnungslegung nach EU-IFRS 2012: Fallstudie zur Erstellung eines IFRS-Konzernabschlusses (Teil 4: Erstkonsolidierung), KoR 2013, S. 431-440;

Lorson/Fuhrmann/Handtrag/Horn/Poller, Konzernrechnungslegung nach EU-IFRS 2012: Fallstudie zur Erstellung eines IFRS-Konzernabschlusses (Teil 5: Folgekonsolidierung), KoR 2013, S. 551-561;

Lüdenbach, § 31. Unternehmenszusammenschlüsse, in Lüdenbach/Hoffmann (Hrsg.), Haufe IFRS-Kommentar, Freiburg im Breisgau, 12. Aufl. 2014, S. 1961;

Lüdenbach, § 32. Tochterunternehmen im Konzern- und Einzelabschluss, in Lüdenbach/Hoffmann (Hrsg.), Haufe IFRS-Kommentar, Freiburg im Breisgau, 12. Aufl. 2014, S. 2117;

Senger/Brune, § 34. Unternehmenszusammenschlüsse, in Bohl/Riese (Hrsg.), Beck'sches IFRS-Handbuch, München/Bern, 4. Aufl. 2013, S. 1389-1477;

Senger/Brune, § 35. Vollkonsolidierung, in Bohl/Riese (Hrsg.), Beck'sches IFRS-Handbuch, München/Bern, 4. Aufl. 2013, S. 1479-1528;

Theile/Pawelzik, D. VI. Unternehmenserwerb und Kapitalkonsolidierung, in Heuser/Theile, (Hrsg.), IFRS-Handbuch: Einzel- und Konzernabschluss, Köln, 5. Aufl. 2012, S. 870-974;

Theile, Geschäfts- oder Firmenwert aus Unternehmenserwerben im Jahres- und Konzernabschluss: Asset deal, share deal und Kapitalkonsolidierung, BBK Magazin 2014, S. 246-253;

Theile, Kapitalkonsolidierung: Erst- und Folgekonsolidierung, BBK Magazin 2014, S. 344-349.

Sukzessiver Unternehmenszusammenschluss

Küting/Wirth, Controlerlangung über Tochterunternehmen mittels sukzessiver Anteilserwerbe, Szenarien der Übergangskonsolidierung in der IFRS-Konzernrechnungslegung nach BC-II – Teil 1, KoR 2010, S. 362-371;

Küting/Wirth, Controlerlangung über Tochterunternehmen mittels sukzessiver Anteilserwerbe, Szenarien der Übergangskonsolidierung in der IFRS-Konzernrechnungslegung nach BC-II – Teil 2, KoR 2010, S. 455-460;

Roos, Sukzessive Unternehmenserwerbe nach IFRS 3, BB 2008, S. 2393-2397;

Wollmert/Oser, Sukzessive Unternehmenszusammenschlüsse und Auf- oder Abstockung einer Mehrheitsbeteiligung nach IFRS und HGB, PiR 2010, S. 348-354;

Wollmert/Oser, Sukzessive Unternehmenszusammenschlüsse und Aufstockung einer Minderheitsbeteiligung nach IFRS und HGB, in Lück (Hrsg.), Jahrbuch für Wirtschaftsprüfung, interne Revision und Unternehmensberatung, München, 2011, S. 73-89.

Einzelfragen zum IFRS 3

Buschhüter, Erstmalige Anwendung der neuen Regelungen IFRS 3 und IAS 27, IRZ 2009, S. 297-303;

Christian, Transaktionen unter gemeinsamer Beherrschung (common control) im Teilkonzernabschluss, PiR 2012, S. 167-173;

Senger, Klassifizierung von bedingten Zahlungen im Zusammenhang mit einem Unternehmenserwerb - Gegenleistung für den Unternehmenserwerb oder Entlohnung für die Tätigkeit nach dem Unternehmenserwerb?, IRZ 2012, S. 371-372;

Sommer/Schmitz/Simon, Kaufpreisallokation bei Banken, KoR 2010, S. 447-454;

Zwirner, Reverse Acquisition nach IFRS, KoR 2009, S. 138-144.

Geschäfts- oder Firmenwert:

Haaker, Das Wahlrecht zur Anwendung der full goodwill method nach IFRS 3 (2008), PiR 2008, S. 188-194;

Haaker/Freiberg, Ausübung der full-goodwill-Option?, PiR 2013, S. 22-23;

Philippi, Die Ermittlung des goodwill nach IFRS 3 in einem mehrstufigen Konzern, PiR 2009, S. 61-66;

Wulf, Bilanzierung des Goodwill nach IFRS 3 und IAS 36, KoR 2009, S. 729-736;

Zwirner, Full Goodwill nach IFRS 3, IRZ 2010, S. 253-255;

Änderungen der Beteiligungsquote

Husmann/Hettich, Aufkauf von Minderheitenanteilen im IFRS-Konzernabschluss, PiR 2008, S. 150-155;

Lüdenbach, Abstockung einer Mehrheitsbeteiligung im Konzernabschluss, StuB 2010, S. 279-280;

Öppinger, Veräußerung von Anteilen an Tochterunternehmen ohne Verlust der Beherrschungsmöglichkeit – Behandlung eines Firmenwerts bei Anwendung der partial goodwill-Methode, IRZ 2013, S. 5-6.

Oser, Auf- und Abstockung von Mehrheitsbeteiligungen nach IAS 27, IRZ 2012, S. 325-327;

Watrin/Hoehne/Rieger, Übergangskonsolidierung nach IAS 27 (2008) - Übergang von der Vollkonsolidierung auf die Bilanzierung nach der Equity-Methode, IRZ 2009, S. 359-365;

Schuldenkonsolidierung, Zwischenergebniseliminierung sowie Aufwands- und Ertragskonsolidierung

Lüdenbach, § 32. Tochterunternehmen im Konzern- und Einzelabschluss, in Lüdenbach/Hoffmann (Hrsg.), Haufe IFRS-Kommentar, Freiburg im Breisgau, 12. Aufl. 2014, S. 2117;

Küting/Wirth, Grundzüge der IFRS-Konzernrechnungslegung, Wesensmerkmale und Informationen zu jüngst erfolgten Änderungen, DStR 2012, S. 101*-120* (Beihefter zu Heft 47/2012);

PricewaterhouseCoopers (Hrsg.), IFRS für Banken, Frankfurt am Main, 5. Aufl. 2012, S. 1922;

Senger/Brune, § 35. Vollkonsolidierung, in Bohl/Riese (Hrsg.), Beck'sches IFRS-Handbuch, München/Bern, 5. Aufl. 2016, S. 1479-1528;

Theile, Erfolgswirksame Schuldenkonsolidierung im HGB- und IFRS-Konzernabschluss, BBK Magazin 2014, S. 727-732.

Theile/Pawelzik, D. X. Weitere Konsolidierungsmaßnahmen (IFRS 10), in Heuser/Theile, (Hrsg.), IFRS-Handbuch: Einzel- und Konzernabschluss, Köln, 5. Aufl. 2012, S. 1036-1043;

Entkonsolidierung

Heintges/Boggel/Urbanczik, Entkonsolidierung mit Rückbehalt von Anteilen nach IAS 27 (rev. 2008), PiR 2010, S. 221-224;

Senger/Brune, § 35. Vollkonsolidierung, in Bohl/Riese (Hrsg.), Beck'sches IFRS-Handbuch, München/Bern, 4. Aufl. 2013, S. 1479-1528;

Watrin/Hoehne, Endkonsolidierung von Tochterunternehmen nach IAS 27 (2008), WPg 2008, S. 695-704;

Watrin/Hoehne/Pott, Konzernspezifische Einflussfaktoren auf die Endkonsolidierung nach IAS 27, KoR 2008, S. 736-747.

VI. Konsolidierung von gemeinsamen Vereinbarungen und assoziierten Unternehmen

RELEVANTE STANDARDS:

IAS 28 – Anteile an assoziierten Unternehmen und Gemeinschaftsunternehmen
IAS 36 – Wertminderung von Vermögenswerten
IAS 39 – Finanzinstrumente: Ansatz und Bewertung
IFRS 3 – Unternehmenszusammenschlüsse
IFRS 5 – Zur Veräußerung gehaltene langfristige Vermögenswerte und aufgegebene Geschäftsbereiche
IFRS 10 – Konzernabschlüsse
IFRS 11 – Gemeinsame Vereinbarungen

KERNAUSSAGEN

- Die Equity-Methode ist ab dem Zeitpunkt erstmalig anzuwenden, ab dem das Beteiligungsunternehmen als assoziiertes Unternehmen (*associate*) oder Gemeinschaftsunternehmen (*joint venture*) anzusehen ist. Dies ist der Zeitpunkt, in dem der Anteilseigner erstmals die Möglichkeit hat, einen maßgeblichen Einfluss (*significant influence*) oder eine gemeinsame Beherrschung (*joint control*) auf das Beteiligungsunternehmen auszuüben.
- Bei der Equity-Methode werden im Gegensatz zur Vollkonsolidierung keine Vermögenswerte und Schulden sowie Aufwendungen und Erträge des Beteiligungsunternehmens in den Konzernabschluss übernommen. Stattdessen wird der Beteiligungsbuchwert entsprechend der Entwicklung des anteiligen Eigenkapitals des assoziierten Unternehmens bzw. Gemeinschaftsunternehmens fortgeschrieben.
- Im Zuge der erstmaligen Anwendung der Equity-Methode ist die Beteiligung zunächst mit ihren Anschaffungskosten anzusetzen.
- Die Vorgehensweise bei der Kaufpreisallokation im Rahmen der Equity-Methode wird analog zur Kapitalkonsolidierung im Rahmen der Vollkonsolidierung gem. IFRS 3 durchgeführt.

- Der Jahresüberschuss/-fehlbetrag des assoziierten Unternehmens bzw. Gemeinschaftsunternehmens wird beim Anteilseigner als Teil des »Ergebnisses aus assoziierten Unternehmen (bzw. Gemeinschaftsunternehmen)« anteilig erfolgswirksam vereinnahmt und der Equity-Wert entsprechend erhöht bzw. vermindert.
- Erfolgsneutrale, d. h. aus dem sonstigen Ergebnis resultierende, Eigenkapitaländerungen beim assoziierten Unternehmen bzw. Gemeinschaftsunternehmen sind auch im Konzernabschluss des Investors im sonstigen Ergebnis zu erfassen.
- Im Einzelabschluss des Investors erfasste Beteiligungserträge aus empfangenen Ausschüttungen sind in der Konzernrechnungslegung zu eliminieren. Sie werden daher gegen den Beteiligungsbuchwert, der sich um vom assoziierten Unternehmen bzw. Gemeinschaftsunternehmen erhaltene Ausschüttungen mindert, »storniert«.
- Etwaige im Zuge der erstmaligen Anwendung aufgedeckte stille Reserven und stille Lasten sind in den Folgeperioden erfolgswirksam fortzuschreiben. Die sich hieraus ergebenden Wertänderungen, die im Abschluss des Investors anteilig zu berücksichtigen sind, entsprechen jenen, die sich bei entsprechendem Ansatz auf Ebene des Einzelabschlusses des Beteiligungsunternehmens ergeben würden.
- Ein etwaiger Geschäfts- oder Firmenwert wird nicht planmäßig abgeschrieben. Stattdessen wird der gesamte Beteiligungsbuchwert einem Wertminderungstest gem. IAS 36 unterzogen. Ob ein solcher Test durchzuführen ist, richtet sich nach den in IAS 39 niedergelegten Regelungen zur Wertminderung finanzieller Vermögenswerte.
- Sofern der Wert der Beteiligung bis auf null gemindert wurde, ist die Equity-Methode bis auf weiteres auszusetzen. Weitergehende Verluste werden in einer Nebenrechnung erfasst. Bilanziell wird der Beteiligungsbuchwert dann wieder ausgewiesen, wenn die aufgelaufenen Verluste durch spätere Gewinne überkompensiert worden sind.
- Die Anwendung der Equity-Methode ist zu beenden, wenn der Investor den maßgeblichen Einfluss auf oder die gemeinsame Beherrschung über das Beteiligungsunternehmen verliert (z. B. durch Veräußerung der Beteiligung) oder die Kriterien für die Anwendung des IFRS 5 erfüllt sind.
- Ein gemeinschaftlich Tätiger (*joint operator*), d. h. ein Unternehmen, welches die gemeinsame Beherrschung über eine gemeinschaftliche Tätigkeit (*joint operation*) ausüben kann, bilanziert bezüglich seines Anteils an einer gemeinschaftlichen Tätigkeit:
  - seine Vermögenswerte, inklusive seines Anteils an gemeinschaftlich gehaltenen Vermögenswerten;
  - seine Schulden, inklusive seines Anteils an sämtlichen gemeinschaftlich eingegangenen Schulden;
  - seine Erlöse aus dem Verkauf des ihm zurechenbaren Anteils am Output der gemeinschaftlichen Tätigkeit;
  - seinen Anteil an den Erlösen aus dem Verkauf des Outputs durch die gemeinschaftliche Tätigkeit; und
  - seine Aufwendungen, einschließlich seines Anteils an jeglichen gemeinschaftlich eingegangenen Aufwendungen.

1. Bilanzierung von assoziierten Unternehmen (*associates*) und Gemeinschaftsunternehmen (*joint ventures*): Die Equity-Methode

a) Grundlagen der Equity-Bilanzierung

aa) Einführung: Die Equity-Methode und deren Einordnung in die Stufenkonzeption des Konzernabschlusses

Die im Folgenden erläuterte Equity-Methode stellt eine modifizierte Form der Bewertung von Beteiligungen dar. Im Gegensatz zur Einbeziehung von Tochterunternehmen, die im Wege der Vollkonsolidierung erfolgt, werden bei der Equity-Bilanzierung nicht die einzelnen Vermögenswerte und Schulden sowie Aufwendungen und Erträge des Beteiligungsunternehmens in den Konzernabschluss einbezogen. Die Bilanzierung bzw. Bewertung der Beteiligung orientiert sich dagegen an der Entwicklung des Eigenkapitals des »at equity«-bilanzierten Beteiligungsunternehmens. Hierbei geht die Technik der Equity-Methode indes deutlich über die Bewertung gewöhnlicher Beteiligungen (zu fortgeführten Anschaffungskosten bzw. zum beizulegenden Zeitwert) hinaus. So sind z. B. in bestimmtem Umfang Zwischenergebniseliminierungen vorzunehmen.

Die Equity-Methode wird für die Abbildung von Unternehmen verwendet, zu denen das Mutterunternehmen des Konzerns eine Beziehung unterhält, die schwächer ist als die Beherrschung i. S. d. IFRS 10, aber stärker als ein normaler Anteilsbesitz. Im Speziellen betrifft dies die sog. **assoziierten Unternehmen** (*associates*), auf die das bilanzierenden Unternehmen einen maßgeblichen Einfluss ausüben kann (vgl. IAS 28.3), sowie die **Gemeinschaftsunternehmen** (*joint ventures*), über welche die Beherrschung gemeinschaftlich mit zwei oder mehr konzernexternen Parteien ausgeübt werden kann (vgl. IFRS 11. App. A).[1] Für die Abbildung der letztgenannten Beteiligungsformen verweist IFRS 11.24 auf IAS 28 – *Anteile an assoziierten Unternehmen und Gemeinschaftsunternehmen*, welcher die Regelungen zur Equity-Methode enthält. Die Identifizierung eines assoziierten Unternehmens oder eines Gemeinschaftsunternehmens im Rahmen der Abgrenzung des Konsolidierungskreises bedeutet indes nicht zwangsläufig, dass das betreffende Beteiligungsunternehmen zwingend anhand der Equity-Methode im Konzernabschluss abzubilden ist. Voraussetzung hierfür ist, dass die Beteiligung gleichzeitig in den konkreten Anwendungsbereich des IAS 28 fällt. Im nachfolgenden Abschnitt wird daher zunächst der Anwendungsbereich des IAS 28 erläutert.

bb) Anwendungsbereich der Equity-Methode

Der Anwendungsbereich der Equity-Methode bzw. des IAS 28 lässt sich anhand eines zweistufigen Ansatzes charakterisieren. Zunächst wird im Folgenden der grundsätzliche Anwendungsbereich des Standards erläutert, um in einem zweiten Schritt die bestehenden Ausnahmen von der Anwendung der Equity-Methode vorzustellen.

Da Tochterunternehmen definitionsgemäß nicht gleichzeitig auch assoziierte Unternehmen oder Gemeinschaftsunternehmen sein können, darf die Equity-Methode auf Tochterunternehmen im IFRS-Konzernabschluss nicht angewendet werden (IAS 28.2). Gleiches gilt für »normale« (nicht-strategische) Beteiligungen, welche ebenfalls nicht nach der Equity-Methode im Konzernabschluss abgebildet werden dürfen, da der Anteilseigner auf diese Beteiligungen weder maßgeblichen Einfluss noch gemeinschaftliche Beherrschung ausüben kann. Solche Beteiligungen fallen stattdessen in den Anwendungsbereich des IAS 39 – *Finanzinstrumente: Ansatz und Bewertung*. Überdies ist die Anwendung der Equity-Methode auf Konzernabschlüsse beschränkt. Im IFRS-Einzelabschluss besteht lediglich das Wahlrecht, Beteiligungen an assoziierten Unternehmen bzw. Gemeinschaftsunternehmen entweder zu Anschaffungskosten oder nach den Regelungen des IAS 39 zu bilanzieren (IAS 28.44 i. V. m. IAS 27.10).

IAS 28 enthält folgerichtig seit seiner Überarbeitung im Jahre 2011 eine explizite Zielsetzung (*objective*), die vorgibt, dass der Standard die **Bilanzierung von Beteiligungen an assoziierten Unternehmen sowie Anforderungen für die Anwendung der Equity-Methode für assoziierte Unternehmen sowie Gemeinschaftsunternehmen** regelt (IAS 28.1). Unmittelbar aus dieser Zielsetzung des IAS 28 lässt sich der grundsätzliche Anwendungsbereich des Standards ableiten. Demnach ist IAS 28 grundsätzlich von sämtlichen Unternehmen anzuwenden, die eine gemeinschaftliche Beherrschung über oder einen maßgeblichen Einfluss auf ein Beteiligungsunternehmen ausüben können (IAS 28.2). Gemäß IAS 28.16 sind Beteiligungen an assoziierten Unternehmen sowie Gemeinschaftsunternehmen nach der Equity-Methode zu bilanzieren, sofern es sich nicht um bestimmte, in IAS 28.17-28.19 geregelte Ausnahmetatbestände handelt.

Unter den Ausnahmetatbeständen finden sich zunächst Mutterunternehmen, welche gem. IFRS 10.4 (a) vom Anwendungsbereich des IFRS 10 ausgenommen und somit nicht konzernabschlusspflichtig sind. Diese sind gem. IAS 28.17 auch von der Anwendung der Equity-Methode befreit. Überdies gilt die Befreiung für Unternehmen, für welche die **Kriterien des IAS 28.17 (a)-(d) kumulativ erfüllt** sind. Demnach können Unternehmen auf die Anwendung der Equity-Methode dann verzichten, wenn

- das Unternehmen selbst ein hundertprozentiges oder teilweise im Eigentum eines anderen Unternehmens befindliches Tochterunternehmen ist und die anderen Eigentümer über die Nichtanwendung der Equity-Methode informiert sind und keine Einwände dagegen erheben,
- weder Eigen- noch Fremdkapitalinstrumente des Unternehmens an einem öffentlichen (Kapital-)Markt gehandelt werden,
- das Unternehmen seine Abschlüsse nicht bei einer zuständigen Behörde zwecks Emission solcher Instrumente an einem öffentlichen (Kapital-)Markt eingereicht hat und
- ein übergeordnetes Mutternehmen des Unternehmens einen IFRS-Konzernabschluss aufstellt und veröffentlicht.

Gemäß IAS 28.18 bestehen Ausnahmen in Bezug auf die Anwendung der Equity-Methode des Weiteren für Anteile an assoziierten Unternehmen oder an Gemeinschaftsunternehmen, die von **Wagniskapital-Organisationen, offenen Investmentfonds, Investmentgesellschaften sowie von denen ähnlichen Unternehmen einschließlich fondsgebundener Versicherungen** direkt oder indirekt gehalten werden. Die im Vorangehenden genannten Gesellschaften sind ausdrücklich von der pflichtmäßigen Anwendung der Equity-Methode befreit und dürfen ihre Beteiligungen an assoziierten Unternehmen sowie Gemeinschaftsunternehmen **alternativ aufwands- oder ertragswirksam zum beizulegenden Zeitwert gem. IAS 39** bewerten. Mit dieser Ausnahme von der Anwendung der Equity-Methode, nicht aber vom grundsätzlichen Anwendungsbereich des IAS 28, möchte das IASB zum Ausdruck bringen, dass es sich bei von Wagniskapital-Organisationen, offenen Investmentfonds, Investmentgesellschaften sowie von denen ähnlichen Unternehmen einschließlich fondsgebundener Versicherungen gehaltenen Beteiligungen grundsätzlich auch um assoziierte Unternehmen bzw. Gemeinschaftsunternehmen handelt, die in den Anwendungsbereich des IAS 28 fallen können. Das eingeräumte Wahlrecht zur Bewertung der von den zuvor genannten Gesellschaften gehaltenen Beteiligungen zum beizulegenden Zeitwert erfolgt lediglich aufgrund der vom IASB vertretenen Meinung, dass der beizulegende Zeitwert in diesen Fällen im Vergleich zur Anwendung der Equity-Methode den Abschlussadressaten entscheidungsnützlichere Informationen liefert (vgl. IAS 28.BC12).

Gemäß IAS 28.19 gilt die Befreiung von der Anwendung der Equity-Bilanzierung zudem ausdrücklich auch für bilanzierende Unternehmen, die Beteiligungen an assoziierten Unternehmen halten, welche **z. T. direkt und teilweise indirekt über Wagniskapital-Organisationen, offene Investmentfonds, Investmentgesellschaften sowie denen ähnliche Unternehmen einschließlich fondsgebundener Versicherungen gehalten** werden. Die dem bilanzierenden Unternehmen aufgrund eines Beherrschungsverhältnisses zu einem der genannten Unternehmen zuzurechnenden Anteile am grundsätzlich »at equity«-bilanzierten assoziierten Unternehmen dürfen ebenfalls alternativ aufwands- oder ertragswirksam zum beizulegenden Zeitwert gem. IAS 39 bewertet werden. Wird dieses Wahlrecht in Anspruch genommen, hat das bilanzierende Unternehmen den restlichen (direkt bzw. indirekt über »normale« Tochterunternehmen gehaltenen) Teil seiner Beteiligung an dem assoziierten Unternehmen, welcher nicht indirekt über eine der genannten Organisationsformen gehalten wird, nach der Equity-Methode zu bilanzieren.

BEISPIEL:

Das bilanzierende Mutterunternehmen (selbst keine Wagniskapital-Organisation oder eine andere der genannten Organisationsformen) hält insgesamt 36 % der Anteile an einem anderen Unternehmen und verfügt somit über maßgeblichen Einfluss auf dieses Beteiligungsunternehmen. Je 18 % der Anteile an dem assoziierten Unternehmen werden indirekt über Tochterunternehmen 1 (keine Wagniskapital-Organisation o. Ä.) sowie Tochterunternehmen 2, eine Wagniskapital-Organisation o. Ä., gehalten. Gemäß IAS 28.19 gilt die Ausnahme von der Anwendung der Equity-Methode ausdrücklich auch für den indirekt über Tochterunternehmen 2 gehaltenen Anteil. Der über Tochterunternehmen 1 gehaltene Anteil ist hingegen »at equity« einzubeziehen. Abbildung G.30 veranschaulicht diesen Ausnahmetatbestand.

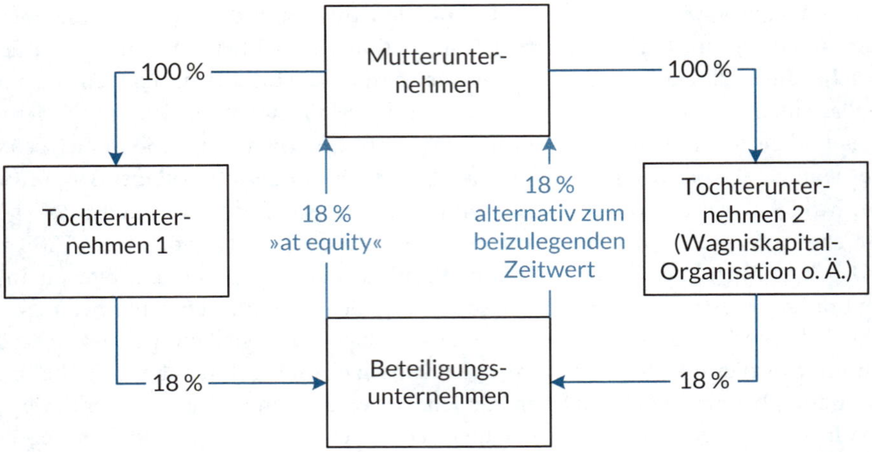

Abbildung G.30 Ausnahme für teilweise indirekt über bestimmte Organisationsformen gehaltene Beteiligungen an assoziierten Unternehmen

Das Wahlrecht, eine derartige, indirekt gehaltene Beteiligung zum beizulegenden Zeitwert zu bilanzieren, besteht unabhängig davon, ob das Tochterunternehmen selbst über maßgeblichen Einfluss auf diesen Teil der Beteiligung verfügt. Gleichermaßen ist es nicht von Bedeutung, ob die Beteiligung auch auf Ebene der Tochtergesellschaft aufwands- oder ertragswirksam zum beizulegenden Zeitwert bilanziert wird. Dies wird damit begründet, dass »aus der Perspektive des Konzerns die angemessene Bestimmung des Geschäftszwecks dazu führen [würde], dass dieser Teil der Beteiligung am assoziierten Unternehmen im Konzernabschluss aufwands- oder ertragswirksam zum beizulegenden Zeitwert bewertet wird« (vgl. IAS 28.BC22). **Das IASB verzichtete allerdings auf eine entsprechende Regelung hinsichtlich teils direkt, teils indirekt gehaltener Beteiligungen an Gemeinschaftsunternehmen**, da derartige Fallkonstellationen als selten erachtet werden (vgl. IAS 28.BC21).

Über die dargelegten Ausnahmen hinaus, besteht ein Wahlrecht aufgrund des allgemeinen **Grundsatzes der Wesentlichkeit**, assoziierte Unternehmen bzw. Gemeinschaftsunternehmen nicht anhand der Equity-Methode einzubeziehen, wenn das Beteiligungsunternehmen für die im Konzernabschluss darzustellende wirtschaftliche Lage unwesentlich ist. Zudem sind die Regelungen des IFRS 5 – *Zur Veräußerung gehaltene langfristige Vermögenswerte und aufgegebene Geschäftsbereiche* zu beachten, wenn das bilanzierende Unternehmen beabsichtigt, die Anteile am assoziierten Unternehmen bzw. Gemeinschaftsunternehmen zu verkaufen. Die Behandlung von zur Veräußerung gehaltenen Beteiligungen ist Gegenstand des folgenden Abschnitts.

cc) Klassifizierung von Beteiligungen an assoziierten Unternehmen und Gemeinschaftsunternehmen als »zur Veräußerung gehalten«

Gemäß IAS 28.15 handelt es sich bei Beteiligungen an assoziierten Unternehmen und Gemeinschaftsunternehmen um **langfristige Vermögenswerte**. Somit ist IFRS 5, der gem. IFRS 5.2 grundsätzlich auf sämtliche langfristigen Vermögenswerte bzw. sog.

Abgangsgruppen eines Unternehmens anzuwenden ist, auch für Beteiligungen an assoziierten Unternehmen bzw. Gemeinschaftsunternehmen von Bedeutung. Sofern die Voraussetzungen des IFRS 5 für den gesamten gehaltenen Anteil an dem betreffenden Beteiligungsunternehmen erfüllt sind, ist die gesamte Beteiligung nach den Regelungen des IAS 28.20 als zur Veräußerung gehalten zu klassifizieren und entsprechend zu bilanzieren.

IAS 28.20 regelt zudem ausdrücklich, dass die Bilanzierungsregeln des IFRS 5 auch zur Anwendung kommen, wenn die Klassifizierungskriterien des IFRS 5 lediglich für einen Teil einer Beteiligung an einem assoziierten Unternehmen bzw. Gemeinschaftsunternehmen erfüllt sind. In einem solchen Fall ist **genau der Anteil der Beteiligung umzuklassifizieren**, für welchen die Kriterien des IFRS 5 als erfüllt anzusehen sind. Der Anteil, welcher auch nach Abschluss der geplanten, künftigen Veräußerung beim bilanzierenden Unternehmen verbleibt, ist hingegen weiterhin, zumindest bis zum erfolgten Abgang der zur Veräußerung gehaltenen Beteiligung, nach der Equity-Methode in den Konzernabschluss einzubeziehen. Nach der geplanten Veräußerungstransaktion ist der zurückbehaltene Anteil als Finanzinstrument gem. IAS 39 zu bilanzieren, sofern ein Verlust des maßgeblichen Einflusses bzw. der gemeinschaftlichen Beherrschung mit der Verminderung des gehaltenen Anteils einhergeht.

Sind die **Klassifizierungskriterien des IFRS 5** für eine vormals als zur Veräußerung gehalten eingestufte Beteiligung **nicht länger erfüllt**, so ist die Beteiligung so zu bilanzieren, als wäre seit der Klassifizierung als zur Veräußerung gehalten die Equity-Methode zur Anwendung gekommen (IAS 28.21). Die Abschlüsse für die Berichtsperioden seit der Einstufung als »zur Veräußerung gehalten« sind rückwirkend anzupassen.

dd) Zeitpunkt der erstmaligen Anwendung der Equity-Methode

Gemäß IAS 28.32 sind Anteile ab dem Zeitpunkt nach der Equity-Methode zu bilanzieren, zu welchem die **Kriterien für das Vorliegen eines assoziierten Unternehmens oder eines Gemeinschaftsunternehmens erfüllt** sind, also der maßgebliche Einfluss auf bzw. die gemeinschaftliche Beherrschung über das Beteiligungsunternehmen erlangt wird. Zu unterscheiden ist hinsichtlich der Ausgestaltung des Erwerbs im Einzelfall dahingehend, ob die Beteiligung an dem assoziierten Unternehmen bzw. Gemeinschaftsunternehmen in einem einzigen Schritt bzw. einer Transaktion oder aber im Zeitablauf sukzessive vom Anteilseigner erworben wird (sukzessiver Erwerb). Solange im Fall eines sukzessiven Beteiligungserwerbs noch kein maßgeblicher Einfluss auf bzw. keine gemeinschaftliche Beherrschung über das Beteiligungsunternehmen gegeben ist, sind die bereits erworbenen Anteile als Finanzinstrumente nach IAS 39 zu behandeln.

b) Technik der Equity-Methode

aa) Ermittlung des Wertansatzes bei erstmaliger Anwendung der Equity-Methode: Grundlagen

Im Zeitpunkt der erstmaligen Anwendung der Equity-Methode sind die Anteile an dem assoziierten Unternehmen bzw. am Gemeinschaftsunternehmen zu ihren **Anschaffungskosten** anzusetzen (IAS 28.10). In einer sog. Nebenrechnung sind überdies bereits zu diesem Zeitpunkt die für die Fortschreibung des Equity-Buchwerts in künftigen Perioden erforderlichen Voraussetzungen zu schaffen. Der Grund dafür liegt in der konzeptionellen Ausgestaltung der Equity-Methode. Bei dieser wird in den folgenden Perioden (anstelle des beim Beteiligungsunternehmen bilanzierten Eigenkapitals) das aus Sicht des Investors bzw. bilanzierenden Unternehmens **erworbene anteilige, zum beizulegenden Zeitwert im Erwerbszeitpunkt bewertete, Eigenkapital** fortgeschrieben.

Im Erwerbszeitpunkt sind die Anschaffungskosten der Anteile gem. IAS 28.32 mit dem auf den Anteilseigner, d. h. das bilanzierende Unternehmen, entfallenden Anteil am identifizierbaren Reinvermögen des Beteiligungsunternehmens zu verrechnen. Ein etwaiger hieraus resultierender Unterschiedsbetrag ist in einer Nebenrechnung auf eventuelle anteilige stille Reserven und stille Lasten sowie einen Geschäfts- oder Firmenwert aufzuteilen. Deutlich werden hieran **inhaltliche Parallelen zur Kapitalkonsolidierung bei der Anwendung der Vollkonsolidierung**. Im Gegensatz zur Vollkonsolidierung werden die aufgedeckten stillen Reserven und Lasten sowie ein etwaiger Geschäfts- oder Firmenwert indes nicht als separate Positionen in der Bilanz erfasst, sondern – wie erwähnt – im Zuge der erstmaligen Anwendung der Equity-Bilanzierung in einer Nebenrechnung festgehalten. Der Ansatz aufgedeckter stiller Reserven und stiller Lasten sowie eines etwaigen Geschäfts- oder Firmenwerts direkt in der Bilanz scheidet deshalb aus. Die Bilanz des Konzerns weist hingegen lediglich den Equity-Buchwert als Saldogröße aus. Aufgrund der Fortführung der aufgedeckten stillen Reserven und stillen Lasten in den Folgeperioden in einer Nebenrechnung, wird die Equity-Methode international auch als »*One Line Consolidation*« bezeichnet. Die hierfür notwendigen Maßnahmen bei der Erstanwendung entsprechen weitgehend der Kapitalkonsolidierung gem. IFRS 3.

Bei der Bestimmung der Anschaffungskosten der Beteiligung am assoziierten Unternehmen bzw. Gemeinschaftsunternehmen sind daher grundsätzlich die entsprechenden Regelungen des IFRS 3 in analoger Weise anzuwenden. Demnach sind bei der Bestimmung des Kaufpreises (bzw. der übertragenen Gegenleistung) gem. IFRS 3.37 f. zunächst die **beizulegenden Zeitwerte aller für den Erwerb hingegebenen Vermögenswerte, übernommenen Schulden sowie im Austausch für die Beteiligung ausgegebenen Eigenkapitalinstrumente** zu berücksichtigen. Der Zeitpunkt der Bewertung zum beizulegenden Zeitwert ist hierbei der Zugang der Beteiligung bzw. der Zeitpunkt des Tauschvorgangs. Sofern der beizulegende Zeitwert eines übertragenen Vermögenswerts bzw. einer Schuld von dem bisher beim die Beteiligung erwerbenden Unternehmen erfassten Buchwert abweicht, kommt es zu einer erfolgswirksamen Erfassung eines entsprechenden Gewinns bzw. Verlusts. Folglich kommt es durch den Beteiligungserwerb u. U. zur Aufdeckung stiller Reserven und stiller Lasten.

Im Gegensatz zur Bestimmung der übertragenen Gegenleistung im Rahmen eines Unternehmenszusammenschlusses, wonach Anschaffungsnebenkosten grundsätzlich sofort aufwandswirksam zu erfassen sind (IFRS 3.53), können bei Ermittlung des Wertansatzes für die Anwendung der Equity-Methode auch die **zurechenbaren Anschaffungsnebenkosten** einbezogen werden, da IAS 28.10 weiterhin von den »Anschaffungskosten« ausgeht und der Begriff nicht an die Terminologie des IFRS 3 (»übertragene Gegenleistung«) angepasst wurde.

Nach Ermittlung der Anschaffungskosten der Equity-Beteiligung werden diese im Rahmen der sog. Kaufpreisallokation[3] auf die anteilig erworbenen Vermögenswerte und übernommenen Schulden verteilt und damit das Eigenkapital neu bewertet. Dies geschieht in folgenden beiden Schritten:

- Im ersten Schritt werden die aus Sicht des Investors anzusetzenden **Vermögenswerte und Schulden** des assoziierten Unternehmens bzw. Gemeinschaftsunternehmens **identifiziert**. Grundsätzlich sind sämtliche identifizierbaren Vermögenswerte und Schulden zu berücksichtigen. Neben den bereits im Einzelabschluss des Beteiligungsunternehmens bilanzierten Aktiva und Passiva werden in diesem Schritt auch Vermögens- und Schuldpositionen (z. B. immaterielle Vermögenswerte) in der Nebenrechnung angesetzt, die im Einzelabschluss des Beteiligungsunternehmens bisher nicht zum Ansatz kamen, beispielsweise da sie die diesbezüglichen Ansatzvorschriften nicht erfüllen.
- Im zweiten Schritt werden die identifizierbaren Vermögenswerte und Schulden mit ihrem jeweiligen beizulegenden Zeitwert zum Zeitpunkt der erstmaligen Anwendung der Equity-Methode bewertet. Eine Ausnahme vom Grundsatz der Bewertung zum beizulegenden Zeitwert besteht für zur Veräußerung gehaltene langfristige Vermögenswerte, die gem. IFRS 5 mit dem beizulegenden Zeitwert abzüglich Veräußerungskosten bewertet werden.

Auch wenn die vollständige Neubewertung sämtlicher identifizierbarer Vermögenswerte und Schulden auch den Ausgangspunkt der Kaufpreisallokation bei Anwendung der Equity-Methode darstellt, wird lediglich das **anteilige (neu bewertete) Reinvermögen mit den Anschaffungskosten der Equity-Beteiligung verglichen und in den Folgeperioden fortgeschrieben**. Somit wird stets nur das anteilige Reinvermögen des Beteiligungsunternehmens in der Nebenrechnung des Investors geführt, sodass es »praktisch« auch nur zu einer anteiligen Aufdeckung stiller Reserven und Lasten kommt. Ferner bilanziert der Investor im Rahmen der Equity-Bilanzierung keinerlei Ausgleichsposten für Anteile der übrigen Gesellschafter des assoziierten Unternehmens oder Gemeinschaftsunternehmens.

Im Unterschied zur erstmaligen Einbeziehung eines Tochterunternehmens im Wege der Vollkonsolidierung ist es möglicherweise der Fall, dass für die Kaufpreisallokation bei Beteiligungen an assoziierten Unternehmen bzw. Gemeinschaftsunternehmen nicht alle erforderlichen Informationen vorliegen bzw. vom Investor zu beschaffen sind. Insbesondere wenn das Beteiligungsunternehmen von einem Dritten beherrscht wird, ist der Investor einer Beteiligung an einem assoziierten Unternehmen oder Gemeinschaftsunternehmen oftmals unzureichend über die Geschäfts- und Finanzpolitik informiert. Gewöhnlich sind daher bei der Kaufpreisallokation im Rahmen der erstmaligen Anwendung der Equity-Methode Vereinfachungen notwendig. Informationsprobleme können auch bei Vorhandensein gemeinschaftlicher Beherrschung auftreten. **Sofern nicht genauer möglich, werden die stillen Reserven und stillen Lasten vereinfachend unter Bezugnahme auf den Grundsatz der Wesentlichkeit lediglich für bestimmte Bilanzpositionen (z. B. das gesamte Sachanlagevermögen) aufgedeckt.** Sind die aufzudeckenden Beträge unwesentlich, so kann eine Aufdeckung ohnehin unterbleiben. Zur Beurteilung der

Wesentlichkeit ist insbesondere auf die mit den Wertansätzen verbundenen Erfolgswirkungen abzustellen, da die einzelnen Vermögenswerte und Schulden assoziierter Unternehmen bzw. Gemeinschaftsunternehmen nicht in den Konzernabschluss übernommen werden, sondern die aufgedeckten stillen Reserven und stillen Lasten in den Folgeperioden erfolgswirksam werden. Überdies wirken sich Fehler bei der Bestimmung der beizulegenden Zeitwerte auf die Ermittlung des Geschäfts- oder Firmenwerts aus.

Das anteilige, nunmehr neu bewertete Eigenkapital wird anschließend mit den Anschaffungskosten der Beteiligung verglichen. Sofern die Anschaffungskosten der Anteile den vom Investor erworbenen Anteil am neu bewerteten Eigenkapital übersteigen, entsteht ein **Geschäfts- oder Firmenwert** (aktivischer Unterschiedsbetrag). Ein **passivischer Unterschiedsbetrag** entsteht dagegen, wenn zum Erwerbsstichtag das anteilige neu bewertete Eigenkapital die Anschaffungskosten der Beteiligung übersteigt. IAS 28.32 sieht folgende Bilanzierungsfolgen für die Unterschiedsbeträge vor:

- Der mit einem assoziierten Unternehmen oder Gemeinschaftsunternehmen verbundene **Geschäfts- oder Firmenwert ist im Buchwert der Beteiligung enthalten** und wird somit nicht getrennt vom anteiligen Eigenkapital ausgewiesen. In den folgenden Berichtsperioden wird der Geschäfts- oder Firmenwert nicht planmäßig abgeschrieben, sondern seine Werthaltigkeit durch den Werthaltigkeitstest für den Beteiligungsbuchwert insgesamt überprüft.
- Ein **passivischer Unterschiedsbetrag** ist hingegen nicht im Beteiligungsbuchwert enthalten, sondern **wird erfolgswirksam in der Periode des Beteiligungserwerbs als Ertrag** erfasst. In einem solchen Fall schlägt sich der Ertrag als Erhöhung des Beteiligungsbuchwerts nieder. Es wird folglich »per Beteiligung an Ertrag« gebucht.

Die Ermittlung des Geschäfts- oder Firmenwerts wird nachfolgend an einem Beispiel veranschaulicht.

BEISPIEL:

Ein Mutterunternehmen erwarb am 31.12.20X0 25 % der Anteile an dem Beteiligungsunternehmen B, wodurch es maßgeblichen Einfluss auf das Unternehmen B erlangte. Für den Erwerb der Anteile übertrug das Mutterunternehmen den vormaligen Eigentümern der Anteile liquide Mittel i. H. v. 5 Mio. €. Das Beteiligungsunternehmen B weist am Tag des Anteilserwerbs Eigenkapital i. H. v. 10 Mio. € aus. In den immateriellen Vermögenswerten des Unternehmens B sind zu diesem Zeitpunkt stille Reserven i. H. v. 2 Mio. € enthalten, die auf bisher nicht angesetzte identifizierbare immaterielle Vermögenswerte (wie selbst erstellte Kundenlisten) entfallen.

Zur erstmaligen Anwendung der Equity-Methode sind die stillen Reserven anteilig aufzudecken. In einer Nebenrechnung werden die immateriellen Vermögenswerte des Unternehmens B um 0,5 Mio. € erhöht (= 25 % von 2 Mio. € identifizierte stille Reserven). Das anteilige neu bewertete Eigenkapital des Beteiligungsunternehmens beträgt folglich inklusive der anteilig aufgedeckten stillen Reserven 3 Mio. € (= 25 % von 10 Mio. € + 0,5 Mio. €). Die Differenz zwischen dem anteiligen neu bewerteten Eigenkapital i. H. v. 3 Mio. € und den Anschaffungskosten i. H. v. 5 Mio. € ergibt einen Geschäfts- oder Firmenwert von 2 Mio. €. Die Zusammensetzung des im Konzernabschluss des Mutterunternehmens zum 31.12.X0 erstmalig auszuweisenden Equity-Buchwerts zeigt Abb. G.31:

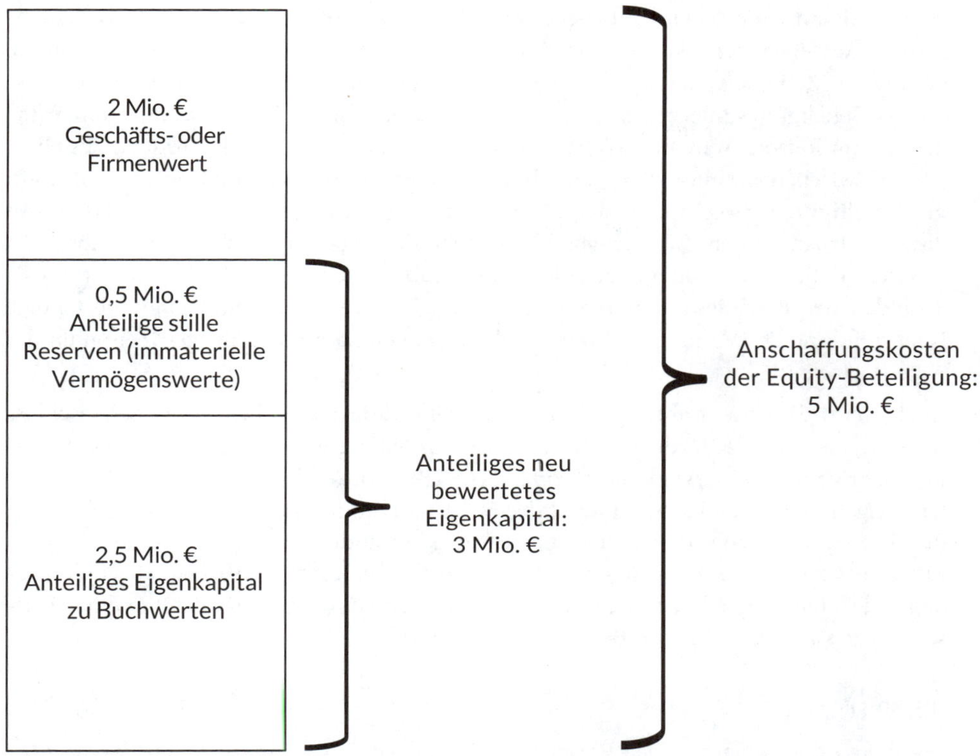

Abbildung G.31 Ermittlung des erstmaligen Wertansatzes einer Equity-Beteiligung im Konzernabschluss

bb) Ermittlung des erstmaligen Wertansatzes bei unterjährigem Beteiligungserwerb

Im Vorangehenden wurde die Ermittlung des Wertansatzes bei einem Erwerb der Anteile am Abschlussstichtag erläutert. Oftmals erfolgt der Erwerb der Anteile an einem assoziierten Unternehmen oder Gemeinschaftsunternehmen hingegen unterjährig, d. h. **während des Geschäftsjahres bzw. zwischen zwei Abschlussstichtagen**. Dies wird an folgendem Beispiel veranschaulicht.

BEISPIEL:

Ein konzernabschlusspflichtiges Mutterunternehmen erwarb zum 1.11.20X0 25 % der Anteile an einem anderen Unternehmen B, dem Beteiligungsunternehmen, und erlangte hierdurch maßgeblichen Einfluss auf das Unternehmen B. Der Abschlussstichtag des Mutterunternehmens sowie des Beteiligungsunternehmens ist der 31.12.20X0.

Der Zeitpunkt der erstmaligen Anwendung der Equity-Methode ist gem. IAS 28 in diesem Beispiel der 1.11.20X0. Planmäßig wird der nächste Abschluss des Unternehmens B allerdings erst zum Ende des Geschäftsjahres, d. h. zum 31.12.20X0, erstellt. Gleichzeitig ist der Konzernabschluss des Mutterunternehmens zum 31.12.20X0 der erste Konzernabschluss, in den das neue assoziierte Unternehmen einbezogen wird.

Sofern, wie im vorangehenden Beispiel, der Abschlussstichtag des assoziierten Unternehmens bzw. Gemeinschaftsunternehmens und der Zeitpunkt der erstmaligen Anwendung der Equity-Methode voneinander abweichen, ist die Aufstellung eines Zwischenabschlusses des Beteiligungsunternehmens als Datengrundlage für die Kaufpreisallokation erforderlich. Im Beispiel wäre ein solcher Zwischenabschluss auf den 1.11.20X0 aufzustellen. Dieser Zwischenabschluss dient der **Abbildung der Vermögenssituation im Zeitpunkt des Beteiligungserwerbs bzw. der erstmaligen Anwendung der Equity-Methode**. Auf diesen aufzustellenden Zwischenabschluss bauen dann die im vorangehenden Abschnitt erläuterten Schritte – Identifizierung und Neubewertung der Vermögenswerte und Schulden des Beteiligungsunternehmens – auf. Dies bedeutet somit eine vollständige Neuermittlung der Vermögens- und Schuldpositionen zum unterjährigen Zeitpunkt des Anteilserwerbs.

Auch wenn die Durchführung der Kaufpreisallokation ohne einen Zwischenabschluss schwierig sein dürfte, fordert der IAS 28 die Aufstellung eines Zwischenabschlusses bei unterjährigem Anteilserwerb nicht explizit. IAS 28.10 fordert lediglich, dass bei einem unterjährigen Erstanwendungszeitpunkt der Equity-Methode nach dem erstmaligen Ansatz des Beteiligungsbuchwerts nur diejenigen Erfolgsbestandteile bei der Fortschreibung des Buchwerts zu berücksichtigen sind, die nach dem Zeitpunkt erwirtschaftet wurden, an dem die Beteiligung an dem Unternehmen erworben wurde. Dies wird anhand der Fortsetzung des vorangegangenen Beispiels veranschaulicht.

BEISPIEL:

Bei dem im vorangegangenen Beispiel beschriebenen, unterjährigen Erwerb von 25 % der Anteile an einem anderen Unternehmen zum 1.11.20X0 dürfen für die Anwendung der Equity-Methode im Jahr 20X0 nur Aufwendungen und Erträge (bzw. deren Saldo) des Beteiligungsunternehmens B entsprechend der Beteiligungsquote des Anteilseigners bei der Fortschreibung des Equity-Buchwerts Berücksichtigung finden, die ab dem 1.11.20X0 erwirtschaftet wurden. Dies bedeutet im Umkehrschluss, dass die anteiligen, bereits vor dem 1.11.20X0 erwirtschafteten Ergebnisbestandteile bei der erstmaligen Anwendung der Equity-Methode, d. h. am 1.11.20X0, einzubeziehen sind. Die bis zum unterjährigen Anteilserwerb vom Beteiligungsunternehmen erwirtschafteten Erfolge wurden somit im Zuge des Beteiligungserwerbs mit erworben (erworbenes Ergebnis).

Für die Ermittlung der Aufwendungen und Erträge, welche vor dem Zeitpunkt der erstmaligen Anwendung der Equity-Methode beim Beteiligungsunternehmen angefallen sind, schreibt IAS 28 indes kein Verfahren vor. Für zulässig erachtet werden hierfür im Schrifttum sowohl die direkte als auch die indirekte Ermittlung des erworbenen Ergebnisses. Bei **Anwendung der direkten Methode** wird zur Ermittlung des erworbenen Ergebnisses auf den Zeitpunkt der erstmaligen Anwendung der Equity-Methode abgestellt. Ausschlaggebend ist demzufolge der Zeitpunkt, ab welchem eine Beteiligung an einem assoziierten Unternehmen bzw. an einem Gemeinschaftsunternehmen vorliegt. Für die Anwendung der direkten Methode ist indes die Kenntnis darüber notwendig, welche Aufwendungen und Erträge vor bzw. nach dem Zeitpunkt der erstmaligen Anwendung der Equity-Methode entstanden sind. Hierfür ist im Normalfall ein Zwischenabschluss erforderlich. Aus Sicht des beteiligten Unternehmens stellt der Zeitraum zwischen dem Abschlussstichtag des Zwischenabschlusses und dem nächsten planmäßigen

Abschlussstichtag des Beteiligungsunternehmens zum Geschäftsjahresende bei Anwendung der direkten Methode ein Rumpfgeschäftsjahr dar. Die direkte Methode wird an nachfolgendem Beispiel veranschaulicht.

BEISPIEL:

Das Mutterunternehmen A erwarb zum 1.10.20X0 30 % der Anteile an einem anderen Unternehmen B, dem Beteiligungsunternehmen, und erlangte hierdurch maßgeblichen Einfluss auf das Unternehmen B. Der Abschlussstichtag des Mutterunternehmens sowie des Beteiligungsunternehmens ist der 31.12.20X0. Für die Beteiligung zahlte A einen Preis i. H. v. 3 Mio. €. Das Unternehmens B weist zu Beginn des Geschäftsjahres (1.1.20X0) Eigenkapital i. H. v. 7,5 Mio. € aus.

Der Zeitpunkt der erstmaligen Anwendung der Equity-Methode ist gem. IAS 28 der 1.10.20X0. Da der nächste planmäßige Abschlussstichtag des Unternehmens B allerdings erst zum Ende des Geschäftsjahres, d. h. zum 31.12.20X0, erstellt wird, wird anlässlich des unterjährigen Erwerbs der Anteile ein Zwischenabschluss aufgestellt. Annahmegemäß entsprechend im Zeitpunkt des Anteilserwerbs die beizulegenden Zeitwerte der identifizierbaren Vermögenswerte und Schulden den jeweiligen Buchwerten, sodass keine stillen Reserven und Lasten bestehen bzw. aufzudecken sind. Im Zwischenabschluss des Unternehmens B beträgt das Eigenkapital 8 Mio. €. Hierin ist auch das bis zum 1.10.20X0 erzielte Ergebnis i. H. v. 0,5 Mio. € enthalten.

Das Beteiligungsunternehmen weist in seinem Jahresabschluss zum 31.12.20X0 ein Ergebnis i. H. v. 1 Mio. € aus. Erkennbar unterliegt der Geschäftsverlauf und damit die Ertragslage des Unternehmens B somit starken saisonalen Schwankungen: Die Hälfte des Jahresüberschusses wurde im letzten Quartal und somit nach dem Erwerb der Anteile durch Unternehmen A erwirtschaftet.

Zunächst sind die Anschaffungskosten der Beteiligung an dem Unternehmen B zu ermitteln, da diese den Startwert der Equity-Methode darstellen. Die Anschaffungskosten betragen 3 Mio. €. Bei der direkten Methode werden nun die Aufwendungen und Erträge bei der Fortschreibung des Equity-Buchwerts zum ersten Konzernabschlussstichtag berücksichtigt, die zwischen dem 1.10.20X0 und dem 31.12.20X0 entstanden sind. Somit entfällt auf das Unternehmen A die Hälfte des anteiligen Jahresergebnisses i. H. v. 0,3 Mio. €, also 0,15 Mio. € (= [1 Mio. € × 30 %]/2).

Das übrige, im Zeitraum vom 1.1.20X0 bis zum 30.9.20X0 erwirtschaftete Ergebnis beeinflusst dagegen den Geschäfts- oder Firmenwert, welcher zum Zeitpunkt der erstmaligen Anwendung der Equity-Methode zu ermitteln ist. Da dieser vor dem Beteiligungserwerb erwirtschaftete Erfolg des Unternehmens B im von Unternehmen A für die Anteile geleisteten Kaufpreis enthalten ist, gilt dieser Teil des Ergebnisses als vom neuen Anteilseigner »erworben«. Das erworbene Ergebnis ist daher bei der Ermittlung des Unterschiedsbetrags dem anteiligen Eigenkapital des assoziierten Unternehmens hinzuzurechnen.

Das erworbene Ergebnis beträgt im Beispiel 0,15 Mio. € und ist dem anteiligen Eigenkapital hinzuzurechnen, sodass das anteilige Eigenkapital zum Zeitpunkt der erstmaligen Anwendung der Equity-Methode 2,4 Mio. € (= 7,5 Mio. € × 30 % + 0,15 Mio. €) beträgt. Dies entspricht dem anteiligen Eigenkapital auf Basis des Zwischenabschlusses, da in dem hierin ausgewiesenen Eigenkapital das bis zum Stichtag des Zwischenabschlusses erwirtschaftete Ergebnis enthalten ist (8 Mio. € × 30 % = 2,4 Mio. €). Der resultierende Geschäfts- oder Firmenwert beträgt 0,6 Mio. € (= 3 Mio. € Anschaffungskosten – 2,4 Mio. € anteiliges Eigenkapital).

Das anteilige, nach dem Zeitpunkt der erstmaligen Anwendung erwirtschaftete Ergebnis (für den Zeitraum vom 1.10.-31.12.20X0) i. H. v. 0,15 Mio. € ist bei der Fortschreibung des Buchwerts der Beteiligung zum 31.12.20X0 zu berücksichtigen.

Bei **Anwendung der indirekten Methode** wird dagegen vom gesamten, während des ganzen Geschäftsjahres des Beteiligungsunternehmens erwirtschafteten Ergebnis der auf die Zeit vor dem Beteiligungserwerb entfallende Anteil (zeit-)proportional abgezogen. Offensichtlich handelt es sich bei dieser Form der zeitlichen Abgrenzung der Erträge und Aufwendungen lediglich um eine Näherung, die insbesondere bei saisonal bedingten Schwankungen der Ertragslage nachteilig ist. Der Vorteil der indirekten Methode liegt in der vergleichsweise einfacheren Anwendung, welche keinen Zwischenabschluss benötigt.

cc) Folgebilanzierung: Fortschreibung des Equity-Buchwerts

Die Definition des IAS 28.3 beschreibt die Equity-Methode als Bilanzierungsmethode, bei der die Beteiligung zunächst mit den Anschaffungskosten angesetzt wird; dieser Wertansatz aber in der Folge um etwaige Veränderungen beim Anteil des Investors am Eigenkapital des Beteiligungsunternehmens angepasst wird. Im Vorangehenden wurde der erstmalige Ansatz zu Anschaffungskosten erläutert und lediglich die Zurechnung von Erträgen und Aufwendung bei unterjährigem Erwerb der Beteiligung angesprochen. In diesem Abschnitt wird nun die Folgebilanzierung von »at equity«-bilanzierten Beteiligungen erläutert.

Zunächst stellt sich bei der Folgebilanzierung bzw. Fortschreibung eines Equity-Buchwerts die Frage, welcher Abschluss des assoziierten Unternehmens oder Gemeinschaftsunternehmen jeweils in den folgenden Berichtsperioden die Grundlage für die Equity-Bilanzierung bildet. Gemäß IAS 28.33 hat ein Unternehmen bei Anwendung der Equity-Methode grundsätzlich den **letzten verfügbaren Abschluss** des assoziierten Unternehmens bzw. Gemeinschaftsunternehmens zu verwenden. Sofern der Abschlussstichtag des Beteiligungsunternehmens vom Abschlussstichtag des Konzerns abweicht, ist vom Beteiligungsunternehmen ein Zwischenabschluss auf den Konzernabschlussstichtag aufzustellen, es sein denn, dies ist nicht durchführbar. Wann die Aufstellung des Zwischenabschlusses nicht durchführbar ist, wird indes nicht ausdrücklich in IAS 28 geregelt. Unter Rückgriff auf IAS 1.7 ist die Anwendung einer Regelung dann undurchführbar, wenn das bilanzierende Unternehmen sie trotz aller wirtschaftlich vertretbaren Anstrengungen nicht anwenden kann. Im Zusammenhang mit der Equity-Bilanzierung könnten, angesichts des begrenzten Einflusses des Anteilseigners auf das assoziierte Unternehmen bzw. Gemeinschaftsunternehmen, insbesondere Probleme bei der Informationsbeschaffung zu einer Undurchführbarkeit führen.

Sofern die **Aufstellung eines Zwischenabschlusses tatsächlich undurchführbar ist**, kann ein Abschluss mit abweichendem Abschlussstichtag zugrunde gelegt werden. Hierbei darf der Zeitraum zwischen den Abschlussstichtagen indes nicht mehr als drei Monate betragen. Überdies sind **Berichtigungen für die Auswirkungen bedeutender Geschäftsvorfälle und Ereignisse**, welche in diesem Zeitraum eingetreten sind, vorzunehmen. Daneben verlangt IAS 28.34, dass die Länge der Berichtsperioden und die Abweichungen zwischen den Abschlussstichtagen von Jahr zu Jahr konstant bleiben.

Die Folgebilanzierung des Equity-Buchwerts der Beteiligung nach dem erstmaligen Ansatz zu Anschaffungskosten erfolgt, indem der Beteiligungsbuchwert in der Bilanz um die dem bilanzierenden Unternehmen zuzurechnenden Eigenkapitalveränderungen des assoziierten Unternehmens oder Gemeinschaftsunternehmen fortgeschrieben wird (IAS 28.3 und IAS 28.10). Diese Änderungen entstehen insbesondere durch die **anteilige Erfassung des Jahresergebnisses des Beteiligungsunternehmens**, welche in der GuV des Investors erfolgt und den Beteiligungsbuchwert entsprechend ändert. Daneben verändern allerdings auch **erfolgsneutrale Eigenkapitaländerungen, die beim Beteiligungsunternehmen im sonstigen Ergebnis erfasst wurden**, den Beteiligungsbuchwert im Abschluss des Anteilseigners. Der Anteilseigner erfasst seinen Anteil am sonstigen Ergebnis des Beteiligungsunternehmens in seinem Abschluss ebenfalls im sonstigen Ergebnis. IAS 28.10 führt für diesen Fall beispielhaft erfolgsneutrale Neubewertungen von Vermögenswerten des Sachanlagevermögens sowie Differenzen aus der Umrechnung von Fremdwährungsabschlüssen an, die es im sonstigen Ergebnis zu erfassen gilt.

Gemäß IAS 28.10 **vermindern** vom assoziierten Unternehmen oder Gemeinschaftsunternehmen **empfangene Ausschüttungen den »at equity«-bilanzierten Beteiligungsbuchwert**. Die im Zeitpunkt des Beteiligungserwerbs in der Nebenrechnung zur Bilanz aufgedeckten **stillen Reserven und stillen Lasten werden in den Folgeperioden erfolgswirksam abgeschrieben**. IAS 28.32 führt demgemäß aus, dass der Anteil des Investors am vom Beteiligungsunternehmen verzeichneten Ergebnis sachgerecht anzupassen ist, um z. B. die planmäßige Abschreibung zu erfassen, die bei abschreibungsfähigen Vermögenswerten auf der Grundlage der jeweiligen beizulegenden Zeitwerte zum Zeitpunkt der erstmaligen Anwendung der Equity-Methode berechnet wird. Überdies ist ein etwaiger Geschäfts- oder Firmenwert in Übereinstimmung mit IAS 36 auf seine Werthaltigkeit hin zu überprüfen und nicht planmäßig abzuschreiben.

Das in Tab. G.17 dargestellte Ermittlungsschema verdeutlicht, welche Sachverhalte im Rahmen der Fortschreibung des Beteiligungsbuchwerts nach der Equity-Methode in den Folgeperioden erfolgswirksam oder erfolgsneutral zu berücksichtigen sind.

		Buchwert der »at equity«-bilanzierten Beteiligung im Jahr 20X0
Erfolgswirksame Anpassungen bzw. Fortschreibungen	+/–	Anteiliger Jahresüberschuss/-fehlbetrag des Beteiligungsunternehmen
	–	Empfangene Ausschüttungen vom Beteiligungsunternehmen
	–	Auflösung/Abschreibung der aufgedeckten stillen Reserven
	+	Auflösung/Verminderung der aufgedeckten stillen Lasten
	–	Wertminderung des Geschäfts- oder Firmenwerts
	+/–	Ergebniswirkung aus der Anwendung konzerneinheitlicher Bewertungsmethoden
	–/+	Eliminierung von Zwischengewinnen/-verlusten
	–	Außerplanmäßige Abschreibungen auf den Equity-Buchwert (ohne Geschäfts- oder Firmenwert)
	+	Zuschreibungen auf den Equity-Buchwert (ohne Geschäfts- oder Firmenwert)
Erfolgsneutrale Anpassungen bzw. Fortschreibungen	+	Kapitaleinzahlungen/Zugänge beim Beteiligungsunternehmen
	–	Kapitalrückzahlungen/Abgänge beim Beteiligungsunternehmen
	–/+	Erfolgsneutrale Eigenkapitaländerungen des Beteiligungsunternehmens (z. B. aus Neubewertung des Sachanlagevermögens oder Währungsumrechnung)
	=	Buchwert der »at equity«-bilanzierten Beteiligung im Jahr 20X1

Tabelle G.17 Fortschreibung des Equity-Buchwerts

Zunächst wird im Rahmen der Fortschreibung des Equity-Buchwerts folglich der Jahresüberschuss bzw. -fehlbetrag des Beteiligungsunternehmens beim bilanzierenden Investor als Teil des »**Ergebnisses aus Beteiligungen**« oder als »**Ergebnis aus assoziierten Unternehmen**« **bzw.** »**Ergebnis aus Gemeinschaftsunternehmen**« anteilig vereinnahmt und der Beteiligungsbuchwert um diesen Anteil am Ergebnis des Beteiligungsunternehmens erhöht bzw. vermindert. Aus der Erfassung des anteiligen erwirtschafteten Jahresergebnisses folgt, dass Eigenkapitaländerungen aufgrund von Ausschüttungen des Beteiligungsunternehmens an den bilanzierenden Anteilseigner als Korrektur zu erfassen sind, damit eine Doppelerfassung der Erträge und Ausschüttungen im Konzernergebnis vermieden wird. Würden empfangene Ausschüttungen nicht als Minderung des Beteiligungsbuchwerts erfasst, würde einerseits die Ausschüttung des Ergebnisses als Ertrag vereinnahmt werden, während andererseits bereits die Entstehung des Jahresergebnisses beim Beteiligungsunternehmen ertragswirksam erfasst worden ist. Demzufolge sind etwaige im Einzelabschluss des Investors **vereinnahmte Beteiligungserträge, die aus empfangenen Ausschüttungen von einem assoziierten Unternehmen oder Gemeinschaftsunternehmen resultieren, im Konzernabschluss zu eliminieren**. Technisch erfolgt dies wie dargestellt durch den Abzug der erhaltenen Ausschüttungen vom Beteiligungsbuchwert.

BEISPIEL:

Das bilanzierende Unternehmen A vereinnahmt in seinem Einzelabschluss eine Dividende i. H. v. 100 000 € von Unternehmen B, welches ein assoziiertes Unternehmen von A darstellt:

Bank/Forderung gegenüber Unternehmen B	an Beteiligungserträge	100 000 €

Diese Buchung ist bei der Konzernabschlusserstellung zu eliminieren. Da empfangene Ausschüttungen im Konzernabschluss den Beteiligungsbuchwert des assoziierten Unternehmens mindern, lautet die Korrekturbuchung auf Ebene des Konzerns:

Beteiligungserträge	an Beteiligungen an assoziierten Unternehmen	100 000 €

Die Korrektur des Equity-Buchwerts stellt sicher, dass nur die Entstehung der Ergebnisse des assoziierten Unternehmens im Konzernabschluss erfolgswirksam wird. Die spätere Ausschüttung erfolgt dagegen stets erfolgsneutral.

Neben den Fortschreibungen aus der anteiligen Erfassung des Jahresergebnisses sowie aufgrund erhaltener Ausschüttungen sind die **bei der erstmaligen Anwendung aufgedeckten stillen Reserven und Lasten** in den Folgeperioden erfolgswirksam fortzuschreiben (IAS 28.32). Die Vorgehensweise hierbei ist der Folgekonsolidierung im Rahmen der Vollkonsolidierung vergleichbar. Die Wertentwicklung der aufgedeckten stillen Reserven und stillen Lasten unterscheidet sich dabei nicht von der Wertentwicklung, wie sie im Einzelabschluss des Beteiligungsunternehmens fortzuschreiben wäre. Die im Zuge der Kaufpreisallokation in der Nebenrechnung festgehaltenen Positionen sind demnach so zu bilanzieren wie die entsprechenden Positionen im Abschluss des assoziierten Unternehmens bzw. Gemeinschaftsunternehmens. Die stillen Reserven und stillen Lasten sind demzufolge entweder

- unverändert beizubehalten (beispielsweise bei Grundstücken),
- (planmäßig) abzuschreiben (beispielsweise bei Sachanlagen mit bestimmter Nutzungsdauer, die zu fortgeführten Anschaffungskosten bilanziert werden), oder

- vollständig aufzulösen (beispielsweise bei Vorräten, deren beizulegender Zeitwert im Erwerbszeitpunkt die Herstellungskosten überstieg und die mittlerweile im normalen Geschäftsgang veräußert wurden).

Die Auflösung anteilig aufgedeckter stiller Reserven, wie die planmäßige Abschreibung von stillen Reserven im abnutzbaren Sachanlagevermögen, vermindert den Equity-Buchwert. Die Auflösung stiller Lasten erhöht dagegen den Beteiligungsbuchwert.

Zu beachten ist weiterhin die **Behandlung etwaiger bei der erstmaligen Anwendung der Equity-Methode entstandener Unterschiedsbeträge**. Da ein bei der Kaufpreisallokation entstandener passivischer Unterschiedsbetrag gem. IAS 28.32 (b) unmittelbar in der Periode des Erwerbs der Anteile erfolgswirksam als Erhöhung des Beteiligungsbuchwerts erfasst wird, ergeben sich in diesem Fall keine Auswirkungen auf die Folgebilanzierung. Sofern beim erstmaligen Ansatz hingegen ein Geschäfts- oder Firmenwert ermittelt wurde, welcher im Beteiligungsbuchwert enthalten ist (und nicht separat bilanziert wird), ist dieser Geschäfts- oder Firmenwert nicht planmäßig abzuschreiben. **Die Prüfung des Geschäfts- oder Firmenwerts auf eventuelle Wertminderungen erfolgt stattdessen im Rahmen des Wertminderungstests für den gesamten Beteiligungsbuchwert** (IAS 28.42).

Gemäß IAS 28.40 hat ein Unternehmen die Vorschriften des IAS 39 – *Finanzinstrumente: Ansatz und Bewertung* heranzuziehen, um zu beurteilen, ob Hinweise dafür vorliegen, dass der Beteiligungsbuchwert eines »at equity«-bilanzierten Beteiligungsunternehmens (zusätzlich) im Wert gemindert ist. Demnach ist die **Prüfung, ob ein Wertminderungstest notwendig ist, zu jedem Abschlussstichtag erforderlich** (IAS 39.58). Werden die Regelungen des IAS 39.59 auf die Beteiligung an einem assoziierten Unternehmen bzw. Gemeinschaftsunternehmen übertragen, so sind insbesondere folgende **Voraussetzungen notwendig, damit der Buchwert einer Equity-Beteiligung im Wert gemindert ist**: Zunächst muss ein objektiver Hinweis auf eine dauerhafte Wertminderung vorliegen, welcher aus einem oder mehreren vergangenen Ereignissen nach der erstmaligen Anwendung der Equity-Methode resultieren muss. Das vergangene Ereignis muss außerdem die künftigen Cashflows des assoziierten Unternehmens bzw. Gemeinschaftsunternehmens beeinflussen. Erwartete Verluste aus künftigen Ereignissen dürfen ungeachtet ihrer Eintrittswahrscheinlichkeit ausdrücklich nicht berücksichtigt werden.

Von Bedeutung ist insbesondere, dass es sich um eine **dauerhafte (und nicht nur vorübergehende) Wertminderung der Beteiligung** am »at equity«-bilanzierten Beteiligungsunternehmen handelt. Vorübergehende, über einen absehbaren Zeitraum bestehende Wertminderungen mindern den Beteiligungsbuchwert ohnehin indirekt über die anteilige Erfassung der Ergebnislage des Beteiligungsunternehmens.

Die von IAS 39.59 geforderten Hinweise auf eine dauerhafte Wertminderung liegen bei einer Beteiligung an einem assoziierten Unternehmen oder Gemeinschaftsunternehmen beispielsweise vor, wenn das Beteiligungsunternehmen erhebliche finanzielle Schwierigkeiten hat oder gar mit hoher Wahrscheinlichkeit Insolvenz anmelden wird. Auch die Notwendigkeit eines Sanierungsplans kann im Regelfall als Hinweis auf eine Wertminderung der Beteiligung gedeutet werden. Des Weiteren weisen etwaige Zugeständnisse von Gläubigern des assoziierten Unternehmens bzw. Gemeinschaftsunternehmens, die dem Beteiligungsunternehmen aufgrund wirtschaftlicher oder rechtlicher Gründe gewährt werden, auf eine dauerhafte Wertminderung ebenso hin, wie die Erfassung einer Wertminderung für die Beteiligung in der Vergangenheit.

Liegt ein objektiver Hinweis i. S. d. IAS 39.59 auf eine Wertminderung der Beteiligung vor, ist anschließend der eigentliche Wertminderungstest nach den Regelungen des IAS 36 – *Wertminderung von Vermögenswerten* durchzuführen (IAS 28.42, zum Wertminderungstest vgl. ausführlich S. 508 ff.). Hierbei ist der **erzielbare Betrag** der Beteiligung zu ermitteln und dem Beteiligungsbuchwert gegenüberzustellen. Gemäß IAS 36.6 handelt es sich beim erzielbaren Betrag um den höheren Wert aus dem Nutzungswert des Vermögenswerts sowie dem beizulegenden Zeitwert abzüglich Veräußerungskosten.

Zur **Ermittlung des Nutzungswerts einer Beteiligung** an einem assoziierten Unternehmen oder Gemeinschaftsunternehmen führt IAS 28.42 aus, dass dieser vom bilanzierenden Unternehmen auf zwei verschiedenen Wegen berechnet werden kann. Zum einen kann das Unternehmen seinen Anteil am Barwert der geschätzten, erwarteten künftigen Cashflows, die von dem Beteiligungsunternehmen voraussichtlich erwirtschaftet werden, schätzen. In die abzudiskontierenden Cashflows ist bei dieser Alternative neben den laufenden Cashflows aus den Tätigkeiten des Beteiligungsunternehmens auch der endgültige Erlös aus der Veräußerung des Anteils einzubeziehen. Zum anderen kann das bilanzierende Unternehmen den Barwert der geschätzten, erwarteten künftigen Cashflows, die aus erhaltenen Dividenden sowie der endgültigen Veräußerung der Anteile resultieren, schätzen. Beide Methoden führen bei sachgerechter Anwendung und konsistenten Annahmen nach Aussage des IAS 28.42 zum gleichen Nutzungswert.

Liegt der erzielbare Betrag einer »at equity«-bilanzierten Beteiligung unter dem Beteiligungsbuchwert, so liegt eine **Wertminderung** vor. Der Equity-Buchwert ist dann erfolgswirksam auf den erzielbaren Betrag abzuschreiben. Hierbei ist zu beachten, dass ein etwaiger Wertminderungsaufwand zunächst dem (in der Nebenrechnung geführten) Geschäfts- oder Firmenwert zuzuordnen ist (IAS 36.104 (a)). Sofern nach der Wertminderung des Geschäfts- oder Firmenwerts weiterer Wertminderungsbedarf besteht, ist dieser auf die übrigen, hinter der Beteiligung stehenden Vermögenswerte zu verteilen. Doppelerfassungen von Wertminderungen (im Abschluss des Beteiligungsunternehmens sowie im Zuge des Wertminderungstests auf Ebene des Konzernabschlusses) werden dadurch vermieden, dass der Wertminderungstest im Konzernabschluss auf dem Beteiligungsbuchwert aufsetzt, welcher bereits die anteiligen Ergebnisse des Beteiligungsunternehmens enthält.

Ist eine Wertminderung erfolgt, so ist an den folgenden Bilanzstichtagen zu überprüfen, ob die Gründe für die erfasste Wertminderung weggefallen sind (IAS 36.110). Ist dies der Fall, so ist eine **Wertaufholung** bis zum neu ermittelten erzielbaren Betrag vorzunehmen, wobei der neue Wertansatz den fortgeführten Equity-Buchwert, der sich ohne die Wertminderung ergeben hätte, nicht überschreiten darf.

Gemäß IAS 28.10 sind erfolgsneutrale Eigenkapitaländerungen beim assoziierten Unternehmen oder Gemeinschaftsunternehmen auch im Abschluss des Investors erfolgsneutral, d. h. im sonstigen Ergebnis, zu erfassen. Solche Eigenkapitaländerungen können beispielsweise aus der Neubewertung von Sachanlagen oder immateriellen Vermögenswerten zum beizulegenden Zeitwert oder aus Währungsdifferenzen aus der Umrechnung von Abschlüssen resultieren. Bei der erfolgsneutralen Übernahme solcher Eigenkapitaländerungen in den Abschluss des Investors wird der entsprechende Betrag ohne Berührung der GuV direkt im Eigenkapital erfasst.

BEISPIEL:

Das Unternehmen A, ein Mutterunternehmen, hält 30 % an seinem assoziierten Unternehmen B, welches selbst einen Konzern darstellt. Der Buchwert dieser »at equity«-bilanzierten Beteiligung beträgt am 1.1.20X0 100 000 €. Das Eigenkapital des Konzerns B erhöhte sich aufgrund von Fremdwährungsdifferenzen im Geschäftsjahr 20X0 um 25 000 €, die im (Teil-)Konzernabschluss von B erfolgsneutral im Eigenkapital erfasst wurden. Der Konzern B weist in seinem Abschluss zum 31.12.20X0 überdies einen Jahresüberschuss i. H. v. 50 000 € aus. Die Fortschreibung des Equity-Buchwerts sowie die notwendigen Buchungssätze ergeben sich wie folgt:

	Beteiligungsbuchwert am 1.1.20X0	100 000 €
+	anteiliger Jahresüberschuss	15 000 €
+	anteilige erfolgsneutral erfasste Fremdwährungsdifferenzen	7 500 €
=	Beteiligungsbuchwert am 31.12.20X0	122 500 €

Buchungssätze zum 31.12.20X0:

Beteiligung an assoziierten Unternehmen	22 500 €	an	Rücklage für Fremdwährungsdifferenzen	7 500 €
			Erträge aus Beteiligungen an assoziierten Unternehmen	15 000 €

dd) Zusammenfassendes Beispiel zur Erstanwendung und Fortschreibung der Equity-Methode

Unternehmen A erwarb am 1.1.20X0 30 % der Anteile an Unternehmen B zu einem Preis von 600 000 €. Da keinerlei Gründe gegen das Vorliegen der Möglichkeit, maßgeblich auf das Beteiligungsunternehmen (B) Einfluss zu nehmen, bestehen, behandelt A das Unternehmen B in seinem Konzernabschluss seit dem Zeitpunkt des Anteilserwerbs als assoziiertes Unternehmen. Für Beratungs- und Prüfungsleistungen im Zusammenhang mit dem Erwerb der Anteile (Due Diligence, Rechtsanwälte, Notar, etc.) entstanden dem Unternehmen A Kosten i. H. v. 40 000 €.

Das gezeichnete Kapital des Unternehmens B beträgt am 1.1.20X0 800 000 €. Die Kapitalrücklage sowie die Gewinnrücklagen betragen jeweils 200 000 €. Ein Bilanzgewinn existiert bei Unternehmen B annahmegemäß nicht. Die nachfolgende Tabelle zeigt die Jahresergebnisse sowie etwaige Ausschüttungen des Unternehmens B in den drei Geschäftsjahren nach dem Erwerb der Beteiligung durch A.

	31.12.20X0	31.12.20X1	31.12.20X2
Jahresüberschuss/-fehlbetrag	240 000 €	– 100 000 €	300 000 €
Gesamtausschüttung	100 000 € (die Ausschüttung erfolgt im Folgejahr)	–	150 000 € (die Ausschüttung erfolgt im Folgejahr)

Das Unternehmen besitzt eine große technische Anlage (abnutzbares Sachanlagevermögen), deren beizulegender Zeitwert im Zeitpunkt des Beteiligungserwerbs den Buchwert um 300 000 € übersteigt. Die linear abzuschreibende Anlage weist am 1.1.20X0 eine Restnutzungsdauer von sechs Jahren auf. Überdies übersteigt der beizulegende Zeitwert der Grundstücke des Unternehmens B den Buchwert um 200 000 €. Es bestehen zu keinem Zeitpunkt Hinweise auf Wertminderungen der Beteiligung bzw. der durch sie repräsentierten Vermögenswerte.

Auf Basis der vorangehenden Informationen wird im Folgenden dargelegt, wie sich die Equity-Buchwerte (einschließlich stiller Reserven sowie Geschäfts- oder Firmenwert) für die Bilanzstichtage der Geschäftsjahre X0, X1 sowie X2 darstellen.

Ermittlung des Wertansatzes bei erstmaliger Anwendung der Equity-Methode zum 1.1.20X0:

Der erstmalige Ansatz einer »at equity«-bilanzierten Beteiligung hat gem. IAS 28.10 zu den Anschaffungskosten der Beteiligung zu erfolgen. Im vorliegenden Sachverhalt setzen sich die Anschaffungskosten zusammen aus dem entrichteten Kaufpreis i. H. v. 600 000 € sowie den zu aktivierenden, direkt zurechenbaren Anschaffungsnebenkosten i. H. v. 40 000 €. Die Anschaffungskosten und damit der Startwert der Equity-Bilanzierung beträgt somit 640 000 €.

Im Rahmen des erstmaligen Ansatzes der Beteiligung ist gem. IAS 28.32 zudem eine Nebenrechnung aufzustellen (»Kaufpreisallokation«), um das anteilig erworbene neu bewertete Eigenkapital zu ermitteln.

Das anteilig erworbene Eigenkapital wird folgendermaßen ermittelt:

	1 200 000 €	Eigenkapital von B laut Bilanz (gezeichnetes Kapital, Kapital- und Gewinnrücklagen)
+	300 000 €	Stille Reserven der technischen Anlage
+	200 000 €	Stille Reserven der Grundstücke
=	**1 700 000 €**	**Neu bewertetes Eigenkapital von Unternehmen B**
×	30 %	Anteil des Investors (Unternehmen A)
=	**510 000 €**	**Anteiliges neu bewertetes Eigenkapital**

Der Anteil des Unternehmens A am neu bewerteten Eigenkapital beträgt somit 510 000 €. Im zweiten Schritt sind nun die Anschaffungskosten der Beteiligung mit dem anteiligen neu bewerteten Eigenkapital zu vergleichen. Der sich hierbei ergebende Unterschiedsbetrag i. H. v. (640 000 € – 510 000 € =) 130 000 € ist in der Nebenrechnung gem. IFRS 3 i. V. m. IAS 28.32 (a) als Geschäfts- oder Firmenwert zu erfassen.

Der am 1.1.20X0, d. h. bei erstmaliger Anwendung der Equity-Methode, anzusetzende Beteiligungsbuchwert i. H. v. 640 000 € setzt sich somit zusammen aus dem erworbenen anteiligen Eigenkapital i. H. v. 510 000 € sowie dem ermittelten Geschäfts- oder Firmenwert i. H. v. 130 000 €. Auf dieser Grundlage wird im Folgenden die Fortschreibung des Beteiligungsbuchwerts durchgeführt.

Am **31.12.20X0** ist der Beteiligungsbuchwert gem. IAS 28 um die Anteile des Unternehmens A an den Eigenkapitaländerungen des Unternehmens B fortzuschreiben. Überdies sind etwaige, bei der durchgeführten »Kaufpreisallokation« aufgedeckte stille Reserven entsprechend der Behandlung der korrespondierenden Bilanzpositionen im Einzelabschluss des assoziierten Unternehmens gegen den anteilig zu übernehmenden Jahresüberschuss verrechnen. Im vorliegenden Beispiel betrifft dies die aufgedeckten stillen Reserven im Sachanlagevermögen (Technische Anlage), welche über die Restnutzungsdauer abzuschreiben und bei der Ermittlung des Equity-Buchwerts zu berücksichtigen sind. Der Geschäfts- oder Firmenwert wird hingegen nicht planmäßig abgeschrieben. Die stillen Reserven hinsichtlich der Grundstücke wirken sich nicht aus, da es sich um nicht abnutzbares Sachanlagevermögen handelt und weder Veräußerungen noch Wertminderungen stattgefunden haben. Es ergibt sich somit folgender Buchwert der Equity-Beteiligung zum 31.12.20X0:

	640 000 €	Equity-Buchwert zum 1.1.20X0
+	72 000 €	Anteiliger Jahresüberschuss (240 000 × 30 %)
–	15 000 €	Abschreibungen auf anteilige stille Reserven im Sachanlagevermögen (300 000 × 30 %) / 6 Jahre (Restnutzungsdauer)
=	**697 000 €**	**Equity-Buchwert zum 31.12.20X0**

Buchungstechnisch ist zum 31.12.20X0 das Folgende zu erfassen:

Beteiligung am assoziierten Unternehmen	an Ergebnis aus Beteiligungen an assoziierten Unternehmen	57 000 €

Wie ersichtlich entspricht das Ergebnis aus der Beteiligung an dem assoziierten Unternehmen im Konzernabschluss in diesem Fall der Differenz zwischen den Buchwerten der Equity-Beteiligung zu Beginn und zum Ende des Geschäftsjahres 20X0.

Zum **31.12.20X1** ist der Beteiligungsbuchwert um die anteiligen Verluste zu mindern. Die erhaltene Ausschüttung mindert den Equity-Buchwert ebenfalls. Überdies sind weiterhin die stillen Reserven fortzuschreiben. Der Geschäfts- oder Firmenwert sowie die auf die Grundstücke entfallenden stillen Reserven wirken sich wie im Vorjahr nicht auf den Equity-Buchwert aus. Es ergibt sich somit folgender Buchwert der Equity-Beteiligung zum 31.12.20X1:

	697 000 €	Equity-Buchwert vom 1.1.20X1
–	30 000 €	Anteiliger Jahresfehlbetrag (–100 000 × 30 %)
–	15 000 €	Abschreibungen auf anteilige stille Reserven im Sachanlagevermögen (300 000 × 30 %) / 6 Jahre (Restnutzungsdauer)
–	30 000 €	Anteilige bzw. erhaltene Ausschüttung (100 000 × 30 %)
=	622 000 €	Equity-Buchwert zum 31.12.20X1

Buchungstechnisch ist zum 31.12.20X1 das Folgende zu erfassen:

Ergebnis aus Beteiligungen an assoziierten Unternehmen	45 000 €			
Erträge aus Beteiligung	30 000 €	an	Beteiligung am assoziierten Unternehmen	75 000 €

Mit Hilfe der Buchung »Erträge aus Beteiligung an Beteiligung am assoziierten Unternehmen« wird der aufgrund der erhaltenen Ausschüttung i. H. v. 30 000 € zuvor im Einzelabschluss des Unternehmens A erfasste Ertrag aus der Beteiligung wieder storniert. Hierdurch schlägt sich die Vereinnahmung der Ausschüttung im Konzernabschluss schließlich als erfolgsneutraler Aktivtausch (Anstieg der Forderungen aus Dividenden bzw. des Bestands an liquiden Mitteln und Verminderung des Beteiligungsbuchwerts) nieder. Eine Doppelerfassung der Erträge wird vermieden. Die der Ausschüttung des Jahres 20X1 zugrundeliegenden Erfolge des Beteiligungsunternehmens B wurden ohnehin bereits über die anteilige Erfassung des Jahresüberschusses im vorangehenden Jahr 20X0 auch im Abschluss des Unternehmens A berücksichtigt. Aus Sicht des Konzerns weist die GuV somit insgesamt einen Verlust aus der Beteiligung an B i. H. v. 45 000 € aus. Aufgrund der während des Geschäftsjahrs vereinnahmten Ausschüttungen entspricht das

Ergebnis aus der Beteiligung am assoziierten Unternehmen im Jahr 20X1 nicht der Differenz der Beteiligungsbuchwerte zu Beginn und zum Ende des 20X1.

Zum **31.12.20X2** erfolgt die Fortschreibung analog zur Behandlung der Beteiligung in den Vorjahren. So sind das anteilige Jahresergebnis sowie die Abschreibungen auf die stillen Reserven im abnutzbaren Sachanlagevermögen zu berücksichtigen. Die Ausschüttung erfolgt erst im darauffolgenden Jahr und es ergeben sich (wie in den Vorjahren) keine Effekte aus den Grundstücken sowie aus dem Geschäfts- oder Firmenwert. Es ergibt sich somit folgender Buchwert der Equity-Beteiligung zum 31.12.20X2:

	622 000 €	Equity-Buchwert zum 1.1.20X2
+	90 000 €	Anteiliger Jahresüberschuss (300 000 × 30 %)
–	15 000 €	Abschreibungen auf anteilige stille Reserven im Sachanlagevermögen (300 000 × 30 %) / 6 Jahre (Restnutzungsdauer)
=	697 000 €	Equity-Buchwert zum 31.12.20X2

Buchungstechnisch ist zum 31.12.20X0 das Folgende zu erfassen:

Beteiligung am assoziierten Unternehmen	an Ergebnis aus Beteiligungen an assoziierten Unternehmen	75 000 €

ee) Zwischenergebniseliminierung, Schuldenkonsolidierung und Aufwands- und Ertragskonsolidierung

IAS 28.26 führt aus, dass viele der für die Equity-Bilanzierung sachgerechten Verfahren den in IFRS 10 beschriebenen Konsolidierungsverfahren ähneln. Explizit wird überdies in IAS 28.28 gefordert, dass Gewinne und Verluste aus »Upstream«- und »Downstream«-Transaktionen zwischen dem Investor (einschließlich seiner im Wege der Vollkonsolidierung einbezogenen Tochterunternehmen) und einem assoziierten Unternehmen bzw. Gemeinschaftsunternehmen im Konzernabschluss des Investors nur entsprechend der von fremden Dritten gehaltenen Anteile am betreffenden Beteiligungsunternehmen zu realisieren sind (bzw. in Höhe des selbst gehaltenen Anteils zu eliminieren). Das IASB sieht somit auch für »at equity«-bilanzierte Beteiligungen eine **Form der Zwischenergebniseliminierung** vor, unabhängig davon, ob es sich um ein »Upstream«- oder um ein »Downstream«-Geschäft handelt.

Unter **»Upstream«-Transaktionen** werden beispielsweise Veräußerungen von Vermögenswerten des Beteiligungsunternehmens an das beteiligte Unternehmen verstanden. Verkäufe von Vermögenswerten vom Anteilseigner an sein assoziiertes Unternehmen oder Gemeinschaftsunternehmen werden dagegen als **»Downstream«-Transaktionen** bezeichnet (IAS 28.28).

Die geforderte Zwischenergebniseliminierung wird nachfolgend an einem Beispiel veranschaulicht.

BEISPIEL:

Das Unternehmen A, ein Mutterunternehmen, hält 30 % der Anteile des Unternehmens B. In Ermangelung gegenteiliger Tatsachen und Umstände folgt A in seinem Konzernabschluss der Assoziierungsvermutung bei Beteiligungen i. H. v. 20 % oder mehr und bezieht das Unternehmen B nach der Equity-Methode in seinen IFRS-Konzernabschluss ein.

Im Laufe des Jahres 20X0 veräußert A einen Vermögenswert an B zu einem Preis von 3 000 € (»**Downstream**«-**Transaktion**). Die Herstellungskosten bei Unternehmen A bzw. der mit dem Vermögenswert verbundene Aufwand bei A belaufen sich auf 1 000 €, sodass A in seinem Einzelabschluss einen Gewinn aus der Transaktion i. H. v. 2 000 € erfasst. Unternehmen B setzt den erworbenen Vermögenswert zu Anschaffungskosten, d. h. zu einem Wert von 3 000 €, an.

Der entstandene Zwischengewinn (Differenz zwischen Herstellungskosten aus Sicht von A sowie Buchwert des Vermögenswerts im Abschluss von B) ist im Konzernabschluss von A gem. IAS 28.28 anteilig zu eliminieren. Dies führt zur Ausbuchung von 30 % der Umsatzerlöse sowie 30 % der entsprechenden Aufwendungen. Im Ergebnis werden somit 30 % bzw. (900 € – 300 € =) 600 € des aus der Transaktion resultierenden Gewinns eliminiert. Da der an das Beteiligungsunternehmen veräußerte Vermögenswert nicht in der Konzernbilanz ausgewiesen wird, ist der anteilige Zwischengewinn gegen den Equity-Buchwert des assoziierten Unternehmens zu eliminieren.

Umsatzerlöse	900 €	an Aufwand	300 €
		Beteiligung am assoziierten Unternehmen	600 €

Im Laufe des Jahres 20X0 veräußert B einen Vermögenswert an A zu einem Preis von 3 000 € (»**Upstream**«-**Transaktion**). Die Herstellungskosten bei Unternehmen B bzw. der mit dem Vermögenswert verbundene Aufwand bei B belaufen sich auf 1 000 €, sodass B in seinem Einzelabschluss einen Gewinn aus der Transaktion i. H. v. 2 000 € erfasst. Unternehmen A setzt den erworbenen Vermögenswert in seinem Einzelabschluss zu Anschaffungskosten, d. h. zu einem Wert von 3 000 €, an.

IAS 28.28 verlangt wiederum die anteilige Eliminierung des Zwischenergebnisses. Das Ergebnis des assoziierten Unternehmens enthält den anteiligen, zu eliminierenden Gewinn von 600 €. Da der betreffende Vermögenswert nunmehr im Konzernabschluss des Mutterunternehmens A bilanziell ausgewiesen wird, besteht neben der Eliminierung gegen die Beteiligung am assoziierten Unternehmen auch die Möglichkeit, den anteiligen Zwischengewinn zulasten des Vermögenswerts zu eliminieren. Die gewählte Variante sollte im Anhang erläutert werden.

Ergebnis aus assoziierten Unternehmen	an Beteiligung am assoziierten Unternehmen	600 €

oder

Ergebnis aus assoziierten Unternehmen	an Vermögenswert	600 €

Aufgrund des **Fehlens korrespondierender Anspruchs- und Schuldpositionen** – das Beteiligungsunternehmen wird ja nach der Equity-Methode einbezogen – bei assoziierten Unternehmen und Gemeinschaftsunternehmen sind die typischen Maßnahmen der Schuldenkonsolidierung nicht möglich. Dies gilt ebenfalls für die Aufwands- und Ertragskonsolidierung. Bei bestimmten Sachverhalten, beispielsweise bei der einseitigen aufwandswirksamen Bildung von Rückstellungen, die bei der anderen Partei noch nicht zur Erfassung eines Anspruchs geführt haben, wird indes eine Eliminierung auch bei Anwendung der Equity-Methode gefordert. Die vorzunehmenden Konsolidierungsmaßnahmen erfolgen analog zur dargestellten Vorgehensweise bei der Zwischenergebniseliminierung.

ff) Aussetzen der Equity-Bilanzierung

Übersteigt der (kumulierte) Anteil des bilanzierenden Unternehmens an den Verlusten eines »at equity«-bilanzierten Beteiligungsunternehmens den Wert seiner Beteiligung an dem assoziierten Unternehmen oder Gemeinschaftsunternehmen, so ist der **Buchwert der Beteiligung im Konzernabschluss lediglich bis auf null zu mindern** (zu den diesbezüglichen Regelungen sowie den folgenden Ausführungen vgl. IAS 28.38 f.). Es werden über die Minderung auf null hinaus **keine weiteren Verlustanteile bilanziell erfasst**; es kommt grundsätzlich zum Aussetzen der Equity-Methode.

Von Bedeutung ist in solchen Fällen, dass der **Wert der Beteiligung** gem. IAS 28 nicht nur die eigentliche, periodisch fortgeschriebene Equity-Beteiligung darstellt, sondern dass **die gesamte Nettoinvestition in das betreffende Beteiligungsunternehmen** zu berücksichtigen ist. Diese Nettoinvestition gilt es demzufolge auch bis auf null zu reduzieren. IAS 28.38 definiert den Wert der Beteiligung, die Nettoinvestition, als nach der Equity-Methode ermittelter Buchwert der Beteiligung zuzüglich aller langfristigen Anteile, die dem wirtschaftlichen Gehalt nach der Nettoinvestition des Investors in das Beteiligungsunternehmen zuzuordnen sind. Eine solche Erhöhung der Nettoinvestition in das assoziierte Unternehmen oder Gemeinschaftsunternehmen liegt beispielsweise vor, wenn die Abwicklung einer Beziehung zu dem Beteiligungsunternehmen, z. B. langfristiger Forderungen gegenüber diesem Unternehmen, gehaltener Vorzugsaktien oder an das Unternehmen ausgereichter Darlehen, in absehbarer Zeit weder geplant noch wahrscheinlich ist. Kurzfristige Positionen wie Forderungen und Verbindlichkeiten aus Lieferungen und Leistungen sowie hinreichend besicherte langfristige Beziehungen scheiden indes bei der Ermittlung der Nettoinvestition aus.

Ist die Nettoinvestition bzw. der Wert der Beteiligung auf null abgeschrieben, so werden zusätzliche Verluste nur berücksichtigt, sofern das bilanzierende Unternehmen eine entsprechende **rechtliche oder faktische Verpflichtung** eingegangen ist. Die Erfassung derartiger Verluste erfolgt in Form von **Rückstellungen**, wodurch die Erfüllung der diesbezüglichen allgemeinen Ansatzvoraussetzungen des IAS 37 – *Rückstellungen, Eventualverbindlichkeiten und Eventualforderungen* erforderlich ist. Als Beispiel für eine solche Verpflichtung kann eine Erklärung des Unternehmens, künftige Verluste anteilig zu übernehmen, genannt werden.

Sofern etwaige nach dem Aussetzen der Equity-Methode anfallende Verluste des Beteiligungsunternehmens nicht mehr anteilig in der Konzern-GuV berücksichtigt werden können (da der Buchwert schon auf null gemindert wurde), sind diese in einer Nebenrechnung zur Konzernbilanz festzuhalten und fortzuführen. Wenn das Beteiligungsunternehmen in künftigen Perioden wieder positive Erfolge erwirtschaftet, so sind diese zunächst mit den in der Nebenrechnung geführten Verlusten zu verrechnen. Gemäß IAS 28.39 ist die Equity-Methode erst dann wieder anzuwenden, wenn die in der Nebenrechnung kumulierten Verluste durch die nachfolgend anfallenden kumulierten Gewinne ausgeglichen worden sind.

gg) Beendigung der Equity-Bilanzierung

Gem. IAS 28.22 wird die Anwendung der Equity-Methode ab dem Zeitpunkt eingestellt, **an dem die Grundlage für deren Anwendung**, d. h. das Vorliegen einer Beteiligung an einem assoziierten Unternehmen bzw. an einem Gemeinschaftsunternehmen, **entfällt**. Verliert der Investor also die Möglichkeit der gemeinschaftlichen Beherrschung bzw. der maßgeblichen Einflussnahme, so ist je nach Ausgestaltung der Transaktion die Equity-Bilanzierung einzustellen und nach folgenden Fällen zu differenzieren (vgl. IAS 28.22):

- Wenn der Anteil an dem Beteiligungsunternehmen die Form eines **Tochterunternehmens** annimmt (der Investor erlangt die Beherrschung i. S. d. IFRS 10 über das Beteiligungsunternehmen), ist der Anteil nach den Regelungen der IFRS 3 und IFRS 10 zu bilanzieren und das Beteiligungsunternehmen wird ab diesem Zeitpunkt im Wege der **Vollkonsolidierung** in den Konzernabschluss einbezogen.
- Bleibt der Investor mit der bisherigen oder einer geringeren Quote am (bislang) assoziierten Unternehmen oder Gemeinschaftsunternehmen beteiligt, sodass ein **finanzieller Vermögenswert** vorliegt, ist von der Bilanzierung des Beteiligungsunternehmens nach der Equity-Methode auf die **Bilanzierung nach IAS 39 zum beizulegenden Zeitwert** überzugehen. In diesem Fall erfasst das bilanzierende Unternehmen die Differenz zwischen dem beizulegenden Zeitwert des weiterhin gehaltenen Anteils zuzüglich der Erträge aus der Veräußerung der abgestoßenen Anteile am Beteiligungsunternehmen und dem Buchwert der Equity-Beteiligung im Zeitpunkt der Beendigung der Equity-Bilanzierung als Gewinn oder Verlust.
- Die Beteiligung am assoziierten Unternehmen oder Gemeinschaftsunternehmen wird vollständig veräußert und ein sich möglicherweise ergebender Veräußerungserfolg als Gewinn oder Verlust erfasst.

Die Anwendung der Equity-Methode ist ebenfalls zu beenden, wenn die Veräußerung der Equity-Beteiligung geplant ist und die Kriterien des IFRS 5 für eine Klassifizierung als »zur Veräußerung gehalten« erfüllt sind (vgl. hierzu nochmals S. 232 ff.). In diesem Fall ist von der Equity-Methode auf die **Bewertung zum beizulegenden Zeitwert abzüglich Veräußerungskosten gem. IFRS 5** überzugehen.

Bei Verlust des maßgeblichen Einflusses auf bzw. gemeinschaftlicher Beherrschung über ein Beteiligungsunternehmen im Zuge einer Veräußerung ist der Veräußerungserfolg folgendermaßen zu bestimmen:

- Der Veräußerungserfolg bemisst sich grundsätzlich als Veräußerungserlös abzüglich des auszubuchenden Buchwerts der Equity-Beteiligung sowie von Transaktionskosten.
- Zudem sind die erfolgsneutral im Eigenkapital erfassten Differenzen aus der bisherigen Equity-Bilanzierung des assoziierten Unternehmens oder Gemeinschaftsunternehmens erfolgswirksam in die GuV umzugliedern. Dieses sog. **»Recycling«** setzt allerdings voraus, dass die erfolgswirksame Auflösung der im Eigenkapital erfassten Beträge auch nach den jeweiligen Regelungen der einschlägigen IFRS gefordert wird (vgl. IAS 28.22 (c), IAS 28.23). So wird die Umgliederung in die GuV für erfolgsneutral erfasste Währungsumrechnungsdifferenzen z. B. explizit in IAS 21.48 gefordert.
- Überdies sind bei Veräußerung des Beteiligungsunternehmens auch etwaige zuvor eliminierte anteilige Zwischengewinne sowie etwaige Aufrechnungsdifferenzen aus der Schuldenkonsolidierung zu realisieren.

Bei einem Wechsel des Beteiligungsstatus von einem assoziierten Unternehmen hin zu einem Gemeinschaftsunternehmen sowie im umgekehrten Fall wird die Equity-Methode indes unverändert, d. h. insbesondere **ohne eine Neubewertung des vor dem Statuswechsel gehaltenen Anteils**, fortgeführt (IAS 28.24).

c) Ausweis und Anhangangaben

Die Beteiligungen an assoziierten Unternehmen bzw. Gemeinschaftsunternehmen, die vom bilanzierenden Unternehmen nach der Equity-Methode in den Konzernabschluss einbezogen werden, sind gem. IAS 1.54 (e) **in der Konzernbilanz in einem gesonderten Posten auszuweisen**. Gemäß IAS 28.15 handelt es sich bei »at equity«-bilanzierten Beteiligungen um langfristige Vermögenswerte, es sei denn, die Anteile sind als zur Veräußerung gehalten i. S. d. IFRS 5 eingestuft. Ein etwaiger auf die Beteiligung entfallender Geschäfts- oder Firmenwert ist im Beteiligungsbuchwert enthalten und nicht separat angesetzt bzw. ausgewiesen (IAS 28.32 (a)). Auch im Anhang ist der Geschäfts- oder Firmenwert gem. IAS 28 nicht anzugeben.

IAS 1.82 (c) verlangt den Ausweis des Gewinn- oder Verlustanteils von assoziierten Unternehmen bzw. Gemeinschaftsunternehmen, die nach der Equity-Methode bilanziert werden, in einem **gesonderten Posten innerhalb der Konzern-GuV**. Hierbei handelt es sich um den Saldo sämtlicher erfolgswirksamer Bestandteile der Fortschreibung des Equity-Buchwerts, d. h. den Saldo aus den folgenden Beträgen:

- anteiliger Jahresüberschuss/-fehlbetrag des assoziierten Unternehmens/Gemeinschaftsunternehmens,
- Auflösung/Abschreibung etwaiger aufgedeckter stiller Reserven,
- Auflösung/Verminderung etwaiger aufgedeckter stiller Lasten,
- ggf. Wertminderung des Geschäfts- oder Firmenwerts,
- Eliminierung von Zwischenergebnissen,
- außerplanmäßige Abschreibungen/Zuschreibungen auf den Equity-Buchwert.

Sämtliche Anhangangaben in Bezug auf Beteiligungen an assoziierten Unternehmen und Gemeinschaftsunternehmen sind in **IFRS 12 – *Angaben zu Anteilen an anderen Unternehmen*** enthalten und werden ab S. 697 eingehend behandelt.

2. Bilanzierung von gemeinschaftlichen Tätigkeiten (*joint operations*)

a) Vorbemerkung

IFRS 11 unterscheidet zwischen zwei Ausprägungsformen gemeinsamer Vereinbarungen. Besitzen die Parteien, die gemeinschaftlich die Beherrschung über die gemeinsame Vereinbarung ausüben, Rechte am Nettovermögen der gemeinsamen Vereinbarung, so liegt ein **Gemeinschaftsunternehmen** vor (IFRS 11.App. A). Gemeinschaftsunternehmen sind wie im Vorangehenden beschrieben nach der Equity-Methode in den IFRS-Konzernabschluss einzubeziehen (IFRS 11.24). Besitzen die gemeinschaftlich beherrschenden Parteien einer gemeinsamen Vereinbarung dagegen Rechte an den der Vereinbarung zuzurechnenden Vermögenswerten sowie Verpflichtungen für die der Vereinbarung zuzurechnenden Schulden, so liegt gem. IFRS 11.App. A eine **gemeinschaftliche Tätigkeit** vor. Die Bilanzierung gemeinschaftlicher Tätigkeit ist Gegenstand der nachfolgenden Ausführungen.

Sämtliche Anhangangaben in Bezug auf Beteiligungen an gemeinschaftlichen Tätigkeiten sind in **IFRS 12** – ***Angaben zu Anteilen an anderen Unternehmen*** enthalten und werden ab S. 705 behandelt.

b) Anteilige Einbeziehung gemeinschaftlicher Tätigkeiten

Die Regelungen zur Bilanzierung gemeinschaftlicher Tätigkeiten finden sich in den Paragraphen IFRS 11.20-11.25. Gemäß IFRS 11.20 bilanziert ein **gemeinschaftlich Tätiger**, d. h. ein Unternehmen, welches die gemeinsame Beherrschung über eine gemeinschaftliche Tätigkeit ausüben kann, **bezüglich seines Anteils an einer gemeinschaftlichen Tätigkeit** (»*in relation to its interest in a joint operation*«):

- seine Vermögenswerte, inklusive seines Anteils an gemeinschaftlich gehaltenen Vermögenswerten;
- seine Schulden, inklusive seines Anteils an sämtlichen gemeinschaftlich eingegangenen Schulden;
- seine Erlöse aus dem Verkauf des ihm zurechenbaren Anteils am Output der gemeinschaftlichen Tätigkeit;
- seinen Anteil an den Erlösen aus dem Verkauf des Outputs durch die gemeinschaftliche Tätigkeit; und
- seine Aufwendungen, einschließlich seines Anteils an jeglichen gemeinschaftlich eingegangenen Aufwendungen.

Auf die von einem gemeinschaftlich Tätigen (anteilig) zu erfassenden Vermögenswerte und Schulden sowie Aufwendungen und Erträge sind **die jeweils einschlägigen Regelungen der geltenden IFRS** anzuwenden (IFRS 11.21). So ist beispielsweise für Vermögenswerte, die sich im Vorratsvermögen der gemeinschaftlichen Tätigkeit befinden, auch im Konzernabschluss des gemeinschaftlich Tätigen der IAS 2 – *Vorräte* anzuwenden. Zusammenfassend ist festzuhalten, dass ein bilanzierender gemeinschaftlich Tätiger – im Unterschied zu Anteilseignern eines assoziierten Unternehmens oder Gemeinschaftsunternehmen – die Vermögenswerte und Schulden sowie Aufwendungen und Erträge selbst in seinem Konzernabschluss erfasst.

Für gemeinsame Vereinbarungen, die **nicht als eigenständiges Vehikel bzw. eine separate eigenständige Einheit (»separate vehicle«) strukturiert** sind und damit als gemeinschaftliche Tätigkeit gelten, geben die Paragraphen IFRS 11.B16-11.B18 weitere Hinweise zur bilanziellen Behandlung. Gemäß IFRS 11.B16 werden die Rechte der Parteien an den Vermögenswerten und die Verpflichtungen für die Schulden sowie Ansprüche auf die entsprechenden Erträge und Aufwendungen im Zusammenhang mit der gemeinsamen Vereinbarung in der zugrundeliegenden vertraglichen Vereinbarung festgehalten. So könnten beispielsweise Produkte gemeinsam hergestellt werden, wobei jede der gemeinschaftlich führenden Parteien für bestimmte Aufgaben verantwortlich ist und **jede der Parteien eigene Vermögenswerte nutzt und eigene Schulden eingeht**. Überdies könnte in der vertraglichen Vereinbarung genau festgelegt sein, wie die gemeinsamen Erlöse und Aufwendungen unter den gemeinschaftlich Tätigen aufgeteilt werden. In solchen Fällen setzt eine gemeinschaftlich beherrschende Partei gem. IFRS 11.B17 in seinem Konzernabschluss die für ihre besondere Aufgabe eingesetzten Vermögenswerte und eingegangenen Schulden an und erfasst den Anteil an den Erlösen und Aufwendungen entsprechend der vertraglichen Vereinbarung. Wird hingegen **ein Vermögenswert geteilt und gemeinsam betrieben**, so regelt die vertragliche Vereinbarung die Rechte der Parteien an dem Vermögenswert sowie die Aufteilung von Erträgen sowie Betriebskosten bzw. Aufwendungen. Ein gemeinschaftlich Tätiger bilanziert in diesem Fall seinen Anteil an dem gemeinschaftlichen Vermögenswert sowie seinen vereinbarten Anteil an etwaigen Schulden. Auch die Erfassung der Aufwendungen und Erträge erfolgt auf Basis der vertraglichen Regelungen (IFRS 11.B18).

Für gemeinschaftliche Tätigkeiten, die als eigenständiges Vehikel strukturiert wurden, gibt IFRS 11 keine expliziten Regelungen vor. Das Vorangehende ist vor diesem Hintergrund auch für in eigenständigen Vehikeln bzw. Einheiten geführte gemeinschaftliche Tätigkeiten relevant.

BEISPIEL:

Unternehmen A und Unternehmen B gründen eine gemeinschaftliche Tätigkeit (»joint operation«, kurz: JO), die in einer separaten rechtlichen Einheit strukturiert ist. Die Finanzierung erfolgt zu 100 % mit Eigenkapital. Die beiden gemeinschaftlichen Tätigen beteiligen sich je zur Hälfte am Investitionsvolumen von 500 000 € und nehmen den Output der gemeinschaftlichen Tätigkeit vollständig und zu gleichen Teilen ab. Die Summe wird vollständig in Sachanlagevermögen investiert. Die Bilanzierung stellt sich dann vereinfachend (d. h. ohne Betrachtung sämtlicher nicht zur gemeinschaftlichen Tätigkeit gehörender Bilanzpositionen) wie folgt dar:

Bilanz JO			
Sachanlagen	500 000	Eigenkapitel (Partner A)	250 000
		Eigenkapitel (Partner B)	250 000
Summe	**500 000**	**Summe**	**500 000**

(Konzern-)Bilanz A			
Sachanlagen	250 000	...	...
Sonstige Vermögenswerte	...		
Summe	**...**	**Summe**	**...**

Die Bilanzierung der gemeinschaftlichen Tätigkeit im Konzernabschluss des Mutterunternehmens B entspricht der Bilanzierung der gemeinschaftlichen Tätigkeit bei Unternehmen A.

Erfolgt die Finanzierung der gemeinschaftlichen Tätigkeit anstelle der oben dargestellten 100 %-igen Eigenkapitalfinanzierung nun zu 60 % mit Fremdkapital, so ergeben sich folgende bilanzielle Auswirkungen:

Bilanz JO			
Sachanlagen	500 000	Eigenkapitel (Partner A)	100 000
		Eigenkapitel (Partner B)	100 000
		Finanzverbindlichkeit	300 000
Summe	**500 000**	**Summe**	**500 000**

Bilanz A			
Anlagevermögen aus JO	250 000	...	...
Sonstige Vermögenswerte	...	Finanzverbindlichkeit aus JO	150 000
Summe	**...**	**Summe**	**...**

Die Bilanzierung der gemeinschaftlichen Tätigkeit bei Unternehmen B entspricht wiederum der Bilanzierung der gemeinschaftlichen Tätigkeit bei Unternehmen A. Das von der gemeinschaftlichen Tätigkeit aufgenommene Fremdkapital ist nun ebenfalls anteilig im Konzernabschluss der Unternehmen A sowie B auszuweisen.

Wie bereits dargelegt, stellen die (vertraglich festgelegten) Rechte und Verpflichtungen des bilanzierenden gemeinschaftlich Tätigen die Basis für die Bilanzierung seiner Anteile an den Vermögenswerten und Schulden sowie an den Erträgen und Aufwendungen der gemeinschaftlichen Tätigkeit dar. **Die zu erfassenden Anteile an den einzelnen Positionen können daher ausdrücklich von den gehaltenen Eigentumsanteilen des bilanzierenden gemeinschaftlich Tätigen abweichen** (vgl. IFRS 11.BC38). Unterschiede zu der früher auch nach internationalen Standards anwendbaren Quotenkonsolidierung ergeben sich somit insbesondere, wenn ein Beteiligter an einer gemeinschaftlichen Tätigkeit unterschiedlich hohe (prozentuale) Ansprüche und Verpflichtungen in Bezug auf verschiedene Vermögenswerte und Schulden der gemeinschaftlichen Tätigkeit besitzt. Die bilanzielle Vorgehensweise bei unterschiedlich hohen Ansprüchen und Verpflichtungen wird an folgendem Beispiel veranschaulicht.

BEISPIEL:

Unternehmen A und Unternehmen B gründen eine gemeinsame Vereinbarung (im Folgenden: JO), die in einer separaten rechtlichen Einheit strukturiert ist. Die rechtliche Struktur führt annahmegemäß indes nicht zu einer Trennung zwischen Gesellschaft JO und den Gesellschaftern A und B, sodass die Unternehmen A und B direkte Rechte an den Vermögenswerten sowie Verpflichtungen für die Verbindlichkeiten von JO haben. Da vertragliche Vereinbarungen sowie Tatsachen und Umstände nicht zu einer gegenteiligen Beurteilung führen, ist JO als gemeinschaftliche Tätigkeit zu klassifizieren.

A und B besitzen je die Hälfte der Anteile an JO. Die vertragliche Vereinbarung sieht allerdings vor, dass A sämtliche Rechte an Maschine 2 besitzt und überdies für sämtliche Verbindlichkeiten der JO gegenüber fremden Dritten aufkommen muss. Abgesehen hiervon stehen den gemeinschaftlich Tätigen alle Vermögenswerte und Schulden gem. ihrer Kapitalanteile (d. h. je zur Hälfte) zu. Die nachfolgende Tabelle zeigt die Bilanz der gemeinschaftlichen Tätigkeit.

Bilanz JO			
Liquide Mittel	10 000	Eigenkapitel (Partner A)	130 000
Bebaute Grundstücke	250 000	Eigenkapitel (Partner B)	130 000
Maschine 1	50 000	Pensionsrückstellungen	50 000
Maschine 2	50 000	Finanzverbindlichkeit	50 000
Summe	**360 000**	**Summe**	**360 000**

Nach IFRS 11 bilanziert das Unternehmen A seine Anteile an den Vermögenswerten und Schulden von JO folgendermaßen:

(Konzern-)Bilanz A			
Liquide Mittel	5 000	Eigenkapitel	130 000
Bebaute Grundstücke	125 000	Pensionsrückstellungen	25 000
Maschine 1	25 000	Finanzverbindlichkeit	50 000
Maschine 2	50 000		
Summe	**205 000**	**Summe**	**205 000**

Da Unternehmen A sämtliche Rechte an Maschine 2 besitzt, wird der gesamte diesbezügliche Betrag im Konzernabschluss von A ausgewiesen. Aufgrund der Tatsache, dass A verpflichtet ist, die gesamten Verbindlichkeiten gegenüber Dritten zu übernehmen, weist A auch die Finanzverbindlichkeit in seinem Konzernabschluss in voller Höhe aus.

Zur Bilanzierung von Transaktionen zwischen einem gemeinschaftlich Tätigen und der gemeinschaftlichen Tätigkeit, wie dem (Ver-)Kauf oder die Einlage von Vermögenswerten, verweist IFRS 11.22 auf die detaillierten Regelungen der IFRS 11.B34-11.B37. Demnach sind etwaige im Zuge von Verkäufen oder Einlagen von Vermögenswerten von einem gemeinschaftlich Tätigen an bzw. in seine gemeinschaftliche Tätigkeit entstehenden Gewinne und Verluste lediglich in Höhe der Anteile fremder Dritter anzusetzen (IFRS 11.B34). Sofern sich in diesem Zusammenhang Beweise für Wertminderungen der zu verkaufenden bzw. einzubringenden Vermögenswerte ergeben, sind die resultierenden Verluste hingegen vollständig vom gemeinschaftlich Tätigen anzusetzen (IFRS 11. B35). Kauft ein Unternehmen Vermögenswerte von einer gemeinschaftlichen Tätigkeit, an deren gemeinschaftlicher Beherrschung es beteiligt ist, so setzt es seinen Anteil an den Gewinnen bzw. Verlusten aus der Transaktion erst an, wenn es die betreffenden Vermögenswerte an konzernexterne Parteien weiterveräußert hat (IFRS 11.B36). Sofern sich aus derartigen Geschäftsvorfällen Beweise für Wertminderungen der betreffenden Vermögenswerte ergeben, hat der gemeinschaftlich Tätige seinen Anteil an den sich hieraus ergebenden Verluste anzusetzen, auch wenn noch keine Weiterveräußerung an Dritte stattgefunden hat (IFRS 11.B37).

3. Weiterführende Literatur nach Themen

Aufgrund der Zielsetzung dieses Lehrbuchs, die Grundlagen der Konzernrechnungslegung nach IFRS zu vermitteln sowie einen Überblick über die relevanten Regelungen zu geben, stellen wir an dieser Stelle umfangreiche Literaturnachweise zur Bilanzierung gemeinsamer Vereinbarungen sowie assoziierter Unternehmen zur Verfügung. Diese gliedern sich entsprechend der vorangehenden Abschnitte in Literatur zur Bilanzierung von assoziierten Unternehmen und zur Technik der Equity-Methode sowie zur Bilanzierung gemeinsamer Vereinbarungen, insbesondere gemeinschaftlichen Tätigkeiten, um die Erarbeitung weiterführender Kenntnisse und komplexer Einzelfragen zu erleichtern.

IAS 28: Bilanzierung von assoziierten Unternehmen und Technik der Equity-Methode

Brune, Darstellung der Zwischengewinneliminierung bei Downstream-Transaktionen mit assoziierten Unternehmen oder Joint Ventures bei einem Equity-Buchwert von null, IRZ 2014, S. 132-134;

Busch/Zwirner, Neuregelung der Abbildung von Gemeinschaftsunternehmen im Konzernabschluss – Übergang von der Quotenkonsolidierung zur Equity-Bewertung, IRZ 2014, S. 227-231;

Freiberg, Ausstrahlung der (Voll-)Konsolidierungsmethoden auf assoziierte Unternehmen und joint arrangements, PiR 2011, S. 175-177;

Freiberg, Ausweis des Ergebnisses aus der equity-Bewertung: Kompaktwissen, PiR 2013, S. 232-233;

Hayn, § 36. Equity-Methode, in Bohl/Riese (Hrsg.), Beck'sches IFRS-Handbuch, München/Bern, 4. Aufl. 2013, S. 1529-1582;

Hayn, § 38. Fragen der Übergangskonsolidierung, in Bohl/Riese (Hrsg.), Beck'sches IFRS-Handbuch, München/Bern, 4. Aufl. 2013, S. 1593-1636;

Heintges/Urbanczik, Erwerb und Folgebewertung assoziierter Unternehmen nach IAS 28. Bilanzielle Abbildung lässt Fragen offen, KoR 2011, S. 418-424;

Küting/Höfner, Die konsolidierungstechnische Behandlung des Statuswechsels eines Gemeinschaftsunternehmens zum assoziierten Unternehmen. Procedere de lege lata und Ausblick de lege ferenda, KoR 2013, S. 88-97;

Küting/Wirth, Umstellung von Gemeinschaftsunternehmen auf die Equity-Methode gemäß IFRS 11. Grundlagen und buchhalterischer Prozess der Umstellung von der Quotenkonsolidierung, KoR 2012, S. 150-157;

Lüdenbach, § 33. Anteile an assoziierten Unternehmen, in Lüdenbach/Hoffmann (Hrsg.), Haufe IFRS-Kommentar, Freiburg im Breisgau, 12. Aufl. 2014, S. 2218-2271;

Melcher/Erchinger, Bilanzierung von assoziierten Unternehmen unter IFRS at Equity bei Vorliegen von komplexen Beteiligungsstrukturen nach der Hypothetischen Liquidationsmethode, KoR 2012, S. 234-240;

Pollmann/Wulf, Gemeinschaftliche Vereinbarungen und assoziierte Unternehmen im IFRS-Konzernabschluss, IRZ 2013, S. 371-375;

Richter, Sukzessive Erwerbe nach IFRS bei Anwendung der Equity-Methode, KoR 2014, S. 289-297;

Theile/Pawelzik, D. VII. Equity-Methode (IAS 28), in Heuser/Theile (Hrsg.), IFRS-Handbuch: Einzel- und Konzernabschluss, Köln, 5. Aufl. 2012, S. 974-988;

Zülch/Popp/Teuteberg, Die Bilanzierung von Beteiligungen an assoziierten Unternehmen sowie Gemeinschaftsunternehmen auf der Basis des überarbeiteten IAS 28 – Implikationen der Neuerungen für die Bilanzierungspraxis, WPg 2014, S. 34-42.

Zur aktuellen Fortentwicklung des IAS 28

Holzwarth, ED/2012/3 »Equity Method: Share of Other Net Asset Changes« – eine kritische Analyse der »reasonable and expeditious short-term solution«, KoR 2013, S. 173-178;

Ohlund, Zurück zum Alten – IASB schlägt Änderungen zur IAS 28 Equity-Methode vor, IRZ 2013, S. 54;

Schmidt, ED/2012/3 Equity Method: Share of Other Net Asset Changes, Conceptual confusion statt Bekenntnis zur one-line-consolidation, PiR 2013, S. 35-40;

Stibi, Aktuelle Vorschläge zur Überarbeitung der (neuen) IFRS-Konzernrechnungslegungsvorschri ften – mehr als nur punktuelle Änderungen?, BB 2013, S. 491-495;

Zülch/Popp/Teuteberg, Die Bilanzierung von Beteiligungen an assoziierten Unternehmen sowie Gemeinschaftsunternehmen auf der Basis des überarbeiteten IAS 28 – Implikationen der Neuerungen für die Bilanzierungspraxis, WPg 2014, S. 34-42.

IFRS 11: Bilanzierung von gemeinschaftlichen Vereinbarungen

Böckem/Ismar, Die Bilanzierung von joint arrangements nach IFRS 11, WPg 2011, S. 820-828;

Brune, Abschaffung und Fortbestand der quotalen Einbeziehung von Joint Arrangements in den IFRS-Konzernabschluss, IRZ 2011, S. 515-518;

Busch/Zwirner, Joint Arrangements nach IFRS 11 – neue Abbildungsvorschriften und Folgewirkungen, IRZ 2012, S. 219-222;

Küting/Seel, Die quotale Einbeziehung nach IFRS 11 - Unterschiede zur Quotenkonsolidierung gem. IAS 31 und praktische Anwendungsprobleme, WPg 2012, S. 587-595;

Lüdenbach, § 34. Gemeinsame Vereinbarungen (joint arrangements), in Lüdenbach/Hoffmann (Hrsg.), Haufe IFRS-Kommentar, Freiburg im Breisgau, 12. Aufl. 2014, S. 2218;

Theile/Pawelzik, D. VIII. Quotenkonsolidierung (IAS 31)/Anteilige Konsolidierung (IFRS 11), in Heuser/Theile, (Hrsg.), IFRS-Handbuch: Einzel- und Konzernabschluss, Köln, 5. Aufl. 2012, S. 989-993;

Zeyer/Engler, Ermittlung des übergehenden Geschäfts- oder Firmenwerts nach IFRS 11, PiR 2012, S. 303-308;

Zeyer/Frank, Bilanzierung von Beteiligungen an joint operations nach IFRS 11, PiR 2013, S. 103-108.

VII. Konzernanhang

RELEVANTE STANDARDS

IFRS 12 – Angaben zu Anteilen an anderen Unternehmen

KERNAUSSAGEN

- Die Vorschriften zu den Anhangangaben für Konzernabschlüsse sind allesamt in IFRS 12 enthalten.
- IFRS 12 gliedert die Angabepflichten in Angaben zu maßgeblicher Ermessensausübung und Annahmen bei der Bestimmung der Wesensart der gehaltenen Beteiligungen sowie deren Einbeziehung in den Konzernabschluss sowie nach der Art der gehaltenen Beteiligungen (vom konsolidierten Tochterunternehmen über gemeinsame Vereinbarungen und assoziierte Unternehmen bis hin zu nicht konsolidierten strukturierten Unternehmen).
- Beachtenswert sind insbesondere die umfangreichen Angabepflichten zu nicht konsolidierten strukturierten Unternehmen.

1. Überblick

Die für Konzernabschlüsse erforderlichen Anhangangaben sind in **IFRS 12 – Angaben zu Anteilen an anderen Unternehmen** zentral in einem einzigen Standard gebündelt. Das Ziel des Standards liegt darin, den Abschlussadressaten konsistente und hochwertige Angaben zur Art der gehaltenen Beteiligungen an anderen Unternehmen und den damit verbundenen Risiken zur Verfügung zu stellen und zudem deren Auswirkungen auf die Vermögens-, Finanz- und Ertragslage und auf den Cashflow des bilanzierenden Unternehmens darzulegen (IFRS 12.1). Zur Erreichung dieser Zielsetzung fordert IFRS 12 die Offenlegung von Angaben zu den folgenden Informationsbereichen, welche in den folgenden Abschnitten erläutert werden:

- Maßgebliche Ermessensentscheidungen und Annahmen, die bei der Bestimmung der Art der Beteiligung bzw. bei deren Einbeziehung in den Konzernabschluss getroffen wurden (IFRS 12.7-12.9);
- Angaben zu Anteilen an Tochterunternehmen (IFRS 12.10-12.19);
- Angaben zu Anteilen an gemeinsamen Vereinbarungen und assoziierten Unternehmen (IFRS 12.20-12.23); sowie
- Angaben zu Anteilen an nicht konsolidierten strukturierten Unternehmen (auch: Zweckgesellschaften; IFRS 12.24-12.31).

IFRS 12.3 enthält überdies die allgemeine Forderung, dass, sofern die von IFRS 12 sowie die von den anderen IFRS geforderten Anhangangaben zusammen nicht zur Erreichung der beschriebenen Zielsetzung ausreichen, sämtliche Informationen, die zur Erreichung des in IFRS 12.1 formulierten Ziels erforderlich sind, zusätzlich offenzulegen sind.

Anzuwenden ist IFRS 12 grundsätzlich von jedem Unternehmen, das einen Anteil an einem Tochterunternehmen, einer gemeinsamen Vereinbarung (d. h. einer gemeinschaftlichen Tätigkeit oder einem Gemeinschaftsunternehmen), einem assoziierten Unternehmen oder aber an einem nicht konsolidierten strukturierten Unternehmen hält (IFRS 12.5). Gemäß IFRS 12.6 sind bestimmte Sachverhalte grundsätzlich vom Anwendungsbereich des Standards ausgenommen, wie Anteile an einem anderen Unternehmen, die nach IAS 39/IFRS 9 »Finanzinstrumente« bilanziert werden, oder Pläne für Leistungen an Arbeitnehmer, auf die IAS 19 – *Leistungen an Arbeitnehmer* Anwendung findet.

2. Angaben zu maßgeblicher Ermessensausübung und Annahmen

Die Angabepflichten zu **maßgeblicher Ermessensausübung sowie Annahmen in Bezug auf die Bestimmung der Art der Beteiligung** bzw. hinsichtlich der Einbeziehung von Unternehmen in den Konsolidierungskreis werden in IFRS 12.7-12.9 dargelegt. Gemäß IFRS 12.7 sind die in diesem Zusammenhang offenzulegenden Informationen dabei wie folgt zu unterteilen:

- Ermessensausübung bzw. Annahmen bei Bestimmung der Beherrschung i. S. d. IFRS 10 über ein Beteiligungsunternehmen,
- Ermessensausübung bzw. Annahmen bei Bestimmung der gemeinschaftlichen Beherrschung über oder des maßgeblichen Einflusses auf ein Beteiligungsunternehmen und
- Ermessensausübung bzw. Annahmen bei der Beurteilung der Art gemeinsamer Vereinbarungen, die in einer rechtlich selbständigen Einheit (»eigenständiges Vehikel«) operieren.

IFRS 12 umfasst indes keine finale Regelung bezüglich der Frage, wann eine Ermessensausübung oder eine Annahme als maßgeblich zu erachten ist. IFRS 12.9 enthält lediglich eine beispielhafte, nicht abschließende Aufzählung von Fallkonstellationen, in denen Informationen zu maßgeblichen Ermessensentscheidungen und Annahmen offenzulegen sind. Die nachfolgende Checkliste gibt einen Überblick über die Angabepflichten im Zusammenhang mit maßgeblicher Ermessensausübung und Annahmen.

Checkliste: Anhangangaben gem. IFRS 12, maßgebliche Ermessensausübung und Annahmen	
Vorschrift	**Angabeerfordernisse**
IFRS 12.7 (a)	Werden die maßgeblichen Ermessensausübungen und Annahmen (einschließlich etwaiger diesbezüglicher Änderungen), die für die Bestimmung der Beherrschung über ein anderes Unternehmen i. S. d. IFRS 10.5 und IFRS 10.6 getroffen werden, offengelegt?

IFRS 12.7 (b)	Werden die maßgeblichen Ermessensausübungen und Annahmen (einschließlich etwaiger diesbezüglicher Änderungen), die für die Bestimmung der gemeinsamen Beherrschung über eine gemeinsame Vereinbarung oder den maßgeblichen Einfluss auf ein Beteiligungsunternehmen getroffen werden, offengelegt?
IFRS 12.7 (c)	Sofern eine gemeinsame Vereinbarung in einer separaten Einheit (*separate vehicle*) geführt wird: Werden die maßgeblichen Ermessensausübungen und Annahmen (einschließlich etwaiger diesbezüglicher Änderungen), die für die Bestimmung der Art der gemeinsamen Vereinbarung getroffen werden (d. h., ob eine gemeinsame Tätigkeit oder ein Gemeinschaftsunternehmen vorliegt), offengelegt?
IFRS 12.8	Sofern sich aufgrund einer Änderung von Tatsachen und Umständen (*facts and circumstances*) die Schlussfolgerung hinsichtlich Beherrschung, gemeinschaftlicher Beherrschung oder maßgeblichen Einflusses in Bezug auf ein Beteiligungsunternehmen während einer Berichtsperiode ändert: Werden die diesbezüglich getroffenen, maßgeblichen Ermessensausübungen bzw. Annahmen angegeben?
IFRS 12.9 (a)	Werden die maßgeblichen Ermessensausübungen und Annahmen offengelegt, wenn das Vorliegen der Beherrschungsmöglichkeit über ein Beteiligungsunternehmen verneint wird, obwohl das bilanzierende Unternehmen mehr als die Hälfte der Stimmrechte an dem Beteiligungsunternehmen hält?
IFRS 12.9 (b)	Werden die maßgeblichen Ermessensausübungen und Annahmen offengelegt, wenn das Vorliegen der Beherrschungsmöglichkeit über ein Beteiligungsunternehmen bejaht wird, obwohl das bilanzierende Unternehmen weniger als die Hälfte der Stimmrechte an dem Beteiligungsunternehmen hält?
IFRS 12.9 (c)	Werden die maßgeblichen Ermessensausübungen und Annahmen offengelegt, die bei der Beurteilung der Frage herangezogen wurden, ob das berichterstattende Unternehmen Agent oder Prinzipal i. S. d. IFRS10.B58-10.B72 ist?
IFRS 12.9 (d)	Werden die maßgeblichen Ermessensausübungen und Annahmen offengelegt, wenn das Vorliegen maßgeblichen Einflusses auf ein Beteiligungsunternehmen verneint wird, obwohl an diesem Unternehmen 20 % oder mehr der Stimmrechte gehalten werden?
IFRS 12.9 (e)	Werden die maßgeblichen Ermessensausübungen und Annahmen offengelegt, wenn das Vorliegen maßgeblichen Einflusses auf ein Beteiligungsunternehmen bejaht wird, obwohl an diesem Unternehmen weniger als 20 % der Stimmrechte gehalten werden?

3. Angaben zu Beteiligungen an Tochterunternehmen

Die offenzulegenden Informationen zu Beteiligungen an Tochterunternehmen sollen dem Konzernabschlussadressaten helfen, die **Struktur des bilanzierenden Konzerns** (d. h. die Zusammensetzung des Konzernverbunds) sowie den **Einfluss etwaiger bestehender nicht beherrschender Gesellschafter**, insbesondere deren Anteile am Erfolg und den Cashflows des Konzerns, beurteilen zu können (IFRS 12.10 (a)). Ferner dienen die

Angaben der Bewertung etwaiger maßgeblicher Zugriffsbeschränkungen auf Vermögenswerte und Schulden, möglicher Risiken in Verbindung mit Anteilen an strukturierten konsolidierten Unternehmen sowie der Folgen von Anteilsveränderungen mit und ohne Verlust der Beherrschungsmöglichkeit (IFRS 12.10 (b)). Zur Erfüllung dieser Informationsanforderungen fordert IFRS 12 u. a. die Offenlegung von Angaben zu den nachfolgenden Punkten:

- IFRS 12.12 fordert für sämtliche Tochterunternehmen, an denen **nicht beherrschende Anteile bestehen, die bezogen auf den gesamten Konzernabschluss jeweils wesentlich sind**, detaillierte Angaben. Diese betreffen beispielsweise die Höhe der Eigentumsanteile, die auf nicht beherrschende Anteile entfallen, sowie das den nicht beherrschenden Anteilen zuzurechnende Ergebnis. Die Angaben sollen helfen, die künftigen Ergebnisse sowie Cashflows des jeweiligen Tochterunternehmens besser beurteilen zu können.
- Informationen zur Art sowie zum Ausmaß von maßgeblichen gesetzlichen, vertraglichen oder regulatorischen **Beschränkungen, welche die Möglichkeit der Übertragung von Vermögenswerten und Erträgen innerhalb des Konzerns betreffen**. Hierunter können auch etwaige Schutzrechte nicht beherrschender Anteile fallen. Anzugeben sind insbesondere die Buchwerte der betroffenen Vermögenswerte und Schulden (IFRS 12.13).
- Angaben zur **Wesensart der Risiken**, die mit Anteilen des Unternehmens an **konsolidierten strukturierten Unternehmen** (auch: Zweckgesellschaften) einhergehen (IFRS 12.14-12.17). Hierunter fallen insbesondere Informationen zu potenziellen sowie geleisteten **Finanzhilfen** an strukturierte Unternehmen, die (künftig) beherrscht bzw. konsolidiert werden.
- Ein Schema, welches die Auswirkungen auf das Eigenkapital der Anteilseigner des Mutterunternehmens verdeutlicht, wenn es zu **Änderungen der Beteiligungsquote an einem Tochterunternehmen ohne Verlust der Beherrschung** über das Tochterunternehmen kommt (IFRS 12.18).
- Informationen zu den **Folgen aus einem Verlust der Beherrschung** über ein Tochterunternehmen während der Berichtsperiode, wie ein etwaiger Entkonsolidierungserfolg (IFRS 12.19).

Die nachfolgenden Checklisten geben einen Überblick über die Angabepflichten im Zusammenhang mit Anteilen an Tochterunternehmen.

Checkliste: Anhangangaben gem. IFRS 12, Angaben zu Beteiligungen an Tochterunternehmen	
Vorschrift	**Angabeerfordernisse**
1. Allgemeine Angaben zu Beteiligungen an Tochterunternehmen	
IFRS 12.10 (a) (i)	Werden Angaben gemacht, mit denen die Abschlussadressaten ein Verständnis über die Zusammensetzung des Konzerns erhalten?
IFRS 12.10 (a) (ii)	Werden Angaben gemacht, die den Abschlussadressaten ein Verständnis über die Teile nicht beherrschender Anteile an den Konzerntätigkeiten sowie den Cashflows des Konzerns ermöglichen?

IFRS 12.10 (b) (i)	Werden Angaben gemacht, die den Abschlussadressaten eine Einschätzung über Art und Umfang von erheblichen Beschränkungen der Fähigkeit des Zugangs zu oder der Nutzung von Vermögenswerten sowie der Begleichung von Schulden des Konzerns erlauben?
IFRS 12.10 (b) (ii)	Werden Angaben gemacht, mit denen die Abschlussadressaten eine Einschätzung über die Art und die Veränderungen der Risiken im Zusammenhang mit Anteilen an konsolidierten strukturierten Unternehmen treffen können?
IFRS 12.10 (b) (iii)	Werden Angaben gemacht, mit denen die Abschlussadressaten eine Einschätzung über die Folgen von Veränderungen der Beteiligungsquote an einem Tochterunternehmen treffen können, die nicht zu einem Verlust der Beherrschung führten?
IFRS 12.10 (b) (iv)	Werden Angaben gemacht, mit denen die Abschlussadressaten eine Einschätzung über die Folgen des Verlusts der Beherrschung über ein Tochterunternehmen in der Berichtsperiode treffen können?
IFRS 12.11 (a)	Sofern ein Tochterunternehmen in den Konzernabschluss einbezogen wird, das einen abweichenden Abschlussstichtag oder eine abweichende Berichtsperiode hat: Wird der Abschlussstichtag dieses Tochterunternehmens angegeben?
IFRS 12.11 (b)	Sofern ein Tochterunternehmen in den Konzernabschluss einbezogen wird, das einen abweichenden Abschlussstichtag oder eine abweichende Berichtsperiode hat: Werden die Gründe für die Verwendung eines anderen Datums bzw. einer anderen Periode offengelegt?
2. Angaben zu nicht beherrschenden Anteilen und deren Bedeutung für die Tätigkeiten und Cashflows des Konzerns	
IFRS 12.12 (a)	Sofern an einem Tochterunternehmen nicht beherrschende Anteile bestehen, die im Verhältnis zum bilanzierenden Konzernmutterunternehmen wesentlich sind: Wird der Name dieses Tochterunternehmens offengelegt?
IFRS 12.12 (b)	Sofern an einem Tochterunternehmen nicht beherrschende Anteile bestehen, die im Verhältnis zum bilanzierenden Konzernmutterunternehmen wesentlich sind: Werden die Hauptniederlassung dieses Tochterunternehmens und das Land der Gründung des Tochterunternehmens offengelegt, falls dieses von der Hauptniederlassung des Tochterunternehmens abweicht?
IFRS 12.12 (c)	Sofern an einem Tochterunternehmen nicht beherrschende Anteile bestehen, die im Verhältnis zum bilanzierenden Konzernmutterunternehmen wesentlich sind: Wird der Anteil vom Eigenkapital (Beteiligungsquote) dieses Tochterunternehmens angegeben, der von den nicht beherrschenden Gesellschaftern gehalten wird?
IFRS 12.12 (d)	Sofern an einem Tochterunternehmen nicht beherrschende Anteile bestehen, die im Verhältnis zum bilanzierenden Konzernmutterunternehmen wesentlich sind, und der Anteil der Stimmrechte dieser nicht beherrschenden Anteile von deren Kapitalanteil abweicht: Wird der Anteil der von diesen nicht beherrschenden Anteilen gehaltenen Stimmrechten offengelegt?

IFRS 12.12 (e)	Sofern an einem Tochterunternehmen nicht beherrschende Anteile bestehen, die im Verhältnis zum bilanzierenden Konzernmutterunternehmen wesentlich sind: Wird der den nicht beherrschenden Anteilen in der Berichtsperiode zugewiesene Gewinn oder Verlust angegeben?
IFRS 12.12 (f)	Sofern an einem Tochterunternehmen nicht beherrschende Anteile bestehen, die im Verhältnis zum bilanzierenden Konzernmutterunternehmen wesentlich sind: Wird der akkumulierte Anteil dieser nicht beherrschenden Anteile für jede Tochtergesellschaft mit wesentlichen nicht beherrschenden Anteilen am Ende der Berichtsperiode offengelegt?
IFRS 12.12 (g) i. V. m. IFRS 12. B10 (a)	Sofern an einem Tochterunternehmen nicht beherrschende Anteile bestehen, die im Verhältnis zum bilanzierenden Konzernmutterunternehmen wesentlich sind: Wird der Betrag der Dividenden offengelegt, welcher an diese nicht beherrschenden Anteile gezahlt wird?
IFRS 12.12 (g) i. V. m. IFRS 12. B10 (b)	Sofern an einem Tochterunternehmen nicht beherrschende Anteile bestehen, die im Verhältnis zum bilanzierenden Konzernmutterunternehmen wesentlich sind: Werden zusammengefasste Finanzinformationen (vor der Eliminierung von konzerninternen Transaktionen) über die Vermögenswerte, die Schulden, die Gewinne und Verluste sowie die Cashflows offengelegt, womit es möglich ist, den Anteil dieser nicht beherrschenden Anteile an den Tätigkeiten sowie den Cashflows des Konzerns zu bestimmen?
3. Angaben zur Art und zum Umfang von wesentlichen Beschränkungen	
IFRS 12.13 (a)	Sofern erhebliche Beschränkungen (z. B. gesetzlicher, vertraglicher oder regulatorischer Art) vorliegen, die die Fähigkeit des Zugangs zu oder der Nutzung von Vermögenswerten sowie der Begleichung von Verbindlichkeiten des Konzerns einschränken: Werden diese Beschränkungen offengelegt? Dies gilt insbesondere für folgende Beschränkungen: (i) Beschränkungen der Fähigkeit eines Mutterunternehmens oder eines seiner Tochterunternehmen, Zahlungsmittel oder andere Vermögenswerte innerhalb des Konzerns zu transferieren. (ii) Garantien oder sonstige Verpflichtungen, die innerhalb des Konzerns die Auszahlung von Dividenden oder anderen Ausschüttungen von Kapital oder die Vergabe bzw. Rückzahlung von Krediten und Darlehen einschränken können.
IFRS 12.13 (b)	Werden Art und Umfang etwaiger Schutzrechte von nicht beherrschenden Anteilen offengelegt, die maßgeblich die Fähigkeit des Zugangs zu oder der Nutzung von Vermögenswerten sowie der Begleichung von Schulden des Konzerns einschränken (z. B. wenn ein Mutterunternehmen dazu verpflichtet ist, die Schulden eines Tochterunternehmens vor seinen eigenen Schulden zu begleichen oder wenn die Genehmigung von nicht beherrschenden Gesellschaftern erforderlich ist, um auf das Vermögen eines Tochterunternehmens zugreifen zu können)?
IFRS 12.13 (c)	Werden die Buchwerte der im Konzernabschluss enthaltenen Vermögenswerte und Schulden offengelegt, für die Beschränkungen in der Verfügungsmacht bestehen?

4. Angaben zur Art der Risiken, die mit der Beteiligung an konsolidierten strukturierten Unternehmen verbunden sind	
IFRS 12.14	Werden Angaben zu vertraglichen Bedingungen offengelegt, die das Mutterunternehmen bzw. eines seiner Tochterunternehmen zur finanziellen Unterstützung eines konsolidierten strukturierten Unternehmens (auch: Zweckgesellschaft) verpflichten?
IFRS 12.14	Werden Angaben zu Ereignissen oder Umständen offengelegt, die das Mutterunternehmen oder eines seiner Tochterunternehmen einem Verlust, der aus einem konsolidierten strukturierten Unternehmen resultiert, aussetzen könnten (beispielsweise Liquiditätsvereinbarungen)?
IFRS 12.15 (a)	Sofern das Mutterunternehmen oder eines seiner Tochterunternehmen während der Berichtsperiode ohne jegliche vertragliche Verpflichtung, einem konsolidierten strukturierten Unternehmen finanzielle oder andere Unterstützung zur Verfügung gestellt hat: Werden Art und Umfang (einschließlich der Situation, in denen das Mutterunternehmen bzw. eines seiner Tochterunternehmen dem strukturierten Unternehmen finanzielle Unterstützung hat zukommen lassen) angegeben (z. B. durch den Erwerb von Vermögenswerten oder Finanzinstrumenten, die von dem strukturierten Unternehmen ausgegeben wurden)?
IFRS 12.15 (b)	Sofern das Mutterunternehmen oder eines seiner Tochterunternehmen während der Berichtsperiode ohne jegliche vertragliche Verpflichtung, einem konsolidierten strukturierten Unternehmen finanzielle oder andere Unterstützung zur Verfügung gestellt hat: Werden die Gründe für das Bereitstellen der Unterstützung angegeben?
IFRS 12.16	Sofern das Mutterunternehmen oder eines seiner Tochterunternehmen während der Berichtsperiode ohne jegliche vertragliche Verpflichtung, einem bisher nicht konsolidierten strukturierten Unternehmen finanzielle oder andere Unterstützung zur Verfügung gestellt hat und die Bereitstellung dieser Unterstützung dazu führte, dass das strukturierter Unternehmen nunmehr beherrscht wird: Werden alle einschlägigen Faktoren, die hierzu geführt haben, erläutert?
IFRS 12.17	Werden Angaben zu allen aktuellen Absichten für finanzielle oder sonstige Unterstützungen von konsolidierten strukturierten Unternehmen, einschließlich der Absicht, einem konsolidierten strukturierten Unternehmen bei der Suche nach finanzieller Unterstützung behilflich zu helfen, offengelegt?
5. Angaben zu Folgen von Änderungen der Beteiligungsquote an Tochterunternehmen, die nicht zu einem Verlust der Beherrschung führten	
IFRS 12.18	Wird eine Tabelle offengelegt, in der die Auswirkungen auf das den Eigentümern des Mutterunternehmens zuzurechnende Eigenkapital gezeigt werden, die aus Änderungen der Beteiligungsquoten an Tochterunternehmen resultieren, die nicht zu einem Verlust der Beherrschung an diesen Tochterunternehmen führten?
IFRS 12.19 (a)	Wird – zusätzlich zu einem etwaigen sich aus der Entkonsolidierung ergebenden Gewinn oder Verlust – der Anteil dieses Gewinns oder Verlusts angegeben, der auf die Bewertung des zurückbehaltenen Anteils an dem vormaligen Tochterunternehmen zum beizulegenden Zeitwert zum Zeitpunkt der Entkonsolidierung entfällt?

6. Angaben zu Folgen eines Beherrschungsverlusts an einem Tochterunterunternehmen während der Berichtsperiode	
IFRS 12.19 (b)	Sofern das Ergebnis aus der Entkonsolidierung im Abschluss nicht separat ausgewiesen wird: Werden die Positionen in der GuV, in denen das Entkonsolidierungsergebnis enthalten ist, angegeben?

4. Angaben zu Beteiligungen an gemeinsamen Vereinbarungen und assoziierten Unternehmen

Die Angabepflichten für **assoziierte Unternehmen sowie für gemeinsame Vereinbarungen** wurden vom IASB zusammengefasst, da für beide Anteilsformen Informationen zu Art und Umfang der Beteiligung, den finanziellen Auswirkungen sowie der Art der Risiken, die mit den zugrunde liegenden Beteiligungen verbunden sind, Relevanz besitzen. In Bezug auf die offenzulegenden Angaben wird in IFRS 12 grundsätzlich unterschieden zwischen assoziierten Unternehmen sowie gemeinsamen Vereinbarungen, die in Relation zum Konzernabschluss für sich genommen als wesentlich oder aber als unwesentlich zu erachten sind. Bezüglich der somit vorzunehmenden **Wesentlichkeitseinschätzung** enthält der IFRS 12 keinerlei weitere Konkretisierung, sodass auf die allgemeine Definition für *materiality* im Framework zurückgegriffen werden muss. Demnach gilt die Wesentlichkeitsanforderung als erfüllt, wenn sich durch Weglassen oder fehlerhafte Darstellung einer Abschlussinformation die wirtschaftlichen Entscheidungen der Abschlussadressaten beeinflussen lassen (zur Wesentlichkeit vgl. ausführlich S. 66 ff.).

Ungeachtet der materiellen Bedeutung assoziierter Unternehmen bzw. gemeinsamer Vereinbarungen sind die folgenden Angaben offenzulegen:

- Maßgebliche Beschränkungen hinsichtlich der Verfügungsmacht (IFRS 12.22 (a));
- Angaben zu Abschlüssen, die mit einem vom Konzernabschlussstichtag **abweichenden Stichtag** in den Konzernabschluss einbezogen wurden (IFRS 12.22 (b));
- Angaben bei etwaigen **negativen Buchwerten** im Rahmen der Equity-Bilanzierung (IFRS 12.22 (c));
- Angaben zu **eingegangenen Verpflichtungen**, die am Bilanzstichtag noch nicht erfüllt wurden, wobei Verpflichtungen gegenüber Gemeinschaftsunternehmen separat anzugeben sind (IFRS 12.23 (a) i. V. m. IFRS 12.B19);
- Ungeachtet einer möglichen Inanspruchnahme hieraus sind **Eventualverpflichtungen**, die aus Beteiligungen an assoziierten Unternehmen oder gemeinsamen Vereinbarungen resultieren, gesondert auszuweisen (IFRS 12.23 (b)).

Die nachfolgende Checkliste gibt einen Überblick über die Angabepflichten im Zusammenhang mit Anteilen an gemeinsamen Vereinbarungen und assoziierten Unternehmen.

Checkliste: Anhangangaben gem. IFRS 12, Angaben zu Beteiligungen an gemeinschaftlichen Vereinbarungen sowie assoziierten Unternehmen	
Vorschrift	**Angabeerfordernisse**
1. Allgemeine Angaben	
IFRS 12.20 (a)	Werden Angaben offengelegt, die die Abschlussadressaten in die Lage versetzen, die Art, den Umfang sowie die finanziellen Auswirkungen der Beteiligungen an gemeinsamen Vereinbarungen und assoziierten Unternehmen, einschließlich der Art und den Auswirkungen von Vertragsverhältnissen mit den anderen Investoren, die ebenfalls eine gemeinsame Beherrschung oder einen maßgeblichen Einfluss auf das jeweilige Beteiligungsunternehmen ausüben, zu beurteilen?
IFRS 12.20 (b)	Werden die Art und die Veränderungen von Risiken im Zusammenhang mit Beteiligungen an Gemeinschaftsunternehmen und assoziierten Unternehmen offengelegt?
2. Angaben zu Art, Umfang und finanziellen Auswirkungen von Beteiligungen an gemeinsamen Vereinbarungen und assoziierten Unternehmen	
IFRS 12.21 (a) (i)	Wird für jede wesentliche gemeinsame Vereinbarung und für jedes wesentliche assoziierte Unternehmen deren Name angegeben?
IFRS 12.21 (a) (ii)	Wird für jede wesentliche gemeinsame Vereinbarung und für jedes wesentliche assoziierte Unternehmen die Art der Beziehung zu der gemeinsamen Vereinbarung bzw. dem assoziierten Unternehmen offengelegt (z. B. durch die Beschreibung der Art der Tätigkeiten des Beteiligungsunternehmens und ob diese strategisch für die eigenen Tätigkeiten wichtig sind)?
IFRS 12.21 (a) (iii)	Werden für jede wesentliche gemeinsame Vereinbarung und für jedes wesentliche assoziierte Unternehmen die Hauptniederlassung und das Land der Gründung (falls dieses vom Land der Hauptniederlassung abweicht) angegeben?
IFRS 12.21 (a) (iv)	Wird für jede wesentliche gemeinsame Vereinbarung und für jedes wesentliche assoziierte Unternehmen der Anteil des gehaltenen Eigenkapitals offengelegt und, falls dieser davon abweichend ist, ebenfalls der Anteil der gehaltenen Stimmrechte?
IFRS 12.21 (b) (i)	Wird für jedes wesentliche Gemeinschaftsunternehmen und für jedes wesentliche assoziierte Unternehmen offengelegt, ob der gehaltene Anteil nach der Equity-Methode oder zum beizulegenden Zeitwert bewertet wird?
IFRS 12.21 (b) (ii) i. V. m. IFRS 12.B12 (a)	Wird für jedes wesentliche Gemeinschaftsunternehmen und für jedes wesentliche assoziierte Unternehmen die Höhe der hiervon vereinnahmten Dividenden offengelegt?
IFRS 12.21 (b) (ii) i. V. m. IFRS 12.B12 (b)	Werden für jedes wesentliche Gemeinschaftsunternehmen und für jedes wesentliche assoziierte Unternehmen zusammengefasste Finanzinformationen offengelegt, die Folgendes umfassen, ohne notwendigerweise darauf beschränkt zu sein: • kurzfristige Vermögenswerte • langfristige Vermögenswerte

	• kurzfristige Schulden • langfristige Schulden • Erträge • Gewinn und Verlust aus fortgeführten Tätigkeiten • Gewinn und Verlust nach Steuern aus nicht fortgeführten Tätigkeiten • sonstiges Ergebnis (*other comprehensive income*) • Gesamtergebnis (*total comprehensive income*)
IFRS 12.21 (b) i. V. m. IFRS 12.B14	**Hinweis**: Die nach IFRS 12.21 (b) i. V. m. IFRS 12.B12 (b) offenzulegenden Angaben sollen auf Basis der Zahlen aus dem IFRS-(Einzel) Abschluss des jeweiligen Gemeinschaftsunternehmens bzw. des jeweiligen assoziierten Unternehmens vorgenommen werden.
IFRS 12.21 (b) i. V. m. IFRS 12.B13	Werden für alle wesentlichen Gemeinschaftsunternehmen – zusätzlich zu den Finanzinformationen in zusammengefasster Form gem. IFRS 12.B12 – die folgenden Positionen offengelegt? • Zahlungsmittel und Zahlungsmitteläquivalente, die in den kurzfristigen Vermögenswerten enthalten sind • kurzfristige finanzielle Verbindlichkeiten • langfristige finanzielle Verbindlichkeiten • Abschreibungen • Zinserträge • Zinsaufwendungen • Ertragsteueraufwand oder -ertrag
IFRS 12.21 (b) i. V. m. IFRS 12.B14	**Hinweis:** Die nach IFRS 12.21 (b) i. V. m. IFRS 12.B13 offenzulegenden Angaben sollen auf Basis der Zahlen aus dem IFRS-(Einzel) Abschluss des jeweiligen Gemeinschaftsunternehmens vorgenommen werden.
IFRS 12.21 (b) i. V. m. IFRS 12.B14 (a)	Für den Fall, dass die Beteiligungen an Gemeinschaftsunternehmen oder assoziierten Unternehmen nach der Equity-Methode bewertet werden, sind die Anpassungen offenzulegen, die getätigt werden, um von den Zahlen in den jeweiligen IFRS-(Einzel)Abschlüssen des Gemeinschaftsunternehmens bzw. des assoziierten Unternehmens auf die Zahlen nach der Equity-Methode überzuleiten.
IFRS 12.21 (b) i. V. m. IFRS 12.B14 (b)	Für den Fall, dass die Beteiligungen an Gemeinschaftsunternehmen oder assoziierten Unternehmen nach der Equity-Methode bilanziert werden, ist eine Überleitung der zusammengefassten Finanzinformationen in Bezug auf den Buchwert der Beteiligung an dem jeweiligen Gemeinschaftsunternehmen bzw. assoziierten Unternehmen offenzulegen.
IFRS 12.21 (b) i. V. m. IFRS 12.B15	**Hinweis:** Ein Unternehmen kann die in IFRS 12.21 (b) i. V. m. IFRS 12.B12 sowie 12.B13 geforderten Angaben auf Basis von Abschlüssen vornehmen, die nicht nach den IFRS erstellt worden sind, wenn • die Beteiligungen an einem assoziierten Unternehmen oder einem Gemeinschaftsunternehmen mit dem beizulegenden Zeitwert bewertet werden und

	• das Gemeinschaftsunternehmen oder das assoziierte Unternehmen keinen IFRS-Abschluss aufstellt und das Aufstellen eines IFRS-Abschlusses nur schwer durchführbar ist oder unverhältnismäßig hohe Kosten hervorrufen würde. Wird von der Ausnahmevorschrift des IFRS 12.21 (b) i. V. m. IFRS 12.B15 Gebrauch gemacht, ist im Anhang anzugeben, auf welcher Basis die vorgelegten Zahlen beruhen.
IFRS 12.21 (b) (iii)	Sofern ein wesentliches Gemeinschaftsunternehmen oder ein wesentliches assoziiertes Unternehmen nach der Equity-Methode bewertet wird und hierfür ein notierter Börsenkurs vorliegt: Wird der beizulegende Zeitwert der Beteiligung an dem Gemeinschaftsunternehmen bzw. dem assoziierten Unternehmen offengelegt?
IFRS 12.21 (c) (i) i. V. m. IFRS 12.B16	Wird die Höhe des Buchwerts für alle nach der Equity-Methode bilanzierten Gemeinschaftsunternehmen, die für sich genommen unwesentlich sind, offengelegt?
IFRS 12.21 (c) (ii) i. V. m. IFRS 12.B16	Wird die Höhe des Buchwerts für alle nach der Equity-Methode bilanzierten assoziierten Unternehmen, die für sich genommen unwesentlich sind, offengelegt?
IFRS 12.21 (c) (i) i. V. m. IFRS 12.B16	Werden für die nach der Equity-Methode bilanzierten Gemeinschaftsunternehmen, die für sich genommen unwesentlich sind, in aggregierter Form die folgenden Angaben offengelegt? • der Gewinn oder der Verlust aus fortgeführten Geschäftsbereichen • der Gewinn oder der Verlust nach Steuern aus aufgegebenen Geschäftsbereichen • das sonstige Ergebnis • das Gesamtergebnis
IFRS 12.21 (c) (ii) i. V. m. IFRS 12.B16	Werden für die nach der Equity-Methode bilanzierten assoziierten Unternehmen, die für sich genommen unwesentlich sind, in aggregierter Form die folgenden Angaben offengelegt? • der Gewinn oder der Verlust aus fortgeführten Geschäftsbereichen • der Gewinn oder der Verlust nach Steuern aus aufgegebenen Geschäftsbereichen • das sonstige Ergebnis • das Gesamtergebnis
IFRS 12.22 (a)	Werden Art und Umfang etwaiger maßgeblicher Beschränkungen der Möglichkeit, von assoziierten Unternehmen oder Gemeinschaftsunternehmen Finanzmittel in Form von Bardividenden an das Mutterunternehmen zu transferieren oder zuvor gewährte Kredite oder Vorschüsse zurückzuzahlen, offengelegt?
IFRS 12.22 (b) (i)	Sofern nach der Equity-Methode einbezogene Gemeinschaftsunternehmen oder assoziierte Unternehmen einen vom Konzernabschluss abweichenden Abschlussstichtag aufweisen: Wird das Datum, an dem die Berichtsperiode des Abschlusses des Gemeinschaftsunternehmens oder des assoziierten Unternehmens endet, offengelegt?

IFRS 12.22 (b) (ii)	Sofern nach der Equity-Methode einbezogene Gemeinschaftsunternehmen oder assoziierte Unternehmen einen vom Konzernabschluss abweichenden Abschlussstichtag aufweisen: Werden die Gründe dafür angegeben, dass Gemeinschaftsunternehmen oder assoziierte Unternehmen in den Konzernabschluss mit einem von diesem abweichenden Abschlussstichtag oder einer abweichenden Berichtsperiode einbezogen werden?
IFRS 12.22 (c)	Werden die nicht im Konzernabschluss angesetzten Verluste aus einem nach der Equity-Methode einbezogenen Gemeinschaftsunternehmen oder assoziierten Unternehmen, sowohl für die aktuelle Berichtsperiode als auch kumuliert für die vorangegangenen Berichtsperioden, offengelegt?
3. Risiken, die mit der Beteiligung eines Unternehmens an Gemeinschaftsunternehmen und assoziierten Unternehmen einhergehen	
IFRS 12.23 (a)	Wird die Höhe der Verpflichtungen gegenüber Gemeinschaftsunternehmen, wie in IFRS 12.B18-12.B20 angeführt, getrennt vom Betrag anderer Verpflichtungen offengelegt?
IFRS 12.23 (b)	Wird die Höhe der nach IAS 37 anzugebenden Eventualschulden, die im Zusammenhang mit der Beteiligung an einem Gemeinschaftsunternehmen oder assoziierten Unternehmen angefallen sind (einschließlich des Anteils an Eventualschulden, der zusammen mit anderen Investoren eingegangen wurde, die ebenfalls eine gemeinsame Beherrschung oder einen maßgeblichen Einfluss über dieses Gemeinschaftsunternehmen bzw. assoziierte Unternehmen ausüben), getrennt vom Betrag der übrigen Eventualschulden offengelegt? (Davon ausgeschlossen sind Eventualschulden, bei denen die Verlustwahrscheinlichkeit sehr gering ist.)

5. Angaben zu Beteiligungen an nicht konsolidierten strukturierten Unternehmen

Einfluss der Finanzkrise

Die im Zuge des IFRS 12 eingeführten Angabepflichten **für Anteile an nicht konsolidierten strukturierten Unternehmen** (auch: Zweckgesellschaften) sollen zu einer adäquaten Abbildung der hiermit verbundenen Risiken in den Abschlüssen der jeweiligen Unternehmen führen. Ausschlaggebend für die erweiterten Regelungen waren die Erkenntnisse aus der jüngsten **Finanzmarkt- und Wirtschaftskrise**. Infolgedessen enthält IFRS 12 Anhangangaben, die Abschlussadressaten dabei helfen sollen,

- die **Art und den Umfang der Beteiligung** an unkonsolidierten strukturierten Unternehmen zu verstehen sowie
- die Art und eventuelle Änderungen der **Risiken**, welche mit der Beteiligung an einem unkonsolidierten strukturierten Unternehmen verbunden sind, zu bewerten.

Ein **strukturiertes Unternehmen** liegt gem. der Definition in IFRS 12.App. A dann vor, wenn aufgrund dessen Ausgestaltung Stimmrechte oder Stimmrechten ähnliche Rechte nicht der dominierende Faktor für die Beherrschungsmöglichkeit über das strukturierte

Unternehmen sind. Sofern die Beherrschung mittels Stimmrechten möglich ist, liegt somit grundsätzlich kein strukturiertes Unternehmen vor.

Die nachfolgende Checkliste gibt einen Überblick über die Angabepflichten im Zusammenhang mit Beteiligungen an nicht konsolidierten strukturierten Unternehmen.

Checkliste: Anhangangaben gem. IFRS 12, Angaben zu Beteiligungen an unkonsolidierten strukturierten Unternehmen	
Vorschrift	**Angabeerfordernisse**
1. Allgemeine Informationen	
IFRS 12.24 (a)	Werden Angaben offengelegt, mit deren Hilfe die Art und der Umfang der Beteiligung an einem nicht konsolidierten strukturierten Unternehmen zu verstehen ist?
IFRS 12.24 (b)	Werden Angaben offengelegt, mit deren Hilfe die Art und eventuelle Änderungen der Risiken, die mit der Beteiligung an einem nicht konsolidierten Unternehmen verbunden sind, beurteilt werden können?
IFRS 12.25	Werden Angaben zu Risiken offengelegt, welche durch die Beteiligung an einem nicht konsolidierten Unternehmen in vergangenen Berichtsperioden eingegangen wurden (z. B. durch Unterstützung eines strukturierten Unternehmens)? **Hinweis:** Diese Informationen sind auch dann anzugeben, wenn das berichtende Unternehmen zum Abschlussstichtag keine Beziehungen mehr zu dem strukturierten Unternehmen unterhält.
2. Art der Beteiligung	
IFRS 12.26	Werden qualitative sowie quantitative Angaben über die Beteiligung an einem nicht konsolidierten strukturierten Unternehmen in Bezug auf die Art, den Zweck, die Größe und die Aktivitäten des strukturierten Unternehmens offengelegt?
IFRS 12.26	Werden Angaben über die Art und Weise der Finanzierung der nicht konsolidierten strukturierten Unternehmen offengelegt?
IFRS 12.27 (a)	Sofern ein nicht konsolidiertes strukturiertes Unternehmen unterstützt wurde und für dieses Unternehmen keine der in IFRS 12.29 geforderten Angaben offengelegt wurden: Werden Angaben dazu gemacht, wie die Abgrenzung dazu erfolgt, ab wann ein strukturiertes Unternehmen als unterstützt gilt?
IFRS 12.27 (b)	Sofern ein nicht konsolidiertes strukturiertes Unternehmen unterstützt wurde und für dieses Unternehmen keine der in IFRS 12.29 geforderten Angaben offengelegt wurden: Werden (in tabellarischer Form) Angaben zu den Erträgen in der Berichtsperiode aus nicht konsolidierten strukturierten Unternehmen offengelegt, einschließlich einer Beschreibung der Art dieser Erträge?
IFRS 12.27 (c)	Sofern ein nicht konsolidiertes strukturiertes Unternehmen unterstützt wurde und für dieses Unternehmen keine der in IFRS 12.29 geforderten Angaben offengelegt wurden: Werden (in tabellarischer Form) Angaben zu den Buchwerten (am Tag der Übertragung) der Vermögenswerte gemacht, die während der Berichtsperiode an nicht konsolidierte strukturierte Unternehmen übertragen worden sind?

IFRS 12.28	**Hinweis:** Von den in IFRS 12.27 (b) und (c) geforderten Angabepflichten in tabellarischer Form kann abgewichen werden, wenn ein anderes Berichtsformat eine geeignetere Form der Darstellung bietet. Die jeweiligen (Sponsor-)Aktivitäten, die das berichtende Unternehmen zur Förderung der strukturierten Unternehmen unternimmt, sind in Kategorien einzuteilen, die gem. IFRS 12.B2-12.B6 herzuleiten sind.
3. Art der Risiken	
IFRS 12.29	Wird in tabellarischer Form (außer, wenn ein anderes Berichtsformat eine geeignetere Darstellungsform bietet) eine Zusammenfassung der folgenden Informationen veröffentlicht? (a) Die im Abschluss angesetzten Buchwerte der Vermögenswerte und Schulden, die die Anteile an nicht konsolidierten strukturierten Unternehmen betreffen. (b) Die einzelnen Posten in der Bilanz, in denen die unter (a) genannten Vermögenswerte und Schulden ausgewiesen werden. (c) Der Betrag, der am besten das maximale Verlustrisiko aus den Beteiligungen an nicht konsolidierten strukturierten Unternehmen widerspiegelt. Eine Erläuterung, wie der Betrag des maximalen Verlustrisikos ermittelt wurde. Sofern das maximale Verlustrisiko aus der Beteiligung an einem nicht konsolidierten strukturierten Unternehmen nicht bemessen werden kann: Offenlegung dieser Tatsache nebst entsprechender Begründung. (d) Einen Vergleich zwischen dem Buchwert von Vermögenswerten und Verbindlichkeiten, die den Beteiligungen an nicht konsolidierten strukturierten Unternehmen zuzuordnen sind, mit dem maximalen Verlustrisiko, das aus den Beteiligungen an nicht konsolidierten strukturierten Unternehmen erwachsen kann.
IFRS 12.30 (a)	Sofern während der Berichtsperiode einem nicht konsolidierten strukturierten Unternehmen, an dem vormals noch eine Beteiligung bestand oder diese immer noch besteht, ohne jegliche vertragliche Verpflichtung finanzielle oder sonstige Unterstützung bereitgestellt wurde: Werden Art und Umfang der bereitgestellten Unterstützung, einschließlich der Situationen, in denen strukturierten Unternehmen bei der Beschaffung finanzieller Mittel unterstützt worden sind, offengelegt?
IFRS 12.30 (b)	Sofern während der Berichtsperiode einem nicht konsolidierten strukturierten Unternehmen, an dem vormals noch eine Beteiligung bestand oder diese immer noch besteht, ohne jegliche vertragliche Verpflichtung finanzielle oder sonstige Unterstützung bereitgestellt wurde: Werden die Gründe für die Gewährung der Unterstützung angegeben?
IFRS 12.31	Werden Angaben hinsichtlich etwaiger aktueller Absichten, einem nicht konsolidierten strukturierten Unternehmen finanzielle oder sonstige Unterstützung zu gewähren oder diesem bei der Beschaffung finanzieller Unterstützung behilflich zu sein, offengelegt?

Die dargestellten Angabeanforderungen wurden insbesondere aufgrund der während der jüngsten Finanzkrise erkannten Defizite der bisherigen Regelungen eingeführt. Demzufolge finden sich in IFRS 12 auch weitreichende Angabepflichten für Anteile an nicht konsolidierten strukturierten Unternehmen bzw. Zweckgesellschaften, die zu einer verbesserten Transparenz in Bezug auf bisher nur unzureichend dargestellte Risiken führen sollen. Ob die im Vorangehenden geschilderten Anhangangaben gem. IFRS 12 zweckadäquat gestaltet wurden, wird sich erst in den kommenden Jahren zeigen. Für die Jahresabschlusserstellung bedeuten die umfangreichen Angabepflichten indes zweifelsohne bedeutenden Mehraufwand.

6. Weiterführende Literatur

Beyhs/Schurbohm, IFRS 10 und IFRS 12: Die neuen IFRS zum Konsolidierungskreis, WPg 2011, S. 662-671;

Freiberg, Auslegungsfragen des IFRS 12, PiR 2012, S. 264-266;

Martens/Oldenburg/Kümpel, Neuerungen der Konzernrechnungslegung nach IFRS 10 und IFRS 12: Zentrale Änderungen und ihre Auswirkungen auf die Praxis, PiR 2013, S. 41-46;

Theile/Pawelzik, D. XI. Anhangangaben zum Konzernabschluss (IFRS 12, IFRS 3), in Heuser/Theile, (Hrsg.), IFRS-Handbuch: Einzel- und Konzernabschluss, Köln, 5. Aufl. 2012, S. 1044-1056;

Zülch/Erdmann/Popp, IFRS 12 »Disclosure of Interests in Other Entities« – Neuformulierung der konzernbezogenen Anhangangaben im Überblick, KoR 2011, S. 509-512;

Zülch/Popp, Die Konsolidierungsstandards IFRS 10, IFRS 11 und IFRS 12: Implikationen der EFRAG-Feldstudien, PiR 2013, S. 84-89.

H. Erstmalige Anwendung der IFRS

I. Anwendungsbereich des IFRS 1

II. Überblick über wesentliche Anforderungen an den ersten IFRS-Abschluss

III. Rechnungslegungsvorschriften im ersten IFRS-Abschluss

IV. Anhangangaben

RELEVANTE STANDARDS

IAS 8 – Bilanzierungs- und Bewertungsmethoden, Änderungen von Schätzungen und Fehlern
IAS 16 – Sachanlagen
IAS 19 – Leistungen an Arbeitnehmer
IAS 20 – Bilanzierung und Darstellung von Zuwendungen der öffentlichen Hand
IAS 21 – Auswirkungen von Änderungen der Wechselkurse
IAS 23 – Fremdkapitalkosten
IAS 27 – Konzern- und separate Einzelabschlüsse nach IFRS
IAS 32 – Finanzinstrumente: Darstellung
IAS 34 – Zwischenberichterstattung
IAS 36 – Wertminderung von Vermögenswerten
IAS 38 – Immaterielle Vermögenswerte
IAS 39 – Finanzinstrumente: Ansatz und Bewertung
IAS 40 – Als Finanzinvestition gehaltene Immobilien
IFRS 1 – Erstmalige Anwendung der International Financial Reporting Standards
IFRS 2 – Aktienbasierte Vergütung
IFRS 3 – Unternehmenszusammenschlüsse
IFRS 4 – Versicherungsverträge
IFRS 6 – Exploration und Evaluierung von mineralischen Ressourcen
IFRS 7 – Finanzinstrumente: Angaben
IFRS 9 – Finanzinstrumente
IFRS 10 – Konzernabschlüsse
IFRS 11 – Gemeinsame Vereinbarungen
IFRIC 1 – Änderung bestehender Rückstellungen für Entsorgungs-, Wiederherstellungs- und ähnliche Verpflichtungen
IFRIC 4 – Feststellung, ob eine Vereinbarung ein Leasingverhältnis enthält
IFRIC 12 – Dienstleistungskonzessionsvereinbarungen
IFRIC 18 – Übertragung von Vermögenswerten von Kunden
IFRIC 19 – Tilgung finanzieller Verbindlichkeiten durch Eigenkapitalinstrumente
IFRIC 20 – Abraumkosten in der Produktionsphase eines Tagebaubergwerks

KERNAUSSAGEN

- IFRS-Erstanwender ist ein Unternehmen, das den Abschluss erstmals nach den Vorschriften der IFRS erstellt und dies im Abschluss ausdrücklich und uneingeschränkt erklärt.
- Grundsätzlich hat ein IFRS-Erstanwender für alle im ersten IFRS-Abschluss abgebildeten Geschäftsvorfälle und Transaktionen die IFRS vollständig rückwirkend (retrospektiv) anzuwenden, die am Bilanzstichtag des ersten IFRS-Abschlusses gelten.
- Für bestimmte Sachverhalte enthält IFRS 1 ein Wahlrecht, auf die retrospektive Anwendung der IFRS zu verzichten.
- Zudem enthält IFRS 1 für bestimmt Sachverhalte ein Verbot der rückwirkenden Anwendung der IFRS.
- IFRS-Erstanwender unterliegen zusätzlichen Angabepflichten. Im Rahmen des ersten IFRS-Abschlusses sind Überleitungsrechnungen des Eigenkapitals sowie des Ergebnisses nach bisheriger Rechnungslegung auf die entsprechenden Größen nach IFRS zu veröffentlichen.

I. Anwendungsbereich des IFRS 1

IFRS 1 soll eine **einheitliche erstmalige Anwendung der IFRS** sicherstellen, die transparente, hochwertige und vergleichbare Informationen über alle Berichtsperioden eines IFRS-Erstanwenders bereitstellt. Hintergrund ist, dass sich bei der Umstellung von nationaler oder anderer Rechnungslegung auf die IFRS für Unternehmen eine Vielzahl von Fragestellungen ergeben, die mit entsprechenden Unsicherheiten verbunden sind. So herrschte vor Einführung des IFRS 1 z. B. Unklarheit darüber, ab wann bestimmte IFRS-Standards anzuwenden sind und ob diese vollumfänglich zu berücksichtigen sind oder Erleichterungen in Anspruch genommen werden können. Daher beschäftigte sich zunächst SIC-8 mit dieser Problematik ohne jedoch eine zufrieden stellende Lösung zu liefern. Für Geschäftsjahre beginnend nach dem 1.1.2004 ist IFRS 1 im Rahmen der Erstanwendung der IFRS die einzig maßgebliche regulatorische Grundlage. Grundsätzlich sind gem. IFRS 1 für **alle** im ersten IFRS-Abschluss berichteten Geschäftsjahre die **IFRS anzuwenden**, die am Bilanzstichtag der Berichtsperiode gelten.

Der Anwendungsbereich des IFRS 1 erstreckt sich gem. IFRS 1.2 auf

- den erstmaligen IFRS-Abschluss und
- jeden Zwischenbericht, der freiwillig oder verpflichtend in der Berichtsperiode des ersten IFRS-Abschlusses aufgestellt wurde.
- Damit erfasst IFRS 1 die erstmalige Berichterstattung nach IFRS vollumfänglich.

Erstanwender

Als IFRS-Erstanwender gelten gem. IFRS 1.3 alle Unternehmen, die ihren Abschluss nach IFRS erstellen und erstmalig die ausdrückliche und uneingeschränkte Erklärung abgeben, alle IFRS bei der Erstellung des Abschlusses befolgt zu haben. In folgenden Fällen kann daher von einem **IFRS-Erstanwender** ausgegangen werden:

- Bisher erstellte das Unternehmen keinen Jahresabschluss oder keinen vollständigen IFRS-Abschluss.
- Ein IFRS-Abschluss wurde ausschließlich zum internen Gebrauch erstellt und weder Eigentümern noch Gläubigern zugänglich gemacht.
- Ein IFRS-Abschluss wurde ausschließlich für Konsolidierungszwecke aufgestellt.
- Der bisherige Abschluss stimmte vollständig mit den IFRS überein, enthielt aber keine ausdrückliche und uneingeschränkte Entsprechenserklärung.

Demnach handelt es sich in folgenden Fällen um **keinen IFRS-Erstanwender**:

- Das Unternehmen erstellte bislang bereits einen vollständigen IFRS-Abschluss neben dem nationalen Jahresabschluss und stellt nun lediglich die Rechnungslegung nach nationalem Recht ein.
- Das Unternehmen gab bisher eine ausdrückliche und uneingeschränkte Entsprechenserklärung mit den IFRS ab, obwohl es nicht alle IFRS angewendet hat.

BEISPIEL:

Die Asturion AG erstellt einen Jahresabschluss, in dem einige Transaktionen nicht entsprechend der IFRS abgebildet sind. Gleichwohl erklärt sie im Anhang ausdrücklich die uneingeschränkte Übereinstimmung mit den IFRS.

Das Unternehmen erklärt, den Abschluss in Übereinstimmung mit allen IFRS aufgestellt zu haben. Damit gilt die Asturion AG nicht als Erstanwender. Die tatsächliche Nichtbefolgung einiger IFRS-Regeln bleibt für die Anwendung von IFRS 1 unbeachtlich und ist gem. IAS 8 als Fehler zu behandeln.

Die Brauerei GmbH erstellte bislang ausschließlich einen Konzernabschluss nach IFRS. Zum 31.12.2015 will sie nun auch einen IFRS-Einzelabschluss erstellen.

Bezogen auf den Einzelabschluss der Brauerei GmbH gilt diese als Erstanwender i. S. d. IFRS 1.3, da sie bislang lediglich für Zwecke der Konsolidierung einen IFRS-Abschluss aufgestellt hat.

Unternehmen, die bereits früher einmal nach IFRS bilanziert haben, zwischenzeitlich die IFRS-Berichterstattung aber unterbrochen hatten, wird folgendes Wahlrecht eingeräumt: Sie können entweder IFRS 1 erneut anwenden, sobald sie wieder nach IFRS berichten, oder sie knüpfen rückwirkend und unter Berücksichtigung des IAS 8 an die zuletzt nach IFRS erfolgte Bilanzierung an (IFRS 1.4A). Dieses Wahlrecht ermöglicht Unternehmen in dieser besonderen Situation zu entscheiden, welche der beiden Möglichkeiten kostengünstiger zu realisieren ist. Anzugeben sind in diesem Fall die Gründe für die Unterbrechung der IFRS-Berichterstattung sowie die Motivation für die jeweilige Ausübung des Wahlrechts (IFRS 1.23A-1.23B).

II. Überblick über wesentliche Anforderungen an den ersten IFRS-Abschluss

Ein IFRS-Erstanwender hat für die laufende Rechnungslegung nach IFRS einen »Startpunkt« festzulegen. Dieser **Zeitpunkt des Übergangs auf IFRS** (*date of transition*) ist der Beginn der frühesten Periode, für welche im ersten IFRS-Abschluss vollständige Vergleichszahlen angegeben werden. Auf diesen »Beginn der frühesten Periode« ist die IFRS-Eröffnungsbilanz zu erstellen.

Der erste IFRS-Abschluss eines Unternehmens enthält alle nach IAS 1.10 notwendigen Bestandteile eines IFRS-Abschlusses. Nach IFRS 1.21 sind **folgende Informationen** im ersten IFRS-Abschluss **verpflichtend zu veröffentlichen**:

- drei Bilanzen (IFRS-Eröffnungsbilanz, IFRS-Vergleichsbilanz, erste IFRS-Bilanz) einschließlich jeweils zugehöriger Anhangangaben,
  - zwei Gesamtergebnisrechnungen (bei Anwendung des *single statement approach*),
  - zwei GuV (sofern der *two statement approach* genutzt und damit eine GuV überhaupt separat ausgewiesen wird),
  - zwei Kapitalflussrechnungen,
  - zwei Eigenkapitalveränderungsrechnungen und
- die jeweils dazu gehörigen Anhangangaben.

Damit die Abschlussadressaten die Auswirkung des Übergangs von vorheriger Rechnungslegung auf die Rechnungslegung nach IFRS besser nachvollziehen können, hat ein IFRS-Erstanwender im Rahmen der Veröffentlichung des ersten IFRS-Abschlusses im Anhang das Eigenkapital sowie das umfassende Periodenergebnis nach vorheriger Rechnungslegung auf die entsprechenden Größen nach IFRS überzuleiten.

Einen Überblick über die Umstellung auf IFRS (ohne Zwischenberichterstattung) gibt Abb. H.1 anhand des folgenden Beispiels.

BEISPIEL:

Die Zyklopen AG (Geschäftsjahr 1.1.-31.12.) bilanziert bisher nach nationalen Vorschriften (hier: HGB). Die Geschäftsleitung hat beschlossen, zum 31.12.2016 erstmalig einen IFRS-Abschluss zu erstellen und zu veröffentlichen. Entsprechend der Vorschriften des IFRS 1.21 i. V. m. IFRS 1.6 hat die Zyklopen AG eine IFRS-Eröffnungsbilanz zum 1.1.2015 (Zeitpunkt des Übergangs), eine Vergleichsbilanz zum 31.12.2015 sowie eine Bilanz des ersten IFRS-Abschlusses zum 31.12.2016 aufzustellen. Für die Geschäftsjahre 2015 und 2016 hat die Zyklopen AG jeweils eine Gesamtergebnisrechnung, eine Kapitalflussrechnung sowie eine Eigenkapitalveränderungsrechnung nach IFRS zu erstellen. Alle diese Informationen sind im Rahmen des ersten IFRS-Abschlusses zum 31.12.2016 zu veröffentlichen.

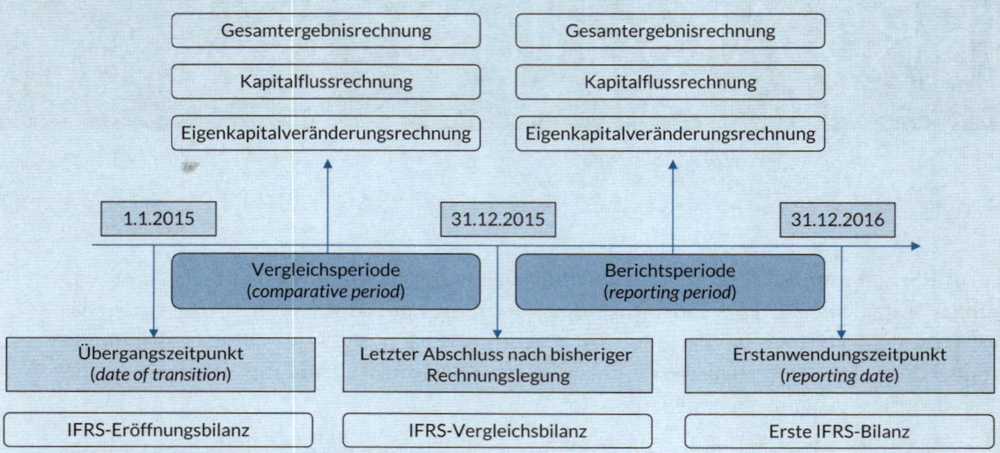

Abbildung H.1 Übersicht der IFRS-Umstellung

Der Berichts- und damit Umstellungsaufwand wird für den IFRS-Erstanwender höher, sofern er Zwischenberichte nach IAS 34 aufstellt und publiziert. Zunächst sind wie beim Jahresabschluss auch für **Zwischenberichte** die nach IFRS 1.21 erforderlichen **Vergleichsangaben** zu veröffentlichen. D. h. ein IFRS-Erstanwender hat bereits für die Vergleichsperiode Zwischenberichtsdaten nach IFRS zu ermitteln.

Soweit der IFRS-Erstanwender nach vorherigen Rechnungslegungsvorschriften erstellte Zwischenberichte für die Vergleichsperiode veröffentlichte, hat er auch in den nach IFRS erstellten Zwischenberichten für die Berichtsperiode die folgenden Überleitungsrechnungen anzugeben:

- Eigenkapital nach bisheriger Rechnungslegung zum Ende der Zwischenberichtsperioden in der Vergleichsperiode hin zum Eigenkapital nach IFRS zum selben Zeitpunkt,
- Gesamtergebnis oder Gewinn/Verlust nach bisheriger Rechnungslegung zum Ende der Zwischenberichtsperioden (für die Zwischenberichtsperioden separat und kumuliert ab dem Beginn des Geschäftsjahres) in der Vergleichsperiode hin zum Gesamtergebnis nach IFRS zum selben Zeitpunkt.

Im **ersten veröffentlichten Zwischenbericht** (erster Quartalsbericht oder Halbjahresbericht) hat ein Unternehmen nach IFRS 1.32 (b) zudem die Überleitungsrechnungen für Eigenkapital und umfassenden Periodenerfolg anzugeben, die auch im ersten vollständigen IFRS-Abschluss anzugeben sind.

III. Rechnungslegungsvorschriften im ersten IFRS-Abschluss

1. Überblick

Nachdem das bilanzierende Unternehmen die Zeitpunkte identifiziert hat, für welche IFRS-Daten vorzulegen sind, ist zu klären, auf welcher Grundlage diese Daten zu ermitteln sind. IFRS 1.7 schreibt vor, dass ein IFRS-Erstanwender grundsätzlich **sämtliche** am Ende der ersten Berichtsperiode gültigen **IFRS retrospektiv (d. h. rückwirkend) anzuwenden** hat. Dies gilt für alle im ersten IFRS-Abschluss veröffentlichten Angaben.

Abweichend von diesem Grundsatz enthält IFRS 1 **Ausnahmen von der Pflicht**, alle am Erstanwendungszeitpunkt gültigen IFRS rückwirkend anzuwenden. So gilt für bestimmte Sachverhalte ein Verbot der retrospektiven Anwendung, für andere Sachverhalte kann optional auf die retrospektive Anwendung verzichtet werden. Einen Überblick dazu gibt Abb. H.2.

2. Grundsatz der retrospektiven IFRS-Anwendung

Retrospektive (rückwirkende) Anwendung der IFRS bedeutet, dass **Vermögenswerte, Schulden und Eigenkapital** so darzustellen sind, als hätte das Unternehmen **schon immer nach IFRS bilanziert**. Im Vergleich zu den bisherigen Rechnungslegungsgrundsätzen kann es dabei Unterschiede hinsichtlich Ansatz, Bewertung und Ausweis geben.

Im **Zeitpunkt des Übergangs** auf die IFRS-Rechnungslegung *(date of transition)* hat das bilanzierende Unternehmen eine **IFRS-Eröffnungsbilanz** zu erstellen. Diese ist Ausgangspunkt der weiteren Berichterstattung. In dieser Eröffnungsbilanz sind alle am Ende der ersten IFRS-Berichtsperiode gültigen Standards retrospektiv anzuwenden. Bei einer Änderung von Standards zwischen Erstellung der IFRS-Eröffnungsbilanz und Ende der ersten IFRS-Berichtsperiode ist die IFRS-Eröffnungsbilanz retrospektiv zu korrigieren. Das IASB ist bestrebt, den aus der Umstellung der Rechnungslegung resultierenden Aufwand für die Unternehmen möglichst gering zu halten und neue IFRS daher frühzeitig vor deren Inkrafttreten zu veröffentlichen. IFRS-Erstanwender sollen neue Standards

Grundsatz IFRS 1.7: Retrospektive Anwendung aller IFRS

Wahlrechte retrospektiver Anwendung (IFRS 1.18)

- Unternehmenszusammenschlüsse (IFRS 1.C1-1.C5)
- Anteilsbasierte Vergütungen (IFRS 1.D2-1.D3)
- Versicherungsverträge (IFRS 1.D4)
- Anschaffungs- oder Herstellungskosten von Sachanlagevermögen, als Finanzinvestitionen gehaltene Immobilien und immateriellen Vermögenswerten (IFRS 1.D5-1.D8B)
- Leasingverhältnisse (IFRS 1.D9-1.D9A)
- kumulierte Währungsumrechnungsdifferenzen (IFRS 1.D12-1.D13)
- Anschaffungskosten von Anteilen an Tochterunternehmen, assoziierten Unternehmen und Joint Ventures (IFRS 1.D14-1.D15)
- Bewertung der Vermögenswerte und Schulden von Tochterunternehmen, assoziierten Unternehmen und Joint Ventures (IFRS 1.D16-1.D17)
- zusammengesetzte (hybride) Finanzinstrumente (IFRS 1.D18)
- Klassifizierung von früher angesetzten Finanzinstrumenten (IFRS 1.D19)
- Bewertung von finanziellen Vermögenswerten und finanziellen Verbindlichkeiten bei erstmaligem Ansatz mit dem beizulegenden Zeitwert (IFRS 1.D20)
- in die Anschaffungskosten von Sachanlagen einzubeziehende Entsorgungsschulden (IFRS 1.D21-1.D21A)
- nach IFRIC 12 bilanzierte finanzielle oder immaterielle Vermögenswerte (IFRS 1.D22)
- Fremdkapitalkosten (IFRS 1.D23)
- Übertragung von Vermögenswerten durch einen Kunden (IFRS 1.D24)
- Tilgung finanzieller Verbindlichkeiten durch Eigenkapitalinstrumente (IFRS 1.D25)
- Hyperinflation (IFRS 1.D26-1.D30)
- Gemeinsame Vereinbarungen (IFRS 1.D31)
- Abraumkosten in der Produktionsphase eines Tagebaus (IFRS 1.D32)
- Angaben zu Finanzinstrumenten (IFRS 1.E3-1.E4)
- Leistungen an Arbeitnehmer (IFRS 1.E5)

Verbote retrospektiver Anwendung (IFRS 1.13)

- Schätzungen (IFRS 1.14-1.17)
- Ausbuchung finanzieller Vermögenswerte und Schulden (IFRS 1.B2-1.B3)
- Bilanzierung von Sicherungsgeschäften (IFRS 1.B4-1.B6)
- Minderheitsanteile nach IAS 27 (IFRS 1.B7)
- Darlehen der öffentlichen Hand (IFRS 1.B10-1.B12)

Abbildung H.2 Ausnahmen von der retrospektiven Anwendung der IFRS

frühzeitig antizipieren können und den Aufwand für eine rückwirkende Korrektur der IFRS-Eröffnungsbilanz gering halten.

In der IFRS-Eröffnungsbilanz sind nach IFRS 1.10 **alle Vermögenswerte und Schulden nach den Vorschriften der IFRS** zu erfassen. Bei dem Übergang von den vorherigen Rechnungslegungsgrundsätzen auf die Rechnungslegung nach IFRS können mögliche Anpassungen wie folgt unterschieden werden:

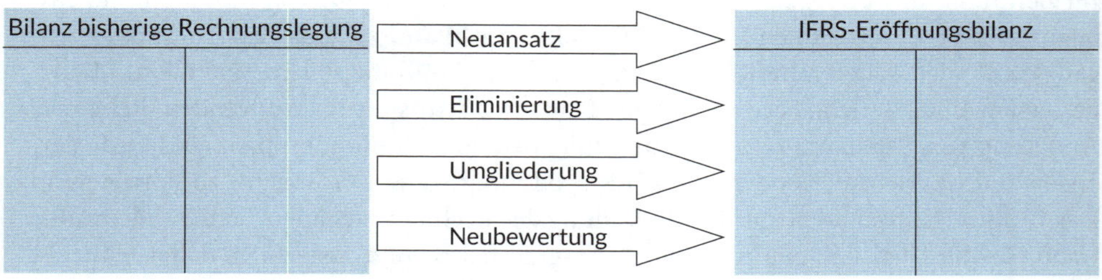

Abbildung H-3 Aufstellung der IFRS-Eröffnungsbilanz

- Vermögenswerte und Schulden beziehungsweise Eigenkapitalbestandteile, die nach vorherigen Rechnungslegungsvorschriften nicht angesetzt wurden, für die jedoch nach IFRS eine Ansatzpflicht besteht, sind **neu anzusetzen**.
- Sachverhalte, die im Gegensatz zu IFRS nach vorherigen Rechnungslegungsgrundsätzen anzusetzen waren, sind **zu eliminieren**.
- Bilanzpositionen sind **umzugliedern**, soweit sie sowohl nach bisheriger Rechnungslegung als auch nach IFRS bilanziell zu erfassen, nach IFRS jedoch anders auszuweisen sind.
- Sämtliche Bilanzpositionen sind nach den Vorschriften der IFRS – ggf. **neu** – zu **bewerten**.

Differenzen zwischen der Bilanz nach vorherigen Rechnungslegungsvorschriften und der IFRS-Eröffnungsbilanz **sind gem. IFRS 1.11 grundsätzlich direkt in den Gewinnrücklagen** oder, falls geeigneter, einer anderen Eigenkapitalposition zu erfassen. Bei der Erfassung der Wertunterschiede sind ggf. auch latente Steuern (vgl. S. 410 ff.) zu berücksichtigen, soweit zwischen den Buchwerten in der IFRS-Eröffnungsbilanz und den Steuerwerten temporäre Differenzen bestehen.

3. Wahlrechte für die retrospektive IFRS-Anwendung

a) Unternehmenszusammenschlüsse

Die retrospektive Anwendung des IFRS 3 für Unternehmenszusammenschlüsse vor dem Zeitpunkt des Übergangs auf IFRS würde gerade bei Unternehmen mit großem Konsolidierungskreis zu einem **erheblichen Datenermittlungsaufwand** führen. Zudem ist es möglich, dass die für die Abbildung des Unternehmenszusammenschlusses nach IFRS 3 erforderlichen Informationen nicht mehr zu beschaffen sind. Daher erlaubt IFRS 1.18 Unternehmenszusammenschlüsse nach den Vorschriften des IFRS 1 Anhang C zu bilanzieren.

Ein Unternehmen hat danach grundsätzlich folgende Möglichkeiten, Unternehmenszusammenschlüsse in der IFRS-Eröffnungsbilanz abzubilden:

- **Vollständige retrospektive Anwendung** des IFRS 3 auf alle Unternehmenszusammenschlüsse mit Erwerbsstichtag vor dem Übergangszeitpunkt auf IFRS.
- **Vollständiger Verzicht** auf die retrospektive Anwendung des IFRS 3. Unternehmenszusammenschlüsse mit Erwerbsstichtag vor dem Zeitpunkt des Übergangs auf IFRS werden nicht nach IFRS 3 abgebildet. Vielmehr wird die ursprüngliche Klassifikation und Abbildung des Unternehmenszusammenschlusses nach vorherigen Rechnungslegungsgrundsätzen beibehalten.
- **Retrospektive Anwendung** des IFRS 3 auf Unternehmenszusammenschlüsse **ab einem bestimmten Zeitpunkt** vor dem Zeitpunkt des Übergangs auf IFRS.

Diese Ausnahmeregelung des IFRS 1 ist ausschließlich für den Konzernabschluss relevant. Daher wird an dieser Stelle auf S. 626 verwiesen.

b) Anschaffungs- oder Herstellungskosten von Sachanlagevermögen, als Finanzinvestitionen gehaltenen Immobilien und immateriellen Vermögenswerten

Das nachfolgend erläuterte Wahlrecht darf in Anspruch genommen werden für:

- Sachanlagen (IAS 16),
- als Finanzinvestition gehaltene Immobilien, sofern diese nach dem Anschaffungskostenmodell bewertet werden, (IAS 40) und
- immaterielle Vermögenswerte, die die allgemeinen Ansatzkriterien des IAS 38 erfüllen und für die ein aktiver Markt existiert (IAS 38).

Ausgangspunkt der Bewertung von Sachanlagen und immateriellen Vermögenswerten sind deren Anschaffungs- oder Herstellungskosten. Die **Ermittlung der historischen Anschaffungs- oder Herstellungskosten** kann für manche dieser Vermögenswerte **sehr aufwändig**, ggf. auch unmöglich sein. Daher erlaubt IFRS 1.D5-1.D8B die Nutzung eines Ersatzwerts *(deemed cost)* für die historischen Anschaffungs- oder Herstellungskosten.

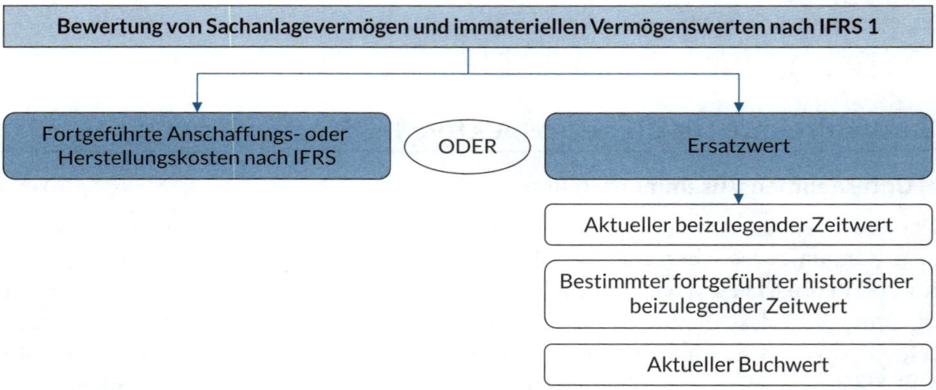

Abbildung H.4 Wahlrecht für die Bewertung von Sachanlagevermögen und immateriellen Vermögenswerten gem. IFRS 1

Wie aus Abb. H.4 ersichtlich ist, darf als Ersatzwert für die historischen Anschaffungs- oder Herstellungskosten der **aktuelle oder ein historischer beizulegender Zeitwert bzw. der aktuelle Buchwert** genutzt werden.

- Der **aktuelle beizulegende Zeitwert** eines Vermögenswerts ist derjenige zum Zeitpunkt des Übergangs auf IFRS (IFRS 1.D5).
- Als **historischer beizulegender Zeitwert** kommt ein solcher in Frage, der im Rahmen einer Neubewertung auf Basis der bisherigen Rechnungslegung ermittelt wurde (IFRS 1.D6). Alternativ kann auch ein beizulegender Zeitwert, der im Rahmen einer Neubewertung aus besonderem Anlass (z. B. Privatisierung oder Börsengang) ermittelt wurde, genutzt werden. Dies gilt auch dann, wenn der besondere Anlass nach dem Übergangszeitpunkt, aber vor dem Erstanwendungszeitpunkt liegt. Werden historische beizulegende Zeitwerte genutzt, die vor dem Übergangszeitpunkt auf IFRS ermittelt wurden, so sind diese für den Zeitraum vom Zeitpunkt der Neubewertung bis zum Zeitpunkt des Übergangs auf IFRS nach den Vorgaben der IFRS fortzuführen.

- Der **aktuelle Buchwert** kann nur für Vermögenswerte genutzt werden, die einer staatlichen Preisregulierung unterliegen (IFRS 1.D8B). Historische Informationen zur Bestimmung beizulegender Zeitwerte sind für derartige Vermögenswerte oftmals nicht zu beschaffen. Daher darf der aktuelle Buchwert aus Vereinfachungszwecken genutzt werden, auch wenn dieser Kosten enthält, die nach IFRS nicht ansatzfähig wären. Wird der aktuelle Buchwert als Ersatzwert genutzt, ist für jeden betroffenen Vermögenswert ein Wertminderungstest nach IAS 36 durchzuführen.

Bilanzpolitik

Das soeben erläuterte Wahlrecht ist für jeden Vermögenswert einzeln anzuwenden. Dies eröffnet dem **IFRS-Erstanwender** eine Reihe **bilanzpolitischer Spielräume**[1]. So besteht z. B. die Möglichkeit, beim Übergang auf die Rechnungslegung nach IFRS bei Grundstücken stille Reserven zu heben. Da Grundstücke zeitlich unbegrenzt nutzbar sind, werden künftige Ergebnisse nicht durch planmäßige Abschreibungen belastet, die Eigenkapitalquote ist höher, als wenn die stillen Reserven nicht aufgedeckt würden.

BEISPIEL:

Die Zyklopen AG möchte ihre Rechnungslegung von HGB auf IFRS umstellen. Dazu muss sie eine IFRS-Eröffnungsbilanz zum 1.1.2016 erstellen. Die Zyklopen AG überlegt, welche bilanzpolitischen Spielräume sie bei der Erstellung der IFRS-Eröffnungsbilanz hat. Folgende Tabelle spiegelt die zu beurteilenden Sachverhalte wider.

Vermögenswert	Anschaffungskosten (AK)	Fortgeführte AK nach HGB zum 31.12.2015	Fortgeführte AK nach IFRS zum 31.12.2015	Beizulegender Zeitwert zum 31.12.2015
Grundstück	60 000 €	60 000 €	60 000 €	200 000 €
Gebäude	350 000 €	200 000 €	180 000 €	480 000 €
Fahrzeug	80 000 €	20 000 €	30 000 €	45 000 €

Nachfolgend sollen bilanzpolitische Spielräume für die Zyklopen AG aufgezeigt werden.

Vermögenswert	Möglichkeit A	Möglichkeit B	Möglichkeit C
Grundstück	60 000 €	200 000 €	200 000 €
Gebäude	200 000 €	180 000 €	480 000 €
Fahrzeug	20 000 €	20 000 €	45 000 €
Summe	**280 000 €**	**400 000 €**	**725 000 €**

Die bilanzpolitischen Möglichkeiten lassen sich wie folgt charakterisieren:

Möglichkeit A bedeutet den geringsten Umstellungsaufwand, gleichzeitig werden stille Reserven verdeckt gehalten. Die Werte aus der letzten HGB-Bilanz werden übernommen. Möglich ist dies, weil die HGB-Buchwerte nur geringfügig von den nach IFRS ermittelten fortgeführten Anschaffungskosten abweichen (IFRS 1.IG7).

Möglichkeit B minimiert zukünftige Belastungen durch planmäßige Abschreibungen. Alle planmäßig abzuschreibenden Vermögenswerte werden mit dem niedrigstmöglichen Wert angesetzt. Das Grundstück unterliegt keiner planmäßigen Abschreibung und wird mit seinem höchstmöglichen Wert angesetzt, um das Eigenkapital zu stärken.

Möglichkeit C stärkt das Eigenkapital der Zyklopen AG. Alle Vermögenswerte werden zu ihrem höchstmöglichen Wert in der IFRS-Eröffnungsbilanz angesetzt. Im Gegensatz zum letzten HGB-Abschluss weist die AG ein um 445 000 € höheres Vermögen aus. Diese Differenz ist erfolgsneutral in das Eigenkapital einzustellen.

Deutlich wird, dass das bilanzierende Unternehmen bei der Bewertung von Sachanlagen und immateriellen Vermögenswerten weitgehende Spielräume hat. Die Umstellung der Rechnungslegung auf IFRS ermöglicht die umfangreiche Aufdeckung stiller Reserven ebenso wie das Verdecken dieser. Für den Bilanzleser schränken diese Spielräume die Vergleichbarkeit der IFRS-Eröffnungsbilanzen mit vorigen Bilanzen des Unternehmens ebenso wie mit IFRS-Eröffnungsbilanzen anderer Unternehmen stark ein.

c) Anteile an Tochterunternehmen, Joint Ventures und assoziierten Unternehmen

IAS 27.10 verlangt für separate Einzelabschlüsse die Bewertung der Anteile an Tochterunternehmen, gemeinsam geführten Unternehmen (Joint Ventures) und assoziierten Unternehmen, die nicht gem. IFRS 5 als zum Verkauf stehend klassifiziert werden, zu Anschaffungskosten oder zum beizulegenden Zeitwert in Übereinstimmung mit IAS 39 bzw. IFRS 9. Die **Ermittlung der Anschaffungskosten** kann in bestimmten Fällen aufgrund der bisher nach nationalen Normen erfolgten Wertermittlung **sehr schwierig oder nicht durchführbar** sein. Die Schwierigkeit liegt dabei in der Abgrenzung von Gewinnausschüttungen: Stammt der Gewinn aus Zeiträumen vor der Anschaffung der Anteile, sind die Anschaffungskosten zu kürzen. Ausschüttungen aus späteren Zeiträumen sind als Erträge zu vereinnahmen. Auch ein beizulegender Zeitwert zum Akquisitionszeitpunkt kann mitunter nicht verlässlich bestimmt werden.

Ersatzwert

Daher kann der Bilanzierende für Anteile an Tochterunternehmen, Joint Ventures und assoziierten Unternehmen gem. IFRS 1.D15 (b) einen Ersatzwert nutzen. Als Ersatzwert kommen in Betracht:

- der **beizulegende Zeitwert** zum Stichtag der IFRS-Eröffnungsbilanz,
- der **aus der vorherigen Rechnungslegung übernommene Buchwert** der Beteiligung.

Ähnlich wie bei Sachanlagen und immateriellen Vermögenswerten ergeben sich durch die Möglichkeit der Nutzung von Ersatzwerten **erhebliche bilanzpolitische Spielräume** für das umstellende Unternehmen.

d) Sonstige Wahlrechte im Überblick

Anteilsbasierte Vergütungen sind nach IFRS 2 zu bilanzieren. IFRS 1.D2-1.D3 **empfehlen** auch IFRS-Erstanwendern eine **vollständige retrospektive Anwendung des IFRS 2**. Gleichwohl werden Erleichterungen für die Erstanwendung der IFRS eingeräumt. Für Eigenkapitalinstrumente,

- die bis einschließlich 7.11.2002 gewährt wurden, besteht ein Wahlrecht, IFRS 2 anzuwenden.
- die ab dem 8.11.2002 zugesagt wurden und bis zum 1.1.2005 oder dem späteren Zeitpunkt des Übergangs auf IFRS ausübbar waren, besteht ein Wahlrecht, IFRS 2 anzuwenden.

- die ab dem 8.11.2002 zugesagt wurden und bis zum 1.1.2005 oder dem späteren Zeitpunkt des Übergangs auf IFRS nicht ausübbar waren, ist IFRS 2 verpflichtend anzuwenden.

Darüber hinaus dürfen IFRS-Erstanwender auf die Anwendung von IFRS 2 auf Verbindlichkeiten aus anteilsbasierten Vergütungsplänen verzichten, welche vor dem 1.1.2005 beglichen wurden. Für Verbindlichkeiten, auf die IFRS 2 trotzdem angewandt wird, ist eine Angabe von Vergleichsinformationen für Perioden oder Zeitpunkte vor dem 7.11.2002 nicht erforderlich. Auch bei Ausübung eines Anwendungswahlrechts sind die nach IFRS 2.44-2.45 erforderlichen Angaben im Anhang zu machen.

Versicherungsverträge

Für die Bilanzierung von Versicherungsverträgen ist IFRS 4 anzuwenden. Die Übergangsvorschriften zu diesem Standard gelten gem. IFRS 1.D4 auch für IFRS-Erstanwender. Demnach können erstmals nach IFRS bilanzierende Unternehmen die **Erleichterungen der IFRS 4.40-4.45** hinsichtlich Ausweisvorschriften und Anhangangaben für Geschäftsjahre beginnend vor dem 1.1.2005 in Anspruch nehmen. Für alle Geschäftsjahre beginnend ab dem 1.1.2005 greifen diese Erleichterungen nicht, sodass die künftige Bedeutung dieser Ausnahmeregelung als gering eingeschätzt werden kann.

Leasingverhältnisse

IFRIC 4 enthält Vorschriften zur **Identifizierung verdeckter Leasingverhältnisse**. Für IFRS-Erstanwender erlaubt IFRS 1.D9 entsprechend IFRIC 4.17, alle vertraglichen Vereinbarungen basierend auf den Informationen im Zeitpunkt des Übergangs auf IFRS dahingehend zu prüfen, ob diese ein verdecktes Leasingverhältnis enthalten. Hat der Bilanzierende eine wie in IFRIC 4 geforderte Beurteilung seiner Leasingverhältnisse bereits nach den bisherigen Rechnungslegungsnormen vorgenommen und führte diese zum gleichen Ergebnis wie eine Beurteilung nach IAS 17 und IFRIC 4, kann die frühere Einschätzung beibehalten werden. Dies gilt auch dann, wenn die Beurteilung zu einem anderen Zeitpunkt stattfand als nach IFRIC 4 gefordert.

Umrechnungsdifferenzen

Bei der Umrechnung von **auf Fremdwährung lautenden Abschlüssen von Tochterunternehmen** entstehen regelmäßig Währungsumrechnungsdifferenzen. Diese sind nach IAS 21.39 in einer bestimmten Position im Eigenkapital zu erfassen und im sonstigen Ergebnis auszuweisen. Nach IFRS 1.D13 dürfen die Währungsumrechnungsdifferenzen **zum Zeitpunkt des Übergangs auf IFRS mit 0 €** angesetzt werden.

Vermögenswerte und Schulden von Beteiligungen

Die Ausnahmeregelung des IFRS 1.D16-1.D17 regelt Fälle, in denen Mutterunternehmen und Tochterunternehmen, assoziiertes Unternehmen oder Joint Venture **zu unterschiedlichen Zeitpunkten** auf IFRS umstellen. Diese Regelung ist daher vorwiegend für den Konzernabschluss von Interesse.

Stellt das **Tochterunternehmen**, assoziierte Unternehmen oder Joint Venture **später als das Mutterunternehmen** auf IFRS um, bewertet es die Vermögenswerte und Schulden

- auf Basis der Regelungen des IFRS 1, oder
- entsprechend der Bewertung im Konzernabschluss des Mutterunternehmens, bereinigt um Konsolidierungs- und Kaufpreisallokationseffekte.

Stellt das **Mutterunternehmen später als das Tochterunternehmen**, Joint Venture oder assoziierte Unternehmen auf IFRS um, hat das Mutterunternehmen die von dem

Tochterunternehmen, Joint Venture oder assoziierten Unternehmen ermittelten IFRS-Buchwerte in seine Konzerneröffnungsbilanz zu übernehmen. Die übernommenen Buchwerte sind um Effekte der Konsolidierung und Kaufpreisallokation anzupassen. Ergänzend dazu erklärt IFRS 1.D17 Folgendes: Stellt ein Mutterunternehmen zu unterschiedlichen Zeitpunkten im Einzelabschluss und im Konzernabschluss auf IFRS um, hat es – unabhängig davon, welcher Abschluss zuerst erstellt wurde – dieselben Bewertungsgrundlagen anzuwenden.

Hybride Finanzinstrumente

Hybride Finanzinstrumente (z. B. Wandelanleihen) enthalten sowohl Eigen- wie auch Fremdkapitalkomponenten. Soweit der **Fremdkapitalanteil des hybriden Finanzinstruments vollständig getilgt** ist, würde eine retrospektive Anwendung der IFRS lediglich die Identifikation zweier unterschiedlicher Eigenkapitalkomponenten erfordern. In diesem Fall darf nach IFRS 1.D18 auf die **retrospektive Anwendung** der IFRS **verzichtet** werden.

Nach IAS 39 werden Finanzinstrumente bestimmten Kategorien zugeordnet. Unabhängig davon besteht für den Bilanzierenden die Möglichkeit, finanzielle Vermögenswerte und Schulden von ihm bestimmten Kategorien zuzuordnen (Designation) (vgl. S. 358 ff.). IFRS 1.D19 enthält Vorschriften, wie die Designation von Finanzinstrumenten in der IFRS-Eröffnungsbilanz zu erfolgen hat. Nach IFRS 1.D19 und IFRS 1.IG56 ergeben sich für die Kategorisierung von finanziellen Vermögenswerten und finanziellen Schulden die folgenden Grundsätze:

- Alle finanziellen Vermögenswerte dürfen in die Kategorie »zur Veräußerung verfügbar« eingeordnet werden.
- Die Einordnung von Finanzinstrumenten als »bis zur Endfälligkeit gehalten« obliegt der Einschätzung des Bilanzierenden im Übergangszeitpunkt auf IFRS.
- Als »Kredite und Forderungen« dürfen finanzielle Vermögenswerte und Schulden nur dann klassifiziert werden, wenn die entsprechenden Voraussetzungen zu dem Zeitpunkt vorlagen, zu dem erstmals die Ansatzkriterien des IAS 39 erfüllt waren.
- Derivative Finanzinstrumente sind mit Ausnahme von Sicherungsbeziehungen als »zu Handelszwecken gehalten« einzustufen.
- Zur Einordnung von nicht derivativen Finanzinstrumenten in die Kategorie »ergebniswirksam bewertet« sind eine Reihe weiterer Voraussetzungen (IFRS 1.IG56 (d)) zu erfüllen.

Grundsätzlich sind Finanzinstrumente bei erstmaliger Bilanzierung mit ihrem beizulegenden Zeitwert anzusetzen. Dieser entspricht im Normalfall dem Transaktionspreis (IAS 39.AG76). In sehr seltenen Fällen[2] kommt es vor, dass der Transaktionspreis nicht dem beizulegenden Zeitwert der erworbenen Finanzinstrumente entspricht. In diesen Fällen sind unmittelbar mit Einbuchung des Finanzinstruments Gewinne oder Verluste zu realisieren. Um zu vermeiden, dass IFRS-Erstanwender ihre Transaktionen mit Finanzinstrumenten über eine sehr lange Zeitperiode zurückverfolgen müssen, können IFRS-Erstanwender die Regelung des IAS 39.AG76 (a) wahlweise erstmals für Transaktionen nach dem 25.10.2002 oder für solche nach dem 1.1.2004 anwenden.

Entsorgungs-verpflichtungen

Soweit ein Unternehmen für Entsorgungs- und Entfernungsverpflichtungen nach IAS 37 eine Rückstellung zu bilanzieren hat, ist der als Rückstellung passivierte Betrag unter den Voraussetzungen des IAS 16.16 (c) **Teil der Anschaffungs- oder Herstellungskosten von Sachanlagen**. Bestimmte Änderungen solcher Rückstellungen sind gem. IFRIC 1 im Buchwert der entsprechenden Sachanlage zu verrechnen. Da eine rückwirkende Berechnung der Änderungen dieser Verpflichtungen bei IFRS-Erstanwendern oft mit viel Aufwand verbunden oder nicht durchführbar ist, erlaubt IFRS 1.D21 eine von IFRIC 1 abweichende Berechnungsmethode der jeweiligen Beträge:

- Zunächst ist der Betrag der Entsorgungsverpflichtung als Rückstellung gem. IAS 37 zum Zeitpunkt des Übergangs auf IFRS zu berechnen und anzusetzen.
- Im zweiten Schritt ist dieser Betrag vom Stichtag der IFRS-Bilanz auf den Anschaffungs- oder Herstellungszeitpunkt des Vermögenswerts zu diskontieren. Als Diskontierungszins ist dabei – soweit möglich – ein solcher anzuwenden, welcher zum Zeitpunkt des erstmaligen Ansatzes der Sachanlage angewandt worden wäre.
- Schließlich ist dieser auf den Entstehungszeitpunkt diskontierte Wert der Entsorgungsverpflichtung bis zum Übergangszeitpunkt auf IFRS auf Basis der aktuellen Schätzung der Nutzungsdauer planmäßig abzuschreiben. Der so ermittelte Wert der Verpflichtung ist Teil der fortgeführten Anschaffungs- oder Herstellungskosten der entsprechenden Sachanlage.

Vermögenswerte nach IFRIC 12

Die **Bilanzierung von Dienstleistungskonzessionsvereinbarungen** zwischen öffentlicher Hand und Privatwirtschaft (z. B. Bau und Betrieb eines Tunnels durch ein Privatunternehmen als Konzessionär des Staats) regelt IFRIC 12. Bei dem involvierten Unternehmen ist je nach Ausgestaltung der Konzessionsvereinbarung entweder ein finanzieller oder immaterieller Vermögenswert zu bilanzieren. IFRIC 12 ist dabei grundsätzlich retrospektiv anzuwenden. Abweichend davon erlaubt IFRS 1.D22 die Anwendung der Übergangsvorschriften des IFRIC 12.29-12.30. Ein IFRS-Erstanwender kann demnach **auf eine retrospektive Anwendung des IFRIC 12 verzichten**. In diesem Fall hat er die im Übergangszeitpunkt auf IFRS vorhandenen finanziellen oder immateriellen Vermögenswerte aus Dienstleistungskonzessionsvereinbarungen mit ihrem bisherigen Buchwert anzusetzen. Dies gilt unabhängig davon, ob die Bestandteile der Konzessionsvereinbarung bisher als solche oder anderweitig bilanziert wurden. Darüber hinaus sind die angesetzten finanziellen oder immateriellen Vermögenswerte im Übergangszeitpunkt auf eine Wertminderung zu testen.

Fremdkapitalkosten

IFRS 1.D23 ermöglicht einem IFRS-Erstanwender die Nutzung der Übergangsvorschriften des IAS 23 für Fremdkapitalkosten. Entsprechend braucht **IAS 23** bei erstmaliger Anwendung der IFRS im Hinblick auf **Fremdkapitalkosten bei qualifizierten Vermögenswerten erst ab dem Übergangszeitpunkt**, frühestens zum 1.1.2009 angewendet zu werden. Dies lässt dem Bilanzierenden jedoch auch die Möglichkeit, IAS 23 ab jedem beliebig früheren Zeitpunkt auf Fremdkapitalkosten im Zusammenhang mit qualifizierten Vermögenswerten anzuwenden. Bereits nach bisheriger Rechnungslegung aktivierte Fremdkapitalkosten werden nicht angepasst. Ab dem gewählten IAS 23-Anwendungszeitpunkt sind indes alle Fremdkapitalkosten nach IAS 23 zu behandeln, auch solche für Vermögenswerte, die sich im Übergangszeitpunkt noch im Bau befanden und unabhängig davon, ob für diese nach früherer Rechnungslegung Fremdkapitalkosten aktiviert wurden oder nicht.

Für die Übertragung von Vermögenswerten durch einen Kunden erlaubt IFRS 1.D24 die Übergangsbestimmungen des IFRIC 18.22 zu nutzen. Bei Nutzung des Wahlrechts ist **IFRIC 18 nicht zwangsläufig ab dem 1.7.2009**, sondern ab dem Zeitpunkt des Übergangs auf IFRS zu nutzen, sofern dieser nach dem 1.7.2009 liegt.

IFRS 1.D25 erlaubt die Nutzung der Übergangsbestimmungen des IFRIC 19. Demnach ist IFRIC 19 prospektiv auf solche Tilgungsvorgänge finanzieller Verbindlichkeiten mit Eigenkapital anzuwenden, die **nach dem 1.7.2009** erfolgten.

Ist die funktionale Währung eines Unternehmens die Währung eines Hyperinflationslandes, muss geprüft werden, ob diese Währung vor dem Übergang auf IFRS einer ausgeprägten Hyperinflation ausgesetzt war. Ist das Ergebnis der Prüfung positiv und hat sich die Situation bis zum Übergangszeitpunkt auf IFRS nicht normalisiert, dürfen **statt der Anschaffungs- und Herstellungskosten die beizulegenden Zeitwerte für alle Vermögenswerte und Verbindlichkeiten** angesetzt werden. Damit soll vermieden werden, dass Hyperinflationseffekte die Darstellung der Vermögenslage beeinträchtigen.

Für gemeinsame Vereinbarungen, d.h. gemeinschaftliche Tätigkeiten und Joint Ventures, können die Übergangsvorschriften des IFRS 11 genutzt werden. Wechselt ein Unternehmen allerdings **von der Quotenkonsolidierung zur Equity-Methode, ist gem. IFRS 1.D31 ein Wertminderungstest** im Zeitpunkt des Übergangs auf IFRS durchzuführen und ein möglicher Wertminderungsbedarf direkt in den Gewinnrücklagen zu erfassen.

IFRS 1.D32 erlaubt die Anwendung der Übergangsbestimmungen des IFRIC 20 für Abraumkosten in der Produktionsphase eines Tagebaus. Demnach ist die Interpretation nur **auf solche Abraumkosten anzuwenden, die nach dem 1.1.2013 oder dem Übergangszeitpunkt** auf IFRS anfallen, sofern dieser nach dem 1.1.2013 liegt.

Um sicherzustellen, dass IFRS-Erstanwender nicht schlechter als IFRS-Bilanzierer behandelt werden, gelten die Übergangsvorschriften des IFRS 7.44G und IFRS 7.44M auch für IFRS-Erstanwender. Die Vorschriften ermöglichen, **bestimmte Angaben zu Finanzinstrumenten erst ab dem 1.1.2009 bzw. 1.7.2011** zu erfassen.

Nach IFRS 1.E5 hat ein IFRS-Erstanwender die Möglichkeit, von den Übergangsregelungen des IAS 19.173 (b) Gebrauch zu machen und somit auf die Angabe der Sensitivitäten von leistungsorientierten Plänen zu verzichten.

4. Verbote der retrospektiven IFRS-Anwendung

a) Ausbuchung finanzieller Vermögenswerte und Schulden

Möglich ist, dass ein Unternehmen nach den vorherigen Rechnungslegungsvorschriften ggf. finanzielle Vermögenswerte und finanzielle Schulden ausgebucht hat, **die nach** den Vorschriften des IAS 39 nicht hätten ausgebucht werden dürfen. Bei vollständig retrospektiver Anwendung wären alle diese Transaktionen zu prüfen und ggf. anders zu bilanzieren. Dies könnte sehr aufwändig sein. Zudem ist eine retrospektive Anwendung der

Ausbuchungsvorschriften ggf. nicht möglich, da die notwendigen Informationen rückwirkend nicht zu beschaffen sind.

IFRS 1.B2 stellt in diesem Zusammenhang das folgende **Verbot der retrospektiven Anwendung des IAS 39** auf:

- Hat ein IFRS-Erstanwender finanzielle Vermögenswerte oder Schulden infolge einer **vor dem 1.1.2004** stattgefundenen Transaktion ausgebucht, so besteht für diese ein **Wiedereinbuchungsverbot**. Dies gilt auch dann, wenn die Ausbuchung den Regelungen des IAS 39 widersprach.
- Für Ausbuchungen, die **ab dem 1.1.2004** stattgefunden haben, sind die **Regelungen des IAS 39** zur Ausbuchung von finanziellen Vermögenswerten und Schulden vollumfänglich anzuwenden. D. h. ggf. sind vorgenommene Ausbuchungen rückgängig zu machen.

Alternativ können gem. IFRS 1.B3 die Vorschriften des IAS 39 zur Ausbuchung finanzieller Vermögenswerte und Schulden auf Transaktionen **ab einem beliebigen früheren Datum** angewandt werden. Voraussetzung dafür ist, dass bereits im Zeitpunkt der Transaktion die zur Anwendung der Ausbuchungsregelungen des IAS 39 benötigten Informationen zur Verfügung standen.

b) Sicherungsgeschäfte

Unternehmen stellen für Zwecke des Risikomanagements vielfach Sicherungsbeziehungen mit Hilfe von derivativen Finanzinstrumenten her. Eine Bilanzierung als Sicherungsbeziehung ist nach IAS 39 unter den Bedingungen des IAS 39.88 zulässig. Zum Zeitpunkt des Übergangs auf IFRS sind **sämtliche nach vorherigen Rechnungslegungsgrundsätzen gebildeten Sicherungsbeziehungen** auf Konformität mit den Voraussetzungen des IAS 39.88 **zu untersuchen**.

Ein IFRS-Erstanwender hat zum Zeitpunkt des Übergangs auf IFRS grundsätzlich alle derivativen Finanzinstrumente zu ihrem beizulegenden Zeitwert anzusetzen. Die bis zum Zeitpunkt des Übergangs auf IFRS aus solchen Derivaten **abgegrenzten Gewinne oder Verluste** sind in der IFRS-Eröffnungsbilanz erfolgswirksam zu **eliminieren**. Sicherungsbeziehungen, welche zum Zeitpunkt des Übergangs auf IFRS nicht die Voraussetzungen des IAS 39.88 erfüllen, dürfen nicht als Sicherungsbeziehung in der Eröffnungsbilanz abgebildet werden. Vor dem Zeitpunkt des Übergangs auf IFRS nach vorherigen Rechnungslegungsgrundsätzen gebildete **Sicherungsbeziehungen, welche die Kriterien des IAS 39 nicht erfüllen**, sind entsprechend IAS 39.91 und IAS 39.101 aufzulösen und in Form ihrer Bestandteile **separat zu bilanzieren**. Sobald die Voraussetzungen des IAS 39 zur Bildung einer Sicherungsbeziehung jedoch zu einem späteren Zeitpunkt erfüllt sind, dürfen die Bestandteile dann gem. IAS 39.IG.F3.9 als Sicherungsbeziehung bilanziert werden.

c) Minderheitenanteile nach IFRS 10

Das in IFRS 1.B7 kodifizierte Verbot retrospektiver Anwendung von Teilen des IFRS 10 ist ausschließlich für die **Konsolidierungsverfahren** und damit Konzernabschlüsse relevant. Daher soll hier nur ein kurzer Überblick zu dieser Regelung gegeben werden. IFRS 10 fordert im Rahmen der Konsolidierung von Tochterunternehmen u. a. Folgendes:

- Im Konzernabschluss ist das sonstige Ergebnis entsprechend des jeweiligen Anteils auf die Eigentümer der Muttergesellschaft und mögliche Konzernminderheitsgesellschafter zu verteilen.
- Ändern sich die Beteiligungsverhältnisse einer Mutter- an einer Tochtergesellschaft, ohne dass dies mit einem Kontrollverlust einhergeht, muss diese Veränderung wie eine Eigenkapitaltransaktion behandelt werden.
- Verliert eine Muttergesellschaft die Kontrolle über eine Tochtergesellschaft, muss die Tochtergesellschaft gem. IFRS 10.B98 entkonsolidiert werden.

Solange ein Erstanwender **IFRS 3 retrospektiv anwendet**, hat er in Übereinstimmung mit den Regelungen des IFRS 1.C1 **auch IFRS 10 retrospektiv** anzuwenden. **Andernfalls** sind o. g. Regelungen des **IFRS 10 ausschließlich prospektiv** ab dem Übergangszeitpunkt zu befolgen.

d) Schätzungen

Nach IFRS 1 ist der erste IFRS-Abschluss grundsätzlich so zu erstellen, als hätte das bilanzierende Unternehmen die zum Abschlussstichtag geltenden IFRS schon immer angewandt. Tatsächlich werden die IFRS-Eröffnungsbilanz, die Vergleichsbilanz sowie die Bilanz zum Abschlussstichtag zum selben Zeitpunkt erstmalig veröffentlicht. Fraglich war daher lange Zeit, ob die zu diesem Zeitpunkt **bessere Erkenntnislage hinsichtlich Annahmen und Schätzungen** für den Zeitpunkt der Eröffnungsbilanz und der Vergleichsbilanz zu berücksichtigen sind. Dies hat das IASB verneint.

Ein IFRS-Erstanwender hat zum Zeitpunkt des Übergangs auf IFRS gem. IFRS 1.14 **die nach bisheriger Rechnungslegung getroffenen Schätzungen beizubehalten**, sofern diese nicht fehlerhaft sind. Waren im Gegensatz zu IFRS nach vorherigen Rechnungslegungsgrundsätzen für bestimmte Sachverhalte keine Schätzungen notwendig, haben die Schätzungen zum Zeitpunkt des Übergangs auf IFRS auf Basis der Gegebenheiten zu diesem Zeitpunkt zu erfolgen.

BEISPIEL:

Die Zyklopen AG stellt ihre IFRS-Eröffnungsbilanz zum 1.1.2016 auf. Bereits im HGB-Abschluss zum 31.12.2015 ist eine Prozessrückstellung i. H. v. 200 000 € berücksichtigt, deren Bilanzierung mit IAS 37 übereinstimmt. Diese wird in die IFRS-Eröffnungsbilanz übernommen. Am 19.12.2016 ergeht das noch nicht rechtskräftige Urteil in dem Prozess, für den die Rückstellung gebildet wurde. Insgesamt hat die Zyklopen AG demnach prozessbezogene Aufwendungen i. H. v. 155 000 € zu tragen. Die Zyklopen AG erwartet nicht, dass gegen dieses Urteil Rechtsmittel eingelegt werden.

Die IFRS-Eröffnungsbilanz darf – auch wenn noch kein IFRS-Abschluss vorliegt – nicht rückwirkend angepasst werden. In der IFRS-Eröffnungsbilanz ist die Rückstellung i. H. v. 200 000 € beizubehalten. Eine rückwirkende Anpassung an die bessere Informationslage vom 19.12.2016 darf nicht erfolgen. Die gebildete Rückstellung ist im Rahmen des IFRS-Abschlusses zum 31.12.2016 anzupassen.

e) Darlehen der öffentlichen Hand

IAS 20.10A verlangt, dass **Darlehen der öffentlichen Hand, die zu einem Zins unterhalb des Marktzinsniveaus vergeben wurden**, zum jeweils beizulegenden Zeitwert zu bewerten sind. Bestehenden IFRS-Anwendern ermöglicht IAS 20.43 eine prospektive Anwendung dieser Bewertungsvorschrift für ab dem 1.1.2009 erfasste Darlehen. Um IFRS-Erstanwender demgegenüber nicht zu benachteiligen, war es erforderlich, folgende Ausnahme zur grundsätzlich retrospektiven IFRS-Anwendung hinzuzufügen.

IFRS-Erstanwender dürfen nicht marktgerecht verzinste Darlehen der öffentlichen Hand, für welche der Zinsvorteil nach bisherigen Rechnungslegungsvorschriften nicht oder nicht entsprechend der IFRS-Regelungen erfasst wurde, zu **den bisherigen Buchwerten** in die IFRS-Eröffnungsbilanz übernehmen. In diesem Fall wird der erhaltene Zinsvorteil nie als Zuwendung der öffentlichen Hand erfasst. Die Klassifizierung der erhaltenen Darlehen als Eigen- oder Fremdkapital ist davon nicht betroffen und muss unabhängig von der Bewertung stets nach IAS 32 erfolgen.

IV. Anhangangaben

Nach IFRS 1.20 hat ein erstmaliger IFRS-Abschluss grundsätzlich **allen Angabepflichten der einzelnen Standards** nachzukommen. Im Rahmen der nach IAS 1.121 anzugebenden Bilanzierungs- und Bewertungsmethoden ist auch die Inanspruchnahme von Wahlrechten des IFRS 1 zu erläutern.

Darüber hinaus erfordert die Umstellung auf IFRS jedoch eine Reihe **zusätzlicher Angaben**. Folgende Informationen sind nach IFRS 1 zusätzlich zu veröffentlichen:

- Erläuterungen zu den Auswirkungen der IFRS-Umstellung auf die Vermögens- und Finanzlage des Unternehmens (IFRS 1.23).
- Bei Angabe von Vergleichsdaten, die auf früher genutzten Rechnungslegungsvorschriften basieren, sind diese deutlich als nicht nach IFRS erhobene Daten auszuweisen. Zudem sind die wichtigsten Anpassungen zu beschreiben, die erforderlich wären, um die Daten auf IFRS überzuleiten (IFRS 1.22).
- Für neu kategorisierte finanzielle Vermögenswerte oder Schulden sind deren beizulegende Zeitwerte sowie Klassifizierung und Buchwerte nach bisheriger Rechnungslegung anzugeben (IFRS 1.29).
- Wird als Ersatzwert für die Anschaffungskosten von Sachanlagen, immateriellen Vermögenswerten oder als Finanzinvestitionen gehaltene Immobilien der (aktuelle) beizulegende Zeitwert genutzt, ist für jeden Bilanzposten die Summe der beizulegenden Zeitwerte auszuweisen. Darüber hinaus muss der Gesamtanpassungsbetrag gegenüber den bisherigen Buchwerten angegeben werden (IFRS 1.30).
- Wird anstelle der Anschaffungskosten von Tochterunternehmen, Joint Ventures oder assoziierten Unternehmen oder deren Bilanzierung nach IAS 39 ein Ersatzwert genutzt, sind die folgenden Werte anzugeben (IFRS 1.31):
  - der gesamte Ersatzwert für die Anteile, die zum Buchwert nach vorheriger Rechnungslegung bewertet werden,
  - der gesamte Ersatzwert für die Anteile, die zum beizulegenden Zeitwert bewertet werden und
  - notwendige Anpassungen in Bezug auf den Buchwert nach bisheriger Rechnungslegung.
- Wird der aktuelle Buchwert von preisregulierten Vermögenswerten als Ersatzwert genutzt, ist gesondert darauf hinzuweisen und zu erläutern, wie die Buchwerte nach bisheriger Rechnungslegung ermittelt wurden (IFRS 1.31B).

- Hat ein Unternehmen auf Grund ausgeprägter Hyperinflation seiner funktionalen Währung beizulegende Zeitwerte anstelle der Anschaffungs- und Herstellungskosten genutzt, ist darzulegen, weswegen die funktionale Währung als ausgeprägte Hyperinflationswährung klassifiziert wurde (IFRS 1.31C).

Um den Übergang auf IFRS möglichst transparent werden zu lassen, ist im Anhang die Angabe folgender **Überleitungsrechnungen** mit umfangreichen Erläuterungen erforderlich:

- Eigenkapital nach bisheriger Rechnungslegung auf das Eigenkapital nach IFRS zum Zeitpunkt des Übergangs auf IFRS,
- Eigenkapital nach bisheriger Rechnungslegung auf das Eigenkapital nach IFRS am Ende der Periode, in der letztmalig ein Abschluss nach bisheriger Rechnungslegung aufgestellt wurde, und
- Gesamtergebnis oder – falls ein solches nicht ausgewiesen wird – Gewinn oder Verlust nach bisheriger Rechnungslegung auf das Gesamtergebnis nach IFRS am Ende der Periode, in der letztmalig ein Abschluss nach bisheriger Rechnungslegung aufgestellt wurde.

Wurde darüber hinaus bislang eine Kapitalflussrechnung aufgestellt, ist auch diese am Ende der Periode, in welcher letztmalig ein Abschluss nach bisheriger Rechnungslegung aufgestellt wurde, überzuleiten.

BEISPIEL:

Die Zyklopen AG stellt ihre IFRS-Eröffnungsbilanz zum 1.1.2016 auf. Der letzte HGB-Abschluss wird zum 31.12.2016 aufgestellt. Somit sind folgende Überleitungsrechnungen im Anhang des ersten IFRS-Abschlusses am 31.12.2017 anzugeben und zu erläutern:

- Eigenkapital zum 31.12.2015 nach HGB auf das Eigenkapital nach IFRS zum 1.1.2016
- Eigenkapital zum 31.12.2016 nach HGB auf das Eigenkapital nach IFRS zum 31.12.2016
- Gewinn oder Verlust nach HGB für das Geschäftsjahr 2016 auf das Gesamtergebnis nach IFRS für das Geschäftsjahr 2016

Veröffentlicht ein Unternehmen **Zwischenberichte gem. IAS 34** und hat es dies bereits in der letzten Berichtsperiode nach nationaler Rechnungslegung getan, sind die **Angaben der Zwischenberichte analog der soeben dargestellten Rechnungen überzuleiten**. Wurde eine solche Überleitung bereits in einem anderen Dokument als dem Zwischenbericht veröffentlicht, reicht ein Hinweis auf dieses Dokument.

Anmerkungen

Zu B. Die IFRS im europäischen Kontext

Zu I. Internationalisierung der Rechnungslegung

1 Vgl. zum Einfluss von Umfeldfaktoren *Wolz*, S. 1-4; zu Argumenten für eine Internationalisierung der Rechnungslegung vgl. zudem *Lüdenbach*, S. 25-28.

2 Zur Harmonisierung und ihren Gründen vgl. *Rost*, S. 27-35.

3 Vgl. detailliert bezüglich des GoB-Systems und seiner Interpretation m. w. N. *Baetge/Kirsch/Thiele*, S. 105-144.

4 Zu den einzelnen Entwicklungsphasen des IASC vgl. ausführlich *Camfferman/Zeff*.

5 Abrufbar unter http://www.sec.gov/rules/final/2007/33-8879.pdf (Stand: 31.12.2013).

6 Vgl. zu den Anforderungen eines Berichts nach Form 20 F *Erchinger/Melcher*, DB 2007, S. 2635 sowie KPMG, 4. Aufl., S. 411 f.

7 Abrufbar unter http://www.sec.gov/rules/proposed/2008/33-8982.pdf (Stand 31.12.2013)

8 Siehe dazu http://www.sec.gov/spotlight/globalaccountingstandards/ifrs-work-plan-paper-052611 pdf sowie im Überblick auch *Zülch/Detzen*, DB 2012, S. 1166-1168.

Zu II. Das IASB – Organisation, Zielsetzung und Verlautbarungen

1 Vgl. hierzu auch *Zülch*, PiR 2005, S. 1-7.

2 Vgl. hierzu detailliert *Ruhnke/Nerlich*, DB 2004, S. 389-395 sowie *Nerlich*, S. 220-226.

3 Vgl. hierzu die Entscheidung der Kommission Nr. 891/2006 v. 4.12.2006 betreffend die Verwendung von im Rahmen der internationalen anerkannten Rechnungslegungsstandards erstellten Informationen durch Drittstaatemittenten von Wertpapieren (ABl. Nr. L 343/96).

4 Vgl. zur Bindungswirkung von noch nicht von der EU anerkannten Rechnungslegungsstandards *(«not yet endorsed»)* *Buchheim/Knorr/Schmidt*, KoR 2008, S. 377 f.

5 Vgl. *IASCF* (2012), Tz. 18-51.

6 Die EU hat das Übernahmeverfahren (Endorsement) für IFRS 9 solange ausgesetzt, wie das IASB sein Projekt zur Bilanzierung von Finanzinstrumenten nicht vollständig abgeschlossen hat.

Zu III. Bedeutung der IFRS auf europäischer und nationaler Ebene

1 Vgl. Verordnung (EG) Nr. 1606/2002 des Europäischen Parlaments und Rates v. 19.7.2002, ABl. EG Nr. L 243.

2 Vgl. *Wüstemann/Bischof/Kierzek* in HdJ, Abt. I/3, Rz. 13 sowie einführend *Buchheim/Knorr/Schmidt*, KoR 2008, S. 334-341.

3 Vgl. im Überblick *Schulze-Osterloh* in HdJ, Abt. I/1, Rz. 100 f. sowie *Wüstemann/Bischof/Kierzek* in HdJ, Abt. I/3, Rz. 10-13.

4 Hinsichtlich der Änderungen siehe *Oversberg*, DB 2007, S. 1597-1602 sowie einführend *Buchheim/Knorr/Schmidt*, KoR 2008, S. 339-341.

5 Siehe zur hier geschilderten Problematik detailliert *Buchheim/Knorr/Schmidt*, KoR 2008, S. 373-379.

6 Vgl. für einen Überblick über die mit dem BilReG einhergegangenen Änderungen des deutschen Handelsrechts *Meyer*, DStR 2005, S. 41-44.

7 Zu einer kritischen Analyse des Schrifttums zum BilMoG-Ref vgl. *Zülch/Hoffmann*, DB 2008, S. 1053-1060.

8 Vgl. im Überblick zum Referentenentwurf *Zülch/Hoffmann*, Der Aufsichtsrat 2008, S. 22-24 und bezüglich der Änderungen zwischen BilMoG-Ref und dem Regierungsentwurf *Zülch/Hoffmann*, BB 2008, S. 1272-1276; zu einem weitreichenden Überblick über die Änderungen im Rahmen des finalen Bilanzrechtsmodernisierungsgesetzes vgl. *Zülch/Hoffmann*, DB 2009, S. 745-752.

Zu C. Zweck und Grundsätze der internationalen Rechnungslegung

Zu II. Zweck eines IFRS-Abschlusses

1 Zur Wirkungsweise des *matching principle* vgl. anschaulich *Theile in IFRS-HB*, Conceptual Framework, IAS 1, Rz. 293-295.

Zu IV. Qualitative Anforderungen an nützliche Finanzinformationen

1 Vgl. *Pelger*, WPg 2011, S. 908 sowie *Hoffmann/Detzen*, KoR 2012, S. 53.

2 Hinsichtlich der Konkretisierung des Wesentlichkeitsbegriffs vgl. detailliert *Küting/Weber/Kessler/Metz*, DB 2007, Beilage 7, S. 9-12.

3 Zur grundlegenden Anforderung der glaubwürdigen Darstellung vgl. *Kirsch/Koelen/Olbrich/Dettenrieder*, WPg 2012, S. 762.

4 Regelmäßig handelt es sich hierbei um die Gewinnrücklagen.

Zu VI. Grundsätze der Fair Value Bewertung

1 Verschieden definierte, aber einheitlich benannte Fair-Value-Maße waren bislang z. B. in IFRS 3 – *Unternehmenszusammenschlüsse*, IFRS 9 – *Finanzinstrumente*, IAS 16 – *Sachanlagen*, IAS 36 – *Wertminderung von Vermögenswerten*, IAS 38 – *Immaterielle Vermögenswerte*, IAS 40 – *Als Finanzinvestition gehaltene Immobilien* zu finden.

2 Vgl. *Hitz/Zachow*, WPg 2011, S. 966 für eine Abgrenzung des beizulegenden Zeitwerts gegenüber ähnlichen Konzepten.

3 Vgl. *PwC 2011*, S. 6.

4 In Anlehnung an IFRS 13.IE19-22.

5 Vgl. *Castedello/Klingbeil*, WPg 2012, S. 483 f. für eine Diskussion der Verwendung von Zugangs- oder Abgangspreisen.

6 So sind etwa auch Tauschgeschäfte dahingehend zu überprüfen, ob der beizulegende Zeitwert des übernommenen Vermögenswerts vom beizulegenden Zeitwert des hingegebenen Vermögenswerts abweicht. Zur Bilanzierung von Tauschgeschäften vgl. auch die Ausführungen zu IAS 18 – *Umsatzerlöse* (S. 469 ff.).

7 Vgl. *Hitz/Zachow*, WPg 2011, S. 967.

8 Vgl. *Castedello/Klingbeil*, WPg 2012, S. 484 f.

9 Vgl. *Castedello/Klingbeil*, WPg 2012, für eine anwendungsorientierte Darstellung zum Umgang mit nicht finanziellen Vermögenswerten.

10 Das Beispiel verdeutlicht, dass es nicht gestattet ist, durch die bewusste Nicht-Nutzung eines Vermögenswerts den beizulegenden Zeitwert von Null anzusetzen, wenn Marktteilnehmer den Vermögenswert anders einsetzen und einen entsprechend höheren Nutzenzuwachs verzeichnen würden. Vgl. zu den Annahmen zur Verwendung des Vermögenswerts etwa *Castedello/Klingbeil*, WPg 2012, S. 485.

11 Vgl. auch *Hitz/Zachow*, WPg 2011, S. 968.

12 Vgl. *Lüdenbach* in Haufe IFRS-Kommentar, § 8 a Rz. 70 ff.

13 Vgl. hierzu das Beispiel zum kostenorientierten Verfahren, das je nach Wahl der Input-Parameter sowohl die Voraussetzungen von Level 1, 2 oder 3 erfüllen kann, in: *Castedello/Klingbeil*, WPg 2012, S. 486.

14 Vgl. *Hitz/Zachow*, WPg 2011, S. 969.

15 Vgl. *Hitz/Zachow*, WPg 2011, S. 969.

16 Für Fragestellungen zur Bewertung immaterieller Vermögenswerte siehe insbesondere *Moser* 2011.

17 Vgl. *Moser* 2011, S. 25 f.

18 Vgl. *Moser* 2011, S. 49.

19 Für Erläuterungen zur Optionsbewertung siehe z. B. *Catty* 2010, S. 267 ff.

20 Vgl. *Hitz/Zachow*, WPg 2011, S. 969.
21 In Anlehnung an *Lüdenbach* in Haufe IFRS-Kommentar, § 8a Rz. 30.
22 Vgl. *Große*, KoR 2011, S. 290.
23 Vgl. *Lüdenbach* in Haufe IFRS-Kommentar, § 8a Rz. 86 in Anlehnung an *Große*, KoR 2011, S. 291.
24 Vgl. *PwC 2011*, S. 35.
25 Vgl. *Hitz/Zachow*, WPg 2011, S. 971.
26 Vgl. *Castedello/Klingbeil*, WPg 2012, S 482.
27 Vgl. dazu die Diskussion des Fair-Value-Maßes und die mit der zunehmenden Verwendung verbundenen Herausforderungen in der praktischen Umsetzung in *Kümpel/Oldewurtel/Wolz*, PiR 2012, S. 108 f. sowie *Küting/Lauer*, BFuP 2009, S. 547 ff.
28 Vgl. m. w. N. *Kümpel/Oldewurtel/Wolz*, PiR 2012, S. 108 f.
29 Vgl. dazu insbesondere die Argumentation von Ball, 2008, für eine Beurteilung der Auswirkungen stärkerer Zeitwertbilanzierung im US-amerikanischen Finanzsektor.

Zu D. Elemente eines IFRS-Abschlusses

Zu I. Grundlegende Rechenschaftselemente

Zu 2. IFRS-Bilanz

1 Der Ausweis von Minderheitsanteilen kommt nur im Rahmen der Konzernrechnungslegung in Betracht. Um indes den Regelungsinhalt des IAS 1 vollständig wiederzugeben, wird der Posten an dieser Stelle aufgeführt.
2 Vgl. *Zülch/Fischer/Erdmann*, WPg 2007, S. 964.
3 Vgl. im Folgenden *Zülch/Fischer*, BBK 2005, S. 2068-2070.
4 *Hayn/Hold-Paetsch* in Ballwieser u. a., Abschn. 3, Rz. 85 spricht von *report form* und *account form*.
5 Als *net working capital* wird die Differenz aus Umlaufvermögen und kurzfristigem Fremdkapital verstanden. Diese Kennzahl ist vor allem ein Indikator für die Finanzkraft eines Unternehmens. Dabei handelt es sich um das Kapital, mit dem das bilanzierende Unternehmen Umsatz generiert, ohne Kapitalkosten zu verursachen; vgl. *Coenenberg*, 22. Aufl., S. 1079.

Zu 3. Gesamtergebnisrechnung

1 Die Bestandteile der Gesamtergebnisrechnung lauten gemäß der offiziellen EU-Übersetzung: Gewinn (oder) Verlust (*profit or loss*), Gewinn- und Verlustrechnung (*statement of profit or loss*), sonstiges Ergebnis (*other comprehensive income*) und Gesamtergebnis (*total comprehensive income*). Das vorliegende Lehrbuch verwendet diese Begriffe entsprechend.
2 In den nachfolgenden Abschnitten werden durchgängig die handelsrechtlichen Bezeichnungen GKV und UKV bei der Darstellung der Analyse der betrieblichen Erträge verwendet. Der Begriff «GKV» wird folglich synonym für «*nature of expense method*» und der Begriff «UKV» synonym für «*cost of sales method*» verwendet.
3 Dies gilt nur, sofern eine Zuordnung zum Erwerb, zum Bau oder zur Herstellung eines qualifizierten Vermögenswertes möglich ist. Als qualifizierte Vermögenswerte führt IAS 23.7 u. a. Vorräte, Anlagen oder immaterielle Vermögenswerte an.
4 Vgl. *Cairns*, 3. Aufl., S. 166.
5 Vgl. *IASCF*, IFRIC Update October 2004, S. 3.
6 Vgl. *Esser/Brendle*, IRZ 2009, S. 143.
7 Vgl. dazu *Urbanczik*, KoR 2012, S. 269 f. sowie IAS 1.IN18 (rev. 2011).
8 Vgl. *Dobler/Dobler*. IRZ 2012. S. 36 f.
9 Das bedeutet, sie werden aus der erfolgsneutralen Sphäre des Eigenkapitals in die erfolgswirksame Sphäre der Gewinn- und Verlustrechnung umgegliedert.
10 In der Rechnungslegungspraxis hat sich für dieses buchhalterische Vorgehen auch der Begriff «Recycling» etabliert; vgl. hierzu erläuternd *Hollmann*, S. 136.
11 Das Wahlrecht zwischen den beiden Ausweisarten blieb auch im Rahmen der 2011 veröffentlichten Änderungen des IAS 1 bestehen. Indes ist die Gesamtergebnisrechnung gem. IAS 1 (amended 2011)

nicht mehr als *statement of comprehensive income*, sondern als *statement of profit or loss and other comprehensive income* zu bezeichnen.

12 Vgl. *Zülch*, S. 196 sowie *Zülch/Fischer/Erdmann*, WPg 2007, S. 966.

Zu 5. Kapitalflussrechnung

1 Zur Aufstellung einer Kapitalflussrechnung gem. IAS 7 vgl. beispielhaft *Pawelzik*, KoR 2006, S. 344-352.

2 Hinsichtlich der Qualität aufgestellter Kapitalflussrechnungen vgl. *Scheffler*, DB 2007, S. 2045-2048.

3 Vgl. *Peemöller* in Ballwieser u. a., Abschn. 5, Rz. 12-15.

4 Vgl. *Hitz/Teuteberg*, KoR 2013, S. 33-42.

Zu 6. Anhang

1 Bezüglich einer umfassenden Anhangscheckliste vgl. *Ballwieser/Paarz* in Ballwieser u. a., Appendix A.

Zu II. Ergänzende Rechenschaftselemente

Zu 2. Zwischenbericht

1 Abschn. 7.1.2 des DCGK (Stand: 31.8.2013) empfiehlt eine Veröffentlichung innerhalb von 45 Tagen.

2 Der Bilanzeid ist eine den Vorgaben des § 264 Abs. 2 Satz 3 sowie des § 289 Abs. 1 Satz 5 HGB entsprechende Erklärung der gesetzlichen Vertreter einer Gesellschaft, dass der Jahresabschluss und der Lagebericht nach bestem Wissen und Gewissen ein den tatsächlichen Verhältnissen entsprechendes Bild der Vermögens-, Finanz- und Ertragslage vermitteln und dass im Lagebericht die wesentlichen Chancen und Risiken beschrieben sind.

3 Vgl. zur Struktur der verkürzten Berichtsbestandteile *Heuser/Theile*, S. 1196, Rz. 8225-8233.

4 Bei Aufstellung eines vollständigen Zwischenberichts ist nach den Regelungen des IAS 1.10 in bestimmten Fällen eine dritte Bilanz zu veröffentlichen (vgl. S. 108 f.).

5 Die Angaben zu Segmenterträgen und Segmentergebnissen sind durch die in *IFRS 8 – Geschäftssegmente* umgesetzte Orientierung an der Sichtweise des Managements verhältnismäßig einfach zu beschaffen; sie sind indes nur anzuführen, wenn das bilanzierende Unternehmen zur Erstellung einer Segmentberichterstattung verpflichtet ist; vgl. dazu S. 148 ff.

6 Neue Rechnungslegungsstandards sind im Jahr ihres Inkrafttretens bereits in den Zwischenberichten anzuwenden, sofern die entsprechende Zwischenberichtsperiode nach dem Erstanwendungszeitpunkt der betrachteten Standards endet.

7 Beispiele hierzu sind in IAS 34 Anhang B enthalten.

8 Vgl. *Zülch/Fischer*, PiR 2006, S. 175 f.

Zu 3. Segmentbericht

1 Vgl. zu den folgenden Ausführungen *Zülch/Burghardt*, PiR 2007, S. 21-23.

2 Vgl. *Heintges/Urbanczik/Wulbrand*, DB 2008, S. 2773 f.

3 Die Position des *CODM* bezeichnet nicht notwendiger Weise eine Person, sondern vielmehr die Funktion des Entscheidungsträgers, also eine verantwortliche Unternehmensinstanz wie den Vorstandsvorsitzenden beziehungsweise den Vorstand oder den Geschäftsführer beziehungsweise die Geschäftsführung (IFRS 8.7).

4 Auch die Position des Segmentverantwortlichen bezeichnet nicht notwendiger Weise eine Person mit diesem Titel, sondern die Funktion an sich. In bestimmten Fällen können *CODM* und Segmentverantwortlicher identisch sein.

5 In Anlehnung an *Epstein/Jermakowicz*, S. 779 f. i. V. m. S. 792.

6 IFRS 8.22 (aa) schreibt vor, dass eine kurze Beschreibung der zusammengefassten operativen Segmente vorzunehmen ist. Dabei ist auf die ökonomischen Indikatoren einzugehen, die zur Beurteilung der wirtschaftlichen Vergleichbarkeit der operativen Segmente i. S. d. IFRS 8.12 herangezogen wurden.

7 Vgl. *Fink/Ulbrich*, DB 2007, S. 983; das IASB nimmt damit bewusst in Kauf, dass die zwischenbetriebliche Vergleichbarkeit

eingeschränkt ist; vgl. *Heuser/Theile*, S. 1160 f., Rz. 7947.

8 Vgl. *Beine/Nardmann* in Ballwieser u. a., Abschn. 22 Rz. 55-60.

9 Im Rahmen der Segmentpublizität für den Konzernabschluss sollte unter Berücksichtigung der Interessen der Investoren auf das Land abgestellt werden, in dem die Muttergesellschaft ihren Sitz hat.

Zu 4. Lageberichterstattung

1 Die DRS stellen vom DRSC verabschiedete Empfehlungen dar. Das DRSC wurde vom BMJ als privatrechtlich organisierte Einrichtung i. S. v. § 342 HGB anerkannt. Die vom DRSC verabschiedeten Standards werden vom BMJ veröffentlicht. Mit einer Veröffentlichung wird gem. § 342 Abs. 2 HGB bei Anwendung des Standards die Beachtung der die Konzernrechnungslegung betreffenden GoB vermutet.

2 Die neu eingeführten Grundsätze sollen dazu beitragen, dass Bilanzadressaten nur für sie relevante Informationen erhalten.

3 Derartige Regelungen betreffen das Steuerungssystem, die Grundsätze und Ziele des Finanzmanagements, die Merkmale des konzernweiten Risikomanagementsystems, das interne Kontroll- und Risikomanagementsystem bezogen auf den Konzernrechnungslegungsprozess, übernahmerelevante Angaben, die Erklärung zur Unternehmensführung gem. § 289a HGB sowie die Versicherung der gesetzlichen Vertreter.

4 Die Berichterstattung umfasst den Anteil der aktivierten Entwicklungskosten an den gesamten Aufwendungen des Bereichs innerhalb der Periode sowie die im Berichtszeitraum darauf vorgenommenen Abschreibungen.

5 Vgl. DRS 20 Rz. 59 i. V. m. DRS 20.B25.

6 Vgl. dazu DRS 20 Rz. 77 und Rz. 91.

7 Vgl. DRS 20. Rz. 108.

8 Vgl. DRS 20 Rz. 58.

9 Vgl. § 315 Abs. 2 Nr. 1 HGB i. V. m. DRS 20 Rz. 115.

10 Vgl. DRS 20.B32.

11 Vgl. DRS 20 Rz. 127. DRS 15 Rz. 86 sah einen Mindestprognosehorizont von zwei Jahren vor. Vgl. zur Prognosepraxis *Knauer/Wömperer*, Corp.Fin.biz, 2010.

12 Vgl. DRS 20 Rz. 118.

13 Vgl. DRS 20 Rz. 120. Beispiele bietet dazu DRS 20 Rz. 121: Annahmen zur künftigen Entwicklung der Umsätze sollten bei Ergebnisprognose und zugrundeliegender Planungsrechnung beim Werthaltigkeitstest übereinstimmen.

14 Vgl. DRS 20 Rz. 123.

15 Vgl. DRS 20 Rz. 124.

16 Vgl. DRS 20 Rz. 129.

17 Ausgenommen davon sind Prognosen, die in Zeiten außergewöhnlich hoher Unsicherheit getroffen werden (vgl. DRS 20 Rz. 133 f.). Eine Konkretisierung des Zeitpunkts, ab wann von diesem ausgegangen wird, unterbleibt. Als Hinweis dient jedoch der Verweis auf die vergangene Finanzmarktkrise (vgl. DRS 20.B37).

18 Vgl. DRS 20 Rz. 135.

19 Vgl. DRS 20 Rz. 148.

20 DRS 20 Rz.164 führt an, dass sich das Unternehmen an der internen Risikokategorisierung zu orientieren hat. Alternativ werden beispielhaft folgende Kategorien genannt: Umfeldrisiken, Branchenrisiken, leistungswirtschaftliche Risiken, finanzwirtschaftliche Risiken und sonstige Risiken.

21 Gemäß DRS 5 war die Einschätzung der Risikosituation *zum Bilanzstichtag* vorzunehmen.

22 Vgl. DRS 20 Rz. 160.

23 Vgl. DRS 20 Rz. 166.

24 Vgl. DRS 20 Rz. B40.

25 Vgl. DRS 20 Rz. 165.

26 Vgl. DRS 20 Rz. 167.

27 Vgl. DRS 20 Rz. 117.

28 Vgl. hierzu KPMG Accounting Insights zu DRS 20, S.12, abrufbar unter: http://www.kpmg.com/DE/de/Documents/Accounting-Insights-DRS-20.pdf (Stand: 09.08.2013).

29 Siehe zu diesem Projekt auch: http://www.ifrs.org/Current-Projects/IASB-Projects/Management-Commentary/IFRS-Practice-Statement/Pages/IFRS-Practice-Statement.aspx (Stand: 9.8.2013).

Zu 5. Ergebnis je Aktie

1 Vgl. *Beine/Schütte*, in Ballwieser u. a., Abschn. 20 Rz. 13 f. m. w. N.; ein Ergebnis je Vorzugsaktie wurde in den Abschlüssen 2012 lediglich von vier der DAX-30-Unternehmen ausgewiesen. Grundsätzlich steht es Unternehmen frei, Abwandlungen des Ergebnisses je Aktie zu veröffentlichen. Dies darf indes nicht in der Gesamtergebnisrechnung erfolgen, sondern ist gesondert im Anhang offen zu legen.

2 Vgl. *Freiberg/Christian* in Haufe IFRS-Kommentar, § 35 Rz. 11 f.; siehe auch IAS 33.14.

3 Vgl. *Freiberg/Christian* in Haufe IFRS-Kommentar, § 35 Rz. 21.

4 Vgl. *Beine/Schütte* in Ballwieser u. a., Abschn. 20 Rz. 43 m. w. N.

5 Vgl. *Theile*, PiR 2006, S. 98 f.; zu weiteren Kritikpunkten vgl. *Jehle*, PiR 2008, S. 326 f.

6 Vgl. hierzu und im Folgenden http://www.ifrs.org/Current-Projects/IASB-Projects/Earnings-per-Share/Pages/Earnings-per-Share.aspx (Stand: 31.08.2013).

7 *Jehle*, PiR 2008, S. 328-330 sowie *Schütte*, DB 2009, S. 857.

Zu 6. Angaben über Beziehungen zu nahe stehenden Unternehmen und Personen

8 Vgl. *Weber* in Ballwieser u. a., Abschn. 25 Rz. 13.

9 Vgl. *Weber* in Ballwieser u. a., Abschn. 25 Rz. 16-21.

10 Vgl. dazu auch *Zülch/Popp*, PiR 2011, S. 90.

11 Vgl. *Zülch/Gebhardt*, PiR 2007, S. 139; IAS 24[Draft 2008].IE4-IE6.

12 In Anlehnung an *KPMG*, 5. Aufl., S. 62 f.

13 In Anlehnung an *KPMG*, 5. Aufl., S. 64.

Zu E. Hauptpositionen einer IFRS-Bilanz

Zu I. Immaterielle Vermögenswerte

14 Vgl. zur Erläuterung der nachfolgenden Kriterien ebenso *Heyd/Lutz-Ingold*, S. 33-36 sowie weitergehend *Thiele/Kühle* in Thiele/von Keitz/Brücks, IAS 38, Rz. 133-166.

15 Vgl. *Homberg/Elter/Rothenburger*, KoR 2004, S. 249-263.

16 Vgl. *Hepers*, S. 154; *Brücks/Wiederhold*, KoR 2004, S. 177.

17 Zu einer ausführlichen Erläuterung der Differenzierung zwischen Forschungs- und Entwicklungsphase im Rahmen selbst erstellter immaterieller Vermögenswerte nach IAS 38 vgl. *Thiele/Kühle* in Thiele/von Keitz/Brücks, IAS 38, Rz. 262-289.

18 Vgl. hierzu IAS 38.BCZ42.

19 In der deutschen Bilanzierungspraxis ist festzustellen, dass die Aktivierung von Entwicklungskosten für Unternehmen der Automobilbranche eine hohe Bedeutung besitzt, wohingegen in der Pharmaindustrie ein weitgehender Verzicht auf eine Aktivierung von Entwicklungskosten vorherrscht; vgl. *Hager/Hinz*, KoR 2007, S. 217-218; Behrendt-Geisler/Weißenberg, KoR 2012, S. 57

20 *Software AG*, Geschäftsbericht 2012, S. 173.

21 *Bayer AG*, Geschäftsbericht 2012, S. 181.

22 Zum Unterlaufen dieses Ansatzverbots vgl. *Haaker*, KoR 2005, S. 428.

23 Vgl. zu Bewertungsverfahren im Überblick *Heyd/Lutz-Ingold*, S. 68-71 sowie im Detail *Beyer* in Ballwieser/Beyer/Zelger, S. 161-187.

24 Vgl. *Ramscheid* in Beck-IFRS-HB, § 4 Rz. 76.

25 Vgl. hierzu detailliert *Küting/Koch*, DB 2006, S. 572 f.

26 Vgl. im Überblick *Böcking/Wiederhold* in Hennrichs/Kleindiek/Watrin, Band 1, IFRS, IAS 38, Rz. 116-118 (Stand: September 2010).

27 Zur praktischen Irrelevanz vgl. *von Keitz*, 2. Aufl., S. 59.

28 Die offizielle Übersetzung des für die EU übernommenen IAS 38 enthält die Begriffe «begrenzte» und «unbegrenzte» Nutzungsdauer. Nach der hier vertretenen Ansicht ist die Übersetzung der Begriffe «finite» und «indefinite» als «endlich» und «unbestimmt» angemessen.

29 *Deutsche Bank AG*, Geschäftsbericht 2012, S. 384.

30 *Bayer AG*, Geschäftsbericht 2012, S. 227.

31 Vgl. dazu *Schmachtenberg/Meixner/Schäfer*, KoR 2005, S. 512-523.

32 *Deutsche Telekom AG*, Geschäftsbericht 2012, S. 206.
33 *Deutsche Telekom AG*, Geschäftsbericht 2012, S. 206.
34 Im Rahmen des am 22.5.2008 veröffentlichten Standards unter dem Titel «Improvements to IFRSs» und damit dem Abschluss des Annual Improvements Project 2008 sind zahlreiche Änderungen im IASB-Regelwerk vorgenommen worden. Eine Änderung betraf u. a. die Regelungen des IAS 38 bezogen auf die leistungsabhängige Abschreibung. So wird die Anwendung der leistungsabhängigen Abschreibung gem. IAS 38.98 erleichtert. Die Abschreibungsmethode soll nun die erwartete Verbrauchsstruktur des erwarteten ökonomischen Nutzens des betrachteten Vermögenswerts widerspiegeln. Eine begrenzte Anwendbarkeit der leistungsabhängigen Abschreibung, wie sie noch im alten IAS 38 vorgesehen war, existiert nicht mehr.
35 Vgl. hierzu beispielhaft *Heuser/Theile*, 5. Aufl., S. 248-251, Rz. 1150-1153.

Zu II. Sachanlagen

36 Vgl. zum Komponentenansatz grundlegend *Hagemeister*.
37 Hinsichtlich der gem. IFRS 3 (rev. 2008) anzuwendenden Erwerbsmethode vgl. ausführlich *Hendler/Zülch*, WPg 2008, S. 485-492 sowie *Beyhs/Wagner*, DB 2008, S. 73-83.
38 Zur wirtschaftlichen Substanz eines Tauschgeschäftes nach IFRS vgl. *Freiberg*, PiR 2007, S. 172.
39 Vgl. dazu im Überblick *Zülch/Willms*, DB 2005, S. 1179-1181.
40 Zur Interpretation des Komponentenansatzes anhand der individuellen Verhältnisse des bilanzierenden Unternehmens vgl. *Hoffmann/Lüdenbach*, BB 2004, S. 377.
41 Im Schrifttum wird vielfach die Meinung vertreten, dass eine Komponente dann als wesentlich zu betrachten wäre, wenn ihr Wert mindestens 5 % der AK/HK des betrachteten Vermögenswerts ausmacht; so u. a. *Andrejewski/Böckem*, KoR 2005, S. 78 und *Hagemeister*, S. 142.
42 Vgl. hierzu detailliert *Baetge/Kirsch/Thiele*, 12. Aufl., S. 264-268.
43 *Der englische Begriff »sum-of-the-years' digits«* resultiert daraus, dass der Term [(ND × (ND +1)) / 2] letztlich die einzelnen Jahre der Nutzungsdauer summiert. [(ND × (ND +1)) / 2] = (1 + 2 + ... + ND).
44 Zu Auswirkungen der Neubewertung auf ausgewählte Kennzahlen vgl. *Antonakopoulos*, PiR 2005, S. 109.
45 Vgl. dazu IAS 40.62 (b).
46 Vgl. hierzu im Überblick und beispielhaft *Zülch/Willms*, DB 2005, S. 1181 f.
47 Denn nur dann gilt: Buchwert bei Anwendung der Neubewertungsmethode – Neubewertungsrücklage = Buchwert zu fortgeführten AK/HK.

Zu III. Zur Veräußerung gehaltene langfristige Vermögenswerte und aufgegebene Geschäftsbereiche

1 Vgl. *Scholvin/Ramscheid* in Beck: IFRS-HB, § 28 Rz. 2.
2 Vgl. *Lüdenbach* in Haufe-IFRS-Kommentar, § 29 Rz. 1.
3 Die Klassifizierungs-, Bewertungs- und Ausweisvorschriften des IFRS 5 gelten auch für langfristige Vermögenswerte und Veräußerungsgruppen, die an die Eigentümer des bilanzierenden Unternehmens ausgeschüttet werden (IFRS 5.5A). Diese Sachverhalte werden von IFRIC 17 – Sachdividenden an Eigentümer abgedeckt. Vgl. hierzu Schreiber/Schmidt, BB 2009, S. 2022-2024.
4 Vgl. *Hoffmann/Lüdenbach*, BB 2004, S. 2006.
5 Vgl. *Lüdenbach* in Haufe-IFRS-Kommentar, § 29 Rz. 23.
6 Vgl. *Zülch/Lienau*, KoR 2004, S. 443.
7 Analoge Bedingungen gelten für langfristige Vermögenswerte und Veräußerungsgruppen, welche zur Ausschüttung an Eigentümer gehalten werden. Eine solche Klassifizierung ist vorzunehmen, wenn das Unternehmen zur Ausschüttung verpflichtet ist, d.h. wenn die Vermögenswerte zur sofortigen Ausschüttung verfügbar sind und die Ausschüttung hochwahrscheinlich ist. Eine mögliche

Genehmigung der Anteilseigner ist zu berücksichtigen (IFRS 5.12A).

8 Vgl. IFRS 5.IG Beispiel 1.

9 Vgl. *Baetge/Zülch/Brüggemann/Nellessen*, PiR 2007, S. 316.

10 Diese Bewertungsvorschrift erfasst auch langfristige Vermögenswerte und Veräußerungsgruppen, die als zur Ausschüttung an Eigentümer klassifiziert sind (IFRS 5.15A).

11 Vgl. *Zülch/Lienau*, KoR 2004, S. 450.

12 Vgl. *Scholvin/Ramscheid* in Beck: IFRS-HB, § 28, Rz. 48.

13 Gemäß IDW RS HFA 2, Rz. 103 fließt indes in den Maximalbetrag der Zuschreibung auch eine zuvor erfasste Wertminderung des Geschäfts- oder Firmenwerts mit ein. Unter Umständen können die Buchwerte der der Veräußerungsgruppe zugehörigen Vermögenswerte nach der Zuschreibung höher sein als die Buchwerte vor der Wertminderung. Damit ergibt sich eine Inkonsistenz zu IAS 36.123. Vgl. auch Böcking/Kiefer in IFRS-Kommentar, IFRS 5 Rz. 90.

14 Vgl. *Hoffmann/Lüdenbach*, BB 2004, S. 2008.

15 Vgl. *E.On SE*, S. 98.

16 Vgl. *Scholvin/Ramscheid* in Beck: IFRS-HB, § 28, Rz. 82.

17 Vgl. *Küting/Wirth*, KoR 2006, S. 719.

18 In Anlehnung an Beispiel 9 der Implementation Guidance (IG) des IFRS 5.

Zu IV. Als Finanzinvestition gehaltene Immobilien

1 In Anlehnung an *Zülch*, PiR 2005, S. 68.

2 Vgl. *Fink*, PiR 2008, S. 285.

3 Vgl. *Zülch*, PiR 2005, S. 68; *Böckem/Schurbohm*, KoR 2002, S. 41; *Freiberg* in Haufe-IFRS-Kommentar, § 16, Rz. 16 sowie zu angewandten Schwellenwerten in der internationalen Praxis *Howieson*, S. 14.

4 Vgl. *Huschke*, S. 28 sowie zu den sich daraus ergebenden Gestaltungsmöglichkeiten *Beck* in BDO Deutsche Warentreuhand AG, S.149 und *Zülch*, Investment Properties, S. 79.

5 Vgl. *Böckem/Schurbohm*, KoR 2002, S. 41.

6 Vgl. *Baetge/Zülch* in HdJ, Abt. I/2, Rz. 264-268.

7 Vgl. *Baetge/Zülch/Brüggemann/Nellessen*, PiR 2007, S. 316.

8 Vgl. *Ranker*, S. 262.

9 Vgl. *Freiberg* in Haufe IFRS-Kommentar, § 16, Rz. 29.

10 Vgl. *Ranker*, S. 262.

11 Zur bilanziellen Abbildung von Tauschgeschäften nach IFRS vgl. *Freiberg*, PiR 2007, S. 171 und *Hoffmann/Lüdenbach*, StuB 2004, S. 337.

12 Vgl. *Jung/Hänel* in Beck-IFRS-HB, § 6, Rz. 16.

13 Vgl. Zülch, 2003, S. 95 m. w. N.

14 In Anlehnung an *KPMG*, 5. Aufl., S. 113.

15 Vgl. *Bräsick*, Der Konzern 2008, S. 278 sowie kritisch *Freiberg* in Haufe-IFRS-Kommentar, § 16, Rz. 81.

16 Vgl. *Francke/Rehkugler*, S. VII.

17 Vgl. *Zülch*, PiR 2005, S. 70.

18 Vgl. *Zülch*, Investment Properties, S. 100.

19 In Anlehnung an *Zülch*, S. 349.

Zu V. Vorräte

1 Zum Begriff »Sprung zum Absatzmarkt« und dessen Definition vgl. detailliert *Baetge/Kirsch/Thiele*, 12. Aufl., S. 132.

2 Vgl. *ADS International*, IAS 2 Rz. 44.

3 *Vgl. ADS International*, IAS 2 Rz. 45.

4 Vgl. *Vater*, WPg 2006, S. 1340 sowie *Kümpel*, S. 41. Vgl. weiterführend für eine Fallstudie zur Berechnung und Bilanzierung sowie zu den Angabepflichten von Fremdkapitalkosten, die im Zusammenhang mit qualifizierten Vermögensgegenständen stehen, *Weidenbach-Koschnike*, BC 2007, S. 273-277.

5 Vgl. *ADS International*, IAS 2, Rz. 74; *Hoffmann* in *Haufe IFRS-Kommentar*, § 8 Rz. 18 ff.; *Theile in IFRS-HB*, IAS 2 Rz. 2235 sowie *Riese* in Beck: IFRS-HB, § 8 Rz. 56.

6 Vgl. u. a. *Hoffmann* in *Haufe IFRS-Kommentar*; § 8 Rz. 18 ff., *Jacobs/Schmitt* in *IFRS-Kommentar*, IAS 2 Rz. 54.

7 Vgl. u. a. *Baetge/Kirsch/Thiele*, 12. Aufl., S. 380; *Jacobs/Schmitt* in *IFRS-Kommentar*, IAS 2 Rz. 69 f. sowie *Theile in IFRS-HB*, IAS 2 Rz. 2241.

8 Die Bilanzierung von Forschungs- und Entwicklungskosten wird in *IAS 38 – Immaterielle Vermögenswerte* detailliert geregelt (vgl. S. 187 f.). IAS 38 greift indes nicht für immaterielle Vermögenswerte, die vom bilanzierenden Unternehmen zum Verkauf im Rahmen seines gewöhnlichen Geschäftszyklusses gehalten werden (IAS 38.3 (a)).

9 Hinsichtlich dieser Kuppelkalkulationsverfahren vgl. im Überblick *Coenenberg/Fischer/Günther*, 8. Aufl., S. 155 sowie beispielhaft *Freidank*, 9. Aufl., S. 171-174.

10 Die Bruttogewinnspanne lässt sich wie folgt berechnen: Bruttogewinnspanne = Gewinn / Umsatz

11 Demnach sind Vorräte auch vom Anwendungsbereich des IFRS 13 ausgenommen (vgl. IFRS 13.6 (c)) sowie S. 82).

12 Vgl. *ADS International*, IAS 2 Rz. 148; *Hoffmann* in *Haufe IFRS-Kommentar*, § 17 Rz. 36 und *Jacobs/Schmitt* in *IFRS-Kommentar*, IAS 2 Rz. 109.

13 Vgl. u. a. *Mackenzie u. a.*, S. 820; *Janze* in *Haufe IFRS-Kommentar*, § 40 Rz. 6 sowie *Scharpenberg/Schreiber* in *IFRS-Kommentar*, IAS 41 Rz. 3.

14 In Anlehnung an IAS 41.6 und *Scharpenberg/Peuler* in *IFRS-Kommentar*, IAS 41 Rz. 14-18.

15 Vgl. Mackenzie u.a., S. 824 sowie *Theile in IFRS-HB*, IAS 2, Rz. 2208.

16 Vgl. IAS 41.36. Eine mögliche Bedingung stellt die Bewirtschaftung der Fläche über einen bestimmten Mindestzeitraum dar. Sofern die gesamte Zuwendung bei Nichterfüllung zurückgezahlt werden muss, ist sie auch erst am Ende des Zeitraums erfolgswirksam zu erfassen. Vgl. weiterführend *Janze* in *Haufe IFRS-Kommentar*, § 40 Rz. 63 f.

Zu VI. Eigenkapital

1 Vgl. hierzu ausführlich *Fentz/von Voigt*, KoR 2007, S. 23-29.

2 In der Bilanz ist die Schuld nicht zwingend zum beizulegenden Zeitwert zu bewerten. Mangels Vorschriften besteht die Möglichkeit, die Schuld nach dem erstmaligen Ansatz auf Basis der Gewinnanteile der Gesellschafter fortzuschreiben. Vgl. HFA des IDW, RS HFA 45.52. Im Anhang wäre indes nach IFRS 7.25 der beizulegende Zeitwert zu veröffentlichen, um einen Vergleich mit dem entsprechenden Buchwert zu ermöglichen.

3 Vgl. dazu ausführlich: *Schmidt*, BB 2008, S. 435-438.

4 Eine weitere Untergliederung wird ebenso im Rahmenkonzept des IASB empfohlen (F.65).

5 Eigene Anteile werden vom Eigenkapital abgesetzt (vgl. S. 337).

6 Vgl. *Deutsche Telekom*, Geschäftsbericht 2012, S. 195.

7 Vgl. *Bayer AG*, Geschäftsbericht 2012, S. 168.

8 Vgl. *Allianz Konzern*, Geschäftsbericht 2012, S. 231.

9 Vgl. Pawelzik in Heuser/Theile, 5. Aufl., S. 582, Rz. 2873.

10 Vgl. *Lüdenbach*, in Haufe IFRS-Kommentar, § 20 Rz. 65.

11 Zur Kategorisierung von Finanzinstrumenten und die daran anknüpfende Folgebewertung von finanziellen Vermögenswerten und finanziellen Verbindlichkeiten, vgl. S. 358 ff.

12 Vgl. zur weiteren Bilanzierung des im sonstigen Ergebnis erfassten Betrags IAS 39.97 f.

13 Dies gilt, soweit die Neubewertungsrücklage ratierlich in der Gewinnrücklage erfasst wird.

14 Vgl. *Clemens*, in Beck-IFRS-HB, § 12 Rz. 87 sowie *Kirsch*, StuB 2005, S. 10.

Zu VII. Rückstellungen, Eventualschulden und Eventualforderungen

1 Vgl. Hoffmann in Haufe IFRS-Kommentar, § 21 Rz. 15 sowie Rz. 54.

2 Vgl. hierzu *Senger/Brune* in BilanzR, IAS 37, Rz. 16 f.

3 Vgl. zur Bedeutung der Anhangangaben zu Eventualschulden m. w. N. *Brüggemann*, S. 264.

4 Der Begriff der «Unwahrscheinlichkeit« eines künftigen Ressourcenabflusses wird in IAS 37 nicht weiter konkretisiert. Absolute wie relative Grenzwerte existieren nicht, so dass die Qualifikation eines künftigen Ressourcenabflusses als «unwahrscheinlich« im Ermessen des bilanzierenden Unternehmens liegen dürfte.

5 Vgl. *Lüdenbach/Hoffmann*, KoR 2003, S. 6.

6 In Anlehnung an IAS 37.IG Beispiel 2B.

7 Vgl. *Baetge/Zülch/Brüggemann/Nellessen*, PiR 2007, S. 317.

8 Vgl. IAS 37.IG Abschnitt B.

9 So *Hachmeister/Zeyer* in Thiele/von Keitz/Brücks, IAS 37 Rz. 261-263.

10 So *Schrimpf-Dörges* in Beck: IFRS-HB, § 13, Rz. 57.

11 Vgl. *Schrimpf-Dörges* in Beck: IFRS-HB, § 13, Rz. 58.

12 Vgl. ADS International, IAS 37 Rz. 81.

13 Vgl. von Keitz/Wollmert/Oser/Wader in IFRS-Kommentar, IAS 37 Rz. 102.

14 Vgl. *Freiberg/Lüdenbach*, PiR 2007, S. 334.

15 Vgl. *Freiberg/Lüdenbach*, PiR 2007, S. 333; *Hayn* in Ballwieser u. a., Abschn. 12 Rn. 39.

16 Vgl. von Keitz/Wollmert/Oser/Wader in IFRS-Kommentar, IAS 37 Rz. 105.

17 Vgl. ADS International, IAS 37 Rz. 99.

18 Vgl. ADS International, IAS 37 Rz. 101.

19 Vgl. hierzu auch beispielhaft *Hachmeister/Zeyer* in Thiele/von Keitz/Brücks, IAS 37 Rz. 327-341.

20 Vgl. hierzu beispielhaft Zwirner, IRZ 2012, S. 55-58.

21 Vgl. zu diesen Vorschriften im Detail *Kirchhof*, WPg 2005, S. 590-599.

22 Vgl. m. w. N. *Senger/Brune* in BilanzR, IAS 37 Rz. 157.

23 Vgl. ADS International, IAS 37 Rz. 198; *Hachmeister/Zeyer*, in Thiele/von Keitz/Brücks, IAS 37 Rz. 385.

Zu VIII. Pensionsrückstellungen und sonstige Leistungen an Arbeitnehmer

1 Dies gilt, soweit das Betriebsergebnis nach dem Umsatzkostenverfahren (UKV) gegliedert wird. Bei der Gliederung nach dem Gesamtkostenverfahren (GKV), werden die Leistungen an Arbeitnehmer vollständig erfasst. In den AK/HK der Vermögenswerte enthaltene Beträge sind entsprechend in den Bestandsveränderungen bzw. aktivierten Eigenleistungen zu erfassen.

2 Vgl. ebenso beispielhaft zur Ermittlung des beizulegenden Zeitwerts des Planvermögens *Fülbier/Sellhorn*, StuB 2004, S. 388 f.

3 Vgl. zu IFRIC 14 ebenso *Funk/Schloemer* in Vater u. a., S. 271-275 sowie *Zülch/Nellessen*, PiR 2007, S. 288-290.

4 Dies gilt, soweit das Betriebsergebnis nach dem Umsatzkostenverfahren (UKV) gegliedert wird. Bei der Gliederung nach dem Gesamtkostenverfahren (GKV), werden die Leistungen an Arbeitnehmer vollständig erfasst. In den AK/HK der Vermögenswerte enthaltene Beträge sind entsprechend in den Bestandsveränderungen oder den aktivierten Eigenleistungen zu erfassen.

Zu IX. Finanzinstrumente

1 Zu Besonderheiten bei der Ausbuchung von Finanzinstrumenten in Zusammenhang mit Verbriefungstransaktionen vgl. *Varain* in BilanzR, Band 1, IFRS, IAS 39, Rz. 186-191 sowie speziell zu Handelsforderungen *Meyer-Wegelin/Gahlen*, BB 2008, S. 883-886.

2 Zu praktischen Anwendungsfällen der »Fair-Value-Option« vgl. auch *Löw/Blaschke*, BB 2005, S. 1732-1735.

3 Vgl. IAS 39.A22.

4 Vgl. zur Fair-Value-Hierarchie ausführlich Hartenberger in Beck-IFRS-HB, § 3 Rz. 193-213.

5 Vgl. zur Fremdwährungskomponente IAS 39.AG83 sowie Hartenberger in Beck-IFRS-HB, § 3 Rz. 169.

6 Vgl. zur Bilanzierung von Staatsanleihen im Zuge der Staatsschuldenkrise Weber/Pelger, KoR 2013, S. 333-396.

7 Vgl. z.B. *Deutsche Telekom AG (Hrsg.)*, Geschäftsbericht 2012, S. 274.

8 Die Umsatzsteuer bleibt in diesem Beispiel unberücksichtigt.

9 Vgl. hierzu IAS 39.AG94.

10 Zu den Voraussetzungen für die Anwendung und die Wirkungsweise von Absicherungen einer Nettoinvestition in einen ausländischen Geschäftsbetrieb, vgl. ausführlich *Kuhn/Scharpf*, S. 457 f.

11 *Deutsche Telekom AG (Hrsg.)*, Geschäftsbericht 2012, S. 223.

12 *Deutsche Telekom AG (Hrsg.)*, Geschäftsbericht 2012, S. 271.

13 *Scharpf*, KoR 2006, Beilage 2 und *Löw*, WPg 2005, S. 1337-1352 geben einen umfassenden Überblick über den Regelungsbereich von IFRS 7.

Zu F. Sonderbereiche der Bilanzierung nach IFRS

Zu I. Fertigungsaufträge

1 Vgl. auch zu den nachfolgenden Ausführungen *Lüdenbach* in Haufe IFRS-Kommentar, § 18 Rz. 10 f.

2 Abgrenzungsprobleme können sich auch im Hinblick auf die «normale» Umsatzrealisation nach IAS 18 – Umsatzerlöse ergeben. Mit IFRIC 15 – Verträge über die Errichtung von Immobilien wird zumindest die Abgrenzungsproblematik bei Immobilienprojekten adressiert. Die Vorschriften des IFRIC 15 sind analog auf andere Branchen anzuwenden. Vgl. hierzu Oversberg, PiR 2008, S. 247-253.

3 Zu den Regelungen des IFRIC 12 vgl. im Überblick *Zülch/Gebhardt*, PiR 2007, S. 52-54 sowie beispielhaft *Lüdenbach* in Haufe IFRS-Kommentar, § 18 Rz. 66-71.

4 Vgl. IAS 11.Objective.

5 Vgl. hierzu weiterführend *von Keitz* in Internationales Bilanzrecht, IAS 11 Rz. 149-152.

6 Dies gilt, soweit die Kosten einzeln identifiziert und zuverlässig bewertet werden können. Des Weiteren dürfen diese Kosten in früheren Perioden nicht bereits als Aufwand erfasst worden sein.

7 Vgl. *Lüdenbach* in *Haufe IFRS-Kommentar*, § 18 Rz. 56-59.

8 Unter Umständen kann eine zu geringe Produktionsauslastung aufgrund der relativ konstanten fixen Produktionsgemeinkosten zu einer erhöhten Verteilung der Kosten auf die einzelne Produktionseinheit führen. Die infolge eines geringen Produktionsvolumens je Stück erhöhten Gemeinkosten werden als sog. Leerkosten bezeichnet und sind in der Periode ihres Anfalls als Aufwand zu erfassen. Vgl. weiterführend zum Begriff der Leerkosten S. 280.

9 Vgl. *Patzak/Kerscher-Preis* in IFRS-Kommentar, IAS 11 Rz. 36.

10 Vgl. zu diesen Verfahren im Überblick ebenso *Buhleier* in BilanzR, IAS 11 Rz. 126-130.

11 Vgl. weiterführend *Kirsch*, KoR 2006, S. 53 f.

12 Vgl. ebenso *Brune* in Beck: IFRS-HB, § 9, Rz. 89.

13 Vgl. *KPMG/von Keitz*, S. 31.

Zu II. Ertragsteuern

1 Vgl. *Schulz-Danso* in Beck'sches IFRS-Handbuch, § 25 Rz. 103.

2 Vgl. *Lüdenbach/Freiberg* in Haufe IFRS-Kommentar, § 15 Rz. 190.

3 Vgl. *Berger*, DB 2006, S. 2474.

4 Vgl. *Schulz-Danso* in Beck-IFRS-HB, § 25 Rz. 78.

5 Vgl. *Berger*, DB 2006, S. 2474.

6 Vgl. *Berger/Hauck/Prinz*, DB 2007, S. 412-415.

7 Vgl. *Hofmann*, Handelsblatt v. 19.11.2007, S. 14.

8 Vgl. *Schulz-Danso* in Beck-IFRS-HB, § 25 Rz. 163.

9 Vgl. *Lienau*, S. 237.

10 Ausführlich dazu *Dahlke/von Eitzen*, DB 2003, S. 2237-2243.

Zu III. Leasing

1 Vgl. zu IFRIC 4 etwa *Alvarez/Büttner*, PiR 2008, S. 45-52.

2 In Anlehnung an IFRIC 4.IE1 f.

3 Vgl. hierzu ausführlich *Bühner/Sheldon*, DB 2001, S. 315 ff. sowie *Völker*, WPg 2002, S. 669 ff.

4 Vgl. Freiberg/Lüdenbach in Haufe IFRS-Kommentar, §15 Rz. 37.

5 Vgl. hierzu *Kirsch* in IFRS-Kommentar, IAS 17 Rz. 35.

6 Vgl. *Freiberg/Lüdenbach* in Haufe IFRS-Kommentar, § 15 Rz. 44 sowie *ADS International*, IAS 17 Rz. 92-94.

7 Aus Sicht des Leasinggebers zählen auch die von Dritten garantierten Restwerte zu den Mindestleasingzahlungen. Dies ist notwendig, da der dem Leasingverhältnis zugrunde liegende Zinssatz aus Sicht des Leasinggebers ermittelt wird. Vgl. dazu den nachfolgenden Absatz.
8 Vgl. *Findeisen*, RIW 1997, S. 840.
9 Vgl. z. B. *Lüdenbach/Freiberg*, BB 2006, S. 259-264.
10 Vgl. *Küting/Hellen/Brakensiek*, BB 1998, 1465 f.
11 Vgl. Freiberg/Lüdenbach in Haufe IFRS-Kommentar, §15 Rz. 26.
12 Vgl. zur Behandlung von Fremdkapitalkosten die Regelungen des IAS 23, S. 277.
13 In Anlehnung an Kirsch in IFRS-Kommentar, IAS 17 Rz. 44 f.
14 Vgl. m. w. N. ADS International, IAS 17 Rz. 171.

Zu IV. Anteilsbasierte Vergütung

1 Zu einem Überblick über im Rahmen von IFRS 2 anwendbare Optionspreismodelle vgl. *Freiberg/Lüdenbach* in Haufe IFRS-Kommentar, § 23 Rz. 227-237.
2 Vgl. grundlegend *Cox/Ross/Rubinstein*, Journal of Financial Economics 1979, S. 229-263 sowie zusammenfassend *Crasselt*, KoR 2005, S. 444-449.
3 Vgl. *Black/Scholes*, Journal of Political Economy 1973, S. 637-659.
4 In Anlehnung an IFRS 2.IG5D.
5 Vgl. zur Ermittlung des beizulegenden Zeitwerts der gewährten Eigenkapitalinstrumente m. w. N. Vater in Thiele/von Keitz/Brücks, IFRS 2, Rz. 189-259.
6 Vgl. zur Behandlung der Ausübungsbedingungen m. w. N. Vater in Thiele/von Keitz/Brücks, IFRS 2, Rz. 260-272.
7 Vgl. hierzu Freiberg/Lüdenbach in: Haufe, IFRS-Kommentar, § 23 Rz. 51-55.
8 Vgl. Freiberg/Lüdenbach in: Haufe, IFRS-Kommentar, § 23 Rz. 56.
9 In Anlehnung an IFRS 2.IG4A.
10 Vgl. Zwirner/Froschhammer, KoR 2010, S. 515 f. Ähnlich Freiberg/Lüdenbach in: Haufe, IFRS-Kommentar, § 23 Rz. 59 f.
11 In Anlehnung an Zwirner/Froschhammer, KoR 2010, S. 516.
12 Vgl. hierzu *Vater*, StuB 2004, S. 803-806.
13 Eine ausführliche Fallstudie zur Bilanzierung anteilsbasierter Vergütung findet sich in Zwirner/Froschhammer, KoR 2010, S. 515-524.
14 Vgl. hierzu auch *Pellens/Crasselt*, KoR 2004, S. 115.
15 Vgl. Zwirner/Froschhammer, KoR 2010, S. 518f.
16 Vgl. IFRS 2.IG19 Beispiel 12.

Zu V. Umsatzrealisation

17 Vgl. *Brücks/Kerkhoff/Richter* in Thiele/von Keitz/Brücks, IAS 18 Rz. 17 f.
18 Vgl. *Zülch/Gebhardt*, PiR 2007, S. 52-54.
19 In Anlehnung an *Zülch*, GuV nach IFRS, S. 82.
20 Vgl. *Kieso/Weygandt/Warfield*, S. 954-956.
21 Vgl. *Lüdenbach* in Haufe IFRS-Kommentar, § 25 Rz. 3 f.
22 Die Definition im Rahmenkonzept des IASB entspricht sinngemäß der Ertragsdefinition in IAS 18.7; siehe hierzu 4.25 (a): »*Erträge stellen eine Zunahme des wirtschaftlichen Nutzens [...] in Form von Zuflüssen oder Erhöhungen von Vermögenswerten oder einer Abnahme von Schulden dar, die zu einer Erhöhung des Eigenkapitals führen, welche nicht auf eine Einlage der Anteilseigner zurückzuführen ist*«.
23 Vgl. *Grau*, S. 60.
24 Vgl. *Grau*, S. 84; *Lüdenbach* in Haufe IFRS-Kommentar, § 25 Rz. 12 f.
25 Vgl. ADS International, Abschn. 4 Rz. 21.
26 Vgl. *Grau*, S. 96 f.
27 Vgl. *Lüdenbach* in Haufe IFRS-Kommentar, § 25 Rz. 21.
28 Vgl. zu IFRIC 15 *Oversberg*, PiR 2008, S. 247-253; *Oversberg*, IRZ 2008, S. 393-396.
29 Weiterführende Informationen zu den unterschiedlichen Arten von Dienstleistungsgeschäften und der Realisation aus ihnen erwachsender Erträge finden sich in IAS 18.IE12-18.IE18. Vgl. ebenso im Überblick *Kuhner* in BilanzR, IAS 18 Rz. 102-106.
30 Vgl. *Lüdenbach* in Haufe IFRS-Kommentar, § 25 Rz. 53-55.
31 Vgl. *ADS International*, Abschn. 4 Rz. 31; daneben gilt auch eine Konstellation als

Mehrkomponentenvertrag, bei der zwei explizit getrennte Geschäftsvorfälle in wirtschaftlicher Hinsicht zusammen zu würdigen sind.

32 Vgl. zu dieser Regelung detailliert *Brücks/Kerkhoff/Richter* in Thiele/von Keitz/Brücks, IAS 18 Rz. 144-155. In der angegebenen Quelle wird auf die Vorschrift EITF 00-21 verwiesen, welche unverändert in ASC 605-25 übernommen wurde.

33 Vgl. *Lüdenbach* in Haufe IFRS-Kommentar, § 25 Rz. 72-75.

34 Vgl. kritisch zur Anwendung der internen Zinsfußmethode *Kruschwitz*, S. 92-102.

35 Vgl. ausführlich *Lüdenbach* in Haufe IFRS-Kommentar, § 25 Rz. 62 und Rz. 87-91.

36 Vgl. *Moxter*, 6. Aufl., S. 50-55 m. w. N.

37 Vgl. *ADS International*, Abschn. 4 Rz. 264-268.

38 Vgl. *Wüstemann/Wüstemann/Neumann* in IFRS-Kommentar, IAS 18 Rz. 104-108.

39 Zur Ermittlung der Anschaffungskosten von Sachanlagen bei Tauschgeschäften vgl. S. 210; zur Ermittlung der Anschaffungskosten von immateriellen Vermögenswerten bei Tauschgeschäften vgl. S. 194.

40 Die Regelungen in IFRIC 13 sind nicht unumstritten. So setzen sich verschiedene Institutionen für eine Ertragserfassung in voller Höhe bei gleichzeitiger Bildung einer Rückstellung ein, mit dem Hinweis, dass die Verpflichtungen aus Kundenbindungsprogrammen durchaus den Charakter von Marketingaufwendungen haben; dagegen spricht allerdings, dass die Gewährung von Prämien keine Marketingaufwendungen darstellen können, da sie erst zu einem späteren Zeitpunkt erbracht werden und unabhängig von der Verkaufstransaktion anfallen; vgl. *Zülch/Pronobis*, KoR 2007, S. 589 m. w. N.

41 In Ausnahmefällen besteht eine Zuwendung der öffentlichen Hand gem. IAS 20.23 auch in der Übertragung nicht monetärer Vermögenswerte wie etwa Grund und Boden.

42 Zu einer kritischen Analyse der Brutto- und Nettomethode im Zusammenhang mit Zuwendungen der öffentlichen Hand vgl. *Fülbier/Gassen/Küting/Weller*, KoR 2008, S. 482-484.

43 Vgl. ausführliches Beispiel in *Botta/Staub/Weinaug*, BBK 2004, S. 1483-1486.

44 Auszug aus dem Konzerngeschäftsbericht der Deutschen Telekom AG für das Jahr 2012; vgl. *Deutsche Telekom AG*, S. 214 f. (Hervorhebungen durch die Verfasser).

Zu VI. Wertminderung von Vermögenswerten

45 Vgl. hierzu *Heuser/Theile*, 5. Aufl., S. 395, Rz. 2072.

46 Vgl. ausführlich *Freiberg/Lüdenbach*, KoR 2005, S. 479-487.

47 Laut IDW HFA RS 16, Rz. 103.

Zu VII. Änderungen des Abschlusses

1 Zu beachten ist indes, dass IAS 8 bislang nicht an das überarbeitete Rahmenkonzept, insbesondere die qualitativen Anforderungen für Finanzinformationen, angepasst wurde, vgl. *Hoffmann/Detzen*, KoR 2012, S. 54 f.

2 Im Rahmen des in 2008 verabschiedeten »Annual Improvements Project« wurde IAS 8.11 redaktionell redigiert, wodurch deutlich gemacht wurde, dass nur die integralen Bestandteile der IFRS verpflichtend zur Ermittlung anzuwendender Rechnungslegungsmethoden heranzuziehen sind. Anwendungsleitlinien *(implementation guidances)* besitzen als nicht integrale Bestandteile der IFRS lediglich Empfehlungscharakter.

3 Im Folgenden wird der allgemeinere Begriff »Methodenänderungen« synonym für Änderungen von Rechnungslegungsmethoden verwendet.

4 Vgl. *Theile/Pawelzik* in IFRS-HB, IAS 8 Rz. 940.

5 Vgl. *Köster* in Thiele/von Keitz/Brücks, IAS 8 Rz. 127; zu Ausnahmen hinsichtlich der erstmaligen Anwendung der Neubewertungsmethode beim Sachanlagevermögen und bestimmten immateriellen Vermögenswerten sowie der erstmaligen Bewertung von als Finanzanlagen gehaltenen Gebäuden und Grundstücken vgl. nachfolgende Ausführungen.

6 Vgl. *Zülch/Willms* in BilanzR, IAS 8 Rz. 6 m. w. N.; *ADS International*, Abschn. 3 Rz. 58.

7 Die meisten neu verabschiedeten oder überarbeiteten Rechnungslegungsstandards bzw. Rechnungslegungsinterpretationen enthalten Übergangsvorschriften, die sich i. d. R. am Ende der jeweiligen Vorschrift finden. Die Übergangsvorschriften stellen konkrete Vorschriften für einen bestimmten Zeitraum dar, in dem der Bilanzierende z. B. zusätzliche Regelungen für bestimmte Transaktionen zu beachten hat. Sie enthalten außerdem regelmäßig Vorschriften zur Behandlung von Vergleichszahlen aus früheren Perioden. Des Weiteren ist ein Außerkraftsetzen von Teilen der neuen Regelung für bestimmte Transaktionen möglich. Sehr umfangreiche Übergangsvorschriften finden sich beispielsweise in IAS 39.

8 Vgl. *Zülch/Willms*, KoR 2004, S. 131.

9 In Anlehnung an *Zülch/Willms*, KoR 2004, S. 131-133.

10 Es wird indes nicht geregelt, wo die Informationen anzugeben sind. Sachgerecht scheint indes eine Angabe im Anhang. Vgl. *ADS International*, Abschn. 3 Rz. 125.

11 Vgl. *Lüdenbach* in Haufe IFRS-Kommentar, § 24 Rz. 34.

12 Vgl. *Küting/Weber/Kessler/Metz,* DB Beilage 7/2007, S. 9-17.

13 Vgl. *Lüdenbach* in Haufe IFRS-Kommentar, § 24 Rz. 36; *ADS International*, Abschn. 3 Rz. 113; *Blaum/Holzwarth/Wendlandt* in IFRS-Kommentar, IAS 8 Rz. 35 m. w. N.; *Köster* in Thiele/von Keitz/Brücks, IAS 8 Rz. 165.

14 Vgl. *Köster* in Thiele/von Keitz/Brücks, IAS 8 Rz. 12 und 168.

15 Vgl. insbesondere *Zülch/Beyhs/Hoffmann/Krauß*.

16 Vgl. beispielhaft *HSH Nordbank AG*, S. 118-123.

Zu G. Konzernbilanzierung nach IFRS

1 In Anlehnung an *Baetge/Kirsch/Thiele*, Konzernbilanzen, S. 3.

2 Sofern die Technik der Equity-Methode in den folgenden Abschnitten anhand von Beispielen erläutert wird, die sich explizit nur auf assoziierte Unternehmen beziehen, gelten die veranschaulichten Regelungen für die Bilanzierung von Gemeinschaftsunternehmen entsprechend.

3 Eine Klassifizierung als zur Veräußerung gehalten («*held for sale*") hat gem. IFRS 5.6 dann zu erfolgen, wenn der Buchwert der betreffenden Vermögenswerte bzw. Abgangsgruppe hauptsächlich durch einen Veräußerungsvorgang und nicht durch die fortgeführte Nutzung durch das bilanzierende Unternehmen realisiert wird. Konkretisiert werden die Klassifizierungsvoraussetzungen in IFRS 5.7 und IFRS 5.8, die fordern, dass der langfristige Vermögenswert im gegenwärtigen Zustand zu Bedingungen, die für die Veräußerung derartiger Vermögenswerte gängig und üblich sind, sofort veräußerbar und die Veräußerung höchstwahrscheinlich ist.

4 Auch wenn der Begriff «Kaufpreisallokation» in IFRS 3 nicht verwendet wird und aufgrund der im Standard beschriebenen Vorgehensweise «formal» auch keine Kaufpreisallokation stattfindet, entspricht die vom Standard vorgeschriebene Vorgehensweise faktisch der Kaufpreisallokation, da letztlich die übertragene Gegenleistung auf die hinter der Beteiligung stehenden Vermögenswerte und Schulden verteilt wird und der resultierende Unterschiedsbetrag zwischen übernommenem Reinvermögen zu Zeitwerten und übertragener Gegenleistung als Geschäfts- oder Firmenwert aktiviert wird bzw. ein passivischer Unterschiedsbetrag ergebniswirksam zu vereinnahmen ist.

Zu H. Erstmalige Anwendung der IFRS

1 Vgl. im Überblick *Fischer/Klöpfer*, ZfB 2008, S. 623-649 und zu detaillierten Ausführungen *Klöpfer*, S. 97-330.

2 Denkbar ist hier, dass ein Finanzinstrument außerbörslich zu einem vom Marktpreis abweichenden Preis erworben wird.

Glossar relevanter IFRS-Begriffe

A

Accounting policies (Bilanzierungs- und Bewertungsmethoden) Bilanzierungs- und Bewertungsmethoden sind gem. IAS 8.5 alle besonderen Prinzipien, grundlegenden Überlegungen, Konventionen, Regeln und Praktiken, die ein Unternehmen bei der Aufstellung und Darstellung eines Abschlusses anwendet.

Active market (aktiver Markt) Ein aktiver Markt ist ein Markt, bei dem die folgenden Voraussetzungen kumulativ erfüllt sind:

- die auf dem Markt gehandelten Produkte sind homogen,
- vertragswillige Käufer und Verkäufer können i. d. R. jederzeit gefunden werden und
- Preise stehen der Öffentlichkeit zur Verfügung.
- Gemäß IFRS 13.A handelt es sich dann um einen aktiven Markt, wenn Transaktionen mit ausreichender Häufigkeit und auch in ausreichendem Volumen durchgeführt werden, sodass kontinuierlich Preise festgestellt werden können.

Actuarial gains and losses (versicherungsmathematische Gewinne und Verluste) Versicherungsmathematische Gewinne und Verluste bestehen aus:

- erfahrungsbedingten Anpassungen (die Auswirkungen der Abweichungen zwischen früheren versicherungsmathematischen Annahmen und der tatsächlichen Entwicklung); und
- Auswirkungen von Änderungen versicherungsmathematischer Annahmen.

Amortisation (Abschreibung) Mit amortisation wird die planmäßige Abschreibung eines immateriellen Vermögenswerts bezeichnet (vgl. auch depreciation, impairment loss).

Antidilution (Verwässerungsschutz) Unter Verwässerungsschutz versteht man eine Erhöhung des Ergebnisses je Aktie beziehungsweise eine Reduzierung des Verlusts je Aktie aufgrund der Annahme, dass wandelbare Instrumente umgewandelt, Optionen oder Optionsscheine ausgeübt oder Stammaktien unter bestimmten Voraussetzungen ausgegeben werden.

Asset (Vermögenswert) Ein asset ist eine verfügbare Ressource des Unternehmens, die aus vergangenen Ereignissen entstanden ist und von der das Unternehmen einen künftigen wirtschaftlichen Nutzen erwartet. Vermögenswerte (assets) müssen aktiviert werden, wenn sie die Ansatzkriterien (recognition criteria) erfüllen.

C

Carrying amount (Buchwert) Der Buchwert ist der Betrag, mit dem ein Vermögenswert nach Abzug aller kumulierten Abschreibungen und außerplanmäßigen Wertminderungsaufwendungen angesetzt wird (vgl. z. B. IAS 16.6).

Cash (Zahlungsmittel) Zahlungsmittel umfassen Barmittel und Sichteinlagen.

Cash equivalents (Zahlungsmitteläquivalente) Zahlungsmitteläquivalente sind kurzfristige, äußerst liquide Finanzinvestitionen, die jederzeit in bestimmte Zahlungsmittelbeträge umgewandelt werden können und nur unwesentlichen Wertschwankungsrisiken unterliegen.

Cash flow (Cashflow) Cashflows sind Zuflüsse und Abflüsse von Zahlungsmitteln und Zahlungsmitteläquivalenten.

Cash-generating unit (zahlungsmittelgenerierende Einheit) Eine zahlungsmittelgenerierende Einheit ist die kleinste identifizierbare Gruppe von Vermögenswerten, die Mittelzuflüsse erzeugt, die weitestgehend unabhängig von den Mittelzuflüssen anderer Vermögenswerte oder anderer Gruppen von Vermögenswerten sind (vgl. z. B. IAS 36.6).

Cash-settled share-based payment transaction (anteilsbasierte Vergütungstransaktion mit Barausgleich) Eine cash-settled share-based payment transaction ist eine anteilsbasierte Vergütungstransaktion, bei denen das Unternehmen Güter oder Dienstleistungen erhält und im Gegenzug die Verpflichtung eingeht, dem Lieferanten dieser Güter oder Dienstleistungen flüssige Mittel oder andere Vermögenswerte zu übertragen, deren Höhe vom Kurs (oder Wert) der Aktien oder anderer Eigenkapitalinstrumente des Unternehmens abhängig ist (vgl. IFRS 2.A).

Construction contract (Fertigungsauftrag) Ein Fertigungsauftrag ist ein Vertrag über die kundenspezifische Fertigung einzelner Gegenstände oder einer Zahl von Gegenständen, die hinsichtlich Design, Technologie und Funktion oder hinsichtlich ihrer Verwendung aufeinander abgestimmt oder voneinander abhängig sind.

Corporate assets (gemeinschaftliche Vermögenswerte) Gemeinschaftliche Vermögenswerte sind Vermögenswerte, außer dem Geschäfts- oder Firmenwert, die zu den künftigen Cashflows sowohl der zu prüfenden zahlungsmittelgenerierenden Einheit als auch anderer zahlungsmittelgenerierender Einheiten beitragen.

Costs (Anschaffungs- oder Herstellungskosten) Die Anschaffungs- oder Herstellungskosten sind der zum Erwerb oder zur Herstellung eines Vermögenswerts entrichtete Betrag an Zahlungsmitteln oder Zahlungsmitteläquivalenten beziehungsweise der beizulegende Zeitwert einer anderen Entgeltform zum Zeitpunkt des Erwerbs oder der Herstellung.

Cost plus contract (Kostenzuschlagsvertrag) Ein Kostenzuschlagsvertrag ist ein Fertigungsauftrag, bei dem der Auftragnehmer abrechenbare oder anderweitig festgelegte Kosten zuzüglich eines vereinbarten Prozentsatzes dieser Kosten oder ein festes Entgelt vergütet bekommt.

Costs to sell (Veräußerungskosten) Kosten, die der Veräußerung eines Vermögenswerts (oder einer Veräußerungsgruppe) direkt zugeordnet werden können, mit Ausnahme der Finanzierungskosten und des Ertragsteueraufwands.

Credit risk (Kreditrisiko) Das Risiko, dass eine Partei eines Finanzinstruments der anderen Partei einen finanziellen Verlust verursacht, indem sie einer Verpflichtung nicht nachkommt.

Currency risk (Wechselkursrisiko) Das Risiko, dass der beizulegende Zeitwert oder künftige Cashflows eines Finanzinstruments aufgrund von Wechselkursänderungen schwanken.

Current assets (kurzfristige Vermögenswerte, Umlaufvermögen) Current assets sind Vermögenswerte, die primär für Handelszwecke gehalten werden oder während eines Jahres oder innerhalb des normalen Umsatzprozesses das Unternehmen verlassen (z. B. durch Verkauf oder Liquidation). Im Wesentlichen entsprechen die current assets dem Umlaufvermögen.

D

Deferred tax assets (latente Steueransprüche/aktive latente Steuern) Die latenten Steueransprüche sind die Beträge an Ertragsteuern, die in künftigen Perioden erstattungsfähig sind, und aus:

- abzugsfähigen temporären Differenzen;
- dem Vortrag noch nicht genutzter steuerlicher Verluste; und
- dem Vortrag noch nicht genutzter steuerlicher Gutschriften resultieren.

Deferred tax liabilities (latente Steuerschulden/passive latente Steuern) Die latenten Steuerschulden sind die Beträge an Ertragsteuern, die in künftigen Perioden resultierend aus zu versteuernden temporären Differenzen zahlbar sind.

Dilution (Verwässerung) Eine Verwässerung ist eine Reduzierung des Ergebnisses je Aktie beziehungsweise eine Erhöhung des Verlusts je Aktie aufgrund der Annahme, dass bei wandelbaren Instrumenten eine Wandlung stattfindet, dass Optionen oder Optionsscheine ausgeübt, oder dass Stammaktien unter bestimmten Voraussetzungen emittiert werden.

Depreciation (Abschreibung) Mit depreciation wird die planmäßige Abschreibung eines materiellen Vermögenswertes bezeichnet (vgl. auch amortisation, impairment loss).

Discontinued operation (aufgegebener Geschäftsbereich) Ein Unternehmensbestandteil, der veräußert wurde oder als zur Veräußerung gehalten klassifiziert wird und:

- einen gesonderten, wesentlichen Geschäftszweig oder geografischen Geschäftsbereich darstellt,
- Teil eines einzelnen, abgestimmten Plans zur Veräußerung eines gesonderten wesentlichen Geschäftszweigs oder geografischen Geschäftsbereichs ist, oder
- ein Tochterunternehmen darstellt, das ausschließlich mit der Absicht einer Weiterveräußerung erworben wurde.

Disposal group (Veräußerungsgruppe) Eine Gruppe von Vermögenswerten, die gemeinsam in einer einzigen Transaktion durch Verkauf oder auf andere Weise veräußert werden sollen, sowie die direkt mit ihnen in Verbindung stehenden Schulden, die bei der Transaktion übertragen werden. Die Gruppe enthält den bei einem Unternehmenszusammenschluss erworbenen Geschäfts- oder Firmenwert, wenn sie eine zahlungsmittelgenerierende Einheit darstellt, welcher der Geschäfts- oder Firmenwert gem. IAS 36.80-36.87 zugeordnet wurde, oder es sich um einen Geschäftsbereich innerhalb einer solchen zahlungsmittelgenerierenden Einheit handelt.

E

Equity (Eigenkapital)

Equity instruments (Eigenkapitalinstrumente) Ein Eigenkapitalinstrument ist ein Vertrag, der einen Residualanspruch an den Vermögenswerten eines Unternehmens nach Abzug aller korrespondierenden Schulden begründet.

Expenses (Aufwendungen) Als expenses werden die Abnahmen des wirtschaftlichen Nutzens innerhalb eines Berichtszeitraumes bezeichnet. Diese Nutzenabnahmen resultieren entweder aus dem Zufluss oder der Werterhöhung von Schulden (liabilities) oder aus dem Abgang beziehungsweise der Wertminderung von Vermögenswerten (assets).

Exposure Draft (Entwurf eines Standards)

F

Fair presentation (vgl. true and fair view)

Fair value (beizulegender Zeitwert) Als beizulegenden Zeitwert versteht man den Preis, der in einem geordneten Geschäftsvorfall zwischen Marktteilnehmern am Bemessungsstichtag für den Verkauf eines Vermögenswerts bzw. die Übertragung einer Schuld gezahlt würde. Hierbei handelt es sich um den Hauptmarkt oder den vorteilhaftesten Markt, der herangezogen wird, um einen Abgangspreis zu ermitteln.

Fair value less costs of disposal (beizulegender Zeitwert abzüglich der Kosten der Veräußerung) In IAS 36.6 ist der beizulegende Zeitwert abzüglich der Kosten der Veräußerung definiert als der Betrag, der durch den Verkauf eines Vermögenswerts oder einer zahlungsmittelgenerierenden Einheit in einer Transaktion zu Marktbedingungen zwischen sachverständigen, vertragswilligen Parteien nach Abzug der Veräußerungskosten erzielt werden könnte.

Finance lease (Finanzierungsleasing) Ein Finanzierungsleasing ist ein Leasingverhältnis, bei dem im Wesentlichen alle mit dem Eigentum verbundenen Risiken und Chancen eines Vermögenswerts übertragen werden. Dabei kann letztendlich das Eigentumsrecht übertragen werden oder nicht.

Financial asset (finanzieller Vermögenswert) Der Begriff finanzieller Vermögenswert umfasst

- flüssige Mittel;
- ein Eigenkapitalinstrument eines anderen Unternehmens;
- das vertragliche Recht,
  - flüssige Mittel oder andere finanzielle Vermögenswerte von einem anderen Unternehmen zu erhalten; oder
  - finanzielle Vermögenswerte oder finanzielle Verbindlichkeiten mit einem anderen Unternehmen zu potenziell vorteilhaften Bedingungen auszutauschen, oder
- bestimmte Verträge, die in eigenen Eigenkapitalinstrumenten erfüllt werden (dürfen).

Financial instruments (Finanzinstrumente) Ein Finanzinstrument ist ein Vertrag, aus dem bei der einen Vertragspartei ein finanzieller Vermögenswert (financial asset) und bei der anderen Vertragspartei eine finanzielle Schuld (financial liablility) oder ein Eigenkapitalinstrument (equity instrument) resultiert.

Financial liability (finanzielle Schuld) Der Begriff finanzielle Schuld umfasst:

- eine vertragliche Verpflichtung,
  - flüssige Mittel oder andere finanzielle Vermögenswerte zu liefern, oder
  - finanzielle Vermögenswerte oder finanzielle Verbindlichkeiten zu potenziell nachteiligen Bedingungen zu tauschen, oder
- bestimmte Verträge, die in eigenen Eigenkapitalinstrumenten beglichen werden (dürfen).

Fixed price contract (Festpreisvertrag) Ein Festpreisvertrag ist ein Fertigungsauftrag, für den der Auftragnehmer einen festen Preis beziehungsweise einen festgelegten Preis pro Outputeinheit vereinbart, wobei dieser an eine Preisgleitklausel gekoppelt sein kann.

Framework (Rahmenkonzept der Rechnungslegung nach IFRS) Im Framework des IASB werden u. a. die Zielsetzung von IFRS-Abschlüssen und verschiedene allgemeine Grundsätze für die Rechnungslegung nach IFRS niedergelegt. Falls Konflikte zwischen den Regelungen des framework und Regelungen in einem Standard entstehen, gehen die Regelungen im Standard vor.

G

Gains (Erträge (aus sonstigen unternehmerischen Aktivitäten)) Gains zählen neben den revenues zu den Erträgen (income), gehören aber – im Gegensatz zu den revenues – nicht notwendigerweise zum ordentlichen Erfolg. Zu den gains zählen z. B. erfolgsneutrale Einstellungen in die Neubewertungsrücklage oder Erträge aus der Veräußerung von Vermögenswerten des Anlagevermögens.

H

Historical cost (historische Anschaffungs- oder Herstellungskosten) Die historical cost sind der zum Erwerb oder zur Herstellung eines Vermögenswerts entrichtete Betrag an Zahlungsmitteln oder Zahlungsmitteläquivalenten oder der Fair Value einer anderen Entgeltform zum Zeitpunkt des Erwerbs oder der Herstellung oder falls zutreffend, der Betrag, der einem Vermögenswert bei seinem erstmaligen Ansatz in Übereinstimmung mit speziellen IFRS, z. B. IFRS 2 zugeordnet wird. Schulden werden hingegen mit dem Betrag des im Austausch für die Verpflichtung erhaltenen Erlöses erfasst oder mit dem Betrag an Zahlungsmitteln oder Zahlungsmitteläquivalenten, der zur Begleichung der Schuld erwartungsgemäß gezahlt werden muss.

I

Impairment loss (Wertminderungsaufwand) Der (aus einer außerplanmäßigen Abschreibung resultierende) Wertminderungsaufwand ist nach IAS 36 der Betrag, um den der Buchwert eines Vermögenswerts oder einer zahlungsmittelgenerierenden Einheit den entsprechenden erzielbaren Betrag übersteigt.

Impracticable (undurchführbar) Die Anwendung einer Vorschrift gilt dann als undurchführbar, wenn sie trotz aller angemessenen Anstrengungen des Unternehmens nicht angewendet werden kann.

Income (Ertrag) Als income werden die Zunahmen des wirtschaftlichen Nutzens innerhalb eines Berichtszeitraumes bezeichnet. Diese Nutzenzunahmen resultieren entweder aus dem Zugang oder aus der Wertsteigerung von Vermögenswerten (assets) oder aus dem Abgang beziehungsweise aus der Wertminderung von Schulden (liabilities). Zuwendungen von Eigenkapitalgebern zählen nicht zu den Erträgen.

Intangible Asset (immaterieller Vermögenswert) Ein immaterieller Vermögenswert ist ein identifizierbarer, nicht monetärer Vermögenswert ohne physische Substanz.

Interest rate risk (Zinsrisiko) Das Risiko, dass der beizulegende Zeitwert oder künftige Cashflows eines Finanzinstruments aufgrund von Änderungen des Marktzinssatzes schwanken.

Interim period (Zwischenberichtsperiode) Eine Zwischenberichtsperiode ist eine Finanzberichtsperiode, die kürzer als ein gesamtes Geschäftsjahr ist.

International Financial Reporting Standards (IFRS) International Financial Reporting Standards (IFRS) sind die vom International Accounting Standards Board (IASB) verabschiedeten Standards und Interpretationen. Sie umfassen:

- International Financial Reporting Standards (IFRS);
- International Accounting Standards (IAS); und
- Interpretationen des International Financial Reporting Interpretations Committee (IFRIC) und des ehemaligen Standing Interpretations Committee (SIC).

Intrinsic value (innerer Wert) Der intrinsic value ist die Differenz zwischen dem beizulegenden Zeitwert (vgl. Fair value) der Aktien, zu deren Zeichnung oder Erhalt die Gegenpartei (bedingt oder uneingeschränkt) berechtigt ist und (ggf.) dem von der Gegenpartei für diese Aktien zu entrichtenden Betrag. Beispielsweise hat bei einem beizulegenden Zeitwert von 20 € pro Aktie eine Aktienoption mit einem Basispreis von 15 € einen inneren Wert von 5 €.

Inventories (Vorräte) Vorräte sind Vermögenswerte,

- die zum Verkauf im normalen Geschäftsgang gehalten werden;
- die sich in der Herstellung für einen solchen Verkauf befinden; oder
- die als Roh-, Hilfs- und Betriebsstoffe dazu bestimmt sind, bei der Herstellung oder der Erbringung von Dienstleistungen verbraucht zu werden.

Investment property (als Finanzinvestitionen gehaltene Immobilie) Bei investment properties handelt es sich gem. IAS 40.5 um Immobilien (in Form von Grundstücken oder Gebäuden – oder Teilen von Gebäuden – oder beides), die vom Eigentümer oder vom Leasingnehmer im Rahmen eines Finanzierungsleasingverhältnisses zur Erzielung von Mieteinnahmen und/oder zum Zwecke der Wertsteigerung gehalten werden und nicht:

- zur Herstellung oder Lieferung von Gütern beziehungsweise zur Erbringung von Dienstleistungen; oder
- für Verwaltungszwecke; oder
- zum Verkauf im Rahmen der gewöhnlichen Geschäftstätigkeit des Unternehmens.

Liability (Schuld) Eine Schuld ist eine gegenwärtige Verpflichtung des Unternehmens, die aufgrund eines vergangenen Ereignisses entstanden ist und deren Erfüllung voraussichtlich zu einem Abfluss von Ressourcen führt, die wirtschaftlichen Nutzen verkörpern.

Liquidity risk (Liquiditätsrisiko) Das Risiko, dass ein Unternehmen Schwierigkeiten bei der Erfüllung seiner sich aus den finanziellen Verbindlichkeiten ergebenden Verpflichtungen hat.

Loss (Aufwand aus sonstigen unternehmerischen Tätigkeiten) Losses zählen zu den Aufwendungen (expenses), gehören aber nicht notwendig zum ordentlichen Erfolg. Zu den losses zählen z. B. erfolgsneutrale Auflösungen der Neubewertungsrücklage oder Aufwendungen aus der Veräußerung von Vermögenswerten des Anlagevermögens.

M

Management Commentary (»Lageberichterstattung«)

Market condition (Marktbedingung) Eine Marktbedingung ist eine Bedingung für

- den Ausübungspreis von,
- den Übergang des Rechtsanspruchs an oder
- die Ausübungsmöglichkeit

von Eigenkapitalinstrumenten, die mit dem Marktpreis der Eigenkapitalinstrumente des Unternehmens in Zusammenhang stehen, wie

- die Erzielung eines bestimmten Aktienkurses oder
- eines bestimmten inneren Wertes einer Aktienoption oder
- die Erreichung eines bestimmten Erfolgsziels, das auf dem Marktkurs der Eigenkapitalinstrumente des Unternehmens gegenüber einem Index von Marktpreisen der Eigenkapitalinstrumente anderer Unternehmen basiert.

Market risk (Marktrisiko) Das Risiko, dass der beizulegende Zeitwert oder künftige Cashflows eines Finanzinstruments aufgrund von Änderungen der Marktpreise schwanken. Zum Marktrisiko zählen die drei folgenden

Risikotypen: Wechselkursrisiko, Zinsrisiko und sonstige Preisrisiken.

Material (wesentlich) Auslassungen oder fehlerhafte Darstellungen eines Postens sind wesentlich, wenn sie einzeln oder insgesamt die auf der Basis des Abschlusses getroffenen wirtschaftlichen Entscheidungen der Adressaten beeinflussen könnten. Wesentlichkeit hängt vom Umfang und von der Art der Auslassung oder fehlerhaften Darstellung ab, wobei diese unter den gegebenen Begleitumständen beurteilt werden. Der Umfang oder die Art des Postens beziehungsweise eine Kombination dieser beiden Aspekte, könnte dabei der entscheidende Faktor sein.

Measurement date (Bewertungsstichtag) Tag, an dem der beizulegende Zeitwert der gewährten Eigenkapitalinstrumente für die Zwecke dieses Standards bestimmt wird. Bei Transaktionen mit Mitarbeitern und anderen, die ähnliche Leistungen erbringen, ist der Bewertungsstichtag der Tag der Gewährung. Bei Transaktionen mit anderen Parteien als Mitarbeitern (und Personen, die ähnliche Leistungen erbringen) ist der Bewertungsstichtag der Tag, an dem das Unternehmen die Güter erhält oder die Gegenpartei die Leistungen erbringt.

N

Net realisable value (Nettoveräußerungswert) Der Nettoveräußerungswert ist in IAS 2.6 definiert als der geschätzte, im normalen Geschäftsgang erzielbare Verkaufserlös abzüglich der geschätzten Kosten bis zur Fertigstellung und der geschätzten notwendigen Vertriebskosten.

Non-current assets (langfristige Vermögenswerte) Vermögenswerte sind langfristig, soweit sie nicht zu Handelszwecken gehalten werden oder nicht innerhalb eines Jahres bzw. des normalen Umsatzprozesses das Unternehmen verlassen.

Non-current liabilities (langfristige Schulden) Schulden sind langfristig, soweit sie nicht zu Handelszwecken gehalten werden oder nicht innerhalb eines Jahres fällig oder auf Verlangen des Gläubigers zu begleichen sind.

Notes (Anhang(angaben)) Der Anhang enthält zusätzliche Angaben zur Bilanz, zur Gesamtergebnisrechnung, zur gesonderten GuV (falls erstellt), zur Eigenkapitalveränderungsrechnung und zur Kapitalflussrechnung. Anhangangaben enthalten verbale Beschreibungen oder Aufgliederungen der im Abschluss enthaltenen Posten sowie Informationen über nicht ansatzpflichtige Posten.

O

Operating lease (Operating-Leasingverhältnis) Ein Operating-Leasingverhältnis ist ein Leasingverhältnis, bei dem es sich nicht um ein Finanzierungsleasing (finance lease) handelt.

Operating segment (Geschäftssegment) Ein Geschäftssegment ist ein Bereich eines Unternehmens,

- das Geschäftstätigkeiten betreibt, mit denen Erträge erwirtschaftet werden und bei denen Aufwendungen anfallen können (einschließlich Erträge und Aufwendungen im Zusammenhang mit Transaktionen mit anderen Bereichen desselben Unternehmens);
- dessen Betriebsergebnisse regelmäßig vom Hauptentscheidungsträger des Unternehmens im Hinblick auf Entscheidungen über die Allokation von Ressourcen zu diesem Segment und die Bewertung seiner Ertragskraft überprüft werden; und
- für das einschlägige Finanzinformationen vorliegen.

Ordinary share (Stammaktie) Eine Stammaktie ist ein Eigenkapitalinstrument, welches allen anderen Formen von Finanzierungsinstrumenten nachgeordnet ist.

Other comprehensive income (sonstiges Ergebnis) Das sonstige Ergebnis umfasst Ertrags- und Aufwandsposten (einschließlich Umgliederungsbeträge), die nach anderen IFRS nicht im Gewinn oder Verlust erfasst werden dürfen oder müssen.

Das sonstige Ergebnis setzt sich aus folgenden Bestandteilen zusammen:

- Veränderungen der Neubewertungsrücklage (siehe IAS 16 und IAS 38);
- Neubewertungen der Nettoschulden oder -vermögenswerte aus leistungsorientierten Plänen (siehe IAS 19);

- Gewinne und Verluste aus der Umrechnung des Abschlusses eines ausländischen Geschäftsbetriebs (siehe IAS 21);
- Gewinne und Verluste aus der Neubewertung von zur Veräußerung verfügbaren finanziellen Vermögenswerten (siehe IAS 39); sowie
- der effektive Teil der Gewinne und Verluste aus Sicherungsinstrumenten bei einer Absicherung von Zahlungsströmen (siehe IAS 39).

Other price risk (sonstige Preisrisiken) Das Risiko, dass der beizulegende Zeitwert oder künftige Cashflows eines Finanzinstruments aufgrund von Änderungen der Marktpreise schwanken (bei denen es sich nicht um jene handelt, die sich aus dem **Zinsrisiko** oder dem **Wechselkursrisiko** ergeben), und zwar unabhängig davon, ob diese Änderungen durch Faktoren verursacht werden, die für jedes einzelne Finanzinstrument oder seinen Emittenten spezifisch sind, oder durch Faktoren, die alle ähnlichen auf dem Markt gehandelten Finanzinstrumente betreffen.

P

Plan assets (Planvermögen) Planvermögen umfasst:

- Vermögen, das durch einen langfristig ausgelegten Fonds zur Erfüllung von Leistungen an Arbeitnehmer gehalten wird; und
- qualifizierte Versicherungspolicen.

Potential ordinary share (potenzielle Stammaktie) Eine potenzielle Stammaktie ist ein Finanzinstrument oder sonstiger Vertrag, das bzw. der dem Inhaber ein Anrecht auf Stammaktien verbriefen kann.

Present value (Barwert) Der Barwert eines Vermögenswerts ergibt sich aus den künftigen Nettomittelzuflüssen, die dieser Vermögenswert im normalen Geschäftsverlauf erwartungsgemäß erzielen wird. Bei Schulden wird der Barwert des künftigen Nettomittelabflusses zugrunde gelegt, der zur Erfüllung der Schuld im normalen Geschäftsverlauf erwartungsgemäß erforderlich ist.

Probable (wahrscheinlich) Es spricht mehr dafür als dagegen.

Profit or loss (Gewinn oder Verlust) Der Gewinn oder Verlust ist die Summe der Erträge abzüglich Aufwendungen, ohne Berücksichtigung der Bestandteile des sonstigen Ergebnisses.

Property, plant and equipment (Sachanlagen) Sachanlagen umfassen materielle Vermögenswerte,

- die für Zwecke der Herstellung oder der Lieferung von Gütern und Dienstleistungen, zur Vermietung an Dritte oder für Verwaltungszwecke gehalten werden; und die
- erwartungsgemäß länger als eine Periode genutzt werden.

Provision (Rückstellung) Eine Rückstellung ist eine Schuld, die bezüglich ihrer Fälligkeit oder ihrer Höhe ungewiss ist.

R

Recognition criteria (Kriterium für die Erfassung) Die Kriterien gelten für den Ansatz von Vermögenswerten (assets) und Schulden (liabilities) in der Bilanz sowie für die Erfassung von Aufwendungen (expenses) und Erträgen (income) in der Gesamtergebnisrechnung. Ein Ansatz eines Postens erfolgt, soweit die folgenden beiden Bedingungen erfüllt sind:

- Es ist wahrscheinlich, dass aufgrund des Sachverhalts ein künftiger Nutzen zufließen oder abfließen wird;
- der Sachverhalt kann zuverlässig bewertet werden.

Recoverable amount (erzielbarer Betrag) Der erzielbare Betrag eines Vermögenswerts oder einer zahlungsmittelgenerierenden Einheit ist der höhere der beiden Beträge aus beizulegendem Zeitwert abzüglich Kosten der Veräußerung und Nutzungswert.

Retained Earnings (Gewinnrücklagen und Ergebnisvortrag)

Return on plan assets (Erträge aus Planvermögen) Erträge aus Planvermögen sind Zinsen, Dividenden und sonstige Erlöse, die aus dem Planvermögen erwirtschaftet werden, einschließlich realisierter und nicht realisierter Wertsteigerungen oder Wertminderungen des Vermögens, abzüglich der Aufwendungen für die Verwaltung des Plans sowie etwaiger vom Plan zu entrichtender Steuern.

Revaluation (Neubewertung) Bei Vermögenswerten des Sachanlagevermögens (vgl. dazu IAS 16) sowie immateriellen Vermögenswerten (vgl. dazu IAS 38) ist eine – auch über die Anschaffungskosten hinausgehende – Neubewertung zulässig. Bei Anwendung der Neubewertungsmethode ist der betreffende Vermögenswert in regelmäßigen Abständen neu zu bewerten, wobei der beizulegende Zeitwert (Fair value) am Tage der Neubewertung als Wertmaßstab zu verwenden ist. Vgl. im Einzelnen die entsprechenden Regelungen in IAS 16.31-16.42 und IAS 38.75-38.87.

Revaluation surplus (Neubewertungsrücklage)

Revenues (ordentliche betriebliche Erträge) Revenues zählen neben den gains zu den Erträgen (income), gehören aber – im Gegensatz zu den gains – ausschließlich zum ordentlichen Erfolg. Zu den revenues zählen z. B. Mieterträge, Zinserträge oder Umsatzerlöse.

S

Share-based payment arrangement (anteilsbasierte Vergütungsvereinbarung) Eine Vereinbarung zwischen dem Unternehmen und einer anderen Partei (einschließlich einem Mitarbeiter), eine anteilsbasierte Vergütungstransaktion durchzuführen, welche die andere Partei – ggf. unter dem Vorbehalt der Erfüllung bestimmter Ausübungsbedingungen – zum Erhalt von flüssigen Mitteln oder anderen Vermögenswerten des Unternehmens, deren Höhe vom Kurs der Aktien oder anderer Eigenkapitalinstrumente des Unternehmens abhängig ist, oder zum Erhalt von Eigenkapitalinstrumenten des Unternehmens berechtigt.

Share-based payment transaction (anteilsbasierte Vergütungstransaktion) Eine Transaktion, bei der das Unternehmen Güter oder Dienstleistungen erhält und im Gegenzug Eigenkapitalinstrumente des Unternehmens (einschließlich Aktien oder Aktienoptionen) hingibt oder Güter oder Dienstleistungen erwirbt und dafür gegenüber dem Lieferanten dieser Güter oder Dienstleistungen eine Schuld eingeht, deren Höhe vom Kurs der Aktien oder anderer Eigenkapitalinstrumente des Unternehmens abhängig ist.

Share option (Aktienoption) Eine Share option ist ein Vertrag, der den Inhaber der Option berechtigt, aber nicht verpflichtet, die Aktien des Unternehmens während eines bestimmten Zeitraumes zu einem festen oder bestimmbaren Preis zu kaufen.

Statement of Cash Flows (Kapitalflussrechnung)

Statement of Changes in Equity (Eigenkapitalveränderungsrechnung)

Statement of Comprehensive Income (Gesamtergebnisrechnung)

Statement of Financial Position (Bilanz)

T

Temporary differences (temporäre Differenzen) Temporäre Differenzen sind Unterschiedsbeträge zwischen dem Buchwert eines Vermögenswerts oder einer Schuld in der Bilanz und seinem Steuerwert. Temporäre Differenzen können entweder:

- zu versteuernde temporäre Differenzen sein, die temporäre Unterschiede darstellen, die zu steuerpflichtigen Beträgen bei der Ermittlung des zu versteuernden Einkommens (steuerlichen Verlustes) künftiger Perioden führen, wenn der Buchwert des Vermögenswerts realisiert oder die Schuld erfüllt wird; oder
- abzugsfähige temporäre Differenzen sein, die temporäre Unterschiede darstellen, die zu Beträgen führen, die bei der Ermittlung des zu versteuernden Ergebnisses (steuerlichen Verlusts) künftiger Perioden abzugsfähig sind, wenn der Buchwert des Vermögenswerts realisiert oder die Schuld erfüllt wird.

Total comprehensive income (Gesamtergebnis) Das Gesamtergebnis ist die Veränderung des Eigenkapitals in einer Periode infolge von Geschäftsvorfällen und anderen Ereignissen, mit Ausnahme von Veränderungen, die sich aus Geschäftsvorfällen mit Eigentümern ergeben, die in ihrer Eigenschaft als Eigentümer handeln. Das Gesamtergebnis umfasst alle Bestandteile des Gewinns oder Verlusts und des sonstigen Ergebnisses.

True and fair view (ein den tatsächlichen Verhältnissen entsprechendes Bild der Vermögens-, Finanz- und Ertragslage) Der true and fair view bzw. die fair presentation ist die

Vermittlung eines den tatsächlichen Verhältnissen entsprechenden Bildes der Vermögens-, Finanz- und Ertragslage. Er stellt als qualitative Anforderung die grundsätzliche Zielsetzung der Präsentation von Finanzinformationen dar und ergibt sich im Allgemeinen aus der Anwendung der IFRS.

V

Value in use (Nutzungswert) Der Nutzungswert ist in IAS 36.6 definiert als der Barwert der geschätzten künftigen Cashflows, die aus der fortgesetzten Nutzung eines Vermögenswerts und seinem Abgang am Ende seiner Nutzungsdauer erwartet werden.

Vesting conditions (Ausübungsbedingungen) Die Bedingungen, die die Gegenpartei erfüllen muss, um im Rahmen einer anteilsbasierten Vergütungsvereinbarung einen Rechtsanspruch auf den Erhalt von flüssigen Mitteln, anderen Vermögenswerten oder Eigenkapitalinstrumenten des Unternehmens zu erwerben. Die Ausübungsbedingungen umfassen Dienstbedingungen, bei denen die andere Partei eine bestimmte Dienstzeit ableisten muss, und Leistungsbedingungen, die die Erfüllung bestimmter Erfolgsziele erfordern (wie eine bestimmte Steigerung des Unternehmensgewinns innerhalb eines bestimmten Zeitraums).

Vesting period (Erdienungszeitraum) Zeitraum, in dem alle festgelegten Ausübungsbedingungen einer anteilsbasierten Vergütungsvereinbarung erfüllt werden müssen.

Schrifttum

Adler/Düring/Schmaltz (Hrsg.), Rechnungslegung nach Internationalen Standards, (Loseblatt), Teillieferung 6, Stuttgart 2007 (*ADS International*);

Adler/Düring/Schmaltz (Hrsg.), Rechnungslegung und Prüfung der Unternehmen, 6. Aufl., Stuttgart 2000;

Alexander/Archer, International Accounting/Financial Reporting Standards Guide, Chicago 2006;

Allianz Gruppe (Hrsg.), Geschäftsbericht 2007, München 2008;

Andrejewski/Böckem, Praktische Fragestellungen der Implementierung des Komponentenansatzes nach IAS 16, Sachanlagen (Property, Plant and Equipment), KoR 2005, S. 75-81;

Antonakopoulos, Würdigung der Erfolgsbehandlung nach IFRS anhand der Neubewertung gem. IAS 16, PiR 2005, S. 104;

Baetge/Haenelt, Pensionsrückstellungen im IFRS-Abschluss, DB 2006, S. 2413;

Baetge/Kirsch/Thiele, Bilanzen, Düsseldorf, 9. Aufl. 2007;

Baetge/Kirsch/Thiele, Konzernbilanzen, Düsseldorf, 10. Aufl. 2013;

Baetge/Klaholz/Graupe, IAS 28 Anteile an assoziierten Unternehmen (Investments in Associates), in *Baetge/Wollmert/Kirsch/Oser/Bischof* (Hrsg.), Rechnungslegung nach IFRS Kommentar auf der Grundlage des deutschen Bilanzrechts, Loseblatt, Stuttgart 2002;

Baetge/Prigge, Anforderungen an verpflichtende, empfohlene und freiwillige Angaben des Konzernlageberichts, DB 2006, S. 401;

Baetge/Wollmert/Kirsch/Oser/Bischof (Hrsg.), Rechnungslegung nach IFRS, Loseblatt, Stuttgart, 2. Aufl. 2002;

Baetge/Zülch, Rechnungslegungsgrundsätze nach HGB und IFRS, in v. Wysocki u. a. (Hrsg.), Handbuch des Jahresabschlusses (HdJ), Köln 2006, Abt. I/2;

Baetge/Zülch/Brüggemann/Nellessen, Management's best estimate – Abbildung singulärer Risiken im HGB- und IFRS- Abschluss, PiR 2007, S. 315;

Ballwieser/Beine/Hayn/Peemöller/Schruff/Weber (Hrsg.), Wiley-Kommentar zur internationalen Rechnungslegung nach IFRS 2009, 5. Aufl., Weinheim 2009;

Ballwieser/Beine/Hayn/Peemöller/Schruff/Weber (Hrsg.), Wiley-Kommentar zur internationalen Rechnungslegung nach IFRS 2007, 3. Aufl., Weinheim 2006;

Ballwieser/Beyer/Zelger, Unternehmenskauf nach IFRS und US-GAAP. Purchase Price Allocation, Goodwill und Impairment-Test, Stuttgart, 2. Aufl. 2008;

Bayer AG (Hrsg.), Science For A Better Life. Bayer-Geschäftsbericht 2007, Leverkusen 2008;

Bayer AG (Hrsg.), Science For A Better Life. Bayer-Geschäftsbericht 2005, Leverkusen 2006;

BDO Deutsche Warentreuhand AG (Hrsg.), Praxishandbuch Real Estate Management, Stuttgart 2005;

Beiersdorf/Buchheim, IASB-Diskussionspapier »Management Commentary« – Export des deutschen Lageberichts als Managementsbericht?, BB 2006, S. 96;

Berger, Was der DPR aufgefallen ist: Ermessensspielraum und die Bilanzierung von latenten Steuern auf Verlustvorträge, DB 2006, S. 2474;

Berger/Hauck/Prinz, Bilanzierung latenter Steuern auf steuerliche Verlustvorträge nach IAS 12 – Streitiger Prognosezeitraum zur Verlustverrechnung, DB 2007, S. 412;

Berger/Walter, Das Diskussionspapier des IASB zur Bilanzierung von Altersversorgungsleistungen – Darstellung der vorgeschlagenen Regelungen und kritische Würdigung der praktischen Implikationen, DB 2008, S. 1277;

Beyhs/Fuchs, Neue Vorschläge des IASB zur Bilanzierung von Ertragsteuern – Einführung in den aktuellen Exposure Draft des IASB: ED/2009/2 »Income Tax«;

Beyhs/Schurbohm, IFRS 10 und IFRS 12: Die neuen IFRS zum Konsolidierungskreis, WPg 2011, S. 662-671;

Beyhs/Wagner, Die neuen Vorschriften des IASB zur Abbildung von Unternehmenszusammenschlüssen – Darstellung der wichtigsten Änderungen in IFRS 3 –, DB 2008, S. 73-83;

Bieg/Heyd (Hrsg.), Fair Value. Bewertung in Rechnungswesen, Controlling und Finanzwirtschaft, Vahlen, April 2005;

Bieker/Negara, Bilanzierung von portfolio hedges zur Absicherung von Zinsänderungsrisiken nach IAS 39, KoR 2008, S. 702;

Bier/Lopatta, Die Bilanzierung strukturierter Produkte und eingebetteter Derivate im Kontext der IFRS, KoR 2008, S. 304;

Black/Scholes, »The Pricing of Options and Corporate Liabilities«, Journal of Political Economy, May-June 1973, S. 637;

Böckem/Ismar, Die Bilanzierung von joint arrangements nach IFRS 11, WPg 2011, S. 820-828;

Böckem/Schurbohm, Die Bilanzierung von Immobilien nach den International Accounting Standards, KoR 2002, S. 38;

Bödecker/Gaßmann, Anwendungsfragen im Zusammenhang mit IFRS 3 zur Abbildung von Unternehmenszusammenschlüssen, WPg 2011, S. 1179-1186;

Bogajewskaja, Exposure Draft des IASB zur Änderung des IAS 1 Presentation of Financial Statements, BB 2006, S. 1155;

Bohl/Riese/Schlüter (Hrsg.), Beck'sches IFRS-Handbuch, München/Wien/Bern, 2. Aufl., 2006;

Bohl/Riese/Schlüter (Hrsg.), Beck'sches IFRS-Handbuch, München 2004;

Botta/Staub/Weinaug, Bilanzierung von Zuwendungen der öffentlichen Hand nach IAS/IFRS, BBK Magazin 2004, Fach 30, S. 1481;

Bräsick, Ansatz und Bewertung von Immobilien nach HGB und IFRS, Der Konzern 2008, S. 275;

Brücks/Wiederhold, IFRS 3 Business Combinations, KoR 2004, S. 177;

Brüggemann, Die Berichterstattung im Anhang des IFRS-Abschlusses, Düsseldorf 2007;

Brune, § 32. Konsolidierungskreis, Abschlussstichtag sowie konzerneinheitliche Bilanzierung und Bewertung, in Bohl/Riese/Schlüter (Hrsg.), Beck'sches IFRS-Handbuch, München/Bern, 4. Aufl. 2013, S. 1343;

Brune, Abschaffung und Fortbestand der quotalen Einbeziehung von Joint Arrangements in den IFRS-Konzernabschluss, IRZ 2011, S. 515-518;

Brune, Darstellung der Zwischengewinneliminierung bei Downstream-Transaktionen mit assoziierten Unternehmen oder Joint Ventures bei einem Equity-Buchwert von null, IRZ 2014, S. 132-134;

Buchheim/Knorr/Schmidt, Anwendung der IFRS in Europa: Das neue Endorsement-Verfahren, KoR 2008, S. 334;

Buchheim/Knorr/Schmidt, Anwendung der IFRS in Europa: Die Auswirkungen des neuen Endorsement-Verfahrens auf die Rechnungslegung, KoR 2008, S. 373;

Bühner/Sheldon, US-Leasingtransaktionen – Grundstrukturen einer grenzüberschreitenden Sonderfinanzierung, DB 2001, S. 315;

Busch/Roth, Konzernrechnungslegungspflicht nach IFRS 10: Implikationen des neu gefassten Control-Konzepts, IRZ 2012, S. 95-97;

Busch/Zwirner, Die Überarbeitung der IFRS-Konsolidierungsregelungen im Überblick – Abgrenzung des Konsolidierungskreises, IRZ 2014, S. 185-189;

Busch/Zwirner, Joint Arrangements nach IFRS 11 – neue Abbildungsvorschriften und Folgewirkungen, IRZ 2012, S. 219-222;

Busch/Zwirner, Neuregelung der Abbildung von Gemeinschaftsunternehmen im Konzernabschluss – Übergang von der Quotenkonsolidierung zur Equity-Bewertung, IRZ 2014, S. 227-231;

Buschhüter, Erstmalige Anwendung der neuen Regelungen IFRS 3 und IAS 27, IRZ 2009, S. 297-303;

Buschhüter, Neuregelung der Bilanzierung von Investmentgesellschaften, IRZ 2013, S. 23-28;

Busse von Colbe/Ordelheide/Gebhardt/Pellens, Konzernabschlüsse, Wiesbaden, 9. Aufl. 2014;

Cairns, Applying International Accounting Standards, London, 3. Aufl. 2002;

Christian, Bilanzierung von Anlageunternehmen (investment entities): Änderung von IFRS 10 »Konzernabschlüsse«, PiR 2013, S. 69-74;

Christian, Transaktionen unter gemeinsamer Beherrschung (common control) im Teilkonzernabschluss, PiR 2012, S. 167-173;

Coenenberg, Jahresabschluss und Jahresabschlussanalyse, Stuttgart, 20. Aufl. 2005;

Coenenberg/Fischer/Günther, Kostenrechnung und Kostenanalyse, Stuttgart, 6. Aufl. 2007;

Cox/Ross/Rubinstein, »Option Pricing: A Simplified Approach«, Journal of Financial Economics, September 1979, S. 229;

Crasselt, Bewertung indexierter Mitarbeiter-Aktienoptionen im Binomialmodell, KoR 2005, S. 444;

Deiter/Sellhorn, Bilanzierung überdotierter Pensionsverpflichtungen: Die Asset Ceiling-Regel nach IAS 19 und IFRIC 14, PiR 2008, S. 356;

Deloitte&Touche LLP (Hrsg.), iGaap 2006 – Financial Instruments: IAS 32, IAS 39 and IFRS 7 explained, London 2006;

Deutsche Telekom AG (Hrsg.), Connected Life and Work, Geschäftsbericht 2007, Bonn 2008;

Dietrich/Krakuhn/Sierleja, Berücksichtigung von Prinzipal-Agenten-Beziehungen im Rahmen der Abgrenzung des Konsolidierungskreises nach IFRS 10, IRZ 2011, S. 519-521;

Dietrich/Krakuhn/Sierleja, Verbindung von Entscheidungsmacht und relevanten Aktivitäten bei der Beurteilung bedingter Rechte im Rahmen der Finanzierung von Objektgesellschaften nach IFRS 10, IRZ 2012, S. 427-432;

Dobler/Hettich, Geplante Änderungen der Rahmenkonzepte von IASB und FASB – Konzeption, Vergleich, Würdigung, IRZ 2007, S. 29;

DRSC (Hrsg.), Anwendungshinweis des DRSC staff zu IFRIC 8 Scope of IFRS 2, KoR 2006, S. 329;

DSR, Deutscher Rechnungslegungs Standard Nr. 15 – Lageberichterstattung, Bundesanzeiger Nr. 40 v. 26.2.2005;

Eberle, GM rätselt über seine Bilanz und sorgt sich um die Zukunft, Handelsblatt v. 9.11.2007, S. 23;

Eisenführ/Weber, Rationales Entscheiden, Berlin, 4. Aufl. 2003;

Epstein/Jermakowicz, Wiley IFRS 2008, Hoboken 2008;

Erchinger/Melcher, Die Bilanzierung von Mehrkomponentengeschäften – Aktuelle Entwicklungen vor dem Hintergrund des IASB Discussion Paper »Preliminary Views on Revenue Recognition in Contracts with Customers«, KoR 2009, S. 89 sowie S. 149;

Erchinger/Melcher, Neuregelung der SEC zu IFRS-Abschlüssen von Foreign Private Issuers, DB 2007, S. 2635;

Esser/Brendle, Die Darstellung des Gesamtergebnisses nach IAS 1 (rev. 2007), IRZ 2009, S. 143;

Fentz/von Voigt, Eigenkapital bei Genossenschaften im IFRS-Abschluss, KoR 2007, S. 23;

Findeisen, Die Bilanzierung von Leasingverträgen nach den Vorschriften des International Accounting Standards Committee, RIW 1997, S. 838;

Fink, Bilanzierung von Unternehmenszusammenschlüssen nach der Überarbeitung von IFRS 3, PiR 2008, S. 114-119;

Fink, Improvements to IFRSs – Erster Standard aus dem Annual Improvements Process des IASB, PiR 2008, S. 281;

Fink, Zweiter Entwurf für Improvements to IFRSs, PiR 2008, S. 400;

Fink/Ulbrich, IFRS 8: Paradigmenwechsel in der Segmentberichterstattung, DB 2007, S. 981;

Fischer, Der Standardentwurf »Income Tax (ED/2009/2)« des IASB zur Bilanzierung von Ertragsteuern, PiR 2009, S. 143;

Fischer, IFRS 10 – Consolidated Financial Statements, PiR 2011, S. 173-174;

Fischer, IFRS 11 – Joint Arrangements, PiR 2011, S. 204-205;

Fischer/Klöpfer, Bilanzpolitisches Gestaltungspotenzial bei der Umstellung der Rechnungslegung von HGB auf IFRS – Empirische Untersuchung deutscher börsennotierter Unternehmen, ZfB 2008, S. 623;

Fischer/Siggelkow, Das Diskussionspapier »Leases, Preliminary Views« des IASB und des FASB, PiR 2009, S. 174;

Francke/Rehkugler (Hrsg.), Immobilienmärkte und Immobilienbewertung, München 2005;

Freiberg, Aktuelle Anwendungsfragen der equity-Bewertung, Keine notwendige Korrespondenz von Beteiligungsansatz und anteiligem Eigenkapital?, PiR 2010, S. 253-259;

Freiberg, Auslegungsfragen des IFRS 12, PiR 2012, S. 264-266;

Freiberg, Ausstrahlung der (Voll-)Konsolidierungsmethoden auf assoziierte Unternehmen und joint arrangements, PiR 2011, S. 175-177;

Freiberg, Ausweis des Ergebnisses aus der equity-Bewertung: Kompaktwissen, PiR 2013, S. 232-233;

Freiberg, Gewinnrealisation bei Tauschgeschäften nach IFRS, PiR 2007, S. 171;

Freiberg/Lüdenbach, Die risiko- und laufzeitäquivalente Diskontierung von sonstigen Rückstellungen nach IAS 37, PiR 2007, S. 329;

Freiberg/Lüdenbach, Ermittlung des Diskontierungszinssatzes nach IAS 36, KoR 2005, S. 479;

Freiberg/Teufel, Neue Herausforderungen in der Abgrenzung des Konsolidierungskreises – Anwendung des IFRS 10 und IFRS 11, Der Konzern 2013, S. 9-16,

Freidank, Kostenrechnung, München/Wien 2008;

Fuchs/Stibi, Ausgewählte Aspekte im Hinblick auf FAS 158 zur Erbringung von Versorgungsleistungen – Praktische Auswirkungen der erstmaligen Anwendung und Vergleich mit IFRS, WPg 2008, S. 427;

Fülbier/Gassen/Küting/Weller, Öffentliche Zuwendungen und Bilanzpolitik: Eine beispielgestützte Analyse von IAS 20, KoR 2008, S. 474;

Gallowsky/Hasbargen/Schmitt, IFRS 2 und Aktienoptionspläne im Konzern – IFRIC 11 bringt Klarheit, BB 2007, S. 203;

Geisel/Schmidt, Anwendung der Equity-Methode bei assoziierten Unternehmen mit kündbaren Anteilen, KoR 2010, S. 84-87;

Goldschmidt/Weigel, Die Bewertung von Finanzinstrumenten bei Kreditinstituten in illiquiden Märkten nach IAS 39 und HGB, WPg 2009, S. 192;

Götz/Spanheimer, Nutzungsrechte im Anwendungsbereich von IAS 17 – Inhalt und Auswirkungen von IFRIC 4 zur Identifizierung von Leasingverhältnissen, BB 2005, S. 259;

Grau, Gewinnrealisierung nach International Accounting Standards, Wiesbaden 2002;

Haaker, Das Wahlrecht zur Anwendung der full goodwill method nach IFRS 3 (2008), PiR 2008, S. 188-194;

Haaker, Die Zuordnung des Goodwill auf Cash Generating Units zum Zweck des Impairment-Tests nach IFRS, KoR 2005, S. 426;

Haaker/Freiberg, Ausübung der full-goodwill-Option?, PiR 2013, S. 22-23;

Hachmeister, Neuregelung der Bilanzierung von Unternehmenszusammenschlüssen nach IFRS 3 (2008), IRZ 2008, S. 115-122;

Hagemeister, Bilanzierung von Sachanlagevermögen nach dem Komponentenansatz des IAS 16, Düsseldorf 2004;

Hager/Hinz, Immaterielle Vermögenswerte in der Bilanzierung und Berichterstattung – eine empirische Bestandsaufnahme für die Geschäftsberichte deutscher IFRS-Bilanzierer 2005, KoR 2007, S. 205;

Hasenburg/Dräxler, Die geplanten Änderungen zur Darstellung von IFRS-Abschlüssen, KoR 2006, S. 289;

Hayn, B., § 36. Equity-Methode, in Bohl/Riese (Hrsg.), Beck'sches IFRS-Handbuch, München/Bern, 4. Aufl. 2013, S. 1529-1582;

Hayn, B., § 38. Fragen der Übergangskonsolidierung, in Bohl/Riese (Hrsg.), Beck'sches IFRS-Handbuch, München/Bern, 4. Aufl. 2013, S. 1593-1636;

Heintges/Boggel/Urbanczik, Entkonsolidierung mit Rückbehalt von Anteilen nach IAS 27 (rev. 2008), PiR 2010, S. 221-224;

Heintges/Urbanczik, Erwerb und Folgebewertung assoziierter Unternehmen nach IAS 28, Bilanzielle Abbildung lässt Fragen offen, KoR 2011, S. 418-424;

Heintges/Urbanczik/Wulbrand, Regelungen, Fallstricke und Überraschungen der Segmentberichterstattung nach IFRS 8, DB 2008, S. 2773;

Hendler/Zülch, Unternehmenszusammenschlüsse und Änderung von Beteiligungsverhältnissen bei Tochterunternehmen – die neuen Regelungen des IFRS 3 und IAS 27, WPg 2008, S. 484-493;

Hennrichs/Kleindiek/Watrin (Hrsg.), Münchener Kommentar zum Bilanzrecht, Band 1, IFRS, München 2009;

Hepers, Entscheidungsnützlichkeit der Bilanzierung von Intangible Assets in den IFRS, Lohmar 2005;

Heuser/Theile, IFRS-Handbuch, Köln, 4. Aufl. 2009;

Heyd/Lutz-Ingold, Immaterielle Vermögenswerte und Goodwill nach IFRS, München 2005;

Hoffmann/Detzen, Das Joint Conceptual Framework von IASB und FASB – Praktische Implikationen aus dem Abschluss der Phase A für kapitalmarktorientierte Unternehmen, KoR 2012, S. 53-55;

Hoffmann/Lüdenbach, Abschreibung von Sachanlagen nach dem Komponentenansatz nach IAS 16, BB 2004, S. 375;

Hoffmann/Lüdenbach, Die Abbildung des Tauschs von Anlagevermögen nach den neugefassten IFRS-Standards, StuB 2004, S. 337;

Hoffmann/Lüdenbach, IFRS 5 – Bilanzierung bei beabsichtigter Veräußerung von Anlagen und Einstellung von Geschäftsfeldern, BB 2004, S. 2006;

Hofmann, Latente Gewinnverzerrung, Handelsblatt v. 19.11.2007, S. 14;

Hollmann, Reporting Performance, Düsseldorf 2003;

Holzwarth, ED/2012/3 »Equity Method: Share of Other Net Asset Changes« – eine kritische Analyse der »reasonable and expeditious short-term solution«, KoR 2013, S. 173-178;

Homberg/Elter/Rothenburger, Bilanzierung von Humankapital nach IFRS am Bei- spiel des Spielervermögens im Profisport, KoR 2004, S. 249;

Hommel/Schmitz/Wüstemann, Discussion Paper »Revenue Recognition« – Misstrauensvotum gegen den Fair Value?, BB 2009, S. 374;

Howieson, Accounting for Investment Properties, Bayswater 1997;

Huschke, Immobilienbewertung im Kontext der IFRS, Wiesbaden 2007;

Husmann/Hettich, Aufkauf von Minderheitenanteilen im IFRS-Konzernabschluss, PiR 2008, S. 150-155;

IASB (Hrsg.), Discussion Paper – »Preliminary Views on Amendments to IAS 19 Employee Benefits«, London 2008 (DP IAS 19);

IASB (Hrsg.), Discussion Paper – »Leases, Preliminary Views«, London 2009;

IASB (Hrsg.), Exposure Draft ED/2009/2 – »Income Tax«, London 2009;

IASB (Hrsg.), Group Cash-settled Share- based Payment Transactions – Amendments to IFRS 2, London 2009;

IASB (Hrsg.), Liabilities – Amendments to IAS 37 Provisions, Contingent Liabilities and Contingent Assets and IAS 19 Employee Benefits, London 2009;

IASCF (Hrsg.), Due Process Handbook for the IASB, London 2006;

IASCF (Hrsg.), IFRIC Update October 2004;

IDW RS HFA 2 (Stand: 6.6.2012): Institut der Wirtschaftsprüfer: IDW Stellungnahme zur Rechnungslegung: Einzelfragen zur Anwendung von IFRS, in IDW-Fachnachrichten, 7/2012, S. 380;

Isert/Schaber, Zur Abgrenzung von Eigen- kapital und Fremdkapital nach IAS 32 (rev. 2003) – Teil I und II, KoR 2005, S. 299 und 357;

Jehle, Earnings per Share – Exposure Draft of Amendments to IAS 33, PiR 2008, S. 323;

Jehle, ED Income Tax – Vorgeschlagene Neuregelungen, PiR 2009, S. 153;

Kampmann/Schwedler, Zum Entwurf eines gemeinsamen Rahmenkonzeptes von FASB und IASB – Rechnungslegungsziele und qualitative Anforderungen –, KoR 2006, S. 521;

Kasperzak/Lieck, Die Darstellung von Unternehmenszusammenschlüssen unter gemeinsamer Beherrschung im IFRS-Teilkonzernabschluss einer börsennotierten AG, DB 2008, S. 769-777;

Kieso/Weygandt/Warfield, Intermediate Accounting, Hoboken, 12. Aufl. 2007;

Kirchhof, Die Bilanzierung von Restrukturierungsrückstellungen nach IFRS, WPg 2005, S. 589;

Kirsch, Bilanzierung eigener Aktien nach IFRS – Darstellung, Prüfungsaspekte und Auswirkungen auf die Jahresabschlussanalyse, StuB 2005, S. 9;

Klöpfer, Bilanzpolitisches Gestaltungspotenzial bei der Umstellung der Rechnungslegung von HGB auf IFRS, Hamburg 2006;

Koch, § 18. Konzern und Konzernunternehmen, in Hüffer/Koch, Aktiengesetz, München, 11. Aufl. 2014, S. 91-99;

KPMG (Hrsg.), IFRS visuell, Stuttgart, 3. Aufl. 2008;

KPMG (Hrsg.), US-GAAP Rechnungslegung nach US-amerikanischen Grundsätzen, Düsseldorf, 4. Aufl. 2007;

KPMG/von Keitz, The Application of IFRS: Choices in Practice, London 2006;

Kruschwitz, Investitionsrechnung, München, 11. Aufl. 2007;

Kühnberger, Die Full Goodwill Methode: Ein zu Recht vernachlässigtes Thema?, Der Konzern 2012, S. 449-455;

Kühnberger, Rechnungslegung und Bilanzpolitik der REIT-AG, BB 2007, S. 1211;

Kühnberger/Thurmann, Die Abgrenzung des Konsolidierungskreises in der nationalen und internationalen Rechnungslegung unter besonderer Berücksichtigung der Neuregelung zu Investmentgesellschaften, Der Konzern 2013, S. 540-547;

Kuhn/Scharpf, Rechnungslegung von Financial Instruments nach IFRS, Stuttgart, 3. Aufl. 2006;

Kümpel, Vorratsbewertung und Auftragsfertigung nach IFRS, München 2005;

Kümpel/Becker, Leasing nach IFRS. Beurteilung, Bilanzierung und Berichtspflichten, München 2006;

Küting/Hellen/Brakensiek, Leasing in der nationalen und internationalen Bilanzierung, BB 1998, S. 1465;

Küting/Höfner, Die konsolidierungstechnische Behandlung des Statuswechsels eines Gemeinschaftsunternehmens zum assoziierten Unternehmen, Procedere de lege lata und Ausblick de lege ferenda, KoR 2013, S. 88-97;

Küting/Koch, Öffentliche Zuwendungen im Jahresabschluss nach IFRS, DB 2006, S. 569;

Küting/Mojadadr, Das neue Control-Konzept nach IFRS 10: IFRS 10 »Consolidated Financial Statements« stellt die Konzerne bereits jetzt vor enorme Herausforderungen, KoR 2011, S. 273-285;

Küting/Mojadadr, Offene Fragen der Kapitalkonsolidierung von Zweckgesellschaften nach HGB und IFRS, DB 2013, S. 589-597;

Küting/Reuter, Erhaltene Anzahlungen in der Bilanzanalyse, – HGB, IFRS und US- GAAP-Normen unter besonderer Berücksichtigung der Bauindustrie und des Anlagenbaus –, KoR 2006, S. 1;

Küting/Seel, Die Abgrenzung und Bilanzierung von joint arrangements nach IFRS 11: Änderungen aus der grundlegenden Überarbeitung des IAS 31 und Auswirkungen auf die Bilanzierungspraxis, KoR 2011, S. 342-350;

Küting/Seel, Die gemeinschaftliche Beherrschung nach IFRS 11: Unterschiede und Gemeinsamkeiten zu IAS 31, KoR 2012, S. 452-460;

Küting/Seel, Die quotale Einbeziehung nach IFRS 11 – Unterschiede zur Quotenkonsolidierung gem. IAS 31 und praktische Anwendungsprobleme, WPg 2012, S. 587-595;

Küting/Seel, Gemeinschaftliche Beherrschung nach IFRS 11: Zur Beurteilung von Konfliktlösungs- oder Beendigungsmechanismen, IRZ 2012, S. 467-472;

Küting/Seel/Strauß, Die Änderung der Beteiligungshöhe als konsolidierungstechnisches Problem, Zum Wirrwarr der Konsolidierungsbegriffe nach HGB und IFRS, IRZ 2011, S. 175-183;

Küting/Weber, Der Konzernabschluss, Stuttgart, 13. Aufl. 2012, S. 251-277;

Küting/Weber/Kessler/Metz, Der Fehlerbegriff in IAS 8 als Maßstab zur Beurteilung einer regelkonformen Normanwendung, DB Beilage 7/2007, S. 1;

Küting/Weber/Wirth, Kapitalkonsolidierung im mehrstufigen Konzern, Fallstudie zur Kapitalkonsolidierung von Enkelkapitalgesellschaften unter Berücksichtigung indirekter Fremdanteile, KoR 2013, S. 43-52;

Küting/Wirth, Controlerlangung über Tochterunternehmen mittels sukzessiver Anteilserwerbe, Szenarien der Übergangskonsolidierung in der IFRS-Konzernrechnungslegung nach BC-II – Teil 1, KoR 2010, S. 362-371;

Küting/Wirth, Controlerlangung über Tochterunternehmen mittels sukzessiver Anteilserwerbe, Szenarien der Übergangskonsolidierung in der IFRS-Konzernrechnungslegung nach BC-II – Teil 2, KoR 2010, S. 455-460;

Küting/Wirth, Discontinued Operations und die veräußerungsorientierte Bilanzierung nach IFRS 5 – ein Mehrwert für die Berichterstattung?, KoR 2006, S. 719;

Küting/Wirth, Grundzüge der IFRS-Konzernrechnungslegung, Wesensmerkmale und Informationen zu jüngst erfolgten Änderungen, DStR 2012, S. 101*-120* (Beihefter zu Heft 47/2012);

Küting/Wirth, Umstellung von Gemeinschaftsunternehmen auf die Equity-Methode gemäß IFRS 11, Grundlagen und buchhalterischer Prozess der Umstellung von der Quotenkonsolidierung, KoR 2012, S. 150-157;

Küting/Zwirner, Latente Steuern in der Unternehmenspraxis: Bedeutung für Bilanzpolitik und Unternehmensanalyse, WPg 2003, S. 301;

Lienau, Bilanzierung latenter Steuern im Konzernabschluss nach IFRS, Düsseldorf 2006;

Lienau, Die Bilanzierung nach der Equity-Methode unter Berücksichtigung latenter Steuern nach IFRS, KoR 2007, S. 14-22;

Lorchheim, Die Zuverlässigkeit als grundlegende Eigenschaft von Jahresabschlüssen nach den International Accounting Standards, RIW 1997, S. 124;

Lorson/Fuhrmann/Handtrag/Horn/Poller, Konzernrechnungslegung nach EU-IFRS 2012: Fallstudie zur Erstellung eines IFRS-Konzernabschlusses (Teil 1: Aufstellungspflicht sowie IFRS-Bilanz und IFRS-GuV), KoR 2013, S. 261-268;

Lorson/Fuhrmann/Handtrag/Horn/Poller, Konzernrechnungslegung nach EU-IFRS 2012: Fallstudie zur Erstellung eines IFRS-Konzernabschlusses (Teil 2: Review von Bilanz und GuV der Schiffbau-AG), KoR 2013, S. 320-329;

Lorson/Fuhrmann/Handtrag/Horn/Poller, Konzernrechnungslegung nach EU-IFRS 2012: Fallstudie zur Erstellung eines IFRS-Konzernabschlusses (Teil 3: Abgrenzung des Konsolidierungskreises und Einheitlichkeitsgrundsätze), KoR 2013, S. 376-385;

Lorson/Fuhrmann/Handtrag/Horn/Poller, Konzernrechnungslegung nach EU-IFRS 2012: Fallstudie zur Erstellung eines IFRS-Konzernabschlusses (Teil 4: Erstkonsolidierung), KoR 2013, S. 431-440;

Lorson/Fuhrmann/Handtrag/Horn/Poller, Konzernrechnungslegung nach EU-IFRS 2012: Fallstudie zur Erstellung eines IFRS-Konzernabschlusses (Teil 5: Folgekonsolidierung), KoR 2013, S. 551-561;

Lorson/Gattung, Die Forderung nach einer »Faithful Representation« – Quantitative und qualitativ Schranken des Grundsatzes »Wahrheitsgemäßer Darstellung der IFRS« –, KoR 2007, S. 657;

Löw, IFRS 7 – Financial Instruments: Disclosures, WPg 2005, S. 1337;

Löw, Verabschiedung des Amendments zu IAS 39 Financial Instruments: Recognition and Measurement – The Fair Value Option, BB 2005, S. 32;

Löw/Antonakopoulos, Die Bilanzierung ausgewählter Gesellschaftsanteile unter Berücksichtigung der Neuregelungen nach IAS 32 (rev. 2008), KoR 2008, S. 261;

Löw/Antonakopoulos/Weiland, SFAS 157 und das IASB Discussion Paper »Fair Value Measurements«, WPg 2007, S. 730;

Lüdenbach, § 31. Unternehmenszusammenschlüsse, in Lüdenbach/Hoffmann (Hrsg.), Haufe IFRS-Kommentar, Freiburg im Breisgau, 12. Aufl. 2014, S. 1961;

Lüdenbach, § 32. Tochterunternehmen im Konzern- und Einzelabschluss, in Lüdenbach/Hoffmann (Hrsg.), Haufe IFRS-Kommentar, Freiburg im Breisgau, 12. Aufl. 2014, S. 2117;

Lüdenbach, § 33. Anteile an assoziierten Unternehmen, in Lüdenbach/Hoffmann (Hrsg.), Haufe IFRS-Kommentar, Freiburg im Breisgau, 12. Aufl. 2014, S. 2218;

Lüdenbach, § 34.Gemeinsame Vereinbarungen, in Lüdenbach/Hoffmann (Hrsg.), Haufe IFRS-Kommentar, Freiburg im Breisgau, 12. Aufl. 2014, S. 2272;

Lüdenbach, Abstockung einer Mehrheitsbeteiligung im Konzernabschluss, StuB 2010, S. 279-280;

Lüdenbach, IFRS – Der Ratgeber zur erfolgreichen Anwendung der IFRS, Freiburg u. a., 5. Aufl. 2008;

Lüdenbach, Zwischenergebniseliminierung bei Anwendung der equity-Methode, PiR 2006, S. 207-209;

Lüdenbach/Freiberg, Der Beherrschungsbegriff des IFRS 10 – Anwendung auf normale vs. strukturierte Unternehmen, PiR 2012, S. 41-50;

Lüdenbach/Freiberg, Wirtschaftliches Eigentum nach IAS 17 – die unterschätzte Bedeutung des Spezialleasings, BB 2006, S. 259;

Lüdenbach/Hoffmann (Hrsg.), Haufe IFRS Kommentar, Freiburg i. Br., 6. Aufl. 2008;

Lüdenbach/Hoffmann, IFRS Praxis-Kommentar, Freiburg i. Br., 5. Aufl. 2007;

Lüdenbach/Hoffmann, Imparitätische Wahrscheinlichkeit – Zukunftswerte im IAS- Regelwerk, KoR 2003, S. 5;

Lüdenbach/Schubert, Gemeinschaftliche Vereinbarungen (joint arrangements) nach IFRS 11: Darstellung und kritische Würdigung des neuen Standards, PiR 2012, S. 1-7;

Martens/Oldenburg/Kümpel, Neuerungen der Konzernrechnungslegung nach IFRS 10 und IFRS 12: Zentrale Änderungen und ihre Auswirkungen auf die Praxis, PiR 2013, S. 41-46;

Melcher/Erchinger, Bilanzierung von assoziierten Unternehmen unter IFRS at Equity bei Vorliegen von komplexen Beteiligungsstrukturen nach der Hypothetischen Liquidationsmethode, KoR 2012, S. 234-240;

Meyer, Bilanzrechtsreformgesetz (BilReG) und Bilanzkontrollgesetz (BilKoG) – Die Änderungen im Überblick, DStR 2005, S. 41;

Meyer-Wegelin/Gahlen, Abgang von Handelsforderungen nach IAS 39: Voraussetzungen und Grenzen, BB 2008, S. 883;

Moxter, Bilanzrechtsprechung, Tübingen, 6. Aufl. 2007;

Nerlich, Entwicklung einer Auslegungsmethodik für IFRS im EU-Kontext, Düsseldorf 2007;

Ohlund, Zurück zum Alten – IASB schlägt Änderungen zur IAS 28 Equity-Methode vor, IRZ 2013, S. 54;

Olbrich, Zur Bilanzierung von als Finanzinvestition gehaltenen Immobilien nach IAS 40, BFuP 2003, S. 346;

Öppinger, Veräußerung von Anteilen an Tochterunternehmen ohne Verlust der Beherrschungsmöglichkeit – Behandlung eines Firmenwerts bei Anwendung der partial goodwill-Methode, IRZ 2013, S. 5-6;

Oser, Auf- und Abstockung von Mehrheitsbeteiligungen nach IAS 27, IRZ 2012, S. 325-327;

Oversberg, IFRIC Schlaglicht – IFRIC 15 Agreements for the Construction of Real Estate. Die IFRIC 15-Regelungen im Kurzüberblick, IRZ 2008, S. 393;

Oversberg, IFRIC 15 – Agreements for the Construction of Real Estate, PiR 2008, S. 247;

Oversberg, Übernahme der IFRS in Europa: Der Endorsement-Prozess – Status quo und Aussicht, DB 2007, S. 1597;

Pawelzik, Die Erstellung einer Kapitalflussrechnung nach IAS 7 – Grundsätze und Fallstudie –, KoR 2006, S. 344;

Pelger, Rechnungslegungszweck und qualitative Anforderungen im Conceptual Framework for Financial Reporting (2010) – Der erste Stein im neuen Fundament der internationalen Rechnungslegung, WPg 2011, S. 908-916.

Pellens/Crasselt, Bilanzierung von Aktienoptionsplänen und ähnlichen Entgeltformen nach IFRS 2 »Share-based Payment«, KoR 2004, S. 113;

Pellens/Fülbier/Gassen/Sellhorn, Internationale Rechnungslegung, Stuttgart, 7. Aufl. 2008;

Philippi, Die Ermittlung des goodwill nach IFRS 3 in einem mehrstufigen Konzern, PiR 2009, S. 61-66;

Pollmann/Wulf, Gemeinschaftliche Vereinbarungen und assoziierte Unternehmen im IFRS-Konzernabschluss, IRZ 2013, S. 371-375;

Popp, Das Control-Konzept nach IFRS 10, (Diss.), Weinheim, 2014;

PricewaterhouseCoopers (Hrsg.), IFRS für Banken, Frankfurt am Main, 5. Aufl. 2012;

Ranker, Immobilienbewertung nach HGB und IFRS, Berlin 2006;

Rapp, Praxis des Konzernabschlusses. DB 2013, S. 948-953;

Rhiel/Stieglitz, Praxis der Rechnungslegung für Pensionen nach IAS 19 und FAS 87, DB 2007, S. 1653;

Richter, Sukzessive Erwerbe nach IFRS bei Anwendung der Equity-Methode, KoR 2014, S. 289-297;

Roos, Sukzessive Unternehmenserwerbe nach IFRS 3, BB 2008, S. 2393-2397;

Roos, Umrechnung von Fremdwährungsabschlüssen nach IFRS 21: Vorbereitende Maßnahmen zur Aufstellung eines IFRS-Konzernabschlusses, KoR 2014, S. 271-279;

Roos, Währungsumrechnung bei at equity-bilanzierten Beteiligungen: Bestimmung der funktionalen Währung, PiR 2014, S. 204-212;

Rost, Der internationale Harmonisierungsprozeß in der Rechnungslegung, Frankfurt a. M. 1991;

Rühl/Althoff, Faktische Beherrschung durch Präsenzmehrheit im Konzernabschluss nach HGB und IFRS, KoR 2012, S. 553-562;

Ruhnke, Rechnungslegung nach IFRS und HGB, Stuttgart, 2. Aufl. 2008;

Ruhnke/Nerlich, Behandlung von Regelungslücken innerhalb des IFRS, DB 2004, S. 389;

Scharpf, IFRS 7 Financial Instruments: Disclosures – Eine Erläuterung zu den neuen Angabepflichten für Finanzinstrumente, KoR, Beilage 2/2006;

Scheffler, Eigenkapital im Jahresabschluss nach IFRS – Abgrenzung, Konsolidierung, Veränderung, Konsolidierung, Veränderung, München 2006;

Scheffler, Was der DPR aufgefallen ist: Die vernachlässigte Kapitalflussrechnung, DB 2007, S. 2045;

Schildbach, Der handelsrechtliche Jahresabschluss, Herne/Berlin, 8. Aufl. 2008;

Schildbach, Was leistet IFRS 5?, WPg 2005, S. 554;

Schmachtenberg/Meixner/Schäfer, Die Folgebewertung von Mobilfunklizenzen nach HGB, IFRS und US-GAAP, KoR 2005, S. 512;

Schmidt, ED/2012/3 Equity Method: Share of Other Net Asset Changes, Conceptual confusion statt Bekenntnis zur one-line-consolidation, PiR 2013, S. 35-40;

Schmidt, IAS 32 (rev. 2008): Ergebnis- statt Prinzipienorientierung, BB 2008, S. 434;

Schmidt/Pittroff/Klingels, Finanzinstrumente nach IFRS – Bilanzierung, Absicherung, Publizität, München 2007;

Schreiber/Thiele/Büchel, BB IFRIC-Report: IFRIC 11-14 – Darstellung und kritische Würdigung, BB 2007, S. 1999;

Schulze-Osterloh, Rechtsgrundlagen des Jahres- und Konzernabschlusses in v. Wysocki/Schulze-Osterloh/Hennrichs/Kuhner, Handbuch des Jahresabschlusses, Köln 2007, Abt. I/1;

Schötte, Der Standardentwurf ED IAS 33 »Simplifying Earnings per Share« im Überblick, DB 2009, S. 857;

Senger, Klassifizierung von bedingten Zahlungen im Zusammenhang mit einem Unternehmenserwerb – Gegenleistung für den Unternehmenserwerb oder Entlohnung für die Tätigkeit nach dem Unternehmenserwerb?, IRZ 2012, S. 371-372;

Senger/Brune, § 34. Unternehmenszusammenschlüsse, in Bohl/Riese (Hrsg.), Beck'sches IFRS-Handbuch, München/Bern, 4. Aufl. 2013, S. 1389-1477;

Senger/Brune, § 35. Vollkonsolidierung, in Bohl/Riese (Hrsg.), Beck'sches IFRS-Handbuch, München/Bern, 4. Aufl. 2013, S. 1479-1528;

Senger/Rulfs, § 31. Aufstellungspflichten, in Bohl/Riese/Schlüter (Hrsg.), Beck'sches IFRS-Handbuch, München/Bern, 4. Aufl. 2013, S. 1329-1342;

Senger/Rulfs, § 33. Währungsumrechnung, in Bohl/Riese/Schlüter (Hrsg.), Beck'sches IFRS-Handbuch, München/Bern, 4. Aufl. 2013, S. 1367;

Semjonow, »Improvements to IFRSs« – Zweiter Exposure Draft zum Annual-Improvements-Process-Projekt, WPg 2009, S. 90;

Software AG (Hrsg.), Get there faster. Geschäftsbericht 2007, Darmstadt 2008;

Sommer/Schmitz/Simon, Kaufpreisallokation bei Banken, KoR 2010, S. 447-454;

Stibi, Aktuelle Vorschläge zur Überarbeitung der (neuen) IFRS-Konzernrechnungslegungsvorschriften – mehr als nur punktuelle Änderungen?, BB 2013, S. 491-495;

Straub, Fair Value Measurement Guidance: Aktuelle Überlegungen zur Fair-Value- Ermittlung in der internationalen Rechnungslegung, Der Schweizer Treuhänder 2007, S. 432;

Theile, Erfolgswirksame Schuldenkonsolidierung im HGB- und IFRS-Konzernabschluss, BBK Magazin 2014, S. 727-732;

Theile, Gesamtergebnis je Aktie: Eine Kennzahl zur Schaffung von Vergleichbarkeit zwischen IFRS-Abschlüssen?, PiR 2006, S. 97;

Theile, Geschäfts- oder Firmenwert aus Unternehmenserwerben im Jahres- und Konzernabschluss: Asset deal, share deal und Kapitalkonsolidierung, BBK Magazin 2014, S. 246-253;

Theile, Kapitalkonsolidierung: Erst- und Folgekonsolidierung, BBK Magazin 2014, S. 344-349;

Theile/Pawelzik, D. I. Tochterunternehmen (IAS 27(2008)/IFRS 10), in Heuser/Theile (Hrsg.), IFRS-Handbuch, Köln, 5. Aufl. 2012, S. 789;

Theile/Pawelzik, D. II. Joint Ventures (IAS 31)/Joint Arrangements (Gemeinschaftsunternehmen und Arbeitsgemeinschaften), in Heuser/Theile (Hrsg.), IFRS-Handbuch, Köln, 5. Aufl. 2012, S. 832;

Theile/Pawelzik, D. III. Assoziierte Unternehmen (IAS 28), in Heuser/Theile (Hrsg.), IFRS-Handbuch, Köln, 5. Aufl. 2012, S. 843;

Theile/Pawelzik, D. IV. Konzernabschlussstichtag, Ansatz und Bewertung im Konzernabschluss (IFRS 10), in Heuser/Theile (Hrsg.), IFRS-Handbuch, Köln, 5. Aufl. 2012, S. 848;

Theile/Pawelzik, D. V. Währungsumrechnung (IAS 21, IAS 29), in Heuser/Theile (Hrsg.), IFRS-Handbuch, Köln, 5. Aufl. 2012, S. 851;

Theile/Pawelzik, D. VI. Unternehmenserwerb und Kapitalkonsolidierung, in Heuser/Theile (Hrsg.), IFRS-Handbuch: Einzel- und Konzernabschluss, Köln, 5. Aufl. 2012, S. 870-974;

Theile/Pawelzik, D. VII. Equity-Methode (IAS 28), in Heuser/Theile (Hrsg.), IFRS-Handbuch: Einzel- und Konzernabschluss, Köln, 5. Aufl. 2012, S. 974-988;

Theile/Pawelzik, D. VIII. Quotenkonsolidierung (IAS 31)/Anteilige Konsolidierung (IFRS 11), in Heuser/Theile (Hrsg.), IFRS-Handbuch: Einzel- und Konzernabschluss, Köln, 5. Aufl. 2012, S. 989-993;

Theile/Pawelzik, D. X. Weitere Konsolidierungsmaßnahmen (IFRS 10), in Heuser/Theile (Hrsg.), IFRS-Handbuch: Einzel- und Konzernabschluss, Köln, 5. Aufl. 2012, S. 1036-1043;

Theile/Pawelzik, D. XI. Anhangangaben zum Konzernabschluss (IFRS 12, IFRS 3), in Heuser/Theile (Hrsg.), IFRS-Handbuch: Einzel- und Konzernabschluss, Köln, 5. Aufl. 2012, S. 1044-1056;

Thiele/von Keitz/Brücks, Internationales Bilanzrecht. Rechnungslegung nach IFRS (Loseblatt), Bonn/Berlin 2008;

Thurnes/Vavra, Betriebliche Altersversorgung im Internationalen Jahresabschluss – Voraussichtliche Bewertungsannahmen zum 31.12.2006 –, DB 2006, S. 2697;

Tonne, Diskussionspapier des IASB zur Pensionsbilanzierung – Großer Wurf oder Stückwerk, WPg 2008, S. 705;

Vater/Ernst/Hayn/Knorr/Mißler (Hrsg.), IFRS Änderungskommentar 2009, Weinheim 2009;

Vater, Bilanzierung von Leasingverhältnissen nach IAS 17: Eldorado bilanzpolitischer Möglichkeiten?, DStR 2002, S. 2094;

Vater, Bilanzierung von Stock Options und ähnlichen Vergütungsinstrumenten nach IFRS 2 »Share-based Payments« – Analyse und Darstellung der neuen Bilanzierungsvorschriften, StuB 2004, S. 801;

Vater, Überarbeitung von IAS 23 »Fremdkapitalkosten« – Konvergenz um der Konvergenz willen?, WPg 2006, S. 1337;

Völker, US-Leasingtransaktionen und ihre bilanzielle Darstellung nach IAS, WPg 2002, S. 669;

Von Keitz, Praxis der IASB-Rechnungslegung, Stuttgart, 2. Aufl. 2005;

Watrin/Hoehne, Endkonsolidierung von Tochterunternehmen nach IAS 27 (2008), WPg 2008, S. 695-704;

Watrin/Hoehne/Pott, Konzernspezifische Einflussfaktoren auf die Endkonsolidierung nach IAS 27, KoR 2008, S. 736-747;

Watrin/Hoehne/Rieger, Übergangskonsolidierung nach IAS 27 (2008) – Übergang von der Vollkonsolidierung auf die Bilanzierung nach der Equity-Methode, IRZ 2009, S. 359-365;

Weidenbach-Koschnike, Behandlung der Fremdkapitalkosten nach IFRS: Neufassung des IAS 23, BC 2007, S. 273;

Wollmert/Oser, Sukzessive Unternehmenszusammenschlüsse und Auf- oder Abstockung einer Mehrheitsbeteiligung nach IFRS und HGB, PiR 2010, S. 348-354;

Wollmert/Oser, Sukzessive Unternehmenszusammenschlüsse und Aufstockung einer Minderheitsbeteiligung nach IFRS und HGB, in Lück (Hrsg.), Jahrbuch für Wirtschaftsprüfung, interne Revision und Unternehmensberatung, München 2011, S. 73-89;

Wolz, Grundzüge der Internationalen Rechnungslegung nach IFRS, München 2005;

Wulf, Bilanzierung des Goodwill nach IFRS 3 und IAS 36, KoR 2009, S. 729-736;

Wüstemann/Bischof/Kierzek, International Financial Reporting Standards: Bedeutung und Systembildung der internationalen Rechnungslegungsregeln in v. Wysocki/Schulze-Osterloh/Hennrichs/Kuhner, Handbuch des Jahresabschlusses, Köln 2007, Abt. I/3;

Zeyer/Engler, Ermittlung des übergehenden Geschäfts- oder Firmenwerts nach IFRS 11, PiR 2012, S. 303-308;

Zeyer/Frank, Bilanzierung von Beteiligungen an joint operations nach IFRS 11, PiR 2013, S. 103-108;

Zimmermann/Schweinberger, Entwicklungen zur Ertragsrealisation in der kapitalmarktorientierten Rechnungslegung, Eine Analyse der Projekte »Revenue Recognition« und »Insurance Contracts«, PiR 2007, S. 75;

Zülch, Die Bilanzierung von Investment Properties nach IAS 40, Düsseldorf 2003;

Zülch, Die Gewinn- und Verlustrechnung nach IFRS, Herne/Berlin 2005;

Zülch, Die Rechnungslegungsnormen des IASB – Hierarchie, Lücken und Inkonsistenzen –, PiR 2005, S. 1;

Zülch, Investment Properties: Begriff und Bilanzierungsregeln nach IFRS, PiR 2005, S. 67;

Zülch/Burghardt, Behandlung von anteilsbasierten Vergütungstransaktionen gem. IFRIC 11, PiR 2007, S. 82;

Zülch/Burghardt, IFRS 8 »Operating Segments«, PiR 2007, S. 21;

Zülch/Erdmann/Palfner, Liabilities – Bilanzielle Auswirkungen des ED IAS 37, KoR 2007, S. 445;

Zülch/Erdmann/Popp, IFRS 12 »Disclosure of Interests in Other Entities« – Neuformulierung der konzernbezogenen Anhangangaben im Überblick, KoR 2011, S. 509-512;

Zülch/Erdmann/Popp/Wünsch, IFRS 11 – Die neuen Regelungen zur Bilanzierung von Joint Arrangements und ihre praktischen Implikationen, DB 2011, S. 1817-1822;

Zülch/Fischer, Die Gliederung einer IFRS-Bilanz, BBK Magazin 2005, Fach 20, S. 2067;

Zülch/Fischer, Wertminderungen im Rahmen der Zwischenberichterstattung gem. IFRIC 10, PiR 2006, S. 175;

Zülch/Fischer/Erdmann, Neuerungen in der Darstellung eines IFRS-Abschlusses gem. IAS 1 »Presentation of Financial Statements« (revised 2007), WPg 2007, S. 963;

Zülch/Fischer/Willms: Die Neugestaltung der Ertragsrealisation nach IFRS im Lichte der »Asset-Liability-Theory«, KoR, Beilage 3/2006;

Zülch/Gebhardt, Abbildung von Konzessionsvereinbarungen gem. IFRIC 12, PiR 2007, S. 52;

Zülch/Gebhardt, Angaben über Beziehungen zu nahe stehenden Unternehmen und Personen – Entwurf des IASB zur Änderung des IAS 24, PiR 2007, S. 139;

Zülch/Gebhardt, SFAS 157 und IASB Discussion Paper: aktuelle Entwicklungen auf dem Gebiet der Fair-Value-Bewertung, BB 2007, S. 147;

Zülch/Hoffmann, Beginn der zweiten Phase des IASB Annual Improvement Projects, PiR 2008, S. 342;

Zülch/Hoffmann, Bilanzrechtsmodernisierungsgesetz: Wesentlichen Änderungen des Regierungsentwurfs gegenüber dem Referentenentwurf, BB 2008, S. 1272;

Zülch/Hoffmann, Der Referentenentwurf zum BilMoG: ein kritischer Literaturüberblick, DB 2008, S. 1053;

Zülch/Hoffmann, Die Modernisierung des deutschen Handelsbilanzrechts durch das BilMoG: Wesentliche Alt- und Neuregelungen im Überblick, DB 2009, S. 745;

Zülch/Hoffmann, Neue Eckpfeiler für Bilanzierung und Prüfung – das BilMoG, Der Aufsichtsrat 2008, S. 22;

Zülch/Lienau, Bilanzierung zum Verkauf stehender langfristiger Vermögenswerte sowie aufgegebener Geschäftsbereiche nach IFRS 5, KoR 2004, S. 442;

Zülch/Nellessen, Die Bilanzierung von Planvermögensüberschüssen und Effekte von Mindestdotierungsverpflichtungen – die Regelungen des IFRIC 14, PiR 2007, S. 288;

Zülch/Nellessen, Geplante Änderungen in der Bilanzierung von aufgegebenen Geschäftsbereichen nach IFRS 5, PiR 2008, S. 406;

Zülch/Popp, Die Konsolidierungsstandards IFRS 10, IFRS 11 und IFRS 12: Implikationen der EFRAG-Feldstudien, PiR 2013, S. 84-89;

Zülch/Popp, Feldstudie zur Konsolidierung von Zweckgesellschaften nach IFRS 10: Eine Analyse der EFRAG-Aktivitäten und ihre praktischen Implikationen, PiR 2013, S. 109-112;

Zülch/Popp, IFRS 10 – Consolidated Financial Statements: Ein erster Überblick über das neue Control-Konzept, DStR 2011, S. 1532-1538;

Zülch/Popp, Reformation der IFRS-Konzernrechnungslegung (Teil I): – Das Control-Konzept nach IFRS 10 –, Der Konzern 2012, S. 245-255;

Zülch/Popp, Reformation der IFRS-Konzernrechnungslegung (Teil II): – Joint Arrangements nach IFRS 11 –, Der Konzern 2012, S. 328-337;

Zülch/Popp/Teuteberg, Die Bilanzierung von Beteiligungen an assoziierten Unternehmen sowie Gemeinschaftsunternehmen auf der Basis des überarbeiteten IAS 28 – Implikationen der Neuerungen für die Bilanzierungspraxis; WPg 2014, S. 34-42;

Zülch/Pronobis, Die Bilanzierung von Customer Loyalty Programmes gemäß IFRIC 13, KoR 2007, S. 587;

Zülch/Willms, Anwendung des Fair Value Modell nach IAS 40 im Sanierungsfall: Praktische Probleme und Lösungsansätze, BB 2005, S. 372;

Zülch/Willms, Jahresabschlussänderungen und ihre bilanzielle Behandlung nach IAS 8 (revised 2003), KoR 2004, S. 128;

Zülch/Willms, Rückstellungen für Entsorgungs-, Wiederherstellungs- und ähnliche Verpflichtungen von HGB auf IFRS, DB 2005, S. 1178;

Zwirner, BilRUG: Wesentliche Änderungen für Einzel- und Konzernabschluss, DB 2015, Beilage 06, S. 1-28;

Zwirner, Full Goodwill nach IFRS 3, IRZ 2010, S. 253-255;

Zwirner, Full Goodwill nach IFRS 3: Keine verbesserte Vergleichbarkeit von Unternehmensakquisitionen, KoR 2010, S. 411-418;

Zwirner, Reverse Acquisition nach IFRS, KoR 2009, S. 138-144;

Zwirner/Boecker, Bilanzierungserleichterungen für Private-Equity- und Venture-Capital-Gesellschaften durch die amendments zu IFRS 10, IFRS 12 und IAS 27 Fallstudie zum Übergang auf die Neuregelungen für investment entities, KoR 2014, S. 103-114;

Zwirner/Busch, Fremdwährungsumrechnung im Zusammenhang mit Goodwills im Konzern, IRZ 2013, S. 7-9;

Zwirner/Froschhammer, Amendments betreffend Investmentgesellschaften: Bilanzierungserleichterungen für Private-Equity- und Venture-Capital-Gesellschaften, IRZ 2013, S. 215-218.

Stichwortverzeichnis

A

B

C

D

E

M

N

O

P

Q

R

S

Z

Für viele Wirtschaftsprüfer, Steuer- und Unternehmensberater, St
Rechnungsleger sind die komplexen Vorschriften der Internation
Standards (IFRS) Teil der täglichen Arbeit. Diese wird dadurch e
International Accounting Standards Board (IASB) verabschiedeten Standards und Interpretationen häufig wenig didaktisch aufgebaut und die Originaltexte in englischer Sprache verfasst sind.

Dieses Lehrbuch erleichtert Studierenden die Aneignung von relevantem Wissen und IFRS-Anwendern ihre tägliche Arbeit. Die IFRS werden didaktisch aufbereitet und erläutert. Neben einer grundlegenden und prägnanten Einführung in die IFRS im europäischen Kontext sowie den Zwecken und Grundsätzen der IFRS-Rechnungslegung werden in diesem Lehrbuch die Bilanzierung der Hauptpositionen einer IFRS-Bilanz sowie bilanzielle Sonderbereiche wie etwa die Steuerabgrenzung, Leasing, Fertigungsaufträge oder Finanzinstrumente erläutert.

Zu Beginn eines jeden Kapitels werden dessen Kernaussagen präsentiert. Der Leser erhält dadurch in kurzer Zeit einen umfassenden Überblick über die Regelungen. Praxisbeispiele und weiterführende Literaturhinweise runden die Darstellung der Sachverhalte ab.

Die vorliegende Neuauflage ist um umfangreiche Ausführungen zur Konzernrechnungslegung erweitert.

Prof. Dr. Henning Zülch ist Inhaber des Lehrstuhls für Rechnungswesen, Wirtschaftsprüfung und Controlling an der Handelshochschule Leipzig (HHL) – Leipzig Graduate School of Management, Gastprofessor an der Universität Wien im Bereich »Selected Foreign Accounting Systems« und Mitglied im Herausgeberbeirat zahlreicher nationaler wie internationaler Journals.

Steuerberater *Prof. Dr. Matthias Hendler* ist Professor für Unternehmensrechnung an der Hochschule Bochum und Gesellschafter sowie Aufsichtsratsvorsitzender der DOSU AG Wirtschaftsprüfungsgesellschaft, Dortmund. Als ausgewiesener Spezialist in nationaler und internationaler Rechnungslegung ist er Leiter des IFRS-Competence-Center der DOSU AG. Seit vielen Jahren ist er zudem Referent bei zahlreichen Seminaren sowie Inhouse-Schulungen und -Workshops.

Die Neuauflage entstand unter Mitarbeit von Prof. Dr. Sebastian Hoffmann, Dr. Matthias Höltken, Dr. Christian Kretzmann, B.Sc. Thomas Mackiol, Dr. Torben Teuteberg und M.Sc. Carl W. Weuster.

ISBN 978-3-527-50767-2
9 783527 507672

www.wiley-vch.de